HANDBUCH DER PHYSIK

UNTER REDAKTIONELLER MITWIRKUNG VON

R. GRAMMEL-STUTTGART · F. HENNING-BERLIN
H. KONEN-BONN · H. THIRRING-WIEN · F. TRENDELENBURG-BERLIN
W. WESTPHAL-BERLIN

HERAUSGEGEBEN VON

H. GEIGER UND KARL SCHEEL

BAND XIII

ELEKTRIZITÄTSBEWEGUNG IN FESTEN UND FLÜSSIGEN KÖRPERN

BERLIN
VERLAG VON JULIUS SPRINGER
1928

ELEKTRIZITÄTSBEWEGUNG IN FESTEN UND FLÜSSIGEN KÖRPERN

BEARBEITET VON

E. BAARS · A. COEHN · G. ETTISCH · H. FALKENHAGEN
W. GERLACH · A. GÜNTHERSCHULZE · E. GRÜNEISEN
B. GUDDEN · G. v. HEVESY · G. LASKI · F. NOETHER
H. v. STEINWEHR

REDIGIERT VON W. WESTPHAL

MIT 222 ABBILDUNGEN

BERLIN
VERLAG VON JULIUS SPRINGER
1928

ISBN-13:978-3-642-88921-9 e-ISBN-13:978-3-642-90776-0
DOI: 10.1007/978-3-642-90776-0

Inhaltsverzeichnis.

Allgemeine physikalische Konstanten

(September 1926) [1]).

a) Mechanische Konstanten.

Gravitationskonstante	$6{,}6_5 \cdot 10^{-8}$ dyn · cm² · g⁻² → $6{,}6_5 \cdot 10^{-8}\ \mathrm{dyn \cdot cm^2 \cdot g^{-2}}$
Normale Schwerebeschleunigung	$980{,}665\ \mathrm{cm \cdot sec^{-2}}$
Schwerebeschleunigung bei 45° Breite	$980{,}616\ \mathrm{cm \cdot sec^{-2}}$
1 Meterkilogramm (mkg)	$0{,}980665 \cdot 10^8\ \mathrm{erg}$
Normale Atmosphäre (atm)	$1{,}01325_3 \cdot 10^6\ \mathrm{dyn \cdot cm^{-2}}$
Technische Atmosphäre	$0{,}980665 \cdot 10^6\ \mathrm{dyn \cdot cm^{-2}}$
Maximale Dichte des Wassers bei 1 atm	$0{,}999973\ \mathrm{g \cdot cm^{-3}}$
Normales spezifisches Gewicht des Quecksilbers	13,5955

b) Thermische Konstanten.

Absolute Temperatur des Eispunktes	$273{,}2_0{}^\circ$
Normales Litergewicht des Sauerstoffes	$1{,}42900\ \mathrm{g \cdot l^{-1}}$
Normales Molvolumen idealer Gase	$22{,}414_5 \cdot 10^3\ \mathrm{cm^3}$
Gaskonstante für ein Mol	$0{,}8204_5 \cdot 10^2\ \mathrm{cm^3\text{-}atm \cdot grad^{-1}}$
	$0{,}8313_2 \cdot 10^8\ \mathrm{erg \cdot grad^{-1}}$
	$0{,}8309_0 \cdot 10^1\ \mathrm{int\ joule \cdot grad^{-1}}$
	$1{,}985_8\ \mathrm{cal \cdot grad^{-1}}$
Energieäquivalent der 15°-Kalorie (cal)	$4{,}184_2\ \mathrm{int\ joule}$
	$1{,}1623 \cdot 10^{-6}\ \mathrm{int\ k\text{-}watt\text{-}st}$
	$4{,}186_3 \cdot 10^7\ \mathrm{erg}$
	$4{,}268_8 \cdot 10^{-1}\ \mathrm{mkg}$

c) Elektrische Konstanten.

1 internationales Ampere (int amp)	$1{,}0000_0\ \mathrm{abs\ amp}$
1 internationales Ohm (int ohm)	$1{,}0005_0\ \mathrm{abs\ ohm}$
Elektrochemisches Äquivalent des Silbers	$1{,}11800 \cdot 10^{-3}\ \mathrm{g \cdot int\ coul^{-1}}$
Faraday-Konstante für ein Mol und Valenz 1	$0{,}9649_4 \cdot 10^5\ \mathrm{int\ coul}$
Ionisier.-Energie/Ionisier.-Spannung	$0{,}9649_4 \cdot 10^5\ \mathrm{int\ joule \cdot int\ volt^{-1}}$

d) Atom- und Elektronenkonstanten.

Atomgewicht des Sauerstoffs	16,000
Atomgewicht des Silbers	107,88
LOSCHMIDTsche Zahl (für 1 Mol)	$6{,}06_1 \cdot 10^{23}$
BOLTZMANNsche Konstante k	$1{,}372 \cdot 10^{-16}\ \mathrm{erg \cdot grad^{-1}}$
$^1/_{16}$ der Masse des Sauerstoffatoms	$1{,}650 \cdot 10^{-24}\ \mathrm{g}$
Elektrisches Elementarquantum e	$1{,}592 \cdot 10^{-19}\ \mathrm{int\ coul}$
	$4{,}77_4 \cdot 10^{-10}\ \mathrm{dyn^{1/2} \cdot cm}$
Spezifische Ladung des ruhenden Elektrons e/m	$1{,}76_6 \cdot 10^8\ \mathrm{int\ coul \cdot g^{-1}}$
Masse des ruhenden Elektrons m	$9{,}02 \cdot 10^{-28}\ \mathrm{g}$
Geschwindigkeit von 1-Volt-Elektronen	$5{,}94_5 \cdot 10^7\ \mathrm{cm \cdot sec^{-1}}$
Atomgewicht des Elektrons	$5{,}46 \cdot 10^{-4}$

e) Optische und Strahlungskonstanten.

Lichtgeschwindigkeit (im Vakuum)	$2{,}998_5 \cdot 10^{10}\ \mathrm{cm \cdot sec^{-1}}$
Wellenlänge der roten Cd-Linie (1 atm, 15° C)	$6438{,}470_0 \cdot 10^{-8}\ \mathrm{cm}$
RYDBERGsche Konstante für unendl. Kernmasse	$109737{,}1\ \mathrm{cm^{-1}}$
SOMMERFELDsche Konstante der Feinstruktur	$0{,}729 \cdot 10^{-2}$
STEFAN-BOLTZMANNsche Strahlungskonstante σ	$5{,}7_5 \cdot 10^{-12}\ \mathrm{int\ watt \cdot cm^{-2} \cdot grad^{-4}}$
	$1{,}37_4 \cdot 10^{-12}\ \mathrm{cal \cdot cm^{-2} \cdot sec^{-1} \cdot grad^{-4}}$
Konstante des WIENschen Verschiebungsgesetzes	$0{,}288\ \mathrm{cm \cdot grad}$
WIEN-PLANCKsche Strahlungskonstante c_2	$1{,}43\ \mathrm{cm \cdot grad}$

f) Quantenkonstanten.

PLANCKsches Wirkungsquantum h	$6{,}55 \cdot 10^{-27}\ \mathrm{erg \cdot sec}$
Quantenkonstante für Frequenzen $\beta = h/k$	$4{,}77_5 \cdot 10^{-11}\ \mathrm{sec \cdot grad}$
Durch 1-Volt-Elektronen angeregte Wellenlänge	$1{,}233 \cdot 10^{-4}\ \mathrm{cm}$
Radius der Normalbahn des H-Elektrons	$0{,}529 \cdot 10^{-8}\ \mathrm{cm}$

---

[1]) Erläuterungen und Begründungen s. Bd. II d. Handb. Kap. 10, S. 487—518.

Kapitel 1.

Metallische Leitfähigkeit.

Von

E. GRÜNEISEN, Marburg (Lahn).

Mit 23 Abbildungen.

a) Allgemeines.

1. OHMsches Gesetz. Alle festen und flüssigen Stoffe, in denen ein zeitlich konstantes elektrisches Feld $\mathfrak{E}$ eine stationäre elektrische Strömung erzeugt, nennt man Leiter der Elektrizität. Nach heutiger Auffassung kann die Strömung, die schon bei der kleinsten Feldstärke eintritt, nur dadurch zustande kommen, daß in dem Stoffe elektrisch geladene Teilchen, seien es Ionen oder Elektronen, vorhanden sind, welche mindestens zeitweise frei sind, in dem Sinne, daß sie der auf sie wirkenden elektrischen Kraft folgen können. Da die Strömung in einem homogenen, zeitlich konstanten elektrischen Felde erfahrungsgemäß stationär ist, so können die geladenen Teilchen nicht dauernd beschleunigt werden, sondern müssen im zeitlichen Mittel eine konstante Geschwindigkeit $\bar{u}_z$ in Richtung des Feldes annehmen. Sie werden natürlich auch ohne Feld $\mathfrak{E}$ eine ungeordnete Geschwindigkeit u besitzen können; deren Wirkung tritt aber nicht in Erscheinung. Es verhält sich also so, als ob die Teilchen bei ihrer Bewegung einen Widerstand fänden, wie kleine Kugeln in reibender Flüssigkeit. In diesem Beispiel ist bei hinreichend großer Reibung die Geschwindigkeit der Kugeln der auf sie wirkenden Kraft proportional. Eine entsprechende Annahme muß man für die geladenen Teilchen im Elektrizitätsleiter machen, damit das OHMsche Gesetz gilt.

Der als isotrop vorausgesetzte Leiter enthalte nur eine Art freier Teilchen mit der Einheitsladung ε. Die Anzahl solcher Teilchen im cm^3 sei n. Dann ist die elektrische Stromdichte $\mathfrak{J}$, d. h. die Elektrizitätsmenge, welche in der Zeiteinheit durch eine senkrecht zur Richtung des konstant angenommenen Feldes stehende Flächeneinheit strömt, gegeben durch

$$\mathfrak{J} = n\varepsilon\bar{u}_z\,. \tag{1}$$

Nur wenn $\bar{u}_z$ proportional der Feldstärke $\mathfrak{E}$ ist, wird auch die Stromdichte dieser proportional, also etwa

$$\mathfrak{J} = \varkappa\mathfrak{E}\,. \tag{2}$$

Diese Gleichung stellt das OHMsche Gesetz dar. Die für den Leiter charakteristische Größe $\varkappa$ heißt die elektrische Leitfähigkeit (L.-F.) oder das elektrische Leitvermögen (L.-V.).

Wenden wir die Gleichung (2) auf einen geraden zylindrischen Leiter von der Länge l und dem Querschnitt q an, so erhalten wir für den Strom durch den Leiter

$$I = \mathfrak{J} q = \varkappa \frac{q}{l} (\mathfrak{E} l) = \frac{V}{R}, \tag{3}$$

wo $V = \mathfrak{E} l$ die Spannungsdifferenz zwischen den Endflächen des Leiters ist und

$$R = \frac{1}{\varkappa} \frac{l}{q} = \varrho \frac{l}{q} \tag{4}$$

der elektrische Widerstand des Leiters, $1/R$ sein Leitwert genannt wird. Die Größe $\varrho = 1/\varkappa$ heißt der spezifische Widerstand des Leiters. Er ist numerisch gleich dem Widerstand eines Leiterwürfels, dessen Kante 1 cm lang ist.

Auch für beliebig geformte Leiter läßt sich ein elektrischer Widerstand R zwischen der Eintrittsfläche und der Austrittsfläche des konstanten Stroms I definieren, derart, daß die Spannungsdifferenz zwischen den genannten Flächen

$$V = IR \tag{3}$$

ist. Der Zusammenhang zwischen R und $\varkappa$ oder ϱ ist aber im allgemeinen nicht so einfach zu berechnen, wie in (4) für den geraden Zylinder. Diese Form wird daher vorzugsweise benutzt, um die L.-F $\varkappa$ oder den spez. Widerstand ϱ aus den Dimensionen und dem Widerstande des Leiters zu bestimmen. Über die Methoden zur Widerstandsmessung s. Bd. XVI, Kap. 17.

2. Stromwärme. Um in einem von konstantem elektrischen Strome durchflossenen zylindrischen Leiter die mittlere Geschwindigkeit $\overline{u}_z$ der geladenen Teilchen gegenüber den widerstehenden Kräften aufrechtzuerhalten, muß das elektrische Feld eine Leistung aufwenden, die für jedes Teilchen gleich ist dem Produkte aus der Kraft und dem in der Zeiteinheit zurückgelegten Wege, für die in einem Kubikzentimeter enthaltenen Teilchen also mit Rücksicht auf (1)

$$n \varepsilon \mathfrak{E} \overline{u}_z = \mathfrak{E} \mathfrak{J} = \varrho \mathfrak{J}^2 = \varkappa \mathfrak{E}^2 . \tag{5}$$

In einem beliebigen homogenen Leiter vom Widerstande R ist die Leistung

$$N = VI = RI^2 = \frac{V^2}{R} . \tag{6}$$

Das Produkt aus Leistung und Zeit gibt die während dieser Zeit verbrauchte Arbeit oder Energie. Diese erscheint, wenn keine anderen Wirkungen mechanischer oder chemischer Art auftreten, vollständig in der Form von JOULEscher Wärme im Innern des Leiters wieder, d. h. als ungeordnete Wärmebewegung der Atome des Leiters.

3. Merkmale der metallischen Leitung. Es gibt zwei Arten von Leitern, für die das OHMsche Gesetz gilt, die elektrolytischen und metallischen Leiter. In elektrolytischen Leitern wird der Elektrizitätstransport durch Ionen bewirkt, d. h. durch Atome oder Atomgruppen, die ein oder mehrere Elektronen abgegeben (+ Ion) oder aufgenommen (— Ion) haben. Der Elektrizitätstransport ist also mit einem Transport wägbarer Massen verbunden, der sich im allgemeinen leicht nachweisen läßt (Näheres s. Kap. 13 u. 14). In metallischen Leitern, zu denen in erster Linie die Metalle selbst gehören, tritt eine solche Massenverschiebung nicht ein[1]), wie die alltägliche Erfahrung lehrt. Nun sind Metalle diejenigen „elektropositiven" chemischen Elemente, deren Atome ein oder mehrere

[1]) Eine Ausnahme bilden nach G. N. LEWIS, E. Q. ADAMS und E. H. LANMAN (Journ. Amer. Chem. Soc. Bd. 37, S. 2656. 1915) die flüssigen Alkaliamalgame, in denen bei Stromdurchgang eine sehr geringe Ansammlung von Alkali an der Anode stattfinden soll. Vgl. hierzu F. SKAUPY, ZS. f. Phys. Bd. 3, S. 178. 1920. S. auch Ziff. 25.

Elektronen abzuspalten geneigt sind. Man kann daraus schließen, daß es die Elektronen selbst sind, d. h. die negativen Elektrizitätsatome, welche durch ihre Bewegung im metallischen Leiter den Elektrizitätstransport besorgen. Die in Ziff. 1 gemachte Annahme nur einer Art geladener Teilchen trifft also auf metallische Leiter zu.

Die Elektronen sind zuerst als Kathodenstrahlteilchen nachgewiesen worden. Ihre bei langsamer Bewegung wirksame Masse ergab sich ungefähr 2000 mal kleiner als die des Wasserstoffatoms, nämlich

$$m = 9{,}02 \cdot 10^{-28}\,\mathrm{g},$$

ihre negative Ladung

$$\varepsilon = 1{,}59_2 \cdot 10^{-20}\ \text{el. magn. Einh.} = 1{,}59_2 \cdot 10^{-19}\ \text{Coul},$$

daher das Verhältnis von Ladung zu Masse

$$\frac{\varepsilon}{m} = 1{,}76_6 \cdot 10^8\,\text{Coul} \cdot \mathrm{g}^{-1}.$$

Daß eine Massenverschiebung durch den elektrischen Strom im metallischen Leiter nicht nachweisbar ist, beruht offenbar nicht darauf, daß die Masse der Elektronen im Verhältnis zu der der Ionen zu klein wäre, sondern vielmehr darauf, daß die Elektronen ihre Ladung nicht abgeben können. Indem die Ionen bei der Elektrolyse neutralisiert werden, lassen sie sich zu wägbaren Mengen anhäufen. Die Elektronen aber widerstreben einer solchen Anhäufung infolge ihrer großen Ladung. Man überschlägt leicht, daß die Masse der Elektronen, welche eine Metallkugel von 1 cm Radius bis zu 1 Million Volt laden würden, noch nicht im entferntesten wägbar ist.

Wahrscheinlich im Zusammenhang mit der Verschiedenheit der geladenen Teilchen, welche in elektrolytischen und metallischen Leitern als Stromträger wirken, stehen einige weitere allerdings nicht allgemeingültige Unterschiede beider Arten von Leitern. Zunächst einmal ist die Größenordnung des L.-V. verschieden. Im praktischen Maßsystem ($\varkappa = [\mathrm{Ohm}^{-1}\mathrm{cm}^{-1}]$) erreichen die besten elektrolytischen Leiter (geschmolzene Salze, maximal leitende Schwefelsäure) die Größenordnung $\varkappa \backsim 1$, während das schlecht leitende Metall Wismut bei gewöhnlicher Temperatur $\varkappa \backsim 10^4$ hat und Kupfer $\varkappa = 6 \cdot 10^5$. Ferner nimmt das L.-V. metallischer Leiter mit *sinkender* Temperatur, das der elektrolytischen Leiter jedoch mit *steigender* Temperatur zu. Wie schon bemerkt, sind diese Merkmale nicht unbedingt charakteristisch. Es gibt Elektronenleiter, deren L.-V. in das Zwischengebiet $1 < \varkappa < 10^4$ fällt und mit sinkender Temperatur nicht stetig zunimmt. Zu ihnen gehören die nicht mehr ausgesprochen elektropositiven Elemente wie Bor, Kohlenstoff (Graphit), Silizium, Titan, Zirkon, Germanium, Tellur, Selen, Phosphor sowie eine Reihe von Metallverbindungen. Da diese Elektronenleiter den für die elektropositiven Metalle gefundenen Gesetzen nicht folgen, so bezeichnet man sie zum Unterschied gegen die „Metalle“ als „Halbleiter“ oder (nach KÖNIGSBERGER) als „variable Leiter“. Wir werden uns zunächst nur den Eigenschaften der *Metalle* zuwenden und die der Halbleiter erst in Ziff. 36 behandeln.

4. Experimenteller Beweis der Elektronenleitung in Metallen. Den Nachweis, daß wirklich Elektronen von der oben angegebenen Masse und Ladung die Elektrizitätsleitung in Metallen besorgen, hat R. C. TOLMAN[1]) mit seinen Mitarbeitern erbracht. Bei den älteren Versuchen wurde eine flache Drahtspule mit vielen Windungen dünnen Drahtes (Kupfer, Aluminium, Silber) um die auf der Windungsebene senkrechte Spulenachse in rasche Rotation versetzt und

[1]) R. C. TOLMAN u. T. D. STEWART, Phys. Rev. Bd. 8, S. 97. 1916; Bd. 9, S. 164. 1917; R. C. TOLMAN, S. KARRER u. E. W. GUERNSEY, ebenda Bd. 21, S. 525. 1923.

plötzlich angehalten. Der dadurch im Spulendraht bewirkte elektrische Stromstoß wurde durch dünne Drähte von den Enden der Spule längs der Achse zu einem empfindlichen Galvanometer geleitet und gemessen. Richtung und Größe des Stromstoßes zeigten an, daß die im Metall beweglichen, mit träger Masse behafteten Elektrizitätsträger negative Ladung und ein Verhältnis von Ladung zu Masse besitzen, welches dem der Elektronen im Vakuum nahekommt (Kupfer 1,60; Silber 1,49; Aluminium $1{,}54 \cdot 10^8$ an Stelle von $1{,}77 \cdot 10^8$ Coul g^{-1}). Um die Übereinstimmung zu verbessern, wurde bei den späteren Versuchen folgende Anordnung getroffen. Ein Kupferzylinder oszilliert um seine Achse mit einer Frequenz von etwa 20 s^{-1}. Er ist von einer festen Spule mit vielen Windungen umgeben, deren Enden über einen Verstärker zu einem auf die gleiche Frequenz abgestimmten Vibrationsgalvanometer führen. Die Achse des Zylinders ist in die Richtung des magnetischen Erdfeldes gestellt, um dessen Wirkung zu eliminieren. Der Zylinder wirkt als primäre, die Spule als sekundäre Wicklung eines Transformators. Das Bestreben der Elektronen im oszillierenden Zylinder infolge ihrer Trägheit zurückzubleiben, führt zu einer sinusförmigen EMK, welche nach Transformation und Verstärkung schließlich durch den Ausschlag des Galvanometers gemessen wird. Dieser Ausschlag wird dann mit demjenigen verglichen, welcher durch eine bekannte in dem gleichen Zylinder induzierte sinusförmige EMK gleicher Frequenz hervorgebracht wird, und zwar durch eine transversale Schwingung des Kupferzylinders um eine zum erdmagnetischen Feld senkrechte Ruhelage in der Ebene, die durch Zylinderachse und magnetische Feldrichtung bestimmt ist. Die Amplituden der rotatorischen und transversalen Schwingung des Zylinders müssen bekannt sein. Für das Verhältnis der Ladung, deren Vorzeichen bei dieser Methode freilich unbestimmt bleibt, zur Masse der Elektrizitätsträger ergab sich $\varepsilon/m = 1{,}93 \cdot 10^8$ Coul g^{-1}.

5. Grenzen des OHMschen Gesetzes in Metallen. Während alle früheren Versuche, Abweichungen vom OHMschen Gesetz zu finden, als gescheitert zu betrachten sind, scheint neuerdings BRIDGMAN der Nachweis gelungen zu sein[1]), daß in Blattgold und -silber bei Stromdichten von etwa $5 \cdot 10^6$ A/cm² Abweichungen vom OHMschen Gesetz auftreten, welche die Größenordnung 1% erreichen. Der mit hoher Stromdichte zu belastende Leiter bildet einen Zweig X einer Brückenanordnung. Sein Widerstand wird gleichzeitig mit einem starken Gleichstrom und einem möglichst schwachen übergelagerten sinusförmigen Wechselstrom hörbarer Frequenz gemessen. Wenn OHMS Gesetz in dem stark belasteten Zweige nicht streng gilt, so wird man das Gleichgewicht der Brücke nicht für beide Stromarten gleichzeitig einstellen können, oder der unter den geschilderten Verhältnissen mit Wechselstrom gemessene Widerstand des Zweiges X wird verschieden von dem mit Gleichstrom gemessenen sein. Man erkennt dies durch einen Blick auf Abb. 1. Die dort gezeichnete Kurve stellt die Beziehung zwischen Spannung V und Strom I im Zweige X dar, dann ist $\operatorname{tg}\vartheta$ der Gleichstromwiderstand, $\operatorname{tg}\vartheta'$ der Wechselstromwiderstand bei der Strombelastung I, $\operatorname{tg}\vartheta_0$ der Widerstand bei schwacher

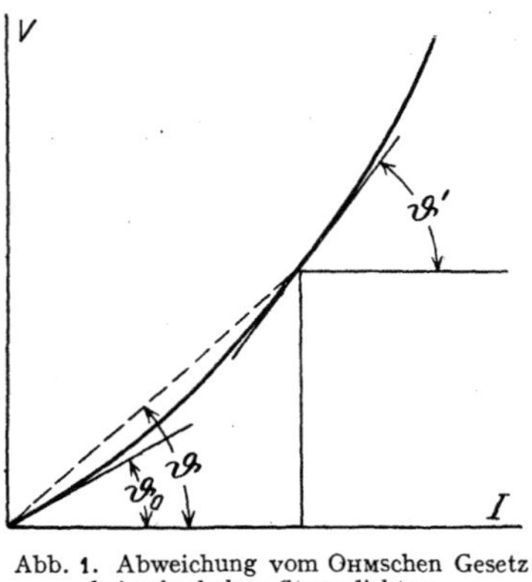

Abb. 1. Abweichung vom OHMschen Gesetz bei sehr hohen Stromdichten.

[1]) Über die älteren Versuche s. Winkelmanns Handb., 2. Aufl., Bd. IV, S. 222. Leipzig 1905; ferner P. W. BRIDGMAN, Proc. Amer. Acad. Bd. 57, S. 131. 1922.

Belastung. Als Abweichung vom OHMschen Gesetz definiert BRIDGMAN die Größe

$$\delta = \frac{\operatorname{tg}\vartheta - \operatorname{tg}\vartheta_0}{\operatorname{tg}\vartheta_0}.$$

Die Messung von ϑ und ϑ' längs der Kurve ermöglicht deren Konstruktion.

Die nur 0,1 bis 0,5 μ dicken Metallhäutchen wurden auf Glas befestigt und mit reinem destilliertem Wasser kräftig bespült, so daß die Temperaturerhöhung bei Belastung nur etwa 50° betrug.

Die Hauptschwierigkeit der früheren Versuche, der Einfluß der Stromwärme wird bei der obigen Methode wegen der gleichzeitigen Messung mit Gleich- und Wechselstrom im wesentlichen vermieden, doch bleibt ein Einfluß der durch Superposition beider Stromarten entstehenden Stromwärmeschwankungen bestehen. Die dadurch hervorgerufenen Widerstandsschwankungen bewirken seitens des starken Gleichstroms eine zusätzliche Spannungsschwankung im Zweige X, welche die Wechselstrommessung fälschen kann, aber mit wachsender Frequenz abnimmt. BRIDGMAN beobachtet daher mit verschiedenen Frequenzen und extrapoliert auf die Verhältnisse bei unendlich großer Frequenz, wo der Einfluß der Stromwärmeschwankungen verschwinden muß. Diese Extrapolation gibt nun in der Tat noch Unterschiede für die Gleich- und Wechselstromeinstellungen, wenn die Stromdichte über 10^6 A/cm² kommt. Die Kurven der Abb. 2 stellen das Endergebnis der Messungen BRIDGMANS dar. Als Abszisse ist die Stromdichte, als Ordinate die Abweichung δ in Prozent aufgetragen. Die drei Kurven beziehen sich auf eine Silber- und zwei Goldplättchen.

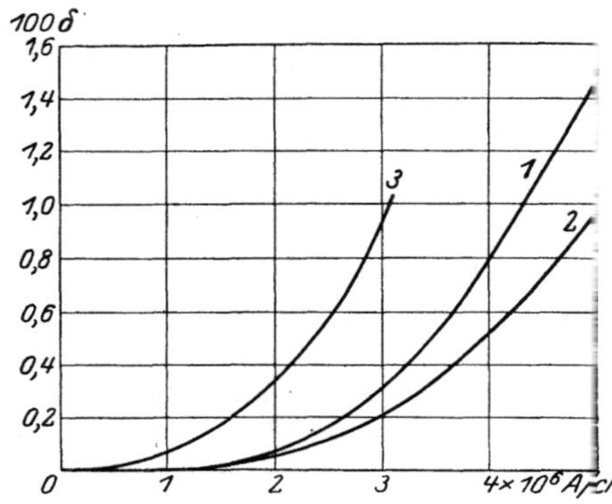

Abb. 2. Abweichung von OHMS Gesetz in Proz. für große Stromdichten.
Kurve 1: Ag 0,2 μ dick;
Kurve 2: Au 0,08 μ dick;
Kurve 3: Au 0,17 μ dick.

Oberhalb der genannten großen Stromdichte, die praktisch sich nur schwer realisieren läßt, verliert also das OHMsche Gesetz merklich seine Geltung, das oben definierte L.-V. $\varkappa$ oder der spez. Widerstand ϱ seine Bedeutung.

Es gibt noch andere Grenzgebiete, in denen man möglicherweise die Definition des L.-V. nicht aufrechterhalten kann. Erstens im Gebiete der von KAMERLINGH ONNES entdeckten Supraleitung, wo die Gültigkeit des OHMschen Gesetzes bisher nicht festgestellt werden konnte (s. Ziff. 29ff.), zweitens bei äußerst raschen Wechseln des elektrischen Feldes. Zwar haben HAGEN und RUBENS[1]) gezeigt, daß bei Feldwechseln, wie sie ultraroter Strahlung entsprechen, die Bewegung der Elektronen im Metall noch eine solche ist, daß der Begriff des el. L.-V. $\varkappa$ anwendbar bleibt. Im Gebiet sichtbaren Lichts ist das aber wohl kaum noch der Fall.

b) Leitfähigkeit reiner Metalle.

6. Umstände, welche die Bestimmung der L.-F. reiner Metalle erschweren. Den wesentlichen Grund für die auffallende Tatsache, daß verschiedene Proben ein und desselben Metalls verschiedene Werte der L.-F. haben, erkannten bereits MATTHIESSEN und HOLZMANN in den fremden Stoffen, die dem Metall zugesetzt

[1]) E. HAGEN u. H. RUBENS, Berl. Ber. 1903, S. 269 u. 410; Ann. d. Phys. Bd. 11, S. 873. 1903.

sind. Die umfangreichen Messungen MATTHIESSENS und seiner Mitarbeiter sowie seiner Nachfolger an Legierungen (s. Abschn. e) lehrten, daß ein fremder Zusatz zum Metall meistens dessen L.-F. erniedrigt, und zwar viel stärker, als man nach seiner Konzentration erwarten sollte. Das trifft auch in dem Falle zu, wo die L.-F. des Fremdstoffs in reinem Zustande höher ist als die des Metalls. Nur bei den Mischungen von Blei, Zinn, Kadmium, Zink setzt sich die L.-F. der Mischung aus denen der Komponenten nahezu nach der Mischungsregel zusammen, so daß hier kleine Zusätze die L.-F. nicht wesentlich beeinträchtigen. Im allgemeinen ist also ein außerordentlich hoher Reinheitsgrad der Metalle erforderlich, wenn man den für sie charakteristischen oberen Grenzwert der L.-F. ermitteln will. Da die Reinigung vieler Metalle äußerst schwierig ist und für manche auch heute noch zu wünschen übrig läßt, so ist die Aufgabe, die L.-F. reiner Metalle auf weniger als 1% festzustellen, noch keineswegs abgeschlossen.

Noch ein anderer Umstand erschwert die eindeutige Angabe der L.-F. Diese ist abhängig von der Vorgeschichte des Metalls, von seiner mechanischen und thermischen Behandlung[1]). Durch Ziehen, Walzen u. dgl., also durch Verfestigung, nimmt die L.-F. nicht unbeträchtlich ab, z. B. um mehrere Prozent[2]), durch mehrstündiges Anlassen bei einer für jedes Metall besonders zu bestimmenden günstigsten Temperatur, bei der die Verfestigung aufgehoben wird, kann sie wieder auf einen Maximalwert gebracht werden. Solche günstigste Temperaturen sind[3])

für	Pb, Zn	Cd	Al	Fe	Cu	Ag	Au	Pt
	200°	220°	250 bis 350°	300 bis 400°	380°	500°	480°	800 bis 1000° C.

Dabei ist jedoch zu beachten, daß durch nicht sehr vorsichtiges Ziehen des Drahtes u. dgl. in ursprünglich reines Ausgangsmaterial Fremdstoffe hineinkommen können, welche den erreichbaren Maximalwert der L.-F. senken[4]). Man weiß, daß durch Ziehen, Walzen oder ähnliche Kaltverformung die ungeordnet aneinander gewachsenen Kristallite, aus denen das aus der Schmelze erstarrte Metall besteht, zertrümmert und längs Gleitflächen durcheinandergeschoben werden, daß hingegen durch das nachträgliche Anlassen bei höherer Temperatur aus den Kristallittrümmern wieder neue Kristallite entstehen, welche unter günstigen Umständen den ganzen Querschnitt des Leiters in beträchtlicher Länge erfüllen können. Man bezeichnet diesen Vorgang als Rekristallisation. Die oben als besonders günstig bezeichneten Temperaturen sind solche, bei denen eine sichtbare Rekristallisation noch kaum eingesetzt hat. Die Tatsache, daß durch die mit der Verfestigung eintretende Störung der Kristallstruktur die L.-F. des Metalls abnimmt, durch die Entfestigung wieder zunimmt, ist für die Theorie des Widerstandes von Bedeutung. Auch der oben besprochene Einfluß fremder Zusätze zum Metall beruht wohl meistens auf der Störung der Regelmäßigkeit des Gitters[5]) einer Atomart durch die eindringenden fremden Atome (Mischkristallbildung, feste Lösung). Daß bei Blei, Zinn usw. die Mischungsregel ungefähr gilt, erklärt sich daraus, daß beim Zusammen-

[1]) Siehe z. B. G. SACHS, Grundbegriffe der mechanischen Technologie der Metalle, S. 177ff. Leipzig 1925.

[2]) Eine ausnahmsweise große Abnahme bis auf 60% finden W. GEISS u. J. A. M. v. LIEMPT, ZS. f. anorg. Chem. Bd. 143, S. 259. 1925, beim Wolfram.

[3]) F. CREDNER, ZS. f. phys. Chem. Bd. 82, S. 457. 1913; L. HOLBORN, Ann. d. Phys. (4) Bd. 59, S. 145. 1919; über Al besonders G. MASING u. G. HOHORST, Wiss. Veröffentl. a. d. Siemens-Konz. Bd. 4, S. 91. 1925.

[4]) Z. B.: L. HOLBORN, ZS. f. Phys. Bd. 8, S. 58. 1921.

[5]) Wir fassen die Störung nicht nur als eine geometrische auf. Auch wenn das Fremdatom den gleichen Raum beansprucht, wie das der Grundmasse, so kann doch für den Elektronenübergang von Atom zu Atom eine erhebliche Störung entstehen.

schmelzen dieser Metalle die Kristallite der einen Atomart neben denen der anderen Atomart erhalten bleiben. Näheres s. Ziff. 19ff. und Ziff. 26.

7. MATTHIESSENsche Regel. Nach der vorigen Ziffer kann man die Reinheit eines Metalls nicht allein nach der chemischen Analyse beurteilen, sondern auch nach dem Absolutwert seines spez. Widerstands. Das sicherste Urteil gewinnt man aber anscheinend, wenn man die Änderung des Widerstands mit der Temperatur verfolgt.

MATTHIESSEN und VOGT[1]) fanden im Gebiete zwischen 0 und 100° C, daß für Proben eines und desselben Metalls, aber von verschiedenem Reinheitsgrade, das bei einer bestimmten Temperatur T_{abs} genommene Produkt aus dem spez. Widerstand ϱ und seinem Temperaturkoeffizienten $\beta = 1/\varrho \cdot d\varrho/dT$ annähernd konstant sei, d. h. unabhängig von der Art und dem Grade der Verunreinigung. Daraus folgt aber, daß

$$\varrho \cdot \beta = \frac{d\varrho}{dT} = f(T) \tag{7}$$

eine von fremden Zusätzen unabhängige, also für das reine Metall charakteristische Temperaturfunktion ist[2]). Durch Integration erhält man

$$\varrho = F(T) + \zeta \tag{7a}$$

wo $F(T)$ den Widerstand des reinen Metalls, ζ einen von der Temperatur unabhängigen, durch die Verunreinigung hervorgebrachten Zusatzwiderstand bezeichnet.

Nun haben spätere Untersuchungen[3]) von FLEMING, KAMERLINGH ONNES und CLAY, NERNST u. a. gelehrt, daß die durch Gleichung (7a) dargestellte MATTHIESSENsche Regel bis zu den tiefsten erreichbaren Temperaturen ungefähr gültig bleibt, obwohl $F(T)$, der Widerstand des reinen Metalls, in der Nähe des absoluten Nullpunkts nur noch klein ist gegen den Wert beim Eispunkt, so daß schon bei geringer Verunreinigung der Zusatzwiderstand ζ in tiefsten Temperaturen den wesentlichen Teil des Gesamtwiderstands ϱ ausmacht. Über die besonderen Verhältnisse des supraleitenden Zustands s. Ziff. 29ff.

Will man also die Verunreinigung eines Metalls feststellen, so kann man seinen Widerstand in tiefer Temperatur, z. B. in flüssigem Helium, messen. In der Regel wird sich hier ein von der Temperatur merklich unabhängiger Widerstand ergeben, der dann mit dem obigen ζ identisch ist und ein Maß für die Größe der Verunreinigung bildet. Durch Subtraktion des ζ von ϱ erhält man wenigstens annähernd den Widerstand $F(T)$ des reinen Metalls.

Aus praktischen Gründen pflegt man bei solchen Untersuchungen nicht den Widerstand ϱ selbst zu messen, sondern das Verhältnis von ϱ zu seinem Werte ϱ_0 beim Eispunkt (T_0). Bei diesem gilt

$$\varrho_0 = F(T_0) + \zeta .$$

Setzen wir

$$r = \frac{\varrho}{\varrho_0}, \qquad z = \frac{\zeta}{\varrho_0}, \qquad [r] = \frac{F(T)}{F(T_0)},$$

[1]) A. MATTHIESSEN u. C. VOGT, Pogg. Ann. Bd. 122, S. 19. 1864.

[2]) Wir geben hier die Beziehung schon in etwas allgemeinerer Form, als MATTHIESSEN, dessen Formulierung nur dann mit der obigen identisch ist, wenn der Widerstand sich linear mit der Temperatur ändert, was in dem von ihm benutzten Temperaturintervall nahe zutrifft. Vgl. W. GUERTLER, Jahrb. d. Radioakt. Bd. 5, S. 17. 1908; J. H. DELLINGER, Journ. Frankl. Inst. 1910, S. 213; ST. LINDECK, Verh. d. D. Phys. Ges. Bd. 13, S. 65 u. 281. 1911.

[3]) J. A. FLEMING, Proc. Roy. Instit. 1896, S. 6; H. KAMERLINGH ONNES u. J. CLAY, Comm. Leiden Nr. 99c, S. 20. 1907; H. KAMERLINGH ONNES, ebenda Nr. 119. 1910; W. NERNST, Berl. Ber. 1911, S. 306; H. SCHIMANK, Dissert. Berlin 1914; Ann. d. Phys. Bd. 45, S. 706. 1914.

so folgt für das Widerstandsverhältnis des reinen Metalls

$$[r] = \frac{F(T)}{F(T_0)} = \frac{r - z}{1 - z}. \tag{8}$$

Von Bedeutung ist auch die Beziehung, welche zwischen den für gleiches T geltenden Widerstandsverhältnissen r_1 und r_2 zweier verschieden reiner Proben eines Metalls besteht, wenn Gleichung (7) gültig ist. Aus Gleichung (8) folgt nämlich $(r_1 > r_2)$

$$\left.\begin{aligned} z_1 &= \frac{r_1 - [r]}{1 - [r]}; \quad z_2 = \frac{r_2 - [r]}{1 - [r]}; \quad z_1 - z_2 = \frac{r_1 - r_2}{1 - [r]}; \\ 1 - [r] &= \frac{1 - r_2}{1 - z_2}; \quad \frac{r_1 - r_2}{1 - r_2} = \frac{z_1 - z_2}{1 - z_2} = \alpha, \end{aligned}\right\} \tag{9}$$

wo α wiederum eine von der Temperatur unabhängige Zahl sein müßte. Die letzte Gleichung läßt sich schreiben

$$r_2 = \frac{r_1 - \alpha}{1 - \alpha}. \tag{10}$$

Die Bedeutung dieser von NERNST angegebenen Regel liegt darin, daß sie gestattet, das Widerstandsverhältnis eines unreinen Metalldrahtes (Platinthermometers) für eine beliebige Temperatur aus dem Widerstandsverhältnis eines anderen Drahtes mittels einer empirischen Konstante α mit einiger Wahrscheinlichkeit zu berechnen.

Für den Temperaturkoeffizienten von r gilt nach Gleichung (8)

$$\frac{dr}{dT} = (1 - z)\frac{d[r]}{dT}, \qquad \frac{1}{r}\frac{dr}{dT} = \frac{[r]}{r}(1 - z) \cdot \frac{1}{[r]}\frac{d[r]}{dT}. \tag{10a}$$

Die Regeln (7), (8) und (9) gelten ebenso für den durch mechanische Bearbeitung erzeugten Zusatzwiderstand regulär kristallisierender Metalle, wie für den durch Verunreinigung erzeugten.

Wie genau sie zutreffen können, lehrt folgendes Beispiel, das aus den HOLBORNschen Messungen[1]) an Aluminiumdrähten berechnet ist. Eine Probe der Sorte Al IV wurde bei 600° C angelassen und ergab danach die in Spalte 2 der Tabelle 1 angeführten r_1-Werte, eine andere Probe, bei 225° C angelassen, die r_2-Werte der Spalte 4. In Spalte 3 sind nach Formel (10) unter Annahme eines konstanten Zusatzwiderstandes $\alpha = 0{,}07$ die r_1-Werte der Spalte 2 auf r_2 umgerechnet. Die Übereinstimmung zwischen den berechneten und beob-

Tabelle 1. Prüfung der Matthiessen-Nernstschen Regel an zwei verschieden getemperten Proben der gleichen Aluminiumsorte.

t	bei 600° C getempert r_1 beob.	$\frac{r_1 - 0{,}0700}{1 - 0{,}0700} = r_2$ ber.	bei 225° C getempert r_2 beob.	ber.—beob.
1	2	3	4	5
−192,2°	0,2153	0,1562	0,1564	−0,0002
− 78°	0,6774	0,6531	0,6533	− 2
0°	1,0000	1,0000	1,0000	±
+100°	1,4096	1,4405	1,4398	+ 7
+200°	1,8202	1,8820	1,8851	− 31

[1]) L. HOLBORN, Ann. d. Phys. Bd. 59, S. 145. 1919. Vgl. auch W. GEISS u. J. A. M. v. LIEMPT, ZS. f. anorg. Chem. Bd. 143, S. 259. 1925; Konstanz von $\varrho \cdot \beta$ bei bearbeitetem Wolfram.

achteten Zahlen r_2 ist sehr gut. Das ist jedoch keineswegs immer in so hohem Maße der Fall[1]).

Hohen Ansprüchen an die Genauigkeit, wie sie z. B. bei Temperaturmessungen mit dem Widerstandsthermometer häufig gestellt werden, genügen die obigen Formeln deshalb nicht. Die Zusatzwiderstände z oder α hängen meistens von der Temperatur etwas ab. Obwohl diese Abhängigkeit für verschiedene Proben eines Metalls verschieden ist, scheint doch die Regel zu sein, daß α mit sinkender Temperatur abnimmt. Doch sind Fälle beobachtet, wo α, wenigstens in tiefer Temperatur, konstant ist oder zunimmt[2]). Bestimmte Regeln können also bisher nicht angegeben werden. Man bekommt eine den wirklichen Verhältnissen bisweilen besser entsprechende Formel als (10), wenn man mit HENNING[3])

$$r_1 - r_2 = A\,(1 - r_2) + B\,(1 - r_2)^2\,,$$

setzt, also eine lineare Änderung der Größe α mit $1 - r_2$ annimmt. Daß auch diese Formel nicht über das ganze Gebiet tiefer Temperaturen ausreicht, daß andererseits manchmal $r_1 - r_2$ eine lineare Funktion der Temperatur ist, weisen CATH, KAMERLINGH ONNES und BURGERS nach[4]).

8. Elektrische Leitfähigkeit reiner Metalle des regulären Systems. Regulär kristallisierende Metalle mit ungestörtem Kristallgitter leiten den elektrischen Strom nach allen Richtungen gleich gut. Die in Ziff. 1 unter Annahme der Isotropie aufgestellten Definitionen sind auf sie also ohne weiteres anwendbar.

Es wird nicht beabsichtigt, in diesem Kapitel das gesamte ungeheuer ausgedehnte Beobachtungsmaterial über die Leitfähigkeit der Metalle zusammenzutragen. Wer dies einsehen will, sei auf das Tabellenwerk von LANDOLT-BÖRNSTEIN oder auf die bereits vorhandenen Handbücher[5]) verwiesen. Wir haben uns bemüht, aus den zuverlässigsten Beobachtungen an möglichst reinen Metallproben Werte für die elektrische L.-F. und ihren Temperaturkoeffizienten zu entnehmen oder abzuleiten, die den für ideal reine und gut getemperte Metalle gültigen Werten sehr nahekommen (Tab. 2). Dazu dienten die Formeln (7) bis (8). Formel (7) ermöglicht es, aus einem Temperaturkoeffizienten β den spez. Widerstand ϱ derselben Metallprobe näherungsweise zu berechnen, wenn für irgendwelche andere Proben dieses Metalls das Produkt $\varrho \cdot \beta = f(T)$ bekannt ist. Das ist deshalb wichtig, weil gerade in neueren Arbeiten, in denen besonders gut gereinigte Metalle untersucht sind, zwar die Temperaturkoeffizienten β [meist die mittleren Temperaturkoeffizienten $\beta_{0,100} = (\varrho_{100} - \varrho_0)/100\,\varrho_0$], nicht aber die spez. Widerstände gemessen sind, in älteren Arbeiten jedoch, in denen ϱ und β gemessen sind, die Reinheit des Metalls oder dessen Temperung zu wünschen übrig läßt. Nehmen wir an, wir kennen das Produkt $\varrho \cdot \beta$ beim Eispunkt, dann wählen wir den maximalen für β beobachteten Wert, um ϱ zu berechnen. Wie weit dieser maximale beobachtete β-Wert noch unter dem des ideal reinen Metalls liegt, läßt sich allerdings nur dann entscheiden, wenn für die betreffende Metallprobe das Widerstandsverhältnis r bei sehr tiefer Temperatur bestimmt ist.

[1]) Viele Beispiele lassen sich den im Leidener Kältelaboratorium angestellten, in den Communications of Leiden mitgeteilten Beobachtungen entnehmen. Siehe auch H. SCHIMANK, Dissert. Berlin 1914; W. NERNST, Berl. Ber. 1911, S. 306. Vgl. auch Tab. 14, Ziff. 11.

[2]) Siehe z. B. TUYN, Dissert. Leiden 1924, S. 56, 57: Pt—1914—C und D, sowie Pt—23—1915.

[3]) F. HENNING, Ann. d. Phys. Bd. 40, S. 635. 1913.

[4]) P. G. CATH, H. KAMERLINGH ONNES u. J. M. BURGERS, Comm. of Leiden Nr. 152c. 1917.

[5]) Insbesondere J. KOENIGSBERGER, Metallische Leitung, in Graetz' Handb. Bd. III, S. 597—724, 1920; und A. SCHULZE, Die elektrische und Wärmeleitfähigkeit, in Guertlers Metallographie Bd. II, Heft 6. Berlin 1923.

Dies geht mit sinkender Temperatur in $z = \zeta/\varrho_0 = [\varrho_0 - F(T_0)]:\varrho_0$ über, gibt also den Bruchteil, um welchen voraussichtlich der Widerstand des ideal reinen Metalls $F(T_0)$ kleiner ist als ϱ_0 und sein Temperaturkoeffizient größer ist als $\beta_{0,100}$. Bei der Mehrzahl der Metalle in Tabelle 2 konnte z angegeben werden.

Tabelle 2[1]).

Spez. Widerstand ϱ, Leitfähigkeit $\varkappa$ der regulär krist. Metalle bei 0° C im Zustande der höchsten bisher erreichbaren Reinheit; Temperaturkoeffizient $100\,\beta_{0,100} = (\varrho_{100} - \varrho_0)/\varrho_0$; $10^4\,\varrho_0$ gibt den Widerstand eines Drahtes von 1 m Länge und 1 mm² Querschnitt bei 0° C.

Metall	Gruppe des per. Systems	$(\beta\varrho)_0 \cdot 10^9$	$100\,\beta_{0,100}$	$\varrho_0 \cdot 10^4$ [$\Omega \cdot$ cm]	z %	$\varkappa_0 \cdot 10^{-4}$ [$\Omega^{-1} \cdot$ cm^{-1}]
	1	2	3	4	5	6
Lithium	I	37	0,435	0,085	<0,7	11,8
Natrium[2])	,,	23	0,55	0,042		$23{,}_8$
Kalium[2])	,,	36	0,57	0,063		$15{,}_9$
Rubidium[2])	,,		0,48	(0,116)		$(8{,}_6)$
Caesium[2])	,,		0,50	(0,18)		$(5{,}_6)$
Kupfer	,,	6,7	0,431	0,0155	<0,2	$64{,}_5$
Silber	,,	$6{,}1_5$	0,410	0,0150	0,1	$66{,}_7$
Gold	,,	8,1	0,398	0,0204	0,1	$49{,}_0$
Calcium	II	$16{,}_3$	0,38	0,043		$23{,}_5$
Strontium[2])	,,	108	$0{,}35_4$	0,307		3,3
Aluminium	III	$11{,}_7$	0,467	0,0250	<1	40
Blei	IV	82	0,422	0,193	<0,1	5,2
Tantal	V	48	0,347	$(0{,}13_9)$		(7,2)
Molybdän	VI	$23{,}_5$	0,47	0,050		20
Wolfram	,,	$23{,}_6$	0,482	0,049	<0,1	$20{,}_4$
Eisen	VIII	59	0,657	0,089	2	$11{,}_2$
Kobalt	,,	(34)	0,658	(0,05)	3 bis 4	(19)
Nickel	,,	42	0,675	(0,062)	0,7	$(16{,}_1)$
Rhodium	,,	20	0,443	0,046	<0,4	(22)
Palladium	,,	$36{,}_6$	0,377	(0,097)	0,6	$(10{,}_3)$
Iridium	,,	21	0,411	0,050	1	$20{,}_0$
Platin	,,	$38{,}_4$	0,392	0,098	<0,2	$10{,}_2$

Die Genauigkeit des beschriebenen Verfahrens zur Feststellung von ϱ_0 erreicht gewiß noch nicht 1%, besonders weil die Produkte $\varrho \cdot \beta$ doch nur eine mäßige Konstanz bei verschiedenen Beobachtern zeigen, was zum Teil sicherlich im Material begründet ist. Doch gibt es für manche Metalle vorläufig kein anderes Mittel, um den spez. Widerstand des reinen Stoffs angenähert zu ermitteln.

---

1) Der Tabelle liegen hauptsächlich die folgenden Beobachtungen zugrunde: P. W. BRIDGMAN, Proc. Amer. Acad. Bd. 52, S. 571. 1917; Bd. 56, S. 59. 1921; Bd. 58, S. 151. 1923; Bd. 59, S. 125. 1923; Bd. 60, S. 385. 1925; J. DEWAR u. J. A. FLEMING, Phil. Mag. Bd. 36, S. 271. 1893; J. D. EDWARDS, Trans. Amer. Electrochem. Soc. Bd. 47, 1925; J. A. FLEMING, Proc. Roy. Soc. London Bd. 66, S. 50. 1900; W. GEISS u. J. A. M. v. LIEMPT, ZS. f. Metallkde. Bd. 17, S. 194. 1925; E. GRÜNEISEN u. E. GOENS, ZS. f. Phys. Bd. 44, S. 615, 1927; E. GUMLICH, Wiss. Abh. d. Phys.-Techn. Reichsanst. Bd. 4, S. 292. 1918; A. GUNTZ u. W. BRONIEWSKI, C. R. Bd. 147, S. 1474. 1908; L. HACKSPILL, ebenda Bd. 151, S. 305. 1910; L. HOLBORN, Ann. d. Phys. Bd. 59, S. 145. 1919; ZS. f. Phys. Bd. 8, S. 58. 1921; Z. W. HORNBECK, Phys. Rev. Bd. 2, S. 217. 1913; W. JAEGER u. H. DIESSELHORST, Wiss. Abh. d. Phys.-Techn. Reichsanst. Bd. 3, S. 269. 1900; W. MEISSNER, Ann. d. Phys. Bd. 47, S. 1001. 1915; ZS. f. Phys. Bd. 2, S. 373. 1920; E. F. NORTHRUP, Trans. Amer. Electrochem. Soc. Bd. 20, S. 185. 1911; M. v. PIRANI, Verh. d. D. Phys. Ges. Bd. 12, S. 301. 1910; C. L. SWISHER, Phys. Rev. Bd. 10, S. 601. 1917; S. WEBER, Ann. d. Phys. Bd. 54, S. 165. 1917.

2) β gilt für ein kleineres Temperaturintervall: Na, K zwischen 0° und Schmelzpunkt; Rb 0 bis 17°; Cs 0 bis 10°; Sr 0 bis 50°.

Die Temperaturkoeffizienten der Tabelle 2 sind fast alle zuverlässig beobachtet (s. auch Ziff. 10). Doch ist für einige Metalle der Reinheitsgrad nicht festzustellen, weil Beobachtungen in tiefsten Temperaturen fehlen.

Von regulären Metallen sind in die Tabelle 2 nicht aufgenommen Chrom und Mangan, da für sie nur sehr unvollkommene Angaben[1]) vorliegen. Von den Elementen Barium, Lanthan, Praseodym, Neodym, Uran, die vielleicht auch regulär sind, ist die L.-F. unbekannt oder nur an unreinen Proben bestimmt[2]).

9. Elektrische Leitfähigkeit nichtregulärer Metalle. Alle Metalle, welche nichtregulär kristallisieren, gehören dem hexagonalen, tetragonalen oder trigonalen System an, sie besitzen daher axiale Symmetrie, d. h. ihr spezifischer Widerstand ist in allen Richtungen senkrecht zur Hauptachse gleich. Parallel zur Hauptachse wird er jedoch im allgemeinen einen anderen Wert haben. Sind $\varrho_\parallel$ und $\varrho_\perp$ die spez. Widerstände parallel und senkrecht zur Achse, so berechnet sich der spez. Widerstand für irgendeine Richtung, die mit der Achse den Winkel φ einschließt, nach der Theorie[3]) aus der Formel

$$\varrho_\varphi = \varrho_\parallel \cos^2\varphi + \varrho_\perp \sin^2\varphi\,. \tag{11}$$

Dabei ist der spez. Widerstand ϱ wie in Ziff. 1 dadurch definiert, daß der Widerstand eines in der Richtung φ aus dem Kristall geschnittenen zylindrischen Stäbchens von der Länge l und dem Querschnitt q gleich ist $\varrho \cdot l/q$. Daß das Experiment mit Formel (11) in hinreichender Übereinstimmung steht, zeigt folgende Tabelle 3, in der für eine Reihe von Kristallstäbchen aus reinem Zink mit verschiedenem Winkel φ die beobachteten und nach (11) berechneten ϱ verglichen sind[4]).

Tabelle 3. Änderung des spez. Widerstands ϱ mit dem Winkel φ gegen die hexagonale Achse für Zink (20° C).

	1	2	3	4	5	6
$\varphi =$	3,6°	4,7°	21,9°	56°	81°	81°
ϱ_φ ber.	6,32	6,32	6,25	5,99	5,85	5,85
ϱ_φ beob.	6,33	6,24	6,27	5,94	5,88	5,85

Es ist also notwendig, aber auch hinreichend, die beiden Grenzwerte $\varrho_\parallel$ und $\varrho_\perp$ zu messen. Das ist bisher nur für die Metalle Zink und Kadmium (hexagonal), Zinn (tetragonal), Wismut und Antimon (trigonal) geschehen. Über Tellur s. Ziff. 37. Tabelle 4 gibt die spez. Widerstände $\varrho_\parallel$ und $\varrho_\perp$ beim Eispunkt, das Verhältnis beider und die zwischen 0 und 100° C genommenen Temperaturkoeffizienten $\beta_{0,100}$. Soweit für dasselbe Metall verschiedene Beobachtungen vorliegen, stimmen sie nicht besonders gut überein, was hier wahrscheinlich nicht auf die Reinheit des Metalls, sondern auf die Schwierigkeit zurückzuführen ist, einwandfreie Kristallproben von gut ausmeßbaren Dimensionen herzustellen.

---

[1]) J. Shukow, Journ. russ. phys.-chem. Ges., Chem. T., Bd. 42, S. 40. 1910; über Cr und Th vgl. J. C. Mc Lennan u. C. D. Niven, Phil. Mag. Bd. 4, S. 386. 1927.

[2]) P. W. Bridgman, Proc. Amer. Acad. Bd. 58, S. 151. 1923; Bd. 56, S. 71. 1921; C. Benedicks, Int. ZS. f. Metallogr. Bd. 7, S. 225. 1915; Jahrb. d. Radioakt. Bd. 13, S. 351. 1916.

[3]) W. Voigt, Kristallphysik, 1910; man beachte den dort gegebenen Zusammenhang zwischen spez. Widerstand und L.-F., die nur $\parallel$ und $\perp$ zur Achse zueinander einfach reziprok sind.

[4]) E. Grüneisen u. E. Goens, ZS. f. Phys. Bd. 26, S. 250. 1924. Weitere Beispiele siehe bei P. W. Bridgman, Proc. Amer. Acad. Bd. 60, S. 305. 1925. Hier findet sich S. 320 auch eine Formel für die Berechnung des Temperaturkoeffizienten von ϱ für mittlere Richtungen.

Besonders beim Wismut kommt es leicht vor, wie BORELIUS und LINDH[1]) gezeigt haben, daß längs der Spaltflächen Risse und hierdurch Zusatzwiderstände

Tabelle 4. Spezifische Widerstände bei 0° C und ihre Temperaturkoeffizienten für nicht reguläre Metallkristalle, parallel und senkrecht zur Achse.

Metall		$\varrho_0 \cdot 10^4$	$\frac{\varrho_\parallel}{\varrho_\perp}$	$100\,\beta_{0,100}$[2])	Beobachter
Zn	∥	0,0583	$1{,}08_2$	0,424	GRÜNEISEN u. GOENS
	⊥	0,0539		0,418	
Zn	∥	0,0566	$1{,}03_7$	0,419	BRIDGMAN
	⊥	0,0545		0,418	
Cd	∥	0,0779	$1{,}19_1$	0,423	GRÜNEISEN u. GOENS
	⊥	0,0654		0,427	
Cd	∥	0,0765	$1{,}22_1$	0,428(?)	BRIDGMAN
	⊥	0,0626			
Sn	∥	$0{,}131_3$	$1{,}45_1$	0,447	,,
	⊥	$0{,}090_5$		0,469	
Sb	∥	0,318	$0{,}82_4$	0,595	,,
	⊥	0,386		0,511	
Bi	∥	1,27	1,27	0,445	,,
	⊥	1,00			
Bi	∥	1,43	1,34	—	BORELIUS u. LINDH
	⊥	1,07			

entstehen, die durch Druck sehr vermindert werden können. Auch beim Zink, ∥ der Achse, ist Vorsicht geboten.

Für ein ideales, d. h. völlig ungeordnetes, aber lückenloses Haufwerk kleiner Kristallite nicht regulärer Metalle sollte nach W. VOIGT ein mittlerer spez. Widerstand ϱ definiert sein durch die Formel

$$\frac{1}{\varrho} = \frac{1}{3}\left[\frac{2}{\varrho_\perp} + \frac{1}{\varrho_\parallel}\right],$$

und sein Temperaturkoeffizient β nach BRIDGMAN[3]) durch die Formel

$$\frac{\beta}{\varrho} = \frac{1}{3}\left[\frac{2\beta_\perp}{\varrho_\perp} + \frac{\beta_\parallel}{\varrho_\parallel}\right].$$

Die mittels dieser Beziehungen aus Tabelle 4 berechneten mittleren spez. Widerstände und deren Temperaturkoeffizienten sind in Tabelle 5 angegeben. Sie entsprechen den Zahlen, die man an polykristallinen Metallproben ohne Vorzugsrichtung beobachten muß. Für einige weitere Metalle (Mg, Hg, Ga, In, Tl), für welche die Beobachtungen längs der Achsen fehlen, mußten wir uns mit den an polykristallinen Proben gefundenen Zahlen begnügen. Wie weit hier die Unordnung der Kristallite vollständig war, ist zweifelhaft.

Für die nichtregulären Metalle, welche in Tabelle 5 nicht aufgenommen sind, liegen nur unvollkommene Angaben vor[4]).

---

[1]) G. BORELIUS u. A. E. LINDH, Ann. d. Phys. Bd. 51, S. 607. 1916.

[2]) Die Temperaturkoeffizienten nach GRÜNEISEN und GOENS beziehen sich auf den „beobachteten" Widerstand zwischen festen Potentialklemmen, die nach BRIDGMAN auf den „spezifischen" Widerstand. Letztere enthalten also eine beim Zn und Cd nicht unbeträchtliche Korrektion wegen der thermischen Ausdehnung. Dies ist aber nicht der einzige Grund für die Unterschiede zwischen den verschiedenen Beobachtern.

[3]) P. W. BRIDGMAN, Proc. Amer. Acad. Bd. 60, S. 322. 1925.

[4]) Vgl. über Beryllium, Cer, Ruthenium: C. BENEDICKS, Jahrb. d. Radioakt. Bd. 13, S. 351. 1916; über Osmium: F. BLAU, Elektrot. ZS. Bd. 25, S. 198. 1905; L. LOMBARDI, ebenda Bd. 25, S. 42. 1904; über Arsen: A. MATTHIESSEN u. M. v. BOSE, Pogg. Ann. Bd. 115, S. 353. 1862; über Beryllium ferner J. C. MC LENNAN u. C. D. NIVEN, Phil. Mag. Bd. 4, S. 386, 1927.

Tabelle 5. Mittlere spez. Widerstände bei 0° C und ihre Temperaturkoeffizienten für nicht reguläre Metalle[1]).
Bei den stark anisotropen Metallen hat das Produkt $(\beta\varrho)_0$ parallel und senkrecht zur Achse verschiedene Werte. Wie groß die Unterschiede bei Mg, Ga, In, Tl sind, ist unbekannt. Sie sind als klein angenommen.

Metall	Gruppe Per. Syst.	$(\beta\varrho)_0 \cdot 10^9$	$100\,\beta_{0,100}$	$\varrho_0 \cdot 10^{1}$ [Ωcm]	z %	$\varkappa_0 \cdot 10^{-4}$ [Ω^{-1}cm^{-1}]
Magnesium	II hex.	$16{,}_3$	$0{,}41_2$	(0,040)		(25,0)
Zink	,, ,,	—	0,420	0,055	<1	18,1
Kadmium	,, ,,	—	0,426	0,068	$<0{,}1$	14,7
Quecksilber	,, ,,	—	—	{ 0,229[2]) / 0,24[3]) }	$<0{,}2$	{ 4,4[2]) / 4,1[3]) }
Gallium[4])	III	150	$0{,}39_6$	(0,38)		(2,6)
Indium[5])	,, tetrag.	40	$0{,}47_4$	0,084		11,9
Thallium	,, hex.	73	$0{,}51_7$	$(0{,}14_1)$		(7,1)
Zinn	IV tetrag.	—	0,463	0,101	$<0{,}1$	9,9
Antimon	V trig.	—	0,542	0,360		$2{,}7_8$
Wismut	,, ,,	—	0,445	1,08		0,93

c) Einfluß der Temperatur.

10. Änderung des spez. Widerstands mit der Temperatur. Auf Grund der ARNDTSENschen Versuche[6]) über den Widerstand der Metalle bei verschiedenen Temperaturen äußerte CLAUSIUS[7]) die Vermutung, daß der Widerstand für alle reinen Metalle proportional der absoluten Temperatur sich ändere. Eine Prüfung durch MATTHIESSEN und v. BOSE[8]) schien dem nicht zu widersprechen. Je besser es aber gelang, die Metalle von ihren Verunreinigungen zu befreien und dadurch ihren Temperaturkoeffizienten $\beta_{0,100}$ zu erhöhen (s. Ziff. 7), um so deutlicher zeigte sich, daß der elektrische Widerstand zwischen 0 und 100° C rascher wächst als proportional mit T, daß also der Temperaturkoeffizient $\beta_{0,100} > 0{,}00367$ ist und auch für verschiedene Metallgruppen recht verschiedene Werte annimmt. Man vergleiche die Zahlen für $\beta_{0,100}$ in Tabelle 2, 4 und 5. Besonders lehrreich waren die Versuche in tiefen Temperaturen. WROBLEWSKI[9]) war der erste, der bereits 1885 den Widerstand von Kupfer bis zur Temperatur des unter vermindertem Druck siedenden Stickstoffs (— 200° C) maß und aus seinen Versuchen schloß, daß der Widerstand viel schneller als T abfällt und sich lange vor dem Erreichen des absoluten Nullpunkts der Null nähert. Später sind denn auch an den meisten anderen Metallen solche Versuche von den tiefsten bis zu den höchsten Temperaturen angestellt worden. Wir müssen es uns versagen, auf alle diese im einzelnen einzugehen und verweisen auf die bereits oben (Ziff. 8) angeführten Werke. Wir beschränken uns wiederum darauf, nach den zuverlässigsten Messungen an den reinsten Metallproben den gegenwärtigen Stand unserer Kenntnisse über die Temperaturabhängigkeit des metallischen Widerstands darzustellen, ohne deshalb das historische Verdienst der hier vielleicht nicht ganz zur Geltung kommenden großen Versuchsreihen von DEWAR

[1]) Nach Beobachtungen von P. W. BRIDGMAN, Proc. Amer. Acad. Bd. 60, S. 305. 1925; J. DEWAR u. J. A. FLEMING, Phil. Mag. Bd. 36, S. 271. 1893; T. ERHARD, Wied. Ann. Bd. 14, S. 504. 1881; E. GRÜNEISEN u. E. GOENS, ZS. f. Phys. Bd. 26, S. 250. 1924.

[2]) Gültig für festes Hg bei 0° C und einem Druck von 7640 kg/cm²; s. P. W. BRIDGMAN, Proc. Amer. Acad. Bd. 56, S. 99. 1921.

[3]) Gültig für festes Hg beim Schmelzpunkt (—38,89° C) unter Atmosphärendruck; s. G. GEHLHOFF u. F. NEUMEIER, Verh. d. D. Phys. Ges. Bd. 21, S. 201. 1919.

[4]) Temperaturkoeffizient unterhalb des Schmelzpunktes (29° C).

[5]) Temperaturkoeffizient zwischen —5 und +36° C.

[6]) A. ARNDTSEN, Pogg. Ann. Bd. 104, S. 1. 1858.

[7]) R. CLAUSIUS, Pogg. Ann. Bd. 104, S. 1. 1858.

[8]) Vergl. Anm. 4 auf voriger Seite.

[9]) S. v. WROBLEWSKI, Wied. Ann. Bd. 26, S. 27. 1885.

und FLEMING (1893) sowie von KAMERLINGH ONNES und seinen Mitarbeitern zu verkennen[1]).

Tabelle 6 gibt für die regulären, Tabelle 7 für die nichtregulären Metalle eine Übersicht der für verschiedene Temperaturen t beobachteten Widerstandsverhältnisse $r = \varrho/\varrho_0$, aus denen man durch Multiplikation mit den ϱ_0-Werten der Tabellen 2, 4 und 5 die ϱ-Werte für jene Temperaturen ableiten kann. Der hohe Reinheitsgrad der untersuchten Metalle wird durch die meist sehr kleinen r-Werte in den tiefsten angegebenen Temperaturen (Helium- und Wasserstoffsiedepunkt) bewiesen. Für die regulären Metalle ist dann noch in Tabelle 8 der Temperaturkoeffizient für verschiedene Temperaturen angegeben, und zwar entweder bei -252 und $-183°$,

$$\frac{dr}{dt} = \frac{1}{\varrho_0}\frac{d\varrho}{dt}$$

nach MEISSNER, oder der mittlere für ein größeres Temperaturintervall gebildete $(r_2 - r_1):(t_2 - t_1)$ nach HOLBORN. Endlich ist in Abb. 3a und b der Verlauf

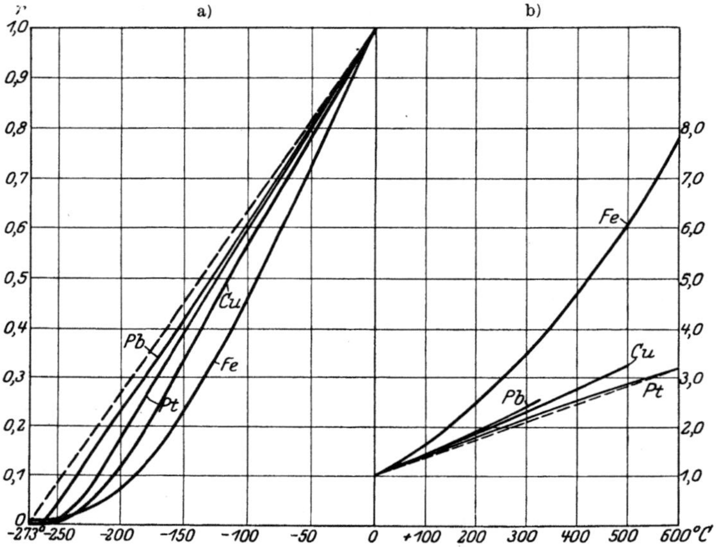

Abb. 3. Änderung des Widerstandsverhältnisses $r = \varrho/\varrho_0$ mit der Temperatur.

von r mit der Temperatur für Eisen, Kupfer, Platin und Blei gezeichnet, wobei in Abb. 3b gegen 3a der Maßstab der Abszisse etwa auf die Hälfte, der der Ordinate auf den 10. Teil verkleinert worden ist. Die Kurven der übrigen regulären Metalle würden sich zwischen die gezeichneten einordnen.

Die Tabellen und Kurven lehren folgendes:

Für alle Metalle sinkt der Widerstand vom Eispunkt abwärts rascher als die absolute Temperatur. Die von CLAUSIUS vermutete Proportionalität mit T, der die gestrichelten Geraden in Abb. 3a und b entsprechen, kann höchstens als ein Grenzgesetz angesehen werden, dem die Widerstandskurven von Blei und Quecksilber in tiefer Temperatur am nächsten kommen. Der Abfall der r-Werte ist für die verschiedenen Metalle im allgemeinen verschieden. Auch in den Richtungen $\parallel$ und $\perp$ zur kristallographischen Achse nichtregulärer

[1]) Eine sehr vollständige Zusammenstellung der Messungen in tiefer Temperatur geben H. KAMERLINGH ONNES und W. TUYN, Comm. Leiden, Suppl. Nr. 58. 1926.

Metalle treten deutliche Unterschiede auf. In allen Fällen aber nähern sich die r-Kurven asymptotisch einer zur t-Achse parallelen Geraden, die der t-Achse um so näher rückt, je reiner das Metall ist. Beim Eisen (Abb. 3a) ist z. B. ein auf Verunreinigung zurückzuführender Restwiderstand noch deutlich erkennbar[1]. Über die Supraleitung wird erst in Ziff. 29ff. berichtet werden.

Vom Eispunkt aufwärts lassen sich die Metalle deutlich in drei Gruppen ordnen, worauf schon DEWAR und FLEMING hingewiesen haben. Die erste Gruppe, zu der weitaus die meisten Metalle gehören, zeigt einen langsam beschleunigten Anstieg des Widerstands, demnach ein langsames Anwachsen des Temperaturkoeffizienten (Tab. 8 und Abb. 3b, Cu und Pb); die zweite Gruppe, zu der nur Palladium, Platin und, wie HOLBORN fand, wahrscheinlich auch Tantal gehört, zeigt einen langsam verzögerten Anstieg des Widerstands und demnach ein Absinken des Temperaturkoeffizienten mit steigender Temperatur (Tab. 8 und die Pt-Kurve in Abb. 3b); die dritte Gruppe, welche die ferromagnetischen Metalle Eisen, Kobalt, Nickel umfaßt, zeigt einen stark beschleunigten und deshalb überhaupt sehr starken Anstieg des Widerstands mit der Temperatur (Tab. 8 und die Fe-Kurve in Abb. 3b). Bei KOBALT wird der Anstieg oberhalb 300° C gleichmäßig.

Metalle, die in tiefer Temperatur nahe die gleiche r-Kurve besitzen (Li und Co; Ag und Pt, Tab. 6), unterscheiden sich in hoher Temperatur bisweilen stark. Das wird auch durch die Änderung der Reihenfolge bewiesen, mit der die r-Kurven in Abb. 3a und b aufeinanderfolgen. Dieser Befund ist wichtig, denn er deutet darauf hin, daß es verschiedene Ursachen sind, welche in tiefer und in hoher Temperatur die Abweichungen von der CLAUSIUSschen Hypothese bewirken. Wir haben ähnliche Verhältnisse wie beim DULONG-PETITschen Gesetz der konstanten Atomwärme, dessen Abweichungen in tiefer Temperatur auf der quantenhaften Energieverteilung, in hoher Temperatur auf den großen Schwingungsamplituden der Atome beruhen (vgl. Bd. X ds. Handb.).

11. Einfluß der Atomschwingungsfrequenzen auf die Änderung des Widerstands regulär kristallisierender Metalle. Die Ähnlichkeit im Verhalten des elektrischen Widerstands und in dem der Atomwärme (C_p) geht noch viel weiter, als es am Schluß der vorigen Ziffer angedeutet wurde. NERNST und KAMERLINGH ONNES wiesen fast gleichzeitig (1911) darauf hin, daß die Reihenfolge der Kurven in Abb. 3a genau die gleiche ist wie die Reihenfolge der C_p-t-Kurven, eine Feststellung, die sich nicht auf die vier herausgegriffenen Metalle beschränkt, sondern auch für viele andere zutrifft. Da der Abfall der Atomwärmen vom DULONG-PETITschen Werte $3R$ zu kleinen Werten nach EINSTEIN bei um so höherer Temperatur erfolgt, je größer die Atomschwingungsfrequenzen des betreffenden Metalls sind, so war durch die obengenannte Feststellung der Einfluß dieser Frequenzen auch auf den Abfall des elektrischen Widerstands in tiefer Temperatur so gut wie sichergestellt. Die auf Grund dieses Befundes zunächst vorgeschlagenen

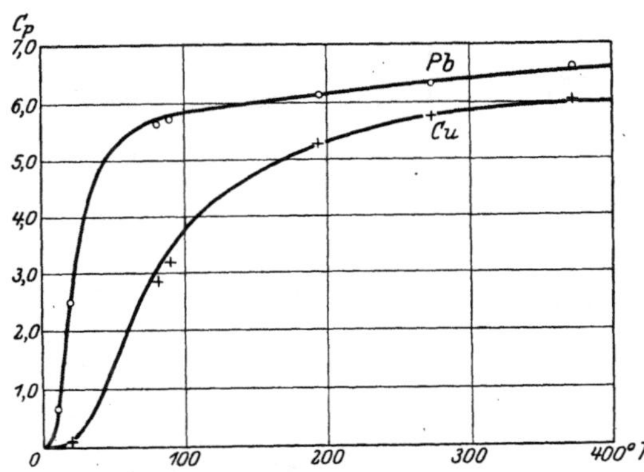

Abb. 4. Vergleich von Atomwärme und Widerstand/abs.Temperatur.

—— $C_{p_{\text{beob.}}}$ für Pb und Cu; ⊙ beob. $\frac{r}{T} \cdot 1735$ für Pb; + beob. $\frac{r}{T} \cdot 1570$ für Cu.

[1]) Vgl. auch die Abbildung bei H. KAMERLINGH ONNES, Comm. Leiden, Suppl. Nr. 44a, S. 31. 1921.

quantitativen Beziehungen zwischen Widerstand und Energieinhalt oder Atomfrequenz[1]) waren unzureichend. Später bemerkte GRÜNEISEN[2]), daß man dem Zusammenhang des Widerstands regulärer Metalle mit der Atomfrequenz folgende einfache Form geben kann:

Das Verhältnis von Widerstand zu absoluter Temperatur wächst im Gebiete tiefer Temperaturen nahezu proportional der Atomwärme.

Tabelle 6. Änderung des spez. Widerstands mit der
Die Zahlen der Tabelle geben das Verhältnis $r = \varrho_t/\varrho_0$, allerdings ohne

Metall	Gruppe Per. Syst.	$t = -269°$	$-252,8°$	$-192°$	$-183°$	$-78°$	$+100°$	$+200°$
Lithium . .	I	—	0,0073	0,1343	0,1703	—	1,435	—
Natrium . .	,,	0,0038	0,0091	0,208	0,2440	—	—	—
Kalium . . .	,,	0,0070	0,0270	—	0,2719	—	—	—
Kupfer . . .	,,	—	0,00081	0,141	0,1807	—	—	—
		—	0,00259	—	0,1840	—	1,431	—
		—	—	0,1475	—	0,6603	1,433	1,866
		—	—	—	—	—	—	—
Silber. . . .	,,	—	$0,0054_5$	0,2071	—	0,6841	1,4098	1,829
		—	—	—	—	—	—	—
Gold	,,	0,00039	0,0064	0,230	0,2705	—	1,400	—
		—	0,0068	0,2375	—	0,6955	1,398	1,809
		—	—	—	—	—	—	—
Aluminium[7])	III	—	0,0411	0,1443	—	0,6464	1,447	1,892
		—	0,0074	0,115	0,1487	—	1,467	—
Blei	IV	supra-	0,0296	—	0,297	—	1,420	—
		leitend	0,0305	0,2634	—	0,6911	1,422	1,877
Tantal[9]) . .	V	—	—	0,2955	—	0,7304	1,347	1,661
		—	—	—	—	—	1,35	1,69
Molybdän . .	VI	—	—	—	—	—	1,473	—
		—	—	0,1931	—	0,6668	1,435	1,885
		—	—	—	—	—	1,414	—
Wolfram . .	,,	—	$0,0010_7$	0,1305	0,1687	—	1,482	—
		—	—	0,1563	0,194	0,6524	1,465	1,957
		—	—	—	—	—	$1,4_5$	1,92
Eisen	VIII	—	0,0113	0,0878	—	0,5794	1,648	—
		—	—	0,1003	—	0,5800	1,657	2,473
		—	—	—	—	—	1,635	—
Kobalt . . .	,,	—	—	0,135	—	—	1,658	2,478
Nickel . . .	,,	0,0051	0,0066	0,1039	—	—	1,675	2,539
Rhodium . .	,,	—	—	0,1619	—	0,6597	1,443	1,903
		—	0,0034	$0,121_4$	$0,159_3$	—	—	—
Palladium .	,,	—	0,0093	0,1874	—	0,6855	1,377	1,728
Iridium[12]) . .	,,	—	—	0,2254	—	0,6938	1,393	1,794
Platin . . .	,,	0,0017	0,0061	—	0,244	—	1,393	—
		—	—	0,2060	—	0,6860	1,392	1,772
		—	0,0061	—	0,2453	—	1,392	—
		—	—	—	—	—	—	—
		0,0122	0,0178	—	—	—	—	—

[1]) H. KAMERLINGH ONNES, Comm. Leiden Nr. 119B. 1911; W. NERNST, Berl. Ber. 1911, S. 306; F. A. LINDEMANN, ebenda S. 316; W. WIEN, ebenda 1913, S. 184.

[2]) E. GRÜNEISEN, Verh. d. D. Phys. Ges. Bd. 15, S. 186. 1913.

[3]) W. MEISSNER, Ann. d. Phys. Bd. 47, S. 1001. 1915; ZS. f. Phys. Bd. 2, S. 373. 1920; Phys. ZS. Bd. 26, S. 689. 1925; ZS. f. Phys. Bd. 38, S. 647. 1926.

[4]) L. HOLBORN, Ann. d. Phys. Bd. 59, S. 145. 1919; ZS. f. Phys. Bd. 8, S. 58. 1921.

[5]) E. F. NORTHRUP, Journ. Frankl. Inst. Bd. 177, S. 1 u. 287; Bd. 178, S. 85. 1914.

[6]) E. GRÜNEISEN u. E. GOENS, ZS. f. Instrkde. Bd. 47, S. 236. 1927.

[7]) Für die erste Probe (Al III) werden 1,2% Verunreinigungen angegeben, für die zweite 0,03 % (EDWARDS).

[8]) M. v. PIRANI, Verh. d. D. Phys. Ges. Bd. 12, S. 301. 1910.

Wenn man z. B. für Blei und Kupfer (Abb. 4) die Kurven der beobachteten Atomwärmen C_p als Funktion der absoluten Temperatur T aufträgt, und die beobachteten Verhältniszahlen r/T, mit einem geeigneten Zahlenfaktor multipliziert, als Kreise oder Kreuze einzeichnet, so fallen diese sehr nahe auf die C_p-Kurven. Während bei den gewählten Beispielen, die der ersten Gruppe (nach der Einteilung in Ziff. 10) angehören, die Proportionalität zwischen r/T und C_p noch in höherer Temperatur einigermaßen zutrifft, ist das für die Metalle der Gruppen 2 und 3 nicht der Fall. Für

Temperatur für reine reguläre Metalle (angelassen).
Berücksichtigung der thermischen Ausdehnung; t ist in °C ausgedrückt.

Met.	+300°	+400°	+500°	+600°	+800°	+1000°	+1500°	+2000° C	Beob.
Li	—	—	—	—	—	—	—	—	MEISSNER[3])
Na	—	—	—	—	—	—	—	—	WOLTJER u. K. ONNES[15])
K	—	—	—	—	—	—	—	—	WOLTJER u. K. ONNES[15])
Cu	—	—	—	—	—	—	—	—	GRÜNEISEN u. GOENS[6])
	—	—	—	—	—	—	—	—	MEISSNER[3])
	2,308	2,760	3,225	—	—	—	—	—	HOLBORN[4])
	2,32	—	3,23	—	4,71	5,91	—	—	NORTHRUP[5])
Ag	2,263	2,710	3,168	—	—	bei 960°	—	—	HOLBORN[4])
	—	—	3,14	—	4,6	5,5	—	—	NORTHRUP[5])
Au	—	—	—	—	—	—	—	—	MEISSNER[3])
	2,235	2,680	3,144	—	—	—	—	—	HOLBORN[4])
	2,19	—	3,08	—	4,62	5,83	—	—	NORTHRUP[5])
Al	2,35	—	—	—	—	—	—	—	HOLBORN[4])
	—	—	—	—	—	—	—	—	GRÜNEISEN u. GOENS[6])
Pb	—	—	—	—	—	—	—	—	MEISSNER[3])
	2,379	—	—	—	—	—	—	—	HOLBORN[4])
Ta	—	—	—	—	—	—	—	—	HOLBORN[4])
	2,02	2.34	2,64	—	3,54	4,1	5,4	6,7	PIRANI[8])
Mo	—	—	—	—	—	—	—	—	GEISS u. v. LIEMPT[16])
	2,349	2,825	—	—	—	—	—	—	HOLBORN[4])
	—	—	—	—	—	6,2	—	13,8	BLOM[10])
W	—	—	—	—	—	—	—	—	GRÜNEISEN u. GOENS[6])
	2,479	3,026	—	—	—	—	—	—	HOLBORN[4])
	—	2,96	—	—	—	6,6	9,8	—	PIRANI[8])
Fe	3,474	—	—	—	—	—	—	—	HOLBORN[4])
	3,490	4,654	6,041	—	—	—	—	—	HOLBORN[4])
	3,50	4,73	6,19	7,87	—	—	—	—	BURGESS u. KELLBERG[11])
Co	3,527	4,564	5,605	—	—	—	—	—	HOLBORN[4])
Ni	3,670	4,932	—	—	—	—	—	—	HOLBORN[4]) u. MEISSNER[3])
Rh	2,382	2,888	3,414	—	—	—	—	—	HOLBORN[4])
	—	—	—	—	—	—	—	—	GRÜNEISEN u. GOENS[6])
Pd	2,058	2,36	2,64	—	—	—	—	—	HOLBORN[4])
Ir	2,196	2,631	3,070	—	—	—	—	—	HOLBORN[4])
Pt	—	—	—	—	—	—	—	—	MEISSNER[3])
	2,141	2,498	2,844	—	—	—	—	—	HOLBORN[4])
	—	—	—	—	—	—	—	—	HENNING[13])
	—	—	2,81	—	3,9	4,5	5,8	—	PIRANI[8])
	—	—	—	—	—	—	—	—	TUYN[14])

[9]) Beide Proben Ta sind offenbar noch keineswegs rein, da der Abfall des Widerstandes in tiefer Temperatur auf einen großen Restwiderstand schließen läßt.

[10]) E. C. BLOM, Phys. Rev. Bd. 13, S. 308. 1919.

[11]) G. K. BURGESS u. J. N. KELLBERG, Bull Bur. of Stand. Bd. 11, S. 457. 1915.

[12]) Besitzt schätzungsweise noch einen Zusatzwiderstand $z = 0{,}05$.

[13]) F. HENNING, Temperaturmessung. Braunschweig 1915, S. 103.

[14]) W. TUYN, Dissert. Leiden 1924, S. 57.

[15]) H. R. WOLTJER u. H. KAMERLINGH ONNES, Rep. a. Comm. IV. int. Congr. Refrig. 1924, S. 211; Comm. Leiden Nr. 173a. 1924; Suppl. Nr. 58. 1926.

[16]) W. GEISS u. J. A. M. v. LIEMPT, ZS. f. Metallkde. Bd. 17, S. 194. 1925.

Platin z. B. würde sich die r/T-Kurve nach anfänglicher Übereinstimmung mit der C_p-Kurve mit wachsender Temperatur nach unten wenden, für Eisen nach oben.

Die obige Beziehung bringt die Analogie zwischen der CLAUSIUSschen Hypothese, nach der r/T konstant sein müßte, und dem DULONG-PETITschen Gesetz sehr klar zum Ausdruck, ebenso aber auch die am Schluß von Ziff. 10 gezogene Folgerung, daß die Abweichungen von der CLAUSIUSschen Hypothese in tiefer und hoher Temperatur verschiedenen Ursprungs sind. Wir dürfen als sehr wahrscheinlich annehmen, daß die in tiefer Temperatur hauptsächlich wirksame Ursache in hoher Temperatur verschwindet und ebenso die in hoher Temperatur wirkende Ursache in tiefer Temperatur.

Um dem Rechnung zu tragen und eine brauchbare Formel zur Darstellung des Widerstands als Funktion der Temperatur zu gewinnen, setzte GRÜNEISEN[1]) den spez. Widerstand

$$\varrho \sim T\,\mathbf{C}\left(\frac{\Theta}{T}\right)[1 + a_1 T + a_2 T^2]\,, \tag{12}$$

Tabelle 7. Änderung des spez. Widerstands mit der Temperatur für nicht reguläre reine Metalle.

Die Zahlen geben das Verhältnis $r = \frac{\varrho_t}{\varrho_0}$ ohne Rücksicht auf die thermische Ausdehnung.

Metall	Gruppe Per. Syst.	$t = -269°$	$-252{,}8°$	$-192°$	$-183°$	$-78°$	$+100°$	$+200°$	$+300°$ C	Beobachter
Magnesium	II	—	0,0107	—	0,1905	—	—	—	—	GRÜNEISEN u. GOENS[2])
	hex.	—	—	—	0,230	0,682	1,381	—	—	DEWAR u. FLEMING[3])
	,,	—	—	—	—	—	1,412	—	—	BRIDGMAN[4])
Zink	,,	—	0,0104	0,220	—	0,686	1,415	1,856	2,341	HOLBORN[5])
Zn ∥ Achse		(0,0007)	0,0076	0,224	0,262	0,681	1,424	—	—	GRÜNEISEN u. GOENS[2]),
Zn ⊥ ,,		0,0017	0,0074	0,207	0,248	0,684	1,418	—	—	bei −269° MEISSNER[9])
Kadmium	,,	—	0,0214	0,253	—	0,693	1,424	1,886	—	HOLBORN[5])
		0,00045	0,0202	—	0,292	—	—	—	—	KAM. ONNES u. HOLST[6])
Cd ∥ Achse		$0{,}0001_9$	0,0220	0,254	0,293	0,694	1,423	—	—	GRÜNEISEN u. GOENS[2])
Cd ⊥ ,,		$(0{,}0000_3)$	0,0187	0,247	0,285	0,693	1,427	—	—	bei −269° MEISSNER[9])
Quecksilber[7])	,,	0,00209	0,0583	0,302	0,339	0,805	—	—	—	KAM. ONNES u. HOLST[6])
Thallium	III	0,0008	—	—	—	—	—	—	—	KAM. ONNES u. TUYN[8])
	hex.	—	—	—	0,277	0,671	1,398	—	—	DEWAR u. FLEMING[3])
		—	—	—	—	—	1,517	—	—	BRIDGMAN
Zinn	IV	0,00079	0,0114	0,217	—	—	—	—	—	MEISSNER[9])
	tetrag.	0,00052	0,0119	—	0,262	—	—	—	—	KAM. ONNES u. HOLST[6])
		—	—	—	0,260	0,674	1,440	—	—	DEWAR u. FLEMING[3])
Antimon	V	—	—	0,260	—	0,719	—	—	—	EUCKEN u. GEHLHOFF[10])
Sb ⊥ Achse	trig.	—	—	0,226	0,247	0,640	—	—	—	DE HAAS[11])
Wismut	,,	—	—	0,356	—	0,715	1,446	2,071	—	HOLBORN[5])
		—	0,224	0,392	0,414	—	—	—	—	KAM. ONNES u. CLAY[12])

[1]) E. GRÜNEISEN, Verh. d. D. Phys. Ges. Bd. 20, S. 36. 1918; Phys. ZS. Bd. 19, S. 382. 1918.

[2]) E. GRÜNEISEN u. E. GOENS, ZS. f. Phys. Bd. 26, S. 250. 1924. Über Mg s. ZS. f. Instr. Bd. 47, S. 236. 1927.

[3]) J. DEWAR u. J. A. FLEMING, Phil. Mag. (5) Bd. 36, S. 271. 1893. Mg und Tl unrein.

[4]) P. W. BRIDGMAN, Proc. Amer. Acad. Bd. 52, S. 588. 1917.

[5]) L. HOLBORN, Ann. d. Phys. Bd. 59, S. 145. 1919.

[6]) H. KAMERLINGH ONNES u. G. HOLST, Comm. Leiden Nr. 142a. 1914.

[7]) Beim Hg bedeuten die Zahlen das Verhältnis des Widerstandes bei $t°$ zu dem beim Schmelzpunkt (−38,9°); unterhalb −269° ist Hg supraleitend (Ziff. 29ff.). S. auch Comm. Leiden Nr. 180d, Tab. 25.

[8]) H. KAMERLINGH ONNES u. W. TUYN, Comm. Leiden Nr. 160a. 1922.

[9]) W. MEISSNER, Phys. ZS. Bd. 26, S. 689. 1925; ZS. f. Phys. Bd. 38, S. 647. 1926. Die eingeklammerten Zahlen sind korrigiert, um die Messungen einer Horizontalreihe auf den gleichen Reinheitsgrad zu reduzieren.

[10]) A. EUCKEN u. G. GEHLHOFF, Verh. d. D. Phys. Ges. Bd. 14, S. 169. 1912.

[11]) W. J. DE HAAS, Versl. Akad. Amsterdam Bd. 22, S. 1110. 1913/14.

[12]) H. KAMERLINGH ONNES u. J. CLAY, Comm. Leiden Nr. 99c. 1907.

wo **C** die von DEBYE in seiner Theorie der Atomwärmen[1]) abgeleitete Funktion

$$\mathbf{C}(x) = \frac{12}{x^3}\int_0^x \frac{\zeta^3}{e^\zeta - 1}\,d\zeta - \frac{3x}{e^x - 1}$$

bedeutet, deren mit $3R = 5{,}955$ multiplizierte Zahlwerte die Atomwärme geben und für $x = 0$ bis 30 in Bd. X, S. 367, aufgeführt sind, und wo Θ die von DEBYE als „charakteristische Temperatur" des Stoffs eingeführte Größe ist, welche mit der oberen Grenzfrequenz ν des elastischen Spektrums durch die Beziehung

$$\Theta = \frac{h}{k}\nu$$

zusammenhängt (h und k die PLANCKschen Strahlungskonstanten).

Tabelle 8. Änderung des Temperaturkoeffizienten mit der Temperatur für regulär krist. Metalle.

Die Zahlen geben $100\,\frac{dr}{dt} = 100\,\frac{1}{\varrho_0}\,\frac{d\varrho}{dt}$, oder $100\,\frac{r_2 - r_1}{t_2 - t_1}$ nach Beobachtungen von W. MEISSNER und L. HOLBORN (vgl. Tab. 6).

Metall	$-252°$	$-183°$	$-{}^{192}/_{-78}°$	$-{}^{78}/_{0}°$	${}^{0}/_{+100}°$	$+{}^{100}/_{200}°$	$+{}^{200}/_{300}°$	$+{}^{300}/_{400}°$	$+{}^{400}/_{500}°$
Li	0,025	0,42	—	—	0,44	—	—	—	—
Cu	0,017	0,44	0,450	0,436	0,433	0,433	0,442	0,452	0,465
Ag	—	—	0,419	0,405	0,410	0,420	0,434	0,449	0,458
Au	0,128	0,416	0,402	0,390	0,398	0,410	0,428	0,445	0,465
Al	—	—	0,440	0,453	0,447	0,445	—	—	—
Pb	0,34	0,371	0,375	0,396	0,422	0,455	0,502	—	—
Mo	—	—	0,415	0,427	0,435	0,450	0,464	0,478	—
W	—	—	0,435	0,445	0,465	0,493	0,536	0,547	—
Rh	—	—	0,437	0,436	0,443	0,460	0,480	0,508	0,523
Ir	—	—	0,411	0,393	0,392	0,401	0,403	0,436	0,439
Ta	—	—	0,380	0,345	0,347	0,315	—	—	—
Pd	—	—	0,434	0,403	0,377	0,351	0,330	0,309	0,29[illegible]
Pt	0,08	0,431	0,421	0,403	0,392	0,380	0,369	0,357	0,345
Fe	—	—	0,431	0,539	0,65	0,83	1,02	1,18	1,41
Co	—	—	(0,45)		0,66	0,82	1,05	1,04	1,04
Ni	—	—	(0,47)		0,68	0,86	1,13	(1,26)	—

Aus Gleichung (12) würde folgen, daß im Gebiet sehr tiefer Temperaturen, wo der Korrektionsfaktor in [] gleich 1 wird, der Widerstand proportional T^4 oder proportional der thermischen Schwingungsenergie wächst (Bd. X, Kap. 1, S. 19).

Gleichung (12) zeigte sich nun für reguläre Metalle einigermaßen gültig, für die hexagonalen Zink, Kadmium und Quecksilber genügte sie nicht, was begreiflich ist, da ja, wie wir sahen, der Abfall des Widerstands schon in verschiedenen kristallographischen Richtungen verschieden ist. Hierauf nimmt die Formel keine Rücksicht. Ebensowenig trägt sie der Erscheinung der Supraleitung (Ziff. 29) Rechnung.

Die folgenden Tabellen 9 bis 12[2]) geben ein Bild von der Leistungsfähigkeit der Formel für reguläre Metalle, die den drei oben unterschiedenen Gruppen

[1]) P. DEBYE, Ann. d. Phys. (4) Bd. 39, S. 789. 1912; s. auch ds. Handb. Bd. X, Kap 1, Ziff. 13, u. Kap. 5, Ziff. 16.

[2]) Aus den in Fußnote [1]) S. 18 zit. Arbeiten, jedoch z. T. neu gerechnet und durch neuere Beobachtungen ergänzt.

angehören. Da die Formel nur für ideal reine Metalle gilt, so muß in Fällen, wo ein konstanter Restwiderstand im Gebiet tiefster Temperaturen übrigbleibt, dieser von den beobachteten Widerständen nach Formel (8) in Abzug gebracht werden.

Für Blei (Tab. 9) ist ein Restwiderstand nicht festzustellen. Dementsprechend stimmt das mit den Konstanten Θ_r, a_1, a_2 (im Kopf von Tab. 9) berechnete Widerstandsverhältnis $[r]$ mit dem direkt beobachteten recht gut überein und zwar bis unmittelbar an die Grenze des Gebiets der Supraleitung. Der Index r wird zu Θ hinzugefügt, um zu zeigen, daß Θ aus dem Verlauf des Widerstands abgeleitet ist.

Tabelle 9. Das Widerstandsverhältnis $[r] = [\varrho/\varrho_0]$ für reines Blei.
$\Theta_r = 92$; $a_1 = +0{,}00025$; $a_2 = +0{,}00000027$.

T	$[r]_{\text{beob}}$	$[r]_{\text{ber}}$	Beob.
7,26°	0,0010	0,00094	TUYN
7,6	0,0011	0,00113	,,
8,7	0,0018	0,00192	,,
10,4	0,0040	0,00372	,,
14,09	$0{,}0107_8$	0,01064	,,
14,93	0,0128	0,0128	KEESOM u. K. ONNES
21,8	0,0350	0,03494	MEISSNER
80	0,2593	0,2591	HENNING
90	0,2961	0,2963	,,
100	0,3330	0,3335	,,
120	0,4070	0,4077	,,
150	0,5193	0,5199	,,
200	0,7098	0,7104	,,
373,1	1,4220	1,4234	,,

Weniger gut ist die Übereinstimmung in Tabelle 10 für Gold. Hier mußten die beobachteten r auf reines Gold umgerechnet werden. Dies konnte im Falle des MEISSNERschen Goldes verhältnismäßig sicher geschehen, da der sehr kleine Restwiderstand $z = 0{,}00039$ im Temperaturgebiet des flüssigen Heliums bestimmt war. Bei der von K. ONNES und CLAY benutzten Goldsorte wurde z so gewählt, daß bei 20,4° abs. Übereinstimmung mit MEISSNER besteht. Die Rechnung nach Formel (12) liefert dann mit $\Theta_r = 190$ oberhalb 57° abs. eine ganz gute Darstellung der Beobachtungen, unterhalb 21° aber zu große r-Werte, doch gibt sie den starken Abfall im großen und ganzen richtig wieder. Man kann die Übereinstimmung in tiefer Temperatur verbessern, wenn man $\Theta_r = 200$ setzt. Dann treten aber in mittleren Temperaturen (60 bis 90° abs.) größere Fehler auf.

Für Platin hat MEISSNER[1]) aus seinen Messungen in flüssigem Helium, die an einer Probe von der höchsten erreichbaren Reinheit gemacht sind, als $[r]$-Wert des ideal reinen Metalls beim normalen Siedepunkt des Wasserstoffs etwa

$$[r] = 0{,}0044$$

abgeleitet. Demnach besäßen also die Platinprobe von MEISSNER und die erste von HENNING in Tabelle 11 nur sehr geringe Restwiderstände von dem im Kopf der Tabelle angegebenen Betrage. Die Rechnung nach Formel (12) ergibt dann mit $\Theta_r = 230$ zwischen 4,2 und 473,1° abs. ziemlich gute Übereinstimmung mit den Beobachtungen. Nach höheren Temperaturen hin wird dem verzögerten Anstieg des Widerstands mit der Temperatur durch das in T quadratische Glied mit negativem a_2 nicht genügend Rechnung getragen.

Für Eisen ist die Extrapolation auf die $[r]$-Werte des reinen Metalls noch unsicher, denn das reinste bisher untersuchte Eisen von HOLBORN hat noch immer etwa 1% Zusatzwiderstand. Trotzdem wird das Eisen als Beispiel gewählt, weil es einerseits das größte Θ besitzt, andererseits den am stärksten beschleunigten Anstieg von $[r]$ in höherer Temperatur, so daß z. B. schon beim

[1]) W. MEISSNER, ZS. f. Phys. Bd. 38, S. 647. 1926.

Eispunkt der Korrektionsfaktor $1 + a_1 T + a_2 T^2 = 1{,}33$ wird. Ohne Rücksicht auf diesen Faktor wäre der Zusammenhang des Widerstands mit $\mathbf{C}(\Theta/T)$ selbst

Tabelle 10. Das Widerstandsverhältnis $[r] = [\varrho/\varrho_0]$ für reines Gold. $\Theta_r = 190$ bzw. 200; $a_1 = 0{,}00007$; $a_2 = +0{,}000\,000\,13$.

T abs.	$\frac{r - 0{,}00210}{1 - 0{,}00210}$ K. ONNES u. CLAY[1]	$\frac{r - 0{,}00039}{1 - 0{,}00039}$ MEISSNER[2]	$\frac{r - 0{,}04}{1 - 0{,}04}$ NORTHRUP[3]	$[r]_{ber}$ mit $\Theta_r = 190$	$[r]_{ber}$ mit $\Theta_r = 200$
4,2	—	≈0,00001	—	$0{,}00001_5$	$0{,}00001_3$
11,1	0,00043	—	—	0,00063	0,00055
12,1	0,00061	—	—	0,00088	0,00076
14,3	0,00150	—	—	0,00172	0,00151
18,0	0,0036	—	—	0,00427	0,00369
20,4	0,0060	0,0060	—	0,00692	0,00597
57,8	0,1315	—	—	0,131	0,124
68,1	0,177	—	—	0,174	—
75,2	0,207	—	—	0,204	—
80,0	—	0,2249	—	0,225	0,219
81,8	—	0,2317	—	0,232	—
90,1	0,270	—	—	0,268	—
91,5	—	0,275	—	0,273	—
169,3	0,592	—	—	0,589	0,587
373,7	—	1,402	—	1,405	—
573,1	—	—	2,24[4]	2,25	—
773,1	—	—	3,16[4]	3,18	—
1073,1	—	—	4,77	4,79	—
1273,1	—	—	6,03	6,03	—

Tabelle 11. Das Widerstandsverhältnis $[r] = [\varrho/\varrho_0]$ für reines Platin. $\Theta_r = 230$; $a_1 = +0{,}0003$; $a_2 = -0{,}000\,0004$.

T abs.	$\frac{r - 0{,}0016}{1 - 0{,}0016}$ HENNING	$\frac{r - 0{,}0033}{1 - 0{,}0033}$ HENNING	$\frac{r - 0{,}0016}{1 - 0{,}0016}$ MEISSNER	$\frac{r - 0{,}0098}{1 - 0{,}0098}$ K. ONNES u. CLAY; TUYN	$[r]_{ber}$ $\Theta_r = 230$
4,21	—	—	≈ 0,00004	—	0,00001
14,2	—	—	—	$0{,}0009_3$	$0{,}0009_4$
17,9	—	—	—	0,0027	0,0024
20,4	0,0044	—	0,0044	0,0044	0,0039
56,5	—	—	—	0,1015	0,1020
68,4	—	—	—	0,1515	0,1513
90,1	0,2441	—	—	—	0,2448
90,3	—	—	—	0,2454	0,2457
91,4	—	—	0,248	—	0,2505
197,1	0,6935	—	—	—	0,6934
373,1	—	1,3927	—	—	1,3941
373,8	—	—	1,3966	—	1,3968
473,1	—	1,7738	—	—	1,7739
573,1	—	2,1431	—	—	2,1326
673,1	—	2,5008	—	—	} zu klein
773,1	—	2,8466	—	—	

[1]) H. KAMERLINGH ONNES u. J. CLAY, Comm. Leiden Nr. 99c, S. 22. 1907; gewählt ist Au V.

[2]) W. MEISSNER, Phys. ZS. Bd. 26, S. 689. 1925; gewählt ist die Goldprobe mit dem kleinsten Restwiderstand. Für andere Proben gehen die um den Restwiderstand verminderten r bei 20,4° abs. bis auf 0,0054 herunter, s. Tab. 14. Vgl. auch ZS. f. Phys. Bd. 38, S. 647. 1926.

[3]) E. F. NORTHRUP, Journ. Frankl. Inst. Bd. 177, S. 287. 1914.

[4]) Diese Zahlen sind fast die gleichen, welche HOLBORN an reinstem Golde fand, vgl. Tab. 6 unter „Gold".

bei tieferen Temperaturen — der Eispunkt ist für Eisen bereits eine solche — stark verschleiert, während mit ihm der Widerstand des reinen Eisens zwischen 20 und 873° abs., also bis in die Nähe der Umwandlungstemperatur, leidlich gut dargestellt wird (Tab. 12).

Tabelle 12. Das Widerstandsverhältnis $[r] = [\varrho/\varrho_0]$ für reines Eisen. $\Theta_r = 470$; $a_1 = +0{,}0008$; $a_2 = +0{,}0000015$.

T abs.	$\frac{r-0{,}030}{1-0{,}030}$ DEWAR u. FLEMING	$\frac{r-0{,}0276}{1-0{,}0276}$ SCHIMANK	r BURGESS u. KELLBERG	$\frac{r-0{,}0109}{1-0{,}0109}$ HOLBORN	$[r]_{\text{ber}}$
20,4	—	0,0004	—	0,0004	0,0004
67,8	0,043	—	—	—	0,0446
80,5	—	—	—	0,0747	0,0770
80,6	—	0,0778	—		0,0773
90,0	0,108	—	—	—	0,1065
195,1	0,574	—	—	0,5740	0,5735
197,8	—	0,602	—	—	0,586
235,7	0,784	—	—	—	0,789
371,6	1,633	—	—	—	1,644
373,2	—	—	—	1,655	1,657
469,2	2,414	—	—	—	2,425
572,6	—	—	—	3,494	3,44
671,6	—	—	4,71	—	4,62
774,7	—	—	6,21	—	6,10
872,9	—	—	7,87	—	7,79

Wie schon aus der Proportionalität von C_p und $[r]/T$ folgt, müssen die aus dem Verlauf der Atomwärme abgeleiteten Θ_c mit den aus dem Verlauf des Widerstands abgeleiteten Θ_r ungefähr übereinstimmen. In welchem Grade dies der Fall ist, zeigt die Zusammenstellung in Tabelle 13[1]). Hiernach fällt in der Regel Θ_r um einige Prozent größer aus als Θ_c. Sowohl dieser Befund wie auch die beim Gold und Platin in tiefen Temperaturen gefundenen systematischen Abweichungen zwischen der Beobachtung und der Rechnung nach Gleichung (12) machen es zweifelhaft, ob die DEBYEsche Atomwärmefunktion die wahre Form für die im Widerstandsgesetz auftretende Funktion von Θ/T darstellt und ob

Tabelle 13. Vergleich der Θ_r und Θ_c.

	Pb	Au	Pt	Ag	Cu	Fe
Θ_c	88	180 bis 190	230	215	315 bis 325	453
Θ_r	92	190 „ 200	230	230	346 „ 375	470

nicht vielmehr an Stelle der DEBYEschen Funktion eine andere zu setzen ist, die ihr ähnlich ist. Die Theorie gibt vorläufig noch keine sicheren Anhaltspunkte. Hält man es aber nach dem empirischen Befund für erwiesen, daß die atomaren Frequenzen für die r-T-Kurve maßgebend sind, so muß man z. B. mit der Möglichkeit rechnen, daß eine einzige Frequenz oder charakteristische Temperatur nicht ausreicht, sondern daß mehrere Θ_j auftreten, die den longitudinalen und transversalen Wellen entsprechen, wie das streng genommen nach BORN auch für die Atomwärme der Fall sein muß[2]). In der Widerstandsfunktion brauchten jedoch die Θ_j nicht gleichwertig aufzutreten, die longitudinalen und transversalen Wellen könnten verschiedenes Gewicht haben. Hierauf deutet vielleicht der Unterschied von Θ_r und Θ_c in Tabelle 13 hin. Vgl. hierzu Ziff. 18.

[1]) Vgl. hierzu Bd. X, Kap. 1, Tab. 14 u. Kap. 5, Tab. 2; ferner E. GRÜNEISEN, Verh. d. D. Phys. Ges. Bd. 20, S. 36. 1918 (Ag und Cu).

[2]) Vgl. Bd. X, Ziff. 13.

Eine von der Größe von Θ unabhängige Prüfung der Formel (12) läßt sich ähnlich wie bei MEISSNER[1]) in folgender Weise durchführen. Im Gebiet sehr tiefer Temperaturen (etwa $0 < T < \Theta/12$) ist $[r] \sim T^4$ und $1/[r]\,\frac{[d r]}{d T} = 4/T$, daher nach Gleichung (10a) für eine Metallprobe vom konstanten Zusatzwiderstand z

$$\frac{d r}{d T} = [r]\,(1 - z)\,\frac{4}{T}.$$

Vergleichen wir für einige Metallproben, deren $z \ll 1$ war, die nach dieser Formel berechneten mit den von W. MEISSNER[1]) bei 20° abs. beobachteten Temperaturkoeffizienten des Widerstands, so ergibt sich folgendes Bild:

	T	$[r]$	$10^3\,\frac{dr}{dT}_{\text{ber}}$	$10^3\,\frac{dr}{dT}_{\text{beob}}$
Cu I	20,7	0,00080	$0{,}15_5$	$0{,}16_5$
Pt	20,7	0,0046	0,89	0,80
Au	21,5	0,0074	1,38	1,28

Für Pt und Au liegt $T = 21°$ noch nicht im T^4-Gebiet, daher sind die berechneten Temperaturkoeffizienten zu groß. Die $[r]$, welche den Tabellen 10, 11 und für Cu der Tabelle 6 entnommen wurden, sind natürlich etwas unsicher. Man könnte obige Gleichung auch benutzen, um aus der Messung eines Temperaturkoeffizienten im T^4-Gebiet für ein einigermaßen reines Metall den Widerstand $[r]$ für das ideal reine Metall abzuleiten.

Die Feststellung der wahren Widerstandsfunktion eines regulären Metalls wird sehr erschwert durch die geringen Unterschiede, die verschiedene Drahtproben eines reinen Metalls häufig in ihrer r-T-Kurve aufweisen, selbst wenn man sie nach der MATTHIESSEN-NERNSTschen Regel auf gleichen Reinheitsgrad umgerechnet hat. Dergleichen Beispiele werden häufig und sogar an Einkristallen beobachtet.

So fanden SCHOTT an einem Kupferkristall und MEISSNER an einem polykristallinen Kupferstäbchen, beide von hoher Reinheit, deutliche Unterschiede in der r-T-Kurve[2]). Ferner fand MEISSNER[3]), als er polykristallines Gold und

Tabelle 14. Unterschiede im Abfall des Widerstandes mit der Temperatur für verschiedene Goldproben.

Gold	r_{beob}			$[r] = \frac{r - z}{1 - z}$	
	$T = 1{,}61°$; $r = z$	20,37°	81,76°	20,37°	81,76°
polykrist. (gealtert)	0,00109	0,00704	0,2341	0,00596	0,2333
Kristall 1a	0,00093	(0,00678)	0,2328	0,00586	0,2321
1b[4])	0,00039	(0,00637)	0,2320	0,00598	0,2317
1a+b	0,00087	0,00667	0,2328	0,00581	0,2321
2a	0,00101	0,00658	0,2338	0,00558	0,2330
2b	0,00108	0,00657	0,2338	0,00550	0,2330
2a+b	0,00106	0,00656	0,2341	0,00551	0,2333
3a	0,00117	0,00660	0,2335	0,00544	0,2326
3a+b	0,00134	0,00678	0,2334	0,00545	0,2324

1) W. MEISSNER, Ann. d. Phys. Bd. 47, S. 1001. 1915; vgl. besonders S. 1049 u. 10?6.

2) Literatur und Rechnungen bei E. GRÜNEISEN, Verh. d. D. Phys. Ges. Bd. 20, S. 49. 1918. Über weitere Messungen an Cu-Kristallen s. W. TUYN, Dissert. Leiden S. 58. 1924; E. GRÜNEISEN u. E. GOENS, ZS. f. Instrkde. Bd. 47, S. 236. 1927.

3) W. MEISSNER, Phys. ZS. Bd. 26, S. 689. 1925.

4) Wegen des sehr kleinen absoluten Widerstandes unsicherer als die übrigen.

mehrere Goldeinkristalldrähte bis zu 1,61° abs. herab maß, woselbst der gemessene Widerstand so gut wie völlig als Restwiderstand anzusprechen ist, zwar übereinstimmende r-T-Kurven für verschiedene Stücke (a, b, $a+b$) eines und desselben Kristalls, aber Unterschiede für verschiedene Kristalle, wie man aus Tabelle 14 erkennt, besonders wenn man die r-Werte nach Formel (8) auf ideale Reinheit umrechnet. Bemerkenswert ist, daß Kristall 2 bei 81,76° größere, bei 20,37° kleinere r-Werte hat als Kristall 1. Worauf diese Unterschiede zurückzuführen sind, ob auf Inkonstanz des Zusatzwiderstandes z oder auf andere Umstände, ist noch ungeklärt.

Daß ein Einkristall an sich andere Widerstandseigenschaften hätte als ein gut gealterter Polykristall, ist nach MEISSNERS Messungen an Gold nicht anzunehmen.

12. Änderung des Widerstands nichtregulärer Metalle. Mit Bezug auf die Ausführungen der vorigen Ziffer ist es von besonderem Interesse, den Verlauf der r-T-Kurven nichtregulärer Metallkristalle in verschiedenen kristallographischen Richtungen zu untersuchen, in denen unzweifelhaft die Atomschwingungen sehr verschiedene Grenzfrequenzen besitzen können. Ein solcher Fall liegt bei den Zink- und Kadmiumkristallen der Tabelle 7 vor. Für diese haben GRÜNEISEN und GOENS[1]) die Schallgeschwindigkeiten in Abhängigkeit von der kristallographischen Richtung bestimmt und daraus die Θ_j für die longitudinalen und transversalen Schwingungen berechnet. Das Ergebnis, dem allerdings noch eine gewisse Unsicherheit anhaftet, ist in Abb. 5 graphisch dargestellt. Die Richtung der hexagonalen Achse ist durch 0 und 180° festgelegt. Die eingezeichneten Kurven schneiden auf den Radien Strecken ab, die den Θ-Werten in der Richtung der Radien entsprechen. Die großen Unterschiede der Θ parallel und senkrecht zur hexagonalen Achse in Verbindung mit der empirischen Beziehung (12) zwischen r und Θ lassen zunächst große Unterschiede im Verlauf der r-T-Kurven erwarten. Im Gegensatz hierzu zeigen die in Tabelle 7 im Auszug mitgeteilten Beobachtungen und die in Abb. 6 gezeichneten Kurven für rT_0/T (T_0 = Eispunkt), daß die Differenzen zwischen $\parallel$ und $\perp$ nicht sehr groß sind. Eine Erklärung hierfür suchen GRÜNEISEN und GOENS in folgender Weise zu geben.

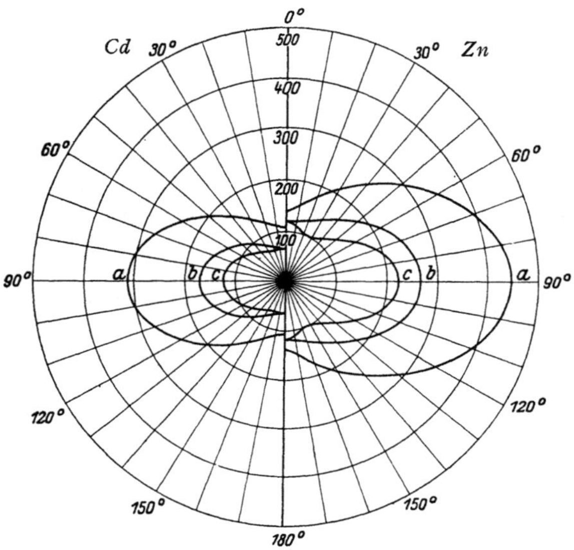

Abb. 5. Θ-Werte. a) Longitudinalwellen. b) Transversalwellen mit Elongation $\perp$ zum Hauptschnitt. c) Transversalwellen mit Elongation $\parallel$ zum Hauptschnitt.

Es wird angenommen, daß auf den elektrischen Widerstand nur solche Schwingungen wirken, deren Elongationen in die Stromrichtung fallen. Ferner soll jede Schwingung, die auf den Widerstand wirkt, ihren Einfluß gemäß Formel (12) ausüben. Demnach müßte der Widerstand $\parallel$ zur Achse von denjenigen Θ

[1]) E. GRÜNEISEN u. E. GOENS, ZS. f. Phys. Bd. 26, S. 235 u. 250. 1924.

abhängen, die in Abb. 7a[1]) durch Pfeile markiert sind: Longitudinalwelle ∥ zur Achse, Transversalwelle ⊥ zur Achse mit Elongation im Hauptschnitt (zweimal, daher doppelt gefiederter Pfeil). Der Widerstand ⊥ zur Achse müßte abhängen von den in Abb. 7b markierten Θ: Longitudinalwelle ⊥ zur Achse, Transversalwelle ⊥ zur Achse mit Elongation ⊥ zum Hauptschnitt, Transversalwelle ∥ zur Achse mit Elongation in der Stromrichtung.

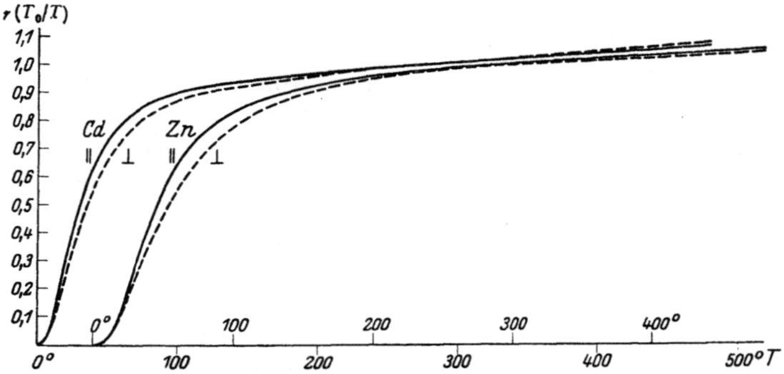

Abb. 6. Änderung des Quotienten aus Widerstand und abs. Temperatur mit steigender Temperatur.

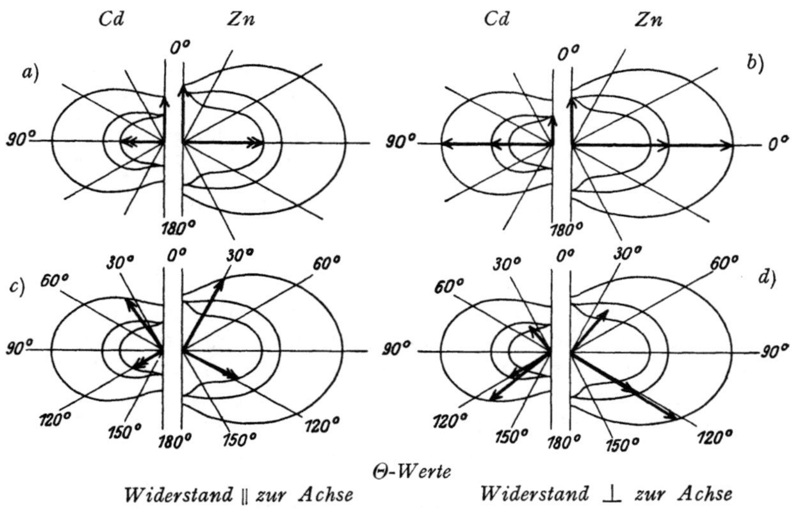

Abb. 7a bis d. Die Pfeile geben die Θ, welche zur Darstellung von ϱ nach Gleichung (13) genügen.

Mit jedem der drei wirksamen Θ wird die DEBYEsche Funktion $\mathbf{C}$ berechnet und der Widerstand der Summe der drei Funktionen proportional gesetzt, also mit Einschluß des Korrektionsfaktors

$$\varrho \infty T \sum_j \mathbf{C}\left(\frac{\Theta_j}{T}\right)[1 + a_1 T + a_2 T^2]\,. \quad (j = 1, 2, 3) \tag{13}$$

Durch die eigentümliche Mischung, in der die Θ_j nach Abb. 7a und b auftreten, werden die Gegensätze zwischen den Richtungen ∥ und ⊥ zur Achse erheblich vermindert, und die $r \cdot T_0/T$-Kurven ∥ und ⊥ zur Achse nehmen qualitativ schon durchaus den Charakter der beobachteten Kurven an. Um quantitative Übereinstimmung zu erzielen, sind die obigen Annahmen jedoch zu einfach. Es müssen wahrscheinlich auch die Θ in mittleren Richtungen berücksichtigt

[1]) Die Kurven der Abb. 7a bis d sind aus Abb. 5 entnommen.

werden. GRÜNEISEN und GOENS haben deshalb empirisch für jede Wellenart diejenigen mittleren Θ_j-Werte aufgesucht, welche den Beobachtungen genügen. So ergeben sich folgende Konstanten für die Anwendung der Formel (13) auf Zink- und Kadmiumkristalle:

Zn ∥	$\Theta_1 = 215$;	$\Theta_2 = 168$;	$\Theta_3 = 168$;	$a_1 = +0{,}0_3 23$;	$a_2 = +0{,}0_6 13$
Zn ⊥	335	210	138	$+0{,}0_3 10$	$+0{,}0_6 13$
Cd ∥	160	97	97	$+0{,}0_3 10$	$+0{,}0_6 43$
Cd ⊥	210	130	85	$+0{,}0_3 10$	$+0{,}0_6 43$

Diese empirischen Θ_j-Werte gehen aus den in Abb. 7a und b markierten durch Drehung der Pfeile um etwa 30 bis 40° hervor (s. Abb. 7c u. d), passen also in das System der für die Atomwärme maßgebenden Θ. Wegen näherer Einzelheiten muß auf die zitierte Abhandlung verwiesen werden. Hier sei nur noch in Tabelle 15 gezeigt, in welchem Maße die Beobachtungen von Tab. 7, allerdings ohne Berücksichtigung der MEISSNERschen Ergebnisse bei −269°, durch die Rechnung nach Formel (13) wiedergegeben werden.

Tabelle 15. Widerstandsverhältnis $r = \varrho/\varrho_0$ für reines Zink und Kadmium. ⊥ und ∥ zur hexagonalen Achse.

T	Zink				T	Cadmium			
	r ⊥ zur Achse		r ∥ zur Achse			r ⊥ zur Achse		r ∥ zur Achse	
abs.	beob.	ber.	beob.	ber.	abs.	beob.	ber.	beob.	ber.
373,2°	1,418	1,415	1,424	1,420	373,2°	1,427	1,425	1,423	1,422
195	0,684	0,680	0,681	0,683	195	0,693	0,688	0,694	0,691
130	0,409	0,413	0,418	0,424	130	0,435	0,436	0,439	0,443
89,7	0,246	0,244	0,260	0,261	89,7	0,283	0,279	0,291	0,290
84,0	—	—	0,235	0,238	85,0	0,262	0,261	0,270	0,272
82,0	0,211	0,212	0,227	0,229	82,0	0,250	0,249	0,258	0,260
81,3	0,207	0,209	0,224	0,227	20,38	0,0186	0,0187	0,0221	0,0223
20,37	0,0074	0,0073	0,0076	0,0076					

13. Interpolationsformeln. Für die Widerstandsthermometrie[1]) ist es von hoher Bedeutung, den Widerstand eines Drahtes als Funktion der Temperatur mit möglichst großer Genauigkeit darzustellen. Die Formeln (12) und (13) haben zwar den Vorzug, rationell gebaut und über ein sehr großes Temperaturgebiet hin einigermaßen richtig zu sein, für die Zwecke der Thermometrie aber sind die Abweichungen zwischen Rechnung und Beobachtung zu groß. Man muß sich hier deshalb mit der Aufstellung von Interpolationsformeln begnügen, die zwar nur für kleinere Temperaturgebiete, aber mit größerer Genauigkeit gelten.

Die wichtigste Formel dieser Art ist die von CALLENDAR für das Platin gefundene quadratische Beziehung zwischen dem Widerstand und der vom Eispunkt an gezählten Temperatur t. Man kann für reines Platin von etwa − 40 bis + 1000° C setzen:

$$r = 1 + at + bt^2. \tag{14}$$

Die Formel stimmt außerordentlich gut, während Formel (12) in hoher Temperatur durchaus ungenügend ist. Für das Intervall 0 bis −193° C finden HENNING und HEUSE[2]) die Gleichung

$$r = 1 + at + bt^2 + ct^4$$

[1]) Vgl. für das Folgende: F. HENNING, Grundlagen, Methoden und Ergebnisse der Temperaturmessung, S. 90ff. Braunschweig 1915; F. KOHLRAUSCH, Lehrb. d. prakt. Phys. 15. Aufl. 1927, S. 128ff.

[2]) F. HENNING u. W. HEUSE, ZS. f. Phys. Bd. 23, S. 95. 1924.

brauchbar. Geht man zu noch tieferen Temperaturen, so werden die Formeln noch komplizierter oder die Gültigkeitsbereiche kleiner.

Merkwürdigerweise versagt die einfache quadratische Beziehung (14) bei den meisten Metallen, deren Widerstand beschleunigt mit der Temperatur wächst[1]).

14. Änderung des Widerstands beim Schmelzpunkt. Widerstand flüssiger Metalle. Erwärmt man einen zylindrischen Leiter aus reinem Metall langsam über den Schmelzpunkt hinaus und sorgt durch eine isolierende fest anschließende Hülle dafür, daß das geschmolzene Metall den gleichen Raum ausfüllt wie das feste, so beobachtet man, daß bei den meisten Metallen der Widerstand des Leiters beim Schmelzpunkt sehr steil ansteigt, bei Gallium, Antimon und Wismut jedoch ebenso steil abfällt. Der Betrag der Änderung ist aus Tabelle 16a und b zu ersehen, wo $\varrho_{\text{flüssig}} : \varrho_{\text{fest}}$ das Verhältnis der spez. Widerstände im flüssigen und festen Zustande in unmittelbarer Nähe des Schmelzpunkts angibt. Aus den Messungen TSUTSUMIS[2]) geht hervor, daß die Widerstandsänderung beim Schmelzen und Erstarren nicht diskontinuierlich, sondern stetig und reproduzierbar vor sich geht, abgesehen von einem kleinen Temperaturunterschied beim Schmelzen und Erstarren. Es ist jedoch möglich, daß das Diskontinuierliche des Sprungs dadurch verschleiert bleibt, daß die Metallmasse nicht auf einmal erstarren oder schmelzen kann.

Während das Widerstandsverhältnis für die regulären Metalle innerhalb nicht allzu weiter Grenzen um den Wert 2 schwankt, kommen bei den nichtregulären Metallen größere Unterschiede vor. Die für sie angegebenen Zahlen sind zwar schon deshalb etwas unsicher, weil nicht feststeht, auf welche Kristallrichtung sich das ϱ_{fest} beziehen soll. Es ist nämlich sehr gut möglich, daß bei der meist angewendeten langsamen Abkühlung der Schmelze sich Einkristalle gebildet haben, und wie Tabelle 4 zeigt, ist deren L.-F. in verschiedenen Richtungen keineswegs gleich. Aber die auffallend große Zahl für Hg und die um $^1/_2$ herum liegenden Zahlen für Ga, Sb und Bi fallen sicherlich aus der Reihe der übrigen heraus.

Wie kommt die Ausnahmestellung von Ga, Sb und Bi zustande? Ga und Bi sind dafür bekannt, daß sie beim Schmelzen eine Kontraktion erfahren, während man bei allen übrigen bisher untersuchten Metallen eine Dilatation fand; vgl. Tabelle 16a und b, wo $\Delta V : V_{\text{fest}}$ die Differenz der Volumina im flüssigen und festen Zustand im Verhältnis zum zweitgenannten beim Schmelzpunkt bedeutet. Für Sb hat TOEPLER[3]) zwar eine positive Volumänderung gefunden, sie ist aber auffallend klein und bedarf auch noch der Bestätigung. Ein Zusammenhang zwischen der Volumänderung und der Widerstandsänderung beim Schmelzen, wie ihn BRIDGMAN vermutet[4]), würde durchaus verständlich sein. Denn normalerweise nimmt der Widerstand ab, wenn bei konstanter Temperatur das Volumen durch äußeren Druck verkleinert wird (Ziff. 16). Dem entspricht eine Widerstandszunahme beim Schmelzen der meisten Metalle, wie sie tatsächlich beobachtet wird.

Von den flüssigen Metallen ist das Quecksilber aus naheliegenden Gründen am besten untersucht. Gelegenheit dazu gab vor allem auch seine Verwendung zur Darstellung der internationalen Widerstandseinheit (vgl. Bd. XVI, Kap. 1). Hier interessiert besonders die sehr genau gemessene Änderung des spez. Wider-

---

1) L. HOLBORN, Ann. d. Phys. Bd. 59, S. 145. 1919.
2) H. TSUTSUMI, Sc. Reports Tohoku Univ. Bd. 7, S. 93. 1918.
3) Siehe Tab. 16.
4) Vgl. auch F. SIMON, ZS. f. Phys. Bd. 27, S. 157. 1924.

stands mit der Temperatur. Sie wird nach JAEGER und v. STEINWEHR[1]) durch folgende Formel gegeben:

$$\varrho_t = \varrho_0 (1 + 0{,}000\,889\,15\, t + 0{,}000\,000\,993\,60\, t^2)\,.$$

Bei Verwendung des Quecksilbers in Glas- oder Quarzröhren muß die Formel entsprechend der thermischen Ausdehnung der Röhre korrigiert werden[2]).

Der Temperaturkoeffizient des flüssigen Quecksilbers, bezogen auf den spez. Widerstand beim Eispunkt (oder auch beim Schmelzpunkt, was hier nur 4% Unterschied macht), ist also wesentlich kleiner als der auf den Eispunkt bezogene Temperaturkoeffizient der festen Metalle (Tab. 2 u. 5). Entsprechendes gilt nun auch für die übrigen Metalle:

Der Widerstand flüssiger Metalle ändert sich wesentlich linear mit der Temperatur. Die absolute Zunahme des spez. Widerstands pro Grad ist im allgemeinen nach dem Schmelzen von ähnlicher Größenordnung wie vor dem Schmelzen, manchmal auch bedeutend kleiner (Zn, Bi, Sb). Das hat, einmal

Tabelle 16a. Widerstandsänderung beim Schmelzen.

Regulär krist. Metalle	Gruppe Per. Syst	Schmelztemp. °C	$\varrho_{\text{flüssig}}$ beim Schmelz-P. [$10^{-6}\,\Omega$ cm]	$\varrho_{\text{flüssig}} : \varrho_{\text{fest}}$ beim Schmelz-P.	$\Delta V : V_{\text{fest}}$[4]) beim Schmelz-P.
Lithium[3])	I	179	—	1,68	($+0{,}00_6$)
Natrium[3]) [5])	,,	97,5	—	1,45	+0,027
Kalium[3]) [5])	,,	62,5	—	1,55	+0,023
Rubidium[3])	,,	38,7	—	1,61	+0,028
Caesium[3])	,,	29,7	—	1,66	+0,026
Kupfer[5]) [6])	,,	1083	21,5	2,07	—
Silber[5]) [6])	,,	960,5	16,4	1,9	—
Gold[5])	,,	1063	30,8	2,28	—
Aluminium[6])	III	658	20,1	1,64	+0,048
Blei[6])	IV	327,4	99,3	2,07	+0,035

wegen der Zunahme des Widerstands im festen Zustand, zweitens aber wegen des Sprungs im Schmelzpunkt, zur Folge, daß der auf den Widerstand des flüssigen Metalls beim Schmelzpunkt bezogene Temperaturkoeffizient kleiner ist als der auf den Widerstand beim Eispunkt bezogene Temperaturkoeffizient der festen Metalle. So findet NORTHRUP für flüssiges Cu, Ag, Au, BRIDGMAN für Li, Na, K folgende Zahlen in der Nähe des Schmelzpunkts[7]):

$$10^3 \cdot \frac{1}{\varrho_{\text{flüss.}}} \frac{d\varrho}{dt} = \overset{\text{Li}}{+\,1{,}45} \qquad \overset{\text{Na}}{+\,3{,}2} \qquad \overset{\text{K}}{+\,3{,}6} \qquad \overset{\text{Cu}}{+\,0{,}38} \qquad \overset{\text{Ag}}{+\,0{,}71} \qquad \overset{\text{Au}}{+\,0{,}46}\,.$$

Auch für flüssiges Aluminium, Kadmium, Zinn, Blei, Antimon, Eisen und Nickel finden BORNEMANN und seine Mitarbeiter positive Temperaturkoeffizienten von wenigen Zehntausendsteln[8]). Flüssiges Zink zeichnet sich nach übereinstimmenden Messungen von SOMERVILLE[9]), TSUTSUMI, BORNEMANN und MÜLLER dadurch

[1]) W. JAEGER u. H. v. STEINWEHR, Ann. d. Phys. (4) Bd. 45, S. 1089. 1914.

[2]) F. KOHLRAUSCH, Lehrb. d. prakt. Phys., 15. Aufl. 1927, S. 530; dort weitere Lit.

[3]) P. W. BRIDGMAN, Proc. Amer. Acad. Bd. 56, S. 59. 1921; Bd. 60, S. 385. 1925.

[4]) Die Zahlen für die relative Volumänderung beim Schmelzen stammen von BRIDGMAN, s. Fußnote 3; M. TOEPLER, Wied. Ann. Bd. 53, S. 343. 1894; VICENTINI u. OMODEI, Atti Accad. Torino Bd. 22 u. 23. 1887.

[5]) E. F. NORTHRUP, Journ. Frankl. Inst. Bd. 177, S. 1 u. 287; Bd. 178, S. 85. 1914.

[6]) H. TSUTSUMI, Sc. Reports Tohoku Univ. Bd. 7, S. 93. 1918.

[7]) Vgl. die Literatur zu Tab. 16, insbesondere auch die Arbeit von TSUTSUMI.

[8]) K. BORNEMANN u. P. MÜLLER, Metallurgie Bd. 7, S. 396. 1910; K. BORNEMANN u. G. v. RAUSCHENPLAT, ebenda Bd. 9, S. 473. 1912; K. BORNEMANN u. G. WAGENMANN, Ferrum Bd. 11, S. 276. 1914.

[9]) A. SOMERVILLE, Phys. Rev. Bd. 33, S. 77. 1911.

aus, daß sein Widerstand sich außerordentlich wenig mit der Temperatur ändert.

Über den Einfluß fremder Beimengungen auf den spez. Widerstand der Metalle im flüssigen Zustande s. Ziff. 25 und Fußnote [8]) vor. Seite.

15. Widerstandsänderung bei Umwandlungspunkten. Reines Eisen geht bei 900° C vom kubisch raumzentrierten ins kubisch flächenzentrierte System über ($\beta \rightarrow \gamma$-Eisen). Obwohl dieser Übergang mit einer Verzerrung des kleinsten Elementarrhomboeders verbunden ist und der Abstand nächstbenachbarter Atome sprunghaft um etwa 2% wächst, wird eine Änderung der L.-F. nicht gefunden.

Eine sehr erhebliche Abnahme des Temperaturkoeffizienten der L.-F. von Eisen erfolgt jedoch in dem etwas tiefer liegenden Temperaturgebiet (700 bis 800°), wo die Umwandlung des ferromagnetischen α-Eisens in das paramagnetische β-Eisen stattfindet[1]). Daß es sich hier um eine spezifische Wirkung der magnetischen Umwandlung handelt, wird durch die Tatsache bekräftigt, daß auch

Tabelle 16b. Widerstandsänderung beim Schmelzen.

Nichtreguläre Metalle	Gruppe Per. Syst.	Schmelztemp. °C	$\varrho_{\text{flüssig}}$ beim Schmelz-P. $[10^{-6}\,\Omega\,\text{cm}]$	$\varrho_{\text{flüssig}} : \varrho_{\text{fest}}$ beim Schmelz-P.	$\Delta V : V_{\text{fest}}$[3]) beim Schmelz-P.
Zink[4])	II, hex.	419,4	36,2	2,09	$+0{,}0_7$
Kadmium[6]) . . .	,, ,,	320,9	—	2,0	+0,05
Quecksilber[4]) [5]) . .	,, ,,	−38,9	90	3,2 bis 4,9	+
Gallium[2])	III	30	25,9	0,58	−0,03
Thallium	,, hex.	302	—	2,0	+0,03
Zinn[4])	IV, tetrag.	231,8	48,2	2,1	+0,028
Antimon[4])	V, trig.	630	108	0,67	$+0{,}01_4$
Wismut[4]) [6]) . . .	,, ,,	271,0	123	0,43	−0,033

Nickel bei dem magnetischen Umwandlungspunkt (300 bis 400° C) eine Verlangsamung des Widerstandsanstiegs mit der Temperatur zeigt, ohne daß hier von einem Wechsel der Kristallstruktur die Rede ist.

Auch bei einigen anderen Metallen hat man aus kleinen beobachteten Unregelmäßigkeiten der Widerstands-Temperaturkurve auf Umwandlungspunkte geschlossen. Wir übergehen diese Fälle, da sie für das Wesen der metallischen Leitfähigkeit ohne Bedeutung sind, solange man nicht das Wesen der betreffenden Umwandlung kennt[7]).

d) Einfluß elastischer Volum- und Formänderung auf die Leitfähigkeit reiner Metalle.

16. Widerstandsänderung bei allseitig gleicher Druckerhöhung. Chwolson[8]) hat zuerst festgestellt, daß ein metallischer Leiter bei allseitiger Druck-

[1]) Vgl. A. Somerville, Phys. Rev. Bd. 31, S. 261. 1910; A. R. Meyer, Verh. d. D. Phys. Ges. Bd. 13, S. 680. 1911, woselbst ältere Literatur zitiert ist.

[2]) P. W. Bridgman, Proc. Amer. Acad. Bd. 56, S. 59. 1921; Bd. 60, S. 385. 1925.

[3]) Die Zahlen für die relative Volumänderung beim Schmelzen stammen von Bridgman, s. Fußnote [2]); M. Toepler, Wied. Ann. Bd. 53, S. 343. 1894; Vicentini u. Omodei, Atti Accad. Torino Bd. 22 u. 23. 1887.

[4]) H. Tsutsumi, Sc. Reports Tohoku Univ. Bd. 7, S. 93. 1918.

[5]) H. Kamerlingh Onnes u. G. Holst, Comm. Leiden Nr. 142a. 1914.

[6]) G. Vassura, Cim. (3) Bd. 31, S. 25. 1892.

[7]) Siehe hierüber z. B. P. W. Bridgman, Proc. Amer. Acad. Bd. 52, S. 635. 1917.

[8]) O. D. Chwolson, Bull. de l'Acad. Imp. des Sciences de St. Pétersbourg Bd. 27, S. 187. 1881.

erhöhung seine L.-F. ändert. Und zwar fand er, daß der Widerstand von Kupfer, Blei und Messing mit zunehmendem Druck kleiner wurde. Daß dies auch für die anderen Metalle in der Regel zutrifft, wurde durch die späteren Messungen von TOMLINSON, LUSSANA, LISELL, WILLIAMS, LAFAY, BECKMAN und BRIDGMAN bewiesen. Besonders die Untersuchungen von BRIDGMAN[1]) haben neben denen von LISELL[2]) und BECKMAN[3]) ein außerordentlich wertvolles und in gewisser Hinsicht vollständiges Beobachtungsmaterial geliefert, über welches hier ein Überblick gegeben werden soll[4]). Über Legierungen s. Ziff. 19ff.

BRIDGMAN hat fast alle metallisch leitenden Elemente untersucht, er hat die Drucke p bis zu 12000 kg/cm² gesteigert und dabei die Temperaturen in der Regel zwischen 0 und 100° C verändert; für niedrigschmelzende Metalle ist er sogar bis zu mehreren hundert Grad hinaufgegangen und hat den Druckeinfluß im festen und flüssigen Zustand untersuchen können. Er hat endlich nichtreguläre Metalle als Einkristalle in verschiedener Orientierung geprüft. Über die mancherlei technischen Kunstgriffe, durch die BRIDGMAN diese Messungen ermöglichte, muß der Leser auf die Originalarbeiten verwiesen werden.

Zum Verständnis der Tabellen 17 und 18, in denen BRIDGMANS Ergebnisse für die regulär und für die nichtregulär kristallisierenden Metalle getrennt im Auszuge mitgeteilt sind, sei folgendes vorausgeschickt. Es werden unterschieden:

1. der wahre Druckkoeffizient des beobachteten Widerstands
2. „ mittlere „ „ „ „
3. „ Druckkoeffizient des spezifischen Widerstands.

Der wahre Koeffizient des beobachteten Widerstands ist $1/R_p(\partial R/\partial p)$, wo R der beobachtete Widerstand bei den in Frage kommenden Druck- und Temperaturverhältnissen ist.

Der mittlere Koeffizient zwischen 0 und 12000 kg/cm² ist die totale Änderung des Widerstands zwischen 0 und 12000 kg/cm², geteilt durch die Druckdifferenz (12000) und den Widerstand für den Druck 0 und die in Frage kommende Temperatur (in Tab. 17 und 18 fast immer 0° C), also

$$\frac{(R_{12\,000} - R_0)}{12000 \cdot R_0}.$$

Der Druckkoeffizient des spezifischen Widerstands ϱ muß von dem des beobachteten Widerstands R unterschieden werden. Denn während die Veränderung des Widerstands mit der Temperatur für reine Metalle so groß ist, daß wir uns erlauben durften, den Einfluß der Dimensionsänderungen zunächst außer Betracht zu lassen, ist das bei der Veränderung des Widerstands durch Druck nicht der Fall. Der Druckkoeffizient des spez. Widerstands unterscheidet sich von dem des beobachteten durch einen Betrag, der z. B. für theoretische Erörterungen wohl zu beachten ist und der sich leicht in folgender Weise berechnet.

Logarithmische Differentiation von Gleichung (4) nach dem Druck gibt

$$\frac{1}{R}\frac{\partial R}{\partial p} = \frac{1}{\varrho}\frac{\partial \varrho}{\partial p} + \frac{1}{l}\frac{\partial l}{\partial p} - \frac{1}{q}\frac{\partial q}{\partial p}.$$

[1]) Die Arbeiten von BRIDGMAN sind bei Tab. 17 zitiert.

[2]) E. LISELL, Öfvers. Vetenskapsakad. Förh. Stockholm Bd. 55, S. 697. 1898; Dissert. Upsala 1903.

[3]) B. BECKMAN, Dissert. Upsala 1911; Phys. ZS. Bd. 16, S. 59. 1915; Bd. 18, S. 507. 1917; H. KAMERLINGH ONNES u. B. BECKMAN, Comm. Leiden Nr. 132b. 1912.

[4]) Vgl. die Darstellung von J. KOENIGSBERGER in GRAETZ, Handb. d. El. u. M. Bd. III, wo auch die älteren Arbeiten mit reichlicher Literaturangabe besprochen sind.

Für **reguläre** Metalle ist die lineare Kompressibilität nach allen Seiten gleich, also $\partial \log q / \partial p = 2 \partial \log l / \partial p$, mithin auch

$$\frac{1}{\varrho}\frac{\partial \varrho}{\partial p} = \frac{1}{R}\frac{\partial R}{\partial p} + \frac{1}{l}\frac{\partial l}{\partial p}.$$

Nach dieser Formel sind in Tabelle 17 mittels der dort angegebenen linearen Kompressibilitäten die Druckkoeffizienten von ϱ berechnet.

Tabelle 17[1]. Reguläre Metalle: Druckkoeffizient des el. Widerstandes; lineare Kompressibilität; Änderung des Temperaturkoeffizienten mit dem Druck. Druckeinheit = kg/cm².

Metall	Gruppe des Per. Syst.	t	$\frac{1}{R_p}\frac{\partial R}{\partial p}\cdot 10^6$ für $p=0$	$\frac{1}{R_p}\frac{\partial R}{\partial p}\cdot 10^6$ $p=12000$	$\frac{R_{12000}-R_0}{12000\cdot R_0}\cdot 10^6$	$\frac{1}{l}\frac{\partial l}{\partial p}\cdot 10^6$ für $p=0$	$\frac{1}{\varrho}\frac{\partial \varrho}{\partial p}\cdot 10^6$ für $p=0$	$100\ \overline{\beta_{0,100}}$ $p=0$	$100\ \overline{\beta_{0,100}}$ $p=12000$	Bemerkungen
Li, fest	I	0°	+ 6,8	+ 8,0	+ 7,72	− 2,9	+ 3,9	0,458	(0,45)	rein
flüss.		240°	+ 9,3	—	+ 9,3	—	—	0,145[8]	(0,14)	—
Na, fest	,,	0°	− 66,3	—	−34,5	− 5,2	− 71,5	0,547	0,439	—
flüss.		200°	− 92,2	− 39,6	−43,6	—	—	0,325[7]	0,244[7]	—
K, fest	,,	0°	−175	− 68	−60,8	−11,8	−187	0,541[9]	0,454[9]	—
flüss.		165°	−168	−136[5]	−80,9	—	—	0,322	0,463[6]	—
Rb	,,	0°	−179	− 30	—	−17,3	−196	0,481[3]	0,365[3]	—
Cs	,,	,,	−190	+ 55[2]	—	−23,3	−213	0,496[4]	0,418[4]	—
Cu	,,	,,	− 2,01	− 1,79	− 1,83	− 0,24	− 2,25	0,429	0,430	rein
Ag	,,	,,	− 3,58	− 3,21	− 3,33	− 0,33	− 3,91	0,407	0,407	,
Au	,,	,,	− 3,12	− 2,86	− 2,87	− 0,19	− 3,31	0,397	0,396	,
Ca	II	,,	+ 10,6	+ 13,5	+12,9	− 1,9	+ 8,7	0,333	0,311	mäßig rein
Sr	,,	,,	+ 50,2	+ 49,2	+68,0	− 2,7	+ 47,5	0,383	0,274	—
Al	III	,,	− 4,16	− 3,65	− 3,81	− 0,45	− 4,61	0,434	0,435	mäßig rein
			− 4,28	− 3,88	− 3,99		− 4,73	0,467	—	sehr rein
Pb	IV	,,	− 14,4	− 12,2	−12,1	− 0,8	− 15,2	0,421	0,412	,, ,,
Ta	V	,,	− 1,49	− 1,39	− 1,43	− 0,16	− 1,65	0,297	0,297	mäßig rein
Mo	VI	,,	− 1,33	− 1,26	− 1,29	− 0,12	− 1,45	0,434	0,434	—
W	,,	,,	− 1,43	− 1,31	− 1,35	− 0,10	− 1,53	0,421	—	mäßig rein
Fe	VIII	,,	− 2,41	− 2,18	− 2,26	− 0,20	− 2,61	0,621	0,618	zieml. rein
Co	,,	,,	− 0,94	− 0,81	− 0,87	− 0,18	− 1,12	0,366	0,368	unrein
Ni	,,	,,	− 1,58	− 1,42	− 1,47	− 0,18	− 1,76	0,487	0,485	,
			− 1,88	− 1,82	− 1,83		− 2,06	0,634	—	zieml. rein
Rh	,,	30°	− 1,74	—	—	− 0,12	− 1,86	0,399	—	mäßig rein
Pd	,,	0°	− 1,98	− 1,90	− 1,89	− 0,17	− 2,15	0,318	0,319	unrein
Ir	,,	30°	− 1,35	—	—	− 0,09	− 1,44	0,322	—	,
Pt	,,	0°	− 1,97	− 1,81	− 1,87	− 0,12	− 2,09	0,387	0,387	rein

Für **nichtreguläre** Metalle haben wir die Widerstände für Stäbe ∥ und ⊥ zur kristallographischen Hauptachse zu betrachten. Für einen Stab ∥ zur Achse wird, wenn l jetzt einfach eine lineare Dimension bezeichnet,

$$\left(\frac{1}{\varrho}\frac{\partial \varrho}{\partial p}\right)_{\|} = \left(\frac{1}{R}\frac{\partial R}{\partial p}\right)_{\|} - \left(\frac{1}{l}\frac{\partial l}{\partial p}\right)_{\|} + 2\left(\frac{1}{l}\frac{\partial l}{\partial p}\right)_{\perp},$$

[1] Nach P. W. BRIDGMAN, Proc. Amer. Acad. Bd. 52, S. 571. 1917; Bd. 56, S. 59. 1921; Bd. 58, S. 149. 1923; Bd. 59, S. 107. 1923; Bd. 60, S. 383. 1925 (s. besonders die Kurven auf S. 413 und 418); ferner Proc. Nat. Acad. Amer. Bd. 3, S. 10. 1917; Bd. 6, S. 505. 1920.

[2] Für $p = 10000$.

[3] Zwischen 0 und 17° für $p = 0$ und 11000 kg/cm².

[4] Zwischen 0 und 10° C.

[5] Bei 6000 kg/cm².

[6] Bei 5000 kg/cm²; zwischen 135 und 165° C.

[7] Zwischen 180 und 200° C.

[8] Zwischen 202 und 237° C.

[9] Zwischen 0 und 30° C für $p = 1$ und 11300.

für einen Stab $\perp$ zur Achse

$$\left(\frac{1}{\varrho}\frac{\partial\varrho}{\partial p}\right)_{\perp} = \left(\frac{1}{R}\frac{\partial R}{\partial p}\right)_{\perp} - \left(\frac{1}{l}\frac{\partial l}{\partial p}\right)_{\perp} + \left[\left(\frac{1}{l}\frac{\partial l}{\partial p}\right)_{\perp} + \left(\frac{1}{l}\frac{\partial l}{\partial p}\right)_{\parallel}\right] = \left(\frac{1}{R}\frac{\partial R}{\partial p}\right)_{\perp} + \left(\frac{1}{l}\frac{\partial l}{\partial p}\right)_{\parallel}.$$

In Tabelle 18 sind die linearen Kompressibilitäten $\parallel$ und $\perp$ zur Achse nach BRIDGMAN angegeben, die es ermöglichen, den Unterschied der Druckkoeffizienten von R und ϱ nach den eben abgeleiteten Formeln zu berechnen. Wo keine Kristallrichtungen angegeben sind, wurden die Metalle im polykristallinen Zustand untersucht. Sie sind dann als quasiisotrop angenommen und wie die regulären Metalle in Tabelle 17 behandelt, d. h. $-1/l\,\partial l/\partial p$ bedeutet dann ein Drittel der Volumenkompressibilität.

Tabelle 18[1]). Nichtreguläre Metalle: Druckkoeffizient des Widerstands; lineare Kompressibilität; Änderung des Temperaturkoeffizienten mit dem Druck. Druckeinheit = kg/cm².

Metall	Gruppe des Per. Syst.	t	$\frac{1}{R_p}\frac{\partial R}{\partial p}\cdot 10^6$ $p=0$	$\frac{1}{R_p}\frac{\partial R}{\partial p}\cdot 10^6$ $p=12000$	$\frac{R_{12000}-R_0}{12000\cdot R_0}\cdot 10^6$	$\frac{1}{l}\frac{\partial l}{\partial p}\cdot 10^6$ für $p=0$	$\frac{1}{\varrho}\frac{\partial \varrho}{\partial p}\cdot 10^6$ für $p=0$	$100\,\overline{\beta_{0,100}}$[4]) $p=0$	$100\,\overline{\beta_{0,100}}$[4]) $p=12000$
Mg	II, hex.	0°	−4,77	−3,11	−4,08	−0,98	$-5{,}7_5$	0,390	—
,,	,, ,,	0°	—	—	−4,46	—	—	0,412	—
Zn ∥	,, ,,	0°	—	—	—	−1,30	−10,9	0,419	(0,42)
Zn ⊥	,, ,,	0°	—	—	—	−0,20	$-6{,}5_5$	0,418	
Cd ∥	,, ,,	0°	—	—	—	−1,83	−13,1	0,428	(0,42)
Cd ⊥	,, ,,	0°	—	—	—	−0,21	−8,7		
Hg, fest	,, ,,	0°	—	−23,6[2])	—	—	—	—	—
Hg, flüssig	,, —	0°	−32	−24[3])	—	—	—	0,096[3])	0,074
Ga, fest	III	0°	−2,47	−2,5	−2,5	—	—	0,396	—
Ga, flüssig	,,	30°	−6,4	−4,9	−5,3	—	—	0,081[5])	0,081
In	,, tetrag.	0°	−12,3	−8,9	−10,2	—	—	0,406	0,383
Tl	,, hex.	0°	−13,2	−10,2	−11,5	−0,75	−14,0	0,517	0,499
Sn ∥	IV, tetrag.	0°	—	—	—	−0,67	−11,0	0,447	(0,441
Sn ⊥	,, ,,	0°	—	—	—	−0,60	−10,3	0,469	—
Sb ∥	V, trig.	0°	—	—	—	−1,65	+17,2	0,595	—
Sb ⊥	,, ,,	0°	—	—	—	−0,53	$+1{,}0_5$	0,511	—
Bi ∥	,, ,,	0°	—	—	—	−1,59	+24,5	0,445	(0,40)
Bi ⊥	,, ,,	0°	—	—	—	−0,66	+7,5		
Bi, flüssig	,, —	275°	−12,3	−8	—	−0,9	−13,2	0,047	0,045

Die Änderung des Druckkoeffizienten mit dem Druck wird durch seine Werte für $p = 0$ und $p = 12000$ kg/cm² sowie durch Angabe des mittleren Druckkoeffizienten anschaulich gemacht, die Änderung des Druckkoeffizienten mit der Temperatur durch die Änderung des Temperaturkoeffizienten

$$\left(\overline{\beta_{0,100}} = \frac{R_{100} - R_0}{100 \cdot R_0}\right)$$

mit dem Druck, denn diese beiden Änderungen sind wegen der Beziehung

$$\frac{\partial}{\partial t}\left(\frac{\partial \log R}{\partial p}\right) = \frac{\partial}{\partial p}\left(\frac{\partial \log R}{\partial t}\right)$$

einander gleichwertig.

1) Nach P. W. BRIDGMAN, s. Tab. 17, Fußnote 1).
2) Beob. für $p = 7640$ bis 12000 kg/cm².
3) Für $p = 6000$ kg/cm². Der Temperaturkoeffizient des Hg gilt für das Intervall 0 bis 25° C.
4) Die geklammerten Werte sind an Polykristallen beobachtet.
5) Zwischen 30 und 100° C.
6) Bei 6000 kg/cm².

Bridgman zieht nun aus seinen Messungen folgende Schlüsse:

Der Druck bewirkt eine Abnahme des Widerstands aller Metalle, ausgenommen Li, Ca, Sr, Bi, Sb (und Cs bei sehr hohen Drucken; Abb. 8). Der Widerstand ist keine lineare Funktion des Druckes, er ändert sich bei hohen Drucken langsamer. Die einfachen quadratischen oder exponentiellen Formeln, welche für jene Funktion von früheren Forschern vorgeschlagen wurden, sind nicht allgemein anwendbar. Der wahre Druckkoeffizient (bei 0° C) nimmt mit wachsendem Druck ab (Ausnahmen Li, Cs, Ca, Bi). Wäre er konstant, so könnte $R = R_0 e^{-\alpha p}$ gesetzt werden.

Der Druckkoeffizient ist annähernd unabhängig von der Temperatur; oder: der Temperaturkoeffizient ist fast unabhängig vom Druck. Diese Tatsache ist erstaunlich, wenn man bedenkt, daß der Druck von 12000 kg/cm² bei manchen Metallen genügt hat, um sie auf ein kleineres Volumen zu bringen, als sie beim absoluten Nullpunkt unter Atmosphärendruck haben würden.

Nur bei den Metallen, die einen sehr großen negativen oder positiven Druckkoeffizienten besitzen, nimmt der Temperaturkoeffizient mit steigendem Druck deutlich ab. Das bedeutet, daß der Druckkoeffizient mit steigender Temperatur entweder wächst (wie bei Na, K, Rb) oder abnimmt (wie bei Ca, Sr, Bi, Sb). Ersteres entspricht dem, was man für normal halten möchte.

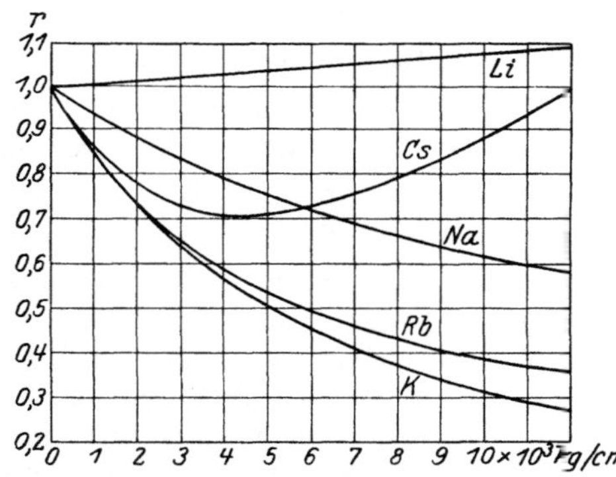

Abb. 8. Relative Widerstände der Alkalimetalle (0 ° C) als Funktion des Drucks.

Die Gruppe der Alkalimetalle, deren relative Widerstände bei 0° als Funktion des Druckes in Abb. 8 dargestellt[1]) sind, verdient besonders hervorgehoben zu werden, einmal wegen der Ausnahmestellung des Li mit seinem positiven Druckkoeffizienten, dann wegen der Größe des negativen Druckkoeffizienten von K und Rb, die zur Folge hat, daß bei 12000 kg/cm² der Widerstand von K bis fast auf ein Viertel, der von Rb bis fast auf ein Drittel des Wertes bei Atmosphärendruck gefallen ist, und endlich wegen des merkwürdigen Verhaltens von Cs, das bei kleinen Drucken eine rapide Abnahme des Widerstands zeigt, die aber bald geringer wird und von 4500 kg/cm² an in eine Zunahme mit wachsendem Druck übergeht.

Daß der positive Druckkoeffizient des Li auf der gleichen Ursache beruht wie der des festen Bi, ist nicht wahrscheinlich. Denn im flüssigen Zustand sind beide Metalle völlig verschieden. Während Li einen positiven Druckkoeffizienten von ähnlicher Größe behält, also anormal bleibt, wird Bi nach dem Schmelzen normal, sein Widerstand nimmt ab mit wachsendem Druck.

Auch flüssiges Na, K, Hg, Ga haben normale negative Druckkoeffizienten. Beim Ga ist bemerkenswert, daß es flüssig einen größeren Druckeinfluß zeigt als fest, obwohl es sich beim Schmelzen zusammenzieht. Bridgman gibt übrigens an, daß auch die Kompressibilität von flüssigem Ga größer sei als von festem.

Bridgmans Messungen geben auch die Möglichkeit, von den sechs im festen und flüssigen Zustand untersuchten Metallen den Einfluß des Drucks auf das Verhältnis $\varrho_{\text{flüssig}} : \varrho_{\text{fest}}$ zu berechnen. Es zeigt sich, daß die in Ziff. 14 für $p = 1$ angegebenen Werte jener Verhältniszahl bei Drucksteigerung sich wenig ändern,

[1]) Nach P. W. Bridgman, Proc. Amer. Acad. Bd. 60, S. 417. 1925.

für K z. B. nur von 1,56 bei $p = 0$ bis 1,55 bei $p = 9700$ kg/cm², während die Volumänderung beim Schmelzen stark verändert wird.

Über die theoretische Verwertung bzw. Deutung der in dieser Ziffer mitgeteilten Tatsachen s. Ziff. 40 u. 42. Über manche interessante Einzelheiten, die hier nicht wiedergegeben werden konnten, sei auf BRIDGMANS Originalarbeiten verwiesen.

17. Widerstandsänderung bei einseitigem Zug. Eine sehr viel kompliziertere Erscheinung als die Widerstandsänderung bei allseitig gleichem Druck ist die bei einseitigem Zug S. Denn dieser hat, auf einen Stab, Draht oder Blechstreifen wirkend, nicht allein eine Längsdehnung, sondern auch eine Querkontraktion zur Folge. Diese sind selbst in einem regulären Einkristall nicht unabhängig von der kristallographischen Orientierung der Zugrichtung. Bisher hat man jedoch nur polykristalline Metalle untersucht, die mit mehr oder weniger Berechtigung als quasiisotrop behandelt wurden. Der entstandenen Deformation entsprechend hat man dann zu unterscheiden:

Die Widerstandsänderung oder den Spannungskoeffizienten $\frac{1}{R}\frac{\Delta R}{S}$

1. parallel zur Dehnung (longitudinaler Effekt) 2. senkrecht zur Dehnung. (transversaler Effekt)

Hieraus berechnen sich leicht die entsprechenden Koeffizienten für den spez. Widerstand $\parallel$ und $\perp$ zur Dehnung:

$$\frac{1}{\varrho}\frac{\Delta\varrho}{S} = \frac{1}{R}\frac{\Delta R}{S} - \frac{1}{l}\frac{\Delta l}{S} + \frac{1}{q}\frac{\Delta q}{S} = \frac{1}{R}\frac{\Delta R}{S} - \frac{1+2\sigma}{E},$$

wo σ die POISSONsche Zahl, das Verhältnis von Querkontraktion zu Längsdilatation, bedeutet und E den Elastizitätsmodul. Dabei ist angenommen, daß der Widerstand R zwischen zwei mit der Probe fest verbundenen Ableitungen gemessen ist. Ob der Spannungskoeffizient von ϱ theoretisch wichtiger ist als der von R, kann man wohl bezweifeln, da es vielleicht auf die Atom- oder Elektronenzahl im ganzen Leiter mehr ankommt als auf die in der Volumeinheit.

Die Hauptschwierigkeit der Messungen liegt darin, daß einerseits die Effekte sehr klein sind, andererseits die Dehnung keine dauernde Deformation zur Folge haben soll, da man ja sonst die Eigenschaften des Leiters mit jeder Belastung

Tabelle 19. Änderung des Widerstandes und spez. Widerstandes in Richtung einseitiger Dehnung. Spannungseinheit = kg/cm².

Metall	Longitudinaler Spannungskoeffizient $\frac{1}{S}\frac{\Delta R}{R}$ nach TOMLINSON	nach BRIDGMAN Drähte	Stäbe	Bleche	Dehnung $\frac{1}{E}\cdot 10^6$	POISSONS Zahl σ	$\frac{1+2\sigma}{E}$	Long. Sp.-Koeff. des spez. Wid. $\frac{1}{S}\frac{\Delta\varrho}{\varrho}$
Li	—	$+48\cdot10^{-6}$	—	—	20	0,42	$37\cdot10^{-6}$	$+11\cdot10^{-6}$
Ca	—	+ 8,4	—	—	$4{,}7_5$	0,30	—	+ 0,8
Sr	—	− 8,3	—	—	7,5	0,36	—	−21,2
Sb	—	+ 5,0	—	—	1,25	0,3 (?)	—	+ 3,0
Bi	—	−29,2	—	—	4,2	0,37	—	− 3,6
Cu	$+2{,}3\cdot10^{-6}$	—	$+2{,}9\cdot10^{-6}$	$+3{,}1\cdot10^{-6}$	0,81	0,34	1,3	+ 1,5
Ag	+4,3	—	+5,3	+5,1	1,26	0,38	2,2	+ 2,7
Au	—	—	—	+6,2	1,25	0,42	2,3	+ 3,9
Al	(+1,9)	—	+4,2	+6,4	1,42	0,34	2,4	+ 2,9
Fe	+2,2	—	$+2{,}5_3$	$+2{,}1_3$	0,48	0,28	0,71	+ 1,6
Co	—	+ 0,99	—	—	0,50	0,30	0,80	+ 0,19
Ni	—	—	−2,5	—	—	—	0,8	− 3,3
Pd	—	—	+3,1	+2,9	0,89	0,39	1,5	+ 1,5
Pt	+2,3	—	$+2{,}6_5$	$+2{,}8_2$	0,59	0,39	$1{,}0_4$	+ 1,6

verändert. Sonst bietet die Messung des longitudinalen Effektes keine besonderen Schwierigkeiten. Von den vorliegenden Beobachtungen geben wir in Tabelle 19 nur die von BRIDGMAN[1]), denen wir die von TOMLINSON[2]) zufügen, soweit sie dieselben Metalle betreffen. TOMLINSON hat auch noch Blei, Zink und Zinn untersucht. Die Metalle der Tabelle 19 sind in zwei Gruppen angeordnet. In der zweiten finden sich nur solche regulären Metalle, die einen normalen, d. h. negativen Druckkoeffizienten besitzen, in der ersten die fünf Metalle, welche einen anormalen, positiven Druckkoeffizienten haben (s. Tab. 17 u. 18). Es zeigt sich nun, daß diese Einteilung keineswegs für den longitudinalen Spannungskoeffizienten erhalten bleibt. Denn dieser ist nur für drei Metalle, Nickel, Strontium und Wismut, negativ gefunden[3]), für alle übrigen Metalle positiv. Als normal haben wir hiernach eine Zunahme des Widerstands in der Dehnungsrichtung anzusehen. Auch hier ist also die Abstandsvergrößerung der Atome in der Stromrichtung von einer Widerstandszunahme begleitet (wie bei allseitig gleichem Zug und beim Schmelzen unter Volumzunahme).

Die Ausnahmestellung des Nickels führt BRIDGMAN auf eine Beeinflussung des magnetischen Umwandlungspunktes durch die Dehnung zurück. Der Effekt hängt beim Ni stark von der Vorgeschichte des Materials ab. Bei zyklischer Belastung gibt der absteigende Ast andere Widerstandsänderungen als der ansteigende (eine Art Hysterese).

Das abweichende Verhalten von Sr und Bi wird man mit ihrem anomalen Verhalten bei allseitiger Kompression in Parallele zu stellen haben. Es bliebe nur aufzuklären, warum Li, Ca und Sb sich nicht ebenso verhalten. Für diese drei Metalle glaubt BRIDGMAN eine besondere Art der Elektronenleitung annehmen zu müssen[4]).

Den transversalen Effekt, d. h. die Widerstandsänderung senkrecht zur Dehnung, hat zum ersten Male TOMLINSON an Zink und Eisen gemessen. Er fand eine Abnahme des Widerstands mit der Dehnung. BRIDGMAN[5]) hat neuerdings Messungen an Blechstreifen aus Cu, Ag, Au, Fe, Pd und Pt ausgeführt, von denen die an den drei erstgenannten weichen Metallen ziemlich unsicher sind. Seine Ergebnisse für den spezifischen Widerstand senkrecht zur Dehnung sind in Tabelle 20, Spalte 4, wiedergegeben. Danach scheint eine Zunahme des Widerstands senkrecht zur Dehnung das Normale zu sein. Für Fe besteht also keine Übereinstimmung mit TOMLINSON. Für Ni wurde wenigstens festgestellt, daß

Tabelle 20. Verhältnis der Druck- und Spannungskoeffizienten des spez. Widerstandes zur Änderung der Lineardimensionen. Druck- und Spannungseinheit: kg/cm².

Metall	$\frac{1}{\varrho}\frac{\partial\varrho}{\partial p}\cdot 10^6$	$\frac{1}{\varrho}\frac{\Delta\varrho}{S}\cdot 10^6$ ∥ Dehnung	$\frac{1}{\varrho}\frac{\Delta\varrho}{S}\cdot 10^6$ ⊥ Dehnung	$\frac{1}{3}\frac{1}{V}\left(\frac{\partial V}{\partial p}\right)_t\cdot 10^6$	$\frac{1}{E}\cdot 10^6$	σ	$k_\parallel$	$k_\perp$	$-\sigma k_\parallel + (1-\sigma)k_\perp$ beob.	$-\sigma k_\parallel + (1-\sigma)k_\perp$ ber.
Cu	−2,45	+1,75	(−2,4)	−0,240	0,81	0,34	4,20	3,00	(−3,0)	+0,5
Ag	−3,83	+2,86	$-0{,}0_4$	−0,329	1,26	0,38	4,84	3,38	$-0{,}0_3$	+0,3
Au	−3,33	+3,87	(−4,9)	−0,193	1,25	0,42	7,3	5,0	(−3,9)	−0,2
Fe	−2,60	+1,42	+0,54	−0,196	0,48	0,28	5,2	4,05	+1,13	+1,45
Pd	−2,16	+1,37	+0,51	−0,173	0,89	0,39	4,62	3,94	+0,57	+0,60
Pt	−2,07	+1,78	+0,34	−0,120	0,59	0,39	7,0	5,1	+0,58	+0,38

[1]) P. W. BRIDGMAN, Proc. Amer. Acad. Bd. 57, S. 39. 1922; Bd. 59, S. 117. 1923; Bd. 60, S. 421. 1925, dort auch ältere Literatur.
[2]) H. TOMLINSON, Trans. Roy. Soc. London Bd. 174, S. 1. 1883.
[3]) Für Ni auch von CANTONE festgestellt.
[4]) P. W. BRIDGMAN, Proc. Amer. Acad. Bd. 57, S. 57. 1922.
[5]) P. W. BRIDGMAN, Proc. Amer. Acad. Bd. 60, S. 421. 1925.

der transversale Effekt das entgegengesetzte Vorzeichen hat wie der longitudinale, daß er also bei geringer Belastung positiv ist.

Die Versuchsanordnung war so getroffen, daß die Zu- und Ableitung des Stroms sowie die Potentialabnahme durch vier äquidistante federnde Nadeln erfolgte, die quer zur Dehnungsrichtung gegen das Blech gepreßt wurden, doch so, daß die Spitzen der Querkontraktion des Streifens ohne mechanischen Widerstand nachgaben. Dabei mißt man allerdings einen elektrischen Widerstand, der nicht von der L.-F. senkrecht zur Dehnung abhängt, sondern von dem geometrischen Mittel der L.-F. senkrecht und parallel zur Dehnung. Die relative Änderung des gemessenen Widerstands ist also gleich dem arithmetischen Mittel der Spannungskoeffizienten senkrecht und parallel zur Dehnung. Wenn dieser bekannt ist (Tab. 19), kann man jenen berechnen.

18. Zusammenhang zwischen Druck- und Spannungskoeffizienten. Ohne auf spezielle theoretische Vorstellungen einzugehen, kann man nach BRIDGMAN[1]) die mehr formale Frage stellen, ob es möglich ist, die Widerstandsänderungen durch Druck und Zug in Zusammenhang zu bringen, indem man sie als abhängig von den Dimensionsänderungen des Leiters betrachtet. Dabei würde man einer Dimensionsänderung senkrecht zur Stromrichtung ($\Delta l_\perp / l_\perp$) einen anderen Einfluß auf den spez. Widerstand zuschreiben können als einer Dimensionsänderung parallel zur Stromrichtung ($\Delta l_\parallel / l_\parallel$).

Wenn man diese Einflüsse proportional den Dimensionsänderungen annimmt und die Proportionalitätsfaktoren mit $k_\parallel$ und $k_\perp$ entsprechend den Richtungen $\parallel$ und $\perp$ zum Strom bezeichnet, so erhält man für die Änderung des spez. Widerstands

$$\frac{\Delta\varrho}{\varrho} = k_\parallel \frac{\Delta l_\parallel}{l_\parallel} + k_\perp \left[\left(\frac{\Delta l_\perp}{l_\perp}\right)_1 + \left(\frac{\Delta l_\perp}{l_\perp}\right)_2\right].$$

Senkrecht zur Stromrichtung können die Dilatationen verschieden sein, z. B. wenn sie parallel und senkrecht zur Dehnung liegen. Deshalb sind die Indizes 1 und 2 beigefügt.

Im Falle allseitig gleichen Druckes ist

$$\frac{\Delta l_\parallel}{l_\parallel} = \left(\frac{\Delta l_\perp}{l_\perp}\right)_1 = \left(\frac{\Delta l_\perp}{l_\perp}\right)_2 = \frac{1}{3}\frac{1}{V}\left(\frac{\partial V}{\partial p}\right)_t p,$$

im Falle einer Dehnung $\parallel$ zur Stromrichtung

$$\frac{\Delta l_\parallel}{l_\parallel} = \frac{S_\parallel}{E}; \qquad \left(\frac{\Delta l_\perp}{l_\perp}\right)_1 = \left(\frac{\Delta l_\perp}{l_\perp}\right)_2 = -\sigma\frac{S_\parallel}{E},$$

im Falle einer Dehnung $\perp$ zur Stromrichtung

$$\frac{\Delta l_\parallel}{l_\parallel} = -\sigma\frac{S_\perp}{E}; \qquad \left(\frac{\Delta l_\perp}{l_\perp}\right)_1 = \frac{S_\perp}{E}; \qquad \left(\frac{\Delta l_\perp}{l_\perp}\right)_2 = -\sigma\frac{S_\perp}{E}.$$

Demnach ergeben sich in den genannten drei Fällen folgende Beziehungen zwischen den Konstanten $k_\parallel$ und $k_\perp$:

$$\frac{1}{\varrho}\frac{\Delta\varrho}{p} : \frac{1}{3}\frac{1}{V}\left(\frac{\partial V}{\partial p}\right)_t = k_\parallel + 2k_\perp,$$

$$\frac{1}{\varrho}\frac{\Delta\varrho}{S_\parallel} : \frac{1}{E} = k_\parallel - 2\sigma k_\perp,$$

$$\frac{1}{\varrho}\frac{\Delta\varrho}{S_\perp} : \frac{1}{E} = -\sigma k_\parallel + (1-\sigma)\,k_\perp.$$

---

[1]) Vgl. das letzte Zitat.

Zwei dieser Gleichungen, deren linke Seiten durch Beobachtungen bekannt sind (Tab. 20), können zur Berechnung von $k_{\parallel}$ und $k_{\perp}$ dienen, die dritte gibt dann eine Probe, ob der Ansatz richtig ist. In Tabelle 20, Spalte 8 und 9, findet man die aus den beiden ersten Gleichungen berechneten $k_{\parallel}$ und $k_{\perp}$, in den zwei letzten Spalten die Probe auf die Richtigkeit des Ansatzes. Mit Rücksicht darauf, daß die geklammerten Zahlen besonders unsicher sind, wird man geneigt sein, die Berechtigung zur Einführung der Konstanten $k_{\parallel}$ und $k_{\perp}$ anzuerkennen. Die für sie erhaltenen Zahlenwerte würden beweisen, daß bei normalen Metallen eine Vergrößerung des Atomabstandes den Widerstand stets vergrößert, mag die Vergrößerung parallel oder senkrecht zur Stromrichtung erfolgen. Im ersten Falle ist jedoch der Einfluß auf den Widerstand etwas größer ($k_{\parallel} > k_{\perp}$).

e) Leitfähigkeit der Legierungen.

19. Allgemeines. Einteilung der Legierungen. Über die L.-F. der Metalllegierungen hier ein einigermaßen vollständiges Bild zu geben, verbietet sich des zur Verfügung stehenden Raumes wegen, ist aber auch kaum nötig, da erst kürzlich A. SCHULZE[1]) im GUERTLERschen Handbuch der Metallographie sehr ausführlich über die in großer Fülle vorliegenden Widerstandsmessungen an Legierungen und ihre theoretische Verwertung berichtet hat. Das Interesse an solchen Messungen rührt hauptsächlich daher, daß sie eines der Mittel bilden, um über die Konstitution der Metallegierungen Aufschluß zu erlangen. Dieser Gesichtspunkt kommt für das vorliegende Kapitel nicht in Frage. Auch die technische Verwertung einiger Legierungen zum Bau von Widerständen spielt, so wichtig sie ist, hier nur eine geringe Rolle. Uns interessieren die Messungen an Legierungen vor allem deshalb und insoweit, als sie über den Leitungsvorgang in Metallen aufklärend wirken können. Dazu genügt es, das Typische der Erscheinungen an einigen Beispielen zu besprechen.

Von grundlegender Bedeutung für die L.-F. der Legierung im Verhältnis zu den L.-F. ihrer Komponenten ist die Art, wie die Atome der Komponenten in der Legierung zusammentreten oder gemischt sind[2]). Ein reines Metall im unbearbeiteten Zustande besteht, wenn es nicht unter besonderen Bedingungen zu einem einheitlichen Kristall gewachsen ist, aus einem Haufwerk vieler, mehr oder weniger ausgedehnter Kristallite. Jeder Kristallit wird als ein einigermaßen regelmäßiges Atom-Raumgitter angesehen, dessen Orientierung von einem Kristallit zum anderen wechselt. Wie die Atome an den Grenzflächen angeordnet sind, ist zweifelhaft. Jedenfalls stellen diese Flächen für die Elektronen keine besonders schweren Hindernisse dar, denn ein Einkristall leitet die Elektrizität nicht wesentlich besser als ein Polykristall (Ziff. 11 am Schluß).

Schmilzt man ein reines Metall mit einem anderen zusammen, so treten ganz verschiedene Fälle ein:

1. Die Legierung ist heterogen, sie ist ein Gemenge aus kleinen Kristalliten der beiden Komponenten. Dieser Fall tritt ein, wenn man Blei, Zinn, Zink und Kadmium in beliebiger Konzentration miteinander mengt[3]).

---

[1]) A. SCHULZE, Die elektrische und thermische Leitfähigkeit. 6. Heft des II. Bandes des Handb. d. Metallogr. von W. GUERTLER. Berlin 1924/25. Siehe auch die älteren Berichte von W. GUERTLER, Jahrb. d. Radioakt. Bd. 5, S. 17. 1908; und ZS. f. anorg. Chem. Bd. 51, S. 397 u. 430. 1906; Bd. 54, S. 58. 1907; J. KOENIGSBERGER in Graetz' Handb. d. Elektr. u. d. Magn. Bd. III, S. 597—724. 1920.

[2]) Vgl. dieses Handbuch Bd. X, Kap. 2, Ziff. 32ff., und die dort angegebene Literatur. Ferner z. B. W. ROSENHAIN, Journ. Inst. Met. Bd. 30, S. 3. 1923.

[3]) M. PIRANI und I. RUNGE (ZS. f. Metallkde. 1924, S. 183) geben an, daß Cd in Pb bis zu 11 Gew.-% löslich sei. Die gegenseitige Unlöslichkeit der genannten Metalle ist also nur bis zu einem gewissen Grade zutreffend.

2. Die Legierung ist homogen, jeder Kristallit stellt, wie man sagt, eine feste Lösung des einen Metalls im anderen oder einen Mischkristall dar. Das ist so zu verstehen, daß die Punkte des Kristallit-Raumgitters mit beiden Atomarten in einem durchschnittlich konstanten Mengenverhältnis besetzt sind. Keine Einigkeit herrscht bisher über die Anordnung der Atomarten im Gitter. TAMMANN[1]) glaubt, daß die Ordnung eine denkbar regelmäßige ist, VEGARD[2]), BORELIUS[3]), MASING[4]) u. a. sind der Ansicht, daß die gelösten Atome statistisch ungeordnet sind. Neuere röntgenspektroskopische Analysen von Mischkristallen[5]) stützen die zweite Ansicht. Die Mischbarkeit im kristallisierten Zustande heißt vollständig oder unvollständig, je nachdem die beiden Atomarten in jedem Mengenverhältnis oder nur innerhalb gewisser Konzentrationsgebiete homogene Mischkristalle bilden. Vollständige Mischbarkeit zeigen z. B. die Systeme

K—Rb	Ag—Au	Pb—In	Fe—Mn
Cu—Ni	Ag—Pd	W—Mo	Ni—Mn
Cu—Mn	Au—Pd	Pt—Pd	Fe—Cr
		Pt—Ir	Ni—Cr

wobei bemerkenswert ist, daß die reinen Komponenten zum Teil verschiedene Kristallgitter besitzen. Teilweise Mischbarkeit zeigen z. B. die Systeme

Cu—Ag	Ag—Pb	Au—Bi	Bi—Sn	Al—Zn
Cu—Cr	Ag—Bi	Au—Fe	Bi—Pb	Al—Sn
Cu—Pt	Pb—Tl	Au—Ni	Pt—Fe	Al—Bi

Die Konzentrationsgebiete, in denen die Löslichkeit des einen Metalls im anderen unvollständig ist, heißen Mischungslücken. In den Mischungslücken wird die Legierung heterogen und bildet wie im Falle 1 ein Kristallitgemenge, aber im allgemeinen nicht aus reinen Metallen, sondern aus den Mischkristallen, welche als gesättigte Lösungen den Anfang und das Ende der Mischungslücke bilden.

3. Viele binäre Legierungen zeigen nun außer solchen Konzentrationsgebieten, in denen homogene Mischkristalle oder heterogene Gemenge aus zwei Arten von Kristalliten vorkommen, bei gewissen rationalen Atomzahlverhältnissen „Verbindungsbildung". Die Verbindungen spielen in den Legierungen eine ähnliche Rolle wie die reinen Metallkomponenten, d. h. in den Konzentrationsgebieten zwischen einer Verbindung und einer Metallkomponente, oder auch zwischen zwei Verbindungen bilden sich Legierungen sowohl nach Fall 1 wie nach Fall 2.

Im Hinblick auf die L.-F. interessiert vor allem der atomistische Aufbau der Verbindungen. Da haben nun die Röntgenaufnahmen gezeigt, daß das Charakteristische der Verbindung zweier Metalle im kristallisierten Zustand die regelmäßige Anordnung der Atomarten im Gitter zu sein scheint, d. h. die Besetzung kristallographisch gleichwertiger Plätze durch chemisch identische Atome. Das Auftreten dieser Ordnung ist häufig mit dem Auftreten eines anderen Raumgitters verbunden, und zwar nicht nur dann, wenn die reinen Komponenten verschiedene Gitterstruktur besitzen. So ist nach JOHANSSON und LINDE AuCu tetragonal, PdCu kubisch raumzentriert (CsCl-Typ); die letztgenannte Struktur gilt nach WESTGREN und PHRAGMÉN auch für die Verbindungen CuZn, AgZn, AuZn.

[1]) G. TAMMANN, ZS. f. anorg. Chem. Bd. 107, S. 1. 1919; Die chemischen und galvanischen Eigenschaften von Mischkristallreihen und ihre Atomverteilung. Leipzig 1919; Ann. d. Phys. Bd. 75, S. 212. 1924.

[2]) L. VEGARD u. H. SCHJELDERUP, Phys. ZS. Bd. 18, S. 93. 1917.

[3]) G. BORELIUS, Ann. d. Phys. Bd. 74, S. 216. 1924; Bd. 77, S. 109. 1925.

[4]) G. MASING, ZS. f. anorg. Chem. Bd. 118, S. 293. 1921.

[5]) Z. B.: H. LANGE, Ann. d. Phys. Bd. 76, S. 476. 1925; C. H. JOHANSSON u. J. O. LINDE, ebenda Bd. 78, S. 439. 1925; A. WESTGREN u. G. PHRAGMÉN, Phil. Mag. Bd. 50, S. 311. 1925, s. hier die weitere Literatur.

Der Grund dafür, daß in manchen binären Systemen eine regelmäßige Atomanordnung sich ausbildet, in anderen nicht, muß in den zwischen den Atomen wirksamen Kräften gesucht werden.

20. Leitfähigkeit der Gemenge. Obwohl die in voriger Ziffer kurz skizzierte Konstitution der Legierungen erst viel später erkannt wurde, haben doch bereits MATTHIESSEN und seine Mitarbeiter aus der L.-F. der Legierungen auf die Existenz der drei Klassen von Legierungen geschlossen, die den erwähnten drei Fällen entsprechen. Die Korrespondenz der L.-F. mit der Konstitution der Legierungen klar herausgearbeitet zu haben, ist das Verdienst von LE CHATELIER[1], W. GUERTLER, KURNAKOW[2]) u. a. Aus dem jetzt in großer Fülle vorliegenden Beobachtungsmaterial ergibt sich folgendes:

Legierungen der ersten Klasse, welche ein Gemenge aus den Kristalliten der Komponenten darstellen, insbesondere also die Legierungen aus Pb, Zn, Sn, Cd, haben eine L.-F., die sich additiv nach Mischungsregeln aus den L.-F. der Komponenten zusammensetzt. Dasselbe gilt für den spez. Widerstand. Doch ist weder die L.-F. noch der Widerstand der Legierung eine einfache lineare Funktion der Volumkonzentration, wie zunächst vermutet wurde. Das kann in erster Annäherung nur angenommen werden, wenn die L.-F. der Komponenten wenig voneinander verschieden sind. Die Versuche, nach den bekannten Gesetzen der Stromverzweigung in parallel und hintereinander geschalteten Leitern für spezielle Fälle von Legierungsmodellen die L.-F. und spez. Widerstände zu berechnen, Versuche, an denen sich u. a. Lord RAYLEIGH[3]), GUERTLER[4]), LICHTENECKER[5]), BENEDICKS[6]), PIRANI und RUNGE[7]) beteiligten, haben schließlich zur Aufstellung einer verhältnismäßig einfachen Formel durch LICHTENECKER geführt, die mit den Beobachtungen von MATTHIESSEN gut vereinbar ist, wie Abb. 9 zeigt, in der die leicht gekrümmten Linien nach der Formel berechnet, die durch Kreise markierten Punkte beobachtet sind. Die Formel ist wesentlich aus der willkürlichen Forderung entstanden, daß Widerstand und L.-F. der Legierung sich in formal gleicher Weise aus den Widerständen oder L.-F. der Komponenten berechnen lassen sollen. Sie lautet für den spez. Widerstand ϱ_m der Legierung, deren Komponenten die spez. Widerstände ϱ_1 und ϱ_2 besitzen und in den Volumkonzentrationen c_1 und $c_2 = 1 - c_1$ vorhanden sind,

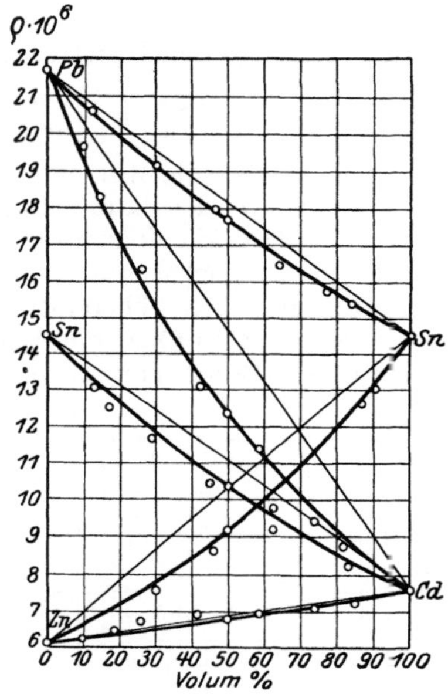

Abb. 9. Widerstand von Gemengen. (Nach K. LICHTENECKER, Phys. ZS. Bd. 25, S. 232. 1924.)

$$\varrho_m = \varrho_1^{c_1} \cdot \varrho_2^{c_2'},$$

wo

$$c_2' = c_2 (1 - k \cdot c_1)$$

---

[1]) H. LE CHATELIER, Rev. gén. des Sciences, 30. juin 1895; Contribution à l'étude des alliages, S. 441. Paris 1901.

[2]) N. S. KURNAKOW u. S. F. ZEMCZUZNY, ZS. f. anorg. Chem. Bd. 54, S. 149. 1907.

[3]) Lord RAYLEIGH, Phil. Mag. Bd. 34, S. 481. 1892.

[4]) W. GUERTLER, Jahrb. d. Radioakt. Bd. 5, S. 17. 1908.

[5]) K. LICHTENECKER, Phys. ZS. Bd. 10, S. 1005. 1909; Bd. 25, S. 169, 193, 225. 1924.

[6]) C. BENEDICKS, Jahrb. d. Radioakt. Bd. 13, S. 371. 1916.

[7]) M. PIRANI u. I. RUNGE, ZS. f. Metallkde. 1924, S. 183.

etwas kleiner als c_2 ist. Die gegen 1 kleine Zahl k muß empirisch bestimmt oder nach einem von LICHTENECKER angegebenen Verfahren aus den für die Komponenten gegebenen Daten berechnet werden. Offenbar gilt für die elektrische L.-F. die gleiche Formel

$$\varkappa_m = \varkappa_1^{c_1} \cdot \varkappa_2^{c_2'}.$$

Daraus folgt, daß der Temperaturkoeffizient des spez. Widerstands

$$\frac{1}{\varrho_m}\frac{\partial \varrho_m}{\partial t} = \frac{c_1}{\varrho_1}\frac{\partial \varrho_1}{\partial t} + \frac{c_2'}{\varrho_2}\frac{\partial \varrho_2}{\partial t}$$

sich wesentlich nach der einfachen Mischungsregel aus den Temperaturkoeffizienten der Komponenten berechnen lassen muß. Da diese keine großen Differenzen zeigen, so gilt für diese Klasse von Legierungen, ohne Mischkristall- und Verbindungsbildung, daß ihr Temperaturkoeffizient nahe gleich dem normalen Temperaturkoeffizienten reiner Metalle sein muß. Dies lehrt in der Tat die Erfahrung[1]).

Auch für den Druckkoeffizienten des spez. Widerstands

$$\frac{1}{\varrho_m}\frac{\partial \varrho_m}{\partial p} = \frac{c_1}{\varrho_1}\frac{\partial \varrho_1}{\partial p} + \frac{c_2'}{\varrho_2}\frac{\partial \varrho_2}{\partial p} = \frac{c_1}{\varrho_1}\frac{\partial \varrho_1}{\partial p} + \frac{c_2}{\varrho_2}\frac{\partial \varrho_2}{\partial p} - k\frac{c_1 c_2}{\varrho_2}\frac{\partial \varrho_2}{\partial p}$$

sollte ungefähr die Mischungsregel gelten, sofern die c als unabhängig vom Druck betrachtet werden. Die Versuche von BECKMAN[1]) an Cd-Pb-Legierungen ergeben für den Druckkoeffizienten als Funktion der Volumkonzentration eine gegen die Abszissenachse schwach konvex gekrümmte Kurve, was mit der letzten Formel qualitativ übereinstimmt.

21. Leitfähigkeit der Mischkristalle. Das typische Verhalten der Mischkristalle erkennt man am besten an den binären Legierungen mit vollständiger Mischbarkeit. Als Beispiel seien die Ag-Au-Legierungen gewählt, für die in

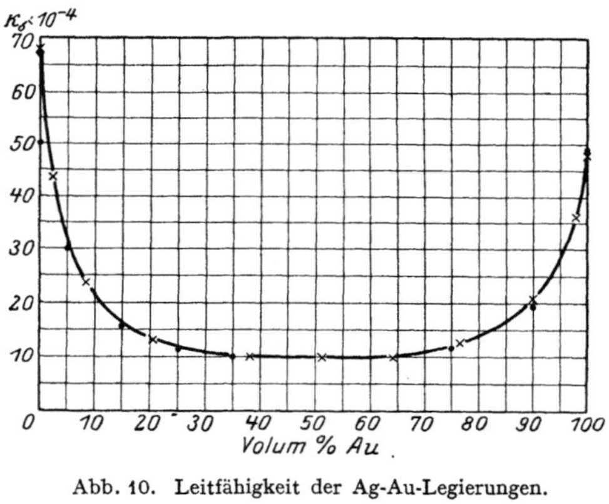

Abb. 10. Leitfähigkeit der Ag-Au-Legierungen.

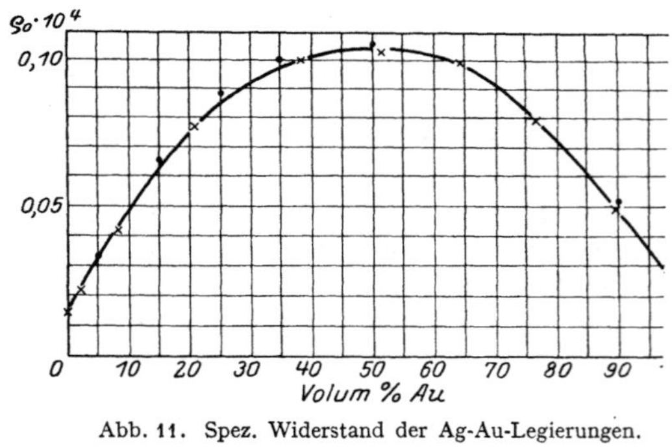

Abb. 11. Spez. Widerstand der Ag-Au-Legierungen.

Abb. 10 die Leitfähigkeit, in Abb. 11 der spez. Widerstand, in Abb. 12 der Temperaturkoeffizient und in Abb. 13 der Druckkoeffizient des Widerstands als Funktion der Volumkonzentration nach BECKMAN[1]) aufgetragen ist. Ein Vergleich mit Abb. 9 (vorige Ziffer) zeigt den großen, von MATTHIESSEN zuerst hervorgehobenen Unterschied zwischen den beiden Klassen von Legierungen: Bei Mischkristallen ist von einer auch nur angenäherten Gültigkeit der Mischungsregel oder der sie ersetzenden LICHTENECKERschen Formel nicht die Rede. Die Auflösung eines Metalls im anderen erhöht dessen Widerstand unverhältnismäßig stark, gleichgültig, ob das gelöste Metall im reinen Zustande einen größeren

[1]) A. MATTHIESSEN u. C. VOGT, Pogg. Ann. Bd. 122, S. 19. 1864; C. L. WEBER, Wied. Ann. Bd. 34, S. 576. 1888; B. BECKMAN, Dissert. Upsala 1911; Phys. ZS. Bd. 16, S. 59. 1915; Bd. 18, S. 507. 1917.

oder kleineren spez. Widerstand besitzt als das Lösungsmittel. Bei mittleren Konzentrationen erreicht der Widerstand ein flaches Maximum, die L.-F., der Temperatur- und Druckkoeffizient ein breites Minimum. Die L.-F. im Minimum kann auf einen kleinen Bruchteil der L.-F. der Komponenten herabsinken, z. B. beträgt bei der mit dem Namen „Konstantan" belegten Legierung aus 60 Gew.-Proz. Cu, 40 Ni die L.-F. noch nicht $^1/_{30}$ von der des reinen Cu, der Temperaturkoeffizient kann bei gewöhnlicher Temperatur sogar auf Null oder kleine negative Werte sinken.

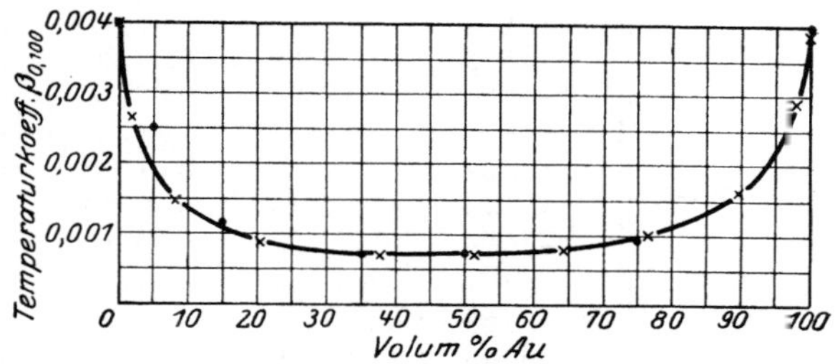

Abb. 12. Temperaturkoeffizient des Widerstands der Ag-Au-Legierungen.

Man kann den spez. Widerstand des Mischkristalls zusammengesetzt denken aus einem dem Gemenge der Komponenten entsprechenden, etwa nach voriger Ziffer zu berechnenden Anteil ϱ_m und einem Zusatzwiderstand ζ, welcher dem Mischkristall eigentümlich ist. Dann folgt aus der von MATTHIESSEN[1]) aufgestellten Beziehung zwischen dem spez. Widerstand einer Legierung und seiner Änderung zwischen 0 und 100°, daß der Zusatzwiderstand ζ von der Temperatur unabhängig ist. Es soll also sein

$$\varrho = \varrho_m + \zeta; \qquad \frac{d\varrho}{dt} = \frac{d\varrho_m}{dt}.$$

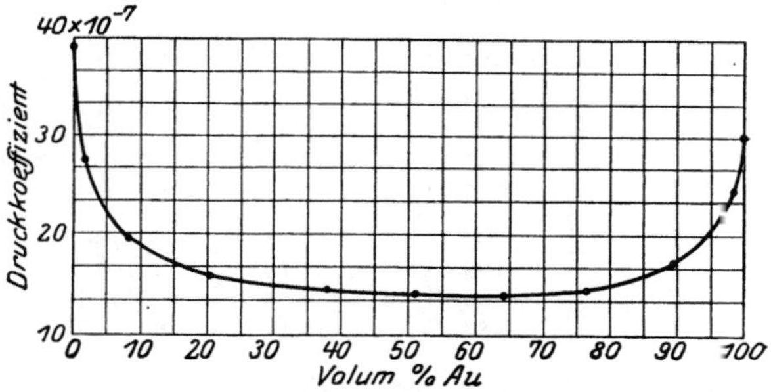

Abb. 13. Druckkoeffizient des Widerstands der Ag-Au-Legierungen.

Diese Beziehung erklärt sofort den in die Augen springenden Zusammenhang zwischen den Abb. 11 und 12. Denn nehmen wir einmal den einfachen Fall an, daß die beiden Komponenten gleiche L.-F. hätten, so wäre ϱ_m bei allen Mischungsverhältnissen gleich, der zu einem Maximum anwachsende Zusatzwiderstand ζ würde also bewirken, daß

$$\beta = \frac{1}{\varrho}\frac{d\varrho}{dt} = \frac{1}{\varrho_m + \zeta}\frac{d\varrho_m}{dt}$$

zu einem Minimum absänke, da ja $1/\varrho_m \, d\varrho_m/dt$ etwa dem normalen Temperaturkoeffizienten der reinen Metalle gleich ist (vorige Ziffer).

Daß die interessante MATTHIESSENsche Regel kein strenges Gesetz darstellt, wurde schon in Ziff. 7 ausgesprochen, wo sie auf Metalle mit geringen Verunreinigungen Anwendung fand. Trotzdem erleichtert sie die Übersicht über die komplizierten Verhältnisse bei den Legierungen ungemein. Mit welchem Grade der Annäherung sie z. B. bei den Ag-Au-Legierungen bis zur Temperatur des flüssigen Wasserstoffs gilt, lehrt die von J. CLAY[2]) gegebene Tabelle 21, in der die Zerlegung von ϱ in ϱ_m und ζ für verschiedene Temperaturen durch-

---

[1]) A. MATTHIESSEN u. C. VOGT, Pogg. Ann. Bd. 122, S. 19. 1864; W. GUERTLER, Jahrb. d. Radioakt. Bd. 5, S. 17. 1908.

[2]) J. CLAY, Jahrb. d. Radioakt. Bd. 8, S. 399. 1911.

Tabelle 21 (nach J. CLAY). Spez. Widerstand von Gold-Silber-Legierungen. Veränderung mit der Temperatur. Einheit von $\varrho = 10^{-4}$ [Ωcm].

Volum-Prozent Silber	Temperatur °C	Spezifischer Widerstand$_{beob}$ ϱ	Spezifischer Widerstand$_{ber}$ ϱ_m	Zusatz-widerstand ζ	Mittelwert für ζ	ζ pro 1 Vol.% Ag
0,726	0°	0,02371	0,02137	0,00233	0,00272	0,00374
	−103,83	0,01530	0,01267	0,00263		
	−182,73	0,00881	0,00580	0,00300		
	−252,92	0,00307	0,00017	0,00290		
0,872	0°	0,02416	0,02136	0,00280	0,00315	0,00361
	−103,83	0,01570	0,01266	0,00304		
	−182,73	0,00916	0,00580	0,00335		
	−252,92	0,00359	0,00017	0,00341		
0,960	0°	0,02444	0,02136	0,00308	0,00340	0,00353
	−103,83	0,01596	0,01266	0,00329		
	−182,73	0,00940	0,00580	0,00360		
	−252,92	0,00380	0,00017	0,00363		
1,586	0°	0,02637	0,02130	0,00506	0,00555	0,00350
	−103,83	0,01806	0,01263	0,00543		
	−182,73	0,01161	0,00578	0,00582		
	−252,92	0,00606	0,00017	0,00588		
2,550	0°	0,02930	0,02123	0,00806	0,00842	0,00330
	−103,83	0,02093	0,01258	0,00834		
	−182,73	0,01443	0,00575	0,00867		
	−252,92	0,00876	0,00017	0,00858		
31,56	0°	0,09197	0,01918	0,07279	0,0725	—
	−103,83	0,08397	0,01128	0,07269		
	−182,73	0,07756	0,00504	0,07251		
	−252,92	0,07211	0,00016	0,07195		
62,93	0°	0,09937	0,01736	0,08200	0,0817	—
	−103,83	0,09137	0,01015	0,08122		
	−182,73	0,08642	0,00445	0,08197		
	−252,92	0,08168	0,00015	0,08153		

geführt und gezeigt ist, daß ζ in der Tat von der Temperatur ziemlich unabhängig und einem kleinen Gehalt an Ag im Au proportional ist.

Der Druckkoeffizient sinkt bei den Legierungen Ag-Au, Pt-Ir[1]) nicht auf einen so kleinen Bruchteil wie der Temperaturkoeffizient. Man kann daraus schließen, daß hier der Zusatzwiderstand ζ bei Druckerhöhung abnimmt, wenn auch relativ weniger als der normale Widerstand. Bei anderen Legierungen, wie Cu-Mn[1]), Ni-Cu[1]), die der MATTHIESSENschen Regel nicht folgen, da sie auch negative Temperaturkoeffizienten haben können, ist natürlich ein Rückschluß auf ζ unzulässig. Für Ag-Au und Cu-Mn fanden LISELL und BECKMAN, daß der Druckkoeffizient eine lineare Funktion der L.-F. und des Temperaturkoeffizienten β sei. Wieweit die angedeuteten Beziehungen allgemeinere Gültigkeit haben, läßt sich mangels genügender Beobachtungen nicht entscheiden[2]).

Binäre Legierungen, welche Mischungslücken besitzen, verraten diese Eigenschaft meistens sehr deutlich durch die Gestalt der Kurvenzüge, welche ihre Leitfähigkeit, ihren spez. Widerstand, ihren Temperaturkoeffizienten oder Druckkoeffizienten als Funktion des Volumgehalts einer Komponente darstellen. Die glatte, steil abfallende Kurve des Mischkristalls wird dort, wo eine Mischungs-

[1]) E. LISELL, Dissert. Upsala 1903.
[2]) Über die Druckkoeffizienten einiger Ni-Cr-Legierungen vgl. P. W. BRIDGMAN, Proc. Amer. Acad. Bd. 56, S. 75. 1921.

lücke beginnt, geknickt und setzt sich in einem etwa der LICHTENECKERschen Formel folgenden Stück bis zum Ende der Mischungslücke fort, wo entweder das reine Metall oder eine Verbindung oder ein neues Mischkristallgebiet sich anschließt. Abb. 14 zeigt die L.-F.-Kurve für Cu-Ag-Legierungen nach MATTHIESSEN. Der Mischungslücke zwischen 6 und 93 Vol.% Ag entspricht hier ein geradliniges Kurvenstück, weil die L.-F. in den Knickpunkten nicht sehr verschieden sind. Die Knickpunkte entsprechen den gesättigten Lösungen von Ag in Cu und von Cu in Ag. Einen völlig analogen Kurvenzug fanden KURNAKOW, PUSCHIN und SENKOWSKI[1]) für den Temperaturkoeffizienten. Den Knickpunkt für den Druckkoeffizienten wies BECKMAN[2]) an den Au-Ni-Legierungen nach, indem er als Abszisse die L.-F. wählte.

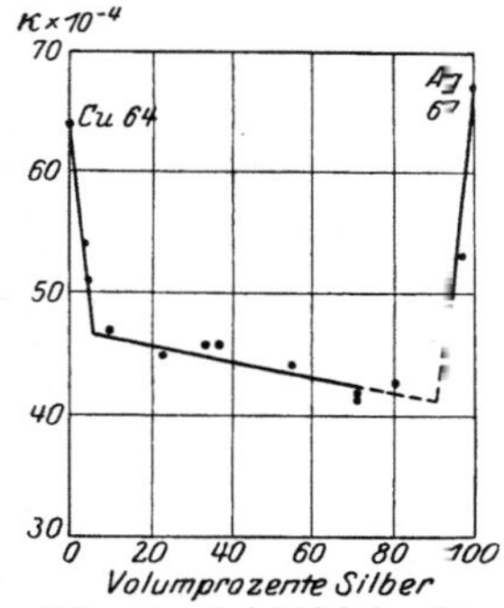

Abb. 14. Leitfähigkeit der Cu-Ag-Legierungen (aus A. SCHULZE, l. c. S. 329).

Es sind verschiedene Versuche gemacht worden, die Abhängigkeit des Zusatzwiderstands einer Mischkristallreihe von der Volum- oder Atomkonzentration gesetzmäßig darzustellen oder aus theoretischen Vorstellungen abzuleiten[3]). Es genügt hier, die Formel von BORELIUS wiederzugeben, welche sich den Beobachtungen an vollständigen Mischkristallreihen gut anpassen läßt. Sie lautet

$$\frac{1}{\zeta} = A\frac{p}{q} + ap + B\frac{q}{p} + bq\,, \tag{15}$$

wo p und $q = 1 - p$ die Konzentrationen der beiden Komponenten (als Atomzahlverhältnis ausgedrückt) sind, A, B, a, b Konstanten.

Im Falle großer Verdünnung, wenn q oder p sehr klein sind, überwiegt das erste oder dritte Glied rechts die übrigen, deshalb wird dann

$$\zeta = \frac{1}{A}q \qquad \text{oder} \qquad \zeta = \frac{1}{B}p\,.$$

Das Verhältnis des Zusatzwiderstands zur aufgelösten Anzahl von Atomen nennt man „die atomare Widerstandserhöhung" des Lösungsmittels durch den gelösten Stoff.

22. Die Größe der atomaren Widerstandserhöhung. Schon LE CHATELIER[4]) hat den Einfluß verschiedener Fremdstoffe auf die L.-F. des Eisens getrennt zu bestimmen versucht. BENEDICKS[5]) glaubte, daß die atomare Widerstandserhöhung nur von der Natur des Lösungsmittels, nicht von der des gelösten Stoffs abhänge. Das würde bedeuten, daß A und B (vorige Ziffer) für die lösenden Komponenten charakteristische, ein für allemal gültige Konstanten wären. Das trifft in einigen Fällen zu, aber nicht allgemein. NORBURY[6]), der eine umfassende Bearbeitung der vorliegenden Beobachtungen unternahm, fand, daß die atomaren Widerstandserhöhungen in einer gewissen Beziehung zur Stellung der beteiligten Atome im periodischen System der Elemente stehen. Es scheint,

---

[1]) N. KURNAKOW, N. PUSCHIN u. M. SENKOWSKI, ZS. f. anorg. Chem. Bd. 68, S. 123. 1910.

[2]) B. BECKMAN, Arkiv för Mat., Astron. och Fysik Bd. 7, Nr. 42. 1912.

[3]) Lord RAYLEIGH, Nature Bd. 54, S. 154. 1896; C. LIEBENOW, ZS. f. Elektrochem. Bd. 4, S. 201, 217. 1897/98; W. GUERTLER, Jahrb. d. Radioakt. Bd. 5, S. 48. 1908; C. BENEDICKS, ebenda Bd. 13, S. 351. 1916; K. HÖJENDAHL, Phil. Mag. Bd. 48, S. 349. 1924; G. BORELIUS, Ann. d. Phys. Bd. 77, S. 109. 1925.

[4]) H. LE CHATELIER, C. R. Bd. 126, S. 1709. 1898.

[5]) C. BENEDICKS, ZS. f. phys. Chem. Bd. 40, S. 542. 1902; s. auch Jahrb. d. Radioakt. Bd. 13, S. 392. 1916.

[6]) A. L. NORBURY, Proc. Far. Soc. Dez. 1920.

daß die Erhöhungen um so größer sind, je weiter die Gruppe des gelösten Fremdstoffs von der des lösenden Metalls im periodischen System entfernt ist. Zur Erläuterung geben wir in Tabelle 22 die Zunahme ζ des spez. Widerstands von

Tabelle 22 (nach NORBURY). Widerstandserhöhung in reinem krist. Kupfer und Eisen durch Auflösung von 1 Atom des zugesetzten Stoffes in 1000 Atomen Lösung.

Kupfer: $\varrho_0 = 1{,}55 \cdot 10^{-6}$ (Gruppe I des per. Systems).

Zusatzstoff und Gruppe d. per. Systems	Ag I	Au I	Mg II	Ni VIII	Fe VIII	Sn IV	Mn VII	Cr VI	Sb V	P V	As V
$\zeta \cdot 10^6$	0,022	0,062	0,08	0,11	0,20	0,26	0,30	0,40	0,5	0,5	$0{,}5_5$
$z = \zeta/\varrho_0$	0,014	0,04	0,05	0,07	0,13	0,17	0,19	0,26	$0{,}3_2$	$0{,}3_2$	$0{,}3_5$

Eisen: $\varrho_0 = 8{,}9 \cdot 10^{-6}$ (Gruppe VIII).

Zusatzstoff und Gruppe d. per. Systems	Co VIII	Ni VIII	Au I	Cu I	Cr VI	Mn VII	Al III	Mo VI	P V	Si IV	C IV
$\zeta \cdot 10^6$	0,10	0,15	0,39	0,45	0,50	0,52	0,58	0,58	0,61	0,69	0,73
$z = \zeta/\varrho_0$	0,011	0,017	$0{,}04_4$	$0{,}05_1$	$0{,}05_6$	$0{,}05_8$	$0{,}06_5$	$0{,}06_5$	$0{,}06_9$	$0{,}07_8$	$0{,}08_2$

Cu und Fe durch den Zusatz von 1 Fremdatom auf 1000 sowie das Verhältnis dieser Zunahme zum spez. Widerstand beim Eispunkt ($z = \zeta/\varrho_0$). Jedem Zusatzstoff ist die Gruppennummer des periodischen Systems beigefügt. Die nach wachsenden Werten von ζ geordneten Elemente zeigen in ihren Gruppennummern ziemlich gut die von NORBURY behauptete Reihenfolge. Außerdem bemerkt man, daß die relative Widerstandserhöhung z beim gutleitenden Kupfer im Durchschnitt stärker ist als beim schlechter leitenden Eisen.

23. Leitfähigkeit der Verbindungen im kristallisierten Zustand. Die Verbindungen, die nach Ziff. 19 durch eine regelmäßige Anordnung der Atomarten im Kristallgitter charakterisiert sind, zeichnen sich nach GUERTLER häufig durch hohe L.-F., immer jedoch durch einen hohen, dem der reinen Metalle meist nahekommenden Temperaturkoeffizienten aus. Bildet die Verbindung Mischkristalle, wenn man die Konzentration nach der einen oder anderen Richtung hin ändert, so zeigen die Kurven für L.-F. und Temperaturkoeffizient mehr oder weniger spitze Maxima an der Stelle der Verbindung (Au-Cu- und Pd-Cu-Legierungen). Anderenfalls braucht keine Spitze aufzutreten, sondern nur ein mehr oder weniger ausgeprägter Knick (Cu-Sn-Legierungen). Es gibt auch Verbindungen, wie Mg_2Sn und Mg_2Pb, die sich durch ein Minimum der L.-F. auszeichnen. Ihr Temperaturkoeffizient ist jedoch dem der reinen Komponenten nahe. Diese Verbindungen bilden keine Mischkristalle, sondern nach der einen Seite Gemenge mit Sn und Pb, nach der anderen Gemenge mit einer gesättigten Lösung von Sn und Pb in Mg. Eine Fülle von Beobachtungen über die L.-F. der Verbindungen finden sich in der zitierten Schrift von A. SCHULZE in GUERTLERS Handbuch der Metallographie (Ziff. 19).

Für die Theorie wichtig erscheint vor allem die Erhöhung des Temperaturkoeffizienten der Verbindung, welche andeutet, daß der Zusatzwiderstand im Sinne der MATTHIESSENschen Regel abnimmt, wenn die Atomarten aus statistischer Unordnung in regelmäßige Anordnung übergehen.

24. Leitfähigkeit von ternären Legierungen. Legierungen mit mehr als zwei Komponenten haben vor allem technische Bedeutung erlangt. Einige der wichtigsten ternären Legierungen sind

1. Manganin: 84% Cu + 4% Ni + 12% Mn; $\varrho_{20} = 43 \cdot 10^{-6}$; $\beta_{20} = \pm 2 \cdot 10^{-5}$
2. Therlo: 85% Cu + 2% Al + 13% Mn; ähnlich dem Manganin.
3. 15 Cu + 85 Ni + 20 Cr: $\varrho_{20} = 113 \cdot 10^{-6}$; $\beta_{20} = + 7{,}8 \cdot 10^{-5}$
   (wenig oxydierbar)
4. 50 Fe + 50 Ni + 20 Mn: $\varrho_{20} = 117 \cdot 10^{-6}$;
5. 25 Fe + 75 Ni + 20 Cr: $\varrho_{20} = 108 \cdot 10^{-6}$; $\beta_{20} = +21 \cdot 10^{-5}$.

Die Widerstand-Temperaturkurve des Manganin hat bei richtiger Zusammensetzung und thermischer Behandlung der Legierung im Gebiet der Zimmertemperatur ein flaches Maximum, also einen sehr kleinen Temperaturkoeffizienten, der mit steigender Temperatur von kleinen positiven zu kleinen negativen Werten übergeht. Da auch der spez. Widerstand hoch und die Thermokraft gegen Kupfer klein ist, so eignet sich Manganin vorzüglich zum Bau von Normalwiderständen, Widerstandssätzen, Kompensationsapparaten usw. In Amerika wird seit einigen Jahren statt des Manganin die ähnliche Legierung Therlo verwendet. Die unter 3 bis 5 genannten Legierungen sind wegen ihres hohen spez. Widerstands und der zum Teil geringen Oxydierbarkeit zum Bau von Regulier- und Heizwiderständen geeignet.

Wichtig ist die Eigenschaft des Manganins, einen Widerstands-Druckkoeffizienten ($+ 2{,}3 \cdot 10^{-6}$ cm²/kg) zu besitzen, der nach LISELL[1]) positiv und bis zu sehr hohen Drucken hin konstant ist[2]). Ein Manganindrahtwiderstand stellt daher nach BRIDGMAN ein vortreffliches Hochdruckmanometer dar.

25. Leitfähigkeit flüssiger Legierungen. Von den zahlreichen Beobachtungen über diesen Gegenstand, die jedoch zu seiner Klärung noch keineswegs ausreichen, gibt die mehrfach zitierte Schrift von A. SCHULZE eine eingehende Übersicht[3]), auf die wir hier, auch bezüglich vollständiger Literaturangaben, verweisen müssen.

Auch unter den flüssigen Legierungen gibt es solche, die sich vollständig miteinander mischen, andere, die Mischungslücken zeigen, und schließlich auch Verbindungen, die sich in höherer Temperatur dissoziieren können, so daß hier die Verhältnisse einfacher werden. Uns interessieren vor allem die zuerst genannten Legierungen, zu denen die Amalgame gehören. Da ist zunächst festzustellen, daß keineswegs, wie bei den Mischkristallen, die L.-F. eines Metalls durch Auflösung eines Fremdstoffs immer herabgesetzt wird, es kommen vielmehr auch Fälle vor, in denen sie vergrößert wird. Drei Typen von Leitfähigkeitskurven in Abhängigkeit von der Konzentration lassen sich unterscheiden:

Den ersten Typ zeigt z. B. die K-Na-Legierungsreihe[4]). Er ähnelt sehr stark dem Mischkristalltyp. Die L.-F. der einen Komponente sinkt bei wachsendem Zusatz der anderen ziemlich rasch zu einem flachen Minimum, um dann zur L.-F. der zweiten Komponente rasch anzusteigen. Der Temperaturkoeffizient, bezogen auf den Widerstand beim Schmelzpunkt, verhält sich ähnlich, doch ist dessen Kurve bei flüssigen Legierungen im ganzen weniger charakteristisch als bei kristallisierten. So zeigt die L.-F. flüssiger Cu-Ni-Legierungen bei etwa 67 Atomprozent Ni ein Minimum, der Temperaturkoeffizient nicht.

Einen anderen Typ zeigen die Sn-Pb-Legierungen[4]). L.-F. und Temperaturkoeffizient des Widerstands folgen im großen und ganzen der Mischungsregel, um so besser, je höher die Temperatur ist.

---

[1]) E. LISELL, Dissert. Upsala 1903; W. E. WILLIAMS, Phil. Mag. Bd. 13, S. 635. 1907; A. LAFAY, C. R. Bd. 149, S. 566. 1909.

[2]) P. W. BRIDGMAN, Proc. Amer. Acad. Bd. 47, S. 321. 1911; Bd. 53, S. 370. 1918; Bd. 56, S. 75. 1921.

[3]) Siehe auch J. KOENIGSBERGER in Graetz' Handb. Bd. III, S. 652. 1920.

[4]) K. BORNEMANN u. P. MÜLLER, Metallurgie Bd. 7, S. 730 u. 755. 1910; K. BORNEMANN u. G. v. RAUSCHENPLAT, ebenda Bd. 9, S. 474. 1912; K. BORNEMANN u. G. WAGENMANN, Ferrum Bd. 11, S. 276. 1914.

Einen dritten Typ bilden die Quecksilberlegierungen (Amalgame). Während man bei den Legierungen mit Na, K, Rb, Cs und Ba noch zweifelhaft sein kann, ob man den ersten Typ mit Verbindungsbildung vor sich hat, weil sowohl die Zusätze des Alkalimetalls zum Hg wie die des Hg zum Alkalimetall die L.-F. senken, bilden die Amalgame der übrigen untersuchten Metalle (Li, Au, Ca, Cd, Tl, Sn, Pb, Bi) zweifellos einen anderen Typ, der dadurch charakterisiert ist, daß die L.-F. des Quecksilbers durch einen kleinen Metallzusatz zum Teil stark erhöht, die von Au, Cd, Sn, Pb, Bi durch Hg jedenfalls herabgesetzt wird[1]). Dadurch nehmen die L.-F.-Kurven beim Sn, Pb und Bi eine Wellenform an.

Sehr merkwürdig ist, daß BORNEMANN und seine Mitarbeiter bei den Legierungen, in denen sie Verbindungen vermuten, häufig ein Minimum der L.-F. und des Temperaturkoeffizienten finden, z. B. bei Cu_3Sb, Cu_3Sn, Cu_2Zn_3, Cu_2Cd_3, Cu_2Al, und zwar liegen diese Minima des Temperaturkoeffizienten bereits unterhalb Null bei negativen Werten.

NORBURY[2]) hat seine Untersuchung über die atomaren Widerstandserhöhungen auch auf verdünnte Lösungen in flüssigem Cu, Na und K ausgedehnt. Aus den von ihm zusammengestellten Tabellen ergibt sich, daß 1. die Vorstellung eines von der Temperatur wenig abhängigen Zusatzwiderstands auch bei verdünnten flüssigen Metallösungen berechtigt ist (Ausnahme: Tl in Na und K?); 2. die atomare Widerstandserhöhung in flüssigem Cu dem absoluten Werte nach etwa $1^1/_2$mal größer ist als in kristallisiertem Cu (Tab. 22), relativ aber viel kleiner als etwa beim Eispunkt (ζ/ϱ_0 in Tab. 22); 3. die Beziehung der atomaren Widerstandserhöhung zum periodischen System, die schon BORNEMANN und WAGENMANN aufgefallen war, im flüssigen Zustand bestehen bleibt.

Während sich in diesen Beziehungen wie in den beiden ersten Typen von Leitfähigkeitskurven eine auffallende und zum Teil unerwartete Ähnlichkeit zwischen flüssigen und kristallisierten Legierungen offenbart, gibt es eine Tatsache, die auf einen fundamentalen Unterschied im Leitungsvorgang hinweist.

Wie SKAUPY[3]) bereits theoretisch forderte, LEWIS, ADAMS und LANMAN[4]) einerseits, KREMANN[5]) und seine Mitarbeiter andererseits experimentell nachgewiesen haben, findet bei der Elektrizitätsleitung in flüssigen Legierungen ein Materialtransport statt. Eine Komponente häuft sich an der Kathode an, die andere an der Anode. Wir haben hier also keine reine Elektronenleitung mehr, sondern in mehr oder weniger merkbarem Maße auch Ionenleitung, ähnlich wie in elektrolytischen Lösungen. Außer bei einigen Amalgamen ist die Konzentrationsänderung an den Elektroden noch gefunden bei den Legierungen aus Na—K, Na—Pb, Cd—Pb, Zn—Sb, Pb—Bi. Welches Metall zur Kathode, welches zur Anode getrieben wird, ist im voraus nicht zu entscheiden, da alle Metallionen positiv sind und nur infolge Verdrängung (SKAUPY) eine Ionenart zur Anode getrieben werden kann. Übrigens stimmen LEWIS und KREMANN bezüglich der Verschiebung des im Hg gelösten Na nicht überein. Nach KREMANN geht das Alkali zur Kathode, nach LEWIS das Hg.

Daß die Ionenverschiebung nicht im kristallisierten Zustande merkbar ist, obwohl zweifellos auch hier dieselben elektrischen Kräfte auf die Ionen ausgeübt werden, liegt jedenfalls an der viel geringeren Bewegungsmöglichkeit im Kristall-

[1]) A. MATTHIESSEN u. C. VOGT, Pogg. Ann. Bd. 116, S. 369. 1862; C. L. WEBER, Wied. Ann. Bd. 23, S. 447. 1884.

[2]) A. L. NORBURY, Proc. Far. Soc., Dez. 1920.

[3]) F. SKAUPY, Verh. d. D. Phys. Ges. Bd. 16, S. 161. 1914; Bd. 18, S. 252 u. 302. 1916; ZS. f. Phys. Bd. 3, S. 178. 1920.

[4]) G. N. LEWIS, E. Q. ADAMS u. E. H. LANMAN, Journ. Amer. Chem. Soc. Bd. 37, S. 2656. 1915.

[5]) R. KREMANN u. R. GRUBER v. REHENBURG, ZS. f. phys. Chem. Bd. 110, S. 559. 1924; ferner verschiedene Mitteilungen im Wiener Anz. 1923 u. 1924.

gitter. Andererseits ist die innere Reibung flüssiger Metalle nicht groß, die Beweglichkeit gelöster Ionen beträchtlich. Der Beweglichkeitsunterschied wird dafür maßgebend sein, welches Ion sich auf Kosten des anderen an der Kathode anhäufen kann.

Nach dieser Vorstellung hängt also die L.-F. der flüssigen Legierung noch von einer Reihe anderer Faktoren ab wie die L.-F. der festen. Z. B. wird für die atomare Widerstandserhöhung auch die Änderung der inneren Reibung des Lösungsmittels durch den Zusatz des gelösten Stoffs von Einfluß sein können. Deshalb sieht SKAUPY in der großen inneren Reibung der Alkaliamalgame einen Grund dafür, daß der Alkalimetallzusatz die L.-F. des Hg herabsetzt, während andere Zusätze sie erhöhen.

26. Deutung des Zusatzwiderstandes[1]). Der von der Temperatur wesentlich unabhängige Zusatzwiderstand der Mischkristalle bildet eines der interessantesten Probleme der metallischen Leitung. Ohne auf ein bestimmtes Modell der Elektronenleitung einzugehen, kann man über das Zustandekommen dieses Widerstands einige allgemeine Überlegungen anstellen. Faßt man den metallischen Widerstand als Störungswahrscheinlichkeit für die Bewegung der Elektronen in Richtung des äußeren Feldes auf, so geht aus dem Verhalten der reinsten untersuchten Metalle hervor, daß in ihnen die Störung der Elektronenbewegung fast ausschließlich durch die Wärmebewegung der Atome zustande kommt. Denn in dem Maße, wie diese Wärmebewegung mit sinkender Temperatur aufhört, verschwindet auch der Widerstand gegen die Elektronenbewegung [Gleichung (12)].

Vorausgesetzt ist dabei, daß das Kristallgitter des Metalls einigermaßen ungestört ist. Besteht das leitende Metall aus einem Haufwerk wohlausgebildeter Kristallite, so ist sein spez. Widerstand nur um ein geringes größer, als wenn es einen einzigen Kristall bildet. Wir müssen also schließen, daß ein ungestörtes Metallgitter ohne Wärmebewegung für die Elektronenbewegung eine äußerst geringe Störungswahrscheinlichkeit besitzt, und daß diese durch die Korngrenzen im reinen Metall nicht wesentlich erhöht wird. Sobald aber das Metallgitter durch Kaltverformung aus seinem natürlichen inneren Gleichgewichtszustande gebracht ist, was man einerseits an seiner Dichte- und Härteänderung, andererseits an den Röntgenstrukturaufnahmen erkennen kann, so tritt ein neues Störungsmoment für die Elektronenbewegung auf, dessen Ursprung man in der eingetretenen Verzerrung des Gitters, d. h. in der dauernden Verschiebung eines Teils der Atome aus ihrer natürlichen, dem Gitterbau entsprechenden, Gleichgewichtslage in eine solche höherer Energie sehen muß. Wie es kommt, daß den Atomen der Rückweg in eine natürliche Gleichgewichtslage verriegelt und erst in hoher Temperatur geöffnet wird, soll hier außer Betracht bleiben. Tatsache ist, daß bei Temperaturänderungen unterhalb einer gewissen Grenze die Gitterstörungen fast ungeändert bestehen bleiben, also auch die daraus entspringende Störungswahrscheinlichkeit für die Elektronen. Diese addiert sich zu der infolge der Wärmebewegung vorhandenen, ist aber selbst von der Temperatur unabhängig. Das ist der Inhalt der MATTHIESSENschen Regel für den Zusatzwiderstand durch Bearbeitung des Metalls, der übrigens meistens verhältnismäßig klein bleibt, d. h. nur einige Prozent des Widerstands beim Eispunkt ausmacht, nur beim Wolfram sehr viel mehr (bis zu 60%; vgl. Ziff. 5).

Viel bedeutender ist die Störung der Elektronenbewegung durch Mischkristallbildung, wie aus den Beträgen der atomaren Widerstandserhöhungen

[1]) Der Inhalt dieser Ziffer entspricht etwa den Vorstellungen von K. HÖJENDAHL, Phil. Mag. Bd. 48, S. 349. 1924, und G. BORELIUS, Ann. d. Phys. Bd. 77, S. 109. 1925, welche auch der Ableitung der Gleichung (15), Ziff. 21, zugrunde liegen. Siehe auch P. W. BRIDGMAN, Phys. Rev. Bd. 17, S. 177. 1921.

(Tab. 22) hervorgeht. Die Besetzung einer schon geringen Zahl statistisch verteilter Gitterpunkte durch eine fremde Atomart wirkt störend und im allgemeinen um so störender, je weiter im periodischen System die Gruppen der gemischten Atomarten auseinanderstehen, je verschiedener also die Atomarten in bezug auf ihre Valenzelektronen gebaut sind. Chemisch ähnliche Atome wirken in Lösung ähnlich stark. Man darf hieraus schließen, daß nicht nur die rein geometrische Gitterverzerrung, die ohne Zweifel mit dem Einbetten der Fremdatome verbunden ist, die höhere Störungswahrscheinlichkeit ergibt, sondern auch eine gewisse Unstimmigkeit, die mit dem Atombau zusammenhängt und z. B. in mangelndem Synchronismus der Elektronenumläufe um die verschiedenartigen Atome oder in der Energiedifferenz der die verschiedenen Atome umschlingenden Quantenbahnen od. dgl. gesehen werden könnte. Die Wahrscheinlichkeit einer hierdurch eintretenden Störung wäre ebenso von der Temperatur unabhängig wie die Störungswahrscheinlichkeit durch Gitterverzerrung. Sie würde sich also wiederum zur Störungswahrscheinlichkeit durch die Wärmebewegung addieren, womit die Deutung der MATTHIESSENschen Regel vom konstanten Zusatzwiderstand in Mischkristallen gegeben wäre.

Daß in Verbindungen mit regelmäßiger Atomanordnung die Störungswahrscheinlichkeit abnimmt, kann sowohl mit der verringerten Gitterverzerrung wie mit dem Umstand begründet werden, daß bei regelmäßiger Anordnung eher zusammenhängende Ketten gleichartiger Atome entstehen als bei statistischer Unordnung[1]).

Inwieweit bei flüssigen Legierungen, wo der Einfluß einer Gitterverzerrung wegfällt, die oben für kristallisierte Legierungen angenommene Unstimmigkeit im Atombau oder wieweit andere, der flüssigen Legierung eigentümliche Umstände, wie z. B. ihre innere Reibung, zur Wirkung kommen, ist vorläufig nicht zu entscheiden.

In Ziff. 34 wird ausgeführt, daß nach den bisher vorliegenden Beobachtungen der Zusatzwiderstand eines Supraleiters dessen Supraleitung nicht verhindert. Falls sich dies bestätigt, so läge hier eine bedeutsame Tatsache vor, die mit der oben geschilderten Auffassung einer einfachen Addition der Störungswahrscheinlichkeiten durch Wärmebewegung und Fremdstoffe u. dgl. zunächst nicht verträglich wäre. Man müßte denn annehmen, was auch wohl der letzten Auffassung von KAMERLINGH ONNES entspricht, daß der besondere Mechanismus der Supraleitung den Elektronen eine praktisch widerstandslose Umgehung der Störungsursachen auf festgelegten Gleisen (Quantenbahnen) ermöglicht. Von einer Störungswahrscheinlichkeit könnte nicht mehr die Rede sein, weil die Störungsmöglichkeit ausgeschaltet wäre. Es würde also ein prinzipieller Unterschied im Leitungsvorgang oberhalb und unterhalb der Sprungpunkttemperatur (Ziff. 29) anzunehmen sein.

f) Beziehungen der elektrischen Leitfähigkeit zu anderen physikalischen Eigenschaften.

27. Beziehungen der elektrischen L.-F. zum periodischen System der Elemente. Betrachtet man die el. L.-F. $\varkappa$ oder den spez. Widerstand ϱ der chemischen Elemente als Funktion ihrer Ordnungszahl, so zeigt sich keine so deutliche Beziehung, wie sie für andere physikalische Eigenschaften gefunden wird[2]). Das liegt zum Teil sicherlich an der Art, wie $\varkappa$ und ϱ definiert worden

[1]) Vgl. z. B. C. H. JOHANSSON u. J. O. LINDE, Ann. d. Phys. Bd. 78, S. 439. 1925 Fig. 3 u. 5.

[2]) W. BILTZ, ZS. f. Elektrochem. Bd. 19, S. 613. 1913.

sind. So ist ϱ der Widerstand eines Würfels von 1 cm Kantenlänge in Richtung der Kante. Es ist jedoch nicht einzusehen, warum solche Würfel für verschiedene Metalle vergleichbare Widerstandswerte geben sollen, da sie ganz verschiedene Mengen von Atomen enthalten und da es doch sehr wahrscheinlich ist, daß u. a. gerade die Anzahl der Atome im Kubikzentimeter Einfluß auf die Elektrizitätsleitung hat.

Bei Elektrolyten liegt die Sache sehr einfach. Da kann man durch passende Verdünnung bewirken, daß in 1 cm³ Lösung verschiedener Elektrolyte immer die gleiche Menge von Äquivalenten enthalten ist. Bei festen Metallen fällt diese Möglichkeit fort, und es fragt sich, wie man hier am besten verfährt, um die L.-F. auf gleiche Atomzahlen zu beziehen.

BENEDICKS[1]), der die Frage neuerdings in Fluß gebracht hat, definiert in Analogie zum Äquivalentleitvermögen der elektrolytischen Lösungen als atomare L.-F. Λ' eines Metalls den Quotienten aus spez. L.-F. und Anzahl der Atome im Kubikzentimeter, also

$$\Lambda' = \varkappa V,$$

wo V das Atomvolumen bedeutet. SIMON[2]) hat mit Recht darauf hingewiesen, daß diese Definition nicht rationell sei. Denn $\varkappa V$ bedeutet zahlenmäßig den Leitwert von V parallel geschalteten Würfeln von 1 cm Kantenlänge. BENEDICKS setzt also Metallplatten von gleicher Dicke und gleicher Atomzahl, aber verschiedenem Querschnitt, also verschiedener Gestalt in Vergleich. Darin liegt noch eine Willkür. SIMON legt deshalb die Kristallstruktur des Metalls zugrunde und definiert die atomare L.-F. als den Leitwert eines dem Elementarparallelepiped geometrisch ähnlichen Einkristalls vom Volumen V. Im besonderen ist für regulär kristallisierende Metalle die atomare L.-F. Λ der Leitwert eines Würfels, der ein Grammatom der Substanz enthält. Da die Kante dieses Würfels gleich $V^{\frac{1}{3}}$, der Querschnitt gleich $V^{\frac{2}{3}}$ ist, so ergibt sich

$$\Lambda = \varkappa V^{\frac{1}{3}}.$$

Zur gleichen Definition kommt EPSTEIN[3]).

Nun kann es nach den Ausführungen von Ziff. 11 kaum zweifelhaft sein, daß auch die Wahl der Temperaturen beim Vergleich der L.-F. verschiedener Metalle richtig getroffen werden muß. Mit Rücksicht auf Gleichung (12) führte GRÜNEISEN[4]) solche Temperaturen T als Vergleichstemperaturen ein, die in einem konstanten Verhältnis zu den „charakteristischen Temperaturen" Θ stehen, und setzte, noch auf der BENEDICKSschen Definition fußend, für tiefe Temperaturen und reguläre Metalle

$$\Lambda' = \frac{a'\,\Theta}{T \cdot \mathbf{C}\left(\frac{\Theta}{T}\right)}.$$

Dann verhalten sich die Konstanten a' verschiedener Metalle wie die atomaren L.-F. bei gleichen reduzierten Temperaturen T/Θ.

Auch SIMON setzte für tiefe Temperatur

$$\Lambda = \frac{a\,\Theta}{T\,\mathbf{C}\left(\frac{\Theta}{T}\right)}.$$

[1]) C. BENEDICKS, Jahrb. d. Radioakt. Bd. 13, S. 351. 1916.

[2]) F. SIMON, ZS. f. phys. Chem. Bd. 109, S. 136. 1924; ZS. f. Phys. Bd. 27, S. 157. 1924.

[3]) Z. A. EPSTEIN, ZS. f. Phys. Bd. 32, S. 620. 1925. Vgl. dagegen H. CASSEL, ebenda Bd. 33, S. 477. 1925, der $\Lambda = \varkappa V^{1/3}$ für passender hält.

[4]) E. GRÜNEISEN, Verh. d. D. Phys. Ges. Bd. 20, S. 53. 1918.

Die Überlegenheit seiner Definition der atomaren L.-F. gegenüber der von BENEDICKS zeigt sich darin, daß die Größen a eine einfachere Beziehung zum periodischen System zeigen als die a'. Die zur gleichen Gruppe des periodischen Systems gehörigen Metalle haben bei gleichen reduzierten Temperaturen atomare L.-F., die verhältnismäßig geringen Schwankungen unterliegen, was besonders beim Vergleich der Alkalimetalle (außer Li) mit Cu, Ag, Au auffällt. Dagegen sinkt die atomare L.-F., wenn man von der 1. Gruppe zu den folgenden übergeht. SIMON glaubt im einzelnen Beziehungen zu der Anordnung der Valenzelektronen, wie sie nach BOHR zu vermuten ist, nachweisen zu können. Er schließt: Die atomare L.-F. bei korrespondierenden Temperaturen ist gleich bei Elementen mit gleicher Anordnungsart der äußersten Elektronen. Die atomare L.-F. ist um so größer, je weniger Außenelektronen das Element besitzt.

Mit welcher Vorsicht immerhin dieser Schluß hinzunehmen ist, erhellt aus dem Beispiel der Metalle Cu, Ag, Au. Für sie berechnen sich bei den korrespondierenden Temperaturen $T = 320$, 220 und 190° die atomaren L.-F. 103, 184, 158, wenn man reinste Metalle zugrunde legt. Von Gleichheit kann nicht die Rede sein. Die spezifischen L.-F. bei 0° zeigen sogar geringere Unterschiede. Das wichtigste Ergebnis dürfte sein, daß die atomaren L.-F. der Alkalimetalle von Na bis Cs ebenfalls zwischen 120 und 170 fallen (nach SIMON).

EPSTEIN hat merkwürdigerweise die Siedetemperatur unter normalem Druck oder bestimmte Bruchteile derselben als korrespondierende Temperaturen eingeführt. Er verzichtet damit auf die Anwendung seiner Überlegungen im Gebiete tiefer Temperaturen.

28. Beziehung zwischen elektrischer und thermischer Leitfähigkeit der Metalle. Eine der wichtigsten Tatsachen, die bei der Aufstellung einer Theorie der Metalleitfähigkeit berücksichtigt werden müssen, ist die im Jahre 1853 von WIEDEMANN und FRANZ entdeckte Beziehung zwischen der elektrischen L.-F. $\varkappa$ und der thermischen L.-F. λ. Es hat sich nämlich empirisch gezeigt, daß $\lambda/\varkappa$ für reine Metalle bei gleicher Temperatur (z. B. 0°) nahezu eine Konstante ist, so verschieden auch die L.-F. der Metalle einzeln genommen sind. Ferner fand L. LORENZ (1872), daß $\lambda/\varkappa$ der absoluten Temperatur proportional sich verändere, so daß

$$\frac{\lambda}{\varkappa T} = \lambda \frac{\varrho}{T} = L$$

eine von der Natur des Metalls und der Temperatur nahe unabhängige Konstante sei.

Auf die zahlreichen Experimentaluntersuchungen, welche der Prüfung dieses WIEDEMANN-FRANZ-LORENZschen Gesetzes gewidmet wurden, hier einzugehen, erübrigt sich, da über sie in Bd. XI, Kap. 2 ds. Handb. berichtet wird[1]). Es genügt hier, einige der wichtigsten Ergebnisse der älteren Arbeiten zusammenzustellen:

Die WIEDEMANN-FRANZ-LORENZsche Zahl schwankt für verschiedenste Metalle, bei gleicher nicht zu tiefer Temperatur verglichen, in der Tat nur innerhalb enger Grenzen, sie ist aber selbst für reinste Metalle nicht völlig gleich. Sie wächst durch Verunreinigung des Metalls, indem $\varkappa$ etwas stärker erniedrigt wird als λ. Ihr Zahlenwert ergab sich nach JAEGER und DIESSELHORST[2]) für reine Metalle zwischen etwa 2,2 und $2{,}6 \cdot 10^{-8}$, wenn λ in [Watt cm^{-1} Grad^{-1}] und $\varkappa$ in [Ω^{-1} cm^{-1}] gemessen wird.

---

[1]) Vgl. auch die zusammenfassenden Berichte von J. CLAY, Jahrb. d. Radioakt. Bd. 8, S. 383. 1911; Bd. 12, S. 259. 1915, und von W. MEISSNER, ebenda Bd. 17, S. 229. 1921.

[2]) W. JAEGER u. H. DIESSELHORST, Wiss. Abh. d. P. T. R. Bd. III, S. 269. 1900.

In tiefer Temperatur wird der starke Abfall von ϱ/T für reine Metalle, der nach Gleichung (12) etwa proportional der Atomwärme erfolgt, durch den Anstieg von λ nur zum Teil kompensiert, die WIEDEMANN-FRANZ-LORENZsche Zahl sinkt also mit fallender Temperatur beschleunigt ab, und zwar um so früher, je höher die charakteristische Temperatur Θ des Metalls ist. Nach MEISSNER[1]) scheint $\lambda/\varkappa T$ dem Werte Null beim absoluten Nullpunkt zuzustreben.

Besonders unübersichtlich werden die Verhältnisse in sehr tiefer Temperatur dadurch, daß geringe Korngröße die thermische L.-F. zu erniedrigen scheint[2]). Auf die elektrische L.-F. hat die Korngröße, wenn überhaupt, nur einen geringen Einfluß. Trotzdem sinkt auch beim reinen Einkristall die WIEDEMANN-FRANZ-LORENZsche Zahl mit fallender Temperatur.

Beim Schmelzpunkt des Quecksilbers erleidet nach GEHLHOFF und NEUMEIER[3]) die thermische L.-F. einen fast ebenso großen Abfall wie die elektrische.

Bei der Sprungpunkttemperatur ändert sich nach KAMERLINGH ONNES und HOLST[4]) die thermische L.-F. keinesfalls in ähnlichem Grade wie die elektrische.

Sowohl die Unterschiede von $\lambda/\varkappa T$, welche die verschiedenen reinen Metalle aufweisen, wie auch die Vergrößerung jener Zahl durch Verunreinigung oder Legierung des reinen Metalls, wie auch den Einfluß der Korngröße auf λ in tiefsten Temperaturen führen KOENIGSBERGER[5]) und EUCKEN[6]) darauf zurück, daß die thermische L.-F. eines Metalls aus zwei Beiträgen zusammengesetzt sei. Der eine beruhe wesentlich auf der Wirkung der Elektronen und stehe daher durch das WIEDEMANN-FRANZsche Gesetz in nächster Beziehung zur elektrischen L.-F., der andere Beitrag werde gebildet durch die jedem kristallisierten Stoffe, auch jedem Isolator zukommende Wärmeleitfähigkeit. Diese hängt in der Tat, wie EUCKEN fand, von der Kristallgröße stark ab und nimmt in einem isolierenden Einkristall mit sinkender Temperatur etwa proportional $1/T$ zu[7]). Sie soll daher in tiefsten Temperaturen auch bei Metallen einen maßgebenden Einfluß gewinnen können, während sie in gewöhnlicher Temperatur im allgemeinen nur als additive Korrektion von λ in Betracht käme, und zwar relativ um so mehr, je stärker der Elektronenbeitrag durch Verunreinigungen geschwächt ist.

Zum Teil im Widerspruch mit dem Vorigen stehen die Ergebnisse einer neuerdings abgeschlossenen Untersuchung von GRÜNEISEN und GOENS[8]), die sich nur auf tiefe Temperaturen erstreckt. Sie finden:

a) Der Wärmewiderstand gut leitender regulärer Metalle wird, je tiefer die Temperatur ist, um so mehr durch den Grad der Reinheit und der Verfestigung des Metalls bedingt. Ein Einfluß der Korngröße wurde in keinem Fall einwandfrei festgestellt.

b) Untersucht man Proben eines und desselben Metalls, die sich durch Reinheits- oder Verfestigungsgrad unterscheiden, so findet man (Abb. 15), daß der spez. Wärmewiderstand $w = 1/\lambda$ bei festgehaltener Temperatur eine lineare Funktion des spez. elektrischen Widerstands ist (Gesetz der isothermen

---

[1]) W. MEISSNER, Ann. d. Phys. Bd. 47, S. 1001, 1915.

[2]) Vgl. A. EUCKEN u. O. NEUMANN, ZS. f. phys. Chem. Bd. 111, S. 431. 1924; A. EUCKEN u. K. DITTRICH, ebenda, Bd. 125, S. 211, 1927.

[3]) G. GEHLHOFF u. F. NEUMEIER, Verh. d. D. Phys. Ges. Bd. 21, S. 201. 1919.

[4]) H. KAMERLINGH ONNES u. G. HOLST, Comm. Leiden Nr. 142c. 1914.

[5]) J. KOENIGSBERGER, Phys. ZS. Bd. 8, S. 237. 1907; Verh. d. D. Phys. Ges. Bd. 14, S. 9. 1912.

[6]) R. SCHOTT (A. EUCKEN), Verh. d. D. Phys. Ges. Bd. 18, S. 27. 1916.

[7]) A. EUCKEN, Phys. ZS. Bd. 12, S. 1005. 1911.

[8]) E. GRÜNEISEN u. GOENS, ZS. f. Phys. Bd. 44, S. 615. 1927.

Geraden). Bei starker Verunreinigung treten Abweichungen von dem Gesetz auf, und zwar um so früher, je tiefer die Temperatur ist. Im folgenden werden mäßige Unreinheiten vorausgesetzt, bei denen das Gesetz der isothermen Geraden gilt.

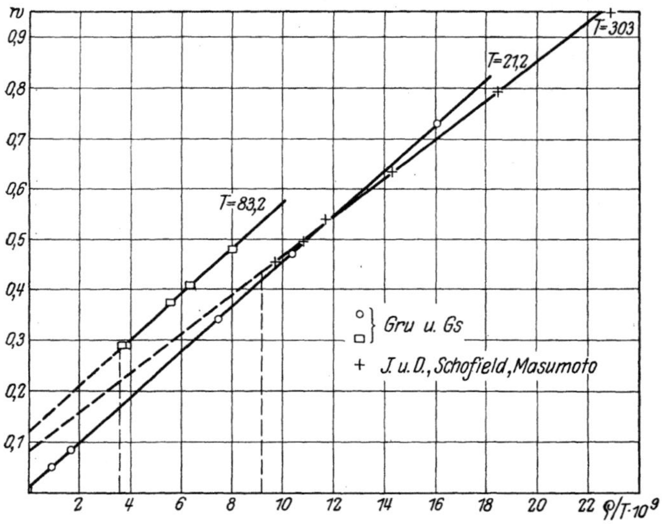

Abb. 15. Wärmewiderstand von Aluminium als Funktion von ϱ/T (isotherme Geraden).

c) Als Abszisse für die isothermen Geraden wählt man zweckmäßig ϱ/T, setzt also

$$w = w_i + \frac{\varrho}{ZT},$$

weil alsdann die Isothermen nicht allein für verschiedene Metalle, sondern auch für verschiedene Temperaturen annähernd die gleiche Neigung erhalten (Tangens des Neigungswinkels $= 1/Z$).

d) Durch die Form der vorigen Gleichung ist eine natürliche Spaltung des Wärmewiderstands in einen metallischen Anteil

$$w_m = \frac{\varrho}{ZT}$$

und einen nichtmetallischen Anteil w_i angezeigt.

e) Der metallische Teil des Wärmewiderstands w_m erfüllt das WIEDEMANN-FRANZ-LORENZsche Gesetz für alle Metalle, unabhängig vom Reinheits- und Verfestigungsgrad, und für alle Temperaturen in dem Maße, wie Z für alle Metalle und Temperaturen konstant ist.

f) Die Unabhängigkeit des Z von Metallart und Temperatur scheint um so besser erfüllt zu sein, je tiefer die Temperatur ist (vgl. jedoch b). Bei der Temperatur des flüssigen Wasserstoffs schwankt Z von Metall zu Metall nur noch wenig um den von DRUDE theoretisch abgeleiteten Wert $2{,}2 \cdot 10^{-8}$. Mit steigender Temperatur wächst Z etwas an, am stärksten für Eisen, um schließlich konstant zu werden oder gar abzunehmen.

g) Der nichtmetallische Teil des Wärmewiderstands w_i hängt nicht ab vom Reinheits- oder Verfestigungsgrad des Metalls, wohl aber von der Temperatur.

h) Bezeichnet $[w_m]$ den metallischen Teil des Wärmewiderstands eines ideal reinen unverfestigten Metalls, so gilt, soweit sich bisher übersehen läßt, für den nichtmetallischen Teil w_i die empirische Beziehung

$$\frac{w_i}{[w_m]} = k\frac{\Theta}{T},$$

wo k ein Zahlenfaktor (zwischen $^1/_4$ und $^1/_8$) und Θ die charakteristische Temperatur des Metalls (nach DEBYE) ist.

i) In tiefer Temperatur, solange Z als unabhängig von T gelten kann, ist das Temperaturgesetz des Wärmewiderstands angebbar. Denn nach d) ist

$$[w_m] \backsim [\varrho]/T \backsim \text{Atomwärme},$$

also nach h)

$$w_i \backsim \text{Atomwärme/abs. Temperatur}.$$

Demnach gilt für den Gesamtwärmewiderstand eines reinen Metalls in tiefer Temperatur

$$[w] \sim \frac{1}{Z\Theta}\left[1 + k\frac{\Theta}{T}\right]\mathbf{C}\left(\frac{\Theta}{T}\right),$$

wo **C** die DEBYEsche Atomwärmefunktion ist.

Der Wärmewiderstand eines reinen Metalls sollte hiernach von einem konstanten Betrage bei hoher Temperatur mit sinkendem T etwas ansteigen, dann abfallen, zunächst etwa proportional der Atomwärme, später langsamer, in der Nähe des abs. Nullpunktes proportional T^2.

k) Für ein unreines oder verfestigtes Metall tritt zu $[w]$ noch das Glied $\zeta/(ZT)$, wo ζ der von der Temperatur unabhängige elektrische Zusatzwiderstand ist (im Sinne der MATTHIESSENschen Regel $\varrho = [\varrho] + \zeta$, [Gleichung (7a)]. Dies Zusatzglied bewirkt einen mit sinkender Temperatur mehr und mehr überwiegenden Anstieg des Wärmewiderstands. Hierdurch erklären sich die mannigfaltigen für w als Funktion von T beobachteten Kurvenformen.

l) Für den Gesamtwärmewiderstand sind dem WIEDEMANN-FRANZ-LORENZschen Gesetz die erweiterten Fassungen zu geben: für ein reines, unverfestigtes Metall

$$[L] = \frac{[\varrho]}{[w]T} = \frac{Z}{1 + k\frac{\Theta}{T}};$$

für ein unreines oder verfestigtes Metall ($\varrho = [\varrho] + \zeta$)

$$L = \frac{\varrho}{wT} = \frac{Z}{1 + \frac{[\varrho]}{\varrho}k\frac{\Theta}{T}}.$$

Hiernach muß L für ein reines Metall mit sinkender Temperatur zu Null abfallen. Eine Mischkristallbildung oder Verfestigung wird aber bewirken, daß vor Erreichung des Nullpunktes wieder ein Anstieg auf den Wert Z stattfindet.

g) Supraleitung.

29. Widerstandsänderung beim Sprungpunkt. Im Jahre 1911 machte KAMERLINGH ONNES[1]) die überraschende und überaus wichtige Entdeckung, daß dicht unterhalb des normalen Siedepunkts flüssigen Heliums, nämlich bei etwa 4,19° abs. der Widerstand des Quecksilbers praktisch verschwindet. Während er beim Heliumsiedepunkt noch etwa $^2/_{1000}$ des auf den Eisschmelzpunkt extrapolierten Wertes hat, fällt er bei weiterer Abkühlung ziemlich schroff, in einem Bereich von 0,02°, auf einen viele Zehnerpotenzen kleineren Bruchteil. Das heißt: die Potentialdifferenz zwischen zwei Punkten eines etwa in einer engen Glaskapillare erstarrten Quecksilberfadens, durch den ein Strom von mehreren A fließt, wird unmeßbar klein.

Diesen Zustand enorm großer L.-F., auf den das Quecksilber durch hinreichende Abkühlung gebracht werden kann, bezeichnete KAMERLINGH ONNES mit dem Ausdruck Supraleitung; die Temperatur, bei der dieser Zustand fast sprungartig auftritt, als Sprungpunkttemperatur.

Eine der wichtigsten Fragen, die sofort auftauchten, war die, ob auch die anderen Metalle supraleitend werden können. Der für Metalle, wie Pt, Au, Ag, in den tiefsten Temperaturen beobachtete, auf Verunreinigungen oder andere Kristallgitterstörungen zurückzuführende konstante Restwiderstand ließ zunächst eine verneinende Antwort erwarten. Trotzdem gelang es, noch vier weitere

[1]) H. KAMERLINGH ONNES, Comm. Leiden Nr. 122b u. 124c. 1911; Nr. 133a bis d. 1913.

Metalle in den supraleitenden Zustand überzuführen: Zinn[1]), Blei[1]), Thallium und Indium. Auch das Bleiisotop RaG wird supraleitend. Dagegen sind die Metalle Zn, Cd, Ga, Ge, Al, Pt, Au, Cu, Fe, Ag, Ni, Bi, K, Na und Li bei den tiefsten erreichten Temperaturen noch im Zustande gewöhnlicher L.-F. geblieben[2]). Daß hieran die Restwiderstände schuld sind, ist nicht anzunehmen, denn bei denjenigen Metallen, welche supraleitend werden, spielt der Restwiderstand anscheinend keine große Rolle. So wurde z. B. eine Probe Indium supraleitend, obwohl oberhalb des Sprungpunkts das Widerstandsverhältnis r noch nicht unter 0,136 gesunken war, was nur durch eine starke Verunreinigung zu erklären ist. Zwei Thalliumproben, deren r-Werte sich verschiedenen Restwiderständen asymptotisch annähern, wurden bei der gleichen Temperatur supraleitend[2]).

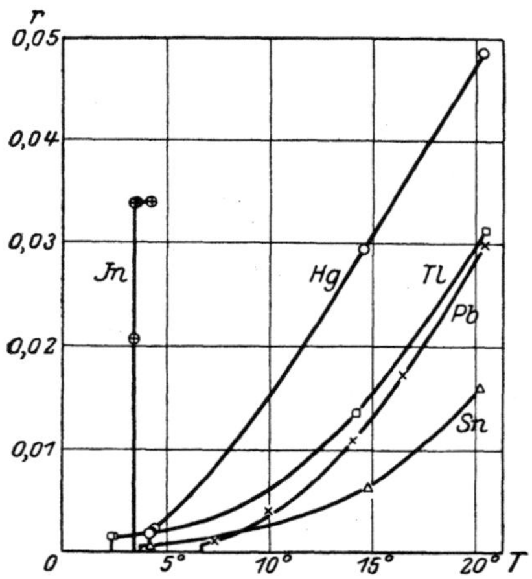

Abb. 16. Abfall des Widerstandes der Supraleiter nach den Beobachtungen in Leiden.

Abb. 16 gibt eine Anschauung davon, wie die r-Kurven der fünf Supraleiter oberhalb der Sprungtemperaturen in normaler Weise der T-Achse oder einer ihr parallelen, durch den „Restwiderstand" bestimmten Geraden sich nähern (wie die Kurven in Abb. 3), um dann plötzlich bei einer dem betreffenden Metall eigentümlichen Sprungtemperatur auf Null oder, wie Kamerlingh Onnes sich ausdrückt, auf einen „Mikrorestwiderstand" abzufallen. Die Sprungtemperaturen werden von Kamerlingh Onnes und Tuyn wie folgt angegeben:

Tl	In	Sn	Hg	Pb
2,47°	3,41°	3,74°	4,19°	7,2° abs.

Daß es sich in Wirklichkeit nicht um einen Sprung des Widerstands, sondern um eine zwar sehr schroffe, aber stetige und reproduzierbare Änderung des

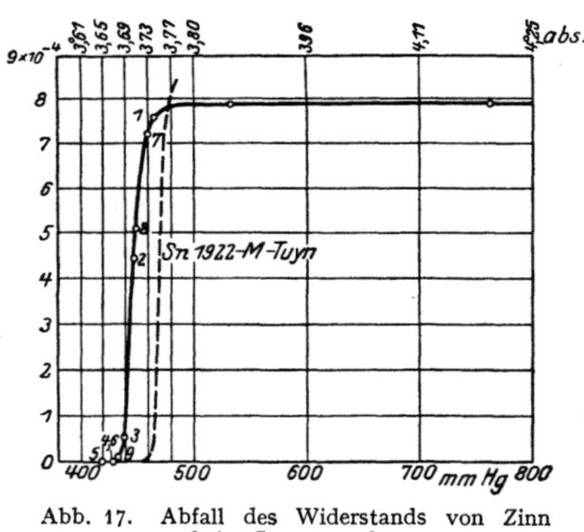

Abb. 17. Abfall des Widerstands von Zinn beim Sprungpunkt.

Tabelle 23 (nach W. Meissner).

He mm Hg	T	Sn r
762,4	4,20	$7{,}89 \cdot 10^{-4}$
464,4	3,74	$7{,}57 \cdot 10^{-4}$
458,6	3,73	$7{,}19 \cdot 10^{-4}$
448,2	3,71	$5{,}08 \cdot 10^{-4}$
445,5	3,71	$4{,}42 \cdot 10^{-4}$
438,5	3,69	$0{,}54 \cdot 10^{-4}$
433,0	3,68	$0{,}08 \cdot 10^{-4}$
429,5	3,68	$0{,}01 \cdot 10^{-4}$
429,0	3,67	$0{,}01 \cdot 10^{-4}$
418,0	3,65	$0{,}00 \cdot 10^{-4}$
400	3,61	$< 2 \cdot 10^{-8}$

Widerstands innerhalb enger Temperaturgrenzen handelt, sei noch am Beispiel des Zinns gezeigt. Und zwar geben wir hier in Tabelle 23 und Abb. 17 Messungen

[1]) H. Kamerlingh Onnes, Comm. Leiden Nr. 122b u. 124c. 1911; Nr. 133a bis d. 1913.

[2]) W. Tuyn, Dissert. Leiden 1924, woselbst eine Fülle von Beobachtungen mitgeteilt ist; ferner W. Meissner, ZS. f. Phys. Bd. 38, S. 647. 1926, der besonders reine Metallproben als Einkristalle untersuchte.

von MEISSNER[1]) an einer besonders reinen Zinnprobe wieder, die übrigens mit den Messungen von TUYN an einer weniger reinen Probe wesentlich übereinstimmen. Die Temperatur wurde durch den Dampfdruck über dem flüssigen, unter reduziertem Druck siedenden Helium bestimmt.

Die Größe des Mikrorestwiderstands anzugeben, ist schwierig, weil es nicht möglich ist, die Stromstärke beliebig zu erhöhen, um eine meßbare Potentialdifferenz zu erzielen (Ziff. 30). Deshalb ist auch noch nicht bekannt, ob im Gebiet der Supraleitung das OHMsche Gesetz gilt. KAMERLINGH ONNES bezeichnet in diesem Gebiet als „Widerstand" stets das Verhältnis von Spannung zu Strom. In diesem Sinne gibt er als obere Grenzen für die Mikrorestwiderstände

	Tl	Sn	Hg	Pb
T_{abs}	1,5°	1,8°	1,25°	2,45°
$10^{10} \cdot r$	<20	<6	<2	<0,5

Nach späteren Versuchen an Blei, die KAMERLINGH ONNES und TUYN nach einer besonderen in Ziff. 33 zu beschreibenden Methode angestellt haben, schätzt ONNES die oberen Grenzen noch wesentlich niedriger ein (Ordnung 10^{-12}).

30. Einfluß der Strombelastung auf die Sprungpunkttemperatur. Wegen des äußerst geringen Verbrauchs an Stromenergie (JOULEscher Wärme) im Supraleiter schien es zunächst möglich, ihm eine sehr hohe Belastung zuzumuten. Eine Spule aus supraleitendem Draht, mit starken Strömen belastet, schien die gegebene Quelle starker Magnetfelder zu sein. Solchen Phantasien hat die Natur selbst eine Grenze gesetzt. Denn KAMERLINGH ONNES zeigte sehr bald, daß es bei jeder Temperatur unterhalb des in voriger Ziffer angegebenen Sprungpunkts einen Schwellenwert der Stromdichte gibt, oberhalb dessen der Widerstand eines Drahtes auf seinen normalen Wert springt. Je tiefer die Temperatur und je kleiner der Drahtradius, um so höher liegt der Schwellenwert der Stromdichte. Als Beispiel diene Tabelle 24 nach KAMERLINGH ONNES[2]).

Tabelle 24 (nach KAMERLINGH ONNES). Widerstand eines Zinndrahtes von 0,014 mm² Querschnitt und 79 Ω Widerstand bei Zimmertemperatur ($T = 290°$).

$T_{abs.}$	$J = 0{,}004$ Ω	0,04 Ω	0,4 Ω	0,6 Ω	1,0 Amp. Ω
3,82°	0,0533	0,0535	0,0536	—	—
$3{,}80_5$	0,0500	0,0534	0,0536	—	—
3,79	0,0488	0,0533	—	—	—
3,78	0,0162	0,0508	—	—	—
$3{,}76_5$	0,00137	—	—	—	—
3,75	0,00005	0,0039	—	—	—
3,74	0,00001	0,0014	0,0532	—	—
3,72	0,000000	0,00025	—	—	—
3,68	—	0,000012	—	—	—
3,66	—	0,000000	0,0050	—	—
3,28	—	—	0,0010	—	—
2,69	—	—	0,000012	—	—
2,35	—	—	0,000000	—	—
1,6	—	—	—	0,000000	nicht supraleitend

Als Normalwert der Sprungpunkttemperatur wird man den zu bezeichnen haben, den man für die Strombelastung Null extrapoliert.

[1]) W. MEISSNER, Phys. ZS. Bd. 26, S. 689. 1925.

[2]) H. KAMERLINGH ONNES, Comm. Leiden Nr. 133d, S. 57. 1913; s. auch die Abb. 6 und 7 in Comm. Leiden Nr. 133a, S. 24.

Die Bestimmung des Schwellenwerts der Stromdichte ist experimentell schwierig, weil beim Verschwinden der Supraleitung plötzlich eine starke Stromwärmeentwicklung auftritt, die man am Aufkochen des Heliumbades bemerkt und die unter Umständen zum Durchschmelzen des Widerstandsdrahts führt[1]). Dies ist begreiflich, denn die Schwellenwerte der Stromdichten werden bei Temperaturen unter dem Sprungpunkt sehr bedeutend (vgl. Tab. 25, nach TUYN).

Tabelle 25[1]).

	Zinn	Blei		Thallium				
	$T = 3{,}28°$	7,07°	4,21°	2,47°	2,45°	2,43°	1,38°	1,36°
Schwellenwert der Stromdichte in Amp./mm²	70	37	407	0,6	1,3	3,2	18	50
Magn. Feldstärke an der Drahtoberfläche in Gauß	44	16,9	356	1,0	2,0	5,0	29	31

31. Einfluß eines Magnetfelds auf die Sprungpunkttemperatur[2]). Bringt man einen Supraleiter in ein homogenes Magnetfeld und läßt dessen Stärke bei konstant gehaltener Temperatur von Null an wachsen, so steigt der Mikrorestwiderstand bei einem bestimmten Schwellenwert der magnetischen Feldstärke schroff an bis zu demjenigen Wert des Widerstands, der dem Leiter im

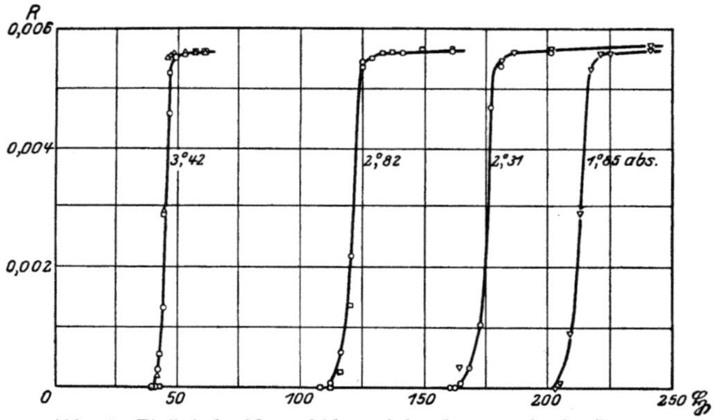

Abb. 18. Einfluß des Magnetfeldes auf den Sprungpunkt des Zinns.

gewöhnlichen Leitungszustand bei der gegebenen Feldstärke und Temperatur zukommt. Das Magnetfeld hebt den Supraleitungszustand auf. Je tiefer die Temperatur unter der normalen Sprungpunkttemperatur liegt, um so höher liegt der Schwellenwert der magnetischen Feldstärke. In der Nähe des normalen Sprungpunkts genügt ein sehr schwaches Magnetfeld, um die Supraleitung zu vernichten. Diese wichtigen Tatsachen werden durch die Abb. 18 und 19 sehr übersichtlich wiedergegeben[3]). Die erste, die sich auf Zinn bezieht, zeigt überdies, daß der durch ein Magnetfeld erzeugte Widerstandssprung ganz ähnlich dem ist, der durch Temperaturerhöhung beim normalen Sprungpunkte eintritt (Abb. 17). Als Abszisse ist die Feldstärke, als Ordinate der Widerstand des untersuchten Zinndrahts aufgetragen. Das Feld war transversal ($\perp$) zum Strom gerichtet. Bei longitudinalem Feld sind die Effekte etwas anders.

[1]) W. TUYN, l. c. S. 95ff. Die Schwellenwerte der Stromdichte hängen vom Drahtradius ab. Dieser wechselt in Tab. 25 von Spalte 2 nach 3 (Pb) und von Spalte 7 nach 8 (Tl).

[2]) H. KAMERLINGH ONNES, Comm. Leiden Nr. 139f, S. 65. 1914; auch Nr. 174a.

[3]) Entnommen aus W. TUYN, l. c. S. 86 u. 91. Neuerdings (Comm. Leiden Nr. 180c u. d) fanden SIZOO, DE HAAS und K. ONNES, daß der Widerstand bei kleineren Feldstärken verschwindet, als er entsteht; ferner, daß er in diskontinuierlicher, von der Kristallstruktur abhängiger Weise verschwindet, kontinuierlich entsteht.

In Abb. 19 ist die Veränderung des magnetischen Schwellenwerts mit der Temperatur für In, Sn und Pb dargestellt, für den Fall, daß Magnetfeld und Stromrichtung aufeinander senkrecht stehen. Als Ordinate ist diejenige Feldstärke gewählt, bei der der Widerstand die Hälfte der oberen Sprunggrenze erreicht hat. Die Kurven, welche die Beobachtungspunkte verbinden, sind in erster Näherung parallel und gerade, in zweiter Näherung gilt eine quadratische Beziehung (Tuyn)

$$\mathfrak{H}_s = \mathfrak{h}(T_s^2 - T^2),$$

wo $\mathfrak{H}_s$ den Schwellenwert der magnetischen Feldstärke, T_s die normale Sprungpunkttemperatur und $\mathfrak{h}$ eine Konstante ist, die für Sn und In nahe den gleichen Wert besitzt[1]). Nach Kamerlingh Onnes wäre zu erwarten, daß die Schwellenwerte $\mathfrak{H}_s$ für $T = 0$ sich theoretisch am leichtesten erfassen lassen, da die Wärmebewegung ganz ausscheidet.

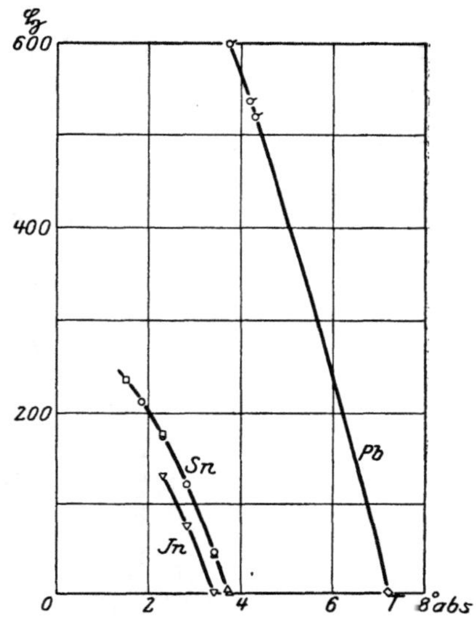

Abb. 19. Einfluß der Temperatur auf den magnetischen Schwellenwert senkrecht zur Stromrichtung.

32. Erklärung des Einflusses der Strombelastung. Silsbee[2]) hat den Einfluß der Stromdichte auf das durch den Strom erzeugte Magnetfeld zurückgeführt. Die Versuche von Kamerlingh Onnes und Tuyn scheinen diese Annahme zu bestätigen. Z. B. sieht man, daß die in Tabelle 25 mitgeteilten Zahlen für die magnetische Feldstärke an der Drahtoberfläche, die durch den Schwellenwert der Stromdichte erzeugt ist, der Größe nach ungefähr übereinstimmen mit den magnetischen Schwellenwerten $\mathfrak{H}_s$, die man aus Abb. 19 für die Temperaturen der Tabelle 25 entnehmen kann. Ferner hat Tuyn[3]) nachgewiesen, daß durch Kompensation des Magnetfelds, welches ein oberhalb des Schwellenwerts liegender Strom erzeugt, die Supraleitung wieder hergestellt werden kann. Eine Glaskapillare von 0,8 mm äußerem Durchmesser wurde in einer Länge von 10 cm mit dünnem Zinnband von 0,093 mm Dicke umwickelt und das so entstandene Zinnrohr mit Strom- und Spannungszuführungen versehen. Durch das Innere der Kapillare war ein Bleidraht von 0,17 mm Durchmesser gezogen, der in einen zweiten Stromkreis eingeschaltet werden konnte. Die Ströme im Zinnrohr und im Bleidraht hatten entgegengesetzte Richtung. Bei einer Belastung des auf 3,66° abs. abgekühlten, also zunächst supraleitenden Zinnrohrs mit 2,0 Amp. entstand in ihm ein gut meßbares Potentialgefälle, das jedoch durch einen allmählich anwachsenden Strom im supraleitenden Bleidraht zunächst stark abnahm, um dann entsprechend dem vom Bleidraht herrührenden Magnetfelde wieder zuzunehmen. Das Minimum des Potentialgefälles im Zinnrohr betrug jedenfalls nur einen kleinen Bruchteil des Anfangswerts und trat etwa für eine Stromstärke von 0,75 Amp. im Bleidraht ein.

33. Dauerströme. Modell der Ampèreschen Molekularströme[4]). Wenn man in einem Stromkreise vom Widerstand R und der Induktivität L zur Zeit

---

1) W. Tuyn, l. c. S. 93ff.

2) F. B. Silsbee, Journ. Washington Acad. Bd. 6, S. 597. 1916; Scient. Pap. Bureau of Stand. Bd. 14, Nr. 307. 1917.

3) W. Tuyn, l. c. S. 107ff; vgl. jedoch G. J. Sizoo u. H. Kamerlingh Onnes, Comm. Leiden, Nr. 180a, S. 9.

4) H. Kamerlingh Onnes, Comm. Leiden Nr. 140, 141. 1914; Suppl. Nr. 44; Reports and Communications IV. int. Congr. of Refrig. 1924; ferner W. Tuyn, Dissert. Leiden 1924.

$t = 0$ die elektromotorische Kraft aufhebt, die einen konstanten Strom I_0 aufrechterhält, so sinkt der Strom ab nach der Gleichung

$$I = I_0 e^{-\frac{R}{L}t}.$$

Die Zeit $\tau = L/R$, nach deren Ablauf der Strom auf $1/e$ seines Anfangswertes gesunken ist, die sog. Relaxationszeit, ist unter gewöhnlichen Verhältnissen klein, z. B. für eine Spule von $R = 1000\ \Omega$, $L = 0{,}01$ Henry: $\tau = 10^{-5}$ s. Anders im Zustand der Supraleitung. Der Verkleinerung des Widerstands im Verhältnis 10^{-10} (Ziff. 29) würde z. B. eine Erhöhung von τ auf das 10^{10}-fache entsprechen, so daß die Relaxationszeit im genannten Beispiel auf die Dauer eines Tages ansteigen würde. Bei den großen Schwierigkeiten, die eine Messung des Widerstands im Supraleiter auf die gewöhnliche Weise bereitet, sah KAMERLINGH ONNES mit Recht in der Untersuchung der Relaxationszeit ein besseres Mittel zur Schätzung der Mikrorestwiderstände. Im Jahre 1914 gelang es ihm zum erstenmal, einen Dauerstrom herzustellen, der ohne elektromotorische Kraft während der Beobachtungszeit von einigen Stunden seine Stärke nicht merklich änderte, also ein Modell der AMPÈREschen Molekularströme bildete. Eine flache Spule aus Bleidraht, deren Enden verschmolzen waren, oder ein geschlossener Bleiring wurde zunächst bei Zimmertemperatur in das Feld eines Elektromagneten gebracht, so daß die Feldrichtung senkrecht zur Windungsebene stand. Nunmehr wurde der Bleiring durch Eintauchen in flüssiges Helium supraleitend gemacht, dann der Strom im Elektromagneten zum Verschwinden gebracht und der Magnet entfernt. Hierdurch mußte ein Induktionsstrom im Bleiring induziert sein, und in der Tat wurde dessen Existenz bewiesen durch die starke magnetische Wirkung auf eine in die Nähe gebrachte Magnetnadel. Indem ONNES diese Wirkung durch die einer zweiten gewöhnlichen stromdurchflossenen Spule, die auf der anderen Seite der Magnetnadel aufgestellt war, kompensierte, konnte er die Konstanz des Dauerstroms im Supraleiter prüfen.

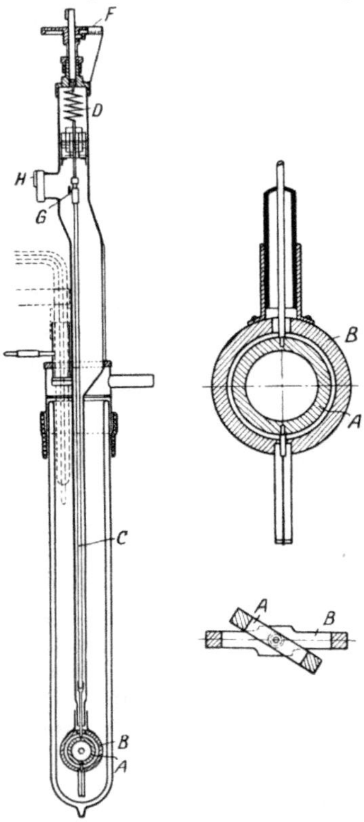

Abb. 20. Torsions-Elektrodynamometer aus Supraleitern.

Eine andere Methode wurde auf seine Veranlassung von TUYN angewandt: ein Torsions-Elektrodynamometer aus Supraleitern.

Ein kreisförmiger Bleiring A, aufgehängt an einer Glasstange C, kann innerhalb eines anderen Bleirings B um seine vertikale Achse gedreht werden. Die Glasstange C wird durch eine mit Ölbad gedämpfte Phosphorbronzefeder D und diese wiederum durch den Torsionskopf F getragen. Durch ein Phosphorbronzeband, welches zwischen A und einem in B eingelassenen Glasrohr gespannt ist, wird die Stabilität von A erhöht (Abb. 20). Während beide Ringe komplanar sind, erzeugt man in ihnen nach Eintauchen in flüssiges Helium auf die oben beschriebene Weise Dauerströme. Um nun A gegen B um 30° zu drehen, was man mittels der Spiegel G und H verfolgen kann, muß man den Torsionskopf um einen größeren Winkel drehen. Dessen Differenz gegen 30° gibt ein Maß für die elektrodynamische Anziehung der Ringe, also für die Größe des Produkts beider Dauerströme, die durch das Drehen der Ringe noch verstärkt worden sind. Mit dieser Einrichtung war es möglich zu zeigen, daß das Produkt der Stromstärken während einer Stunde auf $^1/_{40\,000}$ konstant blieb. Über die experimentellen Schwierigkeiten dieser Untersuchungen lese man die zitierten Abhandlungen nach.

34. Unveränderlichkeit der örtlichen Stromverteilung im Supraleiter[1]. Um zu prüfen, ob die Elektronenbahnen in einem Supraleiter festliegen, regte KAMERLINGH ONNES folgenden Versuch an: An Stelle des inneren Bleirings der Abb. 20 wird eine Bleikugel aufgehängt. Durch Verschwinden eines Magnetfelds senkrecht zur Ebene des Rings werden in diesem und in der Kugel, nachdem beide in flüssiges Helium getaucht sind, Kreisströme induziert. Um die Kugel um 30° aus ihrer Anfangslage zu drehen, mußte die Feder D um 17° tordiert werden. Das ist nur so zu erklären, daß die Kreisströmung in der Bleimasse der Kugel gewissermaßen fest verankert ist, so daß das von der Feder auf die Bleimasse ausgeübte Torsionsmoment und das infolge der elektrodynamischen Anziehung zwischen den Strömungen in Ring und Kugel auf die Kugelströmung ausgeübte Drehmoment sich das Gleichgewicht halten können. Durch diesen äußerst wichtigen Versuch wird bewiesen, wie besonders H. A. LORENTZ[2] gezeigt hat, daß die Elektronen im Supraleiter nicht frei sein können, sondern an die Bahnen, wie sie einmal eingeleitet sind, gebunden bleiben, so daß die Elektronenbewegung in weitem Maße unempfindlich gegen transversale, durch ein Magnetfeld ausgeübte Kräfte ist. Dies bedeutet, daß im Supraleitungszustand praktisch kein Halleffekt auftreten kann, was die Versuche von KAMERLINGH ONNES[3] auch bestätigen.

35. Beziehungen der Supraleitfähigkeit zu andern physikalischen Eigenschaften. Alle Bemühungen des Leidener Laboratoriums, Beziehungen der Supraleitfähigkeit zu anderen physikalischen Eigenschaften zu finden, sind von negativem oder sehr unsicherem Erfolge gewesen, verdienen aber doch, hier angeführt zu werden.

Die Vermutung, daß im Sprungpunkt eine neue Modifikation des Metalls aufträte, wurde von KEESOM widerlegt[3], der gezeigt hat, daß das Kristallgitter von Blei sich im Sprungpunkt nicht ändert. Nach KAMERLINGH ONNES würde es sich eher um eine Umstellung der Elektronenbahnen, ohne Verschiebung der Kerne, handeln, derart, daß sich für einige Elektronen makroskopische stationäre Bahnen eröffnen, welche die Supraleitung charakterisieren. Sie würden die Lösung eines Problems der Quantentheorie darstellen.

Die so innige Beziehung der gewöhnlichen elektrischen L.-F. zur Wärme-L.-F. und zur spez. Wärme scheint im Supraleitungszustand zu verschwinden. Wenigstens haben KAMERLINGH ONNES und HOLST[4] gefunden, daß Quecksilber im Supraleitungszustand eine Wärme-L.-F. von normaler Größenordnung und eine spez. Wärme besitzt, wie man sie nach der DEBYEschen Theorie der spez. Wärmen erwarten muß. Nach den Ergebnissen von GRÜNEISEN und GOENS (Ziff. 28) wäre das erstere verständlich. Denn vom Wärmewiderstand $w = w_i + w_m$ bliebe w_i auch dann bestehen, wenn w_m im Supraleitungsgebiet verschwände.

Noch nicht sicher entschieden und auch nicht leicht zu entscheiden ist die Frage, ob Legierungen zweier Metalle supraleitend werden können. Eine

[1] W. TUYN, Dissert. S. 122.

[2] H. A. LORENTZ, Rep. and Comm. IV. int. Congr. of Refrig. 11, III, Leiden 1924; Comm. Leiden, Suppl. Nr. 50b. Vgl. hierzu E. KRETSCHMANN, Ann. d. Phys. Bd. 80, S. 109. 1926.

[3] H. KAMERLINGH ONNES, Reports and Comm. IV. int. Congr. of Refrig. 11, II, S. 8 u. 11; Comm. Leiden, Suppl. Nr. 50a; Comm. Leiden Nr. 174b.

[4] H. KAMERLINGH ONNES u. G. HOLST, Comm. Leiden Nr. 142c.

Pb-Sn-Legierung, in flüssiges Helium getaucht, erwies sich als supraleitend, jedoch sprach manches dafür, daß der Sprungpunkt der des reinen Blei war, so daß zweifelhaft ist, ob die Durcheinandermischung der Legierung genügt hat. Amalgamiertes Zinn wurde bereits bei 4,29° abs. supraleitend, obwohl Sn und Hg beide eine tiefere Sprungpunkttemperatur haben. Ein anscheinend verunreinigtes Indium mit einem enormen Restwiderstand von $r = 0{,}13$ wurde supraleitend. Wie vorsichtig man jedoch bei Beurteilung der Supraleitung sein muß, zeigen folgende Fälle. Geringste Spuren eines supraleitenden Metalls (Pb) auf der Oberfläche eines nicht supraleitenden (Cd) können eine Supraleitung des letzteren vortäuschen[1]). Ein Ring aus Stücken von Pb und Sn, die miteinander verlötet waren, erwies sich in einem Apparat nach Art der Abb. 20 untersucht, bei hinreichender Abkühlung als supraleitend, er behielt merkwürdigerweise aber sein magnetisches Moment bei, nachdem der Ring aufgeschnitten war[2]). Man kann deshalb nicht schließen, daß die Lötstellen supraleitend waren, sondern muß für möglich halten, daß die induzierten Dauerströme überhaupt nur in den einzelnen Teilstücken aus Blei und Zinn zirkulierten.

Den einzigen Anhaltspunkt für den Zusammenhang der Supraleitung mit anderen physikalischen Eigenschaften bildet die Tatsache, daß die fünf Supraleiter im periodischen System der Elemente durch aufeinanderfolgende Ordnungszahlen oder durch die Zugehörigkeit zur 2., 3. und 4. Gruppe charakterisiert sind. Der in Tabelle 26 gegebene Ausschnitt aus dem periodischen System läßt das Gesagte deutlich erkennen. Warum aber gerade nur die unterstrichenen Metalle supraleitend werden und nicht auch ihre Gruppenverwandten Zn, Cd, Ga, Ge oder ihre Nachbarn links und rechts, wie Au, Sb, Bi, ist vorläufig dunkel. KAMERLINGH ONNES und KRAMERS[3]) suchen die Erklärung darin, daß die Supraleiter sich durch lockere Lagerung der Atome (niedrigen Schmelzpunkt, großen Ausdehnungskoeffizient), d. h. durch große freie Räume zwischen den wahren Atombereichen auszeichnen. Daß eine Vergrößerung des freien Raums die Ausbildung der ungestörten Quantenbahnen im Supraleitungszustand erleichtert, scheint durch die Versuche von KAMERLINGH ONNES und SIZOO[3]) bestätigt zu werden, welche durch elastische Dehnung eines in flüssiges Helium tauchenden Zinndrahts seine Sprungpunkttemperatur etwas erhöhten, also die Leitfähigkeit im Gebiet des Sprungpunkts stark verbesserten, während die gewöhnliche L.-F. durch elastischen Zug des Drahtes verschlechtert wird (vgl. Ziff. 18 am Schluß).

Tabelle 26. Stellung der supraleitenden Metalle im periodischen System der Elemente.

	30 Zn			31 Ga		32 Ge		
			39 Y		40 Zr			
		48 Cd		49 $\underline{\text{In}}$		50 $\underline{\text{Sn}}$		51 Sb
	56 Ba						73 Ta	
79 Au		80 $\underline{\text{Hg}}$		81 $\underline{\text{Tl}}$		82 $\underline{\text{Pb}}$		83 Bi
	88 Ra		89 Ac		90 Th			

h) Leitfähigkeit der Halbleiter oder variablen Leiter.

36. Allgemeines. Wir beschränken uns hier auf eine kurze Übersicht über dies Grenzgebiet der Metalleitfähigkeit, führen als Beispiele nur die chemischen

[1]) W. TUYN, Dissert. S. 35 Cadmium, S. 60 Legierungen.

[2]) H. KAMERLINGH ONNES, Reports and Comm. IV. int. Congr. of Refrig. 11, II, S. 13; Comm. Leiden, Suppl. Nr. 50a.

[3]) Siehe Fußnote 2. Ferner G. J. SIZOO u. H. KAMERLINGH ONNES, z. T. mit W. J. DE HAAS, Comm. Leiden Nr. 180. 1926.

Elemente an, soweit sie Halbleiter sind, und verweisen wegen ausführlicherer Angaben, besonders über Metallverbindungen, auf die zusammenfassenden Darstellungen von J. KOENIGSBERGER[1]), dem man einen großen Teil der Forschungsergebnisse auf diesem Gebiet verdankt.

Als variable Leiter bezeichnet KOENIGSBERGER metallische Leiter, deren Widerstand und Temperaturkoeffizient mit der Temperatur stark variiert. Hierher gehören die Elemente, die bei gewöhnlicher Temperatur nicht stark elektropositiv sind, andererseits aber auch keine so starke Elektronenaffinität besitzen wie die rein elektronegativen Elemente, sich also bei gewöhnlicher Temperatur elektrolytisch nicht abscheiden lassen. Es sind das die Elemente Bor, Silizium, Titan, Zirkon, Germanium, Selen und Kohlenstoff als Graphit, der allerdings im reinsten Zustande den Metallen hinsichtlich seiner L.-F. sehr nahesteht. Zu den variablen Leitern gehören ferner Verbindungen, in denen sich ein ausgeprägt elektropositives Element, ein Schwer- oder Edelmetall, mit schwach elektronegativen Elementen wie Sauerstoff, Schwefel usw. vereinigt, sowie Legierungen zweier Metalle, von denen eins schwach elektropositiv ist, wenn die Zusammensetzung einer Verbindung entspricht, z. B. $SbCd_2$, Bi_6Sb.

Als typisch für die variablen Leiter betrachtet KOENIGSBERGER den Fall, daß der spez. Widerstand von hohen Werten beim absoluten Nullpunkt aus mit steigender Temperatur sinkt, ein Minimum erreicht und nach hohen Temperaturen zu ansteigt. Dies Verhalten soll darauf beruhen, daß mit steigender Temperatur einerseits die Zahl der die Leitung vermittelnden Elektronen nach Dissoziationsgesetzen ansteigt, andererseits die Elektronen bei ihrer Bewegung den metallischen Widerstand finden. Als typisches Gesetz für die Temperaturabhängigkeit des spez. Widerstands variabler Leiter hat deshalb KOENIGSBERGER die Formel

$$\varrho = \varrho_0 (1 + at + bt^2)\, e^{q\left(\frac{1}{T} - \frac{1}{T_0}\right)} \tag{16}$$

angegeben, in der a, b und q Konstanten des Leiters sind, von denen a etwa dem normalen Temperaturkoeffizienten der Metalle gleich ist. Später hat KOENIGSBERGER statt dessen die für Metalle bewährte Gleichung (12), auf der rechten Seite mit dem Faktor $e^{q\left(\frac{1}{T} - \frac{1}{T_0}\right)}$ multipliziert, vorgeschlagen.

Nur manche variable Leiter zeigen das durch die Formel ausgedrückte einfache Verhalten. Für andere ist es vorläufig noch keineswegs einwandfrei festgestellt. Das kommt daher, daß man sehr schwer ganz reines und fehlerfreies Material zur Untersuchung bekommt, daß aber die L.-F. sehr stark von Verunreinigungen beeinflußt wird, bald im einen, bald im anderen Sinne (C, Si). Es kommt ferner daher, daß die halbleitenden Elemente, mehr als die metallischen, Umwandlungen unterliegen, die den regelmäßigen Verlauf der Widerstandstemperaturkurve unterbrechen.

37. Chemische Elemente. Kohlenstoff. Während der Widerstand von Kohle, Bogenlichtkohle, Anthrazit usw. mit steigender Temperatur sinkt und auch die älteren Untersuchungen an natürlichen Graphitproben negative Temperaturkoeffizienten lieferten und spez. Widerstände, die mehrfach größer waren als der des Quecksilbers, haben neuere Untersuchungen[2]) gezeigt, daß

[1]) J. KOENIGSBERGER in Graetz' Handb. d. Elektr. Bd. III, S. 661—694. 1920; ferner Jahrb. d. Radioakt. Bd. 11, S. 84. 1914.

[2]) D. E. ROBERTS, Ann. d. Phys. Bd. 40, S. 453. 1913; Phil. Mag. Bd. 26, S. 158. 1913; G. E. WASHBURN, Ann. d. Phys. Bd. 48, S. 236. 1914; M. PIRANI u. W. FEHSE, ZS. f. Elektrochem. Bd. 29, S. 168. 1923; E. RYSCHKEWITSCH, ebenda Bd. 29, S. 474. 1923.

reiner Graphit sich den Metallen sehr ähnlich verhält, einerseits hinsichtlich der Größe des spez. Widerstands, für den ⊥ zur Achse gefunden wurde:

$$10^4 \cdot \varrho_{18^\circ} = 0{,}50 \text{ an Ceylon-Graphit (ROBERTS)},$$
$$= 0{,}47 \text{ an künstl. Graphit (PIRANI u. FEHSE)},$$
$$= 0{,}42 \text{ an einem künstl. Graphitkristall (RYSCHKEWITSCH)},$$

andererseits hinsichtlich der Temperaturabhängigkeit: Als Temperaturkoeffizienten bei 18° C gibt RYSCHKEWITSCH etwa $\beta = +0{,}005$; KAMERLINGH ONNES und HOF[1]) fanden für reines gepreßtes Graphitpulver zwischen 0 und $-173°$ C etwa $\beta = +0{,}0029$. Unterhalb $-173°$ sank der Widerstand noch rascher ab. Ein Minimum wurde nicht gefunden.

Für weniger reine Kohlen oder Graphite mit negativem β findet man bei hohen Temperaturen auch Widerstandsminima[2]).

Den Druckkoeffizienten des Widerstands fand BRIDGMAN[3]) für Kohle negativ, für Graphit positiv, aber nicht reproduzierbar.

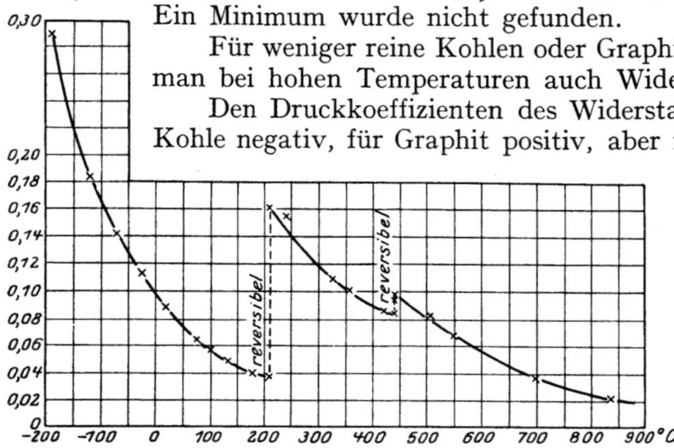

Abb. 21. Spez. Widerstand von Silizium als Funktion der Temperatur.

Bor. Für reines metallisches Bor fand WEINTRAUB[4]) den Widerstand bei Zimmertemperatur 10000000 mal größer als bei Rotglut.

Silizium. Der Widerstand konnte noch nicht an sehr reinem Material untersucht werden. Der meist vorhandene Gehalt an Eisen setzt den spez. Widerstand herab. Trotzdem sind die beobachteten ϱ-Werte schon von der Ordnung $1000 \cdot 10^{-4}$ bei 0° C. Abb. 21 zeigt den Verlauf von ϱ mit der Temperatur t nach KOENIGSBERGER und SCHILLING[5]). Die Widerstandssprünge, die bei langsamer Überschreitung der Temperaturen $+210°$ und 438° C in reversibler Weise erfolgen, deuten auf das Vorhandensein dreier mit α, β, γ bezeichneter Modifikationen. Die Kurvenstücke α und γ lassen sich durch Gleichung (16) gut wiedergeben. Nach BRIDGMAN[3]) ist der Druckkoeffizient bei 0° C in cm²/kg etwa

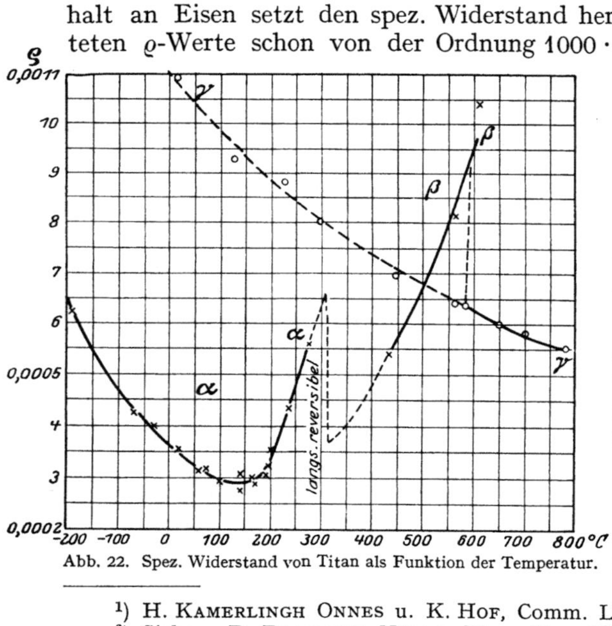

Abb. 22. Spez. Widerstand von Titan als Funktion der Temperatur.

$$\left(\frac{1}{R}\frac{\partial R}{\partial p}\right)_{p=0-12000} = -12 \cdot 10^{-6}.$$

Titan. KOENIGSBERGER und SCHILLING[5]) fanden auch für

[1]) H. KAMERLINGH ONNES u. K. HOF, Comm. Leiden Nr. 142b. 1914.
[2]) Siehe z. B. BRADFORD NOYES, Phys. Rev. Bd. 24, S. 190. 1924.
[3]) P. W. BRIDGMAN, Proc. Amer. Acad. Bd. 56, S. 75. 1921; Proc. Nat. Acad. Amer. 6, Bd. S. 505, 1920.
[4]) E. WEINTRAUB, Journ. Ind. Chem., Febr. 1913; s. auch R. J. MEYER, Naturwissensch. Bd. 1, S. 325. 1913.
[5]) J. KOENIGSBERGER u. K. SCHILLING, Ann. d. Phys. Bd. 32, S. 179. 1910.

Titan drei Modifikationen. Die Umwandlungen erfolgen bei etwa 310 und 580° C reversibel, aber äußerst träge, so daß es gelang, das γ-Titan noch bei 0° C zu messen. Den eigentümlichen Verlauf des Widerstands zeigt Abb. 22. Das Widerstandsminimum des α-Titan liegt bei etwa +150° C. Der spez. Widerstand betrug für die nicht ganz reine Probe

$$\varrho_0 = 3{,}6 \cdot 10^{-4}.$$

Der Druckkoeffizient ist nach BRIDGMAN äußerst gering (Ti + 1,8% W).

Zirkon. KOENIGSBERGER und SCHILLING[1]) fanden für metallisches Zr, obwohl nicht ganz rein, einen recht niedrigen spez. Widerstand

$$\varrho_0 = 2 \cdot 10^{-4}$$

mit positivem Temperaturkoeffizienten. Bei — 70° C lag jedoch ein Widerstandsminimum. BRIDGMAN fand den Druckkoeffizienten für Zr + 0,6% W bei 0° C in cm²/kg

$$\overline{\left(\frac{1}{R}\frac{\partial R}{\partial p}\right)}_{p=0-12000} = -\,0{,}4 \cdot 10^{-6}.$$

Germanium. Dies seltene Metall wurde in ziemlich hohem Reinheitsgrad (99,9%) von BIDWELL[2]) untersucht. Der spez. Widerstand

$$\varrho_0 = 890 \cdot 10^{-4}$$

ist viel höher als für die gewöhnlichen Metalle. Er besitzt ein Minimum bei —116° C und steigt von da bis etwa +125° C in normaler Weise an. Zwischen 125 und 450° scheint nun allmählich, aber völlig reversibel, eine Art Umwandlung einzutreten, die sich durch eine starke Änderung der Thermokraft äußert und einen allmählichen Abfall des Widerstands auf etwa $^1/_{20}\,\varrho_0$ zur Folge hat (Abb. 23).

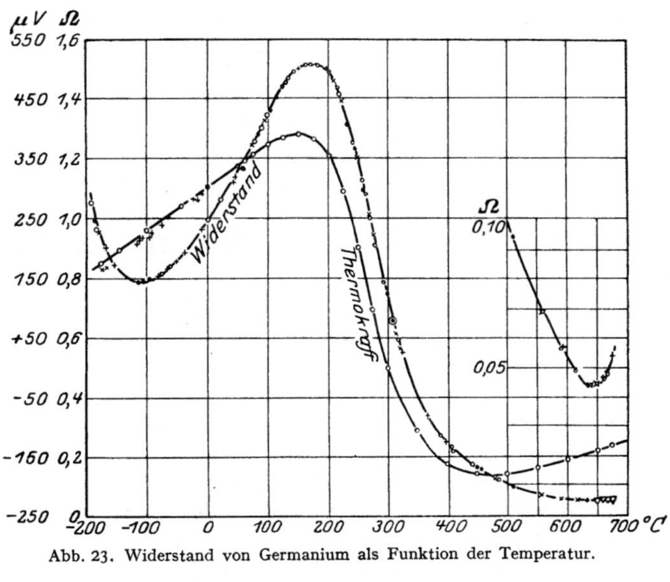

Abb. 23. Widerstand von Germanium als Funktion der Temperatur.

Zwischen —190 und +100° C folgt der Widerstand des Germaniums der Formel

$$\varrho = A \cdot e^{\frac{q}{T} + aT},$$

welche mit der von KOENIGSBERGER nahe verwandt ist.

---

1) J. KOENIGSBERGER u. K. SCHILLING, Phys. ZS. Bd. 9, S. 348. 1908.

2) C. C. BIDWELL, Phys. Rev. Bd. 19, S. 447. 1922.

Phosphor. Metallischer Phosphor hat einen hohen spez. Widerstand mit negativem Temperaturkoeffizienten (nach KOENIGSBERGER). Druckkoeffizient[1]) bei 0° C in cm²/kg:

$$\left(\frac{1}{R}\frac{\partial R}{\partial p}\right)_{p=0} = -200 \cdot 10^{-6}; \qquad \left(\frac{1}{R}\frac{\partial R}{\partial p}\right)_{p=0-12000} = -81 \cdot 10^{-6}.$$

Selen. Wird wegen der Lichtempfindlichkeit seines Widerstands an anderer Stelle besprochen.

Tellur. Es besteht nach heutiger Kenntnis aus einem heterogenen Gemenge von α- und β-Tellur, von denen α-Tellur, unter 354° C stabil, verhältnismäßig gut leitet und einen bei 0° positiven Temperaturkoeffizienten des Widerstands (etwa + 0,005) hat, während β-Tellur, oberhalb 354° stabil, viel schlechter leitet und einen negativen Temperaturkoeffizienten hat. Das α-Tellur gewinnt man durch sehr langsame Abkühlung von 354°, das β-Tellur ist um so stärker vertreten, je rascher die Abkühlung erfolgt. Die spez. Widerstände sind etwa zu schätzen[2])

$$\text{für } \alpha\text{-Tellur } \varrho = 59 \cdot 10^{-4}; \qquad \beta\text{-Tellur } \varrho = 6300 \cdot 10^{-4}.$$

Je schlechter das Tellur leitet, um so mehr rückt der Temperaturkoeffizient des Widerstands zu negativen Werten (für $\varrho = 2800 \cdot 10^{-4}$, wird er Null), oder anders ausgedrückt, um so mehr rückt das Widerstandsmaximum, welches schon MATTHIESSEN und v. BOSE bei +70° C fanden, nach niedrigeren Temperaturen.

Für ein Tellur von etwa $\varrho = 1000 \cdot 10^{-4}$ fanden KAMERLINGH ONNES und BECKMAN[3]) ein Minimum des Widerstands bei etwa —220° C.

BRIDGMAN[4]) fand für einen rasch erkalteten Einkristall

$$\parallel \text{Achse: } \varrho_{20} = 560 \cdot 10^{-4}; \qquad \perp \text{Achse: } \varrho_{20} = 1540 \cdot 10^{-4}.$$

Der Druckkoeffizient ist nach BECKMAN[2]) annähernd eine lineare Funktion des spez. Widerstands, wie man das auch für heterogene Legierungen findet. Er wächst von etwa $-94 \cdot 10^{-6}$ cm²/kg für ein Tellur mit $\varrho_0 = 483 \cdot 10^{-4}$ bis auf $-278 \cdot 10^{-6}$ cm²/kg für ein Tellur mit $\varrho_0 = 6250 \cdot 10^{-4}$.

i) Theoretische Vorstellungen über die Metalleitung.

38. Übersicht. Das Rätsel der metallischen Leitung hat bereits viele ausgezeichnete Forscher zur Lösung gereizt. Äußerst mannigfaltig sind die Vorstellungen, die den theoretischen Ansätzen zugrunde gelegt wurden. Manche Teilerfolge wurden erzielt, als deren größter wohl die Ableitung der WIEDEMANN-FRANZ-LORENZschen Zahl durch DRUDE galt. Aber keiner der theoretischen Ansätze ist bisher ausreichend gewesen, um die wichtigsten Tatsachen der Metalleitung in ihrer Gesamtheit zu erklären, selbst wenn man von Einzelheiten und Feinheiten, die nicht allen Metallen eigentümlich sind, absieht. Solche notwendig zu erklärende Tatsachen sind nach der Darstellung in den vorangehenden Abschnitten:

α) die absolute Größe des elektrischen Widerstands für reguläre und nicht reguläre Metalle und ihre Beziehung zum periodischen System, d. h. zum Atombau;

---

1) P. W. BRIDGMAN, Proc. Amer. Acad. Bd. 56, S. 75. 1921.

2) W. HAKON, Ann. d. Phys. Bd. 32, S. 291. 1910; BENGT BECKMAN, ebenda Bd. 46, S. 931. 1915; Bd. 54, S. 182. 1917.

3) H. KAMERLINGH ONNES u. BENGT BECKMAN, Comm. Leiden Nr. 132d. 1912.

4) P. W. BRIDGMAN, Proc. Amer. Acad. Bd. 60, S. 305. 1925.

β) der Einfluß der Temperatur, wie er durch Gleichung (12) angenähert wiedergegeben wird, insbesondere also der Einfluß der Atomfrequenzen in tiefer Temperatur;

γ) der Einfluß von allseitigem Druck und einseitigem Zug, in dem Sinne, daß Abstandsvergrößerung normalerweise den Widerstand erhöht, und daß sie parallel zur Stromrichtung stärker wirkt als senkrecht dazu;

δ) der Einfluß der Volumänderung beim Schmelzen im gleichen Sinne wie unter γ);

ε) die Erscheinungen der Supraleitung;

ζ) die Beziehung zwischen Elektrizitäts- und Wärmeleitung;

η) das Verhalten der Halbleiter;

ϑ) die MATTHIESSENsche Regel für Mischkristalle.

Daß eine Elektronentheorie der Metalle außerdem noch die galvanomagnetischen, thermoelektrischen und optischen Effekte erklären muß, um allen Anforderungen zu genügen, ist bekannt.

Die bisher aufgestellten Theorien gehen von zwei grundsätzlich verschiedenen Anschauungen aus:

I. Die Leitungselektronen zwängen sich unter dem Einfluß des elektrischen Feldes zwischen den Atombereichen hindurch. Der Widerstand beruht auf Zusammenstößen mit den Atomen.

II. Die Leitungselektronen gehen von Atombereich zu Atombereich über, sobald gewisse hierfür notwendige Bedingungen erfüllt sind. Der Widerstand beruht auf Störungen der Übergangsmöglichkeit.

Zu I gehören die klassischen gaskinetischen Elektronentheorien, die in den Ideen W. WEBERS[1]) und GIESES[2]) wurzelnd, von RIECKE[3]), DRUDE[4]), H. A. LORENTZ[5]), DEBYE[6]) u. a. bis zu BOHR[7]) zu einer gewissen Vollendung gebracht wurden; ferner die Theorie von W. WIEN[8]), die Theorien des im Metallatomgitter als Ganzes oder in Ketten beweglichen Elektronengitters, wie sie von J. STARK[9]), HABER[10]), F. A. LINDEMANN[11]), J. J. THOMSON[12]) vorgeschlagen wurden.

Zu II gehören die Bemerkungen von LENARD[13]) über die Nähewirkung der Atome in Metallen, die Dipoltheorie von J. J. THOMSON[14]), die Überlegungen von BENEDICKS[15]), BRIDGMAN[16]), HABER[17]), KAMERLINGH ONNES[18]) sowie die Theorien von FRENKEL[19]) und HÖJENDAHL[20]).

---

1) W. WEBER, Pogg. Ann. Bd. 156, S. 1. 1875.
2) W. GIESE, Wied. Ann. Bd. 37, S. 576. 1889.
3) E. RIECKE, Wied. Ann. Bd. 66, S. 353, 545. 1898; Jahrb. d. Radioakt. Bd. 3, S. 24. 1906; Phys. ZS. Bd. 10, S. 508. 1909.
4) P. DRUDE, Ann. d. Phys. Bd. 1, S. 566. 1900; Bd. 3, S. 370. 1900; Bd. 7, S. 687. 1902.
5) H. A. LORENTZ, Arch. Néerland. Bd. 10, S. 336. 1905; Proc. Amsterdam Bd. 7, S. 438, 585, 684. 1905; Theory of Electrons, Leipzig 1909; Wolfskehl-Vortrag, Göttingen 1914, S. 167.
6) P. DEBYE, Ann. d. Phys. Bd. 33, S. 441. 1910.
7) N. BOHR, Dissert. Kopenhagen 1911.
8) W. WIEN, Berl. Ber. 1913, S. 184.
9) J. STARK, Atomdynamik Bd. 3, S. 174ff.; Jahrb. d. Radioakt. Bd. 9, S. 188. 1912.
10) F. HABER, Verh. d. D. Phys. Ges. Bd. 13, S. 1128. 1911; Berl. Ber. 1919, S. 506, 990.
11) F. A. LINDEMANN, Phil. Mag. Bd. 29, S. 127. 1915.
12) J. J. THOMSON, Phil. Mag. Bd. 44, S. 657. 1922.
13) P. LENARD, Ann. d. Phys. Bd. 17, S. 243. 1905.
14) J. J. THOMSON, Phil. Mag. Bd. 30, S. 192. 1915.
15) C. BENEDICKS, Jahrb. d. Radioakt. Bd. 13, S. 351. 1916; Bd. 14, S. 471. 1917; Ann. d. Phys. Bd. 55, S. 1 u. 103. 1918.
16) P. W. BRIDGMAN, Phys. Rev. Bd. 9, S. 269. 1917; Bd. 17, S. 161. 1921; Bd. 19, S. 114. 1922; Proc. Amer. Acad. Bd. 60, S. 418 u. 448. 1925.
17) F. HABER, Berl. Ber. 1919, S. 1002.
18) H. KAMERLINGH ONNES, Rep. a. Comm. IV. int. Congr. of Refrig. 11, II.
19) J. FRENKEL, ZS. f. Phys. Bd. 29, S. 141. 1924.
20) K. HÖJENDAHL, Phil. Mag. Bd. 48, S. 349. 1924.

Eine Art Zwischenstellung zwischen I und II nehmen die Theorien von HALL[1]), von BORELIUS[2]) und von KRETSCHMANN[2]) ein.

Unter dem Zwange neuer Beobachtungen und der wachsenden Erkenntnis vom Aufbau der Atome hat sich mehr und mehr eine Wandlung von der Auffassung I zu II vollzogen. Die zweitgenannte darf heute wohl als die wahrscheinlichere betrachtet werden[3]). Vgl. jedoch das Nachwort S. 75.

Eine vollständige Wiedergabe des Inhalts der oben nur zum Teil genannten Abhandlungen über die Theorie der L.-F. in Metallen erübrigt sich, da es bereits ausgezeichnete zusammenfassende Darstellungen gibt, die leicht zugänglich sind, so die bis 1921 reichenden von R. SEELIGER[4]), W. MEISSNER[5]) und K. SIEBEL[6]) sowie den neuen Bericht von KRETSCHMANN[7]). Auf diese sei deshalb ausdrücklich, insbesondere auch wegen weiterer Literatur, verwiesen. Hier werden wir die Voraussetzungen und Ergebnisse der älteren Theorien nur insoweit wiederholen, als sie prinzipiell Neues und bleibend Wertvolles gebracht haben, und soweit es notwendig ist, um die Gründe für ihre Ablehnung zu verstehen.

39. Gaskinetische Theorie der freien Elektronen. Die Elektronen werden wie die Atome eines Gases behandelt, welches den Raum zwischen den wirklichen Atomen erfüllt, den idealen Gasgesetzen gehorcht und sich ins thermische Gleichgewicht mit den Metallatomen setzt. Sieht man noch mit DRUDE zwecks Vereinfachung von der Geschwindigkeitsverteilung ab, gibt also allen Elektronen die gleiche Geschwindigkeit u, so hätte man für diese die Beziehung

$$\tfrac{1}{2} m u^2 = \tfrac{3}{2} k T . \tag{17}$$

Unter dem Einfluß eines äußeren elektrischen Feldes $\mathfrak{E}$ bildet sich nach Gleichung (1) eine Stromdichte

$$\mathfrak{J} = n \varepsilon \bar{u}_z \tag{1}$$

aus, wo die zusätzliche mittlere Geschwindigkeit $\bar{u}_z$ sich folgendermaßen ausdrücken läßt: Sei τ die kleinste zusammenhängende mittlere Zeit, während deren das Elektron dem Felde $\mathfrak{E}$ ungestört folgen kann, dann wird das Elektron durch die Kraft $\varepsilon\mathfrak{E}$ eine Beschleunigung $\varepsilon/m \cdot \mathfrak{E}$ erhalten und während der Zeit τ eine zusätzliche mittlere Geschwindigkeit in Richtung des Feldes

$$\bar{u}_z = \frac{\tau}{2m} \varepsilon \mathfrak{E} . \tag{18}$$

Der Geschwindigkeitszuwachs ist proportional der wirkenden Kraft, $2m/\tau$ entspricht einer Reibungskraft, die das mit der Geschwindigkeit 1 wandernde Elektron findet. Aus Gleichung (1) und (18) ergibt sich

$$\mathfrak{J} = n \varepsilon^2 \frac{\tau}{2m} \mathfrak{E} ,$$

also mit Rücksicht auf die Definition der L.-F. $\varkappa$ [Gleichung (2)]

$$\varkappa = n \varepsilon^2 \frac{\tau}{2m} . \tag{19}$$

Ist L der vom Elektron zwischen zwei Störungen im Mittel zurückgelegte Weg, die sog. mittlere freie Weglänge, so kann $\tau = L/u$ und u aus Gleichung (17)

---

[1]) E. H. HALL, Phys. Rev. Bd. 11, S. 329. 1918.

[2]) G. BORELIUS, Ann. d. Phys. Bd. 57, S. 231, 278. 1918; Bd. 58, S. 489. 1919; Phil. Mag. Bd. 40, S. 746. 1920; E. KRETSCHMANN. Ann. d. Phys. Bd. 74, S. 189. 405. 1924; Bd. 80, S. 109. 1926.

[3]) Vgl. auch E. GRÜNEISEN u. E. GOENS, ZS. f. Phys. Bd. 26, S. 260. 1924.

[4]) R. SEELIGER, Enzykl. d. math. Wiss. Bd. V, 20. Leipzig 1921.

[5]) W. MEISSNER, Jahrb. d. Radioakt. Bd. 17, S. 229. 1921.

[6]) K. SIEBEL, Die Elektrizität in Metallen. Braunschweig 1922; vgl. auch K. BAEDEKER, Die elektrischen Erscheinungen in metallischen Leitern. Braunschweig 1911.

[7]) E. KRETSCHMANN, Phys. ZS. Bd. 28, S. 565. 1927.

eingeführt werden, wodurch folgende Ausdrücke für die L.-F. gewonnen werden:

$$\varkappa = \frac{n\varepsilon^2 L}{2mu}; \quad (20a) \qquad \varkappa = \frac{n\varepsilon^2 L u}{6kT}; \quad (20b) \qquad \varkappa = \frac{n\varepsilon^2 L^2}{6kT\tau}. \quad (20c)$$

Aus (20b) würde folgen, daß in höherer Temperatur, wo erfahrungsgemäß der Widerstand etwa proportional mit T ansteigt, nLu von der Temperatur unabhängig sein, nL also mit wachsender Temperatur abnehmen müßte. Dies wäre wohl möglich. Dagegen bereitet die Änderung mit dem Druck Schwierigkeiten (s. unten).

Als Haupterfolg der gaskinetischen Theorie gilt mit Recht die Ableitung der WIEDEMANN-FRANZ-LORENZschen Zahl. DRUDE nahm an, daß die Wärmeleitung nur dadurch zustande kommt, daß die Elektronen beim Zusammenstoß mit den Atomen den Überschuß von kinetischer Energie, den sie aus wärmeren Gegenden des Leiters mitbringen, abgeben. Dann ergibt sich ohne Schwierigkeit[1]) für die Wärmeleitfähigkeit λ der Wert

$$\lambda = \tfrac{1}{2} k n u L \quad (21)$$

und durch Kombination mit Gleichung (20b)

$$\left.\begin{aligned} \frac{\lambda}{\varkappa T} = 3\left(\frac{k}{\varepsilon}\right)^2 &= 2{,}22 \cdot 10^6 \left[\frac{\text{erg}^2\,\text{grad}^{-2}}{\text{int coul}^2}\right] \\ &= 2{,}22 \cdot 10^{-8}\,[\text{W}\,\Omega\,\text{grad}^{-2}]\,. \end{aligned}\right\} \quad (22)$$

Die Zahl ergibt sich also nicht allein unabhängig von der Natur des Leiters, sondern auch in richtiger Größenordnung (Ziff. 28). Dieser Erfolg wird allerdings dadurch getrübt, daß genauere Rechnung [v. EVERDINGEN[2]), H. A. LORENTZ] den Faktor $^2/_3$ auf die rechte Seite von Gleichung (20b), (20c) und (22) bringt. Gleichwohl würde die Ableitung der Gleichung (22) eine starke Stütze für die gaskinetische Theorie bilden, wenn gegen sie nicht folgende schwere Einwände zu erheben wären:

1. Der Widerspruch zwischen der Annahme des Äquipartitionsgesetzes [Gleichung (17)] mit dem Befund, daß die Energie der Elektronen in der spez. Wärme der Metalle nicht sicher nachweisbar ist. Der Ausweg, n klein im Verhältnis zur Atomzahl anzunehmen, zwingt zu großen L-Werten, wie sie zwischen den Metallatomen unwahrscheinlich wären[3]).

2. Die Unmöglichkeit, sich freie Elektronen in den sich überschneidenden starken elektrischen Feldern der Atombausteine vorzustellen. Diese Schwierigkeit hat BOHR zu der Annahme geführt, daß die Elektronen sich während des größten Teils der Zeit in der Wirkungssphäre der Metallatome befinden. Damit nähert er sich bereits der Auffassung II. Die von ihm abgeleiteten Formeln gestatten leider keine Prüfung an der Erfahrung.

3. Der Druckeinfluß auf die Leitfähigkeit. Bei isothermer Druckerhöhung nimmt $\varkappa$ zu, also müßte dasselbe für nL gelten. Nun nimmt zwar die Zahl n in der Volumeinheit durch Kompression zu, aber nicht genügend. Eine Zunahme von L mit wachsendem Druck wäre aber nach der gaskinetischen Theorie unverständlich. Aus der Theorie fester Körper folgt nämlich (ds. Handb. Bd. X, S. 35 u. 51), daß, obwohl die Schwingungsenergie und die Amplituden der Atome bei Kompression abnehmen, dennoch eine Annäherung der Schwingungsräume stattfindet. Vom Standpunkt der gaskinetischen Theorie aus müßte man also

---

1) Vgl. P. DRUDE, Ann. d. Phys. Bd. 1, S. 566. 1900.

2) Nach E. RIECKE, Wied. Ann. Bd. 66, S. 1199. 1898; s. auch E. KRETSCHMANN, Ann. d. Phys. Bd. 65, S. 720. 1921.

3) Vgl. hierzu das Nachwort am Schluß dieses Kapitels.

annehmen, daß bei Druckerhöhung die freie Bahn für die Elektronen verengert, die Weglänge im gleichen Sinne wie die Amplitude verändert, d. h. verringert wird.

Die soeben für die Weglänge ausgesprochene Folgerung läßt einige unter der gaskinetischen Vorstellung unternommenen Versuche, die starke Zunahme der L.-F. bei abnehmender Temperatur dadurch zu erklären, daß man L umgekehrt proportional mit der Schwingungsenergie E oder der Amplitude e setzt, inkonsequent erscheinen. Man müßte diesen Ansätzen eine andere Vorstellung zugrunde legen. Wir nennen hier den Vorschlag von KAMERLINGH ONNES[1]): $L \sim 1/\sqrt{E}$, also umgekehrt proportional mit der Amplitude, sowie von F. A. LINDEMANN[2]): L umgekehrt proportional mit dem Quadrat der Amplitude, vermehrt um den Radius des Atombereichs. Beide Ansätze suchen zwar dem von NERNST[3]) gefundenen Zusammenhang zwischen Widerstand und Atomwärme gerecht zu werden, sind aber quantitativ unzureichend.

40. Theorie von W. WIEN[4]). Einen Schritt weiter führte die Theorie von W. WIEN, der, um den Einwand 1 zu entkräften, sich entschloß, die Äquipartition der Energie zwischen Atomen und Elektronen durch die Annahme einer von der Temperatur unabhängigen Elektronengeschwindigkeit zu ersetzen. Den Ausgangspunkt bildet also Gleichung (20a) mit der Nebenbedingung

$$u = \text{konst. (in bezug auf Temperaturänderungen).} \tag{21}$$

Die Zahl der Elektronen soll ebenfalls konstant sein, der Widerstand auf den Zusammenstößen der vom Felde $\mathfrak{E}$ beschleunigten Elektronen mit den aus den Kristallgitterpunkten durch die thermische Bewegung verschobenen Atomen beruhen. WIEN geht also von der Auffassung I aus. Indem er jedoch die Weglänge L umgekehrt proportional dem Quadrat der Amplitude annimmt, setzt er sich zu der Auffassung I aus demselben Grunde in Widerspruch, der oben gegen KAMERLINGH ONNES und LINDEMANN angeführt wurde. WIENS Ansatz für L, der den Druckeinfluß auf den Widerstand im richtigen Sinne liefert (s. unten), verlangt eine andere Auffassung als I, sofern man die obigen Folgerungen aus der Theorie des festen Zustands als richtig anerkennt.

Dessenungeachtet bleiben die Rechnungen WIENS von Bedeutung. Zu (21) tritt die Voraussetzung

$$L \sim \frac{1}{\overline{e^2}}, \tag{22}$$

wo $\overline{e^2}$, der Mittelwert des Amplitudenquadrats, in Anlehnung an die DEBYEsche Methode zur Berechnung der spez. Wärme (Bd. X, Kap. 5, Ziff. 16) gefunden wird.

Bezeichnet μ die Masse des Atoms, so wird für eine einzelne Sinusschwingung der Frequenz ν

$$e^2 = \frac{1}{2\pi^2 \nu^2 \mu} \frac{h\nu}{e^{\frac{h\nu}{kT}} - 1}$$

gesetzt. Nach DEBYE ist die Zahl der Schwingungen im Grammatom, deren Frequenz zwischen ν und $\nu + d\nu$ liegt,

$$dZ = 9N \frac{\nu^2 d\nu}{\nu_m^3},$$

[1]) H. KAMERLINGH ONNES, Comm. Leiden Nr. 119. 1911.

[2]) F. A. LINDEMANN, Berl. Ber. 1911, S. 316.

[3]) W. NERNST, Berl. Ber. 1911, S. 311.

[4]) W. WIEN, Berl. Ber. 1913, S. 184.

wo N die LOSCHMIDTsche Zahl, ν_m die DEBYEsche Grenzfrequenz ist. Durch Integration von $\nu = 0$ bis ν_m erhält man als Durchschnittswert von e^2

$$\overline{e^2} = \frac{9h}{2\pi^2 \nu_m^3 \mu} \int_0^{\nu_m} \frac{\nu\, d\nu}{e^{\frac{h\nu}{kT}} - 1}$$

oder, wenn $\Theta = h\nu_m/k$,

$$\overline{e^2} = \frac{9}{2\pi^2} \frac{h^2}{\mu k \Theta} \left(\frac{T}{\Theta}\right)^2 \int_0^{\Theta/T} \frac{\zeta\, d\zeta}{e^{\zeta} - 1}. \tag{23}$$

Dieser Temperaturfunktion wird der spez. Widerstand ϱ proportional gesetzt. Für sehr hohe Temperaturen würde

$$\varrho \sim \frac{h^2}{\mu k \Theta} \cdot \frac{T}{\Theta}, \tag{24a}$$

für sehr niedrige Temperaturen

$$\varrho \sim \frac{h^2}{\mu k \Theta} \left(\frac{T}{\Theta}\right)^2. \tag{24b}$$

Für kleine Θ/T erhält man

$$r = \frac{\varrho_T}{\varrho_{273}} = T\left(0{,}00366 + \frac{\Theta}{298000}\right) - \frac{1}{4}\frac{\Theta}{273}. \tag{24c}$$

Für zwischenliegende Temperaturen hat WIEN das Integral (23) durch Reihenentwicklung berechnet. Das Ergebnis ist, daß die Formeln mit einer gewissen Annäherung den Abfall des Widerstandsverhältnisses r nach tiefen Temperaturen hin wiedergeben, wenn man für Θ den aus der spez. Wärme des Metalls ermittelten Wert einsetzt. Hierin liegt ein Fortschritt gegen früher. Aber nähere Prüfung[1]) zeigt doch eine ganz bedeutende systematische Abweichung der WIENschen Formel gegen die empirisch gefundene Funktion (im wesentlichen TC_V), besonders weil diese in tiefer Temperatur einen rascheren Abfall zeigt.

GRÜNEISEN[1]) hat berechnet, welchen Druckeinfluß auf den Widerstand der WIENsche Ansatz für L ergeben müßte. Er geht aus von der thermodynamisch begründeten Beziehung zwischen isothermem und adiabatischem Druckkoeffizienten (also Entropie S konstant)

$$\frac{1}{\varrho}\left(\frac{\partial \varrho}{\partial p}\right)_T = \frac{1}{\varrho}\left(\frac{\partial \varrho}{\partial p}\right)_S - \frac{1}{C_p}\left(\frac{\partial V}{\partial T}\right)_p \beta_T T, \tag{25}$$

in der β_T der Temperaturkoeffizient des Widerstands bei T ist. Aus Gleichung (20a) folgt

$$\frac{1}{\varrho}\left(\frac{\partial \varrho}{\partial p}\right)_S = \frac{1}{u}\left(\frac{\partial u}{\partial p}\right)_S - \frac{1}{n}\left(\frac{\partial n}{\partial p}\right)_S - \frac{1}{L}\left(\frac{\partial L}{\partial p}\right)_S.$$

Wird nun $L \sim 1/\overline{e^2}$ gesetzt und berücksichtigt, daß der Proportionalitätsfaktor die Dimension eines Volumens hat, und daß jede Funktion von Θ/T bei adiabatischer Änderung unverändert bleibt (Bd. X, Kap. 1, Ziff. 22), so folgt

$$\frac{1}{\varrho}\left(\frac{\partial \varrho}{\partial p}\right)_S = \frac{1}{u}\left(\frac{\partial u}{\partial p}\right)_S - \frac{1}{n}\left(\frac{\partial n}{\partial p}\right)_S - \frac{1}{V}\left(\frac{\partial V}{\partial p}\right)_S - \frac{1}{C_p}\left(\frac{\partial V}{\partial T}\right)_p. \tag{26}$$

---

[1]) E. GRÜNEISEN, Verh. d. D. Phys. Ges. Bd. 15, S. 186. 1913.

Nimmt man u auch vom Druck unabhängig an, so geht (25) über in

$$\frac{1}{\varrho}\left(\frac{\partial \varrho}{\partial p}\right)_T = -\frac{1}{n}\left(\frac{\partial n}{\partial p}\right)_S - \frac{1}{V}\left(\frac{\partial V}{\partial p}\right)_S - \frac{1}{C_p}\left(\frac{\partial V}{\partial T}\right)_p [1 + \beta_T T]. \tag{27}$$

Die wahrscheinlichste Annahme wäre wohl $n \backsim 1/V$, so daß sich die beiden ersten Glieder rechts forthöben. Dann würde der isotherme Druckkoeffizient des spez. Widerstands negativ, wie er auch beobachtet wird, und etwa doppelt so groß wie das Verhältnis von Ausdehnungskoeffizient und Atomwärme, was der Größenordnung nach stimmt. GRÜNEISEN entnahm jedoch $\partial \log n/\partial p$ Beobachtungen von E. WAGNER über die äußerst kleinen Änderungen der Thermokraft mit dem Druck und setzte $-\partial \log V/\partial p$ gleich der beobachteten Kompressibilität. Dann bleibt das Vorzeichen des Druckkoeffizienten negativ, und die Absolutwerte stimmen zum Teil, nämlich für die guten Leiter Ag, Cu, Au, Al, noch besser als nach der erstgenannten Annahme[1]).

Interessant ist, daß Gleichung (27) auch auf Mischkristallegierungen, soweit sie der MATTHIESSENschen Regel folgen, anwendbar zu sein scheint. Und zwar verhält es sich so, als ob der Zusatzwiderstand bei Druckerhöhung abnimmt. Ferner ergibt sich eine von LISELL und BECKMAN beobachtete lineare Beziehung zwischen Druck- und Temperaturkoeffizient (Ziff. 21) in dem Falle, wo sich die Komponenten hinsichtlich ihrer Kompressibilität und thermischen Ausdehnung wenig unterscheiden. Trotz gewisser Erfolge, die nach dem Vorigen WIENS Ansatz aufzuweisen hat, wird man als erheblichsten Mangel die Unmöglichkeit empfinden, die Beziehung zur Wärmeleitung herzustellen, eine Folge des Verzichts auf Gleichung (17).

41. Theorie der Elektronengitter oder -ketten. Um einerseits von den Einwänden gegen die gaskinetische Theorie freizuwerden, soweit sie aus der spez. Wärme und dem „Freisein" der Elektronen entspringen, andererseits manche neue Erscheinungen zu erklären, wie z. B. den Zusammenhang zwischen ultravioletten und ultraroten Eigenschwingungen, haben STARK, F. A. LINDEMANN, HABER und J. J. THOMSON[2]) die Vorstellung ausgebildet, daß die Leitungselektronen, zwischen das Metallionengitter eingelagert, durch starke Direktionskräfte an Gleichgewichtslagen gebunden sind, die ihrerseits wiederum ein Gitter bilden. Dies Elektronengitter ähnelt also eher, wie LINDEMANN meint, einem festen Körper als einem idealen Gas. Das Elektronengitter soll sich als Ganzes oder, bei J. J. THOMSON, in Ketten durch das Ionengitter bewegen können, wenn ein elektrisches Feld überlagert wird. Die Frequenz der einzelnen Elektronen wie auch die des Elektronengitters gegen das Ionengitter wäre zu hoch, um einen merklichen Beitrag zur Atomwärme zu liefern. Die Schwingungen der Elektronenketten[3]), die nach THOMSON durch die Wärmestrahlung hervorgebracht werden, sind zwar langsam und gehorchen dem Äquipartitionsgesetz, tragen aber wenig zur Atomwärme bei, weil die Anzahl der Ketten viel kleiner ist als die der Elektronen. Diese Elektronenketten treten bei THOMSON gewissermaßen an die Stelle der Einzelelektronen in der gaskinetischen Theorie. Sie stoßen mit den Atomen zusammen, geben aber auch in der Zwischenzeit Energie ab, wodurch der elektrische Widerstand hervorgerufen wird. Erst wenn die thermische Bewegung der Atome aufhört, findet ein ungehindertes Gleiten des Elektronengitters oder der Ketten durch das Ionengitter statt. Die mathematische Behandlung ist nur bei J. J. THOMSON durchgeführt, und zwar

---

[1]) Eine Prüfung der Formel (27) unternahmen außer GRÜNEISEN a. a. O. B. BECKMAN, Phys. ZS. Bd. 16, S. 59. 1915; u. Bd. 18, S. 507. 1917; P. W. BRIDGMAN, Phys. Rev. Bd. 9, S. 269. 1917.

[2]) Vgl. die zu Ziff. 38 angegebene Literatur.

[3]) D. h. einer größeren Anzahl von Elektronen, die in einer Gitterreihe liegen.

in formalem Anschluß an DRUDE. Dessen Gleichungen (20b), (21) und (22), in denen L jetzt die Länge der Ketten bedeutet, erhalten noch unbestimmte Zahlenfaktoren. Die Ableitung des WIEDEMANN-FRANZ-LORENZschen Gesetzes ist also gerettet. Der Spielraum des Zahlenfaktors erscheint nur vorteilhaft.

Die kurzen Andeutungen mögen hier genügen, denn auch gegen die Gittertheorie läßt sich der Einwand 3 (Ziff. 39) erheben, daß dem vorausgesetzten Bilde nach der Widerstand mit Druckerhöhung zunehmen müßte, was der Erfahrung widerspricht. Wenn LINDEMANN auch hier wieder den Widerstand proportional dem Amplitudenquadrat setzen will, so wird zwar der Druckeinfluß richtig, aber das Bild unzureichend.

42. Die Kontaktwirkungstheorie[1]). Darauf, daß durch Annäherung der Atomwirkungssphären im Metall die Leitung verbessert wird, und daß dies auf einer Emission von Elektronen aus dem Atom infolge Nähewirkung der Nachbaratome beruhen könne, hat LENARD schon ziemlich früh hingewiesen. BENEDICKS hat dann sehr entschieden die Auffassung vertreten, daß die Elektrizitätsleitung auf einer Kontaktwirkung der Atome beruhe, indem die Elektronen unter Einwirkung des Feldes $\mathfrak{E}$ bei dem Zusammenstoß der Atome von einem zum anderen übergehen. Diese Auffassung II (s. Ziff. 38) läßt ohne weiteres qualitativ verstehen, daß jede Annäherung der Atome bei konstanter Temperatur, sei es durch Druckerhöhung, sei es beim Erstarren des geschmolzenen Metalls, den Widerstand verkleinern muß. Den Einfluß der Temperatur führt BENEDICKS im wesentlichen auf die von ihm vertretene Anschauung einer Agglomeration der Atome mit sinkender Temperatur zurück. Insbesondere soll die Supraleitung bei vollständiger Agglomeration auftreten. Das Gesetz von WIEDEMANN und FRANZ soll sich nicht streng, aber annähernd ergeben, weil beide Leitfähigkeiten proportional der Atomfrequenz ν_m bzw. Θ und auch sonst durch eine Art Thomsoneffekt voneinander abhängig sein sollen. Eine mathematische Durchführung fehlt bei BENEDICKS.

Von dem Bestreben geleitet, seine mannigfachen experimentellen Ergebnisse über die Elektrizitätsleitung einer großen Zahl von Elementen theoretisch zu verstehen, ist auch BRIDGMAN zu der Ansicht geführt, daß die Elektronen von Atom zu Atom übergehen, wenn die Atome sich berühren, daß aber ein Übergangswiderstand entsteht, sobald die Entfernung der Atome einen gewissen kritischen Wert überschreitet, sobald also eine „Lücke" entsteht. Die Anzahl der Lücken wächst mit der Amplitude der Atome, auf deren Änderung mit Druck und Temperatur es also wieder wesentlich ankommt. Von einer genauen Vorstellung des Mechanismus der Elektronenbewegung wird zunächst (1917) abgesehen. Die später (1921) gegebene mathematische Formulierung bietet formal nichts Neues, zeigt aber, wie vielfältig die Deutungen sind, die man den klassischen Gleichungen geben kann.

Den Ausgangspunkt bildet Gleichung (20a). L ist eine „freie Weglänge", die ganz innerhalb einer Reihe aneinanderstoßender Atome gedacht ist und von zwei Lücken begrenzt wird. Um das Wiedemann-Franz-Gesetz zu retten, wird Gleichung (17) eingeführt. Infolgedessen muß n klein gegen die Atomzahl, L groß angenommen werden, um mit der Atomwärme einerseits, dem Absolutwert der L.-F. andererseits im Einklang zu bleiben. Im übrigen wird n als konstant, $L \sim 1/e$ angenommen, damit die klassische Proportionalität des Widerstands mit T herauskommt. Das Verhalten in tiefer Temperatur wird nicht näher behandelt. Der Druckkoeffizient wird

$$\frac{1}{\varrho}\left(\frac{\partial \varrho}{\partial p}\right)_T = -\frac{1}{L}\left(\frac{\partial L}{\partial p}\right)_T = +\frac{1}{e}\left(\frac{\partial e}{\partial p}\right)_T = -\frac{1}{C_V}\frac{\partial V}{\partial T}, \tag{28}$$

[1]) Lit. s. Ziff. 38.

was dem Vorzeichen nach stimmt (von den anomalen Metallen in Ziff. 16 abgesehen), dem Absolutwert nach zu klein ist[1]). Ursprünglich (1917) hatte BRIDGMAN deshalb auch rein empirisch $\varrho \sim e^2$ gesetzt (wie W. WIEN), wodurch dann $(\partial \log \varrho / \partial p)_T = -2(\partial V/\partial T)/C_V$ wird, ähnlich, wie in Gleichung (27).

Als Vorzüge seiner Theorie gibt BRIDGMAN an, daß sie das OHMsche Gesetz erklärt, wegen der großen L auch den von ihm beobachteten Abweichungen von diesem Gesetz (Ziff. 5) Rechnung trägt, den Temperaturkoeffizienten und wichtigsten Teil des Druckkoeffizienten richtig gibt, die Schwierigkeit bezüglich der spez. Wärme vermeidet, die Ableitung des WIEDEMANN-FRANZschen Gesetzes ermöglicht und den Eigenschaften der geschmolzenen Metalle gerecht wird, worauf, wie auf weitere Einzelheiten der inhaltreichen Abhandlungen BRIDGMANS, hier nicht näher eingegangen werden kann.

Offen bleibt aber die Frage, wie die Elektronen mit der angenommenen kleinen Geschwindigkeit u sich durch das Innere der Atome bewegen sollen.

Übrigens ist BRIDGMAN genötigt, für einige Metalle mit positivem Druckkoeffizienten des Widerstands (Li, Bi) einen anderen Leitungsmechanismus anzunehmen und auch hier wieder zu unterscheiden zwischen einem Li-Typ und einem Bi-Typ. Beim Li sollen die Elektronen in natürlichen Kanälen (1922) zwischen den Atomen hindurchgehen, wesentlich nach Art der WIENschen Theorie. Beim Bi gehen die Elektronen zwar von Atom zu Atom über, das Kraftgesetz zwischen den Atomen ist aber abnorm, so daß die Amplitude sich anders mit dem Druck ändert als sonst.

Neuerdings scheint BRIDGMAN[2]) die Gleichung (17) aufgegeben und die Anschauungen von HABER[3]) und KAMERLINGH ONNES[4]) sich zu eigen gemacht zu haben, wonach die Elektronen bis zu einem gewissen Grade gezwungen sind, sich auf ganz bestimmten Bahnen durch die Atome (wahrscheinlich in manchen Fällen zwischen ihnen) zu bewegen und der Übergang von einem Atom zum anderen nur dann eintreten kann, wenn die Bahnen benachbarter Atome sich tangieren.

43. Die Theorie von FRENKEL. Am weitesten durchgebildet sind die zuletzt erwähnten Anschauungen von FRENKEL, der aus ihnen eine neue originelle Theorie der Elektrizitätsleitung entwickelt hat. Aus dem Virialsatz folgt, „daß in einem festen Metalle die Valenzelektronen sich noch rascher bewegen und noch stärker gebunden sind als in isolierten Atomen. Wegen der großen Exzentrizität und dem außerordentlichen Aphelabstand ihrer normalen Quantenbahnen wird die Bewegung der Valenzelektronen bei der Kondensation eines Metalldampfes derart zerstört, daß sie, statt um dieselben Atome (Ionen) zu kreisen, sehr rasch von einem Atom zum nächsten übergehen". Deshalb wird die Vorstellung von „freien" Elektronen oder Elektronengittern abgelehnt. Die Übergänge werden vorzugsweise bei den einwertigen Atomen stattfinden müssen, da sie im freien Zustande die größten Aphelabstände besitzen. Damit stimmt überein, daß diese Metalle auch die größte atomare L.-F. (Ziff. 27) haben.

---

1) Aus Bd. X, Kap. 1, Ziff. 28, folgt:

$$\frac{1}{e}\left(\frac{\partial e}{\partial p}\right)_T = \frac{1}{e}\left(\frac{\partial e}{\partial p}\right)_S\left[1 + 2\left(\frac{\partial \log e}{\partial \log T}\right)_p\right] = -\frac{1}{2}\frac{1}{C_p}\frac{\partial V}{\partial T}\left[1 + \frac{T C_p}{E} + \cdots\right],$$

was mit Gleichung (28) wesentlich übereinstimmt, wenn man mit BRIDGMAN $E = 3RT$ setzt. An der zitierten Stelle ist am Schluß von Ziff. 28 der Faktor 2 vor $\partial \log e/\partial \log T$ versehentlich fortgefallen.

2) P. W. BRIDGMAN, Proc. Amer. Acad. Bd. 60, S. 418 u. 448. 1925.

3) F. HABER, Berl. Ber. 1919, S. 1002.

4) H. KAMERLINGH ONNES, Comm. Leiden, Suppl. Nr. 50a. 1924.

Eine Quantenbewegung der Valenzelektronen um dieselben Atome soll im festen und flüssigen Metall auf die Dauer nicht möglich sein. „Jedes Elektron kann nur einmal, oder wenn der Aphelabstand nicht groß genug ist, einige Male dasselbe Atom umkreisen. Nach einem Hineintauchen in das Atominnere wird es sich von dem entsprechenden Ion entfernen und einem Nachbarion so nahe kommen, daß es jetzt in dieses hineintaucht, um darauf wieder auf eines der nächsten Ionen überzugehen usw.“ Die Elektronengeschwindigkeit ist etwas größer als in freien Atomen, hat also mit der Wärmebewegung nichts zu tun und wird als unabhängig von der Temperatur angenommen.

Unter dem Einfluß des elektrischen Feldes $\mathfrak{E}$ bekommt ein Elektron die zusätzliche mittlere Geschwindigkeit

$$\overline{u_z} = \frac{1}{f}\,\varepsilon\mathfrak{E}\,, \tag{29}$$

wo f ein Reibungskoeffizient ist, welcher an die Stelle von $2\,m/\tau$ in Gleichung (18) tritt. Demnach wird entsprechend Gleichung (19)

$$\varkappa = \frac{n\,\varepsilon^2}{f}\,. \tag{30}$$

Den Reibungskoeffizienten f gewinnt FRENKEL nun dadurch, daß er die Elektronenbewegung ohne Feld als eine Art Selbstdiffusion ansieht, und daß er auf sie die bekannten EINSTEINschen Diffusionsgesetze[1]) anwendet, nämlich

$$f D = k T\,, \tag{31}$$

wo D die Diffusionskonstante bezeichnet, und

$$D = \frac{\overline{r^2}}{6\tau}\,, \tag{32}$$

wo $\overline{r^2}$ das mittlere Verschiebungsquadrat der betreffenden Teilchen während einer genügend langen Zeit τ bedeutet. Aus (30) und (31) folgt zunächst

$$\varkappa = \frac{n\,\varepsilon^2 D}{k T}\,. \tag{33}$$

Sollten verschiedene Arten von Valenzelektronen beteiligt sein, so würde jeder Art ein besonderes D_j zukommen, also

$$\varkappa = \frac{n\,\varepsilon^2\,\Sigma z_j D_j}{k T}$$

zu setzen sein, wo z_j die Anzahl der Valenzelektronen einer Art pro Atom ist. Dieser Fall wird jedoch nicht weiter verfolgt.

In hoher Temperatur soll D sich einem konstanten Minimalwert nähern, dann wird wie bei DRUDE $\varkappa \sim 1/T$. Der kleinstmögliche Wert, den man sich für D denken kann, entsteht, wenn $\overline{r^2}$ gleich dem Quadrat des kleinsten Atomabstands d im Metallgitter, also

$$\overline{r^2} = d^2$$

gesetzt wird. Die zugehörige Zeit τ würde dann nach FRENKELS Vorstellung gleich der Übergangszeit von einem Atom zum anderen zu setzen sein, im Falle einwertiger Metalle also etwa gleich der einfachen Umlaufszeit eines Elektrons um ein freies Atom, für mehrwertige Metalle mit weniger gestreckten Bahnen gleich einem Mehrfachen dieser Zeit. Dadurch würden also die Minimalwerte von D bzw. die $\varkappa$ für einwertige Metalle im allgemeinen größer sein als für mehrwertige, was mit der Erfahrung im Einklang steht.

[1]) A. EINSTEIN, Ann. d. Phys. Bd. 17, S. 549. 1905. Siehe auch die Ableitung bei FRENKEL, ZS. f. Phys. Bd. 29, S. 141. 1924.

Aber nicht nur qualitativ, sondern auch quantitativ geben die gemachten Annahmen ein befriedigendes Resultat. Setzt man in (33) für D seinen Wert, wobei der Zahlenfaktor in (32) zu $\frac{1}{3}$ geschätzt wird, so folgt

$$\varkappa = \frac{n\,\varepsilon^2\,d^2}{3\,k\,T\,\tau}. \tag{33a}$$

Die aus den bekannten Werten von $\varkappa$, n, ε, k und d berechnetenZahlenwerte für τ stimmen für eine Reihe von Metallen ziemlich gut mit FRENKELS Voraussetzungen überein, wie aus dem Vergleich dieser τ mit den Schwingungsdauern $1/\nu_\infty$ der Spektrallinien der entsprechenden Dämpfe (für die Grenze der Hauptserie) hervorgeht:

	Li	Na	K	Rb	Cs	Cu	Ag	Au	Mg	Zn	Cd	Hg	Al
$\tau \cdot 10^{16}$ sec	8,2	3,3	3,8	5,8	9,5	1,8	1,6	2,2	8,0	14,4	16,8	210	27
$\frac{1}{\nu_\infty} \cdot 10^{16}$ sec	7,7	8,0	9,5	10	10,7	5,5	5,4	—	5,4	4,4	4,9	4,0	11

Für die mehrwertigen Metalle sind die τ in der Tat verhältnismäßig groß gegen $1/\nu_\infty$.

Der Erfolg der FRENKELschen Rechnungen beruht wesentlich auf der Einführung von kT in die Gleichung (33) und (33a) mittels des Diffusionsgesetzes (31). Denn in der DRUDEschen Gleichung (20c), welche formal mit (33a) identisch ist, wäre es unmöglich, L und τ entsprechend den FRENKELschen d und τ zu wählen, weil die Äquipartitionsgleichung (17) die freie Wahl von L und τ beschränkt. Es erhebt sich also die Frage, ob das Diffusionsgesetz (31) nicht etwa doch die Äquipartition zur Voraussetzung hat. FRENKEL verneint diese Frage. Wenn er recht hat, so muß man wohl in der anders gearteten Herkunft des Nenners kT in Gleichung (33) den wichtigsten Fortschritt FRENKELS erblicken. Denn daß die wahre Temperaturfunktion des spez. Widerstands $1/\varkappa$ den Faktor T behält, auch da, wo Gleichung (17) sicherlich nicht mehr gilt, geht aus der Form der empirisch bewährten Gleichung (12) deutlich hervor.

Für tiefe Temperatur würde diese Gleichung fordern

$$D = \frac{D_0}{\mathsf{C}\,(\Theta/T)} \tag{34}$$

wo D_0 im wesentlichen unabhängig von der Temperatur und C die DEBYEsche Atomwärmefunktion ist. D müßte also mit sinkender Temperatur sehr rasch zunehmen. Dies könnte man nach FRENKEL folgendermaßen erklären: „Beim absoluten Nullpunkte muß jedes Valenzelektron sich auf einer bestimmten, regulären, das ganze Metall durchdringenden Quantenbahn bewegen. Mit steigender Temperatur wird diese ‚vollständige' Quantenbahn in eine Reihe Bahnstücke gebrochen, die miteinander nicht regelmäßig verknüpft sind." Enthalten diese Bahnstücke etwa $\mathfrak{k}$ Atomabstände, so ist die zum Durchlaufen dieser verbrauchte Zeit $\mathfrak{k}\tau$, infolgedessen wird D nach (32) etwa $\mathfrak{k}$ mal größer als in hoher Temperatur. Es käme also darauf an, die Wahrscheinlichkeit dafür, daß die Bahnstücke $\mathfrak{k}$ Atomabstände enthalten, in Abhängigkeit von der Temperatur oder der Atomschwingungsamplitude zu berechnen, eine Aufgabe, die etwa der von W. WIEN gelösten entspräche. FRENKEL hat die Lösung nicht versucht.

Um den Zusammenhang zwischen elektrischer und Wärme-L.-F. der Metalle zu gewinnen, nimmt FRENKEL an, daß die Valenzelektronen, deren kinetische (oder potentielle) Energie bei ihrer Quantenbewegung ja viel größer ist als die zusätzliche Energie, die sie infolge der Wärmebewegung der mit ihnen fest gebundenen Atome haben, an der Wärmebewegung nicht selbständig teilnehmen, sondern in Wirklichkeit Wärmeenergie der mit ihnen fest gebundenen Atome bei ihrer raschen Diffusionsbewegung überführen. Aus der kinematischen Identität der Diffusion und der Wärmeleitung wird geschlossen, daß die in den Differentialgleichungen beider Vorgänge vorkommenden Koeffizienten, nämlich die Diffusionskonstante D und das Temperaturleitvermögen λ/cs (c = spez. Wärme, s = Dichte), einander gleichzusetzen sind:

$$\frac{\lambda}{c\,s} = D\,. \tag{35}$$

In höherer Temperatur ist $cs = 3\,kn$, also folgt aus (33) und (35)

$$\frac{\lambda}{\varkappa T} = 3\left(\frac{k}{\varepsilon}\right)^2$$

wie bei DRUDE [Gleichung (22)].

In tiefer Temperatur wäre $cs = 3\,kn\,\mathbf{C}(\Theta/T)$, also

$$\lambda = 3\,k\,n\,D_0\,,$$

$$\frac{\lambda}{\varkappa T} = 3\left(\frac{k}{\varepsilon}\right)^2 \mathbf{C}\,(\Theta/T)\,.$$

Die beiden letzten Gleichungen stimmen nicht mit der Erfahrung überein. Denn wir sahen (Ziff. 28), daß der „metallische" Anteil des Wärmewiderstands der Atomwärme proportional wächst und das WIEDEMANN-FRANZ-LORENZsche Gesetz auch in tiefer Temperatur erfüllt. Die Einführung der Wärmeleitung und die Ableitung des WIEDEMANN-FRANZ-LORENZschen Gesetzes sind also bei FRENKEL nicht befriedigend.

Unerklärt, wie in den anderen Theorien, bleibt auch bei ihm die Supraleitung[1]).

Von ähnlichen Vorstellungen wie FRENKEL ist HÖJENDAHL[2]) bei seinen Betrachtungen über die L.-F. der Metalle und Legierungen ausgegangen.

Nachwort: Kurz vor Reindruck dieses Artikels hat SOMMERFELD[3]) eine Elektronentheorie der Metalle veröffentlicht, die wieder das Bild des Elektronengases benutzt, dieses aber nicht als ideales Gas behandelt, sondern als entartetes Gas, entsprechend der FERMIschen Theorie der Gasentartung. Das uns zugängliche Temperaturgebiet ist dann ein solches, wo die kinetische Energie der Elektronen als Nullpunktsenergie in erster Näherung von der Temperatur unabhängig ist. Dadurch entfällt der Einwand 1, Ziff. 39. Andererseits wird die Wärmeleitung durch Elektronen als Effekt zweiter Näherung gerettet. Darin liegt ein wesentlicher Fortschritt gegen WIENS Theorie (Ziff. 40). Die mathematische Behandlung ist analog der H. A. LORENZschen. Der Unterschied in den Ergebnissen rührt nur davon her, daß LORENZ die MAXWELLsche, SOMMERFELD die FERMIsche Geschwindigkeitsverteilung einführt. Für die elektrische und thermische L.-F. ergeben sich die Ausdrücke:

$$\varkappa = \frac{4\pi}{3}\,\frac{\varepsilon^2 L}{h}\left(\frac{3n}{4\pi}\right)^{\frac{2}{3}}; \qquad \lambda = \frac{4\pi^3}{9}\,\frac{L k^2 T}{h}\left(\frac{3n}{4\pi}\right)^{\frac{2}{3}}.$$

Die Änderung von $\varkappa$ mit Temperatur und Druck kann also wesentlich nur von der Weglängenänderung herrühren. Demnach bleibt der Einwand 3, Ziff. 39, scheinbar auch hier bestehen. Für L wird kein Ansatz gemacht. Dagegen ergibt sich das WIEDEMANN-FRANZ-LORENZsche Gesetz [Gleichung (22)] in klassischer Form, unabhängig von der Temperatur, mit dem Zahlenfaktor $\frac{\pi^2}{3}$ statt 3, der immerhin besser mit der Erfahrung stimmt, als der LORENZsche Faktor 2.

---

[1]) Vgl. hierzu besonders die kritischen Bemerkungen von E. KRETSCHMANN, Phys. ZS. Bd. 28, S. 565. 1927.

[2]) K. HÖJENDAHL, Phil. Mag. Bd. 48, S. 349. 1924.

[3]) A. SOMMERFELD, Naturw. Bd. 15, S. 825. 1927.

Kapitel 2.

Berechnung von elektrischen Strömungsfeldern[1].

Von

F. Noether, Breslau.

Mit 14 Abbildungen.

I. Stationäre Strömungen.

a) Strömung in linearen Leitern.

1. Anschluß an die Elektrostatik. Ohmsches Gesetz. Der Berechnung von Strömungsfeldern liegen die Regeln zugrunde, die aus den Strömungsgesetzen für lineare (drahtförmige) Leiter durch Erweiterung gewonnen werden. Diese Regeln gehen aus von den Begriffsbildungen der Elektrostatik. Wie in der Elektrostatik besteht bei jeder stationären elektrischen Strömung ein elektrisches Feld, charakterisiert durch eine von Ort zu Ort veränderliche Feldstärke $\mathfrak{E}$, die ein Potential φ besitzt, d. h.

$$\mathfrak{E} = -\operatorname{grad} \varphi . \tag{1}$$

Im Falle linearer Leiter brauchen aber nur die Feldkomponenten längs dieser Leiter in Betracht gezogen zu werden. Der Unterschied gegenüber den elektrostatischen Feldern besteht darin, daß für letztere das Feld im Innern der Leiter immer verschwindet, das Potential φ also konstant ist. Dagegen entstehen stationäre Strömungen, wenn durch äußere Umstände zwischen zwei Punkten eines Leiters eine konstante Potentialdifferenz E aufrechterhalten wird, wie dies auf elektrostatischem oder -galvanischem Wege möglich ist (vgl. die betr. Abschnitte).

Der Spannungsabfall E im Leiter erzeugt dann einen elektrischen Strom J, der nach dem Ohmschen Gesetz berechnet wird:

$$E = W \cdot J , \tag{2}$$

[1]) Die physikalischen Gesetze der elektrischen Strömungsfelder sind im Zusammenhang mit weiteren Gebieten an verschiedenen Stellen dieses Handbuches dargestellt (vgl. z. B. Bd. XII, Kap. 1). Es wird daher, etwas abweichend von den sonstigen Tendenzen dieses Handbuches, in diesem Artikel der Hauptton auf das Wort „Berechnung" zu legen sein. Da aber die vollständige Durchführung solcher Berechnungen ziemlich weitgehende mathematische Methoden verlangt, deren Systematik hier keineswegs beabsichtigt sein kann, so ist der Artikel in der Weise abgefaßt worden, daß eine Anzahl charakteristischer Aufgaben aus den verschiedenen Gebieten der Strömungslehre so weit durchgeführt werden, daß sie bei durchschnittlichen mathematisch-physikalischen Kenntnissen verständlich sind. Der Artikel will daher nicht als ein physikalisches Ganzes betrachtet sein, er will aber andererseits in den Einzelheiten weitergehen, als dies z. B. in den entsprechenden Artikeln aus dem physikalischen Bande der Enzyklopädie der Math. Wiss. möglich war.

unter W den Gesamtwiderstand des Drahtes verstanden. Wenn w der Widerstand pro Längeneinheit des Drahtes ist, so ist also die Feldstärke oder der Spannungsabfall pro Längeneinheit:

$$\mathfrak{E} = w \cdot J = -\frac{d\varphi}{ds}. \tag{2'}$$

Der Widerstand w ist bei gleichem Material umgekehrt proportional mit dem Durchschnitt des Drahtes. Der Strom wird dabei zunächst elektrostatisch gemessen, als Menge der elektrischen Ladung, die er pro Zeiteinheit einem Konduktor entnimmt bzw. ihm zuführt.

2. KIRCHHOFFsche Regeln. Die Grundlage für die Berechnung verzweigter Netze und weiterhin von Strömungsfeldern bilden die von KIRCHHOFF formulierten Regeln, die allerdings schon früher in den Begriffsbildungen der elektrischen Strömungslehre und besonders in der Verwendung von Meßinstrumenten ohne ausdrückliche Formulierung benutzt waren. Sie sagen folgendes:

a) In einem verzweigten Netz ist an jedem Verzweigungspunkt die Summe der zufließenden gleich der Summe der abfließenden Ströme; oder, wenn man in jedem von dem Verzweigungspunkt ausgehenden Leitungszweig die Richtung positiv auf den Verzweigungspunkt hin rechnet: Die Summe der dem Verzweigungspunkt zufließenden Ströme ist Null. Der elektrische Strom verhält sich also wie eine inkompressible Flüssigkeit in einem verzweigten Rohrnetz.

b) Auch in einem verzweigten Leitungsnetz existiert bei stationärer Strömung überall ein eindeutiges elektrostatisches Potential; d. h. zwischen zwei Punkten des Netzes existiert immer ein bestimmter Spannungsunterschied $\left(= -\int_1^2 \mathfrak{E}\, ds\right)$, unabhängig von dem Weg, auf dem er gerechnet wird (also 0, wenn es sich um einen geschlossenen Weg handelt. In den Teilstücken des Netzes genügt der Spannungsunterschied dem OHMschen Gesetz.

Man muß dieses Gesetz vorgreifend dahin ergänzen, daß auch bei nichtstationären Strömen für einen beliebigen geschlossenen Weg in dem Netz das nämliche Induktionsgesetz gilt wie bei einer einzelnen Schleife (vgl. Ziff. 12). Es ist also dann das $\int ds$ durch die zeitliche Änderung des magnetischen Flusses in der Schleife bestimmt.

Man überzeugt sich leicht, daß diese Bedingungen immer zur Berechnung der Stromverteilung und des Spannungsverlaufs in einem beliebig verzweigten Leitungsnetz mit gegebenen Widerständen der einzelnen Teile ausreichen, wenn etwa der Gesamtstrom in einer Zuleitung oder der Spannungsabfall (die EMK) zwischen zwei beliebigen Punkten des Netzes nicht verschwindend vorgegeben ist. Denn die Zahl der Unbekannten einerseits, nämlich der Ströme in den einzelnen Leitungsstücken, ist dann gleich der Zahl dieser Zweige. Die Zahl der KIRCHHOFFschen Gleichungen andererseits ist gleich der Zahl der Verzweigungspunkte [die Gleichung (a)], vermehrt um die Zahl der von dem Netz eingeschlossenen Flächen [die Gleichung (b)]. Diese beiderseitigen Anzahlen stimmen überein. Um das einzusehen, geht man am besten von einem einfachen Leiter aus, für den die Anzahlen sicher stimmen. Legt man dann zwischen zwei Punkte des vorhandenen Leiters je einen neuen parallel, so kann man das Leitungsnetz allmählich aufbauen. Man erhält dann jedesmal drei neue Unbekannte, indem man durch die Unterteilung zwei neue Leitungsstücke im vorhandenen Netz schafft und einen neuen Leiter zufügt. Andererseits erhöht sich die Zahl der Verzweigungspunkte um je zwei und die Zahl der Flächen um je eine, so daß die Übereinstimmung gewahrt bleibt. Den Fall von Netzen, wo mehrere Leiter in einem Verzweigungspunkt zusammentreffen, erhält man durch Spezialisierung aus dem Vorangehenden.

Als Beispiel sei das durch die Abb. 1 gegebene Netz betrachtet, in dem die angeschriebenen $J_1, J_2 \ldots$ die Ströme, $W_1, W_2 \ldots$ die Widerstände in den Leitungsstücken bedeuten. Vorgegeben sei die Spannung E zwischen den Punkten A und B, während die Ströme J_1 bis J_7 in den sieben Leitungsstücken die Unbekannten sind. Wir haben dann die vier Stromgleichungen, entsprechend den vier Verzweigungspunkten dieses Netzes:

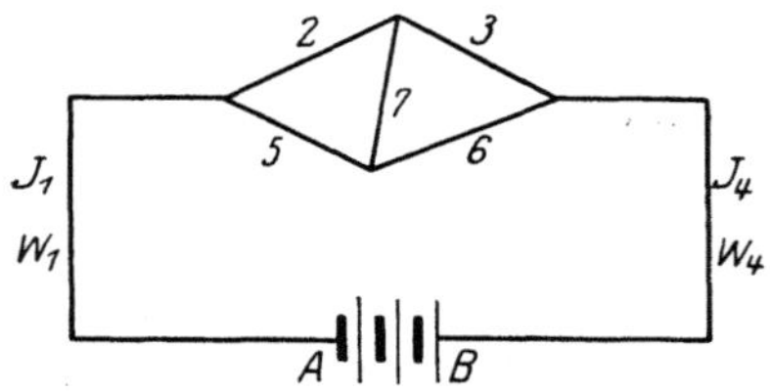

Abb. 1. Schema zu den KIRCHHOFFschen Regeln.

$$\left.\begin{aligned} J_1 &= J_2 + J_5; & J_2 &= J_3 + J_7; \\ J_5 + J_7 &= J_6; & J_3 + J_6 &= J_4; \end{aligned}\right\} \tag{3}$$

ferner die drei Spannungsgleichungen, entsprechend den drei umschlossenen Flächen:

$$\left.\begin{aligned} &J_1 W_1 + J_5 W_5 + J_6 W_6 + J_4 W_4 = E; \qquad J_2 W_2 + J_7 W_7 = J_5 W_5; \\ &J_7 W_7 + J_6 W_6 = J_3 W_3; \end{aligned}\right\} \tag{3'}$$

so daß durch Auflösung die J bestimmt sind. Die Anordnung entspricht der der WHEATSTONEschen Brücke und dient, wenn die Widerstände W_2, W_3, W_5, W_6 so reguliert werden, daß J_7 verschwindet, bekanntlich zur Vergleichung dieser Widerstände (vgl. Bd. XVI, Kap. 17 ds. Handb.).

b) Flächenhafte und räumliche Strömungen.

3. Elektrisches und Stromfeld, übertragenes OHMsches Gesetz. Die Regeln von Ziff. 1 und 2 übertragen sich sinngemäß auf ebene oder räumlich verteilte Strömungsfelder. Wenn in einem metallischen oder einem anderen für den elektrischen Strom leitfähigen Körper ein stationäres elektrisches Feld $\mathfrak{E}$ aufrechterhalten wird, so entsteht eine räumlich verteilte Strömung, deren Stromdichte durch den Feldvektor i gemessen sei. Von dem Widerstand w pro Längeneinheit in Ziff. 1 gelangt man hier zum Begriff des spezifischen Widerstandes, d. h. des Widerstandes eines zylindrischen Raumteils von der Länge 1 cm und dem Querschnitt 1 cm² bzw. dessen reziprokem Wert, der „Leitfähigkeit" λ des Materials (vgl. Kap. 1), und das OHMsche Gesetz nimmt die Form an:

$$i = \lambda \mathfrak{E}. \tag{4}$$

Dabei ist das elektrostatische Feld noch ein Potentialfeld, läßt sich also in der Form

$$\mathfrak{E} = -\operatorname{grad} \varphi \tag{5}$$

darstellen, und sein Integral $\oint \mathfrak{E} ds$ längs jeder geschlossenen Kurve verschwindet. Dies gilt auch für Felder, die sich über zwei Gebiete mit verschiedener Leitfähigkeit (λ_1, λ_2) erstrecken, und man erhält so, indem man den geschlossenen Weg längs der Grenze in dem einen Gebiet hin, im anderen zurückführt, die Bedingung, daß die Tangentialkomponente des Feldes längs der Grenze stetig sein muß, d. h.

$$\mathfrak{E}s_1 = \mathfrak{E}s_2 \qquad \text{bzw.} \qquad \frac{i_{s1}}{\lambda_1} = \frac{i_{s2}}{\lambda_2}. \tag{5'}$$

Die erste KIRCHHOFFsche Regel von Ziff. 2 nimmt jetzt die Form an, daß das stationäre Stromfeld sich wie das einer inkompressibeln Flüssigkeitsströmung verhält, also der Feldgleichung

$$\operatorname{div} i = \frac{\partial i_x}{\partial x} + \frac{\partial i_s}{\partial y} + \frac{\partial i_z}{\partial z} = 0 \tag{6}$$

genügt, und zwar im ganzen Feld, mit Ausnahme der Gebiete, die als die (stationären) Quellen der Strömung aufzufassen sind, und für die statt dessen die Quelldichte $\mathfrak{f}$ (von außen pro Zeiteinheit zugeführte Ladungsdichte) die Divergenz bestimmt:

$$\operatorname{div} i = \mathfrak{f}.$$

Die letztere Gleichung würde auch bei nichtstationärer Strömung das Feld bestimmen, indem die Abnahme der Dichte elektrischer Ladung ϱ hier (abgesehen von sonstigen stationären Quellen) die Quelldichte vertritt. Dann ist also:

$$\operatorname{div} i = -\frac{\partial \varrho}{\partial t}. \tag{7}$$

Wie in der Elektrostatik ist dabei ϱ auch als Quelle des elektrischen Feldes aufzufassen, nach der Gleichung

$$4\pi\varrho = \operatorname{div}\mathfrak{E}, \tag{7'}$$

das aber andererseits nach der OHMschen Gleichung (4) mit dem Stromfeld verknüpft bleibt. So folgt im Innern von homogenen Leitern (konstantes λ) aus (7), (7') und (4)

$$\left.\begin{aligned} \frac{\partial \varrho}{\partial t} &= -\lambda \operatorname{div}\mathfrak{E} = -4\pi\lambda\varrho, \\ \text{somit:}\quad \varrho &= \varrho_0\, e^{-4\pi\lambda t}, \end{aligned}\right\} \tag{8}$$

wonach eine anfänglich vorhandene Ladungsdichte ϱ_0 nach diesem exponentiellen Gesetz dauernd abnimmt. Die Zeit des Abklingens auf den $e$ten Teil, d. h. $T = 1/4\pi\lambda$, wird als die „Relaxationszeit" bezeichnet. Es ist zu bemerken, daß also auch bei nichtstationären Strömungen das Innere von homogenen Leitern als ladungsfrei angesehen werden kann, und somit für die Strömung $\operatorname{div} i = 0$ gilt, da ursprünglich vorhandene Ladungen nach (8) unabhängig vom sonstigen Feldverlauf abklingen und neue nicht erzeugt werden. Neuentstehung von Ladungen ist nur möglich an der Oberfläche vom Leiter oder in Gebieten nichthomogener Leitfähigkeit. Und hier sind in der Tat immer Ladungen mit elektrischen Feldern verknüpft. Das letztere gilt auch im stationären Fall, wo aus $\operatorname{div} i = 0$ folgt:

$$\operatorname{div}(\lambda\mathfrak{E}) = \lambda \operatorname{div}\mathfrak{E} + \mathfrak{E}\cdot\operatorname{grad}\lambda = 0,$$

so daß die Ladungsdichte

$$\varrho = \frac{1}{4\pi}\operatorname{div}\mathfrak{E} = -\frac{1}{4\pi\lambda}\,\mathfrak{E}\cdot\operatorname{grad}\lambda$$

entsteht.

An der Oberfläche zweier Medien von verschiedener (homogener) Leitfähigkeit dagegen geht die Inkompressibilitätsbedingung (6) über in die für Stetigkeit der Normalkomponente (vgl. Bd. III).

$$i_{n1} = i_{n2} \qquad \text{bzw.} \qquad \lambda_1\mathfrak{E}_{n1} = \lambda_2\mathfrak{E}_{n2}, \tag{9}$$

wonach die Ladungsdichte an der Oberfläche (vgl. Bd. XII, Kap. 4):

$$\sigma = \frac{1}{4\pi}(\mathfrak{E}_{n2} - \mathfrak{E}_{n1}) = \frac{1}{4\pi}\left(\frac{1}{\lambda_2} - \frac{1}{\lambda_1}\right) i_n.$$

Endlich folgern wir aus (9), in Verbindung mit (5'),

$$\frac{i_{s1}}{\lambda_1 i_{n1}} = \frac{i_{s2}}{\lambda_2 i_{n2}} \qquad \text{bzw.} \qquad \frac{\operatorname{tg}\alpha_1}{\operatorname{tg}\alpha_2} = \frac{\lambda_1}{\lambda_2}, \tag{10}$$

wenn unter α_1, α_2 auf beiden Seiten der Grenzfläche der Winkel zwischen der Stromlinie und der Normalen zur Grenzfläche verstanden wird. Dieses Gesetz wird als Brechungsgesetz der Stromlinien bezeichnet. Wenn $\lambda_2 = 0$, so folgt natürlich aus (9): $i_{n1} = 0$, d. h. der stationäre Strom ist an der Grenzfläche von Leitern gegen Nichtleiter tangential zur Oberfläche gerichtet.

4. Spezielle Aufgaben für zwei und drei Dimensionen. Die sich aus diesen allgemeinen Formulierungen für die mathematische Berechnung ergebenden speziellen Aufgaben haben folgenden Charakter: Vorgegeben sind im allgemeinen die Quellen bzw. Senken der Strömung in einem unendlich ausgedehnten, inhomogenen Strömungsfeld. Als solche sind z. B. bei elektrostatischer Erregung der Strömung (durch eine Elektrisiermaschine) direkt die Pole der Maschine aufzufassen. Bei elektromagnetischer Erregung existieren natürlich in Wirklichkeit nur geschlossene Ströme. Wenn man aber die Rückleitung als außerhalb des betrachteten Strömungsgebietes annimmt, so kann man auch hier von der Vorstellung der Quellen und Senken ausgehen. Nur mit solcher Einschränkung lassen sich solche Strömungsfelder als Potentialfelder behandeln. Das elektrostatische Feld wird dann durch sein Potential ϱ nach (5) dargestellt und genügt im Innern homogener Leiter nach (6) der Bedingung:

$$\operatorname{div}\mathfrak{E} = -\Delta\varphi = 0 \qquad \left(\Delta\varphi = \frac{\partial^2\varphi}{\partial x^2} + \frac{\partial^2\varphi}{\partial y^2} + \frac{\partial^2\varphi}{\partial z^2}\right). \tag{11}$$

Dagegen ist an der Grenze zweier Gebiete von verschiedener Leitfähigkeit nach (5′) und (9)

$$\frac{\partial\varphi}{\partial s} \quad \text{(und somit } \varphi\text{) und} \quad \lambda\frac{\partial\varphi}{\partial n} \quad \text{stetig,} \tag{11′}$$

aber $\frac{\partial\varphi}{\partial n}$ selbst unstetig.

Diese mathematische Formulierung stimmt völlig überein mit der Formulierung der Aufgaben über elektrostatische Felder in Gebieten mit verschiedener Dielektrizitätskonstante. Unterschieden sind die Aufgaben nur im Hinblick auf die Form der Gebiete, für welche die Fragestellungen im Anschluß an die praktischen Probleme auftreten.

Soweit es zulässig ist, die Strömungsfelder als ebene zu behandeln, geht die Gleichung (11) in die 2-dimensionale Potentialgleichung

$$\frac{\partial^2\varphi}{\partial x^2} + \frac{\partial^2\varphi}{\partial y^2} = 0 \tag{11″}$$

über, deren Lösungen bekanntlich nach den Methoden der komplexen Funktionentheorie behandelt werden (vgl. Bd. III, Kap. 4). In Grenzfällen erhält man die Potentialpunkte unmittelbar durch konforme Abbildung eines Strömungsgebiets auf ein von parallelen Geraden begrenztes Gebiet, nämlich dann, wenn nur ein Gebiet mit homogener Leitfähigkeit λ_1 und ein solches mit verschwindender Leitfähigkeit ($\lambda_2 = 0$) vorhanden ist, oder allgemein, wenn das Verhältnis $\lambda_2 : \lambda_1$ gegen 0 geht. Denn dann ergibt das Brechungsgesetz (10), daß entweder im ersten Gebiet die Stromlinien *tangential* zur Trennungsfläche oder im zweiten Gebiet *normal* zur Trennungsfläche stehen. Beide Fälle stimmen mit elektrostatischen Aufgaben überein, die (vgl. ds. Bd. XII, Kap. 4) durch konforme Abbildung direkt gelöst werden können.

Aber auch im allgemeinen Fall, wenn das Verhältnis $\lambda_2 : \lambda_1$ endlich bleibt, kann die konforme Abbildung wenigstens zur Vereinfachung der Aufgabe herangezogen werden. Denn da bei den Transformationen, die der konformen Abbildung entsprechen, die Differentialgleichung (11″) und die Übergangsbedingungen (11′) unverändert bleiben, so kann man die gegebenen Strömungsgebiete unter Umständen zunächst auf einfachere (z. B. geradlinig begrenzte) zurückführen und in diesen dann die Aufgabe weiter behandeln.

Sei z. B. in einer $\xi = \xi + i\eta$-Ebene ein Kreisringgebiet geringer Leitfähigkeit λ_2 gegeben, das zwei Gebiete großer Leitfähigkeit λ_1 bzw. λ_3 trennt (vgl. Abb. 2), worunter man sich z. B. die Isolationsschicht eines Kabels vorstellen möge.

Im Innern des λ_1-Gebietes befinde sich eine Stromquelle von gegebener Intensität, und gefragt wird nach dem Strom- und Spannungsfeld durch die Isolationsschicht (λ_2) hindurch und im Außengebiet (λ_3). Durch die Transformation

$$x + iy = z = \ln\zeta = \ln\sqrt{\xi^2 + \eta^2} + i \operatorname{arctg} \xi/\eta$$

erhält man in der z-Ebene (vgl. Abb. 2) die durch λ_1, λ_2, λ_3 charakterisierten geradlinig begrenzten Gebiete, und an Stelle der einen Quelle in ζ_0 Quellen

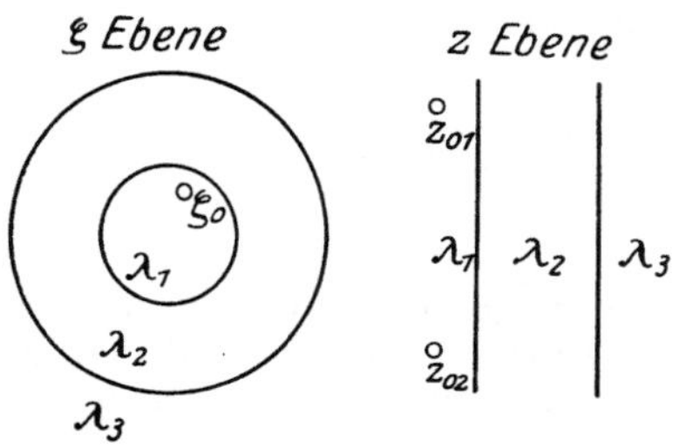

Abb. 2. Abbildung eines Kreisgebietes.

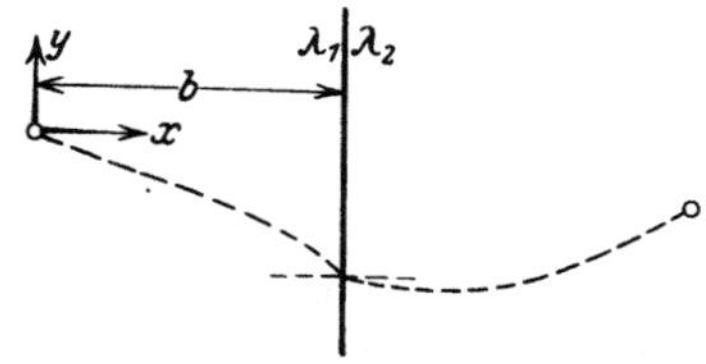

Abb. 3. Fall von zwei Leiterschichten.

gleicher Stärke in der Reihe von Punkten z_{01}, z_{02} usw. Die Strömung, die einer einzelnen solchen Quelle in der z-Ebene entspricht, ist leichter zu behandeln als die ursprüngliche. Wir wollen daher die entsprechende Lösung hier ausführen.

5. Ebene Strömung in zwei Leiterschichten. Zunächst seien nur zwei Gebiete mit der Leitfähigkeit λ_1, λ_2 vorhanden, die durch die Ebene $x = b$ getrennt sind. Im Punkt $x = 0$ befinde sich eine Stromquelle von der Ergiebigkeit J_0 und es sei $r = \sqrt{x^2 + y^2}$ gesetzt, so verhält sich die Stromdichte in der Umgebung dieser Stelle wie $J_0/2\pi r$ und sogleich das elektrostatische Potential φ wie $-J_0/2\pi\lambda_1$ bei r. Die gesamte Potentialfunktion soll diese Singularität haben, und es soll für $x = b$

$$\frac{\partial\varphi_1}{\partial y} = \frac{\partial\varphi_2}{\partial y}; \qquad \lambda_1 \frac{\partial\varphi_1}{\partial x} = \lambda_2 \frac{\partial\varphi_2}{\partial x}$$

sein. Die allgemeine Lösung der Gleichung (11″) hat die Form

$$\varphi = \varphi_+(x + iy) + \varphi_-(x - iy),$$

wobei, damit φ reell wird, $\varphi_+ = \varphi_-$ zu setzen ist. Es lassen sich nun partikuläre Lösungen von der Form $e^{m(x+iy)}$ bzw. $e^{m(x-iy)}$ aufstellen, die den geforderten Übergangsbedingungen genügen, und aus denen sich die allgemeine Lösung so zusammensetzen läßt, daß sie bei $r = 0$ die geforderte Singularität hat. Zu dem Zweck benutzen wir folgende Darstellung der Funktion $\ln r$. Wir setzen aus den obigen Partikularlösungen das Integral zusammen

$$\chi(z) = \chi(x + iy) = \int_0^\infty \left(e^{m(x+iy)} - e^m\right) \frac{dm}{m}, \qquad (12)$$

wobei der Integrationsweg in einer komplexen m-Ebene so zu wählen ist, daß sowohl $m(x + iy)$ als auch m selbst keinen positiven Realteil haben. Solange $x \geqq 0$, ist das für beliebige y durch negativ reelle m möglich; wenn $x < 0$, je nach dem Vorzeichen von y durch positiv oder negativ rein imaginäre m. Das konstante Glied e^m im Integranden ist so zugefügt, daß die Integration bis zur Stelle $m = 0$ möglich ist, und daß zugleich $\chi = 0$ für $z = 1$. Da man die Variable z immer über einen endlichen Bereich verändern kann, ohne den Integrationsweg verlegen zu müssen, kann man auch nach (2') differenzieren und erhält

$$\frac{d\chi}{dz} = \int_0^\infty e^{mz}\,dm = -1/z\,,$$

folglich:

$$\chi(z) = -\ln z + c\,,$$

wobei noch $c = 0$ aus $\chi(1) = 0$ sich ergibt. Die Gleichung (12) ergibt also eine Integralform des $\ln z$. Weiter erhalten wir $\ln r$ als Realteil dieser Funktion, also

$$-\ln r = \Re\left[\int_0^\infty (e^{m(x+iy)} - e^m)\frac{dm}{m}\right]. \tag{12'}$$

Um nun die Übergangsbedingungen unserer Aufgabe an der Ebene $x = b$ erfüllen zu können, fügen wir hier eine „reflektierte" und eine „durchgehende" Strömung im Integranden zu. Das heißt wir setzen als Faktor von dm/m im Integranden an:

Im Gebiet $0 \leqq x \leqq b$:

$$(-e^m + e^{m(x+iy)}) + c_1 e^{m(-x+iy)} + \overline{c_1}\,,$$

im Gebiet $x \geqq b$:

$$+ c_2 e^{m(x+iy)} + \overline{c_2}\,.$$

Die Stetigkeit von $\partial\varphi/\partial y$ und von $\lambda\,\partial\varphi/\partial x$ bei $x = 0$ ergibt dann:

$$+im + im\,e^{-2bm} c_1 = im c_2$$

und

$$\lambda_1 m - \lambda_1 m\,e^{-2bm} c_1 = \lambda_2 m\,c_2\,,$$

wonach:

$$c_1 = \frac{\lambda_1 - \lambda_2}{\lambda_1 + \lambda_2} e^{2bm}\,; \qquad c_2 = \frac{2\lambda_1}{\lambda_1 + \lambda_2}\,.$$

Die konstanten $\overline{c_1}$ und $\overline{c_2}$ müssen wieder so festgesetzt werden, daß die Integration bis $m = 0$ hin erstreckt werden kann (womit übrigens auch zugleich die Stetigkeit von ϱ selbst bei $x = b$ gewahrt bleibt). Wir erhalten so die folgende vollständige Lösung der Aufgabe, die noch der vorgegebenen Ergiebigkeit J_0 der Quelle entspricht:

In Gebiet $0 \leqq x \leqq b$:

$$\varphi = \frac{J_0}{2\pi\lambda_1}\cdot\Re\left\{\int_0^\infty\left[(e^{m(x+iy)} - e^m) + \frac{\lambda_1 - \lambda_2}{\lambda_1 + \lambda_2}(e^{m(2b-x+iy)} - e^m)\right]\frac{dm}{m}\right\},$$

in Gebiet $x \geqq b$:

$$\varphi = \frac{J_0}{\pi(\lambda_1 + \lambda_2)}\cdot\Re\left\{\int_0^\infty (e^{m(x+iy)} - e^m)\frac{dm}{m}\right\}. \tag{13}$$

Der Integrationsweg kann in beiden Gebieten negativ reell gewählt werden, während für das Gebiet $x < 0$ zwar auch die obige erste Form bestehen bleibt, aber der Integrationsweg nach den früheren Bemerkungen zu verlegen ist. Nun können aber in (13) nach (12′) die Integrationen wieder ausgeführt werden, und man erhält also:

Für $x \leqq b$:

$$\varphi = -\frac{J_0}{2\pi\lambda_1}\left(\ln\sqrt{x^2+y^2} + \frac{\lambda_1-\lambda_2}{\lambda_1+\lambda_2}\ln\sqrt{(2b-x)^2+y^2}\right),$$

für $x \geqq b$:

$$\varphi = -\frac{J_0}{u\,(\lambda_1+\lambda_2)}\ln\sqrt{x^2+y^2}\,. \qquad (13')$$

Geht man endlich von diesem Feldpotential durch Multiplikation mit λ_1 im ersten bzw. λ_2 im zweiten Gebiet zum „Strompotential" ψ über (d. h. den Funktionen, deren Gradient in dem Teilgebiete die Stromdichte angibt), so sieht man, daß die Wirkung der Trennungsfläche in einer Reflexion der Strömung besteht im Verhältnis $(\lambda_1-\lambda_2)/(\lambda_1+\lambda_2)$, während die durchgehende das $2\lambda_2/(\lambda_1+\lambda_2)$-fache der ursprünglichen beträgt. Das bedeutet eine Konzentrierung der Strömung auf das erste bzw. zweite Teilgebiet, je nachdem ob $\lambda_1 > \lambda_2$ oder $\lambda_2 > \lambda_1$, wobei aber die Gesamtströmung durch die unendlich ausgedehnte Oberfläche natürlich J_0 bleibt. Ist ferner im zweiten Gebiet auch eine Senke vom nämlichen Betrag vorhanden (etwa im Punkt $x = a$, $y = c$), so ergibt sie analog:

Für $x \geqq b$:

$$\psi = \frac{J_0}{2\pi}\left(\ln\sqrt{(x-a)^2+(y-c)^2} + \frac{\lambda_2-\lambda_1}{\lambda_1+\lambda_2}\ln\sqrt{(x+2b-a)^2+(y-c)^2}\right],$$

für $x \leqq b$:

$$\psi = \frac{J_0}{2\pi}\,\frac{2\lambda_1}{\lambda_1+\lambda_2}\ln\sqrt{(x-a)^2+(y-c)^2}\,,$$

woraus in Verbindung mit (13′) hervorgeht, daß die gesamte Abströmung nach dem Unendlichen hin in beiden Gebieten 0 ist. Die Stromlinien gehen nur von der Quelle zur Senke, sind aber an der Trennungsfläche gebrochen, wie in Abb. 3 für den Fall $\lambda_1 > \lambda_2$ angedeutet ist.

6. Strömung durch eine planparallele Schicht. Es ist nun auch nicht schwierig, den Durchgang der Strömung durch eine planparallele Schicht zu übersehen. Man kann erstens den oben eingeschlagenen Weg der Zerlegung in Partikularlösungen und Integration über diese auch hier verfolgen. Ist die Dicke der Schicht d, so wird an beiden Trennungsebenen wieder eine reflektierte und eine durchgehende Strömung zu unterscheiden sein. Die e-Funktion im Integranden ist also anzusetzen:

im Gebiet $x < b$:

$$(e^{m(x+iy)} - e^{m}) + c_1\,e^{m(-x+iy)} + \overline{c_1}\,,$$

im Gebiet $b \leqq x \leqq b+d$:

$$c_2\,e^{m(x+iy)} + c_3\,e^{m(-x+iy)} + \overline{c_2}\,,$$

im Gebiet $x > b+d$:

$$c_4\,e^{m(x+iy)} + \overline{c_4}\,,$$

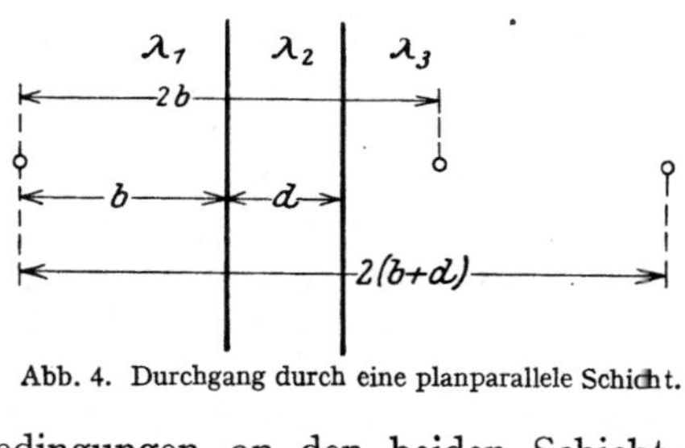

Abb. 4. Durchgang durch eine planparallele Schicht.

und dabei ergeben nun die Übergangsbedingungen an den beiden Schichtgrenzen nach ihrer Auflösung folgende Werte:

Es sei gesetzt:

$$\varDelta = (\lambda_1+\lambda_2)^2 - (\lambda_1-\lambda_2)^2\,e^{2md}\,,$$

so ist:

$$\varDelta\cdot c_2 = 2\lambda_1(\lambda_1+\lambda_2)\,;\quad \varDelta\cdot c_3 = 2\lambda_1(\lambda_2-\lambda_1)\,e^{2m(b+d)}\,;$$

$$\varDelta\cdot c_1 = (\lambda_1^2-\lambda_2^2)\,(e^{2m(b+d)} - e^{2mb})\,;\quad \varDelta\cdot c_4 = 4\lambda_1\lambda_2\,.$$

Nach Einsetzung dieser so bestimmten Konstanten kann die Integration wieder über negativ reelle m ausgeführt werden, solange $x > 0$, über die oben angegebenen entsprechenden Wege, wenn $x < 0$.

Auch auf folgendem Weg kommt man, noch übersichtlicher, zur Lösung, indem man die oben abgeleitete Reflexion der Gesamtquelle an den Trennungsschichten benutzt. Die ursprüngliche Strömung wird zunächst an der ersten Grenzfläche ($x = b$) zum Teil reflektiert, der durchgehende Anteil wieder an der zweiten Grenzfläche ($x = b + d$). Dieser Anteil dann abermals an der ersten usw., wobei die Intensität jeweils abnimmt. Man erhält so die Gesamtströmung als eine konvergente Reihe über die Teilströmungen dargestellt. Die Teilströmungen haben ihre Quellen in den Punkten $x = 0$, $2b$, $2b + 2d$, $2b + 4d$, $2b + 6d$ usw.; $-2d$, $-4d$, $-6d$ usw. Bei der ersten Reflexion an der ersten Schicht wird, wie oben, der $\frac{\lambda_1 - \lambda_2}{\lambda_1 + \lambda_2}$-fache Anteil von J_0 in das Gebiet $x < b$ reflektiert, der Anteil $J_0 \cdot \frac{2\lambda_2}{\lambda_1 + \lambda_2}$ dagegen in das Gebiet $b < x < b + d$ durchgelassen. Bei jeder weiteren Reflexion wird an der Fläche $x = b + d$ je der $\frac{2\lambda_1}{\lambda_1 + \lambda_2}$-fache Anteil in das Gebiet $x > b + d$ durchgelassen, der $\frac{\lambda_2 - \lambda_1}{\lambda_1 + \lambda_2}$-fache Anteil reflektiert, und an der Grenze $x = b$ ebenso. Bei jedesmaligem Hin- und Hergang der Strömung tritt daher ein Anteil in die Außengebiete über, der im Verhältnis $(\lambda_1 - \lambda_2)^2/(\lambda_1 + \lambda_2)^2$ gegenüber dem vorangehenden Anteil reduziert ist, und man erhält ins erste Gebiet ($x < b$) im ganzen austretend die Strommenge

$$Q_1 = \frac{J_0}{2}\left\{1 + \frac{\lambda_1 - \lambda_2}{\lambda_1 + \lambda_2}\left[1 - \frac{4\lambda_1\lambda_2}{(\lambda_1 + \lambda_2)^2}\sum_0^\infty {}_n\left(\frac{\lambda_1 - \lambda_2}{\lambda_1 + \lambda_2}\right)^{2n}\right]\right\}$$

$$= \frac{J_0}{2}\left\{1 + \frac{\lambda_1 - \lambda_2}{\lambda_1 + \lambda_2}\left[1 - \frac{4\lambda_1\lambda_2}{(\lambda_1 + \lambda_2)^2}\,\frac{(\lambda_1 + \lambda_2)^2}{(\lambda_1 + \lambda_2)^2 - (\lambda_1 - \lambda_2)^2}\right]\right\} = \frac{J_0}{2}$$

und analog ins Außengebiet $x > b + d$ austretend die Strommenge:

$$Q_2 = \frac{J_0}{2}\left\{\frac{4\lambda_1\lambda_2}{(\lambda_1 + \lambda_2)^2} \cdot \sum_0^\infty {}_n\left(\frac{\lambda_1 - \lambda_2}{\lambda_1 + \lambda_2}\right)^{2n}\right\} = \frac{J_0}{2}.$$

[Nur in dem Fall $\lambda_2 = 0$ wird $(\lambda_1 - \lambda_2)/(\lambda_1 + \lambda_2) = 1$, die Reihen sind dann nicht mehr summierbar. Dann erfüllt aber schon das erste Glied die Bedingungen und ergibt $Q_1 = J_0$, $Q_2 = 0$, d. h. die ganze Strömung wird in das erste Gebiet reflektiert, da die Zwischenschicht vollständig isolierend wirkt. Im allgemeinen Fall tritt natürlich durch die Flächeneinheit der trennenden Schicht um so weniger über, je kleiner ihre Leitfähigkeit λ_2 ist; aber der Gesamtbetrag der hindurchtretenden Strömung bleibt doch $J_0/2$, wenn die Ausdehnung der trennenden Schicht genügend weit gerechnet wird.

7. Einfache räumliche Strömungsaufgaben. Erdungen. Bei den einfachsten Aufgaben dieser Art handelt es sich um metallische Leiter, sog. „Elektroden", die in ein Gebiet von geringer spezifischer Leitfähigkeit, z. B. die Erde, versenkt sind und Strom in die letztere übertreten lassen. Von Interesse ist hauptsächlich die Ausbreitung der Strömung in der Erde und, soweit erforderlich, in der Elektrode, und der damit verknüpfte „Erdungswiderstand" der Elektrode. Auch der Durchgang der Strömung durch Elektrolyte gehört bis zu einem gewissen Grad zu dieser Problemgruppe.

Wenn die Dimensionen der metallischen Elektrode nach allen Richtungen hinreichend klein sind neben denen des schlechten Leiters, z. B. der Erde, so ist naturgemäß der Spannungsabfall in der ersteren praktisch belanglos und kann vernachlässigt werden. Anders aber, wenn der Spannungsabfall in der Längsrichtung der Trennungsfläche wesentlich in Betracht kommt, wie z. B. wenn ein metallischer Leiter von kleinem Querschnitt, aber großer Längserstreckung vorliegt, der vom Strom durchflossen ist. Denn da dann die Strömung in der Erde einen viel größeren „Querschnitt" zur Verfügung hat, so wird dadurch der Unterschied in den Leitfähigkeiten ausgeglichen. Dann ist also das endliche Verhältnis der Leitfähigkeit zu berücksichtigen.

Als Beispiel für Aufgaben der ersten Art möge zunächst in einem nach allen Richtungen homogen ausgedehnten Gebiet der Erde (Leitfähigkeit λ) die stromzuführende Elektrode versenkt sein. Die metallische Leitfähigkeit wird als unendlich groß angenommen. Nach dem Brechungsgesetz (10) treten dann die Stromlinien senkrecht aus der Oberfläche aus, und die Normalkomponente $\mathfrak{E}_n$ der äußeren Feldstärke bestimmt die auf der Oberfläche sich bildende elektrische Ladungsdichte σ direkt nach der elektrostatischen Formel (vgl. Bd. XII, Kap. 4): $4\pi\sigma = \mathfrak{E}_n$. Andererseits ist die Dichte des normal austretenden Stromes: $i_n = \lambda\mathfrak{E}_n$, also der gesamte Strom, der durch die Oberfläche S tritt:

$$J = \int_S i_n dS = \lambda \int \mathfrak{E}_n dS = 4\pi\lambda \int \sigma dS = 4\pi\lambda q, \tag{14}$$

wenn unter q die gesamte Ladung der Oberfläche verstanden wird.

Wegen des senkrechten Austritts der Strömung handelt es sich nun im Außengebiet einfach um das elektrostatische Feld. Sein Spannungsabfall von der Oberfläche nach größeren Entfernungen hin wird also durch die elektrostatische Kapazität C gemessen:

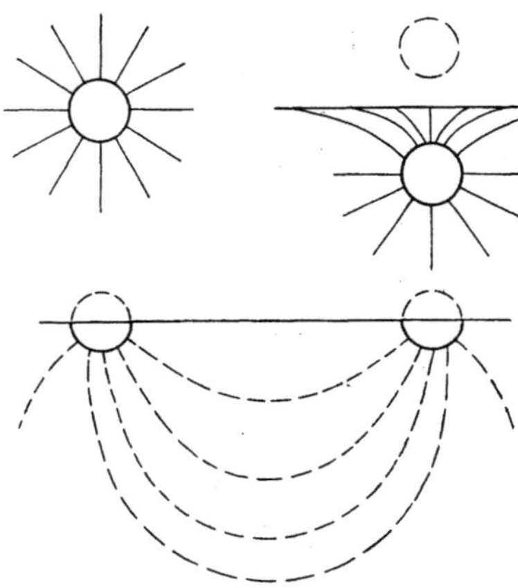

Abb. 5. Elektroden-Erdungen.

$$V = \frac{q}{C} = \frac{J}{4\pi\lambda C}$$

[nach (14)]. Dieser Spannungsabfall ist in der Hauptsache auf die nähere Umgebung der Elektrode konzentriert, während das Potential in größerer Entfernung merklich konstant wird. Z. B. ist bei einer Kugel vom Radius a, wo $C = a$ wird, im Abstand $10a$ bereits $^9/_{10}$ des gesamten Spannungsabfalls erreicht, im Abstand $100a$ bereits $^{99}/_{100}$ usw. Man bezeichnet daher kurz den Widerstand

$$\frac{V}{J} = \frac{1}{4\pi\lambda C} \tag{15}$$

als den „Erdungswiderstand" der Elektrode.

Wenn eine zweite Elektrode vorhanden ist, durch die der Strom wieder austritt, so müßte statt der obigen Kapazität C die elektrostatische Kapazität zwischen den beiden Elektroden zugrunde gelegt werden, die dem Spannungsunterschied zwischen den Elektroden entspricht. Wenn aber die beiden Elektroden im obigen Sinne hinreichend entfernt voneinander sind im Vergleich zu ihren Abmessungen, so fällt ihre gegenseitige Beeinflussung fort, und man erhält dann für den Widerstand zwischen den beiden einfach die Summe der Erdungswiderstände:

$$W = \frac{1}{4\pi\lambda C_1} + \frac{1}{4\pi\lambda C_2}. \tag{16}$$

Man betrachtet daher den Erdungswiderstand als eine der einzelnen Elektrode selbst eigentümliche Größe.

Endlich ist auch der Fall von praktischer Bedeutung, daß die Elektrode nahe an der Erdoberfläche gelagert ist und infolgedessen die Strömung längs der Erdoberfläche tangential verlaufen muß. Man kann dieses Strömungsfeld einfach durch Spiegelung des obigen allseitigen Feldes an der Erdoberfläche erhalten. Der Strom J tritt dann also nur nach der einen Raumhälfte aus und das Feld ist so zu berechnen, als ob nach allen Seiten hin im ganzen der Strom $2J$ austräte. Bei gegebenem J ist also jetzt der Spannungsabfall V, d. h. der Widerstand W, verdoppelt und man erhält somit für diesen Fall statt (15)

$$W = \frac{1}{2\pi\lambda C'}\,; \tag{15'}$$

dabei ist unter C' die Kapazität des aus der Elektrode und ihrem Spiegelbild zusammengesetzten Gesamtkörpers zu verstehen, also z. B. bei einer halbkugelförmigen Elektrode vom Radius a, die an der Erdoberfläche angelegt ist, die Kapazität der Vollkugel, a.

Zur Berechnung von C bzw. C' für verschiedene andere Körperformen nähert man diese, da es hauptsächlich nur auf die Größenordnungen ankommt, am besten durch ein Ellipsoid an, z. B. eine rechteckige Platte von den Seiten $2a$, $2b$ durch das Ellipsoid mit den Halbachsen a, b, 0. Für die Kapazität des allgemeinen Ellipsoids mit den Halbachsen a, b, c ist (vgl. Bd. XII, Kap. 4)

$$\frac{1}{C} = \frac{1}{2}\int_0^\infty \frac{ds}{\sqrt{(a^2+s)(b^2+s)(c^2+s)}}\,,$$

wonach C mittels der Tabellen für elliptische Integrale erster Gattung (z. B. JAHNKE-EMDE: Funktionentafeln) zu berechnen ist. Darin ist auch der Fall der Platte (mit $c = 0$) enthalten. Ferner ergibt sich speziell für ein Rotationsellipsoid ($a = b$):

Im Fall $c < a$:

$$\frac{1}{C} = \frac{\arccos c/a}{\sqrt{a^2 - c^2}}\,,$$

somit für eine kreisförmige Platte ($c = 0$): $C = 2a/\pi$ und für $c = a$ (Kugel) als Grenzwert: $C = a$.

Im Fall $c > a$:

$$\frac{1}{C} = \frac{1}{\sqrt{c^2 - a^2}} \log\left(\frac{c}{a} + \sqrt{\frac{c^2}{a^2} - 1}\right),$$

somit für eine stabförmige Elektrode von der Länge $2c$ und dem Durchmesser $2a$ durch Entwicklung bei kleinem a:

$$C = \frac{c}{\log(2c/a)}\,.$$

Diese Formeln ergeben alle zugleich das C' in Formel (15'); man hat nur z. B. an Stelle einer stabförmigen Elektrode der Länge c, die an der Erdoberfläche senkrecht eingelagert ist, durch Spiegelung die Elektrode der Länge $2c$ zu setzen und dann C nach der vorstehenden Formel zu rechnen.

8. NOBILIsche Farbenringe. RIEMANNS Formulierung. Auch bei der folgenden Aufgabe wird die metallische Leitfähigkeit noch als unendlich groß neben der von anderen Leitern, im vorliegenden Fall einer Flüssigkeitsschicht, angenommen. Wenn gewisse Elektrolyte in einer Schicht über einer metallischen Oberfläche ausgebreitet sind, und man führt Strom durch eine kleine Elektrode in die Schicht ein, der dann durch das Metall als Gegenelektrode austritt, so bildet sich auf der Metallfläche ein elektrolytischer Niederschlag, der im auffallenden Licht NEWTONsche Farbenringe zeigt. Die Farbenringe geben nach den Interferenzgesetzen ein Maß für die Dicke des Niederschlags; andererseits aber ist diese Dicke nach dem FARADAYschen elektrolytischen Gesetz der an der betreffenden Stelle hindurchtretenden Stromdichte proportional. Die Farbenringe (nach NOBILI benannt) geben also ein Maß für die Verteilung des aus der elektrolytischen Schicht in die Metallfläche übertretenden Stromes, weshalb die Aufgabe gestellt wurde, diese Verteilung aus den Strömungsgesetzen zu ermitteln. RIEMANN, der zuerst die Strömung auf Grund der Feldgleichungen berechnet hat, nahm den Elektrolyten als eine Schicht von homogener Leitfähigkeit λ an, der gegenüber die metallische Leitfähigkeit unendlich groß ist, während an der Grenze die Übergangsbedingungen von Ziff. 4 gelten sollen. Die Aufgabe ist also im Sinne der von Ziff. 5 zu behandeln, mit dem Unterschied, daß es sich hier um eine räumliche Strömung handelt, und mit der spezielleren Wahl der Leitfähigkeit. Der von RIEMANN eingeschlagene Weg (durch sukzessive Spiegelungen) bleibt aber, wie wir dort sahen, auch bei endlichem Verhältnis der Leitfähigkeiten gangbar.

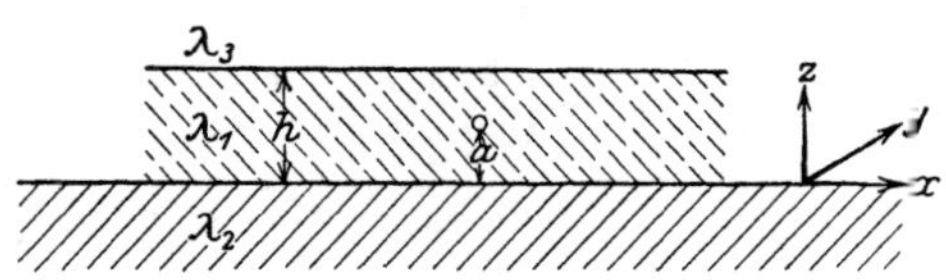

Abb. 6. Zur Berechnung NOBILIscher Farbenringe.

Wir können daher zunächst drei Schichten unterscheiden: Der Elektrolyt: Leitfähigkeit λ_1 von $z = 0$ bis $z = h$, das Metall (Leitfähigkeit λ_2) im Gebiet $z < 0$ und die Luft (λ_3) im Gebiet $z > h$. Die stromgebende Elektrode sei als punktförmige Quelle, im Punkt $z = a (< h)$, $x = y = 0$ angenommen. Der zugeführte Strom sei J_0, sein primäres Strompotential und elektrostatisches Potential ist dann:

$$\psi_0 = -\frac{J_0}{4\pi r}; \qquad \varphi_0 = -\frac{J_0}{4\pi\lambda_1 r} \qquad \left(r = \sqrt{x^2 + y^2 + (z-a)^2}\right) \tag{18}$$

Von Interesse ist lediglich die Strömung im Innern der ersten Schicht, die wir nun durch sukzessive Spiegelung an den beiden Grenzflächen finden können. Es entsteht dadurch für dieses Feld eine Reihe von neuen Polen in den Punkten

$$x = 0; \quad y = 0; \quad z = -a, \quad 2h + a, \quad -2h - a, \quad 4h + a \text{ usw.}$$

sowie

$$z = 2h - a, \quad -2h + a, \quad 4h - a \text{ usw.}$$

Die erste Reihe entsteht, wenn zuerst an der Fläche $z = 0$ gespiegelt wird, die zweite, wenn zuerst an der Fläche $z = h$ gespiegelt wird. An der Fläche $z = 0$ wird, wie wir oben (Ziff. 5) sahen, die Stromdichte im Verhältnis $(\lambda_1 - \lambda_2)/(\lambda_1 + \lambda_2)$ reflektiert, an der Fläche $z = h$ im Verhältnis $(\lambda_1 - \lambda_3)/(\lambda_1 + \lambda_3)$. Dabei tritt gleichzeitig von der auffallenden Stromdichte je der Anteil $2\lambda_2/(\lambda_1 + \lambda_2)$ ins Metall über. Man erhält so für die im ganzen ins Metall übertretende Stromdichte das Verhältnis zu der ursprünglichen aus der ersten Polreihe zu:

$$v_1 = \frac{2\lambda_2}{\lambda_1 + \lambda_2} \sum_1^\infty {}_n \left(\frac{\lambda_1 - \lambda_2}{\lambda_1 + \lambda_2}\,\frac{\lambda_1 - \lambda_3}{\lambda_1 + \lambda_3}\right)^n = \frac{2\lambda_2/(\lambda_1 + \lambda_2)}{1 - \dfrac{(\lambda_1 - \lambda_2)(\lambda_1 - \lambda_3)}{(\lambda_1 + \lambda_2)(\lambda_1 + \lambda_3)}} = \frac{\lambda_2(\lambda_1 + \lambda_3)}{\lambda_1(\lambda_2 + \lambda_3)}$$

und ebenso aus der zweiten Polreihe zu $v_2 = v_1(\lambda_1 - \lambda_3)/(\lambda_1 + \lambda_3)$, daher im ganzen zu

$$v = v_1\left(1 + \frac{\lambda_1 - \lambda_3}{\lambda_1 + \lambda_3}\right) = \frac{2\lambda_2}{\lambda_2 + \lambda_3}.$$

Da sich diese Stromdichte auf den metallischen Halbraum verteilt, so heißt das, daß im ganzen von dem aus der Elektrode gelieferten Strom J_0 der Anteil:

$J_0 \lambda_2/(\lambda_2 + \lambda_3)$ ins Metall übertritt, also der ganze Strom J_0 in dem vorliegenden physikalischen Fall: $\lambda_3/\lambda_2 = 0$.

Für das vom Elektrolyten erfüllte Zwischengebiet $0 \leqq z \leqq h$ hat RIEMANN[1]) für letzteren Fall eine Summation der durch die sukzessiven Spiegelungen entstehenden Potentialfunktion angegeben. Alle Reflexionen an der oberen Fläche sind dann vollständige, an der unteren gleichfalls vollständige unter Umkehrung des Vorzeichens, und man erhält das Strompotential zunächst in der Form $(\varrho = \sqrt{x^2 + y^2})$:

$$\psi = \frac{J_0}{4\pi} \sum_{-\infty}^{+\infty} {}_n (-1)^n \left(\frac{1}{\sqrt{\varrho^2 + (z + 2nh - a)^2}} - \frac{1}{\sqrt{\varrho^2 + (z + 2nh + a)^2}} \right) \tag{19}$$

Diese erste Darstellung ist für Gebiete zweckmäßig, in denen ϱ klein gegen h ist, also im wesentlichen in der Umgebung der Stromquelle, da man sich dann praktisch auf wenige Glieder der Reihe beschränken kann. Für fernere Gebiete berücksichtigt man besser, daß die so definierte Funktion ψ eine bez. $z = 0$ ungerade, dagegen bez. $z = h$ gerade, periodische Funktion von z ist mit der Periode $4h$, sich also in der Form

$$\psi = a_1 \sin\frac{\pi z}{2h} + a_3 \sin\frac{3\pi z}{2h} + a_5 \sin\frac{5\pi z}{2h} + \cdots; \tag{20}$$

schreiben läßt; man erhält für die a_k $(k = 2m + 1)$ nach den FOURIERschen Regeln, unter Zusammenfassung der Summenglieder, die Form:

$$a_k = \frac{J_0}{4\pi h} \int_{-\infty}^{+\infty} \left[\sin\frac{k\pi}{2h}(\tau + a) - \sin\frac{k\pi}{2h}(\tau - a) \right] \frac{d\tau}{\sqrt{\varrho^2 + \tau^2}},$$

oder, durch trigonometrische Zusammenfassung des Integranden und Einführung der HANKELschen Funktion 0ter Ordnung H_0^1 (vgl. JAHNKE-EMDE, Funktionentafeln):

$$a_k = j \frac{J_0}{2h} \sin\frac{k\pi a}{2h} H_0^1\left(j \frac{k\pi\varrho}{2h}\right); \qquad (j = \sqrt{-1}). \tag{20'}$$

Die so gebildete Reihe ist für größere ϱ gut konvergent. Man benutzt sie insbesondere längs der Grenzfläche $z = 0$ zwischen Flüssigkeitsschicht und Metall. Beschränkt man sich auf das erste Glied und ersetzt die HANKELsche Funktion durch ihre asymptotischen Näherungen (JAHNKE-EMDE, l. c.), so erhält man die (längs der Grenze normal gerichtete) Stromdichte in der Form:

$$i(0) = -\frac{\partial\psi}{\partial z}(z = 0) = -\frac{J_0}{2h\sqrt{h\varrho}} e^{-\frac{\pi\varrho}{2h}} \sin\frac{\pi a}{2h}.$$

9. Fortsetzung. Berücksichtigung der Polarisation. Die Beobachtung der NOBILIschen Farbenringe zeigen eine Abweichung von dem hier gefundenen Strömungsverlauf, der davon herrührt, daß an der Kathodenfläche, d. h. der Grenzfläche zwischen Elektrolyt und Metall, durch den Stromübertritt eine Gegenpolarisation eintritt, die in entfernteren Gebieten, wo die Strömung schwach ist, ausreicht, um den Stromübertritt ganz zu unterbinden, im allgemeinen dem von ROITI[2]) aufgestellten Gesetz entspricht, daß sie bis zu einem konstanten Maximalbetrag P_0 anwächst. Ein stationärer Zustand kann dann nur so eintreten, daß der ganze Stromübertritt sich auf eine begrenzte Fläche — aus Symmetrie-

[1]) B. RIEMANN, Ges. Werke S. 54; vgl. RIEMANN-WEBER (MISES-FRANK), Die Differentialgleichungen und Integralgleichungen der Mechanik und Physik, Bd. II, Kap. 9. Vieweg 1927.

[2]) A. ROITI, Nuovo Cim. Bd. 10, 1881; vgl. auch MISES-FRANK, Bd. II, l. c.

gründen eine Kreisfläche — beschränkt, in der das Maximum der Polarisation erreicht ist, während außerhalb dieser Fläche kein Strom mehr übertritt. Die von der Strömung zu erfüllenden Randbedingungen an der Grenzfläche $z = 0$ sind dann die, daß außerhalb eines Kreises von, übrigens erst zu bestimmendem, Radius $r = b$, die normale Stromkomponente verschwindet, d. h.

$$\frac{\partial \psi}{\partial z} = \lambda_1 \frac{\partial \varphi}{\partial z} = 0 \qquad \text{für} \qquad z = 0\,, \qquad r > b\,, \tag{21}$$

während innerhalb des Kreises wie oben (im Grenzfall $\lambda_3 : \lambda_1 = 0$) die tangentiale Strömungskomponente verschwindet und das elektrostatische Potential (gegen das Metall, wo es als 0 angenommen sei) den konstanten Maximalwert P_0 annimmt; d. h.

$$\frac{\partial \psi}{\partial r} = \lambda_1 \frac{\partial \varphi}{\partial r} = 0\,; \qquad \varphi = P_0 \qquad \text{für} \qquad z = 0, \qquad r < b\,. \tag{21'}$$

Für die obere Begrenzung der Flüssigkeitsschicht bleiben die Bedingungen die früheren, d. h. tangentialer Stromverlauf, wenn die Schicht oben an Luft grenzt ($\lambda_2 = 0$).

Um die mathematische Behandlung dieser Aufgabe zu erleichtern, hat man die Höhe der Flüssigkeitsschicht als unendlich angenommen, muß aber dann noch berücksichtigen, daß trotzdem, gemäß der Berechnung in der vorigen Ziffer, mit $\lambda_2 = 0$, der ganze Strom in das Metall übertreten muß. Die so vereinfachte Aufgabe läßt auch eine elektrostatische Deutung zu. Wegen der Bedingungen (21') kann man nämlich das Strömungsfeld des Halbraumes $z > 0$ an der Ebene $z = 0$ spiegeln und erhält damit einen zweiten Pol gleicher Stärke im Punkt $z = -a$, $r = 0$. Das gesuchte elektrostatische Feld der Strömung verhält sich dann gerade so wie das eines Kondensators, der aus diesen beiden Polen als erster Belegung einerseits und andererseits aus der metallischen Kreisfläche $z = 0$, $r < b$ als zweiter Belegung gebildet wird; dabei ist die gesamte Ladung der Kondensatorbelegung ($\pm J_0/2\pi\lambda$), sowie die Spannung der zweiten Belegung gegenüber dem Unendlich fernen ($= P_0$), vorgegeben. Die letztere Bedingung dient schließlich dazu, den Radius b der Kreisfläche zu bestimmen.

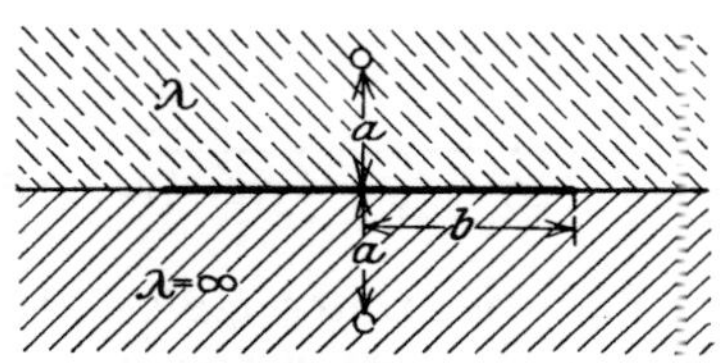

Abb. 7. Nobilische Farbenringe. Schema der Polarisation.

Die Lösung dieser Aufgabe hat folgende Gestalt[1]: Setzen wir

$$r_1 = \sqrt{\varrho^2 + (z-a)^2}\,; \qquad r_2 = \sqrt{\varrho^2 + (z+a)^2}\,,$$

so ist die elektrostatische Potentialfunktion des Feldes:

$$\varphi = \frac{J_0}{4\pi\lambda}\left(\frac{1}{r_1} + \frac{1}{r_2}\right) + \varphi_1 \tag{22}$$

$$\frac{2\pi^2\lambda}{J_0}\varphi_1 = \left(\frac{1}{r_1} + \frac{1}{r_2}\right)\operatorname{arcctg}\frac{2a\sigma(b,\varrho,z)}{r_1 + r_2} - \left(\frac{1}{r_1} - \frac{1}{r_2}\right)\operatorname{arcctg}\frac{2a\sigma(b,\varrho,z)}{r_1 - r_2}$$

und dabei ist σ noch die durch die Gleichung

$$b^2 = \frac{z^2}{\sigma^2} + \frac{\varrho^2}{1+\sigma^2}$$

definierte Funktion von b, ϱ und z.

[1] Sie stammt von M. Hafen. Vgl. Mises-Frank, l. c. Bd. II, Kap. 9, § 3. Auf ihre weitere Ableitung müssen wir an dieser Stelle verzichten.

10. Bandförmige Erdungen und andere gestreckte Leiter[1]**.** In Ziff. 8 haben wir die Erdung durch metallische Elektroden behandelt, wobei wir das Potential im Innern der Elektroden als konstant betrachten konnten. Das ist aber nicht mehr möglich, wenn die Elektroden langgestreckte Form haben, so daß der Spannungsabfall in ihrer Längsrichtung in Betracht gezogen werden muß, oder ähnlich überhaupt bei langgestreckten metallischen Leitern, die in Gebieten geringer Leitfähigkeit eingebettet sind. Die Aufgabe stimmt in ihrer allgemeinen Formulierung mit der in Ziff. 7 behandelten überein, nur waren die Grenzen der Gebiete verschiedener Leitfähigkeit dort ebene. Um die jetzige räumliche Aufgabe aber durchführen zu können, müssen wir Näherungen einführen, die den Verhältnissen angepaßt sind. Wir vernachlässigen nämlich in den gestreckten metallischen Leitern die Spannungsunterschiede quer zur Längsrichtung und beachten nur den Spannungsabfall in der Längsrichtung.

Zunächst sei die folgende Aufgabe formuliert, bei der wir von sekundären Einflüssen, wie dem der Erdoberfläche, absehen: In ein nach allen Richtungen unbegrenztes Gebiet von der Leitfähigkeit λ (für die Erde ca. 10^{-13} CGS) ist ein in der x-Richtung unendlich langes metallisches Leitungsrohr vom Metallquerschnitt f und der Leitfähigkeit Λ (Größenordnung 10^{-4} CGS) verlegt. Sein äußerer Radius sei ϱ. Im senkrechten Abstand h von seiner Achse (in der Ebene $x = 0$) befinde sich eine Stromquelle von der Intensität J_0. Wie verteilt sich die Strömung über das Rohr und den Erdkörper?

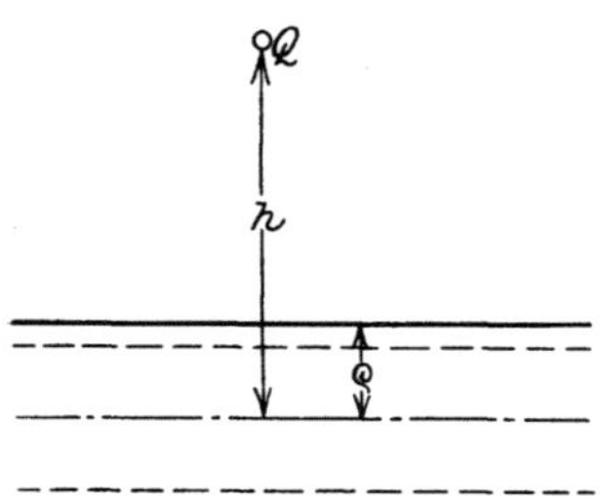

Abb. 8. Stromquelle und gestreckter Leiter.

Es wird zunächst in der Nähe der Quelle, wo die Strömung noch konzentriert und daher ihr Widerstand in der Erde erheblich größer ist als im metallischen Leiter, ein Teil des Stromes in das Metall übertreten. In großer Entfernung dagegen, wo der Strom sich ausbreiten kann, findet er in der Erde, trotz deren hohen spezifischen Widerstands, geringeren Widerstand als im Metall, da dessen Widerstand pro Längeneinheit, $W = 1/\Lambda f$, fest bleibt. Er tritt daher wieder in die Erde zurück. Man sieht von diesem Wiederaustritt völlig ab, wenn man mit der Näherung $\Lambda/\lambda = \infty$ rechnet und ist daher damit auf die Nähe der Stromquelle beschränkt. Wenn wir die Spannungsunterschiede quer zur Längsrichtung des Rohres vernachlässigen, so brauchen wir im Rohrinnern auch nur die Stromkomponenten in der Längsrichtung zu berücksichtigen. Im Querschnitt x sei der in der Längsrichtung im Rohr fließende Gesamtstrom $J(x)$. Der pro Längeneinheit aus dem Rohr austretende Strom ist dann:

$$i(x) = -\frac{dJ}{dx}. \tag{23}$$

Wie in Ziff. 7 läßt sich nun das elektrostatische Feld mit dieser Stromdichte $i(x)$ in Verbindung bringen. Sie setzt sich nämlich zusammen aus den im Außengebiet längs der Längeneinheit der Oberfläche S gerechneten Normalkomponenten der Stromdichte, also

$$i(x) = \int i_n dS = \lambda \int \mathfrak{E}_n dS, \tag{24}$$

und da die Normalkomponenten der Feldstärke im Innern vernachlässigt werden, so ist nach der elektrostatischen Regel

$$\frac{1}{4\pi}\int \mathfrak{E}_n dS = q(x) \tag{24'}$$

[1] Vgl. F. NOETHER, Wiss. Veröffentl. a. d. Siemens-Konz. Bd. I. Auf anderem Wege sind ähnliche Aufgaben auch behandelt worden von OLLENDORF, ebenda Bd. V.

die elektrostatische Ladung, die sich pro Längeneinheit auf der Leiteroberfläche bilden muß. Das gesamte elektrostatische Feld aber setzt sich zusammen aus dem der ungestörten Grundströmung entsprechenden Feld und den aus diesen Ladungen q gebildeten Feldern. Also ist, wenn R den Abstand eines beliebigen Punktes von der vorgegebenen Stromquelle, $R_{x,\xi}$ den mittleren Abstand von der Ladung $q(\xi)$ bedeutet, das elektrostatische Potential:

$$\varphi = \frac{J_0}{4\pi\lambda R_x} + \int_{-\infty}^{+\infty} \frac{q(\xi)}{R_{x,\xi}} d\xi. \tag{25}$$

Wir können uns darauf beschränken, diesen Potentialverlauf längs der Achse des Rohres zu berechnen. Hier ist

$$R_x = \sqrt{x^2 + h^2}\,; \qquad R_{x,\xi} = \sqrt{(x-\xi)^2 + \varrho^2} \tag{26}$$

Andererseits ist der Spannungsverlauf längs der Rohrachse auch durch den Strom $J(x)$ und den OHMschen Widerstand pro Längeneinheit $W = 1/\Lambda f$ bestimmt:

$$\frac{d\varphi}{dx} = -\frac{J(x)}{\Lambda f}, \tag{27}$$

Aus (24'), (24), (23) und (21) folgt:

$$q(x) = \frac{\Lambda f}{4\pi\lambda}\frac{d^2\varphi}{dx^2} = \frac{\Lambda f}{4\pi\lambda}\varphi''(x), \tag{27'}$$

so daß man aus (25) und (26) für φ die längs der Rohrachse gültige Gleichung bekommt:

$$\varphi(x) - \frac{\Lambda f}{4\pi\lambda}\int_{-\infty}^{+\infty}\frac{\varphi''(\xi)}{\sqrt{(x-\xi)^2+\varrho^2}} d\xi = \frac{J_0}{4\pi\lambda\sqrt{x^2+h^2}}. \tag{28}$$

Wenn aus dieser Gleichung — worauf wir gleich noch näher eingehen — $\varphi(x)$ bestimmt ist, so folgt nach (27') $q(x)$ und folglich nach (25) der Wert der Potentialfunktion φ und damit das Strömungsfeld im ganzen Raum. Es ist also alles auf die Auflösung der „Integrodifferentialgleichung" (28) reduziert.

11. Fortsetzung. Behandlung der Integralgleichungen. Die Methode zur Lösung dieser Aufgabe soll hier noch kurz skizziert werden. Zu dem Zweck behandeln wir zunächst nur das Gebiet des metallischen Leiters, in dem die Stromaufnahme über die Stromabgabe überwiegt, ein Gebiet, das von der Größenordnung des Abstandes h sein wird. Wir sehen von der Stromabgabe ab, indem wir, nach obigem, hier noch $\Lambda = \infty$, d. h. $\varphi =$ konst. (und zwar $= 0$) längs der Rohrachse setzen. Die Gleichung (25) wird damit eine einfache Integralgleichung zur Bestimmung der Ladungsverteilung q, die übrigens mit folgender elektrostatischen Aufgabe identisch ist: Im Abstand h von der Rohrachse befindet sich eine elektrostatische Ladung $Q = J_0/4\pi\lambda$. Die Verteilung $q(x)$ bedeutet dann die auf dem Rohr sich bildende „induzierte" Ladungsverteilung, die zusammen mit Q im Rohrinnern elektrostatisches Gleichgewicht herstellt. Man hat zur Bestimmung dieser Ladung und des entsprechenden übertretenden Stromes in der Technik vielfach den Begriff des „Übergangswiderstands" eingeführt, der eine der Längeneinheit der Rohroberfläche eigentümliche Konstante sein sollte. Indes ist eine solche Formulierung nicht haltbar und führt auf Widersprüche und Unbestimmtheiten. Nur die obige elektrostatische Formulierung ist der Sachlage angepaßt.

Der durch die allgemeine Theorie der Integralgleichungen vorgegebene Weg zur Bestimmung von $q(x)$ ist nun der folgende: Man sucht zunächst die „Eigenlösungen" der zugehörigen homogenen Integralgleichung:

$$\psi(x) - k\int_{-\infty}^{+\infty}\frac{\psi(\xi)}{R_{x,\xi}}\,d\xi = 0\,, \tag{29}$$

die sich, da nach (26) $R_{x,\xi}$ nur von $x - \xi$ abhängt, in der Form harmonischer Funktionen

$$\psi_k(x) = \cos\tau_k x\,, \qquad \text{bzw.} \qquad = \sin\tau_k x \tag{30}$$

schreiben lassen, analog wie bei Differentialgleichungen mit konstanten Koeffizienten. Setzt man (30) in (29) ein, so erhält man folgende Abhängigkeit zwischen τ und k, nachdem man $\zeta = (\xi - x)/\varrho$ als Integrationsvariable eingeführt hat:

$$\frac{1}{k} = \int_{-\infty}^{+\infty}\frac{\cos\tau_k\zeta}{\sqrt{\zeta^2+1}}\,d\zeta\,, \tag{30'}$$

wodurch zu jedem τ eindeutig ein positiver Parameter k bestimmt ist. Aber auch umgekehrt gibt es zu jedem positiven Wert k gerade einen Wert τ_k, also die beiden Eigenfunktionen (30). Die Lösung unserer Aufgabe (25) (mit $\varphi = 0$) ist nun unmittelbar anzugeben durch Entwicklung nach diesem System von Eigenfunktionen ψ_k.

Zu diesem Zweck braucht man sich nur das erste Glied der Gleichung (25) in ein FOURIERsches Integral entwickelt zu denken:

$$\frac{J_0}{4\pi\lambda\sqrt{x^2+h^2}} = \int_0^\infty A(\tau)\cos\tau x\,d\tau\,,$$

wobei die $A(\tau)$ nach den FOURIERschen Regeln zu berechnen sind und sich als BESSELsche Funktionen von $k\tau$ (und zwar in der HANKELschen Normalform) ergeben. Man setzt dann auch die gesuchte Funktion q in der Form eines solchen FOURIERschen Integrals an:

$$q(x) = \int_0^\infty B(\tau)\cos\tau x\,d\tau\,, \tag{31}$$

und findet durch Einführung dieses Ansatzes in (25):

$$B(\tau) = -\,k(\tau)\cdot A(\tau)\,, \tag{31'}$$

wenn man unter $1/k(\tau)$ die durch (30') gegebene, gleichfalls HANKELsche Funktion von τ versteht.

Auf genau analogem Wege löst man auch die „Integrodifferentialgleichung" (28). An Stelle von (30') erhält man aber hier die Beziehung:

$$\frac{1}{k_1(\tau)} = -\,\tau_k^2\int_{-\infty}^{+\infty}\frac{\cos\tau_k\zeta}{\sqrt{\zeta^2+1}}\,d\zeta\,, \tag{32}$$

aus der hervorgeht, daß zwar auch zu jedem Wert τ ein eindeutig bestimmtes $k_1(\tau)$ gehört, aber umgekehrt diese Werte k_1 negativ sind und ihre Beträge oberhalb eines endlichen Minimalwertes liegen. Zu jedem k_1 gehören zwei Werte τ_k. Setzt man in (28): $\varkappa^2 = \frac{\Delta f}{4\pi\lambda}$, so erhält man an Stelle von (31') die Beziehung:

$$B_1(\tau) = \frac{A(\tau)}{1 - \varkappa^2/k_1(\tau)}\,. \tag{33}$$

Und schließlich kann man hier die Lösung auch noch in folgender Form berechnen: Man setze die rechte Seite in (28) gleich $F(x)$, so wird:

$$\varphi(x) = F(x) - \varkappa^2 \int_{-\infty}^{+\infty} G(x-\xi)\, F(\xi)\, d(\xi) \qquad (35)$$

wobei $G(x-\xi)$ ein gleichfalls mittels der Koeffizienten $B_1(x)$ bestimmtes FOURIERsches Integral darstellt.

Diese Formeln sind nun von Wichtigkeit für die weitere physikalische Diskussion der Aufgaben. Es ergeben sich folgende Resultate:

Für den Fall der Aufgabe (25), der der Annahme $\Lambda = \infty$ entspricht, tritt schließlich der ganze von der Stromquelle gelieferte Strom in den metallischen Leiter über. Ähnliches gilt dann auch noch im Fall der Aufgabe (28) (Λ endlich), wenn nur der im Leitungsrohr von dem Strom J_0 erzeugte Spannungsabfall auf eine Strecke von der Größenordnung h hinreichend klein ist. Im letzteren Fall tritt er allerdings im weiteren Verlauf wieder aus dem Rohr aus.

Wählt man den Fall $h = \varrho$, so entspricht das der Annahme, daß der Strom an einem Punkt konzentriert (also mit metallischer Berührung) in das Rohr übertritt. Dieser Fall ist also besonders geeignet zur Diskussion des Wiederaustritts des Stromes in die Erde, wie er etwa vorliegt, wenn eine Hochspannungsleitung durch eine hinreichend lange bandförmige „Elektrode" geerdet ist. Durch Näherungsrechnungen ergibt sich für diesen Fall, daß der Spannungsabfall in dem Erdungsband anfangs langsamen, annähernd exponentiellen Verlauf hat, während er weiterhin, wie in homogenen Gebieten, nach dem COULOMBschen Gesetz ($J_0/4\pi R$) erfolgt. Der Einfluß der Erdoberfläche kann dabei für die ganze Rechnung noch durch eine Spiegelung berücksichtigt werden. Hierüber sowie auch über weitere numerische Diskussionen, lese man die oben zitierte Stelle nach.

II. Quasistationäre Strömungen.

12. Allgemeines Prinzip der Stromverdrängung. Zeitlich veränderliche Strömungsfelder, insbesondere solche von periodischen Wechselströmen, zeigen wegen der induktiven Wirkung des mit der Strömung verbundenen Magnetfeldes eine andere Stromverteilung als stationäre Felder. Wir berücksichtigen bei deren Berechnung nur die von den Leitungsströmen selbst hervorgerufenen Magnetfelder, nicht diejenigen der „Verschiebungsströme", deren Einfluß für „quasistationäre" Zustände vernachlässigbar ist. Die Ausbreitung der Felder in dem die Leiter umgebenden Luftraum ist daher magnetostatisch zu berechnen.

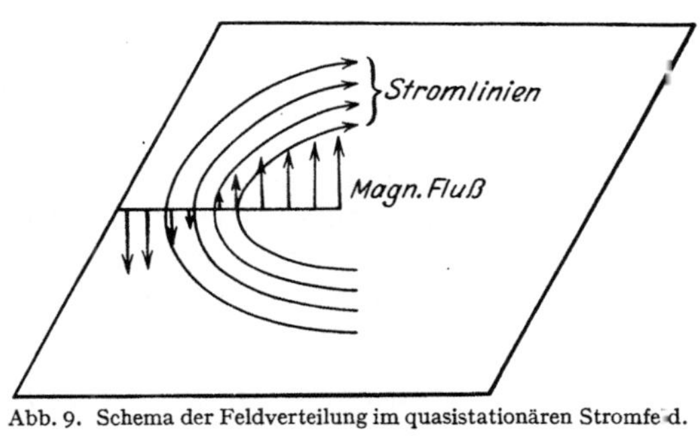

Abb. 9. Schema der Feldverteilung im quasistationären Stromfeld.

Charakteristisch für diese Aufgaben ist aber die Verteilung der Strömung und des Magnetfeldes im Innern der elektrischen Leiter. Jeder Stromfaden des Feldes erzeugt nach dem AMPÈREschen Gesetz in seiner Umgebung ein Magnetfeld, das gleich dem Strom periodisch veränderlich ist. Folglich erzeugt nach dem FARADAYschen Induktionsgesetz das Magnetfeld eine EMK in dem von benachbarten Stromlinien gebildeten Stromkreis, die sich in einer Verschiedenheit der Stromdichte in diesen benachbarten Stromlinien äußert. In einem geschlossenen, z. B. in der x-y-Ebene liegenden Stromkreis, der durch ein parallel der z-Achse wirkendes Magnetfeld erregt wird (s. Abb. 9), umschlingt der innerste Stromfaden einen bestimmten magnetischen Fluß Φ. Außerhalb der Strombahnen ist der magnetische Fluß entgegengesetzt gerichtet, und zwar kehrt er in dem stromdurchflossenen Streifen seine Richtung allmählich um. Es folgt daraus, daß der die geschlossenen Stromlinien durchsetzende Fluß von innen nach außen hin abnimmt, und entsprechendes gilt also nach dem FARADAYschen Gesetz für das längs der Stromlinien zu nehmende Linienintegral der elektrischen Feldstärke, also für die Stromdichte selbst. Die Wirkung des Magnetfeldes ist also in der Hauptsache eine Verdrängung des Stromes nach der Innenseite des geschlossenen Stromringes hin. In diese allgemeine Betrachtung kann auch die Erscheinung der Stromverdrängung nach der Oberfläche gerader zylindrischer Leiter hin eingefügt werden, indem man als Rückleitung einen den zylindrischen Leiter in großer Entfernung koaxial umgebenden Hohlzylinder sich denkt.

Ferner gibt folgendes allgemeine Prinzip Auskunft über die qualitativen Verhältnisse: In den üblichen Bezeichnungen ($\mathfrak{H}$ und $\mathfrak{B}$ = magnetische Feldstärke und Induktion) hat das HAMILTONsche Prinzip für quasistationäre Strömungsfelder, wenn man sich auf zeitliche Mittelwerte beschränkt, die Form:

$$\delta \int \left(\frac{\mathfrak{H}\mathfrak{B}}{8\pi} + \mathfrak{E} i \right) dV = 0 \tag{34}$$

Ohne das Magnetfeld bliebe nur der zweite Teil, der aussagt, daß, bei gegebenen elektromotorischen Kräften, das Stromfeld sich so ausbildet, daß die verbrauchte JOULEsche Wärme möglichst klein wird. Die daraus resultierenden stationären Strömungsfelder stellen ein gewisses Mittel der denkbaren Felder dar, indem einerseits große Umwege der Stromlinien, andererseits eine zu starke Zusammendrängung derselben eine Vergrößerung der verbrauchten JOULEschen Wärme bedeuten würde.

Dagegen hätte der magnetische Teil in (34) allein folgende Bedeutung: Wegen $\operatorname{div}\mathfrak{B} = 0$ setzen wir: $\mathfrak{B} = \operatorname{rot}\mathfrak{A}$, worin $\mathfrak{A}$ als das Vektorpotential des Magnetfeldes bezeichnet wird. Dann ist noch mittels des AMPÈREschen Gesetzes ($\operatorname{rot}\mathfrak{H} = 4\pi i$):

$$\frac{1}{8\pi}\int \mathfrak{H}\mathfrak{B}\, dV = \frac{1}{8\pi}\int \mathfrak{H} \operatorname{rot}\mathfrak{A}\, dV = \frac{1}{8\pi}\int \mathfrak{A} \operatorname{rot}\mathfrak{H}\, dV = \frac{1}{2}\int \mathfrak{A}\, i\, dV .$$

Teilen wir das Strömungsgebiet in geschlossene „Stromröhren" ein, d. h. solche aus Stromlinien zusammengesetzte Röhren vom Querschnitt dq, die überall von der gleichen Stromstärke $di = i dq$ durchflossen sind. Für jede einzelne Stromröhre bezeichne ds ein Längenelement der Stromröhre, df ein Flächenelement der von der Röhre umschlossenen Fläche. Dann wird für diese Röhre:

$$\int \mathfrak{A}\, i\, dV = \int \mathfrak{A}\, i\, dq\, ds = di \int \mathfrak{A}\, ds = di \int \operatorname{rot}_n \mathfrak{A}\, df = di \int \mathfrak{B}_n\, df = di \cdot \Phi_n ,$$

d. h. das Produkt aus dem Strom in der Röhre und dem von der Röhre umschlossenen magnetischen Fluß. Das rein magnetische Prinzip sagt also aus, daß, bei gegebener Gesamtströmung, die Stromverteilung sich so einstellt, daß der umschlossene Fluß möglichst klein wird. Daraus folgt unmittelbar die Tendenz zur Stromverdrängung nach der Innenseite von geschlossenen Stromringen hin. In Wirklichkeit bildet sich natürlich ein durch die elektrische und die magnetische Tendenz bedingtes mittleres Feld aus, das aber die Stromverdrängung nach der gleichen Richtung hin zeigen muß.

13. Stromverdrängung in geraden, kreiszylindrischen Leitern (Skineffekt). Die quantitative Berechnung ist einfach für einen geraden Draht mit Kreisquerschnitt, der von einem Wechselstrom durchflossen ist. Sein Radius sei R, ferner sei λ und μ Leitfähigkeit und Permeabilität des Materials, ω die Frequenz des Wechselstroms, dessen Gesamtstärke als Realteil von $J^* \cdot e^{j\omega t}$ $(j = \sqrt{-1})$ gegeben sei. Wegen der erforderlichen Kreissymmetrie der Strömung müssen die magnetischen Kraftlinien auf Kreisen um die Zylinderachse (die z-Achse) laufen, und man erhält für die Feldstärke im Abstand r von der Achse aus dem AMPÈREschen Gesetz:

$$2\pi r \mathfrak{H}(r) = 4\pi \int_0^r i(r)\, 2\pi r\, dr, \qquad \text{d. h.} \qquad \frac{\partial r \mathfrak{H}(r)}{\partial r} = 4\pi r\, i(r). \tag{35}$$

Ferner ergibt das FARADAYsche Gesetz, wenn man es auf das aus der Achse $r = 0$ und einer parallelen Stromlinie im Abstand r gebildete Rechteck anwendet:

$$\mathfrak{E}(r) - \mathfrak{E}(0) = \frac{\partial}{\partial t} \int_0^r \mathfrak{B}(r)\, dr,$$

$$\text{d. h.} \qquad \frac{\partial \mathfrak{E}(r)}{\partial r} = \frac{\partial \mathfrak{B}(r)}{\partial t}.$$

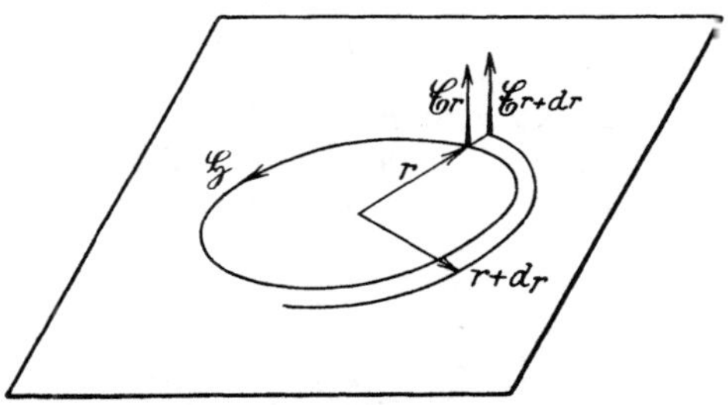

Abb. 10. Schema der Stromverdrängung.

Mit Rücksicht auf die Zeitabhängigkeit und die OHMsche Beziehung ist also:

$$\frac{\partial i(r)}{\partial r} = j\omega\lambda\mu \mathfrak{H}(r). \tag{35'}$$

Aus (35) und (35′) resultiert für die Stromverteilung $i(r)$ allein die Beziehung:

$$\frac{1}{r}\frac{\partial}{\partial r}\left(r \frac{\partial i}{\partial r}\right) = \frac{\partial^2 i}{\partial r^2} + \frac{1}{r}\frac{\partial i}{\partial r} = 4\pi\omega\lambda\mu j \cdot i, \tag{36}$$

also eine BESSELsche Differentialgleichung mit einem rein imaginären Koeffizienten. Setzen wir hier: $4\pi\omega\lambda\mu = \alpha^2$, so hat die einzige Lösung, die im Innern des Leiters überall endliche Stromdichte ergibt, die Form[1]):

$$i(r) = c J_0\left(\sqrt{-j}\,\alpha r\right),$$

und nach (35′) wird dann die magnetische Feldstärke:

$$\mathfrak{H}(r) = -\frac{4\pi c \sqrt{j}}{\alpha} J_0'\left(\sqrt{-j}\,\alpha r\right) = \frac{4\pi c\sqrt{j}}{\alpha} J_1\left(\sqrt{-j}\,\alpha r\right).$$

Da der Gesamtstrom, J^*, gegeben ist, so folgt nach dem AMPÉREschen Gesetz: $2\pi R \mathfrak{H}(R) = 4\pi J^*$ und damit die Konstante c. Es ergibt sich so schließlich:

$$i(r) = \frac{J^*}{R^2\pi} \, \frac{\alpha R\sqrt{-j}}{2} \, \frac{J_0\left(\sqrt{-j}\,\alpha r\right)}{J_1\left(\sqrt{-j}\,\alpha R\right)}. \tag{37}$$

Charakteristisch für die Stromverteilung ist daher die unbenannte Zahl αR.

Schließlich kann man hieraus auch noch die Größe bestimmen, die als Widerstand pro Längeneinheit des Leiters bei Wechselstrom aufgefaßt werden kann. Die Definition kann auf zwei Weisen erfolgen, die aber zu gleichen Werten des OHMschen Anteils W führen. Die erste berechnet den zeitlichen Mittelwert der JOULEschen Wärme: $2\pi \int_0^R \mathfrak{E}\, i r\, dr$ und setzt diesen als $W \cdot J^{*2}$ an. Die andere,

[1]) I_0 und I_1 bedeuten die BESSELsche Funktion 0-ter und 1-ter Ordnung.

den Anwendungen auf Drahtwellen vielfach angemessene, sieht den Spannungsabfall längs einer Erzeugenden der Leiteroberfläche als charakteristisch an und dividiert diesen mit dem Gesamtstrom. Man erhält auf letzterem Wege für die komplexe Zusammenfassung Z von OHMschem und induktivem Widerstand sofort:

$$Z = \frac{1}{\lambda R^2 \pi} \frac{\alpha R \sqrt{-j}}{2} \frac{J_0(\sqrt{-j}\,\alpha R)}{J_1(\sqrt{-j}\,\alpha R)}, \tag{38}$$

von der W der Realteil ist.

Näherungsausdrücke ergeben sich aus (37) und (38) für die Grenzfälle kleiner und großer Werte von αR. Vorweg bemerkt sei, daß, wie die komplexe Form der Stromverteilung aussagt, nicht nur dem Betrage nach, sondern auch der Phase nach der Strom in den kreiszylindrischen Schichten verschieden ist. Für große αR, also hohe Frequenzen, verwendet man die asymptotischen Formeln der BESSELschen Funktionen, die sich bei komplexem Argument durch Exponentialfunktionen ausdrücken. Man erhält so:

$$i(r) \cong \frac{J^*}{R^2\pi} \frac{\alpha R \sqrt{j}}{2} e^{\sqrt{-j}\,\alpha(r-R)}, \qquad \left(\sqrt{\pm j} = \frac{1 \pm j}{\sqrt{2}}\right),$$

worin direkt zum Ausdruck kommt, daß die Stromdichte von der Oberfläche nach dem Innern des Leiters hin exponentiell, unter Phasenänderung, abfällt. Der entsprechende Ausdruck des Widerstands wird:

$$Z \cong \frac{1}{\lambda R^2 \pi} \frac{\alpha R(1-j)}{2\sqrt{2}},$$

sein Realteil ist der gesuchte OHMsche Anteil.

Bei kleinem αR verwendet man die Potenzentwicklungen der BESSELschen Funktionen, die bei den Frequenzen der Hochspannungstechnik auch dann noch ausreichend sind, wenn es sich um eiserne Leiter ($\mu \backsim 10^3$) handelt. Man erhält so:

$$i(r) = \frac{J^*}{R^2\pi} \frac{1 + j\alpha^2 r^2/4 - \alpha^4 r^4/64 + \cdots}{1 + j\alpha^2 R^2/8 - \alpha^4 R^4/192 + \cdots}$$

und für den Widerstand:

$$Z = \frac{1}{\lambda R^2 \pi} \cdot (1 - j\alpha^2 R^2/8 + \alpha^4 R^4/192 + \cdots).$$

Diese Formeln ergeben die Unterschiede gegenüber dem Gleichstromwiderstand $1/\lambda R^2 \pi$ und der Gleichstromverteilung $J^*/R^2\pi$ in Abhängigkeit von der charakteristischen Größe αR.

14. Stromverteilung in zylindrischen Leitern von beliebigem Querschnitt. Wenn der Querschnitt des Leiters nicht kreisförmig ist, so ist die Stromverteilung viel schwieriger zu ermitteln, da die Einschränkung der möglichen Lösungen fortfällt, die durch die Kreissymmetrie von vornherein gegeben war. Man kann hier im allgemeinen die Bestimmung nur unter gleichzeitiger Berechnung des magnetischen Feldes im Außenraum durchführen. Gleich einfach wie der Kreisfall ist nur der Fall eines Rechtecks von den Seiten b, d in der x- bzw. y-Richtung, wenn b so groß ist gegen d, daß man von der Veränderlichkeit des Stromes in der x-Richtung absehen kann (bandförmiger Leiter). Vom magnetischen Feld kommen dann nur die $\mathfrak{H}_x$-Komponenten in Betracht, und man hat, mit sonst gleichen Bezeichnungen wie oben:

$$\frac{\partial \mathfrak{H}}{\partial y} = 4\pi i(y); \qquad \frac{\partial \mathfrak{E}}{\partial y} = \frac{1}{\lambda} \frac{\partial i}{\partial y} = \frac{\partial \mathfrak{B}}{\partial t} = j\omega\mu\mathfrak{H},$$

also

$$\frac{\partial^2 i}{\partial y^2} = 4\pi\omega\lambda\mu j i = j\alpha^2 i.$$

Die Lösungen lassen sich also hier durch Exponentialfunktionen ausdrücken, und zwar muß die Stromverteilung in der y-Richtung symmetrisch zur Mittelebene sein. (Bei anderen Verteilungen wäre nämlich ein auf beiden Seiten des Bandes gleichgerichtetes Magnetfeld vorhanden, was nicht möglich ist, solange nicht noch andere Leiter sich im Feld befinden.) Die Lösung wird dann genau analog der Gleichung (37)

$$i(y) = \frac{J^*}{bd}\,\frac{\alpha d\sqrt{j}}{2}\,\frac{\mathfrak{Cof}(\sqrt{j}\,\alpha y)}{\mathfrak{Sin}(\sqrt{j}\,\alpha d/2)}, \qquad (39)$$

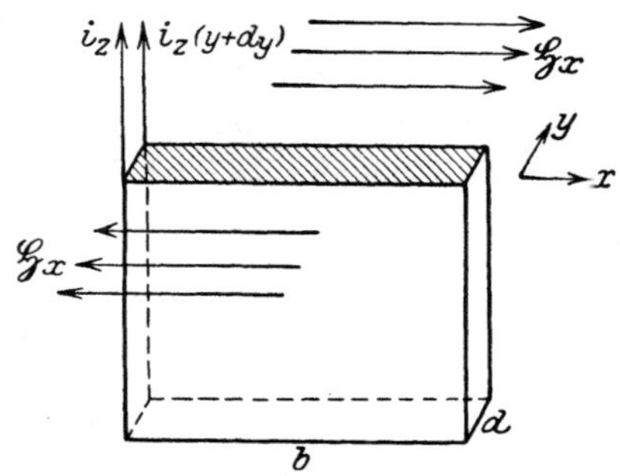

Abb. 11. Schema der Stromverdrängung.

und auch die weiteren Diskussionen sind genau analog den dort durchgeführten. Der Wechselstromwiderstand ist also:

$$Z = \frac{1}{\lambda b d}\,\frac{\alpha d\sqrt{j}}{2}\,\mathfrak{Cotg}\left(\frac{\alpha d\sqrt{j}}{2}\right),$$

worauf wieder Entwicklungen wie oben angewandt werden können.

Im allgemeinen Fall eines beliebigen Querschnitts[1]) hat man in der Querschnittsebene die Komponenten $\mathfrak{H}_x$ und $\mathfrak{H}_y$ des magnetischen Feldes und senkrecht dazu die Strömungsdichte $i_z = \lambda \mathfrak{E}_z$. Dabei ist

$$\operatorname{rot}\mathfrak{H} = \frac{\partial \mathfrak{H}_y}{\partial x} - \frac{\partial \mathfrak{H}_x}{\partial y} = 4\pi i_z \qquad (40)$$

und

$$\operatorname{rot}\mathfrak{E} = -\mu\frac{\partial \mathfrak{H}}{\partial t} \quad \text{d. h.} \quad \frac{1}{\lambda}\frac{\partial i_z}{\partial y} = -j\omega\mu\mathfrak{H}_x, \quad \frac{1}{\lambda}\frac{\partial i_z}{\partial x} = j\omega\mu\mathfrak{H}_y, \qquad (40')$$

wenn man gleich die Frequenzabhängigkeit (ω) einführt. Aus (40) und (40′) folgt für i (wir lassen den Index z weg):

$$\frac{\partial^2 i}{\partial x^2} + \frac{\partial^2 i}{\partial y^2} = 4\pi\omega\lambda\mu j i = j\alpha^2 i, \qquad (41)$$

mit der früheren Bezeichnung α^2. Diese Gleichung gilt im Innengebiet des Leiterquerschnitts. Da aber keine weiteren Randbedingungen für die Stromverteilung vorliegen, außer der Vorgabe des Gesamtstromes J^*, so ist hieraus i natürlich noch nicht eindeutig bestimmt. Das magnetische Feld muß daher zwecks eindeutiger Bestimmung hinzugenommen und so bestimmt werden, daß es überall, auch an der Begrenzung des Querschnitts, stetig verläuft und im Unendlichen hinreichend stark zu 0 abnimmt. Wegen der überall gültigen Beziehung

$$\operatorname{div}\mathfrak{B} = \mu \operatorname{div}\mathfrak{H} = \mu\left(\frac{\partial \mathfrak{H}_x}{\partial x} + \frac{\partial \mathfrak{H}_y}{\partial y}\right) = 0 \qquad (42)$$

kann im Innen- und Außengebiet gesetzt werden:

$$\mathfrak{H}_x = -\frac{\partial \varphi}{\partial y}; \qquad \mathfrak{H}_y = \frac{\partial \varphi}{\partial x}, \qquad (42')$$

woraus durch Vergleich mit (40′) hervorgeht, daß die „Flußfunktion“ φ im Innern des Querschnitts bis auf eine additive Konstante mit $i/j\omega\lambda\mu$ übereinstimmt. Wir setzen also hier:

$$\varphi = \frac{1}{j\alpha^2}(4\pi i - C) \qquad (43)$$

und erhalten damit für das Innere des Querschnitts aus (41) oder (40) die Gleichung:

$$\frac{\partial^2 \varphi}{\partial x^2} + \frac{\partial^2 \varphi}{\partial y^2} = 4\pi i = j\alpha^2\varphi + C, \qquad (44)$$

[1]) In der Literatur scheint diese allgemeine Aufgabe noch nicht behandelt zu sein. [O. Strutt (Ann. d. Phys. Bd. 83, S. 979. 1927) benutzt die Randbedingung i = konst., die der Aufgabe nicht in Strenge entspricht. Anm. bei der Korrektur.]

für das ganze Außengebiet dagegen, wo kein Strom vorhanden ist ($\lambda = 0$):

$$\frac{\partial^2 \varphi}{\partial x^2} + \frac{\partial^2 \varphi}{\partial y^2} = 0 . \qquad (44')$$

Dazu kommt, daß $\frac{\partial \varphi}{\partial x}$ und $\frac{\partial \varphi}{\partial y}$, oder auch φ und $\frac{\partial \varphi}{\partial n}$, an der Begrenzung des Querschnitts stetig sein sollen und für eine beliebige, um den ganzen Querschnitt herum geschlossene Linie gelte:

$$\oint \mathfrak{H} d s = \oint \frac{\partial \varphi}{\partial n} d s = 4\pi J^* . \qquad (45)$$

Durch die Gleichung (44), in der die Konstante C im letzten Grund durch (45) mitbestimmt wird, wird die vorliegende Feldaufgabe als eine inhomogene charakterisiert, während die Behandlung in den vorangehenden einfachen Fällen als homogen erscheinen könnte.

Die vollständige Durchführung der Aufgabe, die an dieser Stelle nicht beabsichtigt ist, setzt die Angabe einer speziellen Form des Querschnitts voraus. Prinzipiell kommen in Betracht: Bei kleinem α eine Potenzentwicklung nach α (NEUMANNsche Entwicklung); bei großem α eine asymptotische Näherung; ferner auch allgemein eine Entwicklung nach gewissen Eigenfunktionen.

Die asymptotische Näherung erhält man durch folgende Überlegung: Je größer der Parameter α, desto mehr wird die Strömung an die Oberfläche des Leiters gedrängt, das Innere also vom magnetischen Feld frei. Der Stetigkeit wegen muß dann auch außen längs der Leiteroberfläche die Normalkomponente des magnetischen Feldes verschwinden, während die Tangentialkomponente wegen der Stromschicht längs der Oberfläche nach dem AMPÈREschen Gesetz unstetig werden kann. Nach (40′) folgt dann, daß die Stromdichte auf der Oberfläche selbst konstant wird, da ihre Veränderlichkeit nur von den normal austretenden Kraftlinien herrühren würde. Man kann also im Falle großer α^2 die Stromverteilung aus der Gleichung (41), mit der Randbedingung $i =$ konst. längs der Oberfläche und vorgegebenem Gesamtstrom, ermitteln, ohne daß auf das Feld im Außengebiet einzugehen nötig ist. Für diese Aufgabe existieren bekannte Lösungsmethoden, wie ja auch die strenge Behandlung im kreissymmetrischen Fall darunter fällt.

Die Potenzentwicklung bei kleinem α oder auch die allgemeine Eigenfunktionsentwicklung erhält man am übersichtlichsten durch die Formulierung der Aufgabe als einer Integralgleichung. Nach (44) und (44′) läßt sich die Stromfunktion $\varphi(xy)$, bis auf eine additive Konstante, darstellen als ein über die Punkte ξ, η des Querschnitts erstrecktes Integral:

$$\varphi = -\int_f 2 i(\xi,\eta) \log \sqrt{(x-\xi)^2 + (y-\eta)^2}\, d\xi\, d\eta ,$$

wodurch auch die Stetigkeitsbedingungen erfüllt werden. Also ergibt sich für die Stromverteilung i selbst mittels (43) die im Querschnitt f gültige Integralgleichung:

$$i(x,y) = -\frac{j\alpha^2}{2\pi}\int_f i(\xi,\eta) \log \sqrt{(x-\xi)^2 + (y-\eta)^2}\, d\xi\, d\eta + k , \qquad (46)$$

wobei die Konstante k, die die Aufgabe zu einer inhomogenen macht, noch so zu bestimmen ist, daß der Gesamtstrom im Querschnitt $= J^*$ wird.

Aus allgemeinen Sätzen geht hervor, daß diese Integralgleichung für jeden physikalisch möglichen, d. h. positiven Wert α^2 lösbar ist. Denn die zugehörige, mit $k = 0$ entstehende homogene Integralgleichung ist nur lösbar, wenn an

Stelle der Größe $j\alpha^2/2\pi$ eine bestimmte Reihe rein reeller, nicht verschwindender Eigenwerte $\varkappa$ tritt. Wegen des Faktors j kann dieser Fall nicht für reelle α^2 eintreten. Insbesondere ergibt sich für $\alpha^2 = 0$ (Gleichstrom) die gleichförmige Verteilung $i = k = J^*/f$. Indem man diesen Wert unter dem Integral für $i(\xi, \eta)$ einsetzt, bekommt man für kleine α^2 eine zweite Näherung und so fortfahrend die Lösung in Form einer Potenzreihe (NEUMANNsche Reihe) nach α^2, die für hinreichend kleine α^2 konvergent ist.

Die allgemeine Theorie der Integralgleichungen gibt endlich noch zwei Methoden, entweder die Entwicklung nach den zu obengenannten Eigenwerten gehörigen Eigenfunktionen oder die Entwicklung nach FREDHOLMschen Reihen an die Hand, die beide für beliebige α^2 im Prinzip anwendbar sind.

15. Induktion von Wirbelströmen. Nach den gleichen Methoden lassen sich die Wirbelströme berechnen, die unter dem Einfluß von außen gegebener Magnetfelder in metallischen Leitern induziert werden. Wenn z. B. ein zylindrischer Leiter, wie der Eisenkern eines Transformators, von Kreisströmen umgeben ist, so erzeugen diese primär ein der Zylinderachse paralleles Magnetfeld von bestimmter Frequenz, das seinerseits wieder Kreisströme in den Querschnittsebenen des zylindrischen Eisenkernes erzeugt. Gegenüber den vorangehenden Aufgaben ist jetzt die Lage von Strömen und Magnetfeld vertauscht. Die Form der Gleichungen bleibt dabei die nämliche, aber es liegt eine einfachere Grenzbedingung vor, weil unter allen Umständen die induzierte Strömung am Rand des Querschnitts tangential verlaufen muß. Bei gleicher Orientierung des Koordinatensystems wie oben gibt es jetzt nur die Komponenten $\mathfrak{H}_z$, i_x und i_y, und es ist:

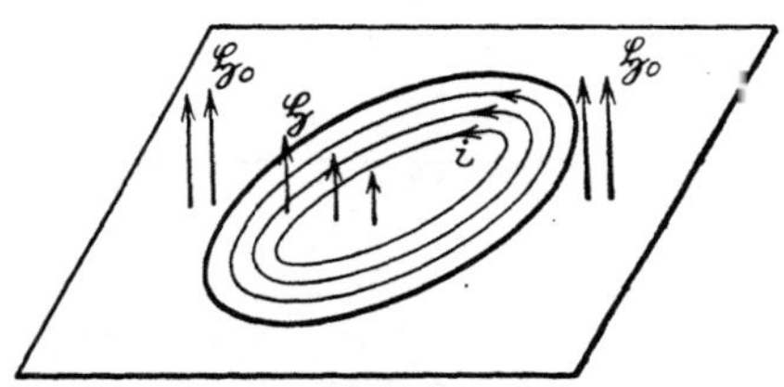

Abb. 12. Erzeugung von Wirbelströmen.

$$\frac{\partial \mathfrak{H}_z}{\partial y} = 4\pi i_x\,; \qquad -\frac{\partial \mathfrak{H}_z}{\partial x} = 4\pi i_y\,; \qquad \frac{\partial i_y}{\partial x} - \frac{\partial i_x}{\partial y} = -\lambda\mu\frac{\partial \mathfrak{H}_z}{\partial t}, \tag{47}$$

woraus für die Verteilung des Magnetfeldes im Innern, wenn man noch die Frequenzabhängigkeit mit ω einführt, folgt:

$$\frac{\partial^2 \mathfrak{H}_z}{\partial x^2} + \frac{\partial^2 \mathfrak{H}_z}{\partial y^2} = 4\pi\omega\lambda\mu j\mathfrak{H}_z = j\alpha^2\mathfrak{H}_z. \tag{48}$$

Nach den beiden ersten Gleichungen von (47) fallen die elektrischen Stromlinien mit den Kurven $\mathfrak{H}_z =$ konst. zusammen; also muß längs der Querschnittsbegrenzung $\mathfrak{H}_z$ konstant $= \mathfrak{H}_0$ sein, wobei, wenn man von der Rückwirkung der induzierten Wirbelströme nach außen hin absieht, diese Konstante mit dem von außen vorgegebenen primären Magnetfeld identifiziert werden kann. Mit dieser Randbedingung zu Gleichung (48) ist eine bekannte Randwertaufgabe formuliert. Wenn allerdings das primäre Feld nicht hinreichend homogen ist, um mit $\mathfrak{H}_0$ identifiziert zu werden, so muß man auch auf die Verhältnisse im äußeren Feld eingehen, um $\mathfrak{H}_0$ zu bestimmen.

Das einfachste Beispiel wäre wieder der Fall des kreiszylindrischen Kernes vom Radius R. Die Gleichung (48) stimmt dann mit der oben aufgestellten Gleichung (36) für i überein, und es ergibt sich daher jetzt die Verteilung des Magnetfeldes als BESSELsche Funktion. Mit Rücksicht auf die Randbedingung erhält man:

$$\mathfrak{H}_z = \mathfrak{H}_0 \frac{J_0(\sqrt{-j}\,\alpha r)}{J_0(\sqrt{-j}\,\alpha R)}, \tag{49}$$

und nach (47) folgt dann die Verteilung der Wirbelströme, die kreisförmig verlaufen und im Abstand r nach Größe und Phase sich zu

$$i = \frac{\sqrt{-j}\,\alpha}{4\pi}\,\mathfrak{H}_0\,\frac{J_1(\sqrt{-j}\,\alpha r)}{J_0(\sqrt{-j}\,\alpha R)} \tag{49'}$$

ergeben. Durch ähnliche Diskussion wie oben folgt, daß die Wirbelströme sich nach der Oberfläche des Leiters hin anhäufen und das Magnetfeld im Innern durch sie abgeschwächt wird, ja bei großem α nahezu zum Verschwinden gebracht wird. Dies ließe sich auch aus dem in Ziff. 13 vorangestellten allgemeinen Prinzip absehen, da als der von den Strömen umschlossene Raum hier der Zwischenraum zwischen der primären erzeugenden Wicklung und dem Eisenkern anzusehen ist. Die Durchführung der Aufgabe für andere Querschnittsformen ergibt ähnliche Resultate.

16. Stromverteilung bei Erdrückleitungen. In das Gebiet der induktiven Stromverteilungen gehört noch die bei Wechselstromanlagen mit Erdrückführung, wie sie z. B. bei Wechselstrombahnen vorliegt. Der Stromkreis besteht hier aus der metallischen Hinleitung und der unendlich ausgedehnten Erde als Rückleitung. Für die Berechnung können wir mit ausreichender Genauigkeit die Rückströme parallel der Hinleitung annehmen, so daß wieder eine zylindrische Strömung vorliegt, und können die im allgemeinen weniger symmetrischen Verhältnisse zunächst qualitativ ausreichend erfassen, wenn wir die Hinleitung als Kabel annehmen. Dieses betrachten wir als linearen Leiter, der zunächst von einem kreiszylindrischen Isolierraum vom äußeren Radius R umgeben und in die nach allen Richtungen unendlich ausgedehnte Erde eingebettet ist (vgl. den Querschnitt in Abb. 13). Die Konstanten λ, μ beziehen sich hier auf die Erde, wobei μ den Einfluß etwa in der Umgebung vorhandener Eisenschienen usw. qualitativ darstellt. Auch der Einfluß des Kabelmantels, der eine stärkere Zusammendrängung des Stromes bewirkt, soll darin qualitativ mit enthalten sein.

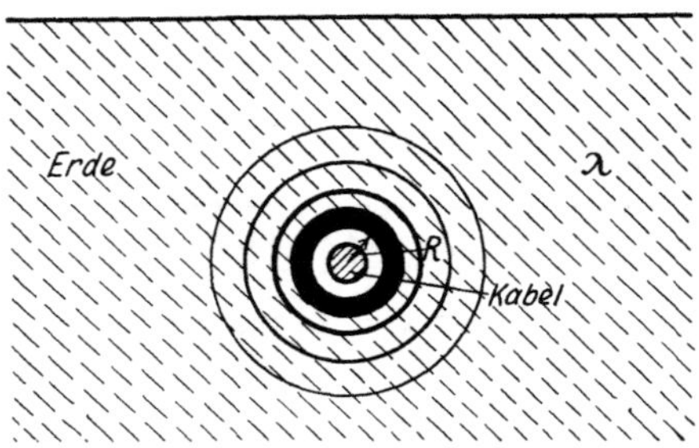

Abb. 13. Kabel mit Erdrückleitung. (Die Kreise stellen annähernd die Kurven gleicher Dichte des Rückstromes dar.)

Für die Stromverteilung in der Erde, die wir in diesem Bild als kreissymmetrisch voraussetzen, erhält man wie oben (Ziff. 13) wieder die Gleichung (36):

$$\frac{\partial^2 i}{\partial r^2} + \frac{1}{r}\frac{\partial i}{\partial r} = j\alpha^2 i \qquad (\alpha^2 = 4\pi\omega\lambda\mu), \tag{36}$$

wobei der gesamte in der Erde fließende Rückstrom, also von $r = R$ bis $r = \infty$, gleich dem Hinstrom J^* sein soll. Die Bedingung des endlichen bestimmten Gesamtstroms ist nur dann erfüllbar, wenn die Stromdichte nach außen hin (d. h. für $r \to \infty$) zu 0 abnimmt. Da die Lösungen von (36) BESSELsche Funktionen, mit dem Argument $z = \sqrt{-j}\,\alpha r$ sind, die bei imaginärem Argument bekanntlich exponentiell anwachsen bzw. abnehmen, so wird diese Bedingung nur durch die als HANKELsche Funktion zweiter Art bezeichnete Kombination erfüllt (vgl. JAHNKE-EMDE, Funktionentafeln):

$$H_0^{(2)}(z) = \frac{2j}{\pi}\,e^{-jz}\int_0^\infty \frac{e^{-2jz\tau}}{\sqrt{\tau(1+\tau)}}\,d\tau\,. \tag{50}$$

Denn deren asymptotische Entwicklung lautet für große z:

$$H_0^{(2)}(z) \cong -\sqrt{\frac{2j}{\pi z}}\, e^{-jz} + \cdots \qquad (50')$$

und verschwindet daher, da das Argument $-jz = -\sqrt{j}\,\alpha r$ negativen Realteil hat. Wir haben also für die Stromverteilung:

$$i(r) = c \cdot H_0^{(2)}\left(\sqrt{-j}\,\alpha r\right).$$

Die magnetische Feldstärke ergibt sich dann nach (35′) in Ziff. 13. Nun muß das Stromlinienintegral, erstreckt um die innere Begrenzung der Erdströme, d. h. um den Kreis vom Radius R, gleich $4\pi J^*$ sein, wegen des vorgegebenen Hinstromes. Genau wie dort ergibt sich daraus die Konstante c, und zwar wird schließlich:

$$i(r) = \frac{J^*}{R^2\pi}\,\frac{\sqrt{-j}\,\alpha R}{2}\,\frac{H_0^{(2)}(\sqrt{-j}\,\alpha r)}{H_1^{(2)}(\sqrt{-j}\,\alpha R)} \qquad (51)$$

die vollständige Darstellung der Stromverteilung.

Für eine genauere quantitative Berechnung der Stromverteilung müßte natürlich auch die Erdoberfläche berücksichtigt werden, die bewirkt, daß die Verteilung nicht mehr kreissymmetrisch ist. Eine für praktische Bedürfnisse ausreichende Berechnung hat RÜDENBERG[1]) durchgeführt, die zwar auch noch in der Erde Kreissymmetrie annimmt, aber die Nähe der Erdoberfläche durch eine Abänderung der Konstanten α^2 in Betracht zieht. Mit Rücksicht auf die ohnehin große Unsicherheit der zugrunde gelegten Konstanten λ und μ kann auf die numerischen Resultate dieser Arbeit verwiesen werden, die, wie unsere Formel (50′), zeigen, daß die Rückstromdichte nach außen hin rasch abnimmt, so daß der Erdstrom immer, auch bei verzweigten und gewundenen Leitungen, in der Nähe der Hinleitung erfolgt. Es liegt hier eine deutliche Bestätigung des vorangestellten Prinzips der Stromverdrängung nach der Innenseite von geschlossenen Stromringen hin vor.

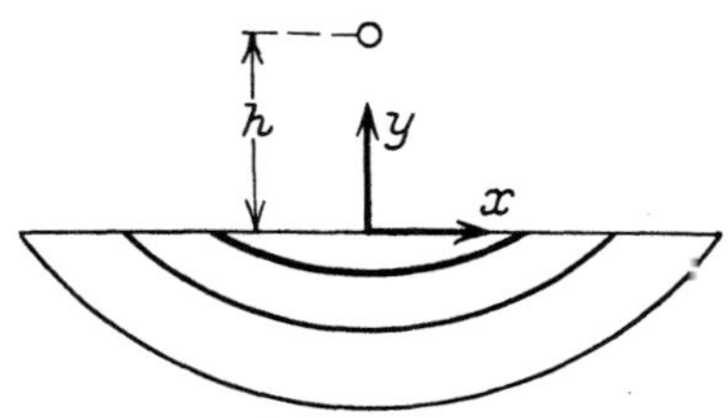

Abb. 14. Freileitung mit Erdrückleitung. Kurven gleicher Rückstromdichte.

Eine prinzipiellere Berücksichtigung der Erdoberfläche könnte nach folgendem Verfahren erfolgen, das wir für den Fall einer Hinleitung in der Luft in der Höhe h andeuten[2]): Das von der Erde noch unbeeinflußte Magnetfeld läßt sich aus einer Feldfunktion

$$\varphi_0 = -2J^* \ln r \qquad \left(r = \sqrt{x^2 + (y-h)^2}\right)$$

ableiten; wir zerlegen diese nach der in Ziff. 5 gegebenen Darstellung:

$$-\log r = \Re\left[\int_0^\infty \left(e^{m(x+j[y-h])} - e^m\right)\frac{dm}{m}\right]$$

in einzelne ebene Felder von der Form $e^{m(x+jy)}$, wobei der Integrationsweg, wie (l. c.) angegeben, zu wählen ist. Wir haben nun eine Feldfunktion $\varphi = \varphi_0 + \varphi_1$

[1]) R. RÜDENBERG, Die Ausbreitung der Erdströme. ZS. f. angew. Math. u. Mech. Bd. 5, S. 361. 1925.

[2]) Einen ähnlichen Weg geht G. HABERLAND: Theorie der Leitung von Wechselstrom durch die Erde. ZS. f. angew. Math. u. Mech. Bd. 6, S. 366. 1926.

im Luftraum ($y > 0$) und $\varphi = \varphi_2$ in der Erde zu suchen, wobei übrigens letztere nach den Gleichungen

$$\frac{\partial \varphi_2}{\partial y} = -\mathfrak{H}_x = \frac{1}{j\omega\lambda\mu}\frac{\partial i}{\partial y}; \qquad \frac{\partial \varphi_2}{\partial x} = \mathfrak{H}_y = \frac{1}{j\omega\lambda\mu}\frac{\partial i}{\partial x}$$

direkt mit der Stromdichte in der Erde bis auf den Faktor $j\omega\lambda\mu$ identifiziert werden kann. Dabei sind außer den Regularitätsbedingungen die Stetigkeitsbedingungen für $\partial\varphi/\partial x$ und $\partial\varphi/\partial y$ längs der Grenze $y = 0$ zu berücksichtigen. Diese Bedingungen lassen sich erfüllen, indem man den auf das einzelne ebene Feld $e^{m(x+[jy-h])}$ entfallenden Anteil von φ_1 als „reflektiertes" Feld von der Form $c_1 e^{m(x-jy)}$ ansetzt und den entsprechenden Anteil von φ_2 als „gebrochenes" Feld von der Form $c_2 e^{mx+\sqrt{j\alpha-m^2}\,y}$. Dadurch wird der Differentialgleichung (41) für die Stromverteilung in der Erde genügt, und zugleich können durch Bestimmung der Konstanten c_1, c_2 die Stetigkeitsbedingungen befriedigt werden. Die vollständige Lösung erscheint so schließlich in der Form einer Integraldarstellung über diese einzelnen Stromanteile, die zum Zwecke näherer Diskussion ähnlich wie oben die BESSELsche Funktion asymptotisch entwickelt werden kann. In ähnlicher Weise könnte man auch zur Berechnung der Kabelrückströmung von der oben abgeleiteten Kabellösung (51) ausgehen, diese nach (50) in ebene Strömungen zerlegen und dann die Erdoberfläche durch eine „reflektierte" Strömung in der Erde und ein „gebrochenes" Feld im Luftraum berücksichtigen.

Kapitel 3.

Lichtelektrische Erscheinungen.

Von

Bernhard Gudden, Erlangen.

Mit 32 Abbildungen.

a) Allgemeines über lichtelektrische Wirkungen.

1. Übersicht. Als „lichtelektrische Erscheinungen“ fassen wir alle Lichtabsorptionsvorgänge zusammen, die unmittelbar zur Auslösung von Elektronen aus ihrem Verbande führen. Derartige Vorgänge sind für den ganzen Spektralbereich vom kurzwelligen Ultrarot bis zu den höchsten bekannten Frequenzen, den γ-Strahlen, bekannt und finden sich bei allen Aggregatzuständen und allen Stoffen. Einer einheitlichen Behandlung steht die Verschiedenheit der äußeren Erscheinungsweise und der Beobachtungsverfahren entgegen. Je nachdem die Elektronen außerhalb der absorbierenden Körper zur Beobachtung gelangen oder auf ihre Auslösung im Innern derselben mittelbar geschlossen wird, sprechen wir von „äußerer“ oder „innerer“ lichtelektrischer Wirkung; in Gasen und Dämpfen verliert diese Unterscheidung ihre Bedeutung. Im Gebiete der hohen Lichtfrequenzen (Röntgen- und γ-Strahlen) findet die optische Absorption im Atominnern statt, hier erweist sich jede Absorption gleichzeitig als lichtelektrische Wirkung; diese Vorgänge sind ausführlich im Abschnitt über die Absorption von Röntgenlicht dargestellt (Bd. XXIII), im folgenden (Ziff. 19) sind nur solche Tatsachen gesondert angeführt, die gerade für die lichtelektrische Fragestellung von Bedeutung sind. Im Gebiet der kleineren Frequenzen (Ultraviolett und sichtbares Spektralgebiet) findet die optische Absorption an der Peripherie der Atome statt und wird entscheidend durch chemische Bindung, Aggregatzustand usw. beeinflußt. Wir besprechen hier gesondert: 1. äußere lichtelektrische Wirkung α) an metallischen Leitern (Ziff. 3 bis 12), β) an festen Nichtmetallen (Ziff. 13), γ) an nichtmetallischen Flüssigkeiten (Ziff. 14); 2. innere lichtelektrische Wirkung α) in festen Nicht- (oder Halb-)Leitern (Ziff. 15), β) in Flüssigkeiten (Ziff. 16); 3. lichtelektrische Wirkung in Gasen und Dämpfen (Ziff. 17).

Die Elektronennatur beobachteter Elektrizität wird durch e/m-Messungen bewiesen. Dieser Nachweis ist aber nur bei äußerer lichtelektrischer Wirkung und angrenzendem Vakuum zu erbringen und liegt in der Tat auch nur für die lichtelektrische Wirkung ultravioletten oder Röntgenlichtes an festen Oberflächen vor. In allen übrigen Fällen ist der Schluß auf Elektronenauslösung nur mittelbar und mehr oder minder sicher.

Man ist geneigt, vor allem folgende Beobachtungstatsachen als gewichtige Stützen einer lichtelektrischen Deutung gelten zu lassen:

1. Genaue Proportionalität zwischen Lichtintensität und elektrischer Wirkung (meist Stromstärke).
2. Trägheitslosigkeit bei Einsatz und Ende einer Belichtung.

Abweichungen von diesen Forderungen müssen in jedem Fall durch sekundäre Erscheinungen, die mit der lichtelektrischen Absorption als solcher nichts zu tun haben, erklärt werden können. Früher sind verschiedentlich die photochemischen und die Photolumineszenzerscheinungen lichtelektrisch aufgefaßt worden. Man kann heute sagen, daß ein Zusammenhang nur insofern besteht, als lichtelektrische Vorgänge die Ursache von photochemischen Änderungen oder Lumineszenzerscheinungen sein können, es aber keineswegs zu sein brauchen (vgl. die Abschnitte Photochemie und Anregung von Emission durch Einstrahlung in Bd. XXIII). So fehlen auch für den meist lichtelektrisch aufgefaßten Becquereleffekt (Potentialänderung belichteter Elektroden in Elektrolytlösungen) sichere Anhaltspunkte für lichtelektrische Deutung.

Derartige Vorgänge können auf optische Anregung und innermolekulare Bindungsänderungen zurückzuführen sein, ohne daß dabei Elektronen aus ihrem bisherigen Verbande freigemacht werden.

2. Theorie. Eine umfassende Theorie der lichtelektrischen Wirkung kann noch nicht gegeben werden; jedoch sind die lichtelektrischen Erscheinungen eine gewichtige Stütze der Quantentheorie. Wir werden daher im folgenden stets die Forderungen der Quantentheorie als Leitgedanken bei der Darstellung der Versuchsergebnisse benutzen. Selbstverständlich wird aber der Wert der Tatsachen nicht beeinflußt, wenn sich späterhin eine Wandlung unserer theoretischen Anschauungen einstellen sollte[1]).

Die in dieser Darstellung gebrauchten Forderungen der Quantentheorie sind folgende:

Das Licht wird in Energiebeträgen $h\nu$ absorbiert. Ein derartiger Energiebetrag führt zur Auslösung eines Elektrons unter Überwindung einer „Ablöse"- und „Austrittsarbeit" P. Die Differenz $h\nu - P$ wird dem ausgelösten Elektron als kinetische Energie $\frac{1}{2}mv^2$ oder eV mitgegeben.

$$h\nu - P = \tfrac{1}{2}mv^2 = eV \quad ^{2)}.$$

Hier bedeutet m und e Ladung und Masse des Elektrons, v seine Geschwindigkeit, V das Potential, das es durchlaufen muß, um die Geschwindigkeit v zu erlangen. In üblicher Weise wird in den folgenden Ziffern die Elektronenenergie und Geschwindigkeit vielfach durch die Angabe des entsprechenden Potentials in Volt gekennzeichnet.

Es können nicht mehr Elektronen ausgelöst werden als in der absorbierten Lichtenergie Q der Frequenz ν Energiequanten $h\nu$ enthalten sind. Wenn also die ganze Absorption quantenhaft erfolgt und lichtelektrisch wirksam ist, so können höchstens $Q/h\nu$ Elektronen zur Beobachtung gelangen, d. h. im internationalen Maßsystem für die verschiedenen Wellenlängen λ folgende Coulombzahlen pro absorbierte Grammkalorie:

Tabelle 1.

λ	10^{-4} cm 1000 mμ	500 mμ	250 mμ	10^{-7} cm 10 Å	10^{-10} cm 10 XE
ν	$3 \cdot 10^{14}$	$6 \cdot 10^{14}$	$12 \cdot 10^{14}$	$3 \cdot 10^{17}$	$3 \cdot 10^{20}$
Coulomb/cal	3,39	1,695	0,847	0,00339	0,00000339
Elektronenzahl/cal	$2{,}13 \cdot 10^{19}$	$1{,}06 \cdot 10^{19}$	$0{,}53 \cdot 10^{19}$	$2{,}13 \cdot 10^{16}$	$2{,}13 \cdot 10^{13}$

[1]) Inwieweit die sich zur Zeit entwickelnde Wellen- und Quantenmechanik eine vollständige Theorie der lichtelektrischen Erscheinungen wird geben können, bleibt abzuwarten; vorerst bestehen nur Ansätze bezüglich lichtelektrischer Wirkung in Gasen und der Absorption des Röntgenlichtes; die Lichtabsorption in festen und flüssigen Körpern entzieht sich noch theoretischer Behandlung.

[2]) Mißt man die elektrischen Größen im int. Maßsystem (Volt, Coulomb), so ist $\frac{1}{2}mv^2 = 10^7 \cdot eV$.

Wesentlich ist also, daß mit steigender Frequenz die Höchstausbeute linear sinken soll.

Über den Auslösungsmechanismus wird mit diesen Forderungen der Quantentheorie nichts ausgesagt; doch werden alle experimentellen Ergebnisse lichtelektrischer Forschung für die Quantentheorie bedeutsam werden können.

Wir können um so eher auf Besprechung vorhandener älterer theoretischer Ansätze[1]) verzichten, als es sich dabei um die Grundfragen der Quantentheorie des Lichtes handelt, die vielleicht durch die Entwicklung der Quantenmechanik einer Lösung zugeführt werden. Im besonderen gehört hierher die Frage nach der Emissionsrichtung des Elektrons in Abhängigkeit von Richtung und Polarisationszustand des auslösenden Lichtes. Hier liegen theoretische Versuche für sehr hohe Frequenzen vor (vgl. Bd. XXIII, Kap. 3, Ziff. 31 f.).

b) Äußere lichtelektrische Wirkung (Oberflächeneffekt)[2]).

3. Die äußere lichtelektrische Wirkung an metallischen Leitern. Die wichtigsten Tatsachen sind hier kurz zusammengefaßt folgende:

Alle metallischen Leiter entsenden bei Belichtung mit Licht genügend hoher Frequenz (sichtbares und ultraviolettes Spektralgebiet) Elektronen. Ihre Anzahl ist unter sonst gleichen Umständen der auffallenden Lichtenergie streng proportional, ihre Geschwindigkeit ist nicht einheitlich, sondern umfaßt einen Bereich, der einer beschleunigenden Spannung von 0 bis zu einigen Volt entspricht. Diese Geschwindigkeitsverteilung ist völlig unabhängig von der Lichtintensität. Häufigste und Höchstgeschwindigkeit steigen mit der Lichtfrequenz. Zahl der Elektronen pro Einheit absorbierter Lichtenergie steigt bei monochromatischer Belichtung im allgemeinen kontinuierlich mit abnehmender Wellenlänge von einer Grenzwellenlänge λ_0 aus, jenseits derer keine Elektronenemission beobachtet wird. Wir besprechen diese Tatsachen in den folgenden Ziffern einzeln ausführlicher. Außer den Metallen gehören hierher gewisse Metallverbindungen, wie PbS, PbO_2, FeS, Fe_2O_3, CuO, mit guter metallischer Leitung. Von diesen sind andere nichtleitende Metallverbindungen scharf zu unterscheiden, wie beispielsweise PbO, ZnS, AgCl mit durchweg geringer Lichtabsorption im langwelligen Spektralgebiet.

Übergangstypen stellen die im sichtbaren Spektralgebiet zwar durchsichtigen, aber gut leitenden Oxyde des Zn und Cd, oder die Sulfide des Ag und Cu dar.

Versuchstechnik. Man untersucht die äußere lichtelektrische Wirkung in sog. lichtelektrischen Zellen. Abb. 1 zeigt eine solche einfachster Art, wie sie von LENARD bei seinen grundlegenden lichtelektrischen Forschungen verwendet wurde. In gutem Vakuum stehen sich zwei Elektroden gegenüber. Die eine (A) ist mit einem Elektrometer verbunden und kann durch einen seitlichen Ansatz mit Quarzfenster mit ultraviolettem Licht bestrahlt werden. Die andere Elektrode, sorgfältig gegen Streulicht geschützt, kann gegenüber A

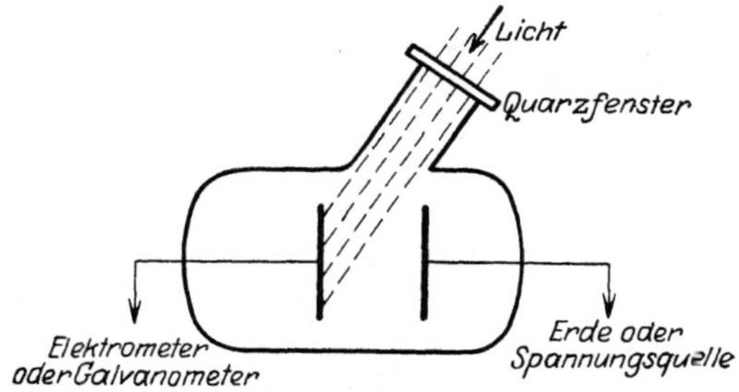

Abb. 1. Schematische Ausführung einer lichtelektrischen Zelle nach LENARD, 1900.

---

[1]) O. W. RICHARDSON, Phil. Mag. Bd. 23, S. 615. 1912; Bd. 24, S. 570. 1912; P. DEBYE u. A. SOMMERFELD, Ann. d. Phys. Bd. 41, S. 873. 1913.

[2]) Nach ihrem Entdecker auch „Hallwachseffekt" genannt.

auf verschiedene Potentiale gebracht werden. Abb. 2 zeigt zum Vergleich eine sehr viel verwickeltere Anordnung, wie sie bspw. von MILLIKAN[1]) benutzt wurde. Sie ermöglicht den Vergleich mehrerer Metalle unter sonst übereinstimmenden Verhältnissen, die Erneuerung der Oberflächen im Vakuum und die gleichzeitige Messung der Kontaktpotentiale.

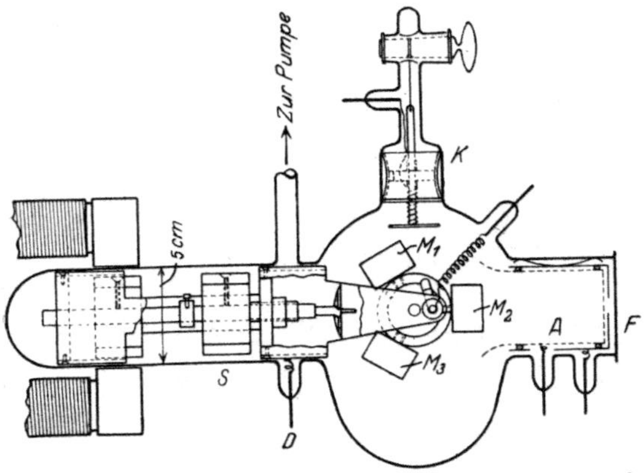

Abb. 2. Lichtelektrische Zelle nach MILLIKAN, 1916, zur Messung der lichtelektr. Wirkung an mehreren Metalloberflächen unter gleichen Bedingungen, mit Vorrichtungen zur gleichzeitigen Bestimmung des Kontaktpotentials und zur Erneuerung der Metalloberflächen durch Schaben im Vakuum.

M_1, M_2, M_3, drei gegeneinander auswechselbare Metallflächen. *S* Vorrichtung zum Erneuern der Metalloberflächen durch Schaben im Vakuum; *A* Faradaykäfig als Elektronenauffänger; *F* Belichtungsfenster; *K* Vorrichtung zur Bestimmung des Kontaktpotentials.

Nur im Hochvakuum an reinsten Metallflächen lassen sich einigermaßen übersichtliche und reproduzierbare Verhältnisse erwarten. Versuche ohne spektrale Zerlegung und Energiemessung haben nur sehr bedingten Wert. Für die spektrale Zerlegung kommt es wesentlich auf Lichtstärke und spektrale Reinheit[2]), nicht dagegen auf völlige Monochromasie[3]) an. In den meisten Fällen ist nur bei Ausdehnung der Versuche auf einen möglichst ausgedehnten Spektralbereich im Ultravioletten die wünschenswerte Übersicht zu gewinnen. Es ist bedauerlich, aber wegen der experimentellen Unbequemlichkeit und Schwierigkeit verständlich, daß kaum eine lichtelektrische Untersuchung bisher auf Wellenlängen unterhalb 200 mμ ausgedehnt wurde.

Bei Beobachtungen in Gasen treten die bekannten Verwicklungen auf, die im Abschnitt über die Elektrizitätsleitung in Gasen behandelt sind (Bd. XIV, Kap. 1). Für quantitative Messungen wird man daher stets Vakuum anwenden. Kommt es auf besondere Empfindlichkeit des Nachweises an, so wird gelegentlich Stoßionisation zu Hilfe genommen; es gibt für jedes Gas und jede Elektrodenanordnung und Spannung einen günstigsten Gasdruck; für den unter Aufrechterhaltung der Proportionalität von Strom und Lichtintensität ein Vielfaches des primären Elektronenstromes beobachtet wird. Bei den gewöhnlichen Anordnungen liegt er bei etwa 1 mm Hg-Säule (vgl. etwa A. PARTSCH, Ann. d. Phys. Bd. 40, S. 157. 1913).

Viele Metalle lassen sich in Glas destillieren, beispielsweise die Alkalien außer Li, ferner Zn, Cd, Hg; andere lassen sich durch Kathodenzerstäubung oder durch Verdampfung von Drähten als dünne Schichten niederschlagen. Verdampfung im Hochvakuum hat gegenüber der Kathodenzerstäubung wesentliche Vorzüge, weil bei letzterer sehr gashaltige Schichten entstehen. Vgl. Ziff. 6.

Als elektrische Meßinstrumente kommen nur höchstempfindliche Galvanometer, vor allem aber Elektrometer in Betracht, da reine lichtelektrische Ströme

[1]) R. A. MILLIKAN, Phys. ZS. Bd. 17, S. 218. 1916.

[2]) Unter Reinheit ist dabei das Fehlen von Streulicht merklich anderer, vor allem kürzerer Wellenlängen verstanden. Sie ist meist nur durch doppelte Zerlegung oder Verbindung einfacher Zerlegung mit geeigneten Lichtfiltern erreichbar.

[3]) Es empfiehlt sich daher bei lichtelektrischen Arbeiten nicht, die benutzten Wellenlängen in Å-Einheiten anzugeben, da dadurch eine Monochromasie vorgetäuscht wird, die nicht vorhanden ist. Die verwendeten Spektralbereiche umfassen fast immer einige mμ.

in monochromatischem Licht kaum 10^{-9} Amp. erreichen, meist aber um Zehnerpotenzen kleiner sind.

4. Proportionalität von Strom und Lichtintensität. Die strenge Proportionalität zwischen Elektronenzahl und Lichtenergie bzw. Strom und Lichtintensität ist von zahlreichen Forschern in weitestem Umfang bestätigt worden. Sie gilt unter gewissen Umständen auch im gasgefüllten Raum, also nicht nur für den ursprünglichen Elektronenstrom, sondern auch den Ionenstrom, selbst im Falle einer Vervielfachung durch Stoßionisation. Hier sind die Namen ELSTER und GEITEL, LENARD, LADENBURG, GRIFFITH zu nennen. Vor allem ELSTER und GEITEL haben frühzeitig (1893) die vorzügliche Eignung der lichtelektrischen Zellen mit und ohne Gasfüllung für praktische Photometerzwecke (Ziff. 11) erkannt. Sie zeigten ferner, daß die Proportionalität zwischen Strom und Intensität ebensowohl bei Bestrahlung mit unmittelbarem Sonnenlicht wie bei den kleinsten, dem menschlichen Auge noch wahrnehmbaren Intensitäten erhalten bleibt[1]). Diese Werte entsprechen unter Berücksichtigung der spektralen Selektivität lichtelektrischer Zellen etwa 10^{-2} bis 10^{-15} cal/sec·cm². Es ist bisher keine Andeutung weder eines Schwellen- noch eines oberen Grenzwertes für die lichtelektrische Wirkung gefunden worden. Ebensowenig hat sich ein Anhalt dafür ergeben, daß eine Abweichung bei sehr kleinen Belichtungszeiten auftritt. Ausschließlich das Produkt $I \cdot t$ (Lichtintensität × Beleuchtungszeit) bestimmt die ausgelöste Elektrizitätsmenge, einerlei ob die Beleuchtungszeit nach Sekunden zählt oder wie in Versuchen von MARX und LICHTENECKER[2]) bis $1{,}5 \cdot 10^{-7}$ sec herabgesetzt wird.

Immer wieder einmal behauptete Abweichungen von der Proportionalität zwischen Strom und Intensität haben sich auf unbeachtete Fehlerquellen zurückführen lassen, meist handelt es sich um mangelnde Sättigung infolge Oberflächen- oder Raumladungen, gelegentlich auch um unzureichende Isolation. Bei Gasfüllung, auch bei Drucken von wenigen Millimetern Quecksilbersäule, ist überhaupt eine Proportionalität nur innerhalb eines geringen Intensitätsbereiches zu erhalten; besonders ungünstig sind in dieser Hinsicht Zellformen, in denen das elektrische Feld sehr inhomogen ist.

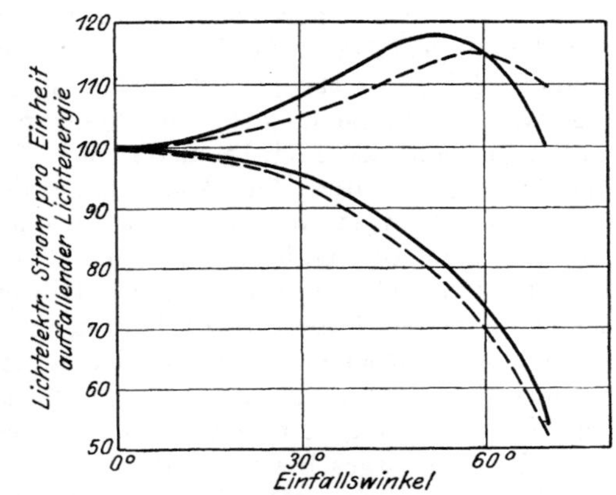

Abb. 3. Abhängigkeit der lichtelektr. Wirkung an einem Cu-Spiegel von Polarisationsrichtung und Einfallswinkel des Lichtes (nach POHL).

—— Gemessen im unzerlegten Licht einer Hg-Quarzlampe.
····· Berechnet aus den von MINOR gemessenen optischen Konstanten des Cu für $\lambda = 231$ mμ, unter der Voraussetzung der Proportionalität von lichtelektrischem Strom und absorbierter Lichtintensität.

Cu-Spiegel durch Kathodenzerstäubung hergestellt.

Die Proportionalität zwischen Elektronenzahl und Lichtenergie kann sich nach dem Gesetz von der Erhaltung der Energie nur auf die absorbierte Lichtenergie beziehen. Diese ist aber unter sonst gleichen Verhältnissen nicht nur stets der einfallenden, sondern auch der gemessenen auffallenden proportional. Letzteres gilt aber nicht mehr bei Veränderung des Einfallswinkels und, bei von 0° verschiedenem Einfallswinkel, Veränderung der Polarisation. Eine derartige aus optischen Gründen selbstverständliche Abhängigkeit der licht-

[1]) J. ELSTER u. H. GEITEL, Phys. ZS. Bd. 14, S. 741. 1913.
[2]) E. MARX u. K. LICHTENECKER, Ann. d. Phys. Bd. 41, S. 124. 1913.

elektrischen Emission von Polarisationszustand und Einfallswinkel des Lichtes ist mehrfach vergeblich gesucht. Erst POHL[1]) zeigte 1909, daß bei Untersuchung wirklich einwandfreier Metallspiegel — im Ultravioletten sind hierfür noch erheblich höhere Ansprüche zu stellen als im Sichtbaren — in der Tat der lichtelektrische Strom die Abhängigkeit von Polarisation und Einfallswinkel zeigt, die sich aus den optischen Konstanten des Materials für die Lichtabsorption berechnen läßt. Abb. 3 zeigt die Verhältnisse an Cu. Ohne Zweifel wäre die Übereinstimmung zwischen errechneter Absorption und beobachteter lichtelektrischer Wirkung noch besser, wenn mit monochromatischem Licht gearbeitet wäre und die optischen Konstanten am gleichen Spiegel bestimmt wären.

5. Die Geschwindigkeitsverteilung. Die Geschwindigkeit der ausgelösten Elektronen ist für den Mechanismus der lichtelektrischen Wirkung besonders wichtig und daher vielfach untersucht. LENARD vor allem hat darauf hingewiesen, daß die Beobachtungen stets nur die „äußere" Geschwindigkeitsverteilung liefern, nicht dagegen die theoretisch wichtigere „innere". Es ist einleuchtend, daß die im Metallinnern ausgelösten Elektronen durch Zusammenstöße mit den Metallatomen ihre Geschwindigkeit nach Größe und Richtung merklich ändern werden und schließlich beim Durchdringen der Oberfläche eine Bremsung erfahren durch Leistung der sog. „Austrittsarbeit" (vgl. hierzu Kap. 4, ferner Bd. XIV, Kap. 2, und Bd. XXIV, Kap. 1).

Man ermittelt die Höchstgeschwindigkeit der ausgelösten Elektronen gewöhnlich in der Weise, daß man an einer vorzüglich isolierten Elektrode in bestem Vakuum bestimmt, bis zu welchem positiven Potential V_m sie sich unter Bestrahlung als Folge von Elektronenaussendung auflädt. Dies Grenzpotential ist dann derart, daß auch die schnellsten ausgelösten Elektronen (Geschwindigkeit $v_{\max}$) nicht mehr entweichen können, sondern auf parabolischer Bahn wieder zur Ausgangsplatte zurückfallen. V_m ist daher ein Maß für die Höchstgeschwindigkeit ($eV_m = \frac{1}{2} m v_m^2$). LENARD[2]) stellte 1902 die grundlegende und ganz unerwartete Tatsache fest, daß dieses positive Aufladungspotential völlig unabhängig von der Lichtintensität ist. In einem Intensitätsbereich von 1:70 (ja 1:100000 unter Berücksichtigung der hohen Augenblicksintensitäten im Funken) erhielt er auf rund 1% gleiche Aufladungspotentiale. Es wird nur bei geringen Intensitäten langsamer erreicht; dann ist es zweckmäßig, die isolierenden Teile der Anordnung auf ihrer Außenseite von vornherein auf dem zu erwartenden Potential zu halten, um Ableitungsverluste auf ein Mindestmaß herabzudrücken. LENARDS Ergebnis ist später mehrfach mit großer Genauigkeit bestätigt worden. E. LADENBURG[3]) ergänzte es 1907 durch eine wichtige Untersuchung zum erstenmal bei monochromatischer Belichtung. Er fand, daß die Höchstgeschwindigkeit mit steigender Frequenz wächst; jedoch war der Spektralbereich 260 bis 210 mμ nicht ausgedehnt genug, um die genaue Form der Abhängigkeit zu erkennen. E. LADENBURG selbst wählte die einfache Formulierung $V_m = c\nu^2$, also $v_m \sim \nu$; während JOFFÉ darauf hinwies, daß die Zahlen genau so gut durch EINSTEINS kühne Voraussage von 1905 $eV_m = h\nu - P$ wiedergegeben wurden.

$P/h = \nu_0$ würde hierin die Frequenz bedeuten, für die die „äußeren" Geschwindigkeiten Null sind; diese Wellenlänge λ_0 wird meist als „langwellige Grenze" bezeichnet.

Erst 1912 gelangte HUGHES durch Messungen an Cd-Flächen im Licht der Quecksilberlinien 254, 226 und 185 mμ, unter peinlicher Vermeidung jedes

[1]) R. POHL, Verh. d. D. Phys. Ges. Bd. 11, S. 339. 1909.
[2]) Ph. LENARD, Ann. d. Phys. Bd. 8, S. 149. 1902.
[3]) E. LADENBURG, Verh. d. D. Phys. Ges. Bd. 9, S. 504. 1907.

Streulichtes, zur sicheren Entscheidung, daß keinesfalls die Höchstgeschwindigkeiten, dagegen mit großer Wahrscheinlichkeit die Höchstenergien eine lineare Funktion der Frequenz seien, wie EINSTEIN es vorausgesagt hatte. Mit voller Sicherheit ist die strenge Gültigkeit der Beziehung $eV_m = h\nu - P = h(\nu - \nu_0)$

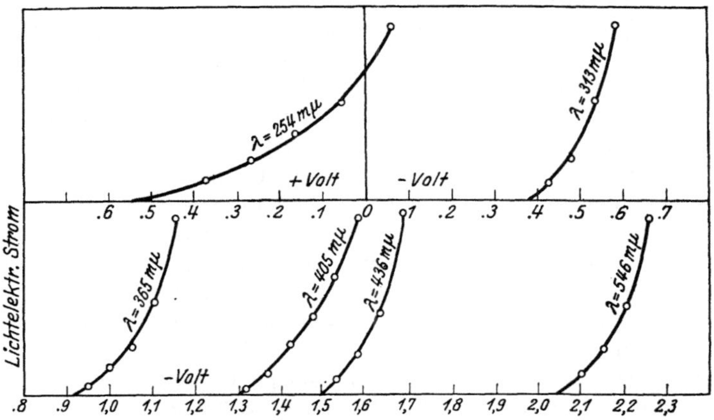

Abb. 4. Abhängigkeit des elektrischen Stromes vom angelegten beschleunigenden oder verzögernden Potential für verschiedene Lichtwellenlängen an Na-Oberflächen (nach MILLIKAN).
Die Schnittpunkte mit der Abszisse geben bis auf das Kontaktpotential die jeweils vertretenen Höchstenergien an.

dann 1916 von MILLIKAN[1]) und Mitarbeitern an Alkalimetallen im Spektralbereich einer vollen Oktave erwiesen worden. Es ist dabei allerdings nicht die Aufladung gemessen worden, sondern dasjenige bremsende Potential extrapolatorisch ermittelt worden, für das die Emission der Alkalielektrode verschwand (Abb. 4 zeigt derartige Messungen, und Abb. 5 bringt die Ergebnisse an Na). Nicht nur liegen die so erhaltenen V_m-Werte als Funktion der Frequenz genau auf einer Geraden, sondern die Neigung dieser Geraden liefert auch genau den Wert:

$$\frac{\text{Wirkungsquantum } h}{\text{Elementarladung } e}$$

der nach der EINSTEINschen Beziehung zu fordern ist. MILLIKAN leitete aus seinen Messungen den Wert $h = 6{,}54 \cdot 10^{-27}$ Ergsec ab, in vorzüglicher Übereinstimmung mit den auf anderen Wegen erhaltenen h-Werten.

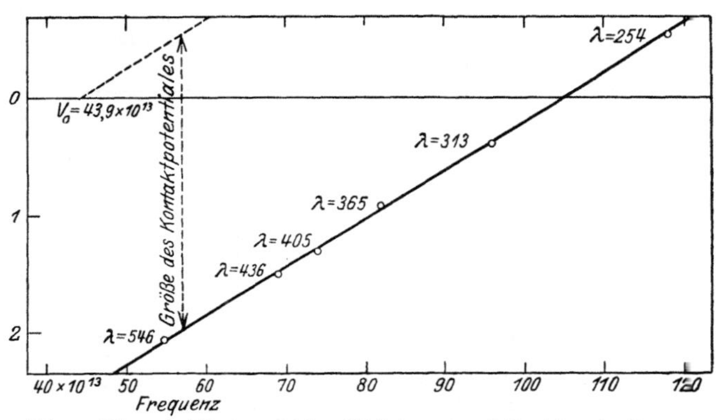

Abb. 5. Die nach Abb. 4 ermittelten Höchstenergien als Funktion der Frequenz des benutzten monochromatischen Lichtes.
Die Werte liegen streng auf einer Geraden. Ihre Neigung gibt mit der Elementarladung multipliziert das Wirkungsquantum h. Eine im Abstand des ermittelten Kontaktpotentials gezogene Parallele liefert durch ihren Schnitt mit der Abszisse $V=0$ die Frequenz der langwelligen Grenze (Höchstenergie $=0$).

Die Gültigkeit der EINSTEINschen Beziehung ist übrigens in viel weiterem Bereich als dem der ultravioletten Oktave des Spektrums erprobt. Unmittel-

[1]) R. A. MILLIKAN, Phys. ZS. Bd. 17, S. 218. 1916.

bare Messungen im Röntgengebiet zeigten, daß auch dort die Energien der ausgelösten Elektronen mit der auslösenden Frequenz durch die gleiche Beziehung verknüpft sind (vgl. Ziff. 19). Bei den hohen Frequenzen des Röntgenlichtes ist die Größe P ausschließlich die Ablösearbeit des Elektrons aus seinem Atom, sie rechnet nach Hunderten bis vielen Tausenden von Volt; eine etwaige Arbeit zur Überwindung von Grenzflächen ist daneben völlig zu vernachlässigen. Bei den hier betrachteten Wirkungen des sichtbaren und ultravioletten Lichtes bleibt es dagegen eine offene Frage, wie sich die Größe P auf eine innere Ablösearbeit am Atom und die Überwindung der Oberflächenanziehung verteilt. „Freie" Elektronen können nach theoretischen Überlegungen kein Licht absorbieren. Es wird demnach ein kleiner Bruchteil von P als „Ablösearbeit", der überwiegende jedoch als „Austrittsarbeit" zu deuten sein.

Neben den Höchstgeschwindigkeiten ist auch die Geschwindigkeitsverteilung von Wichtigkeit. Sie ist meist in der Weise bestimmt worden, daß der belichteten Platte eine zweite oder ein Netz gegenübergestellt wurde und die Zahl der von der belichteten Platte in der Zeiteinheit abfliegenden Elektronen in Abhängigkeit von einem verzögernden Potential gemessen wurde. Differentiation einer so erhaltenen Kurve liefert die Verteilung der Normalkomponenten der Austrittsenergien. Früher nicht beachtete Fehlerquellen liegen in der Elektronenreflexion und der Auslösung von Elektronen durch gestreutes Licht an der Auffangeplatte; sie bedingen Unregelmäßigkeiten der Kurve und drücken vor allem die an sich schon geringe Zahl von Elektronen mit hoher Energie herab.

Um die Absolutwerte der Energien bzw. Geschwindigkeiten zu erhalten, ist noch das Kontaktpotential zwischen Strahler und Auffänger in Rechnung zu setzen. Dies kann im allgemeinen nur durch gesonderte Messung ermittelt werden, da selbst Verwendung des gleichen Materials Kontaktpotentiale nicht ausschließt.

Eine erste brauchbare Verteilungskurve (Abb. 6), allerdings noch keineswegs einwandfrei, erhielten E. LADENBURG und MARKAU[1]) 1912. Die Verfasser schlossen aus ihren Messungen auf eine etwa MAXWELLsche Verteilung der äußeren Geschwindigkeiten.

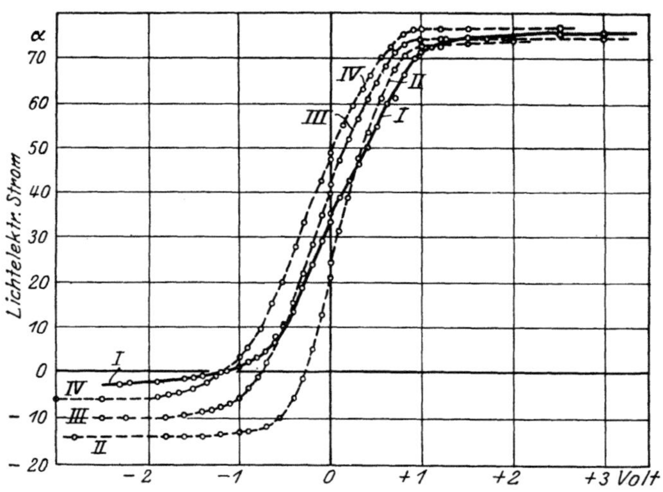

Abb. 6. Lichtelektrische Aufladung von Pt in Abhängigkeit von der beschleunigenden oder verzögernden Spannung (nach E. LADENBURG und MARKAU).
I im unzerlegten Licht einer Hg-Lampe, II bei etwa 260 mμ, III bei etwa 232 mμ, IV bei etwa 212 mμ. Differentiation der Kurven liefert die Verteilung der Erstenergien. Die negativen Ströme beruhen auf störender Elektronenauslösung durch Streulicht.

Bildet der Strahler die innere, leidlich punktförmige Elektrode eines Kugelkondensators, so gelangen nicht nur die Normalkomponenten, sondern die Absolutwerte der äußeren Geschwindigkeiten zur Messung. RICHARDSON und COMPTON[2]) schlossen aus derartigen Messungen 1912,

[1]) E. LADENBURG u. K. MARKAU, Verh. d. D. Phys. Ges. Bd. 10, S. 562. 1908.
[2]) O. RICHARDSON u. W. COMPTON, Phil. Mag. Bd. 24, S. 575. 1912.

daß keine MAXWELLsche, sondern eine zum Maximum symmetrische Verteilung der Geschwindigkeiten vorliege.

Während aber alle bisherigen Untersuchungen, sei es durch Aufladungsmessungen, sei es mit veränderlichem Gegenfeld, zum Schluß kamen, daß es eine bestimmte Höchstgeschwindigkeit gibt, glaubte RAMSAUER[1]) auf Grund seiner nach ganz anderen Verfahren gewonnenen Verteilungskurven dies verneinen zu müssen. RAMSAUER bestimmt die Geschwindigkeitsverteilung nicht mittelbar durch Differentiation, sondern unmittelbar durch Ausmessung des magnetischen Spektrums. Die senkrecht zur belichteten Platte abfliegenden Elektronen werden mittels Blenden ausgesondert und dann durch ein senkrecht zur Flugbahn gerichtetes homogenes Magnetfeld auf Kreisbahnen gezwungen. Blenden sorgen dafür, daß nur die auf einer bestimmten Kreisbahn fliegenden Elektronen zu einem Auffänger gelangen. RAMSAUER mißt die zum Auffänger gelangende Elektrizitätsmenge in Abhängigkeit vom Magnetfeld und erhält so unmittelbar

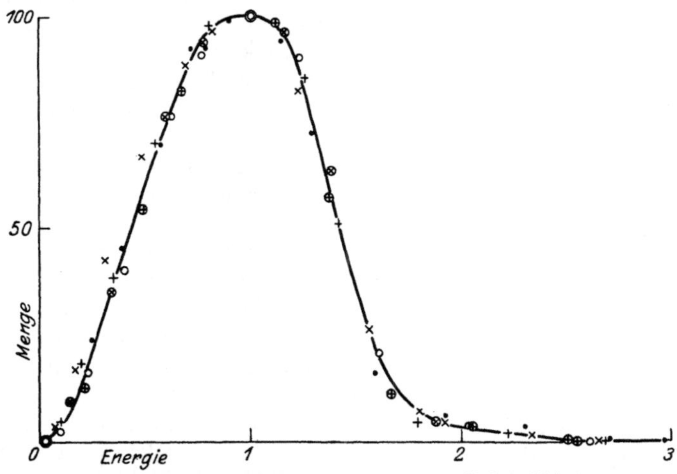

Abb. 7. Geschwindigkeitsverteilung lichtelektr. Elektronen an Zn für verschiedene Lichtfrequenzen nach RAMSAUER. Die Maxima für die einzelnen Wellenlängen sind zur Deckung gebracht worden. Der Abszissenmaßstab ist für die einzelnen Wellenlängen verschieden.

● 186 mμ; × 202 mμ; + 214 mμ; O 224 mμ; ⊗ 256 mμ; ⊕ 285 mμ; ◎ Mittelwert.

die Zahl der Elektronen einer bestimmten Geschwindigkeit. Fehlerquellen sind auch hier wie beim Gegenfeldverfahren kurzwelliges Streulicht und Elektronenreflexion. Dem Vorteil einer unmittelbaren Geschwindigkeitsbestimmung (ohne graphische Differentiation) steht eine gewisse Unempfindlichkeit nachteilig gegenüber. Abb. 7 gibt RAMSAUERS Ergebnisse für verschiedene Frequenzen an. Die Verteilung ist etwa eine MAXWELLsche und unabhängig von der Lichtwellenlänge und weitgehend auch vom belichteten Material. Für die häufigsten Energien (Kurvenscheitel) findet auch RAMSAUER eine lineare Beziehung zur Frequenz, dagegen beobachtet er statt genau bestimmbarer Höchstgeschwindigkeiten ein asymptotisches Einlaufen seiner Kurven in die Abszissenachse. Vor allem GERLACH hat darauf hingewiesen, daß dieser Befund allein durch die geringe Empfindlichkeit der Anordnung erklärt werden kann, da die hohen Energien sehr selten vertreten sind und die größten von RAMSAUER noch beobachteten stets unterhalb der nach Gegenfeld- oder Aufladeverfahren ermittelten liegen. Der Wert dieser Messungen liegt danach in einer genaueren Ermittelung der

[1]) C. RAMSAUER, Ann. d. Phys. Bd. 45, S. 961, 1121. 1914. Dort auch eine eingehende Kritik der vorstehenden Arbeiten.

Form der Verteilungskurve. In neuester Zeit hat KLEMPERER[1]), ein Schüler von P. PRINGSHEIM, die Frage noch einmal angegriffen und kommt zum Ergebnis, daß die Verteilungskurve abweichend von MILLIKAN die Voltachse nicht mit endlicher Tangente schneidet, aber auch abweichend von RAMSAUER nicht asymptotisch einläuft, sondern daß eine bestimmte Höchstgeschwindigkeit, wenn auch nur für eine verschwindend kleine Zahl von Elektronen, wirklich vorhanden ist. Praktisch ist der Unterschied zwischen dieser Feststellung und MILLIKANS Meßverfahren zu vernachlässigen. RAMSAUERS abweichendes Ergebnis soll im wesentlichen durch Elektronenreflexion entstellt sein.

Rückschlüsse aus der „äußeren" auf die „innere" Geschwindigkeitsverteilung hat A. BECKER[2]) gezogen.

Die Geschwindigkeitsverteilung ist nach Versuchen von POHL[3]) an Pt- und Cu-Schichten unabhängig vom Polarisationszustande des einfallenden Lichtes.

6. Spektrale Verteilung der „normalen" äußeren lichtelektrischen Wirkung. Gefragt ist nach der Zahl der pro Einheit absorbierter Lichtenergie ausgesandten Elektronen. Sie müßte an so dünnen durchsichtigen Metallschichten gemessen werden, daß alle ausgelösten Elektronen auch zur Beobachtung im Außenraum gelangen. Derartige Untersuchungen unter geichzeitiger Messung der absorbierten Energie fehlen ganz. Statt dessen sind vielfach die „Ausbeuten", bezogen auf auffallende Lichtenergie, bestimmt worden. Sie geben im allgemeinen auch schon ein einigermaßen zutreffendes Bild der spektralen Verteilung, weil die optischen Konstanten, insbesondere das hier vor allem wesentliche Reflexionsvermögen der Metalle, im Spektralgebiet von 200 bis 600 mμ keine beträchtlichen Schwankungen aufweisen. Zum erstenmal ist eine solche Verteilung von E. LADENBURG an Pt gemessen worden. Dann haben anschließend POHL und PRINGSHEIM gezeigt, daß dieser Typ der spektralen Verteilung sehr allgemein gilt und dafür die Bezeichnung „normaler Photoeffekt", im Gegensatz zu dem in Ziff. 10 besprochenen „selektiven", geprägt. Abb. 8 gibt eine Reihe derartiger Messungen von WERNER[4]) für verschiedene Metalle[5]). Der allgemeine Verlauf ist bei allen Kurven sehr ähnlich, der Anstieg der Ausbeute zu

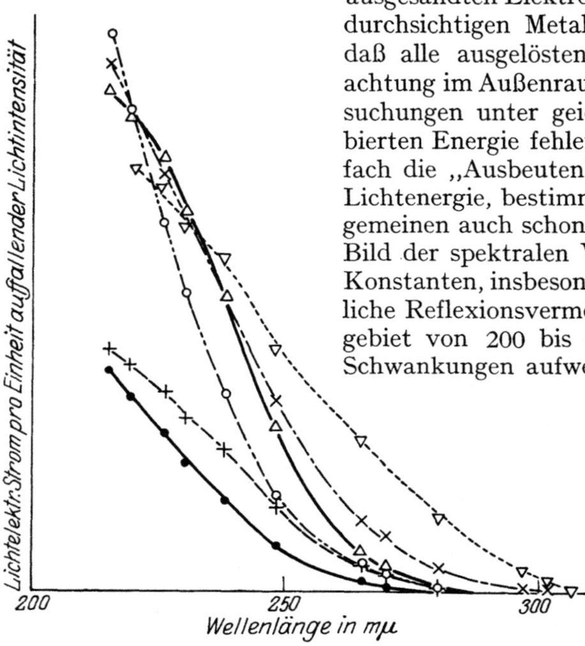

Abb. 8. Äußere lichtelektrische Wirkung an dünnen Metallschichten (in Form eines „schwarzen Körpers") nach S. WERNER. Auffallende Lichtintensität gleich absorbierter.
+ Au, ▽ Ag, ● Cu, △ und ○ Pt, × Bi.

[1]) O. KLEMPERER, ZS. f. Phys. Bd. 16, S. 280. 1923.

[2]) A. BECKER, Ann. d. Phys. Bd. 75, S. 781. 1924; Bd. 78, S. 83. 1925.

[3]) R. POHL, Verh. d. D. Phys. Ges. Bd. 11, S. 339. 1909.

[4]) S. WERNER, Uppsala Univ. Årsskr. 1914, 67 S.

[5]) Zur Messung wurden dünne Metallschichten verwandt, die durch Kathodenzerstäubung erhalten waren. Derartige Schichten enthalten sehr viel Gas. Über den Einfluß der Entgasung eines Metalles auf die spektrale Verteilung der lichtelektrischen Wirkung vgl. Abb. 10.

den kürzeren Wellen hin im einzelnen aber doch so veränderlich, daß Versuche, die Ausbeute etwa als Funktion von Wellenlänge und langwelliger Grenze darzustellen, nicht sehr überzeugend wirken. Die langwellige Grenze ist experimentell schwer zu bestimmen und vielfach eine Frage der Meßgenauigkeit. Spuren kurzwelligen Streulichtes, wie es bei einfacher spektraler Zerlegung gar nicht zu vermeiden ist, bedingen große Fehler. Eine von der Meßgenauigkeit ziemlich unabhängige Möglichkeit zur Bestimmung der langwelligen Grenze gibt das von MILLIKAN (vgl. oben Abb. 4) benutzte Verfahren zur Messung der Höchstenergien. Der Schnitt der erhaltenen und um die Kontaktpotentialdifferenz verschobenen Geraden mit der Abszisse für die äußeren Geschwindigkeiten Null liefert die Grenzfrequenz ν_0. Vor allem POHL und PRINGSHEIM[1]) haben zuerst nachdrücklich darauf hingewiesen, wie der spektrale Verlauf der Ausbeute und besonders die Lage der langwelligen Grenzen vom Zustand der Oberfläche abhängt und zeitlichen Veränderungen unterliegt. Abb. 9 gibt eine ihrer Messungen. HALLWACHS und seine Mitarbeiter haben die Ursache dieser Veränderlichkeit und der großen Verschiedenheiten lichtelektr. Ausbeute am gleichen Material in oberflächlich adsorbierten und im Metallinnern absorbierten Gasen gesucht. Wichtige Versuche sind in dieser Richtung von SUHRMANN[2]) an Pt und Ta ausgeführt (vgl. Abb. 10). Er beobachtet nach Glühen einer Pt-Folie in gutem Vakuum zunächst eine Ver-

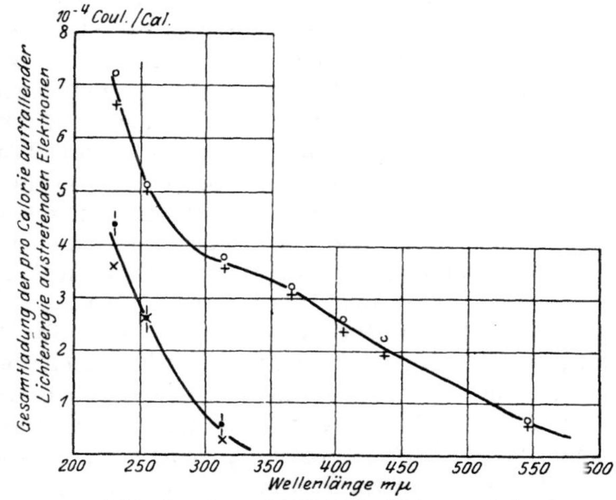

Abb. 9. Zeitliche Veränderung der lichtelektr. Wirkung an Ca-Amalgamflächen (nach POHL).

× frisch hergestellt, + 110′ später, ⸸ durch Umgießen erneuert ○ 100′ später.

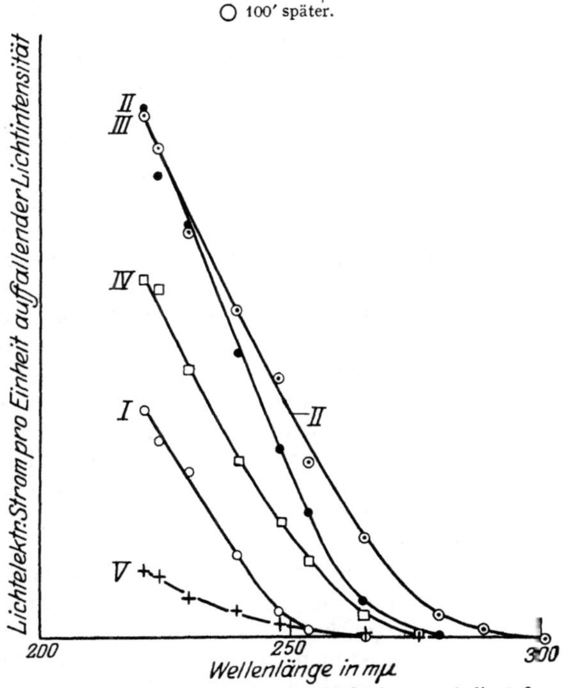

Abb. 10. Einfluß von Ausglühen im Hochvakuum auf die äußere lichtelektrische Wirkung an Pt (nach SUHRMANN).
I vor dem Glühen, II nach 10″ Rotglut, III nach weiteren 60″ Rotglut, IV nach weiteren 4000″ heller Rotglut, V nach weiteren 8000″ Weißglut, davon 2000″ helle Weißglut.

[1]) Vgl. R. POHL u. P. PRINGSHEIM, Die lichtelektr. Erscheinungen, Kap. 8. Braunschweig: 1914.

[2]) R. SUHRMANN, Ann. d. Phys. Bd. 67, S. 33. 1922.

schiebung der langwelligen Grenze von 260 bis 300 mμ, während die Ströme für die kürzeren Wellen wenig geändert wurden, ja unterhalb 200 mμ vermutlich die gleichen blieben. Er deutet diesen Befund im Sinne von HALLWACHS durch das Verschwinden einer adsorbierten Gasschicht. Diese erschwert den Elektronenaustritt, und zwar besonders für Elektronen kleiner Geschwindigkeiten. (Gelegentliche Vermutungen, daß derartige Gasschichten durch ihre Lichtabsorption schädigend auf die Elektronenausbeute wirken, haben keine experimentellen Unterlagen.) Wurde das Glühen länger fortgesetzt und die Temperatur gleichzeitig bis in die Nähe des Schmelzpunktes gesteigert, so sank danach die Elektronenemission bei allen Wellenlängen, und gleichzeitig rückte die langwellige Grenze wieder bis 270 mμ zurück. Diese Abnahme wird im Sinne von HALLWACHS auf die Austreibung des absorbierten Gases zurückgeführt, dessen Mitwirkung überhaupt erst die lichtelektrische Wirkung an Metallflächen für Wellenlängen oberhalb etwa 180 mμ ermöglichen soll. SUHRMANNS Ergebnisse wurden seither noch mehrfach bestätigt und ergänzt. So gelang es 1923 TUCKER[1]) die langwellige Grenze bei Pt durch Entgasung unter 230 mμ herabzudrücken, und WOODRUFF[2]) gibt sogar an, bei 200 mμ keine lichtelektrische Wirkung mehr erhalten zu haben.

Die absorbierten Gase entweichen erst bei sehr hohen Temperaturen; TUCKER gibt für Platin Rot- und Gelbglut als ziemlich unwirksam an. Erst Weißglut, optisch zu 1450° gemessen, brachte wirksame Entgasung. Die Wiederaufnahme des Gases erfolgt nach Abkühlung bemerkenswert rasch. TUCKER fand beispielsweise nach dem Ausglühen vom Pt unter Bestrahlung mit $\lambda = 230$ mμ unmittelbar nach Abkühlung keine, nach 3' dagegen schon wieder gut meßbare Elektronenemission, und nach 5 Stunden war sie noch auf das 20fache des letzten Wertes gestiegen. Diese Wiederaufnahme von Gas erfolgt nach Ansicht der HALLWACHSschen Schule keineswegs nur aus den Restgasen des Vakuums, sondern in merklichem Betrage auch durch innere Diffusion von den Elektroden her!

Sehr bemerkenswert ist die gelegentliche Beobachtung, daß bei unveränderter langwelliger Grenze die gesamte Elektronenemission stark sinken kann. Man wird dabei denken können, daß die Adsorptionshäute wachsende Teile der Oberfläche bedecken.

Aus diesen Ergebnissen wird man wohl *nicht* schließen dürfen, daß nun *alle* „reinen" Metalle erst unterhalb 200 mμ lichtelektrische Wirkung zeigen, vielmehr wird die langwellige Grenze je nach der chemischen Natur des Metalles verschieden liegen. Sicher erscheint nur, daß Gasaufnahme eine Ursache ist, die die Elektronenabspaltung erleichtert oder die Zahl der zur lichtelektrischen Abspaltung disponierten Atome vergrößert. Es ist übrigens weder festgestellt, ob alle Gase gleichmäßig wirken, noch sicher erwiesen, daß wirklich die Gasabsorption als solche für die von SUHRMANN u. a. beobachteten Erscheinungen verantwortlich ist.

Neben den wenigen Untersuchungen im spektral zerlegten Licht gibt es eine Fülle von anderen, die unter Benutzung *unzerlegten* Lichtes Beiträge zur Aufklärung der Gaswirkung erbringen wollen. Ihnen ist für die Kernfrage nicht sehr viel zu entnehmen. Es bleibt bei diesen Arbeiten offen, ob eine Abnahme lichtelektrischer Wirkung auf Verschiebung der langwelligen Grenze zu höheren Frequenzen oder auf allgemeine Abnahme der Ausbeute zurückzuführen ist. Wenn überdies etwa Funkenlicht oder das Licht einer Quarzquecksilberlampe benutzt wird, so können je nach Lage der langwelligen Grenze zu einzelnen starken Spektrallinien kleine Verschiebungen von λ_0 große Stromänderungen hervor-

[1]) F. G. TUCKER, Phys. Rev. Bd. 22, S. 574. 1923.
[2]) A. E. WOODRUFF, Phys. Rev. Bd. 26, S. 655. 1925.

rufen und ein völlig entstelltes Bild liefern. Immerhin wird man aus den Untersuchungen verschiedener Schüler[1]) von G. C. SCHMIDT schließen dürfen, daß vor allem H-Absorption einen die lichtelektrische Wirkung steigernden Einfluß hat sei es nun, daß λ_0 oder die Ausbeute vergrößert wird. Bei derartigen Versuchen wurde beispielsweise H elektrolytisch oder chemisch an der Rückseite der bestrahlten Folie entwickelt. Die Elektronenemission im unzerlegten Licht stieg dabei um so mehr, je mehr Wasserstoff das betreffende Metall zu lösen vermochte, beispielsweise bei Fe wesentlich stärker als bei Ni oder Cu. Daß sich dabei nicht etwa eine Oberflächengashaut auf der Vakuumseite der Folie bildet, macht die Einflußlosigkeit von Schaben der Oberfläche wahrscheinlich.

Noch weiter geht KRÜGER[2]) in der Beurteilung der Wichtigkeit absorbierten Wasserstoffs für die lichtelektrische Wirkung. Zusammen mit EHMER untersuchte er 1923 die durch ihre außergewöhnlich starke Wasserstoffaufnahme bekannten Ag-Pd-Legierungen. Die Elektronenemission — auch hier leider nur im unzerlegten Licht einer Quecksilberlampe — ergab sich im großen und ganzen parallel dem Wasserstoffgehalt, der in einer 40proz. Ag-Pd-Legierung bei 183° den riesigen Wert von 126 mg/100 g oder über 10 Atomprozente erreicht.

Zur Prüfung der Hypothese, daß die lichtelektrische Wirkung nur am „Gasmetall "stattfindet, wäre es in diesem Extremfall von großem Wert, einmal zu ermitteln, ob nur die spektrale Verteilung durch die Wasserstoffaufnahme geändert wird, etwa im Sinne einer Verschiebung der langwelligen Grenze nach längeren Wellen, oder ob die Elektronenausbeute, bezogen auf absorbierte Lichtenergie, für alle Wellen eine starke Zunahme erfährt. Es muß bei derartiger Gasaufnahme übrigens auch die starke Auflockerung des Kristallgitters beachtet werden.

Die Absolutwerte der Elektronenzahlen, bezogen auf absorbierte Energie, sind bisher so gut wie gar nicht bestimmt worden.

POHL und PRINGSHEIM geben an, im günstigsten Fall etwa $5 \cdot 10^{-4}$ Coul/cal also noch nicht 1‰ des bei ausschließlich lichtelektrischer Absorption ohne Verluste an Elektronen zu erwartenden Wertes erhalten zu haben. Bei diesen Versuchen bildete die bestrahlte Metallfläche das Innere eines „schwarzen Körpers", es wurde also alles auffallende Licht auch absorbiert, und die Reflexionsverluste brauchten weder rechnerisch noch messend berücksichtigt zu werden. Es muß zur Zeit dahingestellt bleiben, ob die Verluste an Elektronen so hoch sind auf dem Wege von der Auslösungsstelle bis zum Außenraum, oder ob etwa keineswegs die gesamte Lichtabsorption quantenhaft in der Weise erfolgt, daß die $h\nu$-Energie jeweils auf ein Elektron übertragen wird. Die Lichtabsorption findet praktisch vollständig schon in Metallschichten von rd. 50 mμ Dicke statt; Elektronen mit Geschwindigkeiten, die einigen Volt entsprechen, scheinen etwa ebenso große Schichtdicken noch zu durchdringen. Danach scheint es bedenklich, den „normalen" Anstieg der Ausbeute ausschließlich auf größere Anfangsgeschwindigkeiten der Elektronen zurückzuführen, wie es meist geschieht; es könnte auch die Zahl der zur lichtelektrischen Wirkung befähigten Atome usw. für höhere Frequenzen ν größer sein.

Bei Vergleichen im auffallenden Lichte darf die Reflexion des Lichtes keinesfalls vernachlässigt werden. Beispielsweise absorbiert ein Stahlspiegel bei senkrechtem Lichteinfall im Sichtbaren von gleicher auffallender Lichtenergie etwa 10 mal soviel als ein Silberspiegel.

---

[1]) E. BECKER u. H. HILBERG, ZS. f. Elektrochem. Bd. 25, S. 31. 1925; R. DÜMPELMANN u. W. HEIN, ZS. f. Phys. Bd. 22, S. 368. 1924.

[2]) F. KRÜGER und A. EHMER, ZS. f. Phys. Bd. 14, S. 1. 1923.

Die zahllosen Arbeiten über die „lichtelektrische Empfindlichkeit" beliebiger Metalle, die aufgestellten Empfindlichkeitsreihen, haben heute so gut wie keinen Wert mehr. Sie sind durchweg ohne genügende Definierung des Materialzustandes, der Lichtquelle und der Optik (Glas oder Quarz od. dgl.) angegeben. Man weiß heute, wie die spektrale Verteilung durch Oberflächenschichten und Gasabsorption in größtem Ausmaße verändert werden kann. Man beschränkt sich auf die Erkenntnis, daß die langwellige Grenze bei „unedlen" Metallen etwa im sichtbaren Spektralgebiet liegt, während sie für „edle" im kurzwelligen Ultraviolett unterhalb 300 mμ zu suchen ist. Brauchbare Ausbeutevergleiche fehlen überhaupt noch.

Im Anschluß seien noch zwei bemerkenswerte Sonderfälle erwähnt, die beide von POHL und PRINGSHEIM beobachtet sind.

Reines Quecksilber[1]) zeigt eine langwellige Grenze bei etwa 280 mμ. Ein Zusatz von nur $2 \cdot 10^{-4}$ Atomprozenten Kalium verschiebt diese Grenze bereits bis an die Grenze des sichtbaren Spektralgebietes und bei etwas über 1 Atomprozent K liegt sie im blauen Teil des Spektrums bei etwa 450 mμ. Wichtig ist dabei ferner die Beobachtung, daß die Elektronenausbeute für 254 mμ bei Verringerung des Kaliumzusatzes von 1 Atomprozent auf $2 \cdot 10^{-4}$ nur um etwa 30% abnimmt, obgleich die Ausbeute dieser Wellenlänge am reinen Quecksilber nur einen verschwindenden Bruchteil des bei geringem K-Zusatz beobachteten ist. Man wird zur Deutung dieses merkwürdigen Befundes wohl annehmen können, daß sich eine kaliumreiche (einatomige?) Oberflächenschicht bildet, die die Austrittsarbeit für die im Quecksilber ausgelösten Elektronen stark herabsetzt; daß sie selbst als Sitz der hauptsächlichen Lichtabsorption wirkt, ist unwahrscheinlich. Derartige adsorbierte Alkalimetallschichten und durch sie bedingte Herabsetzung der Austrittsarbeit nimmt beispielsweise LANGMUIR an, um die Erhöhung der glühelektrischen Emission von Wolframdrähten in Gegenwart von Cäsiumdampf zu deuten (vgl. hierzu COEHNS[2]) Untersuchungen des „Sprudeleffektes" an Hg).

Der andere bemerkenswerte Fall ist der der spektralen Verteilung der Ausbeute an Calcium[3]). Hier beobachteten POHL und PRINGSHEIM ein ausgesprochenes Maximum der Ausbeute bei etwa 350 mμ. Dies hat nichts mit der selektiven lichtelektrischen Wirkung zu tun, da es am ausgeprägtesten bei senkrechtem Lichteinfall in Erscheinung tritt. Die von den genannten Forschern vorgeschlagene Deutung wird vermutlich zutreffen: Das Reflexionsvermögen des Calciums, d. h. der Absorptionskoeffizient nimmt vom Sichtbaren zu kürzeren Wellen hin ab, d. h. die Absorption findet in tieferen Schichten statt, die Elektronenverluste zwischen Auslösungsort und Oberfläche wachsen dadurch. Erst bei noch höheren Frequenzen wiegt die zunehmende Elektronengeschwindigkeit die wachsende Schichtdicke wieder auf. Ähnliche Verhältnisse wären demnach in der Gegend des bekannten Durchlässigkeitsmaximums des Silbers bei 320 mμ zu erwarten, wenn es gelingen sollte, die gewöhnlich in der gleichen Spektralgegend liegende langwellige Grenze des Silbers durch Gasbeladung genügend weit zu längeren Wellen hinauszuschieben.

Völlig ungeklärt ist noch, wie die spektrale Verteilungskurve nach kürzeren Wellen weiter verläuft. Die Ausbeute scheint unterhalb 200 mμ noch weiter zu wachsen, wie aus qualitativen Beobachtungen beispielsweise von HULL und ST. JOHN[4]) hervorgeht. Ob aber irgendwo in dem Zwischengebiet zwischen Ultra-

---

[1]) R. POHL u. P. PRINGSHEIM, Verh. d. D. Phys. Ges. Bd. 15, S. 431. 1913.
[2]) A. COEHN, Verh. d. D. Phys. Ges. Bd. 3, S. 39. 1922.
[3]) R. POHL u. P. PRINGSHEIM, Verh. d. D. Phys. Ges. Bd. 15, S. 411. 1913.
[4]) A. W. HULL u. A. ST. JOHN, Phys. Rev. (2) Bd. 1, S. 329. 1913.

violett und Röntgenlicht das Quantenäquivalent (1 Elektron für jedes absorbierte $h\nu$) erreicht wird, ist eine noch ganz offene Frage. Messungen in diesem schwer zugänglichen Spektralgebiet könnten für die Erkenntnis der lichtelektrischen Wirkung von großer Bedeutung werden.

7. Abhängigkeit von der Temperatur. Für den Mechanismus der lichtelektrischen Wirkung ist die Feststellung wichtig, ob spektrale Verteilung, langwellige Grenze, Absolutwert der Elektronenemission und Geschwindigkeiten eine unmittelbare Abhängigkeit von der Temperatur zeigen. Es sind also mittelbare Veränderungen infolge von Bildung oder Fortgang von Gashäuten, Änderung des Gasgehaltes u. dgl. sorgfältig auszuschließen.

Es wäre durchaus möglich, daß die auch an Metallen beobachtbare Änderung der optischen Konstanten mit der Temperatur in der Elektronenemission bemerkbar wird; ebenso könnte Bindung und Austrittsarbeit der Elektronen mit steigender Temperatur sich ändern; vor allem hat man viel gesucht, ob nicht bei Annäherung an die Temperaturen der Glühemission eine wesentliche Steigerung der lichtelektrischen Wirkung zu beobachten ist.

Nur im besten Hochvakuum an sorgfältig entgasten Metallelektroden sind einwandfreie Ergebnisse zu erwarten. Aus diesem Grunde können alle älteren Untersuchungen übergangen werden.

Die ersten Prüfungen der Temperaturabhängigkeit in leidlichem Vakuum sind 1906 und 1907 von verschiedenen Forschern unternommen worden. Sie kamen übereinstimmend zum Ergebnis, daß die Temperatur von $-180°$ (LIENHOP) bis $+800°$ (E. LADENBURG) einflußlos sei. E. LADENBURG sicherte diese Feststellung auch durch magnetische Ablenkungsmessungen für die Elektronengeschwindigkeiten. Spätere Arbeiten von MILLIKAN und WINCHESTER[1]) an Aluminium fanden Absolutwerte der Emission und Maximalgeschwindigkeit innerhalb 1%, NIELSEN[2]) 1925 am gleichen Material zwischen $100°$ und $400°$ auf $^1/_2$% konstant. TUCKER[3]) gibt an, daß die langwellige Grenze von Platin bei $20°$ und $600°$ identisch liegt, allerdings war die Gesamtemission bei $600°$ merkwürdigerweise viel kleiner! Schließlich fand BURT[4]) an einer durch das Glas ins Hochvakuum hineinelektrolysierten und vermutlich von adsorbierten Gasen ganz besonders freien Na-Schicht völlige Temperaturunabhängigkeit der Gesamtemission zwischen $+20°$ und $-180°$.

Während so die große Mehrzahl aller Forscher die Temperaturunabhängigkeit der lichtelektrischen Wirkung für gesichert hält, sind doch vereinzelt andere Ansichten laut geworden. W. WILSONS Behauptung (1917), daß die lichtelektrische Emission die gleiche Temperaturabhängigkeit zeige wie die glühelektrische, ist allerdings völlig vereinzelt geblieben. IVES[4]) glaubt dagegen im guten Hochvakuum an K, Na und Rb bei Abkühlung von $+20°$ auf $-180°$ eine geringe Verminderung der Elektronenemission sichergestellt zu haben und deutet sie im Sinne einer Vergrößerung der Austrittsarbeit um 0,2 Volt (Verschiebung der langwelligen Grenze beispielsweise an K von 700 bis 620 mμ). Messungen in der Nähe der langwelligen Grenze ergaben an K-Spiegeln bei Abkühlung von $+20°$ auf $-180°$ eine völlig reversible Verminderung der lichtelektrischen Emission auf etwa 6%! Für kürzere Wellen ergab sich wesentlich geringere bis verschwindende Temperaturabhängigkeit; an rauhen, auch an durch Destillation erhaltenen Flächen erhielt er keine zuverlässigen Ergebnisse. Es kann somit als sichergestellt gelten, daß eine etwaige Temperaturabhängigkeit außerordentlich gering

---

1) R. A. MILLIKAN u. G. WINCHESTER, Phil. Mag. Bd. 14, S. 188. 1907.

2) I. R. NIELSEN, Phys. Rev. Bd. 25, S. 30. 1924.

3) F. G. TUCKER, Phys. Rev. Bd. 22, S. 574. 1923.

4) H. E. IVES u. A. L. JOHNSRUD, Journ. Opt. Soc. Amer. Bd. 11, S. 565. 1925.

ist. Zu ihrer Deutung wären vor allem gleichzeitige Messungen der Temperaturabhängigkeit der optischen Konstanten erforderlich.

Neben diesem Normalfall ohne oder mit unsicherem geringfügigen Temperatureinfluß gibt es offenbar Sonderfälle mit starker Temperaturabhängigkeit. CASE[1]) fand in Hochvakuum-Audionröhren mit Oxydkathoden, daß ein bräunlicher Niederschlag an der Anodenplatte bei höherer Temperatur lichtelektrisch wirksam wurde. Der offenbar von den Oxydkathoden aus verdampfte Niederschlag enthielt Erdalkalimetall und zeigte je nach dem Metall eine verschiedene spektrale Empfindlichkeit: Ca im Blauen, Sr im Grünen; Ba im Orange! Die lichtelektrische Wirkung ist der Lichtintensität in weiten Grenzen genau proportional, zeigt aber unterhalb der Sättigungsspannung Trägheit. Ultrarote Bestrahlung setzt die Wirkung herab. Diese Merkwürdigkeiten und vor allem die Temperaturabhängigkeit führten CASE wohl mit Recht auf eine halb chemische Deutung. Die Träger der lichtelektrischen Wirkung sollen danach etwa Erdalkalisuboxyde sein, die nur unter bestimmten Temperaturbedingungen stabil, aber photochemisch veränderlich seien. Derartige Zellen zeigten übrigens über Monate gute Konstanz und könnten durch ihre selektive Empfindlichkeit bei langen Wellen eine gewisse Bedeutung gewinnen. CASE erhielt im gewöhnlichen Sonnenlicht etwa $2 \cdot 10^{-6}$ Amp/cm². Da von den rund $4 \cdot 10^{-2}$ cal/sek cm² des Sonnenlichtes nur ein kleiner Teil auf das lichtelektrisch wirksame Spektralgebiet der hypothetischen Suboxyde entfällt, scheint die Ausbeute nicht hinter den anderweit bekannten höchsten Werten zurückzustehen.

8. Einfluß von Aggregatzustand, Modifikationsänderung, Magnetfeld usw. Soweit Versuche am gleichen Material oberhalb und unterhalb des Schmelzpunktes vorliegen, haben sich keine Unstetigkeiten ergeben[2]). Feste und flüssige Alkalimetalle zeigen merklich die gleiche Ausbeute unabhängig vom Aggregatzustand. Allerdings fehlt es hier noch sehr an einwandfreien Untersuchungen. Ebensowenig scheinen sich Umwandlungspunkte lichtelektrisch auszuzeichnen. Beispielsweise fand HALLERMANN[3]) beim Übergang der rhombischen Formen von Ag_2S und Cu_2S in die regulären keine Unstetigkeit in der lichtelektrischen Gesamtwirkung. Das ist deswegen von besonderer Bedeutung, als diese metallisch aussehenden Verbindungen in ihrer rhombischen Form die Elektrizität elektrolytisch und metallisch, in ihrer regulären hingegen ausschließlich elektrolytisch leiten[4]). Die lichtelektrischen Eigenschaften von Legierungen lassen sich bisher nicht aus denen der Bestandteile voraussehen.

Eine von DEMBER (1920) vermutete unmittelbare Beeinflussung der lichtelektrischen Auslösung durch ein Magnetfeld senkrecht zur bestrahlten Oberfläche ist bisher nicht bestätigt worden. Eine einwandfreie Abtrennung der Wirkungen des Magnetfeldes auf die bereits ausgelösten Elektronen dürfte hier sehr schwierig sein.

SHENSTONE (1923) glaubte, daß die lichtelektrische Wirkung an Folien vergrößert sei, wenn die Folien stromdurchflossen sind. Entsprechende Angaben finden sich auch in der älteren Literatur. Mitarbeiter[5]) von G. C. SCHMIDT führten diese Wirkung ziemlich überzeugend auf Temperaturerhöhung und dadurch bedingte Änderung der Gasbeladung zurück.

---

[1]) TH. W. CASE, Amer. Electrochem. Soc. Trans. Bd. 39, S. 423. 1921.

[2]) Dies ist bemerkenswert im Hinblick auf neuere Ergebnisse glühelektrischer Forschungen, denen zufolge die Austrittsarbeit beispielsweise im Schmelzpunkt kleiner wird (vgl. Bd. XIV, Kap. 2).

[3]) A. HALLERMANN, ZS. f. wiss. Photogr. Bd. 13, S. 186. 1914.

[4]) C. TUBANDT und G. SCHIBBE, ZS. f. anorg. Chem. Bd. 117, S. 1. 1921.

[5]) R. DÜMPELMANN u. W. HEIN, ZS. f. Phys. Bd. 22, S. 368. 1924.

9. Ermüdung. Eine umfangreiche Literatur beschäftigt sich mit der sog. „Ermüdung" (STOLETOW). Eine frisch geschmirgelte Metallplatte, beispielsweise Zink, zeigt in Luft eine rasche Abnahme der Elektronenemission. Im Vakuum verlaufen die Veränderungen wesentlich langsamer, sind aber doch meist nachweisbar. Im allgemeinen wird es sich um Bildung adsorbierter Gasschichten handeln, die die langwellige Grenze nach kürzeren Wellenlängen verlagern. Damit soll keineswegs ausgeschlossen werden, daß nicht in Einzelfällen auch andere gelegentlich vertretene Ansichten zutreffen. (Chemische Veränderungen besonders durch Ozon; Bildung elektrischer Doppelschichten usw.)

Eine grundsätzliche Bedeutung wird man der Ermüdung heute nicht mehr zusprechen; vielmehr gibt nur das praktische Bedürfnis nach ihrer Vermeidung noch Anlaß, sich mit diesen sekundären Erscheinungen zu befassen.

Die große technische Schwierigkeit, letzte an Glaswänden usw. adsorbierte Gasreste zu beseitigen[1]), erklärt zur Genüge, daß auch im Hochvakuum noch geringfügige zeitliche Abnahmen der Elektronenemission beobachtet werden. BURT[2]) betont, daß bei seinen weitgehend gasfreien Na-Zellen, die er durch Elektrolyse des Glases gewonnen hat, gar keine Ermüdung beobachtet wurde. Am besten bewähren sich die chemisch trägen Edelgase als Restgase.

Umstritten ist, ob die „Ermüdung" durch Belichtung beeinflußt wird. Vermutlich erklären sich derartige positive Angaben dadurch, daß infolge Stoßionisation oder hoher Anregung reaktionsfähige Gasmoleküle erzeugt sind, die die bestrahlten Oberflächen chemisch verändert haben. Eigenartige Ermüdungserscheinungen in edelgasgefüllten Alkalizellen treten beispielsweise auf, wenn die Spannung bis in die Nähe der selbständigen Entladung gesteigert wird. ROSENBERG[3]) denkt hier in Wiederaufnahme einer alten LENARDschen Deutung an Anlagerung positiver Ionen (Doppelschicht). Schließlich wird man langzeitige Veränderungen in den empfindlichen Zellen mit kolloidalen Alkalimetallen auf langsame Änderung der Teilchengröße zurückführen können.

Es fehlt zur planmäßigen Aufklärung der „Ermüdungserscheinungen" in fast allen Fällen die quantitative Untersuchung im spektral zerlegten Licht. Mit einer Darstellung der zeitlichen Änderung des Gesamtstromes durch eine mehr oder minder verwickelte Formel ist nichts anzufangen.

KLEMPERER[4]) fand, daß beim Altern einer Al-Oberfläche die relative Häufigkeit der kleineren Geschwindigkeiten schneller abnimmt als die der größeren. Dieser Nachweis gelang mit Hilfe der magnetischen Ablenkung; das Verfahren der Gegenfelder ist zu unempfindlich, da die Geschwindigkeiten dort nur durch graphische Differentation der gemessenen Stromspannungskurven erhalten werden.

10. „Selektiver Photoeffekt". Eine Reihe von Metallen und Legierungen zeigt in der spektralen Verteilung der lichtelektrischen Ausbeute ein ausgesprochenes resonanzkurvenähnliches Maximum (vgl. Abb. 11). Die Halbwertsbreiten betragen etwa 100 bis 150 mμ. Völlig abweichend vom „normalen" Verhalten kann die lichtelektrische Emission vom Maximum nach kürzeren Wellenlängen hin wieder bis auf verschwindend kleine Bruchteile des Höchstwertes abnehmen. In anderen Fällen wird nur ein Minimum erreicht, und dann folgt der für den „normalen Effekt" gültige Anstieg zu höheren Frequenzen. Erste rohe spektrale Verteilungen hatten ELSTER und GEITEL (1891) sowie später (1906) BRAUN für einige Alkalimetalle ermittelt.

---

[1]) Wegen der erforderlichen Ultraviolettdurchlässigkeit sind Quarzfenster od. dgl. nicht zu vermeiden; solche Apparaturen lassen sich aber zur Entgasung nicht genügend erhitzen.

[2]) R. C. BURT, Phys. Rev. Bd. 24, S. 207. 1925.

[3]) H. ROSENBERG, ZS. f. Phys. Bd. 7, S. 18. 1921.

[4]) O. KLEMPERER, ZS. f. Phys. Bd. 16, S. 280. 1923.

Für einen Teil der hierher gehörigen Metalle ist eine andere Merkwürdigkeit beobachtet. Optisch einwandfrei spiegelnde Flächen liefern bei schrägem Lichteinfall um ein Vielfaches größere Elektronenausbeuten, wenn der elektrische

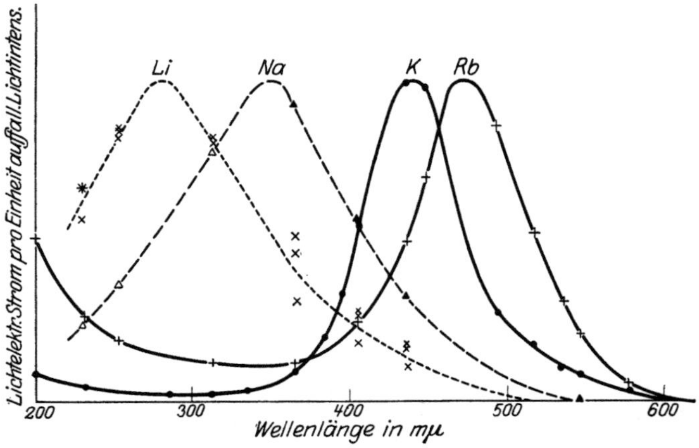

Abb. 11. Selektive lichtelektr. Wirkung an Alkalimetallen.

Lichtvektor in der Einfallsebene schwingt, als wenn er keine zur Spiegeloberfläche senkrechte Komponente enthält. Die erste derartige Beobachtung wurde 1891 von ELSTER und GEITEL an der flüssigen K-Na-Legierung gemacht. Sie

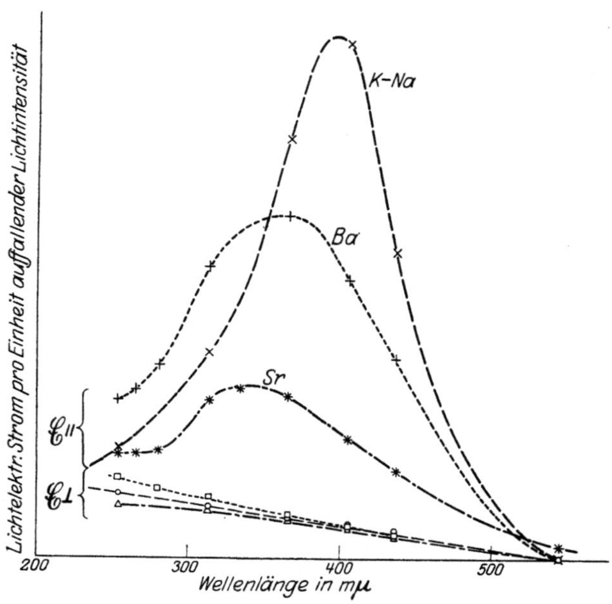

Abb. 12. Einfluß der Lichtvektorstellung auf die lichtelektrische Wirkung an spiegelnden Metalloberflächen mit selektivem Effekt. Einfallswinkel rd. 60°.

führte zunächst zu der Deutung, daß die lichtelektrisch ausgelösten Elektronen der Richtung des elektrischen Vektors folgen. Zahlreiche spätere Messungen an anderem Material erwiesen die Einflußlosigkeit der Vektorrichtung und widerlegten die erste Anschauung. Eine gewisse Aufklärung brachte erst seit 1909

POHL in zahlreichen, bald gemeinsam mit P. PRINGSHEIM ausgeführten Untersuchungen. Er zeigte, daß der merkwürdige Vektoreinfluß mit der spektralen Selektivität gekoppelt ist und beispielsweise für die K-Na-Legierung im Ultraviolett fehlt. Das Ausbeutemaximum in einem bestimmten Spektralgebiet ist nach dieser Feststellung an eine zur Metalloberfläche senkrechte Komponente des Lichtvektors geknüpft und fehlt dementsprechend an einem vollkommenen Spiegel bei genau senkrechtem Lichteinfall und bei schrägem, wenn linear polarisiertes Licht verwendet wird, dessen elektrischer Vektor senkrecht zur Einfallsebene $\mathfrak{E}_\perp$ schwingt (vgl. Abb. 12). Die in den beiden Vektorstellungen verschieden starke Reflexion kann im Grenzfall (nach den DRUDEschen Näherungsformeln der Metallreflektion) nur Unterschiede wie 1:4 für die Elektronenemission bewirken. Höhere Verhältniszahlen beweisen demnach einen „selektiven Photoeffekt".

In dieser vollständigen Form (Vektoreinfluß in einem begrenzten, durch besonders hohe lichtelektrische Ausbeute ausgezeichneten Spektralgebiet) ist der selektive Photoeffekt nur in folgenden Fällen sichergestellt:

KNa[1]), K[1]), Ba[2]), Sr[3]).

Dieser Nachweis setzt nämlich optisch vollkommene Spiegel voraus, wie sie durch Flüssigkeitsspiegel oder mit Annäherung durch Kathodenzerstäubung oder Sublimation auf andere einwandfreie Spiegel verwirklicht werden können. Oberflächen, die durch Erstarren aus Schmelzen, durch Schneiden oder Schaben gewonnen werden, haben stets so viel Unebenheiten, daß keine eindeutige Bestimmung der Vektorlage mehr möglich ist. An solchen Oberflächen wird daher das spektrale Maximum auch bei senkrechtem Lichteinfall und bei schrägem in jeder Vektorstellung beobachtet.

Aus der Übereinstimmung derartiger beobachteter spektraler Maxima nach Form und Halbwertsbreite mit denjenigen, für die der Vektoreinfluß sichergestellt war, schlossen POHL und PRINGSHEIM auf weitere „selektive Photoeffekte" an Li, Na, Rb.

An Cs konnte im Gegensatz zu Angaben anderer Autoren ein entsprechendes Maximum von POHL und PRINGSHEIM nicht sichergestellt werden; ebenso wurde an Be, Mg, Ca keines gefunden. Über die Besonderheiten beim Ca vgl. oben Ziff. 6.

Neuerdings glaubte GROSS[4]) aus Messungen im polarisierten Licht der Wellenlänge 254 mμ an Cu, Ag, Au, Pt und Bi-Spiegeln, die durch Kathodenzerstäubung oder Verdampfung im Vakuum hergestellt waren, schließen zu dürfen, daß Cu und Au im kurzwelligen Ultraviolett ebenfalls „selektiven Photoeffekt" besitzen. Die Elektronenausbeute ergab sich für Licht, dessen elektrischer Vektor parallel der Einfallsebene schwingt, um 20 bis 40% höher, als nach den DRUDEschen Näherungsformeln der Metallreflexion zu erwarten war. Dieser Unterschied ist immerhin gering; ferner zeigten durch Destillation im Vakuum hergestellte Cu-Spiegel ein völlig normales Verhalten; man wird daher vor Annahme eines „selektiven Photoeffekts" außerhalb der Gruppe der Alkalien und Erdalkalien ergänzende Messungen abwarten müssen.

Die spektralen Maxima finden sich besonders scharf ausgebildet an kolloidalen Alkalimetallschichten, wie sie beispielsweise nach ELSTER und GEITEL dadurch erhalten werden, daß Alkalihydrid durch leuchtende Entladung zersetzt wird.

---

[1]) R. POHL, Verh. d. D. Phys. Ges. Bd. 11, S. 715. 1909; R. POHL u. P. PRINGSHEIM, ebenda Bd. 12, S. 215. 1910.

[2]) R. POHL und P. PRINGSHEIM, ELSTER u. GEITEL-Festschrift. Braunschweig 1915.

[3]) R. DÖPEL, ZS. f. Phys. Bd. 33, S. 237. 1925.

[4]) F. GROSS, ZS. f. Phys. Bd. 6, S. 361. 1921.

Gleichzeitig werden an solchen Schichten die höchsten Absolutwerte lichtelektrischer Ausbeute an Metallflächen erzielt. POHL und PRINGSHEIM[1]) geben für K und Na im Maximum 0,03 Coul/cal an. Das sind immerhin schon einige Prozent des quantentheoretisch möglichen Grenzbetrages. POHL und PRINGSHEIM sehen die Ursache dieser hohen Ausbeute in mutmaßlich sehr geringen Absorptionsverlusten in den kolloidalen Schichten mit ihrem besonders günstigen Verhältnis von Oberfläche zu Volumen.

Genaue spektrale Lage der selektiven Maxima ist ebenso wie ihr Verhältnis zum untergelagerten „normalen Effekt" erheblichen Schwankungen unterworfen. Zahlreichen aufgestellten Beziehungen zwischen der Lage der „Resonanzmaxima" und irgendwelchen Atomkonstanten kann daher vorerst keine rechte Bedeutung zugebilligt werden.

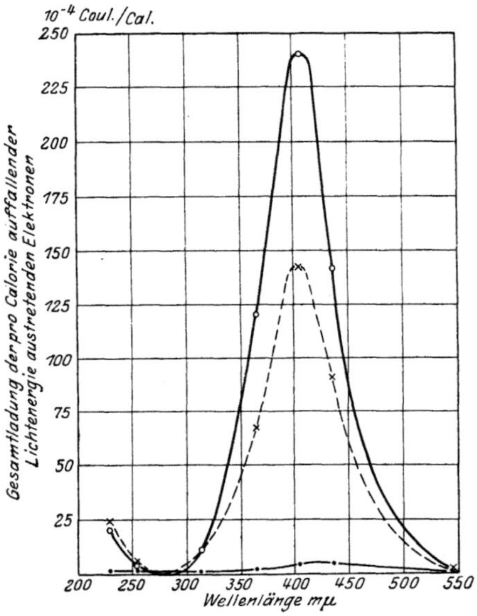

Abb. 13. Einfluß von Sauerstoff auf spektrale Lage und Größe der selektiven lichtelektrischen Wirkung an K-Oberflächen (nach POHL und PRINGSHEIM).

POHL und PRINGSHEIM[2]) beobachteten beispielsweise das gewöhnlich bei 430 bis 440 mμ liegende selektive Maximum des K nach Zulassung von etwas feuchtem Sauerstoff bei 400 mμ (Abb. 13); gleichzeitig trat eine außerordentliche Steigerung der Elektronenemission ein (vgl. Abbildung). Dabei lief die vorher blanke K-Fläche stahlblau an und verwandelte sich nach Ansicht von POHL und PRINGSHEIM in eine kolloidale Suspension von K in K_2O. Bei Zulassung von H_2 wanderte das Maximum wieder an seine gewöhnliche Stelle. Auch Zusatz von etwas Hg zu K bedingt eine Verschiebung nach kürzeren Wellen. Kaliumärmere Amalgame weisen dagegen keinen selektiven Effekt mehr auf (vgl. oben Ziff. 6). Es ist bei diesen Versuchen wegen der gesteigerten Elektronenemission nicht gut möglich, daß die Verlagerung dadurch verursacht wird, daß durch Vergrößerung der Austrittsarbeit die Emission bei langen Wellenlängen stärker herabgesetzt wird als bei kürzeren.

Eine Erklärung des selektiven Photoeffektes steht auch heute noch aus. Durch die optischen Konstanten des Metalls kann die Selektivität nicht erklärt werden. Diese zeigen in den betreffenden Spektralgebieten keinerlei Besonderheit. POHL und PRINGSHEIM wiesen überdies nach, daß die spektrale Verteilung auch bei Beziehung auf absorbierte Energie unverändert bleibt. Zu dem Zwecke gestalteten sie ihre Zellen als „schwarze Körper"[1]).

Temperaturabhängigkeit wurde beim selektiven Effekt ebensowenig beobachtet wie beim normalen. Insbesondere ändert sich weder die Halbwertsbreite der spektralen Verteilung, noch erhalten die Kurven irgendeine Struktur beim Abkühlen auf $-180°$. Ebensowenig ändert er sich beim Schmelzen.

Die Geschwindigkeiten der beim selektiven Effekt ausgelösten Elektronen sind noch nicht gemessen; sicher ist nur, daß sie nicht größer sind als die des untergelagerten normalen Effektes. Zur Deutung des Effektes wäre eine etwaige Feststellung, daß die äußeren Geschwindigkeiten nahe Null sind, sehr wichtig.

[1]) R. POHL u. P. PRINGSHEIM, Verh. d. D. Phys. Ges. Bd. 15, S. 173. 1913.
[2]) R. POHL u. P. PRINGSHEIM, Verh. d. D. Phys. Ges. Bd. 15, S. 637. 1913.

Daß der normale Effekt dem selektiven auch auf der langwelligen Seite des Maximums noch unterlagert ist, hat ein Schüler Pohls, Farwig[1]), gezeigt. Er fand, daß das Verhältnis der Elektronenströme bei Vektorstellung ∥ und ⊥ zur Einfallsebene auch beim Übergang zu längeren Wellen auf den normalen, nur durch die verschiedene Lichtreflexion bedingten Wert herabsinkt, wie es Pohl seinerzeit für den Übergang vom Maximum zu kürzeren Wellen beobachtet hatte.

Von verschiedenen Seiten ist angenommen, daß der selektive Effekt gar nicht dem Metall, sondern einer Verbindung angehört. Vor allem Wiedmann[2]) sah Wasserstoffverbindungen als Träger des Effektes an. Ihm gelang es durch gründliche Entgasung im Hochvakuum, den selektiven Effekt an K völlig zum Verschwinden zu bringen. Beim Zulassen von (feuchtem) H_2 trat er wieder auf, wobei die blanke Oberfläche sichtbar anlief. So sicher die Mitwirkung der Umgebung auf Form und Lage des selektiven Maximums ist, so wenig erwiesen ist jedoch, daß eine bestimmte chemische Verbindung verantwortlich ist.

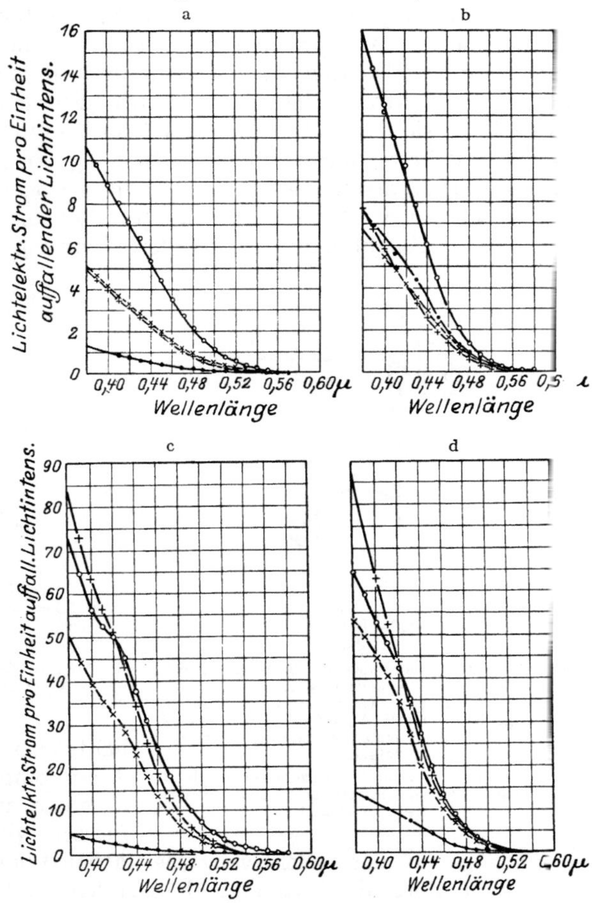

Abb. 14 a—d. Spektrale Verteilung der lichtelektrischen Wirkung an dünnsten Kaliumhäuten auf Metallspiegeln im linear polarisierten Licht für beide Vektorstellungen (nach Ives). Einfallswinkel 60°.

14 a, b: 𝔈⊥, 14 c, d: 𝔈∥ Einfallsebene.

14 a, c: ○ Ni, × W, + Ta, ● C; 14 b, d: ○ Ag, × Cu, + Pt, ● Au } Spiegel als Unterlage.

Die Absolutwerte der Ordinaten für die verschiedenen Unterlagen sind nicht vergleichbar[4]).

Die grundsätzliche Koppelung von spektraler Selektivität und Vektoreinfluß wird neuerdings von Ives[3]) in Frage gestellt. Er findet an dünnsten Alkalimetallhäuten, die sich im Hochvakuum auf Spiegeln verschiedenen Materials niederschlagen, eine ausgesprochene Abhängigkeit der lichtelektrischen Emissionen von der Vektorstellung ohne Beschränkung auf den für das betreffende Metall kennzeichnenden Spektralbereich (vgl. Abb. 14 a—d). Da seine Beobachtungen aber nur im Wellenlängenbereich 580 bis 380 mμ angestellt sind, bedarf sein Schluß auf Fehlen eines selektiven Effektes noch der Nachprüfung im ultravioletten Licht (vgl. unten).

---

[1]) K. Farwig, ZS. f. Phys. Bd. 21, S. 38. 1924.

[2]) G. Wiedmann, Verh. d. D. Phys. Ges. Bd. 17, S. 343. 1915; Bd. 18, S. 333. 1915.

[3]) H. E. Ives, Astrophys. Journ. Bd. 60, S. 209 u. 224. 1924.

[4]) In Abb. 14b und d sind die Abszissenwerte durch ungenaue Prüfung entstellt. Der größte Abszissenwert ist in beiden Fällen 0,56 μ.

Vielleicht trägt eine neue Beobachtung von GUDDEN und POHL[1]) über lichtelektrische Wirkung in Grenzflächen zur Aufklärung des selektiven Photoeffektes bei. Es handelt sich dabei um eine Art Mittelding zwischen äußerer und der unten zu besprechenden inneren lichtelektrischen Wirkung. GUDDEN und POHL schlagen durch Destillation im Vakuum auf eine nicht besonders getrocknete Platte eines durchsichtigen Isolators, eine nicht mehr durchsichtige Schicht eines Alkalimetalls nieder. Auf der anderen Seite der isolierenden Platte bringen sie eine durchsichtige Elektrode (Wasser) an und stellen zwischen Alkalimetallschicht und Wasserelektrode eine hohe Potentialdifferenz her (etwa 2000 Volt). Dann beobachten sie bei Belichtung des Alkalimetalles durch den Isolator hindurch Elektrizitätsbewegungen, die unabhängig von der Richtung des elektrischen Feldes sind und deren spektrale Verteilung, bezogen auf auffallende Energie, genau die des selektiven Photoeffektes des betreffenden Alkalimetalles ist (vgl. Abb. 15 und 16). Es bleibt kaum eine andere Deutung als daß hier die Verschiebung

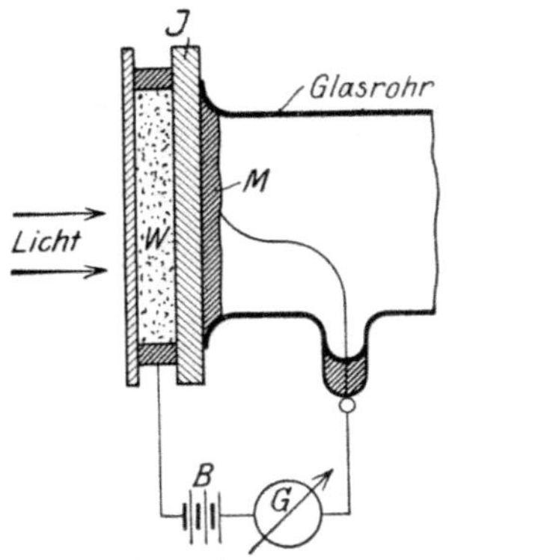

Abb. 15. Versuchsanordnung zur Beobachtung der lichtelektrischen Wirkung in Grenzschichten. I = isolierende Platte aus Quarz, Uviolglas, Steinsalz oder dergl. W = aufgekittete, durchsichtige Wasserelektrode. M = im Vakuum aufdestillierte Alkalimetallschicht.
Das ganze ist mit einer Hochspannungsbatterie B und einem Stoßgalvanometer G (oder Elektrometer) in Reihe geschaltet.

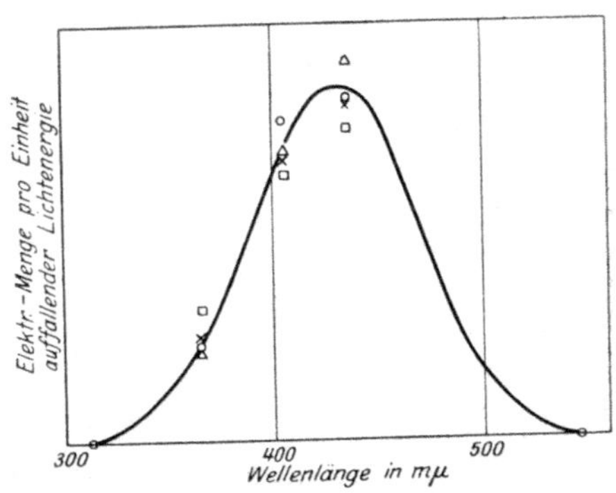

Abb. 16. Spektrale Verteilung der lichtelektrischen Wirkung in Kaliumgrenzschichten (nach GUDDEN und POHL).

lichtelektrisch an isolierten Atomen oder Atomkomplexen abgespaltener Elektronen in einer nicht leitenden Umgebung gemessen wird. Eine Übertragung dieser Erfahrung auf den selektiven Oberflächen-Photoeffekt würde dann besagen, daß auch dort der zusammenhängenden Metallschicht einzelne Atome in einer Oberflächenschicht vorgelagert sind, die der Sitz des selektiven lichtelektrischen Effektes sind. Die Vektorabhängigkeit wäre dann in Übereinstimmung mit IVES so zu denken, daß die Unterlage eine richtende Wirkung auf die vorgelagerten Atome ausübt, so daß etwa die Bahnebenen ihrer Valenzelektronen im wesentlichen senkrecht zur Oberfläche gerichtet sind. Man könnte dann eine bevorzugte Absorption des Lichtes für die Schwingungsrichtung des Lichtes annehmen, die mit der Ebene der Elektronenbahn zusammenfällt. Daß die losgelösten Elektronen unabhängig von der Richtung ihrer Bahn im Atom nur dem Lichtvektor folgen, ist nach den sonstigen Erfahrungen beim „normalen" Effekt nicht wahrscheinlich. Auch das Fehlen der Selektivität bei weitgehender Entgasung (WIEDMANN, IVES) wäre dann verständlich, weil derartig isolierte Atome sich vermutlich nur in einer Gashaut halten können.

Somit scheint zur Zeit am wahrscheinlichsten, daß das spektrale Maximum der Oberflächenwirkung rein optisch als selektives Absorptionsgebiet zu deuten

[1]) B. GUDDEN u. R. POHL, ZS. f. Phys. Bd. 34, S. 245. 1925.

ist. Diese Absorption hat aber nichts mit dem kompakten Metall zu tun, sondern wird an Atome oder Moleküle geknüpft sein. GUDDEN und POHL vermuten Zusammenhänge mit den Seriengrenzen der Alkali- usw.-dampfspektren.

11. Praktische Anwendungen. Die äußere lichtelektrische Wirkung an Metallen findet ausgedehnte praktische Anwendung zur Messung von Lichtintensitäten. Mit Thermosäule und Bolometer gemeinsam ist bei lichtelektrischer Messung die Proportionalität der Ströme mit der Lichtintensität; überlegen ist die lichtelektrische Zelle durch Trägheitsfreiheit und im Gebiet kürzerer Wellen durch ihre wesentlich größere Empfindlichkeit; unterlegen ist sie durch die starke Abhängigkeit der Ausbeute vom Wellenlängenbereich; letztere ermöglicht nur den Vergleich von Lichtquellen, die spektral identische Zusammensetzung haben.

Eine gute Vakuumzelle kann nach spektraler Eichung im Anschluß an eine Thermosäule für absolute Strahlungsmessungen dienen; doch ist von Zeit zu Zeit Nacheichung erforderlich. Im allgemeinen kommen jedoch lichtelektrische Zellen nur für Relativmessungen in Betracht; die empfindlichsten sogar vielfach nur als Nullinstrument. Die Schwierigkeit, ultraviolettdurchlässige Zellen mit gutem Vakuum und guter Empfindlichkeit herzustellen, scheint noch nicht überwunden.

Je nach dem hauptsächlich in Betracht kommenden Spektralgebiet werden Alkalizellen (Rb für grün, K für blau, Na für langwelliges Ultraviolett), Zink- und Kadmiumzellen[1]) für langwelliges mittleres Ultraviolett verwandt (vgl. die spektralen Verteilungen der Abb. 11). Bis in das gelbe, rote oder gar ultrarote Spektralgebiet hinein sind lichtelektrische Zellen nur in Ausnahmefällen verwendbar und dort anderen Hilfsmitteln unterlegen.

Nimmt man nach Ziff. 6 Ausbeuten von 10^{-4} Coul/cal an, so ergeben sich noch leidlich sicher meßbare Ströme von 10^{-14} Ampere bei Einstrahlung von 10^{-10} cal/sek. Kolloidale Alkalizellen liefern den gleichen Strom noch bei 10^{-12} cal/sek, falls das Licht ihrem spektralen Empfindlichkeitsmaximum angehört.

In der Praxis steigert man die Empfindlichkeit der lichtelektrischen Zellen häufig, indem man Gasfüllung von geeignetem Druck anwendet und die Ströme durch Stoßionisation vervielfacht, unter Umständen vertausendfacht. Der günstigste Gasdruck hängt von der Art des Gases ab und beträgt meist einige mm Hg; besonders bewährt hat sich Argonfüllung. Mit solchen Zellen werden gut meßbare Ströme auch noch bei Einstrahlung von 10^{-15} cal/sek erzielt und damit die Empfindlichkeitsgrenze des menschlichen Auges ($2 \cdot 10^{-15}$ cal/sek cm^2 im grünen Spektralgebiet) erreicht oder sogar überschritten.

Allerdings haben gasgefüllte Zellen, zumal bei Ausnützung der Stoßionisation, weder die völlige Proportionalität noch die gute Konstanz der gasfreien Zellen, sind aber bei geeigneter Vorsicht und Kritik völlig einwandfreie Meßinstrumente. Das Auftreten selbständiger Entladungen ist möglichst zu vermeiden, weil in ihrer Folge über Wochen hinaus Änderung der spektralen Verteilung und Ausbeute auftreten kann. Besonders empfindliche Zellen werden nach ELSTER und GEITEL in folgender Weise gewonnen. Alkalimetall wird durch Erhitzen im Wasserstoffstrom in weißes Hydrid verwandelt und dies durch leuchtende Entladung teilweise wieder zersetzt. Dabei nimmt beispielsweise Kaliumhydrid den für kolloidales Kalium kennzeichnenden blauvioletten Farbton an. Eine noch höhere Empfindlichkeit wird erreicht, wenn, statt kontinuierlicher Ströme oder Elektrometeraufladungen, die durch einzelne Elektronen in Stoßionisation ausgelösten Aufladungsstöße beobachtet werden. ELSTER und GEITEL[2]) steigerten zu diesem Zweck das Potential in der Zelle bis fast an das zur selbständigen Entladung er-

[1]) J. ELSTER u. H. GEITEL, Phys. ZS. Bd. 11, 12, 13, 15, 16.
[2]) J. ELSTER u. H. GEITEL, Phys. ZS. Bd. 21, S. 361. 1920.

forderliche. Dann treten ruckweise Bewegungen des mit der Zelle verbundenen Elektrometerfadens auf und die Zahl dieser Ladungsstöße pro Sekunde ist der auffallenden Lichtintensität völlig proportional. Es besteht kein Zweifel, daß diese Anordnung von ELSTER und GEITEL dem GEIGERschen Spitzenzähler entspricht und einzelne ausgelöste Elektronen zählt. Auch bei völliger Ausschaltung allen Lichtes treten noch einzelne (etwa alle 15 bis 30″) Ladungsstöße auf; sie sind vielleicht der radioaktiven β-Strahlung des Kaliums und Rubidiums zuzuschreiben. Auf diese Weise gelingt es noch, die Entsendung von rund 10 Elektronen in der Minute oder im selektiven Empfindlichkeitsgebiet der Alkalizellen (Ausbeute 1%) den Einfall von etwa 15 Lichtquanten pro Sekunde nachzuweisen; das entspricht etwa $1{,}5 \cdot 10^{-18}$ cal/sek und läßt also das menschliche Auge erheblich hinter sich.

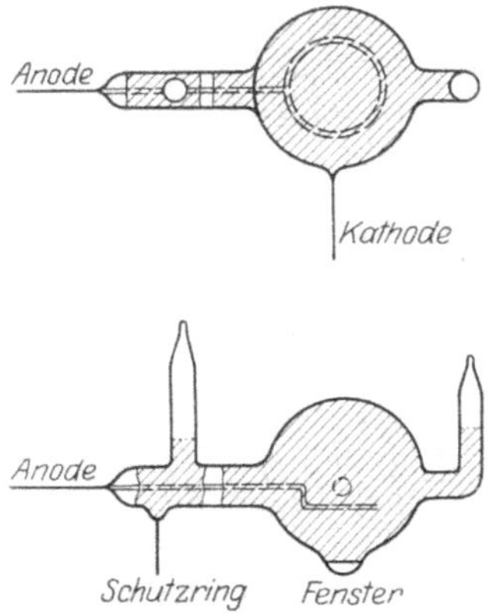

Abb. 17a. Lichtelektrische Zelle nach ELSTER und GEITEL in technischer Ausführung der Gen. Elektr. Comp. (1922).

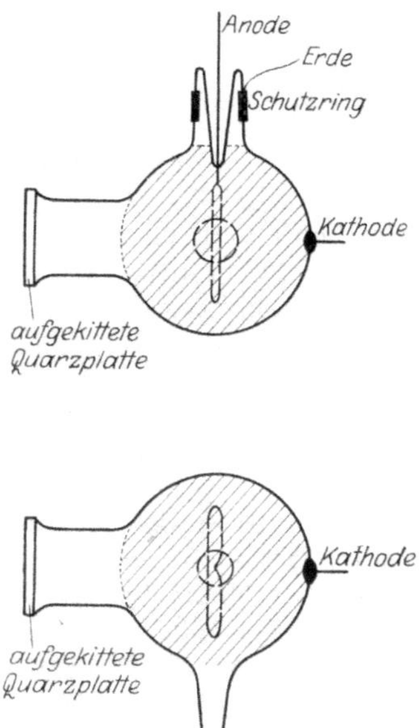

Abb. 17b. Lichtelektrische Zelle nach ELSTER und GEITEL mit aufgekittetem Quarzfenster, auch im Ultraviolett verwendbar.

Eine bewährte technische Ausbildung der lichtelektrischen Zelle von ELSTER und GEITEL zeigt Abb. 17a. Zur Selbstherstellung und Verwendung auch für Ultraviolett eignet sich die Form 17b, in die das Metall durch Kugelansätze (vgl. Abb. 18) hineindestilliert wird. Es ist zur Vermeidung von Wandladungen, die elektrostatische Störungen (Inkonstanz) mit sich bringen können, günstig, möglichst wenig von den Zellwandungen von Metall frei zu lassen. Man spiegelt daher den Innenraum bis auf die Eintrittsstellen für Licht und Anodendraht zu. Dunkelleitung kann durch eingeschmolzene Erdungsringe unterdrückt werden. Bei Rb- oder Cs-Zellen ist es dann allerdings wegen des hohen Metalldampfdruckes nötig, die Isolationswege durch besondere Erwärmung frei von leitenden Metallhäuten zu halten. In warmen Räumen treten solche bei empfindlichen Messungen störenden Isolationsfehler auch schon an K-Zellen auf.

Bei Stromstärken von 10^{-4} bis 10^{-9} Ampere, wie sie erstere nur bei sehr starken Lichtquellen erreicht werden, ist galvanometrische Messung

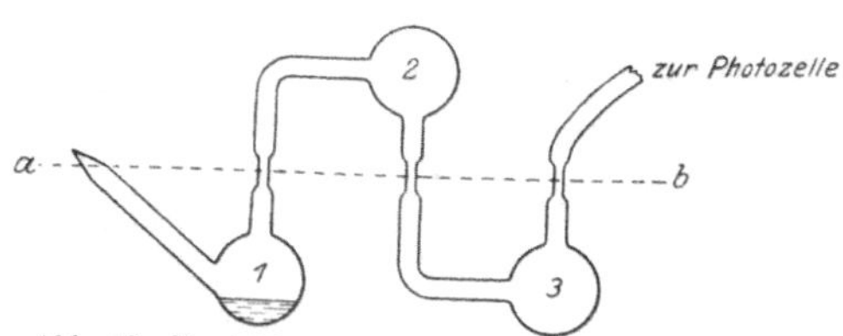

Abb. 18. Vorrichtung zum Eindestillieren der Metalle in lichtelektrische Zellen.

üblich. Ströme von 10^{-9} bis 10^{-15} Ampere werden elektrometrisch, die schwächeren ausschließlich nach dem Aufladeverfahren gemessen.

Vielfach sind Versuche[1]) gemacht, die lichtelektrischen Ströme mit Elektronenröhren zu verstärken. Das hat bei an sich stärkeren Strömen keine Schwie-

[1]) Vgl. Literatur bei H. ROSENBERG, Naturwissensch. Bd. 9, S. 359. 1921.

rigkeit, so daß an Stelle hochempfindlicher Galvanometer bequeme Zeiger- und Registrierinstrumente treten können. Man schaltet zu diesem Zweck die Anode der Zelle an das Gitter einer Dreielektrodenröhre und verbindet das negative Ende des Glühdrahtes mit dem positiven Pol der Batterie, deren negativer Pol an der Kathode der Zelle liegt (vgl. Abb. 19). So erreicht man Verstärkungen bis 100 000; mit einer verwickelteren Schaltung[1]) sollen sogar Verstärkungen von 10^6 erreicht sein; Voraussetzung ist aber stets ein lichtelektrischer Strom von mindestens 10^{-13} Ampere. Es kann also der Meßbereich lichtelektrischer Messungen selbst auf diese Weise nicht vergrößert werden, da die Gitterströme und Isolationsverluste der Elektronenröhren schließlich groß gegen die dem Gitter zufließenden lichtelektrischen Ströme werden und diese daher die Gitterspannung nicht mehr beeinflussen. Die Vorteile der Verstärkung sind nur meßtechnischer Art.

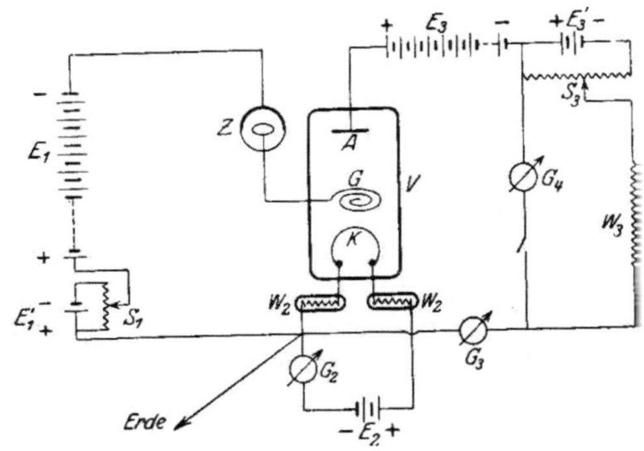

Abb. 19. Schaltungsschema zur Verstärkung lichtelektrischer Ströme. Z = lichtelektrische Zelle. V = Verstärkerröhre. A = Anode. G = Gitter. K = Kathode. E_1, E_1', E_2, E_3, E_3' = Akkumulatorenbatterie im Gitter-, im Heiz-, im Anodenkreis. W_2 = zwei zu V gehörige Eisenwiderstände. W_3 = fester Widerstand von rd. 10^5 Ohm. S_1, S_3 = Spannungsteiler im Gitter bzw. Kompensationskreis. G_2, G_3, G_4 = Galvanometer zur Messung des Heizstromes, des Anoden- und Brückenstromes (nach Rosenberg).

Gelegentlich im Schrifttum vertretene ungünstige Beurteilungen lichtelektrischer Zellen dürften ausschließlich auf ungeeignete Stücke oder unzweckmäßige Benutzungsweise zurückzuführen sein.

Die lichtelektrischen Zellen finden wegen ihrer Bequemlichkeit, Genauigkeit und Zuverlässigkeit immer noch steigende Anwendung zu allen photometrischen Zwecken. Über die Technik lichtelektrischer Absorptionsmessungen vergleiche man etwa v. HALBAN[2]). Zur Bestimmung von photographischen Schwärzungen dienen sie besonders im Registrierphotometer von P. P. KOCH.

Zur Registrierung rasch veränderlicher Intensitäten [Abklingen von Phosphoreszenz[3]), Nachleuchten des aktiven Stickstoffs[4]) u. a.] sind die Zellen in Stromschaltung wegen ihrer Trägheitsfreiheit unersetzlich.) Voraussetzung ist allerdings, daß die zu messenden Intensitäten Ströme genügender Größe liefern; für Ströme unter 10^{-10} Amp. gibt es kein Meßverfahren, das die Trägheitslosigkeit der Zellen auszunutzen erlaubte. Ebenso ermöglichen sie in Aufladeschaltung besonders leicht Lichtsummenmessungen. Man vergleiche vor allem die Arbeiten von LENARD[3]) und seinen Mitarbeitern.

Auch langsame Veränderungen wie beispielsweise die Lichtkurven veränderlicher Sterne sind wegen der hohen Zellenempfindlichkeit mit bestem Erfolg lichtelektrisch untersucht, zum Teil sogar neu gefunden worden [GUTHNICK 1913[5]), man vgl. etwa den Bericht von A. F. u. F. A. LINDEMANN[6])].

Ferner ist die große Überlegenheit an Empfindlichkeit im Ultraviolett gegenüber Thermosäule und Bolometer benutzt worden, um die PLANCKsche Formel der schwarzen Strahlung bis ins Ultraviolett hinein (etwa 316 mμ) zu prüfen[7]).

[1]) G. FERRIÉ, R. JOUAUST u. R. MESNY, C. R. Bd. 177, S. 847. 1923.
[2]) H. v. HALBAN, ZS. f. phys. Chem. Bd. 96, S. 214. 1920; Bd. 100, S. 208. 1922.
[3]) PH. LENARD, Heidelberger Ber. 1912, Abh. 5.
[4]) E. v. ANGERER, Phys. ZS. Bd. 22, S. 97. 1921.
[5]) P. GUTHNICK, Veröffentl. d. Sternwarte zu Berlin-Babelsberg Bd. 1. 1914.
[6]) A. F. u. F. A. LINDEMANN, Roy. Astron. Soc. Bd. 79, S. 343. 1919.
[7]) E. STEINKE, ZS. f. Phys. Bd. 11, S. 215. 1922.

Von verschiedenen rein technischen Anwendungen, wie Lichtrelais, Fernübertragung von Bildern, sprechender Film usw., sehen wir ab.

Schließlich ist die äußere lichtelektrische Wirkung noch ein Hilfsmittel geworden, um die Emission von Spektrallinien in dem schwer zugänglichen Spektralgebiet zwischen 1200 und 12 Å nachzuweisen.

12. Lichtelektrische Kanalstrahlen. DEMBER hatte 1909 geglaubt, auch eine Emission positiver Träger bei Belichtung festgestellt zu haben. Seine Versuchsanordnung war so gestaltet, wie es zur Beobachtung von Kanalstrahlen in Entladungsröhren üblich war. Die beleuchtete Platte hatte Löcher und es wurde hinter dieser geerdeten Kathode das Auftreten positiver Ionen gemessen, wenn ein der Kathode vorn gegenübergestelltes Netz auf verschiedene positive Spannungen gebracht wurde. Der „positive" Strom war stets nur ein kleiner Bruchteil (1%) des gleichzeitig beobachteten „negativen", trat aber zu 80% bereits bei 1 Volt Spannung auf. Die Versuche ließen es unentschieden, ob wirklich aus dem Metall positive Ionen vom Licht abgespalten werden. — Rückstoßatome kommen bei den kleinen Elektronenenergien nicht in Betracht. — LENARD und RAMSAUER glaubten an Mitwirkung der Restgase.

In neuester Zeit sind die DEMBERschen Versuche von DU BRIDGE[1]) 1925 mit großer Sorgfalt und größten Vorsichtsmaßregeln wiederholt worden. Sie schienen zunächst die DEMBERschen Befunde zu bestätigen, doch konnte durch planmäßige Ausschaltung aller Fehlerquellen erwiesen werden, daß eine lichtelektrische Emission positiver Ionen, wenn überhaupt vorhanden, sicher 10000mal kleiner ist als von DEMBER seinerzeit angegeben ist.

Formal könnten die Beobachtungen eines Schülers von EHRENHAFT, HAKE 1922, im Schwebekondensator als lichtelektrische Emission positiver Ladungen gedeutet werden. Er fand, daß ebenso wie Nichtleiter (vgl. folgenden Abschnitt) so auch Metallpartikel, sofern sie nur genügend klein sind, sich bei Belichtung häufig auch negativ aufladen. Die Zahl der negativen Aufladungen im Vergleich zu den normalen positiven fand sich besonders groß in Argon und Kohlensäure. Eine Aufnahme von Elektronen oder negativen Ionen glaubte HAKE mit Sicherheit ausgeschlossen zu haben. Die Erscheinung bedarf zweifellos weiterer Aufklärung.

13. Äußere lichtelektrische Wirkung an nichtmetallischen Oberflächen. Die vielen Untersuchungen über äußere lichtelektrische Wirkung an Nichtmetallen haben wenig Klarheit gebracht; der Wert ist meist nur beschränkt, da sie fast durchweg in unzerlegtem Licht und in atmosphärischer Luft ausgeführt sind. Mit den beliebten Angaben über die „lichtelektrische Empfindlichkeit" des einen oder anderen Stoffes ist wenig anzufangen. Feststellungen, wie beispielsweise die „lichtelektrische Unempfindlichkeit" der Alkalihalogensalze sind Selbstverständlichkeiten, da diese Salze in den benutzten Spektralgebieten oberhalb 200 mμ kein Licht absorbieren.

Man kann den vorliegenden Messungen etwa folgendes entnehmen: Bei genügend starker Absorption zeigen wohl auch alle nichtmetallischen festen Oberflächen wenigstens im ultravioletten Spektralgebiet äußere lichtelektrische Wirkung. Die „Ausbeute", bezogen auf auffallende Energie, hat eine ähnliche spektrale Verteilung wie bei den metallischen Oberflächen, wird aber hier im wesentlichen durch die nach kleineren Wellenlängen hin zunehmende Lichtabsorption bedingt. Die äußeren Geschwindigkeiten der Elektronen sind sicher nicht größer als bei den metallischen Oberflächen. Den Nachweis, daß wirklich Elektronen ausgesandt werden, erbrachte REIGER[2]) an Glas, Hartgummi usw. durch e/m Be-

[1]) L. A. DU BRIDGE, Phys. Rev. Bd. 25, S. 201. 1925.

[2]) R. REIGER, Ann. d. Phys. Bd. 17, S. 947. 1905.

stimmung. Von langwelliger Grenze bei diesen Stoffen zu sprechen, ist sinnlos, da die lichtelektrisch wirksame Absorption nach langen Wellenlängen ganz allmählich ausläuft. Es scheint daher lediglich eine Frage der Meßgenauigkeit, wie weit die lichtelektrische Wirkung zu verfolgen ist.

Neben der konstitutionellen, ultravioletten Eigenabsorption erweisen sich auch gelegentlich selektive Lichtabsorptionen lichtelektrisch wirksam, so bspw. an phosphoreszierenden Erdalkalisulfiden (vgl. Ziff. 19).

Äußere lichtelektrische Wirkung an festen Anilinfarbstoffen in den Spektralgebieten „metallisch starker Absorption" ist nicht sichergestellt; merklich wird die lichtelektrische Emission von Fuchsin u. dgl. erst in der Spektralgegend von 200 mμ. Die Eigenleitfähigkeit dieser Farbstoffe genügt meist, um Störungen durch positive Aufladung gering zu halten.

Bemerkenswert ist, daß bei einem Nebeneinandervorkommen von äußerer und innerer lichtelektrischer Wirkung am gleichen Stoff die äußere stets erst bei kürzeren Wellenlängen nachweisbar wird und zwar gewöhnlich erst bei Wellenlängen, für die die innere Wirkung wieder verschwindet (vgl. unten Ziff. 15). Beispiele sind AgJ, Ag_2S, CuO.

An gut isolierenden Stoffen gelingt es weder die Proportionalität der Elektronenzahl mit der Lichtenergie festzustellen, noch läßt sich gewöhnlich Sättigung erreichen. Das liegt daran, daß die Oberflächen sich positiv aufladen und in steigendem Maße den weiteren Elektronenaustritt hemmen. Man hat gelegentlich versucht, diese störende Aufladung dadurch zu vermeiden, daß man die Leitfähigkeit durch Anfeuchten oder Bestrahlung mit Röntgenlicht usw. erhöhte. Das ist zu verwerfen, da man damit gleichzeitig unübersichtliche Veränderungen der Oberflächen verursacht.

Es bleibt daher bei Versuchen an Isolatoren nur die Beschränkung auf sehr kleine Lichtintensitäten und Beobachtungszeiten oder Beobachtung im Schwebekondensator; letzteres verbietet allerdings die Beobachtung im Vakuum.

Gerade im Schwebekondensator sind merkwürdige Befunde gemacht worden: HAKE[1]) beobachtete nämlich je nach Art des Füllgases gar nicht selten negative Aufladung der Teilchen bei Belichtung, als ob positive Ladungen statt Elektronen ausgesandt würden. Für Paraffin und Selen hatte dasselbe LUCHSINGER teilweise gemeinsam mit BAER beobachtet. — In N_2, O_2, CO_2, H_2 und A fanden sich solche inverse Effekte an Kolophonium, Schwefel, Jod usw., allerdings im wechselnden Betrage. Da auch sehr kleine Metallteilchen und Flüssigkeitströpfchen sich ähnlich verhielten, kann man die Ursache nicht in einer Besonderheit der Nichtmetalle sehen, sondern wird wohl am ehesten an noch ungeklärte Vorgänge beim Schwebekondensator denken.

P. P. KOCH[2]) und Mitarbeiter suchten im Schwebekondensator vergeblich nach lichtelektrischer Aufladung von AgBr-Körnchen; deswegen wird man jedoch eine lichtelektrische Deutung des photographischen Primärvorganges noch nicht unbedingt ablehnen dürfen. Äußere lichtelektrische Wirkung wird eben erst bei wesentlich kürzeren Wellen nachweisbar als eine etwa vorhandene innere.

14. Flüssigkeiten. Besonders ungeklärt ist die Elektronenemission an nichtmetallischen Flüssigkeiten; flüssige Metalle unterscheiden sich gar nicht von festen.

Es liegen allerhand Angaben über lichtelektrische Wirkung an Flüssigkeiten vor, doch fehlt jede Untersuchung in spektral zerlegtem Licht und die möglichen Fehlerquellen sind nur sehr unsicher ausgeschlossen.

Wasser scheint entsprechend der fehlenden Lichtabsorption bis unterhalb 200 mμ sicher keine Elektronen zu emittieren. Gegenteilige Befunde dürften

[1]) M. HAKE, ZS. f. Phys. Bd. 15, S. 110. 1923.
[2]) P. P. KOCH, ZS. f. Phys. Bd. 6, S. 127. 1921.

auf Verunreinigungen, vor allem feste Oberflächenschichten, zurückzuführen sein. OBOLENSKY[1]) gibt an, schwache Wirkung im Schumanngebiet (123 bis 180 mμ) gefunden zu haben, was der optischen Absorption nach möglich wäre.

HALLWACHS gibt an, an Ameisensäure und Anilin lichtelektrische Emission beobachtet zu haben. HALLWACHS' Angabe, daß wässerige Salzlösungen beispielsweise von Kaliumnitrat äußere lichtelektrische Wirkung zeigen, hat sich nicht bestätigen lassen; jedenfalls fehlt derartige Emission auch bei beliebig hoher Konzentration für Wellenlängen oberhalb 200 mμ.

Die leicht nachweisbare lichtelektrische Wirkung an Lösungen von Anilinfarbstoffen (beispielsweise Fuchsin, STOLETOW 1888) wurde von ROHDE 1906 als Wirkung an festen, nach einiger Zeit sogar sichtbaren Oberflächenhäuten aufgeklärt. Sie ist übrigens an Wellenlängen um 200 mμ geknüpft.

Oft untersucht ist auch Anthrazen in allen drei Aggregatzuständen, ohne daß völlige Übereinstimmung der verschiedenen Forscher erzielt worden wäre.

Schließlich ist zu erwähnen, daß KELLY im Schwebekondensator neben festen Isolatoren auch Öltröpfchen auf lichtelektrische Wirkung untersucht und Elektronenemission sichergestellt hat.

Derartige Untersuchungen an Flüssigkeiten sind der Natur der Sache entsprechend nicht im Vakuum ausführbar und daher in Luft bei Atmosphärendruck ausgeführt.

Über etwaige langwellige Grenzen, spektrale Verteilung und ihre Abhängigkeit von der Lichtabsorption, über Geschwindigkeitsverteilung usw. ist noch gar nichts bekannt. Kaum, daß die lichtelektrische Elektronenemission an einwandfrei flüssigen Oberflächen selbst als sichergestellt gelten kann.

c) Innere lichtelektrische Wirkung (Volumeneffekt).

15. Innere lichtelektrische Wirkung in festen Körpern. Die Abspaltung von Elektronen im Innern fester Körper entzieht sich, soweit diese Elektronen nicht durch die Oberfläche hinaustreten, im allgemeinen einem unmittelbaren Nachweis.

Das Austreten von Elektronen durch die Oberfläche setzt entweder sehr hohe Frequenzen (Röntgenlicht) voraus, da die für Elektronen durchdringbare Schicht von der Geschwindigkeit und diese von der Frequenz abhängt, oder sehr starke (metallische) Absorption, da dann die zurückzulegenden Wege genügend klein werden.

Um nun dessenungeachtet auch bei geringer Lichtabsorption und niedriger Frequenz (sichtbares und ultraviolettes Licht) auf Elektronenabspaltung zu schließen, ist man auf mittelbare Schlüsse angewiesen. So ist seit langer Zeit die Leitfähigkeitserhöhung gewisser Stoffe bei Belichtung bekannt. (Selen, Antimonglanz u. a.) Eine Beeinflussung der Leitfähigkeit von guten Leitern (Metallen) durch Belichtung ist immer wieder an sehr dünnen Schichten gesucht, aber nie gefunden worden. Gelegentliche Beobachtungen eines Einflusses haben sich stets auf sekundäre Wirkungen zurückführen lassen. Zuletzt hat noch ROGERS[2] an dünnen Schichten von Bi, Cu, P, Ni, Al, Au bei intensiver Röntgenbestrahlung feststellen können, daß eine etwaige Beeinflussung weniger als 10^{-} beträgt. Vergleicht man die quantenmäßig berechnete Anzahl der Elektronen, die günstigstenfalls vom Licht ausgelöst werden unter Berücksichtigung ihrer mutmaßlichen Lebensdauer als „freie" Elektronen mit dem Bestand an Metallatomen, die ja vermutlich alle für die Leitfähigkeit in Frage kommen, so ist solch negativer Befund nicht weiter verwunderlich.

1) W. OBOLENSKY, Ann. d. Phys. Bd. 39, S. 961. 1912.

2) R. A. ROGERS, Phys. Rev. Bd. 23, S. 114. 1924.

Nach Entwicklung unserer Kenntnisse über die lichtelektrische Wirkung an Metalloberflächen ist verschiedentlich versucht worden, die beobachteten Gesetzmäßigkeiten der Leitfähigkeitsänderung beispielsweise am Selen lichtelektrisch zu deuten. Schwierigkeiten machte vor allem das Fehlen einer Proportionalität zwischen Lichtintensität und elektrischer Wirkung, einerlei ob sie als „Stromzuwachs" oder wie meist, als „verhältnismäßige Leitfähigkeitszunahme" bestimmt wurde; ferner die Trägheit und geringe Reproduzierbarkeit der Wirkung, schließlich die sehr verwickelte Spannungsabhängigkeit. Merkwürdigerweise nahm man an der Größe der Ströme keinen Anstoß, vgl. unten. Ein anzunehmender lichtelektrischer Grundvorgang war jedenfalls noch in ganz anderem Umfange von Nebenwirkungen überwuchert, als man etwa von lichtelektrischen Zellen mit fehlender Sättigungsmöglichkeit her gewohnt war. Einen entscheidenden Fortschritt und gleichzeitig einen ganz neuen Anschluß der lichtelektrischen Erscheinungen an die Quantentheorie brachten die Arbeiten von GUDDEN und POHL seit 1920.

Sie untersuchten einheitliche Kristalle, die unbelichtet völlige Isolatoren sind, beispielsweise Diamant, Zinkblende. Das Fehlen jedes Stromes im Dunkeln hat den großen Vorteil, daß die Lichtwirkungen für sich beobachtet werden können und es sich nicht um eine Überlagerung der Lichtwirkung über eine in ihrem Mechanismus selbst noch ungeklärte Dunkelleitung handelt.

Während Gesetze und Mechanismus der Elektrizitätsleitung im Vakuum oder in Gasen hinreichend untersucht und aufgeklärt sind, wissen wir bekanntlich über die Elektronenleitung in festen Körpern noch äußerst wenig. Bei einer Reihe der schlechten Leiter, die im Licht Leitfähigkeitserhöhung zeigen, ist außerdem nicht einmal klargestellt, ob elektrolytische oder metallische Leitung vorliegt, geschweige denn, daß sich übersehen ließe, wie eine Abspaltung von Elektronen durch Licht auf den normalen Leitungsmechanismus einwirkt.

GUDDEN und POHL umgingen diese Schwierigkeit in folgender Weise: Statt stationäre Ströme zu untersuchen, beobachteten sie die Elektrizitätsbewegungen in den Isolatoren, die als Folge kurzdauernder Belichtung im elektrischen Felde auftreten.

Die Versuchsanordnung ist sehr einfach. Der zu untersuchende isolierende Kristall bildet das Dielektrikum eines kleinen Plattenkondensators, dessen eine Belegung mit einer Spannung von einigen 100 Volt, dessen andere mit einem Elektrometer verbunden ist. Beobachtet wird die Elektrizitätsmenge, die bei bekannter angelegter Spannung als Folge einer kurzen Belichtung (Größenordnung 1″) mit monochromatischem Licht bekannter Energie in das Elektrometer fließt. Diese Elektrizitätsmenge Q hängt ab von der Zahl n und Ladung e der Elektrizitätsträger im Dielektrikum und der Strecke x, um die sie sich verschieben (vgl. Abb. 20). $Q = nex/d$.

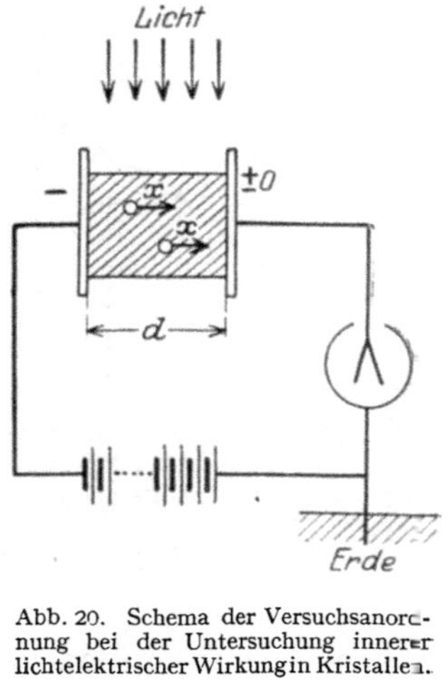

Abb. 20. Schema der Versuchsanordnung bei der Untersuchung innerer lichtelektrischer Wirkung in Kristallen.

Der Verschiebungsweg x kann hierbei natürlich höchstens gleich der Kondensatordicke d sein. Die Isolation im Dunkeln beweist das Fehlen von Ladungen oder von Verschieblichkeit. Die Beobachtung, daß die dem Elektrometer zufließende Ladung Q der Lichtintensität streng proportional ist (vgl. Abb. 21a), ist zwanglos nur dadurch zu deuten, daß durch die Belichtung proportional zur absorbierten Lichtenergie bewegliche Ladungen geschaffen werden; eine

Beeinflussung des Verschiebungsweges durch die Lichtintensität wäre schwer verständlich. Wie rasch die Ladungswanderung vor sich geht, ist bei diesem Beobachtungsverfahren in weiten Grenzen einflußlos. Die Versuche ergaben, daß die Bewegung der primär (vgl. aber unten) vom Licht gebildeten Träger inner-

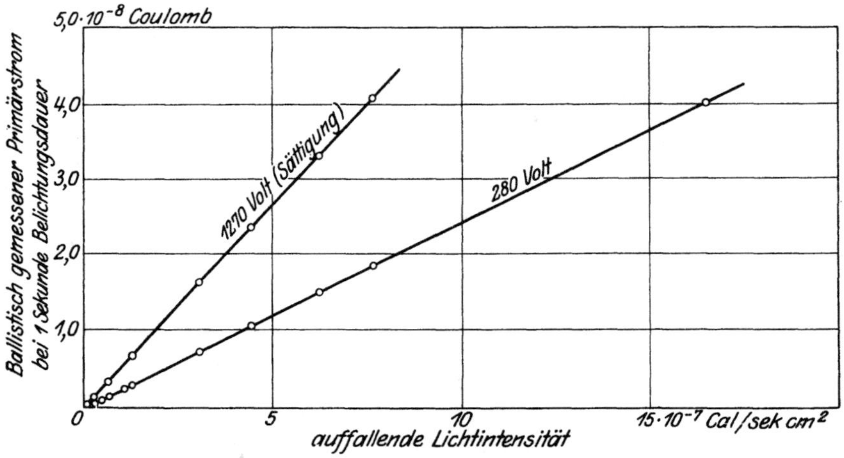

Abb. 21 a. Energieproportionalität des lichtelektrischen Primärstromes in Zinkblende bei verschiedenen Spannungen. Belichtete Fläche 25 qmm, Kristalldicke 1,3 mm, monochromatische Belichtung mit $\lambda = 436\,\mathrm{m}\mu$ in Richtung des elektrischen Feldes.

halb von Sekundenbruchteilen beendet ist. FLECHSIG[1]) konnte diese Grenze unter 10^{-4} sek herunterdrücken.

Die Versuche ergaben weiter, daß die Ladungsmenge Q mit steigender Feldstärke dieser erst proportional, dann langsamer wächst und schließlich einen Grenzwert erreicht (vgl. Abb. 21 b). Die Sättigungsfeldstärken waren bei Diamant und Zinkblende etwa 15000 Volt/cm, bei Zinnober je nach Orientierung 1000 bis 5000 Volt/cm. Die physikalische Deutung der Sättigungsfeldstärke kann noch nicht angegeben werden.

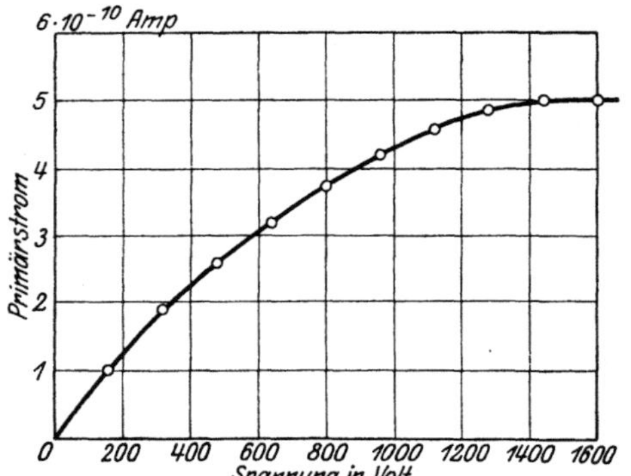

Abb. 21 b. Abhängigkeit des lichtelektrischen Primärstromes in Diamant von der angelegten Spannung (nach GUDDEN und POHL). Kristalldicke 1 mm, Sättigungsfeldstärke etwa 15000 Volt/cm.

Bezogen auf die Einheit auffallender Lichtenergie wächst bei zahlreichen untersuchten Stoffen die beobachtete Elektrizitätsmenge mit abnehmender Wellenlänge kontinuierlich an, erreicht ein oft steiles Maximum und nimmt dann rasch bis zu verschwindend kleinen Werten ab. Der Anstieg entspricht ganz allgemein der nach kürzeren Wellen ansteigenden optischen Lichtabsorption, das Maximum liegt je nach Schichtdicke etwas verschieden, es ist um so spitzer, je dünnere Kristallschichten durchstrahlt werden, und der steile Abfall tritt stets dort ein, wo die optische Absorptionskonstante den Wert von rund $1\,\mathrm{mm}^{-1}$ erreicht.

[1]) W. FLECHSIG, ZS. f. Phys. Bd. 33, S. 372. 1925.

In zwei Fällen gelang es GUDDEN und POHL[1]), durch genaue Parallelmessungen der optischen Absorption die Lichtwirkung auf absorbierte Energie zu beziehen. Die genauesten Messungen sind am Diamant ausgeführt (vgl. Abb. 22). Sie zeigen, daß die beobachtete Elektrizitätsmenge nicht proportional der absor-

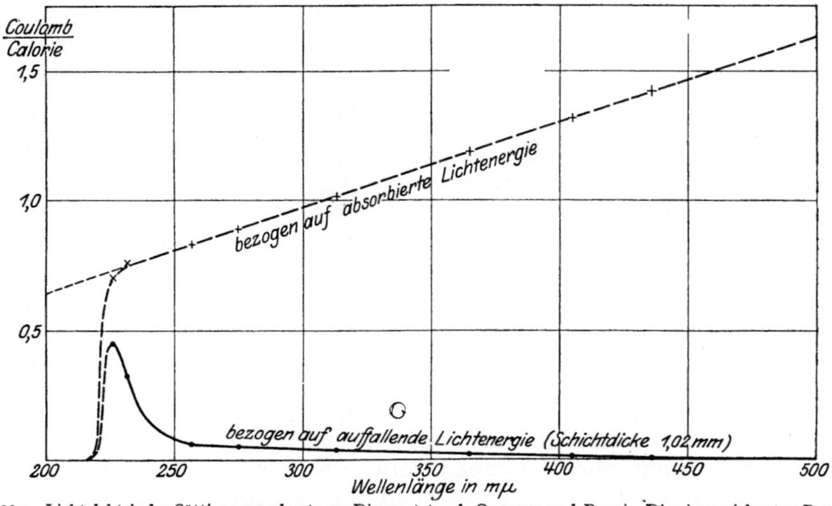

Abb. 22a. Lichtelektrische Sättigungsausbeute an Diamant (nach GUDDEN und POHL). Die eingezeichneten Punkte + entsprechen den ausgeglichenen Werten ● der Abb. 22b, nicht den gemessenen und wegen der Kleinheit der Absorption mit großer Unsicherheit behafteten Werten ×.

bierten Lichtenergie ist, sonst müßte die Ausbeute im ganzen Spektralbereich konstant sein, sondern proportional der Zahl absorbierter Quanten $h\nu$: die

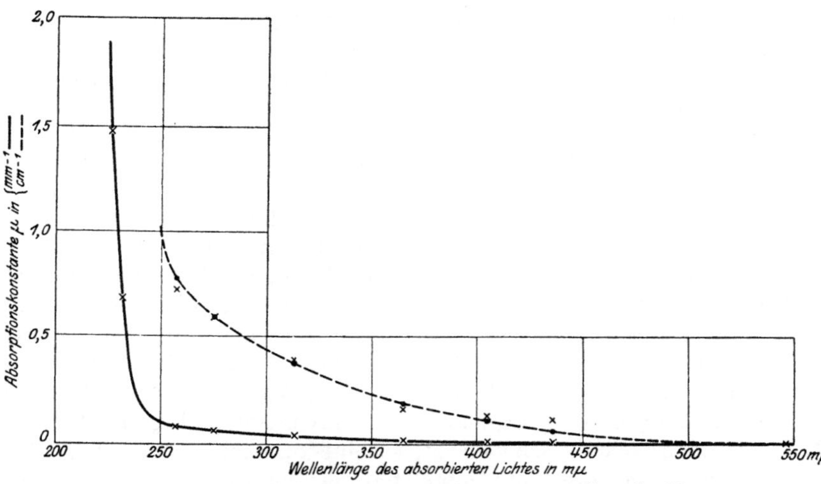

Abb. 22b. Die optische Absorption des der Abb. 22a zugrunde liegenden Diamanten.

Ausbeute wächst proportional der Wellenlänge; dies Ergebnis folgt streng aus den Messungen von 219 bis 365 mμ und stimmt innerhalb der bei sehr schwacher Absorption weiten Fehlergrenzen auch noch bis 436 mμ.

Über diese wichtige Feststellung hinaus ergab sich, daß die Zahl der die beobachtete Elektrizitätsmenge bildenden Elementarladungen im Fall der Sät-

[1]) B. GUDDEN u. R. POHL, ZS. f. Phys. Bd. 31, S. 651. 1925.

tigungsfeldstärke gerade gleich der Zahl der absorbierten Lichtquanten ist. Genauer gesagt, aus Elektrizitätsmenge Q und absorbierter Lichtenergie E der Frequenz ν errechnet sich ein $h = \frac{E \cdot e}{Q \cdot \nu}$ zu $7 \cdot 10^{-27}$ ergsek, also innerhalb der etwa 10% betragenden Fehlergrenze der PLANCKsche Wert.

Dieser Befund ist ein Gegenstück zu der E. LADENBURG-MILLIKANschen Feststellung, daß die Höchstenergien der Elektronen beim Oberflächeneffekt eine lineare Funktion der Frequenz ν sind und daß die PLANCKsche Konstante h sich aus MILLIKANS Versuchen als $h = e \cdot \frac{dV_m}{d\nu}$ berechnet. Über die Zahl der Elektronen im Vergleich zur absorbierten Lichtmenge sagen die bisherigen Versuche an äußerer lichtelektrischer Wirkung dagegen gar nichts aus. Man beobachtet nur einen Bruchteil der wirklich ausgelösten Elektronen, kann aber nicht abschätzen, wie groß er wirklich ist. Die besten bisher beobachteten Ausbeuten betragen nur wenige Promille, beim selektiven Effekt Prozente der quantentheoretisch möglichen. Bei den Versuchen von GUDDEN und POHL hingegen ist gerade diese Forderung der Quantentheorie zum erstenmal bestätigt: Die Elektronenzahl ist gleich der Zahl absorbierter Lichtquanten. Rückwärts beweist nun diese Bestätigung der Quantenforderung, daß in derartigen Fällen der Verschiebungsweg der Ladungen gleich der vollen Kondensatordicke ist.

Die Darstellung bedarf nun in verschiedener Hinsicht noch der Ergänzung.

16. Primärstrom und Sekundärstrom. Bei sehr hohen Feldstärken und besonders bei gleichzeitig hohen Lichtdichten — bei stark absorbierten Wellenlängen genügen schon viel kleinere auffallende Intensitäten als bei schwach absorbierten — beobachtet man, daß die Stromstärke zeitlich zunimmt und mit steigender Spannung mehr als proportional anwächst; dies gilt auch für ballistische Beobachtung. In diesem Falle hört auch die El.-Bewegung vielfach nicht mit Schluß der Belichtung sofort[1]) auf, sondern läßt sich über viele Sekunden, ja auf Minuten verfolgen. GUDDEN und POHL bezeichnen diesen Strom als Sekundärstrom und deuten ihn durch eine echte Leitfähigkeitserhöhung des Kristallgitters infolge der durch den Primärstrom erzeugten Störungen. Diese Sekundärströme haben keine obere Grenze; es gelingt unschwer, Stromdichten bis rund 10^{-3} Amp/cm² durch einen Isolator wie HgS (rot) oder ZnS zu treiben. Es liegt in mancher Beziehung ähnlich, aber doch noch viel krasser als bei Stoßionisation in Gasen; der lichtelektrische Vorgang ist nur noch die Einleitung einer selbständigen Entladung, die allerdings ohne dauernde Lichtwirkung wieder abklingt. Bei den Sekundärströmen in Kristallen fehlt aber die bei Stoßionisation in Gasen noch leidlich erhaltene Proportionalität zwischen Strom und Lichtintensität völlig. Der Strom wächst bei kleineren Lichtdichten rascher, bei höheren langsamer, ohne daß bisher eine theoretisch begründete Formel gegeben wäre. Irgendwelche Rückschlüsse aus den Sekundärstromerscheinungen auf die zugrunde liegenden lichtelektrischen Vorgänge ziehen zu wollen, wie es in der Selenliteratur[2]) und den COBLENTZschen[3]) Arbeiten im Bureau of Standards über Molybdänglanz usw. geschehen ist, scheint zum mindesten verfrüht.

Die Bewegung der vom Licht gebildeten oder beweglich gemachten Elektrizitätsträger bezeichnen GUDDEN und POHL als Primärstrom. Dabei unterscheiden sie einen negativen und einen positiven Anteil. Der negative soll in der trägheitslosen Abwanderung der lichtelektrisch abgespaltenen Elektronen

[1]) Vom positiven Primärstromanteil (s. unten) ist abgesehen.

[2]) Vgl. die Zusammenstellung in CHR. RIES, Das Selen, Diessen vor München, J. C. Hubers Verlag. 1918.

[3]) W. W. COBLENTZ, Scient. Pap. Bureau of Stand. 1919—1923, Nr. 338, 380, 398, 446, 451, 456, 462.

in Richtung auf die Anode bestehen, der positive in der Verlagerung der zunächst verbliebenen positiven Überschußladungen zur Kathode hin; hierbei bleibt der Mechanismus beider Vorgänge völlig dahingestellt. Die beiden Anteile sind beispielsweise am Diamant zeitlich völlig getrennt zu beobachten. Bei kurzer Belichtung fließt eine Elektrizitätsmenge $Q/2$ zum Elektrometer (negativer Anteil). Gleichzeitig läßt sich mit Sondenmessung eine positive Raumladung im Kristall feststellen. Eine nachträgliche dauernde Belichtung mit langwelligem Licht (bei Diamant 700 bis 800 mμ) läßt diese Raumladung verschwinden, während nochmals die Elektr.-Menge $Q/2$ in derselben Richtung zum Elektrometer fließt (positiver Anteil).

Der positive Anteil zeigt eine vom Material bzw. der Temperatur oder der Intensität des langwelligen Lichtes abhängige Trägheit. Fehlt er infolge genügend tiefer Temperatur ganz, so beobachtet man natürlich nur $^1/_2$ Elektron für jedes absorbierte Lichtquant, da die losgelösten Elektronen sich im Mittel nur um die halbe Kondensatordicke verschieben (vgl. schemat. Abb. 20).

Die Abspaltung von Elektronen im Kristallinneren wird in erfreulicher Weise durch die Erscheinung des Halleffektes bestätigt. Quantitative Untersuchungen sind von LENZ[1]) bis zu Temperaturen des flüssigen Wasserstoffes herab ausgeführt.

Bemerkenswert ist ein rein erfahrungsmäßig festgestellter Zusammenhang zwischen Sättigungsfeldstärke und optischem Brechungsindex des Stoffes. Die Erfahrung zeigt, daß alle Stoffe mit einem Brechungsindex für lange Wellen > 2 lichtelektrische Leitung in genügend reinem Zustande zeigen. Weiterhin fand sich die Sättigungsfeldstärke in den 4 bisher genügend genau gemessenen Fällen um so niedriger, je höher die Lichtbrechung. Qualitativ stimmen auch andere Beobachtungen mit dieser Regel. Sicheres läßt sich aber darüber noch nicht sagen. Hier bestehende Zusammenhänge lassen sich im Anschluß an Überlegungen von FAJANS nach GUDDEN und POHL[2]) auch in folgender Weise darstellen: Lichtelektrische Leitung zeigen diejenigen kristallisierten Verbindungen, in denen die Elektronenhüllen der Anionen stark durch die Kationen verzerrt sind, wie beispielsweise die Sulfide, Oxyde und Halogenide vieler Schwermetalle.

Leider sind für die Beobachtungen im Kristallinneren ebenso schwer einwandfreie Verhältnisse zu schaffen, wie beim Oberflächeneffekt wegen der Gashäute. Die Untersuchungen von GUDDEN und POHL zeigen den großen Einfluß von Beimengungen und Gitterstörungen auf die Beobachtungen, und leider ist es bisher nicht gelungen, künstlich einwandfreie Kristalle zu erhalten. Die künstlich hergestellten sind entweder zu klein oder nicht ungestört und reine natürliche Mineralien von einer bedauerlichen Seltenheit. Bei Wiederholungen der Versuche von GUDDEN und POHL ist darauf gelegentlich nicht genügend geachtet worden und sind daher unzulässige Schlüsse gezogen worden[3]).

In gestörten Kristallen kann es zu folgenden Abweichungen von den vorher ausgeführten Gesetzmäßigkeiten kommen:

Die Elektrizitätsmenge ist der auffallenden Lichtenergie nicht proportional, sondern wächst langsamer als diese.

Die Elektrizitätsmenge wächst zwar langsamer als die angelegte Spannung, es wird aber kein Grenzwert erreicht.

Die Elektrizitätsmenge bleibt um Größenordnungen hinter dem von der Quantentheorie geforderten Wert zurück.

---

[1]) H. LENZ, Ann. d. Phys. Bd. 82, S. 775. 1927.

[2]) B. GUDDEN u. R. POHL, ZS. f. Phys. Bd. 16, S. 42. 1923.

[3]) Hierzu vgl. die neueren Betrachtungen von A. SMEKAL (Phys. ZS. Bd. 27, S. 837. 1926).

Auch im negativen Primärstromanteil dauert die Elektrizitäsbewegung merkliche Zeit an. FLECHSIG konnte das dadurch nachweisen, daß in solchen Kristallen der trägheitsfreie Anteil wesentlich weniger als die Hälfte der gesamten Elektrizitätsbewegung ausmachte.

Ein großer Teil dieser Abweichungen erklärt sich zwanglos durch die Annahme daß die eingesprengten Fremdatome Weiterleitungshindernisse für die abgespaltenen Elektronen darstellen. Entsprechend der Verkleinerung der Schiebewege sinkt dann die beobachtete Elektr.-Menge. Dieser Auffassung entspricht, daß eine gepreßte Pastille aus einem fein gepulverten, vorher einheitlichen Kristall, nur noch einen winzigen Bruchteil der Elektrizitätsbewegung zeigt, die vorher cet. par. beobachtet wurde. Der Einfluß der Spannung würde dann hier in der Überwindung bzw. Umgehung der Hindernisse bestehen; und es bestünde die theoretische Möglichkeit bei praktisch allerdings wohl nicht erreichbaren Spannungen doch vielleicht die Verschiebungswege x bis zur vollen Kristalldicke d auszudehnen. Das Abklingen des Stromes nach Schluß der Belichtung ist in gleicher Weise durch allmähliche Überwindung der Leitungshindernisse infolge Wärmeschwingungen zu deuten. Hier liegt also sicher im Gegensatz zu den Verhältnissen an reinen Kristallen ein echter Temperatureinfluß auf die Weiterleitung vor.

In diesem Zusammenhang seien einige Befunde im Röntgenlicht erwähnt. Da Röntgenstrahlen mit Sicherheit auch im Inneren fester Körper Elektronen auslösen, ist es verständlich, daß in einem elektrischen Felde Ladungsbewegungen erwartet werden können. So fand GREBE 1923, daß Schwefel bei Bestrahlung mit Röntgenlicht eine Leitfähigkeitszunahme proportional der Bestrahlungsintensität zeigt; die Abhängigkeit von der „Strahlenhärte" geht der der Luftionisation parallel; die Stromstärke ergab sich der Spannung proportional. Leider wurde kein einheitlicher Schwefelkristall, sondern erstarrte Schmelze verwendet; ein Anschluß an GUDDENS und POHLS Untersuchungen mit langwelligem Licht wurde nicht erzielt. Zinkblende leitet ebenfalls bei Bestrahlung mit Röntgenlicht. Die Leitfähigkeitsänderung des Selens bei Röntgenbestrahlung hat eine verbreitete, aber nicht unbedenkliche[1]) Anwendung zu Dosimeterzwecken gefunden. In allen diesen Fällen fehlt noch der Nachweis rein lichtelektrischer Vorgänge, wenngleich man GREBES Befund der Proportionalität von Strom und Intensität in diesem Sinne deuten könnte.

In vieler Beziehung ähnlich wie an den bisher besprochenen Stoffen liegen die Leitungsvorgänge in allochromatisch gefärbten Kristallen. Die Leitfähigkeitserhöhung bei Bestrahlung mit Licht ist von RÖNTGEN und JOFFÉ entdeckt und dann ebenfalls von GUDDEN und POHL nebst ihren Mitarbeitern weiter aufgeklärt worden. Hier sind nach GUDDEN und POHL[2]) zwei Fälle zu unterscheiden:

a) die Beimengung ist kolloidal verteilt (beispielsweise blaues Steinsalz, farbiger Flußspat),

b) die Beimengung ist atomdispers verteilt (beispielsweise durch Röntgenlicht verfärbte Alkalihalogenide).

In beiden Fällen ist der Einsatzwert des Stromes bei Belichtung der auffallenden Lichtintensität streng proportional; ebenso die Elektrizitätsmenge der angelegten Spannung. Bis zu 73000 Volt/cm wurde keine Abweichung von der linearen Beziehung gefunden. FLECHSIG[3]) konnte auch für diesen Fall zeigen, daß die Elektrizitätsbewegung in einer Zeit $<10^{-4''}$ nach Schluß der Belichtung ihr Ende

[1]) Vgl. etwa H. KÜSTNER, ZS. f. Phys. Bd. 27, S. 124. 1924.
[2]) B. GUDDEN u. R. POHL, ZS. f. Phys. Bd. 16, S. 170. 1923.
[3]) W. FLECHSIG, ZS. f. Phys. Bd. 33, S. 372. 1925.

gefunden hat. GYULAI[1]) maß die spektrale Verteilung, bezogen auf absorbierte Energie und fand für gelbes NaCl angenähert eine Gerade durch den Wellenlängennullpunkt (vgl. Abb. 23), aber als absolute Ausbeute nur etwa $^1/_{10000}$ des Quantenäquivalentes. Zu einem anderen Ergebnis gelangte ARSENJEWA[2]). Ihre Angabe, daß die Leitfähigkeit der absorbierten Energie proportional sei — also unabhängig von der Wellenlänge —, ist möglicherweise darauf zurückzuführen, daß in stark verfärbten Kristallen bereits lichtelektrisch unwirksame, aber lichtabsorbierende Metallausscheidungen vorliegen. GUDDEN und POHL deuten GYULAIS Befund dahin, daß bei den benutzten Feldstärken der mittlere Verschiebungsweg der Ladungen nur rund 0,3 μ beträgt. Bei den höchsten bisher erreichten Feldstärken wäre er dann 10 μ. In dieser Auffassung wäre ein Abbiegen der Stromspannungskurve von der Geraden erst bei hier nicht mehr anwendbaren Feldern von $3 \cdot 10^6$ Volt/cm zu erwarten. Möglich wäre immerhin auch die andere Deutung, daß keineswegs alles absorbierte Licht quantenhaft zur Abspaltung von Elektronen führt.

Ganz sicher ist letzteres der Fall bei den kolloidal verfärbten Kristallen. So fand GYULAI[3]) am blauen und violetten Steinsalz, daß optische Absorption und lichtelektrische Ströme hier keineswegs parallel gehen, sondern offenbar ein großer Teil des absorbierten Lichts lichtelektrisch unwirksam ist.

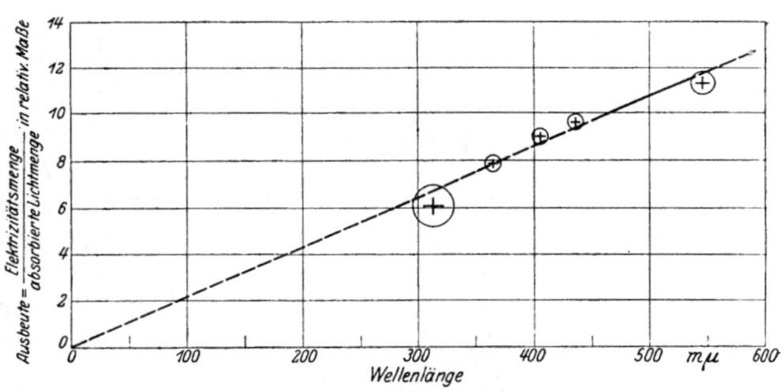

Abb. 23. Spektrale Verteilung der auf absorbierte Lichtenergie bezogenen lichtelektrischen Ausbeute an Steinsalz, das durch Röntgenlicht gelb verfärbt ist (nach GYULAI).

Es bleibt nämlich bezogen auf absorbierte Energie ein selektives Maximum der lichtelektrischen Ausbeute; das ist nur dadurch zu deuten, daß sich einer lichtelektrisch unwirksamen[4]) Absorption in einem gewissen Frequenzbereich eine lichtelektrisch wirksame überlagert. GUDDEN und POHL halten es für wahrscheinlich, daß es sich um die gleiche selektive Wirkung an Alkalimetallatomen handelt, die der massiven Metallschicht der kolloidalen Partikel vorgelagert sind, die sie beim selektiven Effekt an Oberflächen oder in Grenzflächen annehmen (vgl. Ziff. 10). Die verschiedene spektrale Lage dieser Maxima soll dann auf Einflüssen der Umgebung beruhen.

Auch an atomdispers verfärbten Alkalihalogeniden, besonders am gelben Steinsalz, konnten GUDDEN und POHL und ihre Mitarbeiter beide Primärstromanteile beobachten. Die Abwanderung der Elektronen findet zwar bei Zimmertemperatur mit Schluß der Belichtung sofort ihr Ende, bei höherer Temperatur beobachtet man dagegen eine Nachwirkung der Belichtung, der ebenso ein anfängliches Wachsen des Stromes beim Einsatz der Belichtung entspricht. Zunächst ist das nur das Weiterwandern stecken gebliebener Elektronen, wie sich daraus schließen läßt, daß die vergrößerte optische Absorption bei langen Wellen (vgl.

[1]) Z. GYULAI, ZS. f. Phys. Bd. 32, S. 103. 1925.
[2]) A. ARSENJEWA, ZS. f. Phys. Bd. 37, S. 701. 1926.
[3]) Z. GYULAI, ZS. f. Phys. Bd. 35, S. 411. 1926.
[4]) Unwirksam insofern, als entweder die absorbierte Lichtenergie ohne lichtelektrischen Zwischenmechanismus oder infolge Steckenbleibens ausgelöster Elektronen in Wärme umgesetzt wird.

unten) unverändert bestehen bleibt. Erst bei etwa 100° fließt merklicher positiver Primärstromanteil. Je höher die Temperatur, desto rascher dieser Ablauf. Verwickelt werden die Verhältnisse vor allem durch Ausbildung örtlicher Gegenfelder, die die Stromstärke rasch herabsetzen. Das Fließen des reinen negativen Primärstromanteiles geht genau wie beispielsweise bei Diamant parallel mit einer Vergrößerung der Absorption für lange Wellen; diese Zunahme, hier übrigens verbunden mit einer Verminderung der Absorption für das bisherige Absorptionsmaximum (vgl. Abb. 24), kann ebenso als relatives Maß der lichtelektrischen Wirkung im Kristallinneren dienen, wie die im negativen Primärstrom bewegte Elektrizitätsmenge. Die reversible Absorptionsänderung findet in praktisch gleicher Weise mit und ohne äußeres Feld statt und zeigt damit, daß für diese verfärbten Alkalihalogenide die lichtelektrische Wirkung nicht an die Mitwirkung eines äußeren elektrischen Feldes gebunden ist.

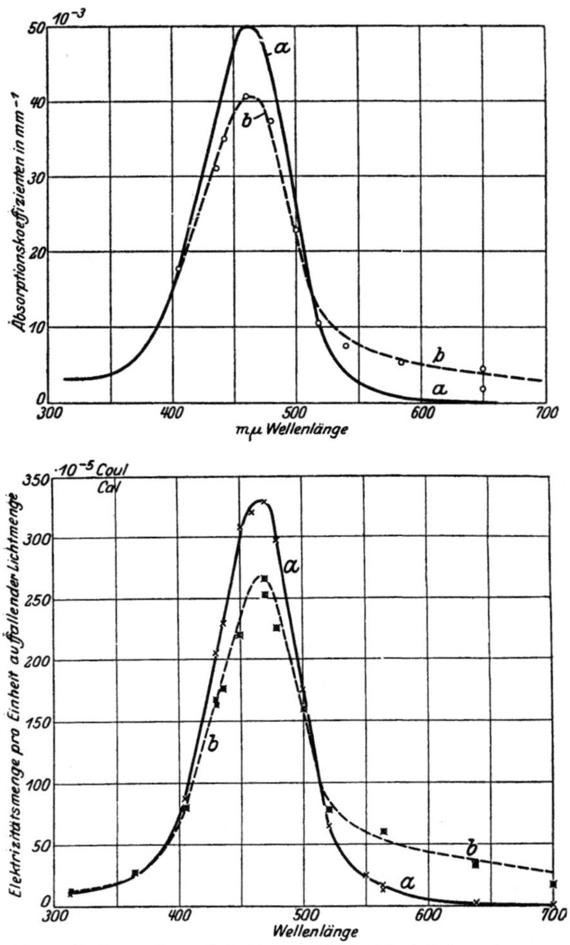

Abb. 24. Änderung der optisch (oben) und lichtelektrisch (unten) gemessenen Lichtabsorption in gelb verfärbtem Steinsalz durch den Vorgang der inneren lichtelektrischen Wirkung. Ausgezogene Kurven = Kristall im „unerregten" Zustand, gestrichelte Kurven = Kristall im „erregten" Zustand.

Belichtung mit Licht aus dem erweiterten Absorptionsgebiet läßt ebenso wie genügende Erwärmung diese zusätzliche Absorption wieder verschwinden und stellt den Ausgangszustand wieder her; das folgt daraus, daß die ursprüngliche Absorption nach spektraler Verteilung und Höhe wieder gefunden wird. Im elektrischen Felde ist dieser Vorgang — „Ausleuchtung" — ebenfalls mit Elektrizitätsbewegung verbunden, und GYULAI[1]) konnte zeigen, daß auch hier Parallelismus von Absorption und Elektrizitätsbewegung besteht und der gleiche Proportionalitätsfaktor wie bei der Absorption im ursprünglichen Absorptionsband gilt. Eine Unterscheidung zwischen quantenhafter und thermischer (vgl. vor. Seite, Anm. 2) Lichtabsorption ließ sich hier wegen der geringfügigen Absorption nicht treffen; doch legt die zahlenmäßige Übereinstimmung der Ausbeute nahe, in beiden Fällen übereinstimmenden Mechanismus anzunehmen. Der Parallelismus von Lichtabsorption und lichtelektrischer Wirkung bleibt in diesen Kristallen nach GUDDEN und POHL bis zu den Temperaturen des flüssigen

[1]) Z. GYULAI, ZS. f. Phys. Bd. 34, S. 251. 1925.

Wasserstoffs (—253°) erhalten. Das elektrisch oder optisch übereinstimmend gemessene Absorptionsband wird dabei schmäler und höher und verlagert sich zu kürzeren Wellen, bleibt aber völlig strukturlos. Für eine Temperaturabhängigkeit des Leitungsmechanismus im negativen Primärstromanteil[1]) hat sich bisher kein experimenteller Anhalt gegeben.

In keinem Fall konnten bisher bei der lichtelektrischen Wirkung im Kristallinneren Schlüsse auf die Geschwindigkeit oder Energie der abgespaltenen Elektronen gezogen werden; auch ist völlig unaufgeklärt, warum die lichtelektrische Wirkung bei stark absorbierten Frequenzen verschwindet oder sich wenigstens dem Nachweis entzieht. Sie verschwindet im allgemeinen bei Frequenzen, bei denen erstmals lichtelektrische Oberflächenwirkungen nachweisbar werden. Daß es sich hierbei nicht um eine versuchstechnische Ursache handelt: zu geringe Eindringungstiefe des Lichtes, glauben GUDDEN und POHL in verschiedener Weise sichergestellt zu haben. Sie neigen daher dazu, hier eine für die Auffassung lichtelektrischer Vorgänge grundsätzlich wichtige Erscheinung zu sehen. Nach ihrer Auffassung wäre eine quantenhafte Übertragung absorbierter Lichtenergie auf ein einziges Elektron stets auf eine irgendwie geartete Sonderstellung des absorbierenden Atoms beschränkt, während bei Absorption des Lichtes unter lauter identischen Atomen keine derartige Konzentration auf ein Elektron stattfindet. Maßgebend soll sein, ob im Bereich etwa eines Wellenlängenkubus mehrere völlig gleich abgestimmte Atome liegen. Im Röntgengebiet, wo $\lambda <$ Atomabstand, sei daher Absorption stets mit lichtelektrischer Wirkung verknüpft, ebenso wegen der großen Atomabstände in Gasen die optische Absorption an der Seriengrenze, während in festen (und flüssigen) Körpern stets gewisse Störungen oder Beimengungen eine notwendige Bedingung für lichtelektrische Wirkung darstellen sollen. Man wird weitere Experimente abwarten müssen, ehe man über die Fruchtbarkeit dieses Gedankens urteilen kann.

17. Innere lichtelektrische Wirkung in nichtmetallischen Flüssigkeiten. Wie bei festen Körpern setzt der Nachweis lichtelektrischer Wirkung gute Isolation im Dunkeln voraus. Angaben, an Elektrolyten Leitfähigkeitserhöhung durch Belichtung erzielt zu haben, können unbedenklich auf Fehlerquellen, Erwärmung oder sonstige Umstände zurückgeführt werden, die nicht lichtelektrischer Natur sind. Zur Untersuchung eignen sich daher nur sorgfältig gereinigte einheitliche Isolatoren, wie Kohlenwasserstoffe usw. oder nicht in Ionen dissoziierte Lösungen, entsprechend den festen lichtelektrischen Leitern (Ziff. 15) mit konstitutioneller Absorption und mit Absorption in Beimengungen. Die einzige vorliegende Arbeit, in der am einheitlichen Isolator (Paraffinöl) lichtelektrische Wirkung beobachtet sein könnte, ist 1911 von SZIVESSY und SCHAEFER[2]) ausgeführt. Die Verfasser belichten Paraffinöl in einem Plattenkondensator aus Messing mit dem unzerlegten Licht einer Quarzquecksilberlampe. Da der Plattenabstand meist unter 1 mm lag, könnte die beobachtete Wirkung, ähnlich wie es JAFFÉ[3]) gefunden hat, auf lichtelektrischer Oberflächenwirkung an den Kondensatorplatten zurückzuführen sein. Die Verfasser fanden, daß bei ultravioletter Belichtung der Strom von seinem stationären Dunkelwert aus langsam anwächst (vgl. Abb. 25a) und nach etwa $^1/_2$ Stunde einen konstanten Grenzwert erreicht. Nach Abschaltung der Belichtung dauert es etwa 1 Tag, bis der ursprüngliche Dunkelwert wieder erreicht ist (vgl. Abb. 25b).

Die Differenz der stationären Ströme im Licht und im Dunkeln wird als lichtelektrischer Strom aufgefaßt. Er zeigt in Abhängigkeit von der angelegten

---

[1]) Abgesehen vom Weiterlaufen hängengebliebener Elektronen.

[2]) G. SZIVESSY u. K. SCHAEFER, Ann. d. Phys. Bd. 35, S. 511. 1911.

[3]) G. JAFFÉ, Phys. ZS. Bd. 11, S. 571. 1911.

Spannung eine Sättigungskurve (vgl. Abb. 26), doch ist selbst bei 4000 Volt/cm noch keine völlige Sättigung erreicht. Die Abhängigkeit von der Lichtintensität wurde nicht untersucht. Ebenso fehlt eine Feststellung über den Zusammenhang der Wirkung mit der Lichtabsorption.

Eine Deutung der Versuchsergebnisse steht aus. Einerlei ob es sich wirklich um Volumenionisation handelt oder um äußere lichtelektrische Wirkung, kennzeichnend ist die außerordentlich geringe Beweglichkeit der Elektrizitätsträger. Hier scheint ein beachtenswerter Unterschied der Flüssigkeiten gegenüber den festen (kristallisierten) Körpern zu bestehen. Die „freie" Weglänge abgespaltener Elektronen nimmt mit Störung des Kristallgitters offenbar mehr und mehr ab und wird im „amorphen" oder flüssigen Körper von molekularer Dimension; dann aber entzieht sich die trägheitslose Elektrizitätsbewegung dem Nachweis.

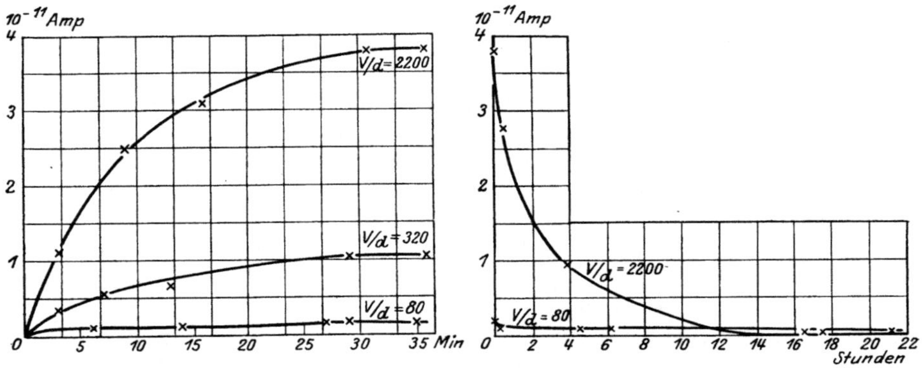

Abb. 25a, b. Zeitlicher Anstieg und Abfall des Stromes in Paraffinöl bei Einsatz und nach Ende einer ultravioletten Belichtung (nach SZIVESSY und SCHAEFER). V = die am Kondensator liegende Spannung in Volt (10—100 Volt). d = Abstand der Kondensatorplatten in cm (0,045—0,125 cm). V/d = Feldstärke.

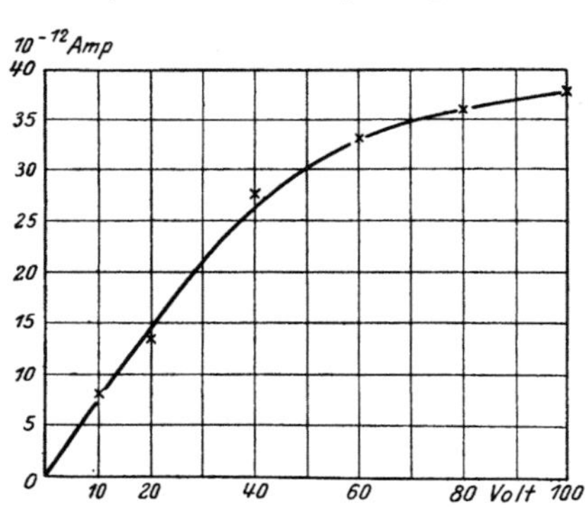

Abb. 26. Abhängigkeit der Stromstärke in belichtetem Paraffinöl von der Spannung (nach SZIVESSY und SCHAEFER). Plattenabstand 0,045 cm.

Sobald aber die Elektronen sich an Atome angelagert haben, ist die Elektrizitätsbewegung im festen Körper praktisch zu Ende, während sie in Flüssigkeiten als träge an- und abklingende Elektrizitätsbewegung beobachtbar ist. So wäre die verschwindend kleine Ionenbeweglichkeit, zusammen mit der im „amorphen" Zustand verschwindend kleinen „freien Weglänge" der Elektronen der Grund, warum etwa glasiges Se, As_2S_3 usw. keine innere lichtelektrische Wirkung durch Leitfähigkeit haben nachweisen lassen.

VOLMER[1]) hat 1917 die innere lichtelektrische Wirkung in Lösungen untersucht (Leitfähigkeitszunahme).

18. Lichtelektrische Wirkung in Gasen und Dämpfen. Grundsätzlich am einfachsten ließen sich die lichtelektrischen Wirkungen in Gasen und Dämpfen erwarten, da hier die Wechselwirkungen der einzelnen Atome oder Moleküle weitgehend fortfallen und die Störungen durch Oberflächenbeschaffenheit oder

[1]) M. VOLMER, ZS. f. wiss. Photogr. Bd. 16, S. 186. 1917.

Kristallfehler, wie sie bei Untersuchung der äußeren und inneren lichtelektrischen Wirkung hindernd entgegentreten, fehlen. Hinzu kommt, daß die Absorptionsspektren der Gase gut bekannt und auch in erheblichem Umfange gedeutet sind, so daß mit großer Wahrscheinlichkeit heute vorausgesagt werden kann, welche Absorptionen mit lichtelektrischer Wirkung verknüpft sein werden. In dieser Hinsicht lassen besonders Elektronenstoßversuche (vgl. Bd. XXIII, Kap. 7) Rückschlüsse ziehen.

Im Gegensatz zur obenerwähnten Erwartung haben sich der experimentellen Erforschung der lichtelektrischen Wirkung in Gasen ganz unerwartet große und erst in allerletzter Zeit befriedigend, wie es scheint, überwundene Schwierigkeiten entgegengestellt; und die sichergestellten Versuchsergebnisse sind heute noch mehr als dürftig. Die Hauptschwierigkeit liegt einerseits darin, die Volumionisation von der äußeren lichtelektrischen Wirkung auf die Gefäßwände oder im Gas suspendierte, teilweise amikroskopische Staubteilchen zu trennen; andererseits nachzuweisen, daß die Volumionisation nicht erst sekundär durch Elektronenstoß hervorgebracht ist. Die äußere Wirkung überwiegt meist sehr erheblich. Ferner hat sich in manchen Fällen ergeben, daß eine beobachtete Wirkung auf Spuren beigemengter Gase und Dämpfe zurückzuführen war.

Zur Sicherstellung der Volumionisation sind verschiedene Wege beschritten worden. Man hat versucht, jedes Streulicht auf lichtelektrisch empfindliche Wände usw. auszuschließen oder diese aus Material herzustellen bzw. mit Material zu überziehen, das bei den verwendeten Wellenlängen keine äußere lichtelektrische Wirkung zeigt. Man hat ferner vor allem versucht, den Nachweis positiver Elektrizitätsträger zu bringen, die ja nicht von den Wänden ausgesandt sein können. Dieser Nachweis sichert allerdings nicht gegen lichtelektrische Wirkung an kleinsten Staubteilchen, es sei denn, daß die Beweglichkeit der positiven Träger von der für Gasionen bekannten Größenordnung ist, und setzt außerdem voraus, daß in der Apparatur Ionisation durch Beschleunigung von den Wänden ausgesandter Elektronen völlig ausgeschlossen ist. Bei der Verwendung kräftiger Funken als Lichtquelle ist die Gefahr, daß Schwingungspotentiale auch im Inneren elektrostatisch gut geschützter Anordnungen wirksam werden, außerordentlich groß. Es genügen ja je nach Gas und Druck schon beschleunigende Spannungen von etwa 10 Volt, um die Beobachtungsergebnisse infolge Ionisierung durch Elektronenstoß völlig zu verfälschen.

Die ersten Angaben über Ionisation von Luft durch ultraviolettes Licht stammen von BRANLEY (1891). ELSTER und GEITEL wiesen aber darauf hin, daß die von ihm beobachtete Wirkung vermutlich durch Elektronenaussendung der vom Licht getroffenen Wände herrühre. 1900 griff LENARD mit verfeinertem Verfahren die Frage erneut an und glaubte, lichtelektrische Wirkung des Lichtes einer Al-Funkenstrecke durch $^1/_2$ mm Quarz hindurch in etwa gleicher Größenordnung auf Luft, O_2, CO_2, Leuchtgas und H_2 erwiesen zu haben. Bei der ganz verschiedenen und bei H_2 für von Quarz durchgelassenes Ultraviolett überhaupt fehlenden Lichtabsorption war das Ergebnis sehr unwahrscheinlich und wurde von verschiedenen Seiten angegriffen; vor allem führte J. J. THOMSON die lichtelektrische Wirkung auf Staub zurück. LENARD selbst kam 1910 in Gemeinschaft mit RAMSAUER[1]) bei Wiederholung und Erweiterung der Versuche zu der Auffassung, daß eine nicht genügend weit getriebene Reinigung der 1900 untersuchten Gase von beigemengten Dampfspuren die Ursache der beobachteten Wirkung gewesen war, er also zwar wirklich eine Ionisation von Gasen durch Belichtung als erster mit Sicherheit festgestellt habe, jedoch nicht gerade an den Gasen,

[1]) PH. LENARD u. C. RAMSAUER, Heidelberger Ber. 1910, Abh. 28, 31, 32; 1911, Abh. 16, 24.

die er vor sich zu haben geglaubt hatte. Bei Versuchen mit sehr kräftigen Al-Funken und Flußspatfenster beobachteten LENARD und RAMSAUER jedoch auch in den Gasen der Luft, die durch Ausfrieren mit flüssiger Luft von Beimengungen weitgehend befreit waren, so nennenswerte Ionisation, daß sie die lichtelektrische Wirkung des Spektralgebietes von 123[1]) bis 180 mμ auf O_2, N_2, CO_2 als sichergestellt ansehen.

Die endgültig empfohlene Versuchsanordnung[2]) geht aus Abb. 27a, b hervor.

Der Gasstrom durchstreicht eine Röhre von 5 mm Durchmesser, die in ihrem hinteren Teile als Zylinderkondensator ausgebildet ist; etwa 12 mm vor dem Beginn der zentralen Elektrode befindet sich das Belichtungsfenster aus Flußspat. Unmittelbar darüber, nur durch eine durchbohrte Quarzplatte vom Flußspat getrennt, ist die Funkenstrecke; ihr Licht fällt also senkrecht zur Strömungsrichtung des Gases und trifft die zentrale Elektrode nicht. Die durch das Licht gebildeten Elektrizitätsträger werden nicht im Ionisationsraum selbst gemessen, sondern unmittelbar hinterher beim Durchstreichen des Zylinderkondensators. Verwertet werden nur die positiven Träger (gemessen bei positiver Aufladung der Außenelektrode), an Zahl etwa $^1/_5$ der gleichzeitigen negativen.

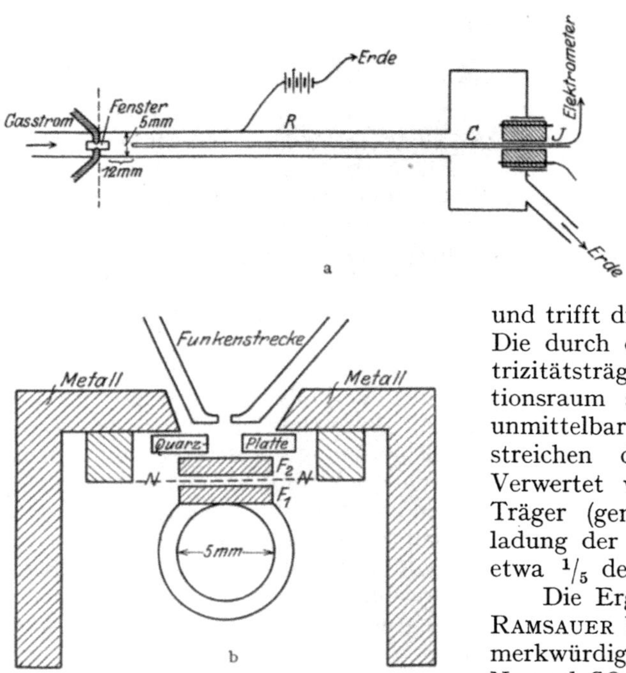

Abb. 27. Versuchsanordnung zur Untersuchung lichtelektrischer Wirkung auf Gase (nach MARTIN-RAMSAUER).

R = Metallrohr, 5 mm lichte Weite, auf positiver Spannung gehalten, äußere Begrenzung eines Zylinderkondensators. C = zentrale Elektrode, mit Elektrometer verbunden, fängt die entstandenen positiven Ionen auf. J = Bernsteinisolation mit Schutzring. Abb. 27 b gibt einen vergrößerten Querschnitt längs der gestrichelten Linie in 27 a. F_1, F_2 Flußspatplatten, N auswechselbare Netzblenden zu beliebig regelbarer Lichtschwächung.

Die Ergebnisse von LENARD und RAMSAUER bzw. MARTIN sind insofern merkwürdig, als die Ionisation von O_2, N_2 und CO_2 ziemlich ähnlich erhalten wird, obwohl die Absorption des N_2 weit hinter der der beiden anderen Gase in dem fraglichen Spektralbereich zurücksteht; und außerdem geht aus Elektronenstoßversuchen im Einklang mit optischen Messungen hervor, daß bei allen 3 Gasen Ionisation erst bei rund 80 mμ, also weit jenseits der Durchlässigkeitsgrenze des Flußspates, zu erwarten ist. Da bei der großen Erfahrung der genannten Forscher nicht recht anzunehmen ist, daß doch noch Schwingungspotentiale ihrer mächtigen Funken verfälschend gewirkt haben, bleibt eigentlich nur eine Deutung übrig, nämlich die der Stufenionisation. Wir könnten annehmen, daß das Licht in zwei Stufen wirkt; durch Absorption von Wellen aus dem Spektral-

[1]) 123 mμ ist nach LYMAN die Durchlässigkeitsgrenze allerbesten Flußspates; die meisten im Handel befindlichen Flußspatplatten sind nicht bis zu so kurzen Wellen durchlässig.

[2]) C. RAMSAUER, Heidelberger Ber. 1918, Abh. 10.

gebiet 123 bis 180 mμ werden die Moleküle in einen angeregten, um 8 bis 10 Volt energiereicheren Zustand versetzt; aus diesem absorbieren sie erneut und gelangen durch nochmalige Energieaufnahme etwa der gleichen Größe zur Ionisation. Man würde allerdings in diesem Fall die Einschaltung metastabiler Zustände vermuten, da bei der normalen Verweilzeit angeregter Moleküle die Wahrscheinlichkeit erneuter Absorption sehr gering ist. Jedenfalls wird man erwarten müssen, daß bei Stufenionisation keine Proportionalität der Trägerzahl mit der Lichtintensität gefunden wird, sondern größere Lichtintensitäten sehr viel wirksamer sind als kleinere. Derartiges Verhalten scheint in der Tat aus LENARD und RAMSAUERS Messungen zu folgen.

Falls sich die Messungen von LENARD und RAMSAUER in dieser Weise aufklären, hätten wir in ihnen einen Sonderfall lichtelektrischer Wirkung, für den von der Norm abweichende Gesetzmäßigkeiten gelten.

Ziemlich sicher liegt ein weiterer solcher Fall bei der Ionisierung des Quecksilberdampfes vor. Schon 1909 hatte STEUBING angegeben, daß Quecksilberdampf durch Belichtung mit einem Quecksilberbogen oder einem Aluminiumfunken ionisiert werde. Diese Angabe ist später sehr bezweifelt worden, da bei den STEUBINGschen Versuchen sicher keine Lichtwellen unterhalb 180 mμ wirksam waren, während aus dem Quecksilberspektrum eindeutig zu entnehmen ist, daß Ionisierung erst durch Wellenlängen unterhalb 120 mμ (Seriengrenze 1188 Å) möglich ist. In der Tat ist STEUBINGS Versuchsanordnung entsprechend unserer heutigen Kenntnis unzureichend. Die beobachteten Ströme können durchaus aus Elektronen bestehen, die aus den Elektroden durch Streulicht oder Resonanzlicht der Linie 2536 Å ausgelöst werden. Die Streuung kurzwelligen Lichtes an Gasatomen wird vielfach unterschätzt. Die Tatsache, daß Quecksilberdampf jedoch wirklich als Folge einer Einstrahlung der Resonanzlinie 2536 Å ionisiert wird, ist neuerdings von ROUSE und GIDDINGS[1]) erwiesen worden. Diese Forscher ließen das Licht zwischen zwei Nickelelektroden in den Quecksilberdampf fallen. Die eine Elektrode war ein Netz, die andere eine Platte von etwa achtfacher Oberfläche. Wurde nun der Strom gemessen, wenn abwechselnd das Netz Anode oder Kathode war, so bewies ein Stromverhältnis 8:1 reine Oberflächenwirkung an den Elektroden, während ein Stromverhältnis 1:1 reine Volumionisation anzeigte. Bei niedrigen Quecksilberdampfdrucken wurde in der Tat das Verhältnis der Ströme entsprechend dem Verhältnis der Elektrodenoberflächen beobachtet, aber von etwa 0,2 mm Dampfdruck (100° C) ab wich es mehr und mehr davon ab und wurde bei 10 mm (170° C) praktisch 1. Daß gleichzeitig die Ströme etwa hundertmal größer waren als bei niedrigem Druck, wäre für sich kein Beweis für Volumionisation. Es wurde auf verschiedenem Wege sichergestellt, daß die Lichtwirkung ausschließlich auf Absorption der Quecksilberresonanzlinie 2536 Å zurückzuführen war. Da die verwandten beschleunigenden Potentialdifferenzen nur 0,1 bis 1,5 Volt betrugen, nennenswerte Kontaktpotentiale zwischen zwei Nickelelektroden nicht auftreten und die Anfangsgeschwindigkeiten lichtelektrisch an Nickel ausgelöster Elektronen bei 254 mμ ebenfalls höchstens 1 Volt betragen, ist es nicht möglich, die zweifellose Ionisation des Quecksilberdampfes durch ein Zusammenwirken von Anregung durch Lichtabsorption und Elektronenstoß zu deuten. Die so höchstens verfügbare Energie: $4{,}9 + \sim 2{,}5$ Volt bleibt noch erheblich hinter der zur Ionisation erforderlichen von 10,4 Volt zurück. Man wird wohl nicht umhin können, eine nochmalige Absorption der Linie 2536 Å in bereits angeregten Atomen und Deckung eines etwa noch fehlenden Energiebetrages aus der Wärmeenergie anzunehmen.

---

[1]) G. F. ROUSE u. G. W. GIDDINGS, Proc. Nat. Acad. Amer. Bd. 11, S. 514. 1925.

Da aus anderen Versuchen bekannt ist, daß durch Zusammenstöße Quecksilberatome, die durch Absorption von 2536 Å angeregt sind, leicht in die metastabilen Nachbarzustände $2p_3$ und $2p_1$ gebracht werden, wird man daran denken, daß die zweite Absorption vornehmlich vom Zustand $2p_3$ (entsprechend 5,1 Volt) ausgeht und damit zur Ionisation führt. Messungen der Abhängigkeit des Stromes von der Lichtintensität und von Beimengung fremder Gase, die die Lebensdauer der metastabilen Zustände beeinflussen, werden diese Vorgänge aufklären.

Wirklich einwandfreie Nachweise einer unmittelbaren lichtelektrischen Wirkung in Gasen scheinen zur Zeit nur für Alkalidämpfe vorzuliegen.

Über die Ionisierung der Alkalidämpfe durch Licht sind in jüngster Zeit eine Reihe von Arbeiten veröffentlicht worden. Aus der Kenntnis ihrer Absorptionsspektren war zu entnehmen, daß eine Ionisation in den kontinuierlichen Absorptionsgebieten, die sich an die Seriengrenzen anschließen, möglich ist.

Diese Seriengrenzen haben folgende Lage:

Na	K	Rb	Cs
2413	2857	2969	3184 Å

Die als lichtelektrisch wirksam anzunehmenden Spektralgebiete liegen also im Gegensatz zu den Gasen der Luft im leicht zugänglichen Ultraviolett. Die große experimentelle Schwierigkeit besteht bei diesen Untersuchungen darin, daß in Gegenwart von Alkalimetalldämpfen alle Wandungen mit festen Alkalimetallhäuten überzogen sind, deren äußere lichtelektrische Wirkung von ganz anderer Größenordnung ist und eine Ionisation des Dampfes völlig überdeckt. Die Nichtbeachtung dieser Fehlerquelle erklärt die früher häufig geäußerte Angabe, daß die Alkalidämpfe bereits im sichtbaren Licht Leitfähigkeit zeigten. Es ist daher unbedingt notwendig, den Nachweis positiver Ionen zu erbringen.

Den ersten einigermaßen zuverlässigen Nachweis der Ionisierung eines Alkalidampfes durch ultraviolettes Licht erbrachte WILLIAMSON[1]) am Kalium. Sein Nachweis positiver Ionen durch Anwendung beschleunigender und verzögernder elektrischer Felder ist jedoch etwas umständlich.

Unabhängig von ihm arbeitete SAMUEL[2]), ein Schüler von J. FRANCK, mit dem grundsätzlich einfacheren Kalium-Molekularstrahl, dessen Anwendung zwar Störungen durch Wandelektronen weitgehend beseitigt, dafür aber die Wirkung so gering läßt, daß gerade nur die Tatsache einer Ionisierung durch Licht zwischen 289,3 und 280,4 mμ erkannt werden konnte. Es muß eben die Dampfdichte im Strahl sehr gering gehalten werden, so daß keine genügende Lichtabsorption mehr stattfindet.

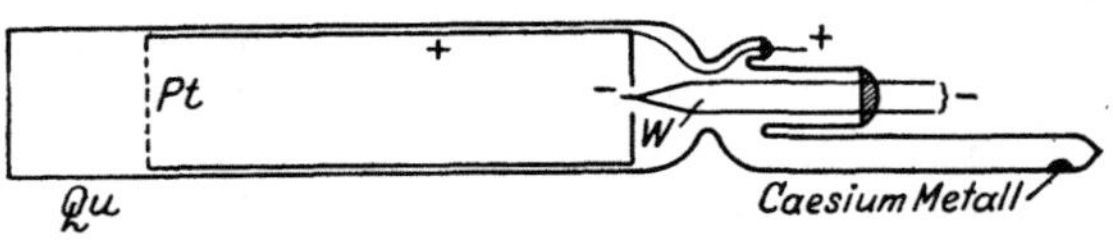

Abb. 28. Schematische Versuchsanordnung zur Untersuchung lichtelektrischer Wirkung in Alkalimetalldampf (nach FOOTE und MOHLER). *W* = Wolframglühdraht als Kathode. *Pt* = Platinzylinder als Anode, Stirnfläche als Netz um Lichteintritt zu gestatten. *Qu* = Quarzgefäß mit Ansatz für das Alkalimetall.

Einen wirklich durchschlagenden Fortschritt brachte erst eine Untersuchung von FOOTE und MOHLER[3]). Sie benutzen zum Nachweis positiver Ionen einen Kunstgriff, der von G. HERTZ und gleichzeitig KINGDON angegeben war. Dieses ungemein empfindliche und zuverlässige Verfahren beruht auf der starken Beeinflussung negativer Raumladungen vor einem Glühdraht durch wenige positive Ionen.

Die Anordnung geht aus Abb. 28 hervor.

---

[1]) R. C. WILLIAMSON, Phys. Rev. Bd. 21, S. 107. 1923.
[2]) E. SAMUEL, ZS. f. Phys. Bd. 29, S. 209. 1924.
[3]) P. D. FOOTE u. E. L. MOHLER, Phys. Rev. Bd. 26, S. 195. 1925; Bd. 27, S. 37. 1926.

Ein kleiner Wolframglühdraht ragt in einen allseitig geschlossenen Pt-Zylinder, dessen Stirnfläche als Netz ausgebildet ist. Das Ganze befindet sich in einem evakuierten Quarzgefäß mit etwas Cs-Dampf, dessen Druck durch Temperaturänderung geregelt wurde. Der Pt-Zylinder hat gegenüber dem Glühdraht ein positives Potential von soviel Volt (etwa 2 Volt), daß der Glühelektronenstrom durch die negative Raumladung begrenzt ist. Werden nun positive Ionen gebildet, so stürzen sie vermöge ihrer Eigengeschwindigkeit keineswegs geradlinig auf den negativen Glühdraht, sondern umkreisen ihn infolge von Zusammenstößen in allmählich enger werdenden Bahnen. Neutralisation mit Elektronen ist wegen der beiderseitigen Geschwindigkeit ebenfalls ein sehr seltenes Ereignis. Diese langen Wege zusammen mit der an sich viel kleineren Geschwindigkeit positiver Ionen gegenüber Elektronen verursachen, daß ein einziges positives Ion die negative Raumladung von vielen Hunderten, ja Tausenden Elektronen ausgleichen kann. Foote und Mohler arbeiteten bei Strömen, die durch die Raumladung auf 10^{-4} Ampere begrenzt waren, während der zugehörige Sättigungsstrom etwa 500mal größer war. Die Veränderungen dieser Ströme bei Belichtung wurden in einer Kompensationsschaltung mit einem hochempfindlichen Galvanometer (10^{-10} Ampere) gemessen. Diese Zunahmen der Ströme sind, soweit sie wie bei diesen Versuchen klein gegenüber dem Glühelektronenstrom sind, der Anzahl positiver Ionen unmittelbar proportional.

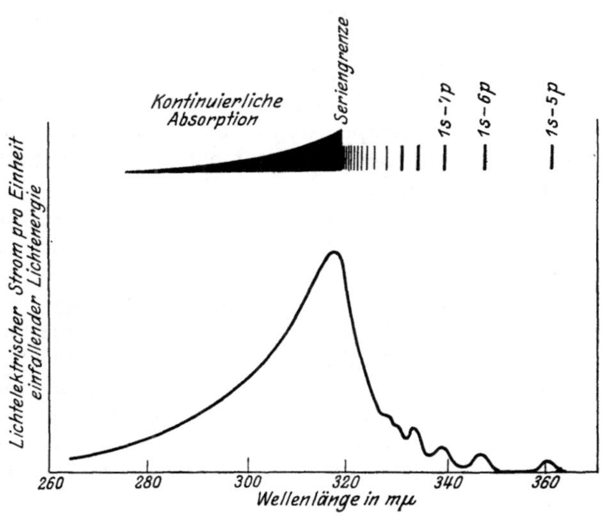

Abb. 29. Spektrale Verteilung der lichtelektrischen Wirkung in Cs-Dampf, bezogen auf einfallende Lichtenergie (nach Foote und Mohler). Oben das Absorptionsspektrum des Cs-Dampfes schematisch.

Es gelang auf diese Weise im kontinuierlichen Spektrum einer Wolframlampe für Spektralbereiche von nur etwa 5 mμ Breite noch gut meßbare lichtelektrische Wirkung im Cs-Dampf zu erhalten. Das ist bei der geringen Intensität eines derartigen Spektrums ein ganz außerordentlicher Erfolg. Abb. 29 zeigt ein Meßergebnis. Die Ströme sind bereits auf gleiche einfallende Lichtenergie umgerechnet.

Man erkennt einen Höchstwert der Ionisation gerade an der Seriengrenze bei 3184 Å, nach kürzeren Wellen gefolgt von einem der abnehmenden Absorption entsprechenden Abfall; bei etwa 2600 Å ist mit der optischen Absorption auch die lichtelektrische Wirkung im Cs-Dampf verschwunden. Auffallend ist die Kurve dagegen zunächst auf der langwelligen Seite der Seriengrenze. Hier heben sich die Serienlinien deutlich als Maxima lichtelektrischer Wirkung ab. Die Breite der Zacken ist durch die Spaltbreite bedingt, bei wirklich monochromatischem Licht würden diese Maxima zweifellos nur die Breite der Serienabsorptionslinien zeigen. Hier scheint zunächst ein Widerspruch mit der theoretischen Erwartung zu bestehen, die Ionisierung erst an der Seriengrenze zuläßt. Dieser Widerspruch löst sich aber leicht. Die Energiedifferenz zwischen dem längstwelligen deutlich lichtelektrisch angezeigten Dublett der Hauptserie und der Seriengrenze entspricht nur 0,5 Volt, dieser Fehlbetrag kann leicht durch Zusammenstöße mit den zahlreichen Elektronen gedeckt werden, deren Energien bei diesen Versuchen um 1 Volt herum liegen.

Diese Arbeit dürfte ein Markstein auf dem Wege der Erforschung lichtelektrischer Wirkung in Gasen sein. Leider verbietet sich die Anwendung dieser Raumladungsmethode überall da, wo chemische Wechselwirkungen des Gases mit dem Glühdraht möglich sind.

Im übrigen ist über lichtelektrische Wirkung nichts Sicheres bekannt. HUGHES[1]) fand 1911 bei Dämpfen von CS_2 und $SnCl_4$ und in CO_2 keine Ionisation durch das Licht einer Quarzquecksilberlampe. HAKE[2]) schließt dagegen aus Versuchen im Schwebekondensator, daß CO_2 im Gegensatz zu N_2, O_2, H_2, A durch solches Licht ionisiert werde. Er belichtete bei diesen Versuchen verschiedene Gase ohne äußeres Feld und prüfte dann, ob die Schwebeteilchen Aufladungen beider Vorzeichen annahmen; diese deutete er dann durch Anlagerung von Gasionen. Vermutlich liegt hier jedoch eine ungeklärte Störung vor, da, wie oben erwähnt, auch CO_2 vermutlich erst bei sehr viel kürzeren Wellenlängen ionisiert wird.

Es ist übrigens darauf hinzuweisen, daß die spektrale Verteilung einer Quarzquecksilberlampe ein sehr schlecht definierter Begriff ist; insbesondere kann nur bei ganz neuen Lampen darauf gerechnet werden, daß Wellenlängen unterhalb 230 $m\mu$ in merklicher Intensität noch vertreten sind. Besonders gilt das für die starke Linie 1849 Å.

Die Versuche STARKS (1909) über Ionisation organischer Dämpfe bedürfen wohl ebenfalls einer Nachprüfung unter Berücksichtigung der heute als notwendig erkannten Vorsichtsmaßregeln.

Lichtelektrische Ausbeuten in Gasen bezogen auf absorbierte Lichtenergie sind noch gar nicht bestimmt. Man wird für die kontinuierliche, an die Seriengrenze anschließende Absorption Gültigkeit des Quantenäquivalentes vermuten dürfen. Über äußere Geschwindigkeiten und Emissionsrichtungen der ausgelösten Elektronen ist ebenfalls noch nichts experimentell bekannt. Man wird annehmen können, daß die Geschwindigkeiten an der Seriengrenze selbst 0 sind und für kürzere Wellen dem EINSTEINschen Gesetz entsprechend linear mit der Frequenz wachsen.

19. Phosphoreszenz; Färbungserscheinungen. Die Phosphoreszenzerscheinungen werden im Zusammenhang in Bd. XXI u. XXIII behandelt. Im folgenden sind nur lichtelektrisch wichtige Tatsachen besprochen.

Abweichend von vielfach üblicher Darstellung lehnen wir dabei die lichtelektrische Deutung der Fluoreszenzerscheinungen ab und beschränken sie bei der Phosphoreszenz auf die Gruppe der Kristallphosphore, da nur bei diesen begründete Anzeichen für Auslösung von Elektronen aus ihrem Verbande vorliegen.

Die Verknüpfung lichtelektrischer Wirkung und Phosphoreszenz geht auf ELSTER und GEITEL (1891) zurück. Sie fanden äußere lichtelektrische Wirkung an BALMAINscher Leuchtfarbe, und zwar um so stärker, je phosphoreszenzfähiger die Phosphore waren. LENARD baute dann seit 1909 auf Grund seiner umfassenden Erforschung der Erdalkali- und Zinksulfidphosphore eine lichtelektrische Theorie der Phosphoreszenz aus (vgl. Bd. XXIII). Seine lichtelektrisch experimentellen Grundlagen waren dabei nur folgende: Erdalkalisulfidphosphore zeigen in den und nur den Wellenlängenbereichen äußere lichtelektrische Wirkung, in denen

[1]) A. L. HUGHES, Proc. Cambridge Phil. Soc. Bd. 16, S. 376. 1911.
[2]) M. HAKE, ZS. f. Phys. Bd. 15, S. 110. 1923.

sie auch zur Phosphoreszenz erregt werden. Eine erste quantitative Messung zeigt Abb. 30 nach einer Arbeit von GOEGGEL[1]) 1922. Die äußere lichtelektrische Wirkung fehlt am Sulfid ohne Schwermetallzusatz (also ohne Phosphoreszenzfähigkeit). Die Beobachtung der Elektronenemission zeigt dabei die für äußere Wirkung an Isolatoren üblichen Verwicklungen: Es fehlt die Proportionalität zur Lichtintensität, Sättigung ist auch bei 100 Volt noch nicht erreicht, obwohl die Geschwindigkeiten der ausgelösten Elektronen unter 1 Volt liegen. Die Emission läßt zeitlich rasch nach.

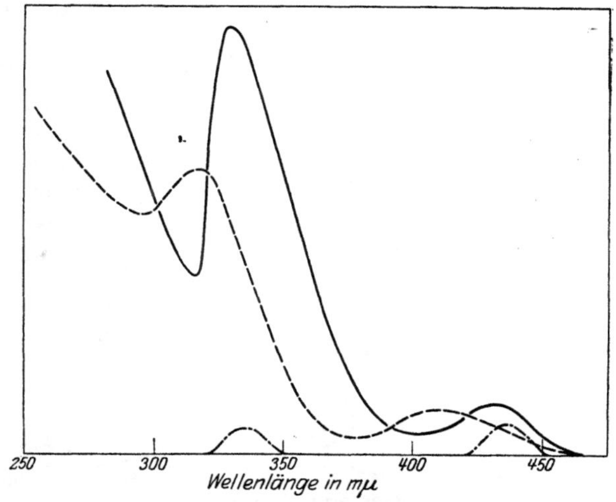

Abb. 30. Lichtelektrische Oberflächenwirkung an CaSBi-Phosphor (nach GOEGGEL).
——— Äußere lichtelektr. Wirkung.
·········· Phosphoreszenz erregende Lichtabsorption.
— · — · — „d-Erregungsgebiete".

Das Hervortreten der *d*-Erregungsgebiete in der äußeren lichtelektrischen Wirkung ist an sich noch kein zwingender Beweis für die lichtelektrische Natur der „Erregung". Wie zuerst WALTER (1902) gezeigt hat, sind die *d*-Gebiete solche hoher Lichtabsorption. Wenn also überhaupt Lichtabsorption in diesen Stoffen zu Elektronenauslösung führen kann, so wird diese dann besonders leicht im Außenraum nachweisbar, wenn die Lichtabsorption schon in sehr dünner Schicht vollständig ist.

Wesentlich neue experimentelle Stützen für LENARDS Vermutung, daß die Erregung in lichtelektrischer Abspaltung von Elektronen besteht und die Emission bei der Rückkehr solcher Elektronen erfolgt, brachten erst GUDDEN und POHLS Untersuchungen über die innere lichtelektrische Wirkung.

Zwar haben schon LENARD und SAELAND, später OEDER und F. SCHMIDT Elektrizitätsbewegungen bei Belichtung im Inneren von Phosphoren unabhängig von der Feldrichtung beobachtet und als „aktinodielektrische Wirkung" bezeichnet, kamen aber übereinstimmend zum Ergebnis, daß dieser Vorgang nichts mit der Phosphoreszenz zu tun habe, sondern vermutlich zum Teil in dielektrischer Verschiebung, zum Teil in materieller Ionenwanderung bestehe[2]). Da auch die damaligen Beobachtungsangaben in keiner Beziehung zu den heutigen Ergebnissen stehen, besteht kein Anlaß, sich weiterhin mit dieser „aktinodielektrischen Wirkung" zu befassen.

GUDDEN und POHL zeigten, daß sowohl während der Erregung wie während der Abklingung der Phosphoreszenz Elektronen (aus der Beweglichkeit erschlossen) im an sich isolierenden Phosphor verschieblich sind. Die Ströme bei Belichtung des unerregten Phosphors — es waren bei den ersten Versuchen allerdings im wesentlichen Sekundärströme, da die Phosphore nur in feinkristallinen Pulvern vorlagen und hohe Spannungen angelegt werden mußten — ergaben bezogen auf gleiche auffallende Lichtintensität deutlich, wenngleich etwas

[1]) K. GOEGGEL, Ann. d. Phys. Bd. 67, S. 301. 1922.
[2]) PH. LENARD, Heidelberger Ber. 1918, 8. Abh., S. 79—80.

verzerrt, die Erregungsverteilung des betreffenden Phosphors vgl. Abb. 31. Diese Beobachtung ergänzt also nur die alte von LENARD und SAELAND bzw. ihre spätere Vervollständigung durch GOEGGEL dahin, daß die Lichtabsorption auch im Innern dieser Phosphore mit Elektronenauslösung verknüpft ist.

Aber weiterhin fanden GUDDEN und POHL[1]), daß die Elektrizitätsbewegung parallel mit der Abklingung des Phosphoreszenzleuchtens abklingt und eine Beschleunigung der Abklingung durch langwellige Belichtung oder, wie RUPP beobachtete, natürlich auch durch Erwärmung, sich elektrisch in einem plötzlichen vorübergehenden Stromzuwachs bemerkbar macht. RUPP[2]) konnte auf diese elektrische Weise unmittelbar Lichtsummen messen.

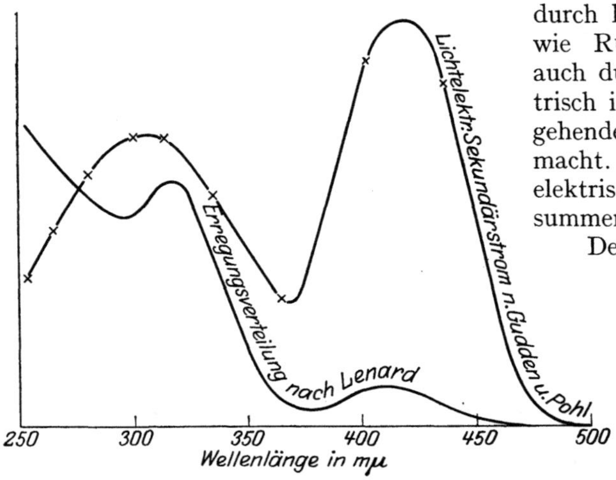

Abb. 31. Spektrale Verteilung der lichtelektrischen Sekundärströme in CaSBi-Phosphor (nach GUDDEN und POHL).

Der abgeklungene Phosphor isoliert wieder genau wie der unerregte. Bei ihm ist langwelliges Licht, das nicht mehr phosphoreszenzerregend wirkt, auch elektrisch wirkungslos.

Die bei einer kurzen Erregung im Phosphor fließende Elektrizitätsmenge (negativer Primärstromanteil) ergibt sich etwa ebenso groß wie die nachträglich bei einer durch langwellige Belichtung bewirkten Abklingung (positiver Primärstromanteil). Dabei ist es gleichgültig, ob diese Abklingung mit Lichtemission (Ausleuchtung) oder ohne solche (Tilgung) erfolgt[3]).

Diese Versuche im elektrischen Felde zeigen über die ursprüngliche LENARDsche Auffassung hinaus, daß es gar nicht dieselben Elektronen zu sein brauchen, die bei der Rückkehr in den ursprünglichen Verband die Lichtemission veranlassen, sondern daß es nur auf die beim Ersatz eines vorher abgespaltenen Elektrons freiwerdende Energie ankommt.

Ganz entsprechende Ergebnisse erhielten GUDDEN und POHL[4]) an phosphoreszierendem, mit Röntgenlicht verfärbten Steinsalz; hierbei bedürfen allerdings die Leuchterscheinungen noch weiterer Erforschung. Qualitativ besteht auch bei diesen Steinsalzphosphoren Parallelismus zwischen Erregung und Abklingung der Phosphoreszenz und negativem und positivem Primärstromanteil (vgl. Abb. 32 sowie Bd. XXIII, Kap. 5, Ziff. 47).

Aus der Gesamtheit ihrer Untersuchungen über innere lichtelektrische Wirkung schließen GUDDEN und POHL, daß die eine wesentliche Grundlage der Kristallphosphoreszenz: lichtelektrische Abspaltung von Elektronen, ihre Aufspeicherung in der Umgebung unter gleichzeitiger Ausdehnung des Absorptionsspektrums nach längeren Wellen, ihr Ersatz unter dem Einfluß der Wärmeschwingungen des Gitters oder als Folge von Lichtabsorption in dem erweiterten Absorptionsspektrum — daß dies alles eine außerordentlich weitverbreitete

---

[1]) B. GUDDEN u. R. POHL, ZS. f. Phys. Bd. 3, S. 98. 1920; Bd. 24, S. 1. 1924.
[2]) E. RUPP, Ann. d. Phys. Bd. 70, S. 391. 1923.
[3]) B. GUDDEN u. R. POHL, ZS. f. Phys. Bd. 24, S. 1. 1924.
[4]) B. GUDDEN u. R. POHL, ZS. f. Phys. Bd. 31, S. 651. 1925.

Eigenschaft fester Körper ist. Die zweite notwendige Grundlage dagegen: das Vorhandensein eines Mechanismus (DAHMS „Refulgator"), der die beim Ersatz vorher abgespaltener Elektronen freiwerdende Energie ganz oder teilweise in Licht umsetzen kann, ist wesentlich seltener erfüllt. Die Erdalkalisulfidphosphore, deren optischer Nutzeffekt nach LENARD die Einheit erreichen kann, bilden seltene Grenzfälle.

Bei den übrigen Klassen phosphoreszierender Stoffe (Borsäure u. a. organische Phosphore, Platinzyanüre, Uranylphosphore) konnte bisher keine Andeutung von Elektrizitätsbewegungen parallel zu Erregung und Abklingung festgestellt werden. Wenn auch hier lichtelektrische Wirkung die Ursache der Phosphoreszenz sein sollte, so muß man daraus schließen, daß die Verschiebungswege der Elektronen nicht wesentlich über Molekularabstände hinausgehen (vgl. oben Ziff. 15). Statt dessen ist aber wohl die Auffassung vorzuziehen, daß in diesen Fällen ebenso wie bei der Fluoreszenz überhaupt keine lichtelektrische Wirkung in unserem Sinne vorliegt, sondern nur Anregungsvorgänge innerhalb eines Molekülverbandes.

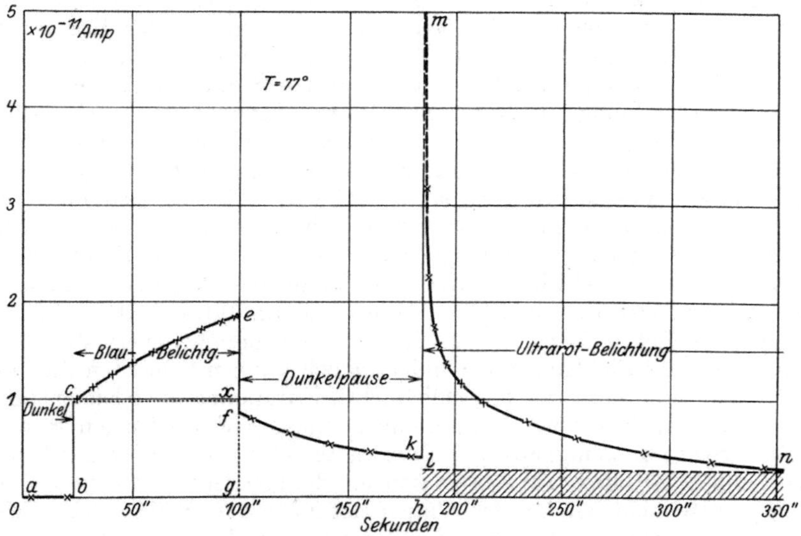

Abb. 32. Elektrizitätsbewegungen in Steinsalz, das mit Röntgenlicht gelb verfärbt ist, während und nach Phosphoreszenz erregender, sowie während „auslöschender" Belichtung.

Lichtelektrisch kann man ferner die Vorgänge bei der Verfärbung vieler Salze durch kurzwelliges Licht und ihrer Entfärbung durch sichtbares Licht auffassen. Wird etwa NaCl sehr kurzwelligem ultravioletten Licht ausgesetzt, so färbt es sich oberflächlich bernsteinfarben und erhält das gleiche Absorptionsband, das mit größerer Intensität durch Einwirkung von Kathoden- und β-Strahlen oder Röntgen- und γ-Licht oder durch Einwirkung von flüssigem oder dampfförmigen Natrium zu erzielen ist. Man wird kaum zweifeln können, daß es sich um die Einsprengung neutraler Natriumatome in das Ionengitter des NaCl handelt. Dies wird bei der Färbung durch kurzwelliges Licht vermutlich dadurch erreicht, daß von Chlorionen lichtelektrisch abgespaltene Elektronen die Nachbar-Natriumionen neutralisieren. Bei der Verfärbung durch Röntgen- oder γ-Licht liegt natürlich ebenfalls lichtelektrische Wirkung zugrunde, aber unmittelbarer Anlaß der Färbung ist die durch lichtelektrisch erzeugte schnelle Elektronen verursachte Ionisation wie bei Kathoden- und β-Strahlen.

Daß bei der Verfärbung wirklich Elektronen aus ihrem Verbande völlig gelöst werden — eine rein photochemische Erklärung also nicht zutrifft, — kann wieder daraus geschlossen werden, daß bei der Entfärbung durch Erwärmen (oder Belichten) im elektrischen Felde Elektrizitätsbewegungen meßbar werden. Quantitative Erforschung dieser Vorgänge steht noch aus.

d) Lichtelektrische Wirkung sehr kurzer Wellen (Röntgen- und γ-Licht).

20. DORN bzw. CURIE und SAGNAC hatten 1900 gezeigt, daß mit Absorption von Röntgenlicht die Emission negativer Elektrizität verbunden ist; BESTELMEYER wies 1907 durch e/m Messungen nach, daß es sich dabei wirklich um Entsendung von Elektronen handelt. Die Geschwindigkeiten wurden teils aus magnetischer Ablenkung (BESTELMEYER, INNES), teils durch die Methode elektrischer Gegenfelder (LAUB, SEITZ) bestimmt. Es ergaben sich bemerkenswerterweise ganz ähnliche Ergebnisse wie bei der lichtelektrischen Wirkung ultravioletten Lichtes; gefunden wurde eine allerdings nicht sehr genau bestimmbare Höchstgeschwindigkeit, die völlig unabhängig von der Intensität des Röntgenlichtes nur von der Röhrenspannung, d. h. der Wellenlänge abhing. SAGNAC betonte wohl als erster, daß diese merkwürdigen Tatsachen auf eine Wesensgleichheit der Elektronenstrahlung im Röntgenlicht und ultravioletten Licht schließen ließen. Die Höchstgeschwindigkeiten entsprachen Tausenden von Volt und erreichten im Grenzfall die der primären, das Röntgenlicht erzeugenden. EINSTEINS berühmte Formulierung $^1/_2 mv^2 = eV = h\nu - P$ hat sich im Röntgengebiet mit größter Genauigkeit bestätigt und die Entwirrung der verwickelten Erscheinungen vielfach erst ermöglicht. Infolge der hohen Frequenzen und damit der hohen Geschwindigkeiten, die Tausenden von Volt entsprechen, kommen Austrittsarbeiten aus Oberflächen, wie im ultravioletten Licht, gar nicht mehr in Betracht, ebenso verlieren Geschwindigkeitsverluste oder gar Steckenbleiben der Elektronen bei einigermaßen dünnen Schichten ihre Bedeutung. Die Ablösearbeit P ist ausschließlich im Atominnern zu leisten und beispielsweise auch spektroskopisch bestimmbar. Chemische Bindungen beinflussen die Ablösearbeit nur wenig, ad- und absorbierte Gase verursachen gar keine Änderung. Schließlich führt jede Absorption im Röntgengebiet zu lichtelektrischer Wirkung; es ist nicht wie bei den Vorgängen an der Atomoberfläche zwischen lichtelektrisch wirksamer Absorption und der bei sehr langen Wellen ausschließlich verbleibenden Absorption ohne Elektronenabspaltung zu unterscheiden. Diesen wesentlichen Vereinfachungen im Vergleich mit lichtelektrischer Wirkung bei niederen Frequenzen stehen jedoch auch wieder starke Verwicklungen gegenüber; vor allem ist im Röntgengebiet nicht mehr zu erwarten, daß für jedes absorbierte Lichtquant $h\nu$ nur ein einziges Elektron zur Beobachtung gelangt. Das beruht vornehmlich auf folgendem: Ein Atom, das durch lichtelektrische Auslösung ein inneres Elektron verloren hat, bleibt nur verschwindend kurze Zeit ($< 10^{-8''}$) in diesem energiereicheren Zustand; es gibt dann die aufgenommene Energie P entweder durch Strahlung oder weitere Elektronenentsendung ab; die ausgesandte Strahlung kann ihrerseits absorbiert werden und so Anlaß zu weiterer lichtelektrischer Wirkung geben.

Die verschiedenen Möglichkeiten, wie sie größtenteils AUGER[1]) experimentell sicher stellen konnte, gehen für den Fall der ursprünglichen Absorption in der K-Schale eines schweren Atomes aus folgender Übersicht hervor:

---

[1]) P. AUGER, Journ. de phys. et le Radium Bd. 6, S. 205. 1925.

Tabelle 2.

In der K-Schale eines schweren Atoms wird ein $h\nu$ absorbiert und ein K-Elektron emittiert, dessen Energie $E = \frac{1}{2} m v^2 = h(\nu - \nu_K)$ ist.

Folgeerscheinungen:
bei Abgabe des im Atom noch verbliebenen Energiebetrages $h\nu_K$

a) reine Wellenstrahlung bzw. emittierte Shpektrallinie		b) jede Kombination zwischen a) und c) Energiebetrag		c) reine Korpuskularstrahlung bzw. emittiertes Elektron	Energiebetrag
$K\alpha$:	$h(\nu_K - \nu_L)$	Energie-Summe $= h\nu_K$	Energie-Summe $= h\nu_K$	1 L-Elektron	$h(\nu_K - 2\nu_L)$
$L\alpha$:	$(\nu_L - \nu_M)$			2 M-Elektronen	$h(\nu_L - 2\nu_M)$
$M\alpha$:	$h(\nu_M - \nu_N)$			2 N-Elektronen	$h(\nu_M - 2\nu_N)$
usw.				usw.	
oder				oder	
$K_\beta =$	$h(\nu_K - \nu_M)$	Energie-Summe $= h\nu_K$	Energie-Summe $= h\nu_K$	1 M-Elektron	$h(\nu_K - 2\nu_M)$
$M_\alpha =$	$h(\nu_M - \nu_N)$			2 N-Elektronen	$h(\nu_M - 2\nu_N)$
usw.				usw.	

Alle diese Lichtquanten können erneut absorbiert und dadurch lichtelektrisch wirksam werden.

Man erkennt also, daß am einzelnen schweren Atom bis zu etwa 10 Elektronen auf ein usprünglich absorbiertes Lichtquant abgespalten werden können.

Die zweite Verwicklung besteht darin, daß die schnellen lichtelektrischen Elektronen auf ihrem Wege ihrerseits durch Elektronenstoß Elektronen von nennenswerter Geschwindigkeit abzuspalten vermögen, die bei Meßverfahren ohne Berücksichtigung der Geschwindigkeit zu Fehlern Anlaß geben.

Schließlich tritt bei sehr hohen Frequenzen eine neue Erscheinung der Wechselwirkung von Strahlung und Elektronen in den Vordergrund: die Streuung. Das Licht erfährt eine Richtungs- und Frequenzänderung, während gleichzeitig Elektronen ausgeschleudert werden. Bei sehr hohen Frequenzen haben diese Streuelektronen fast identische Geschwindigkeit wie die lichtelektrischen Elektronen und diese lassen sich kaum oder gar nicht mehr getrennt untersuchen. Formal lassen sich die Streuelektronen auch noch als lichtelektrische auffassen, indem man sie als Folge der Lichtabsorption an freien Elektronen ansieht; da aber hierbei nicht volle Lichtquanten $h\nu$ absorbiert werden, wird man sie besser als besondere Art behandeln, vgl. die Darstellung in Bd. XXIII, Kap. 3.

Bei der experimentellen Untersuchung der lichtelektrischen Wirkung im Röntgengebiet versagt das im ultravioletten übliche Verfahren, die ausgelösten Elektrizitätsmengen im Vakuum zu bestimmen, meist wegen zu geringer Intensität; dagegen ermöglichen die hohen Energien der einzelnen Elektronen andere Meßverfahren. Elektronen von 5000 Volt aufwärts lassen sich photographisch nachweisen (auf Schumannplatten schon von rund 1000 Volt an). Zeitliche Summierung kann also selbst schwache Intensitäten ausgleichen. Dies Verfahren ist besonders in Verbindung mit der magnetischen Ablenkung mit bestem Erfolg zur Anwendung gekommen. Bei monochromatischer Einstrahlung zeigt das magnetische Spektrum scharfe Linien, d. h. homogene Röntgenstrahlen erzeugen entsprechend der EINSTEINschen Gleichung auch homogene Elektronengeschwindigkeiten. Voraussetzung ist allerdings die Anwendung genügend dünner Schichten, in denen die Elektronen ausgelöst werden. Andernfalls findet man im magnetischen Spektrum Bänder, die nur nach den hohen Geschwindigkeiten scharf begrenzt, nach den kleinen dagegen verwaschen sind; Ursache dafür ist der Geschwindigkeitsverlust beim Durchdringen der verschieden dicken Schichten, aus denen die Elektronen stammen.

Aber auch die einzelnen Elektronen lassen sich untersuchen. Am anschaulichsten wird das in C. T. R. WILSONS Nebelkammer (1911) ermöglicht.

Hier werden die Bahnen der lichtelektrisch ausgelösten Elektronen durch die auf ihrem Wege erzeugten und als Kondensationskerne für Wasserdampf wirkenden Ionenpaare unmittelbar sichtbar. Dies Verfahren hat in ganz außerordentlich durchschlagender Weise unsere Kenntnis über die lichtelektrische Wirkung von Röntgenlicht wie auch über den Durchgang von Elektronen durch Materie gefördert[1]). Mit seiner Hilfe konnte auch AUGER[2]) die obenerwähnte lichtelektrische Wirkung zweiter Art, d. h. die Aussendung mehrerer Elektronen aus einem Atom als Folge einer primären $h\nu$ Absorption sicherstellen. Sein Kunstgriff bestand darin ein schweres, das Röntgenlicht stark absorbierendes Gas wie A oder Kr mit einem praktisch gar nicht absorbierenden Gas, wie H_2 weitgehend zu verdünnen. Damit erreichte er nicht nur viel längere und weniger gekrümmte Nebelspuren — da im H_2 auch die Elektronen weniger gebremst und abgelenkt werden —, sondern konnte auch von einem Punkt ausgehende Nebelspuren mit großer Sicherheit auf ein einziges Atom zurückführen.

Nachteilig ist bei der Nebelkammer der erforderliche hohe Gasdruck und eine gewisse umständliche Handhabung; für Massenversuche geeigneter und bis zu viel niedrigeren Drucken herunter anwendbar ist BOTHES[3]) Benutzung des GEIGERschen Spitzenzählers.

Beide Verfahren brachten ein wichtiges Ergebnis für den Mechanismus lichtelektrischer Wirkung, das über das im Ultraviolett Erreichbare hinausgeht. Die durch Röntgenlicht ausgelösten Elektronen fliegen bevorzugt in Richtung des elektrischen Lichtvektors. Bei langwelligem Röntgenlicht erfolgt die Aussendung senkrecht zum Lichtstrahl, bei kurzwelligem mit deutlicher Komponente in der Strahlrichtung. Entgegen der Erwartung hat sich bei lichtelektrischer Wirkung von γ-Strahlen die Asymmetrie der Anfangsrichtungen bisher nicht so ausgesprochen gezeigt, wie eine Extrapolation aus dem Gebiet des Röntgenlichtes hätte erwarten lassen. Immerhin sind die experimentellen Ergebnisse bei den γ-Strahlen noch sehr unsicher.

BOTHE[4]) und ähnlich BUBB[5]) konnten den mittleren Emissionswinkel gegenüber der Lichtrichtung in befriedigender Übereinstimmung mit der Erfahrung berechnen unter den einfachen Annahmen, daß die Wechselwirkung zwischen Lichtquant, Elektron und Atomkern unter Erhaltung der Energie, des Impulses und des Drehimpulses in so kurzer Zeit erfolgt, daß die Ortsveränderung des Elektrons auf seiner Bahn vernachlässigt werden kann. BOTHE mußte dabei fordern, daß die Absorption nur statthat, wenn das Lichtquant merklich senkrecht zur Verbindungslinie Kern-Elektron auftrifft.

Ob diese Überlegungen auf die lichtelektrische Wirkung im Ultravioletten usw. mit Erfolg übertragen werden können, bleibt abzuwarten.

Die Nebelkammer bewies erstmals, daß die von Anfang an bekannte Ionisierung durch Röntgenlicht, so gut wie ausschließlich eine Wirkung der wenigen lichtelektrisch ausgelösten Elektronen ist, und daß deren Zahl gegenüber der der mittelbar erzeugten Ionen zu vernachlässigen ist. In Luft rechnet man auf 1 Ionenpaar etwa 33 Volt, so daß ein lichtelektrisch ausgelöstes Elektron von 33000 Volt etwa 1000 Ionenpaare erzeugt.

Auf absorbierte Energie bezogene Messungen der lichtelektrischen Wirkung sind im Röntgengebiet noch sehr spärlich. Das liegt vor allem an der Schwierigkeit, einwandfreie Energiemessungen bei diesen kurzen Wellen auszuführen.

---

1) C. T. R. WILSON, Proc. Roy. Soc. London Bd. 104, S. 1, 192. 1923.
2) P. AUGER, Journ. de phys. et le Radium Bd. 6, S. 205. 1925.
3) W. BOTHE, ZS. f. Phys. Bd. 26, S. 59. 1924.
4) W. BOTHE, ZS. f. Phys. Bd. 26, S. 74. 1924.
5) F. W. BUBB, Phys. Rev. Bd. 23, S. 137 u. 289. 1924.

Bolometer- oder Thermosäulen-Anordnungen, die keine Energie in Form von Streu- oder Fluoreszenzstrahlung verlieren lassen, sind zu massig, um auf spektral zerlegtes Röntgenlicht noch anzusprechen.

Man arbeitet gewöhnlich mit der Ionisation in Luft oder einem anderen Gase, gelangt aber auf diese Weise naturgemäß nur zu Vergleichsmessungen. Die experimentellen Ergebnisse widersprechen sich hier zum Teil noch sehr. Nennenswerte Fortschritte dürften hier die Arbeiten von KULENKAMPF[1]) und von RUMP[2]) gebracht haben.

Die lichtelektrischen Erscheinungen im Röntgengebiet haben an Hand der EINSTEINschen Gleichung vielfache Anwendung gefunden. Es hat sich eine Korpuskularspektroskopie entwickelt, die ohne Benutzung von Kristallgittern Wellenlängenbestimmungen ermöglicht. Im Gebiet sehr kurzer und sehr langer Wellen dieses Spektralgebietes, in denen brauchbare Kristallgitter nicht verfügbar sind, also etwa unterhalb $0{,}1 \cdot 10^{-8}$ und oberhalb $15 \cdot 10^{-8}$ cm werden mit diesem Verfahren Energieniveaus der Atomkerne wie der Elektronenschalen ermittelt[3]).

e) BECQUEREL-Effekt.

21. E. BECQUEREL entdeckte im Jahre 1841, daß bei Belichtung einer von zwei gleichen in einen Elektrolyt tauchenden Elektroden unter Umständen eine Potentialdifferenz zwischen den Elektroden entsteht. Die Erscheinung ist vielfach untersucht worden, ohne daß über ihren Mechanismus Klarheit gewonnen wäre. Günstig sind als Elektroden Schwermetallhaloide, -oxyde und -sulfide, ferner Selen und Häute von Anilinfarbstoffen auf beliebigen Metallen; es sollen jedoch auch „reine" Metallflächen (selbst Au und Pt) den Effekt zeigen. Einfache Gesetzmäßigkeiten sind bisher nicht gefunden, auch ist keineswegs gesichert, daß lichtelektrische Wirkung und nicht etwa Photochemie ohne Elektronenabspaltung zugrunde liegt. Sicher ist nur, daß der Effekt nicht durch Erwärmung erklärt werden kann. Die auftretenden Potentiale hängen in verwickelter und vielfach nicht reproduzierbarer Weise von Lichtintensität und Wellenlänge ab; sie stellen sich innerhalb etwa einer Minute ein und erreichen die Größenordnung 10^{-4} Volt. Nicht einmal das Vorzeichen der Spannung ist für eine bestimmte Zusammenstellung eindeutig, sondern kehrt sich unter Umständen während der Belichtung um! Die wirksamen Wellenlängen entsprechen etwa denen, für die am gleichen Material innere lichtelektrische Wirkung bekannt ist. Der Effekt ist in Aktinometern gelegentlich zur Strahlungsmessung herangezogen worden, doch haben sich derartige Anordnungen nicht bewährt, wie nach dem Vorstehenden verständlich ist. An neueren Arbeiten vergleiche man etwa die von BARTON, AUDUBERT und ATHANASIU[4]).

---

[1]) E. KULENKAMPF, Ann. d. Phys. Bd. 79, S. 97. 1926.
[2]) W. RUMP, ZS. f. Phys. Bd. 43, S. 254. 1927.
[3]) Vgl. etwa Bd. XXII, Kap. 2D und I. HOLTSMARK, Phys. ZS. Bd. 23, S. 252. 1922.
[4]) V. P. BARTON, Phys. Rev. Bd. 23, S. 337. 1924; R. AUDUBERT, Journ. de phys et le Radium Bd. 5, S. 19. 1924; G. ATHANASIU, C. R. Bd. 181, S. 101. 1925.

Kapitel 4.

Austritt von Elektronen und Ionen aus glühenden Körpern[1][2].

Von

A. GÜNTHERSCHULZE, Berlin.

Mit 4 Abbildungen.

a) Der Austritt von Elektronen aus einem reinen Metall in ein Vakuum.

1. Allgemeines. Die Theorie des Austrittes von Elektronen und Ionen aus festen Körpern verknüpft den Zustand der Elektronen und Ionen im Innern der glühenden Körper mit ihrem Zustande im leeren Raume. Über beide Zustände gibt es verschiedene Theorien, von denen sich bisher keine zur alleinherrschenden aufgeschwungen hat. Durch ihre Kombination ergeben sich wiederum mehrere Theorien der Glühelektronen und Glühionen, die zu beträchtlich verschiedenen Formeln führen. Leider hat der eigentümliche Aufbau dieser Formeln zur Folge, daß die bisher erreichte, an sich durchaus befriedigende Meßgenauigkeit nicht ausreicht, zwischen ihnen eine Auswahl zu treffen. Es bleibt also nichts anderes übrig, als die verschiedenen Theorien gleichberechtigt nebeneinander hinzustellen und dabei jedesmal möglichst scharf die Annahmen zu präzisieren, aus denen sie abgeleitet sind, wobei sich als Reihenfolge die historische empfiehlt.

2. Elektronengas im Glühkörper, Elektronenvakuum im Raume. RICHARDSONS Ableitung. Nachdem RICHARDSON[3]) die Gleichung

$$i_s = A \cdot T^{\frac{1}{2}} \cdot e^{-\frac{b}{T}}, \tag{1}$$

wobei i_s die Elektronensättigungsstromdichte von der Glühkathode zu einer Anode, A und b Konstanten, T die absolute Temperatur der Glühkathode und e die Basis der natürlichen Logarithmen ist, rein empirisch aus seinen Versuchsergebissen abgeleitet hatte, ging er alsbald daran, sie theoretisch zu begründen. Dazu machte er folgende Annahmen:

1. Im Glühkörper verhalten sich die Elektronen gemäß der DRUDEschen Elektronentheorie der Metalle wie ein einatomiges Gas.

2. Die Dichte dieses Elektronengases ist eine Materialkonstante und von der Temperatur der Glühkathode unabhängig.

3. Die potentielle Energie der Elektronen ist im Glühkörper kleiner als im Raume, so daß sie eine bestimmte Arbeit W verbrauchen, wenn sie den Glühkörper verlassen.

4. Diese Arbeit W ist eine Materialkonstante und von der Temperatur des Glühkörpers unabhängig.

---

[1]) Die Abfassung dieses Kapitels war ursprünglich von O. HALPERN übernommen worden. Hinweise in andern Bänden auf „Artikel HALPERN" beziehen sich auf dieses Kapitel. D. Red.

[2]) Im folgenden wird ausschließlich die Theorie der Glühelektronen und Glühionen gegeben, da die experimentellen Ergebnisse durch H. STÜCKLEN in Bd. XIV erschöpfend dargestellt sind.

[3]) O. W. RICHARDSON, Emission of Electricity from Hot Bodies. 2. Aufl., S. 61.

5. Im Raume herrscht ein Elektronenvakuum, d. h. kein aus dem Glühkörper ausgetretenes Elektron übt irgendeine Wirkung auf die anderen Elektronen aus.

Mit Hilfe dieser Annahmen ergibt sich folgendes:

Im Glühkörper ist die Energie auf die Elektronen nach dem MAXWELLschen Verteilungsgesetz verteilt, wie es bereits BOLTZMANN für Gase gezeigt hat. Sind u, v, w die Geschwindigkeitskomponenten in drei rechtwinkligen Achsenrichtungen, so ist der Bruchteil einer beliebig herausgegriffenen Zahl von Teilchen, deren Geschwindigkeitskomponenten in der X-Richtung zwischen den Werten u und $u + du$ liegt, gleich $\left(\frac{Km}{\pi}\right)^{\frac{1}{2}} e^{-Kmu^2}$, wo m die Masse des Elektrons und $K = (2kT)^{-1}$, k die Gaskonstante für ein einzelnes Molekül (BOLTZMANNsche Konstante) ist.

Ist weiter n die gemäß Annahme 2 von T unabhängige Zahl der freien Elektronen in der Volumeneinheit der Glühkathode, so ist die Zahl der Elektronen, deren Geschwindigkeitskomponenten zwischen

$$\begin{array}{ccc} u & \text{und} & u + du \\ v & \text{und} & v + dv \\ w & \text{und} & w + dw \end{array}$$

liegen, gleich

$$n\left(\frac{Km}{\pi}\right)^{\frac{3}{2}} e^{-Km(u^2+v^2+w^2)}\, du \cdot dv \cdot dw .$$

Die Zahl derjenigen Elektronen, die diese Geschwindigkeitskomponente haben, und die den Einheitsquerschnitt senkrecht zur X-Achse durchsetzen, ist in der Zeiteinheit gleich

$$n\left(\frac{Km}{\pi}\right)^{\frac{3}{2}} u \cdot e^{-Km(u^2+v^2+w^2)}\, du \cdot dv \cdot dw .$$

Wird ein Oberflächenstück dS betrachtet und die X-Achse normal zu dS gelegt, so lautet die Bewegungsgleichung eines durch dS hindurchtretenden Elektrons

$$m\frac{du}{dt} = x , \tag{2}$$

wenn x die Komponente der auf das Elektron wirkenden, zur Glühkathode zurückziehenden Kraft parallel zur X-Achse ist. Infolge dieser Kraft sinkt die Geschwindigkeit des Teilchens beim Passieren der Oberfläche von u auf u_0, und es ist

$$u_0 = \sqrt{u^2 - \frac{2}{m}\int x\,dx} = \sqrt{u^2 - \frac{2}{m}W} . \tag{3}$$

Es können also nur diejenigen Elektronen entweichen, für die $u^2 > 2/m\,W$ ist. Ihre Zahl ergibt sich zu

$$\left.\begin{aligned} N &= \int\limits_{\sqrt{\frac{2}{m}W}}^{\infty} \int\limits_{-\infty}^{\infty} \int\limits_{-\infty}^{\infty} n\left(\frac{Km}{\pi}\right)^{\frac{3}{2}} u \cdot e^{-Km(u^2+v^2+w^2)}\, du \cdot dv \cdot dw \\ &= \frac{\nu}{2}(Km\pi)^{-\frac{1}{2}} \cdot e^{-2KW} \\ &= n\sqrt{\frac{kT}{2\pi m}} \cdot e^{-\frac{W}{kT}} \\ &= A_0 T^{\frac{1}{2}} e^{-\frac{b}{T}} , \\ \text{wenn}\quad A_0 &= n\sqrt{\frac{k}{2\pi m}} ; \qquad b = -\frac{W}{k} \end{aligned}\right\} \tag{4}$$

gesetzt wird.

Da nun nach Annahme 5 jedes aus der Oberfläche austretende Elektron sofort entfernt, d. h. von der Anode aufgenommen wird, ergibt sich aus Gleichung (4) durch Multiplikation mit der Elektronenladung ε ohne weiteres die Sättigungsstromdichte

$$i_s = A \cdot T^{\frac{1}{2}} \cdot e^{-\frac{b}{T}}, \tag{1}$$

wo jetzt

$$A = n \cdot \varepsilon \sqrt{\frac{k}{2\pi m}}$$

ist. Die Konstante A ist also der Zahl der freien Elektronen im Metall proportional, d. h. eine Materialkonstante.

Auf diese Weise war es RICHARDSON gelungen, mit Hilfe einer Anzahl höchst anfechtbarer Annahmen eine empirisch gefundene Gleichung theoretisch zu begründen.

Der Kürze halber sei die Gleichung (1) im folgenden als $\sqrt{T}$-Gesetz bezeichnet.

3. J. J. THOMSONS Ableitung des $\sqrt{T}$-Gesetzes. J. J. THOMSON nimmt an, daß sowohl im Metall als auch im Raume ein „Elektronengas" vorhanden ist. Da beim Austritt der Elektronen aus dem Metall Arbeit verbraucht wird, muß der Elektronengasdruck innen größer als außen, oder das Volumen v_1 von N Elektronen im Innern kleiner als das Volumen v_2 der gleichen Elektronenmenge im Raume sein.

Nun ist die beim Austritt von N Elektronen geleistete Arbeit

$$\int_1^2 p\,dv = NW. \tag{5}$$

Ferner

$$pv = NkT.$$

$$\log\frac{v_2}{v_1} = \frac{W}{kT} \tag{6}$$

oder, wenn n_2 und n_1 die Elektronenzahlen in der Volumeneinheit sind:

$$n_2 = n_1 e^{-\frac{W}{kT}}. \tag{7}$$

Die das Metall endgültig verlassenden N Elektronen ergeben sich, wenn n_2 mit der mittleren Geschwindigkeit u senkrecht zur Oberfläche multipliziert wird, wobei

$$u = \left(\frac{Km}{\pi}\right)^{\frac{1}{2}} \int_{\sigma}^{\infty} u\, e^{-Kmu^2}\,du = \sqrt{\frac{kT}{2m\pi}} \tag{8}$$

ist, woraus sich weiter

$$N = n_1 \sqrt{\frac{kT}{2m\pi}}\, e^{-\frac{W}{kT}}, \tag{4}$$

in Übereinstimmung mit RICHARDSON ergibt.

Daß RICHARDSON im Raume ein Elektronenvakuum, THOMSON dagegen ein Elektronengas annimmt, ist de facto kein Unterschied, da die Elektronenkonzentration im Raume stets außerordentlich gering ist.

4. Thermodynamische Ableitung des $\sqrt{T}$-Gesetzes durch WILSON. Die Elektronenemission wird als Verdampfung negativer Elektrizität aus einem heißen Körper angesehen. Der Elektronengasdruck sei p und die latente Verdampfungswärme der Elektronen L.

Dann ist thermodynamisch

$$L = (v_2 - v_1)\, T \frac{dp}{dT}. \tag{9}$$

Wird v_1 gegenüber v_2 vernachlässigt und $p v_2 = NkT$ gesetzt, so wird

$$L = \frac{NkT^2}{p} \frac{dp}{dT}.$$

Nun ist

$$\left.\begin{aligned} L &= NW + pv = N(W + kT) \frac{W + kT}{T^2}\, dT = k \frac{dp}{p} \\ -\frac{W}{T} &= C + k(\log p - \log T)\ \frac{p}{T} = C e^{-\frac{W}{kT}} \end{aligned}\right\} \tag{10}$$

$$p = \alpha n_2 T = \beta N T^{\frac{1}{2}},$$

wo α und β Konstanten sind, die sich aus der kinetischen Gastheorie ergeben, während C eine Integrationskonstante ist. Es wird also wieder

$$N = A T^{\frac{1}{2}} e^{-\frac{W}{kT}}. \tag{-}$$

5. Das T^2-Gesetz. Der schwerste Einwurf gegen die Drudesche Annahme eines Elektronengases in den Metallen ist die experimentelle Feststellung, daß dieses hypothetische Gas keinerlei merklichen Beitrag zur spezifischen Wärme liefert.

Deshalb ersetzte Richardson[1]) bereits 1901 diese Annahme durch die Hypothese: Die Elektronen befinden sich in den Metallen in einem Zustande, in welchem ihre spezifische Wärme Null ist. Es gelang ihm auf Grund dieser Annahme, unter Beibehaltung der übrigen in Ziff. 2 angegebenen eine zweite Formel abzuleiten, die neuerdings von Dushman[2]) auf modernerer Grundlage folgendermaßen thermodynamisch gewonnen wurde:

Ist die spezifische Wärme der Elektronen im Metalle Null, im Raum gleich der eines einatomigen Gases, so ist

$$L = k T^2 \frac{d \log p}{dT}, \tag{11}$$

wo L die Verdampfungswärme pro Molekül bei der absoluten Temperatur T, k die Gaskonstante pro Molekül und p der Elektronendampfdruck bei der Temperatur T ist. Ist weiter C_{pg} die spezifische Wärme des Elektronendampfes bei konstantem Druck im Raume und C_{pm} im festen oder flüssigen Körper pro Molekül, so ist

$$L = L_0 + \int_0^T C_{pg}\, dT - \int_0^T C_{pm}\, dT. \tag{12}$$

Aus den beiden Gleichungen folgt

$$\log p = -\frac{L_0}{kT} + \frac{1}{k}\int_0^T \frac{\int_0^T C_{pg}\, dT}{T^2}\, dT - \frac{1}{k}\int^T \frac{\int_0^T C_{pm}\, dT}{T^2}\, dT + j, \tag{13}$$

wobei j eine Integrationskonstante ist.

Sackur[3]) hat gezeigt, daß sich bei einatomigen Gasen diese Integrationskonstante j durch eine universelle Konstante j_0 und das Molekulargewicht M ausdrücken läßt, und zwar ist

$$j = j_0 + \tfrac{3}{2} \log M. \tag{14}$$

[1]) O. W. Richardson, The Emission of Electricity from Hot Bodies. 2. Aufl. London 1921.

[2]) S. Dushman, Phys. Rev. Bd. 21, S. 623. 1923.

[3]) O. Sackur, Ann. d. Phys. Bd. 36, S. 958. 1911; Bd. 40, S. 67. 1913.

Bei sehr niedrigen Temperaturen wird das Integral, das C_{pm} enthält, so klein, daß es vernachlässigt werden kann, während die spezifische Wärme eines einatomigen Gases bis zu den niedrigsten Temperaturen hinab gleich $\frac{5}{2}k$ ist. Also ergibt sich für die Gleichung (13) die sehr einfache Form:

$$\log p = -\frac{L_0}{kT} + \frac{5}{2}\log T + j_0 + \frac{3}{2}\log M\,. \tag{15}$$

Wird nun angenommen:

1. Die Glühkathode ist im Gleichgewicht mit ihrer Elektronenatmosphäre im Raume.

2. Die Elektronendichte im Raume ist so gering, daß die gegenseitige Abstoßung der Elektronen vernachlässigt werden kann („Elektronenvakuum").

3. C_{pm} ist für die Elektronen nicht nur für die niedrigsten, sondern für alle in Frage kommenden Temperaturen zu vernachlässigen (weil eben die Elektronen im Metall kein „freies" Gas bilden), so wird aus Gleichung (15)

$$p = N^{\frac{3}{2}} m^{\frac{3}{2}} e^{j_0} T^{\frac{5}{2}} e^{-\frac{L_0}{kT}}\,, \tag{16}$$

wobei N die LOSCHMIDTsche Zahl, m die Masse eines Elektrons ist.

Nach der kinetischen Gastheorie ist die Zahl der Elektronen, die in der Zeiteinheit auf die Oberflächeneinheit des Glühkörpers auftreffen,

$$n = \frac{p}{\sqrt{2\pi m k T}}\,. \tag{17}$$

Da Gleichgewicht bestehen soll, muß die Zahl der emittierten Elektronen ebenso groß sein. Werden diese Elektronen sämtlich zur Anode überführt, so ist der Sättigungsstromdichte!(siehe Gl.(1)!)

$$i_s = \frac{N^{\frac{3}{2}} m \cdot \varepsilon \cdot e^{j_0}}{\sqrt{2\pi k}} T^2 e^{-\frac{L_0}{kT}} = A T^2 e^{-\frac{b_0}{T}}\,, \tag{18}$$

wo

$$A = \frac{N^{\frac{3}{2}} m \cdot \varepsilon \cdot e^{j_0}}{\sqrt{2\pi k}}\,,$$

$$b_0 = \frac{L_0}{k}$$

ist.

Das Bestechende dieser Gleichung (18) ist, daß A eine universelle, von den Materialeigenschaften der Glühkathode unabhängige Konstante ist.

Eine ähnliche Ableitung hat WILSON[1]) gegeben. Dieser weist jedoch ausdrücklich darauf hin, daß die Analogie zwischen der Verdampfung einer Flüssigkeit und der Elektronenemission nicht vollständig ist, weil die elektrischen Kräfte der Elektronen dabei vernachlässigt sind, so daß die abgeleiteten Gleichungen nur angenähert gültig sein können.

6. Ableitung einer allgemeineren Gleichung durch RASHEVSKY. RASHEVSKY[2]) leitet in ähnlicher Weise wie DUSHMAN die allgemeine Gleichung

$$i_s = A T^{2 - \frac{C_{pm}}{k}} e^{-\frac{b}{T}} \tag{19}$$

ab, in welcher C_{pm} die spezifische Wärme der Elektronen im Innern des Glühkörpers ist. Diese Gleichung läßt ohne weiteres erkennen, daß sich das $\sqrt{T}$-Gesetz

---

[1]) H. A. WILSON, Phys. Rev. Bd. 24, S. 38. 1924.

[2]) N. v. RASHEVSKY, ZS. f. Phys. Bd. 32, S. 746. 1925; Bd. 33, S. 606. 1925.

ergibt, wenn $\frac{C_{pm}}{k} = \frac{3}{2}$ (Elektronengas) und das T^2-Gesetz, wenn $\frac{C_{pm}}{k} = 0$ (gebundene Elektronen) gesetzt wird.

7. Formelableitung bei Annahme eines Elektronenraumgitters im Metall. RASHEVSKY[1]) untersucht den Fall, daß die Elektronen im Metallkristall in einem Raumgitter angeordnet sind. Er erhält ohne Benutzung der Quantentheorie den Ausdruck

$$i_s = \frac{2\pi m \nu^3 \cdot \varepsilon}{k} T^{-1} e^{-\frac{W}{kT}}, \tag{20}$$

wo ν die Schwingungsfrequenz des Elektronengitters und W die Arbeit, welche nötig ist, um ein Elektron aus dem Innern des Glühkörpers in den Außenraum zu bringen.

Wird die Bewegung der Elektronen als gequantelt angesehen und die vereinfachende Annahme gemacht, daß alle Elektronenbahnen im Kristall die gleiche Quantenzahl und die gleiche Energie haben, so folgt

$$i = 2n'\pi m h^2 T^2 e^{-\frac{W-E}{kT}}, \tag{21}$$

wo n' die Zahl der Elektronen des Gitters in der Volumeneinheit und E die für alle Elektronenbahnen als gleich angenommene Energie ist.

Es ergibt sich hier ein T^2-Gesetz, weil durch die Annahme gleichartiger Elektronenbahnen die Gesamtenergie der inneren Elektronen als von der Temperatur unabhängig angenommen ist.

Auch RASHEVSKY weist darauf hin, daß sich bei der statistischen Behandlung des Problems das Verdampfen von Elektronen und das Verdampfen der Atome nicht voneinander trennen läßt, weil ein Energieaustausch zwischen den inneren Elektronen und den positiven Ionen prinzipiell stets möglich ist, so daß alle Überlegungen nur Annäherungen bleiben.

8. Die Emissionsformel von WATERMAN. WATERMAN[2]) hat eine Theorie der metallischen Leitung aufgestellt. Bei dieser ist die Gleichgewichtskonzentration der freien Elektronen

$$n_B = BT^{-\frac{3\nu}{2(\nu+1)}} e^{-\frac{\nu(\varphi_0-\psi_0)}{(\nu+1)kT}}. \tag{22}$$

Dabei sind φ_0 und ψ_0 die Energien, die bei 0° abs. nötig sind, um ein gebundenes und ein freies Elektron vom Metall abzulösen, ν die Valenz der Atomreaktion,

$$\text{Atom} \rightleftharpoons \text{positives Ion} + \nu \text{ Elektronen} \quad B = c(\nu N)^{\frac{1}{\nu+1}},$$

N die Konzentration der Kerne im Leiter und c eine Integrationskonstante, die sich zu $c = e^{\frac{\nu j}{\nu+1}}$ annehmen läßt, wobei j die chemische Konstante der Elektronen ist. Wird dieses in die Gleichung (22) eingesetzt, so ergibt sich

$$i_s = A \cdot T^\alpha e^{-\frac{\beta}{T}}, \tag{23}$$

wobei

$$A = \varepsilon\sqrt{\frac{k}{2\pi m}}\, e^{\frac{\nu j}{\nu+1}} (\nu N)^{\frac{1}{\nu+1}}$$

$$\alpha = \frac{\nu+4}{2(\nu+1)}$$

$$\beta = \frac{(\nu\varphi_0 + \psi_0)}{(\nu+1)k}.$$

---

[1]) N. v. RASHEVSKY, ZS. f. Phys. Bd. 32, S. 746. 1925; Bd. 33, S. 606. 1925.

[2]) A. T. WATERMAN, Phys. Rev. Bd. 24, S. 366. 1924.

Wird $\nu = 1, 2, 3 \ldots$ gesetzt, so wird $\alpha = 1{,}25;\ 1{,}00;\ 0{,}875 \ldots$ Ebenso schwankt A mit der Annahme über ν.

9. Der numerische Wert der universellen Konstanten A. Die Konstante A ist unter der Voraussetzung abgeleitet, daß jedes von außen auf die Oberfläche der Glühelektrode auftreffende Elektron von ihr aufgenommen wird, ihr Elektronenreflexionsvermögen für die in Frage kommenden Geschwindigkeiten also Null ist. Wird dagegen ein Bruchteil r der Elektronen reflektiert, so muß A durch $A(1 - r)$ ersetzt werden. RICHARDSON[1]) nimmt an, daß der durch Vernachlässigung von r bedingte Fehler bis 50% betragen könne, während SCHOTTKY[2]) ihn auf wenige Prozente schätzt. Folgende zwei Werte von A sind bisher abgeleitet:

a) DUSHMANS Wert. DUSHMAN legte den von SACKUR und TETRODE gegebenen Wert der chemischen Konstanten j_0 zugrunde. Nach ihnen ist

$$j_0 = \log\left[\frac{(2\pi)^{\frac{3}{2}} k^{\frac{5}{2}}}{N^{\frac{3}{2}} h^3}\right], \tag{24}$$

wobei h die PLANCKsche Konstante ist.

Wird das in die Gleichung

$$i_s = \frac{N^{\frac{3}{2}} m\,\varepsilon\, e^{j_0}}{\sqrt{2\pi k}} T^2 e^{-\frac{b_0}{T}} \tag{18}$$

eingesetzt, so ergibt sich

$$i_s = n \cdot \varepsilon = \frac{2\pi k^2 m\,\varepsilon}{h^3} T^2 e^{-\frac{b_0}{T}}. \tag{25}$$

Mit

$$k = 1{,}372 \cdot 10^{-16}\,\frac{\text{Erg}}{\text{Grad}},$$

$$m = 9{,}02 \cdot 10^{-28}\,g,$$

$$h = 6{,}55 \cdot 10^{-27}\,\frac{\text{Erg}}{\text{sec}},$$

$$\varepsilon = 4{,}77 \cdot 10^{-10}\ \text{el. stat. E.}$$

ergibt sich

$$A = 1{,}81 \cdot 10^{11}\,\frac{\text{el. stat. E.}}{\text{cm}^2\,\text{Grad}^2} = 60{,}2\,\frac{\text{Amp.}}{\text{cm}^2\,\text{Grad}^2}.$$

b) Der Wert A nach LEWIS, GIBSON und LATIMER. Aus der von LEWIS und ADAMS[3]) einerseits, LEWIS, GIBSON und LATIMER[4]) andererseits entwickelten Theorie der universellen Konstanten leitet DUSHMAN[5]) für A die etwas abweichende Beziehung:

$$A = \frac{k^2 c^3 m \cdot \varepsilon^{\frac{5}{2}}}{(4\pi)^6 e^5 \sqrt{2\pi}} = \frac{2^{\frac{5}{2}} \pi^{\frac{9}{2}} e^{-\frac{5}{2}}}{15} \frac{k^2 m\,\varepsilon}{h^3}. \tag{26}$$

Es tritt also an die Stelle des Faktors 2π der ersten DUSHMANschen Ableitung der Faktor $\frac{2^{\frac{5}{2}} \cdot \pi^{\frac{9}{2}} e^{-\frac{5}{2}}}{15}$. Infolgedessen ergibt sich der etwas kleinere Wert

$$A = 1{,}54 \cdot 10^{11}\,\frac{\text{el. stat. Einh.}}{\text{cm}^2\,\text{Grad}^2} = 51{,}3\,\frac{\text{Amp.}}{\text{cm}^2\,\text{Grad}^2}. \tag{27}$$

---

[1]) O. W. RICHARDSON, Emission of Electricity from Hot Bodies. 2. Aufl. London 1921.
[2]) W. SCHOTTKY, ZS. f. Phys. Bd. 34, S. 647. 1925.
[3]) G. N. LEWIS u. E. G. ADAMS, Phys. Rev. Bd. 3, S. 92. 1914.
[4]) G. N. LEWIS, G. E. GIBSON u. W. H. LATIMER, Journ. Amer. Chem. Soc. Bd. 44, S. 1108. 1922.
[5]) S. DUSHMAN, Phys. Rev. Bd. 21, S. 623. 1923.

Eine experimentelle Entscheidung zwischen beiden Werten ist zur Zeit nicht möglich.

10. Kritik des „Elektronengases" durch v. Laue. v. LAUE macht folgende Annahmen:

1. Es besteht Gleichgewicht zwischen Glühkörper und Raum.
2. Die Elektronen sind von einem oder mehreren auf gleicher Temperatur T befindlichen Körpern entsandt und haben alle im Raume die dieser Temperatur entsprechende mittlere kinetische Energie $\frac{3}{2} kT$.
3. An jeder Glühelektrode ist die Elektronendichte im Raume durch die Temperatur T und eine gewisse Materialkonstante vollständig bestimmt.
4. Auf jeder Glühelektrode ist das Potential konstant. Stehen also Glühelektroden verschiedenen Materials miteinander in Berührung, so muß zwischen ihnen eine den Grenzwerten der elektrischen Dichten an ihnen entsprechende Potentialdifferenz bestehen.

Dann gilt für die elektrische Dichte ϱ im Raume

$$\varrho = \varrho_0 e^{-\frac{\varepsilon \varphi}{k T}}, \tag{28}$$

φ die Potentialfunktion im Raume ist, und es ergibt sich die Differentialgleichung

$$\Delta \varphi = -\varrho_0 e^{-\alpha \varphi}, \tag{29}$$

wenn

$$\frac{\varepsilon}{kT} = \alpha$$

gesetzt wird.

v. LAUE vernachlässigt ausdrücklich die Bildkraft (s. Ziff. 12). Infolgedessen muß er die unmittelbare Umgebung der Elektrodenoberfläche von der Betrachtung ausschließen, da in ihr die Bildkraft merklich ist. Die auszuschließende Zone ist um so schmaler, je höher die Temperatur ist. Doch ergibt eine Überschlagsrechnung, daß die Bildkraft selbst bei 3000° abs. erst oberhalb eines Abstandes von 10^{-5} cm zu vernachlässigen ist. Es spielt also bei den praktisch vorkommenden Temperaturen die Bildkraft eine nicht zu vernachlässigende Rolle und die Theorie ist in dieser Hinsicht noch ergänzungsbedürftig.

Durch Lösung der Differentialgleichung (29) erhält v. LAUE folgende Sätze:

1. Für jeden Hohlraum, der vollständig von glühenden Elektroden der gleichen Temperatur eingeschlossen ist, gibt es eine Temperatur, von der an die Elektronendichte in allen nicht an die Elektrode anstoßenden Raumteilen unabhängig von dem Material der Wände und proportional der absoluten Temperatur ist. Von der Form und Größe des Raumes bleibt sie aber abhängig.
2. Ist die Temperatur so hoch, daß in jedem nicht an die Elektroden stoßenden Raumteil die Dichte der absoluten Temperatur proportional ist, so verhalten sich die Dichten an entsprechenden, den Wänden nicht zu nahe liegenden Punkten in zwei geometrisch ähnlichen Hohlräumen umgekehrt wie die Quadrate der linearen Abmessungen.
3. Der Gleichgewichtszustand der Elektronenwolke ist durch ein Minimum des Verhältnisses der elektrischen zur kinetischen Energie gekennzeichnet.

Weiter ergibt sich, daß die Glühelektronen im Gleichgewichtszustande eine den Glühelektroden anliegende Schicht bilden, die bei nicht zu starken äußeren Einwirkungen eine das Elektrodenmaterial und die Temperatur kennzeichnende Energie, Entropie und Ladung pro Flächeneinheit hat. Die negative Oberflächenspannung dieser Schicht hat bei gekrümmten Oberflächen einen negativen Kapillardruck zur Folge. Die Grenzdichte an einer Glühelektrode und damit die Ladung, Energie und Entropie ist als Funktion der Temperatur durch die Stellung der Elektrode in der VOLTAschen Spannungsreihe und eine universelle Konstante, die chemische Konstante der Elektronenschicht, bestimmt.

Bei gleichmäßiger Vergrößerung aller Abmessungen eines gleichtemperierten Hohlraumes sinkt die Elektronendichte im Innern des Hohlraumes immer mehr, während sie an den Grenzen erhalten bleibt. Die Berücksichtigung der vernachlässigten Bildkraft verstärkt die Bildung dieser Oberflächenschichten noch mehr.

Für die Grenzdichte ϱ_g der Elektronen in unmittelbarer Nähe der Elektrode (jedoch außerhalb der Bildkraftzone!) findet v. LAUE den Wert

$$\varrho_g = \frac{(N\varepsilon)^3}{2R} C^2 T^{\frac{3}{2}} e^{\frac{\mu}{RT}}, \tag{30}$$

wo C eine universelle Konstante und

$$\mu = \left(\frac{\partial F_m}{\partial n}\right)_T; \quad (F_m = \text{freie Energie})$$

diejenige Arbeit ist, die aufzuwenden ist, wenn der Elektrode bei konstanter Temperatur T ein Mol Elektronen entzogen wird.

Um eine Anpassung an die RICHARDSONsche Formel zu erzielen, setzt v. LAUE

$$\mu = \frac{\partial F_m}{\partial n} = -R[\beta + T(\gamma + \delta \log T)], \tag{31}$$

wobei β, γ, δ von der Temperatur unabhängige Materialkonstanten sein sollen. Es ergibt sich dann

$$\varrho_g = \frac{(N\varepsilon)^3}{2R} C^2 e^{-\gamma} T^{\frac{3}{2}-\delta} \cdot e^{-\frac{\beta}{T}}. \tag{32}$$

Für den Sättigungsstrom folgt aus dem MAXWELLschen Geschwindigkeitsverteilungsgesetz:

$$i = \sqrt{\frac{k}{2\pi m}}\, \varrho_g \cdot T^{\frac{1}{2}} = \sqrt{\frac{k}{2\pi m}}\, \frac{(N\varepsilon)^3}{2R} C^2 e^{-\gamma} T^{2-\delta} e^{-\frac{\beta}{T}} = A T^{2-\delta} e^{-\frac{\beta}{T}} \tag{33}$$

Es ergibt sich also auch hier das T^2-Gesetz, wenn $\delta = 0$, und das $\sqrt{T}$-Gesetz, wenn $\delta = \frac{3}{2}$ gesetzt wird.

Mit Hilfe der Gleichung (33) und der von LANGMUIR[1]) aus seinen Messungen abgeleiteten Werte

$$A = 23{,}6 \cdot 10^6 \frac{\text{Amp.}}{\text{cm}^2\,\text{Grad}^{\frac{1}{2}}} \quad (\sqrt{T}\text{-Gesetz}),$$

$$\beta = 5{,}25 \cdot 10^4 \text{ Grad}$$

berechnet v. LAUE folgende Tabelle der Grenzdichte ϱ_g, der Ladung ε pro Einheit der Oberfläche, der Zahl $\frac{\varrho}{\varepsilon}$ der Elektronen pro Volumeneinheit an der Grenzfläche und pro Flächeneinheit der Elektrode $\left(\frac{E}{\varepsilon}\right)$, der Energie u pro Flächeneinheit und der Oberflächenspannung σ.

Tabelle 1.

T absolut	$-\varrho_g$ in elektrostat.	$-E$ Einheiten	$\frac{\varrho}{\varepsilon}$ cm^{-3}	$\frac{E}{\varepsilon}$ cm^{-2}	u erg/cm^2	σ dyn/cm
2400°	$1{,}4 \cdot 10^2$	0,12	$3{,}1 \cdot 10^{11}$	$2{,}6 \cdot 10^8$	$2{,}1 \cdot 10^{-4}$	$1{,}7 \cdot 10^{-4}$
2600°	$7{,}8 \cdot 10^2$	0,30	$1{,}6 \cdot 10^{12}$	$6{,}3 \cdot 10^8$	$5{,}5 \cdot 10^{-4}$	$4{,}4 \cdot 10^{-4}$
3000°	$1{,}4 \cdot 10^4$	1,53	$3{,}0 \cdot 10^{13}$	$3{,}2 \cdot 10^9$	$2{,}6 \cdot 10^{-3}$	$2{,}1 \cdot 10^{-3}$

[1]) I. LANGMUIR, Phys. ZS. Bd. 15, S. 516. 1914.

11. SCHOTTKYS Untersuchung über die Emissionsformeln. SCHOTTKY[1]) macht den Versuch, die in der Ableitung der richtigen Emissionsformel steckende statistische Aufgabe in Strenge zu erfassen. Er geht von der allgemeinen Formel

$$i_s = \alpha T^2 e^{-\frac{[\mu]}{kT}} \tag{34}$$

aus und sucht nach einem Ausdruck für den Wert $[\mu]$. Er erinnert daran, daß zunächst nicht die Sättigungsstromdichte i_s, sondern die molare Gleichgewichtskonzentration c_g der Elektronen in einer Grenzfläche G unmittelbar über dem Metall bei der Glühtemperatur T bestimmt wird. Der Emissionsstrom pro Flächeneinheit hängt mit ihr durch die Beziehung

$$i_s = c_g F \sqrt{\frac{kT}{2\pi m}} \tag{35}$$

zusammen, wo F die Faradaykonstante bedeutet.

Die Gleichgewichtskonzentration c_g in der Grenzfläche oder c an irgendeiner Stelle im Elektronendampfraum wird nach der Methode von GIBBS und HELMHOLTZ aus der Bedingung gewonnen, daß die bei der Überführung der Elektronen aus der festen Substanz in den Dampfraum zu leistende Arbeit gleich Null ist. Da für elektrisch geladene Teilchen außer der durch die thermodynamischen Potentiale ausgedrückten chemischen Arbeit noch eine elektrische Arbeit in Frage kommt, die, pro Mol, gleich dem elektrostatischen Potentialunterschiede der betreffenden Gebiete, multipliziert mit der molaren Ladung der betreffenden Teilchen ist, ergibt sich die Gleichgewichtsbedingung

$$\mu_d - \mu - F(\varphi - \Phi) = 0\,, \tag{36}$$

wobei μ_d das auf die molare Einheit bezogene thermodynamische Potential der Elektronen im Dampfraum, μ das im Metallinnern bedeutet. φ ist das elektrostatische Potential an der betreffenden Stelle des Dampfraumes, Φ das mittlere elektrostatische Potential im Metallinnern.

Für μ_d erhält man, sofern man die Elektronen als ideales Gas behandeln kann, aus der klassischen Statistik, jedoch mit einer der Quantentheorie angepaßten Normierung des Nullpunktes der Entropie den Ausdruck:

$$\mu_d = kT(\ln c - \tfrac{3}{2}\ln T - \Gamma)\,. \tag{37}$$

Hierbei ist

$$\Gamma = \frac{3}{2}\ln\frac{2\pi m k}{h^2} - \ln N\,,$$

wobei N die Zahl der Moleküle im Mol bedeutet.

Unter Benutzung der Gleichgewichtsbedingung (36) und Auflösen nach c erhält man das Gesetz für die molare Gleichgewichtskonzentration der Elektronen

$$c = \frac{(2\pi m k)^{\frac{3}{2}}}{N h^3} T^{\frac{3}{2}} e^{\frac{\mu + F(\varphi - \Phi)}{kT}} \tag{38}$$

und speziell für einen Punkt im Dampfraum unmittelbar über der Metalloberfläche (Konzentration c_g, Potential φ_g):

$$c_g = \frac{(2\pi m k)^{\frac{3}{2}}}{N h^3} T^{\frac{3}{2}} e^{\frac{[\mu]}{kT}}\,, \tag{39}$$

[1]) W. SCHOTTKY, ZS. f. Phys. Bd. 34, S. 645. 1925.

wobei noch $\mu + F(\varphi - \Phi) = [\mu]$ gesetzt ist. Durch Einsetzen von (39) in (35) erhält man die Emissionsformel

$$i_s = \alpha T^2 e^{\frac{\mu + F(\varphi_g - \Phi)}{kT}}, \tag{40}$$

wobei

$$\alpha = \frac{2\pi k^2 m \varepsilon}{h^3}$$

zu setzen ist.

φ_g ist am Ort des Potentialminimums, das von den austretenden Elektronen durchlaufen wird, zu bestimmen, wobei auch das Bildkraftpotential in der Richtung von innen nach außen zu berücksichtigen ist, wenn der Ort des Potentialminimums noch merklich in die Bildkraftsphäre fällt. Beim Auftreten von Raumladungen bestimmen diese selbst den Ort des Potentialminimums und den Wert des Potentials φ_g, so daß Formel (40) bei geeigneter Bestimmung von φ_g das ganze Gebiet der Emissionscharakteristiken umfaßt.

Nach dem Vorstehenden läuft also die Aufgabe der Ableitung der richtigen Emissionsformel auf die Bestimmung der Größen μ und $\varphi - \Phi$ hinaus. Die Ermittlung des Potentialunterschiedes $\varphi - \Phi$ ist ein Problem der mittleren Ladungsanordnung in der Metalloberfläche und ihrer unmittelbaren Umgebung nach innen und außen, während das Problem der Bestimmung von μ ein statistisches Problem des Metallinnern ist.

Die sichere Lösung dieser beiden Probleme erscheint zur Zeit nicht möglich. Es ist noch nicht einmal sicher festgestellt, ob sich in der Metalloberfläche eine den Elektronenaustritt hindernde, den Ionenaustritt erleichternde Doppelschicht befindet. SCHOTTKY führt sowohl Gründe für als auch Gründe gegen ihre Existenz an.

Noch schwieriger als eine Aussage über den absoluten Betrag des Potentialsprunges $(\varphi - \Phi)$ ist der Versuch einer Aussage über seine Temperaturabhängigkeit. Bei sehr hohen Temperaturen wird die Elektronendichte in dem Gebiet zwischen der Metalloberfläche und der für Emission in Betracht kommenden Grenzfläche G so groß, daß schon hierdurch die genannte Potentialdifferenz beeinflußt wird.

Hinsichtlich der Größe μ läßt sich sagen: Worauf es bei der Aufstellung der Elektronendampfdruckformel ankommt, ist nicht die spezifische Wärme der Metallelektronen, sondern die Änderung der spezifischen Wärme des Metalles beim Austritt von Elektronen. Diese Änderung ist nur dann als spezifische Wärme der Elektronen selbst zu deuten, wenn ihre kinetische und potentielle Energie ohne Berücksichtigung einer Wechselwirkung mit den übrigen Bestandteilen der Materie berechnet werden darf. Nur dann ergibt sich DUSHMANS Formel. Diese Voraussetzung scheint aber nicht gegeben zu sein.

12. Die Bildkraft. Alle Theorien der Elektronenemission stimmen darin überein, daß die Elektronen beim Übergang vom Metall in den Raum eine bestimmte Arbeit zu leisten haben. Offenbar geschieht das in der Weise, daß sie beim Verlassen des Metalles gegen eine sie zum Metall zurückziehende elektrische Kraft anzulaufen haben. Diese Kraft ist Null, solange die Elektronen im Innern des Metalles sind, steigt beim Durchtritt der Elektronen durch die Oberfläche plötzlich auf einen Maximalwert und nimmt dann mit steigendem Abstand nach irgendeiner Funktion bis auf den Wert Null in unendlichem Abstand ab. Im einzelnen ist der Verlauf dieser Kraft vollständig unbekannt. Nur ein Teil von ihr läßt sich unter idealisierten Annahmen als sog. Bildkraft berechnen.

Befindet sich nämlich eine elektrische Ladung ε in einem Abstande x von einer unendlichen leitenden Ebene, so ist die auf die Ladung ausgeübte Kraft so, als wenn sich jenseits der Ebene im Innern ebenfalls im Abstande x von der Ebene eine entgegengesetzt gleiche Ladung (das „Bild“ der Ladung) befände. Die Kraft ist also gleich $\frac{\varepsilon^2}{4x^2}$.

Die Darstellung versagt, sobald x auf einen Betrag sinkt, der mit atomaren Abmessungen vergleichbar ist.

Es läßt sich jedoch mit DEBYE[1]) die gesamte auf die Elektronen bei ihrem Austritt aus der Oberfläche wirkende Anziehungskraft als Bildkraft darstellen, wenn angenommen wird, daß die Bildkraft nur bis hinab zu einem kritischen Abstande x_0 wirkt, der von dem betreffenden Material abhängt und zwischen $2 \cdot 10^{-7}$ und $4 \cdot 10^{-7}$ cm liegt, um dann zu verschwinden. Die gesamte bei der Überwindung dieser Kraft zu leistende Arbeit ergibt sich dann zu $\frac{\varepsilon^2}{4x_0}$, wobei x_0 eine zu der Konstanten b in Beziehung zu setzende Materialkonstante ist.

Da ε außerordentlich klein ist, wird auch die Bildkraft $\frac{\varepsilon^2}{4x^2}$ schon in sehr kleinem Abstande von der Oberfläche im Betrage von etwa 10^{-4} cm ab unmerklich.

Versuchen wir uns also die Erscheinungen über der Glühelektrodenoberfläche anschaulich vorzustellen, so sehen wir eine große Anzahl von Elektronen, die sich mit Hilfe ihrer kinetischen Energie über die Oberfläche erheben, aber alsbald durch die Bildkraft in das Metall zurückgezogen werden, weil ihre Energie nicht dazu ausreicht, sie zu überwinden.

Die hierdurch bedingte, unmittelbar über der Oberfläche große Elektronendichte nimmt aber zugleich mit der Bildkraft sehr schnell ab, bis in einem Abstande von 10^{-4} cm die Bildkraft so klein geworden ist; daß praktisch alle Elektronen, die diese Zone erreichen, imstande sind, das Metall endgültig zu verlassen. Das Potential ist in diesem Abstande von der Glühkathode im Gleichgewichtszustande Null, wenn die Elektronendichte jenseits dieses Abstandes vernachlässigt werden kann.

Hieraus ergibt sich sogleich eine wichtige Folgerung. Um sämtliche den Abstand 10^{-4} cm erreichenden Elektronen zur Anode hinüberzuziehen und dadurch den „Sättigungsstrom“ i_s zu erzielen, muß ein elektrisches Feld zwischen die Glühkathode und die Anode gelegt werden. Dieses Feld wirkt nicht nur oberhalb von 10^{-4} cm Abstand, sondern bis zur Oberfläche selbst. Es sucht also auch diejenigen Elektronen zur Anode zu ziehen, die allein nicht die Energie haben, die Bildkraft zu überwinden. Dieses Bestreben wird bei um so mehr Elektronen Erfolg haben, je stärker das angelegte Feld im Vergleich zur Bildkraft ist. Es addiert sich jetzt also das von diesem Feld herrührende äußere Potential $\frac{dV_a}{dx}x$ zum Bildkraftpotential $\frac{\varepsilon}{4x}$, und es wird das gesamte Potential

$$V = \frac{\varepsilon}{4x} + \frac{dV_a}{dx}x. \qquad (41)$$

V wird jetzt nicht mehr im Abstande 10^{-4} cm Null, sondern erreicht an einer kritischen Stelle x_m ein Minimum, um dann wieder zu steigen. Und zwar wird

$$V_m = \sqrt{\varepsilon\frac{dV_a}{dx}} \quad \text{und} \quad x_m = \frac{1}{2}\sqrt{\frac{\varepsilon}{\frac{dV_a}{dx}}}. \qquad (42)$$

Um dieses Minimumpotential V_m wird die Austrittsarbeit der Elektronen vermindert.

---

[1]) P. DEBYE, Ann. d. Phys. Bd. 33, S. 441. 1910.

Da nun bei MAXWELLscher Geschwindigkeitsverteilung

$$i_s = i_0 e^{\frac{\varepsilon V_m}{kT}} = i_0 e^{\frac{\varepsilon^{\frac{3}{2}}}{kT}\sqrt{\frac{dV_a}{dx}}} = i_0 e^{\frac{4,39}{T}\sqrt{\frac{dV_a}{dx}}}. \tag{43}$$

ist, ergibt sich

$$i_s = A\, f(T)\, e^{-\left(\frac{b-\Delta b}{T}\right)}, \tag{44}$$

wo

$$\Delta b = 4,39\sqrt{\frac{dV_a}{dx}}.$$

Bei Präzisionsmessungen und bei großen Feldstärken muß diese Korrektion berücksichtigt werden.

13. Raumladungsbegrenzung des Emissionsstromes. Der Raum zwischen der Glühkathode und der Anode ist von Elektronen erfüllt, trägt also eine Raumladung, die die Elektronen teils zur Anode, teils zur Glühkathode zurücktreibt. Das Verhältnis der zu den Elektroden gelangenden Mengen läßt sich durch Änderung der Stärke und Richtung einer an die Elektroden gelegten Spannung zwischen Null und Unendlich beliebig verändern. Dabei ergibt sich unterhalb des Sättigungsstromes folgender Zusammenhang zwischen der Elektronenstromdichte i von der Kathode zur Anode und der an die Elektroden gelegten Spannung V, wenn bei planparallelen unendlich ausgedehnten Elektroden im Abstande a die Austrittsgeschwindigkeit der Elektronen (bei 2000° abs. entspricht sie 0,26 V) vernachlässigt und an der Kathode ($x = 0$) der Potentialgradient $\frac{dV}{dx} = 0$ gesetzt wird:

$$\frac{d^2V}{dx^2} = -4\pi\varrho = \frac{4\pi i}{2\frac{\varepsilon}{m}V^{\frac{1}{2}}}, \tag{45}$$

$$i = \frac{\sqrt{2\frac{\varepsilon}{m}}}{9\pi a^2}V^{\frac{3}{2}} = 2,33\cdot 10^{-6}\frac{V^{\frac{3}{2}}}{a^2}. \tag{46}$$

Für die Anordnung der Elektroden in Form eines Zylinderkondensators, wobei die Glühkathode den axialen Draht bildet, so daß $r_1 \ll r_0$ (r_1 Drahtradius, r_0 Anodenradius), gilt

$$i = \frac{2\sqrt{2\frac{\varepsilon}{m}}}{9 r_0 \beta^2}V^{\frac{3}{2}} = 1,468\cdot 10^{-5}\frac{V^{\frac{3}{2}}}{r_0\beta^2}, \tag{47}$$

wobei $\beta^2 = f\left(\frac{r_0}{r_1}\right)$.

LANGMUIR und BLODGETT[1]) haben diese Funktion berechnet.

Die strenge Ableitung der Raumladungsformeln unter Berücksichtigung der Anfangsgeschwindigkeit der Elektronen hat bisher nur zu Näherungen geführt.

Für den einfachsten Fall zweier planparalleler unendlich ausgedehnter Elektroden im Abstande a gibt SCHOTTKY[2]) ohne nähere Ableitung die Formel

$$i = \frac{\sqrt{2}}{9\pi}\sqrt{\frac{\varepsilon}{m}}\,\frac{kT^{\frac{3}{2}}}{\pi\varepsilon}\left(\sqrt{n}-1\right)\left(\sqrt{n}+2\right)^2(l-d)^2, \tag{48}$$

wobei

$$n = 1 + \pi\ln\frac{i_s}{i} + \frac{\pi\varepsilon}{kT}V$$

[1]) I. LANGMUIR u. K. B. BLODGETT, Phys. Rev. Bd. 24, S. 49. 1924.
[2]) W. SCHOTTKY, Phys. ZS. Bd. 69, S. 385. 1922.

gesetzt ist und i_s den Sättigungsstrom, d die Entfernung der Ebene des auftretenden Potentialminimums von der emittierenden Platte bedeutet, die mit großer Genauigkeit durch die Gleichung

$$d = \frac{\sqrt{\frac{m}{\varepsilon}}\sqrt{\frac{i_s}{i}}\,2\left(\frac{kT}{\pi m}\right)^{\frac{3}{4}}}{3 - \frac{i}{i_s\sqrt{1 + \pi \ln \frac{i_s}{i}}}} \operatorname{arctg}\sqrt{\frac{i_s}{i} - 1} \tag{49}$$

bestimmt wird.

Aus den Formeln folgt, daß bei Plattenabständen von wenigen Millimetern selbst bei größeren beschleunigenden Potentialen die wirkliche Stromdichte beträchtlich größer sein kann als der aus der einfachen Gleichung (46) berechnete.

Für zylindrische Elektrodenanordnung rechnete SCHOTTKY[1]) den Fall des Elektronenaustritts bei verzögernden Potentialen durch. Ist Φ die Potentialdifferenz zwischen den Elektroden und $2k\varepsilon\Phi = n$, so wird, falls kein Potentialminimum zwischen den Elektroden vorhanden ist,

$$i = i_s \frac{2}{\sqrt{\pi}}\left(e^{-\frac{\varepsilon V}{kT}}\sqrt{\frac{\varepsilon V}{kT}} + \int\limits_{\sqrt{n}}^{\infty} e^{-x^2}\,dx\right), \tag{50}$$

wobei i_s der ideale Sättigungsstrom $x^2 = \frac{m v^2}{2}\frac{1}{kT}$, k die Gaskonstante, bezogen auf ein Molekül eines einatomigen Gases, m die Masse und v die Geschwindigkeit des Elektrons in tangentialer Richtung ist. Für $n > 3$ läßt sich die Gleichung (50) mit einiger Annäherung durch die Gleichung

$$i = i_s \frac{2}{\sqrt{\pi}} e^{-n}\sqrt{n} \tag{51}$$

ersetzen.

Für sehr schwach beschleunigende Felder ist die Rechnung von GANS[2]) durchgeführt worden.

LANGMUIR[3]) entwickelt mit Hilfe einer etwas abweichenden Betrachtung folgende Formel für den Fall planparalleler Ebenen:

$$i = \frac{\sqrt{2\frac{\varepsilon}{m}}}{9\pi}\frac{(V - V_m)^{\frac{3}{2}}}{(l - d)^2}\left(1 + \frac{2{,}66}{\eta}\right), \tag{52}$$

wo

$$\eta = \frac{\varepsilon}{kT}(V - V_m)$$

und l der Abstand der Ebenen voneinander ist.

Der Wert von V_m ist annähernd durch

$$V_m = -\frac{T}{11600}\log\frac{i_s}{i} \tag{53}$$

gegeben. Für den Zylinderkondensator fand LANGMUIR

$$i = \frac{2\sqrt{2\frac{\varepsilon}{m}}}{9 r_0 \beta^2}\left[V - V_m + \frac{3kT}{8\varepsilon}\left(\log\frac{2V\varepsilon}{\lambda \cdot 3kT}\right)^2\right]^{\frac{3}{2}}. \tag{54}$$

---

[1]) W. SCHOTTKY, Ann. d. Phys. Bd. 44, S. 1011. 1914.
[2]) R. GANS, Ann. d. Phys. Bd. 69, S. 385. 1922.
[3]) I. LANGMUIR, Phys. Rev. Bd. 21, S. 419. 1923.

Dabei ist β eine experimentell zu bestimmende Konstante, deren Wert zwischen 1 und 2 liegt.

Auch hier sind die Korrektionen in vielen Fällen nicht zu vernachlässigen.

14. Raumladungsbegrenzung des Emissionsstromes bei Gasen. Unter den vereinfachenden Annahmen, daß erstens die Wärmebewegung der Elektronen und Ionen gegenüber ihrer Bewegung im elektrischen Felde vernachlässigt werden kann, und zweitens die Zahl der Zusammenstöße in der Raumladungszone so groß ist, daß mit den Endgeschwindigkeiten gerechnet werden kann, leitet McCURDY[1]) folgende Näherungsformeln ab:

1. Für den Elektronenstrom zwischen konaxialen Zylindern pro Längeneinheit der Elektroden:

$$i_{el} = -\frac{3}{8}\left(\frac{\varepsilon l}{m}\right)\sqrt{\frac{1{,}134\,m}{M}}\;\frac{V_0^{\frac{3}{2}}}{(r_0 B)^{\frac{3}{2}}}, \tag{55}$$

2. Für den Kationenstrom zwischen konaxialen Zylindern pro Längeneinheit der Elektroden:

$$i_+ = \frac{3}{8}\left(\frac{\varepsilon L}{2{,}15\,M}\right)^{\frac{1}{2}}\frac{V_0^{\frac{3}{2}}}{(r_0 B)^{\frac{3}{2}}}. \tag{56}$$

$$B = \log\frac{r_1}{r_0} + \frac{359}{729} - \frac{4}{9}\left(\frac{r_1}{r_0}\right)^{\frac{3}{2}}. \tag{57}$$

Dabei bedeuten m und l die Masse und mittlere freie Weglänge der Elektronen, M und L die der Kationen, r_0 und r_1 die Radien der äußeren und inneren Elektrode, V_0 die Spannung zwischen den Elektroden. Über B als Funktion von r_1/r_0 wird eine Tabelle mitgeteilt.

Die durch ein Magnetfeld hervorgerufene Raumladung ist durch STÜCKLEN in Band XIV, Kap. 2 ausführlich behandelt worden.

15. Thomsonwärme und Elektronenemission. Der Zusammenhang der Größe $\frac{\partial C_{pm}}{\partial n}$, der Abhängigkeit der spezifischen Wärme ∂C_{pm} der Elektronen im Metall von ihrer Konzentration, mit der Thomsonwärme ist von RICHARDSON[2]), WILSON[3]) und SCHOTTKY[4]) behandelt.

Die Aussagen über den Temperaturgang des Elektronendampfdruckes werden dadurch gewonnen, daß der Energie- und Entropiesatz auf Kreisprozesse angewandt werden, bei denen die Elektronen im Raume reversibel von der Temperatur T_1, dem Dampfdruck p_1 und dem Potential V_1 in den Zustand T_2, p_2, V_2 gebracht werden.

Im Metall wird aber nicht das Metall mit den dn Elektronen erwärmt und ohne die dn Elektronen abgekühlt, sondern die Elektronen sollen ohne äußere Arbeitsleistung ein langes dünnes Metallstück durchwandern, das zugleich die thermische und elektrische Verbindung zwischen den Metallstücken bei den Temperaturen T_1 und T_2 darstellt.

Dann besteht die aufzuwendende Wärme allein in der Thomsonwärme. Die Differenz der Potentiale V_1 und V_2 ist die Potentialdifferenz zwischen dem heißen und kalten Metallstück.

Auf diesem Wege gelangt WILSON zu der Dampfdruckformel

$$c = \frac{(2\pi m k)^{\frac{3}{2}}}{N h^3}\,T^{\frac{3}{2}}\cdot e^{-\frac{L_0}{kT}}\;e^{-\frac{L_0}{kT}\int_0^T \sigma\,dT + \int_0^T \frac{\sigma}{kT}\,dT}\;e^{\frac{F(V-V_0)}{kT}}, \tag{58}$$

---

[1]) W. H. McCURDY, Phys. Rev. Bd. 27, S. 157. 1926.

[2]) O. W. RICHARDSON, Phil. Mag. Bd. 23, S. 594. 1912; Bd. 24, S. 737. 1912.

[3]) H. A. WILSON, Phys. Rev. Bd. 24, S. 38. 1924.

[4]) W. SCHOTTKY, ZS. f. Phys. Bd. 34, S. 645. 1925.

wobei der konstante Faktor die Dampfdruckkonstante des idealen Gases ist. L_0 ist die Verdampfungswärme pro Molekül beim absoluten Nullpunkt.

Aus dem Vergleich der Formel mit der Formel

$$c = \frac{(2\pi m k)^{\frac{3}{2}}}{N h^3} T^{\frac{3}{2}} \cdot e^{\frac{\mu + F(\varphi - \Phi)}{kT}}$$

ergibt sich die Beziehung

$$\mu + F(\varphi - \Phi) = -L_0 - \int_0^T \sigma\, dT + T \int_0^T \frac{\sigma}{T}\, dT + F(V - V_0), \tag{59}$$

wobei noch, falls der Elektronendampfdruck durch die Verbindung des warmen Metallstückes mit dem kalten beeinflußt wird, μ und $(\varphi - \Phi)$ für den in dieser Kombination vorhandenen Zustand des warmen Metalles zu berechnen ist. In diesem Fall ist

$$\mu = \mu_l (\mu \text{ „leitend“})$$

zu setzen.

L_0 setzt sich nun aus dem nicht elektrischen „natürlichen“ Anteil w_0 und einem elektrischen Anteil zusammen, der gleich $-F(V_0 - \Phi_0)$ ist, wobei Φ_0 den Potentialmittelwert im Innern des Metalles beim absoluten Nullpunkt bedeutet. Die Größe w_0 ist, da das Elektronengas beim absoluten Nullpunkt keine eigene Energie hat, zugleich gleich der negativen Änderung der Wärmefunktion W des Metalles mit der Elektronenzahl n beim absoluten Nullpunkt.

$$w_0 = -\left(\frac{\partial W}{\partial n}\right)_{T=0}. \tag{60}$$

Es läßt sich also aus der Gleichung folgende Beziehung entwickeln:

$$\int_0^T \frac{\partial C_{pm}}{\partial n} dT - \int_0^T \frac{\frac{\partial C_{pm}}{\partial n}}{T} dT = \int_0^T (-\sigma)\, dT - T - \int_0^T \frac{-\sigma}{T} dT + F(\Phi - \Phi_0) + \mu_i - \mu_l, \tag{61}$$

wobei μ_i μ „isoliert“ bedeutet.

In dieser Gleichung ist $\Phi - \Phi_0$ die Potentialdifferenz zwischen heißem und kaltem Metall im Metallinnern, also die durch das Temperaturgefälle bedingte innere Thermokraft des Metalles. Ist diese Potentialdifferenz und der Unterschied $\mu_i - \mu_l$ gleich Null oder sind beide Terme einander entgegengesetzt gleich, so fällt offenbar die negative Thomsonwärme mit der Größe $\frac{\partial C_{pm}}{\partial n}$, der Änderung der spezifischen Wärme des Metalles bei Hinzufügung von Elektronen zusammen:

$$\frac{\partial C_{pm}}{\partial n} = -\sigma. \tag{62}$$

Ist dieses dagegen nicht der Fall, so hat σ nicht eine solche einfache thermodynamische Bedeutung.

Aus einer zweiten Ableitung der Gleichung (61) mit Hilfe eines Kreisprozesses wird dann weiter der Satz gewonnen: Die reversible Thermokraft im Temperaturgefälle eines Leiters kann nur dann einen von Null verschiedenen Wert haben, wenn sich innerhalb des elektrisch und wärmeleitend verbundenen Metalles von selbst Zustände des Metalles einstellen, die merkliche Abweichungen des inneren Verhaltens gegenüber dem Normalzustande ergeben.

16. Peltierwärme und Kontaktpotentialdifferenz. Befinden sich zwei Metalle im Vakuum im Wärmegleichgewicht, so herrscht über jedem Metall ein gewisser Elektronendampfdruck, der durch die Temperatur eindeutig bestimmt ist. Seien n_1 und n_2 die Elektronenkonzentrationen über den Metallen 1 und 2, V_1 und V_2 die an den Oberflächen herrschenden elektrostatischen Potentiale, so ist

$$\frac{n_2}{n_1} = e^{\frac{\varepsilon(V_2 - V_1)}{kT}} \tag{63}$$

Dabei ist $V_2 - V_1 = \Phi$ die Potentialdifferenz zwischen den beiden Metallen im Vakuum. Es ist also

$$\Phi = \frac{kT}{\varepsilon} \ln \frac{n_2}{n_1}. \tag{64}$$

Sind nun nach der klassischen Elektronentheorie im Innern der Metalle Gebiete merklich konstanten Potentials vorhanden, innerhalb deren sich die Elektronen frei bewegen können, und wird von Quanteneffekten abgesehen, so läßt sich die Formel (64) auch auf die Konzentration ν der freien Elektronen in diesen Gebieten anwenden. Ist w der potentielle Energieunterschied, den die aus dem Metall ausgetretenen Elektronen gegenüber den freien Elektronen haben, so gilt für das Metall 1:

$$kT \ln \frac{n_1}{\nu_1} = -w_1, \tag{65}$$

für das Metall 2:

$$kT \ln \frac{n_2}{\nu_2} = -w_2, \tag{66}$$

woraus folgt

$$\Phi = \frac{kT}{\varepsilon} \ln \frac{\nu_2}{\nu_1} - \frac{w_2 - w_1}{\varepsilon}, \tag{67}$$

eine Beziehung, die zuerst von DEBYE[1]) abgeleitet worden ist.

Dabei bedeutet $-kT \ln \nu_2/\nu_1$ den potentiellen Energieunterschied der freien Elektronen im Metall 2 gegenüber denen im Metall 1, der mit q bezeichnet sei. Wird weiter vorausgesetzt, daß sich bei einer stationären elektrischen Strömung die Leitungselektronen in den Metallen 1 und 2 auf dem eben definierten Potential der freien Elektronen befinden und in beiden Metallen dieselbe Bewegungsenergie haben, so ergibt sich, daß $-q/\varepsilon$ der elektromotorischen Kraft E von 2 gegen 1 an der Berührungsstelle beider gleichzusetzen und zugleich mit der auf die Elektrizitätseinheit bezogenen Peltierwärme zu identifizieren ist, die positiv gerechnet wird, wenn bei der Strömungsrichtung 1→2 Wärme entwickelt wird.

$$P = -\frac{q}{\varepsilon} = \frac{kT}{\varepsilon} \ln \frac{\nu_2}{\nu_1}. \tag{68}$$

Werden andererseits w_1 und w_2 in erster Annäherung mit den aus den Sättigungsströmen bestimmten Austrittsarbeiten identifiziert, so zeigt sich, daß P gegen w/ε sowie gegen die bei verschiedenen Metallen beobachteten Unterschiede $\frac{w_2 - w_1}{\varepsilon}$ im allgemeinen zu vernachlässigen ist. So ergibt sich die angenäherte Beziehung

$$w_2 - w_1 = -\varepsilon\Phi. \tag{69}$$

Die Differenz der Austrittsarbeiten zweier Metalle ist nahezu gleich der mit der Elementarladung multiplizierten negativen Voltadifferenz im Vakuum.

17. Geschwindigkeitsverteilung der emittierten Elektronen. Die Geschwindigkeitsverteilung der emittierten Elektronen ist durch STÜCKLEN (Band XIV, S. 99) erschöpfend behandelt worden.

---

[1]) P. DEBYE, Ann. d. Phys. Bd. 33, S. 441. 1910; Bd. 39, S. 789. 1912.

Es seien hier deshalb nur die Ergebnisse der Vollständigkeit halber kurz zusammengefaßt: Die Anfangsgeschwindigkeiten der Glühelektronen folgen mit großer Annäherung dem MAXWELLschen Verteilungsgesetz, wie es die Theorie verlangt. Die aus der gemessenen Kurve abgeleitete Temperatur des Elektronengases stimmt bei der bisher genauesten Untersuchung, der von GERMER[1]), bis auf 5% mit der gemessenen Temperatur des emittierenden Glühkörpers überein, wobei sich die Abweichungen evtl. auf Meßfehler schieben lassen. Es genügt leider die bisher erreichte Meßgenauigkeit nicht, zu entscheiden, ob die Geschwindigkeitsverteilung genau die MAXWELLsche ist oder ob kleine Abweichungen vorkommen, wie sie durch EPSTEIN[2]) vorausgesagt werden.

18. Abkühlungseffekt bei der Elektronenemission. Die Energie, die dem Glühkörper bei der Elektronenverdampfung entzogen wird und sich in einer Abkühlung äußert, setzt sich aus zwei Teilen, der Austrittsarbeit der Elektronen und der kinetischen Energie, die sie nach dem Austritt aus dem Glühkörper noch haben, zusammen. Die letztere ist im Mittel $\frac{2kT}{\varepsilon}$. Wird das T^2-Gesetz als richtig angenommen, so haben die Elektronen im Leiter keine kinetische Energie. Es ergibt sich also die reine, in Potentialeinheiten gemessene Austrittsarbeit φ_0 aus der gemessenen Abkühlungsarbeit φ mit Hilfe der Formel

$$\varphi_0 = \varphi - \frac{2kT}{\varepsilon}. \tag{70}$$

Über die Messungen der Austrittsarbeit siehe STÜCKLEN, Bd. XIV, S. 85.

Die Übereinstimmung zwischen der aus dem Abkühlungseffekt und der mit Hilfe des T^2-Gesetzes berechneten Austrittsarbeit ist für Wolfram, für das die genauesten Messungen vorliegen, recht gut (4,52 V gegen 4,485 bis 4,576 V je nach der Temperaturskala).

19. Die Austrittsarbeit φ_0 der Elektronen. Während bei dem RICHARDSONschen $\sqrt{T}$-Gesetz die Ablösearbeit W als temperaturunabhängig angesehen wird, ist der Exponent b beim T^2-Gesetz von der Temperatur abhängig: $b = b_0 + \frac{3}{2} T$. Daraus folgt für die Austrittsarbeit

$$\varphi = \varphi_0 + \frac{3}{2}\frac{kT}{\varepsilon}. \tag{71}$$

In Volt ergibt sich $\varphi_0 = 8{,}62 \cdot 10^{-5} \cdot b_0$ Volt. φ_0 wird als RICHARDSONsche Konstante bezeichnet. Die Frage, in welcher Weise sie sich mit der Temperatur ändert, ist noch durchaus offen (s. Ziff. 11).

Diese RICHARDSONsche Konstante ist von großem allgemeinem Interesse, weil sie in verschiedenen Gebieten der Physik eine Rolle spielt.

1. Bei der lichtelektrischen Emission von Elektronen ist

$$h\nu = \varepsilon\varphi_0, \tag{72}$$

wo ν die Grenzwellenlänge der lichtelektrischen Empfindlichkeit ist. Ihre genaue Bestimmung ist sehr schwierig.

2. Beim normalen Kathodenfall der Glimmentladung ist empirisch[3]) gefunden

$$V_n = C\varphi_0, \tag{73}$$

wo V_n der normale Kathodenfall und C eine von der benutzten Gasart abhängige Konstante ist.

---

[1]) L. H. GERMER, Phys. Rev. Bd. 25, S. 584 u. 795. 1925.

[2]) P. S. EPSTEIN, Verh. d. D. Phys. Ges. Bd. 21, S. 85. 1919.

[3]) A. GÜNTHERSCHULZE, ZS. f. Phys. Bd. 24, S. 52. 1924.

3. Ebenfalls empirisch[1]) ist folgender Zusammenhang zwischen dem absoluten elektrochemischen Normalpotential ε_0 und φ_0 gefunden worden

$$C_1 \varphi_0 - \varepsilon_0 = C_2, \tag{74}$$

wo C_1 und C_2 Konstanten sind.

Die theoretische Behandlung dieses Zusammenhanges steht noch aus.

20. Theorie des Verhaltens des negativen Sättigungsstromes beim Schmelzpunkt und anderen Umwandlungspunkten. v. LAUE[2]) behauptet und beweist, daß die Potentialdifferenz zwischen zwei Phasen desselben Körpers, die im Gleichgewicht miteinander sind, Null ist, weil sich sonst ein Perpetuum mobile zweiter Art bauen ließe. Also müssen nach der Gleichung

$$\mu'_- - \mu''_- = -N\varepsilon(\Phi' - \Phi'') \tag{75}$$

(μ'_- und μ''_- die Elektronenaffinitäten der beiden Phasen, $\Phi' - \Phi''$ die Potentialdifferenz zwischen ihnen) zwei Phasen desselben Stoffes im Umwandlungspunkt die gleiche Elektronenaffinität haben. Da nach der bekannten Gleichgewichtsbedingung der Thermodynamik die freien Energien pro Mol $(-(\mu_- + \mu_+))$ dann übereinstimmen, so stimmen sie weiter im Betrage von μ_+ überein. Es läßt sich also folgern, daß solche Phasen denselben Sättigungsstrom von Elektronen wie von positiven Ionen ergeben. Voraussetzung ist freilich, daß die gegen die Bildkraft zu leistende Austrittsarbeit bei beiden Phasen übereinstimmt.

Nicht übereinzustimmen brauchen dagegen die Differentialquotienten $\frac{\partial \mu'_-}{\partial T}$ und $\frac{\partial \mu''_-}{\partial T}$, deren Differenz die Peltierwärme bestimmt.

Die Versuche von GOETZ[3]) bestätigen bei Eisen, Kupfer und Mangan diese theoretischen Ergebnisse, während bei anderen Umwandlungspunkten noch Abweichungen vorliegen.

21. Der Schroteffekt. Der Schroteffekt ist bei STÜCKLEN (Bd. XIV, Kap. 2) ausführlich behandelt. Es sei deshalb hier nur kurz das Wesen der von SCHOTTKY[4]) entdeckten Erscheinung wiedergegeben.

Die Elektronen, die von der Glühkathode zur Anode übergehen, verlassen die Glühkathode unabhängig voneinander. Die Zeitintervalle zwischen den einzelnen Emissionsakten sind zufällig. Also müssen die bekannten statistischen Schwankungsgesetze auf sie anwendbar sein. Sie führen zu Schwankungen der Stromstärke, die sich in Form hochfrequenter Schwingungen nachweisen, ja sogar zur Messung der Elementarladung des Elektrons benutzen lassen.

SCHOTTKY nannte die Erscheinung Schroteffekt, weil auch beim Schrotschuß eine große Zahl voneinander unabhängiger Teilchen den Raum durcheilen.

22. Der Flackereffekt. Bei Messungen über den Schroteffekt in Elektronenröhren beobachtete JOHNSON[5]) starke Abweichungen von den Berechnungen SCHOTTKYS, besonders bei niedriger Frequenz des Resonanzkreises und relativ starken Elektronenströmen ohne Raumladungsbegrenzung. Und zwar zeigten sich die Abweichungen sowohl bei oxydbedeckten als auch in schwächerem Maße bei reinen Wolframkathoden. JOHNSON selbst führte bereits diese Abweichungen auf Schwankungen in der Oberflächenbeschaffenheit zurück, da ein fremdes Atom oder Molekül, sobald es in der Oberfläche der Glühkathode erscheint, ihr Elektronenemissionsvermögen ändert.

---

[1]) A. GÜNTHERSCHULZE, ZS. f. Phys. Bd. 32, S. 186. 1925.

[2]) M. v. LAUE, Berl. Ber. S. 334. 1923.

[3]) A. GOETZ, Phys. ZS. Bd. 24, S. 377. 1923.

[4]) W. SCHOTTKY, Ann. d. Phys. Bd. 57, S. 541. 1918; Bd. 68, S. 157. 1922.

[5]) I. B. JOHNSON, Phys. Rev. Bd. 26, S. 71. 1925.

SCHOTTKY[1]) nannte diesen Effekt „Flackereffekt", leitete den Einfluß des fremden Atoms oder Moleküls in der Oberfläche auf das Emissionsvermögen mit Hilfe der Bildkraft und der LANGMUIRschen Dipoltheorie ab und berechnete hieraus die Größe der Spannungsschwankungen im Anodenkreis. Diese hängt nur von der Frequenz des Schwingungskreises und dem Quadrat des Emissionsstromes ab, nicht von der Temperatur.

Aus dem Vergleich der Rechnungen mit den Messungsergebnissen JOHNSONS folgt für den oxydbedeckten Faden, daß die fremden Atome etwa ein Drittel der Oberfläche bedeckten und im Mittel $\frac{1}{2000}$ sec auf ihr verweilten. Beim „reinen" Wolframdraht war die Zahl der fremden Atome etwa 20000mal kleiner und die Verweilzeit $^1/_{20}$ sec. Vielleicht rühren hier die Atome von dem stets vorhandenen Restgase her. Doch sind für genauere Schlüsse noch weitere eingehende Messungen erforderlich.

b) Oxydkathoden.

23. Ableitung der Emissionsformel für Oxydkathoden durch BRIDGMAN und RASHWSKY. Bei den Oxydkathoden zeigte sich experimentell, daß A keine universelle Konstante mehr ist, sondern je nach dem benutzten Material in den weitesten Grenzen schwankt (s. STÜCKLEN, Bd. XIV, Kap. 2, S. 63).

Es scheint also in den bisherigen Emissionsformeln ein Glied zu fehlen, das bei reinen Metallen belanglos, bei Oxyden und anderen Oberflächenschichten dagegen von großem Einfluß ist.

Dieses Glied ergibt sich aus folgender Überlegung von BRIDGMAN[2]): Ein neutrales Metall wird von 0° abs. aus im neutralen Zustande auf die Temperatur T gebracht, und bei dieser Temperatur wird von ihm beim Gleichgewichtsdruck eine Anzahl Elektronen reversibel verdampft, wobei auf der Metalloberfläche eine entgegengesetzt gleiche positive Ladung in Form einer Oberflächenladung zurückbleibt. Das System besteht jetzt aus Elektronendampf, Oberflächenladung und neutralem Metall.

Es sei weiter angenommen, daß das gesamte neutrale Metall nunmehr verdampft werde, so daß nur der Elektronendampf und die Oberflächenladung zurückbleibt. Die Entropie dieses Endsystems ist die Summe der Entropien des Gases und der Oberflächenladung. Wird nun mit dem dritten Wärmesatz angenommen, daß die Entropie des neutralen Metalles bei 0° abs. Null ist, so ist die Entropie des endgültigen Systems auch gleich der Entropie, die dem neutralen Metall bei der Erwärmung von 0 bis T zugeführt wird plus der Entropieänderung während der Verdampfung. Die Entropie des Elektronengases pro Elektron ist $s_0 + \frac{5}{2} k \log T - k \log p$, wobei nach SAKUR-TETRODE s_0 den Wert

$$s_0 = k\left(\frac{5}{2} + \log \frac{2\pi m^{\frac{3}{2}} k^{\frac{5}{2}}}{h^3}\right) \tag{76}$$

hat. Die Entropieänderung des Systems während der Verdampfung ist η/T, wo η die latente Verdampfungswärme pro Elektron ist, wenn das System so isoliert wird, daß während der Verdampfung eine kompensierende Oberflächenladung auf dem Metall bleibt.

Die Entropieänderung des neutralen Metalles während der Erwärmung ist

$$\int_0^T \frac{C_{pm}}{T}\, dT,$$

[1]) W. SCHOTTKY, Phys. Rev. Bd. 28, S. 74. 1926.

[2]) P. W. BRIDGMAN, Phys. Rev. Bd. 27, S. 173. 1926.

wo C_{pm} die spezifische Wärme (bei konstantem Druck) derjenigen Zahl von Atomen des neutralen Metalles ist, die ein Elektron des Elektronendampfes erzeugen.

Die Entropie der Oberflächenladung ergibt sich unter der Annahme, daß die Oberflächenladung sich wie ein kondensiertes System verhält, so daß seine Entropie bei 0° abs. verschwindet, zu

$$\int_0^T \frac{C_{p\varrho}}{T} dT,$$

wo $C_{p\varrho}$ die spezifische Wärme (bei konstantem Druck) derjenigen Oberflächenladung ist, die übrigbleibt, wenn ein Elektron verdampft.

So ergibt sich

$$\frac{n}{T} + \int_0^T \frac{C_{pm}}{T} dT = k\left(\frac{5}{2} + \log\frac{(2\pi m)^{\frac{3}{2}} k^{\frac{5}{2}}}{h^3} + \frac{5}{2}\log T - \log p\right) + \int_0^T \frac{C_{p\varrho}}{T} dT. \quad (77)$$

Nach p aufgelöst ergibt das:

$$p = \frac{(2\pi m)^{\frac{3}{2}} k^{\frac{5}{2}}}{h^3} T^{\frac{5}{2}} e^{\frac{5}{2} - \frac{n}{kT} + \frac{1}{k}\int_0^T \left[\frac{C_{p\varrho} - C_{pm}}{T}\right] dT}. \quad (78)$$

Aus der allgemeinen Thermodynamik ergibt sich ohne weiteres

$$\frac{d\eta}{dT} = \frac{\eta}{T} = \frac{\eta}{\Delta v}\left(\frac{\partial \Delta v}{\partial T}\right)_p + C_p. \quad (79)$$

Dabei ist Δv die Volumänderung während des Vorganges und ΔC_p die Differenz zwischen der spezifischen Wärme des Systems vor und nach dem Vorgang. Bei der Anwendung dieser Formeln auf den Elektronendampf kann das Volumen des Metalles und die Oberflächenladung gegenüber dem Dampfvolumen vernachlässigt werden, so daß sich setzen läßt

$$\Delta v = v = \frac{kT}{p}. \quad (80)$$

ΔC_p besteht aus drei Gliedern

$$\Delta C_p = C_{pg} + C_{p\varrho} - C_{pm}. \quad (81)$$

Für ein einatomiges Gas ist

$$C_{pg} = \tfrac{5}{2} k.$$

So ergibt sich

$$\frac{d\eta}{dT} = \Delta C_p = \tfrac{5}{2} k + C_{p\varrho} - C_{pm} \quad (82)$$

oder integriert

$$\eta = \eta_0 + \tfrac{5}{2} kT + \int_0^T (C_{p\varrho} - C_{pm}) dT. \quad (83)$$

Wird dieser Ausdruck in die Gleichung (77) für p eingesetzt, so zeigt sich, daß die notwendige und hinreichende Bedingung für die Gültigkeit der Formeln von RICHARDSON und DUSHMAN die ist, daß

$$C_{p\varrho} - C_{pm} = 0. \quad (84)$$

Weiter zeigt sich, daß, wenn die Entropie der Oberflächenladung nicht, wie angenommen, bei 0° abs. gleich Null ist, A nicht eine universelle Konstante ist Andererseits ergibt sich hinsichtlich der Oberflächenwärme, d. h. der Wärme die vom System absorbiert werden muß, um es auf konstanter Temperatur zu halten, wenn eine Einheit von Elektrizität der Oberflächenladung hinzugefügt wird, daß sie der absoluten Temperatur proportional sein muß. BRIDGMAN schließt nun aus den Messungen von DUSHMAN, daß die spezifische Wärme der ionisierten Atome, die die Oberflächenladung bilden, die gleiche wie die der neutralen Atome ist, wenn das Metall rein ist, aber von ihr verschieden ist, wenn sich ein Überzug auf dem Metall befindet. Diese Annahme ist vom atomtheoretischen Standpunkt aus sehr plausibel. Hat beispielsweise der Oberflächenüberzug annähernd die Eigenschaften eines Gases wie bei einem Oxydüberzug, so haben die Oberflächenatome die spezifische Wärme eines Gasatoms, die bei hohen Temperaturen nur halb so groß ist wie die eines Atoms im festen Zustande.

Ebenso plausibel ist, daß die Formeln versagen, weil die Entropie der Oberflächenladung in diesem Fall nicht zugleich mit der absoluten Temperatur Null wird.

Besteht der Überzug aus einem zweiten Metall, das wesentlich leichter ionisiert wird als die Unterlage, so sind ebenfalls elektrische Kräfte zwischen den Ionen des Überzuges zu erwarten, die die spezifische Wärme ändern.

Zu ähnlichen Schlüssen gelangt RASCHEVSKY[1]: Fassen wir eine heteropolare Verbindung X^+Y^- ins Auge. Das X-Atom hat hier ein Elektron verloren, und dieses haftet an Y.

Wir dürfen wohl annehmen, daß es sich beim Thermioneneffekt um das Austreten eben dieses Valenzelektrons und nicht etwa um Elektronen aus inneren Schalen handelt. Der Verlust des Elektrons macht Y von einem negativen geladenen Atom zu einem neutralen und dieses muß seine Bewegung sehr beträchtlich beeinflussen. Es ist also von vornherein zu erwarten, daß bei heteropolaren Verbindungen die Änderung der spezifischen Wärme infolge der Elektronenemission viel größer als bei reinen Metallen sein wird.

Etwas Ähnliches muß stattfinden, wenn sich eine sehr dünne (einatomige) Schicht eines Stoffes auf der Oberfläche eines anderen befindet. Hier verwandelt der Verlust eines Elektrons ein solches Oberflächenatom in ein Ion und ruft dadurch eine beträchtliche Änderung seiner Schwingungszahl hervor.

24. Weitere Versuche, die Abweichungen von den Emissionsformeln bei Überzügen zu erklären. Hinsichtlich eines Versuches von RICHARDSON und YOUNG[2]), die Abweichungen von dem T^2-Gesetz bei Metallverbindungen zu erklären, sowie einer Theorie der Elektronenemission auf lichtelektrischer Grundlage, sei auf den Artikel von STÜCKLEN, Bd. XIV, S. 63 und 65, verwiesen.

c) Emission positiver Ionen.

25. Aus reinen Metallen in ein Vakuum. Die Emission positiver Ionen aus einem reinen Metall in ein Vakuum ist bisher kaum untersucht. Lediglich für Wolfram und sehr hohe Temperaturen in der Nähe des Schmelzpunktes liegen Messungen von JENKINS[3]) vor. Infolgedessen ist die Theorie dieser Erscheinung auch nicht annähernd so durchgearbeitet wie die der Elektronenemission.

26. Bei Anwesenheit von Gasen. Soweit die Emission positiver Ionen durch gelöste Gase, insbesondere durch Wasserstoff (gelöste Protonen) bedingt ist, scheinen ähnliche Formeln zu gelten, wie bei der Elektronenemission, was ver-

---

[1]) N. v. RASCHEVSKY, ZS. f. Phys. Bd. 36, S. 628. 1926.
[2]) O. W. RICHARDSON u. A. F. A. YOUNG, Proc. Roy. Soc. London Bd. 107, S. 377. 1925.
[3]) W. A. JENKINS, Phil. Mag. Bd. 47, S. 1025. 1924.

ständlich ist, da sich die positiven Gasionen (Protonen) auch im Glühkörper ähnlich wie ein Gas verhalten. Die Versuche werden sehr durch die Trägheit erschwert, mit der sich die Gasgleichgewichte im Glühkörper einstellen.

27. Bei Überzügen. Nach KINGDON und LANGMUIR[1]) lassen sich Ströme positiver Metallionen im Vakuum erhalten, wenn Glühkathoden mit einer eine Lage Atome dicken Schicht eines stark elektropositiven Metalles, insbesondere des Cäsiums bedeckt sind, und die Temperatur so hoch ist, daß das Material schon merklich zu verdampfen beginnt. Außer der Einlagigkeit der Atomschicht ist jedoch noch hohe Elektronenaustrittsarbeit des die Unterlage bildenden Glühkörpers Bedingung.

KINGDON und LANGMUIR stellen folgende Theorie der Erscheinung auf: Die Austrittsarbeit eines Elektrons beim Verlassen eines Cäsiumatomes der einatomigen Schicht von Cäsium ist gleich der Ionisierungsspannung von Cäsiumdampf, also gleich 3,9 V. Die Austrittsarbeit der Elektronen des Glühkörpers beträgt jedoch bei Wolfram 4,5 V., Kohlenstoff 4,3 V., Tantal 4,3 V., Thorium 3,0 V. Infolgedessen werden die verdampfenden Cäsiumatome durch eine Unterlage von W, C, Ta ihres Valenzelektrons beraubt und verdampfen als positive Ionen, während sie von einer Th-Unterlage in Übereinstimmung mit den Versuchsergebnissen als neutrale Atome wegdiffundieren. Ebenso bleiben sie neutral, wenn das Cäsium die Unterlage in dickerer Schicht bedeckt, weil dann die Austrittsarbeit der Elektronen auf den normalen Wert des Cäsiummetalls, im Betrage von 1,35 V., sinkt.

28. Gleichzeitige Emission von Elektronen, positiven Ionen und neutralen Atomen. Dieser komplizierte Fall ist von v. LAUE[2]) ausführlich theoretisch behandelt worden.

v. LAUE setzt voraus, daß alle negativen Ladungsträger Elektronen, alle positiven unter sich gleichartig, und zwar einatomig und mit einem Elementarquantum positiver Elektrizität geladen sind. Dazu kommen die neutralen Atome, die aus der Vereinigung eines Ions mit einem Elektron hervorgehen und den ungeladenen Dampf bilden, der im Gleichgewicht über dem glühenden Körper vorhanden sein muß.

Es seien m_+ die Masse des positiven Ions, m_- die des Elektrons, p_1, p_+, p_- die Partialdrucke der neutralen Atome, positiven Ionen und Elektronen E/N, E_+/N und E_-/N die Energien je eines Atoms, Ions oder Elektrons, sofern es ruht. Dann ist die freie Energie eines Gemisches von n Molen neutraler Molekeln n_+ Molen positiver und n_- Molen negativer Ladungsträger nach der quantentheoretischen Statistik, sofern sich das Ganze in einem Raume nicht merklich veränderlichen Potentiales befindet:

$$\left.\begin{aligned} F = n\left[E - kNT\left(1 + \log\frac{(2\pi m)^{\frac{3}{2}}}{h^3} + \frac{5}{2}\log kT - \log p\right)\right] \\ + n_+\left[E_+ - kNT\left(1 + \log\frac{(2\pi m)^{\frac{3}{2}}}{h^3} + \frac{5}{2}\log kT - \log p_+\right)\right] \\ + n_-\left[E_- - kNT\left(1 + \log\frac{(2\pi m)^{\frac{3}{2}}}{h^3} + \frac{5}{2}\log kT - \log p_-\right)\right]. \end{aligned}\right\} \quad (85)$$

Auf ein System, das aus diesem Gemisch und dem mit ihm im Gleichgewicht stehenden Körper, dessen Potential Φ sein möge, besteht, wird nun die Gleichgewichtsbedingung angewandt, daß bei einer virtuellen isothermen Überführung von δn_+ Molen positiver und δn_- Molen negativer Ladungsträger vom Gemisch

[1]) K. H. KINGDON u. I. LANGMUIR, Phys. Rev. Bd. 21, S. 380. 1923.
[2]) M. v. LAUE, Berl. Ber. S. 334. 1923.

in den Körper die Zunahme der freien Energie gleich der zugeführten Arbeit sein muß. Diese Arbeit setzt sich zusammen aus der am Gemisch von den umgebenden Gasteilen geleisteten Kompressionsarbeit $kNT(\delta n_+ + \delta n_-)$ und der Arbeit $N\varepsilon(\delta n_- - \delta n_+)(\Phi - \varphi)$ der elektrischen Kräfte. Die freie Energie des Körpers aber mag bei der Zuführung von δn_- Molen Elektronen um $-\mu_-\delta n_-$ zunehmen, so daß μ_- seine Elektronenaffinität bedeutet, und bei der Zuführung von δn_+ Molen positiver Ionen um $-\mu_+\,\delta n_+$. Dann ergibt sich

$$\left.\begin{aligned} p_+ &= \frac{(2\pi m)^{\frac{3}{2}}}{h^3}(kT)^{\frac{5}{2}}\,e^{-\frac{\mu_+ + E_+}{kNT}}\cdot e^{-\frac{\varepsilon(\varphi-\Phi)}{kT}}\,,\\ p_- &= \frac{(2\pi m_-)^{\frac{3}{2}}}{h^3}(kT)^{\frac{5}{2}}\,e^{-\frac{\mu_- + E_-}{kNT}}\cdot e^{+\frac{\varepsilon(\varphi-\Phi)}{kT}}\,. \end{aligned}\right\} \tag{86}$$

Die Zahl ν der Molekeln in der Volumeinheit hängt bei einem Gas mit dessen Partialdruck durch die Gleichung

$$\nu = \frac{p}{kT} \tag{87}$$

zusammen. Wird das auf Gleichung (86) angewandt, so ergibt sich:

$$\left.\begin{aligned} \nu_+ &= \frac{1}{h^3}(2\pi m kT)^{\frac{3}{2}}\cdot e^{-\frac{\mu_+ + E_+}{kNT}}\cdot e^{-\frac{\varepsilon(\varphi-\Phi)}{kT}}\,,\\ \nu_- &= \frac{1}{h^3}(2\pi m kT)^{\frac{3}{2}}\cdot e^{-\frac{\mu_- + E_-}{kNT}}\cdot e^{+\frac{\varepsilon(\varphi-\Phi)}{kT}}\,. \end{aligned}\right\} \tag{88}$$

Die elektrische Dichte in dem Gasgemisch beträgt

$$\varrho = E(\nu_+ + \nu_-)\,.$$

Da ferner

$$\Delta\varphi = -4\pi\varrho$$

folgt die Differentialgleichung

$$\Delta\varphi = -4\pi(\varrho_-\,e^{\beta\varphi} + \varrho_+\,e^{-\beta\varphi})\,, \tag{89}$$

wo

$$\beta = \frac{E}{kT}$$

ist.

Dabei sind die Konstanten ϱ_+ und ϱ_- die Beiträge der beiden Arten von Ladungsträgern zur Dichte ϱ, die beim Potential Null vorhanden sind. Dieser Wert läßt sich dem Leiter zuschreiben, mit dem das Gemisch im Gleichgewicht ist.

Gleichung (89) läßt sich auf die Form

$$\Delta\varphi = \beta\varkappa\,\mathfrak{Sin}\big(\beta(\varphi-\alpha)\big) \tag{90}$$

bringen. Die Konstante $\alpha = \frac{1}{2\beta}\log\frac{\varrho_+}{(-\varrho_-)}$ bedeutet dann das Potential, bei welchem infolge gleicher Dichte beider Ladungsträger die Dichte $\varrho = 0$ wird, und die Konstante

$$\varkappa = \frac{8\pi}{\beta}\sqrt{\varrho_+(-\varrho_-)} = \frac{8\pi\varepsilon}{\beta}\sqrt{\nu_+\nu_-} = 8\pi\sqrt{p_+p_-} = 8\pi\sqrt{Kp}$$

hängt unmittelbar mit der Dissoziationskonstanten K zusammen. Hat man eine Lösung φ_1 von (90), so ist $\varphi_2 = 2\alpha - \varphi_1$ eine weitere. Hängt φ nur von einer Koordinate x ab, so liefert eine einmalige Integration

$$\left(\frac{d\varphi}{dx}\right)^2 = 2\varkappa\,[\mathfrak{Cos}\,\beta\,(\varphi - \alpha) - c]\,, \qquad (91)$$

wobei c die Integrationskonstante ist.

29. Die Lösungen der gewonnenen Differentialgleichung.

Je nachdem $c \lesseqgtr 1$ ergeben sich verschiedene Lösungen der Gleichung (90). Ist $c < 1$, so ergibt sich ein Potentialverlauf gemäß Abb. 1.

Soweit die den verschiedenen Werten von x entsprechenden Bereiche verwirklicht sind, sammeln sich die negativen Ladungsträger vorwiegend links von P, die positiven rechts davon. Als Begrenzungen dieser Schicht wären zwei Körper gleicher Temperatur zu denken, welche außer den Elektronen positive Ionen der gleichen Art aussenden, also etwa ein Metall und eine seiner Verbindungen.

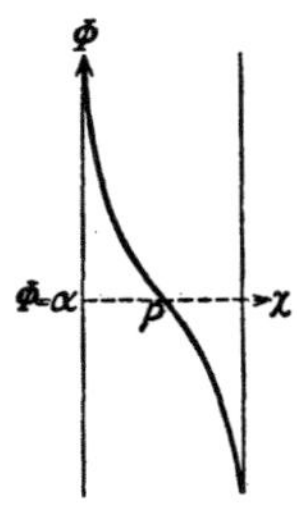

Abb. 1.

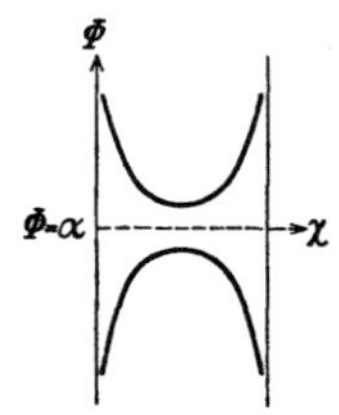

Abb. 2.

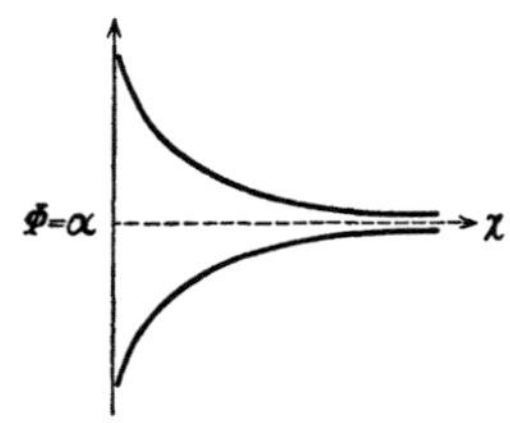

Abb. 3.

Graphische Darstellung der Lösungen der Gleichung 91.
Abb. 1 für $c < 1$, Abb. 2 für $c > 1$, Abb. 3 für $c = 1$.

Sie müssen sich bei denjenigen Werten von φ befinden, für welche die Ionendichten die an ihrer Grenze vorgeschriebenen Werte annehmen.

Ist $c > 1$, so verschwindet $\frac{d\varphi}{dx}$, wenn $\mathfrak{Cos}\,\beta(\varphi - \alpha) = c$. Es ergeben sich die Kurven der Abb. 2. Je nachdem $\varrho_+ \lessgtr (-\varrho_-)$ und $\alpha \lessgtr 0$, enthält die obere oder die untere den Wert $\varphi = 0$, bei welchem nach Voraussetzung die Grenze der Gasschicht gegen den Leiter liegt. Nur diese Kurve ist zu verwirklichen und stellt, wenn man an den beiden Stellen $\varphi = 0$ sich diesen Leiter denkt, den Zustand in einem planparallelen Spalt des Leiters dar.

Im Grenzfalle $c = 1$ ergibt sich Abb. 3. Dieser Fall stellt den Übergang zwischen dem Leiter und dem ungeladenen Dampf dar, mit dem er im Gleichgewicht ist. Die Übergangsschicht enthält je nach dem Vorzeichen von α einen Überschuß positiver oder negativer Ladung. Da die entgegengesetzt gleiche Ladung auf der Grenzfläche des Leiters liegt, sehen wir hier die Doppelschicht vor uns, welche die Potentialdifferenz α zwischen dem Leiter und dem Dampf hervorruft.

Die Lösung der Differentialgleichung lautet für diesen Fall:

$$\beta\sqrt{\varkappa}\cdot x = -\log \mathfrak{Tang}\left(\pm\tfrac{1}{4}\beta(\varphi - \alpha)\right). \qquad (92)$$

Aus den ermittelten Gleichgewichten sind weiter die Sättigungsströme zu berechnen, da die Gleichgewichte selbst der Messung nicht zugänglich sind. Dieses gelingt mit Hilfe der Beziehung

$$\frac{i_s}{\varepsilon} = \nu\sqrt{\frac{kT}{2\pi m}}, \qquad (93)$$

zwischen der Stromdichte i_s und der Zahl ν der Ionen, welche im Gleichgewichtsfalle an der Oberfläche auf die Volumeinheit kommt.

Diese Beziehung gilt unter der nicht ganz exakt zutreffenden Voraussetzung, daß es beim Sättigungsstrom in der Nähe der Grenze eine Fläche gibt, innerhalb deren alles wie bei fehlendem äußeren Feld vor sich geht, während von außen kein Ion der betrachteten Art zu ihr zurückkehrt. Wird weiter angenommen, daß an jener Fläche das elektrostatische Potential den Wert Φ hat, den es im Innern des Metalles besitzt und wird mit Ψ der Wert des Bildkraftpotentials an dieser Fläche bezeichnet, so ergibt sich für den negativen Sättigungsstrom der Wert

$$\frac{i_-}{\varepsilon} = \frac{2\pi m_-}{h^3} (kT)^2 e^{-\frac{1}{kNT}(N\Psi + \mu_- + E_-)}. \tag{94}$$

Der hier einzusetzende Wert Ψ dürfte für alle Körper zwischen 0,3 und 0,4 Volt liegen, wenn er, wie üblich, in der äquivalenten Spannung ausgedrückt wird.

Solange nun die Elektronenaffinität μ_- nicht als Funktion der Temperatur bekannt ist, sagt Gleichung (94) über die Abhängigkeit des Sättigungsstromes von der Temperatur nichts aus. Was sie aber leistet, ist die Verknüpfung des gesättigten Elektronenstromes mit der in Gleichung (84) erwähnten Potentialdifferenz zwischen zwei verschiedenen Leitern. Es läßt sich nämlich aus ihr die Formel

$$\frac{\log i'_-}{\log i''_-} = \frac{\varepsilon}{kT} (\Phi' - \Phi'') \tag{95}$$

ableiten, wobei mit einem Strich das eine, mit zwei Strichen das andere zweier Metalle bezeichnet ist. Leider sind die Messungen auf diesem Gebiet noch so wenig genau, daß sich diese Methode zur Zeit zur Messung der Voltadifferenz nicht verwerten läßt.

Soll sich aus der Gleichung das empirisch gewonnene $\sqrt{T}$-Gesetz RICHARDSONs ergeben (das v. LAUE anscheinend bevorzugt, s. Ziff. 10), so muß

$$\left.\begin{aligned} -\mu_- = E_- - (kNb_- - N\Psi) - kNT\Big[1 + \log\frac{(2\pi m_-)^{\frac{3}{2}}}{h^3} + \frac{3}{2}\log kT \\ + \log\frac{V}{n_0 N}\Big] + kNT \end{aligned}\right\} \tag{96}$$

gesetzt werden.

Dieser Ausdruck entspricht der Vorstellung eines Gases, das sich auf dem Potential $-(kNb_- - N\psi)$ befindet.

Wenn auch die Hypothese vom „Elektronengas" im metallischen Leiter den heutigen Vorstellungen nicht mehr entspricht, beweist doch die empirische Gültigkeit der RICHARDSONschen Formel, daß sie die thermodynamische Funktion μ_- richtig zu berechnen gestattet. Dabei gewinnen auch die anderen Formeln der DRUDE-LORENTZschen Theorie der metallischen Leitung, die sich aus ihr rein thermodynamisch mit Hilfe der Elektronenaffinität ableiten lassen, eine über jene Hypothese hinausgehende Bedeutung.

Die Konstante b_- der RICHARDSONschen Gleichung kann nach (96) nicht eine reine Körperkonstante sein, sondern muß auch noch von der Oberflächenbeschaffenheit abhängen. Denn der Summand $(kNb_- - N\Psi)$ muß von der Oberflächenbeschaffenheit unabhängig sein, während Ψ davon abhängt.

Auch für den positiven Sättigungsstrom gilt Gleichung (94), sofern in ihr die Indizes $-$ durch $+$ ersetzt werden. Die Erfahrung liefert für den positiven Sättigungsstrom eine Gleichung, die sich von der RICHARDSONschen nur durch die Werte von A und b unterscheidet. Folglich muß für μ_+ die der Gleichung (96) entsprechende Gleichung

$$-\mu_+ = E_+ - (kNb_+ - N\Psi) - kNT\left(\tfrac{3}{2}\log kT + f(V)\right) \tag{97}$$

gelten. Über die Funktion $(f(V)$ läßt sich nichts aussagen.

Die freie Energie eines festen Körpers ist nach der quantentheoretischen Statistik pro Mol bei hohen Temperaturen

$$E_0 - kNT\left(1 + 3\log\frac{kT}{k\nu_m}\right),$$

wobei E_0 die Energie beim absoluten Nullpunkt bedeutet. Die DEBYEsche Maximalschwingungszahl ν_m muß nach RATNOWSKY und GRÜNEISEN eine Funktion des Volumens sein. Andererseits ist

$$\left.\begin{aligned} &-(\mu_- + \mu_+) = E_- + E_+ - (kNb_- + N\Psi) - (kNb_+ - N\Psi) \\ &+ kNT(3\log kT + F(V)) \end{aligned}\right\} \tag{98}$$

nach der Definition von μ_- und μ_+ gleich derselben freien Energie. Die Ausdrücke (97) und (98) stimmen überein, wenn

$$(kNb_- - N\Psi) + (kNb_+ - N\Psi) = E_- + E_+ - E_0. \tag{99}$$

Rechts steht hier die Arbeit, die aufzuwenden ist, um beim absoluten Nullpunkt den Körper in positive Ionen und Elektronen aufzulösen, links findet sich die Summe der aus der RICHARDSONschen Formel für den positiven und negativen Sättigungsstrom zu entnehmenden Austrittsarbeiten, noch korrigiert in Rücksicht auf die gegen die Bildkraft zu leistende Arbeit.

Der Faktor $3kTN$ von $\log kT$ entspricht dem Wert $3\,kN$ der Atomwärme, also der Regel von DULONG und PETIT. Tatsächlich dürfte die Atomwärme bei Glühtemperaturen meist etwas höher sein, so daß (97) nur angenähert gilt. Doch scheint es von Bedeutung, daß $\log T$ nach (98) in dem Ausdruck für $-(\mu_- + \mu_+)$ denselben Faktor enthält. In der RICHARDSONschen Formel ist ja bekanntlich der Exponent von T unsicher. Die Unsicherheit überträgt sich auf die Faktoren von $\frac{3}{2}kTN$ von $\log T$ in den Ausdrücken (96) und (97). Daß ihre Summe aber gerade den nach dem DULONG-PETITschen Gesetz zu erwartenden Wert $3\,kNT$ in (98) ergibt, weist darauf hin, daß der Exponent $\frac{1}{2}$ von T nicht allzu weit von der Wahrheit entfernt ist.

Jedenfalls läßt sich behaupten: Sind a_- und a_+ die Werte des Exponenten von T in den RICHARDSONschen Formeln für den negativen und positiven Sättigungsstrom, so muß

$$a_- + a_+ = 1 \tag{100}$$

sein.

30. Ermittlung der Konstanten der Übergangsschicht. In einer weiteren Untersuchung berechnen v. LAUE und SEN[1]) die Übergangsschicht, in der fast der gesamte Potentialabfall in dem Grenzfalle $c = 1$ stattfindet. Die Bezeichnungen sind dieselben wie in der ersten Arbeit von v. LAUE. Die elektrische Dichte der Ionen und Elektronen an der Stelle, wo das Potential φ herrscht, ist gleich

$$\varrho_+ e^{-\frac{E\varphi}{kT}} \qquad \text{und} \qquad \varrho_- e^{\frac{E\varphi}{kT}},$$

wobei ϱ_+ und ϱ_- die Dichten beim Potential Null sind, das sich ohne weiteres der Oberfläche des Leiters zuschreiben läßt.

---

[1]) M. v. LAUE u. N. SEN, Ann. d. Phys. Bd. 75, S. 182. 1924.

Wird das Problem als eindimensional betrachtet und die Oberfläche des Leiters in den Koordinatenanfangspunkt gelegt, wo sich auch der Nullpunkt des Potentials befindet, so gilt für den Raum außerhalb des Leiters

$$\frac{d^2\varphi}{dx^2} = -4\pi(\varrho_- e^{\beta\varphi} + \varrho_+ e^{\beta\varphi}) \quad \left(\beta = \frac{E}{kT}\right). \tag{101}$$

Wird nun gesetzt

$$\varrho_+ = \varkappa e^{\beta\alpha}, \qquad \varrho_- = -\varkappa e^{-\beta\alpha}, \tag{102}$$

damit

$$\alpha = \frac{1}{2\beta}\log\frac{\varrho_+}{\varrho_-} \qquad \text{und} \qquad \varkappa = \sqrt{(-\varrho_-)(\varrho_+)}$$

ist, so ergibt sich die Formel

$$\frac{d^2\varphi}{dx^2} = 8\pi\varkappa\sinh\beta(\varphi - \alpha), \tag{103}$$

deren Lösung lautet:

$$\xi = \pm\int\frac{dy}{\sqrt{2\cosh y + C}} + \text{konst.}, \tag{104}$$

wo C eine Integrationskonstante ist.

Der Grenzfall ergibt sich, wenn $C = -2$ gesetzt wird. Wird weiter angenommen, daß bei $\xi = \xi_0$ das Potential φ unendlich groß wird, während außerhalb des Leiters das Potential vom Nullwert auf der Oberfläche zu dem konstanten Wert α stetig hinabfällt, so folgt durch Integration die Gleichung

$$\varphi - \alpha = \frac{2}{\beta}\log\coth\frac{1}{2}(\xi - \xi_0). \tag{105}$$

Dieser Potentialabfall wird durch Abb. 4 dargestellt.

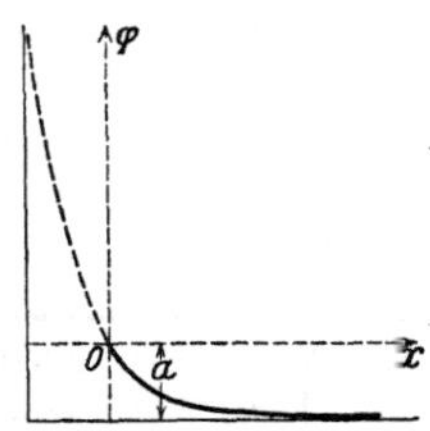

Abb. 4. Graphische Darstellung der Gleichung 105.

Es gelang v. LAUE und SEN, ihn numerisch zu bestimmen. Es sei ν_- und ν_+ die Zahl der Elektronen oder Ionen pro Volumeneinheit im Außenraum, p_- und p_+ die entsprechenden Partialdrucke und p der Druck des neutralen Gases.

Dann ist

$$\left.\begin{aligned} \varrho_- &= -\varepsilon\nu_- = -\varepsilon\frac{p_-}{kT} = -\beta p_- \\ \text{und}\quad \varrho_+ &= \varepsilon\frac{p}{kT} = \beta p_+ . \end{aligned}\right\} \tag{106}$$

Das Dissoziationsgesetz liefert weiterhin die Gleichung

$$p_+ \cdot p_- = KT, \tag{107}$$

wobei K die Dissoziationskonstante bedeutet. Die Gleichungen ergeben

$$\varkappa = \sqrt{(-\varrho_-)(\varrho_+)} = \beta\sqrt{K\cdot p} \tag{108}$$

und

$$\xi = \beta\sqrt{8\pi}(Kp)^{\frac{1}{4}}x. \tag{109}$$

Die Dissoziationskonstante läßt sich nach SAHA[1]) aus der Reaktionsisotherme berechnen.

So ergibt sich die folgende Tabelle 2, wobei das Verhältnis der Grenzdichten $\frac{\varrho_+}{\varrho_-} = \gamma$ zu $\frac{1}{10}$ angenommen ist. Mäßige Abweichungen von diesem

[1]) M. N. SAHA, Phil. Mag. Bd. 40, S. 472. 1920.

Werte stören die Größenordnung der in Tabelle 2 angegebenen Zahlen, auf die es zunächst ankommt, nur wenig. Das Potential an einer Stelle in nicht unmittelbarer Nähe des Leiters ist viel mehr von seiner Temperatur, sofern die Größe λ von ihr abhängt, als von dem Verhältnis γ abhängig.

Tabelle 2.

Kalium $\gamma = \frac{1}{10}$.

T (Temperatur) °C	K (Dissoziat.-Konstante)	p (Dampfdruck cm Hg)	$\left(\beta = \frac{\varepsilon}{kT}\right)$	$\lambda = \beta\sqrt{8\pi}\,(Kp)^{\frac{1}{4}}$	$s = \frac{1}{100}$		$s = \frac{1}{10}$	
					d_s	x_s	d_s	x_s
350	$10^{-34,4}$	0,130 cm	$0,6 \cdot 10^4$	$1,94 \cdot 10^{-3,6}$	4,58	$9,4 \cdot 10^3$ cm	2,28	$4,7 \cdot 10^3$ cm
400	$10^{-31,7}$	0,407 ,,	$0,5 \cdot 10^4$	$2,15 \cdot 10^{-2,93}$	4,58	$1,7 \cdot 10^3$,,	2,28	$0,85 \cdot 10^3$,,
450	$10^{-29,4}$	1,13 ,,	$0,5 \cdot 10^4$	$2,77 \cdot 10^{-2,35}$	4,58	$3,7 \cdot 10^2$,,	2,28	$1,85 \cdot 10^2$,,
500	$10^{-27,4}$	3,00 ,,	$0,5 \cdot 10^4$	$4,5 \cdot 10^{-1,85}$	4,58	80 ,,	2,28	40 ,,

Natrium $\gamma = \frac{1}{10}$.

400	$10^{-37,7}$	0,12 ,,	$0,5 \cdot 10^4$	$1,58 \cdot 10^{-4,42}$	4,58	$7,5 \cdot 10^4$ cm	2,28	$3,75 \cdot 10^4$ cm
500	$10^{-32,7}$	0,86 ,,	$0,5 \cdot 10^4$	$2,59 \cdot 10^{-3.17}$	4,58	$2,5 \cdot 10^3$,,	2,28	$1,25 \cdot 10^3$,,
570	$10^{-29,8}$	8,00 ,,	$0,4 \cdot 10^4$	$3,61 \cdot 10^{-2,45}$	4,58	$3,6 \cdot 10^2$,,	2,28	$1,80 \cdot 10^2$,,

Blei $\gamma = \frac{1}{10}$.

700	$10^{-40,1}$	0,0017 cm	$0,4 \cdot 10^4$	$4,36 \cdot 10^{-6,25}$	4,58	$1,7 \cdot 10^6$ cm	2,28	$0,85 \cdot 10^6$ cm
800	$10^{-36,1}$	0,015 ,,	$0,3 \cdot 10^4$	$6,4 \cdot 10^{-5,25}$	4,58	$1,2 \cdot 10^5$,,	2,28	$0,60 \cdot 10^5$,,
1000	$10^{-30,1}$	0,403 ,,	$0,3 \cdot 10^4$	$1,44 \cdot 10^{-2,53}$	4,58	$1,22 \cdot 10^3$,,	2,28	$0,61 \cdot 10^3$,,
1200	$10^{-25,7}$	4,69 ,,	$0,3 \cdot 10^4$	$2,37 \cdot 10^{-1,425}$	4,58	51 ,,	2,28	25,5 ,,

Aluminium $\gamma = \frac{1}{10}$.

T (Temperatur) °C	K (Dissoziat.-Konstante)	p (Dampfdruck cm Hg)	$\left(\beta = \frac{\varepsilon}{kT}\right)$	$\lambda = \beta\sqrt{8\pi}\,(Kp)^{\frac{1}{4}}$	$s = \frac{1}{100}$		$s = \frac{1}{16}$	
					d_s	x_s	d_s	x_s
700	$10^{-29,8}$	0,0006 cm	$0,4 \cdot 10^4$	$3,4 \cdot 10^{-3,45}$	4,58	$3,80 \cdot 10^3$,,	2,28	$1,90 \cdot 10^3$ cm
800	$10^{-26,8}$	0,006 ,,	$0,3 \cdot 10^4$	$4,5 \cdot 10^{-2,70}$	4,58	$5,10 \cdot 10^2$,,	2,28	$2,55 \cdot 10^2$,,
900	$10^{-24,2}$	0,038 ,,	$0,3 \cdot 10^4$	$7,05 \cdot 10^{-2,05}$	4,58	73 ,,	2,28	36,5 ,,
1000	$10^{-22,3}$	0,20 ,,	$0,3 \cdot 10^4$	$10,70 \cdot 10^{-1,57}$	4,58	16 ,,	2,28	8 ,,

Kapitel 5.

Thermoelektrizität.

Von

GERDA LASKI, Berlin.

Mit 29 Abbildungen.

a) Einleitung.

1. Die Grundphänomene. In Systemen homogener metallischer Leiter besteht eine reziproke Verknüpfung zwischen dem Auftreten von Wärmestrom und elektrischem Strom. Charakteristisch für diese „thermoelektrischen Prozesse" ist die Tatsache, daß sich mit der Richtung der Primärerscheinung, also z. B. des Wärmestromes, auch die der Sekundärerscheinung, in diesem Falle des elektrischen Stromes, umkehrt.

Man beobachtet drei grundlegende Effekte, die stets gemeinsam auftreten:

a) Thermostrom. In einem Kreise, der aus zwei verschiedenen sich in zwei Punkten berührenden Leitern besteht, fließt ein elektrischer Strom, wenn die beiden Berührungsstellen auf verschiedener Temperatur sind. In dem Leiterkreise herrscht eine elektromotorische Kraft, die nur von der Natur der Leiter und der Temperatur ihrer Berührungsstellen abhängt (Seebeckeffekt).

b) Peltiereffekt. Die Berührungsstelle zweier verschiedener Leiter erwärmt sich oder kühlt sich ab, je nach der Richtung, in der sie von einem elektrischen Strom durchflossen wird.

c) Thomsoneffekt. In einem homogenen, aber ungleich temperierten Leiter wird beim Durchgang eines elektrischen Stromes in jedem Volumelement eine gewisse Wärmemenge erzeugt oder verbraucht.

Peltierwärme und Thomsonwärme sind von der JOULEschen Wärme unabhängig, ihr Vorzeichen hängt im Gegensatz zu dem der Joulewärme von der Richtung des elektrischen Stromes ab.

2. Allgemeine Bemerkungen. Es kann keineswegs behauptet werden, daß die thermoelektrischen Phänomene bisher in irgendeiner Richtung befriedigend geklärt und gedeutet worden sind. Eine abgeschlossene Theorie der Thermoelektrizität liegt nur auf der Grundlage der klassischen Thermodynamik vor, unter der einschränkenden Annahme, daß die drei oben angeführten Vorgänge streng reversibel sind. Die Theorie nimmt die thermoelektrischen Materialkonstanten (Thermokraft, Peltierkoeffizient, Thomsonkoeffizient) als gegeben an und führt mit Zuhilfenahme der beiden Hauptsätze der Thermodynamik zu ihrer Verknüpfung, den zwei THOMSONschen Gleichungen. In diesen THOMSONschen Gleichungen sind eine Reihe von weiteren Sätzen über die Zusammenhänge der drei Effekte und über ihre Eigenschaften enthalten, Folgerungen, die unter geeigneten Versuchsbedingungen durch das Experiment weitgehend bestätigt werden.

Aber über die physikalische Natur der thermoelektrischen Vorgänge kann die Thermodynamik keinen Aufschluß geben. Jedoch auch die zahlreichen Hypothesen, die auf elektronentheoretischer Grundlage, teilweise in Verknüpfung mit Quantenvorstellungen, bisher zur Deutung herangezogen worden sind, führen nicht zu unbestrittenen Erfolgen. Es ist kein Zweifel, daß die thermoelektrischen Materialkonstanten in einer sehr innigen Beziehung zu den Struktureigenschaften der Materie stehen müssen; das beweist schon die Tatsache, daß sie in subtiler Weise von akzidentiellen Einflüssen, Vorgeschichte, minimalen Verunreinigungen, Temperatur, Druck usw. abhängig sind. Eine exakte Ausarbeitung thermoelektrischer Bestimmungsmethoden führt zu äußerst empfindlichen Konstatierungen struktueller Veränderungen. Umwandlungspunkte reiner Metalle, Eigenschaften von Mischkristallreihen, chemische Reinheitsgrade werden durch derartige Messungen festgelegt. Aber gerade diese Empfindlichkeit der thermoelektrischen Materialeigenschaften gegen strukturelle Einflüsse ist die Ursache, daß ein großer Teil des vorliegenden umfangreichen Versuchsmaterials nicht eindeutig, teilweise sogar unbrauchbar ist, da nicht genug auf Fehlerquellen, die in der Undefiniertheit der untersuchten Metalle lagen, geachtet wurde.

Es mag daher gerechtfertigt erscheinen, daß die in den folgenden Ziffern zitierten Versuchsresultate und Deutungsversuche in keiner Richtung Anspruch auf Vollständigkeit erheben wollen. Und auch manches von dem hier Angeführten dürfte noch nicht die letzte Revision erfahren haben.

b) Thermostrom und Thermokraft.

3. Demonstration des Thermostroms. (Abb. 1.) Zwei verschiedene Metallstreifen, z. B. Antimon und Wismut, werden bei A und B miteinander verbunden und nord-südlich orientiert. Die Verbindungsstelle A wird mit einer Flamme schwach erwärmt. Dann zeigt die in der Mitte des Leiterkreises befindliche Magnetnadel M einen Ausschlag. Wird die Verbindungsstelle B statt A erwärmt oder A abgekühlt, so kehrt sich die Ablenkungsrichtung um. (Weitere Demonstrationsversuche vgl. ds. Handb. Bd. I, S. 366ff.)

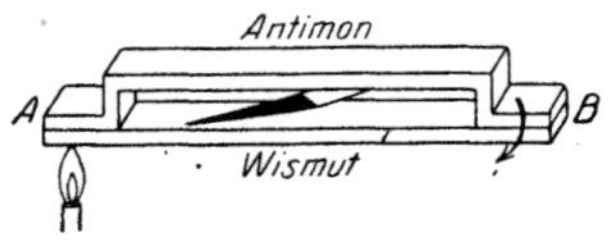

Abb. 1. Demonstration des Thermostroms.

Aus der Größe dieses Ausschlages kann man schließen, daß die Stärke des Thermostromes bei einer Temperaturdifferenz von 100° von der Größenordnung eines Ampere ist. Da aber der Widerstand sehr klein ist (etwa $^1/_{1000}$ Ohm), so ist auch die entstehende EMK sehr klein (Größenordnung Mikrovolt pro Grad).

4. Thermoelement. Jede Verbindung zweier Metalldrähte, die an zwei Enden aneinandergelötet oder sonstwie in enge Berührung gebracht sind, bildet ein Thermoelement. Die EMK, die bei Existenz eines Temperaturgefälles zwischen den Verbindungsstellen in dem Thermoelement entsteht, hängt außer von der Temperaturdifferenz und den absoluten Temperaturen der Lötstellen nur von den Materialeigenschaften der sich berührenden Metalle, entsprechend der unten besprochenen Gesetzmäßigkeit der Spannungsreihe ab. Die Größe des Thermostromes wird durch diese EMK und den OHMschen Widerstand des Leiterkreises bedingt (vgl. Ziff. 23 u. 46).

5. Definition und Richtungssinn der Thermokraft. Als Thermokräfte bezeichnet man die EMK, die bei 1° Temperaturdifferenz der beiden Lötstellen herrscht. Ist also dE die EMK, die bei einem Temperaturunterschied dT entsteht, so ist

$$e = \frac{dE}{dT} \,. \tag{1}$$

Die Thermokraft wird in Volt/Grad gemessen

Die Größe des Thermoeffektes ist in kleinen Temperaturbereichen proportional der Temperaturdifferenz der Lötstellen, in großen Bereichen eine kompliziertere Funktion der Temperatur.

Die Thermokraft, die ein Metall I gegen ein Metall II besitzt (Abb. 2), wird in der Regel als positiv definiert, wenn an der kälteren Verbindungsstelle der Strom von I nach II fließt.

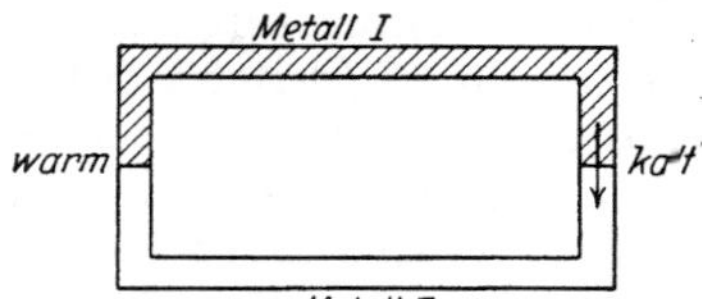

Abb. 2. Definition des Richtungssinnes der Thermokraft.

6. Die thermoelektrische Spannungsreihe. Die Metalle des periodischen Systems lassen sich in einer Reihe ordnen, so daß ein zwischen je zwei Metallen hervorgerufener Thermostrom an der kälteren Lötstelle vom vorhergehenden zum folgenden Metall fließt. Diese Ordnung gilt nur für völlig reine Substanzen, da die thermoelektrischen Konstanten sich durch geringe Verunreinigungen sehr stark verändern. Ebenso verändert auch eine verschiedene Vorgeschichte der Materialien diese Reihenfolge. Schließlich treten auch Umstellungen ein, wenn dieselbe Temperaturdifferenz einmal bei sehr hohen, das andere Mal bei sehr tiefen Absoluttemperaturen zugrunde gelegt wird. Die im folgenden angegebene Reihe gilt für die Temperaturen 0 und 100° C. Da in dem vorliegenden Versuchsmaterial nicht genügend auf die Gleichheit der Vorbedingungen geachtet wurde, schreiben wir die Elemente, die in ihrer gegenseitigen Stellung noch nicht genau festliegen, eng nebeneinander. Es ergibt sich etwa folgende Reihe[1]):

Tabelle 1.

Si	Sb	Fe	Mo	Cd	Zn Cu	Au Ag	Ir	Rh	Cs	Pb Sn Mg
52,5	12,5	9,5	8,5	8,6	8,45	8,4	8,35	8,35	8,2	8,1

Al	C	Pt Hg	Na	Pd	K	Ni	Co Bi (⊥ zur Achse)	Bi (‖ zur Achse)
8,1	8,0	7,7	7,5	7,2	6,8	6,1	6,0 2,5	0

Die Zahlen geben die EMK der Elemente gegen Wismut, das parallel zur Achse beansprucht ist, in Millivolt an. Sie sollen ein ungefähres Bild der quantitativen Abstände der Glieder der Spannungsreihe geben.

7. Kombination von mehr als zwei Metallen. Schaltet man mehrere Drähte verschiedenen Materials hintereinander, so daß in dem geschlossenen Leiterkreise zwischen den Lötstellen A und F ein Temperaturgefälle herrscht, so ist die entstehende EMK zwischen der ersten und letzten Lötstelle gleich der Summe der elektromotorischen Kräfte zwischen je zwei aufeinanderfolgenden Lötstellen (Abb. 3):

$$E_{AF} = E_{AB} + E_{BC} + E_{CD} + E_{DE} + E_{EF}. \quad (2)$$

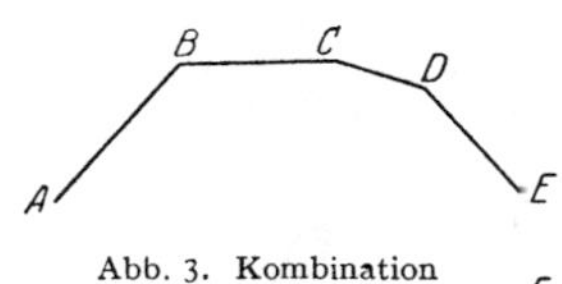

Abb. 3. Kombination mehrerer Metalle.

Der Beweis folgt aus der Überlegung, daß der Potentialunterschied zwischen je zwei Punkten eines geschlossenen Stromkreises unabhängig von dem Verbindungswege ist. Um die Thermokraft zweier Metalle I und II aufeinander zu beziehen, kann man demnach die Thermokraft des zweiten Metalles in bezug auf ein beliebiges drittes Metall feststellen, sofern nur die Thermokraft von III gegen I bekannt ist.

8. Temperaturabhängigkeit der Thermokraft. Die EMK in einem Leiterkreise ist, wie bereits erwähnt, in zweifacher Hinsicht eine Funktion der Temperatur der Lötstellen. Innerhalb kleiner Temperaturbereiche ist sie der Temperatur-

[1]) Zugrundegelegt sind die Zahlenangaben aus LANDOLT-BÖRNSTEIN, Physikalisch-chemische Tabellen. Berlin: Julius Springer 1923. S. 1029.

differenz der beiden Lötstellen proportional. Der Proportionalitätsfaktor, die Thermokraft, ist aber außerdem eine Funktion der Absoluttemperaturen.

Das allgemeine Gesetz für die Abhängigkeit der thermoelektrischen Kraft von den Temperaturen der Lötstellen ist in seiner exakt mathematischen Form noch nicht abgeleitet worden. Es fehlt uns ja, wie schon betont wurde, noch eine allgemeingültige Theorie der Thermoelektrizität, die wesentlich über das Phänomenologische hinausgeht. So ist noch nicht einmal die Frage entschieden, ob wir als den Sitz der thermoelektrischen Kraft die Berührungsstelle der beiden Metalle oder aber das Temperaturgefälle im ganzen Innern des Leiters zu betrachten haben.

Für die Darstellung der funktionalen Beziehung zwischen der Größe der Thermokraft und den Temperaturen T_1 und T_2 der beiden Lötstellen eines Thermoelementes sind eine Reihe von empirischen Formeln entwickelt worden. Für kleine Temperaturintervalle genügt es häufig, die EMK E in eine Reihe zu entwickeln:

$$E = a(T_1 - T_2) + \frac{b}{2}(T_1 - T_2)^2 + \frac{c}{3}(T_1 - T_2)^3 + \cdots \tag{3}$$

Bricht man die Reihe nach dem zweiten Gliede ab, so gelangt man zu einer Formel, die, auf die Lötstellentemperaturen $T_1 = 273 + t$, $T_2 = 273$ bezogen, lautet:

$$E = at + \frac{b}{2}t^2 \tag{3a}$$

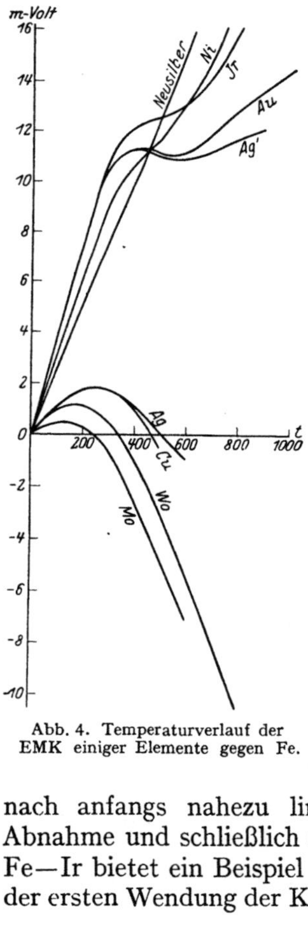

Abb. 4. Temperaturverlauf der EMK einiger Elemente gegen Fe.

(über andere Formeln vgl. z. B. ds. Handb. Bd. XI, Kap. 1 u. 7). Aus Gleichung (3a) folgt die Thermokraft/Grad durch Differentiation

$$e = a + bt. \tag{4}$$

Die Konstanten dieser Gleichung (4) sind sehr häufig tabelliert worden und werden zur Darstellung des Temperaturverlaufs der Thermokraft vielfach benutzt.

Die Formel (4) darf als die grobe Annäherung, die sie ist, nicht auf größere Temperaturbereiche extrapoliert werden. Durch sie wird die Kurve der Thermokraft tatsächlich nur durch ihre Tangente angenähert. Der prinzipiellen Gültigkeit widerspricht das NERNSTsche Wärmetheorem (vgl. Ziff. 11).

9. Umkehrpunkte und Extremwerte der EMK von Thermoelementen. Beobachtungen der EMK von Metallpaaren in größeren Temperaturbereichen ergeben „thermoelektrische Diagramme", in denen die EMK nicht mehr linear mit der Temperatur ansteigt, überhaupt keine monoton wachsende Funktion von T ist. Abb. 4 zeigt einige Beispiele des Verlaufs der Thermokräfte verschiedener Elemente gegen Eisen im Bereiche 0 bis 900°. Die Thermoelemente Fe—Mo, Fe—Wo, Fe—Cu, Fe—Ag zeigen einen fast parabelförmigen Verlauf von E; nach anfangs nahezu linearem Anstieg bis zu einem Umkehrpunkt findet Abnahme und schließlich sogar Wechsel des Vorzeichens der Thermokraft statt. Fe—Ir bietet ein Beispiel eines Thermopaares mit zwei Umkehrpunkten. Nach der ersten Wendung der Kurve erfolgt ein neuer Anstieg bei hohen Temperaturen.

Der Temperaturverlauf der Thermokraft eines Metallpaares hängt naturgemäß eng mit der gegenseitigen Stellung der Metalle in der thermoelektrischen Spannungsreihe zusammen.

An den Stellen des Maximums von E verschwindet die Thermokraft:

$$e = \frac{dE}{dT} = 0\,. \tag{5}$$

An diesen „neutralen" Punkten wird auch die Peltierwärme gleich Null (vgl. Ziff. 15). Tabelle 2 enthält einige Beispiele der Temperatur von neutralen Punkten von Thermopaaren (Avenarius).

Beobachtungen des Temperaturverlaufs der Thermokraft haben Holborn und Day[1]) (Ir—Pt, Rh—Pt, Pd—Pt, Ag—Pt, Au—Pt und Platinlegierungen gegen Platin), Holborn und Valentiner[2]), Sosman[3]), Hoffmann und Schulze[4]), Pécheux[5]), Pélabon[6]) und viele andere angestellt. Zahlenangaben für neuere Messungen sind in den Tabellen von Landolt-Börnstein und in den Wärmetabellen der Physikalisch-Technischen Reichsanstalt zu finden.

Tabelle 2. Temperatur der neutralen Punkte von Thermoelementen.

Silber-Eisen . .	223 °C
Silber-Zink . . .	69,7
Kupfer-Eisen . .	276
Platin-Blei . . .	−23

In theoretischer Hinsicht ergab die Temperaturabhängigkeit der Thermokraft die Existenz des Thomsoneffektes als notwendige Konsequenz der thermodynamischen Theorie (vgl. Ziff. 19).

10. Mehrfache neutrale Punkte. Die genaue Bestimmung der Lagen mehrfacher neutraler Punkte, deren Existenz zuerst von Tait nachgewiesen wurde, hat eine Bedeutung für die Messung der Thomsonwärme. Bringt man die beiden Lötstellen eines Thermoelementes auf die Temperaturen seiner beiden neutralen Punkte, so tritt eine EMK und ein Strom auf. Da aber die Peltierwärme in den Lötstellen gleich Null ist, so hat der Thermostrom seine Ursache in der Thomsonwärme allein (Näheres vgl. Ziff. 20).

Eine Reihe von Thermokombinationen (Ni—Co, Co—Nickelin, Co—Neusilber) hat Dannecker[7]) auf die Lage ihrer neutralen Punkte hin untersucht; seine Werte schwanken bei verschiedenen Proben desselben Materials oft um 100°, ein Beweis, wie sehr es bei derartigen Untersuchungen auf die chemische und physikalische Definiertheit der verwendeten Metalle und Legierungen ankommt.

11. Thermokraft bei tiefen Temperaturen. Nernstsches Theorem. Das Nernstsche Wärmetheorem besagt, daß

$$\lim_{T=0} e = \lim_{T=0} \frac{dE}{dT} = 0 \tag{6}$$

sein muß, d. h. bei sinkender Temperatur muß die thermoelektrische Kraft e abnehmen, um beim absoluten Nullpunkt zu verschwinden.

---

[1]) L. Holborn u. A. Day, Ann. d. Phys. Bd. 2, S. 505. 1900; Berl. Ber. 1899, S. 691.
[2]) L. Holborn u. S. Valentiner, Ann. d. Phys. Bd. 22, S. 1. 1907.
[3]) R. Sosman, Sill. Journ. Bd. 30, S. 1. 1910.
[4]) F. Hoffmann u. A. Schulze, Elektrot. ZS. Bd. 41, S. 427. 1920.
[5]) H. Pécheux, C. R. Bd. 147, S. 522. 1908; Bd. 153, S. 1140. 1911; Bd. 167, S. 437. 1918.
[6]) H. Pélabon, Ann. d. phys. (9) Bd. 13, S. 169. 1920.
[7]) C. Dannecker, Ann. d. Phys. Bd. 42, S. 1504. 1913.

Messungen der Thermokraft bei tiefen Temperaturen finden sich unter anderen bei KAMERLINGH ONNES und CROMMELIN[1]) (Fe-Konstantan), KAMERLINGH ONNES und CLAY[2]) (Au—Ag), GEHLHOFF und NEUMEIER[3]) (Hg—Cu).

WIETZEL[4]) bestimmte zur Prüfung der obigen Beziehung die thermoelektrischen Kräfte einer Reihe von Metallen und Legierungen gegen Blei im Temperaturbereich 273 bis 14° abs. (Temperatur des schmelzenden Eises bis flüssigen Wasserstoffs).

Er findet in vielen Fällen, besonders bei starker gegenseitiger Thermokraft, daß der Temperaturgradient der EMK mit sinkender Temperatur gegen Null konvergiert. Abb. 5 zeigt den Verlauf der Thermokraft für einige der von WIETZEL gemessenen Metalle und Legierungen.

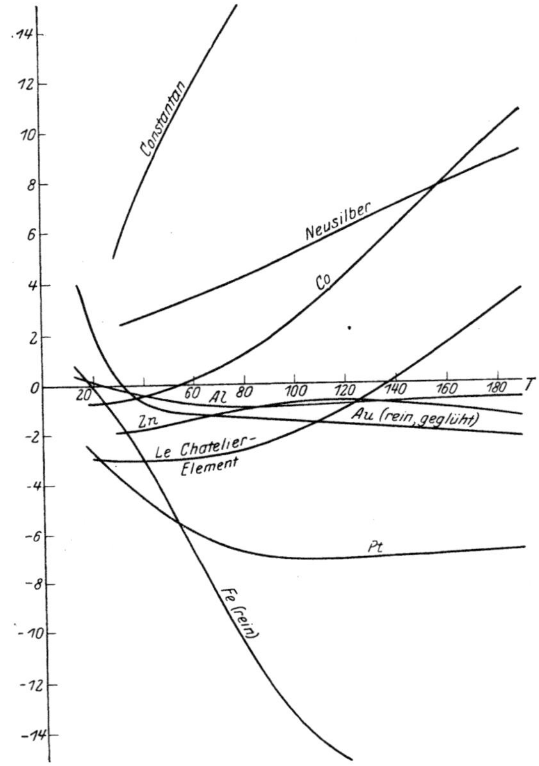

Abb. 5. $\frac{dE}{dT}$ gegen Blei für verschiedene Metalle und Legierungen bei tiefen Temperaturen.

Bei einigen Substanzen, z. B. im Gold-Silber-Element, findet gegen $T = 0$ hin ein leichtes Ansteigen der Funktionswerte von $\frac{dE}{dT}$ statt. Die Erklärung ist einfach. Elemente, die wie Au und Ag in der Spannungsreihe einander sehr nahestehen, haben eine geringe gegenseitige Thermokraft. Bei der Annäherung an den Nullpunkt werden die Thermokräfte im allgemeinen sehr klein, sie nehmen aber bei den beiden Gliedern einer Kombination verschieden stark ab. Daher kann ihre Differenz, d. h. die gegenseitige Thermokraft, stellenweise wieder zunehmen.

Immerhin ist man aber bei der Temperatur des flüssigen Wasserstoffes noch sehr weit vom absoluten Nullpunkte entfernt. KAMERLINGH ONNES und HOLST[5]) finden bei einem Silber-Gold-Element auch bei den tiefsten Wasserstofftemperaturen eine starke Zunahme des Differentialquotienten der EMK. Auch bis zum Siedepunkt des Heliums ist die Thermokraft noch beträchtlich. Sie sinkt aber schnell auf kleine Werte herab, wenn man zu den tiefsten Heliumtemperaturen kommt. Die Gültigkeit des NERNSTschen Theorems scheint also nach den Messungen aus dem Leidener Kältelaboratorium allgemein bewiesen zu sein.

---

[1]) H. KAMERLINGH ONNES u. C. A. CROMMELIN, Comm. Leiden Nr. 95a u. 95f. 1906.

[2]) H. KAMERLINGH ONNES u. J. CLAY, Comm. Leiden Nr. 107b. 1908.

[3]) G. GEHLHOFF u. F. NEUMEIER, Verh. d. D. Phys. Ges. Bd. 21, S. 211. 1919.

[4]) G. WIETZEL, Ann. d. Phys. (4) Bd. 43, S. 505. 1914.

[5]) Vgl. H. KEESOM, Phys. ZS. Bd. 14, S. 674. 1913; H. KAMERLINGH ONNES u. G. HOLST, Proc. Amsterdam Bd. 17, S. 760. 1914.

Nun erhebt sich aber die Schwierigkeit, daß eine allgemeine Potenzreihenentwicklung für die EMK dem NERNSTschen Theorem nur dann gerecht wird, wenn der Koeffizient *a* gleich Null ist und daher das lineare Glied aus der Reihenentwicklung verschwindet. Dieser Forderung für tiefe Temperaturen folgen neuere Formeln von KEESOM und von SOMMERFELD (vgl. Ziff. 45).

c) Der Peltiereffekt.

12. Demonstration des Peltiereffekts. a) Mit dem Differentialluftthermometer (EDLUND, LOOSER; Abb. 6). Jedes der Thermometergefäße eines Differentialluftthermometers enthält eine Lötstelle eines Thermoelements (z. B. Cu-Konstantan), durch das ein schwacher Strom (ca. 1 Ampere) hindurchgeschickt wird. Die beiden Thermometergefäße müssen vollkommen gleich gebaut sein. Die verbindende Kapillare wird so eng gewählt, daß Störungen durch JOULEsche Wärme sehr klein werden. Bei Stromschluß wandert der Quecksilbertropfen in der Kapillare, bei Kommutation des Stromes kehrt sich die Wanderungsrichtung um. Ursache: Je nach der Stromrichtung hat sich die eine Lötstelle erwärmt oder abgekühlt.

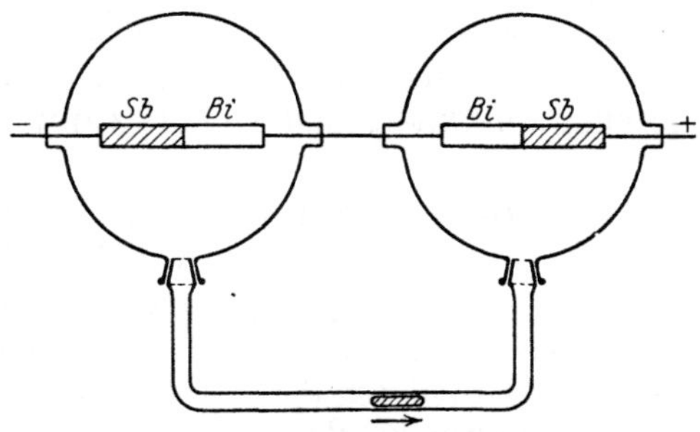

Abb. 6. Demonstration des Peltiereffekts mit dem Differentialluftthermometer.

Empfindlicher wird die Anordnung durch Verwendung eines Doppelthermoskops in Differentialschaltung, in der die JOULEsche Wärme kompensiert wird. In jedem Gefäß befindet sich dann ein Thermoelement.

Statt des Luftthermoskops wird zur Demonstration auch ein Ätherdampfthermoskop (WEINHOLD) benutzt.

b) Optische Demonstration. Bringt man die das Thermoelement bildenden Metalldrähte zum Glühen, dann wird an der einen Lötstelle der Draht bei der einen Stromrichtung heller, bei der anderen dunkler. Man beobachtet den Effekt leicht, z. B. an Eisen-Konstantan (CERMAK), besonders gut aber an horizontal gelagerten Nernststiften (WEISSENBERGER).

c) Nachweis mit dem Thermokreuz. An einem dicken Antimonstab sei ein Wismutstab mit großer Berührungsfläche schräg angelötet. Längs der Lötstelle sind in kleine Löcher isolierte, in Serie geschaltete Thermoelementchen eingeführt. Wird durch den Antimon-Wismut-Stab ein Strom von einigen Ampere geschickt, so zeigt ein mit dieser Thermosäule verbundenes Galvanometer eine Temperaturänderung an.

13. Proportionalität mit der Stromstärke. Peltierkoeffizient. Die positive oder negative Wärmemenge, die bei Stromdurchgang entsteht und die eine Abkühlung oder Erwärmung einer Lötstelle hervorruft, ist der hindurchgeschickten Stromstärke i und der Versuchsdauer t, somit der durch die Lötstelle hindurchgegangenen Elektrizitätsmenge proportional, also

$$Q_{\text{PELTIER}} = \Pi i t. \tag{6}$$

Der Peltierkoeffizient Π ist die in der Zeiteinheit durch die Stromeinheit in der Lötstelle erzeugte oder vernichtete Wärmemenge.

Im beschränkten Bereich der Stromstärken (10 bis 40 Ampere/cm²) ist der Peltierkoeffizient unabhängig von Stromstärke und Stromdichte gefunden worden.

Die Peltierwärme einer Kombination mehrerer Metalle ist gleich der Summe der Peltierwärme je zweier Komponenten.

14. Richtung des Peltiereffekts. Dimensionen. Der Peltiereffekt kehrt mit der Richtung des ihn erzeugenden Stromes sein Vorzeichen um. Der Peltierkoeffizient Π werde positiv gerechnet, wenn diejenige Stromrichtung gewählt wird, die in einem Thermoelement aus den betreffenden Metallen an der kälteren Lötstelle vorhanden ist (also von *I* nach *II*; vgl. Abb. 2).

Der Peltierkoeffizient wird in cal/Coulomb gemessen, wenn die Wärme in Kalorien ausgedrückt wird. Wird die Wärme in Joule angegeben, so hat er die Dimension Joule/Coulomb gleich Volt.

15. Temperaturabhängigkeit des Peltiereffektes. Der Peltiereffekt ändert sich mit dem Temperaturgradienten der thermoelektromotorischen Kraft, gemäß den Folgerungen der thermodynamischen Theorie (Ziff. 18, Gleichung (14)). Nach dem Nernstschen Wärmesatz (W. NERNST, V. H. KEESOM) folgt das Verschwinden des Peltiereffektes am absoluten Nullpunkt. Experimenteller Nachweis von KAMERLINGH ONNES und HOLST (1914).

d) Die thermodynamische Theorie der thermoelektrischen Erscheinungen.

16. Voraussetzung der Reversibilität thermoelektrischer Prozesse. W. THOMSON[1]) (1856) führte die Theorie der thermoelektrischen Phänomene auf der klassischen Grundlage der Thermodynamik durch. Seinen Ansätzen liegt die Annahme zugrunde, daß alle bei thermoelektrischen Prozessen auftretenden Wärmetönungen streng reversibel erfolgen.

Als irreversible Begleitprozesse kämen die Erzeugung von Joulewärme durch den elektrischen Strom und die Wärmeleitung in Frage. Die Joulewärme braucht allerdings bei sehr kleinen Strömen nicht in Betracht gezogen zu werden, denn dann läßt sich prinzipiell die gesamte elektrische Energie in Arbeit verwandeln, ohne daß dabei der thermoelektrische Vorgang beeinträchtigt wird.

Was jedoch die Vernachlässigung der Wärmeleitung betrifft, so ist es nicht bewiesen, ob die reversiblen Komponenten der thermoelektrischen Prozesse von den irreversiblen Leitungsvorgängen vollständig unabhängig sind. Der Beweis für die Berechtigung dieser Annahme kann erst durch die experimentelle Bestätigung der aus ihr abgeleiteten Gleichungen erbracht werden (vgl. Ziff. 28).

BOLTZMANN[2]) berücksichtigt in seiner Erweiterung der KELVINschen Ansätze auch den Einfluß der Wärmeleitung auf den Wärmetransport nach Stellen tieferer Temperatur. Damit wird zwar prinzipiell auch die Irreversibilität in Rechnung gesetzt. Doch die Resultate entziehen sich dann einer quantitativen experimentellen Prüfung, denn sie lassen sich nur in Form von Ungleichungen ausdrücken.

In den folgenden Betrachtungen beschränken wir uns auf die Annahme der Reversibilität. Über die Natur des thermoelektrischen Prozesses werden keine speziellen Voraussetzungen gemacht. Die beobachteten Größen, die thermoelektrische Kraft e, die Peltierwärme Π und die Thomsonwärme σ werden als gegeben angenommen, und die Theorie führt auf Beziehungen zwischen ihnen, die THOMSONschen Gleichungen, deren erste

$$e = \frac{\Pi}{T}$$

---

1) W. THOMSON, Repr. of Papers I. S. 232, II. S. 192. Cambridge 1882.

2) L. BOLTZMANN, Wiener Ber. Bd. 96, 2. Abt., S. 1258. 1887; Ges. Abh. Bd. III, S. 321.

den Zusammenhang zwischen Thermokraft und Peltierwärme, deren zweite

$$\frac{de}{dT} = \frac{\sigma_A - \sigma_B}{T}$$

den von Thermokraft und Thomsonwärme darstellt.

Die thermodynamische Theorie führte zunächst zur Voraussage des Thomsoneffektes und infolge davon zu seiner experimentellen Entdeckung (vgl. Ziff. 9 und 18).

Aus dem umfangreichen vorliegenden Versuchsmaterial ergibt sich im ganzen und großen eine Bestätigung der THOMSONschen Gleichungen. Man wird also zumindest zu keinem krassen Widerspruch gegen die Annahme der Reversibilität geführt.

17. Beweis für die notwendige Existenz des Thomsoneffektes. Historisch betrachtet, war nach den Beobachtungen von SEEBECK, PELTIER u. a. die Tatsache des Auftretens von Thermoströmen infolge eines Temperaturgefälles und der inverse Effekt, das Auftreten eines Temperaturgefälles infolge des Durchgangs eines elektrischen Stromes in einem Leitersystem, sichergestellt. Sicher war ferner die Temperaturabhängigkeit der Thermokraft.

Es wurde nun zunächst der Versuch gemacht, den Seebeck- und den Peltiereffekt auf Grund der Hypothese, daß nur zwei Wärmequellen im Kreise seien, miteinander zu verknüpfen (W. THOMSON 1854, R. CLAUSIUS 1853).

Man nahm also an, daß in einem Thermoelement, dessen Lötstellen die absoluten Temperaturen T und $T + dT$ haben, der Peltiereffekt als einzige, dem elektrischen Strom proportionale Wärmewirkung statthabe. Dann werden von dem Thermostrom selbst in den Lötstellen die Wärmemengen $\Pi + d\Pi$ bzw. Π pro Coulomb vernichtet bzw. erzeugt. Entsprechende Wärmemengen müssen an der warmen Lötstelle zu-, an der kalten abgeführt werden, um die Temperaturkonstanz zu erhalten. Dann ist nach dem ersten Hauptsatz der Thermodynamik der Überschuß der zugeführten über die abgeführte Wärme gleich der produzierten elektrischen Energie. Es ist also

$$d\Pi = e\,dT \tag{7}$$

oder

$$\frac{d\Pi}{dT} = e, \tag{7a}$$

wenn die Peltierwärme Π in Watt gemessen wird.

Nach dem zweiten Hauptsatz der Thermodynamik besteht bei reversiblen Prozessen für die zugeführten Wärmemengen $\Pi + d\Pi$ und $-\Pi$ die Beziehung

$$\frac{\Pi + d\Pi}{T + dT} - \frac{\Pi}{T} = 0 \tag{8}$$

oder

$$\frac{d\Pi}{dT} = \frac{\Pi}{T}, \tag{8a}$$

also nach Gleichung (7a)

$$e = \frac{\Pi}{T}. \tag{9}$$

Für die Temperaturabhängigkeit von e folgt:

$$\frac{de}{dT} = \frac{d\Pi}{T\,dT} - \frac{\Pi}{T^2} = \frac{1}{T}\left(\frac{d\Pi}{dT} - \frac{\Pi}{T}\right). \tag{10}$$

Der Klammerausdruck ist gleich Null. Daher

$$\frac{de}{dT} = 0, \tag{10a}$$

das hieße: die Thermokraft e ist unabhängig von der Temperatur.

Dieses Resultat steht mit der Erfahrung in Widerspruch. Denn die Thermokraft e ergab sich ja zweifellos aus den Beobachtungen als eine Funktion der Temperatur.

Das oben formulierte Ergebnis führt aber auch zu einem Konflikt mit den Grundgesetzen der Thermodynamik. Für die Temperatur des neutralen Punktes ist die Thermokraft gleich Null. Also wäre nach Gleichung (9) auch die Peltierwärme gleich Null. Dann aber würde bei einem Thermoelement, dessen eine Lötstelle auf der Temperatur eines neutralen Punktes, die andere auf einer tieferen Temperatur ist, an der heißeren Lötstelle keine Wärme aufgenommen, an der kälteren aber Wärme entwickelt und Stromarbeit geleistet werden.

Demnach kann der Prozeß nicht zwischen zwei Temperaturen allein arbeiten. Es muß noch ein Zusatzeffekt existieren und ein Wärmeumsatz an anderer Stelle, nämlich in den ungleich temperierten Leitern selbst statthaben. Diese von THOMSON ausgesprochene Vermutung wurde durch die Erfahrung bestätigt und führte so zur Entdeckung des Thomsoneffektes.

18. Vollständige thermodynamische Theorie. Wir nehmen an, daß in einem aus den Metallen A und B bestehenden Thermoelement längs des Temperaturabfalls dT in dem Metall A der elektrische Strom pro Coulomb eine Wärmemenge $\sigma_A dT$ erzeuge. A sei thermoelektrisch positiv gegen B.

Dann lautet der vervollständigte Ansatz für die Energiebilanz [vgl. Gleichung (7)]

$$e\,dT = (\sigma_B - \sigma_A)\,dT + d\Pi \tag{11}$$

oder

$$e = (\sigma_B - \sigma_A) + \frac{d\Pi}{dT}. \tag{11a}$$

In der allgemeinen Gleichung für den zweiten Hauptsatz

$$d\sum_1^n{}_i \frac{Qi}{Ti} = 0 \tag{12}$$

bei reversiblen Vorgängen haben wir jetzt einzuführen:

Die aufgenommenen Wärmemengen:

a) $\Pi + d\Pi$ . . . Peltierwärme an der heißeren Lötstelle,

b) $-\Pi$ . . . Peltierwärme an der kälteren Lötstelle,

c) $(\sigma_B - \sigma_A)dT$ . . . Thomsonwärme;

bei den entsprechenden Temperaturen: a) $T + dT$, b) T, c) T;

das ergibt durch Einsetzen in Gleichung (12)

$$\frac{\Pi + d\Pi}{T + dT} - \frac{\Pi}{T} + (\sigma_B - \sigma_A)\frac{dT}{T} = 0 \tag{13}$$

oder (für kleine Temperaturdifferenzen)

$$\frac{d\Pi}{dT} - \frac{\Pi}{T} + \sigma_B - \sigma_A = 0. \tag{13a}$$

Aus dieser Beziehung ergibt sich durch Einsetzen in Gleichung (11a)

$$e = \frac{\Pi}{T} \tag{14}$$

(das ist die erste THOMSONsche Gleichung).

Für die Temperaturabhängigkeit der Thermokraft folgt durch Differenzieren:

$$\frac{de}{dT} = \frac{1}{T}\left(\frac{d\Pi}{dT} - \frac{\Pi}{T}\right). \tag{15}$$

Der Klammerausdruck hat aber jetzt den Wert:

$$\frac{d\Pi}{dT} - \frac{\Pi}{T} = \frac{d\Pi}{dT} - e = \sigma_A - \sigma_B \tag{15a}$$

und daraus folgt die zweite THOMSONsche Gleichung

$$\frac{de}{dT} = \frac{\sigma_A - \sigma_B}{T}. \tag{16}$$

e) Der Thomsoneffekt.

19. Demonstration des Thomsoneffektes [W. KÖNIG[1])]. Ein U-förmig gebogener Platindraht (Abb. 7) wird elektrisch geglüht, während seine zwei Enden in kaltes Wasser getaucht sind. Dicht über der Wasseroberfläche beobachtet man ein unsymmetrisch verteiltes Leuchten, d. h. eine sichtbare Verschiebung der Stelle beginnenden Glühens. Die sonst sehr kleine Thomsonwärme wird auf der Strecke des steilen Temperaturgefälles groß genug, um einen optisch beobachtbaren Effekt hervorzurufen.

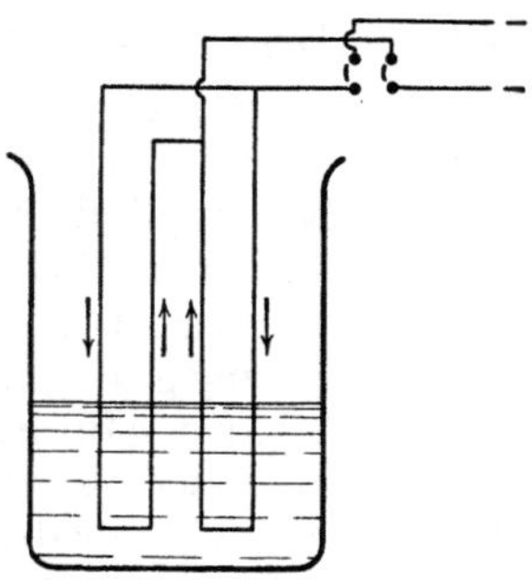

Abb. 7. Demonstration des Thomsoneffektes.

20. Proportionalität der Thomsonwärme mit Stromstärke und Temperaturgradient. Thomsonkoeffizient. Die ersten mehr qualitativen Beobachtungen des Thomsoneffektes von Lord KELVIN selbst wurden später von LE ROUX und anderen methodisch sehr verbessert.

Die Wärmewirkung des Stromes, der einen ungleich temperierten Leiter durchfließt, wird proportional der Stromstärke und dem Temperaturgradienten gefunden.

Für die Wärmeentwicklung zwischen zwei um die Strecke dx voneinander entfernten Querschnitten des Leiters setzt man:

$$dQ = \sigma \frac{dT}{dx} \cdot it \cdot dx. \tag{17}$$

Darin ist σ der Koeffizient des Thomsoneffektes. Der Thomsonkoeffizient ist eine Materialkonstante, die die entwickelte Wärmemenge auf 1 cm eines Leiterstückes bei Durchgang der Stromeinheit darstellt, wenn das Temperaturgefälle auf dieser Strecke ein Grad ist.

Die gesamte Wärmeentwicklung zwischen zwei Leiterquerschnitten bei x_1 und x_2, die die Temperaturen T_1 und T_2 haben, wird:

$$Q_{\text{THOMSON}} = it\int_{x_1}^{x_2} \sigma \frac{dT}{dx}\,dx = it\int_{T_1}^{T_2} \sigma\,dT. \tag{17a}$$

Die Gesamtwärme ist also nur noch von den Endtemperaturen T_1 und T_2 des durchströmten Leiterstückes, nicht von der Art des Temperaturgefälles und nicht vom Querschnitt abhängig.

21. Richtungssinn, Dimension. Auch der Thomsoneffekt kehrt mit der Stromrichtung sein Vorzeichen um. Der Koeffizient σ sei positiv, wenn ein von höherer zu tieferer Temperatur fließender Strom eine Erwärmung erzeugt.

σ wird gemessen in cal/Coulomb · Grad bzw. Joule/Coulomb · Grad oder Volt/Grad.

---

[1]) W. KÖNIG, Phys. ZS. Bd. 11, S. 913. 1910; Bd. 17, S. 227. 1916; O. HARTLEB, Arch. de Genève (4) Bd. 30, S. 295. 1910.

22. Temperaturabhängigkeit des Thomsoneffektes. Aus der zweiten Thomsonschen Gleichung ergibt sich die Temperaturabhängigkeit des Thomsonkoeffizienten eines Metalles, bezogen auf ein bestimmtes Vergleichsmetall, aus der zweiten Ableitung der thermoelektromotorischen Kraft E [Ziff. 18 Gleichung (16)]. Am absoluten Nullpunkt muß auch der Thomsoneffekt verschwinden. Ein direkter experimenteller Beweis steht noch aus.

Direkte Messungen des Thomsonkoeffizienten müssen, da es sich um einen Effekt im homogenen Metalle handelt, einen einfacheren Temperaturverlauf zeigen. als die Koeffizienten der Heterogeneffekte. Über Temperaturabhängigkeit bei tiefen Temperaturen und Zusammenhänge mit atomaren Eigenschaften vgl. Ziff. 41.

f) Methoden zur Messung der thermoelektrischen Effekte.

23. Messung der Thermokraft. Die Größenordnung der EMK von Thermoelementen beträgt höchstens 10^{-5} Volt pro Grad Temperaturdifferenz. Man bedarf daher empfindlicher Meßmethoden. Bei konstant gehaltenen Temperaturen ist die EMK zeitlich konstant, und es treten keine Polarisationserscheinungen wie bei galvanischen Elementen auf.

Die Messung geschieht durch Kompensation der EMK oder durch direkte Strommessung. In beiden Fällen muß die eine Lötstelle durch die Zuleitungsdrähte der Meßanordnung unterbrochen werden. An den Berührungsstellen zweier verschiedener Metalle oder auch, wie wir später sehen werden, in ein und demselben Metall, treten, wenn es strukturelle Verschiedenheiten aufweist, bei Temperaturdifferenzen thermoelektromotorische Kräfte bzw. Thermoströme auf. Daher sind bei hochempfindlichen elektrischen Messungen alle Teile der Apparatur (Zuleitungsdrähte, Kontakte, Schalter, Stromwender) vor Temperaturschwankungen zu schützen. Man baut entweder die ganzen Apparaturen in Thermostaten ein oder taucht die Stellen, zwischen denen Temperaturgefälle entstehen können, in konstante Bäder bzw. verpackt sie sorgfältig in Watte. Besonders in chemisch nicht ganz reinen Metallen treten beträchtliche Thermokräfte auf, die bei der Messung von Potentialdifferenzen von der Größenordnung Mikrovolt bereits eine erhebliche Fehlerquelle bilden (vgl. Ziff. 34).

Die Temperaturen der Lötstellen gleichen sich besonders bei kleinen Temperaturdifferenzen leicht durch Wärmeleitung aus. Bei größeren Thermoelementen kann man die Temperaturen ihrer Lötstellen gleich der betreffenden Badtemperatur setzen, bei kleineren Objekten werden sie besser durch isoliert eingeführte Thermoelementchen bestimmt.

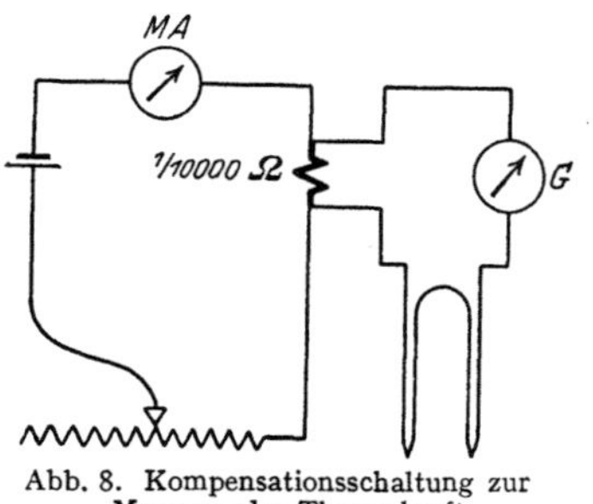

Abb. 8. Kompensationsschaltung zur Messung der Thermokraft.

Um die Wärmekapazität zu vergrößern, bringt man bei Bestimmung der Thermokraft eines Materials *I* gegen ein anderes Material *II* an der einen Lötstelle noch ein größeres Stück, z. B. einen Kegel aus dem Metall *II*, an, der mit in das Bad der betreffenden Lötstelle getaucht wird. Dann stellt sich durch den Wärmeaustausch mit der Umgebung die nötige Temperaturdifferenz an den Enden von *I* nach gehöriger Verpackung sehr schnell ein.

Kompensationsmethode. Bei der gewöhnlichen Kompensationsschaltung werden im Thermokreis nur kleine Widerstände mit festen Kontakten verwendet, so daß die Wirkung der Temperatur auf den Widerstand des Thermoelementes selbst keine Störung verursacht. Zur Messung genügt meist ein Drehspulinstrument G (Abb. 8). Für genauere Bestimmungen gebraucht man Nadelinstrumente von größerer Empfindlichkeit (elektrometrische Messungen).

Ausschlagsmethode. Die Potentialdifferenz der Lötstellen wird durch ein direkt eingeschaltetes Galvanometer gemessen. Bei Bestimmung des Thermostroms muß auch noch der OHMsche Widerstand der Leitung festgestellt werden. Die Methode wird vor allem für Erscheinungen gebraucht, bei denen auch der zeitliche Ablauf beobachtet werden muß, wie etwa bei den akzidentellen Thermokräften, wie sie durch Druck, Torsion, Magnetfelder usw. hervorgerufeh werden.

24. Bezugsmetalle bei Bestimmung von Thermokräften. Als Bezugsmetalle verwendet man gewöhnlich reines Quecksilber, Blei, Platin oder Kupfer. Quecksilber gewährleistet die größte Konstanz an Struktur und Härtegrad, Blei ist bequem zu handhaben und hat nach der Angabe mehrerer Beobachter den Vorteil, einen kleinen Thomsoneffekt zu besitzen. Allerdings ergeben neuere Messungen von BORELIUS und BRIDGMAN, daß dies nur für normale Temperaturen und Drucke gilt (vgl. Ziff. 33). Platin erlaubt Untersuchungen in sehr großem Temperaturbereich. Bei Verwendung homogenen Kupfers wird das Entstehen neuer Thermokräfte beim Anschluß an das Galvanometer vermieden.

Für die Untersuchung von Legierungen wird häufig eine der beiden Komponenten als Bezugsmetall benutzt.

25. Messung des Peltiereffekts. Die in den Lötstellen bei Stromdurchgang verbrauchte bzw. erzeugte Wärmemenge wird kalorimetrisch bestimmt. Ferner bedarf es zur Ermittlung von Π der Kenntnis der Stromstärke und der Dauer des elektrischen Stromes, d. h. der hindurchgegangenen Elektrizitätsmenge.

Zur Bestimmung der Peltierwärme einer Metallkombination werden die beiden möglichst gleichartig gemachten Lötstellen A und B in zwei gleiche Kalorimeter (Dewargefäße) eingebettet. Die Kalorimeteranordnung wird in einen Thermostaten eingebaut, so daß sie auf beliebige Ausgangstemperaturen gebracht werden kann (Abb. 9). Ursprünglich ist die Temperatur der beiden Lötstellen A und B gleich, die bei Stromdurchgang entstehende Temperaturdifferenz wird thermoelektrisch gemessen. Die dabei erzeugte Joulewärme ist in beiden Lötstellen gleich, wenn die in die Kalorimeter eingebauten Lötstellen gleichen Widerstand haben. Sie fällt bis auf Größen zweiter Ordnung bei Bestimmung der entstandenen Temperaturdifferenz heraus, da sie sich in der einen Lötstelle der Peltierwärme addiert, in der anderen von ihr subtrahiert. Kleine Differenzen können rechnerisch korrigiert werden.

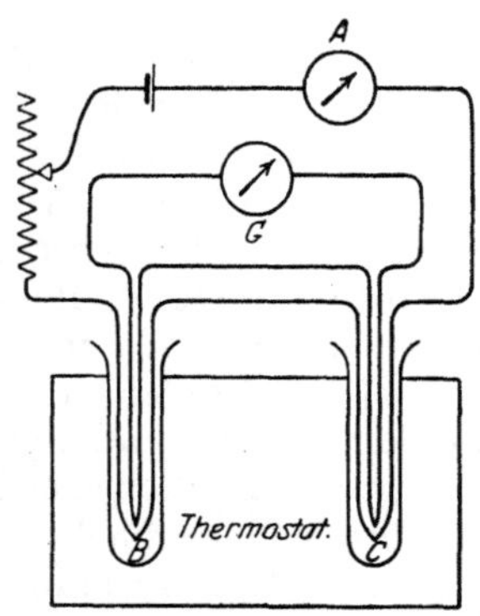

Abb. 9. Messung des Peltiereffekts.

Die Kalorimeter werden meist mit Hilfe einer bekannten Joulewärme elektrisch geeicht.

BARKER[1]) und CASWELL[2]) bringen die durch den Peltiereffekt abgekühlte Lötstelle durch elektrische Heizung dauernd auf die Temperatur der erwärmten. Bei dieser Kompensationsmethode braucht man weder die Kalorimeter zu eichen, noch die Temperaturdifferenz der Lötstellen zu messen. Es muß nur die Temperaturgleichheit der beiden Lötstellen kontrolliert werden. Der Hauptnachteil dieser Methode liegt in der Schwierigkeit, die Wärmeleitung zu verhindern.

[1]) H. C. BARKER, Phys. Rev. Bd. 31, S. 321. 1910; Bd. 34, S. 224. 1912.
[2]) A. C. CASWELL, Phys. Rev. Bd. 33, S. 379. 1911.

BECK[1]) beobachtet die stationäre Temperaturverteilung, die sich bei Stromdurchgang infolge des Ausgleichs durch Wärmeleitung in den zu untersuchenden Metallen nach einiger Zeit herstellt. Die Metalle werden in Stäben von gleichem Querschnitt stumpf aneinandergesetzt und gut Wärme isolierend eingepackt. Die freien Enden werden durch einen Wasserstrom temperaturkonstant erhalten. Im stationären Zustand wird die Temperaturdifferenz zwischen der Lötstelle und den Stabenden thermoelektrisch gemessen. Kennt man die Wärmeleitfähigkeit des Materials, so ergibt sich die pro Sekunde entstehende Peltierwärme.

Bei der BECKschen Methode wird der Vorteil stationärer Beobachtung durch die notwendige Berücksichtigung der Wärmeleitung und durch die komplizierte Berechnung der Joulewärme beeinträchtigt. Die Nachteile der Beckschen Methode werden bei der Anordnung von BORELIUS[2]) vermieden, die zugleich eine Ausarbeitung der gewöhnlichen Methode für relative Messungen und der Beobachtung mit stationärer Temperaturverteilung ist. Sie ist in der Praxis sehr bequem, und bietet insbesondere den Vorteil, daß man nur kleine Drahtstückchen zur Messung benötigt.

Der Meßdraht M wird zwischen zwei kleine Kupferblöcke A und B eingespannt, die „Kalorimeter", zu denen je ein Kupfer- und Konstantandraht leitet. Die Temperaturdifferenz zwischen A und B wird mit Hilfe von einem Thermoelement und einem Drehspulgalvanometer gemessen. Wird der Strom einmal in beiden Richtungen über Cu-M-Cu geleitet, so ergibt sich der Ausschlag Θ_1, fließt der Strom über Konstantan-M-Konstantan, so ist der Ausschlag Θ_2. Dann ist

$$\Pi_{\text{M—Cu}} = \frac{\Theta_1}{\Theta_2 - \Theta_1} \cdot \Pi_{\text{Cu-Konstantan}}.$$

Um Absolutwerte zu bekommen, muß man ein für allemal $\Pi_{\text{Cu-Konstantan}}$ bestimmen. Nach dieser Methode sind, insbesondere von SEDSTRÖM, eine große Reihe von Materialien durchgemessen worden.

26. Messung des Thomsoneffekts. Die Bestimmung der Thomsonwärme ist auf Grund zweier verschiedener Prinzipien durchgeführt worden. Man stellt entweder ein lineares Temperaturgefälle in den zu untersuchenden Stäben durch eine besondere Heizvorrichtung her oder man untersucht den stationären Zustand an einem stromdurchflossenen Drahte. Da die Thomsonwärmen sehr klein sind, so ist ihre Messung recht schwierig.

α) Methoden mit linearem Temperaturgefälle. Zwei gleiche Stäbe werden nebeneinander gelegt, in denen der Strom i an zwei Stellen von gleichem Temperaturgefälle, gleicher Temperatur und gleichem Querschnitt im umgekehrten Sinne fließt. Die an den beiden Stabmitten durch den Strom in bestimmter Zeit erzeugte Temperaturdifferenz wird thermoelektrisch gemessen. Das Temperaturgefälle in den Leitern wird gewöhnlich noch durch beiderseits angebrachte Thermoelemente bestimmt. Durch Vergleich mit einer unter möglichst gleichen Umständen hervorgebrachte Joulewärme wird die absolute Wärmemenge festgestellt.

Bei dieser Methode läßt sich schwer vermeiden, daß die thermoelektrischen und JOULEschen Wärmewirkungen in anderen Teilen des Stabes die Messung der Thomsonwärme in einem bestimmten Stabelemente x störend beeinträchtigen.

---

[1]) E. BECK, Dissert. Zürich 1910; Vierteljschr. d. naturf. Ges. Zürich Bd. 55, S. 103, 470. 1910.

[2]) G. BORELIUS, Ann. d. Phys. Bd. 52, S. 398. 1917.

BERG[1]) sucht zur Vermeidung dieser Schwierigkeiten die etwas verschiedenen Stromstärken in den beiden Drähten so zu regulieren, daß durch Umkehrung des Stromes im ersten Augenblick keine Temperaturdifferenz eintritt, nachdem bei Stromdurchgang in der einen Richtung die Verhältnisse konstant geworden sind. Der Hauptstrom i ist in den beiden Stäben, deren Temperaturdifferenz beobachtet wird, nicht gleich, sondern es wird durch Ableiten eines regulierbaren Zweigstromes erreicht, daß die durch die Thomsonwärme entstehenden Temperaturdifferenzen in den beiden Stabmitten bei a und b (Abb. 10) durch die Ungleichheit der Joulewärme gerade ausgeglichen werden. Man stellt also Temperaturgleichheit in den Punkten a und b her. NETTLETON[2]) kompensiert bei seinen Untersuchungen an Quecksilber die Thomsonwärme durch strömendes Quecksilber. HALL[3]) beobachtet die Temperaturgradienten an den Stabenden, statt der Temperaturen der Stabmitten. Die instationäre Methode wurde zuerst von LE ROUX[4]) ausgearbeitet. Nach ihr haben mit kleinen Abänderungen auch BATTELLI, HAGA, LAWS, SCHOUTE, AALDERINK, LECHER, CZERMAK, KÖNIGSBERGER und WEISS gearbeitet.

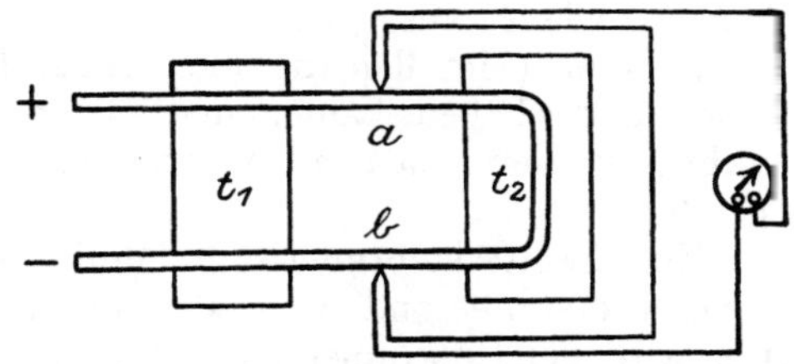

Abb. 10. Anordnung zur Messung des Thomsoneffektes.

b) Stationäre Methoden. An den Enden des stromdurchflossenen Drahtes treten außer dem primär vorhandenen Wärmestrom auch noch die Joule- und Thomsonwärme auf. Durch Messung der Wärmeleitfähigkeit und des Temperaturgradienten werden diese Wärmemengen bestimmt. Durch Stromumkehr wird schließlich die Joulewärme von der Thomsonwärme getrennt. Die verschiedenen Meßanordnungen unterscheiden sich nur durch die Art, wie die von der Thomsonwärme herrührenden, bei Stromumkehr sich umkehrenden Temperaturdifferenzen gemessen werden.

WORTHING[5]) bestimmt an glühenden Drähten die Variation der Lichtwirkung bei hohen Temperaturen quantitativ durch Strahlungsmessungen und berechnet daraus den Thomsoneffekt. Nach dem gleichen Prinzip arbeitet HARTLEB [vgl. die Demonstrationsmethode von KÖNIG[6])].

Bei allen Differentialmethoden zur Bestimmung der Temperaturdifferenz infolge der Thomsonwärme an bestimmten Punkten der Anordnung tritt eine besondere Schwierigkeit zutage. Die eine Lötstelle muß isoliert eingeführt werden, um die Temperaturdifferenz der Drahtenden während des Stromdurchganges thermoelektrisch messen zu können. Durch die Isolierung wird eine Unsicherheit in der Temperaturbestimmung hervorgerufen. SCHOUTE u. a. messen daher die Temperaturdifferenz erst nach dem Aufhören des Stromes. Aber auch dies ist unsicher. BERG bestimmt die Temperatur bolometrisch. KING mißt die Widerstandsänderung am Drahte. BORELIUS befestigt die Drahtenden an Kalorimetern, an denen die Thermoelemente, die der Temperaturmessung dienen, angebracht sind. Bei seiner zweiten Methode bringt er die Thermoelemente direkt am Drahte an, hat aber die Differentialschaltung verlassen.

---

1) O. BERG, Ann. d. Phys. Bd. 4, S. 32, 477. 1910.
2) H. R. NETTLETON, Proc. Phys. Soc. Bd. 25, S. 44. 1912.
3) E. H. HALL, Contr. Jefferson Lab. Bd. 4, S. 12. 1906.
4) E. P. LE ROUX, Ann. chim. phys. Bd. 0, S. 201. 1867.
5) A. G. WORTHING, Phys. Rev. (2) Bd. 5, S. 445. 1914.
6) O. HARTLEB, Dissert. Gießen 1917.

BORELIUS ermittelt in seiner ersten Methode die Thomsonwärme aus den Wärmemengen, die an den Drahtenden abfließen. Die Enden des Drahtes werden an zwei kleine Kalorimeter angeschlossen, die in gut wärmeleitender Verbindung mit der Umgebung sind, so daß zwischen den Kalorimetern nur eine kleine Temperaturdifferenz entsteht. Dadurch wird zwar die Empfindlichkeit der Kalorimeteranordnung für die Messung der Temperaturdifferenz herabgesetzt, doch wird dieser Verlust durch Hintereinanderschaltung mehrerer Thermoelemente wieder ausgeglichen.

Bei reinen Metallen, die einen großen Temperaturkoeffizienten des spezifischen Widerstandes haben, kann man die Thomsonwärme an einem stromdurchflossenen Drahte aus den relativen Widerstandsänderungen der beiden Drahthälften ermitteln.

Eine zweite kalorimetrische Methode ist von BORELIUS und von BORELIUS und GUNNESON besonders zur Messung tiefer Temperaturen ausgearbeitet worden. Hier wird der Zusammenhang zwischen dem Thomsoneffekt und der von ihm hervorgebrachten Temperaturänderung in einem beliebigen Punkte des Drahtes, der von der Drahtmitte einen bekannten Abstand hat, ermittelt.

Die Peltierwärme bildet eine äußerst gefährliche Fehlerquelle bei den Messungen des Thomsoneffektes, die sicher von vielen Autoren unterschätzt wurde. Bei der Methode von BORELIUS[1]) ist es ein wichtiger Vorteil, daß durch die Proportionalität der gemessenen Thomsonwirkung mit der dritten Potenz der Stromstärke die Thomsonwärme von der mit der Stromstärke proportionalen Peltierwärme durch vergleichende Messungen bei verschiedenen Stromstärken getrennt werden kann.

27. Einfluß von Inhomogenität auf die Messung thermoelektrischer Effekte. Werden bei thermoelektrischen Messungen die Enden des untersuchten Drahtes auf Temperaturen gehalten, die voneinander sehr verschieden sind, so kann das Auftreten von Inhomogenitäten in dem untersuchten Material infolge des Temperaturgefälles nie ganz vermieden werden.

BORELIUS[2]) diskutiert die Fehler in der Bestimmung der Thermokraft e und des Thomsonkoeffizienten σ, die dieser Ursache entspringen und die mitunter ganz erhebliche Größen erreichen können. Bei der Messung des Peltiereffektes ist diese Fehlerquelle nicht so gefährlich, denn es brauchen keine wesentlichen Temperaturunterschiede im Drahte hergestellt zu werden, die Inhomogenitäten hervorrufen könnten. Sind aber solche doch vorhanden, so erhält man nach der gewöhnlichen Methode jedenfalls einen Mittelwert des Peltierkoeffizienten an den beiden Drahtenden.

Um die Fehler der gewöhnlichen Methode bei der Bestimmung der Thermokraft zu umgehen, könnte man daher die Thermokraft indirekt auf Grund der ersten THOMSONschen Beziehung aus der Peltierwärme bestimmen. Doch ist die Messung der Peltierwärme experimentell nicht ganz einfach.

Mißt man wie gewöhnlich die Thermokraft, in dem die eine Lötstelle der Kombination auf einer konstanten Temperatur T_1 z. B. 0° gehalten wird, die zweite auf der variablen Temperatur T_2, so wird der Einfluß der Inhomogenität immer größer, je größer die Temperaturdifferenz $\tau = T_1 - T_2$ wird. Bei Messungen von hohen und tiefen Temperaturen beträgt τ oft mehrere hundert Grad und eine Abweichung der gemessenen Thermokraft wird dann besonders verhängnisvoll, wenn man nach der zweiten THOMSONschen Beziehung aus ihr die Thomsonwärme berechnen will. Bei einem harten Zinkdrahte stieg z. B.

---

1) G. BORELIUS, Ann. d. Phys. Bd. 63, S. 845. 1920; G. BORELIUS u. F. GUNNESON, ebenda Bd. 65, S. 520. 1921.

2) G. BORELIUS, Ann. d. Phys. Bd. 66, S. 73. 1921.

bei einer Erwärmung um 100° der Fehler der Thermokraft bis zu $0{,}1 \cdot 10^{-5}$ Volt/Grad.

Auch bei der direkten Messung des Thomsoneffektes kann die Abweichung der scheinbaren (beobachteten) Thomsonwärme σ_s von ihrem wahren Werte σ_w bei großen Temperaturdifferenzen an den Stabenden beträchtlich sein. In einem Drahtelement dx, in dem e der Mittelwert der Thermokraft, Π die entwickelte Peltierwärme ist, ist nach dem Energieprinzip der scheinbare Thomsonkoeffizient

$$\sigma_s = e + \frac{d\Pi}{dT}.$$

Bei allmählicher Zustandsvariation wird $\frac{d\Pi}{dT}$ vom Temperaturgradienten $\frac{dT}{dx}$ abhängig:

$$\frac{d\Pi}{dT} = \frac{\partial \Pi}{\partial T} + \frac{\partial \Pi}{\partial x} \cdot \frac{dx}{dT}.$$

Der wahre Thomsoneffekt im Punkte x wird dann

$$\sigma_w = e + \frac{\partial \Pi}{\partial T}$$

und der Unterschied zwischen wahrem und beobachtetem Wert

$$\sigma_s - \sigma_w = \frac{\partial \Pi}{\partial x} \cdot \frac{dx}{dT}. \tag{18}$$

Im ungünstigsten Falle erreicht diese Differenz den Wert, den der Thomsoneffekt selbst bei den besten Leitern hat, nämlich einige Mikrovolt pro Grad. Bei den von BORELIUS angegebenen Methoden zur Messung des Thomsoneffektes im stationären Gleichgewicht ist diese Fehlerquelle dadurch herabgedrückt, daß in den Stabmitten nur verhältnismäßig kleine Temperaturdifferenzen (Größenordnung 10°) auftreten.

28. Die experimentelle Prüfung der thermodynamischen Theorie bezieht sich auf zwei Grundvoraussetzungen. Der Ansatz für die Energiebilanz [Gleichung (11)] enthält die Verknüpfung der Konstanten der drei thermoelektrischen Effekte. Wird er experimentell nicht bestätigt, so kann dies nur auf Beobachtungsfehlern bzw. Inhomogenität des Materials beruhen. Eine Nichtbestätigung der THOMSONschen Formel aber kann außer auf Beobachtungsfehler auch auf die Ungültigkeit der Reversibilitätsannahme zurückgehen.

Im allgemeinen ist die Prüfung der THOMSONschen Formeln, da sie nur die Messung der Thermokraft und einer der anderen Materialkonstanten erfordert, experimentell einfacher. Die Gültigkeit der Reversibilitätsannahme wird bereits durch die Bestätigung einer der THOMSONschen Gleichungen bewiesen. Bei zahlreichen Autoren, deren Resultate in der älteren Handbuchliteratur angegeben sind, finden sich Bestätigungen der thermodynamischen Theorie innerhalb der Beobachtungsfehler. Die gefundenen Abweichungen von den theoretischen Werten betragen etwa 1 bis 2%. Dagegen glaubt CERMAK[1]) schließen zu können, daß die Abweichungen von der Theorie die Beobachtungsfehler übertreffen[2]). Von einer Angabe der älteren Daten möchten wir absehen, da bei einem großen Teile der Messungen, insbesondere bei der Bestimmung der Thomsonwärme, wie schon früher betont, zahlreiche Fehlerquellen in Betracht kommen.

BORELIUS[3]) mißt an einer Reihe von Drähten Thermokraft, Peltierwärme und Thomsonkoeffizient und findet die Proportionalität zwischen Π und e als

[1]) P. CERMAK, Jahrb. d. Radioakt. Bd. 8, S. 241. 1911.
[2]) Vgl. auch S. B. ELINGS, Dissert. Groningen 1918.
[3]) G. BORELIUS, Ann. d. Phys. (4) Bd. 56, S. 388. 1918.

praktisch absolut erfüllt. Die großen Abweichungen bei CZERMAK dürften demnach auf Mängel der Versuchsmethode zurückgehen. Aus den Messungen der Thomsonkoeffizienten ergibt sich nach BORELIUS gleichfalls eine Bestätigung der THOMSONschen Theorie bei Zimmertemperatur durch Erfüllung der Gleichung (2). Das Maß der Übereinstimmung zeigt Tabelle 3. Die Differenzen der Thomsonkoeffizienten, die zur Prüfung der Gleichung dienen, sind für alle Drähte gegen technisches Kupfer genommen.

Tabelle 3.

Material	Temp. T	$\sigma \cdot 10^{-6}$ Volt/Grad	$\frac{\sigma - \sigma_{Cu}}{T}$ 10^{-9} Volt/Grad	$\left(\frac{de}{dT}\right)_{Cu}$
Konstantan	25°	−25,6	−90,4	−89,8
	17°	−24,9	91,8	92,0
	19,5°	−25,5	89,0	91,3
Nickelin	31°	−17,14	60,1	62,8
Neusilber	23°	−10,45	39,2	37,9
Klavierdraht	28°	− 7,7	29,6	26,5
Cu (technisch) . . .	21°	+ 1,2		
Cd (Merck)	27°	+ 9,1	+26,3	+25,6

TERPSTRA[1]) findet bei Messung des Peltiereffektes vom Cu—Hg und Hg—Ni nach der Methode von OSTERHUIS gleichfalls die Beziehung $\frac{\Pi}{e} = T$ innerhalb der Beobachtungsfehler bestätigt. BORELIUS und GUNNESON[2]) messen die Thomsoneffekte von Cu, Ag, Au, Zn, Cd, Sn, Pb, Al bei tiefen Temperaturen und finden durch Benutzung der Werte von WIETZEL für die Thermokräfte auch in diesem Temperaturgebiet eine gute Bestätigung der zweiten THOMSONschen Beziehung.

Substanzen von großer Wärmeleitfähigkeit müßten besonders geeignet zur Prüfung der Irreversibilitätsfrage sein, da ja die Wärmeleitung der maßgebende Faktor für eine Irreversibilität der thermoelektrischen Vorgänge wäre. Messungen der Thermokraft von Silizium, Molybdänglanz und Graphit von GOTTSTEIN[3]) geben unter Heranziehung der Werte für die Thomsonwärme von WEISS[4]) zunächst keine schlechtere Übereinstimmung mit der Theorie als viele Untersuchungen an reinen Metallen. Nach Ansicht mancher Autoren müßte für Abweichungen von den THOMSONschen Beziehungen, wenn sie sich als reell erweisen sollten, eine noch unbekannte Ursache, also etwa ein inverser Thomsoneffekt (vgl. Ziff. 29), angenommen werden. Eine genaue Klärung der Frage, besonders Messung von e und σ an ein und demselben stark wärmeleitenden Material, wäre noch erforderlich.

g) Thermoelektrizität im homogenen Metall.

29. Satz von Magnus. Untersuchungen von Benedicks. Nach Versuchen von MAGNUS, BRAUN u. v. a. erzeugt die bloße Verschiedenheit des Temperaturgefälles in chemisch und mechanisch isotropen Körpern keinen Thermostrom. Dieses Ergebnis wird in dem Satz von MAGNUS formuliert: Im homogenen Leiter können auf keine Weise allein durch Temperaturdifferenzen stromliefernde Potentialdifferenzen hervorgerufen werden. Dieser Satz steht auch in Einklang mit der thermodynamischen Theorie von W. THOMSON.

[1]) P. TERPSTRA, Arch. Néerland. (3a) Bd. 4, S. 191. 1918.
[2]) G. BORELIUS u. F. GUNNESON, Ann. d. Phys. (4) Bd. 65, S. 520. 1921.
[3]) G. GOTTSTEIN, Ann. d. Phys. (4) Bd. 43, S. 1079. 1914.
[4]) J. WEISS, Ann. d. Phys. (4) Bd. 38, S. 696. 1912.

In neuerer Zeit bestätigen Versuche von HÖRIG[1]) an Ag und Ni, daß die EMK im homogenen Metall zumindest sicher kleiner als 10^{-5} Volt pro Grad Temperaturdifferenz sein muß.

Aus theoretischen Überlegungen fordert dagegen BENEDICKS[2]) auf Grund von Analogie- und Symmetrieforderungen die Existenz eines inversen Thomsoneffektes, also eines Thermostroms im homogenen Metall — ähnlich wie im heterogenen Leiterkreise der Seebeckeffekt die Inversion des Peltiereffektes darstellt. Diese Forderung verdeutlicht er durch folgendes Schema:

Tabelle 4.

	Der Leiterkreis besteht aus	
	zwei Metallen (heterogen)	einem Metall (homogen)
Temperaturdifferenz ergibt elektrischen Strom	Seebeckeffekt	Benedickseffekt
Elektrischer Strom ergibt Temperaturdifferenz	Peltiereffekt	Thomsoneffekt

Den Ausgangspunkt anschließender experimenteller Untersuchungen von BENEDICKS bildet die Tatsache, daß ein in sehr viel feine Adern unterteilter Leiter (Stabbündel) ein geringeres thermisches Leitvermögen hat als ein massiver Leiter aus dem gleichen Material von gleichem Querschnitt und gleicher elektrischer Leitfähigkeit. Ein Teil der Wärmeleitfähigkeit soll nach BENEDICKS lokalen Thermoströmen zuzuschreiben sein, die die Wärme durch Thomsoneffekt fortführen. Er postuliert einen theoretischen Zusammenhang zwischen thermischer und elektrischer Leitfähigkeit und der Thomsonwärme, der freilich zu einem Widerspruch mit der THOMSONschen Theorie führen würde.

In einer Reihe zum Teil sehr ausführlicher Arbeiten werden Methoden zum Nachweis der gesuchten Thermoströme angegeben. Zu deutlichen Ergebnissen führte die Beobachtung von Drähten mit starken Einschnürungsstellen, insbesondere die Methode des Drosselkreuzes, zweier einander kreuzweise sich berührender Drähte aus dem zu untersuchenden Material, die mit einem Galvanometer verbunden sind. Erwärmt man einen der beiden Drähte nahe der Berührungsstelle, so entsteht in dieser ein sehr starkes Temperaturgefälle.

BENEDICKS untersucht viele Metalle, darunter Quecksilber. Er findet einen Strom, der bei gleicher Richtung des Temperaturgefälles dasselbe Vorzeichen hat wie der Thomsoneffekt des betreffenden Materials. Diese Ströme im homogenen Material werden durch äußeren Druck beeinflußt. Die Versuche von BENEDICKS wurden von verschiedenen Seiten nachgeprüft, GOINEAU[3]) glaubt, die Existenz des Effektes bestätigt zu haben. HAGA und ZERNIKE[4]) richten zwei feine Quecksilberstrahlen von verschiedener Temperatur so gegeneinander, daß sie sich an einer Stelle berühren. Sie finden eine Thermokraft von ca. $3{,}5 \cdot 10^{-8}$ Volt. Wird aber Quecksilber in einem Glasrohre erhitzt, das eine plötzliche Verengerung seiner lichten Weite auf ein Siebentel hat, so ist auch bei dem Temperaturgefälle von 250° an dieser Stelle der Effekt sicher kleiner als 10^{-9} Volt. Aus diesem Ergebnis ziehen sie den Schluß, daß der Benedicks-

[1]) H. HÖRIG, Phys. ZS. Bd. 14, S. 446. 1913; Ann. d. Phys. Bd. 43, S. 525 u. 1116. 1914.

[2]) C. BENEDICKS, Jahrb. d. Radioakt. Bd. 13, S. 367. 1916; Ark. f. Mat., Astron. och Fys. Bd. 14, Nr. 20. 1920; Ann. d. Phys. (4) Bd. 55, S. 1 u. 103. 1918; Bd. 62, S. 185. 1920; C. R. Bd. 163, S. 751. 1916; Bd. 165, S. 391 u. 426. 1917; Bd. 167, S. 296. 1918; Bd. 169, S. 578. 1919; Bd. 170, S. 1382. 1920.

[3]) GOINEAU, C. R. Bd. 170, S. 1567. 1920; Berichtigung Bd. 171, S. 288. 1920.

[4]) H. HAGA u. F. ZERNIKE, Proc. Amsterdam Bd. 21, S. 1262. 1919.

effekt nicht existiert. BENADE[1]) findet an Hg auch bei einem Temperaturgefälle von 600° pro Millimeter keine Thermokraft, bei einem Drosselkreuz aus Eisen ist der gut meßbare Effekt abhängig von Querschnitt und Temperaturgefälle. Er vermutet die Entstehung eines Schiefer-Metallthermoelementes in der Apparatur von BENEDICKS, da bei Verwendung von Glasröhren statt Schiefer als Behälter der Strom ausbleibt. PECHINGER[2]) weist nach, daß der Einschnürungseffekt an Metalldrähten (Eisen, Nickel, Konstantan) je nach dem Querschnitt und je nachdem, ob der eingeschnürte Teil mehr dem inneren oder äußeren Teile des ursprünglichen Drahtquerschnitts angehört, von einem Pluswert durch Null nach einem Minuswert variiert. BORELIUS[3]) erklärt nach seinen Versuchen den Benedickseffekt als eine Folge von Strukturänderungen und Oberflächenerscheinungen. Auch BRIDGMAN[4]) bestreitet auf Grund seiner Messungen die Möglichkeit eines derartigen Homogeneffektes. RUMPF[5]) will den Benedickseffekt durch das Entstehen von Thermokräften des Metalles gegen Metall plus Gas nachweisen und untersucht Palladium in Luft, Leuchtgas und Wasserstoffatmosphäre, ferner Kupfer im luftverdünnten Raum. Es ergibt sich eine deutliche Abhängigkeit des Stromes vom Gasdruck. Das Verschwinden des Effektes im Vakuum wir später allerdings auf eine mangelnde Wärmeübertragung zurückgeführt. BENEDICKS und PHRAGMÉN[6]) verfolgen dagegen an einem Drosselkreuz aus Graphit eine Abhängigkeit der Charakteristik vom Luftdruck und finden auch noch im Hochvakuum (10^{-5} mm Hg) erhebliche Ausschläge.

Zusammenfassend muß man sagen, daß bei unserer mangelhaften Kenntnis von äußeren Einflüssen auf die thermoelektrischen Eigenschaften der Materie ein vollgültiger experimenteller Beweis für die Existenz des von BENEDICKS geforderten Effektes trotz aller bei den Versuchen aufgewendeten Sorgfalt jedenfalls nicht vorliegt[7]). Ihm widerspricht dagegen die Theorie von THOMSON[8]).

BENEDICKS findet eine Ergänzung seines thermoelektrischen Effektes in einem elektrothermischen (verallgemeinerten Thomsoneffekt), den er auf die ungleiche Erwärmung an beiden Seiten der Drosselstellen zurückführt. Er ordnet die von ihm behaupteten Effekte nunmehr in ein allgemeines Schema und schließt aus seinen theoretischen Überlegungen auf die Existenz von drei weiteren Effekten, die noch der Auffindung harren sollen.

h) Thermoelektrische Eigenschaften und Konstitution der Materie.

30. Einige neuere Daten über Thermokraft, Peltierwärme und Thomsonkoeffizient der Metalle. Tabelle 5 gibt einige Beispiele für die Gleichungen für den Verlauf der Thermokraft, Peltierwärme und Thomsonwärme nach Messungen BRIDGMAN zwischen 0 und 100° C. Die Daten sind auf Blei bezogen. Ausführliche Literatur s in den Tabellen von LANDOLT-BÖRNSTEIN, in den Veröffentlichungen der Physikal Techn. Reichsanstalt, in den Tables Annuelles des Constantes Internationales und in den physikalischen und metallographischen Originalarbeiten.

---

1) J. M. BENADE, Phys. Rev. (2) Bd. 18, S. 199. 1921.

2) L. PECHINGER, Verh. d. D. Phys. Ges. (3) Bd. 3, S. 75. 1922; Wiener Ber. Bd. 131, S. 491. 1922.

3) G. BORELIUS, Ann. d. Phys. Bd. 60, S. 381. 1919.

4) P. W. BRIDGMAN, Proc. of the Americ. Acad. Bd. 53, S. 269. 1918.

5) E. RUMPF, Phys. ZS. Bd. 24, S. 437. 1923; Bd. 25, S. 400. 1924.

6) C. BENEDICKS u. G. PHRAGMÉN, Phys. ZS. Bd. 26, S. 434. 1926.

7) C. BENEDICKS, Medd. Metallografiska Inst. Stockholm, S.-A. Ingeniör Vetenskapsakademiens Handl. 1921, Nr. 5, S. 117; Journ. Inst. of Metals Bd. 24, Nr. 2. 1920.

8) Vgl. auch N. SLAW u. F. G. ADNEY, Phys. Rev. (2) Bd. 25, S. 250. 1925.

Tabelle 5.

Stoff	$e \cdot 10^6$ Volt/° C	$\Pi/T \cdot 10^6$ Volt	$\sigma/T \cdot 10^6$ Volt/° C
Gold	$2{\cdot}899 + 0{\cdot}00467\,t - 0{\cdot}00000166\,t^2$	$2{\cdot}899 + 0{\cdot}00934\,t - 0{\cdot}00000498\,t^2$	$0{\cdot}00934 - 0{\cdot}00000996\,t$
Silber.	$2{\cdot}566 + 0{\cdot}00432\,t$	$2{\cdot}566 + 0{\cdot}00864\,t$	$0{\cdot}00864$
Platin (Heraeus) .	$-3{\cdot}092 - 0{\cdot}01334\,t$	$-3{\cdot}092 - 0{\cdot}02668\,t$	$0{\cdot}02668$
Kupfer	$2{\cdot}777 + 0{\cdot}00483\,t$	$2{\cdot}777 + 0{\cdot}00966\,t$	$0{\cdot}00966$
Nickel	$-17{\cdot}61 - 0{\cdot}0178\,t$	$-17{\cdot}61 - 0{\cdot}0356\,t$	$-0{\cdot}00356$
Kobalt	$-17{\cdot}32 - 0{\cdot}0390\,t$	$-17{\cdot}32 - 0{\cdot}078\,t$	$-0{\cdot}078$
Eisen	$16{\cdot}18 - 0{\cdot}0089\,t - 0{\cdot}000086\,t^2$	$16{\cdot}18 - 0{\cdot}0178\,t - 0{\cdot}000258\,t^2$	$-0{\cdot}0178 - 0{\cdot}000516\,t$
Magnesium . . .	$-0{\cdot}095 + 0{\cdot}00004\,t$	$-0{\cdot}095 + 0{\cdot}00008\,t$	$0{\cdot}00008$
Kadmium	$12{\cdot}002 + 0{\cdot}1619\,t$	$12{\cdot}002 + 0{\cdot}3238\,t$	$0{\cdot}3238$
Zink	$3{\cdot}047 - 0{\cdot}00495\,t$	$3{\cdot}047 - 0{\cdot}0099\,t$	$-0{\cdot}0099$
Thallium	$1{\cdot}659 - 0{\cdot}00134\,t - 0{\cdot}0000056\,t^2$	$1{\cdot}659 - 0{\cdot}00268\,t - 0{\cdot}0000168\,t^2$	$-0{\cdot}00268 - 0{\cdot}0000336\,t$
Aluminium . . .	$-0{\cdot}416 + 0{\cdot}00008\,t - 0{\cdot}00001\,t^2$	$-0{\cdot}416 + 0{\cdot}00016\,t - 0{\cdot}00003\,t^2$	$0{\cdot}00016 - 0{\cdot}00006\,t$
Zinn	$0{\cdot}230 - 0{\cdot}00067\,t$	$0{\cdot}230 - 0{\cdot}00134\,t$	$-0{\cdot}00134$
Palladium	$-5{\cdot}496 - 0{\cdot}01760\,t$	$-5{\cdot}496 - 0{\cdot}0352\,t$	$-0{\cdot}0352$
Molybdän	$5{\cdot}892 + 0{\cdot}02167\,t - 0{\cdot}000025\,t^2$	$5{\cdot}892 + 0{\cdot}04334\,t - 0{\cdot}00075\,t^2$	$0{\cdot}04334 - 0{\cdot}000150\,t$
Wismut	$-74{\cdot}42 + 0{\cdot}0160$	$-74{\cdot}42 + 0{\cdot}0320\,t$	$0{\cdot}0320$
Wolfram	$1{\cdot}594 + 0{\cdot}01705\,t$	$1{\cdot}594 + 0{\cdot}0341\,t$	$0{\cdot}0341$
Konstantan . . .	$-34{\cdot}76 - 0{\cdot}0397\,t$	$-34{\cdot}76 - 0{\cdot}0794\,t$	$-0{\cdot}0794$
Manganin	$1{\cdot}366 + 0{\cdot}000414\,t + 0{\cdot}0000112\,t^2$	$1{\cdot}366 + 0{\cdot}00828\,t + 0{\cdot}0000336\,t^2$	$0{\cdot}00828 + 0{\cdot}0000672\,t$

31. Die thermoelektrischen Größen am Schmelzpunkt. Flüssige Metalle. Es war lange eine strittige Frage, ob die Thermokraft am Schmelzpunkt stetig bleibt oder nicht. Die Angaben der meisten Beobachter neigen mehr einem stetigen Übergang der Größe der Thermokraft bei der Umwandlung vom festen in den flüssigen Aggregatzustand zu.

Neuere Beobachtungen über stetigen Übergang liegen vor von BERNINI[1]) und BARKER[2]) an Natrium, Lithium und Kalium und von CERMAK und SCHMIDT[3]) an Kadmium, Quecksilber, Zink und Blei. Untersuchungen von KÖNIGSBERGER[4]) (Zn) lassen keine zuverlässigen Schlüsse zu. GEHLHOFF und NEUMEYER[5]) finden dagegen beim Quecksilber einen Sprung der Thermokraft am Schmelzpunkt, desgleichen findet SIEBEL[6]) bei mehreren Substanzen eine Unstetigkeit der Thermokraft. HARRISON und FOOTE[7]) bestimmen die EMK eines Thermoelementes aus Zinn (fest=flüssig) beim Schmelzpunkt des Zinns. Danach ist das flüssige Zinn auf höherem Potential. BORELIUS und LINDH[8]) sorgen bei ihren Messungen von e an Wismut in flüssigem Zustand und in der Nähe des Schmelzpunktes dafür, daß die Temperaturdifferenzen an den beiden Enden des untersuchten Wismutstäbchens sehr klein sind, da die Temperaturkurve hier einen sehr steilen Verlauf hat. Die Thermokraft nimmt schon bedeutend unterhalb des Schmelzpunktes stark ab, bleibt aber beim Wechsel des Aggregatzustandes stetig. Dagegen zeigen sich beim Erstarren sehr große und schwankende Ausschläge im Galvanometer. Ein plötzlicher Abfall der Erstarrungskurve von

[1]) A. BERNINI, Cim. (5) Bd. 15, S. 29. 1908.
[2]) H. C. BARKER, Sill. Journ. (4) Bd. 24, S. 159. 1907.
[3]) P. CERMAK u. K. SCHMIDT, Ann. d. Phys. (4) Bd. 36, S. 575. 1910.
[4]) J. KÖNIGSBERGER, Ann. d. Phys. (4) Bd. 35, S. 20. 1911.
[5]) K. SIEBEL, Ann. d. Phys. (4) Bd. 45, S. 839. 1914.
[6]) G GEHLHOFF u. F. NEUMEYER, Verh. d. D. Phys. Ges. Bd. 21, S. 201—217. 1919.
[7]) T. R. HARRISON u. P. D. FOOTE, Phys. Rev. (2) Bd. 21, S. 196—197. 1923.
[8]) G. BORELIUS u. A. E. LINDH, Ann. d. Phys. (4) Bd. 51, S. 607—620. 1916.

Wismut im Schmelzpunkte findet sich auch bei SIEBEL. PÉLABON[1]) mißt die Thermokraft reiner Metalle bis zum Schmelzpunkt und darüber. Bei Sn, Sb, Tl, Zn, Cd u. a. ist der Verlauf von e stetig bis über den Schmelzpunkt hinaus, und zwar meist linear. Im Gebiete sehr hoher Temperaturen wird die Thermokraft vielfach eine kompliziertere Temperaturfunktion.

Für die Peltierwärme[2]) und den Thomsonkoeffizienten[3]) schließt CERMAK gleichfalls auf einen stetigen Übergang beim Schmelzen.

32. Kristalle. Nur in regulären Kristallen sind die thermoelektrischen Größen unabhängig von der Orientierung des Kristalls. In anisotropen Kristallen ändern sie sich mit der Richtung des Temperaturgefälles.

Die Theorie der Thermoelektrizität in Kristallen ist von W. THOMSON[4]) mit Hilfe der Methode der Kreisprozesse aus den beiden Hauptsätzen der Thermodynamik, später von VOIGT[5]) auf Grundlage des thermodynamischen Potentials entwickelt worden. Die physikalischen Vorgänge, die sich in Kristallen abspielen, kann man allgemein als Wechselbeziehungen zwischen gerichteten Größen verschiedener Ordnung auffassen. Das Auftreten elektromotorischer Kräfte im Kristall ist unmittelbar durch die Existenz eines Temperaturgefälles veranlaßt. Alle Sätze über die thermoelektrischen Erscheinungen lassen sich daher aus den Beziehungen herleiten, die für zwei voneinander abhängige Vektorgrößen allgemein gelten.

In Richtung der Achsen ist die Thermokraft lediglich durch die Richtung des Temperaturgradienten bestimmt. Für beliebige Richtungen ist sie aus den Hauptkoeffizienten, die den drei Ellipsoidachsen entsprechen, berechenbar. Die Größe der Thermokraft aber ist unabhängig davon, welche Fläche des Kristalls mit dem Vergleichsmetall in Berührung gebracht wird.

Bei beliebigen Orientierungen des Wärmestromes zu den Achsen treten auch transversale Komponenten der Thermokraft auf.

Für Peltier- und Thomsonwärme gelten ähnliche Sätze wie für die Thermokraft. W. THOMSON hat bereits auf die Existenz eines transversalen Peltiereffektes bei Kristallen geschlossen.

Die ältere Theorie behandelt die Thermoelektrizität in Kristallen ohne irgendwelche Annahme über die spezifischen Vorgänge in den Grenzflächen. Als eigentlichen Sitz der elektromotorischen Kräfte faßt sie das Innere der Leiter auf, schließt damit jedoch das Auftreten spezifischer Vorgänge in den Grenzflächen nicht aus. Auch die reziproken, elektrothermischen Erscheinungen betrachtet sie als die Folge einer räumlichen Wärmeentwicklung, deren Effekte sich aber zum Teil in singulärer Weise in den Grenzflächen geltend machen.

GRÜNEISEN und GÖNS[6]) sowie auch BRIDGMAN[7]) weisen auf die Schwierigkeiten hin, insbesondere beim Peltiereffekt zwischen Oberflächen- und Raumwirkungen zu unterscheiden. Schneidet man z. B. aus einem hexagonalen Kristall zwei Stäbchen, deren Längsrichtung einmal parallel, einmal senkrecht zur Achse verläuft, so kann der Übergang eines elektrischen Stromes i von einem Stäbchen in das andere in zweierlei Weise stattfinden. Im ersten Fall berührt ein Stab $\perp$ zur Achse einen Stab $\parallel$ zur Achse derart, daß die Grenzfläche im ersten Stabe senkrecht, im zweiten parallel zur Achse steht

[1]) H. PÉLABON, Ann. de phys. (9) Bd. 13, S. 169–187. 1920.

[2]) P. CERMAK, Ann. d. Phys. (4) Bd. 26, S. 521. 1908.

[3]) P. CERMAK, Ann. d. Phys. (4) Bd. 33, S. 1195. 1910.

[4]) W. THOMSON, Proc. Edinburgh Bd. 3, S. 255. 1854; Trans. Edinbg. Roy. Soc. Bd. 21, S. 153. 1857; Phil. Mag. (4) Bd. 11, S. 179 u. 433. 1856.

[5]) W. VOIGT, Kristallphysik, S. 534ff., Leipzig 1910.

[6]) E. GRÜNEISEN u. E. GÖNS, ZS. f. Phys. Bd. 37, S. 278–291. 1926.

[7]) P. W. BRIDGMAN, Proc. Nat. Acad. Amer. Bd. 11, S. 608. 1925; Proc. Amer. Acad. Bd. 61, S. 101–134. 1926.

(Abb. 11). Der Strom i tritt in der Grenzfläche unmittelbar aus der einen Kristallrichtung in die andere über. Im zweiten Falle bilden beide Stäbe Stücke eines und desselben Kristalles, so daß die Achsenrichtung im ganzen betrachteten Stücke konstant ist. Der Strom geht jetzt in einem räumlich ausgedehnten Gebiet allmählich von der einen Richtung in die andere über. Zwischen Querschnitten 1 und 2, die vom Übergangsgebiet hinreichend weit entfernt sind, muß nach dem Gesetz der thermoelektrischen Spannungsreihe der Peltiereffekt gleich sein. Der Unterschied ist aber, daß im ersten Falle ein Oberflächeneffekt, im zweiten ein Raumeffekt auftritt.

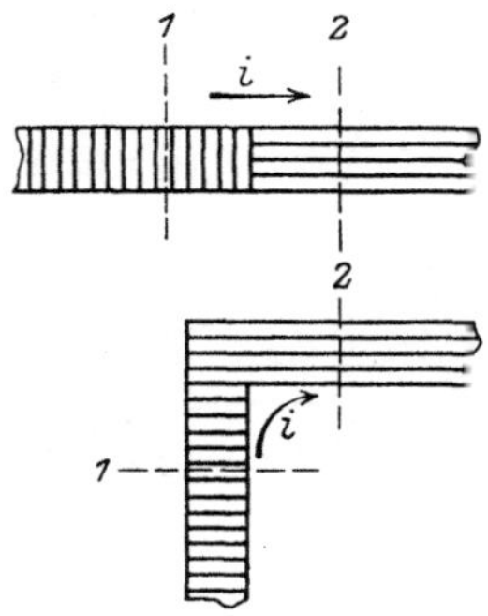

Abb. 11. Stromverlauf in Leiterkreisen, die aus verschieden orientierten Stücken desselben Kristalles bestehen.

Dieses Beispiel zeigt so recht deutlich die Schwierigkeiten, denen ein jeder Versuch, die Frage nach dem Mechanismus der thermoelektrischen Vorgänge zu behandeln, begegnen muß, solange so wenig experimentelles Material wie bisher unter einfachen und sauberen Versuchsbedingungen vorliegt. Ehe man Thermostrom und Peltierwärme im heterogenen Leiterkreise beobachtet, wo der Strom von einem Material in ein anderes mit völlig anderen Atomen und meist noch anderer Gitterstruktur eintritt, ist es notwendig, Leiterkreise quantitativ zu untersuchen, die aus verschieden orientierten Stücken des gleichen Kristalls, also aus verschiedenen Leitern mit gleichen Atomen, bestehen.

Ältere Messungen[1]) an Kristallen gegen Kupfer haben bereits die Anisotropieeffekte festgelegt und näher bestimmt. BORELIUS und LINDH[2]) messen die Thermokraft von Wismutstäbchen gegen Cu, $\parallel$ und $\top$ zur Achse geschnitten, zwischen -170 und 290° C, BRIDGMAN[3]) untersucht Zinn, Wismut, Zink und Kadmium in Einkristallen zwischen 20 und 100° C, LINDER[4]) Zink-Einkristalle zwischen 0 und 300° C.

GRÜNEISEN und GÖNS[5]) messen an Einkristallen aus Zink und Kadmium, parallel und senkrecht zur hexagonalen Achse orientiert, die Thermospannungen gegen Cu zwischen -253 und $+100^\circ$ C. Sind für irgendeine Temperatur die Thermokräfte Kristall-Kupfer für Richtungen, die die Winkel φ und φ' mit der Achse einschließen, e_φ und e'_φ, $e_\parallel$ und $e_\perp$ aber die entsprechenden Thermokräfte parallel und senkrecht zur Achse, so gilt:

$$e_\varphi - e_{\varphi'} = (e_\parallel - e_\perp)(\cos^2\varphi - \cos^2\varphi') . \qquad (18)$$

Eine analoge Gleichung gilt für die Thermospannungen E, wenn φ und φ' temperaturunabhängig sind, also in der Nähe der Achsenrichtungen (nahe 0 und 90°) liegen.

Abb. 12 stellt den Temperaturverlauf der Thermokraft von Kupfer gegen Kristall, Abb. 13 die daraus nach Gleichung (18) berechnete Thermokraft zwischen den beiden kristallographischen Hauptrichtungen dar. Der Verlauf der Thermospannung E und der Thermokraft $e = \frac{dE}{dT}$ zwischen den beiden kristallographischen Hauptrichtungen sind für Zn und Cd sehr ähnliche Temperaturfunktionen.

---

[1]) L. LOWNDS, Ann. d. Phys. Bd. 6, S. 141. 1901; Bd. 9, S. 677. 1902 (Bi); E. BÄCKSTRÖM, Öfvers. K. Akad. Förh. rr. 8, S. 553. 188 ; F. L. PERROT, Arch. sc. phys. et nat., Bd. 6, S. 105 u. 229. 1898; Bd. 7, S. 149. 1899; F. W. JORDAN, Phil. Mag. Bd. 21, S. 455. 1911.

[2]) G. BORELIUS u. A. E. LINDH, Ann. d. Phys. Bd. 51, S. 607. 1916.

[3]) P. W. BRIDGMAN, Proc. Nat. Acad. Amer. Bd. 11, S. 608—612. 1925; Proc. Amer. Acad. Bd. 61, S. 101—134. 1926.

[4]) E. G. LINDER, Phys. Rev. (2) Bd. 26, S. 486—490. 1925.

[5]) E. GRÜNEISEN u. E. GÖNS, ZS. f. Phys. Bd. 37, S. 278—291. 1926.

Von dem Werte Null bei $-273°$ C steigt die e-Kurve zu einem scharfen Maximum von 3,8 bis $3{,}3 \cdot 10^{-6}$ Volt, welches für Zink bei $-225°$, für Kadmium bei $-255°$ liegt, dann folgt ein Abfall zu einem Minimum und langsam beschleunigtem Anstieg zu hohen Temperaturen.

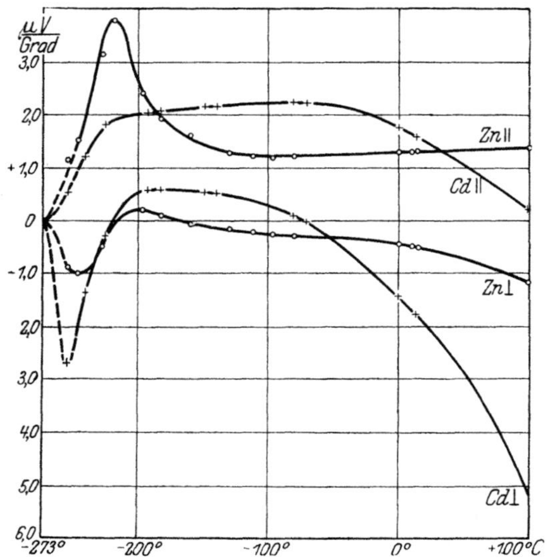

Abb. 12. Thermokraft verschieden orientierter Zn- und Cd-Kristalle gegen Cu.

Die Thermokraft zwischen den beiden Richtungen ein und desselben Zn- bzw. Cd-Kristalls ist sehr beträchtlich, sie ähnelt dem absoluten Betrage nach der zwischen Blei und Kupfer.

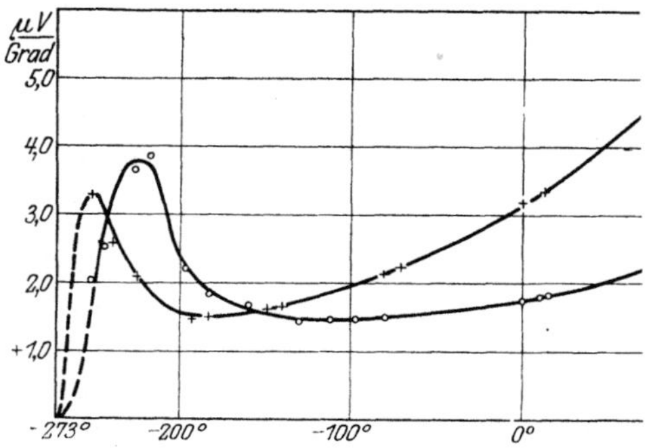

Abb. 13. Thermokraft zwischen den kristallographischen Hauptrichtungen in Zn und Cd.

Unter Zugrundelegung der THOMSONschen Gleichungen wurden aus den e-Kurven der Temperaturverlauf des Peltierkoeffizienten Π (Abb. 14) und die Differenz der Thomsonkoeffizienten $\sigma_{\perp} - \sigma_{\parallel}$ berechnet (Abb. 15). Die letzteren Zahlenwerte dürften wohl, da sie durch zweimalige Differentiation gewonnen sind, nach Angabe der Autoren nicht ganz genau sein.

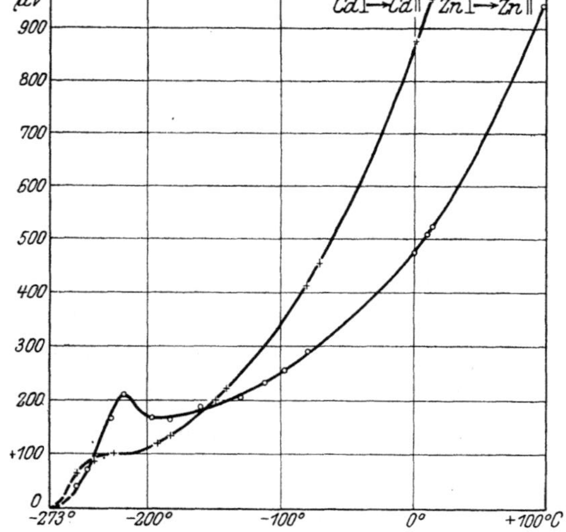

Abb. 14. Temperaturverlauf der Peltierkoeffizienten zwischen normal- und parallel zur Achse orientierten Zn- bzw. Cd-Kristallen. $\Pi_{\perp} \to \Pi_{\parallel}$.

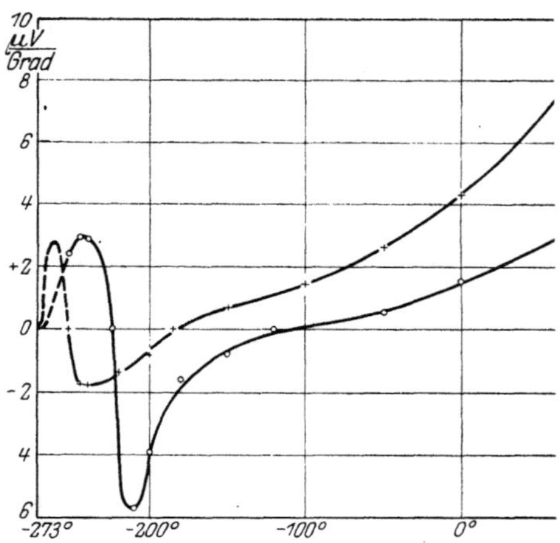

Abb. 15. Temperaturverlauf der Differenz der Thomsonkoeffizienten $\sigma_{\perp} - \sigma_{\parallel}$ für Zn und Cd.

Fast im ganzen Temperaturbereich ist der Thermostrom positiv von $\perp$ nach $\parallel$. Auch das Vorzeichen für Π ist im ganzen Temperaturbereich für Zn und Cd positiv, d. h. beim Übergang des elektrischen Stromes aus der Richtung ⊥ zur Achse in die Richtung || zur Achse tritt bei Zink und Kadmium stets Wärmeentwicklung ein. Die Kurven in Abb. 13 zeigen gegenüber Abb. 12, daß die Thermokräfte zwischen den kristallographischen Hauptrichtungen eines und desselben Kristalles tatsächlich einfachere Temperaturfunktionen sind als sie im allgemeinen zwischen zwei verschiedenen Metallen gefunden werden. Trotzdem sind die erhaltenen Kurven noch immer so kompliziert, daß sich aus ihnen wohl negative Schlüsse über die Ungültigkeit verschiedener Hypothesen der Elektronentheorie ziehen, aber nur wenig positive Grundlagen für den Aufbau einer Theorie erschließen lassen. Die nächste Aufgabe muß sein, die Thomsonkoeffizienten für die einzelnen Kristallrichtungen direkt zu messen (vgl. Ziff. 41).

Die Messungen von LINDER[1]) an Zinkeinkristalldrähten bis zum Schmelzpunkt geben in Gebieten von 0 bis 100° C Übereinstimmung mit GRÜNEISEN und GÖNS. Von 0° bis zum Schmelzpunkt ist der Temperaturverlauf der EMK fast linear. Die Temperaturlage des neutralen Punktes sinkt mit wachsendem Winkel ϑ zwischen hexagonaler Hauptachse und Drahtachse von 300° bei $\vartheta = 14°$ bis 50° bei $\vartheta = 86°$. Auch BRIDGMAN gibt die thermoelektrischen Größen in der Rotationssymmetrie um die Achse an und diskutiert die Zusammenhänge mit der Leitfähigkeit und die Übereinstimmung mit der VOIGTschen Theorie.

In nichtisotropen Einkristallen kommt wegen des transversalen Peltiereffektes ein transversales Temperaturgefälle zustande, das seinerseits wieder eine longitudinale EMK und eine scheinbare Änderung des Widerstandes zur Folge hat. Bei Durchgang von Wechselstrom kann sich das Temperaturgefälle nicht voll ausbilden. Daher ist der scheinbare Widerstand bei Gleich- und Wechselstrom verschieden (Wechselstrom-Gleichstrom-Effekt).

Nach Ausschalten des Gleichstromes tritt eine thermoelektrische Nachwirkung[2]) auf, denn im ersten Augenblick besteht noch das transversale Temperaturgefälle und die longitudinale EMK, die mit dem Pendelunterbrecher beobachtet werden kann.

Diese Effekte wurden von HEURLINGER[3]) als thermoelektrische Erscheinungen erkannt. Die Theorie von HEURLINGER wurde von GEIPEL[4]) und von BORELIUS und LINDH[5]) experimentell geprüft.

Die Messungen an Einkristallen scheinen derzeit die einzige sichere Grundlage für eine aussichtsvolle Weiterarbeit an dem Problem des Zusammenhangs zwischen Konstitution der Materie, Elektrizitätstransport und Wärmetransport zu sein (vgl. Ziff. 42).

33. Elastische Wirkungen. Elastische Beanspruchungen verändern die Gitterstruktur und damit die thermoelektrischen Eigenschaften der Kristalle. Zwischen elastisch beanspruchtem und nicht beanspruchtem Material treten Thermokräfte auf. Nach Analogie der Doppelbrechung bezeichnet BAEDEKER solche Effekte als „akzidentelle Thermokräfte". Jede beliebige elastische Beanspruchung läßt sich auf ein System von drei „Hauptspannungen" reduzieren. Jede Spannung ruft in ihre Richtung sowie senkrecht dazu akzidentelle Thermokräfte hervor. Aus den Hauptspannungen läßt sich mit Hilfe zweier charakteristischer Koeffizienten c und c' das thermoelektrisch-elastische Verhalten vollständig charakterisieren.

---

1) E. G. LINDER, Phys. Rev. (2) Bd. 26, S. 486—490. 1925.

2) R. SEIDLER, Diss. Leipzig 1909, Ann. d. Phys. Bd. 32, S. 337. 1910; H. GEIPEL, Diss. Leipzig 1911, Ann. d. Phys. Bd. 38, S. 149. 1912.

3) T. HEURLINGER, Phys. ZS. Bd. 17, S. 221. 1916 und 1918; 1907, S. 345.

4) H. GEIPEL, Ann. d. Phys. Bd. 51, S. 503. 1916.

5) G. BORELIUS u. A. E. LINDH, Ann. d. Phys. (4) Bd. 51, S. 607—620. 1916.

W. THOMSON[1]) hat bereits die Koeffizienten c und c' qualitativ nachgewiesen. Selbständige Messungen liegen nur über den Koeffizienten der Längsspannung c vor[2]). Aus den Wirkungen eines hydrostatischen Druckes auf die Thermokraft kann man indirekt c' berechnen. Die Änderung der Thermokraft bei Einwirkung eines Druckes von 1 kg/cm² liegt in der Größenordnung 10^{-11} bis 10^{-12} Volt; das Vorzeichen ist verschieden.

Neuere Untersuchungen über die Thermokraft von elastisch deformiertem gegen nicht deformiertes Material, auch bei Beanspruchung über die Elastizitätsgrenze führten BAEDEKER und VEHRIGS[3]) mit Längszug und mit Innendruck (bei Rohren) durch. Bei starker Beanspruchung zeigen alle Metalle thermoelektrisch verfolgbare Hysteresiserscheinungen. Während alle früheren Autoren nur in geringem Druckbereich (bis 300 kg bei WAGNER) experimentierten, sammelt BRIDGMAN[4]) äußerst reichhaltiges Material über die Druckabhängigkeit von e, Π und σ an Sn, Tl, Cd, Pb, Zn, Mg, Al, Ag, Au, Cu, Ni, Co, verschiedenen Eisensorten, Pd, Pt, Wo, Bi, Konstantan und Manganin. Seine umfangreichen und wichtigen Ergebnisse in extenso zu besprechen, mangelt hier der Raum. Die zahlreichen Kurven geben den Temperaturverlauf (0 bis 100° C) der thermoelektrischen Größen jeweils bei konstantem Druck für einen Leiterkreis aus unkomprimiertem und hydrostatisch komprimiertem Material. In dem beobachteten Druckbereich von 2000 bis 12000 kg/cm² können natürlich schon erhebliche Effekte mit ziemlicher Genauigkeit verfolgt werden. Die EMK hat bei den meisten Substanzen bei allen Drucken einen nahezu linearen Temperaturverlauf; auffallende Ausnahmen bilden Fe, Cu, Al. Π und σ werden durch ein- bzw. zweimalige Differentiation aus den e-Kurven ermittelt.

Der Druckeffekt der EMK ist in der Mehrzahl der Fälle positiv, d. h. komprimiertes Material ist thermoelektrisch positiv gegenüber nicht komprimiertem; Ausnahmen kommen nur bei Fe, Al, Sn, Mg, Co, Manganin vor. Ebenso sind fast durchwegs Π und σ positiv. Der Druckkoeffizient der Thermokraft (EMK für 1° und 1 kg/cm²) variiert von $710 \cdot 10^{-12}$ kg/cm² bei Bi zu $-20{,}6 \cdot 10^{-6}$ kg/cm² bei Co, der Koeffizient der Peltierwärme von $2960 \cdot 10^{-6}$ bei Bi, bis $-90{,}6 \cdot 10^{-6}$ kg/cm² bei Co, der der Thomsonwärme von $220 \cdot 10^{-8}$ bei Zn bis $-280 \cdot 10^{-8}$ bei Bi.

Der lineare Zusammenhang zwischen der thermoelektrischen Spannung und der Temperatur bedingt einen sehr ähnlichen Verlauf der Π-Kurven und der EMK-Kurven. Der Verlauf der σ-Kurven ist erheblich komplizierter, bei allerdings wesentlich geringerer Genauigkeit. Nur bei Ag und Au hat auch σ einen durchwegs linearen Verlauf mit der Temperatur, bei Mg ist der Druckeinfluß auf die Thomsonwärme gleich Null, bei Blei hingegen findet ein Anstieg von σ bei hohem Druck und 100° C auf ein hohes Vielfaches des Wertes bei $p = 2000$ kg/cm² statt. Dies ist um so bemerkenswerter, da frühere Autoren wegen der Kleinheit des Thomsoneffektes im Pb unter normalen Verhältnissen vielfach $\sigma_{Pb} \backsim 0$ angeben.

Die Abb. 16 und 17 resp. 18 und 19 geben die Resultate von BRIDGMAN für Zinn und Blei als Beispiele.

Ordnet man die untersuchten Metalle nach der Größe ihres Druckkoeffizienten von e, Π und σ, so ergibt sich bei e und Π bis auf zwei Umstellungen (Al und Cu, Manganin und Sn) die gleiche, bei σ eine völlig abweichende

[1]) W. THOMSON, Math. and Phys. Papers, S. 267.

[2]) E. WAGNER, Ann. d. Phys. (4) Bd. 27, S. 955. 1908.

[3]) K. BAEDEKER u. W. VEHRIGS, Ann. d. Phys. Bd. 44, S. 783. 1914; W. VEHRIGS, Dissert. Jena 1913. Beschreibung auch bei K. BAEDEKER in Graetz Handb. d. Elektr. u. d. Magn. Bd. I, S. 713.

[4]) P. W. BRIDGMAN, Proc. of the Americ. Acad. Bd. 53. S. 269—286. 1918; vgl. auch Tabl. internat. des Constantes.

Reihenfolge. Das besagt, daß nahezu die gesamte EMK in einem Kompressionsthermoelement auf die Differenz der Peltierwärmen an der heißen und der kalten Lötstelle und nur zu einem geringen Teil auf den Druckeffekt der Thomsonwärme zurückgeht. Ein Zusammenhang des Druckeffektes mit der Kompressibilität der Metalle läßt sich nicht erkennen.

Bei flüssigen Metallen [Hg bei verschiedenen Temperaturen, Sn, Bi[1]), K-Na-Eutektikum[2]) u. a.] sind Wirkungen bei hydrostatischem Druck nachgewiesen. Bei Quecksilber steigt der Koeffizient von $194 \cdot 10^{-12}$ Volt bei 50° auf $460 \cdot 10^{-12}$

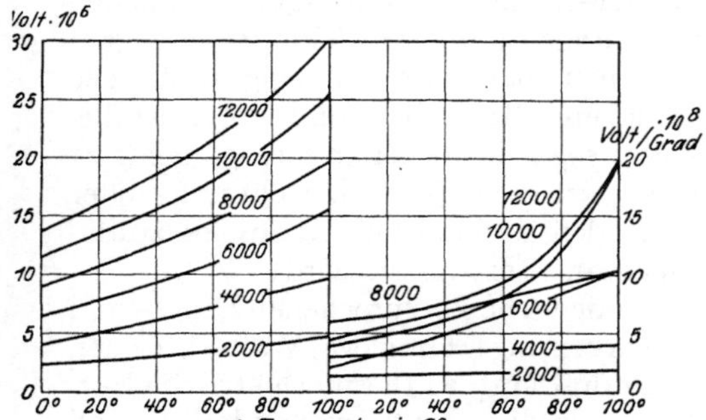

Abb. 16. EMK von komprimiertem gegen unkomprimiertes Zinn bei verschiedenen Temperaturen ($p = 2000$—1200 kg/cm²). (Kalte Lötstelle 0° C, warme Lötstelle 0—100° C.)

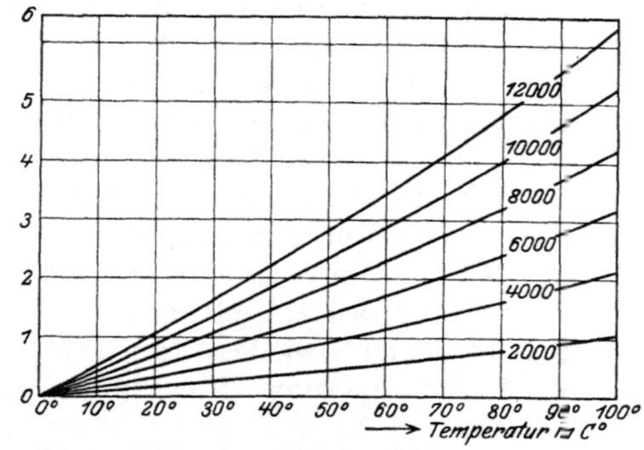

Abb. 17. Peltierwärme (links) und Thomsonwärme (rechts) von komprimiertem gegen unkomprimiertes Zinn.

Volt bei 300° C. Der Effekt ist nicht mehr der Temperatur proportional. Festes Bi hat einen sehr hohen Druckkoeffizienten ($707 \cdot 10^{-12}$ Volt pro kg/cm² nach Wagner), flüssiges Bi nach Siegel einen minimalen Effekt $4 \cdot 10^{-12}$ Volt-kg/cm).

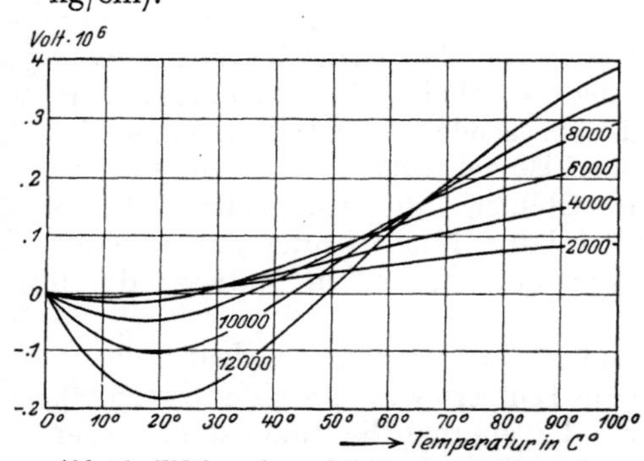

Abb. 18. EMK von komprimiertem gegen unkomprimiertes Blei bei verschiedenen Temperaturen der Lötstellen ($p = 2000$—1200 kg/cm²). (Kalte Lötstelle 0° C, warme Lötstelle 0—100° C.)

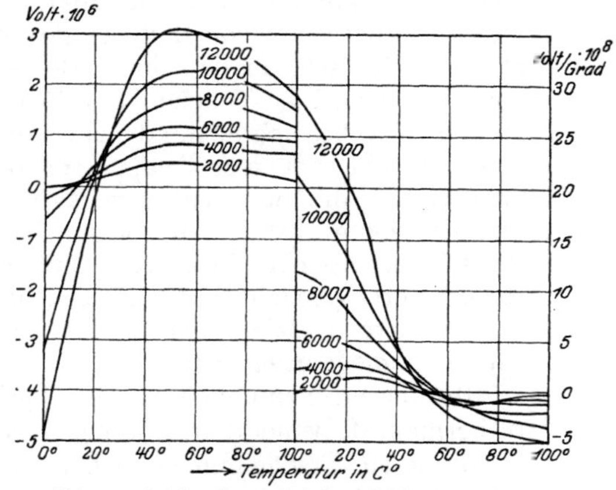

Abb. 19. Peltierwärme (links) und Thomsonwärme (rechts) von komprimiertem gegen unkomprimiertes Blei.

Zugversuche werden von Bridgman[3]) an Fe, Ni, Cu, Messing, Manganin durchgeführt. Der Einfluß des Ziehens auf die Thermokraft ist, im Gegensatz zum Druckeffekt, durchaus unregelmäßig und undurchsichtig. Ähnliches finden andere Autoren. Majo[4]) untersucht verschiedene Thermoelemente bei sehr kleiner Belastung auf Thermokraft und Peltierwärme; dauernde Struktur-

[1]) G. Siegel, Dissert. Leipzig 1911; Ann. d. Phys. (4) Bd. 38, S. 588. 1912.
[2]) H. Hörig, Ann. d. Phys. (4) Bd. 28, S. 371. 1909.
[3]) P. W. Bridgman, Proc. Amer. Acad. Bd. 53, S. 374. 1918.
[4]) E. Majo, Rend. di Napoli (3) Bd. 29, S. 159—172. 1923.

änderung tritt in dem untersuchten Druckbereich nicht auf. Einfluß von Spannungen auf den Thomsoneffekt bestimmt SMITH[1]). Die zeitliche Änderung der Thermokräfte nach dem Ziehen verfolgt THIELE[2]) bei Fe, Ni, Co.

Reine Scherungen können in erster Ordnung aus Symmetriegründen keine akzidentellen Thermokräfte hervorrufen; an einem tordierten Drahte, dessen Enden verschiedene Temperaturen haben, können keine entgegengesetzten Wirkungen auftreten, da keine der beiden Torsionsrichtungen hinsichtlich des Temperaturgefälles ausgezeichnet ist.

34. Andere Struktureinflüsse und Bearbeitungserscheinungen[3]). Aus den Ziff. 32 und 33 war zu ersehen, in welchem Grade die thermoelektrischen Eigenschaften von dem strukturellen Gefüge[4]) einer Substanz abhängig sind. Die meisten in der Praxis verwendeten Metalle und Mineralien sind Polykristalle, in denen die Kristalliten ungeordnet, häufig sogar in lockerem Gefüge gelagert sind. Es ist klar, daß jeder äußere Zwang, sei es, daß er eine Ordnung oder Störung des anfänglichen Gefüges hervorruft, den Mechanismus des Elektrizitäts- und Wärmetransports dauernd oder momentan beeinflussen wird.

a) Mechanische Bearbeitung. Außer den schon besprochenen Druck- und Zugwirkungen hat jede, durch technische Bearbeitung [Hämmern, Walzen, Ziehen usw.[5])] hervorgerufene Strukturänderung Einfluß auf das thermoelektrische Verhalten. Eine Angabe von Daten erübrigt sich, da diese Einflüsse von Fall zu Fall verschieden und meist auch am gleichen Stück nicht reproduzierbar sind.

b) Thermische Behandlung[6]). Fährt man mit einer Flamme (TROUTON) oder mit einem in flüssiger Luft getauchten Kissen (EVE) an einem homogenen Drahte entlang, so zeigt ein zwischen dessen Enden geschaltetes Thermometer wechselnde Thermoströme an. Dieser einfache Versuch demonstriert, von wie starker Einwirkung auf die Thermokraft lokale Ausdehnungen oder Zusammenziehungen, abgesehen von den bei starken Temperaturdifferenzen auftretenden groben Gefügeänderungen, sind. Bei starker Temperaturerhöhung tritt Verschmelzung einzelner Teilchen des Materials ein. An durch Zerstäubung hergestellten Metallschichten fand man stark abweichende thermoelektrische Konstanten, die aber bei einer Temperatur, bei der die kolloiden Teilchen zusammenschmelzen, in die des massiven Materials übergehen [DARLING u. GRACE[7])]. Es ist also von großer Bedeutung für die einschlägigen Untersuchungen, welche technisch-thermischen Prozesse [Tempern, Glühen, Anlassen, Härten[8])] das Material durchgemacht hat. Umgekehrt wird die Beobachtung des Verlaufs der Thermokraft dazu benutzt, um zu konstatieren, ob ein Material durch Tempern homogenisiert ist.

Alterungserscheinungen rasch abgekühlter Legierungen machen sich in der Thermokraft bemerkbar; durch genügendes Tempern wird Stabilität erreicht[9]).

Zu diesen Erscheinungen gehört auch die anfängliche Inkonstanz neuer Thermoelemente.

---

[1]) H. E. SMITH, Proc. Phys. Soc. Bd. 38, S. 1—9. 1925.

[2]) J. THIELE, Ann. d. Phys. (4) Bd. 72, S. 549—564. 1923.

[3]) Vgl. auch die Literaturangaben zu Ziff. 29.

[4]) W. HERAEUS, Ann. d. Phys. Bd. 73, S. 554—576. 1924; G. BORELIUS, ebenda Bd. 74, S. 757—760. 1924.

[5]) W. NOLL, Wied. Ann. Bd. 53, S. 874. 1894; G. TAMMANN, Metallographie, S. 131. 1914; G. BORELIUS, Ann. d. Phys. Bd. 60, S. 391. 1919.

[6]) E. D. CAMPBELL, Phys. Rev. Bd. 27, S. 643. 1926; Electrician Bd. 78, S. 23—25. 1916; E. D. CAMPBELL u. W. C. DOWD, Journ. Iron Steal Inst. 1917; Rev. de Métallurgie Bd. 15, S. 138—142. 1918.

[7]) CH. R. DARLING u. A. W. GRACE, Electrician Bd. 81, S. 69. 1918.

[8]) L. T. NEUMANN, Phys. Rev. Bd. 27, S. 643. 1926 (Härtung).

[9]) JANTSCH, Dissert. Leipzig 1914 u. v. a. Autoren.

Durchschicken starker elektrischer Ströme hat infolge der Entwicklung von JOULEscher Wärme die gleiche Wirkung wie thermische Behandlung.

c) Magnetisieren. Nach dem Magnetisieren tritt bei Eisen und Nickel eine Änderung der Thermokraft ein, die zeitlich variabel und je nach den Umständen positiv oder negativ ist [THIELE[1])]. Ähnlich verhalten sich magnetisierte HEUSLERsche Legierungen[2]) (Nernst-Ettinghausen-Effekt).

Bei den Bearbeitungserscheinungen wirken auch Änderungen der Oberflächenstruktur, Oxydierung, Variation der Gasbeladung (vgl. Ziff. 36) u. ä. mit. Einzelheiten zu diesem Kapitel finden sich in den meisten zitierten experimentellen Arbeiten und verstreut in der metallographischen Literatur.

35. Thermoelektrische Unstetigkeit bei Umwandlung der Gitterstruktur reiner Metalle. Bei der Umwandlung reiner Metalle von einer Modifikation in eine bei anderer Temperatur stabile ändert sich der Gittertypus. Im Verlaufe der Thermokraft und der anderen thermoelektrischen Konstanten als Funktion der Temperatur prägt sich der Umwandlungspunkt durch eine Unstetigkeit aus[3]).

BORELIUS beobachtet Unstetigkeiten der Thermokraft beim Eisen und Nickel beim Übergang vom magnetischen in den unmagnetischen Zustand.

BURGESS und SCOTT[4]) finden an Drähten aus reinem Elektrolyteisen, das im Vakuum geschmolzen worden war, die beiden Umwandlungsstufen des Eisens, und zwar bei 768° C und bei 915° C bzw. 900° (bei Erwärmung bzw. Abkühlung gemessen). Diese von BURGESS bei A_3 gefundene Diskontinuität der Peltierwärme und der Thermokraft pro Grad findet GÖTZ[5]) bei A_4, nur mit spiegelbildlichem Vorzeichen, wieder.

Reines Eisen bietet daher die Möglichkeit, thermoelektrische Vorgänge in ihrer Abhängigkeit von der Gitterstruktur zu untersuchen. Der direkte Vergleich der verschiedenen Eisenmodifikationen zeigt, daß das flächenzentrierte Eisen thermoelektrisch negativ ist gegenüber dem raumzentrierten, gleichgültig, welche körperzentrierte Modifikation (α, β oder δ-Eisen) dem γ-Eisen gegenübersteht. Man kann durch die spiegelbildliche Umwandlung bei A_3 und A_4 den Einfluß der Umlagerung von dem der Temperatur trennen.

SMITS und SPUYMAN[6]) arbeiten eine thermoelektrische Differentialmethode zur Bestimmung von Umwandlungspunkten bei verhältnismäßig tiefen Temperaturen aus. Die Umwandlung des Zinns von der tetragonalen in die rhombische Modifikation legen sie bei 200° fest. Reines Cu zeigt nicht die vermutete Unstetigkeit bei 70°.

Die Thermokraft des Silbers weist nach KAHANOWICZ[7]) auf eine Umwandlung bei 570 und 800° C hin. Nach BIDWELL[8]) soll sich die Modifikationsänderung des Eisens auch in den Thermokraft-Temperaturkurven der Eisenoxyde bemerkbar machen.

36. Mineralien, Salze, Metallwasserstoffverbindungen. Die Thermokraft von Metallverbindungen unterscheidet sich häufig in hohem Maße von der des reinen, in der Verbindung enthaltenen Metalles. Mineralien sind u. a. von

---

[1]) JOH. THIELE, Ann. d. Phys. Bd. 72, S. 549—564. 1923; vgl. auch N. BORDONI, Nuvo-Cim. (6) Bd. 2, S. 245. 1911.

[2]) E. PINCZOWER, Dissert. Freiburg i. Br. 1902; F. A. SCHULZE u. E. TAKE, Verh. d. D. Phys. Ges. Bd. 12, S. 822 u. 1080. 1910.

[3]) Ältere Angaben bei K. BAEDEKER, Graetz Handb. Bd. I, S. 709.

[4]) G. K. BURGESS, Bull. Bur. of Stand. Bd. 14, S. 15—21. 1918; G. K. BURGESS u. H. SCOTT, Journ. Washington Acad. Bd. 6, S. 650—651. 1916; C. R. Bd. 163, S. 30—32. 1916.

[5]) A. GÖTZ, Phys. ZS. Bd. 25, S. 562. 1924.

[6]) A. SMITS u. J. SPUYMAN, Proc. Amsterdam Bd. 23, S. 977—979, 687, 690. 1921

[7]) M. KAHANOWICZ, Linc. Rend. (5) Bd. 31, S. 364—366. 1922.

[8]) C. C. BIDWELL, Phys. Rev. Bd. 8, S. 12—19. 1916; Bd. 10, S. 756—766. 1917.

KÖNIGSBERGER und WEISS[1]) untersucht worden. Die Resultate sind stark abhängig von der Natur des Materials. Zur Übersicht seien einige Zahlen in Tabelle 6 angegeben. Fe_2O_3 und Fe_3O_4 bis 1520° untersucht auch BIDWELL[2]).

Tabelle 6. Thermokraft einiger Mineralien (bei 50 °C).

	10^{-6} Volt/Grad
Molybdänglanz MoS_2, ⊥ Achse . . .	−770
Eisenglanz Fe_2O_3, ⊥ Achse	−500
Pyrit FeS_2	−200
Magnetit Fe_3O_4	− 60
Magnetkies FeS, ⊥ *c*-Achse	+ 26
Ilmenit $FeTiO_3$, = *c*-Achse	+140

Technische Substanzen, wie Nernststift, Auermasse, Natronglas u. a. sind von WEISSENBERGER[3]) untersucht. Künstliche Oxyde (SnS, CdO, Cu_2O) sowie CuJ, das verschiedene Mengen Jod absorbiert hatte, von BAEDECKER[4]).

Bei den festen Halogensalzen des Cd, Pb, Th, Cu, Ag und bei $NaNO_3$ und KNO_3 findet THIELE[5]) einen positiven Thermostrom (Thermokraft pro Grad von der Größenordnung einiger hundert Mikrovolt), der von der erhitzten durch den Elektrolyten zur kalten Lötstelle fließt. Die Thermokraft variiert bei verschiedenen Proben desselben Materials. Flüssige Salzlösungen haben das entgegengesetzte Vorzeichen der Thermokraft wie das feste Salz. Halogensalze von Quecksilber zeigen keinen Thermostrom.

Technische Siliziumsorten geben ebenso oft hohe positive wie negative Thermokräfte, die gegeneinander Spannungsdifferenzen von 1000 Mikrovolt pro Grad aufweisen können. Positives Si geht reversibel durch Aufnahme geringer Mengen von O_2 in negatives über. Nach FISCHER, LEPSIUS und BAERWINDT[6]) entsteht eine feste Lösung von SiO_2 in Si. Doch wird diese Erklärung von anderer Seite bestritten.

In das Gebiet der Verbindungen gehören auch die Erscheinungen an gasbeladenen Metallen. Wasserstoffbeladene Palladiumdrähte geben nach HEIMBURG[7]) negative Thermokräfte gegen Palladium. Bei konstanter Beladung wächst die Thermokraft proportional der Temperaturdifferenz (bis zu 70°)[8]). Bei konstanter Temperaturdifferenz wächst sie anfangs proportional der Wasserstoffkonzentration, in höheren Konzentrationen in vermindertem Maße. Bei 18° C ist $e = 16{,}8 \cdot 10^{-6}$ Volt/Grad. HOLMES[9]) findet bei gasbeladenem Pd gegen Pt eine niedrigere EMK als bei gasfreiem, in einem Thermoelement Gas + Metall → Metall hingegen konstatiert er den umgekehrten Richtungssinn. RUMPF[10]) beschreibt auf Grund des Gasbeladungseffektes ein thermoelektrisches Manometer für kleine Drucke.

37. Legierungen. (Gemenge, intermetallische Verbindungen, Mischkristalle[11]).)

[1]) J. KOENIGSBERGER u. J. WEISS, Ann. d. Phys. (4) Bd. 35, S. 1. 1911.

[2]) C. C. BIDWELL, l. c.; vgl. auch S. L. BROWN u. L. O. SHNIEMAPPEN, Phys. Rev. Bd. 5, S. 385. 1915 (Cu_2O CuO_2, Fe_3O_4).

[3]) A. WEISSENBERGER, Phys. ZS. Bd. 15, S. 195. 1914; Ann. d. Phys. (4) Bd. 49, S. 481. 1916; vgl. auch F. SHEARER, Phys. Rev. Bd. 34, S. 238. 1912.

[4]) K. BAEDEKER, Ann. d. Phys. (4) Bd. 22, S. 749. 1907.

[5]) JOH. THIELE, Phys. ZS. Bd. 26, S. 321. 1925.

[6]) F. FISCHER, R. LEPSIUS und E. BAERWINDT, Phys. ZS. Bd. 14, S. 439. 1913; ZS. f. anorg. Chem. Bd. 81, S. 243, 1913 u. Bd. 97, S. 56. 1916; F. FISCHER u. E. BAERWINDT, Phys. ZS. Bd. 17, S. 373. 1916.

[7]) F. HEIMBURG, Phys. ZS. Bd. 24, S. 149—151. 1923.

[8]) Vgl. auch P. RAETHJEN, Phys. ZS. Bd. 25, S. 84—89. 1924.

[9]) R. M. HOLMES, Phys. Rev. Bd. 22, S. 137—147. 1923; Science Bd. 56, S. 201 bis 202. 1922.

[10]) E. RUMPF, ZS. f. techn. Phys. Bd. 7, S. 24—26. 1926.

[11]) Literatur über Mischkristalle z. B. W. GUERTLER, Handb. d. Metallographie; G. TAMMANN, Metallographie und Originalarbeiten; ferner ZS. f. Metallogr. u. Metallkde.

Es war schon bald nach der Entdeckung der thermoelektrischen Effekte bekannt, daß Legierungen mitunter Thermokräfte zeigen, die die der Komponenten um ein Vielfaches übersteigen. Insbesondere bringen geringe Zusätze fremder Metalle (Zusatz weniger Prozent Sn zu Bi, Edelmetallegierungen, Fe—Wo, Ni—Cr usw.) sehr starke Wirkungen hervor. Diese Tatsache wurde technisch zur Konstruktion von Thermoelementen hoher EMK benutzt.

In der älteren Literatur finden sich eine Fülle von Einzelmessungen an Legierungen, die aber wegen ihrer Unsystematik und auch wegen oft mangelnder Charakterisierung des Materials für eine systematische Übersicht über die thermoelektrischen Eigenschaften heute vielfach wertlos sind.

Die Untersuchung der physikalisch-chemischen Eigenschaften von Legierungen auf Grund von „thermischer Analyse", Röntgendiagrammen, mikrooptischer Beobachtung, Leitfähigkeitsuntersuchungen usw. hat zu einer Einteilung der binären Legierungen in zwei Hauptklassen auf Grund ihrer Struktur geführt.

A) Legierungen, deren Kristallite alle dieselbe Zusammensetzung haben (Mischkristalle, feste Lösungen).

B) Legierungen, die aus zwei Kristallarten bestehen (Gemenge der reinen Metalle oder ihrer Verbindungen oder der Endglieder von Mischkristallreihen).

Wir besprechen im folgenden die hauptsächlichsten Typen:

38. Mechanische Gemenge. Bilden die beiden Komponenten einer Legierung ein mechanisches Gemenge, so liegt dessen Thermokraft stets zwischen den Thermokräften der Komponenten.

Ursprünglich nahm man nach Beobachtungen von RUDOLPHI[1]) an einigen Metallpaaren an, daß die Thermokraft von Gemengen eine lineare Abhängigkeit von der Konzentration aufweist, so daß sie sich nach der Mischungsregel berechnen läßt. Die Untersuchungen von HAKEN[2]) haben aber, insbesondere bei Wismut- und Tellurlegierungen, gezeigt, daß Abweichungen vom linearen Verlauf vorkommen.

Theoretisch ergibt sich nach einem Ansatz von TAMMANN[3]) der lineare Verlauf der Thermokraft eines Gemenges, wenn man annimmt, daß die EMK pro Grad dem thermischen Leitvermögen, also dem Wärmestrom, proportional ist; MASING[4]) gibt eine elementare Ableitung für die Thermokraft binärer metallischer Gemenge, in die neben dem Wärmeleitvermögen auch die elektrische Leitfähigkeit der Komponenten eingeht. Er gibt die maximalen möglichen Abweichungen vom geradlinigen Verlauf an; danach kann die Thermokraftkurve unmöglich eine Kettenlinie sein, die unterhalb der Werte der Komponenten durchhängt, sondern alle ihre Werte liegen zwischen denen der reinen Komponenten. Wird eine Kettenlinie beobachtet, so kann dies als ein Beweis für strukturelle Abweichungen vom mechanischen Gemenge angesehen werden.

39. Verbindungen. Bei Legierungen von Metallen, welche Verbindungen eingehen, zeigt der Verlauf der Thermokraft für die der Verbindung entsprechende Zusammensetzung eine plötzliche Diskontinuität. Die Thermokräfte von Metallverbindungen lassen sich nicht aus denen der Komponenten berechnen.

Bei Selen-Antimonlegierungen fällt z. B. bei niederen Temperaturen die Thermokraftkurve bei geringer Sb-Konzentration nahe mit der des Se zusammen; bei der Verbindung Sb_2Se_3 wird sie etwa 10mal größer[5]). Die Verbindungen können ihrerseits wieder Gemenge oder feste Lösungen mit den Komponenten bilden.

---

[1]) E. RUDOLPHI, ZS. f. anorg. Chem. Bd. 67, S. 65. 1910.

[2]) W. HAKEN, Ann. d. Phys. (4) Bd. 32, S. 291. 1910.

[3]) G. TAMMANN, Metallographie, 3. Aufl., S. 347. Leipzig: Leop. Voss 1923.

[4]) G. MASING, Wiss. Veröffentl. a. d. Siemens-Konz. Bd. 5, S. 175—182. 1926.

[5]) H. PÉLABON, Ann. de chim. Bd. 13, S. 121, 153. 1920.

Das Auftreten ausgezeichneter Punkte im thermoelektrischen Diagramm wird metallographisch zum Nachweis von Verbindungen benutzt.

40. Mischkristalle[1]). Metalle, die in der gleichen oder in benachbarten Gruppen des periodischen Systems stehen (gleicher Gittertypus, ähnliche Gitterkonstante), bilden Mischkristallreihen. Die thermoelektrischen Konzentrationskurven solcher Mischkristalle werden, besonders, wenn man zunächst von Mischungslücken absieht, recht übersichtlich, gleichgültig, ob man die Thermokraft pro Grade, die Peltierwärme Π, den Temperaturkoeffizienten der Peltierwärme $\frac{d\Pi}{dT}$ oder die Thomsonwärme σ betrachtet.

Das Verdienst, systematische thermoelektrische Beobachtungen metallischer Mischkristalle mit Rücksicht auf die Stellung der Komponenten im periodischen System durchgeführt zu haben, gebührt vor allem BORELIUS[2]) und seinem Mitarbeiter SEDSTRÖM[3]). Unter den von ihm vertretenen Gesichtspunkten diskutiert und ordnet BORELIUS auch die Resultate anderer Beobachter [GEIBEL, HAKEN, RUDOLFI[4]) u. v. a.].

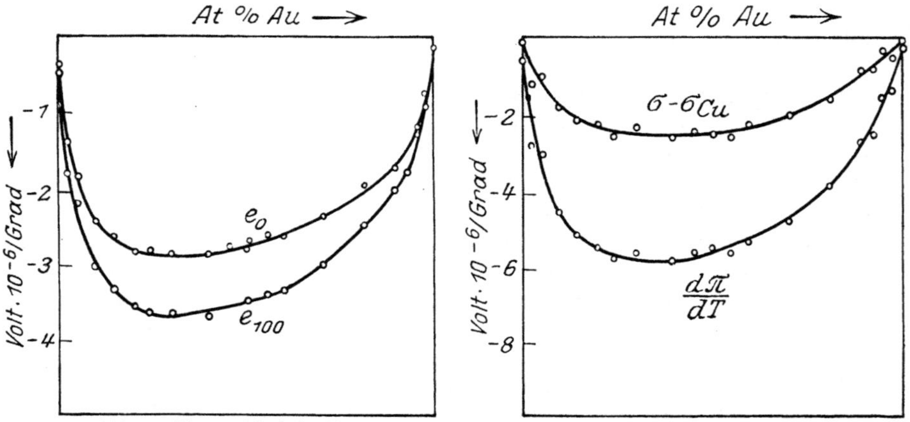

Abb. 20. Thermoelektrische Konzentrationsdiagramme für das Mischkristallsystem AuAg.

Während in älteren Darstellungen vielfach die Ansicht vertreten wird, daß die thermoelektrischen Konzentrationskurven fester Lösungen die Form von Kettenlinien haben, zeigen diese neueren Zusammenstellungen, daß man von den untersuchten Substanzen nur bei AgAu von einer eigentlichen Kettenlinie sprechen kann.

Gehören die beiden Komponenten derselben natürlichen Gruppe an, so hat die Thermokraftkurve einen sehr einfachen Verlauf (Beispiele AuAg-AuCu, BiSb). Abb. 20 zeigt als Beispiel die e-Kurven von AuAg bei 0° C, den Verlauf

[1]) Bibliographie: W. BRONIEWSKI, Thèses Paris 1911; Graetz Handb. (Art. BAEDECKER) Bd. I; A. BERNOULLI, Jahrb. d. Radioakt. Bd. 9, S. 278. 1912; E. SEDSTRÖM, Dissert. Stockholm 1924; G. BORELIUS, ZS. f. Metallkde. Bd. 11, S. 169. 1919; Lunds Arsskrift Bd. 14, Nr. 17. 1918; G. SIEBEL, Die Elektrizität in Metallen. Vieweg 1922; J. L. HOUGHTON, Engineering Bd. 109, S. 803—807. 1920; A. W. SMITH, Journ. Frankl. Inst. Bd. 192, S. 69 bis 105 u. 157—202. 1921.

[2]) G. BORELIUS, Ann. d. Phys. Bd. 53, S. 615. 1917.

[3]) E. SEDSTRÖM, Ann. d. Phys. Bd. 59, S. 134. 1919; Dissert. Stockholm 1924.

[4]) W. GEIBEL, ZS. f. anorg. Chem. Bd. 69, S. 38. 1911; Bd. 70, S. 240. 1911; W. HAKEN, Ann. d. Phys. (4) Bd. 32, S. 291. 1910; E. RUDOLFI, ZS. f. anorg. Chem. Bd. 67, S. 65. 1910; A. CASWELL, Phys. Rev. Bd. 12, S. 231. 1918; A. CASWELL u. MC KAY, ebenda Bd. 12, S. 226. 1918 (Sn—Bi). Ternäre Mischkristallsysteme u. a. bei W. VOIGT, ZS. f. anorg. Chem. Bd. 120, S. 309. 1921; DUPUY u. PORTERIN, C. R. Bd. 155, S. 1082. 1912; FISCHBECK, ZS. f. anorg. Chem. Bd. 125, S. 1. 1922.

von $\frac{d\Pi}{dt}$ bei 50° C und den Verlauf von σ, auf Cu bezogen; die dargestellten Legierungen sind gegen die reinen Metalle bis zu 2 bis 3 Mikrovolt pro Grad negativ.

In der nächsten Abb. 21 sind die Thermokräfte der für die Messung hoher Temperaturen wichtigsten Edelmetallkombinationen Pt—Rh, Pt—Ir und Pt—Pd (Gruppe 8) bei einer mittleren Temperatur (30 bis 50° C) und bei 1000° C dargestellt. Das positive Metall, das hier auch den höheren Schmelzpunkt hat, steht immer auf der rechten Seite. Die Kurven zeigen deutliche Übereinstimmung. Sie sind alle bei hohen Temperaturen nach der positiven Seite gebogen und werden bei tieferen Temperaturen bis nahe an das negative Metall fast geradlinig.

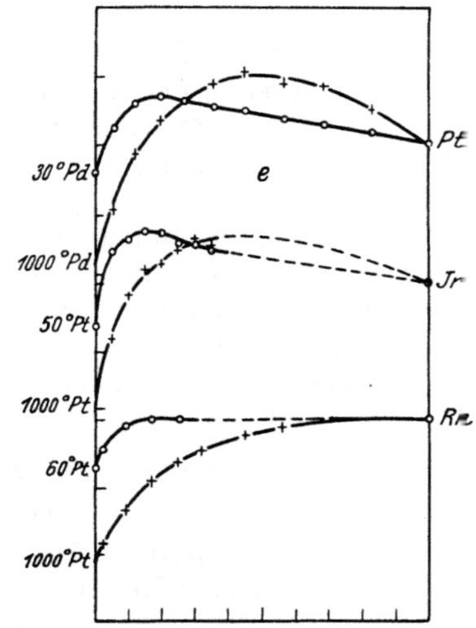

Abb. 21. Konzentrationsdiagramme der Thermokraft einiger Edelmetallkombinationen.

Legierungen von Metallen aus nahe benachbarten Gruppen [(z. B. AuCd, AuZn, AgCd, AgZn, CuZn) bzw. (AuPd, AgPd, CuNi)] haben einen etwas komplizierteren Verlauf. Als Beispiel seien die thermoelektrischen Konzentrationsdiagramme $\left(\text{für } e_0 e_{100},\ \sigma - \sigma_{\mathrm{Cu}},\ \frac{d\Pi}{dt}\right)$ der lückenlosen Mischkristallreihe PdAg (nach SEDSTRÖM) in Abb. 22 gezeigt.

Die Diagramme von Reihen mit Mischungslücken sind naturgemäß bedeutend komplizierter. Die „thermoelektrische Analyse“ bietet ein feines Mittel

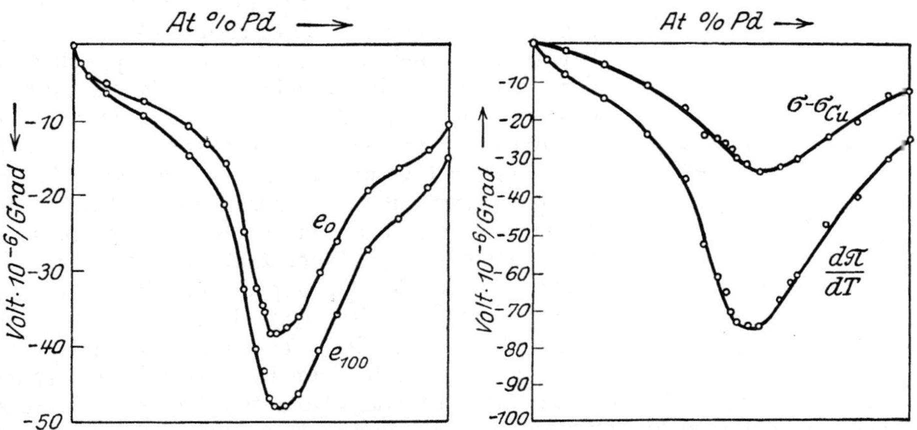

Abb. 22. Thermoelektrische Konzentrationsdiagramme für das Mischkristallsystem PdAg.

zur Feststellung von Mischungslücken. Dies geht z. B. aus Messungen von SEDSTRÖM am System PtCu hervor, aus dessen Zustandsdiagramm auf lückenlose Mischbarkeit geschlossen worden war. Die Thermokraftkurve läßt mit großer Wahrscheinlichkeit auf eine Mischungslücke in der Nähe von 10 At-% Pt schließen. Die Grenzen der Mischungslücke (10 bis 20 At-% Pt) treten deutlich in der elektrischen Widerstandskurve und in der Kurve der Wärmeleitfähigkeit auf.

TAMMANN warnt allerdings vor einer Überschätzung der thermoelektrischen Methoden zur Strukturuntersuchung von Mischkristallen in der Praxis[1]), da zufällige Inhomogenitäten, teilweise Ordnung der Kristalliten usw., recht beträchtliche Differenzen ergeben können. Es ist aber kein Zweifel, daß das Studium sorgfältig hergestellter, im Hochvakuum getemperter Legierungsreihen sowohl für die Aufklärung der thermoelektrischen Erscheinungen wie auch für die Strukturkenntnis ein sehr wertvolles Mittel bildet.

BORELIUS vermutete zunächst, daß die beobachteten Kurven sich in vielen Fällen aus geradlinigen Stücken zusammensetzen lassen, die sich an Stellen einfacher Atomproportionen schneiden. (Das würde auf die TAMMANNschen Resistenzgrenzen hindeuten.) Die Ergebnisse von SEDSTRÖM haben diese scharfe Formulierung stark abgeschwächt. Eine Klärung der Frage des Auftretens derartiger Knickpunkte in Mischkristalldiagrammen (die nicht mit den die sog. chemischen Verbindungen bezeichnenden zu verwechseln sind), steht noch aus.

Eingehende Diskussion der einzelnen Systeme s. in der zitierten Literatur.

i) Beziehungen der thermoelektrischen zu anderen physikalischen Größen.

41. Thomsoneffekt bei tiefen Temperaturen; periodisches System der Elemente, atomare Eigenfrequenz. Aus den gerichteten Effekten in Einkristallen, den Druck- und anderen Bearbeitungserscheinungen, den Untersuchungen an Mischkristallen ist schon hervorgegangen, daß die thermoelektrischen Größen in einer nahen Beziehung zum Gitterbau, zur Natur und Anordnung der Atome und zu dem daraus resultierenden Mechanismus des Elektronentransports stehen müssen. Es ist klar, daß sich infolgedessen Analogien mit dem Verlauf anderer physikalischer Größen, die gleichfalls in enger Beziehung zum strukturellen Feinbau stehen, ergeben. Dies zeigte sich ja schon bei der Ordnung der thermoelektrischen Mischkristalldiagramme nach der Stellung der metallischen Komponenten im periodischen System der Elemente.

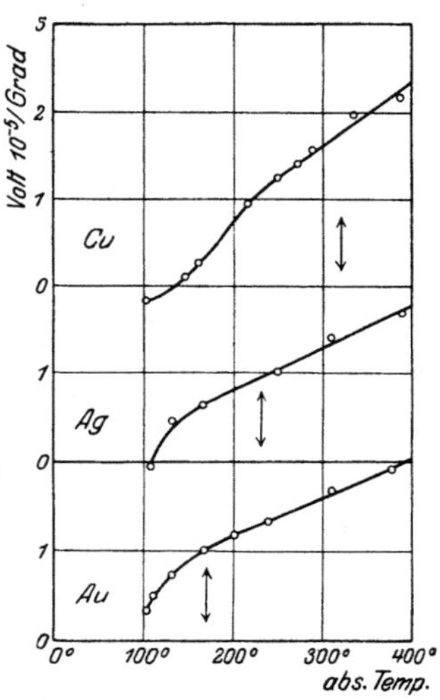

Abb. 23. Thomsoneffekt bei tiefen Temperaturen.

Man wird vermuten müssen, daß auch in dem Temperaturverlauf der Thermokraft, Peltier- und Thomsonwärme der reinen Metalle gesetzmäßige Beziehungen zur Ordnungszahl bzw. zur Zahl der Elektronen in der äußeren Schale des Atoms sich zeigen werden. Bei den beiden erstgenannten Phänomenen ist der Temperaturverlauf kompliziert, da es sich hier um Heterogeneffekte handelt. Bei der direkten Messung des THOMSONschen Homogeneffektes bei niederen Temperaturen (100 bis 400° abs.) aber konnten BORELIUS und GUNNESON[2]) eine deutliche Übereinstimmung im Kurventypus bei Elementen, die derselben Gruppe angehören, feststellen (Cu, Ag und Au, Cd und Zn, Sn und Pb). Abb. 23 zeigt den Verlauf der Thomsonwärme bei Cu, Ag, Au. Die Pfeile bezeichnen jeweils die charakteristische Temperatur des betreffenden Metalls $\Theta = \frac{h\nu}{k}$, wie sie aus den spezifischen Wärmen berechnet würde. Entsprechend

---

[1]) Vgl. dazu M. GALIBOURG, C. R. Bd. 174, S. 647—550. 1922.

[2]) G. BORELIUS u. F. GUNNESON, Ann. d. Phys. (4) Bd. 65, S. 520—540. 1921.

diesen charakteristischen Temperaturen erscheint der Kurvenverlauf verschoben, oberhalb Θ werden alle Kurven geradlinig. Es besteht also offenbar auch eine Beziehung zur Eigenfrequenz der Atome.

42. Parallelität mit der elektrischen und thermischen Leitfähigkeit. Fast alle Experimentatoren haben neben den thermoelektrischen Effekten auch die elektrische und thermische Leitfähigkeit ihrer Proben untersucht. Es treten offenbare Analogien im Verhalten aller dieser Größen zutage, und deutliche Strukturänderungen prägen sich in gleicher Weise in den Kurven aus, so z. B. Diskontinuitäten bei Umwandlungspunkten im Temperaturverlauf reiner Metalle, bei Mischungslücken in Konzentrationsdiagrammen von Legierungen, Abhängigkeit der Größen von der Achsenrichtung in anisotropen Kristallen.

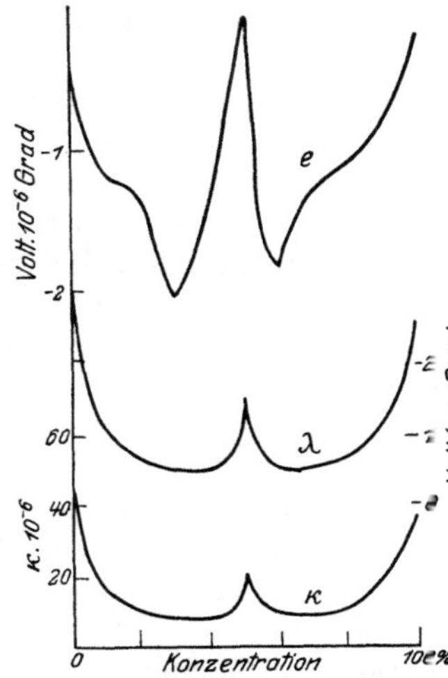

Abb. 24. Elektrische Leitfähigkeit (κ Wärmeleitfähigkeit (λ) und Thermokraft e des Mischkristallsystems Au Cu nach SEDSTRÖM.

Besteht in Hinsicht auf diese groben Strukturmerkmale Übereinstimmung, so lassen sich die feineren Details im Verlaufe der thermoelektrischen Daten nicht eindeutig auf die Leitfähigkeiten abbilden. Z. B. zeigt die elektrische Leitfähigkeit, thermische Leitfähigkeit und Thermokraft einer Au-Cu-Legierung an derselben Stelle einen Knick im Konzentrationsdiagramm, im einzelnen weicht der Verlauf der Thermokraft von dem der Leitfähigkeiten ab.

Soweit das WIEDEMANN-FRANZsche Gesetz gilt, ist die relative Beziehung zwischen den thermoelektrischen Daten und der elektrischen bzw. thermischen Leitfähigkeit parallel, außerhalb des Gültigkeitsbereiches der WIEDEMANN-FRANZschen Beziehung aber werden die Verhältnisse noch undurchsichtiger. Die Gültigkeit der THOMSONschen Gleichungen läßt vermuten, daß die thermoelektrischen Prozesse und der Prozeß der Wärmeleitung in gar keiner gegenseitigen Bedingtheit stehen und Analogien im Verlauf nur auf eine gemeinsame Ursache (Strukturgründe) zurückzuführen sind.

Hinsichtlich der elektrischen Leitfähigkeit aber bieten die Experimente ein deutlicheres Bild einer engeren Verknüpfung mit den thermoelektrischen Daten. In fast allen Fällen aber sind die letzteren, wie sie experimentell beobachtet wurden, die komplizierteren Funktionen. Während sich z. B. die elektrische Leitfähigkeit eines Gemenges nach der Mischungsregel berechnen läßt und einen linearen Verlauf hat, ist dies bei der Thermokraft nicht mehr ausnahmslos der Fall. Der Druckkoeffizient des elektrischen Widerstandes von Metallen steht in enger Beziehung zur Kompressibilität, für die Druckabhängigkeit von e, Π, σ gilt dies nicht. Allerdings kommt in allen diesen Fällen immer die Frage nach völlig einwandfreien Versuchsbedingungen in Betracht.

Stoffe mit schlechter Leitfähigkeit haben durchweg eine sehr hohe Thermokraft. Dies zeigen Mineralien und Salze sowie das mit freiem Jod beladene Kupferjodür. Nach BAEDECKER stieg die Thermokraft einer mit Jod beladenen Kupferjodürschicht von $200 \cdot 10^{-6}$ Volt auf $589 \cdot 10^{-6}$ Volt, während gleichzeitig der elektrische Widerstand von 3736 Ohm auf 615000 Ohm zunahm. Das Maß der Steigung ist allerdings, wie ersichtlich, in beiden Fällen um zwei Größenordnungen verschieden. Das gleiche Verhältnis zeigt sich bei der durch Photoeffekt hervorgerufenen Variation.

In Thermoelementen, die aus zwei reinen Metallen bestehen, sind nur die Differenzen der Thermokräfte mit denen der Leitfähigkeiten vergleichbar. Hier ergeben sich keine Gesetzmäßigkeiten. Hingegen ist es auffallend, wie genau Lage und Form der Maxima im Einkristall-Thermoelement bei der Kurve $e\perp/e\|$ mit denen von $\sigma\|/\sigma\perp$ (σ = spez. Widerstand) übereinstimmen (GRÜNEISEN u. GÖNS). Die gleiche Gesetzmäßigkeit ergibt sich für Richtungen, die beliebige Winkel mit den Achsen einschließen (BRIDGMAN). Das Maximum der Thermokraft und das Maximum des Leitfähigkeitsunterschiedes scheinen also auch hier auf die gleichen Ursachen zurückführbar zu sein.

43. Einfluß von Belichtung. Zwischen thermoelektrischen und photoelektrischen Phänomenen besteht scheinbar ein Zusammenhang. Die Thermokraft dünner Selenschichten (graukristalline Modifikation) wird nach HOLMES[1]) bei Belichtung vermindert. Die Verkleinerung ist proportional der Widerstandsverminderung durch Bestrahlung. Einer 5proz. Verminderung der Thermokraft entspricht eine 700proz. Verkleinerung des Widerstandes. KENNARD und DEIERICH[2]) beobachten gleichfalls einen Einfluß des Lichtes auf die EMK zwischen Selen und Kupferoxyd. Die EMK variiert mit der Lichtintensität, auch spielt der Ermüdungseffekt als Funktion der Zeit eine Rolle.

COBLENTZ[3]) führt Beobachtungen bei Bestrahlung von Molybdänglanzkristallen gleichfalls auf thermoelektrische Ursachen zurück.

44. Wirkung eines Magnetfeldes. Transversale und longitudinale Effekte (vgl. Kap. 5). (NERNST-ETTINGSHAUSEN). Durch eine Metallplatte, die sich in

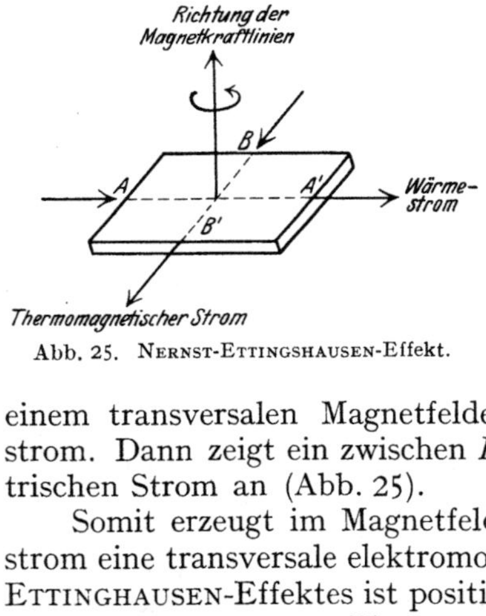

Abb. 25. NERNST-ETTINGSHAUSEN-Effekt.

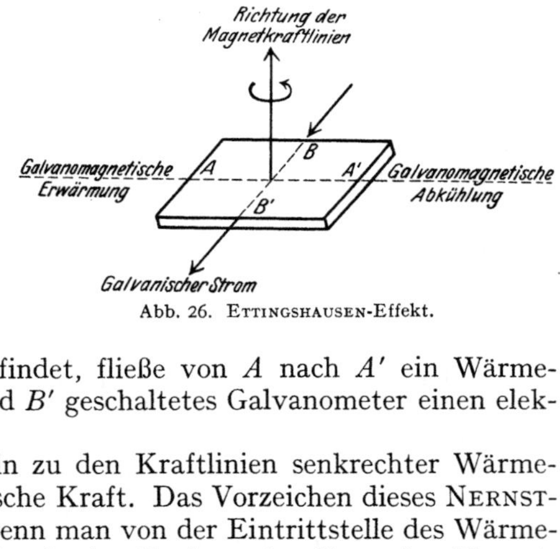

Abb. 26. ETTINGSHAUSEN-Effekt.

einem transversalen Magnetfelde befindet, fließe von A nach A' ein Wärmestrom. Dann zeigt ein zwischen B und B' geschaltetes Galvanometer einen elektrischen Strom an (Abb. 25).

Somit erzeugt im Magnetfelde ein zu den Kraftlinien senkrechter Wärmestrom eine transversale elektromotorische Kraft. Das Vorzeichen dieses NERNST-ETTINGHAUSEN-Effektes ist positiv, wenn man von der Eintrittstelle des Wärmestroms zum wärmeren Plattenrand durch eine Drehung im Sinne des Magnetstroms gelangt.

Läßt man umgekehrt durch eine im Magnetfelde befindliche Metallplatte einen primären elektrischen Strom in Richtung $B\,B'$ fließen, so erzeugt er in der dazu senkrechten Richtung eine Temperaturdifferenz. In A findet Erwärmung, in A' Abkühlung statt (Abb. 26). Das Vorzeichen dieses von ETTINGSHAUSEN entdeckten Effektes ist positiv, wenn man von der Eintrittsstelle des Primärstroms zum wärmeren Plattenrand durch eine Drehung im Sinne des Magnetstromes gelangt.

[1]) R. M. HOLMES, Phys. Rev. Bd. 25, S. 250. 1925.
[2]) E. K. KENNARD u. E. O. DEIERICH, Phys. Rev. Bd. 9, S. 58. 1917.
[3]) W. W. COBLENTZ, Journ. Washington Acad. Bd. 12, S. 411—412. 1922.

Diesen beiden Transversaleffekten entsprechen vier longitudinale Effekte, d. h. es treten sowohl Thermokraft wie Peltierwirkung zwischen transversal bzw. longitudinal magnetisiertem Material und nichtmagnetisiertem Material auf[1]).

Man muß vermuten, daß auch der Halleffekt in unmittelbarem Zusammenhange mit der Thermokraft steht. Wenigstens wird behauptet, daß Halleffekt und Thermokraft stets korrespondierendes Vorzeichen hätten (Regel von BEATTIE).

Die Theorie aller dieser Erscheinungen steht noch aus[2]). Für die Transversaleffekte ergibt sich bei Bi, Sb, den ferromagnetischen Metallen u. a. eine Abhängigkeit der Größe des Effektes von der Feldstärke, sonst Proportionalität mit $\mathfrak{H}$. Für die longitudinalen Effekte liegt wenig gutes Beobachtungsmaterial vor. Aus Symmetriegründen mußten sie von dem Quadrat der Feldstärke abhängen. Näheres über magnetische Effekte vgl. Kap. 5.

45. Neuere Theorien der thermoelektrischen Erscheinungen[3]). Die thermodynamische Theorie ergibt den quantitativen Zusammenhang der thermoelektrischen Größen, aber sie sagt nichts aus über die Natur der Prozesse.

Es wurde daher versucht, die KELVINsche Theorie auf Grund spezieller Annahmen über den Sitz der elektromotorischen Kraft zu erweitern (BUDDE, KOHLRAUSCH, LORENTZ, PLANCK). Alle diese Annahmen können aber nicht direkt an der Erfahrung geprüft werden.

Anschließend an die verschiedenen Fassungen der Elektronentheorie wurden fast ebenso viele elektronentheoretische Ableitungen für die Thermokraft gegeben. Wir übergehen die älteren Versuche im einzelnen und erwähnen nur die Auffassung von H. A. LORENTZ[4]) u. A., nach der in den verschiedenen Teilen eines Leiterkreises Elektronen in verschiedener Konzentration und verschiedener mittlerer Geschwindigkeit der Wärmebewegung vorhanden sind. Infolgedessen entstehen Bewegungen elektrischer Ladungen (Diffusionsströme).

Sind in den beiden Metallen des Thermoelementes die Elektronenzahlen pro cm³ n_A und n_B und α die Zunahme der mittleren kinetischen Energie eines Elektrons pro Grad Temperaturzunahme, ε die Elektronenladung, so wird die Thermokraft (Metall A positiv gegen Metall B)

$$e = \frac{2}{3}\,\frac{\alpha}{\varepsilon}\,\lg\frac{n_A}{n_B} \tag{19}$$

wobei

$$\frac{2\alpha}{3} = \frac{R}{N} = k \tag{19a}$$

(N = LOSCHMIDTsche Zahl, R = Gaskonstante). Zu demselbem Ausdruck gelangt J. J. THOMSON auf Grund von Gleichgewichtsbetrachtungen. Bei anderen Autoren unterscheidet sich das Resultat nur durch den Zahlenfaktor.

Die Parallelität von hohem spezifischem Widerstand und großer Thermokraft läßt sich zwar nach (Gl. 19) verstehen, da Stoffe mit geringer Elektronenzahl, also schlechter Leitfähigkeit, absolut genommen eine hohe Thermokraft gegen das

---

[1]) Zusammenstellung der bisherigen Messungsergebnisse bei SIEBEL, Die Elektrizität in Metallen, 3. Aufl., S. 89, Tab. 15; CAMPBELL, Electromagnetic and thermomagnetic Effects. Cambridge 1923.

[2]) O. M. CORBINO, Lincei Rend. Bd. 29, S. 282. 1920. (6) S. 526—30. 1925. (6) Bd. 3, S. 3—8. 1926.

[3]) Literatur vgl. bei R. SEELIGER, Enzyklopädie der Mathemat. Wissenschaften Bd. V 2, S. 778. Leipzig: Teubner; ferner E. SUTER, Die Elektronentheorie der Metalle. Bern 1920 (speziell die Theorie von N. BOHR) und die älteren Jahrbücher.

[4]) H. A. LORENTZ, Amst. Acad. Jan.—März 1905, Theory of electrons 63—67 und 266—273. Teubner 1909.

Vergleichsmetall haben. Dagegen läßt sich das Verhalten variabler Leiter, also mit der Temperatur wechselnder kleiner Elektronenzahl, nicht ableiten, denn bei diesen mußte die Elektronenzahl bald sehr groß, bald sehr klein werden. Beim Schmelzen ergibt sich ein kontinuierlicher Übergang der Thermokraft, wie dies auch dem experimentellem Befunde entspricht.

BAEDECKER und KRÜGER schieben dem Elektronengas nach den Beobachtungen über Elektronenmission erhitzter Leiter einen Dampfdruck zu und ersetzen demgemäß die Elektronenzahlen durch die entsprechenden Dampfdrucke.

Die Peltier- und Thomsonwirkungen werden mit Zuhilfenahme der Thermodynamik aus den Formeln für die Thermokraft abgeleitet. Die LORENTZsche Theorie führt aber zu viel zu hohen numerischen Werten.

Neuere Fassungen der Elektronentheorie berücksichtigen die atomaren Kraftfelder (LIVENS, JEANS, LINDEMANN, J. J. THOMSON); so hat insbesondere BOHR, ausgehend von der Theorie von LORENTZ, auch die thermoelektrischen Phänomene auf Grund der allgemeinsten kinetisch-statistischen Annahmen (nach der BOLTZMANNschen Statistik) behandelt. Die Berücksichtigung der Molekularfelder und der Eigenschaften fester Raumgitter bildet einen ersten Versuch, die Schwierigkeit, die die Abhängigkeit der thermoelektrischen Konstante von der Achsenrichtung der rein elektronentheoretischen Erklärungsweise bietet, in Betracht zu ziehen.

Allen Theorien jedoch, die auf der klassischen Statistik aufgebaut sind, haftet eine prinzipielle Schwierigkeit an: Die Voraussetzung der Gleichverteilung der Elektronenenergie schließt die Annahme in sich, daß die Elektronen einen merklichen Beitrag zur spezifischen Wärme der Metalle liefern müssen — und dies entspricht keineswegs der Beobachtung.

Die Anwendung quantentheoretischer Überlegungen, Aufgabe des Äquipartionsgesetzes, Einführung der $h\nu$-Beziehung (W. WIEN, HERZFELD, JAFFÉ, v. HAUER u. a.) bedeuten einen Schritt weiter im Verständnis der Leitfähigkeitseigenschaften der festen Körper. .KEESOM gelangt zu Formeln für die Temperaturabhängigkeit der thermoelektrischen Größen, nach denen bei tiefen Temperaturen die Thermokraft und der Thomsoneffekt mit der dritten, der Peltiereffekt mit der vierten Potenz der Temperatur verschwindet.

Allgemein behandelt BORELIUS die thermoelektrischen Erscheinungen auf Grund der Annahme von Kraftfeldern und Einführung der atomaren Eigenfrequenzen und gelangt zu Ergebnissen, die qualitativ mit der Erfahrung stimmen.

In allerjüngster Zeit ist SOMMERFELD durch Übertragung der neuesten, dem Standpunkt der Wellenmechanik entsprechenden, statistischen Betrachtungen auf das Elektronengas zu einer Elektronentheorie der Metalle gelangt, die überraschende Ergebnisse liefert. Seine Resultate liegen bei Drucklegung dieses Bandes erst in kurzer Zusammenfassung vor[1]). Es wird keinerlei Hypothese über die Wechselwirkung von Atomen und Elektronen benutzt. Die freie Weglänge wird als geometrische, durch die Konfiguration des Metallgitters gegebene Größe eingeführt. In Wirklichkeit hängt sie zwar von der Geschwindigkeit der Elektronen ab, es steht jedoch zu erwarten, daß eine Verfeinerung der Berechnungen in dieser Richtung zu keiner prinzipiellen Änderung der bisherigen Schlüsse führen wird.

Statt der MAXWELLschen Verteilungsfunktion

$$f_0 = A e^{-\frac{\varepsilon}{kT}} \tag{20}$$

[1]) A. SOMMERFELD, Die Naturwissenschaften Bd. 15, S. 825. 1927.

führt SOMMERFELD die Verteilungsfunktion

$$f_0 = \frac{1}{\frac{1}{A} e^{\frac{\varepsilon}{k T}} + 1} \tag{21}$$

für das Elektronengas ein, die von FERMI[1]) auf Grund der Verknüpfung der BOSE-EINSTEINschen[2]). Statistik mit dem PAULIschen Prinzip abgeleitet wurde.

FERMI überträgt nämlich das Paulische Prinzip („Jeder vollständig definierte Quantenzustand kann nur von einem Elektron innegehabt werden") dessen Aussage sich ursprünglich nur auf die Gesamtheit der Elektronen eines Atoms bzw. eines Moleküls bezog, auf die Gesamtheit der Molekel eines Gases, wobei er, der BOSE-EINSTEINschen Methode der Abzählung gleichwahrscheinlicher Fälle (Betrachtung gleichwahrscheinlicher „Belegungszahlen" statt der gleichwahrscheinlichen „Zustände" vgl. SOMMERFELD l. c.) sich bedienend, sämtliche Molekel eines Gases auf die möglichen Quantenzustände der kinetischen und potentiellen Energie verteilt.

Es ist nun ein wesentlicher Zug der neuen Statistik, daß in ihr die Größe der Elementarbereiche durch das PLANCKsche Wirkungsquantum h gegeben ist, während die klassische Theorie in der Grenze zu unendlich kleinen Elementarbereichen übergeht. Dies führt in der Quantenstatistik zu Aussagen über die Nullpunktsenergie und damit über die Abweichungen der Gase vom „idealen" Zustande bei tiefen Temperaturen, also zu Aussagen über das Phänomen der Gasentartung.

In der FERMIschen Verteilungsfunktion [Gleichung (21)] entspricht nun dem Fall idealer Gase für die Konstante A die Annahme $A \ll 1$; dann geht f_0 in den MAXWELLschen Ausdruck (20) über. Der Fall der Gasentartung bedeutet aber: $A \gg 1$.

Die neue Theorie lehrt weiter: Während gewöhnliche Gase meist erst bei tiefer Temperatur entarten, ist das Elektronengas — wegen der erheblich kleineren Masse seiner Korpuskel — bei allen der Beobachtung zugänglichen Temperaturen vollständig entartet. Das heißt: Die innere Energie des Elektronengases wird in erster Näherung unabhängig von der Temperatur, seine spezifische Wärme gleich Null.

Die SOMMERFELDsche Elektronentheorie behandelt also das Elektronengas als entartet. Damit entfällt zunächst der prinzipielle Einwand wegen der spezifischen Wärme der Elektronen, der gegen die älteren Theorien vorliegt (vgl. oben).

Für den Grenzfall $A \ll 1$ (keine Entartung)

lieferte auch die SOMMERFELDschen Rechnungen die klassischen Werte und zwar:

a) für das thermoelektrische Potential:

$$E = \frac{k}{\varepsilon} \log \frac{n_A}{n_B} (T_1 - T_2), \tag{22}$$

b) für die Peltier-Wärme:

$$\Pi = \frac{k}{\varepsilon} T \log \frac{n_B}{n_A}, \tag{23}$$

c) für den Thomson-Koeffizienten:

$$\sigma = \frac{3}{2} \frac{k}{\varepsilon} \left\{1 - \frac{2}{3} T \frac{d \log n}{d T}\right\} \tag{24}$$

identisch mit H. A. LORENTZ.

[1]) E. FERMI, ZS. f. Phys. Bd. 36, S. 902. 1926; vgl. auch P. A. M. DIRAC, Proc. Roy. Soc. Bd. 112, S. 661. 1926.

[2]) S. N. BOSE, ZS. f. Phys. Bd. 26, S. 178. 1924; A. EINSTEIN, Sitzber. d. preuß. Akad. d. Wiss. 1924, Nr. 22; 1925, Nr. 2 u. 3.

Für den Fall

$$A \gg 1 \text{ (Entartung)}$$

ergeben sich, kurz zusammengefaßt, folgende Resultate:

a′) Thermoelektrisches Potential:

Erste Näherung:

$$\mathrm{E} = 0. \tag{25}$$

Zweite Näherung:

$$E = \frac{2\pi}{3}\frac{mk^2}{eh^2}\left\{\left(\frac{4\pi}{3n_B}\right)^{\frac{2}{3}} - \left(\frac{4\pi}{3n_A}\right)^{\frac{2}{3}}\right\}(T_1^2 - T_2^2). \tag{25a}$$

Dabei ist die Elektronenzahl n unabhängig von der Temperatur gerechnet.

Die klassische Formel ergibt reine Proportionalität mit der Temperaturdifferenz $T_1 - T_2$, wie dies nur für kleine Temperaturbereiche zutrifft. Die „quantenstatistische" Formel liefert neben dem linearen auch ein quadratisches Glied. Dies sieht man deutlich, wenn man schreibt:

$$T_1^2 - T_2^2 = (T_1 - T_2)[2T_2 + (T_1 - T_2)]. \tag{25b}$$

Bei Annäherung an den absoluten Nullpunkt verschwindet die Thermokraft, wie es das Wärmetheorem verlangt. Das Koeffizientenverhältnis des quadratischen zum linearen Gliede (für $T_2 = 0°$ C) ist $\frac{1}{2T_1} \sim \frac{1}{550}$. Die Größenordnung von E wird etwa 1 Mikrovolt; das stimmt mit dem Durchschnitt der Beobachtungswerte.

b′) Peltiereffekt:

Erste Näherung:

$$\Pi = 0. \tag{26}$$

Zweite Näherung:

$$\Pi = \frac{2\pi^2}{3}\frac{mk^2T^2}{\varepsilon h^2}\left[\left(\frac{4\pi}{3n_A}\right)^{\frac{2}{3}} - \left(\frac{4\pi}{3n_B}\right)^{\frac{2}{3}}\right]. \tag{26a}$$

Die Temperaturabhängigkeit (Proportionalität mit T^2) entspricht im allgemeinen den Beobachtungen. Die berechneten Werte fallen in die richtige Größenordnung; so ist z. B. der Peltier-Koeffizient von Kupfer (bezogen auf Silber) (in relativem Maße)

	berechnet	beobachtet
$\Pi_{Cu \to Ag}$	420	576

c′) Thomsoneffekt:

Erste Näherung:

$$\sigma = 0. \tag{27}$$

Zweite Näherung:

$$\sigma = \frac{2\pi^2}{3}\cdot\frac{mk^2}{eh^2}\left(\frac{4\pi}{3n}\right)^{\frac{2}{3}} T\left\{1 - \frac{2}{3}T\frac{d\log n}{dT}\right\}. \tag{27a}$$

Die Proportionalität mit der Temperatur T wird durch die Messungen von BORELIUS und GUNNESON bestätigt. Der allgemeine Anstieg stimmt bei höheren Temperaturen, wenn man von dem Faktor

$$\left\{1 - \frac{2}{3}T\frac{d\log n}{dT}\right\}$$

absieht. Die Abweichung von der Proportionalität bei höheren Temperaturen geht möglicherweise auf diesen Faktor zurück. Die abnorm hohen Beobachtungswerte von Ag Sb Bi, die auch von der klassischen Formel nicht erreicht werden, fallen jetzt ganz heraus. Sonst ist die Übereinstimmung mit dem Experiment größenordnungsmäßig richtig. Die SOMMERFELDschen Werte von σ sind ungefähr $^1/_{200}$ der klassischen Werte. Verglichen mit Beobachtungen von BORELIUS und GUNNESON ergibt z. B. die neue Formel:

	σ_{Cu}	σ_{Ag}	σ_{Au}
berechnet	$2 \cdot 10^{-3}$	$3 \cdot 10^{-3}$	$3 \cdot 10^{-3}$
beobachtet	$7{,}5 \cdot 10^{-3}$	$3{,}5 \cdot 10^{-3}$	$4{,}5 \cdot 10^{-3}$

Eine quantitative Übereinstimmung ist erst zu erwarten, wenn die Berechnung sich besser spezieller numerischer Daten, die sich auf den Gitterbau beziehen, bedienen kann.

Sicher folgt, wie BORELIUS, GRÜNEISEN und GÖNS und BRIDGMAN auf Grund ihrer Versuche an Einkristallen betonen, aus den Experimenten ein Zusammenhang der atomaren Eigenfrequenzen mit der Richtungsabhängigkeit der Effekte im Kristall. Exakte Ansätze stehen hier noch aus, solange die Konstitutionsforschung keine quantitativen Angaben über die Verteilung der elektrischen Felder im Kristall zu machen erlaubt. Eine zahlenmäßig genau stimmende Theorie der thermoelektrischen Phänomene wird also erst in Zukunft aufgestellt werden können, wenn wir, unter systematischer Zuhilfenahme mechanischer, thermischer, optischer (Röntgenstrahlen, ultrarote Spektren) Methoden genug experimentelle Bestimmungsstücke für den Aufbau einer speziellen Gittertheorie bereitgestellt haben werden, um auch an die Behandlung der Leitungsvorgänge und ihrer Wechselwirkungen in allen ihren Einzelheiten heranzugehen.

k) Praktische Verwendung der Thermoelektrizität.

46. Temperaturmessungen[1]. Thermoelektrische Methoden bieten den Vorteil, daß auf bequeme Weise Temperaturen bestimmter einzelner Punkte gemessen werden können. Sie eignen sich insbesondere zur Bestimmung mittlerer und hoher Temperaturen bis zum Schmelzpunkt der zum Thermoelement verwendeten Metalle.

Als Thermoelement gebraucht man zwei gleich lange und gut homogene Drähte aus thermoelektrisch wirksamem Material, die an einem Ende aneinandergelötet sind. Zwischen die beiden anderen Enden können beliebig viele Leiter eingeschaltet werden. Bestehen aber Inhomogenitäten im Leiterkreis, so wirken diese wie ein neues Thermoelement verfälschend auf die Messung. Inhomogene Stellen bleiben nur dann ohne Einfluß, wenn sie sich ihrer ganzen Ausdehnung nach auf ein und derselben Temperatur befindenl (vg. Ziff. 23).

Die Lötstelle des Thermoelements wird an den Ort der zu messenden Temperatur gebracht. Die beiden anderen Drahtenden werden mit den Zuleitungsdrähten der Meßanordnungen verlötet und diese beiden Lötstellen werden zusammen in einem Bade auf konstanter Temperatur, z. B. 0° C, gehalten. Gemessen wird die durch die Temperaturdifferenz an den Kontaktstellen auftretende elektromotorische Kraft entweder durch Kompensation gegen ein Normalelement oder mittels der Stromstärke, die ein Galvanometer von geringem Widerstand anzeigt. Die Empfindlichkeit der Anordnung kann sehr gesteigert werden; bei kleinen Temperaturdifferenzen sind die Wirkungen diesen proportional; bei größeren Temperaturintervallen bestimmt man die Reduktionsfaktoren aus der Beobachtung bekannter Temperaturdifferenzen an zwei oder mehreren Punkten. Wichtig ist, um konstante Thermoelemente zu erhalten, genügendes Tempern (Altern) vor dem Gebrauch.

Man ist für den Gebrauch bei Thermoelementen zumeist auf Materialien mit verhältnismäßig geringer EMK (ca. 10^{-5} Volt/Grad) angewiesen, da der spezi-

[1] Literatur: Bd. IX, Kap. 8; ferner G. K. BURGERS u. H. LE CHATELIER, Die Messung hoher Temperaturen. Berlin: Julius Springer 1913; F. HENNING, Temperaturmessungen; W. P. WHITE, Phys. Rev. Bd. 31 (10), S. 135; u. v. a.

fische Widerstand nicht zu groß sein darf. In den meisten Fällen muß auch auf Biegsamkeit und Widerstandsfähigkeit gegen hohe bzw. tiefe Temperaturen geachtet werden.

Für gewöhnliche Temperaturen eignet sich vorzüglich das Konstanten-Kupferelement, bei dem der Widerstand wenig veränderlich und der Verlauf der Thermokraft nahezu linear ist, also proportional der Temperaturdifferenz. Für Temperaturen oberhalb 100 Grad Celsius verwendet man Silber-Konstantan.

Zur Messung hoher Temperaturen dient vor allem das LE CHATELIERsche Element (Platin gegen Platin-Rhodium, 10% Rhodium), das bis zum Schmelzpunkt des Platins brauchbar ist. Auch die weniger temperaturbeständigen Legierungen von Platin mit Iridium und Ruthenium werden verwendet. Für Zwecke geringerer Präzision genügen auch Thermoelemente aus unedlen Metallen, z. B. das vorerwähnte Konstantan-Silber, ferner Konstantan-Eisen, Nickelkohle-Nickel, Nickel-Chrom, die das LE CHATELIERsche Element an Thermokraft übertreffen[1]).

Bei hohen Temperaturen werden durch Zerstäubung der Edelmetalle oberhalb 1000° die Drähte leicht inhomogen. Es lagert sich Material des einen Drahtes auf den anderen ab. Dadurch ändert sich sowohl die Thermokraft wie auch die Temperaturverteilung längs der Drähte. Man schützt die Drähte gegen Verunreinigung durch Kapillaren aus Quarzglas, die aber bei Temperaturen über 1000° nur begrenzte Lebensdauer haben. Bei hohen Temperaturen muß die Armatur auch gasdicht sein. Das LE CHATELIERsche Element wird besonders stark durch kohlenstoffhaltige Gase angegriffen.

Für tiefe Temperaturen eignet sich, da Pt/Rh in der Kälte an Empfindlichkeit einbüßt, Konstantan-Kupfer oder Konstantan-Eisen.

Eisen hat eine etwas größere Thermokraft als Kupfer. Die Wärmeleitfähigkeit ist etwas geringer und es können wegen der größeren Festigkeit dünnere Drähte gewählt werden. Daher nimmt bei Eisen-Konstantan-Elementen die Lötstelle leichter die Temperatur der Umgebung an. Kupfer hingegen hat einen sehr viel kleineren Widerstand als Eisen, so daß die Messung dadurch empfindlicher wird.

Die folgende Tabelle gibt einen Überblick über die Thermokraft einiger Elemente und ihren Anwendungsbereich.

Tabelle 7. Thermokraft einiger Thermoelemente.

Thermokraft pro Grad zw. 0 und 100° C	Element	Obere Grenze der Brauchbarkeit
42 · 10 Volt	Konstantan-Fe	500°
	Konstantan-Cu	500
42 · 10 ,,	Konstantan-Ag	650
53 · 10 ,,	Konstantan-Fe	900
	Nickel-Kohle	1100
	Chromel-Alumel	1400
6 · 10 ,,	Pt/Pt-Rh	1600
	Iridium-Iridium/Ruthenium	2000

Den Einfluß von Strahlung und Leitung, von parasitärischen Thermokräften, thermischer Trägheit, Temperatur der Nebenlötstellen diskutiert u. a. SMITH[2]).

47. Eichung von Thermoelementen. Die Physikalisch-Technische Reichsanstalt eicht Thermoelemente durch Vergleich mit Normalelementen, durch Messung der Thermokraft an Schmelzpunkten, bei tiefen Temperaturen durch Vergleich mit Platin-Widerstandsthermometern.

[1]) Vgl. noch W. ROTHE, Verh. d. D. Phys. Ges. (3), 44. 1923.

[2]) I. B. SMITH, Electr. Eng. Bd. 42, S. 171—178. 1923; W. ROHN, ZS. f. Metallkde. Bd. 16, S. 297. 1924.

Für das LE CHATELIERsche Element besteht bei 300 bis 1100° C zwischen der Thermokraft e und der Temperatur t C eine quadratische Beziehung: Zur Eichung dient die Beziehung des Schmelzpunktes dreier Substanzen, gewöhnlich Kadmium, Antimon, Gold. Um die Thermokraft bis zum Palladiumschmelzpunkt (1557°) richtig darzustellen, bedarf man nach den gasthermometrischen Messungen von DAY und SOSMAN einer Formel dritten Grades.

Weiteres über die Eichung von Thermoelementen und Auswertung der Temperaturkurven vgl. z. B. KOHLRAUSCH, Prakt. Physik S. 149 bis 150, ferner ds. Handb. Bd. XI.

48. Messung elektrischer Ströme. a) Thermokreuz. Zur Bestimmung schwacher Ströme wird die Erwärmung eines Hitzdrahtes auf eine Thermofläche übertragen. Die Stromzuleiter laufen in Drähte A und B aus thermoelektrisch verschiedenem Material aus, die kreuzweise übereinander verschlungen oder verlötet sind. Die freien Drahtenden führen zu einem die Thermokraft messenden Galvanometer.

Die Galvanometerausschläge sind unsymmetrisch, wenn man den Hauptstrom seine Richtung ändern läßt, da sich dabei das Vorzeichen der Peltierwärme ändert. Von dieser Schwierigkeit kann man sich zum großen Teil dadurch befreien, daß man einen homogenen Heizdraht verwendet, auf den ein kleines Thermoelement quer aufgelötet ist.

Als Thermoelementdrähte dienen Platin-Patent-Nickel, Konstantan-Eisen, Konstantan-Manganin u. a. Zum Schutz gegen Wärmeableitung und zur Steigerung der Empfindlichkeit werden die Drähte in ausgepumpte Glaskörper eingeschlossen. Der Wattverbrauch beträgt z. B. bei dem Instrument von VOEGE $0{,}7 \cdot 10^{-3}$ Watt pro erzeugtem Millivolt.

Zur Messung von Gleichströmen werden hochempfindliche Typen für maximal 10 bis 15 Millivolt verwendet (vgl. Bd. XVI). Die Thermoelemente sind gegen Überlastung äußerst empfindlich.

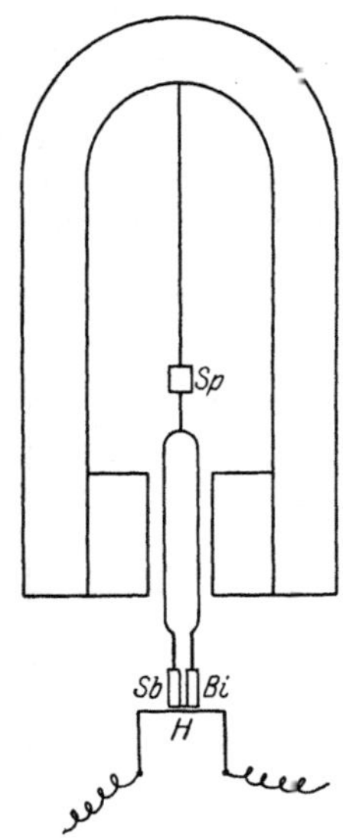

Abb. 27. Thermogalvanometer von DUDDEL.

b) Thermogalvanometer. (DUDDEL)[1]). (Abb. 27). Ein platinierter Quarzfaden H von 3 bis 4 mm Länge (Widerstand 4 bis 1000 Ohm) dient als Hitzdraht. Er strahlt gegen die Lötstelle eines kleinen Thermoelements (Sb-Bi), das den Schluß einer schmalen Schleife aus Silberdraht bildet. Die Schleife hängt an einem Quarzfaden mit Spiegel Sp in einem starken Magnetfeld. Beobachtet wird die Ablenkung, die die Schleife im Magnetfeld erfährt, wenn sie von dem durch die Bestrahlung entstandenen Thermostrom durchflossen wird. Die Empfindlichkeit beträgt je nach dem Widerstand 10^{-4} bis 10^{-6} Ampere für den Ausschlag von einem Skalenteil.

49. Strahlungsmessungen. a) Radiomikrometer (DU BOIS-RUBENS). Ein dem Thermogalvanometer im Prinzip ähnliches Instrument ist das Radiomikrometer, das für optische Messungen besonders im Gebiete der Ultrarotstrahlung ausgebildet wurde[2]).

In einem starken Magnetfelde hängt an einem Quarzfaden ein leichter Bügel aus Kupfer, der in ein kleines Thermoelement (Wismut/Wismut-Zinnlegierung 14% Zinn)

[1]) DUDDEL, Phil. Mag. (6) Bd. 8, S. 97. 1904.

[2]) Siehe z. B. H. SCHMIDT, Ann. d. Phys. Bd. 29, S. 1001, 1909; H. WITT, Phys. ZS. Bd. 21, S. 374, 1920, Diss. Lund 1924; W. W. COBLENTZ, Phys. Rev. Bd. 3, S. 59. 1914; H. RUBENS u. H. HOLLNAGEL, Berl. Ber. 1910, S. 26.

mit gut geschwärzter Lötstelle ausläuft. Die Ausschläge sind bei guten Instrumenten bis zur Größenordnung von 100 mm der auffallenden Strahlungsintensität proportional. Die Empfindlichkeit beträgt einige Meter Ausschlag für die unkonzentrierte Gesamtstrahlung einer Hefnerkerze in 1 m Entfernung bei 1 m Skalenabstand. Das Instrument wurde von RUBENS zu spektroskopischen Messungen bis zu Wellenlängen von 0,4 mm verwendet.

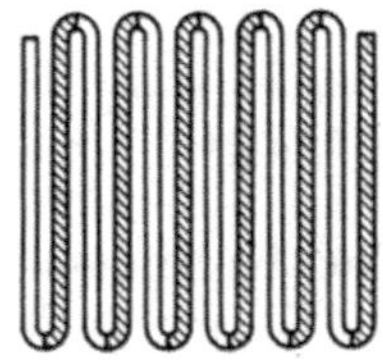

Abb. 28. Lineare Thermosäule.

b) Thermosäulen. Die Thermosäulen werden aus sehr kleinen Thermoelementen, bei denen die auf der einen Seite liegenden Lötstellen geschwärzt sind, gebildet. Bei der linearen Thermosäule (Abb. 28) sind die Lötstellen gleicher Temperatur in einer Reihe angeordnet, die bei spektroskopischen Messungen den Spalt ausfüllen. Die Strahlungsenergie ist dem ersten Ausschlag eines vorher ruhenden Galvanometers von geringer Dämpfung proportional zu setzen.

Die lineare Thermosäule von RUBENS wird in ihrer Empfindlichkeit durch die neuere Vakuum-Thermosäule übertroffen (COBLENTZ, REINKOBER, VOEGE). Für Intensitätsmessungen im kurzwelligen Ultrarot (bis ca. 20°) genügen vielfach Kombinationen wie die RUBENSsche Thermosäule mit Spiegelgalvanometer von geringem Widerstand oder die MOLLsche Thermosäule mit empfindlichem Galvanometer. Für die Messung kleinster Intensitäten gebraucht man Vakuum-Thermosäulen mit höchstempfindlichen Galvanometern (Panzergalvanometer, Paschengalvanometer, Galvanometer von MOLL), eine Anordnung, bei der die Grenze der Empfindlichkeit stark von der Störungsfreiheit (Ruhelage des Meßinstruments) abhängt. Mit der von MOLL angegebenen Thermosäule[1]), die sich durch besondere Leichtigkeit der Elemente auszeichnet, kann man die Empfindlichkeit des Radiomikrometers erreichen. Eine Meßanordnung mit Thermosäule aber ist wegen der größeren Beweglichkeit sehr bequem, da man die Thermosäule direkt am Austrittsspalt des Spektrometers anbringen kann (vgl. Bd. XVIII). Für die genauere Ablesung der Galvanometerausschläge wird das Thermorelais von MOLL[2]) verwendet (bis 1000fache Vergrößerung) (vgl. Bd. XVI).

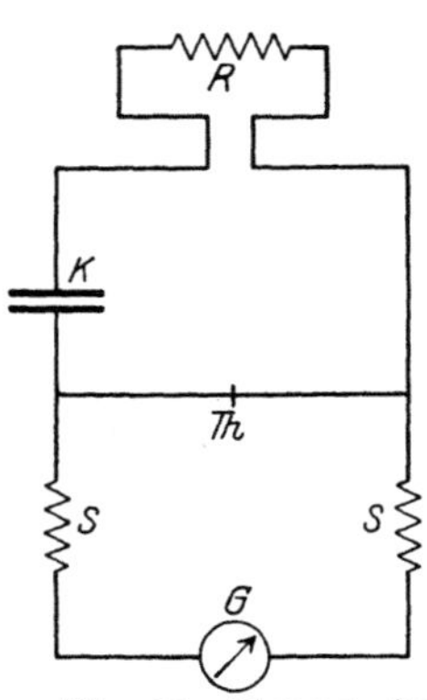

Abb. 29. Messung des Stromeffektes im Hochfrequenzkreise.

50. Messung des Stromeffektes im Hochfrequenzkreise. (Stehende Wellen.) Die Temperaturerhöhung im Schwingungskreise, die dem Stromeffekt nahezuproportional ist, wird mit einem Thermoelement gemessen, das in einen kleinen lose gekoppelten Hilfskreis eingeschaltet ist, um Rückwirkung auf die Instrumente zu vermeiden.

Abb. 29 zeigt die Schaltung eines solchen „Indikatorkreises". Die vom Hauptkreise induzierte kleine Spule R wird durch einen Blockkondensator K mit dem Thermoelement verbunden. Zwei Drosselspulen S dienen dazu, die Schwingungen vom Galvanometer abzuhalten. Die Anordnung dient besonders zur Messung stehender Wellen.

51. Stromerzeugung durch thermoelektrische Batterien. Wird in einer Thermobatterie die eine Reihe von Lötstellen stark erwärmt, so entsteht ein starker Strom, da der Widerstand klein ist. Auf diese Weise können elektromotorische Kräfte bis zu mehreren Volt erzeugt werden. Solche Batterien, die von NOÉ, CLAMOND, MARCUS angegeben sind, werden heute höchstens nur mehr

[1]) W. I. H. MOLL, Proc. of the Phys. Soc. of London Bd. 35, V. 1923.
[2]) W. I. H. MOLL u. H. C. BURGER, Phil. Mag. Bd. 1, Sept. 1925; Proc. of the Roy. Soc. B. Bd. 100, S. 232. 1926.

für Dauerelektrolysen mit konstant zu haltender Spannung verwendet, da der Nutzeffekt sehr klein ist (unter 1%).

52. Elektrothermische Kühlung[1]). Der Peltiereffekt kann zur Erzeugung tiefer Temperaturen ausgenutzt werden. Er entzieht der Umgebung an der einen Lötstelle Wärme, wodurch dem Thermoelement eine gewisse Wärmemenge zugeführt wird. Verwendet man Thermoelemente in Kaskadenschaltung, so daß die warmen Lötstellen der einen Reihe durch die kalten Lötstellen der anderen Reihe gekühlt werden, so läßt sich theoretisch jede beliebige Temperaturerniedrigung erreichen. Die Thermokräfte, die in der Natur vorkommen, sind jedoch sehr klein, daher muß man große Stromstärken und Leiter von großem Querschnitt verwenden. Dadurch wird aber auch der Betrag der JOULEschen Wärme und der Verlust durch Wärmeleitung von der warmen zur kalten Lötstelle groß.

Für große Temperaturdifferenzen kommt diese Art der Kälteerzeugung nicht in Frage. Für kleine Temperaturdifferenzen (50°) aber lassen sich praktisch brauchbare Wirkungsgrade erzielen. ALTENKIRCH und GEHLHOFF haben eine Reihe von Stoffen angegeben, die in diesem Fall verwendbar sind (vgl. ds. Handb. Bd. XI, Kap. 7, S. 38).

53. Nachweis von Verunreinigungen in Metallen. Die Thermokraft zwischen zwei Elementen ist in hohem Maße von dem Reinheitsgrad der verwendeten Substanzen abhängig und wird schon durch spektroskopisch nicht nachweisbare Spuren von Verunreinigungen stark beeinflußt. Die Messung der thermoelektrischen Konstanten eines Materials ist daher ein subtiles Mittel, um seine chemische Reinheit zu prüfen.

[1]) E. ALTENKIRCH, ZS. f. d. ges. Kälteind. Bd. 19, S. 1—9. 1912.

Kapitel 6.

Die galvanomagnetischen und thermomagnetischen Effekte in Elektronenleitern.

Von

WALTHER GERLACH, Tübingen.

Mit 38 Abbildungen.

Die folgenden Kapitel behandeln die wegen ihrer ganz unmittelbaren Beziehungen zu den Grundlagen der Elektronentheorie der elektrischen Leitung bedeutsamen galvanomagnetischen und thermomagnetischen Effekte. Unter dieser Bezeichnung werden zusammengefaßt die elektrischen und thermischen Effekte, bestehend in stationären Potentialdifferenzen und Temperaturdifferenzen, welche in Elektronenleitern durch Einwirkung eines konstanten Magnetfeldes bei Vorhandensein einer elektrischen oder einer thermischen Strömung auftreten. Diese Effekte sind besonders bekannt unter den Namen Halleffekt, Ettingshauseneffekt, Nernsteffekt, Righi-Leduceffekt.

1. Die „Effekte" und ihre Definition durch Koeffizienten. Darunter faßt man folgende Einzelerscheinungen zusammen:

Generell steht die Richtung des magnetischen Feldes senkrecht zur Richtung der primären elektrischen oder thermischen Strömung. Die zur Beobachtung gelangenden elektrischen und thermischen Effekte bestehen im Auftreten eines sekundären Potentialgefälles und eines sekundären Temperaturgefälles senkrecht

Tabelle 1.

	Transversaleffekte		Longitudinaleffekte	
Galvanomagnetische Effekte: primäre elektrische Strömung	Halleffekt: transversale Potential differenz ${}_eTe$ R	Ettingshauseneffekt: transversale Temperaturdifferenz ${}_eTh$ P	Wm. Thomsoneffekt: longitudinale Potentialdifferenz (elektrische Widerstandsänderung) ${}_eLe$ A	(Nernst) longitudinale Temperaturdifferenz ${}_eLh$ L
Thermomagnetische Effekte: primäre thermische Strömung	Nernst-(Ettingshausen-)effekt: transversale Potentialdifferenz ${}_hTe$ Q	Righi-Leduceffekt: transversale Temperaturdifferenz ${}_hTh$ S	(Ettingshausen-Nernst) longitudinale Potentialdifferenz ${}_hLe$ N	(Maggi-, Righi-, Leduceffekt): longitudinale Temperaturdifferenz (thermische Leitfähigkeitsänderung) ${}_hLh$ M

(„transversal") und parallel („longitudinal") zu der primären elektrischen bzw. thermischen Störung, senkrecht zu den magnetischen Kraftlinien. Sie werden gekennzeichnet durch experimentell bestimmbare Konstanten, die „Koeffizienten", welche definiert sind als sekundäre Potential- bzw. Temperaturdifferenz pro Einheit der primären elektrischen bzw. thermischen Strömung und pro Einheit des stationären transversalen Magnetfeldes.

Die Tabelle 1 enthält die acht Effekte. In ihnen sind die Effekte in der von Hall stammenden Buchstabenbezeichnung angegeben, sowie die heute meist gebräuchlichen Bezeichnungen für die den einzelnen Effekten zugehörigen Koeffizienten.

2. Die Koeffizienten. Definiert sind acht Koeffizienten wie folgt:

a) Hallkoeffizient[1] ($_eTe$): R ist die transversale Potentialdifferenz E in absoluten Einheiten (10^{-8} Volt) in einer Leiterplatte von 1 cm Dicke (gemessen in Richtung der magnetischen Kraftlinien) bei einer Stromstärke I von einer absoluten Einheit (10 Amp.) unter der Einwirkung eines magnetischen Feldes $\mathfrak{H}$ von 1 Gauss:

$$E = R \cdot \frac{\mathfrak{H} \cdot I}{d}.$$

Die elektromotorische Kraft ergibt sich nämlich proportional[2]) der Breite der Platte b, dem Felde H und der Stromdichte J. Aus

$$E = R \cdot b \cdot \mathfrak{H} \cdot J \qquad \text{folgt, da} \qquad J = \frac{I}{b \cdot d}$$

ist, die angegebene Beziehung[3]).

Das Vorzeichen des Hallkoeffizienten wird so bestimmt: ist I die Richtung des Stromes in der Leiterplatte, gemessen von Plus nach Minus der Batterie, i die Richtung des das Magnetfeld $\mathfrak{H}$ liefernden Stromes, so daß das Feld senkrecht zur Zeichenebene von vorn nach hinten gerichtet ist, so heißt der Halleffekt positiv, wenn das obere Ende der Platte den positiven Pol der sekundär entstehenden Potentialdifferenz bildet, negativ, wenn das obere Ende der Platte negativ wird (Abb. 1a u. 1b).

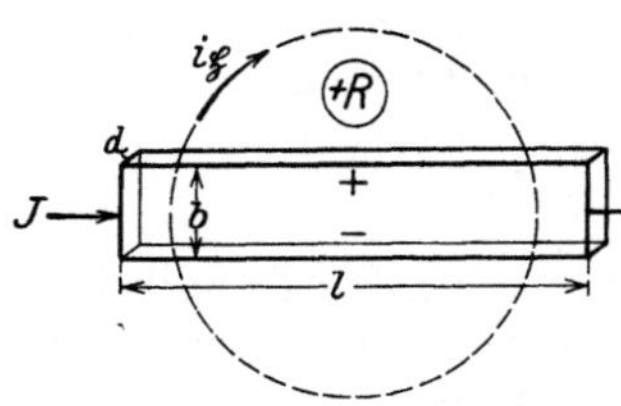

Abb. 1a. Positiver Halleffekt.

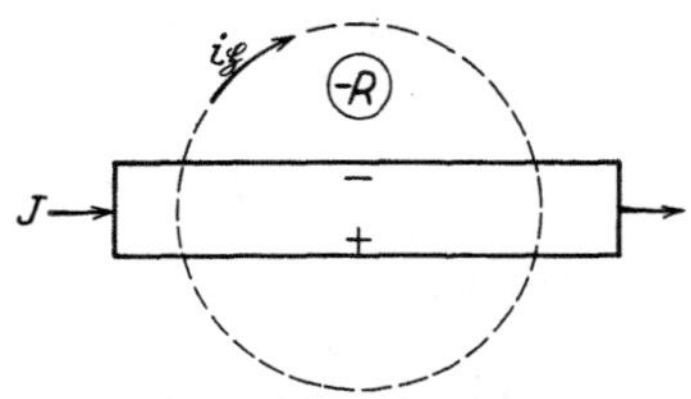

Abb. 1b. Negativer Halleffekt.

b) Ettingshausenkoeffizient[4]) ($_eTh$): P ist die transversale Temperaturdifferenz ΔT in einer Leiterplatte von 1 cm Dicke bei einer Stromstärke I von einer absoluten Einheit unter der Einwirkung eines Magnetfeldes von 1 Gauss:

$$\Delta T = P \cdot \frac{\mathfrak{H} \cdot I}{d}.$$

---

[1]) E. H. Hall, Amer. Journ. of Math. Bd. 2, S. 287. 1879; E. H. Hall, Phil. Mag. (5) Bd. 9, S. 225. 1880. Es wird stets nur die Literaturstelle angegeben, wo der Effekt zuerst beschrieben ist.

[2]) Vgl. jedoch Ziff. 12.

[3]) Man findet auch die Definition: $E = R \cdot \mathfrak{H}\, J/d$ (J = Stromdichte).

[4]) A. v. Ettingshausen, Wiener Anz. Bd. 24, S. 16. 1887; A. v. Ettingshausen, Wied. Ann. Bd. 31, S. 737. 1887; Bd. 33, S. 126. 1888.

Die Temperaturdifferenz ist nämlich wieder proportional der Breite der Platte b, dem Felde $\mathfrak{H}$ und der Stromdichte $J = I/bd$. Das Vorzeichen wird so normiert, daß es mit dem des Halleffekts übereinstimmt, wenn statt „positiv“ „warm“ gesetzt wird (Abb. 2a u. 2b).

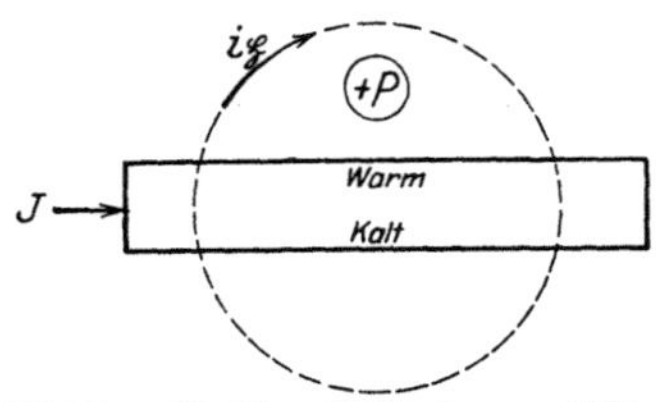

Abb. 2 a. Positiver Ettingshauseneffekt.

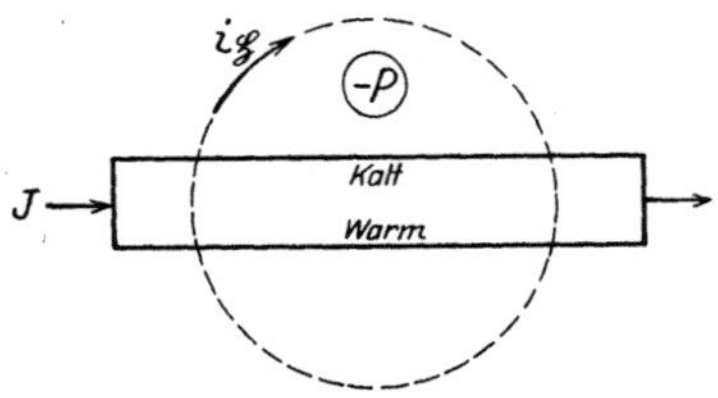

Abb. 2 b. Negativer Ettingshauseneffekt.

c) William Thomsonkoeffizient[1] ($_eLe$): A ist die Widerstandsänderung Δr, welche ein Leiter des Widerstandes $r = 1$ in einem Felde von 1 Gauss erfährt:

$$\Delta r = A \cdot r \cdot \mathfrak{H}^2$$

Die Widerstandsänderung ist proportional dem Quadrate der magnetischen Feldstärke im Bereiche nicht zu starker magnetischer Felder. Sie ist unabhängig von der Feldrichtung. Natürlich kann statt der Widerstandsänderung auch die longitudinale sekundäre Potentialdifferenz definiert werden. Doch ist erstere Definition die übliche.

d) Nernstkoeffizient[2] ($_eLh$): L ist die Temperaturdifferenz ΔT zwischen den Endflächen eines Würfels von 1 cm Seitenlänge bei einer Stromstärke von einer absoluten Einheit unter der Einwirkung eines Magnetfeldes von 1 Gauss:

$$\Delta T = L \frac{l \cdot \mathfrak{H} \cdot I}{b \cdot d}$$

ΔT in einer stromdurchflossenen Platte ist proportional dem Feld und der Stromdichte $J = I/bd$, sowie dem Abstand l zwischen den betrachteten Punkten.

e) Ettingshausen-Nernstkoeffizient[3] ($_hTe$): Q ist die transversale Potentialdifferenz E in absoluten Einheiten in einem Leiter von 1 cm Breite und 1 cm Länge bei einer Temperaturdifferenz von 1° zwischen den Enden unter der Einwirkung eines magnetischen Feldes von 1 Gauss:

$$E = Q \cdot b \cdot \mathfrak{H} \frac{t_2 - t_1}{l}.$$

Zu einer dem Hallkoeffizienten R völlig entsprechenden Definition kommt man durch folgende Umformung. Ist das Wärmeleitvermögen der Platte k, so geht durch die Querschnittseinheit der Wärmestrom W

$$W = \frac{k\,(t_2 - t_1)\, b \cdot d}{l}$$

(b, d, l Breite, Dicke, Länge der Platte), also wird

$$\frac{Q}{k} = \frac{E \cdot d}{W \cdot \mathfrak{H}},$$

während sich der Hallkoeffizient ergeben hatte zu

$$R = \frac{E \cdot d}{I \cdot \mathfrak{H}}.$$

---

[1] W. THOMSON, Phil. Trans. Bd. 146, S. 736. 1856.

[2] W. NERNST, Wied. Ann. Bd. 31, S. 760. 1887.

[3] W. NERNST, Wiener Anz. Bd. 23, S. 114. 1886; A. v. ETTINGSHAUSEN u. W. NERNST, Wied. Ann. Bd. 29, S. 343. 1886; A. v. ETTINGSHAUSEN u. W. NERNST, Bd. 33, S. 474. 1888.

Es ist also offenbar physikalisch richtiger, R und Q/k statt R und Q zu vergleichen. Die Normierung des Vorzeichens des Ettingshausen-Nernsteffekts wird analog der des Hallkoeffizienten gegeben, im Widerspruch zu der von dem Autoren zuerst angegebenen Bezeichnung, wie aus Abb. 3 zu ersehen ist.

W ist der Wärmestrom, gerichtet von warm nach kalt, wie der elektrische Strom I gerichtet war von Plus nach Minus der Batterie.

f) Righi[1]-Leduc[2]-Koeffizient $({}_hTh)$: S ist die transversale Temperaturdifferenz ΔT in einem Leiter von 1 cm Dicke (parallel den magnetischen Kraftlinien) und 1 cm Breite (senkrecht zu den magnetischen Kraftlinien) bei einer Temperaturdifferenz von 1° zwischen den Enden unter der Einwirkung eines magnetischen Feldes von 1 Gauss:

$$\Delta T = S \cdot b \cdot \mathfrak{H} \frac{t_2 - t_1}{l}.$$

Das Vorzeichen wird normiert in gleicher Weise, wie Abb. 4 zeigt.

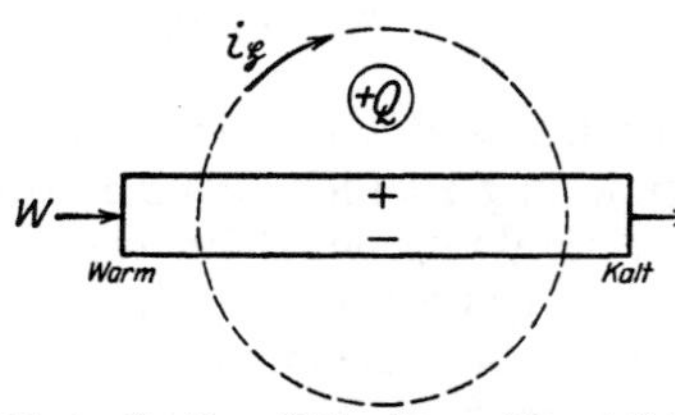

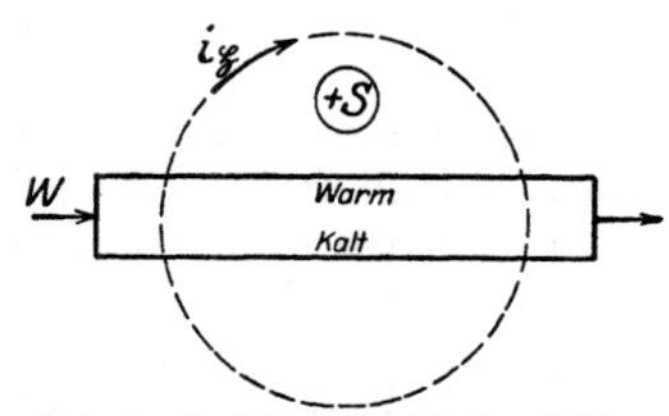

Abb. 3. Positiver Ettingshausen-Nernsteffekt. Abb. 4. Positiver Righi-Leduceffekt.

g) Ettingshausen-Nernstkoeffizient[3,4] $({}_hLe)$: N ist die elektromotorische Kraft in einem Leiter von 1 cm Dicke d und 1 cm Länge l bei einer Temperaturdifferenz von 1° unter Einfluß eines Magnetfeldes von 1 Gauss:

$$E = N \cdot d \cdot \mathfrak{H}^2 \frac{t_2 - t_1}{l}.$$

Die Normierung des Vorzeichens erfolgt so, daß der Effekt positiv genannt wird, wenn der von der elektromotorischen Kraft E gelieferte Strom mit der Richtung des primären Wärmestromes übereinstimmt.

h) Maggi[5]-Righi[6]-Leduc[7]-Koeffizient $({}_hLh)$: M ist die Änderung des Wärmeleitvermögens Δk eines Metalls mit dem Leitvermögen $k = 1$ unter Einwirkung eines Magnetfeldes von 1 Gauss:

$$\Delta k = M \cdot k \cdot \mathfrak{H}^2.$$

Die Änderung des Wärmeleitvermögens ist unabhängig von der Feldrichtung. Der Effekt kann auch so definiert werden: M' ist die Temperaturdifferenz ΔT in einem Leiter der Länge 1 cm bei einer Temperaturdifferenz ΔT in einem Magnetfeld von 1 Gauss:

$$\Delta T = M' \cdot l \cdot \mathfrak{H}^2 \frac{t_2 - t_1}{l}.$$

---

[1]) A. Righi, Rend. Accad. Lincei (4) Bd. 3^1, S. 481. 1887; A. Righi, Journ. de phys. (2) Bd. 8, S. 609. 1889.
[2]) Wie 7.
[3]) Vgl. S. 230, Anm. 3.
[4]) W. Nernst, Wied. Ann. Bd. 31, S. 761. 1887.
[5]) G. A. Maggi, Arch. de Genève Bd. 14, S. 132. 1850.
[6]) A. Righi, Phil. Mag. (6) Bd. 6, S. 725. 1903.
[7]) A. Leduc, Journ. de phys. (2) Bd. 6, S. 184, 378. 1887; A. Leduc, ZS. f. phys. Chem. Bd. 2, S. 107. 1888.

3. Wesen der Effekte. Die Effekte bestehen in der Drehung der Äquipotentiallinien bzw. in der Drehung der Äquitemperaturlinien (Isothermallinien) durch das Magnetfeld. Dies sei bei zwei sich völlig entsprechenden Effekten im galvanomagnetischen Halleffekt und dem thermomagnetischen Righi-Leduceffekt gezeigt (Abb. 5a u. 5b).

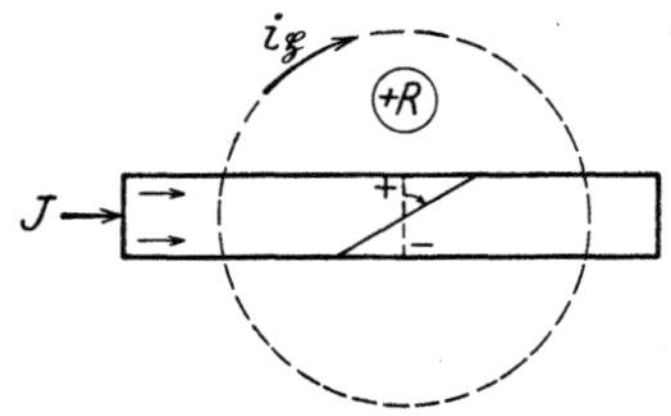

Abb. 5a. Positiver Halleffekt.

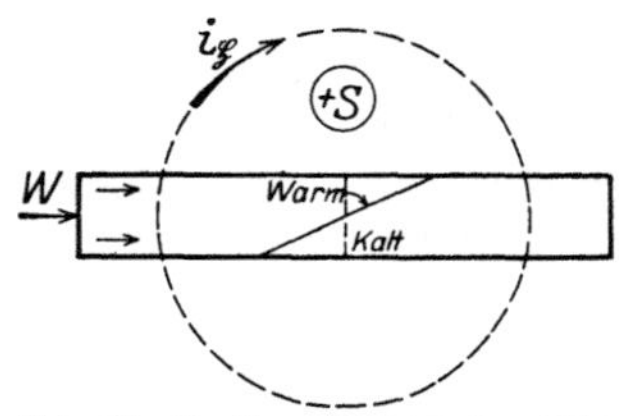

Abb. 5b. Positiver Righi-Leduceffekt.

Bezüglich der Bedeutung der Buchstaben in den Abbildungen sei auf Ziff. 1 verwiesen.

Drehung der Äquipotentiallinien in Richtung des felderzeugenden Stromes heißt also positiver Halleffekt. Diese Normierung ist nicht ganz natürlich, denn der normale elektronentheoretisch aus der Ablenkung der Bahn freier Elektronen elementar zu erwartende Halleffekt [erste Theorie von J. J. THOMSON[1])] wird dadurch zu dem negativen. Doch wird an der einmal angenommenen Normierung festgehalten, da die Elektronentheorie bisher auch den normalen Halleffekt ohne Spezialannahmen nicht ausreichend erklären kann.

4. Allgemeine Übersicht über die experimentelle Erforschung der Effekte. Keine der genannten Definitionen der Koeffizienten der galvanomagnetischen und thermomagnetischen Effekte ist — soweit überhaupt Versuche darüber vorliegen — in weiten Grenzen der Variablen gültig. Die Literatur über diese Effekte erreicht wohl die Zahl von 1000 Abhandlungen, ohne daß über das Wesen derselben experimentelle Sicherheit, ohne daß theoretische Klarheit erreicht ist. Besonders Untersuchungen über den Halleffekt folgen noch heute eine nach der anderen, wohl neues Material, selten aber widerspruchslose Ergebnisse bringend. Die Ursache scheint darin zu liegen, daß die magnetische Beeinflussung des elektrischen und thermischen Leitungsvorganges — besonders aller Transversaleffekte — viel, viel mehr von kleinsten Anomalien und Besonderheiten des benutzten Materials abhängt, als die Leitfähigkeit selbst[2]). Es ist ja bekannt, daß auch die Wärmebeeinflussung der Leitfähigkeit, der Temperaturkoeffizient des elektrischen Widerstandes, viel empfindlicher auf geringste Materialverschiedenheiten reagiert als die Leitfähigkeit selbst. Aus demselben Grunde ist die Unsicherheit über die Temperaturkoeffizienten der galvanomagnetischen und thermomagnetischen Effekte ganz besonders groß.

Es scheint deshalb nutzlos, in diesem Handbuch alle Ergebnisse aller Experimente aufzuzählen. Eine solche fast lückenlose, wenn auch nicht immer sehr übersichtliche Zusammenstellung hat vor einigen Jahren L. L. CAMPBELL[3]) gegeben. Soweit Berücksichtigung metallographischer Eigenschaften schon erfolgt ist, ergibt sich der große Einfluß der Lage der Kristallachsen relativ zu den die Effekte bestimmenden Parametern und der Reinheit. Besonderes

---

[1]) J. J. THOMSON, The corpuscular Theory of Matter, S. 68 u. 99. 1907.

[2]) Nach P. LENARD (Wied. Ann. Bd. 39, S. 619. 1890) ist die galvanomagnetische Widerstandsänderung ($_eLe$) nicht so stark von Verunreinigungen beeinflußt wie die Leitfähigkeit.

[3]) L. L. CAMPBELL, in Monographs on Physics. London u. New York: Longmans, Green a. Co. 1923.

Interesse dürften in dieser Beziehung neuere Untersuchungen von LENZ beanspruchen über den Halleffekt lichtelektrisch leitend gemachter Kristalle (Ziff. 14). So muß sich dieser Artikel, will er nicht mehrmals Gedrucktes und allgemein Zugängliches[1]) wiederholen, darauf beschränken, die Definition der Effekte zu geben und, neben den wesentlichsten Meßmethoden, die Grundzüge der bisher erhaltenen Ergebnisse, ergänzt durch Abhandlung der neuesten Zeit.

5. Historische Bemerkungen. Die erste Fragestellung nach der Existenz eines Einflusses eines magnetischen Feldes auf den elektrischen Leitungsvorgang in Metallen scheint von WILLIAM THOMSON zu stammen (1851). Veranlassung zu dieser Überlegung war die Entdeckung, daß das thermoelektrische Verhalten von magnetisiertem Eisen in verschiedenen Richtungen relativ zu der Richtung des magnetischen Feldes verschieden war. Doch fand er keine transversale elektromotorische Kraft in stromdurchflossenen Metallen im Magnetfeld. Dagegen gelang ihm einige Jahre später (1858) der Nachweis der Widerstandsänderung (Widerstandserhöhung) eines Leiters erster Klasse durch ein magnetisches Feld (Effekt $_eLe$). Nach dem transversalen Effekt hat man jahrelang vergeblich gesucht. Erst E. H. HALL ist es 1879 gelungen, denselben in dünnen Goldplatten nachzuweisen. A. RIGHI fand 1883, daß der Halleffekt im Wismut 1000mal größer ist als in Gold.

Von dieser Zeit an ist das Interesse an dem Halleffekt niemals erloschen. In den nächsten Jahren wurden die anderen galvanomagnetischen und thermomagnetischen Effekte kurz hintereinander entdeckt, auch die schon von THOMSON (s. oben) entdeckte magnetische Widerstandsänderung bestätigt. Das Auffinden aller Effekte gelang bisher nur an Wismut und an den ferromagnetischen Elementen, doch ist nicht daran zu zweifeln, daß alle Effekte in allen Metallen, wenn auch sehr schwach, vorhanden sind. Parallel gingen theoretische Bemühungen, die Effekte zu erklären, besonders nach Entdeckung der Elektronen und der Aufstellung der Elektronentheorie der elektrischen Metalleitung. Wissen wir heute schon, daß alle diese Theorien der allgemeinen Leitfähigkeit dem wahren Sachverhalt nicht gerecht werden, so gilt dies um vieles mehr von den Theorien des Halleffektes. Es kommt aber noch erschwerend hinzu, daß die experimentellen Untersuchungen über den Halleffekt trotz ihrer großen Anzahl selbst über einfachste Regelmäßigkeiten noch keine sicheren Schlüsse gestatten. Es kommen die auffälligsten Widersprüche in Frage, wie Nichtumkehrung des Effektes mit der Strom- und Feldrichtung, positives und negatives Vorzeichen für denselben Effekt am gleichen Material, Umkehrung des Vorzeichens bei Variation der Temperatur und ähnliches, Erscheinungen, die ebensogut sekundären Ursprungs als auch physikalischer Natur sein können. Dies wird besonders später bei dem Halleffekt des Wismuts gezeigt werden.

6. Die Absolutwerte der Koeffizienten der Transversaleffekte. Von der tabellarischen Angabe[2]) der Koeffizienten sehen wir ab, da es einstweilen unmöglich erscheint, eine kritische Sichtung vorzunehmen. Wir beschränken uns auf eine Angabe der Größenordnung der Koeffizienten, soweit überhaupt mehrere Messungen vorliegen. Einzeluntersuchungen und unkontrollierte Beobachtungen werden fast gar nicht berücksichtigt. Ferner sollen zu einer annähernden Orientierung die Größen der für spezielle Anordnungen zu erwartenden meßbaren Effekte gegeben werden.

Der Hallkoeffizient R ist von der Größenordnung 10^{-4} bis 10^{-3}. Um eine Zehnerpotenz und mehr kleiner ist R z. B. in Zinn und Blei. Das Vorzeichen

[1]) Z. B. Graetz' Handb. d. Elektr. u. d. Magn. Bd. IV, S. 1001ff. (F. AUERBACH).

[2]) Eine solche s. LANDOLT-BÖRNSTEIN, I. Nachtragsband 1927, ferner (ebenfalls ohne Kritik zusammengestellt) bei L. L. CAMPBELL, l. c.

hat keinen ersichtlichen Zusammenhang mit anderen Eigenschaften, etwa dem Para- oder Diamagnetismus; so ist für Platin R —0,0002, für Iridium +0,0004. Wismut hat einen sehr starken negativen Halleffekt, etwa —10, Antimon und Tellur sehr stark positiven (0,1 bzw. 500). Die ferromagnetischen Metalle haben ziemlich hohe positive Halleffekte, abhängig von der Feldstärke (Ziff. 17).

Über die Größe der Hall-elektromotorischen Kraft gibt folgende Rechnung Aufschluß. Eine Kupferplatte ($R = -0{,}0005$) von 0,01 cm Dicke liefert bei 10 Amp. Primärstrom im Feld 10000 CGS. die Hall-elektromotorische Kraft

$$_eTe \equiv E = -\frac{0{,}0005 \cdot 10\,000 \cdot 1}{0{,}01} = 500 \text{ CGS.} = 5 \cdot 10^{-6} \text{ Volt.}$$

Der Ettingshausen-Nernstkoeffizient Q hat die Größenordnung 10^{-4} (positiv oder negativ). Für Antimon ist er um etwa 2, für Wismut und Tellur um 3 bis 4 Zehnerpotenzen größer und positiv. In Eisen ist er negativ, in Nickel und Kobalt positiv, von der Größenordnung 10^{-3}.

Im folgenden wird die Größe der Potentialdifferenz $_hTe$ in einer Kupferplatte von 1 cm Breite in einem Feld von 10000 Gauss bei einem Temperaturgefälle von 100° auf 0° über 5 cm berechnet:

$$_hTe \equiv E = Q \cdot \mathfrak{H} \frac{t_2 - t_1}{l} = 60 \text{ CGS.} = 6 \cdot 10^{-7} \text{ Volt.}$$

Der Ettingshausenkoeffizient P ist so klein, daß er nur selten nachgewiesen ist, von der Größenordnung 10^{-9}, meist positiv. Für Zinn und Kadmium war er bisher negativ angegeben, wird jedoch von CASWELL[1]) neuerdings als positiv angegeben. Groß ist er für Wismut ($\sim +5 \cdot 10^{-7}$), Antimon ($+10^{-6}$), Silizium ($+10^{-3}$), Tellur ($+10^{-4}$), Graphit (-10^{-5}). Auch in ferromagnetischen Körpern ist er klein (10^{-7} bis 10^{-8}), in Eisen negativ, in Nickel und Kobalt positiv. Seine Größe ist unter den gleichen Bedingungen, unter den oben R berechnet wurde:

$$_eTh \equiv \Delta T = 10^{-3} \, {}^\circ\text{C}.$$

Der Righi-Leduckoeffizient S ist von der Größenordnung 10^{-7} bis 10^{-6}, für Palladium und Iridium 10^{-8}, für Wismut und Antimon nicht größer, aber für Wismut teils negativ, teils positiv gefunden. Die Temperaturdifferenz berechnet sich unter den gleichen Bedingungen wie oben bei Q zu

$$_hTh \equiv \Delta T = 2 \cdot 10^{-2} \, {}^\circ\text{C}.$$

Die entsprechende Drehung der Isothermallinien beträgt rund 2 Bogenminuten.

7. Experimentelles. Die ursprünglich von HALL gewählte Anordnung, welche auch in allen späteren Untersuchungen trotz vieler Modifikationen in Einzelheiten grundsätzlich beibehalten blieb, ist folgende (Abb. 6).

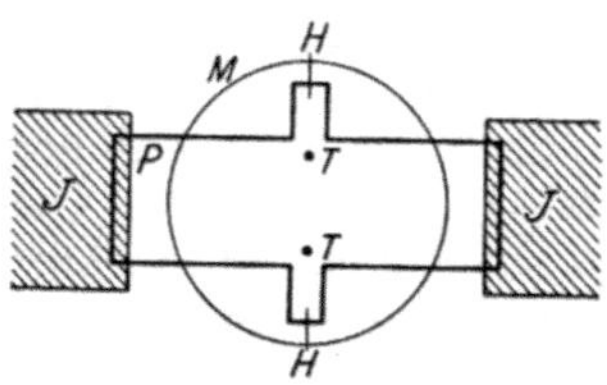

Abb. 6. Anordnung von HALL zur Untersuchung des Halleffektes. M Querschnitt durch den Magneten, Kraftlinien senkrecht zur Zeichenebene, P Metallplatte, J Zuführung und Abführung des primären Stromes, H Hallelektroden zu Galvanometer, Elektrometer oder Kompensationsanordnung, T Lötstellen der Thermoelemente.

Eine dünne Platte P des zu untersuchenden Materials ist auf einem nicht leitenden Träger befestigt. Sie befindet sich in einem homogenen magnetischen Felde, dessen Kraftlinien senkrecht die Plattenebene durchsetzen. Senkrecht zu den magnetischen Kraftlinien durchfließt ein elektrischer Strom, der Primärstrom I, die Platte. Senkrecht zu Magnetkraftlinien und primärem Strom befinden sich die Hallelektroden H, welche zu einem Galvanometer, zu einem Elektrometer oder zu einer Kompensationsanordnung führen, um die

[1]) A. E. CASWELL, Phys. Rev. Bd. 20, S. 280. 1922.

transversale Potentialdifferenz zu messen. Zur Messung der transversalen Temperaturdifferenzen werden an Stelle der beiden Hallelektroden H die Lötstellen T eines Differentialthermoelementes angebracht. Zur Messung der thermomagnetischen Effekte wird der Primärstrom I durch einen Wärmestrom ersetzt, indem die beiden Enden der Platte mit Wärmereservoiren verschiedener, aber konstanter Temperatur verbunden werden. Die longitudinalen Effekte werden in gleicher Weise gemessen, doch bedient man sich zur Messung der longitudinalen Potentialdifferenz im allgemeinen einer Widerstandsanordnung.

Die Lage der Hallelektroden HH wird so einjustiert, daß sie ohne Magnetfeld auf einer Äquipotentiallinie liegen, daß also ohne Magnetfeld keine (oder doch nur eine sehr kleine transversale Potentialdifferenz) besteht. Dieses ist wichtig, weil letztere durch das Feld ebenfalls geändert würde, indem nämlich ein Teil des Longitudinaleffektes mitgemessen würde.

Etwas abweichend ist RIGHIS[1]) spätere Methode (auch von MORETTO angegeben). Der Primärstrom I wird durch Schlitzen der Platte P beim Austritt geteilt (Abb. 7) durch je eine Spule G_1G_2 eines Differentialgalvanometers geführt Die beiden Teilströme werden durch Widerstände rr so reguliert, daß das Galvanometer ohne Magnetfeld keinen Ausschlag gibt. Nach erregtem Magnetfeld ist der eine Teilstrom größer als der andere, weil sich ihm der von der Hallelektromotorischen Kraft gelieferte Strom überlagert. ETTINGSHAUSEN hat gezeigt, daß auf diese Weise nur der halbe Halleffekt gemessen wird.

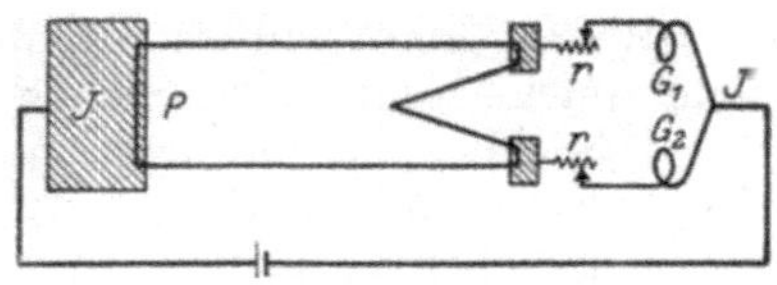

Abb. 7. RIGHIS Anordnung zur Messung des Halleffekts.

ETTINGSHAUSEN und NERNST[2]) verwenden halb- und vollkreisförmige Platten, so daß der Strom radial durch die Platte fließt. Die Anordnung ist ohne Erklärung aus der Zeichnung (Abb. 8a u. 8b) zu verstehen. VAN EVERDINGEN hat darauf hingewiesen, daß die Ergebnisse mit rechteckigen und kreisförmigen Platten nicht ganz übereinstimmen (vgl. Ziff. 16).

TH. DES COUDRES[3]) benutzt Wechselstrom als Primärstrom und läßt diesen gleichzeitig das magnetische Feld, also ein Wechselfeld synchron mit dem primären Strom, erregen. Diese Methode beschreibt DES COUDRES als ein Verfahren, Wechselstrom in Gleichstrom umzuformen: Die Hall-elektromotorische Kraft behält bei dem gleichzeitigen Wechsel von Magnetfeld und Primärstromrichtung ihr Vorzeichen bei.

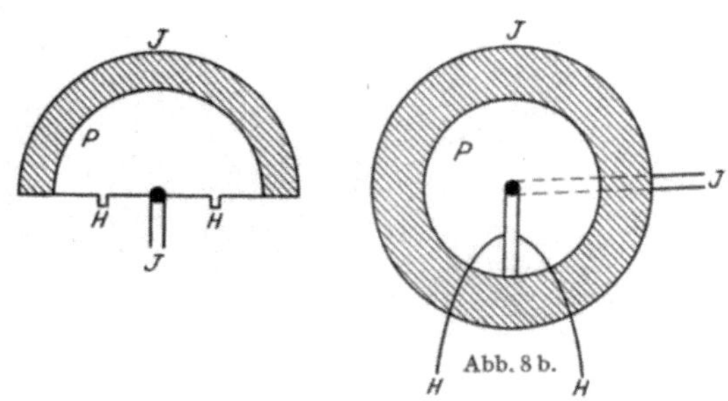

Abb. 8. Anordnung ETTINGSHAUSEN-NERNST zur Beobachtung des Halleffektes. Magnetfeld senkrecht zur Zeichenebene, JJ Zu- und Abführung des Stromes durch dicke Kupferplatten, P die untersuchte Platte, HH die Hallelektroden.

Allgemein ist zu beachten, daß die Platten gleichmäßig dick und möglichst lang sind, damit die Hallelektronen genügenden Abstand von den Zuführungen des Primärstromes haben; beides ist einmal erforderlich, um möglichst gleichmäßige Verteilung der primären Stromlinien und gleiche Stromdichte im feld-

[1]) A. RIGHI, Mem. Accad. Sc. Bologna (4) Bd. 5, S. 115. 1883; Journ. de phys. (2) Bd. 3, S. 127. 1884.

[2]) Z. B.: A. v. ETTINGSHAUSEN u. W. NERNST, Wiener Ber. Bd. 94, II, S. 560. 1886.

[3]) TH. DES COUDRES, Phys. ZS. Bd. 2, S. 586. 1901.

beeinflußten Teil zu haben; dann aber auch, damit die durch Peltier- und Thomsoneffekt an der Übergangsstelle von Zuführung zur Probeplatte auftretenden Temperatureffekte nicht einen so großen Wärmefluß über den elektrischen Primärstrom überlagern, daß sich die thermomagnetische Potentialdifferenz über die galvanomagnetische überlagert und letztere fälscht. Hierzu hat HALL[1]) Messungen veröffentlicht. Das Magnetfeld war homogen auf 4,5 cm, die Streifenbreite betrug 2 cm, seine Länge war 5,1 cm. Es wurde die Hallspannung gemessen, wenn die Stromzuführungen einen Abstand s hatten (Tabelle 2).

Tabelle 2.

s cm	0,5	1,0	1,5	2,0	2,5	3,0	3,5	4,0	4,8
Hallkoeffizient (rel.)	500	594	622	646	669	683	688	695	705

Der Hallkoeffizient wird also bei zu kleiner Streifenlänge — Stromzuführungen zu nahe bei den Hallelektroden — zu klein gemessen. Für sehr großen Abstand extrapoliert HALL und findet so die Beziehung $R = R_\infty (1 - 0{,}23^{s/3})$. Diese Arbeit von HALL enthält im übrigen eine sehr eingehende Diskussion vieler Fehlerquellen und erforderlicher Korrektionen.

Schließlich ist mit besonderer Sorgfalt auf Temperaturkonstanz während der Messung und auf Beachtung der Meßtemperatur bei Vergleich verschiedener Messungsreihen zu achten, da sämtliche Effekte große Temperaturkoeffizienten haben (vgl. Ziff. 11). Zur Vermeidung thermoelektrischer Einflüsse sowie besonders auch zur Freihaltung der galvanomagnetischen Effekte von den thermomagnetischen wird die Platte etwa in einem Flüssigkeitsbad auf konstanter Temperatur gehalten (vgl. besonders Ziff. 8).

GANS[2]) zeigte, daß kein Unterschied besteht, wenn die Hall-elektromotorische Kraft mit dem Galvanometer oder mit dem Elektrometer gemessen wird, was auch theoretisch von Bedeutung ist. Die folgende Abb. 9 zeigt seine Resultate. In ihr sind allerdings die elektrometrischen Werte etwas kleiner als die galvanometrischen. Jedoch weist GANS plausibel nach, daß hierfür neben der an sich größeren Unsicherheit der elektrometrischen Messung vor allem Thermokräfte bei der stärkeren Strombelastung der Platte bei dieser Messung in Frage kommen. H. ZAHN[3]) hat diese Ergebnisse bestätigt.

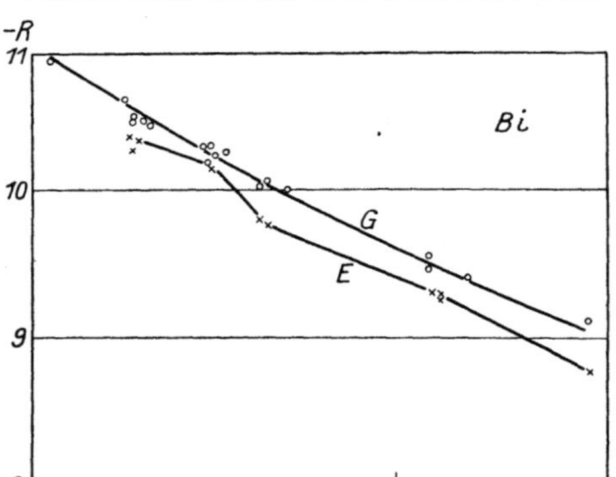

Abb. 9. Galvanometrischer und elektrometrischer Halleffekt nach GANS.

8. Adiabatischer und isothermer Halleffekt (GANS)[4]). Dagegen macht es einen Unterschied, ob der Halleffekt „adiabatisch" oder „isotherm" gemessen wird. Ist Sorge dafür getragen, daß durch genügende Wärmeableitung von der Platte die thermomagnetischen Effekte, besonders der Ettingshauseneffekt ($_e Th$), sich nicht ausbilden können, so nennt man den Halleffekt den „isothermen". „Adiabatischer" Halleffekt heißt seine Größe, wenn die gleichzeitig auftretenden

[1]) E. H. HALL, Phys. Rev. Bd. 26, S. 820. 1925.
[2]) R. GANS, Ann. d. Phys. Bd. 20, S. 293. 1906; O. M. CORBINO, Phys. ZS. Bd. 12, S. 842. 1911.
[3]) H. ZAHN, Ann. d. Phys. Bd. 23, S. 131. 1907.
[4]) R. GANS, Ann. d. Phys. Bd. 20, S. 293. 1906.

thermischen Effekte nicht eliminiert sind. Es überlagern sich dann Halleffekt und Ettingshauseneffekt, so daß aus der Messung des isothermen und adiabatischen Halleffektes ersterer erschlossen werden kann. Unabhängig von dieser Übereinanderlagerung verschiedener Effekte wird die Messung dann, wenn als Primärstrom eine Kondensatorentladung benutzt wird und ein ballistisches Galvanometer zur Messung des Halleffektes [Methode von ETTINGSHAUSEN und NERNST[1]]. Auch die oben besprochene Wechselstrommethode von DES COUDRES liefert, wie ZAHN nachgewiesen hat, den isothermen Halleffekt, vorausgesetzt, daß die Periodenzahl nicht so groß ist, daß störende Nebeneffekte (Wirbelströme, Skineffekt) auftreten. Denn der als Temperatureffekt träge Ettingshauseneffekt führt dann nur zu einer gleichmäßigen Temperaturerhöhung. ZAHN zeigt durch quantitative Messungen, daß in der Tat die Wechselstrommethode um so viel kleinere Werte für den Halleffekt von Wismut und Antimon lieferte, wie der Ettingshauseneffekt betrug (s. auch Ziff. 15, Halleffekt bei höheren Frequenzen).

9. Abhängigkeit von der magnetischen Feldstärke. Wir besprechen zunächst den Halleffekt in Wismut. Strenge Proportionalität der Hallspannung mit der Feldstärke, d. h. Unabhängigkeit des Koeffizienten R von H, ist nur einmal gefunden (HARGITT, s. unten). Doch ist es unbekannt, ob die gefundene Abhängigkeit physikalisch mit den Effekten zusammenhängt oder auf irgendeinen der vielen störenden Faktoren zurückzuführen ist (Unreinheit, Inhomogenität der Schicht, Kristallstruktur u. dgl.). Es seien zunächst hierfür in einer Tabelle einige Beobachtungen angegeben, die über Wismut vorliegen. Die Feldangaben in Gauss sind Mittelwerte, da es nur auf eine Übersicht ankommt. Alle Messungen sind bei Temperaturen um 20° C gemacht. Über gleichzeitige Abhängigkeit von Temperatur und Feld s. Ziff. 11 (Temperatureinfluß).

Ganz strenge Feldproportionalität dagegen findet HARGITT[2]) von 0 bis 20000 Gauss (Abb. 10), andere Ergebnisse siehe Tab. 3 und Abb. 11.

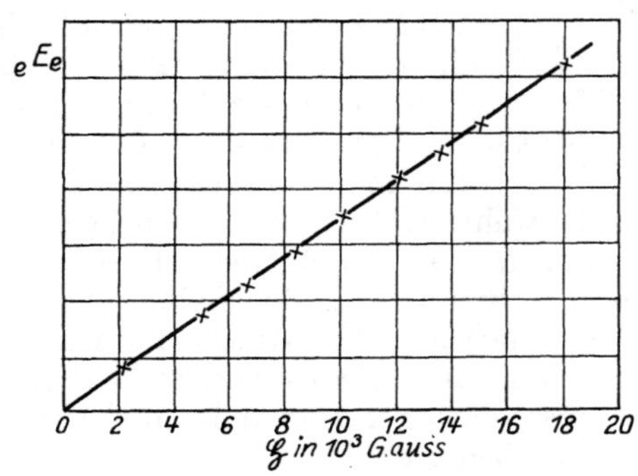

Abb. 10. Halleffekt in Wismut nach HARGITT.

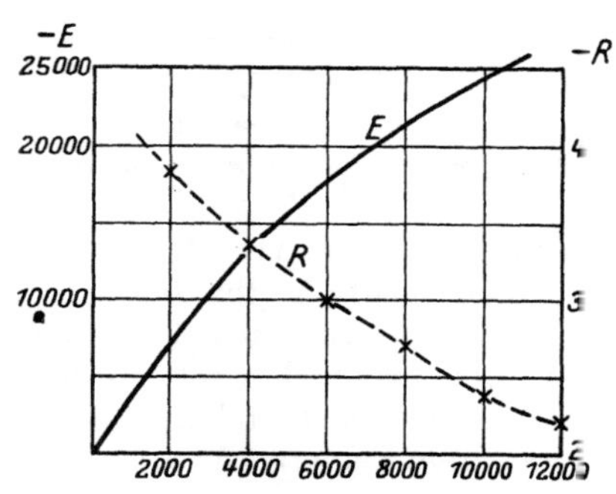

Abb. 11. Halleffekt E und Koeffizient R in Wismut nach BARLOW.

Bei extrem kleinen magnetischen Feldern hat CRAIG[3]) kürzlich den Halleffekt des Wismut untersucht. Er stellt dünne Schichten — für eine ist 0,012 mm Dicke angegeben — her nach dem SCHOOPschen Metallspritzverfahren, durch Destillation im Vakuum, durch Kathodenzerstäubung und besonders durch folgendes einfaches, sehr empfohlenes Verfahren: eine Glimmerplatte durch Flußsäure angerauht wird in geschmolzenes Wismut eingetaucht und langsam herausgezogen. Es bleibt eine völlig gleichmäßige Schicht Wismut auf der Platte haften.

[1]) A. v. ETTINGSHAUSEN u. W. NERNST, Wiener Ber. Bd. 94, S. 560. 1886.
[2]) T. F. HARGITT, Phys. Rev. Bd. 28, S. 1034. 1926.
[3]) P. H. CRAIG, Phys. Rev. Bd. 27, S. 772. 1926.

Tabelle 3.

$\mathfrak{H}$ in Gauss	1000	1500	2000	2500	3000	3500	4000	5000	6000	11000
$-R$ nach ETTINGSHAUSEN u. NERNST	—	10,27	—	9,50	—	8,72	—	—	7,14	4,95
BARLOW (sehr reines Bi) (Abb. 10)	—	—	3,8	—	—	—	3,3	—	3,0	2,3
LOWNDS (nat. Bi-Kristall ∥ Achse)	—	—	11,8	—	11,3	11,4	—	10,3	—	—
⊥ Achse)	—	—	10,4	—	10,1	9,97	—	9,02	—	—
ZAHN, Platte I	—	—	—	—	—	—	6,33	—	5,80	4,82
Platte II	—	—	—	3,26	—	—	—	—	2,76	2,19
CRAIG (dünne Schicht)	—	—	—	24	—	—	29	—	—	—

Diese ist nach Erfahrungen über die Bildung von Metallkristallen zweifellos teilweise als Einkristall ausgebildet; jedoch hat der Verfasser leider hierauf nicht geachtet, so daß keine Angaben vorliegen über den Halleffekt in verschiedenen Richtungen relativ zu der, in welcher die Platte aus dem geschmolzenen Metall herausgezogen wurde. Die Resultate sind sehr merkwürdig: starke Zunahme des Hallkoeffizienten in schwächsten Feldern. Die Abb. 12 gibt die Resultate seiner Messungen.

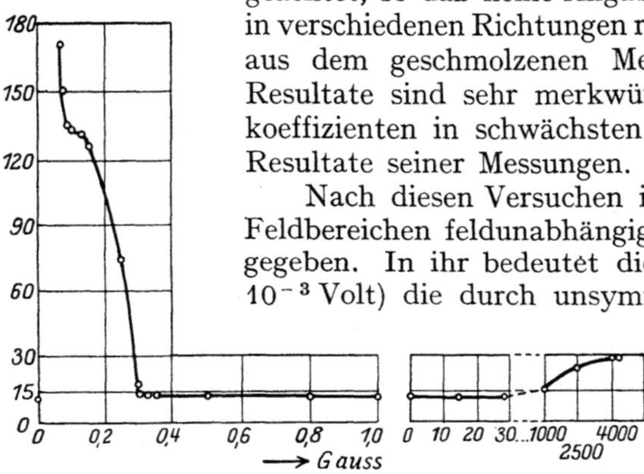

Abb. 12. Halleffekt in Wismut bei kleinen Feldern 0,07 bis 1 Gauss, mittleren Feldern 0 bis 30 Gauss, starken Feldern 1000 bis 4000 Gauss.

Nach diesen Versuchen ist der Halleffekt nur in kleinen Feldbereichen feldunabhängig. Es sei auch die Tabelle 4 angegeben. In ihr bedeutet die zweite Spalte (alle Angaben in 10^{-3} Volt) die durch unsymmetrische Anordnung der Hallelektroden nicht vermiedene natürliche transversale Potentialdifferenz bei H gleich Null, die dritte Spalte gibt die als Funktion des Feldes beobachtete transversale Potentialdifferenz, woraus sich durch Subtraktion der Werte der zweiten Spalte die wahre Hallspannung E in Spalte 4 berechnet. Spalte 5 gibt den Hallkoeffizienten R. Der Absolutwert stimmt mit anderen Messungen auch bei hohen Feldern nicht überein. Bedenklich bei den Resultaten bei niederen Feldern ist, daß Angaben über Variation der primären Stromstärke fehlen und daß die annähernd konstante elektromotorische Kraft bei niederen Feldern ($E = 1,5$ unter 0,1 Gauss) doch auf einer anderen Ursache, etwa einem konstanten Streufelde od. dgl. beruhen kann.

Tabelle 4.

G Gauss	EMK_0 in 10^{-3} Volt	$EMK_0 + E$	E	R	G Gauss	EMK_0 in 10^{-3} Volt	$EMK_0 + E$	E	R
0,07	14,0	15,5	1,5	171	0,35	14,8	20,5	5,7	13
0,08	14,1	15,6	1,5	150	0,50	14,6	22,7	8,1	13
0,09	14,2	15,7	1,5	135	0,80	14,6	26,6	12,0	12
0,10	14,2	15,8	1,6	133	1,00	14,6	29,6	15,0	12
0,13	14,4	16,1	1,7	131	1,0	14,5	29,5	15,0	12
0,15	14,3	16,9	2,6	126	15,0	14,3	35,1	20,8	11
0,24	14,0	16,3	2,3	75	28,5	14,4	60,4	46,0	11
0,29	14,6	21,1	6,5	18	1000	14,0	1889,0	1875,0	15
0,30	14,5	19,8	5,3	14	2500	14,0	7514,0	7500,0	24
0,32	14,4	19,6	5,2	13	4220	14,0	15324,0	15310,0	29

Sind diese Messungen somit als sehr unsicher anzusehen, so hat unter sorgfältiger Beachtung von Fehlerquellen KLAIBER[1]) unter Leitung des Verfassers an dünnen Wismutplatten, die durch Verdampfen im Vakuum hergestellt waren, völlig normales Verhalten gefunden. Abb. 13 gibt die Ergebnisse an einer Platte von ungefähr 0,04 mm Dicke, die Tabelle 5 die Ergebnisse einer Platte von etwa 0,03 mm Dicke. Man sieht, daß im Bereich von 0,07 bis 5 Gauss die Hallkonstante R unabhängig vom Felde bzw. die Hallspannung prop. dem Felde ist. Ferner ergab sich R konstant bei Variationen des Stromes von 10^{-2} bis 1 Amp. Übrigens hat auch HEAPS[2]) die Messung von CRAIG nicht bestätigen können.

Tabelle 5.

Feldstärke (Gauss)	0,07	0,09	0,12	0,18	0,24	0,47	0,95	5
$-R$	4,38	4,51	4,53	4,58	4,61	4,63	4,65	4,63

Über die Feldabhängigkeit der anderen galvanomagnetischen und thermomagnetischen Effekte liegen nur wenig Untersuchungen vor, die

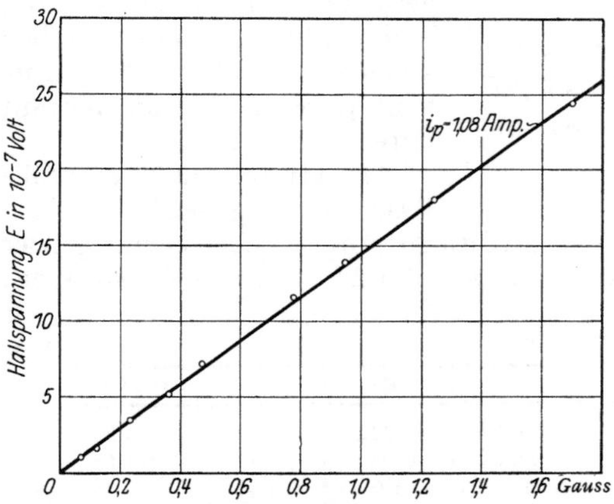

Abb. 13. Halleffekt in Wismutschicht. Dicke ~ 0,04 mm, Länge 23 cm, Breite 8 mm in kleinen Feldern.

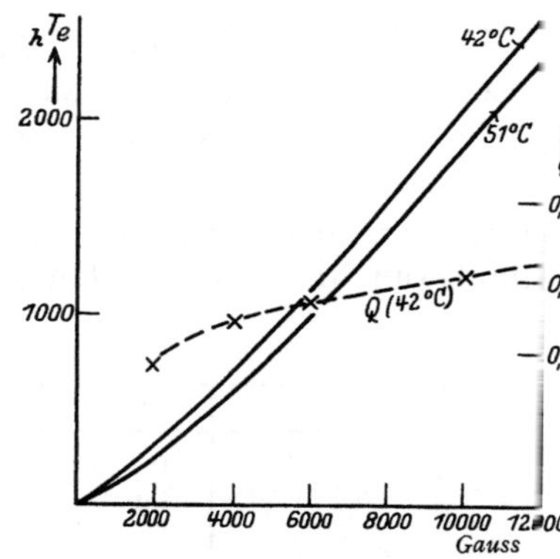

Abb. 14. Wismut-Q Ettingshausen-Nernst-Effekt nach BARLOW.

hauptsächlich mit Wismut ausgeführt sind, dessen Koeffizienten besonders groß sind. BARLOW[3]) hat den thermomagnetischen Transversaleffekt Q für Wismut als Funktion der Feldstärke gemessen. Da diese Versuche offenbar mit sehr reinem Wismut ausgeführt sind, wird in Abb. 14 die Feldabhängigkeit dieses Effektes nach BARLOW gegeben. Q nimmt mit dem Felde langsam zu. Die Abb. 14 enthält auch die thermomagnetische Potentialdifferenz $_hTe$ für zwei Temperaturen. Der Koeffizient der galvanomagnetischen longitudinalen Potentialdifferenz $A = \frac{\Delta r/r}{\mathfrak{H}^2}$ ist in der folgenden Tabelle 6 als Funktion des Feldes H gegeben, er ist also auch nicht völlig feldunabhängig.

Tabelle 6.

$\mathfrak{H}$	4000	6000	10000	12000
$A \cdot 10^6$	0,68	0,58	0,45	0,42

ZAHNS Messungen über die Feldabhängigkeit der Koeffizienten R, P, Q, S und der Widerstandsänderung $\frac{\Delta r}{r}$ an zwei Wismutplatten aus chemisch

[1]) F. KLAIBER, ZS. f. Phys. Bd. 43, S. 66. 1927.
[2]) C. W. HEAPS, Phys. Rev. Bd. 29, S. 332. Febr. 1927.
[3]) G. BARLOW, Ann. d. Phys. Bd. 12, S. 897. 1903.

reinem Kahlbaumwismut sind in der Abb. 15 zusammengestellt. Während die P- und Q-Werte für die beiden Platten recht gut übereinstimmen, sind die Werte für R und S außerordentlich verschieden, für letzteren Koeffizienten ändert sich sogar das Vorzeichen der Feldabhängigkeit. Man sieht hier die überaus große Unsicherheit. Die Widerstandsänderung ist für beide Platten wenigstens annähernd gleich.

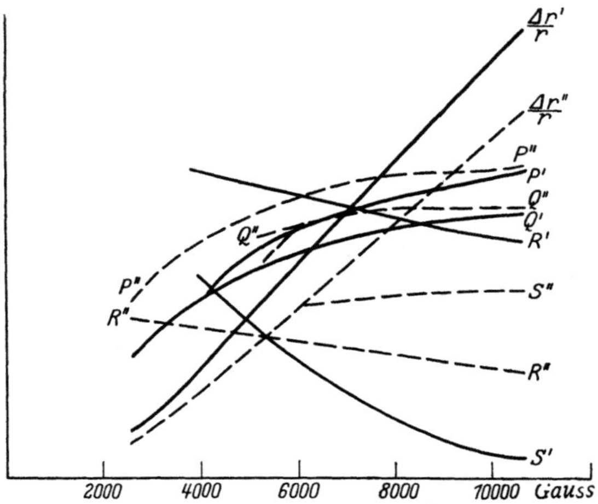

Abb. 15. Die Koeffizienten R, P, Q, S und $\frac{\Delta r}{r}$ an zwei reinen Wismutplatten nach H. ZAHN.

Die thermomagnetische longitudinale Potentialdifferenz in Wismut ($_hLe$) ist von ZAHN[1]) feldunabhängig, von LOWNDS[2]) ganz kompliziert feldabhängig gefunden worden, je nach der Temperatur. Nähere Angaben scheinen zwecklos. Dem Kurventyp nach ist sein Wismut unrein gewesen.

Antimon hat ebenfalls BARLOW eingehender untersucht. Er findet den Hallkoeffizienten feldunabhängig, ebenso mit großer Annäherung die Koeffizienten Q und A. Tabelle 7 gibt einige Zahlenangaben:

Tabelle 7.

$\mathfrak{H}$	2000	4000	6000	10000	12000	14000 Gauss
R bei $-75°$	0,020	—	0,020	0,022	—	0,023
R bei $+39°$	0,012	—	0,013	0,014	—	0,015
A	—	1,6	1,7	1,6	1,7	—

Dasselbe wird auch von dem Koeffizienten S angegeben (ohne Zahlen), dagegen konnte N in Antimon nicht beobachtet werden.

ZAHNS[3]) Untersuchungen an Antimon bestätigen die Ergebnisse von BARLOW: praktische Unabhängigkeit der Koeffizienten R, P, Q und S von der Feldstärke. Der Koeffizient der magnetischen Widerstandsänderung ergibt sich für 6290 Gauss zu 0,0095, für 10500 Gauss zu 0,0215, während nach der Proportionalität mit H^2 sich bei letzterem Felde 0,024 ergeben sollte.

Ferner untersucht ZAHN[3]) die Koeffizienten R, Q und S für folgende Metalle in Feldern zwischen 5000 und 11000 Gauss: Iridium, Platin, Palladium, Kupfer, Silber, Zink. Soweit die Effekte überhaupt nachweisbar waren, wurden sie feldunabhängig gefunden.

Soweit Untersuchungen der Effekte von anderen Autoren vorliegen, ist die Feldproportionalität ziemlich überall gefunden worden. Unklar ist, warum die thermische Leitfähigkeitsänderung ($_pLh$, M) für manche Metalle in dem Felde abnimmt statt zunimmt.

Zahlreicher sind nur die Untersuchungen über die elektrische Widerstandsänderung anderer Metalle als Funktion der Feldstärke. Generell ist Zunahme

[1]) H. ZAHN, Ann. d. Phys. Bd. 14, S. 186. 1904.
[2]) L. LOWNDS, Ann. d. Phys. Bd. 4, S. 776. 1901.
[3]) H. ZAHN, Ann. d. Phys. Bd. 16, S. 148. 1905.

des Widerstandes für alle Metalle, Metalloide und einige leitende Kristalle gefunden worden, die relative Widerstandszunahme $\frac{\Delta r}{r}$ ist recht angenähert proportional dem Quadrat der Feldstärke.

10. Der Einfluß von Verunreinigungen. Ehe die anderen physikalischen Bedingungen, welche die Größe der Koeffizienten beeinflussen, besprochen werden, soll einiges über den Einfluß von Verunreinigungen gesagt werden. Daß mit größter Wahrscheinlichkeit minimale Verunreinigungen besonders bei Wismut (bei anderen Elementen offenbar nicht in solch großem Maße) die Effekte stark beeinflussen, hat besonders ZAHN betont. Er zeigte, daß bei gleicher chemischer Analyse Unterschiede zwischen den einzelnen Proben auftraten, welche sogar verschiedene Vorzeichen für einzelne Transversaleffekte geben. Man hat hier offenbar dieselben, aber noch ausgeprägteren Einflüsse von minimalen Zusätzen (oder auch Strukturänderungen) wie bei den elektrischen Potentialeffekten.

Von sehr vielen Angaben seien zwei zuverlässige Einzeluntersuchungen angeführt. LENARD[1]) hat die — nicht besonders von der Reinheit abhängige — longitudinale galvanomagnetische Widerstandsänderung von Wismut als Funktion der Reinheit gemessen, Versuche, welche die Grundlage wurden zu der Verwendung von Wismutspiralen („LENARDsche Spiralen") zur Messung hoher magnetischer Felder (vgl. Bd. XVI, Kap. 27). Er gibt Verfahren zur Herstellung der Wismutdrähte an durch hydraulisches Pressen von elektrolytisch niedergeschlagenem Pulver und vergleicht die Größe des spezifischen Widerstandes, des Temperaturkoeffizienten und der magnetischen Widerstandsänderung miteinander, damit Versuche von RIGHI[2]) und VAN AUBEL[3]) aufnehmend. Der spezifische Widerstand wird durch elektrolytische Reinigung verkleinert, ebenso die magnetische Widerstandsänderung und der Temperaturkoeffizient des Widerstandes. Einige Angaben sind in Tabelle 7 enthalten.

Tabelle 7.

	Spez. Widerstand abs. $\cdot 10^{-3}$	Temp.-Koeff.	Widerstandsänderung Δr in $H = 11200$ G.
Wismut			
vor der Elektrolyse	153,4 bis 151,2	∞ 0,0052	+0,032
nach „ „	115,7 „ 108,8	0,00458	+0,026 bis 0,012

Auch YAMAGUCHI[4]) findet im unreinen Wismut besonders große magnetische Widerstandsänderungen.

Eine weitere Untersuchung stammt von BARLOW[5]) für den thermomagnetischen Transversaleffekt. YAMAGUCHI hatte beobachtet [vgl. hierzu auch die Untersuchungen von EVERDINGEN[6]) und LOWNDS[7])], daß in gewissen Feldbereichen der Ettingshauseneffekt ($_eTh, P$) in Wismut zwischen 30 und 70° C umkehrt und nur in sehr hohen Feldern stets das normale positive Vorzeichen hat. BARLOW prüfte nun dieses Resultat mit der gleichen Platte nach, fand es bestätigt, stellte aber gleichzeitig fest, daß der Halleffekt sich mit Temperaturänderung sehr stark änderte (z. B. bei 700 Gauss von —8,7 bei 20° auf —5,5 bei 80° C), aber sein Vorzeichen beibehielt unter den Bedingungen, unter welchen

1) PH. LENARD, Wied. Ann. Bd. 39, S. 619. 1890.
2) A. RIGHI, Accad. dei Lincei Bd. 19. 1884.
3) E. VAN AUBEL, Phil. Mag. (5) Bd. 28, S. 347. 1889. Dortselbst viele Literaturangaben über ältere Messungen zu diesen Fragen.
4) E. YAMAGUCHI, Ann. d. Phys. Bd. 1, S. 214. 1900.
5) G. BARLOW, Ann. d. Phys. Bd. 12, S. 897. 1903.
6) E. EVERDINGEN, Comm. Leiden Bd. 42. 1898.
7) L. LOWNDS, Ann. d. Phys. Bd. 6, S. 146. 1901.

das Vorzeichen des thermomagnetischen Ettingshauseneffektes umkehrte. Durch Messung der Leitfähigkeit, welche nach LENARDS Untersuchungen (l. c.) als Kriterium für die Reinheit genommen wird, wird festgestellt, daß diese Umkehr ein Charakteristikum für unreines Wismut ist.

Daß aber dieses Reinheitskriterium nicht genügt, wenigstens für den Hallkoeffizienten nicht, folgt aus dem unter Ziff. 9 gegebenen Versuche von ZAHN an zwei Wismutplatten „gleicher Reinheit" (vgl. Abb. 15).

Messungen über Verunreinigungseinflüsse auf R und Q an Silizium (Verunreinigungen Aluminium und Eisen) gaben nach BUCLEY[1]) folgende Werte:

Tabelle 8.

Si %	99,46	94,07	89,38	96,27 (bes. Fe-Verunreinigung)
R	+23	+12	+18	−39
Q	− 0,020	− 0,011	− 0,013	− 0,011

Verunreinigungen mit Eisen sind natürlich besonders gefährlich; daß der Einfluß aber sehr kompliziert ist, sieht man daraus, daß, obwohl R für Eisen und Silizium positiv ist, das mit Eisen verunreinigte Silizium negativen Koeffizienten hat.

SMITH[2]) hat beobachtet, daß der Koeffizient P von Wismut durch Zusatz von Blei und Zinn verkleinert, durch Zusatz von Kadmium und Antimon vergrößert wird.

11. Temperaturabhängigkeit der Koeffizienten. Außerordentlich groß ist der Temperaturkoeffizient aller Effekte, aber auch hier sind alle Ergebnisse sehr unsicher; das ist nicht zu verwundern, denn aus Analogieschlüssen ist auf eine noch viel größere Abhängigkeit des Temperaturkoeffizienten als des Effektes selbst von Reinheit und Strukturbesonderheiten zu schließen. Allgemein scheint sich das Ergebnis zu finden, daß sämtliche Koeffizienten mit abnehmender Temperatur zunehmen[3]). Doch gilt auch diese Regel vielleicht nicht allgemein. Bemerkenswert ist, daß auch eine Umkehr des Vorzeichens mit abnehmender Temperatur für den Halleffekt beobachtet wurde (s. unten). Tabelle 9 gibt Messungen von ZAHN[4]) für den Temperaturkoeffizienten von R, P und Q an zwei reinen und einer unreinen Wismutplatte (I, II, III):

Tabelle 9.

	I	II	III
α_R	−0,0028	−0,00074	−0,021
α_P	−0,0059	−0,0054	+0,0066
α_Q	−0,0017	−0,0017	−0,0065

Die Abhängigkeit des Hallkoeffizienten von Temperatur und Feld hat VAN EVERDINGEN[5]) an derselben Wismutplatte untersucht. Er findet generell eine Abnahme des R-Wertes mit dem Felde (vgl. Ziff. 9), welche bei gleichzeitiger Zunahme des Absolutwertes von R bei tiefen Temperaturen (bis 91° abs.) wesentlich stärker wird. Die Abnahme ist nicht linear, sondern bis 3000 Gauss stärker als oberhalb 3000 Gauss. Wesentlich anders ist das Resultat von LOWNDS[6]) bei einer natürlichen Wismutkristallplatte: der Halleffekt kehrt bei −186° sein Vorzeichen um[7]) (z. B. Tabelle 10).

Tabelle 10.

Gauss	+ 16 °C	− 79 °C	− 186 °C (87° abs.)	
∽ 2000	−11,8	−9,60	+10,4	Primärstrom ‖ Achse.
∽ 5000	−10,3	−3,16	+ 7,88	

[1]) O. E. BUCLEY, Phys. Rev. Bd. 4, S. 482. 1914.

[2]) A. W. SMITH, Phys. Rev. Bd. 8, S. 79. 1916.

[3]) Vgl. auch A. W. SMITH, Phys. Rev. Bd. 30, S. 1. 1910. Für ferromagnetische Metall gilt die umgekehrte Beziehung: Zunahme mit zunehmender Temperatur.

[4]) H. ZAHN, Ann. d. Phys. Bd. 14, S. 886. 1904.

[5]) E. VAN EVERDINGEN, Proc. Amsterdam Bd. 2, S. 229. 1899.

[6]) L. LOWNDS, Ann. d. Phys. Bd. 6, S. 146. 1901.

[7]) Auch A. LEBRET (Comm. Leiden Bd. 19. 1895) findet nach anfänglicher Zunahme des Absolutwertes des Halleffekts mit fallender Temperatur eine Abnahme des Absolutwertes

Berücksichtigt man das Umkehren des Vorzeichens des Ettingshauseneffektes in LOWNDS Versuchen durch Verunreinigungen (Ziff. 10), so liegt es nahe, auch dies Ergebnis von LOWNDS so sekundär zu deuten. Sicher ist das natürlich nicht, denn KAMERLINGH ONNES und BECKMANN[1]) haben für eine Kristallplatte aus reinem Wismut auch gefunden, daß der Effekt bei 290° abs. negativ, dagegen bei 20° abs. positiv war, während eine Platte aus gepreßtem elektrolytischen Wismut bei 20° abs. einen Hallkoeffizienten von $R = -100$ ergab ($H = 12000$ Gauss); bei kleineren Feldstärken war R etwas kleiner, z. B. bei 2850 Gauss $R = -86{,}6$, im Gegensatz zur sonst bei höheren Temperaturen meist gefundenen Zunahme von R mit abnehmender Feldstärke.

Da dieses Ergebnis immerhin für die Theorie von Wichtigkeit sein *kann* — wenn es eben eine Kristalleigenschaft, nicht eine Folge von Verunreinigung ist —, seien die Messungen von KAMERLINGH ONNES und BECKMANN in der folgenden Tabelle angegeben: der Hallkoeffizient R in einem Wismutkristall als Funktion von Feld und Temperatur, wenn die Kristallachse senkrecht und parallel zum Felde orientiert war (vgl. auch Ziff. 13):

Tabelle 11.

Bi-Kristall ⊥ zum Feld		Bi-Kristall ‖ zum Feld			
$\mathfrak{H}$ (Gauss) $T = 290°$	$\mathfrak{H}$ $T = 20{,}3°$	$\mathfrak{H}$ $T = 290°$	$\mathfrak{H}$ $T = 90°$	$\mathfrak{H}$ $T = 20{,}3°$	$\mathfrak{H}$ $T = 14{,}5°$ abs.
2010 −9,95	1850 +9,72	1000 −0,01	1005 +3,4	1670 +3,11	2970 +2,88
3740 −9,18	3700 +7,03	1660 +0,06	2490 +3,13	2740 +2,90	5680 +2,73
5870 −6,58	5800 +5,79	5680 +0,72	5710 +2,78	5680 +2,71	8260 +2,69
10270 −4,31	11080 +4,79	10270 +1,19	10320 +2,69	10270 +2,65	10270 +2,67

Übrigens finden sich ähnliche Angaben auch bei BECQUEREL. Es ist sehr bemerkenswert, daß also der Kristall bei tiefer Temperatur das elektronentheoretisch abnormale Vorzeichen bekommt. Es ist wohl naheliegend, die beobachteten Effekte stets als Summe eines negativen (normalen) und positiven (elektronentheoretisch abnormalen) Teiles zu betrachten, so daß aus ihrer Übereinanderlagerung ein positives oder negatives Vorzeichen des Gesamteffektes resultieren kann.

BARLOWS[2]) Ergebnisse an Antimon sind in folgenden Abb. 16 und 17 (vgl. auch Abb. 14) gegeben. R und Q zeigen einen Temperatureffekt, die — sehr geringe — Feldabhängigkeit (Ziff. 9) ist von der Temperatur praktisch unabhängig. Die Temperaturkoeffizienten sind auch von ZAHN und von ETTINGSHAUSEN und NERNST gemessen worden, auch sie finden ziemliche Unabhängigkeit von der Feldstärke. Die nebenstehende Tabelle 12 gibt einige Temperaturkoeffizienten der Antimoneffekte. ZAHN hat von Zimmertemperaturen bis gegen 100°, BARLOW bis zu tiefen Temperaturen (s. Abb. 16 u. 17) gemessen.

Tabelle 12.

	BARLOW	ZAHN	ETTINGSHAUSEN-NERNST
α_R	−0,0009	−0,0017	−0,09
α_Q	−0,004	−0,0045	−0,0016
α_T	—	+0,0049	—
α_S	—	−0,0078	—

An anderen Materialien, Kohle, Kupfer, Silber, Iridium, Platin, Palladium und einigen Legierungen hat ZAHN[3]) den Halleffekt zwischen 0 und 100° unabhängig von der Temperatur gefunden. Bei tieferen Temperaturen tritt stets

[1]) H. KAMERLINGH ONNES u. B. BECKMANN, Comm. Leiden Nr. 129a, 129c, 130c. 1912.
[2]) G. BARLOW, Ann. d. Phys. Bd. 12, S. 897. 1903.
[3]) H. ZAHN, Ann. d. Phys. Bd. 16, S. 148. 1905.

eine geringe Zunahme ein. Kadmium hat einen sehr starken Temperaturkoeffizienten, der Hallkoeffizient nimmt bei Abkühlung von Zimmertemperatur

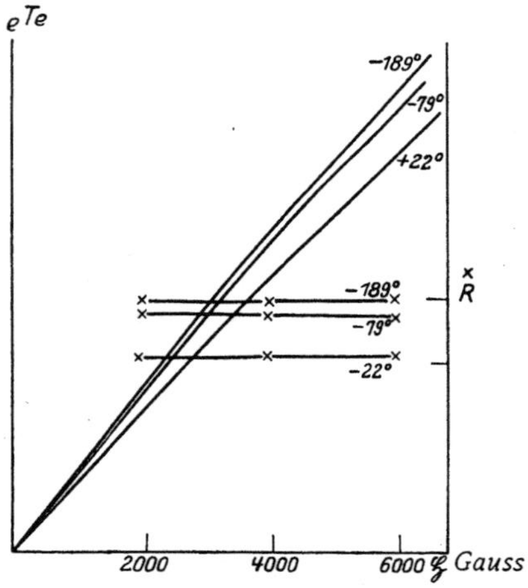

Abb. 16. Antimon nach BARLOW, Halleffekt als Funktion von Temperatur und Feld.

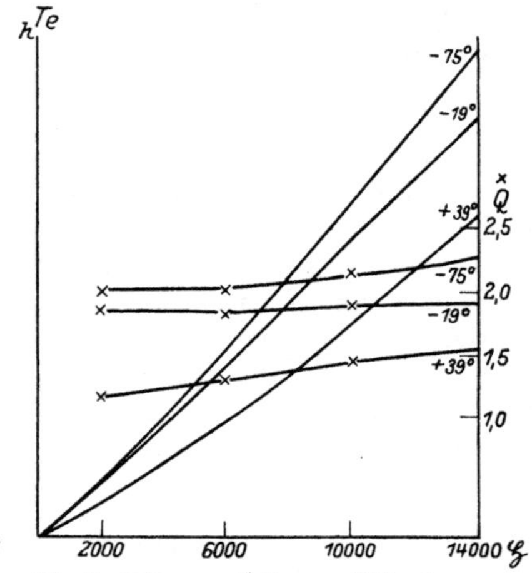

Abb. 17. Antimon nach BARLOW, Ettingshausen-Nernst-Effekt als Funktion von Temperatur und Feld.

auf 14,5° abs. auf das 3- bis 4fache zu [ALTERTHUM[1]), KAMERLINGH ONNES und HOF[2])]. Der Hallkoeffizient von Zinn zeigt abnorme Zunahme bei tiefsten Temperaturen: z. B. von $+2{,}6 \cdot 10^{-5}$ bei 4,25° abs. auf $+9{,}8 \cdot 10^{-5}$ bei 2,8° abs. Dieses Ergebnis ist besonders bemerkenswert, weil Zinn supraleitend ist.

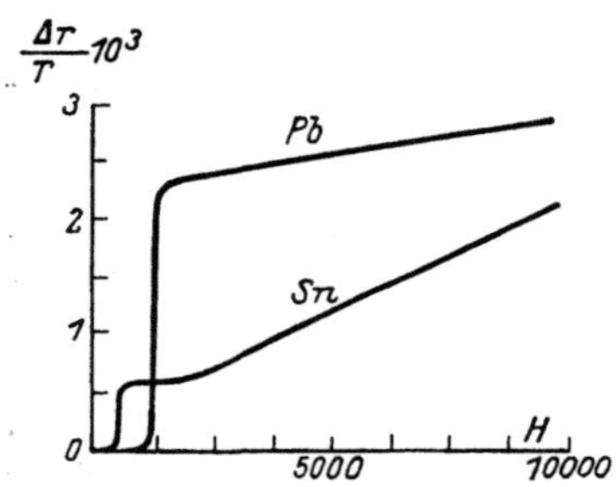

Abb. 18. Auftreten des Widerstandes in Supraleitern im Magnetfeld.

Im Gebiete der Supraleitfähigkeit zeigt Blei und Zinn solange keinen meßbaren Halleffekt, als das Feld kleiner ist als das kritische Feld, bei welchem die Supraleitfähigkeit verschwindet. Von besonderer Wichtigkeit ist der galvanomagnetische Longitudinaleffekt bei supraleitenden Metallen, die starke Widerstandszunahme, das Aufhören der Supraleitfähigkeit in magnetischen Feldern. Abb. 18 zeigt einige Kurven über das Aufhören der Supraleitfähigkeit, das sprunghafte Einsetzen des elektrischen Widerstandes bei einer kritischen Feldstärke[3]).

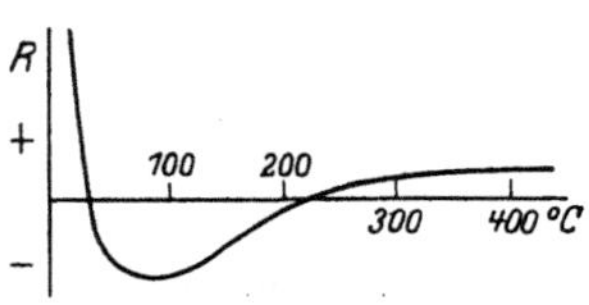

Abb. 19. Temperaturabhängigkeit des Halleffektes in Tellur nach WOLD.

Die sehr auffällige Temperaturabhängigkeit des Hallkoeffizienten des Tellurs, welche WOLD[4]) gefunden hat (Abb. 19), dürfte im verschiedenen Vorzeichen des Effektes von α- und β-Tellur begründet sein. Nach dem gleichen Autor nimmt der Ettingshausenkoeffizient P für Tellur sehr stark mit der Temperatur zu, während der Absolutwert derselben Koeffizienten in Graphit, Silizium (durch Eisen verunreinigt) und Molybdän-

[1]) H. ALTERTHUM, Ann. d. Phys. Bd. 39, S. 933. 1912; Bd. 40, S. 391. 1913. Daselbst Angaben über geringe Variationen von R mit der Temperatur.

[2]) H. KAMERLINGH ONNES u. K. HOF, Comm. Leiden Nr. 142b. 1914.

[3]) Näheres hierüber zusammenfassend bei A. CROMMELIN, Phys. ZS. Bd. 21, S. 274, 300, 331. 1920. Viel neues Material bei W. TUYN, Dissert. Leiden 1924.

[4]) P. J. WOLD, Phys. Rev. Bd. 7, S. 169. 1916.

glanz nach KÖNIGSBERGER und GOTTSTEIN[1]) abnimmt, unabhängig davon, ob der Effekt positiv oder negativ ist. Bei hohen Temperaturen findet FREY[2]) geringe oder gar keine Temperaturabhängigkeit der Hallkoeffizienten von der Temperatur (vgl. Abb. 20).

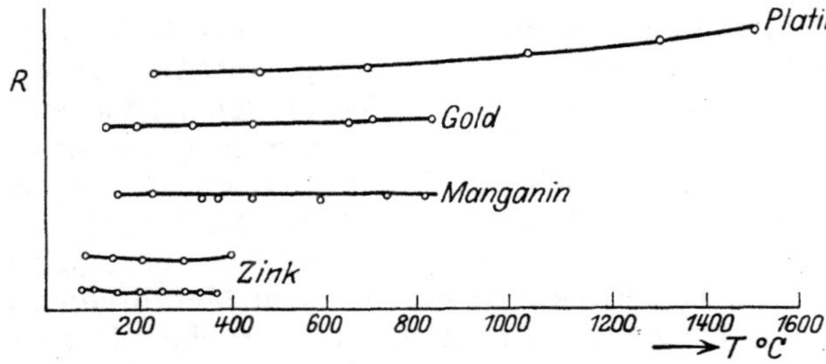

Abb. 20. Halleffekt nach W. FREY bei hohen Temperaturen.

Besondere Bedeutung hat der Temperaturkoeffizient des galvanomagnetischen Longitudinaleffektes $_eLe$, der Widerstandsänderung, des Wismut im Magnetfeld. Denn dieser Effekt wird in den „Wismutspiralen" zur Messung von Magnetfeldern verwendet. Es liegen sehr zahlreiche Einzeluntersuchungen vor, welche alle ein generelles Fallen der Widerstandsänderung mit steigender Temperatur ergeben. Außerordentlich groß ist die Steigerung der Widerstandsänderung bei tiefen Temperaturen. Wir geben im folgenden von den vielen Messungen nur zwei an, in welchen gleichzeitig Temperatur und Feldabhängigkeit behandelt ist. Die Messungen der Tabelle 13 stammen von DEWAR und FLEMING[3]). Die Zahlen geben den Widerstand von Wismut in absoluten Einheiten bei verschiedenen Feldern H und verschiedenen Temperaturen (° C) an.

Tabelle 13.

Temp.	$\mathfrak{H} = 0$	2450	5500	14200
+ 19°	116200	123500	132000	187000
− 79°	78300	105000	158000	282000
−185°	41000	186000	419000	1720000
−203°	34200	283500	—	—

Als Beispiel für die magnetische Widerstandsänderung einer fertigen Wismutspirale als Funktion der Temperatur seien Messungen in Tabelle 14 von DU BOIS und WILLS[4]) in einem Felde von 37500 Gauss gegeben. Untersuchungen an Kristallen von Wismut geben qualitativ gleichen Gang, jedoch quantitative Verschiedenheiten für den Temperaturkoeffizienten in den einzelnen Achsenrichtungen.

Bei sehr tiefen Temperaturen haben KAMERLINGH ONNES und BECKMANN[5]) das Verhältnis von Feldwiderstand r zu feldlosem Widerstand r_0 gemessen (Tab. 15).

Tabelle 14.

Ohne Feld	Mit Feld 0°	−79°	−115°	−180° C
1	4	6	10	230

Tabelle 15.

$\mathfrak{H}$ Gauss	$\frac{r}{r_0}$ 290° abs.	20,3° abs.	15° abs.
0	1,057	0,242	0,215
2760	1,140	4,73	—
3850	—	—	8,185
5540	1,280	13,50	14,35
7370	1,388	22,50	23,00
9200	1,495	31,55	33,25
11850	1,646	46,55	47,90
13600	1,746	58,20	58,85
15670	1,868	70,75	72,25
17080	—	80,85	82,00

[1]) J. KÖNIGSBERGER u. G. GOTTSTEIN, Phys. ZS. Bd. 14, S. 232. 1913.
[2]) W. FREY, Ann. d. Phys. Bd. 46, S. 1057. 1915.
[3]) J. DEWAR u. J. A. FLEMING, Proc. Roy. Soc. London Bd. 60, S. 72. 1896.
[4]) H. DU BOIS u. A. P. WILLS, Verh. d. D. Phys. Ges. Bd. 1, S. 168. 1899.
[5]) H. KAMERLINGH ONNES u. B. BECKMANN, Comm. Leiden Nr. 129a, c., 130c. 1912.

Auch für andere Metalle findet sich eine Zunahme von $\frac{\Delta r}{r}$ bei tiefen Temperaturen, jedoch lange nicht so stark wie für Wismut. Anormal ist nur die Temperaturabhängigkeit für Halbleiter, z. B. für Tellur[1]), wohl wegen Modifikationsänderungen. Erwähnt sei noch, daß auch im longitudinalen Magnetfeld eine Widerstandsvermehrung eintritt, wie überhaupt alle Longitudinaleffekte sowohl im transversalen als longitudinalen Magnetfeld auftreten.

Der Koeffizient N des thermomagnetischen elektrischen Longitudinaleffektes $({}_hLe)$ in Wismut nimmt stark mit wachsender Temperatur ab, er beträgt nach SMITH[2]) z. B. bei 20° 0,13, bei 100° 0,075, bei 240° 0,01, LOWNDS findet sehr komplizierte Temperatur- und Feldabhängigkeit.

12. Die Effekte in sehr dünnen Metallschichten. Die Fragestellung über die Abhängigkeit der galvanomagnetischen Koeffizienten von der Dicke der benutzten Metallschicht (man kann auch sagen, die Frage nach der Abhängigkeit der Koeffizienten von der Stromdichte) stammt aus neuerer Zeit. Von älteren Versuchen sind systematisch nur die von MOREAU[3]) über den Halleffekt. Er kann die gefundene Dickenabhängigkeit, die Größe des Hallkoeffizienten R mit abnehmender Dicke der durch chemische Methode hergestellten Silberschichten durch folgende Formel ausdrücken:

$$R = -\frac{d}{2160\,(d - 25\cdot 10^{-7})}\,.$$

Hierin ist die Dicke in Zentimetern gemessen. $25\cdot 10^{-7}$ („d_0") kann also als eine kritische Dicke bezeichnet werden.

Über den Halleffekt in dünnen Metallschichten liegt nun aus neuester Zeit eine ganze Serie von amerikanischen Arbeiten vor. WAIT[4]) stellt chemisch Silberschichten her nach der Methode von BRASHEAR, die Dickenbestimmung erfolgt durch Wägung. Er findet die Hall-elektromotorische Kraft proportional dem Felde $\mathfrak{H}$ und der primären Stromstärke I. R ist unabhängig von der Dicke und damit auch unabhängig von der Stromdichte bis herab zu 23 $\mu\mu$. Die folgende Abb. 21 gibt die reduzierte Hall-elektromotorische Kraft $\frac{E}{\mathfrak{H}\cdot I}$ als Funktion der Dicke, die ausgezogene Kurve ist berechnet mit dem Koeffizienten für das kompakte Material 0,00084. Zum Vergleich ist der spezifische Widerstand angegeben, um zu zeigen, daß dessen Dickenabhängigkeit bereits ganz anormal ist, wenn der Halleffekt noch normal ist.

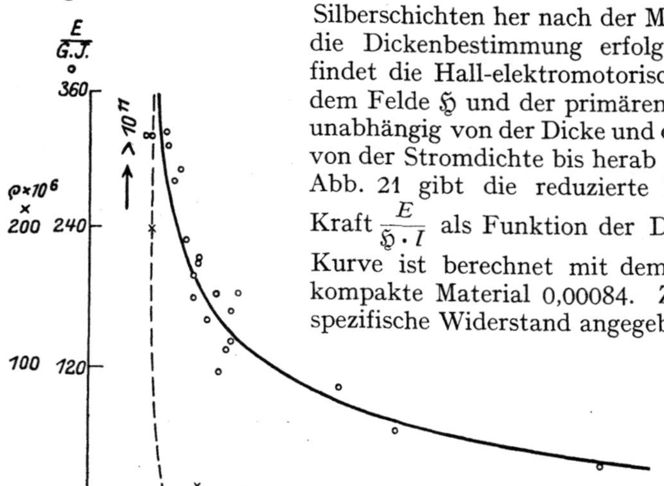

Abb. 21. Halleffekt in dünnen Silberschichten nach WAIT. Obere Kurve: Halleffekt, untere Kurve: spezifischer Widerstand.

STEINBERG[5]) findet bei Silber- und Kupferschichten, die durch Verdamp-

[1]) P. J. WOLD, Phys. Rev. Bd. 7, S. 169. 1916; J. KÖNIGSBERGER u. K. SCHILLING, Ann. d. Phys. Bd. 32, S. 179. 1910.

[2]) A. W. SMITH, Phys. Rev. Bd. 2, S. 383. 1913.

[3]) M. G. MOREAU, Journ. de phys. Bd. 10, S. 478. 1901.

[4]) G. R. WAIT, Phys. Rev. Bd. 19, S. 615. 1922.

[5]) J. C. STEINBERG, Phys. Rev. Bd. 21, S. 22. 1922.

fung im Hochvakuum hergestellt sind, qualitativ das an chemisch niedergeschlagenen Schichten von WAIT erhaltene Ergebnis bestätigt (Abb. 22), jedoch ist nach seinen Messungen der Absolutwert des Hallkoeffizienten in Silberschichten 41%, in Kupferschichten 11% kleiner als bei dicken Schichten. Für Gold findet MACKEOWN[1]) ebenfalls den Hallkoeffizienten bei kathodenzerstäubten Schichten von 5 bis 80 $\mu\mu$ unabhängig von Feldstromstärke und Dicke, besonders auch unabhängig von etwaiger Wärmebehandlung. Der Koeffizient ist gleich dem von kompaktem Metall. Palladium, Platin und Iridium hat PEACOCK[2]) untersucht. Der Hallkoeffizient scheint für Palladium und für Platin kleiner als der Hallkoeffizient in kompakter Schicht (Tabelle 16). Auch in diesen Schichten von etwa 300 $\mu\mu$ wird kein Einfluß von Erhitzung oder Alterung gefunden.

Tabelle 16.

		Pd	Pt	Ir	Rh
$R \cdot 10^3$	in dünner Schicht .	$-0{,}57$	$-0{,}13$	$+0{,}034$ (?)[5])	nicht gefunden
	in kompakt. Material	$-0{,}86$ [3]) ; $-0{,}7$ bis $1{,}1$[4])	$-0{,}202$ [3]) ; $-0{,}127$ [4])	$+0{,}402$ [4])	—

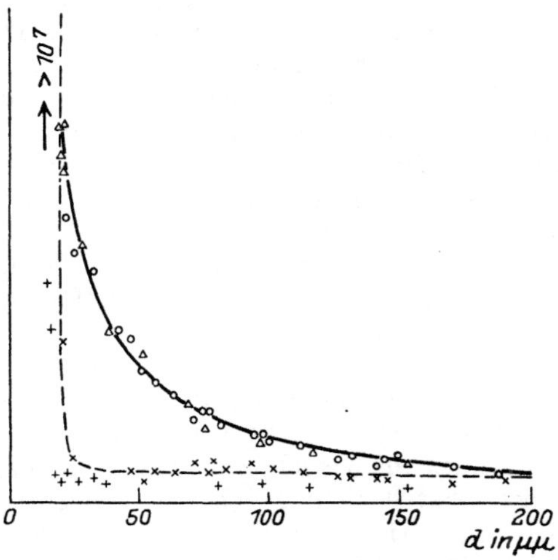

Abb. 22. Halleffekt in dünnen Silber- und Kupferschichten nach STEINBERG.
○ Halleffekt in Silber, △ Halleffekt in Kupfer,
× spezifischer Widerstand von Silber.,
+ spezifischer Widerstand von Kupfer.

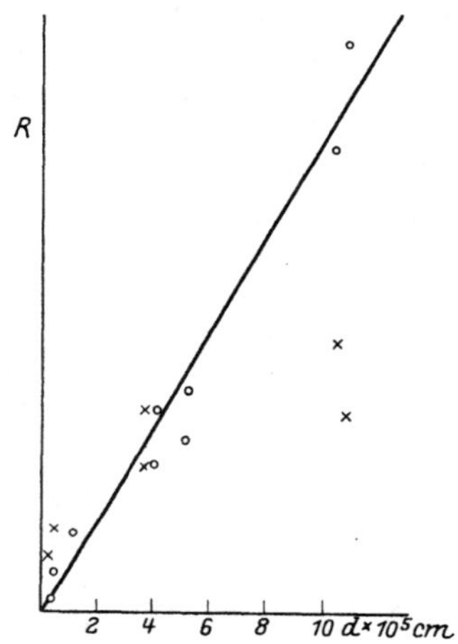

Abb. 23. Hallkoeffizient in dünnen Wismutschichten nach HARGITT.
○ berechnet mit Stromstärke.
× „ „ Stromdichte.

Dünne Wismutschichten hat HARGITT[6]) untersucht; während die anderen Metalle alle normales Verhalten zeigten, zeigt Wismut wieder unverständliche Ergebnisse. Es mögen die Angaben in der folgenden Abb. 23 genügen. Die anderen galvanomagnetischen und thermischen Effekte sind in dünnen Schichten nicht untersucht worden.

[1]) S. S. MACKEOWN, Phys. Rev. Bd. 21, S. 708. 1922; Bd. 23, S. 85. 1924.
[2]) H. B. PEACOCK, Phys. Rev. Bd. 27, S. 474. 1926.
[3]) A. SMITH, Phys. Rev. Bd. 30, S. 1. 1910.
[4]) H. ZAHN, Ann. d. Phys. Bd. 16, S. 148. 1905.
[5]) Wohl Druckfehler im Original, jedenfalls 0,34.
[6]) T. F. HARGITT, Phys. Rev. Bd. 28, S. 1034. 1926.

Nur über die longitudinale Widerstandsänderung liegen einige Versuche vor. Versuche von JEWETT[1]) über die Widerstandsänderung von Wismutschichten, welche durch Kathodenzerstäubung hergestellt waren, ergeben, daß diese Schichten keine Widerstandsvermehrung durch das Magnetfeld zeigen. Spätere Versuche von TRABACCHI[2]) mit gepreßtem Wismutpulver ergaben auch für dieses keine Widerstandsänderung. Es ist aber gar keine Frage, daß hierfür nur zu geringe Pressung verantwortlich ist. Die naheliegende Aufklärung, daß es sich bei den Versuchen von JEWETT und TRABACCHI um anormale Schichten handelt, vielleicht nicht kristallisiert od. dgl., ist von BECKER und CURTISS[3]) und von RICHTMYER und CURTISS[4]) gegeben worden: kathodenzerstäubte Filme zeigen nach Erhitzen normale Widerstandsänderungen im Magnetfeld. Doch ist nach neueren Untersuchungen von INGERSOLL über das magnetische Verhalten kathodenzerstäubter Schichten auch damit zu rechnen, daß die Anomalie auf einer Gasverbindung und die Wärmebehandlung nicht einfach zu einer Kristallisation, sondern zur Bildung reiner Metallschichten unter Verlust des Gases besteht. PATTERSON[5]) findet in Feldern von 26—27000 Gauss folgende Dickenabhängigkeit der relativen Widerstandsänderung (Tabelle 17).

Tabelle 17.

$d \cdot 10^6$ cm	10	6	4
$\frac{\Delta r}{r}$	29,0	5,6	1,0

13. Halleffekt in Kristallen. Diese Versuche sollen hier nochmals in erweiterter Form zusammengefaßt werden, da sie am ehesten bestimmt sind, der Theorie als Wegweiser zu dienen. Allerdings muß bemerkt werden, daß die klaren Verhältnisse, die bei Kristallen zu erwarten sind, dennoch nur sehr selten gefunden wurden. Auch hier sind irgendwelche sekundären Einflüsse sehr groß, besonders wohl Reinheitsfragen. Die Versuche sind fast ausschließlich mit Wismut gemacht, dessen Halleffekt besonders groß ist.

Doch haben die Kristalluntersuchungen wenigstens eine Aufklärung in einer der unangenehmsten Schwierigkeiten gebracht, warum der Halleffekt (z. B. des Wismut, des Tellur u. a.) bei Umkehrung des Feldes nicht auch völlig umkehrt: dieser „Dissymmetrieeffekt" ist eine Folge der Kristallisation, weil in verschiedenen Richtungen im Kristall zu den Linien des Feldes die verschiedenen galvanomagnetischen Koeffizienten nicht gleich sind. Wichtig ist, daß die Dissymmetrie proportional dem Quadrat des Feldes ist [WOLD[6])], also wohl auf einer Widerstandsänderung im Magnetfeld beruht. Es ist anzunehmen, daß auch andere Widersprüche über Feld- und Temperaturabhängigkeit bei Wismut auf den nicht kontrollierten Kristallzustand zu schieben sind.

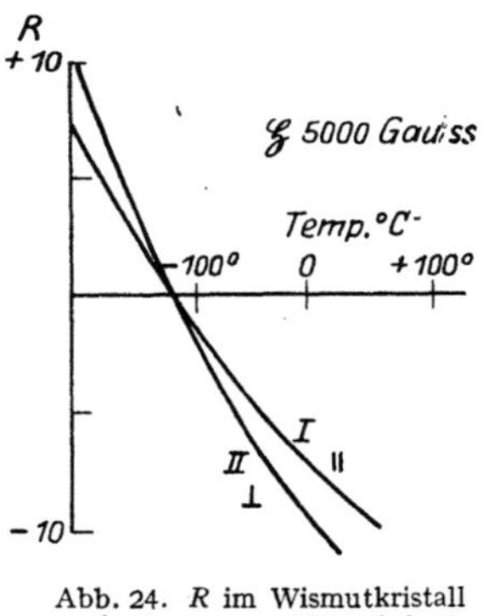

Abb. 24. R im Wismutkristall nach LOWNDS. ($\mathfrak{H}$ ⊥ Achse). I. J || Achse, II. J ⊥ Achse.

LOWNDS[7]) hat einen Wismutkristall untersucht, wenn der Primärstrom parallel oder senkrecht zur Achse, das Magnetfeld stets senkrecht zur kristallographischen Hauptachse gerichtet war. Die Ergebnisse sind in Abb. 24 enthalten.

[1]) F. B. JEWETT, Phys. Rev. Bd. 16, S. 51. 1903.
[2]) G. E. TRABACCHI, Cim. Bd. 10, S. 68. 1915.
[3]) J. A. BECKER u. L. F. CURTISS, Phys. Rev. Bd. 15, S. 457. 1920.
[4]) F. K. RICHTMYER u. L. F. CURTISS, Phys. Rev. Bd. 15, S. 465. 1920.
[5]) J. PATTERSON, Phil. Mag. Bd. 4, S. 652. 1902.
[6]) P. J. WOLD, Phys. Rev. Bd. 7, S. 169. 1916. Messungen an Tellur.
[7]) L. LOWNDS, Ann. d. Phys. Bd. 6, S. 146. 1901.

Auch die transversale und longitudinale thermomagnetische Potentialdifferenz hat LOWNDS untersucht. Auch hier geben wir die Kurven (obwohl nicht sicher ist, daß der Kristall rein war) als Funktion des Feldes und der Temperatur.

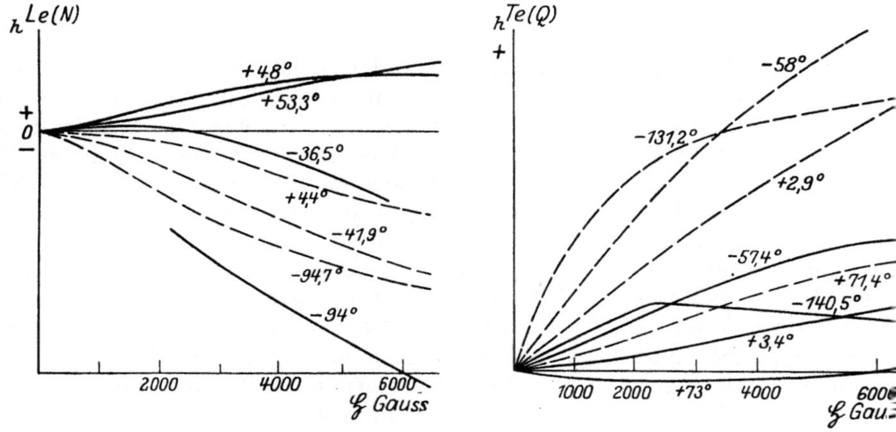

Abb. 25. u. 26. Thermomagnetische Effekte an einem Wismutkristall nach LOWNDS.

Ferner hat VAN EVERDINGEN[1]) Kristallplatten von Wismut unter verschiedener Richtung zur Achse untersucht. Er findet die Abhängigkeit des Hallkoeffizienten von der Richtung des Feldes zu der Kristallachse (Winkel α) gegeben durch folgende Formel:

$$R = R_{\|} \cos^2\alpha + R_{\perp} \sin^2\alpha\,.$$

Tabelle 18.

	Feld 4600 Gauss		Feld 2600 Gauss	
	⊥ Achse	‖ Achse	⊥ Achse	‖ Achse
Platte 1	− 8,0		−10,2	
„ 2	−10,6	−0,2	−12,6	−0,7
„ 3	− 8,8	0,0	−11,1	−0,4
„ 4	− 8,2	+0,6	−10,6	+0,3

Der Koeffizient ist für verschiedene Platten anscheinend gleicher Art nicht ganz konstant, vor allem dann nicht, wenn das Feld parallel zur Achse gerichtet ist. Hier ist sogar das Vorzeichen variabel (Tabelle 18).

Die Widerstandsänderung Δr ist nach VAN EVERDINGEN klein, wenn das Feld parallel zur Kristallachse gerichtet ist.

Ähnliche Versuche von BORELIUS und LINDH[2]) ergeben qualitativ gleiche Ergebnisse. Antimonkristalle hat DE HAAS[3]) untersucht. Die Widerstandsänderung ergibt sich aus nebenstehender Tabelle 19.

Tabelle 19.

	18° C		−188° C	
	ℌ	$\frac{r}{r_0}$	ℌ	$\frac{r}{r_0}$
Kristallachse senkrecht zu ℌ	21,400	1,101	6,600	1,239
	23,200	1,114	12,400	1,620
	28,300	1,154	19,800	2,210
	29,980	1,167	30,900	3,395
	—	—	43,300	5,195
parallel zu ℌ	21,400	1,039	6,700	1,121
	23,200	1,047	12,200	1,310
	28,980	1,071	19,800	1,630
	32,000	1,079	30,100	2,200
	—	1,091	43,300	3,060

[1]) E. VAN EVERDINGEN, Comm. Leiden Bd. 61. 1900.
[2]) G. BORELIUS u. A. E. LINDH, Ann. d. Phys. Bd. 53, S. 97. 1917.
[3]) W. J. DE HAAS, Proc. Amsterdam Bd. 16, II, S. 1110. 1914.

Auch für Graphit wurden solche Messungen gemacht [Washburn][1]). Der Primärstrom lag parallel zur Hauptachse. Ist α der Winkel zwischen Achse und Magnetfeld, so ergab sich die Widerstandsänderung:

$$\frac{\Delta r}{r} = a + b \cos\alpha .$$

14. Halleffekt in lichtelektrisch leitenden Kristallen. Daß der Halleffekt gesucht und so oft untersucht wurde, beruht in der Hoffnung, aus ihm etwas über die Natur der elektrischen Leitung aussagen zu können. Wie in diesem Kapitel gezeigt und im vorhergehenden Abschnitt nochmals zusammengefaßt ist, haben aber bisher die galvanomagnetischen und thermomagnetischen Effekte in Metallen deshalb keinen Aufschluß geben können, weil diese Erscheinungen nicht nur quantitativ, sondern auch qualitativ allzu stark von noch nicht kontrollierbaren, zum Teil wohl noch nicht bekannten Nebenbedingungen abhängen. Einen besonders einfachen Fall von Elektronenleitung in durchaus einwandfrei definierbaren festen Körpern haben Gudden und Pohl im Laufe der letzten Jahre eingehend untersucht und weitgehend aufgeklärt. Sie konnten zeigen, daß man durch Absorption von Licht in reinen Kristallen (besonders Diamant und reguläre Zinkblende) unter Vermeidung von Nebeneffekten einen Strom erhält, welcher in allen seinen Eigenheiten bezüglich der Erregung und Auswirkung als ein reiner Elektronenstrom anzusehen ist. Die „freien Leitungselektronen" werden durch das absorbierte Licht in einem inneren lichtelektrischen Effekt erzeugt. Daher heißt diese Leitung die „lichtelektrische Leitung von Kristallen".

Es ist nun von Wichtigkeit, daß Lenz[2]) auch den Halleffekt in lichtelektrisch leitenden Kristallen nachweisen konnte. Wenn auch noch nicht alle von ihm gefundenen Erscheinungen aufgeklärt werden konnten, so ist doch grundlegend wichtig, daß der Halleffekt in den lichtelektrisch leitenden Diamanten der normale („negative") Halleffekt ist[3]), d. h. der, welcher sich nach der einfachen Thomsonschen Theorie aus der magnetischen Ablenkung eines einseitig gerichteten Elektronenstroms erwarten läßt. Er ist der Stärke des Magnetfeldes streng proportional (vgl. Abb. 27) und kehrt sein Vorzeichen mit der Magnetfeldrichtung völlig symmetrisch um. Aus einfachen theoretischen Betrachtungen über das Gleichgewicht der auf die Elektronen wirkenden ablenkenden Kraft und der ihr entgegenwirkenden Hall-elektromotorischen Kraft hat Lenz die freie Weglänge der Elektronen im Diamant berechnet und erhält dafür die erstaunlich hohe Größenordnung 10^{-6} cm. Doch sind die Experimente nicht mit allen Folgerungen aus seinem theoretischen Ansatz vereinbar. Der Halleffekt in Zinkblende wurde nur bei sehr wenig Kristallen normal gefunden. Warum bei den meisten Kristallen starke Anomalien auftraten (nicht Umkehrbarkeit der Hallspannung durch Umkehrung des Magnetfeldes, Auftreten des normalen Effektes erst nach sehr langer Zeit nach Anlegung der Felder), konnte noch nicht aufgeklärt werden.

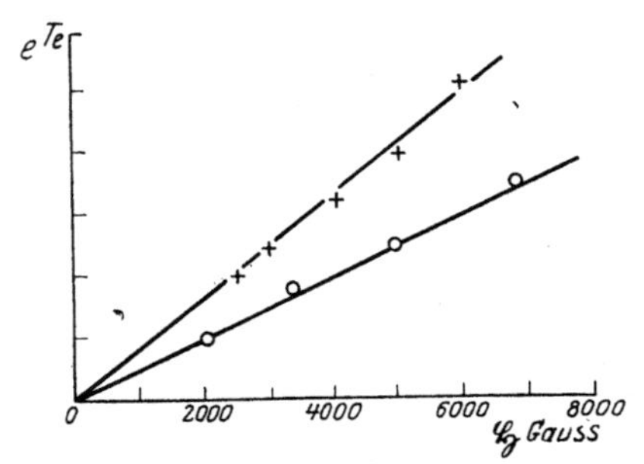

Abb. 27. Halleffekt in lichtelektrisch-leitenden Kristallen. × Diamant, ○ Zinkblende.

[1]) G. E. Washburn, Ann. d. Phys. Bd. 48, S. 236. 1915.
[2]) H. Lenz, Ann. d. Phys. Bd. 77, S. 449. 1925; Bd. 82, S. 775. 1927.
[3]) In Abb. 3 der Abhandlung Ann. d. Phys. Bd. 77, S. 449. 1925 ist also ein Vorzeichenfehler.

Von Interesse ist der weitere Versuch von LENZ, daß auch der kanalstrahlelektrische Strom in Diamant den Halleffekt zeigt. Unter kanalstrahlelektrischem Strom versteht LENZ den Elektronenleitungsstrom, welcher durch das Eindringen von neutralen Kanalstrahlen erzeugt wird.

Eine Temperaturabhängigkeit des Halleffekts im Diamanten wurde im Bereich von 20° C bis —185° C nicht gefunden.

15. Die Effekte bei primärem Wechselstrom. Die Messungen von DES COUDRES, welche in Ziff. 4 schon besprochen sind, ergeben ebenso wie die Messungen von RAUSCH VON TRAUBENBERG[1]) bei 60periodischem Wechselstrom größenordnungsmäßig gleiche Werte wie Messungen mit Gleichstrom. ZAHNS[2]) Untersuchungen bei höheren Frequenzen unter Verwendung der Methode von DES COUDRES ergeben etwas kleinere Werte des R-Koeffizienten in Wismut und Antimon; er diskutiert die Messungen unter Betrachtung des Ettingshauseneffektes und zeigt, daß die Wechselstrommethode den isothermen Halleffekt liefert. SMITH[3]) verwendet primären Wechselstrom hoher Frequenz bei konstanter Richtung des magnetisierenden Feldes und mißt die dabei auftretende Wechselspannung des Halleffekts mit dem Duddellgalvanometer: R ist für Gleich- und Wechselstrom dasselbe (vgl. Tab. 20):

Tabelle 20.

Frequenz	R in Wismut	
	Platte I	Platte II
0	— 2,75	— 2,46
60	— 2,75	— 2,46
30000	— 2,73	— 2,47
50000	— 2,74	— 2,50
120000	— 2,74	— 2,47

Ziemlich viel Untersuchungen mit entsprechend viel widersprechenden Ergebnissen liegen vor über die magnetische Widerstandsänderung des Wechselstromwiderstandes; man kann noch nicht entscheiden, ob eine Frequenzabhängigkeit vorhanden ist. Eine interessante Feststellung hat EICHHORN[4]) gemacht: der Widerstand einer Wismutspirale soll im magnetischen Wechselfelde eine Hystereseerscheinung zeigen, deren Größe mit zunehmender Frequenz des magnetischen Feldes steigt. — Hingewiesen sei auf eine theoretische Untersuchung von HEURLINGER[5]), welcher als Grund für verschiedene magnetische Widerstandsänderung bei primärem Gleichstrom und Wechselstrom das Auftreten der Ettingshausen- und Nernsteffekte ${}_eTh$ und ${}_hTe$ verantwortlich macht. Er kommt zu der Beziehung:

$$\lim_{n=\infty}(w_{\sim} - w_{=}) = -P \cdot Q \cdot H^2.$$

(n Frequenz des Primärstroms, $w_{\sim}$ und $w_{=}$ der Wechselstrom- und der Gleichstromwiderstand im magnetischen Feld H, P und Q die Koeffizienten der genannten Effekte.)

16. Der Corbinoeffekt. Setzt man eine runde Metallscheibe, welche ein elektrischer Strom streng radial durchfließt — Stromzuführung im Mittelpunkt, Stromabnahme längs der Peripherie —, zwischen die Polschuhe eines Elektromagneten, so entsteht bei Erregung des Magnetfeldes ein zirkulärer Strom[6]). Dieser Sekundärstrom wird durch seine induzierende Wirkung mit einer um die Scheibe gelegten Spule nachgewiesen. ADAMS[7]) hat zuerst bemerkt,

[1]) H. RAUSCH v. TRAUBENBERG, Ann. d. Phys. Bd. 17, S. 78. 1905. Näheres Diss. Würzburg 1905.

[2]) H. ZAHN, Ann. d. Phys. Bd. 36, S. 553. 1911.

[3]) A. W. SMITH, Phys. Rev. Bd. 35, S. 81. 1912.

[4]) W. EICHHORN, Ann. d. Phys. Bd. 3, S. 20. 1900.

[5]) T. HEURLINGER, Phys. ZS. Bd. 17, S. 221. 1916.

[6]) O. M. CORBINO, Phys. ZS. Bd. 12, S. 561. 1911.

[7]) E. P. ADAMS, Proc. Amer. Phil. Soc. Bd. 54, S. 47. 1918; vgl. Phil. Mag. Bd. 27, S. 244. 1910.

daß CORBINO hiermit zwar keine neue galvanomagnetische Erscheinung beobachtet hat, sondern nur den Halleffekt, diesen aber in einer offenbar idealen Anordnung. Denn es fallen alle die Komplikationen fort, welche auf der Veränderung der Stromverteilung bei Abnahme des Hallstromes von einer rechtwinkligen Hallplatte beruhen. Außer CORBINO haben ADAMS und CHAPMAN[1]) den Effekt in zahlreichen Metallen gemessen, und CHAPMAN[2]) zeigte, daß die Vorzeichen genau und auch annähernd die Größe des Halleffekts und des Corbinoeffekts übereinstimmen.

Unmittelbar hängt zusammen mit dem Effekt von CORBINO eine andere, ebenfalls von CORBINO gefundene Erscheinung. Wird die von dem radialen Strom durchflossene Metallscheibe so in ein Magnetfeld gesetzt, daß Kraftlinien und Scheibenebene nicht senkrecht zueinander stehen, so tritt bei Erregung des Magnetfeldes ein Drehmoment auf: die Kraftlinien des sekundären Stromes des Corbinoeffekts suchen sich in die Kraftlinienrichtung des Magnetfeldes einzustellen. Der Drehsinn ist demnach abhängig vom Vorzeichen des Corbinoeffekts und von der Richtung des primären (radialen) Stroms.

Wurde eine Kreisscheibe aus Wismut mit zwei konzentrischen Elektroden in ein transversales Magnetfeld gebracht, so ergab sich eine Zunahme des Widerstandes. Diese erklären CORBINO und TRABACCHI[3]) durch die spiralenförmige Abtreibung der Stromlinien, wodurch die JOULEsche Wärme, also deshalb der Widerstand vergrößert wird.

17. Die galvanomagnetischen und thermomagnetischen Erscheinungen in ferromagnetischen Körpern. Über die Effekte in den ferromagnetischen Metallen Eisen, Nickel, Kobalt und der ferromagnetischen HEUSLERschen Legierung liegen außerordentlich viele Untersuchungen vor. Auch hier sind die Ergebnisse verschiedener Forscher quantitativ und qualitativ oft in krassem Widerspruch. Man hat hier offenbar mit gleichen Einflüssen zu rechnen wie bei Wismut. Aber darüber hinaus ist eine befriedigende Diskussion fast des ganzen Materials deshalb nicht möglich, weil die Effekte meist als Funktion des magnetischen Feldes gemessen sind, nicht dagegen als Funktion der Magnetisierung. Und es kann wohl keine Frage sein, daß diese, nicht das transversale äußere magnetische Feld, die in Betracht zu ziehende Variable ist. Das sieht man besonders deutlich daran, daß mit magnetischer Sättigung auch die galvanomagnetischen und thermomagnetischen Effekte „gesättigt" werden, d. h. feldunabhängig werden. Eine Umrechnung von Feld auf Magnetisierung ist deshalb nicht möglich, weil fast stets die Entmagnetisierungsfaktoren unbekannt sind.

So sind auch die Temperaturkoeffizienten der Effekte, ja sogar starke Variationen im qualitativen Verlauf der Feldabhängigkeit als Funktion der Temperatur in der fast durchweg gegebenen Form physikalisch nichtssagend, da die Intensität der Magnetisierung bei konstanter magnetischer Feldstärke eine Funktion der Temperatur ist, die für jede Feldstärke eine andere Form hat. Selbst bei gleichem äußeren Feld, also unter scheinbar vergleichbaren Bedingungen, ist somit ein Vergleich der Größe der Effekte ziemlich sinnlos. Ganz besonders muß das für die thermomagnetischen Effekte gelten, denn in ihnen sind wegen des Wärmeflusses die magnetischen Eigenschaften von Punkt zu Punkt verschieden. Immerhin gibt es eine Reihe wenigstens zu erwähnender Tatsachen.

Generell ist schon betont, daß alle Effekte in ihrer Feldabhängigkeit Sättigungscharakter zeigen. Als ein Beispiel für viele seien Messungen des Koeffi-

---

[1]) A. K. CHAPMAN, Phil. Mag. Bd. 28, S. 692. 1914.

[2]) A. K. CHAPMAN, Phil. Mag. Bd. 32, S. 303. 1916.

[3]) O. M. CORBINO u. G. C. TRABACCHI, Cim. Bd. 9, S. 118. 1915.

zienten S für die drei ferromagnetischen Metalle gegeben[1]) (Abb. 28). Auch in den späteren Abbildungen 34 und besonders 35 kommt der Sättigungscharakter zum Ausdruck. Wahrscheinlich fällt Sättigung des Effektes mit magnetischer Sättigung zusammen, wie schon früher von KUNDT und HALL bemerkt wurde, und es ist wahrscheinlich, daß die Effekte proportional der Magnetisierung sind. Das Vorzeichen der Effekte, und zwar für die Koeffizienten R, P, Q und S, gibt die folgende Tabelle (Tab. 21). Die Vorzeichen der Effekte sind:

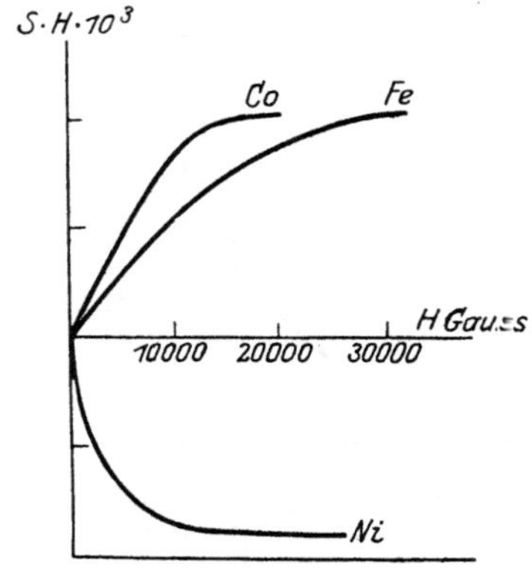

Abb. 28. Feldabhängigkeit des Righi-Leduceffektes nach SMITT und SMITH.

Tabelle 21.

	R	P	Q	S
Fe	+	−	−	+
Co	+	+	+	+
Ni	−	+	+	−
Stahl	+	−	−	+

Es entsprechen sich also einerseits Hall- und Righi-Leduceffekt, andererseits Ettingshausen- ($_eTh$) und Ettingshausen-Nernsteffekt ($_hTe$). Die Temperaturabhängigkeit des Halleffektes ist so, daß derselbe mit fallender Temperatur abnimmt. Bei tiefer Temperatur widersprechen sich die Ergebnisse von KAMERLINGH ONNES und BECKMANN[2]) einerseits und von ALTERTHUM[3]) andererseits. Letzterer findet bei tiefsten Temperaturen eine erneute Zunahme des Hallkoeffizienten R.

Die Untersuchung des Halleffektes in Nickel, Eisen und Kobalt als Funktion der Temperatur im Gebiete hoher Temperaturen zeigen vielleicht am deutlichsten den Zusammenhang mit dem Ferromagnetismus: Oberhalb des CURIEschen

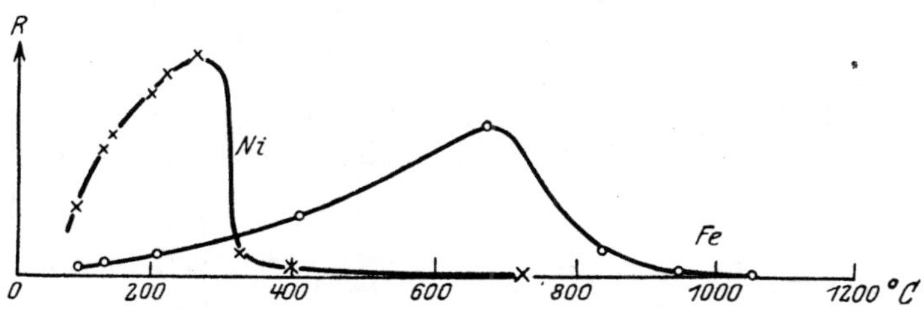

Abb. 29. Temperaturabhängigkeit des Halleffekts in Fe und Ni nach W. Frey.

Punktes, bei welchem die spontane Magnetisierung verschwindet, sinkt der Halleffekt (ebenso wie der Nernsteffekt) auf sehr kleine Beträge herab. Auffallend ist das scharfe Maximum und seine Größe unmittelbar unterhalb des CURIEschen Punktes.

Hiermit ist theoretisch wieder nichts anzufangen, da die Temperaturabhängigkeit der Permeabilität eine Funktion der Magnetisierung ist und letztere bei den genannten Versuchen unbekannt bleibt.

Die Untersuchungen von FREY[4]) an Nickel und Eisen und von SMITH[5]) an Nickel (letztere behandelt auch den Nernsteffekt Q) sind in den folgenden Abb. 29 bis 30 wiedergegeben. Die Temperaturen des Maximums und des Ab-

[1]) A. W. SMITH, Phys. Rev. Bd. 5, S. 35. 1915.
[2]) Literatur s. bei Ziff. 11.
[3]) Literatur s. bei Ziff. 11.
[4]) W. FREY, Ann. d. Phys. Bd. 46, S. 1057. 1915.
[5]) A. W. SMITH, Phys. Rev. Bd. 30, S. 1. 1910.

falls stimmen bei den beiden Autoren nicht genau überein. Doch ist bekanntlich der Curiepunkt gerade bei Nickel von der Reinheit des Metalles außerordentlich stark abhängig.

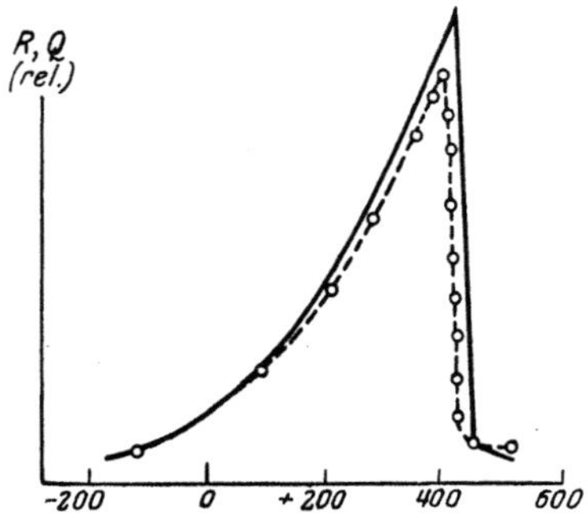

Abb. 30. R und Q in Nickel als Funktion der Temperatur.

In unmittelbarem Zusammenhang mit dem Ergebnis, daß ferromagnetische Eigenschaften und Größe des Halleffektes zusammenhängen, stehen die Erscheinungen bei den HEUSLERschen Legierungen: hier sind nach den Messungen von ZAHN und SCHMIDT[1]) der galvanomagnetische Halleffekt und der thermomagnetische Nernsteffekt sehr viel größer für die ferromagnetische Legierung als für die einzelnen Komponenten. Besonders interessant ist, daß, wie die folgende Tabelle zeigt, auch die Vorzeichen der Legierungskoeffizienten entgegengesetzt den Vorzeichen der Komponentenkoeffizienten sind: die Bedeutung der inneren Struktur (eines „inneren" Feldes [s. unten]) kann kaum eindringlicher zum Ausdruck gebracht werden als durch diese Tatsachen.

Tabelle 22.

	$R \cdot 10^5$	$Q \cdot 10^6$
HEUSLERsche Legierung .	+1300	−500
Mangan	− 93	− 15
Aluminium	− 40	+ 20
Kupfer	− 50	+ 90

(Nach ZAHN und SCHMIDT.)

Auch die von MAC KAY[2]) beobachtete starke Zunahme des Hallkoeffizienten von Eisen durch Siliziumzusatz (bis 5% proportional diesem) dürfte in ursächlichem Zusammenhang stehen mit der Zunahme der Anfangs-Permeabilität. Daß die Widerstandsänderung des Eisens durch Siliziumzusatz nichts mit der Änderung des Halleffektes zu tun zu haben scheint, wird von MAC KAY betont.

Oberhalb des Curiepunktes verschwindet die komplizierte Feldabhängigkeit: der Halleffekt ist proportional dem Felde, R also feldunabhängig. Hierzu werden in der folgenden Abb. 31 Kurven an Nickel bei verschiedenen Temperaturen gegeben. Die gestrichelte Kurve ist oberhalb der kritischen Temperatur gemessen. Auffallend ist die eigenartige Überschneidung der Kurven von 300, 355 und 385°. In der Abb. 32 werden zum Vergleich typische Magnetisierungskurven bei verschiedenen Temperaturen gegeben (T_1 T_2 T_3 in steigender Reihenfolge), welche genau die gleiche Überschneidung zeigen.

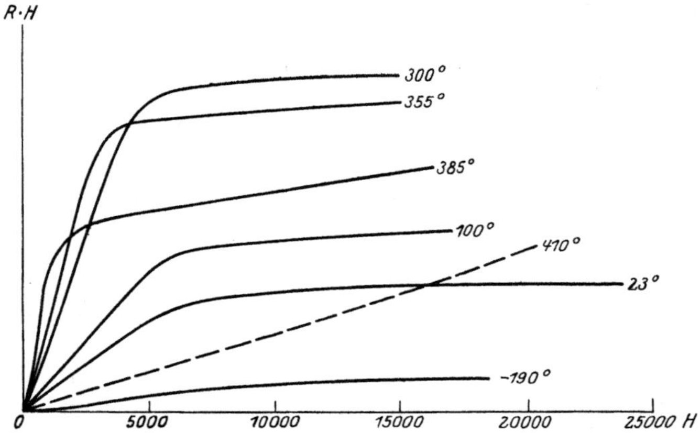

Abb. 31. Halleffekt in Nickel unterhalb und oberhalb des Curiepunktes.

[1]) H. ZAHN u. H. SCHMIDT, Verh. d. D. Phys. Ges. Bd. 9, S. 98. 1907.
[2]) T. C. MAC KAY, Phys. Rev. Bd. 21, S. 720. 1923.

Auch die Effekte in ferromagnetischen Körpern sind als Funktion der Schichtdicke untersucht worden. HALL hatte schon gefunden, daß der Hallkoeffizient in dickeren Stücken bei gleicher Feldstärke größer ist, wohl eine Folge der Entmagnetisierung.

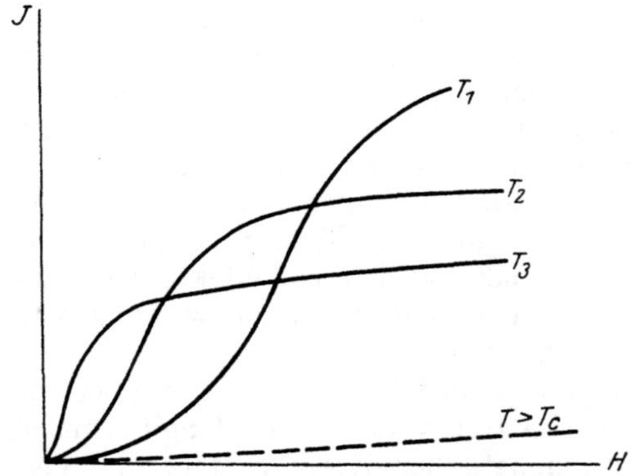

Abb. 32. Typische $(J-\mathfrak{H})$ = Kurven als Funktion der Temperatur.

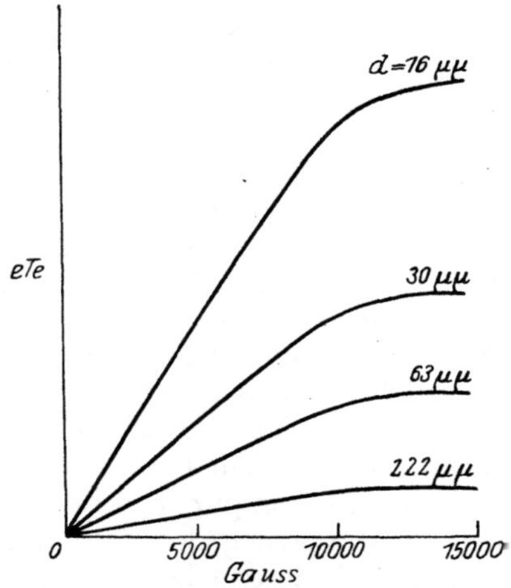

Abb. 33. Halleffekt in dünnen Eisenschichten (STEINBERG).

STEINBERGS Ergebnisse an dünnen, durch Verdampfung im Vakuum hergestellten Eisenschichten, sind in folgender Abb. 33 gegeben. Die Sättigung tritt erst bei höheren Feldern ein als im kompakten Material — wohl wieder als eine Folge der Entmagnetisierung auffaßbar (s. jedoch Bemerkung am nächsten Absatz). Der Absolutwert ist etwa 6mal größer als für massives Eisen.

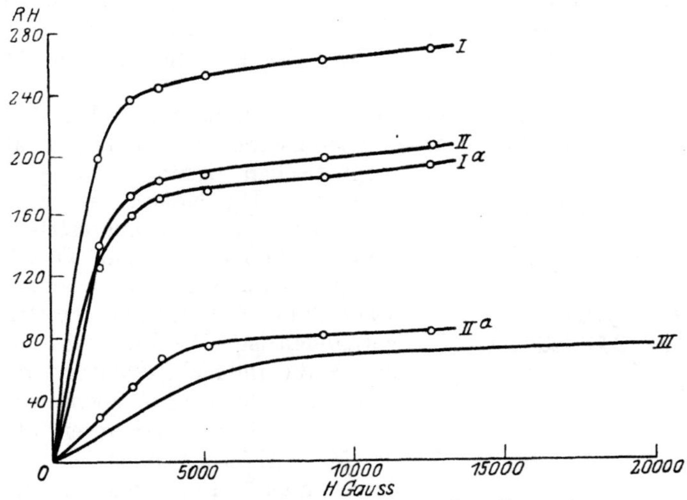

Abb. 34. Halleffekt in dünnen Eisenschichten (PEACOCK).

PEACOCK hat auf gleiche Weise hergestellte Schichten von Eisen, Kobalt und Nickel untersucht. Auch er findet den Koeffizienten in dünnen Schichten größer, aber für Eisen nur 1,4 mal, für Kobalt 4,9 mal und für Nickel 7,8 mal (bei Sättigung). Bei ihm tritt im Widerspruch zu STEINBERG die Sättigung bei tieferen Feldern ein als im kompakten Material. Er findet einen großen Einfluß der Wärmebehandlung: die Schichten werden in ihrem Verhalten nach Erhitzung ähnlich dem kompakten Material, gleichgültig, ob die Erhitzung während oder nach dem Niederschlage stattgefunden hat. Hier besteht also ein großer Gegensatz zu den Eigenschaften nichtferromagnetischer dünner Schichten (Ziff. 12). Die vorstehende Abbildung (34) enthält die Resultate an zwei verschiedenen Nickelschichten I und II. Ia zeigt die Veränderung von I nach Erhitzen auf 100°, IIa die von II nach Erhitzen bis zur Erweichung der Glasunterlage. Die Kurve 3 gibt eine Messung von SMITH an kompaktem Eisen. Man sieht also, daß außer dem Entmagnetisierungseinfluß auch ein großer Struktureinfluß vorhanden ist. Es ist ja bekannt, daß solch dünne Schichten auch ihre abnorm magnetischen Eigenschaften durch Erhitzung verlieren, also sich nach solcher Behandlung wie kompaktes Material verhalten, wofür teilweise die Entfernung des Gases aus einer Gas-Metallverbindung verantwortlich ist. Das ist ein neuer Hinweis, daß für den Halleffekt nicht das äußere Feld allein maßgeblich ist, sondern die auf Zusammenwirkung von äußerem und innerem Feld beruhende Magnetisierung.

Besonders kompliziert sind die Ergebnisse der Untersuchungen über die Widerstandsänderung der Ferromagnetika im transversalen und longitudinalen Magnetfeld. Während bei den nichtferromagnetischen Körpern stets eine Vergrößerung des Widerstandes durch das Magnetfeld beobachtet wird (wenn auch die absoluten Beträge für longitudinale und transversale Magnetisierung nicht gleich sind), zeigt eine kritische Durchsicht des umfangreichen ferromagnetischen Beobachtungsmaterials, daß im longitudinalen Felde eine Zunahme, bei transversaler Magnetisierung dagegen eine Abnahme des Widerstandes eintritt, proportional dem Quadrat des Feldes. Umkehrungen des Vorzeichens sind vielfach beobachtet, doch dürften diese alle sekundären Ursprunges sein und wohl meist auf mangelhafter Orientierung relativ zu den Feldlinien beruhen. Das von allen anderen Metallen abweichende Verhalten der ferromagnetischen Metalle muß wieder auf eine typische Eigenschaft der letzteren zurückgeführt werden, jedenfalls auf die Magnetostriktion. Hierüber ist in Ziffer 18 und 21 mehr zu sagen.

Aus dem außerordentlich großen Untersuchungsmaterial seien in Abb. 35 noch Versuche von MOREAU über den Koeffizienten N des longitudinalen thermomagnetischen Ettingshausen-Nernsteffekts angeführt. Die Kurven für Eisen erinnern sehr stark an die Magnetostriktionskurven, während die Messungen an Nickel einen Umkehrpunkt für N zeigen, obwohl ein VILLARIscher Punkt bei der Magnetostriktion nicht vorhanden ist. Die Unterschiede von Eisen und Stahl sind nicht diskutierbar: es können Struktureinflüsse sein, ebensowohl ist aber möglich, daß die N-Kurven als Funktion der Magnetisierung oder des wahren Feldes ganz anders laufen würden als die von MOREAU gegebenen Beziehungen zum äußeren Felde.

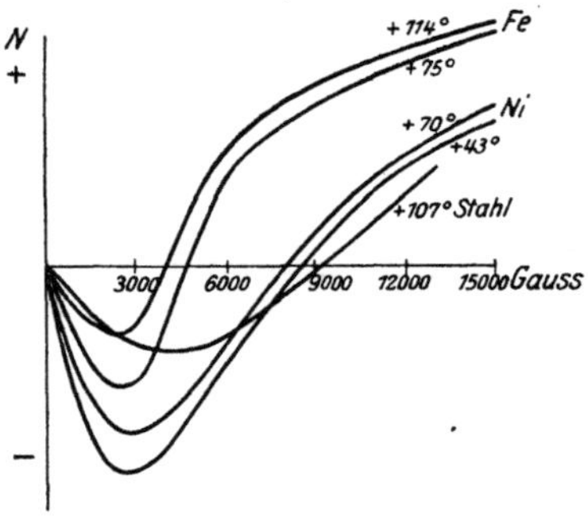

Abb. 35. Longitudinaler thermomagnetischer Koeffizient von Eisen und Nickel (nach MOREAU).

18. Magnetische Widerstandsänderung von Eisenkristallen. Während der Halleffekt in ferromagnetischen Kristallen noch nicht untersucht ist[1]), hat WEBSTER[2]) Widerstandsmessungen von Eisenkristallen parallel der

[1]) Vgl. Zusatz Ziff. 23.
[2]) W. L. WEBSTER, Proc. Roy. Soc. London (A) Bd. 113, S. 196. 1926.

tetragonalen (100), der trigonalen (111) und der digonalen (110) Kristallachse im Magnetfeld ausgeführt. Die magnetischen Kraftlinien sind streng parallel zu den Achsenrichtungen orientiert. Es wird die relative Widerstandsänderung und die Magnetisierung als Funktion des äußeren magnetischen Feldes gemessen. Somit kann ohne Kenntnis des Entmagnetisierungsfaktors die Widerstands-

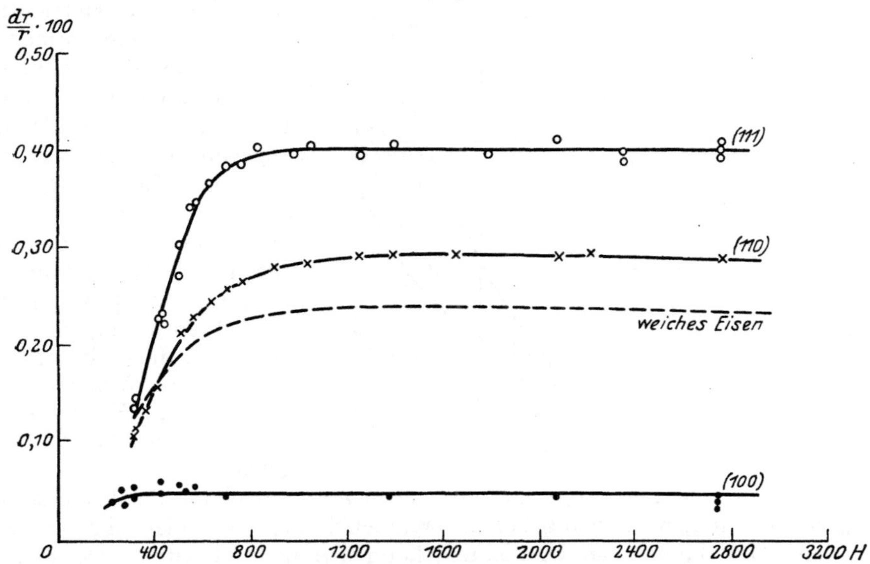

Abb. 36. Widerstandsänderung der Eisenkristalle.

änderung als Funktion der Magnetisierung betrachtet werden. In schwachen Feldern bis zu 90 Gauss ergibt sich überhaupt keine nachweisbare Widerstandsänderung. Erst wenn die Magnetisierungskurve aus dem fast linearen Anstieg bei kleinen Feldern in den schwach geneigten Kurvenast übergeht, beginnt die Widerstandsvermehrung. Sie nähert sich einem Grenzwerte, der mit magnetischer Sättigung des Kristallstabes erreicht wird. Oberhalb der Sättigungsmagnetisierung bleibt die Widerstandsänderung unabhängig von der Feldstärke konstant. Die Abb. 36, 37 und 38 geben den Verlauf der ganzen Kurven, das Verhalten bei niederen Feldern und die Abhängigkeit der Widerstandsänderung von der Magnetisierung. Die Widerstandsänderung in der (100)-Richtung ist sehr klein, es ist anzunehmen, daß im idealen Kristall in dieser Richtung überhaupt keine Widerstandsänderung auftritt. Der größte Effekt, maximal 0,40%, ist in der (111)-Richtung, ein mittlerer Effekt in der (110)-Richtung gemessen, dessen Größe etwa mit der Widerstandsänderung mikrokristallinen weichen

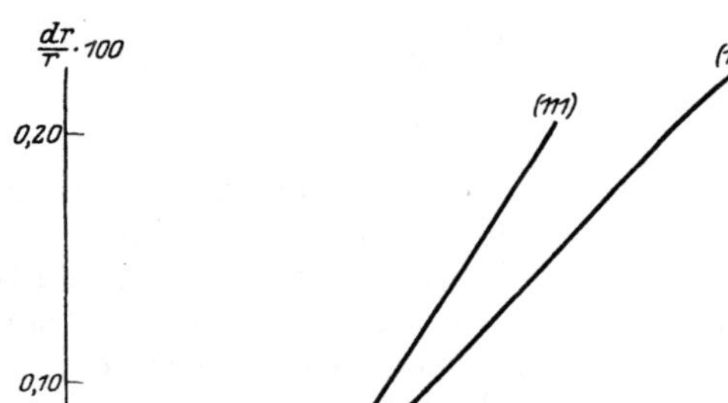

Abb. 37. Widerstandsänderung bei kleinen Feldern.

Eisens zusammenfällt. Die Ergebnisse an verschiedenen Kristallstäben stimmen zahlenmäßig nicht übermäßig gut überein. Die Kristalle waren auch noch nicht sehr gut. Es waren stets Einsprengungen von kleinen Kristallstückchen anderer Orientierung vorhanden. (Nach eigenen Versuchen des Referenten zerstört auch die mechanische Bearbeitung bei der Herrichtung der gewünschten Formen der Proben die Gleichmäßigkeit des Verhaltens der Kristalle.) Die von WEBSTER als beste angegebenen Kristalle sind in der Tabelle 22 mit einem * bezeichnet. Bemerkenswert ist, daß der spezifische Widerstand der Kristalle unabhängig von der Orientierung ist: mit einer Genauigkeit von 3% $13{,}6 \cdot 10^{-6}$. Weiches Eisen hat $11{,}9 \cdot 10^{-6}$, die auffällige Differenz ist nicht aufgeklärt.

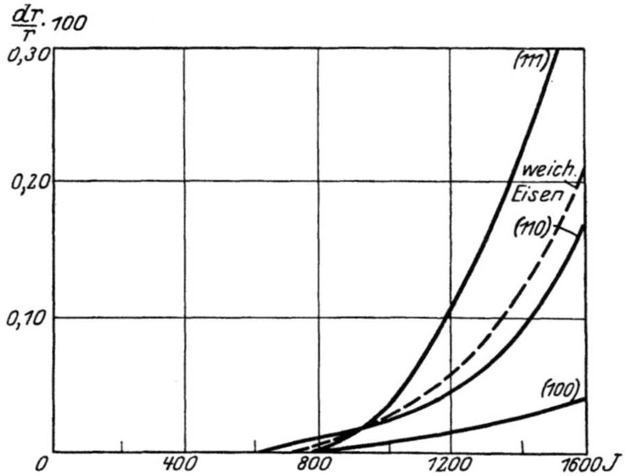

Abb. 38. Widerstandsänderung als Funktion der Magnetisierung unterhalb der Sättigung.

WEBSTER diskutiert eingehend den engen Zusammenhang der Widerstandsänderungen mit dem Vorgang bei der Magnetisierung, besonders der Magnetostriktion. Der Gang seiner Überlegung kann hier nicht diskutiert werden. Er kommt zu dem Schluß, daß für die Widerstandsänderung nicht die Magnetostriktion als solche, sondern die magnetische Einrichtung der Atome im Kristall maßgeblich ist. In der 100-Richtung findet keine Orientierung der Atome statt, weil diese Richtung im ausgebildeten Kristall normalerweise mit der Richtung der Atommomente übereinstimmt.

Tabelle 23.

$\mathfrak{H}$ ‖ Achse	Maximales $\frac{\partial r}{r}$ in %			
(100)	0,05	0,03	0,01*	0,01*
(110)	0,30	0,34	0,29*	
(111)	0,40	0,39		
Weiches Eisen	0,25			

Die komplizierte Feld- und Temperaturabhängigkeit der Effekte in ferromagnetischen Substanzen legt es nahe, zu fragen, ob andere Feld- und Temperaturanomalien, wie sie besonders in Wismut auftreten, vielleicht in ähnlicher Weise zu deuten sind. Dies scheint der Fall, da die Parallelität zwischen dem Verhalten der Ferromagnetika einerseits und des Wismuts andererseits noch weiter geht. Zunächst ist der Halleffekt für beide besonders groß. Dann aber auch sind die Absolutwerte für die Koeffizienten, wie sie aus Messungen verschiedener Autoren oder aus Messungen verschiedener Proben durch den gleichen Autor sich ergeben, gerade für diese Substanzen besonders schwankend. Wie oben diskutiert, ist dies zum Teil sicher auf besonders großen Einfluß von oft minimalen Verunreinigungen zurückzuführen. Man wird wohl als Arbeitshypothese die Vermutung aufstellen dürfen, daß die galvanomagnetischen und thermomagnetischen Effekte, welche der Beobachtung unterliegen, zustande kommen durch die Übereinanderlagerung des äußeren magnetischen Feldes und eines inneren Feldes, dessen Rolle bei der Magnetisierung der ferromagnetischen Körper ja bekannt ist, und dessen Existenz in besonderer, einstweilen unbekannter Art, aus dem abnorm großen Diamagnetismus des Wismut in dieser Substanz zu folgern ist. Diese zweite Komponente wird es auch sein, welche durch Unreinheiten u. dgl. in starkem Maße geändert wird und welche prinzipiell für den Einfluß der Kristallisationsrichtungen verantwortlich zu machen ist. In diesem Zusammenhang ist auf die Versuche von NEUMANN[1]) hinzuweisen, welcher starke Änderungen des negativen Halleffekts (und der Thermokraft) findet, wenn Wismut, Zinn und Kupfer durch Ziehen gehärtet werden; aber das Vorzeichen der Änderung ist für Wismut entgegengesetzt wie für Zinn und Kupfer. Für letztere nimmt der Absolutbetrag ab, für Wismut zu (von —5,78 auf —9,27).

Vielleicht sind, wenn einmal eine Theorie der Effekte vorliegt, in diesem Zusammenhang auch die Änderung des magnetischen Widerstandskoeffizienten mit dem Druck[2]) zu diskutieren. Sicherlich gehören dazu die Untersuchungen über die Widerstandsänderung von gepreßtem Wismutpulver, das einmal elektrolytisch, das andere Mal chemisch durch Reduktion gelöster Salze hergestellt war: letzteres zeigte der Effekt überhaupt nicht[3]). Man wird bei beiden Herstellungsmethoden mindestens qualitative Unterschiede in dem Kristallaufbau der „Pulver" erwarten dürfen.

19. Einige Sonderfälle. Geschmolzene Metalle sowie flüssiges Quecksilber zeigen offenbar weder galvanomagnetische noch thermomagnetische Effekte. Von sehr vielen Versuchen sind als besonders zuverlässig zu erwähnen die von RAUSCH VON TRAUBENBERG[4]), FENNIGER[5]), NIELSEN[6]).

Im dielektrischen Körper wurde weder transversale noch longitudinale Wirkung des Magnetfeldes auf die dielektrische Polarisation gefunden. Dieses Ergebnis ist für moderne Fragen von Bedeutung [DEBYE[7])].

In Elektrolyten sind die Effekte bisher nicht einwandfrei nachgewiesen, theoretisch aber sehr vielfach behandelt [z. B. LARMOR[8])]. In allen Theorien ergibt sich der Hallkoeffizient proportional der Differenz der Beweglichkeiten der positiven und negativen Ionen.

Gase hat zuerst BOLTZMANN[9]) untersucht, und zwar ionisierte Gase im GEISSLERschen Rohr, wobei eine dem Halleffekt entsprechende Erscheinung nachgewiesen wurde. In Flammen hat MARX[10]) das gleiche Ergebnis erhalten. Die Theorie entspricht (THOMSON) völlig der Theorie der Elektrolyte, der Hallkoeffizient ergibt sich also proportional der Differenz der Beweglichkeiten der positiven und negativen Ionen. Diese zum Teil sehr interessanten Erscheinungen sind jedoch als spezielle Fragen der Gasentladungserscheinungen, und nicht als Effekte in Elektronenleitern, hier nicht zu diskutieren.

20. Beziehungen zwischen den Koeffizienten der galvanomagnetischen und thermomagnetischen Transversaleffekte. Hier sollen einige Zusammenhänge gegeben werden, welche teils rein empirisch, teils unter Zugrundelegung spezieller Theorien über den elektrischen Leitungsvorgang gewonnen wurden.

R und P hängen nach ZAHN[11]) gemäß der DRUDEschen Theorie zusammen:

$$\frac{R}{P} = 0{,}5 \cdot 10^{-2} p \cdot c \cdot \frac{v_1 - v_2}{v_1 + v_2};$$

1) L. J. NEUMANN, Phys. Rev. Bd. 27, S. 643. 1926.
2) J. BRENTANO, Ann. d. Phys. Bd. 46, S. 941. 1915.
3) G. C. TRABBACCHI, Cim. Bd. 10, S. 68. 1915.
4) H. RAUSCH v. TRAUBENBERG, Ann. d. Phys. Bd. 17, S. 78. 1905.
5) W. N. FENNIGER, Phil. Mag. Bd. 27, S. 109. 1914.
6) W. M. NIELSEN, Phys. Rev. Bd. 23, S. 302. 1924.
7) Vgl. hierzu Handb. d. Radiol. Bd. VII. 1925, Artikel P. DEBYE.
8) S. LARMOR, Aether and Matter, S. 300ff. 1900. Daselbst auch Angaben über ältere Literatur.
9) L. BOLTZMANN, Wied. Ann. Bd. 31, S. 789. 1887.
10) E. MARX, Ann. d. Phys. Bd. 2, S. 798. 1900.
11) H. ZAHN, Ann. d. Phys. Bd. 14, S. 886. 1904.

$v_1 v_2$ Geschwindigkeiten der negativen und positiven Ionen;

$$(\text{mit } v_1 \gg v_2) = \underline{2{,}5 \cdot 10^{+4}}.$$

beobachtet ist für	Bi	Sb	Ni	Fe	Co
	3,7	11,3	16,7	18,8	$18{,}0 \cdot 10^{+4}$
	3,4		7,1		

Die Beziehung stimmt schlecht, gibt aber die Größenordnung richtig.

Q und S nach der gleichen Theorie nach ZAHN[1]):

$$\frac{Q}{S} = 2{,}5 \cdot 10^{+4};$$

beobachtet für	Bi	Sb	Ni	Fe	Co
	8,7	0,88	0,65	0,28	1,4

$\frac{Q}{R}$ ist nach BARLOW[2]) konstant;

gefunden für Sb $+0{,}0817$

Bi $\begin{cases} -0{,}081 \\ -0{,}085 \end{cases}$

$\frac{P}{R_i}$ (R_i = isothermer Hallkoeffizient) nach KÖNIGSBERGER und GOTTSTEIN[3]) (Theorie von GANS) $= -2{,}9 \cdot 10^{-5}$: stimmt aber nicht einmal in der Größenordnung.

$R_a - R_i$ [nach ZAHN[4]), Theorie von GANS] $= -1{,}721 \cdot 10^4 P$[5]),

$R_a - R_i$ [nach HEURLINGER[6])] $= -({}_hLe) \cdot \mathfrak{H}^2 \cdot P$,

$Q_a - Q_i$ [nach HEURLINGER[6])] $= N \cdot \mathfrak{H}^2 S$,

$S = \lambda R$ (λ elektr. Leitfähigkeit) $\left[S = \frac{7}{8} \frac{R_i}{\varrho}\right.$ nach KÖNIGSBERGER und GOTTSTEIN[7])$\Big]$:

Tabelle 24.

	Ni	Ag	Pd	Cu	Pt	Ir	Zn	Co	Fe	Sb	Te
$\lambda R \cdot 10^8$	−126	−55	−3	−23	−1	+5	+17	+16	+74	+460	+468
$S \cdot 10^8$	− 44	−41	−3	−18	−2	+5	+13	+13	+39	+200	+400

Die Übereinstimmung ist nicht schlecht.

$$\frac{{}_hLe}{\Delta r} = \frac{J}{\frac{dt}{dl}} \left(= \frac{\text{Stromdichte}}{\text{Temperaturgefälle}}\right) \text{ Beziehung nach BARLOW[8]).}$$

$Q = \sigma/\varrho R$ (σ = thermoelektrischer Thomsoneffekt, ϱ spez. Widerstand). Beziehung von MOREAU[9]), die gut stimmt, vgl. Tabelle von BRIDGMAN. Nach UNWIN[10]) sind alle Quotienten

$$\frac{R}{S}, \quad \frac{Q}{P}, \quad \frac{R}{P}, \quad \frac{Q}{S}$$

für Ag, Al, Cd, Co, Cu, Fe, Ni, Zn von gleicher Größenordnung.

1) H. ZAHN, l. c.
2) G. BARLOW, Ann. d. Phys. Bd. 12, S. 897. 1903.
3) I. KÖNIGSBERGER u. G. GOTTSTEIN, Ann. d. Phys. Bd. 47, S. 566. 1915.
4) H. ZAHN, l. c.
5) Eigentlich $-(1{,}721 \cdot 10^4 - \sigma) P$, worin σ der sehr kleine Thomsoneffekt.
6) T. HEURLINGER, Ann. d. Phys. Bd. 48, S. 84. 1915.
7) I. KÖNIGSBERGER u. G. GOTTSTEIN, Phys. ZS. Bd. 14, S. 232. 1913.
8) G. BARLOW, Ann. d. Phys. Bd. 12, S. 897. 1903.
9) M. G. MOREAU, C. R. Bd. 130, S. 122, 412, 562. 1900.
10) F. UNWIN, Proc. Edinburgh Bd. 41, S. 44. 1920.

BRIDGMAN[1]) setzt P, Q, S in Beziehung zu R, teils empirisch, teils theoretisch:

$$S = \frac{1}{\varrho} R,$$

$$Q = \frac{\sigma}{\varrho} R \quad \text{(MOREAUS Beziehung!)}, \quad \begin{cases} \varrho = \text{spez. Widerstand}, \\ \sigma = \text{Thomsoneffekt}, \\ k = \text{Wärmeleitvermögen}. \end{cases}$$

$$P = \frac{T \cdot \sigma}{k \cdot \varrho} R$$

Alle Beziehungen lassen sich zusammenfassen in

$$\frac{R \cdot P}{Q \cdot S} = \frac{\varrho T}{k}.$$

Die folgende Tabelle 25 ergibt BRIDGMANS Zusammenstellung. Die Übereinstimmung der Größenordnung nach ist sehr bemerkenswert.

Tabelle 25.

Metall	R	P	Q	S	k	ϱ $(\times 10^3)$	$\frac{kP}{T}$ $(\times 10^{-4})$	$\frac{\varrho T}{k}$ $(\times 10^{-3})$	$\frac{PR}{QS}$ $(\times 10^{-[illegible]})$
Ag	− 8,4	− 1,65	− 1,8	− 0,7	4,2	1,66	−2,2	12	28
Al	− 4,0	+ 1,06	+ 0,42	− 0,62	2,1	2,9	+0,74	41	163
Cd	+ 8,8	− 2,9	− 1,2	+ 0,89	0,93	7,5	−0,90	240	240
Co	+24,5	+21,6	+ 7,8	+ 1,1	0,60	9,7	+ 4,3	480	620
Cu	− 5,5	− 1,6	− 1,9	− 2,1	3,8	1,8	−2,0	14	22
Fe	+87	−42,6	− 9,5	+ 5,2	0,60	12,0	−8,5	600	750
Ni	−29	+30,3	+10	− 2,5	0,50	11,8	+6,1	590	350
Zn	+ 7,6	− 2,67	− 0,73	+ 1,1	1,11	6,1	−0,99	165	250
Au	− 6,5	− 0,96	− 1,7	− 2,5	2,9	2,42	−0,93	25	15
Sb	+ 2190	+ 1940	+20,1	+20,1	0,167	40,5	+110	7,250	12,000
Bi	−63300	+35000	+1780	−20,5	0,081	160	+950	59,400	500,000

Schließlich sei in Tabelle 26 noch MOREAUS Beziehung gegeben: Q beobachtet und Q berechnet aus $\sigma/\varrho R$; für R sind die Werte der Spalte 1 der Tabelle gesetzt: Die Übereinstimmung ist recht befriedigend.

Tabelle 26.

Metall	Q beob.	Q ber.
Bi	+0,196	+0,149
Sb	+0,0094	+0,0090
Ni	+0,0073	+0,0026
Co	−0,00146	−0,00156
Fe	−0,00156	−0,00062
Stahl	−0,00060	−0,000054
Cu	−0,000073	−0,0000[illegible]6
Zn	−0,000054	—

21. Zusammenhang von Halleffekt und Thermoeffekten. Vielfach ist die Parallelität in den Werten des R-Koeffizienten und der Thermokraft bemerkt worden. Daher soll hier noch eine sorgfältige Untersuchung von KAUFMANN[2]) und RAETHJEN[3]) besprochen werden über die Abhängigkeit des Halleffektes von der Wasserstoffbeladung des Palladiums im Vergleich mit den damit verbundenen Änderungen der Thermokraft. Diese Versuche sind für die Elektronentheorie des Halleffektes von Bedeutung. Es wurde beobachtet, daß der Halleffekt unabhängig von der Wasserstoffbeladung ist, während die Thermokraft sich durch Wasserstoffbeladung sehr stark ändert, ebenso wie der elektrische Widerstand. Also ein starker Widerspruch gegen die obige Regel. KAUFMANN schließt nun folgendermaßen: Die Leitfähigkeitsänderung kann auf einer Variation

[1]) P. W. BRIDGMAN, Phys. Rev. Bd. 24, S. 644. 1924.
[2]) W. KAUFMANN, Phys. ZS. Bd. 24, S. 278. 1923.
[3]) F. RAETHJEN, Phys. ZS. Bd. 25, S. 84. 1924.

der Elektronendichte oder der freien Weglänge der Elektronen beruhen, eine Thermokraftänderung nur auf der Änderung der Elektronendichte, ebenso wie eine Halleffektsänderung nur auf einer Änderung der Elektronendichte beruhen kann. Zeigt nun Leitfähigkeit und Thermokraft eine Abhängigkeit von der Wasserstoffbeladung, so heißt dies: Änderung der Elektronendichte. Es wäre also auch eine Änderung des Halleffektes zu erwarten, die aber tatsächlich nicht eintritt. Man erkennt hier besonders deutlich die Schwierigkeiten, welche der elektronentheoretischen Auffassung des Halleffektes entgegenstehen.

Auch der Zusammenhang der Ettingshausenkoeffizienten mit den Peltier- und Righi-Leduckoeffizienten sei erwähnt, weil diese Beziehung auch zur Korrektion der P-Messungen erforderlich ist [GOTTSTEIN[1])]:

$$P_{\text{korr}} = P_{\text{beob}} - \frac{2 S \Pi}{k}.$$

Π Peltierkraft, k Wärmeleitvermögen.

22. Schlußbemerkung. Der vorstehende Bericht konnte nur mit sehr starker Auswahl des vorliegenden Versuchsmaterials abgefaßt werden. Verfasser hegt die Hoffnung, daß es ihm geglückt ist, wenigstens die Abhandlungen herauszufinden, welche für eine noch ausstehende Theorie gesicherte Unterlagen geben können, oder die Punkte aufgedeckt zu haben, welche prinzipielle Unsicherheit für die Ergebnisse bedingen. Auf Besprechungen der zahlreichen, durchweg in ihren Annahmen und ihren Ergebnissen unbefriedigende Theorien wurde verzichtet; die neue Theorie SOMMERFELDS, auf seiner Theorie der elektischen Leitfähigkeit beruhend, konnte nicht mehr aufgenommen werden, sie erschien erst nach der Korrektur[2]). Wo neue experimentelle Untersuchungen anzusetzen haben, ist klar zu sehen: die Frage nach dem Einfluß des Kristallbaues oder — wenn eine gut fundierte Theorie zugrunde gelegt werden kann — ein neuer Weg zur Erforschung des Kristallbaues der Metalle ist das erste erstrebenswerte Ziel.

Nachtrag bei der Korrektur.

23. Halleffekt in Eiseneinkristallen[3]). WEBSTER[4]) untersuchte den Halleffekt in Einkristallen aus Eisen. Es wurden dünne Platten von $13 \times 7 \times 1{,}7$ mm so geschnitten, daß die Richtung von Primärstrom und Hallelektromotorischer Kraft möglichst exakt mit Kristallachsenrichtungen zusammenfiel. Innerhalb einer Genauigkeit von 2 bis 3% ist der Hallkoeffizient R konstant, unabhängig von der Orientierung zu den Kristallachsen. Sein Wert ist $0{,}97 \cdot 10^{-2}$. Für weiches Eisen hat R fast den gleichen, etwas höheren Wert, $1{,}13 \cdot 10^{-2}$, welchen Wert WEBSTER auch für eine Kristallplatte erhielt, die bei der Bearbeitung mechanisch stark beansprucht war. Es scheint also, daß der geringe Unterschied zwischen kristallisiertem und nichtkristallisiertem Eisen reell ist. Als Funktion der magnetisierenden Feldstärke aufgetragen, ergibt sich vollständige Linearität der Hallelektromotorischen Kraft mit der Feldstärke, und ein ganz scharfer Knick bei Erreichung der Sättigung. Es scheint außerordentlich bemerkenswert, daß der Halleffekt bei Eisen nicht mit der Kristallorientierung zusammenhängt, während die Widerstandsänderung im longitudinalen und transversalen Felde in hohem Maße von der Kristallrichtung abhängig ist. Man muß also schließen, daß beide Erscheinungen völlig verschiedenen Ursprungs sind.

Durch diese Untersuchungen werden die oben gemachten Ausführungen über die Bedeutung der Kristallstruktur für den Halleffekt wieder sehr unsicher. Es scheint nunmehr wahrscheinlicher, daß etwa die starken Variationen bei Wismutkristallen nicht in der Variation des Effekts mit den Kristallrichtungen selbst bedingt sind, sondern in Unreinlichkeiten innerhalb des Kristalles, deren außerordentlich großer Einfluß bei der lichtelektrischen Leitfähigkeit von Kristallen durch GUDDEN und POHL aufgedeckt worden ist, und von W. LENZ auch bei dem Halleffekt in nicht ganz reinen Zinkblendekristallen bemerkt wurde.

---

[1]) G. GOTTSTEIN, Ann. d. Phys. Bd. 43, S. 1079. 1914.

[2]) A. SOMMERFELD, Naturwissensch. Bd. 15, S. 825. 1927.

[3]) Die beiden Abschnitte sind während des Umbruchs zugesetzt worden.

[4]) W. L. WEBSTER, Proc. Cambridge Phil. Soc. Bd. 23, S. 800. 1927.

Kapitel 7.

Elektrolytische Leitung in festen Körpern.

Von

G. v. Hevesy, Freiburg i. B.

Mit 11 Abbildungen.

1. Geschmolzene salzartige Verbindungen gehören zu den allerbesten elektrolytischen Leitern. Erstarren solche Schmelzen, so werden die Elektrizitätsträger dadurch nicht vernichtet, doch in hohem Maße für die Elektrizitätsleitung unwirksam gemacht, da sie in den allermeisten Fällen in ihrer Beweglichkeit sehr stark gehemmt werden. Den Hauptgegenstand dieses Kapitels bildet die Elektrizitätsleitung in festen salzartigen Verbindungen. Außerdem werden wir aber auch Fälle von an Ionen armen Verbindungen antreffen, wie z. B. den des Quarzes, sowie Fälle, wo neben einem merklichen Materietransport ein mehr oder minder bedeutender Elektronentransport vor sich geht.

a) Methoden zur Entscheidung, wie weit elektrolytische Leitung vorliegt.

2. Die Gültigkeit des Faradayschen Gesetzes. Dem Nachweis der Gültigkeit des Faradayschen Gesetzes, des unmittelbarsten Beweises für das Vorliegen einer reinen elektrolytischen Leitung in festen Körpern, treten meist große Schwierigkeiten entgegen; es sind das in erster Linie der große Widerstand der Leiter, also die Kleinheit der abgeschiedenen Mengen und die Bildung von Metallfäden. Die letztere Störung macht sich unter Umständen schon bei der Elektrolyse von wässerigen Lösungen, z. B. bei der einer Bleiacetatlösung bemerkbar, wobei sich die sog. Bleibäume bilden; bei der Elektrolyse fester Salze tritt aber diese störende Erscheinung in den meisten Fällen auf. Das dendritenartig in das Salz hineinwachsende Metall entzieht sich einem quantitativen Nachweis, und die elektrolytische Leitung kommt außerdem durch die Ausbildung von Metallbrücken, die von der Kathode zur Anode hinüberführen, bald zu einem Ende, da die gesamte Stromleitung nunmehr in diesen Kurzschlußfäden vor sich geht. Beide Schwierigkeiten ließen sich am leichtesten bei den gut leitenden Silberhalogeniden[1]), namentlich beim Jodsilber[2]), umgehen. In diesen Fällen wurde zuerst der Gewichtsverlust einer Silberanode bestimmt und in Übereinstimmung mit dem Stromäquivalent gefunden, später gelang es, für die Gültigkeit des Faradayschen Gesetzes den Nachweis auch durch die Bestimmung der kathodisch ausgeschiedenen Silbermenge zu erbringen. Das

[1]) C. Tubandt u. E. Lorenz, ZS. f. phys. Chem. Bd. 87, S. 560. 1914.
[2]) G. Bruni u. G. Scarpa, Rend. d. Accad. Lincei Bd. 22, S. 438. 1913; C. Tubandt u. E. Lorenz, l. c.

Jodsilber eignet sich zu solchen Versuchen nicht nur wegen seiner großen Leitfähigkeit ($\varkappa_{145^\circ} = 1{,}31\ \mathrm{Ohm^{-1}\,cm^{-1}}$), sondern insbesondere deshalb, weil bei der Elektrolyse des regulären Jodsilbers das abgeschiedene Silber eine auffallend kleine Tendenz zeigt, zur Anode hinüber zu wachsen. Das gilt allerdings nur vom regulären α-AgJ, das sich unterhalb 144,6° ins hexagonale β-AgJ umwandelt, welch letzteres sich sogar durch eine besonders große Neigung zur Fadenbildung auszeichnet. TUBANDT[1]), der diese vorzügliche Eigenschaft des regulären Jodsilbers erkannt hat, schaltet bei der Elektrolyse von verschiedenen anderen Verbindungen, wie der Bleihalogenide, der Sulfide des Silbers und Kupfers usw. eine Jodsilberschicht zwischen der metallischen Kathode und den zu untersuchenden Stoffen ein und verhindert dadurch die Ausbildung von Metallfäden. Während die quantitative Untersuchung der Folgen des Stromdurchganges in allen diesen Substanzen sonst an der Fadenbildung scheitern oder zumindest außerordentlich erschwert würde, kann sie jetzt leicht ausgeführt werden. Will man z. B. Silbersulfid elektrolysieren, so schaltet man zwischen die Platinkathode und die Silbersulfidschicht einen α-Jodsilberzylinder, die an der Kathode abgeschiedene Silbermenge haftet jetzt an dieser an, und zu einer Ausbildung von Metallfäden im Silbersulfid kann es gar nicht kommen. Dank diesem und ähnlichen Kunstgriffen konnte durch Wägung des kathodisch abgeschiedenen Silbers die Gültigkeit des FARADAYschen Gesetzes mit einer 1% übersteigenden Genauigkeit bei der Elektrolyse des AgCl, AgBr, α-AgJ, β-AgJ, Ag_2S, Cu_2S, α-CuJ, β-CuJ, γ-CuJ[2]), NaCl[3]), NaF[4]) BaF_2, $BaCl_2$, $BaBr_2$[5]), PbF_2, $PbCl_2$, $PbBr_2$[1]) sowie PbJ_2[4]) bestätigt werden. Sehr bedeutungsvolle Ergebnisse lieferte die Untersuchung der Stromausbeute bei den beiden Modifikationen des Silbersulfids[6]). Für den Fall des regulären α-Ag_2S wurde die Gültigkeit des FARADAYschen Gesetzes mit einer Genauigkeit von $1/3$% nachgewiesen, es zeigte sich dagegen beim Stromdurchgang durch das System:

$$\text{Silberanode}\left|\overset{\text{I.}}{\alpha - \mathrm{AgJ}}\right|\beta - \mathrm{Ag_2S}\left|\overset{\text{II.}}{\underset{\text{I.}}{\alpha - \mathrm{AgJ}}}\right|\text{Platinkathode}$$

eine Silberabscheidung an der Grenzfläche des α-AgJ und des β-Ag_2S, woraus gefolgert werden mußte, daß der β-Ag_2S-Zylinder, da an ihm Silberionen entladen wurden, metallisch leitet. Die hier abgeschiedene Silbermenge betrug aber nur 20% der anodisch in Lösung gegangenen und an der Platinkathode abgeschiedenen Silbermenge; so mußte neben der metallischen Beförderung von 20% der durch das β-Ag_2S hindurchgegangenen Strommenge eine elektrolytische Förderung der übrigen 80% vor sich gehen. Während in nahezu allen Fällen der Elektrizitätsleitung entweder der Elektronen- oder der Materietransport gänzlich vorherrscht, finden wir hier beim rhombischen β-Ag_2S, in das sich das bei höherer Temperatur beständige α-Ag_2S bei 179° umwandelt, einen Fall, wo neben einer elektrolytischen Leitung eine fast gleich große metallische Leitung vor sich geht. Näheres über gemischte Leiter siehe Ziff. 7. Aus dem Verhalten des Systems Silberanode $|\alpha$-$Ag_2S|\alpha$-$Cu_2S|\alpha$-$Ag_2S|\alpha$-AgJ$|$ Platinkathode konnte geschlossen werden, daß das α-Cu_2S ein reiner Ionenleiter ist, während das Verhalten des unterhalb 91°

[1]) C. TUBANDT, ZS. f. anorg. Chem. Bd. 115, S. 105. 1920; C. TUBANDT u. S. EGGERT, ebenda Bd. 110, S. 196. 1920.

[2]) C. TUBANDT, E. RINDTORFF u. W. JOST, ZS. f. anorg. Chem. Bd. 165, S. 195. 1927.

[3]) D. v. SEELEN, ZS. f. Phys. Bd. 29, S. 81. 1924; P. LUKIRSKY, S. SČUKAREFF u. O. TRAPESNIKOFF, ebenda Bd. 31, S. 524. 1925.

[4]) C. TUBANDT u. L. SIEBOLD (im Druck).

[5]) C. TUBANDT u. REBLING (im Druck).

[6]) C. TUBANDT u. S. EGGERT, ZS. f. anorg. Chem. Bd. 117, S. 48. 1921; C. TUBANDT u. G. SCHIBBE, ebenda Bd. 117, S. 1. 1921.

beständigen rhombischen β-Cu_2S noch nicht näher erforscht ist. Bei der Untersuchung des Verhaltens des Ag_2S bei Temperaturen, die außerhalb des Existenzbereiches des α-AgJ liegen oder bei denen das Jodsilber als Zwischenprodukt aus anderen Gründen nicht in Betracht kommt, verwendet TUBANDT[1]) an der Kathodenseite statt dem Jodsilberzylinder eine wässerige Kaliumnitratlösung, wodurch die Metallfadenbildung gleichfalls verhindert wird; oder aber bis 400° ein Gemisch von Bleichlorid und Kaliumchlorid und bei Temperaturen, die zwischen 400° und 700° liegen, Bariumchlorid.

Im Falle des LiH hat man die Gültigkeit des FARADAYschen Gesetzes aus der anodisch entwickelten Wasserstoffmenge mit der Genauigkeit von $^1/_2$% nachweisen können[2]). Die angenäherte Gültigkeit des FARADAYschen Gesetzes bei der Elektrolyse eines festen kristallinischen Körpers ist zuerst im Falle des $BaCl_2$ gezeigt worden[3]), nachdem WARBURG[4]) dieses Gesetz bereits früher für die Elektrolyse des Glases gültig gefunden hat.

Der Nachweis der Gültigkeit des FARADAYschen Gesetzes ist die klassische und wohl auch die sicherste Methode des Nachweises für das Vorliegen eines elektrolytischen Leitungsmechanismus. Da aber dem Nachweise der Gültigkeit dieses Gesetzes in manchen Fällen die bereits besprochenen Schwierigkeiten entgegenstehen, so sind wir unter Umständen auf andere Methoden angewiesen, von denen die wichtigsten die folgenden sind: Entscheidung auf Grund des chemischen Aufbaues der leitenden Verbindung; aus der Natur der beim Erwärmen ausgesandten Elektrizitätsträger; aus der Größe des Leitfähigkeitssprunges beim Schmelzpunkte; aus dem Verlauf der Stromstärkespannungskurven.

3. Chemischer Aufbau des Leiters und Natur der Leitfähigkeit. Entscheidung nach der Art der vom erwärmten Salz ausgesandten Elektrizitätsträger. In typisch heteropolaren Verbindungen, nämlich in solchen, wo ein Säurerest von großer Elektronenaffinität mit einem Metall von kleiner Elektronenaffinität verbunden ist, werden Elektronen nur sehr schwer frei gemacht; in solchen Verbindungen werden wir praktisch nur elektrolytische Leitung antreffen. Die typischen Vertreter dieser Klasse sind die Halogenide der Alkalien. Eine vorwiegende Elektronenleitung werden wir dagegen eher in Verbindungen zwischen schwach elektronenaffinen Säureresten mit schwer ionisierbaren Metallen antreffen, wie in Sulfiden, Seleniden, Nitriden[5]), aber auch Oxyden einiger Schwermetalle. Während eine angelegte Spannung in Cu_2S, falls dessen α-Modifikation vorliegt, nur Ionen in Bewegung setzt, ist das CuS bereits ein recht guter metallischer Leiter, ebenso wie auch das Bleisulfid, Wismutsulfid, Zinnsulfür, Molybdänsulfid, Antimontrisulfid und Kadmiumsulfid[6]). Die komplexen Silbersulfantimonate (Pyrargyrit Ag_3SbS_3, Miargyrit $AgSbS_2$, Proustit Ag_3AsS_3) sind, wie das α-Ag_2S, reine elektrolytische Leiter[6]).

Nach G. C. SCHMIDT[7]) kann man die Entscheidung, ob in der betreffenden Substanz leichter Ionen oder Elektronen in Bewegung gesetzt werden können, auch auf folgender Grundlage treffen: Diejenigen einheitlichen, reinen festen

---

[1]) C. TUBANDT u. H. REINHOLD, ZS. f. anorg. Chem. Bd. 160, S. 223. 1927; C. TUBANDT u. M. HAEDICKE, ebenda Bd. 160, S. 299. 1927.

[2]) K. PETERS, ZS. f. anorg. Chem. Bd. 131, S. 140. 1923.

[3]) F. HABER u. A. TOLLOTZKO, ZS. f. anorg. Chem. Bd. 41, S. 407. 1904; F. HABER, A. RIEFF u. P. VOGT, ebenda Bd. 57, S. 154. 1908; Ann. d. Phys. Bd. 26, S. 946. 1908.

[4]) E. WARBURG, Wied. Ann. Bd. 21, S. 622. 1884. Nach den Versuchen von F. QUITTNER (Wiener Ber. Bd. 136, S. 151. 1927) ist die Leitfähigkeit des Glases auch bei hohen Feldstärken eine rein elektrolytische.

[5]) E. FRIEDRICH, ZS. f. Phys. Bd. 31, S. 813. 1925.

[6]) C. TUBANDT u. M. HAEDICKE, ZS. f. anorg. Chem. Bd. 160, S. 297. 1927.

[7]) G. C. SCHMIDT, ZS. für Elektrochem. 30, S. 440, 1924, Ann. d. Phys. Bd. 75, S. 337, 1924.

Stoffe, welche bei einer bestimmten Temperatur +- oder —-Ionen oder beide aussenden, leiten bei dieser Temperatur elektrolytisch, diejenigen, die Elektronen aussenden, der Hauptsache nach metallisch. Zu den letzteren gehören nach ihm z. B. CaO, BaO[1]), CdO, zu den ersteren die Halogensalze des Zinks, Kadmiums, Kupfers, Silbers, Bleis, Thalliums, Eisens, Aluminiums, Ammoniums, die Nitrate des Kadmiums, Kaliums, Natriums, Ammoniums, das Bleichromat usw. (vgl. auch Ziff. 10).

4. Entscheidung aus dem Leitfähigkeitssprung am Schmelzpunkte. Vom Standpunkt der elektrischen Konstitution der Materie ist der Schmelzpunkt kein besonders ausgezeichneter Punkt. Tritt demnach am Schmelzpunkt eine Zunahme der Leitfähigkeit um eine Größenordnung oder noch mehr ein, so kann das nur davon herrühren, daß die Bewegungshindernisse der Ionen eine entsprechende Abnahme erlitten haben, woraus gefolgert werden kann, daß die Leitung auch im festen Salz durch Ionen bewirkt wird[2]). Es ist ja kein Fall bekannt, in welchem die Leitfähigkeit einer metallisch leitenden Substanz am Schmelzpunkte sich um eine Größenordnung ändert, vielmehr sind diese Änderungen meistens gering und mit einer Abnahme der Leitfähigkeit verbunden (vgl. Kap. 1). Steigt die Leitfähigkeit am Schmelzpunkte um zumindest eine Zehnerpotenz, so können wir daraus auf das Vorliegen einer elektrolytischen Leitung schließen; doch ist der Satz nicht umkehrbar; wir stoßen nämlich, wenn auch nur selten, auf Fälle, wo der Leitfähigkeitssprung gering, ja sogar negativ ist [AgI und CuBr[3])]. Folgende Tabelle zeigt die Änderung der Leitfähigkeit einiger elektrolytischen Leiter beim Schmelzpunkte.

Tabelle 1. Verhältnis der Leitfähigkeiten dicht oberhalb und unterhalb des Schmelzpunktes.

$NaNO_3$	KNO_3	$LiNO_3$	KCl	$PbCl_2$	$SnCl_2$	NaCl	$CdCl_2$	TlCl	TlBr	TlJ	AgCl	AgBr	CuJ	AgJ	CuBr
20000	20000	10000	9000	5000	4000	3000	200	160	130	100	30	5	1,1	0,9	0,7

Die 76fache Erhöhung der Leitfähigkeit des Schwefels beim Schmelzen oder die gar 10000fache des Phosphors[4]) spricht gleichfalls für die materielle Natur des Stromtransportes in diesen Substanzen.

5. Entscheidung aus dem Verlaufe der Stromstärkespannungskurve. Ermittelt man die Stromstärke als Funktion der angelegten Spannung, so zeigen Elektronenleiter und Elektrolyte ein verschiedenes Verhalten. Die Stromspannungskurve zeigt im ersten Falle, von den kleinsten Spannungen anfangend, einen geradlinigen Verlauf; man kann störungslos bei jeder Spannung beliebig lange Zeit konstante Stromstärken durch den Körper schicken, vorausgesetzt, daß eine Erwärmung durch den Stromdurchgang vermieden wird. Im zweiten Falle, etwa in dem von Elektrolytlösungen, sind die Stromstärken bei tieferen Spannungen äußerst gering und erst von einer gewissen Spannung, der Zersetzungsspannung, an steigen sie plötzlich bei kleiner Spannungsvergrößerung unverhältnismäßig stark an. FRIEDRICH und MEYER[5]) fanden, daß die letzterwähnte Kurvenform auch für feste Elektrolyte zu erhalten ist, ferner daß im Falle von gemischten Leitern die Stromspannungskurven gleichfalls einen, von den früher erwähnten verschiedenen, charakteristischen Verlauf zeigen.

---

[1]) Doch konnte F. HORTON bei den Erdalkalioxyden auch das Auftreten einer schwachen Polarisation beim Stromdurchgang wahrnehmen (Phil. Mag. 11, S. 505, 1900).

[2]) G. v. HEVESY, Danske Videnskabernes Selskab Medd. Bd. 3, Heft 12, S. 13, 1921.

[3]) C. TUBANDT und H. GEILER (im Druck).

[4]) G. FOUSSEREAU, Ann. chim. phys. Bd. 6, S. 5, 1885.

[5]) E. FRIEDRICH u. W. MEYER, ZS. f. Elektrochem. Bd. 32, S. 566. 1926; W. MEYER Dissert. Berlin 1927.

Infolge der bei niedriger Spannung vermutlich überwiegenden Elektronenleitung steigt in diesem Falle die Stromstärkespannungskurve zunächst annähernd geradlinig an, mit zunehmender Spannung und Stromstärke bildet sich dann die Gegenspannung immer vollständiger aus, so daß bei weiterer Steigerung der Spannung kaum noch ein Wachsen der Stromstärke, unter Umständen sogar ein Sinken dieser stattfindet; erst oberhalb der Zerstreuungsspannung tritt eine weitere Steigerung der Stromstärkespannungskurve ein. Nach dieser Methode untersucht, zeigen sich AgCl, AgBr, AgJ und TlJ als Ionenleiter, das CuCl, CuBr, ZnO, CdO bei Zimmertemperatur, ebenso wie das PbO bei 520° als Elektronenleiter, dagegen zeigte sich das CuCl bei 120° als gemischter Leiter.

Bei der Aufnahme von Stromstärkespannungskurven muß dafür gesorgt werden, daß die anodischen Produkte sich nicht isolierend zwischen Elektrode und Elektrolyten lagern; andererseits dürfen die Zersetzungsprodukte nicht momentan entweichen, da es dann nicht zur Ausbildung einer definierten Zersetzungsspannung kommen kann. Im letzteren Falle, der leicht bei höherer Temperatur auftritt, nehmen die Kurven fast dieselbe Gestalt an, wie bei metallischen Leitern. So fand REINHOLD[1]), daß die Stromstärkespannungskurve des Silberjodids von 340° an nahezu eine gerade Linie ist.

6. Weitere Methoden zur Entscheidung der Natur der Leitfähigkeit. Die irreversible Widerstandsabnahme bei steigender Spannung, die sich aus der Bildung unsichtbarer Metallfäden erklären läßt, zeigt das Vorliegen elektrolytischer Leitung an[2]).

Das gleiche sagt das Auftreten eines Polarisationsstromes aus, doch erheischt das Deuten des Auftretens oder Ausbleibens geringer Polarisationsströme Vorsicht. Einerseits können Polarisationsströme durch Thermoströme vorgetäuscht werden[3]), andererseits genügt häufig die Depolarisation, um bedeutende Polarisationen auf minimale Werte zu reduzieren. Bei der Elektrolyse vom festen Silbersulfat findet man bei — 70° eine Polarisation von 1,3 Volt[4]), bei Zimmertemperatur findet man dagegen 1 Minute nach Unterbrechung des hier viel kräftigeren Polarisationsstromes nur noch eine Polarisation von 50 Millivolt. So erklärt sich die Beobachtung von nur schwachen Polarisationsströmen bei der Elektrolyse des Cu_2S[5]) oder des weißglühenden Nernststiftes[6]).

Auch die absolute Größe der Leitfähigkeit kann man unter Umständen zur Entscheidung heranziehen. Die spezifische Leitfähigkeit elektrolytischer Leiter liegt stets unterhalb 10 Ohm^{-1}; so beträgt die höchste Leitfähigkeit des AgJ, das zu den allerbesten Elektrolyten zählt, gleich 2,6. Erreicht oder übersteigt gar die Leitfähigkeit den oben erwähnten Wert, so kann kein Ionenleiter vorliegen[7]). So kann bereits aus der hohen spezifischen Leitfähigkeit des mit Jod gesättigten CuJ, die BÄDECKER zu $0{,}93 \cdot 10^2$ feststellte und die er auf Grund des Auftretens des Halleffektes als Elektronenleiter erkannt hatte, gefolgert werden, daß hier kein elektrolytischer Leiter vorliegt[8]).

---

[1]) Siehe C. TUBANDT, E. RINDTORFF u. W. JOST, ZS. f. anorg. Chem. Bd. 165, S. 198. 1927.

[2]) A. T. WATERMAN, Phys. Rev. Bd. 21, S. 540. 1923 und insbesondere B. GUDDEN, Ergebnisse der exakten Naturw. Bd. 3, S. 116. 1924.

[3]) J. KOENIGSBERGER. Jahr. f. Rad Bd. 11, S. 123, 1914.

[4]) F. HABER u. W. ZAWADZKI, ZS. phys. Chem. Bd. 78, S. 223, 1912.

[5]) G. BODLÄNDER u. K. S. IDAZOWIKI, ZS. für Elektrochem. Bd. 2, S. 168, 1905.

[6]) E. BOSE, Ann. d. Phys., Bd. 9, S. 164, 1902; W. NERNST, ZS. für Elektrochem. für Phys. Bd. 5, S. 41. 1899.

[7]) G. v. HEVESY, Danske Vidensk. Selskab Medd. Bd. 3, Heft 12, S. 16. 1921.

[8]) Vgl. auch C. TUBANDT, E. RINDTORFF u. W. JOST, ZS. f. anorg. Chem. Bd. 165, S. 217. 1927.

Das Heranziehen des Temperaturkoeffizienten zur Entscheidung der Natur der Leitfähigkeit stößt auf Schwierigkeiten. Die meisten festen elektrolytischen Leiter, nämlich diejenigen, welche beim Schmelzen einen starken Leitfähigkeitssprung erleiden, zeigen durchweg eine starke Zunahme der Leitfähigkeit mit steigender Temperatur, eine ähnlich steile Leitfähigkeitszunahme zeigen aber auch gewisse metallisch leitende Verbindungen, z. B. der metallische Anteil der Leitfähigkeit des β-Ag_2S (vgl. S. 7). Auch das Ausbleiben einer starken Zunahme der Leitfähigkeit mit zunehmender Temperatur kann nicht zur Entscheidung herangezogen werden, da diejenigen elektrolytischen Leiter, die oberhalb des Schmelzpunktes ähnlich gut leiten wie unterhalb des Schmelzpunktes, oft innerhalb weiter Grenzen nur eine schwache Zunahme der Leitfähigkeit mit zunehmender Temperatur zeigen. Immerhin wird man darin, daß die Nitride und Karbide des Ti, Zr, Y, Nb usw. bei 18° ähnlich gut wie bei ihrem sehr hohen Schmelzpunkte (im Falle des ZrN bei 18° $\varkappa = 1{,}6 \cdot 10^{-4}\,\mathrm{Ohm}^{-1}$ und beim Schmelzpunkt bei 3200° abs. $\varkappa = 3{,}2 \cdot 10^{-4}$) leiten, ein Argument zugunsten des Vorliegens einer metallischen Leitfähigkeit sehen[1]).

Als ein Unterscheidungsmerkmal wird ferner die Lichtemission herangezogen[2]). Man sollte nämlich erwarten, daß solche Stoffe, die Elektronenleitfähigkeit zeigen, für langwelliges Licht undurchsichtig sein werden, ähnlich wie die Metalle. Zufolge des wohlbekannten Zusammenhanges zwischen Absorption und Emission kann man daher aus dem Vorhandensein einer kontinuierlichen, das ganze infrarote Spektralgebiet umfassenden Emission oder Absorption darauf schließen, daß eine evtl. beobachtete Leitfähigkeit metallischer Art ist. In der Regel liegen aber optische Messungen nur für einen Teil des infraroten Gebietes vor, so daß man sich in den meisten Fällen darauf beschränken wird, vom Vorhandensein einer Diskontinuität des Absorptionsspektrums auf das Nichtvorhandensein einer metallischen Leitfähigkeit zu schließen. Beim U_3O_8 sowie beim Nernststift hat man Hand in Hand mit der starken Zunahme der Leitfähigkeit das Einsetzen einer starken Strahlenemission feststellen können[3]).

Eine nur im Falle gut oder zumindest mäßig leitender Leiter anwendbare, doch vollständig zuverlässige Methode beruht auf der Messung der Selbstdiffusionsgeschwindigkeit der die Leitung besorgenden Ionen. So läßt sich die Selbstdiffussionsgeschwindigkeit der Silberionen in Ag_2S dadurch recht annähernd messen, daß man die Diffussionsgeschwindigkeit des Cu_2S in Ag_2S ermittelt. Ist die Leitfähigkeit eine elektrolytische, so muß sich die Diffussionsgeschwindigkeit aus der elektrolytischen Leitfähigkeit mit Hilfe der NERNSTschen Formel der Diffusion der Elektrolyte berechnen lassen (Näheres vgl. Ziff. 13).

Während die erwähnten Methoden oft gute Dienste leisten, besitzen die meisten von ihnen doch nicht die Zuverlässigkeit der auf dem FARADAYschen Gesetz fußenden, von TUBANDT außerordentlich erfolgreich angewandten Methode. Insbesondere aber zeigt sich die Überlegenheit der zuletzt genannten Methode, falls eine quantitative Trennung einer gemischten Leitung in einen elektrolytischen und in einen metallischen Anteil durchgeführt werden soll, zu der sie allein sich eignet. Diese Aufgabe ergab sich bei der Untersuchung der Leitfähigkeit der Kupferhalogenide sowie der des Schwefelkupfers und Schwefelsilbers.

7. Gemischte Leitung. Wie bereits im Kapitel 2 erwähnt, hat TUBANDT aus der Größe der erhaltenen Stromausbeute bei der Elektrolyse des Schwefelsilbers gefolgert, daß das rhombische β-Ag_2S ein gemischter Leiter ist. Eine

[1]) E. FRIEDRICH u. L. SITTIG, ZS. f. anorg. Chem. Bd. 145, S. 251. 1925; E. FRIEDRICH, ZS. f. Phys. Bd. 31, S. 813. 1925.

[2]) J. KOENIGSBERGER, Phys. ZS. Bd. 14, S. 643, 1913; GRAETZ's Handb. III. S. 677.

[3]) E. WIEGAND, ZS. f. Phys. Bd. 30, S. 40. 1924.

nähere Untersuchung[1]) ergab, daß der metallische Anteil der Stromleitung zwischen 20 und 170° von 1,3 auf 18,75% ansteigt, während der elektrolytische Anteil entsprechend von 98,7 auf 81,25% sinkt. Beim Übergang in die reguläre α-Modifikation (Antifluoritstruktur) bei 179° hört die metallische Leitung vollständig auf, das α-Ag_2S ist ein reiner Ionenleiter. Der Temperaturkoeffizient, sowohl der Gesamt- wie der Teilleitfähigkeit, läßt sich durch die Beziehung $x_t = x_0\, e^{\alpha t}$ berechnen. Unter Einsetzung der durch graphische Interpolation erhaltenen Konstantenwerte für x_0 und α gilt:

für die Gesamtleitung $x_t = 3{,}156 \cdot 10^{-4} \cdot e^{0{,}05175\,t}$,

„ „ Ionenleitung $x'_t = 3{,}156 \cdot 10^{-4} \cdot e^{0{,}05097\,t}$,

„ „ Elektronenleitung $x''_t = 1{,}44 \cdot 10^{-5} \cdot e^{0{,}05987\,t}$.

Die auf Grund dieser Formeln berechneten und die experimentell gefundenen Werte zeigen die Zahlen der Tabelle 2:

Tabelle 2. Gemischte Leitfähigkeit des Schwefelsilbers nach TUBANDT und REINHOLD.

Temp.	Spez. Gesamtleitfähigkeit [nach URASOW[2])]		Proz. Anteil beider Leitungsarten		Spez. Teilleitfähigkeiten			
					elektrolytisch		metallisch	
	gef.	ber.	elektr.	metall.	gef.	ber.	gef.	ber.
20°	0,000912	0,000888	98,7	1,3	0,000900	0,000876	0,000012	[0,000047]
60	0,00708	0,00705	93,0	7,0	0,00658	0,00673	0,00050	0,00052
100	0,0585	0,0558	89,9	10,1	0,0526	0,0518	0,0059	0,0058
150	0,741	0,741	83,8	16,2	0,621	0,662	0,120	0,115
170	1,994	2,090	81,25	18,75	1,62	1,82	0,372	0,378

Ein ähnliches Verhalten wie das Schwefelsilber zeigt das Kupferjodür[3]). Auch hier ist die bei der höheren Temperatur beständige α-Modifikation ein reiner Ionenleiter, dagegen die bei tiefer Temperatur beständige, die hier γ-Modifikation heißt, weil eine dritte dazwischenliegende, sich jedoch in der Leitfähigkeitskurve nicht geltend machende Modifikation, β-CuJ genannt wird, ein gemischter Leiter. Die Umwandlung von γ in β findet bei 402, die von β in α bei 440° statt. Die $[\alpha + \beta]$-Modifikation ist ein reiner Ionenleiter, die γ-Modifikation, wie es die Zahlen der Tabelle 3 zeigen, ein gemischter Leiter. Die berechneten Werte der Tabelle sind mit Hilfe der Beziehung $x = A e^{-\frac{B}{T}}$, wo A und B durch graphische Interpolation ermittelt worden sind, gewonnen. Die interessante Tatsache sei noch hervorgehoben, daß die Stromverteilung elektrolytisch/metallisch von der angelegten Spannung abhängt[1]).

Tabelle 3. Gemischte Leitfähigkeit des Kupferjodürs nach TUBANDT, RINDTORFF und JOST.

t^0	Spez. Gesamtleitfähigkeit	Verteilungsverhältnis der beiden Leitungsarten		Spez. Teilleitfähigkeiten		
				elektrolytisch		metallisch
		elektrolytisch	metallisch	gefunden	berechnet	gefunden
400	0,58	100	0	0,58	0,53	0
375	0,25	97,5	2,5	0,244	0,244	0,006
350	0,11	75	25	0,083	0,106	0,027
325	0,105	50	50	0,052	0,043	0,052
300	0,105	25	75	0,026	0,016	0,079
275	0,112	5	95	0,0056	0,056	0,106
250	0,13	0,8	99,2	0,001	0,0017	0,129
225	0,15	0	100	0	—	0,150
200	0,17	—	—	—	—	—

[1]) C. TUBANDT u. H. REINHOLD, ZS. f. anorg. Chem. Bd. 160, S. 222. 1927.
[2]) G. URASOW, Journ. d. russ. Phys.-Chem. Ges. Bd. 51, S. 311. 1919.
[3]) C. TUBANDT, E. RINDTORFF u. W. JOST, ZS. f. anorg. Chem. Bd. 165, S. 195. 1927.

Im Gegensatze zum Verhalten des Schwefelsilbers sinkt hier die Elektronenleitung kontinuierlich von 200 bis 400° (zwischen 0 und 170° erfolgt ein schwacher Anstieg), und da die elektrolytische Leitfähigkeit nicht genügend rasch ansteigt, um diesen Abfall gänzlich wettzumachen, erscheint ein ganz schwach ausgeprägtes Minimum der Gesamtleitfähigkeitskurve bei etwa 325°.

Vom β-Kupferbromür ist nur soviel bekannt, daß die bei niedriger Temperatur beständige β-Modifikation ein gemischter Leiter, die α-Modifikation dagegen ein Ionenleiter ist. Auch das Kupferchlorür[1]) verhält sich im wesentlichen dem Bromür und Jodür analog. Es wird versucht[2]), das scharfe Aufhören der gemischten Leitung beim Übergang in die bei der höheren Temperatur beständige Modifikation darauf zurückzuführen, daß der Charakter der Gitterbausteine der betrachteten Verbindungen am Umwandlungspunkt eine Änderung erfährt. Während z. B. das CuJ bei tiefer Temperatur aus atomähnlichen Ionen („Atomen") bestehen soll, erfolgt am Umwandlungspunkt ein, bereits bei der Annäherung an diesen sich teilweise vollziehender, Übergang in den Ionenzustand. Da „Atome", an deren Vorhandensein die Elektronenleitung gebunden sein soll, jetzt nicht mehr vorhanden sind, wird die Substanz ein reiner elektrolytischer Leiter.

b) Größe und Temperaturkoeffizient der Leitfähigkeit.

8. Größe der Leitfähigkeit. Während die spezifische elektrolytische Leitfähigkeit eines der allerbesten festen Elektrolyten, des α-AgJ bei 550° 2,64 Ohm^{-1} beträgt, konnten auch außerordentlich kleine Leitfähigkeiten wie z. B. $15 \cdot 10^{-16}$ Ohm^{-1} im Falle des Kupfervitriols bei 17° gemessen werden. Tabelle 4 zeigt die Leitfähigkeit einiger elektrolytisch leitenden festen Substanzen.

Tabelle 4. Leitfähigkeit einiger elektrolytisch leitender fester Körper.

Substanz	Spezifische Leitfähigkeit in $Ohm^{-1} \cdot cm$	Temperatur (t)	Entfernung der Temperatur vom Schmelzpunkte
$AgNO_3$[3])	$3,2 \cdot 10^{-6}$	180°	—
,, ...	$2,6 \cdot 10^{-4}$	209°	ganz knapp am Sch.
KNO_3[3])	$6 \cdot 10^{-7}$	210°	—
,, ...	$1,8 \cdot 10^{-4}$	334°	ganz knapp am Sch.
$NaNO_3$[3])	$5 \cdot 10^{-7}$	250°	—
,, ...	$3,2 \cdot 10^{-4}$	308°	ganz knapp am Sch.
AgCl[4])	$3 \cdot 10^{-4}$	250°	—
,, ...	0,11	450°	5°
β-AgBr[4])	$2 \cdot 10^{-4}$	200°	—
,, ...	0,51	419°	3°
β-AgI[4])	$3,4 \cdot 10^{-4}$	145° U.P.	—
α-AgI[4])	1,31	145° U.P.	—
,, ...	2,64	550°	4°
α-CuI[5])	0,76	402°	—
,, ...	1,76	602°	ganz knapp am Sch.

---

1) J. N. FRERS, Dissert. Halle 1923 (nicht gedruckt); Ber. d. dtsch. chem. Ges. Bd. 57, S. 1693. 1924; Bd. 60, S. 864. 1927; E. FRIEDRICH u. W. MEYER, ZS. f. Elektrochem. Bd. 32, S. 566. 1926; C. TUBANDT, E. RINDTORFF u. W. JOST, l. c. Ziff. 7.

2) G. v. HEVESY, ZS. f. phys. Chem. Bd. 127, S. 401. 1927; vgl. auch dieses Handbuch, Bd. XXIV, Kap. 6 und V. M. GOLDSCHMIDT, Ber. d. dtsch. chem. Ges. Bd. 60, S. 1288. 1927.

3) A. BENRATH, ZS. f. phys. Chem. Bd. 64, S. 693. 1908.

4) C. TUBANDT u. E. LORENZ, ZS. f. phys. Chem. Bd. 87, S. 560. 1914.

5) C. TUBANDT, E. RINDTORFF u. E. JOST, l. c.

Tabelle 4. Fortsetzung.

Substanz	Spezifische Leitfähigkeit in $Ohm^{-1} \cdot cm$	Temperatur (t)	Entfernung der Temperatur vom Schmelzpunkte
$TlCl$[1]	$5 \cdot 10^{-5}$	250°	—
,,	$6 \cdot 10^{-2}$	421°	6°
TlI[1]	$1 \cdot 10^{-4}$	250°	—
,,	$4{,}8 \cdot 10^{-3}$	429°	4°
$PbCl_2$[3]	$3 \cdot 10^{-8}$	160°	—
,,	$3 \cdot 10^{-3}$	480°	19°
$SnCl_2$[3]	$3 \cdot 10^{-7}$	100°	—
,,	$3{,}1 \cdot 10^{-3}$	250°	sehr knapp am Sch.
KCl[4]	$5 \cdot 10^{-6}$	640°	—
,,	$2 \cdot 10^{-4}$	780°	10°
$NaCl$[4]	$2 \cdot 10^{-6}$	540°	—
,,	$1{,}5 \cdot 10^{-3}$	810°	9°
$LiCl$[2]	$1{,}5 \cdot 10^{-5}$	290°	—
,, [5]	0,25	595°	—
KF[6]	$1{,}8 \cdot 10^{-7}$	630°	—
,,	$4{,}2 \cdot 10^{-6}$	869°	ganz knapp am Sch.
K_2SO_4[6]	$3{,}1 \cdot 10^{-6}$	555°	—
,,	$6 \cdot 10^{-3}$	1068°	ganz knapp am Sch.
Na_2SO_4[6]	$2 \cdot 10^{-6}$	347°	—
,,	$1 \cdot 10^{-2}$	869°	15°
$MgSO_4$[6]	$1 \cdot 10^{-6}$	846°	—
,,	$6{,}6 \cdot 10^{-6}$	981°	etwa 200°
Porzellan[7]	$6 \cdot 10^{-5}$	727°	—
Quarzglas[8]	$75 \cdot 10^{-14}$	15°	—
,,	$5 \cdot 10^{-12}$	300°	—
,,	$3 \cdot 10^{-8}$	700°	—
Glas, gewöhnl.[9]	$5 \cdot 10^{-14}$	22°	—
,, ,, [8]	$5 \cdot 10^{-12}$	18°	—
Magnesiastäbe[10]	$2 \cdot 10^{-5}$	870°	—
,,	0,27	1500°	—
Nernststift[11]	0,0238	493°	—
,,	1,667	2200°	—
Ammoniumalaun[12]	$2 \cdot 10^{-15}$	17°	(Einkristall)
Kupfervitriol[12]	$1{,}5 \cdot 10^{-15}$	17°	,,

Die in Tabelle 5 aufgenommenen Leitfähigkeitswerte beziehen sich mit einigen Ausnahmen auf erstarrte Schmelzen oder gepreßte Pulver. Da die Leitfähigkeit der letzteren von der Leitfähigkeit von Einkristallen derselben Zusammensetzung meistens verschieden ist (vgl. Ziff. 18), ferner die Leitfähigkeit

[1]) C. Tubandt u. E. Lorenz, ZS. f. phys. Chem. Bd. 87, S. 560. 1914.

[2]) A. Benrath u. A. Tesche, ZS. f. phys. Chem. Bd. 96, S. 477. 1920.

[3]) C. Sandonnini, Lincei Rend. Bd. 24, I, S. 842. 1915.

[4]) A. Benrath, ZS. f. phys. Chem. Bd. 77, S. 257. 1911. Über die Leitfähigkeit des RbCl, CuCl, $CdCl_2$ und $MgCl_2$ vgl. W. Biltz u. W. Klemm, ebenda Bd. 110, S. 326. 1924.

[5]) W. Biltz u. W. Klemm, l. c.

[6]) A. Benrath u. K. Drekopf, ZS. f. phys. Chem. Bd. 99, S. 64. 1921.

[7]) M. Pirani u. W. v. Siemens, ZS. f. Elektrochem. Bd. 15, S. 969. 1909.

[8]) A. Campbell, Proc. Phys. Soc. Bd. 26, S. 336. 1913; vgl. auch V. E. Whitman, Journ. Opt. Soc. Amer. Bd. 12, S. 31. 1926.

[9]) H. L. Curtis, Bull. Bureau of Stand. Bd. 11, S. 361. 1914. vgl. auch Fußnote 5, S. 8. Eine Zusammenstellung von Isolatoren, die größtenteils elektrolytisch leiten, enthält die Abhandlung von H. C. Curtis, Bull. Bureau of Stand. Bd. 11, S. 421. 1914; vgl. auch Graetz Handb. d. Elektr. Bd. III, S. 186.

[10]) J. T. Burt-Gerrans u. R. S. Kerr, Proc. Roy. Soc. Canada Bd. 19, III, S. 27. 1925. Über die Leitfähigkeit von Schieferton, Kaolin, Magnesit, Sillimanit, Diaspor und Talk siehe A. V. Henry, Journ. Amer. Keram. Soc. Bd. 7, S. 764. 1924.

[11]) J. Koenigsberger, Jahrb. d. Radioakt. Bd. 11, S. 119. 1924; A. Weissenberger, Ann. d. Phys. Bd. 49, S. 481. 1916; vgl. auch Ziff. 6.

[12]) A. Joffé, Ann. d. Phys. Bd. 72, S. 495. 1923.

durch chemische Verunreinigungen bedeutend beeinflußt werden kann, können die allermeisten gemessenen Leitfähigkeitswerte nicht als für die betreffende Substanz streng charakteristische Konstanten betrachtet werden. Immerhin sind die für einzelne Substanzen wie Ammoniumalaun und Kupfervitriol bestimmten Leitfähigkeitswerte wahrscheinlich als wirkliche Materialkonstanten anzusehen. Einkristalle der genannten Substanzen sind durch Abkühlung einer überhitzten Lösung erhalten worden und zeigten eine innerhalb etwa 5% übereinstimmende Leitfähigkeit[1]). Die Leitfähigkeit von käuflichen sowie durch fraktionierte Kristallisation dargestellten Ammoniumalaunkristallen zeigt Tabelle 5.

Tabelle 5. Leitfähigkeit von Ammoniumalaunkristallen nach JOFFÉ.

Ausgangsmaterial („Purissimum")	$4200 \cdot 10^{-16}$
Einmal kristallisiert	700 ,,
Zweimal ,, ...	38 ,,
Dreimal ,, ...	21,0 ,,
Viermal ,, ...	22,8 ,,

Der dem gereinigten $CuSO_4$ entsprechende Wert ist $15 \cdot 10^{-16}$ Ohm^{-1} cm.

9. Temperaturkoeffizient der Leitfähigkeit. Die Leitfähigkeit von festen Elektrolyten K läßt sich in vielen Fällen durch eine logarithmische Formel von

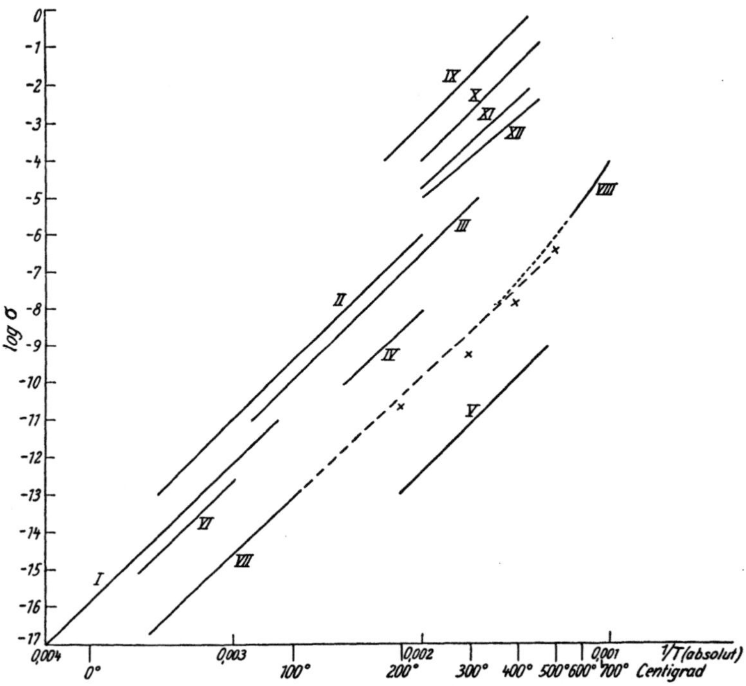

Abb. 1. Temperaturabhängigkeit der Leitfähigkeit.

I Kalkspat, II–IV Quarz ∥ Achse, V ⊥ Achse } natürliche Mineralien[2])
VI Ammoniumalaun, künstliche Kristalle
VII Steinsalzkristalle[3]); künstliche NaCl-Kristalle[4]); NaCl in erstarrter Schmelze und gepreßter Pastille[5])

IX Ag Br, X Ag Cl, XI Tl Cl, XII Tl Br } in erstarrter Schmelze bzw. gepreßter Pastille[6])

[1]) A. JOFFÉ, l. c. S. 271.
[2]) A. JOFFÉ, l. c.
[3]) K. v. SEELEN, ZS. f. Phys. Bd. 29, S. 81. 1924.
[4]) F. v. RAUTENFELD, Ann. d. Phys. Bd. 72, S. 617. 1923; Bd. 75, S. 848. 1924.
[5]) A. BENRATH, ZS. f. phys. Chem. Bd. 64, S. 693. 1908.
[6]) A. BENRATH, ZS. f. phys. Chem. Bd. 77, S. 251. 1911; C. TUBANDT u. E. LORENZ, ebenda Bd. 87, S. 560. 1914.

der Gestalt $K = C_1 e^{C_2 t}$ oder $\log K = a + bt$

oder $K = C_1 e^{-\frac{C_2}{T}}$ oder $\log K = \frac{A}{T} + B$

recht gut darstellen. Hier sind a, b, A, B, C_1, C_2 empirische Konstanten, t die Temperatur in Zentigrad, T die absolute Temperatur, K die Leitfähigkeit. Die letztgenannte Formel stellt die Leitfähigkeitsänderung über den gesamten Temperaturbereich besser dar, die erst genannte Formel ist dagegen der zweiten in der Nähe des Schmelzpunktes überlegen. Abb. 1[1]) zeigt die Temperaturabhängigkeit der Leitfähigkeit K verschiedener kristallisierter Stoffe.

Verbindungen, die bereits im festen Zustande nahezu so gut leiten wie im flüssigen, wie z. B. das Jodid oder Sulfid des Silbers oder des einwertigen Kupfers, haben naturgemäß einen entsprechend geringeren Temperaturkoeffizienten[2]).

c) Überführungszahl und Ionenbeweglichkeit.

10. Überführungszahlen. Im Zusammenhange mit dem im Abschnitt 2 besprochenen Nachweis der Gültigkeit des FARADAYschen Gesetzes bei der Elektrolyse des Jodsilbers fand TUBANDT[3]), daß die Silberionen am Stromtransport allein teilnehmen, daß das Jodsilber ein Kationenleiter ist. Die Überführungszahl des Silberions ist demnach gleich 1,00. Ähnlich wurde die Überführungszahl des Chlorions im Chlorblei (Anionenleiter) gleich 1,00 gefunden. Die Erscheinung der unipolaren Leitung hat sich als eine außerordentlich verbreitete erwiesen, wie es aus der folgenden Zusammenstellung hervorgeht:

Tabelle 6. Überführungszahlen in einfachen Salzen nach TUBANDT[4]).

Verbindung	Temperatur	n_K	n_A	Verbindung	Temperatur	n_K	n_A
AgCl . .	200—350°	1,00	—	NaF . .	500°	1,00	—
AgBr .	200—300°	1,00	—	NaCl . .	400—425°	1,00	—
β-AgJ .	20°	1,00	—	BaF_2 . .	500°	—	1,00
α-AgJ .	150—400°	1,00	—	$BaCl_2$.	400—700°	—	1,00
β-Ag_2S .	20—175°	1,00[5])	—	$BaBr_2$.	350—450°	—	1,00
α-Ag_2S .	180—450°	1,00	—	PbF_2 . .	200°	—	1,00
γ-CuJ .	205—400	1,00	—	$PbCl_2$.	200—425°	—	1,00
β-CuJ .	400—440°	1,00	—	$PbBr_2$.	250—365°	—	1,00
α-CuJ .	450—500°	1,00[5])	—	PbJ_2 . .	290°	0,67	0,33
α-Cu_2S .	220°	1,00	—				

[1]) B. GUDDEN, Ergebn. d. exakt. Naturw. Bd. 3, S. 116. 1924, bespricht diese Frage ausführlich; vgl. auch J. CH. GHOSH, J. Chem. Soc. London Bd. 117, S. 823. 1921; H. BRAUNE, ZS. phys. Chem. Bd. 110, S. 147. 1924; T. E. PHIPPS, W. D. LANSING u. T. G. COOKE, J. Amer. Chem. Soc. Bd. 48, S. 112. 1926.

[2]) Über den Zusammenhang zwischen der Größe des Temperaturkoeffizienten und dem Absolutwert der Leitfähigkeit vgl. W. BILTZ, ZS. f. anorg. Chem. Bd. 133, S. 306. 1924.

[3]) C. TUBANDT u. E. LORENZ, ZS. f. phys. Chem. Bd. 87, S. 560. 1914; C. TUBANDT, ZS. f. anorg. Chem. Bd. 115, S. 105. 1920. Daß im regulären Jodsilber der Stromtransport ausschließlich durch die Silberionen erfolgt, hat bereits O. LEHMANN (Wied. Ann. Bd. 24, S. 1. 1885; Bd. 38, S. 396. 1889) vermutet, und die einseitige Wanderung des Natriums bei der Elektrolyse des Glases E. WARBURG (ebenda Bd. 21, S. 622. 1884). Über die Leitfähigkeit des Glases vgl. ferner: M. LE BLANC u. F. KERSCHBAUM, ZS. f. phys. Chem. Bd. 72, S. 468. 1910; A. HEYDWEILLER u. F. KUPFERMANN, Ann. d. Phys. Bd. 32, S. 739. 1910; G. SCHULZE, ebenda Bd. 37, S. 435. 1912; R. AMBRONN, Phys. ZS. Bd. 19, S. 401. 1918; R. C. BURT, Journ. Opt. Soc. Amer. Bd. 11, S. 87. 1925. G. GEHLHOFF u. M. THOMAS und ZS. f. techn. Phys. Bd. 6, S. 544. 1926. Über die des Porzellans und ähnlicher Substanzen: F. HABER, A. RIEFF u. P. VOGT, ZS. f. anorg. Chem. Bd. 57, S. 154. 1908; M. PIRANI und W. v. SIEMENS, ZS. f. Elektrochem. Bd. 15, S. 969. 1909. Über die des Permutits: G. SCHULZE, ZS. f. phys. Chem. Bd. 89, S. 168. 1914; ZS. f. Elektrochem. Bd. 25, S. 330. 1919; V. ROTHMUND u. G. KORNFELD, ZS. f. anorg. Chem. Bd. 103, S. 129. 1918; K. AMBRONN, Phys. ZS. Bd. 19, S. 401. 1918.

[4]) Literatur s. Ziff. 2 sowie Ergänzungsband der LANDOLT-BÖRNSTEINschen Tabellen. S. 593. 1927.

[5]) Bezogen auf den elektrolytisch geleiteten Stromanteil.

Tabelle 7. Überführungszahlen in Doppelsalzen nach TUBANDT[1]).

Verbindung	Temperatur	n_K	n_A
$AgBr \cdot 2\,PbBr_2$ . .	200°	1,00	—
$KCl \cdot 2\,PbCl_2$ . . .	280°	—	1,00
$PbBr_2 \cdot PbF_2$ . . .	250—300°	—	0,133 Br' 0,867 F'
$PbBr_2 \cdot 4\,PbF_2$. . .	230°	—	0,0 Br' 1,00 F'

Tabelle 8. Überführungszahlen in Mischkristallen nach TUBANDT[1]).

Gemisch	Zusammensetzung	Temperatur	n_K	n_A
AgCl-NaCl	25 Mol.-% NaCl	280°	0,985 $Ag^{\cdot}$ 0,015 $Na^{\cdot}$	—
AgCl-NaCl	75 „ NaCl	280°	0,968 $Ag^{\cdot}$ 0,032 $Na^{\cdot}$	—
AgJ-CuJ	10 Mol.-% CuJ	410°	0,931 $Ag^{\cdot}$ 0,069 $Cu^{\cdot}$	—
AgJ-CuJ	90 „ CuJ	410°	0,176 $Ag^{\cdot}$ 0,824 $Cu^{\cdot}$	—
Ag_2S-Cu_2S.	40 Mol.-% Cu_2S	220°	0,53 $Ag^{\cdot}$ 0,47 $Cu^{\cdot}$	—

Tabelle 9. Überführungszahlen in mechanischen Gemischen. (Aus der Schmelze erstarrt.) Nach TUBANDT[1]).

Gemisch	Zusammensetzung	Temperatur	n_K	n_A
AgCl-KCl	25 Mol.-% KCl	245°	0,95 $Ag^{\cdot}$ 0,05 $K^{\cdot}$	—
AgCl-KCl	75 Mol.-% KCl	245°	0,91 $Ag^{\cdot}$ 0,16 $K^{\cdot}$	—
AgCl-$PbCl_2$	10 Mol.-% $PbCl_2$	230°	0,99 $Ag^{\cdot}$	0,01 Cl'
AgCl-$PbCl_2$	50 Mol.-% $PbCl_2$	230°	0,746 $Ag^{\cdot}$	0,254 Cl'
AgCl-$PbCl_2$	90 Mol.-% $PbCl_2$	230°	0,201 $Ag^{\cdot}$	0,799 Cl'

Das bei diesen Versuchen verfolgte Verfahren[2]) zeigt folgendes Beispiel: Drei aus AgBr gepreßte Zylinder wurden mit polierten Endflächen gegeneinander- bzw. gegen eine Silberanode und einen α-AgJ-Zylinder mit Platinkathode gedrückt. Alle Teile wurden vor und nach der Elektrolyse gewogen, wobei z. B. die folgenden Gewichte festgestellt worden sind:

Im Coulombmeter abgeschiedenes Ag	0,1211 g
Kathodisch aus dem α-AgJ abgeschiedenes Ag . . .	0,1211 „
Gewicht des Bromsilberzylinders an der Kathodenseite	
vor der Elektrolyse	3,1787 „
nach „ „	3,1786 „
Gewicht des Bromsilberzylinders in der Mitte	
vor der Elektrolyse	2,0123 „
nach „ „	2,0123 „
Gewicht des Bromsilberzylinders an der Anodenseite	
vor der Elektrolyse	3,0994 „
nach „ „	3,0995 „
Gewichtsverlust der Anode	0,1212 „

Die völlige Konstanz der Gewichte der drei Bromidzylinder beweist, daß eine genau dem Stromäquivalent entsprechende Silbermenge aus der Anode ent-

[1]) Literatur siehe Ziff. 2 sowie Ergänzungsband der LANDOLT-BÖRNSTEINschen Tabellen.
[2]) Siehe Fußnote 2 auf S. 273.

nommen und durch die drei Bromidzylinder an die Kathode transportiert wurde. Eine gleichzeitige Wanderung von Bromionen in umgekehrter Richtung konnte in merklichem Betrage nicht erfolgt sein, da sonst der anodische Bromidzylinder schwerer, der kathodische leichter hätte werden müssen. Im Falle des NaCl wurden drei Steinsalzplatten zwischen Silberblechen 5 Tage lang elektrolysiert[1]; es hat sich an der Kathode zunächst NaOH und dann Na_2CO_3 gebildet. Anodenkristall mit Anode haben ein Natriumäquivalent eingebüßt, und es bildete sich an der Anode AgCl, der Mittelkristall ist unverändert geblieben, wogegen die Kathode um das Stromäquivalent von Na + $CO_3/2$ schwerer geworden ist.

Um die Wanderung in Bleichlorid zu untersuchen, wurde die folgende Kombination gewählt:

$$\text{Silberanode-PbCl}_2\text{-PbCl}_2\text{-PbCl}_2\text{-AgCl-}\alpha\text{-Ag}_2\text{S-}\alpha\text{-AgJ-Platin.}$$

Hier wurde eine Gewichtszunahme des anodischen $PbCl_2$-Zylinders, um das AgCl-Äquivalent des Stromes, sowie eine gleich große Abnahme des AgCl-Zylinders festgestellt, und damit bewiesen, daß der gesamte Stromtransport vom Chlor besorgt wird.

Daß die beobachtete einseitige Ionenwanderung nicht etwa die Folge der Versuchsanordnung ist, konnte sowohl durch die Untersuchung von solchen Kombinationen, wo die Wanderung der stillstehenden Ionenart besonders begünstigt wird[2]) sowie durch Diffusionsversuche (vgl. Ziff. 13) bewiesen werden. Z. B. wurde die Kombination

$$\text{Pt Kathode}-\text{PbCl}_2-\text{PbCl}_2-\text{AgCl}-\text{AgCl}-\text{AgCl}-\text{PbCl}_2-\text{PbCl}_2-\text{Ag Anode}$$

untersucht, wo durch Kombination des AgCl, eines kationischen Leiters, mit $PbCl_2$, einem anionischen, für die Wanderung der Cl^- im AgCl die allergünstigsten Bedingungen gegeben wurden. Die vom $PbCl_2$ aus auf das AgCl zuwandernden Cl^- könnten unmittelbar als Ersatz der fortwandernden Ionen in das Gitter des AgCl und die an der anderen Seite aus diesem austretenden Chlorionen in das Gitter des $PbCl_2$ an Stelle der dort fortwandernden Chlorionen eintreten, wodurch an dem Bestande des Chlorsilbers nicht das mindeste geändert würde, und doch wandert auch in diesem Falle wieder praktisch nur das Silberion, ungeachtet dessen, daß dabei auf der einen Seite ein Abbau des vorhandenen Kristallgefüges, auf der anderen ein Anbau an dieses stattfinden muß.

Die bei der Untersuchung der Polarisation in Kalkspat gemachten Erfahrungen sprechen dafür, daß hier allein das Anion den Stromtransport besorgt[3]), wogegen der Fall, daß beide Ionarten in etwa gleichem Maße wandern, am Quarz beobachtet wurde[4]). Es sei noch erwähnt, daß, wenn wir von einseitiger Ionenwanderung sprechen, wir darunter eine praktisch einseitige Wanderung verstehen, welche einen minimalen Anteil der anderen Ionenart an der Leitung nicht ausschließt. Dieser Anteil ist beim Cu_2S für das Anion nach TUBANDT kleiner als 10^{-6}. (Über das Ergebnis von Diffusionsmessungen im System Ag_2S-Ag_2Se, wo eine geringe Beweglichkeit des Selens nachgewiesen wurde, vgl. Ziff. 1[illegible].)

Eine Änderung der Überführungszahl mit der Temperatur ist beim Kochsalz festgestellt worden[5]), wo von 500° an mit fortschreitender Annäherung an den

---

[1]) D. v. SEELEN, ZS. f. Phys. Bd. 29, S. 81. 1924; vgl. auch P. LUKIRSKY, S. ŠČUKAREFF u. O. TRAPESNIKOFF, ebenda Bd. 37, S. 524. 1925.

[2]) C. TUBANDT u. H. REINHOLD, ZS. f. Elektrochem. Bd. 31, S. 84. 1925; I. N. FREES, Chem. Ber. Bd. 57, S. 1693. 1924.

[3]) A. JOFFÉ, Ber. d. 4. Solvay-Kongr., S. 16. 1924.

[4]) A. JOFFÉ, Ann. d. Phys. Bd. 72, S. 479. 1923.

[5]) C. TUBANDT, H. REINHOLD u. W. JOST, ZS. f. phys. Chem. Bd. 129, S. 69. 1927.

Schmelzpunkt die Beweglichkeit des Chlorions immer mehr zunimmt. (Über die Erklärung des Auftretens einer unipolaren Leitung siehe Ziff. 21).

Nach G. C. SCHMIDT[1]) senden diejenigen Salze, bei denen nur die +- bzw. nur die —-Ionen wandern, ausschließlich bei dieser Temperatur +- bzw. —-Ionen aus. Überwiegt bei der Elektrolyse die Wanderungsgeschwindigkeit des einen Ions, so werden überwiegend die schneller wandernden Ionen bei dieser Temperatur emittiert. Temperaturen, bei welchen die Emission von +-Ladungen (t_1) und solche von —-Ladungen (t_2) beobachtet wurde, zeigen die Zahlen der Tabelle 10.

Tabelle 10. Temperaturen, bei welchen die Emission von pos. bzw. neg. Ionen beobachtet wird, nach G. C. SCHMIDT.

Substanz	t_1 (pos. Ionen)	t_2 (neg. Ionen)
NaCl	580°	890°
KCl	500	580
LiCl	630	630
CsCl	520	800
KBr	560	770
LiBr	530	820
NaJ	520	770
KJ	450	670
KF	440	760

Aus dem Vorzeichen der von der erwärmten Verbindung ausgesandten Ionen lassen sich demnach gewisse Schlüsse auf das Vorzeichen der bei der elektrolytischen Leitung in Bewegung gesetzten Ionen ziehen (vgl. auch S. 290).

11. Ionenbeweglichkeit. Die Kenntnis der spezifischen Leitfähigkeit, der Dichte und der Überführungszahl ermöglicht die Berechnung der Ionenbeweglichkeit, soweit es sich um starke Elektrolyte handelt, soweit also der feste Körper vollständig aus selbständigen Ionen aufgebaut betrachtet werden kann. So berechnet sich im Falle des α-AgJ aus $x = 1{,}31$ Ohm^{-1}, $d = 5{,}77$ und $n_{Ag^{\cdot}} = 1{,}00$ bei 144,6° die Beweglichkeit $u = 53$ und ähnlich die übrigen in der Tabelle 11 aufgenommenen Kationenbeweglichkeiten.

Tabelle 11. Aus der Leitfähigkeit berechnete Kationenbeweglichkeiten.

Substanz	t	u
α-AgJ	144,6°	53
α-AgJ	550	110
NaCl	18	$3 \cdot 10^{-16}$
NaCl	780	$1{,}6 \cdot 10^{-2}$ [2])

Die Beweglichkeit der Silberionen im festen α-AgJ beim Schmelzpunkt ist etwa zweimal so groß als die der Silberionen in der Chlorsilberschmelze und auch größer als die Beweglichkeit der Silberionen in Wasser ($u_{180} = 54{,}3$).

Liegen andere als starke Elektrolyte vor, so muß erst der „Dissoziationsgrad" der festen Elektrolyte ermittelt werden. Dies kann in erster Annäherung dadurch erfolgen, daß man, ausgehend von der Überlegung, daß vom Standpunkte der elektrischen Konstitution der Materie der Schmelzpunkt kein besonders ausgezeichneter Punkt ist, aus der Größe der spezifischen Leitfähigkeit der Schmelze auf den Dissoziationszustand der kristallisierten Substanz schließt[3]). Setzen wir die Äquivalentleitfähigkeit der starken Elektrolyte = 1, so ergibt sich z. B. die des Merkurichlorids = 10^{-5}. Wir haben demnach bei der Berechnung der Ionenbeweglichkeit in dieser Verbindung noch zu berücksichtigen, daß der Dissoziationsgrad 10^{-5} beträgt. Die für einige Verbindungen berechnete Dissoziationsgrade[4]) sind aus der Tabelle 12 ersichtlich (vgl. auch Bd. XXIV, S. 543).

[1]) G. C. SCHMIDT, Ann. d. Phys. Bd. 75, S. 337. 1924; Bd. 80, S. 588. 1926; Bd. 82, S. 664. 1927.

[2]) Infolge der Abnahme von n_{Na} mit zunehmender Temperatur (Ziff. 10) ist u in Wirklichkeit etwas kleiner.

[3]) G. v. HEVESY, Dansk. Vidensk. Selskab Medd. Bd. 3, S. 13. 1921; W. BILTZ u. W. KLEMM, ZS. f. anorg. Chem. Bd. 152, S. 289. 1926.

[4]) G. v. HEVESY, ZS. f. phys. Chem. Bd. 127, S. 406. 1927.

Tabelle 12. Dissoziationsgrad von Verbindungen.

Verbindung	Dissoziationsgrad	Verbindung	Dissoziationsgrad
NaCl	1	$HgCl_2$	10^{-5}
YCl_3	10^{-1}	$AsCl_3$	10^{-6}
$InCl_3$	10^{-2}	$AlCl_3$	10^{-7}
$BeCl_2$	10^{-3}	$MoCl_6$	10^{-8}
$HgBr_2$	10^{-4}	$NbCl_5$	10^{-9}

Schließen wir aus dem Ionisationszustand der Schmelze auf den des Kristalls, so setzen wir voraus, daß der letztere sich mit der Temperatur nicht wesentlich ändert. Diese Voraussetzung trifft nicht immer zu, insbesondere kann in diesen Fällen, wo polymorphe Umwandlungen auftreten, der Ionisationszustand des Kristalls eine sehr wesentliche Änderung mit der Temperatur erleiden. So sind bei den im Wurtzitgitter kristallisierenden β-AgJ bei tiefer Temperatur atomähnliche Ionen „Atome“ die Kristallbausteine[1]), bei der Umwandlung ins α-AgJ werden die „Atome“ durch „Ionen“ ersetzt, d. h. es erfolgt eine sprunghafte Änderung der Asymmetrie der Ladungsverteilung, die sich in einer 3000fachen Erhöhung der Leitfähigkeit am Umwandlungspunkte äußert. Wie aus den Leitfähigkeitswerten hervorgeht, beginnt der Vorgang, der zur sprunghaften Erhöhung der Leitfähigkeit am Umwandlungspunkte führt, in bescheidenem Rahmen bereits, bevor der letztere erreicht ist. Im Falle des CuJ und Ag_2S ist zwar die Änderung der Leitfähigkeit am Umwandlungspunkte nur wenig ausgeprägt, doch hört in diesen und ähnlichen Fällen die gleichfalls vorhandene Elektronenleitung beim Übergang in die bei höherer Temperatur beständigeren Modifikation völlig auf und zeigt somit die am Umwandlungspunkte vor sich gehende Änderung der Gitterbausteine an[2]). Man kann somit in den erwähnten Fällen aus der Leitfähigkeit der Schmelze keinen Schluß auf den Ionisationszustand der β-Modifikation schließen. Auch im Falle des HgJ_2[3]), des $JnCl_3$ und $JnBr_3$[4]), wo die Leitfähigkeit mit der Temperatur abnimmt, ist ein solcher Schluß nicht zulässig.

12. Ionenbeweglichkeit in Mischkristallen. Kennt man die spezifische Leitfähigkeit des Mischkristalls und die nach der TUBANDTschen Methode ermittelten Überführungszahlen im Mischkristall, so lassen sich die Beweglichkeiten der den Mischkristall aufbauenden Ionen berechnen. Ist die spezifische Leitfähigkeit $\varkappa$, die Überführungszahlen der allein beweglichen Ionen der beiden den Mischkristall zusammensetzenden Salze n und $1 - n$, deren Konzentration in Molbrüchen m und $1 - m$, so sind die spezifischen Ionenbeweglichkeiten

$$\varkappa_1' = \frac{n\varkappa}{m} \quad \text{und} \quad \varkappa_2' = \frac{(1-n)\varkappa}{1-m}.$$

Die Beweglichkeit eines Ions, z. B. in einem Kationenleiter, wird anders ausfallen, wenn die Nachbarkationen zum Teil, oder gänzlich, fremde Kationen sind. Sind die sich vertretenden Kationen nahe verwandt, so wird die Beeinflussung eine geringe sein, anderenfalls kann die Beeinflussung eine sehr bedeutende werden, wie aus den Zahlen der Tabellen 13 und 14 hervorgeht[5]).

---

[1]) Vgl. die Ausführungen von H. G. GRIMM im Bd. XXIV ds. Handb. sowie V. M. GOLDSCHMIDT, Ber. d. dtsch. chem. Ges. Bd. 60, S. 1288. 1927.

[2]) G. v. HEVESY, ZS. f. phys. Chem. Bd. 127, S. 410. 1927.

[3]) G. v. HEVESY, Danske Vidensk. Selskab Medd. Bd. 3, Heft 13, S. 13. 1921.

[4]) W. BILTZ u. W. KLEMM, ZS. f. anorg. Chem. Bd. 152, S. 1289. 1926.

[5]) C. TUBANDT, H. REINHOLD, und W. JOST, ZS. f. phys. Chem. Bd. 129, S. 69. 1927.

Tabelle 13. Ionenbeweglichkeit im AgJ—CuJ-Mischkristall bei 410° nach TUBANDT, REINHOLD und JOST.

Konz. AgJ Mol.-%	Überführungszahlen $n_{Ag\cdot}$	$(1-n)_{Cu\cdot}$	Spezifische Leitfähigkeit $\varkappa$	Teilleitfähigkeit AgJ $n\varkappa$	CuJ $(1-n)\varkappa$	Spezifische Ionenbeweglichkeit $\varkappa'_{Ag\cdot}$	$\varkappa'_{Cu\cdot}$
0	—	1,00	0,80	—	0,80	—	0,80
5	0,10	0,90	0,78	0,078	0,702	1,56	0,74
10	0,175	0,825	0,86	0,150	0,71	1,50	0,79
30	0,445	0,555	1,19	0,528	0,66	1,77	0,94
50	0,65	0,35	1,55	1,01	0,54	2,02	1,08
70	0,77	0,23	2,08	1,60	0,48	2,30	1,59
90	0,93	0,07	2,26	2,10	0,16	2,34	1,58
95	0,96	0,04	2,29	2,20	0,09	2,31	1,82
100	1,00	—	2,36	2,36	—	2,36	—

Ersetzt man die Silberionen des α-Jodsilbers allmählich durch die verwandten, doch langsameren Kuproionen, so sinkt die Beweglichkeit der Silberionen nur wenig; auch nachdem das $\frac{Ag^+}{Cu^+}$-Verhältnis auf $^1/_{19}$ gesunken ist, bewegt sich das Silberion noch mit $^2/_3$ der Geschwindigkeit, die es im reinen Jodsilber hat, und andererseits beträgt die Geschwindigkeit des Kuproions bei einem entsprechendem Vorherrschen der Kuproionen nur das Zweifache derjenigen, die es in reinem Kupferjodür aufweist.

Tabelle 14. Ionenbeweglichkeit im AgCl—NaCl-Mischkristall bei 280° nach TUBANDT, REINHOLD und JOST.

Konz. AgCl Mol.-%	Überführungszahlen $n_{Ag\cdot}$	$(1-n)_{Na\cdot}$	Spezifische Leitfähigkeit $\varkappa \cdot 10^5$	Teilleitfähigkeit AgCl $n\varkappa \cdot 10^5$	NaCl $(1-n)\varkappa \cdot 10^5$	Spezifische Ionenbeweglichkeit $\varkappa'_{Ag\cdot} \cdot 10^5$	$\varkappa'_{Na\cdot} \cdot 10^5$
0	—	1,00	$1 \cdot 10^{-5}$	—	$1 \cdot 10^{-5}$	—	$1 \cdot 10^{-5}$
25	0,945	0,055	0,4	0,378	0,022	1,51	0,03
50	0,967	0,033	1,4	1,35	0,046	2,70	0,092
75	0,985	0,015	17,0	16,7	0,255	22,33	1,02
90	0,993	0,007	50,0	49,6	0,357	55,2	3,5
95	0,995	0,005	85,0	84,6	0,425	89,0	8,5
100	1,00	—	110	110	—	110	—

In der dreifachen Menge von Natriumionen eingebettet, sinkt die Beweglichkeit der Silberionen auf $^1/_{70}$ der Beweglichkeit in reinem Silberchlorid, anderseits steigt die Beweglichkeit des ganz wesentlich langsameren Natriumions auf das Millionfache, wenn das Verhältnis $\frac{Na^+}{Ag^+}$ auf $^1/_{19}$ sinkt; noch immer bewegt sich aber das Natriumion mit einer Größenordnung langsamer als das Silberion.

Die gegenseitige Beeinflussung der Ionenbeweglichkeiten im Mischkristall läßt ein sehr verschiedenes Aussehen der Leitfähigkeitsdiagramme erwarten, je nach der Größe, Ladung und den Polarisationseigenschaften der an der Mischkristallbildung teilnehmenden Ionen. Abb. 2 bis 5 zeigen Leitfähigkeitsdiagramme der Systeme AgCl–NaCl, AgCl–AgBr, $PbCl_2$–$PbBr_2$ bzw. KCl–NaCl. Im letzteren Falle ist ein Leitfähigkeitsmaximum vorhanden; die Widerstandskurve (reziproke Leitfähigkeitskurve) ist zwar nicht kongruent mit der Schmelzkurve, hat aber einen ähnlichen Verlauf.

Auch mechanische Gemische bzw. Mischkristalle mit Mischungslücken zeigen eine große Mannigfaltigkeit in ihren Leitfähigkeitsdiagrammen, wie es auch die Abb. 6, 7 und 8 zeigen.

Die Leitfähigkeit eines Mischkristalls kann beträchtlich größer sein als der auf Grund der Additivität der Leitfähigkeiten berechnete Wert, doch ist sie, wenn die Leitfähigkeiten auf eine korrespondierende Temperatur reduziert werden, nicht wesentlich größer als die der besser leitenden Komponente. Das ausgeprägte Maximum des Leitfähigkeitsdiagramms des KCl–NaCl bei 600° (Abb. 5) rührt davon her, daß bei dieser Temperatur und Zusammensetzung der Mischkristall viel näher am Schmelzpunkte liegt als das reine NaCl oder KCl. So muß bei der Betrachtung des KCl–NaCl-Diagramms die starke gegenseitige Schmelzpunkterniedrigung der beiden Komponenten berücksichtigt werden. In der Tabelle 14 findet sich die Leitfähigkeit eines

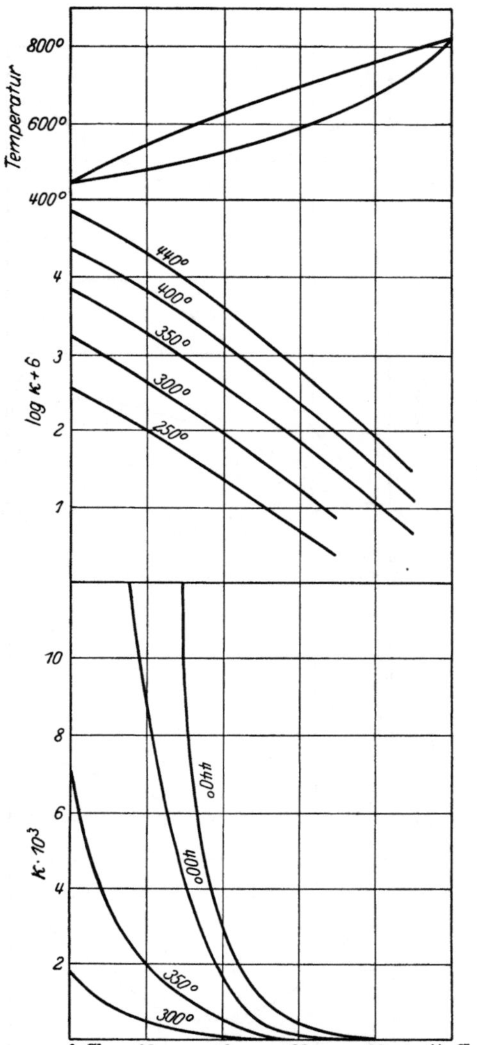

Abb. 2. Leitfähigkeitsdiagramm des AgCl—NaCl-Mischkristalls nach TUBANDT und ABRAMOWITSCH[1]).

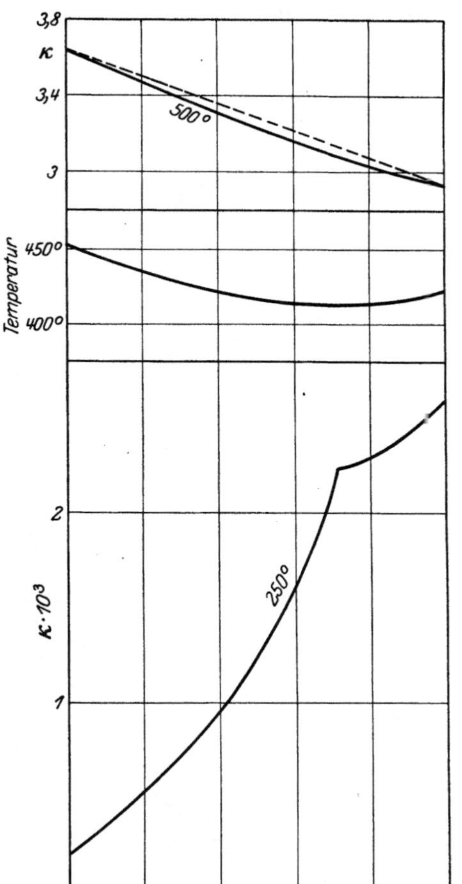

Abb. 3. Leitfähigkeitsdiagramm des AgCl—AgBr-Mischkristalls nach SANDONINI[2]).

[1]) C. TUBANDT u. K. ABRAMOWITSCH, Landolt-Börnstein. Ergänzungsband S. 586.
[2]) C. SANDONINI, Rend. Linc. Bd. 24, S. 842. 1915.

äquimolekular zusammengesetzten NaCl—KCl-Mischkristalls bei verschiedenen Temperaturen angeführt. Die in der dritten Kolumne aufgenommenen Zahlen würden unter der Voraussetzung der Additivität der Leitfähigkeiten berechnet, wobei jedoch nicht die bei der betreffenden Temperatur bestimmten Leitfähigkeiten der zwei Salze berücksichtigt worden sind, sondern die auf eine korrespondierende Temperatur reduzierten. Im Falle des NaCl diente, z. B. bei der Berechnung der Leitfähigkeit bei 500°, die bei 500 + 154° gefundene Leitfähigkeit als Grundlage, da der Schmelzpunkt des aus gleicher Molzahl bestehenden NaCl—KCl-Mischkristalls um 154° verschieden von dem des NaCl ist. In ähnlicher Weise wurde beim KCl die bei 500 + 125° gefundene Leitfähigkeit benutzt. Die Zahlen der vierten Kolumne sind gleichfalls auf Grund einer

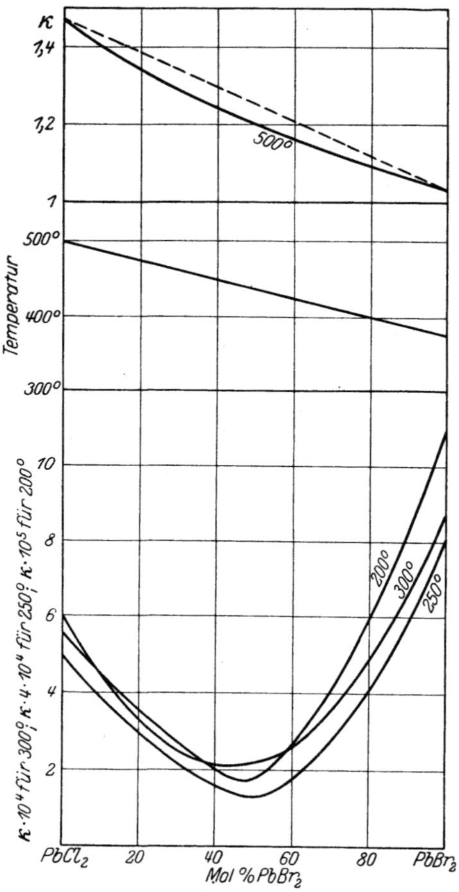

Abb. 4. Leitfähigkeitsdiagramm des $PbCl_2$—$PbBr_2$-Mischkristalls nach SANDONINI[1]).

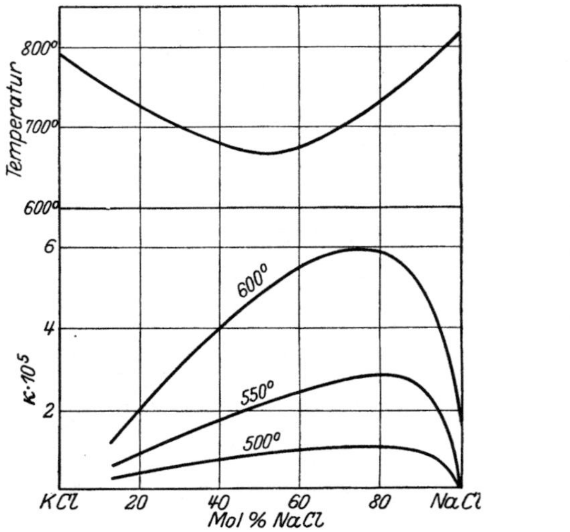

Abb. 5. Leitfähigkeitsdiagramm des KCl—NaCl-Mischkristalls nach BENRATH und WAINOFF[2]).

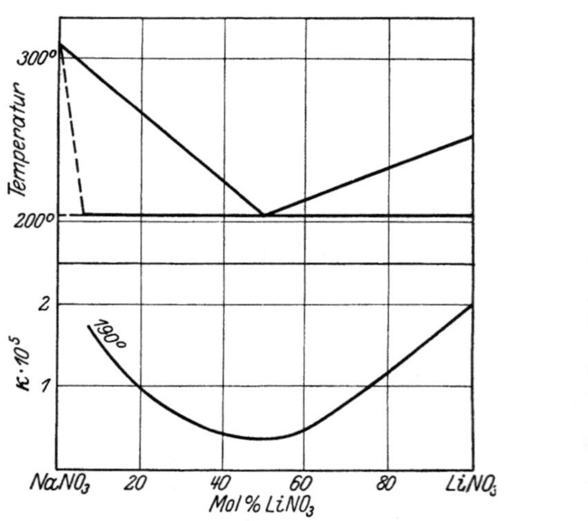

Abb. 6. Leitfähigkeitsdiagramm des $NaNO_3$—$LiNO_3$-Gemisches nach BENRATH und TESCHE[3]).

[1]) C. SANDONINI, Gazz. chim. Bd. 50, S. 289. 1920.
[2]) A. BENRATH u. J. WAINOFF, ZS. f. phys. Chem. Bd. 77, S. 257. 1911.
[3]) A. BENRATH u. H. TESCHE, ZS. f. phys. Chem. Bd. 96, S. 474. 1920.

Additivität der Leitfähigkeiten berechnet, doch ohne Schmelzpunktskorrektion. Die gefundenen Zahlen sind alle kleiner als die auf Grund der Additivität unter Berücksichtigung der Schmelzpunktskorrektion berechneten Werte. Eine genaue Berechnung der Leitfähigkeit des Mischkristalls würde die Kenntnis der Teilleitfähigkeiten (vgl. Ziff. 12) erfordern.

Tabelle 14. 10^6-fache Leitfähigkeit eines Mischkristalls, bestehend aus 50 Mol.-% NaCl 50 Mol.-% KCl.

t°	gef.	ber. mit Schmelzpunktskorrektion	ber. ohne Korrektion
500°	10	12	<1
550°	15	49	2,8
600°	52	155	8,4
650°	154	485	28

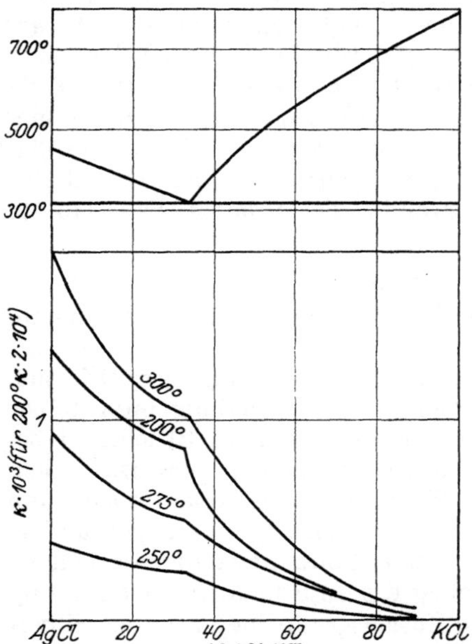

Abb. 7. Leitfähigkeitsdiagramm des AgCl—KCl-Gemisches nach TUBANDT und ABRAMOWITSCH[1]).

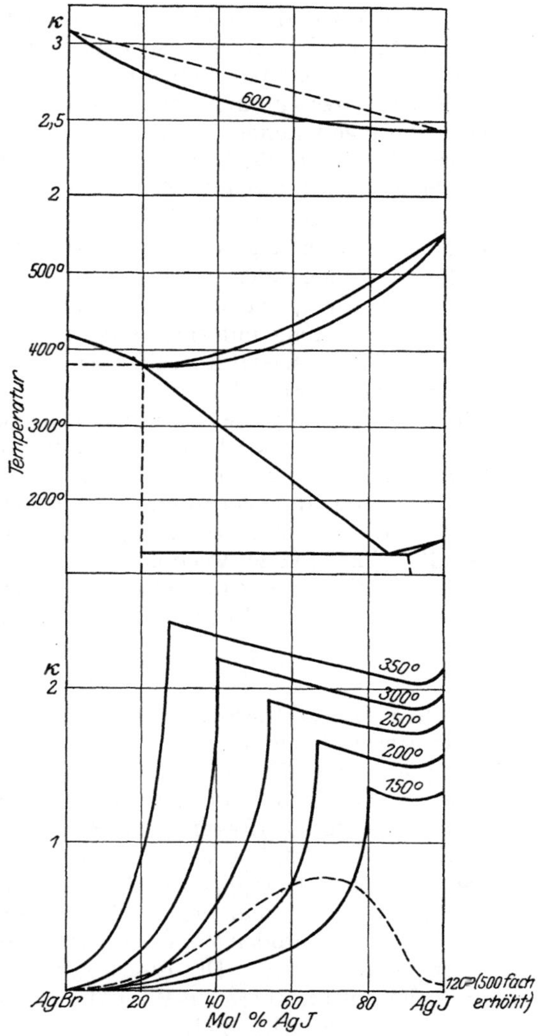

Abb. 8. Leitfähigkeitsdiagramm des Systems AgBr—AgJ nach TUBANDT und LORENZ[2]).

Folgende Zahlen (Tab. 15) zeigen die Zusammensetzung des bei verschiedenen Temperaturen am besten leitenden Mischkristalls. Am besten leiten demnach Mischkristalle mit etwa 70% NaCl Gehalt, während den tiefsten Schmelzpunkt ein äquimolekulares Gemisch aufweist.

Tabelle 15.

t°	Mol.-% NaCl
480	60 bis 70
500	70
550	80
600	70
650	70

[1]) C. TUBANDT u. K. ABRAMOWITSCH, Landolt-Börnstein, Ergänzungsband S. 588.
[2]) C. TUBANDT u. F. LORENZ, ZS. f. phys. Chem. Bd. 87, S. 543. 1914.

Das Auftreten eines Umwandlungspunktes fordert auch hier (s. S. 277) unter Umständen eine besondere Berücksichtigung. So steigert die Gegenwart von AgBr die Leitfähigkeit des AgJ bei 120° ganz beträchtlich. Dies erklärt sich durch eine Erniedrigung des Umwandlungspunktes des schlechtleitenden β-AgJ in das gutleitende α-AgJ (144,6°) durch das Bromsilber.

Salzgemische zeichnen sich im Gegensatze zu Mischkristallen dadurch aus, daß minimale Zusätze, eines in der Hauptsubstanz in festem Zustande nicht löslichen Salzes zu einem anderen, die Leitfähigkeit des letzteren auf ein Vielfaches bringen können, ohne daß die Zusätze an der Leitung praktisch teilnehmen[1]). Diese Wirkung von Zusätzen beruht darauf, daß das kristalline Salzkonglomerat durch die Zusätze feinkörniger wird, dessen Oberfläche demnach sehr stark vergrößert wird. Wie wir in Ziff. 18 sehen werden, besorgen bei schlecht oder mäßig leitenden Verbindungen die an der Oberfläche von Kristallkörnern liegenden Ionen oft in ausschlaggebendem Ausmaße die elektrolytische Leitung, und die Vermehrung ihrer Zahl muß entsprechend eine Leitfähigkeitserhöhung mit sich bringen.

Der Unterschied des spezifischen Leitvermögens eines Salzes in kristallinischer und flüssiger Form ist in der Regel sehr groß, und daher können durch Widerstandsbestimmungen sehr geringe Flüssigkeitsmengen nachgewiesen werden, die sich zwischen den kristallinischen Körnern eines Konglomerats befinden. So gelang TAMMANN[2]) noch der Nachweis von ein $1 \cdot 10^{-5}$ Bleichlorid in SiO_2-Pastillen.

13. Ermittlung der Ionenbeweglichkeit aus der Geschwindigkeit der Selbstdiffusion. Aus der Geschwindigkeit, mit welcher die Ionen infolge ihres Energiegehaltes ihre Plätze wechseln, aus der Geschwindigkeit der Selbstdiffusion, läßt sich die Ionenbeweglichkeit gleichfalls berechnen[3]), etwa auf Grund der NERNSTschen Formel der Diffusion der Elektrolyte, die in diesem Falle lautet:

$$u = \frac{D}{0{,}02243\,[1 + (t - t_{18^\circ})\alpha]}$$

wo D = Selbstdiffusionskonstante in $cm^2\,Tag^{-1}$ und u = die äquivalente Ionenbeweglichkeit.

Die Selbstdiffusionskonstante läßt sich durch Verfolgung der Diffusion eines radioaktiven Isotops in der nicht radioaktiven Verbindung unmittelbar bestimmen, die Verfolgung des Platzwechsels der Bleiionen in Bleichlorid bestätigte TUBANDTs Feststellung, wonach in dieser Verbindung praktisch allein die Chlorionen beweglich sind[4]). Statt des Platzwechsels isotoper Ionen kann man auch die von nahe verwandten, wie die des Cu^+ und Ag^+ verfolgen und so zu einem annähernden Wert der Selbstdiffusionskonstante dieser Ionen gelangen, so ergibt sich aus der Diffusionsgeschwindigkeit des Cu_2S in Ag_2S oder des CuJ in AgJ[5]) ein annähernder Wert der Selbstdiffusionsgeschwindigkeit der Silberionen in Ag_2S bzw. AgJ. Wie TUBANDT, REINHOLD und JOST[6]) vor kurzem gezeigt haben, kann man aus den obigen Daten auch genauere Werte der Selbstdiffusionskonstanten erhalten und überhaupt aus beliebigen Fremddiffusionskonstanten die Selbstdiffusionskonstante berechnen, wenn man nur die spezifische Leitfähigkeit des Mischkristalls und die spezifische Ionenbeweglichkeit

[1]) C. TUBANDT u. H. REINHOLD, ZS. f. Elektrochem. Bd. 29, S. 313. 1923.

[2]) G. TAMMANN, ZS. f. anorg. Chem. Bd. 149, S. 21. 1925.

[3]) G. v. HEVESY, Wiener Ber. Bd. 129, S. 549. 1920.

[4]) G. v. HEVESY, ZS. f. phys. Chem. Bd. 127, S. 405. 1927.

[5]) H. BRAUNE u. O. KAHN, ZS. f. phys. Chem. Bd. 112, S. 270. 1924; H. BRAUNE, ZS. f. Elektrochem. Bd. 31, S. 576. 1925; C. TUBANDT u. H. REINHOLD, ebenda S. 31; G. v. HEVESY u. G. RIENÄCKER, Ann. d. Phys., im Druck.

[6]) C. TUBANDT, H. REINHOLD u. W. JOST, ZS. f. phys. Chem. Bd. 129, S. 69. 1927; W. JOST, Diss. Halle 1926.

des fremden Ions (s. Ziff. 12) im Mischkristall kennt. Tabelle 16 enthält die Diffusionskonstante des NaCl und des CuCl und die daraus berechneten Selbstdiffusionskoeffizienten des Silberions, die so erhalten worden sind, daß die gefundenen Diffusionskonstanten mit dem Verhältnis der spezifischen Leitfähigkeit des Chlorsilbers und der spezifischen Beweglichkeit (s. Ziff. 12) des Natriumions bzw. Cuproions im Chlorsilber (Kolumne 3) multipliziert worden sind.

Tabelle 16. Selbstdiffussionskonstante der Silberionen im Chlorsilber bei 238° nach TUBANDT, REINHOLD und JOST.

Indikator (Fremdsalz)	D gef.	$\frac{\varkappa_{AgCl}}{\varkappa' \, Na^+(Cu^+)}$	Selbstdiffusionskonstante ber.	
NaCl	$3{,}5 \cdot 10^{-6}$	25	$9 \cdot 10^{-5}$	$15 \cdot 10^{-5}$
CuCl	$2{,}1 \cdot 10^{-2}$	0,01	$21 \cdot 10^{-5}$	

In gewissen Fällen erlaubt die Diffusionsmethode, Aussagen zu machen, die auf Grund von Überführungsversuchen nicht möglich sind. So konnte unter Zuhilfenahme der ersteren eine wenn auch nur sehr geringe Beweglichkeit der Schwefelionen neben der vorherrschenden Beweglichkeit des Kupferions im Cuprosulfid nachgewiesen werden[1]).

14. Wanderung von fremden Ionen durch Kristalle. Nach den Feststellungen von JOFFÉ[2]) können Ionen auch zwischen den Bausteinen des Kristallgitters wandern. Hier soll der Kristall als ein Sieb wirken, durch welchen die elektrischen Kräfte Ionen hindurchzwingen. Jede kristallographische Richtung läßt Ionen nur bis zu einer bestimmten Größe durch. Man kann die Ionen aus Elektroden, die aus flüssigem Metall oder aus geschmolzenem Salz bestehen, in den Kristall übertreten lassen. Wird z. B. ein Natriumnitratkristall in ein geschmolzenes Eutektikum von $NaNO_3$ und $LiNO_3$ eingetaucht, so wandern aus dem letzteren Lithiumionen durch den Kristall hindurch zur Kathode, wobei die Leitfähigkeit des Kristalls auf das 2,5fache steigt. Nach 1 Stunde läßt sich Lithium an der um 1 cm vom Eintrittspunkt entfernten Kathode nachweisen. Kehrt man die Stromrichtung um, oder unterbindet man die Lithiumzufuhr, so sinkt die Leitfähigkeit auf den ursprünglichen Wert zurück. Man kann demnach Lithium durch den Kristall hindurchschicken, ohne daß dieser gelitten hätte, wogegen z. B. beim Durchschicken von Kupferionen durch denselben Kristall das Gitter zerstört wird. Beim Durchgang von Kalium- oder Wismutionen beobachtet man eine Abnahme der Leitfähigkeit. Zahlreiche Versuche liegen ferner über die elektrolytische Einführung von Metallen in Glas vor. Man bedient sich bei solchen Versuchen häufig der erwärmten Wand einer Glühlampe[3]).

Durch Stromdurchgang lassen sich Kristalle unter Umständen von Verunreinigungen befreien, und dieser Reinigungsmethode[2]) kommt eine Bedeutung bei der Darstellung von ganz reinen Kristallen zu. Interessante Beobachtungen

[1]) H. BRAUNE, l. c.

[2]) A. JOFFÉ, l. c.; Ber. d. 4. Solvay-Kongr. Bd. 5, S. 25. 1924. — Dasselbe gilt von der Diffusion durch Kristalle. Die Diffusion von Kohlenstoff in Eisen oder Mangan z. B. findet zwischen den Gitterpunkten statt, A. WESTGREEN u. G. PHRAGMEN, Phil. Mag. Bd. 50, S. 311. 1925.

[3]) E. WARBURG. Ann. d. Phys. Bd. 21, S. 622. 1884; F. TEGETMEIER, ebenda Bd. 41, S. 18. 1890; A. GÜNTHER-SCHULZE, ebenda Bd. 37, S. 435. 1912; CH. A. KRAUS u. E. H. DURBY, J. Am. Chem. Soc. Bd. 46, S. 2783. 1922; F. ECKERT, Jahrb. Rad. u. Elektr. Bd. 20, S. 93. 1923; H. HURTER, Helv. chim. act. Bd. 9, S. 1069. 1926; V. ZWORKYW, Phys. Rev. Bd. 27, S. 813. 1926; CH. B. HURD, E. W. ENGEL u. A. VERRON, J. Am. Chem. Soc. Bd. 49, S. 447. 1927; P. SELÉNYI, Z. anorg. Ch. Bd. 160, S. 318. 1927; K. HOROVITZ u. J. ZIMMERMANN, Wien. Ber. Bd. 134, IIa, S. 355. 1927. Vgl. die Zusammenfassungen von J. R. CLARKE, Glass Ind. Bd. 2, S. 221. 1921; A. SCHUMACHER, J. Am. Chem. Soc. Bd. 46, S. 1772. 1924; H. SUTTON u. SILVERMAN, J. Amer. Ceram. Soc. Bd. 7, S. 86. 1924.

wurden beim Stromdurchgang durch Gemische von Schwefelsilber und Silber[1]) sowie durch Photohaloide gemacht[2]). Im ersteren Falle konnte das Silber dadurch völlig herauselektrolysiert werden, daß es anodisch in Lösung ging, im letzteren Falle zeigte sich, daß man aus stark belichtetem trockenem Chlorsilber sowie aus synthetischem Photochlorid und -bromid metallisches Silber herauselektrolysieren kann, wobei allerdings ein Teil des im Licht zersetzten Silberhalogenids dem Gleichstrom gegenüber sich indifferent zeigte; bei minder stark zersetzten Produkten zeigt sich sogar alles kolloide Silber dem Gleichstrom gegenüber indifferent.

d) Das Verhalten isolierender Kristalle.

15. Elektrizitätsdurchgang durch isolierende Kristalle. Bei der Untersuchung des Verhaltens von isolierenden Kristallen kommen Erscheinungen zutage, die bei der im letzten Kapitel behandelten Elektrolyse von mäßig oder gut leitenden Systemen nicht beobachtet werden. Legt man an eine beiderseits metallisch belegte Kristallplatte eine konstante Potentialdifferenz an, so bekommt man einen Strom, der mit der Zeit abnimmt, zuweilen ohne sich einer endlichen Grenze zu nähern. Entfernt man die Spannung und schließt die beiden Belegungen durch ein Galvanometer kurz, so erhält man, wie Abb. 9 zeigt, einen entgegengesetzt gerichteten Rückstrom, der allmählich schwächer wird und Null zustrebt. Es wurden sehr hohe Polarisationen beobachtet. JOFFÉ[3]) erwähnt, beim Kalkspat über 7000 Volt gemessen zu haben[4]). Bei der Erklärung von Natur und Sitz dieser Polarisation unterscheidet JOFFÉ zwei Typen, als deren Repräsentanten er Kalkspat bzw. Quarz ansieht. Während der Kalkspat, ebenso wie der andere besonders untersuchte Repräsentant dieser Art, das NaCl, eine typisch heteropolare Verbindung ist, gehört der Quarz zu den nicht ausgeprägt heteropolaren Verbindungen. Schmilzt man das Natriumchlorid, so bekommt man ja ein weitgehend dissoziiertes Gebilde, während der geschmolzene Quarz kaum leitet. Während wir demnach den Kalkspattypus als einen weitgehend ionisierten aufzufassen haben, umfaßt der Quarztypus die Klasse der an Ionen armen Substanzen. Im letzteren Falle ist die Möglichkeit einer weitgehenden Steigerung der Ionisation durch äußere Einwirkung gegeben, was ein gänzlich verschiedenes Verhalten dieser Leiterklasse mit sich bringt.

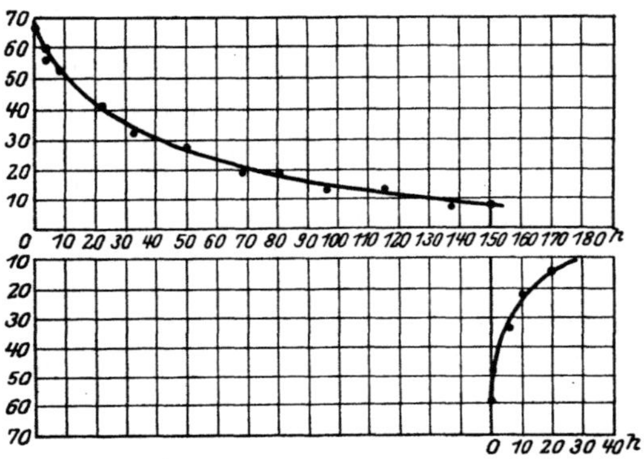

Abb. 9. An einem Kalkspatkristall beobachteter Rückstrom nach JOFFÉ.

16. Verhalten des Kalkspattypus. Eine Kalkspatplatte wird so lange geladen, bis sie eine Polarisation von etwa 100 Volt zeigt. Schleift man dann eine Schicht von der Anodenseite des Stromes ab, so ändert sich der Betrag der Polarisation nicht. Dagegen verschwindet die gesamte Polarisation, sobald

[1]) C. TUBANDT u. S. EGGERT, ZS. f. anorg. Chem. Bd. 117, S. 48. 1921.
[2]) C. TUBANDT u. G. ESCHENHAGEN, ZS. f. phys. Chem. Bd. 100, S. 489. 1922.
[3]) A. JOFFÉ, Ann. d. Phys. Bd. 72, S. 461. 1923.
[4]) Über Gegenspannungen bei der Elektrolyse des Glases vgl. H. SCHILLER, Ann. d. Phys. Bd. 74, S. 106. 1924. Über die Vergrößerung der Leitfähigkeit von Dielektriken bei hohen Feldstärken vgl. H. H. POOLE, Phil. Mag. Bd. 32, S. 112. 1916; Bd. 34, S. 195. 1917; Bd. 42, S. 488. 1921; A. GÜNTHERSCHULZE, Phys. ZS. Bd. 24, S. 212. 1924; H. SCHILLER, ZS. f. techn. Phys. Bd. 6, S. 588. 1925; Ann. d. Phys. Bd. 81, S. 32. 1926.

man eine kathodische Schicht von etwa 0,01 mm Dicke entfernt. Die hier beobachtete Polarisation ist von der galvanischen Polarisation gänzlich verschieden, es handelt sich um eine Raumladung, die dadurch zustande kommt, daß die zur Kathode wandernden Calciumionen zunächst dort nicht entladen, sondern angehäuft werden. Erst oberhalb einer gewissen Ladungsdichte beginnt die Entladung der Ionen, und erst bei Erreichung von Feldstärken, die mehrere Millionen Volt/cm betragen, erreicht die Raumladung eine obere Grenze.

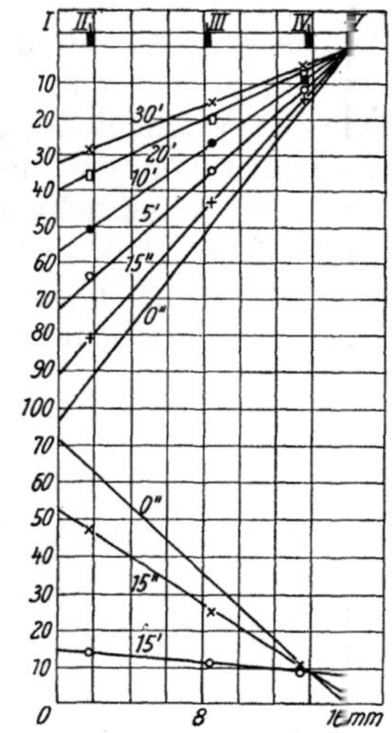

Abb. 10. Zeitliche Änderung der Potentialveränderung in einem Kalkspatkristall. II, III, IV sind Sonden. t = 177° nach JOFFÉ.

Rechnet man die elektrische Kraft aus, die von der Polarisationsschicht auf die Elektrode ausgeübt wird, so kommt man zu Zahlen von etwa 1000 kg/qcm, d. h. zu mechanischen Spannungen in der dünnen Kristallschicht von der Größenordnung der Bruchfestigkeit. Das elektrische Potentialgefälle beträgt hier etwa $2 \cdot 10^8$ Volt/cm. Es ist klar, daß diese und ähnliche Erscheinungen nur an gut isolierenden Kristallen beobachtet werden können. Die Verfolgung der Ausbildung der Raumladung durch Messung des Potentialverlaufes mittels Sonden ergab das aus der Abb. 10 ersichtliche Resultat. Auch die Potentialverteilung in Steinsalzkristallen wurde ausführlich untersucht[1]. Während die Ausbildung von Raumladungen oft, wie auch in den obigen Fällen, Sekunden oder gar Minuten in Anspruch nimmt, genügt dazu unter Umständen bereits $^1/_{10}$ bis $^1/_{100}$ sec[2]).

17. Verhalten des Quarztypus. Das Abschleifen von dünnen Schichten einer polarisierten Quarzplatte hatte, im Gegensatze zu den beim Kalkspat gemachten Beobachtungen, keinen Einfluß. Dagegen konnte das Entfernen dickerer Schichten sowohl von der kathodischen wie von der anodischen Seite die Polarisation zwar nicht zum Verschwinden bringen, aber doch vermindern[3]). Anscheinend nehmen hier an der Stromleitung sowohl positive wie negative Ionen teil. Entsprechend dem obigen zeigt die durch Sonden gemessene Potentialverteilung (Abb. 11) im Quarz einen ganz anderen Verlauf als im Kalkspat. Man sieht aus der Abb. 11, daß die Polarisationsspannung in recht dicken Schichten in der Nähe der Elektroden räumlich verteilt ist. Die Asymmetrie der Kurve wird der verschiedenen Beweglichkeit der positiven und negativen Ionen zugeschrieben. Das gesamte Bild erinnert an jenes, das beim Durchgang der Elektrizität durch nicht verdünnte Gase angetroffen wird. Das Annähern eines Sättigungsstromes konnte bei Feldstärken von 10000 bis 50000 Volt/cm fest-

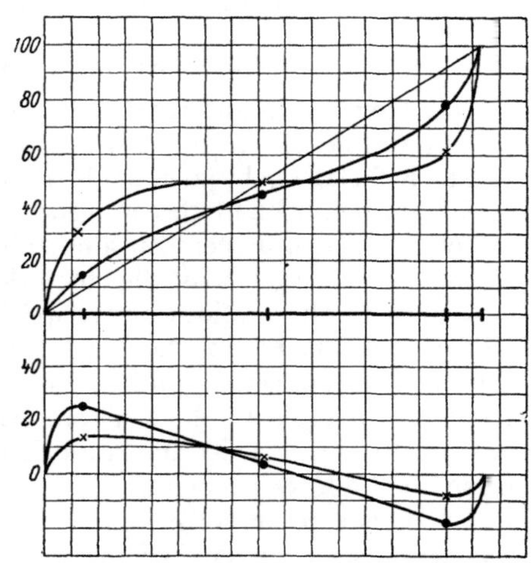

Abb. 11. Zeitliche Änderung der Potentialverteilung in einem Quarzkristall, 3 Mittelsonden. t = 57° nach JOFFÉ.

[1]) D. v. SEELEN, l. c.

[2]) K. SINJELNIKOFF u. A. WALTER, ZS. f. Phys. Bd. 40, S. 786. 1927; W. ROGOWSKI, Arch. f. Elektrot. Bd. 18, S. 159. 1927.

[3]) A. JOFFÉ, l. c.

gestellt werden. Während beim Kalkspat, Kochsalz usw. die mit steigender Temperatur zunehmende Auflockerung des Kristallgefüges (vgl. Ziff. 18) bei Erniedrigung der Temperatur sofort rückgängig gemacht wird, geht die Wiedervereinigung der gebildeten Ionen im Quarz so langsam vor sich, daß man Gelegenheit hat, den Einfluß der Temperatur auf Trägerzahl und Trägerbeweglichkeit getrennt zu ermitteln. Durch rasche Abkühlung eines Kristalles von 100 auf 0° kann man einen Quarz erhalten, dessen Dissoziation noch 100° entspricht, in dem die Beweglichkeit aber dieselbe wie bei 0° ist. Man findet dann, daß bei 100° die Beweglichkeit 200mal, die Dissoziation nur 100mal größer als bei 0° ist. Für den Grad der Dissoziation des Quarzes berechnet JOFFÉ[1]) die folgenden Werte:

−90° C	10^{-22}
200°	$4 \cdot 10^{-11}$
300°	$2 \cdot 10^{-10}$
500°	$3 \cdot 10^{-9}$

Für die Summe der Beweglichkeiten der zwei Ionenarten:

17° C	$4 \cdot 10^{-7}$ cm/sec
200°	$4 \cdot 10^{-3}$,,
300°	$5 \cdot 10^{-2}$,,
400°	$3 \cdot 10^{-1}$,,

Die Werte variieren zwar für verschiedene Stücke, doch ändert sich ihre Größenordnung nicht.

Der außerordentlich große Temperaturkoeffizient der Leitfähigkeit kommt dadurch zustande, daß sowohl die Zahl wie die Beweglichkeit der freien Ionen eine sehr große Zunahme erfährt. Im Gegensatze zum Kalkspattypus, der ja die eigentlichen Salze umfaßt, wo wir sehr viele Ionen haben, treffen wir bei dem auch im geschmolzenen Zustande nur minimal ionisierten Quarz nur ganz wenige, aber verhältnismäßig schnell bewegliche Ionen an.

e) Der Leitungsmechanismus.

18. Reversible und irreversible Gitterauflockerung. Bei tiefer Temperatur ruht in festen Elektrolyten der elektrolytische Materietransport, da die Ionen an ihre Ruhelage gebunden sind. Führt man dem Kristall Energie zu, so nimmt die Wahrscheinlichkeit des Platzwechsels[2]), wie auch die mit der Platzwechselgeschwindigkeit in nahem Zusammenhange stehende elektrolytische Leitfähigkeit wesentlich zu. Das Kristallgitter erleidet eine reversible thermische Auflockerung. Die Auflockerung, welche die Zufuhr derselben Energiemenge im Falle verschiedener Substanzen hervorruft, kann außerordentlich beträchtliche Unterschiede aufweisen und ist in hohem Maße vom chemischen Aufbau des Kristalls abhängig[3]). Je vollkommener die den Kristall aufbauenden Ionen sind, desto geringer ist die auflockernde Wirkung der Wärmezufuhr. Sie ist gering im Falle des Kochsalzes, sie ist bedeutend im Falle des Silberchlorids, dessen Bausteine unvollkommene Ionen sind, solche mit ausgeprägten Polarisationseigenschaften (s. Ziff. 20).

Erleichtert die Wärmezufuhr den Materietransport im Kristall durch eine reversible thermische Auflockerung des Gitters, so läßt sich eine ähnliche Wirkung auch von anderen Eingriffen erwarten, welche die ideale Anordnung der Kristall-

---

[1]) A. JOFFÉ, Ber. d. 4. Solvay-Kongr. Bd. 5, S. 13. 1924.

[2]) Berechnungen über die Häufigkeit der Platzwechselgeschwindigkeit im Kochsalzgitter haben W. ROGOWSKI (Arch. f. Elektrot. Bd. 18, S. 142. 1927) sowie W. BRAUNBECK (ZS. f. Phys. Bd. 44, S. 684. 1927) angestellt; vgl. ferner die Ausführungen von J. FRENKEL, ZS. f. Phys. Bd. 26, S. 137. 1924; Bd. 35, S. 652. 1926.

[3]) G. v. HEVESY, ZS. f. phys. Chem. Bd. 101, S. 337. 1922.

bausteine stören, also etwa vom Ersetzen eines Einkristalls durch ein kristallines Aggregat und eine dadurch hervorgerufene irreversible Auflockerung des Kristallgitters. Es ist eben zu erwarten, daß auf der Oberfläche der Kristallite eines Konglomerats die Ionen lockerer gebunden sind und daher hier der Platzwechsel häufiger eintritt.

Von dieser Überlegung ausgehend hat HEVESY die Leitfähigkeit eines $NaNO_3$-Einkristalls mit der einer erstarrten $NaNO_3$-Schmelze sowie mit der von gepreßtem $NaNO_3$-Pulver verglichen und die Leitfähigkeit des Einkristalls bedeutend kleiner gefunden als die der kristallinen Aggregate. Die Untersuchung von TAMMANN und VÉSZI[1]) über denselben Gegenstand umfaßt außer $NaNO_3$ auch NaCl, NaBr, KCl, KBr sowie Mischkristalle der zwei letzterwähnten Verbindungen. Die Leitfähigkeitswerte (s. Tab. 17) derselben Probe ließen sich mit einer Genauigkeit von $\pm 2\%$ reproduzieren, beim Vergleich der Leitfähigkeiten verschiedener Proben betrug der Maximalfehler $\pm 8\%$.

Tabelle 17. Verhältnis der Leitfähigkeit eines kristallinen Konglomerats ($\varkappa_1$) und eines Einkristalls ($\varkappa_2$) nach TAMMANN und VÉSZI.

Substanz	Temperatur	$\frac{\varkappa_1}{\varkappa_2}$
$NaNO_3$	240°	4,8
$NaNO_3$	305°	3,6
NaCl	590°	1,4
NaCl	790°	1,1
NaBr	440°	1,3
NaBr	740°	1,1
KCl	520°	6,3
KCl	760°	1,4
KBr	490°	2,5
KBr	730°	1,0

Besonders klar kommt die Wirkung der irreversiblen Auflockerung, welche das Ersetzen des Einkristalls durch ein kristallines Aggregat hervorruft, bei der Betrachtung von metallischem Blei zutage. Hier mußte, da die elektrolytische Leitung durch eine metallische vollständig verdeckt wird, der Materietransport durch Diffusion, d. h. die Selbstdiffusion in Blei betrachtet werden. Es ergab sich[2]), daß während im Einkristall auch in der nächsten Nähe des Schmelzpunktes keine Selbstdiffusion nachgewiesen werden konnte, die Selbstdiffusionskonstante im Falle einer erstarrten Schmelze bei 324° 10^{-4} cm^2 Tag^{-1} beträgt. Es kam bei diesen Versuchen eine sehr empfindliche radioaktive Methode zur Verwendung, welche noch die Messung einer Diffusionskonstante von 10^{-8} cm^2 Tag^{-1} ermöglichte. Die Diffusionskonstante zeigte sich um so größer, je schneller die Schmelze erstarrte[3]), dagegen hatte eine plastische Deformation des Einkristalls keine nachweisbare Wirkung auf die Selbstdiffusionsgeschwindigkeit. Ein ähnliches Ergebnis erhielten JOFFÉ und ZECHNOWITZER[4]) bei der plastischen Deformation von Kochsalzeinkristallen.

Eine feinere Zerteilung des Kristallitenkonglomerats und somit eine kräftige irreversible Auflockerung von Kristallgittern läßt sich ferner durch Beimengen von fremden Substanzen erzielen, welche in der Hauptsubstanz in festem Zustande nicht löslich sind. So erhöht die Gegenwart von 2% NaCl die Leitfähigkeit

1) G. TAMMANN u. G. VÉSZI, ZS. f. anorg. Chem. Bd. 150, S. 355. 1926. Zu einem ähnlichen Ergebnis gelangten beim Kochsalz D. v. SEELEN (ZS. f. Phys. Bd. 29, S. 125. 1924), P. LUKIRSKY, S. SČUKAREFF u. O. TRAPESNIKOFF sowie T. E. PHIPPS, W. D. LANSING u. T. G. COOKE, doch fanden die letzteren, daß (J. Am. Chem. Soc. Bd. 48, S. 112. 1926) Kochsalzpulver, das unter einem Druck von 8000 Atm. zu durchsichtigen Stücken gepreßt wurde, dieselbe Leitfähigkeit aufweist wie ein Einkristall.

2) G. v. HEVESY u. A. OBRUTSCHEWA, Nature Bd. 115, S. 674. 1925.

3) Eine ähnliche Wirkung der Abkühlungsgeschwindigkeit auf die Leitfähigkeit von Salzschmelzen wurde von R. KETZER, ZS. f. Elektrochem. Bd. 26, S. 77. 1920 (vgl. auch M. LE BLANC u. M. KRÖGER, ebenda Bd. 30, S. 253. 1924; C. TUBANDT, ebenda Bd. 29, S. 347. 1923 u. G. C. SCHMIDT, Ann. d. Phys. Bd. 82, S. 680. 1927) wahrgenommen.

4) A. JOFFÉ u. E. ZECHNOWITZER, ZS. f. Phys. Bd. 35, S. 442. 1926.

einer erstarrten Bleichloridschmelze bei 275° auf das 9fache, die von 0,1% KCl auf das 47fache[1]). TUBANDT und REINHOLD[2]) ist es gelungen, durch Überführungsversuche nachzuweisen, daß hier das NaCl bzw. KCl an der Leitung praktisch gar nicht teilnimmt und damit den unmittelbaren Beweis dafür zu erbringen, daß die Wirkung der Zusätze ausschließlich darin besteht, daß sie auf das Bleichlorid auflockernd wirken. Bei der Untersuchung eines Silberchlorid-Bleichloridgemisches mit 10 Mol-Proz. $PbCl_2$ zeigte sich bei 240°, daß 99% der Stromüberführung dem Silberchlorid und nur 1% dem Bleichlorid zukommt. Eine gleichzeitige Untersuchung der Leitfähigkeit zeigte ferner, daß sie sehr viel größer ist als die beim additiven Verhalten zu erwartende. Die sehr große Leitfähigkeitsvermehrung, die Silberchlorid durch Zusatz geringer Mengen von Bleichlorid erfährt, kommt demnach nicht der zugesetzten Substanz, sondern dem Hauptsalz, dem Silberchlorid selbst zu.

Ähnlich und in einigen Fällen wohl auch durch Mischkristallbildung erklärt sich die Erscheinung, wonach Salze, die aus Gemischen auskristallisieren, schon bei Temperaturen, bei denen sie in reinem Zustande noch kaum merklich leiten, ein verhältnismäßig hohes Leitvermögen aufweisen können, wie z. B. das aus Schmelzen mit Silberchlorid sich ausscheidende Kaliumchlorid.

Mit diesen Beispielen soll aber nicht gesagt werden, daß vorhandene Verunreinigungen nicht selber zur Stromförderung beitragen können. Solche Fälle sind z. B. von JOFFÉ[3]) bei isolierenden Kristallen beobachtet worden.

Ein weiteres Mittel, das zur Auflockerung führen kann, besteht in der Bestrahlung mit Licht von geeigneter Wellenlänge oder mit Korpuskularstrahlen. Einzelne Ionen werden durch eine solche Bestrahlung in anomale Quantenzustände übergeführt oder entladen, wodurch fremde, den normalen Zustand der Ionenanordnung im Gitter störende Gebilde geschaffen werden. Andererseits kann die Bestrahlung auch zur Abspaltung von Elektronen führen, was dann zur Folge hat, daß neben dem Materietransport teilweise oder gar vorwiegend ein lichtelektrischer Elektronentransport stattfindet. Die hierbei auftretenden, oft sehr verwickelten Verhältnisse finden sich im Kap. 3 besprochen. Bei der Bestrahlung von Quarz wird die Ionenzahl vermehrt, und die beobachtete erhöhte Leitfähigkeit ist hauptsächlich hierdurch bedingt[3]).

19. Die Realkristalle. Von den in Ziff. 18 besprochenen gänzlich unabhängigen Überlegungen führten gleichfalls zur Folgerung, daß Unregelmäßigkeiten in der Ausbildung von Kristallen, die wir oben irreversible Auflockerung genannt haben, den Materietransport wesentlich erleichtern. Den Unterschied zwischen der berechneten und der gefundenen Festigkeit des Steinsalzes und anderer Kristalle führt SMEKAL[4]) auf das Vorhandensein von Gitterporen, von submikroskopischen Spaltengefügen zurück und hebt deren Bedeutung für eine Reihe von Erscheinungen, darunter auch für die elektrolytische Leitung und Selbstdiffusion hervor. Die Ionen lösen sich verhältnismäßig leicht an den Spaltoberflächen und treten in den Spalt über, in diesem können sie einem elektrischen Feld verhältnismäßig leicht folgen. Nach G. C. SCHMIDT[5]) und SMEKAL besteht eine Analogie zwischen dem Ablösen der Ionen an den Spalt-

[1]) R. KETZER, ZS. f. Elektrochem. Bd. 26, S. 77. 1920; vgl. auch M. LE BLANC, ZS. f. Elektrochem. Bd. 18, S. 549. 1912; M. LE BLANC u. M. KRÖGER, ZS. f. Elektrochem. Bd. 30, S. 253. 1924.

[2]) C. TUBANDT u. H. REINHOLD, ZS. f. Elektrochem. Bd. 29, S. 313. 1923.

[3]) A. JOFFÉ, l. c.

[4]) A. SMEKAL, Phys. ZS. Bd. 26, S. 707. 1925; Bd. 36, S. 288. 1926; ZS. f. techn. Phys. Bd. 7, S. 536. 1926; Wiener Ber. vom 7. Juli 1927; vgl. auch J. KOENIGSBERGER, Phys. ZS. Bd. 27, S. 215. 1926.

[5]) G. C. SCHMIDT, Ann. d. Phys. Bd. 75, S. 358. 1924; Bd. 80, S. 605. 1926.

oberflächen bei der elektrischen Leitung und dem Austritt von Ionen aus erhitzten Salzen in die Gasphase, doch weist G. C. SCHMIDT[1]) darauf hin, daß die Analogie nur eine beschränkte ist. ROGOWSKI[2]) führt die Beobachtung[3]), wonach der Widerstand von isolierenden Kristallen schon von mehreren hunderttausend Volt/cm an sinkt, während dies nach theoretischen Überlegungen erst oberhalb etwa 20 Millionen Volt/cm erfolgen sollte, gleichfalls auf das Vorhandensein von Gitterporen zurück. SMEKAL betont, daß alle unsere Kristalle, auch die Einkristalle, Realkristalle sind, und die elektrolytische Leitung soll nach ihm stets nur an den Ecken und Kanten von Gitterstücken, deren Gebiet gegen 1000 Ionen enthält, erfolgen. Von anderer Seite[4]) wird dagegen die Ansicht vertreten, daß der elektrolytische Materietransport, insbesondere durch gut leitende feste Elektrolyte hindurch, nicht durch die Unvollkommenheit der Ausbildung der Kristalle, sondern durch die Unvollkommenheit der die Kristalle aufbauenden Ionen ermöglicht wird, wie sie sich in deren Polarisationseigenschaften äußert (s. Ziff. 20). Nur in den Fällen, wo die reversible thermische Auflockerung eine sehr geringe ist, also die den Kristall aufbauenden Ionen recht vollkommen sind, kann der irreversiblen Kristallauflockerung, also den Unregelmäßigkeiten in der Ausbildung des Kristalls, eine ausschlaggebende Rolle zukommen wie im Falle isolierender Kristalle. Zur Stütze der zuletzt geschilderten Anschauung wird die Beobachtung herangezogen, daß man α-AgJ und α-CuJ durch Diffusion vollständig und mit einer Geschwindigkeit homogenisieren kann, die sich aus der Leitfähigkeit des Systems berechnen läßt. Diese Übereinstimmung ist aber mit der Annahme nicht vereinbar, daß der Materietransport an irreversibel bevorzugten Stellen des Gitters vor sich geht.

20. Maß der Auflockerung. Die Leitfähigkeit einer Verbindung allein kann kein richtiges Maß der Auflockerung des Kristallgitters bilden. Würde man aus der kleinen Leitfähigkeit von nur 10^{-9} Ohm^{-1} des Eises[5]) bei seinem Schmelzpunkte auf eine entsprechend kleine Auflockerung dieser Verbindung schließen, käme man zu einem gänzlich falschen Schluß. Der große Widerstand des Eises ist in erster Linie dem Mangel an Ionen zuzuschreiben, wie es die geringe Leitfähigkeit des Wassers zeigt, und nur in zweiter Linie den Reibungswiderständen, auf welche die Ionen des Eises stoßen. Dasselbe gilt von allen Substanzen, deren Schmelzen schlecht leiten (vgl. Ziff. 1[illegible]). Um zu einem richtigen Maß der Auflockerung zu gelangen, ist es deshalb erforderlich, die Leitfähigkeit der festen Elektrolyte in Bruchteilen der Leitfähigkeit im geschmolzenen Zustande auszudrücken und dies bei einer korrespondierenden Temperatur, als welche am zweckmäßigsten der Schmelzpunkt gewählt wird. Wir verstehen unter Auflockerungsgrad[6]) den Leitfähigkeitssprung beim Übergang vom geschmolzenen zum festen Zustand. Die reziproke Größe des Auflockerungsgrades einer Reihe von Verbindungen ist aus den Zahlen der Tabelle 1 (Ziff. 4) zu ersehen. Vgl. auch Bd. XXIV, S. 567.

In einzelnen Fällen, z. B. beim Hydrat der O-Phosphorsäure ($2\,H_3PO_4 \cdot H_2O$), konnte der Auflockerungsgrad durch Vergleich der Leitfähigkeit der festen und

---

[1]) G. C. SCHMIDT, Ann. d. Phys. Bd. 82, S. 680. 1927.

[2]) W. ROGOWSKI, Arch. f. Elektrotechn. Bd. 18, S. 152. 1927; vgl. auch A. SMEKAL, ZS. f. techn. Phys. Bd. 5, S. 203. 1927.

[3]) H. H. POOLE, Phil. Mag. Bd. 32, S. 112. 1916; Bd. 34, S. 195. 1917; Bd. 42, S. 488. 1921; H. SCHILLER, Ann. d. Phys. Bd. 81, S. 32. 1926.

[4]) G. v. HEVESY u. G. RIENÄCKER, im Druck in den Ann. d. Phys.; vgl. auch ZS. f. Phys. Bd. 36, S. 481. 1926.

[5]) G. FOUSSEREAU, Ann. chim. phys. Bd. 5, S. 351. 1885.

[6]) G. v. HEVESY, Medd. Kopenhagen Bd. 3, Heft 12, S. 20. 1920; ZS. f. phys. Chem. Bd. 101, S. 337. 1922; H. BRAUNE, ebenda Bd. 110, S. 163. 1924.

der unterkühlten Verbindung bestimmt werden[1]). Ihr Verhältnis beim Schmelzpunkte (29,3°) ergab sich hier zu $6{,}73 \cdot 10^{-2}$; es nimmt mit sinkender Temperatur ab und beträgt bei 0° nur noch $1{,}05 \cdot 10^{-2}$ Ohm^{-1}.

21. Der Auflockerungsvorgang. Nach G. C. SCHMIDT[2]) besteht die Auflockerung des Kristallgitters darin, daß dieses bei höherer Temperatur in komplexe Aggregate zerfällt. So zerfällt z. B. das Gitter des Kadmiumjodids in Cd_nJ_{2n}-Aggregate, die dann analog wie in der Lösung in Cd^{++} und $Cd_{n-1}J_{2n}^{--}$ dissoziieren. Von diesen betätigt sich sowohl beim elektrolytischen Stromtransport wie bei der Aussendung von Ionen in die Gasphase allein das leicht bewegliche Cd^{++}, nicht aber das große negative Komplex-Ion. Ob der Kristall ein kationischer oder anionischer Leiter ist, hängt davon ab, ob die Bildung eines komplexen Anions oder Kations vorherrscht. So ist das Kochsalz unterhalb 500° deshalb ein Kationenleiter, weil das $(NaCl)_n$ in Na^+ und $(Na_{n-1}Cl_{-n})$ zerfällt.

Auf den Parallelismus zwischen Auflockerungsgrad der Kristallgitter und der Deformierbarkeit seiner Ionen hat FAJANS hingewiesen[3]) (Bd. XXIV, S. 507) und derselben Überlegungen bedient sich REISS[4]), der die unipolare Leitung folgendermaßen erklärt: Beim extremen Ausschwingen z. B. der Bromionen des Silberbromids werden an den momentan ungestörten Gitterstücken die polarisierbaren (deformierbaren) Bromionen adsorbiert, während zwischen den Gitterstücken die polarisierenden Silberionen sich frei bewegen werden. Im Bleifluorid, wo die Bleiionen die polarisierbaren sind, werden diese vorübergehend adsorbiert und die Fluorionen bleiben frei beweglich zurück. Ist das Anion polarisierbar, so ist die unipolare Leitfähigkeit eine kathodische, in entgegengesetztem Falle eine anodische. Die Beziehung[5]), wonach die Entladungsarbeit der Ionen ein Maß, die Gitterauflockerung, bildet, gilt nur für kationische Leiter. Nimmt die Auflockerung, wie diese Beziehung es verlangt, in der Reihenfolge F → Cl → Br → J → S → Te zu, so liegt ein Kationenleiter vor.

Da die Störung der idealen Kristallanordnung, sowohl die reversible thermische wie die irreversible, den Materietransport erleichtert, solche Störungen aber der Wärmeleitung hinderlich sind, verlaufen in festen Elektrolyten elektrolytische Leitung und Wärmeleitung, wie aus der folgenden Zusammensetzung[6]) hervorgeht, antibat.

Tabelle 18[7]). Antibater Verlauf der Wärmeleitung und der elektrolytischen Leitung.

		Leitfähigkeit Wärme	Leitfähigkeit Elektrizität
KCl bei 0°	Kristall	0,0166	—
	erstarrte Schmelze .	0,0143	—
$NaNO_3$ bei 200°	Kristall	—	$0{,}16 \cdot 10^{-7}$
	erstarrte Schmelze .	—	$0{,}3 \cdot 10^{-6}$
$CaCO_3$	Kalkspat	0,0138 (0°)	$0{,}77 \cdot 10^{-11}$ (150°)
	Marmor	0,0071	$0{,}25 \cdot 10^{-9}$
Schwefel	Kristall	0,0007 (0°)	$0{,}95 \cdot 10^{-14}$
	erstarrte Schmelze .	0,00047	$0{,}77 \cdot 10^{-13}$

[1]) M. RABINOWITSCH, ZS. f. anorg. Chem. Bd. 129, S. 60. 1923. Über den Auflockerungsgrad einiger organischer Verbindungen, sowie von Brom und Jod vgl. M. RABINOWITSCH, ZS. phys. Chem. Bd. 119, S. 59. 1926; über den einiger Metallsalzhydrate S. JAKUBSOHN und M. RABINOWITSCH, ebenda Bd. 116, S. 359. 1925.

[2]) G. C. SCHMIDT, Ann. d. Phys. Bd. 80, S. 605. 1926.

[3]) Vgl. auch S. JAKUBSOHN und M. RABINOWITSCH, l. c.

[4]) A. REISS, ZS. f. Phys. Bd. 24, S. 353. 1927.

[5]) G. v. HEVESY, ZS. f. phys. Chem. Bd. 101, S. 337. 1922.

[6]) Nach der Feststellung von A. EUCKEN (Ann. d. Phys. Bd. 34, S. 185. 1910) ist die Wärmeleitung des Kristalls größer als die der erstarrten Schmelze; vgl. auch ZS. f. phys. Chem. Bd. 111, S. 431. 1924.

[7]) G. v. HEVESY, ZS. f. Phys. Bd. 10, S. 84. 1922.

Kapitel 8.

Pyro- und Piezoelektrizität.

Von

H. FALKENHAGEN, Leipzig.

Mit 13 Abbildungen.

1. Grundtatsachen. Gewisse Kristalle zeigen bei Temperaturänderungen entgegengesetzte Ladungen, die sich auf bestimmten Flächen ausbilden und so Veranlassung zu einem elektrischen Moment geben. Wir wollen unter dieser Erscheinung die vektorielle Pyroelektrizität verstehen. Ihr entspricht als inverses Phänomen die Tatsache, daß als Folge von elektrischen Feldern, in die man die Kristallpolyeder bringt, im allgemeinen Temperaturdifferenzen der Präparate auftreten.

Deformiert man bestimmte Kristalle, so weisen sie ebenfalls ein elektrisches Moment auf. (Vektorielle Piezoelektrizität.) Umgekehrt ruft ein elektrisches Feld Deformationen hervor.

Einen typischen Vertreter dieser Erscheinungen veranschaulicht Abb. 1, die sich auf den Kristall Pentaerythrit bezieht — die polare Achse ist in der Abbildung mit z bezeichnet —; letzterer gehört dem tetragonalen System an. Der bekannteste Körper, welcher pyro- und piezoelektrische Eigenschaften hat, ist der zur trigonalen Gruppe gehörige Turmalin.

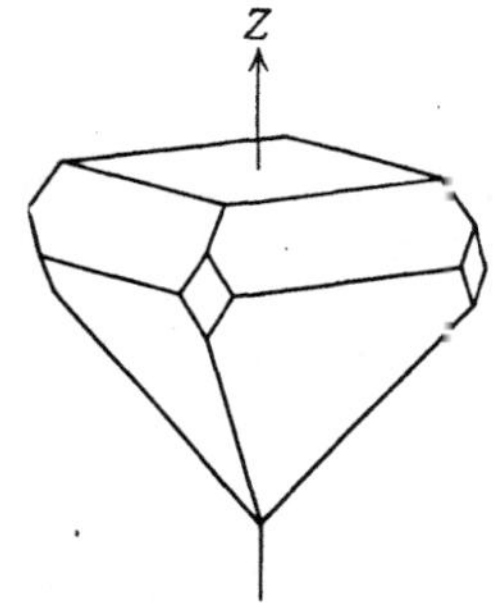

Abb. 1. Pentaerythrit-Kristall

Es erhebt sich die Frage, wie können wir dieses Verhalten ausgezeichneter Kristalle verstehen? Die Theorien, die zur Erklärung dieser Beobachtungen geschaffen worden sind, gruppieren sich nach phänomenologischen und molekulartheoretischen Gesichtspunkten[1]). Der Grundgedanke der ersteren ist kurz folgender: Die Reversibilität der pyro- und piezoelektrischen Vorgänge gestattet eine Anwendung der Prinzipien der Thermodynamik. Wir bilden die freie Energie der Volumeneinheit des Kristalls, die von den in Frage kommenden Variablen abhängt, und beschränken uns auf die ersten Glieder der Reihenentwicklung[2]). Eine Spezialisierung der für die zugrunde liegende Erscheinung maßgeblichen Konstanten auf die 32 Kristallgruppen ergibt sich leicht aus der Eigenschaft der freien Energie als der einer skalaren Funktion, die natürlich von dem zugrunde gelegten Bezugssystem unabhängig sein muß.

---

[1]) Auf letztere komme ich nur kurz zu sprechen und verweise auf Bd. XXIV, Kap. 5.

[2]) Dabei hat es sich als zweckmäßig und gerechtfertigt erwiesen, wie eine spätere Arbeit von W. VOIGT (s. Ann. d. Phys. Bd. 48, S. 433–448. 1915) gezeigt hat, bei der Bestimmung der elektrischen Erregung eines Kristalls nur auf die direkten Einwirkungen der Temperaturänderungen bzw. Deformationen zu achten, die sekundären hingegen, die als Folge der primären sich geltend machen, zu vernachlässigen. VOIGT konnte das allerdings nur für

2. Die freie Energie des Kristalls im Falle thermischer, elastischer und elektrischer Wechselwirkungen. Man gewinnt eine bessere Übersicht über die hier zu besprechenden Erscheinungen, wenn man ganz allgemein die freie Energie der Volumeneinheit des Kristalls aufstellt, die sich aus dem Zusammenwirken thermischer, elastischer und elektrischer Einwirkungen ergibt; aus dieser schälen sich dann die pyro- und piezoelektrischen Erscheinungen einzeln heraus, und auch die Frage nach der wahren und falschen Pyroelektrizität erscheint im klarsten Licht.

Wir nennen die freie Energie f, die an dem thermodynamischen System geleistete Arbeit $\delta' a$ (der Strich soll an das Diminutivzeichen erinnern, da ja die Arbeit vom Wege abhängig ist, auf dem ein Zustand in einen anderen übergeführt wird), T die absolute Temperatur und s die Entropie des Kristalls. Alle auftretenden Größen f, s, $\delta' a$ sind auf die Volumeneinheit bezogen. Dann gilt

$$df = \delta' a - s\,dT. \tag{1}$$

Als äußere Arbeiten kommen die von den elastischen Spannungen geleistete Arbeit und die bei einer Veränderung der äußeren elektrischen Feldstärke geleistete Influenzierungsarbeit in Frage. Für die letztere finden wir im Falle vektorieller Erregung leicht[1])

$$-(\mathfrak{p}^*, d\mathfrak{E}),$$

worin $\mathfrak{p}^*$ das elektrische Moment der Volumeneinheit des Kristalls bedeutet. Damit geht (1) über in:

$$df = -\sum_h X_h dx_h - (\mathfrak{p}^*, d\mathfrak{E}) - s\,dT. \tag{2}$$

Hierin bedeuten x_h die sechs Deformationskomponenten und X_h die sechs Gesamtkomponenten des Drucktensors. Diese bezeichnen wir auch mit

$$x_x,\ y_y,\ z_z,\ y_z,\ z_x,\ x_y$$

bzw.

$$X_x,\ Y_y,\ Z_z,\ Y_z,\ Z_x,\ X_y.$$

Der Ausdruck für die tensorielle Influenzierungsarbeit ist ebenfalls leicht aufzustellen, interessiert uns aber nur für den Fall der tensoriellen Erregung. Wir kommen auf diese Verallgemeinerung des Ansatzes für die freie Energie später zurück (s. Ziff. 14ff.).

Aus (2) folgt dann sofort

$$-\frac{\partial f}{\partial x_h} = X_h, \qquad -\frac{\partial f}{\partial \mathfrak{E}_k} = \mathfrak{p}_k^*, \qquad -\frac{\partial f}{\partial T} = s. \tag{3}$$

$\mathfrak{E}_1$, $\mathfrak{E}_2$, $\mathfrak{E}_3$ bzw. $\mathfrak{p}_1^*$, $\mathfrak{p}_2^*$, $\mathfrak{p}_3^*$ bedeuten die drei Komponenten der elektrischen Feldstärke bzw. des elektrischen Momentes der Volumeneinheit. f hängt also ab von der absoluten Temperatur T, den x_h und den $\mathfrak{E}_k$ ($h = 1, 2 \ldots 6$; $k = 1, 2, 3$).

Die freie Energie f kann man nun, wenn $x_1, x_2 \ldots x_6$ und $\mathfrak{E}_1$, $\mathfrak{E}_2$, $\mathfrak{E}_3$ als klein angenommen werden, in eine Reihe nach steigenden Potenzen dieser Größen

einige Spezialfälle (Biegung und Torsion) zeigen in einer Zeit, in der nur statisch-piezoelektrische Effekte ein Interesse besaßen. Es scheint demgegenüber die Vernachlässigung der sekundären Wirkungen im Falle der piezoelektrischen Resonanzeffekte (vgl. Ziff. 17) nicht berechtigt zu sein; vielmehr scheinen die Sekundäreffekte einen nennenswerten Anteil am Gesamteffekt zu besitzen. Jedoch ist dieser Fragenkomplex bisher keineswegs experimentell und theoretisch geklärt. Wir sehen aus Zweckmäßigkeitsgründen von den Sekundärwirkungen ab.

[1]) Vgl. z. B. W. VOIGT, Lehrb. d. Kristallphysik, S. 223.

entwickeln, und diese mit einer endlichen Anzahl von Gliedern abbrechen. Bricht man diese Entwicklung mit den quadratischen Gliedern ab, so entsteht bei geeigneter Wahl der Koeffizienten für f:

$$\left.\begin{aligned} -f &= a_1 + (\mathfrak{p}^\circ, \mathfrak{E}) + \sum_h \tilde{K}_h^0 x_h \\ &+ \tfrac{1}{2}\sum_j \sum_k a_{jk}\,\mathfrak{E}_j\,\mathfrak{E}_k - \tfrac{1}{2}\sum_h \sum_i c_{hi} x_h x_i \\ &+ \mathfrak{E}_1 \sum_h e_{1h} x_h + \mathfrak{E}_2 \sum_h e_{2h} x_h + \mathfrak{E}_3 \sum_h e_{3h} x_h . \end{aligned}\right\} \qquad (4)$$

Die Größen a_1, $\mathfrak{p}^0$, $\tilde{K}_h^0$, $a_{jk}\ldots$ sind im allgemeinen Temperaturfunktionen[1]).

Vermöge (3) entstehen hieraus die Beziehungen:

$$\left.\begin{aligned} X_x &= \tilde{K}_1^0 + e_{11}\mathfrak{E}_1 + e_{21}\mathfrak{E}_2 + e_{31}\mathfrak{E}_3 - c_{11}x_x - c_{12}y_y - c_{13}z_z - c_{14}y_z - c_{15}z_x - c_{16}x_y \\ Y_y &= \tilde{K}_2^0 + e_{12}\mathfrak{E}_1 + e_{22}\mathfrak{E}_2 + e_{32}\mathfrak{E}_3 - c_{21}x_x - c_{22}y_y - c_{23}z_z - c_{24}y_z - c_{25}z_x - c_{26}x_y \\ &\cdots\cdots\cdots\cdots\cdots\cdots\cdots\cdots\cdots\cdots\cdots\cdots \\ Y_z &= \tilde{K}_4^0 + e_{14}\mathfrak{E}_1 + e_{24}\mathfrak{E}_2 + e_{34}\mathfrak{E}_3 - c_{41}x_x - c_{42}y_y - c_{43}z_z - c_{44}y_z - c_{45}z_x - c_{46}x_y \\ Z_x &= \tilde{K}_5^0 + e_{15}\mathfrak{E}_1 + e_{25}\mathfrak{E}_2 + e_{35}\mathfrak{E}_3 - c_{51}x_x - c_{52}y_y - c_{53}z_z - c_{54}y_z - c_{55}z_x - c_{56}x_y \\ &\cdots\cdots\cdots\cdots\cdots\cdots\cdots\cdots\cdots\cdots\cdots\cdots \\ \mathfrak{p}_x^* &= \mathfrak{p}_x^0 + a_{11}\mathfrak{E}_1 + a_{12}\mathfrak{E}_2 + a_{13}\mathfrak{E}_3 + e_{11}x_x + e_{12}y_y + e_{13}z_z + e_{14}y_z + e_{15}z_x + e_{16}x_y \\ \mathfrak{p}_y^* &= \mathfrak{p}_y^0 + a_{21}\mathfrak{E}_1 + a_{22}\mathfrak{E}_2 + a_{23}\mathfrak{E}_3 + e_{21}x_x + e_{22}y_y + e_{23}z_z + e_{24}y_z + e_{25}z_x + e_{26}x_y \\ \mathfrak{p}_z^* &= \mathfrak{p}_z^0 + a_{31}\mathfrak{E}_1 + a_{32}\mathfrak{E}_2 + a_{33}\mathfrak{E}_3 + e_{31}x_x + e_{32}y_y + e_{33}z_z + e_{34}y_z + e_{35}z_x + e_{36}x_y \end{aligned}\right\} \qquad (5)$$

$$s = -\frac{\partial f}{\partial T}.$$

Hieraus erhellt sofort die physikalische Bedeutung der Konstanten. Die $\tilde{K}_h^0$ sind die Komponenten des thermischen Druckes, die sich bei fehlenden äußeren Deformationen und fehlender elektrischer Feldstärke bemerkbar machen; die $c_{hi} = c_{ih}$ signalisieren die isothermen elastischen Konstanten, die $\mathfrak{p}_x^0$, $\mathfrak{p}_y^0$, $\mathfrak{p}_z^0$ die drei Komponenten des wahren pyroelektrischen Moments[2]), das also bei verschwindendem Feld und verschwindender Deformation auftritt; die $a_{jk} = a_{kj}$ nennt man die Elektrisierungszahlen oder die dielektrischen Suszeptibilitäten, welche etwa von der Größenordnung 0,3 bis 0,7 sind; die e_{jh} heißen die piezoelektrischen Konstanten ($i = 1, 2, \ldots 6$; $j = 1, 2, 3$). Bei fehlendem äußeren Feld und bei konstanter Temperatur ändert sich das wahre Moment bei angebrachter Deformation um die Größen

$$\mathfrak{p}_x^* - \mathfrak{p}_x^0, \qquad \mathfrak{p}_y^* - \mathfrak{p}_y^0, \qquad \mathfrak{p}_z^* - \mathfrak{p}_z^0.$$

Nun ist klar, daß man vermöge des HOOKEschen Gesetzes statt der Deformationskomponenten die des Druckes in die freie Energie einführen kann. Es ergibt sich dann der Ansatz:

$$\left.\begin{aligned} -f &= a_2 + (\tilde{\mathfrak{p}}_0, \mathfrak{E}) + \sum_h u_h^0 X_h \\ &+ \tfrac{1}{2}\sum_j \sum_k b_{jk}\mathfrak{E}_j\mathfrak{E}_k - \tfrac{1}{2}\sum_h \sum_i s_{hi} X_h X_i \\ &+ \mathfrak{E}_1 \sum_h d_{1h} X_h + \mathfrak{E}_2 \sum_h d_{2h} X_h + \mathfrak{E}_3 \sum_h d_{3h} X_h . \end{aligned}\right\} \qquad (6)$$

[1]) Ein nicht ganz so allgemeiner Ansatz geht auf W. VOIGT zurück; s. W. VOIGT, Göttinger Nachr. Bd. 36, S. 1—99. 1890; s. auch W. VOIGT, Ann. d. Phys. Bd. 55, S. 701—731. 1895. M. BORN hat wohl als erster den Ansatz von VOIGT verallgemeinert; vgl. M. BORN, Atomtheorie des festen Zustandes. Leipzig u. Berlin 1923, z. B. S. 682ff. Hier ergibt sich (6) als Folge der allgemeinen Vorstellungen über den Aufbau der Kristalle.

[2]) Wir sprechen oft in diesem Artikel einfach von dem elektrischen Moment; wir meinen dann immer das elektrische Moment der Volumeneinheit.

Hieraus folgt:

$$\left.\begin{array}{l}
x_x = u_1^0 + d_{11}\mathfrak{E}_1 + d_{21}\mathfrak{E}_2 + d_{31}\mathfrak{E}_3 - s_{11}X_x - s_{12}Y_y - s_{13}Z_z - s_{14}Y_z - s_{15}Z_x - s_{16}X_y \\
\cdots\cdots\cdots\cdots\cdots\cdots\cdots\cdots\cdots\cdots \\
\cdots\cdots\cdots\cdots\cdots\cdots\cdots\cdots\cdots\cdots \\
y_z = u_4^0 + d_{14}\mathfrak{E}_1 + d_{24}\mathfrak{E}_2 + d_{34}\mathfrak{E}_3 - s_{41}X_x - s_{42}Y_y - s_{43}Z_z - s_{44}Y_z - s_{45}Z_x - s_{46}X_y \\
\cdots\cdots\cdots\cdots\cdots\cdots\cdots\cdots\cdots\cdots \\
\cdots\cdots\cdots\cdots\cdots\cdots\cdots\cdots\cdots\cdots \\
\mathfrak{p}_x^* = \tilde{\mathfrak{p}}_x^0 + b_{11}\mathfrak{E}_1 + b_{12}\mathfrak{E}_2 + b_{13}\mathfrak{E}_3 + d_{11}X_x + d_{12}Y_y + d_{13}Z_z + d_{14}Y_z + d_{15}Z_x + d_{16}X_y \\
----------------- \\

\end{array}\right\} \quad (7)$$

$$s = -\frac{\partial f}{\partial T}.$$

u_h^0 sind dann die Komponenten der thermischen Deformation, $\tilde{\mathfrak{p}}_0$ hat die Bedeutung des experimentell bei fehlenden äußeren Spannungen und fehlendem äußeren Feld beobachteten pyroelektrischen Moments. Wie ein Vergleich mit (5) zeigt, setzt sich dieses zusammen aus dem wahren pyroelektrischen Moment und dem, welches infolge der thermischen Dilatationen entsteht. Die $b_{jk} = b_{kj}$ sind die dielektrischen Konstanten des Kristalls, die d_{jh} nennt man die piezoelektrischen Moduln; $s_{hi} = s_{ih}$ heißen die isothermen Elastizitätsmoduln. Wirken also Drucke, elektrische Feldstärken und Temperaturänderungen auf den Kristall ein, so überlagern sich die Effekte und ergeben die entsprechenden Deformationen und elektrischen Momente. In den Ansätzen (6) und (4) sind natürlich die pyro- und piezoelektrischen Erscheinungen enthalten.

a) Vektorielle Pyroelektrizität.

3. Phänomenologische Theorie der vektoriellen Pyroelektrizität und Spezialisierung der pyroelektrischen Konstanten auf die 32 Kristallsysteme. Wir können in diesem Falle die allgemeinen Druckkomponenten und Ausdrücke für die dielektrische Erregung vernachlässigen und erhalten aus (6) für das thermodynamische Potential:

$$-f = a_2 + (\tilde{\mathfrak{p}}^0, \mathfrak{E}). \qquad (8)$$

$\tilde{\mathfrak{p}}^0$ hat die Bedeutung des dem Experiment zugänglichen elektrischen Moments der Volumeneinheit, das sich infolge der Temperaturveränderung τ ändert. Zu jeder Temperatur gehört also ein bestimmtes $\tilde{\mathfrak{p}}^0$. Dieses ist allerdings nicht direkt der Beobachtung zugänglich, da es durch Oberflächenleitfähigkeit im Laufe der Zeit kompensiert wird. Erhitzt man den Kristall, so folgt die Kompensierung nicht so schnell wie die Änderung des Moments; wir nehmen daher eine solche wahr. Die a_2 und $\tilde{\mathfrak{p}}^0$ kann man sich nach Potenzen von $T - T_0 = \tau$ entwickelt denken.

Der Ansatz (8) führt zwangläufig auf Grund des der Kristallphysik zugrundeliegenden Fundamentalprinzips von NEUMANN dazu, daß nur diejenigen Kristalle ein pyroelektrisches Moment aufweisen können, die von Natur aus polare Richtungen haben. Alle Kristalle mit Zentrum der Symmetrie, 2 unabhängigen Symmetrie- oder 2 Spiegelachsen, oder einer Spiegelachse mit einer Symmetrieachse, zeigen keine pyroelektrische Erregung. Eine Richtung, bei der die entgegengesetzte Richtung nicht gleichwertig ist, kann bei Kristallen ohne jede Symmetrie oder auch bei Vorhandensein einer Symmetrieachse auftreten. Der Fall einer einzigen Spiegelachse steht mit der nichtsymmetrischen Eigenschaft des polaren Vektors (s. Abb. 1) im Widerspruch, der Fall einer einzigen Symmetrieachse dann, wenn außer dieser noch senkrecht dazu eine Symmetrieebene vorhanden ist. Die letzten beiden Symmetrien können also keine pyroelektrische Polarisation zeigen. In den übrigen Gruppen mit nur einer Symmetrieachse fällt diese mit der Achse des Moments zusammen. Im Falle einer einzigen Symmetrieebene kann jede in ihr liegende Richtung eine polare Achse sein. Natürlich hat man auch im Falle des triklinen Kristallsystems die Möglichkeit pyroelektrischer Erregung. So gelangt man zu folgendem Schema (A) für die Komponenten $\tilde{\mathfrak{p}}_x^0$, $\tilde{\mathfrak{p}}_y^0$, $\tilde{\mathfrak{p}}_z^0$ des pyroelektrischen Momentes der Volumeneinheit des Kristalls.

Um die typischen Symmetrieeigenschaften leicht angeben zu können, bezeichnen wir durch das Symbol E_x eine zur x-Richtung senkrechte Symmetrieebene, durch S_x eine Spiegeldrehungsachse, die das Polyeder durch Drehung um die x-Achse um 90° und daran anschließende Inversion zur Deckung bringt, und durch A_x^n eine n-zählige Symmetrieachse, die ebenfalls in die x-Achse fällt. Wir setzen zweckmäßig immer ein gegen den Kristall orientiertes Koordinatensystem xyz voraus, dessen z-Achse stets mit der ausgezeichneten Richtung des Kristalls (Hauptachse) übereinstimmt, wenn eine solche vorhanden ist. Die Gruppen sind in der VOIGTschen Bezeichnungsweise numeriert[1]).

(A) Schema der pyroelektrischen Erregung der verschiedenen Kristallgruppen.

I.	(2)		Triklines System	Hemiedrie	$\tilde{\mathfrak{p}}_x^0$,	$\tilde{\mathfrak{p}}_y^0$,	$\tilde{\mathfrak{p}}_z^0$
II.	(4)	E_z	Monoklines ,,	,,	$\tilde{\mathfrak{p}}_x^0$,	$\tilde{\mathfrak{p}}_y^0$,	0
II.	(5)	A_z^2	,, ,,	Hemimorphie	0	0	$\tilde{\mathfrak{p}}_z^0$
III.	(8)	$A_z^2\ E_x$	Rhombisches ,,	,,	0	0	$\tilde{\mathfrak{p}}_z^0$
IV.	(11)	$A_z^3\ E_x$	Trigonales ,,	Hemimorphe Hemiedrie	0	0	$\tilde{\mathfrak{p}}_z^0$
IV.	(13)	A_z^3	,, ,,	Tetartoedrie	0	0	$\tilde{\mathfrak{p}}_z^0$
V.	(16)	$A_z^4\ E_x$	Tetragonales ,,	Hemimorphe Hemiedrie	0	0	$\tilde{\mathfrak{p}}_z^0$
V.	(18)	A_z^4	,, ,,	Tetartoedrie	0	0	$\tilde{\mathfrak{p}}_z^0$
VI.	(23)	$A_z^6\ E_x$	Hexagonales ,,	Hemimorphe Hemiedrie	0	0	$\tilde{\mathfrak{p}}_z^0$
VI.	(25)	A_z^6	,, ,,	Tetartoedrie	0	0	$\tilde{\mathfrak{p}}_z^0$

Das Schema (A) zeigt, daß das pyroelektrische Moment in einer großen Anzahl von Gruppen (22) gänzlich fehlt. Hauptsächlich die hemimorphen und tetartoedrischen Gruppen mit einer polaren Achse zeigen die Erregung.

4. Ältere, qualitative Beobachtungen. Betreffs der ältesten Beobachtungen verweise ich auf die Literatur[2, 3, 4]). Von BREWSTER rührt der Name Pyroelektrizität her. AEPINUS erkannte zuerst, daß an den beiden Enden der Turmalinprismen immer entgegengesetzte Pole auftreten, deren Vorzeichen beim Erwärmen das umgekehrte von dem beim Abkühlen ist. Der analoge Pol ist beim Erwärmen positiv, der antiloge beim Abkühlen positiv.

CANTON fand dann, daß die Elektrizitätsentwicklung nicht durch die Erwärmung an sich hervorgerufen wird, die beiden Elektrizitätsmengen stets in gleichen Quantitäten entwickelt werden, und daß jedes Stück des Turmalins wieder zwei Pole zeigt wie der ganze Kristall. Er gelangte damit zu der Vor-

[1]) Siehe Tabelle am Schluß der Kristallphysik von W. VOIGT.

[2]) D. BREWSTER, Edinb. Journ. of Science Bd. 1, S. 208. 1825; Pogg. Ann. Bd 2, S. 298. 1824.

[3]) F. AEPINUS, Mém. Akad. Berlin 1756, S. 105; Recueil sur la turmaline, Petersburg 1762.

[4]) J. CANTON, Phil. Trans. 1759, S. 51, 398. Eine ausführliche Darstellung der früheren Beobachtungen über Pyroelektrizität hat H. HANKEL (Leipziger Abhandlgn. Bd. 10, S. 345. 1874) gegeben. Einige Ergänzungen hierzu finden sich in H. SCHEDTLERS Dissert. (Marburg 1886).

stellung, daß in jedem Volumenelement eine Scheidung der ursprünglich einander neutralisierenden Ladungen nach dem Schema:

$$\dot{-} \quad \dot{+} \quad \dot{-} \quad \dot{+} \quad \dot{-} \quad \dot{+}$$

stattfindet.

HAUY[1]) glaubte gefunden zu haben, daß die Achse des elektrischen Moments eine polare Achse des betreffenden Kristalls sein muß, was nicht zuzutreffen braucht. RIESS und ROSE[2]) benutzten das BOHNENBERGERsche Elektroskop und erwärmten die Kristalle in einem Bad von feinem Schrot. Die dabei auftretende Reibungselektrizität entfernten sie mit einer Alkoholflamme. HANKEL[3]) umgab die Kristalle bis auf die zu prüfenden Stellen mit Kupferfeilicht, erhitzte sie in einem kleinen Ofen und beobachtete mit dem von ihm konstruierten Elektrometer.

FRIEDEL[4]) und KOCH[5]) wendeten lokale Erhitzung an, die ein heißer Luftstrom ergab, welcher aus einem Röhrchen mit platinierter, mit dem Elektrometer verbundener Spitze ausströmte.

KUNDT[6]) fand dann 1883 sein bekanntes Bestäubungsverfahren. Er benutzte ein Gemisch von Mennige und Schwefel, das durch ein feines Sieb aus Musselin geschüttet wurde; dabei schlug sich die rote Mennige an den negativen, der gelbe Schwefel an den positiven Stellen des Kristallpräparats nieder. Man darf natürlich die Schmelztemperatur des Schwefels nicht überschreiten. BÜRKER[7]) findet ein Gemisch aus einem Volumenteil Karmin mit fünf Volumenteilen Lykopodium wirksamer als das KUNDTsche.

Das Verfahren von KUNDT veranschaulicht den Gesamtzustand des erregten Kristalls und gibt wertvolle Aufschlüsse über das Zustandekommen ungleichförmiger Erwärmungen und ungleichförmiger Deformationen, führt aber nicht zu quantitativen Ergebnissen.

Wir geben im nachstehenden eine Übersicht der älteren qualitativen Beobachtungen an Kristallen, welche durch gleichförmige Temperaturänderung pyroelektrisch werden:

I. (2) Strontiumbitartrat[8]).
II. (4) Skolezit[9]).
II. (5) Rohrzucker[10]), Milchzucker[11]), Weinsäure[12]), Lithiumsulfat[13]).

---

[1]) R. J. HAUY, Mém. de l'Inst. Bd. 1, S. 49; Traité de minéral. Bd. 3, S. 15; Grundlehren der Physik Bd. 1, S. 488, § 459. Weimar 1804.

[2]) P. T. RIESS u. G. ROSE, Abhandlgn. d. Berl. Akad. 1843, S. 59; vgl. auch P. T. RIESS, Lehre von der Reibungselektrizität, Bd. II, S. 472.

[3]) W. HANKEL, Dissert. 1839; Habilitationsschr. 1840; zahlreiche Abhandlungen in Pogg. Ann.; Leipziger Ber. u. Leipziger Abhandlgn. seit 1840 (Bd. 4, 8—12, 14, 18, 21, 24).

[4]) C. FRIEDEL, Bull. soc. min. de France Bd. 2, S. 31. 1879; Bd. 6, S. 191. 1883; C. FRIEDEL u. J. CURIE, mehrere Abhandlungen in den Bull. 1879—1885.

[5]) P. P. KOCH, Dissert. München 1902.

[6]) A. KUNDT, Berl. Ber. 1883, S. 421; s. auch Wied. Ann. Bd. 20, S. 592. 1883. Eine Zusammenstellung der hierher gehörigen Beobachtungen findet man bei CH. SORETS, Éléments de cristallographie physique, S. 612. Genèvre 1893.

[7]) K. BÜRKER, Ann. d. Phys. Bd. 1, S. 474. 1900.

[8]) H. TRAUBE, N. Jahrb. f. Min., Beilagebd. 11. S. 209. 1897.

[9]) F. RINNE, N. Jahrb. f. Min. Beilagebd. 2, S. 51. 1894.

[10]) W. HANKEL, Dissert. 1839; Pogg. Ann. Bd. 49, S. 495. 1840; s. auch P. T. RIESS, Lehre von der Reibungselektrizität, Bd. II, S. 486. 1853.

[11]) H. TRAUBE, N. Jahrb. f. Min. Beilagebd. 7, S. 432. 1890; W. HANKEL u. H. LINDENBERG, Leipziger Abhandlgn. Bd. 18, S. 393. 1893.

[12]) R. BÖTTGER, Pogg. Ann. Bd. 43, S. 659. 1838; W. HANKEL, ebenda Bd. 49, S. 500. 1840.

[13]) H. TRAUBE, N. Jahrb. f. Min. Bd. 2, S. 66. 1892.

Hierher gehören auch Carvoxim, Fenchonoxim, Carvenpentabromid (LIEBISCH), Querzit (HANKEL 1899).

III. (8) Kieselzinkerz[1]), Struvit[2]), Prehnit[3]), Resorcin[4]), neutrales weinsaures Kali[5]), Pikrinsäure[6]), Methylendiisonitraminmethylester[7]).

IV. (11) Turmalin[8]), wasserfreies Natrium-Lithium-Sulfat[9]), Kaliumbromat[10]), ferner Spangolith (PENFIELD-MIERS), Paratolylphenylketon[11]) (BODEWIG).

IV. (13) Überjodsaures Natrium[12]).

V. (18) Weinsaures Antimonoxyd-Baryum[13]).

V. (16) Pentaerythrit (LIEBISCH), Succinjodimid[14]).

VI. (25) Rechtsweinsaures Antimonoxyd-Strontium und Blei[15]), Kalium-Lithium-Sulfat[16]).

(Dasselbe gilt von den zu $KLiSO_4$ isomorphen Verbindungen $KLiSeO_4$, $K_2SO_4 + Li_2CrO_4$, $18\,KLiSO_4 + KLiM_0O_4$ und den Mischkristallen von $KLiSO_4$ und $KLiCrO_4$). Bromshikimilakton[17]).

5. Diskussion der älteren Beobachtungen. Wir wenden uns jetzt zur Diskussion der früheren Beobachtungsresultate. Alle Versuche, die an inhomogenen Kristallen und bei ungleichförmiger Temperatur ausgeführt worden sind, sind zur Prüfung der Theorie weniger geeignet. (Die Beobachtungen von KOCH, FRIEDEL, HANKEL.)

Für uns handelt es sich ausschließlich um Erregungen, die bei gleichförmiger Temperaturänderung auftreten. Denn darauf ist die theoretische Entwicklung als Anwendung des zweiten Hauptsatzes der Thermodynamik zugeschnitten. Es ist evident, daß eine solche Erregung infolge gleichförmiger Temperaturänderung nur in solchen Kristallen hervorgerufen werden kann, die einzigartige Richtungen besitzen und der Natur eines polaren Vektors entsprechen. Denn eine gleichförmige Temperaturänderung ist richtungslos, kann also einen vektoriellen Effekt nur dann hervorrufen, wenn in dem Kristalle eine solche ausgezeichnete Richtung vorliegt. Daß jene Richtung eine polare Symmetrieachse sein müßte, wie HAUY meinte, ist allerdings nicht erforderlich, wie man ja auf Grund des Schemas (A) sofort erkennt.

---

[1]) F. KÖHLER, Pogg. Ann. Bd. 17, S. 149. 1829; W. HANKEL, ebenda Bd. 49, S. 503. 1840; P. T. RIESS u. G. ROSE, Abhandlgn. d. Berl. Akad. 1843, S. 70; Pogg. Ann. Bd. 59, S. 362. 1843; M. BAUER u. R. BRAUNS, N. Jahrb. f. Min. Bd. 1, S. 1. 1889.

[2]) J. F. L. HAUSMANN, Göttinger Nachr. 1846, S. 121; P. T. RIESS, Reibungselektrizität, Bd. II, S. 485; E. KALKOWSKY, ZS. f. Krist. Bd. 11, S. 1. 1885.

[3]) P. T. RIESS, Abhandlgn. d. Berl. Akad. 1843, S. 91; Reibungselektrizität, Bd. II, S. 481. 1853; W. HANKEL, Leipziger Abhandlgn. Bd. 12, S. 28. 1883; H. TRAUBE, N. Jahrb. f. Min., Beilagebd. 9, S. 134. 1894.

[4]) W. HANKEL u. H. LINDENBERG, Leipziger Abhandlgn. Bd. 18, S. 392. 1893.

[5]) W. HANKEL, Pogg. Ann. Bd. 53, S. 620. 1841.

[6]) L. BRUGNATELLI, ZS. f. Krist. Bd. 24, S. 274. 1895.

[7]) H. TRAUBE, ZS. f. Krist. Bd. 29, S. 595. 1898.

[8]) F. KÖHLER, Pogg. Ann. Bd. 17, S. 148. 1829; G. ROSE, Abhandlgn. d. Berl. Akad. 1836, S. 215; Pogg. Ann. Bd. 39, S. 285. 1836; P. T. RIESS u. G. ROSE, Abhandlgn. d. Berl. Akad. 1843, S. 59; Pogg. Ann. Bd. 59, S. 357. 1843; H. SCHEDTLER, N. Jahrb. f. Min. Beilagebd. 4, S. 519. 1886.

[9]) H. TRAUBE, N. Jahrb. f. Min. Bd. 2, S. 62. 1892.

[10]) H. TRAUBE, ZS. f. Krist. Bd. 23, S. 578. 1894.

[11]) BODEWIG, Pogg. Ann. Bd. 158, S. 236. 1876.

[12]) W. HANKEL u. H. LINDENBERG, Leipziger Abhandlgn. Bd. 21. 1894.

[13]) H. TRAUBE, Göttinger Nachr. 1892, S. 365.

[14]) H. TRAUBE, ZS. f. Krist. Bd. 23, S. 578. 1894.

[15]) H. TRAUBE, Göttinger Nachr. 1892, S. 363; N. Jahrb. f. Min. Beilagebd. 8, S. 271. 1893.

[16]) H. TRAUBE, N. Jahrb. f. Min. Bd. 2, S. 58. 1892; Bd. 1, S. 171. 1894.

[17]) H. TRAUBE, ZS. f. Krist. Bd. 23, S. 580. 1894.

6. Quantitative neuere Beobachtungen. Lange Zeit hindurch ist der Turmalin Gegenstand experimenteller, quantitativer Beobachtungen gewesen. Zeichnet er sich doch durch das Vorkommen großer Exemplare, durch seine außerordentlich geringe elektrische Leitfähigkeit und durch seine starke pyroelektrische Wirkung gegenüber anderen Kristallen aus. Bei den Messungen von GAUGAIN[1]) waren die Enden der Turmaline mit leitenden Armaturen bedeckt, von denen die eine geerdet war, die andere zum Elektrometer führte, mit dem man dann die freigewordene elektrische Ladung messen konnte. Ändert man nun die Temperatur des Turmalins, der sich etwa in einem Luftbad befindet, hinreichend langsam, so ist er in jedem bestimmten Augenblick gleichmäßig temperiert. Die Belegungen an den Enden nehmen den scheinbaren Ladungen entgegengesetzte Ladungsmengen auf, und gleiche Mengen gleichartiger Ladungen werden frei. Ist hingegen die Erwärmung nicht vollständig gleichförmig, so zeigt der Turmalin auch in seinem Innern scheinbare elektrische Ladungen, die man mit in Rechnung setzen kann, wenn man die Belegungen noch ein Stück über die Säulenfläche des Turmalins erstreckt. GAUGAIN gelangte zu folgenden Sätzen:

1. Die Elektrizitätsmengen, welche durch eine Erwärmung und die gleich große Abkühlung entwickelt werden, sind entgegengesetzt gleich.

2. Die gesamte, während einer bestimmten Temperaturänderung hervorgerufene elektrische Ladung ist unabhängig von der Zeit, in welcher sie sich bildet, soweit während dieser keine Leitungsverluste bemerkbar werden.

3. Die von verschiedenen Turmalinen gelieferten Elektrizitätsmengen hängen nicht von ihrer Länge ab, sondern sind nur proportional den Querschnitten, die sie tragen.

Im Anschluß an theoretische Vorstellungen von W. THOMSON[2]) hat man sich vorzustellen, daß die Volumenelemente eines Turmalinkristalls eine permanente elektrische Polarisation parallel zur Hauptachse besitzen, die lediglich Temperaturfunktion ist. Isoliert die Oberfläche des Kristalls nicht genügend, so wird die Wirkung der Polarisation nach außen kompensiert, insbesondere, wenn die Leitfähigkeit der Oberfläche allein oder weit überwiegend zur Geltung kommt. Hält man die Temperatur genügend lange konstant, so kompensiert die Oberflächenladung die Wirkung der inneren Polarisation; ändert man aber die Temperatur schnell, so macht sich die innere Polarisation zum größeren Teil nach außen hin geltend und veranlaßt scheinbare, entgegengesetzte Ladungen. Daraus folgt Satz 3 von GAUGAIN. RIECKE[3]) hat dann in mehreren Arbeiten diese verschiedenen Wirkungen durch Kombination von Theorie und Beobachtung getrennt. Bei Abkühlung entsteht zunächst ein Anwachsen der Ladung und daraufhin eine Abnahme dieser nach einem leicht angebbaren Gesetz. Weitere Untersuchungen RIECKES[4]) bezogen sich auf die Abhängigkeit der gesamten, durch die Abkühlung bis zur Temperatur der Umgebung erregten scheinbaren Ladungen von der dem Kristall erteilten Anfangstemperatur. Es wurde dabei die GAUGAINsche Methode der Messung der freiwerdenden Ladungen mit Hilfe des Entladungselektroskops angewandt. Die fünf von RIECKE verwandten

[1]) F. M. GAUGAIN, C. R. Bd. 42, S. 1264. 1856; Bd. 43, S. 916. 1122. 1856; Bd. 44 S. 628. 1857; Ann. chim. phys. (3) Bd. 57, S. 5. 1859 u. (4) Bd. 6, S. 41. 1865.

[2]) W. THOMSON, Nicols Encyclopedia of Phys. Sc., 2. Aufl. 1860; Phil. Mag. (5) Bd. 5 S. 26. 1878; Math. Phys. Papers Bd. 1, S. 315. W. THOMSON hat als erster im Jahre 187; die Methode der thermodynamischen Potentiale angewandt ähnlich der, die Ziff. 2ff entwickelt wurden.

[3]) E. RIECKE, Göttinger Nachr. 1885, S. 405—440; Wied. Ann. Bd. 28, S. 43. 1886 Wied. Ann. Bd. 31, S. 889. 1887; Wied. Ann. Bd. 40, S. 264—306. 1890.

[4]) E. RIECKE, Göttinger Nachr. 1885, S. 415—421. — E. RIECKE u. W. VOIGT, Wied Ann. Bd. 45, S. 551. 1892.

brasilianischen Turmaline ergaben für das elektrische Moment der Volumeneinheit gegenüber der Anfangstemperatur von 18° C das Gesetz:

$$\tilde{\mathfrak{p}}^0 = 1{,}13 \cdot \tau + 0{,}0052 \cdot \tau^2.$$

Hieraus würde sich als Maß der pyroelektrischen Erregung

$$\gamma = \frac{\partial \tilde{\mathfrak{p}}^0}{\partial T}$$

ergeben:

$$\gamma = 1{,}13 + 0{,}0104 \cdot \tau.$$

Interessant ist noch folgende Bemerkung: BLEEKRODE[1]) tauchte Turmaline, die sich zuvor auf Zimmertemperatur befanden, in flüssige Luft und konnte sehr starke elektrische Wirkungen nachweisen. Nahm man den Kristall aus dem Bad heraus, so schlug sich die Feuchtigkeit infolge der sehr starken elektrischen Wirkung in Form von langen Eisnadeln nieder. Wäre der Kristall nicht elektrisch, so würde sich nur eine kontinuierliche Eishülle niederschlagen. RIECKE[2]) konnte zeigen, daß Verringerung der Leitfähigkeit die Ladungen dauernder macht.

Versuche, das absolute Moment pro Volumeneinheit von Turmalin zu messen, hat VOIGT[3]) unternommen. Er fand bei 24° C 33,4 e. s. e. Dieses Moment hatte das entgegengesetzte Vorzeichen wie seine Änderung mit steigender Temperatur; die letztere beträgt ca. 1,23 pro Grad; damit würde das absolute elektrische Moment des Turmalins bei etwa 50° C verschwinden. Diese Messungen von VOIGT sind indessen unsicher, wie aus späteren Beobachtungen von ACKERMANN, auf die ich gleich zu sprechen komme, hervorgeht. RIECKE[4]) hat das absolute elektrische Moment der Volumeneinheit von Turmalin nach der Formel von CLAUSIUS-MOSOTTI zu 80000 e. s. e. berechnet und dabei molekulartheoretische, heute nicht mehr haltbare Vorstellungen zugrunde gelegt.

VOIGT hat dann in einer weiteren Arbeit die Fehlerquelle der pyroelektrischen Messungen herabgesetzt. Bei exakter Beobachtung hat man im wesentlichen auf Homogenität des Kristalls, gleichförmige Temperatur, ein Minimum der Elektrizitätsverluste durch Leitung, Abkürzung der Dauer der Messung und Verminderung des Potentialgefälles im Kristall zu achten. Die Stäbchenlänge des Turmalins betrug hier 6 cm, der Querschnitt 5 cm². Die Armaturen, die die beiden Enden des Turmalins bekleideten, waren mit den Quadranten eines Quadrantelektrometers verbunden. Das Präparat wurde nun in Ölbäder getaucht und der Ausschlag am Elektrometer beobachtet. Erwärmt man um $\tau°$, so ist das elektrische Moment um $\gamma \cdot \tau$ gewachsen. Die Ladungen auf den Endquerschnitten Q betragen dann $\pm Q \cdot \gamma \cdot \tau$. Ist C die Kapazität des Elektrometers einschließlich Metallbelegungen des Präparats und Zuleitungen, so gilt für die Potentialdifferenz V

$$\frac{Q \cdot \gamma \cdot \tau}{C} = V.$$

Ist also das Elektrometer auf Potentiale geeicht und die Kapazität bekannt, so kennt man damit $\tilde{\mathfrak{p}}^0$ und $\frac{\partial \tilde{\mathfrak{p}}^0}{\partial T} = \gamma$. VOIGT fand am Turmalin bei 22° C $\gamma = 1{,}21$, einen Wert, der etwas größer ist als der RIECKEsche, was wohl mit der direkteren Methode zusammenhängt.

---

[1]) L. BLEEKRODE, Ann. d. Phys. Bd. 12, S. 218. 1902.
[2]) E. RIECKE, Göttinger Nachr. 1887, S. 151; s. auch Wied. Ann. Bd. 31, S. 889. 1887.
[3]) W. VOIGT, Göttinger Nachr. 1896, S. 207; Wied. Ann. Bd. 60, S. 368. 1897.
[4]) E. RIECKE, Göttinger Nachr. Bd. 32, S. 253—266. 1912.

Durch eine Nullmethode gelang es den CURIES[1]), noch einen Schritt weiter zu gehen, was Herabsetzung von Fehlerquellen anbelangt. Sie schalteten gegen das Präparat eine Elektrizitätsquelle von bekannter Potentialdifferenz und hielten damit das Potentialgefälle möglichst gering. Es gelingt dann ohne Kapazitätsbestimmung, die pyroelektrische Konstante des Kristalls zu bestimmen. VOIGT fand mit Hilfe dieser Methode die Werte:

$$\gamma = 1{,}22 \text{ bei } 22^\circ\,\mathrm{C}.$$

Die Tabelle 1 enthält die pyroelektrischen Konstanten bei Turmalinen verschiedener Herkunft für Temperaturunterschiede bis zu 160°.

Tabelle 1.

Schwarze Turmaline von Mursinsk.

M Ia	$0{,}52 \cdot \tau + 0{,}0117 \cdot \tau^2 - 0{,}000058 \cdot \tau^3$
M Ib	$1{,}46 \cdot \tau - 0{,}0000078 \cdot \tau^3$
M II	$1{,}21 \cdot \tau + 0{,}0059 \cdot \tau^2 - 0{,}0000328 \cdot \tau^3$
M IV	$1{,}01 \cdot \tau + 0{,}0024 \cdot \tau^2 - 0{,}0000181 \cdot \tau^3$

Turmaline von Hörlberg.

	$1{,}31 \cdot \tau$

Turmaline von Elba.

E III	$1{,}42 \cdot \tau - 0{,}000256 \cdot \tau^2$
E IV	$1{,}18 \cdot \tau - 0{,}000752 \cdot \tau^2$

Turmaline von Prevale.

P I	$0{,}89 \cdot \tau - 27{,}9$
P II	$1{,}46 \cdot \tau - 23{,}0$

Rote Turmaline von Mursinsk.

Mr I	$2{,}03 \cdot \tau - 19{,}7$
Mr II	$1{,}84 \cdot \tau - 58{,}5$

M Ia und M IIa waren Bruchstücke desselben Kristalls, eine äußere Ursache für die auffallende Verschiedenheit ihres Verhaltens konnte nicht bemerkt werden.

Beobachtungen von HAYASHI[2]) ergaben für γ an einigen Turmalinen:

Gelbgrüner Turmalin	1,28	bei 19°
Rosa ,,	1,32	,, 20,3°
Blaugrüner ,,	1,06	,, 20,7°

In folgender Tabelle 2 habe ich die Werte für γ für die anderen beobachteten Kristalle angegeben[2]).

Tabelle 2.

	γ		γ
Lithiumsulfatmonohydrat . .	23,18	Rechtsweinsaures Ammonium	2,84
Lithiumseleneatmonohydrat .	17,14	Lithiumnatriumsulfat	2,31
Resorzin	7,72	Skolezit	0,99
Rechtsweinsäure	7,51	Strontiumditartrat-Tetrahydrat	0,73
Neutralweinsaures Kalium . .	5,98	Strontiumditartrat	0,73
Lithiumtrinatriumseleneat . .	5,38	Rohrzucker	0,53
Lithiumkaliumsulfat	4,88	Rhamnose	0,51

Diese Werte beziehen sich auf $t = 20^\circ$ C.

[1]) P. u. J. CURIE, C. R. Bd. 93, S. 204. 1881; J. CURIE, Thèses. Paris 1888.

[2]) F. HAYASHI, Dissert. Göttingen 1912.

Ich möchte noch bemerken, daß RÖNTGEN[1]) zeigen konnte, daß Quarz, wie die Theorie auch verlangt, höchstwahrscheinlich nicht pyroelektrisch sein kann, sondern die beobachtete Pyroelektrizität auf Piezoelektrizität beruht.

7. Temperaturabhängigkeit der pyroelektrischen Konstante γ. Die ersten Messungen stammen von RIECKE[2]). Dieser Forscher fand am Turmalin bei höheren Temperaturen eine Abnahme der pyroelektrischen Konstante. BLEEKRODE[3]) berichtet von einem Polwechsel, der ein wenig unterhalb der Temperatur der flüssigen Luft stattfinden sollte. Wie später RÖNTGEN[4]) und ACKERMANN[5]) zeigen konnten, kann von einem solchen keine Rede sein. ACKERMANN hat den Temperaturbereich nach oben beim Turmalin beträchtlich größer gewählt als RÖNTGEN, ferner außer Turmalin eine ganze Reihe von anderen Kristallen experimentell untersucht. Die ziemlich verschiedenen Werte für die pyroelektrischen Konstanten gegenüber RÖNTGEN — z. B. erhält RÖNTGEN bei dem hellsten Turmalin bei 20° C für γ den Wert 1,03, bei dem dunkelsten 0,90 gegenüber ACKERMANN, der hierfür entsprechend 1,28 bzw. 1,06 findet — erklären sich auf Grund der Verschiedenheit der Beobachtungsmethoden. RÖNTGEN beobachtete Integralwerte, ACKERMANN Differentialwerte. Die Temperaturschritte, die RÖNTGEN verwendet, sind etwa

$$40{,}5^\circ \to 0^\circ; \quad 0^\circ \to -79^\circ; \quad -79^\circ \to -194^\circ; \quad -194^\circ \to -254^\circ\,\mathrm{C}.$$

ACKERMANN beobachtete Temperaturintervalle von 2°; außerdem benutzte er kleinere Präparate, die eine weit geringere Dauer der Versuche in Anspruch nehmen. Daher dürften die ACKERMANNschen Messungen zweifellos mehr auf die Theorie zugeschnitten sein. Ich gebe daher in den folgenden Tabellen die Resultate von ACKERMANN und auch einige von RÖNTGEN wieder. Neben den experimentellen Zahlen stehen die theoretischen von BOGUSLAWSKI, auf die wir später genau eingehen müssen.

Tabelle 3 nach ACKERMANN.

	Strontiumditartrat		Lithiumnatriumsulfat		Rechtsweinsaures Ammonium		Kaliumlithiumsulfat	
T	exp.	theor.	exp.	theor.	exp.	theor.	exp.	theor.
23	0,04	0,000	0,12	0,000	0,15	0,000	—	0,000
88	0,12	0,027	0,29	0,009	0,31	0,020	0,60	0,094
198	0,45	0,449	0,88	0,892	1,18	1,204	2,50	2,506
253	0,64	0,631	1,63	1,640	2,41	2,153	4,09	3,947
274	0,69	0,688	2,03	1,908	2,58	2,492	4,51	4,357
293	0,73	0,731	2,26	2,141	2,84	2,772	4,85	4,747
352	0,83	0,833	2,74	2,738	3,42	3,515	5,35	5,518

	Lithiumnatriumselenat		Neutralweinsaures Kalium		Lithiumselenat		Lithiumsulfatmonohydrat	
T	exp.	theor.	exp.	theor.	exp.	theor.	exp.	theor.
23	0,35	0,000	0,39	0,000	0,92	0,000	1,21	0,000
88	0,93	0,104	1,00	0,152	2,30	0,437	3,81	0,316
198	2,94	2,891	3,32	3,426	9,87	9,836	12,24	11,70
253	4,58	4,584	5,10	5,030	14,54	14,44	18,42	18,45
274	5,07	5,079	5,60	5,536	16,00	15,89	20,45	20,65
293	5,38	5,475	5,96	5,931	17,17	17,03	23,27	22,50
352	6,37	6,365	6,89	6,887	19,35	19,78	26,90	26,96

[1]) W. C. RÖNTGEN, Ann. d. Phys. Bd. 45, S. 767—772. 1914.
[2]) E. RIECKE, Wied. Ann. Bd. 40, S. 303. 1890.
[3]) L. BLEEKRODE, Ann. d. Phys. Bd. 12, S. 222. 1903.
[4]) W. C. RÖNTGEN, Ann. d. Phys. Bd. 45, S. 737—767, 767—772. 1914.
[5]) W. ACKERMANN, Ann. d. Phys. Bd. 46, S. 197—220. 1915; s. auch Dissert. Göttingen 1914; W. VOIGT, Ann. d. Phys. Bd. 46, S. 221—230. 1915.

Tabelle 3 nach ACKERMANN (Fortsetzung).

T	Gelbgrüner Turmalin exp.	Gelbgrüner Turmalin theor.	Blaugrüner Turmalin exp.	Blaugrüner Turmalin theor.	Rosaroter Turmalin exp.	Rosaroter Turmalin theor.
23	0,08	0,000	0,04	0,000	0,08	0,000
88	0,29	0,247	0,14	0,071	0,30	0,166
198	0,97	1,012	0,65	0,712	0,98	0,977
253	1,21	1,180	0,94	0,930	1,22	1,190
274	1,24	1,224	1,01	0,995	1,27	1,251
293	1,28	1,257	1,06	1,040	1,31	1,288
352	1,34	1,332	1,17	1,152	1,40	1,393
372	1,35	1,350	1,19	1,181	1,43	1,424
408	1,38	1,378	1,22	1,223	1,46	1,457
488	1,49	1,418	1,27	1,290	1,54	1,513
578	1,67	1,446	1,38	1,336	1,72	1,556
648	1,87	1,462	1,53	1,361	1,94	1,597

Der experimentelle Verlauf der pyroelektrischen Konstanten entspricht einigermaßen dem der spezifischen Wärme in ihrer Abhängigkeit von der absoluten Temperatur. Abb. 2 illustriert einen typischen Fall, den des hellgrünen Turmalins; die Punkte entsprechen etwa dem ACKERMANNschen Verlauf. Ich habe auch schon als kleine Kreise die theoretischen Werte nach BOGUSLAWSKI eingetragen, auf die ich noch zurückkomme. Die RÖNTGENschen Werte sind kleine Dreiecke. Tabelle 4 illustriert die Abweichungen der RÖNTGENschen Messungen gegenüber den ACKERMANNschen Werten.

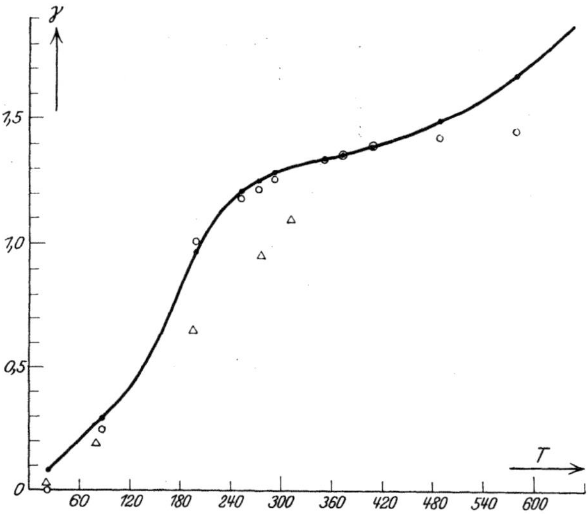

Abb. 2. Pyroelektrische Konstante $\gamma = \frac{\partial \tilde{\mathfrak{p}}_0}{\partial T}$ für gelbgrünen Turmalin. ● ACKERMANN, △ RÖNTGEN, ○ BOGUSLAWSKI (theor.).

$\bar{\gamma}_R$ zeigt den Vergleich einiger Werte, die sich durch Planimetrierung der ACKERMANNschen Messungen auf Grund der soeben angestellten Überlegung ergaben. Man sieht, daß die zufolge des Integraleffekts gewonnenen Werte $\bar{\gamma}_R$ sich den RÖNTGENschen Meßwerten etwas besser anschließen. KAMERLINGH ONNES und BECKMANN[1]) haben das pyroelektrische Phänomen am Quarz bei den Temperaturen der flüssigen Luft und des flüssigen Sauerstoffs im Anschluß an FRIEDEL-CURIE

Tabelle 4.

T	$\gamma_{\text{Röntgen}}$	$\gamma_{\text{Ackermann}}$	$\bar{\gamma}_R$
20,5	0,037	0,08	—
79,5	0,20	0,23	—
194,0	0,66	0,86	—
273,0	0,96	1,25	1,13
313,0	1,10	1,30	1,28

[1]) H. KAMERLINGH ONNES u. A. BECKMANN, Comm. Leiden Nr. 132, S. 55—59. 1913; s. auch Versl. Akad. Amsterdam Bd. 21, S. 1277. 1912; A. BECKMANN, Kamerlingh Onnes-Festschrift 1922, S. 454—458.

gemessen. Sie fanden, daß das pyroelektrische Moment proportional der absoluten Temperatur zunimmt; doch sind diese Messungen nicht sehr genau. Wahrscheinlich ist die Pyroelektrizität am Quarz durch Piezoelektrizität vorgetäuscht, ähnlich, wie das Röntgen plausibel machen konnte, da bei seinen Untersuchungen der Druck bzw. der Zug, den die Silberschicht infolge ihrer von der des Quarzes verschiedenen thermischen Ausdehnung bei Temperaturänderungen auf die Quarzlamelle ausgeübt hat, piezoelektrische Folgen zeitigte.

8. Reziproke Erscheinungen (linearer, elektrokalorischer Effekt). W. Thomson[1]) erkannte als erster, daß ein pyroelektrischer Kristall, den man in ein elektrisches Feld bringt, Temperaturänderungen erfährt. Kehrt man die Richtung des elektrischen Feldes um, so invertiert auch die Temperaturänderung. Die Theorie der linearen, elektrokalorischen Effekte ergibt sich sehr einfach aus folgender Überlegung.

Aus (8, 3) folgt

$$-\frac{\partial f}{\partial T} = s = \frac{\partial a_2}{\partial T} + \left(\mathfrak{E}, \frac{\partial \tilde{\mathfrak{p}}^0}{\partial T}\right).$$

Bei einer adiabatischen Änderung muß aber s konstant bleiben; daraus folgt sofort nach Bestimmung von a_2

$$0 = \varrho \cdot \frac{\gamma_p \cdot \tau}{T} + \left(\mathfrak{E}, \frac{\partial \tilde{\mathfrak{p}}^0}{\partial T}\right). \tag{9}$$

Hierin bedeutet γ_p die spezifische Wärme der Masseneinheit bei konstantem Druck, τ die auftretende Temperaturänderung, ϱ die Dichte.

Man gewinnt denselben Ausdruck auch auf Grund folgender sehr einfacher Überlegung. Wie man leicht sieht, ist der Ausdruck

$$dG = T ds - (\tilde{\mathfrak{p}}_1^0 \delta \mathfrak{E}_1 + \tilde{\mathfrak{p}}_2^0 \delta \mathfrak{E}_2 + \tilde{\mathfrak{p}}_3^0 \delta \mathfrak{E}_3)$$

ein totales Differential. Damit ist:

$$\left(\frac{\partial T}{\partial \mathfrak{E}_h}\right)_s = -\left(\frac{\partial \tilde{\mathfrak{p}}_h^0}{\partial s}\right)_{\mathfrak{E}}.$$

Da nun

$$\delta s = \varrho \cdot \frac{\gamma_p \cdot \delta T}{T} \text{ ist},$$

folgt:

$$\left(\frac{\partial T}{\partial \mathfrak{E}_h}\right)_s = -\frac{T}{\varrho \gamma_p}\left(\frac{\partial \tilde{\mathfrak{p}}_h^0}{\partial T}\right)_{\mathfrak{E}}$$

$$\delta T = -\frac{T}{\varrho \gamma_p} \frac{\partial \tilde{\mathfrak{p}}_h^0}{\partial T} \delta \mathfrak{E}_h.$$

Das bedeutet aber, ein an den pyroelektrischen Kristall adiabatisch angelegtes Feld ändert seine Temperatur, wenn seine Polarisation temperaturempfindlich ist. Legen wir also die z-Richtung in die Achse des Moments so gilt:

$$\delta T = -\frac{T}{\varrho \gamma_p} \frac{\partial \tilde{\mathfrak{p}}^0}{\partial T} \delta \mathfrak{E} \cos(\tilde{\mathfrak{p}}^0, \mathfrak{E}),$$

da:

$$\mathfrak{E}_z = \mathfrak{E} \cos(\mathfrak{E}, \tilde{\mathfrak{p}}^0)$$

ist.

Maßgebend für τ ist also eine Abhängigkeit des pyroelektrischen Moments von der Temperatur. Der inverse Effekt ist folglich linear abhängig von der Feldstärke, kehrt sonach mit dieser sein Vorzeichen um. Eine Temperaturerhöhung findet dann statt, wenn Feld und elektrische Polarisation entgegengesetzt gerichtet sind, falls $-\tilde{\mathfrak{p}}^0$ mit steigender Temperatur abnimmt, was bei gewöhnlichen Temperaturen sicher der Fall ist, wie wir sehen werden.

---

[1]) W. Thomson, Math. Phys. Papers Bd. 1, S. 316. 1877.

Die praktisch erzielte adiabatische Temperaturänderung τ ist sehr klein. Die elektrische Feldstärke im Kristall läßt sich kaum ohne störende Entladungserscheinungen über 100 absolute Einheiten, d. h. 3000 Volt, steigern. Für Turmalin, für welchen

$$\frac{\partial \mathfrak{p}^0}{\partial T} = 1,2; \quad \varrho = 3; \quad \gamma_p = 0,2$$

ist, folgt bei $T = 300°$

$$\tau < 0,002° \, \mathrm{C}.$$

Die STRAUBELschen Messungen[1]) wurden von LANGE[2]) vervollkommnet, und es wurde die Theorie des inversen elektrokalorischen Effektes bis auf wenige Prozent genau bestätigt. Bezüglich der quadratischen elektrokalorischen Effekte verweise ich auf die Literatur[3]).

b) Vektorielle Piezoelektrizität.

9. Phänomenologische Theorie der vektoriellen Piezoelektrizität und Spezialisierung auf die Kristallsysteme. Die Theorie dieser Erscheinung stammt in Anlehnung an Lord KELVIN von W. VOIGT[4]). Im Interesse der Vereinfachung der Darstellung sehen wir zunächst von den Deformationen ab, die als Folge der Temperaturänderungen auftreten, wie auch von den direkten Temperatureinwirkungen. Haben die Kristalle etwa permanente elektrische Momente, so achten wir auf deren Einfluß zunächst nicht. Die freie Energie nimmt nach (4) die Gestalt an:

$$f = -\sum_h \sum_k e_{kh} \mathfrak{E}_k x_h, \qquad \begin{matrix} k = 1,\, 2,\, 3, \\ h = 1,\, 2 \ldots 6. \end{matrix} \tag{10}$$

Die 18 Parameter e_{hk}, die piezoelektrischen Konstanten des Kristalls ändern sich, wie KAMERLINGH ONNES[5]) zeigen konnte, nur sehr wenig mit der Temperatur. Die elektrischen Momente der Volumeneinheit in Abhängigkeit von den Dilatationskomponenten x_1, x_2, x_3 und den Winkeländerungen x_4, x_5, x_6 sind dann:

$$\mathfrak{p}_k = -\frac{\partial f}{\partial \mathfrak{E}_k} = \sum_h e_{kh} x_h. \tag{11}$$

Die elastischen Druckkomponenten, die durch ein angelegtes elektrisches Feld hervorgerufen werden, ergeben sich zu:

$$\Xi_h = -\frac{\partial f}{\partial x_h} = \sum_k e_{kh} \mathfrak{E}_k. \tag{12}$$

Führt man statt der Deformationskomponenten die Druckkomponenten ein, so folgt:

$$\mathfrak{p}_j = -\sum_h d_{jh} X_h, \qquad j = 1,\, 2,\, 3, \tag{13}$$

wobei:

$$d_{jh} = \sum_i e_{ji} s_{ih}, \qquad i = 1,\, 2 \ldots 6 \tag{14}$$

ist. Diese Formel (13) liefert die elektrischen Momente direkt als Funktion der Komponenten des Drucktensors. Die dabei auftretenden Parameter sind die

---

[1]) R. STRAUBEL, Göttinger Nachr. 1902, S. 161.

[2]) FR. LANGE, Dissert. Jena 1905.

[3]) G. LIPPMANN, Ann. chim. phys. (5) Bd. 24, S. 145. 1881; Journ. de phys. (1) Bd. 10, S. 391; s. auch J. HERWEG u. W. PÖTSCH, ZS. f. Phys. Bd. 8, S. 6. 1922, oder auch P. DEBYE, Handb. d. Radiologie Bd. VI, S. 749ff. 1925.

[4]) W. VOIGT, Göttinger Nachr. 1890, S. 36.

[5]) H. KAMERLINGH ONNES u. A. BECKMANN, l. c.

piezoelektrischen Moduln. Fragt man, wie groß die Deformationsgrößen sein würden, wenn in dem Kristall eine elektrische Feldstärke mit den Komponenten $\mathfrak{E}_j$ wirken würde, so erhält man hierfür:

$$\xi_h = -\sum_j d_{jh}\mathfrak{E}_j, \tag{15}$$

und es gilt:

$$e_{jh} = \sum_i d_{ji} c_{hi}. \tag{16}$$

Die physikalische Bedeutung der piezoelektrischen Konstanten e_{jh} und Moduln d_{jh} ergibt sich aus den Ausdrücken (11) bzw. (13) für die elektrischen Momente. Jede piezoelektrische Konstante e_{jh} mißt folglich die piezoelektrische Wirkung irgendeiner Deformationskomponente. Eine Dilatation nach der x-Achse x_x bei verhinderter Querkontraktion y_y, z_z sowie aufgehobenen Scherungen $y_x \ldots$ bewirkt ein Moment mit den Komponenten:

$$\mathfrak{p}_x = e_{11}\cdot x_x,$$
$$\mathfrak{p}_y = e_{21}\cdot x_x,$$
$$\mathfrak{p}_z = e_{31}\cdot x_x.$$

Viel einfacher sind diejenigen Verhältnisse, bei denen sich die Druckkomponenten auf normal zur Fläche wirkenden Druck reduzieren. Ein normaler Druck Z parallel der $\pm z$-Richtung liefert, wenn $Z_z = Z$ gesetzt wird:

$$-\mathfrak{p}_x = d_{13}Z; \qquad -\mathfrak{p}_y = d_{23}Z; \qquad -\mathfrak{p}_z = d_{33}Z.$$

Die e_{jh} sind selbst Momentkomponenten, die Moduln d_{jh} sind Quotienten von Momentkomponenten und Drucken. Die Werte der piezoelektrischen Konstanten und Moduln hängen von der individuellen Natur des Kristallpolyeders und dem Koordinatensystem in seiner Orientierung zu dem Hauptachsensystem ab. Sobald man das Koordinatensystem den Symmetrieeigenschaften des Kristalls anpaßt (Hauptkoordinatensystem), reduziert sich die Anzahl der Konstanten.

Wir wollen nicht darauf eingehen, welche Beziehungen sich für diese aus der Einführung einzelner Symmetrieelemente ergeben, da es sich lediglich um physikalisch belanglose Koordinatentransformationen handelt. Man benutzt eben den Umstand, daß die freie Energie als skalare Funktion unabhängig ist vom Koordinatensystem. Führt man diese Rechnung durch, so gewinnt man folgendes Schema für die piezoelektrischen Konstanten und Moduln der einzelnen Kristallgruppen, die einer piezoelektrischen Erregung fähig sind.

Schema (B).

I. Triklines System.						
(2) Hemiedrie	e_{11}	e_{12}	e_{13}	e_{14}	e_{15}	e_{16}
	e_{21}	e_{22}	e_{23}	e_{24}	e_{25}	e_{26}
	e_{31}	e_{32}	e_{33}	e_{34}	e_{35}	e_{36}
II. Monoklines System.						
(4) Hemimorphie A_z^2	0	0	0	e_{14}	e_{25}	0
	0	0	0	e_{24}	e_{25}	0
	e_{31}	e_{32}	e_{33}	0	0	e_{36}
(5) Hemiedrie E_z	e_{11}	e_{12}	e_{13}	0	0	e_{16}
	e_{21}	e_{22}	e_{23}	0	0	e_{26}
	0	0	0	e_{34}	e_{35}	0
III. Rhombisches System.						
(7) Hemiedrie $A_z^2 A_x^2$	0	0	0	e_{14}	0	0
	0	0	0	0	e_{25}	0
	0	0	0	0	0	e_{36}
(8) Hemimorphie $A_z^2 E_x$	0	0	0	0	e_{15}	0
	0	0	0	e_{24}	0	0
	e_{31}	e_{32}	e_{33}	0	0	0

IV. Trigonales System.

(10) Enantiomorphe Hemiedrie $A_z^3 A_x^2$	e_{11}	$-e_{11}$	0	e_{14}	0	0
	0	0	0	0	$-e_{14}$	$-e_{11}$
	0	0	0	0	0	0
(11) Hemimorphe Hemiedrie $A_z^3 E_x$	0	0	0	0	e_{15}	$-e_{22}$
	$-e_{22}$	e_{22}	0	e_{15}	0	0
	e_{31}	e_{31}	e_{33}	0	0	0
(13) Tetartoedrie A_z^3	e_{11}	$-e_{11}$	0	e_{14}	e_{15}	$-e_{22}$
	$-e_{22}$	e_{22}	0	e_{15}	$-e_{14}$	$-e_{11}$
	e_{31}	e_{31}	e_{33}	0	0	0

V. Tetragonales System.

(15) Enantiomorphe Hemiedrie $A_z^4 A_x^2$	0	0	0	e_{14}	0	0
	0	0	0	0	$-e_{14}$	0
	0	0	0	0	0	0
(16) Hemimorphe Hemiedrie $A_z^4 E_x$	0	0	0	0	e_{15}	0
	0	0	0	e_{15}	0	0
	e_{31}	e_{31}	e_{33}	0	0	0
(18) Tetartoedrie A_z^4	0	0	0	e_{14}	e_{15}	0
	0	0	0	e_{15}	$-e_{14}$	0
	e_{31}	e_{31}	e_{33}	0	0	0
(19) Hemiedrie mit Spiegelachse $S_z A_x^2$	0	0	0	e_{14}	0	0
	0	0	0	0	e_{14}	0
	0	0	0	0	0	e_{36}
(20) Tetartoedrie mit Spiegelachse S_z	0	0	0	e_{14}	e_{15}	0
	0	0	0	$-e_{15}$	e_{14}	0
	e_{31}	$-e_{31}$	0	0	0	e_{36}

VI. Hexagonales System.

(22) Enantiomorphe Hemiedrie $A_z^6 A_x^2$	0	0	0	e_{14}	0	0
	0	0	0	0	$-e_{14}$	0
	0	0	0	0	0	0
(23) Hemimorphe Hemiedrie $A_z^6 E_x$.	0	0	0	0	e_{15}	0
	0	0	0	e_{15}	0	0
	e_{31}	e_{31}	e_{33}	0	0	0
(25) Tetartoedrie A_z^6	0	0	0	e_{14}	e_{15}	0
	0	0	0	e_{15}	$-e_{14}$	0
	e_{31}	e_{31}	e_{33}	0	0	0
(26) Hemiedrie mit dreizähliger Hauptachse $A_z^3 A_x^2 E_z$.	e_{11}	$-e_{11}$	0	0	0	0
	0	0	0	0	0	$-e_{11}$
	0	0	0	0	0	0
(27) Tetartoedrie mit dreizähliger Hauptachse $A_z^3 E_z$.	e_{11}	$-e_{11}$	0	0	0	$-e_{22}$
	$-e_{22}$	e_{22}	0	0	0	$-e_{11}$
	0	0	0	0	0	0

VII. Reguläres System.

(30) Hemimorphe Hemiedrie $S_z \sim S_y$	0	0	0	e_{14}	0	0
	0	0	0	0	e_{14}	0
	0	0	0	0	0	e_{14}
(32) Tetartoedrie $A_x^2 \sim A_y^2 \sim A_z^2$.	0	0	0	e_{14}	0	0
	0	0	0	0	e_{14}	0
	0	0	0	0	0	e_{14}

Alle vorstehenden Schemata, in denen das Symmetrieelement A_z^3 nicht auftritt, gelten auch für die piezoelektrischen Moduln. Für die Gruppen, die A_z^3 enthalten, ist nur in der letzten Vertikalreihe statt e_{11} e_{22}; $2d_{11}$; $2d_{22}$ zu schreiben.

Die geometrische Bedeutung der piezoelektrischen Konstanten ist von W. VOIGT[1]) gegeben. Sie führt auf eine Trivektorfläche, auf eine Tensorfläche und auf eine Ebene. Eine ausführliche Darstellung würde die allgemeine Theorie

---

[1]) W. VOIGT, Lehrb. d. Kristallphysik, S. 820ff. Leipzig 1910.

gerichteter Größen[1]) enthalten. Wir verzichten der Kürze halber auf eine Wiedergabe. Kurz, jeder Kristall ist nach seinen piezoelektrischen Eigenschaften vollständig charakterisiert durch ein polares Trivektorsystem, ein achsiales Tensortripel und einen polaren Vektor. Dabei ist die Summe der Zahlenwerte für die Konstituenten des Tensortripels Null. Hiermit hängt zusammen, daß die Piezoelektrizität das komplizierteste, aber auch mannigfaltigste Gebiet der Kristallphysik ist.

Wie nun die oben aufgestellten Schemata benutzt werden zur Bestimmung der piezoelektrischen Moduln, haben RIECKE und VOIGT[2]) an einfachen Beispielen gezeigt. Mit Hilfe der allgemeinen Transformationsformeln, wie VOIGT[3]) ausgeführt hat, läßt sich dann das Koordinatensystem der Gestalt des Kristallpräparats anpassen. Es erweist sich häufig vorteilhaft, neben dem durch die Symmetrieelemente des Kristalls festgelegten Hauptachsensystem noch ein Hilfssystem einzuführen, das auf die Gestalt des Kristallpräparats, das etwa die Form eines Parallelepipeds besitzt, zugeschnitten ist. Im allgemeinen sind die Transformationsformeln sehr umständlich, vereinfachen sich aber sehr, wenn, wie bei Anwendungen meist, Hauptachsensystem und Hilfsachsensystem eine Achse gemeinsam haben. Die z-Achse möge gemeinsam sein, die x-Achse bilde mit der x'-Achse den Winkel φ. Setzt man

$$\cos\varphi = c\,, \qquad \sin\varphi = s\,,$$

so ergibt sich folgendes Schema:

$$\left.\begin{aligned}
e'_{11} &= e_{11}\cdot c^3 + e_{22}s^3 + \{e_{12} + 2e_{26}\}\,s^2\cdot c\\
e'_{12} &= (e_{11} - 2e_{26})\,s^2\cdot c + e_{21}s^3 + e_{12}c^3 + (e_{22} - 2e_{16})\,s c^2\\
e'_{13} &= e_{13}\cdot c + e_{23}\cdot s\\
e'_{14} &= (e_{24} - e_{15})\,sc + e_{14}c^2 - e_{25}s^2\\
e'_{15} &= e_{15}\cdot c^2 + e_{24}\cdot s^2 + (e_{14} + e_{25})\,s\cdot c\\
e'_{16} &= -(e_{11} - e_{12})\,c^2 s + e_{16}s\,(1 - 2s^2) - e_{26}s\,(1 - 2c^2) + (e_{22} - e_{21})\,c s^2\\
e'_{21} &= -(e_{11} - 2e_{26})\,c^2 s + e_{21}c^3 - e_{12}s^3 + (e_{22} - 2e_{16})\,c s^2\\
e'_{22} &= -e_{11}s^3 + e_{22}c^3 + \{e_{12} + 2e_{26}\}\,s^3\\
&\quad -(e_{13} + 2e_{35})\,s\cdot c^2 + \{e_{23} + 2e_{34}\}\,c^3\\
e'_{23} &= -e_{13}\cdot s + e_{23}\cdot c\\
e'_{24} &= e_{15}s^2 + e_{24}\cdot c^2 - (e_{14} + e_{25})\,s\cdot c\\
e'_{25} &= (e_{24} - e_{15})\,s\cdot c - e_{11}s^2 + e_{25}\cdot c^2\\
e'_{26} &= (e_{11} - e_{12})\,s^2\cdot c - (e_{22} - e_{21})\,c^2\cdot s + e_{16}s\,(1 - 2c^2) + e_{26}\,c\,(1 - 2s^2)\\
e'_{31} &= e_{31}\cdot c^2 + e_{32}s^2 + 2e_{36}s\cdot c\\
e'_{32} &= e_{31}s^2 + e_{32}c^2 - 2e_{36}s\cdot c\\
e'_{33} &= e_{33}\\
e'_{34} &= -e_{35}\cdot s + e_{34}\cdot c\\
e'_{35} &= e_{35}\cdot c + e_{34}\cdot s\\
e'_{36} &= (e_{32} - e_{31})\,sc + e_{36}\,(c^2 - s^2)\,.
\end{aligned}\right\} \quad (17)$$

Durch zyklische Vertauschung der Indizes 1, 2, 3 und 4, 5, 6 entstehen hieraus sogleich die Transformationsformeln für den Fall der Drehung des Koordinatensystems um die x-Achse und y-Achse.

---

1) W. VOIGT, Lehrb. d. Kristallphysik, S. 122–155. Leipzig 1910.
2) E. RIECKE u. W. VOIGT, Wied. Ann. Bd. 45, S. 523. 1892.
3) W. VOIGT, Lehrb. d. Kristallphysik, S. 836–842. Leipzig 1910.

Liegt das Koordinatensysten x'', y'', z'' irgendwie gedreht gegen das Hauptachsensystem, so gewinnt man mit Hilfe der EULERschen Winkel die allgemeinen Transformationsformeln, auf deren Wiedergabe wir der Kompliziertheit halber verzichten. Alle vorstehenden Transformationsformeln lassen sich auf die piezoelektrischen Moduln übertragen, die ja dem Experiment mehr angepaßt sind. Man setzt nur statt e_{jh} für j und $h = 1, 2, 3$ die d_{jh}, dagegen für e_{jh} für $j = 1, 2, 3$ und $h = 4, 5, 6$

$$\frac{d_{jh}}{2}.$$

Betreffs der geometrischen Darstellung der piezoelektrischen Eigenschaften möchte ich mich nur sehr kurz fassen[1]). Man kann für den Druck P = 1 Atm. und alle möglichen Druckrichtungen sich jedesmal die erhaltenen elektrischen Momente von irgendeinem festgelegten Punkte als Vektoren auftragen. Die Oberfläche aller dieser Pfeilspitzen heißt die piezoelektrische Fläche. Sie ist eingehend von BIDLINGMAIER[2]) untersucht, der zeigte, daß sie in den meisten Fällen einem besonderen Typus der STEINERschen Fläche, die vom 4. Grad ist, angehört; sie besitzt drei Doppelgrade mit gemeinsamem Punkt, verläuft ganz im Inneren des durch die Endpunkte der letzteren bestimmten Tetraeders, berührt dessen Seitenfläche in Ellipsen und kann mit Hilfe eines Doppelgraden-Kreuzes leicht konstruiert werden[3]). Es ist bemerkenswert, daß die piezoelektrische Fläche für sich allein die piezoelektrischen Erscheinungen der Kristalle nicht vollständig beschreibt, da sie nur 15 Parameter enthält, während wir es im allgemeinen mit 18 piezoelektrischen Moduln zu tun haben. Man muß notwendig jedem ihrer Punkte eine Pfeilspitze auf der Halbkugel, die die Druckrichtung vollständig charakterisiert, zuordnen. Nur bei Kristallen höherer Symmetrie erweist sich letzteres als überflüssig.

Eine piezoelektrische Fläche von viel einfacherer Gestalt hat VOIGT[4]) angegeben. Zu diesem Zweck projiziert man den Vektor des genannten elektrischen Moments auf die Druckrichtung. Alle Projektionspunkte bilden zusammen eine sehr einfache Fläche dritter Ordnung, die man nach VOIGT die Fläche des longitudinalen Moments nennt. Sie enthält die 18 piezoelektrischen Moduln allein in 10 Kombinationen, ist daher nur in speziellen Fällen zu verwenden. Man kann aber auch nach VOIGT[5]) nach den Druckrichtungen fragen, die etwa einem bestimmt vorgegebenen Moment, z. B.

$$\mathfrak{p}_x = 1, \qquad \mathfrak{p}_y = 1, \qquad \mathfrak{p}_z = 1$$

entsprechen. Auf diese Weise gewinnt man drei Tensorflächen, die das piezoelektrische Verhalten des Kristalls vollkommen charakterisieren.

Man zeigt auch sehr leicht, daß, wenn anfangs ein permanentes Moment durch eine auf den Kristall influenzierte Oberflächenladung kompensiert war, dieses auch nach der Deformation noch gilt. Die Rückwirkung der permanenten Momente ist klein, ein Effekt zweiter Ordnung.

10. Beobachtungsergebnisse mit Berücksichtigung der Temperaturabhängigkeit. Vorbemerkung. Zum Nachweis der Piezoelektrizität benutzt man folgende drei Methoden:

---

1) E. RIECKE, Wied. Ann. Bd. 49, S. 421. 1893.
2) F. BIDLINGMAIER, Dissert. Göttingen 1900.
3) W. VOIGT, Ber. d. Versamml. deutscher Naturforscher u. Ärzte 1891, II, S. 36—39; Katalog math. Modelle, S. 385, München 1892.
4) W. VOIGT, Lehrb. d. Kristallphysik, S. 853. Leipzig 1910.
5) W. VOIGT, Wied. Ann. Bd. 63, S. 376. 1897.

1. Die statische Methode (vgl. die quantitativen Messungen der Gebrüder CURIE, Ziff. 10). Es werden die bei Kompression des Kristalls auftretenden Ladungen mit einem empfindlichen Elektrometer gemessen.

2. Das qualitative Bestäubungsverfahren von KUNDT (vgl. Ziff. 4).

3. Die Kristallpulvermethode von GIEBE und SCHEIBE (vgl. Ziff. 16).

4. Die Methode der Leuchtkristalle von GIEBE und SCHEIBE (vgl. Ziff. 16).

Als die Entdecker der Piezoelektrizität sind unzweifelhaft die Gebrüder P. und J. CURIE[1]) zu betrachten. Sie preßten Kristalle mit polaren Achsen auf zwei zu einer polaren Achse senkrechten Flächen, die mit Zinnfolie belegt und mit den Quadranten eines THOMSONschen Elektrometers verbunden waren, in einem Schraubstock und beobachteten die Ausschläge des Instruments. Die Flächen zeigten entgegengesetzte Ladungen. Die Ladungen kehrten, wenn statt Druck Zug wirkte, ihr Vorzeichen um. Sie untersuchten:

Turmalin, Kieselzinkerz, Rohrzucker, Weinsäure,
Quarz, Zinkblende, Helvin, Natriumchlorat und Seignettesalz.

Die Kristalle der ersten Reihe zeigen nur eine polare Achse, die der zweiten mehrere. Durch Kompression wird das Ende positiv, an welchem auch bei Abkühlung positive Elektrizität auftritt. Dieses Phänomen führt daher zu der Vermutung, daß im Falle der Temperaturänderung die Deformation das maßgebliche für die elektrische Erregung des Kristalls ist. Dieser Anschauung schloß sich auch RÖNTGEN[2]) an.

Nun können Kristalle mit mehreren polaren Achsen keine pyroelektrische Wirkung zeigen. Daher sind die bei ungleichförmiger Temperaturänderung eintretenden Erregungen ausschließlich Folgen der thermischen Drucke und Deformationen. Man konnte die an den verschiedenen Präparaten frei werdenden Ladungen unmittelbar dem Ausschlag des Elektrometers proportional setzen, da die Kapazität der Zuleitungen und Armaturen sehr klein gegenüber der des verwandten Instrumentes war. CURIE[3]) faßte die Beobachtungen in folgende Gesetze:

1. Die beiden Enden eines Turmalins entwickeln bei Kompression entgegengesetzte gleiche Ladungen, die sich dem Druck proportional erweisen, mit ihm also die Richtung umkehren.

2. Die entwickelte Ladung pro cm² hängt bei gleichem Druck nicht von den Dimensionen des Präparates ab. Hieraus erkennt man den weitgehenden Parallelismus pyro- und piezoelektrischer Erscheinungen.

In einer weiteren Arbeit bestimmten die CURIES[4]) nach einer Art Nullmethode die piezoelektrischen Moduln von Turmalin und Quarz, auf deren Wiedergabe wir verzichten, da sie inzwischen genauer bestimmt worden sind. Den Einfluß der Orientierung der Druckrichtung gegen den Kristall untersuchen sie nicht.

Die CURIEschen Untersuchungen hat später VOIGT gedeutet. Orientiert man ein Parallelepiped aus Quarz mit den Kantenlängen a, b, c nach dem Haupt-

---

[1]) J. u. P. CURIE, C. R. Bd. 91, S. 294, 383. 1880; Bull. soc. min. de France Bd. 3, S. 90. 1880. Die Bezeichnung „Piezoelektrizität" für diese Erscheinung wurde von HANKEL (Leipziger Abhandlgn. Bd. 12, S. 462. 1881) eingeführt. Siehe auch P. CURIE, Oeuvres S. 6, Paris 1908.

[2]) W. C. RÖNTGEN, Wied. Ann. Bd. 19, S. 513. 1883.

[3]) P. u. J. CURIE, C. R. Bd. 92, S. 186 u. 350. 1881; P. CURIE, Oeuvres S. 15. Paris 1908.

[4]) J. u. P. CURIE, C. R. Bd. 93, S. 1137. 1881; Journ. de phys. (2) Bd. 8, S. 149. 1882; Lumière électrique Bd. 30, S. 423, 479, 521. 1888.

achsensystem, so können wir direkt an das in Ziff. 9 gegebene Schema anknüpfen und erhalten für die Komponenten des elektrischen Moments:

$$-\mathfrak{p}_x = d_{11}(X_x - Y_y) + d_{14} Y_z ,$$
$$-\mathfrak{p}_y = -d_{14} Z_z - 2 d_{11} X_y ,$$
$$-\mathfrak{p}_z = 0 .$$

Drückt man nun normal zu den Hauptebenen, d. h.

$$Y_z = Z_x = X_y = 0 ,$$

so liefern die Hauptdrucke

$$X_1,\ Y_1,\ Z_1,$$

parallel der x-, y-, und z-Achse.

$$-(\mathfrak{p}_x)_1 = d_{11} X_1 ; \qquad -(\mathfrak{p}_x)_2 = -d_{11} Y_1 ; \qquad -(\mathfrak{p}_x)_3 = 0 .$$

Hieraus resultieren für die Ladungen der Fläche, die nach der positiven x-Richtung gelegen ist:

$$Q_{x1} = -d_{11} \cdot P ,$$
$$Q_{x2} = d_{11} P \frac{f_y}{f_x} ,$$
$$Q_{x3} = 0 ,$$

wobei:

$$f_x = b \cdot c , \qquad f_y = a \cdot c$$

ist. P bedeutet darin den Gesamtdruck. Es tritt also immer die gedrückte Fläche in den Nenner und die belegte in den Zähler. Dieses theoretische Ergebnis stimmt vollkommen mit dem Resultat der CURIES überein. Das gefundene Gesetz läßt sich, wie man zeigen kann, auch verallgemeinern; es gilt folglich jederzeit der Satz: Wenn man ein rechtwinkliges Parallelepiped eines piezoelektrischen Kristalls auf dem Flächenpaar F drückt, entstehen auf den anderen f oder den gleichen F freiwerdende Ladungen, die proportional f/F bzw. $F/F = 1$ sind. Wählt man die gedrückte Fläche F sehr klein, so sammelt sich also auf f sehr viel Ladung. Eine Art Ergänzung der beschriebenen Beobachtung der CURIES stellen einige Messungen CERMAKS[1]) dar, die sich auf zwei verschieden orientierte Parallelepipede von Quarz bezogen, aber nur die Ladung der gedrückten Flächen maßen.

Kompliziertere Fälle hat KUNDT[2]) nach seinem Bestäubungsverfahren untersucht, die aber theoretisch wenig verwertbar sind. Infolge der schwereren Mennige grenzen sich die Bereiche nicht exakt ab.

Ist die Erregung nicht mehr homogen, wie im Falle der Biegung oder Torsion, so entstehen weitere Komplikationen. Man hat in diesem Falle die schwierige Berechnung des Potentials der ganzen elektrischen Verteilung nötig, da die Oberflächenladungen allein für die elektrische Polarisation nicht mehr ausreichen. In gewissen Fällen, z. B. der gleichförmigen Biegung oder Torsion eines Kreiszylinders, dessen Länge groß ist gegenüber dem Durchmesser, läßt sich diese Berechnung sogar unter Berücksichtigung der Selbsterregung durchführen[3]). Hierbei ist folgender Satz von besonderem Interesse. Ein beliebiger piezoelektrischer Kreiszylinder, dessen Radius klein ist gegenüber seiner Länge, läßt sich durch gleichförmige Biegung oder Torsion, wenn überhaupt, stets so erregen,

---

[1]) P. CERMAK, Wiener Ber. Bd. 96, S. 1217. 1887.

[2]) A. KUNDT, Berl. Ber. Bd. 16, S. 421. 1883; Wied. Ann. Bd. 20, S. 592. 1883.

[3]) W. VOIGT, Göttinger Nachr. 1894, Nr. 4; Wied. Ann. Bd. 55, S. 701. 1895; Ann. d. Phys. Bd. 48, S. 433—448. 1915. W. VOIGT u. V. FREEDERICKSZ, Ann. d. Phys. Bd. 48, S. 145—176. 1915, oder auch Göttinger Nachr., 8. Mai 1915.

daß sich seine Mantelfläche in vier gleiche, zur Achse parallele Bezirke teilt, die abwechselnd entgegengesetzte Wirkungen zeigen. Dieser Satz erklärt zugleich eine eigentümliche Beobachtung von RÖNTGEN, der an Quarzzylindern mit zur Hauptachse parallelen Achsen, bei Torsion eine Elektrisierung des Mantels in vier solchen Zonen beobachtete und zunächst irrtümlich auf eine niedere Symmetrie des Quarzes schloß. Diese Erscheinung hat indessen ihre Ursache in einer sehr geringen Abweichung der Zylinderachse von der Hauptachse. VOIGT und FREEDERICKSZ konnten in ihrer Arbeit die Theorie aufs glänzendste bestätigen und untersuchten die genaue Verteilung auf den vier Quadranten des Zylinderumfangs. Aus ihren Messungen resultierten für:

$$d_{11} = -6{,}9 \cdot 10^{-8},$$
$$d_{14} = 1{,}7 \cdot 10^{-8}.$$

Der Wert für d_{14} ist weniger sicher, da Orientierungsfehler eine große Rolle spielen. Der Wert d_{11} stimmt mit den besten Beobachtungen von P. CURIE und RÖNTGEN[1, 2]) sehr gut überein. Letztere Forscher fanden

$$d_{11} = -6{,}94 \cdot 10^{-8}.$$

VOIGT und FREEDERICKSZ untersuchten auch das inverse Phänomen der elektrischen Drillungsdeformation[3]), die man sehr leicht zeigen kann.

Die piezoelektrische Erregung eines Kreiszylinders, in dem praktisch weniger wichtigen Fall der Deformation mit mechanischer Einwirkung auf die Mantelflächen ist von SOMIGLIANA[4]) behandelt.

Große theoretische Schwierigkeiten bieten Beobachtungen RÖNTGENS[5]) über die elektrische Erregung einer Quarzkugel durch Kompression längs eines Durchmessers, da das Problem der elastischen Deformation einer Kristallkugel noch nicht gelöst ist.

Bezüglich der Theorie der piezoelektrischen Erregung dünner Platten verweise ich auf die Literatur[6]).

Mit Hilfe der allgemeinen Transformationsformeln der piezoelektrischen Moduln und denen für den Drucktensor kann man leicht für jeden speziellen Fall die piezoelektrischen Moduln aus bestimmten vorzunehmenden Beobachtungen erschließen.

Man fand folgende Ergebnisse:

Turmalin[7]) IV (11)

$$d_{22} = -0{,}69 \cdot 10^{-8}; \qquad d_{15} = 11{,}04 \cdot 10^{-8};$$
$$d_{31} = 0{,}74 \cdot 10^{-8}; \qquad d_{33} = 5{,}78 \cdot 10^{-8}.$$

Mit Hilfe der Elastizitätskonstanten[8]) ergibt sich daraus:

$$e_{22} = -0{,}53 \cdot 10^{4}; \qquad e_{15} = 7{,}40 \cdot 10^{4};$$
$$e_{31} = 3{,}09 \cdot 10^{4}; \qquad e_{33} = 9{,}60 \cdot 10^{4};$$

Natriumchlorat[9]) VII (32)

$$d_{14} = -4{,}84 \cdot 10^{-8};$$

1) P. CURIE, Traité de radioactivité Bd. 1, S. 98. 1910.
2) W. C. RÖNTGEN, Ann. d. Phys. Bd. 41, S. 449. 1913.
3) W. VOIGT, Zentralbl. f. Min., Geol. u. Paläontol. 1914, S. 473–479. Die Firma Steeg & Reuter liefert solche Demonstrationsapparate.
4) C. SOMIGLIANA, Ann. di Mat. (2) Bd. 20. 1892.
5) W. C. RÖNTGEN, Wied. Ann. Bd. 18, S. 534; Bd. 19, S. 523. 1883.
6) W. VOIGT, Lehrb. d. Kristallphysik, S. 894ff. 1910.
7) E. RIECKE u. W. VOIGT, Wied. Ann. Bd. 45, S. 523. 1892.
8) W. VOIGT, Wied. Ann. Bd. 41, S. 722. 1890.
9) F. POCKELS, Göttinger Nachr. 1893, S. 69.

Quarz[1]) IV (10)

$$d_{11} = -6{,}45 \cdot 10^{-8}; \qquad d_{14} = 1{,}45 \cdot 10^{-8};$$
$$e_{11} = -4{,}77 \cdot 10^{4}; \qquad e_{14} = -1{,}23 \cdot 10^{4}.$$

Eine weitere Bestimmung durch NACHTIKAL[2]) für d_{11} in Abhängigkeit vom Druck P führte zu

$$d_{11} = -6{,}54 \cdot 10^{-8} - 1{,}05 \cdot 10^{-16} \cdot P.$$

POCKELS[3]) findet

$$d_{11} = -6{,}27 \cdot 10^{-8}; \qquad d_{14} = 1{,}925 \cdot 10^{-8}.$$

CERMAK[4]) und HAYASHI[5]) finden einen nahezu gleichen Wert.

Die genauesten Werte sind die von RÖNTGEN-CURIE (s. Ziff. 10). LISSAUER[6]) hat die Veränderlichkeit von d_{11} mit der Temperatur von 19° bis —192° beobachtet und keine Veränderung festgestellt.

Seignettesalz[7]) III (7)

$$d_{14} \sim 1000 \cdot 10^{-8}; \qquad d_{25} = -165 \cdot 10^{-8};$$
$$d_{36} = 35{,}4 \cdot 10^{-8}.$$

VALASEK[8]) findet neuerdings an Rochelle-Salz bei 0° C:

$$d_{14} = 2300 \cdot 10^{-8},$$
$$d_{25} = -138 \cdot 10^{-8},$$
$$d_{36} = 28{,}3 \cdot 10^{-8}.$$

Während nun d_{14} stark mit der Temperatur variiert (vgl. Ziff. 10), bleiben die Größen d_{25} und d_{36} nahezu unabhängig von der Temperatur und zeigen auch fast keine Ermüdungs-, Leitungs- und Hysteresiserscheinungen[9]). Solche Platten aus Seignettesalz, die senkrecht zur x-Achse und y-Achse und nicht zur kristallographischen Hauptachse, der z-Achse, geschnitten sind, eignen sich praktisch weit besser als Quarz, da ihr piezoelektrischer Effekt noch viele Male größer ist als der beim Quarz.

Rechtsweinsäure[10]) II (5)

$$d_{14} = -24 \cdot 10^{-8}; \qquad d_{15} = 28 \cdot 10^{-8};$$
$$d_{24} = 28{,}5 \cdot 10^{-8}; \qquad d_{25} = -39{,}5 \cdot 10^{-8};$$
$$d_{31} = 1{,}95 \cdot 10^{-8}; \qquad d_{32} = 5{,}95 \cdot 10^{-8};$$
$$d_{33} = 6{,}45 \cdot 10^{-8}; \qquad d_{36} = 3{,}8 \cdot 10^{-8}.$$

Rohrzucker[11]) II (5)

$$d_{14} = 1{,}27 \cdot 10^{-8}; \qquad d_{15} = -1{,}26 \cdot 10^{-8};$$
$$d_{24} = -7{,}25 \cdot 10^{-8}; \qquad d_{25} = 3{,}75 \cdot 10^{-8};$$
$$d_{31} = 2{,}21 \cdot 10^{-8}; \qquad d_{32} = 4{,}43 \cdot 10^{-8};$$
$$d_{33} = -10{,}25 \cdot 10^{-8}; \qquad d_{36} = -2{,}62 \cdot 10^{-8}.$$

Zinkblende[12]) VII (30)

$$e_{14} = -2{,}28 \cdot 10^{4};$$
$$d_{14} = -5{,}24 \cdot 10^{-8}.$$

---

1) E. RIECKE u. W. VOIGT, Wied. Ann. Bd. 45, S. 523. 1892.
2) F. NACHTIKAL, Göttinger Nachr. 1899, S. 109.
3) D. POCKELS, Göttinger Nachr. Bd. 39. 1894.
4) P. CERMAK, Wiener Ber. Bd. 96, S. 1217. 1887.
5) F. HAYASHI, Dissert. Göttingen 1912.
6) W. LISSAUER, Dissert., München 1907.
7) F. POCKELS, Göttinger Nachr. 1893, S. 183; s. auch Anm. 3 dieser Seite.
8) J. VALASEK, Science Bd. 65, S. 235—236. 1927.
9) Siehe Fußnote 1 S. 313, außerdem I. G. FRAYNE, Phys. Rev. März 1923; E. K. SCOTT, Trans. Faraday Soc. Bd. 17, S. 748—752. 1922.
10) T. TAMARU, Phys. ZS. Bd. 6, S. 379. 1905.
11) W. FR. HOLMAN, Ann. d. Phys. Bd. 29, S. 160. 1909. W. VOIGT gibt in seiner Kristallphysik (S. 874) für Rechtsweinsäure und Rohrzucker $d_{25} = -36{,}5 \cdot 10^{-8}$ bzw. $d_{25} = -3{,}75 \cdot 10^{-8}$ an, während aus den Originalarbeiten die oben angegebenen Werte hervorgehen.
12) VAN DER VEEN, Dissert. Leiden 1911.

In einer Reihe von Arbeiten konnte VALASEK[1]) im Anschluß an Beobachtungen von ANDERSON[2]) über die Verschiedenheit des ballistischen Ladungs- und Entladungsstoßes eines Kondensators mit Seignettesalz zeigen, daß dieses eine Sondereinstellung einnimmt. CADY[3]) fand, daß die piezoelektrische Wirkung oder die Menge Elektrizität, nicht der wirkenden Kraft proportional ist. Zuerst ist die Wirkung ungefähr proportional der Kraft, wächst dann weniger stark und strebt schließlich mehr oder weniger dem Sättigungswert zu. Ähnlich verhält sie sich auch gegenüber dem elektrischen Feld. Die Ladungsdichte auf den Kondensatorplatten ist ja proportional der dielektrischen Verschiebung $\mathfrak{D}$. Die Veränderungen der Ladungen wurden mittels eines sehr empfindlichen Galvanometers gemessen. Der Kristall und alle mit ihm verbundenen Teile wurden in ein Glasgefäß, welches evakuiert werden konnte, eingeschlossen. Ein Solenoid mit Eisenkern wurde dazu benutzt, um auf den Kristall Druck auszuüben. Das Gewicht der Eisenstange und die Wirkung des remanenten Magnetismus wurde mittels einer geeigneten Vorrichtung kompensiert. Der untere Teil des Glasgefäßes mit Kristall befand sich gegen Wärme isoliert in einer Dewarflasche, die ein konstantes Temperaturbad enthielt oder mit entsprechenden Kältemischungen gefüllt war; die Temperatur wurde mittels Thermoelementen gemessen. Beim inversen Effekt konnte die elektromotorische Kraft am Kondensator zwischen -400 und $+400$ Volt in Stufen von 80 Volt variieren. Der Kristall war so geschnitten, daß die scherende Kraft Y_z auftrat und dadurch der piezoelektrische Modul d_{14} gemäß (13) und Schema B bestimmt werden konnte. Die anderen Moduln hat VALASEK nicht untersucht. Ganz abweichend von dem üblichen Verlauf ändert sich d_{14} als Funktion der Temperatur etwa, wie Tabelle 5 zeigt. Dabei ergeben sich andere Werte, wenn statt der Quecksilberbelegungen Zinkbelegungen benutzt werden.

Tabelle 5 für d_{14} (bei Hg-Belegungen). Seignettesalz.

$-70°$	$0{,}017 \cdot 10^{-5}$	$0°$	$6{,}75 \cdot 10^{-5}$
$-50°$	$0{,}017 \cdot 10^{-5}$	$10°$	$7{,}42 \cdot 10^{-5}$
$-30°$	$0{,}065 \cdot 10^{-5}$	$20°$	$8{,}10 \cdot 10^{-5}$
$-20°$	$1{,}08 \cdot 10^{-5}$	$30°$	$1{,}08 \cdot 10^{-5}$
$-10°$	$6{,}07 \cdot 10^{-5}$	$40°$	$0{,}41 \cdot 10^{-5}$

Die elektrischen Eigentümlichkeiten an Seignettesalz sind den ferromagnetischen des Eisens analog. Es entsprechen sich dielektrische Verschiebung $\mathfrak{D}$ und magnetische Induktion $\mathfrak{B}$, dielektrische Polarisation $\mathfrak{P}$ und Magnetisierung $\mathfrak{J}$, elektrische Feldstärke $\mathfrak{E}$ und magnetische $\mathfrak{H}$. $\mathfrak{D}$ und $\mathfrak{P}$ variieren mit dem elektrischen Felde $\mathfrak{E}$ in ganz derselben Weise wie $\mathfrak{B}$ mit $\mathfrak{J}$ für Eisen, und zeigen eine elektrische Hysteresis mit Schleifen, die durch das permanente natürliche elektrische Moment $\mathfrak{P}_0$ (AB) (s. Abb. 3) verschoben sind. C bedeutet das Zentrum der Schleife, A die Mitte der zum Feld Null gehörigen Ladungen. Der Wert von $\mathfrak{P}_0$ ergibt sich aus der Abbildung, die sich auf $0°$ und relative Feuchtigkeit Null bezieht, zu 85 *e. s. e.* Bei einer

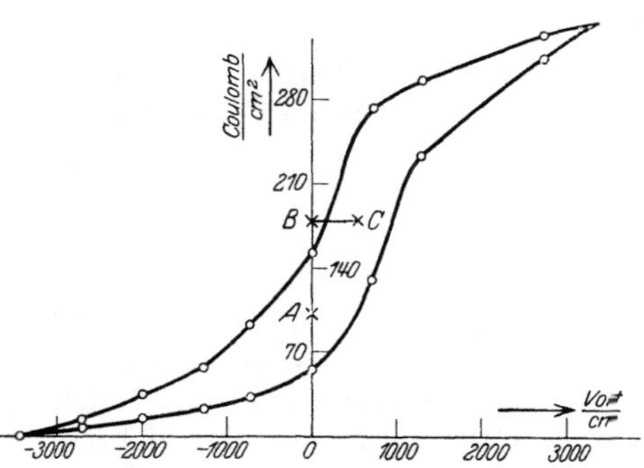

Abb. 3. Elektrische Hysteresis.

[1]) J. VALASEK, Phys. Rev. Bd. 15, S. 537—538. 1920; Bd. 17, S. 422—423. 1921; Bd. 17, S. 475—481. 1921; Bd. 19, S. 478—491. 1922; Bd. 20, S. 639—664. 1922; Bd. 23, S. 114. 1924; Bd. 24, S. 560—568. 1924.

[2]) J. A. ANDERSON, Report of National Research Council, March and April 1918.

[3]) W. G. CADY, Report of National Research Council, May 1918.

anderen Kurve, die sich auf 23° und eine relative Feuchtigkeit von 30% der Umgebung des Kristalls bezieht, würde $\mathfrak{P}_0$ etwa 16 *e. s. e.* sein. Die entsprechenden molekularen Momente würden daraus zu $22{,}6 \cdot 10^{-21}$ bzw. $4{,}26 \cdot 10^{-21}$ folgen. (Molekulargewicht 282,2, Dichte 1,76.) Ferner wurde gefunden, daß die Dielektrizitätskonstante $\frac{\partial \mathfrak{D}}{\partial \mathfrak{E}}$ einen ähnlichen Verlauf als Funktion der Feldstärke zeigt, wie die magnetische Suszeptibilität im Falle des Ferromagnetismus. Hieraus geht hervor, daß die Beziehung der Aktivität zum angelegten Feld von der Richtungsänderung abhängt. Inwieweit dieser Erscheinung prinzipiell Bedeutung zukommt, ist allerdings zweifelhaft, da wir es möglicherweise mit einem Ladungsausgleich zu tun haben, in dem die in dem Kristallwasser vorhandenen Ionen die Substanzen zu einem Halbleiter machen.

Seignettesalz kristallisiert in der Hemiedrie des rhombischen Systems (Gruppe III [7]) und sollte folglich auf Grund des NEUMANNschen Prinzips keine Pyroelektrizität zeigen. Tatsächlich machen Versuche von VALASEK eine solche wahrscheinlich. Auch zeigt das pyroelektrische Moment in Abhängigkeit von der Temperatur einen Verlauf, der etwa an derselben Stelle wie d_{14} ein Maximum hat. VALASEK gibt an, daß er thermische Spannungen, die infolge ungleicher Erwärmung infolge eines piezoelektrischen Effektes ein elektrisches Moment veranlassen würden, ausgeschaltet hat, so daß wir betreffs der Erklärung in Schwierigkeit sind. An eine Aufgabe eines so fundamentalen Prinzips wie des NEUMANNschen möchte man allerdings nicht denken. Es scheint vielmehr, daß doch thermische Spannungen die Ursache dieser Erscheinung sind.

11. Reziproke piezoelektrische Erscheinungen. Vorbemerkung. Der reziproke Effekt, bei dem es sich darum handelt, auftretende Deformationen nachzuweisen, kann mit Hilfe von Spiegelablesungen festgestellt werden (vgl. Ziff. 19). Ein piezoelektrischer Kristall, der elektrisch polarisierbar ist, zeigt in einem elektrischen Felde Deformationen. LIPPMANN[1]) hat zuerst diese reziproken Beziehungen gefunden. POCKELS[2]) gab sie dann allgemeiner. Aus unserem Ausdruck (15) ergeben sich sofort die Deformationen bei bestimmt vorgegebenem elektrischen Feld allein aus den piezoelektrischen Konstanten ohne Kenntnis der Elastizitätskonstanten und der Konstanten der dielektrischen Polarisation. Eine experimentelle Prüfung ist von J. und P. CURIE[3]) an Quarz ausgeführt. Der elektrostatische Effekt ist sehr gering, während hingegen der Resonanzeffekt bei elektrischem Wechselfeld viel wirksamer ist (s. Ziff. 17). Die fraglichen Deformationen sind am Quarz vermöge (15) gegeben zu:

$$x_x = d_{11}\mathfrak{E}_x\,, \qquad y_y = -d_{11}\mathfrak{E}_x\,, \qquad z_z = 0\,,$$
$$y_z = d_{14}\mathfrak{E}_x\,, \qquad z_x = -d_{14}\mathfrak{E}_y\,, \qquad x_y = -2d_{11}\mathfrak{E}_y\,.$$

Eine dielektrische Polarisation parallel x bewirkt außer einer geringen Winkeländerung in der y-z-Ebene eine Dehnung parallel der x-Achse, die mit einer gleich großen Kontraktion in der y-Achse verbunden ist. Diese Dilatation in der Richtung der elektrischen Kraftlinien haben die genannten Forscher durch ein piezoelektrisches Manometer sichtbar gemacht.

---

[1]) G. LIPPMANN, Ann. chim. phys. (5) Bd. 24, S. 145. 1881; Journ. de phys. (1) Bd. 10, S. 391.

[2]) F. POCKELS, N. Jahrb. f. Min., Beilagebd. 7, S. 224. 1890; P. DUHEM, Leçons sur l'Électricité et le Magnétisme Bd. 2, S. 467. 1892; Ann. de l'École normale Supérieure (3) Bd. 9, S. 167. 1892. (Vgl. dazu eine Berichtigung von F. POCKELS, N. Jahrb. f. Min., Beilage-Bd. 8, S. 407. 1892.) Ferner E. RIECKE, Göttinger Nachr. 1893, S. 3—13 und allgemeiner: W. VOIGT, ebenda 1894, Nr. 4 oder Wied. Ann. Bd. 55, S. 701. 1895.

[3]) J. u. P. CURIE, C. R. Bd. 93, S. 1137. 1881; Bd. 95, S. 914, 1882; Journ. de phys. Bd. 8, S. 149. 1882; oder auch P. CURIE, Oeuvres S. 26, 30, 35.

Ein Quarzprisma, welches sich durch Ladung seiner senkrecht zur x-Achse gelegenen Endfläche dilatiert, komprimiert durch seine Ausdehnung eine Quarzplatte in derselben Orientierung. Letztere entwickelt auf ihren Endflächen Elektrizität, welche durch ein empfindliches Elektrometer nachweisbar wird. Die Gebrüder CURIE[1]) haben die Dilatation des Quarzes sogar zur Konstruktion eines Elektrometers benutzt, welches den Vorteil hat, ein lineares Instrument zu sein, d. h. Feld und Ausschlag sind proportional.

c) Wahre und falsche Pyroelektrizität.

12. Die wahre und falsche Pyroelektrizität. Die pyroelektrischen Erscheinungen legen die Vermutung nahe, daß es sich bei ihnen lediglich um die Wirkung der thermischen Dilatation handelt. Man hat nur die elastischen Deformationskonstanten durch die thermischen Dilatationen zu ersetzen. Die so hervorgerufene, durch thermische Dilatation vorgetäuschte, elektrische Wirkung wollen wir falsche Pyroelektrizität nennen[2]). Es bedarf einer besonderen Prüfung, ob außer dieser falschen noch eine wahre Pyroelektrizität, die also lediglich durch Temperaturänderungen bei konstant gehaltener Deformation bemerkbar wird, existiert. Die Gebrüder CURIE[3]) sprachen bereits die Vermutung aus, daß eine wahre Pyroelektrizität nicht besteht. RÖNTGEN[4]) hat diese dann auf Grund seiner Beobachtungen mit Nachdruck vertreten. RIECKE und VOIGT[5]) haben diese Anschauung zunächst auch gehabt. VOIGT[6]) hat später seine Ansicht wieder geändert. RÖNTGEN[7]) hält in einer neueren Arbeit die Frage noch nicht für entschieden. LINDMAN[8]) griff dann in einer neuen Arbeit das Problem der wahren und falschen Pyroelektrizität wieder auf. Wir berechnen zunächst die falsche Pyroelektrizität. Die thermischen Dilatationskoeffizienten senkrecht und parallel zur Hauptachse seien a_I und a_{III}. Hieraus folgen sofort gemäß (11) die Dilatationen und das elektrische Moment parallel der Hauptachse zu

$$\mathfrak{p}_3 = (2e_{31} \cdot a_I + e_{33} \cdot a_{III}) \cdot \tau \,. \tag{18}$$

Nach neuen Messungen von LINDMAN[8]) ergeben sich für die Koeffizienten der thermischen Dilatation am Turmalin die Werte:

$$a_I = (3{,}763 + 0{,}00898 \cdot \tau) \cdot 10^{-6},$$
$$a_{III} = (8{,}849 + 0{,}01125 \cdot \tau) \cdot 10^{-6}$$

bezogen auf 20° C ($\tau = 0$). Damit nimmt das Moment den Wert an:

$$\mathfrak{p}_3 = 1{,}082 \cdot \tau + 0{,}00164 \cdot \tau^2 \,.$$

Das beobachtete pyroelektrische Moment ist nun, wie wir früher sahen, allerdings nicht genau:

$$\tilde{\mathfrak{p}}_3^0 = 1{,}13 \cdot \tau + 0{,}0052 \cdot \tau^2 \,.$$

Hieraus folgt für das wahre pyroelektrische Moment:

$$\mathfrak{p}_3^0 = \tilde{\mathfrak{p}}_3^0 - \mathfrak{p}_3 = 0{,}05 \cdot \tau + 0{,}0036 \cdot \tau^2 \,.$$

---

[1]) J. u. P. CURIE, C. R. Bd. 106, S. 1287. 1888; Lumière électrique Bd. 31, S. 66. 1888, s. auch F. KOTTLER ds. Hdb. XVI, S. 251 ff. 1927.

[2]) W. VOIGT, Göttinger Nachr. 1898, S. 166 oder Wied. Ann. Bd. 66, S. 1030. 1898;

[3]) J. u. P. CURIE, C. R. Bd. 91, S. 295. 1880.

[4]) W. C. RÖNTGEN, Wied. Ann. Bd. 19. S. 513. 1883.

[5]) E. RIECKE u. W. VOIGT, Wied. Ann. Bd. 45, S. 523. 1892.

[6]) W. VOIGT, Wied. Ann. Bd. 66, S. 1030—1060. 1898.

[7]) W. C. RÖNTGEN, Ann. d. Phys. Bd. 45, S. 737. 1914.

[8]) K. F. LINDMAN, Ann. d. Phys. Bd. 62, S. 107—112. 1920.

Legt man den Wert von VOIGT für

$$\tilde{\mathfrak{p}}_3^0 = 1{,}21 \cdot \tau$$

zugrunde, so wird

$$\tilde{\mathfrak{p}}_3^0 - \mathfrak{p}_3 = 0{,}13 \cdot \tau .$$

Führt man statt e_{jh} die piezoelektrischen Moduln in (18) ein, so erhält man lauter gut beobachtbare Größen. Es wird dann:

$$\tilde{\mathfrak{p}}_3^0 = \mathfrak{p}_3 + 2\,\frac{(d_{31}s_{33} - d_{33}s_{13})\,a_1 + (d_{33}(s_{11} + s_{12}) - 2d_{13}s_{13})a_3}{s_{33}(s_{11} + s_{12}) - 2s_{13}^2} .$$

Die Elastizitätsmoduln s_{ih} sind bis auf 1% genau. Man kann nun in geschickter Weise die Kapazität des Elektrometers eliminieren und erhält für

$$\frac{\mathfrak{p}_3}{\tilde{\mathfrak{p}}_3^0} = 0{,}119 .$$

Da es sich hierbei um die experimentelle Bestimmung von $\frac{\tilde{\mathfrak{p}}_3^0}{d_{33}}$ handelte, so wurden das Kristallpräparat, an dem die pyroelektrische Erregung beobachtet werden sollte, und das Präparat, an welchem die piezoelektrische Erregung gemessen wurde, in Parallelschaltung mit den Quadrantenpaaren des Elektrometers verbunden; es wurde abwechselnd das eine oder das andere erregt. Dadurch fiel die Kapazität des Instruments heraus. Die neueren Untersuchungen von LINDMAN liefern damit an Turmalin das Resultat, daß der größte Teil der pyroelektrischen Erregung (88%) auf Piezoelektrizität, also den thermischen Dilatationen beruht. Ganz ist die Frage noch nicht entschieden. Die Entscheidung bleibt dem Experiment vorbehalten. Ich komme später noch einmal hierauf zurück.

d) Molekulartheorien.

13. Molekulartheorien. Betreffs der älteren Molekulartheorien verweise ich auf die Literatur[1]). Heute kann man sich diesen Theorien nicht mehr anschließen, sondern wird vielmehr von einer Gittertheorie[2]) auszugehen haben. An die Stelle der früheren Polsysteme ist das Elementarparallelepiped des Raumgitters getreten.

Die vektorielle piezoelektrische Erregung kommt nun auf folgende Weise zustande. Die Atome in den Translationsgittern tragen elektrische Ladungen, die ihre Kohäsion bedingen. Unterwirft man nun einen Kristall einer Deformation, so erfahren die einzelnen Translationsgitter hierdurch innere Verrückungen und rufen demzufolge ein elektrisches Moment der Volumeneinheit hervor, da sie Ionengitter sind. Es können zwar bei Kristallen, die ein permanentes Moment tragen, bereits ohne die inneren Verrückungen infolge der elastischen Deformationen rein piezoelektrische Zusatzmomente entstehen. Wenn diese aber zu Anfang kompensiert sind, bleiben sie auch bei der Deformation kompensiert.

Wahre vektorielle Pyroelektrizität kann der Kristall dann zeigen, wenn sich bei konstanten Deformationen durch die Temperaturänderungen die Ladungen verschieben, worauf BOGUSLAWSKI[3]) hingewiesen hat. Das Postulat der quasi-

---

[1]) E. RIECKE, Göttinger Nachr. 1891, S. 191; Abhandlgn. d. Ges. d. Wiss. Göttingen Bd. 38. 1892; Wied. Ann. Bd. 49, S. 559. 1893; W. VOIGT, Göttinger Nachr. 1893, S. 649, 669 oder auch Wied. Ann. Bd. 51, S. 638–660. 1894. Die Möglichkeit einer anderen Wahl der Polsysteme hat RIECKE erwähnt (Göttinger Nachr. 1891, S. 194), dann aber von der Diskussion ausgeschlossen. Lord KELVIN, Phil. Mag. (5) Bd. 36, S. 331, 342, 453. 1881 u. C. R. Bd. 117, S. 463. 1893; J. u. P. CURIE, C. R. Bd. 92, S. 351. 1881.

[2]) Siehe M. BORN, Enzyklopädie d. Math. Wiss. V_3, S. 529.

[3]) J. BOGUSLAWSKI, Phys. ZS. Bd. 15, S. 283, 569, 805. 1914.

elastischen Kräfte, die auf die Ladungen in den Atomen wirken, hätte man danach aufzugeben, vielmehr einen anharmonischen Oszillator zugrunde zu legen. Man macht damit die Annahme unsymmetrischer Bindung der Ladungen an ihre Ruhelage. Für die Energie U gilt danach der Ansatz:

$$U = ax^2 + bx^3 + cx^4 + \cdots,$$

wobei $a, b, c \ldots$ irgendwelche Konstanten sind. Es muß natürlich $a > 0$ sein. Für das pyroelektrische Moment ist nun maßgebend das Glied bx^3, das auch nach Vorstellungen von P. DEBYE[1]) die thermische Dilatation bedingt, wenn man nicht, was auch denkbar ist, a und c als Funktionen der Temperatur betrachten will. Beschränkt man sich mit BOGUSLAWSKI auf den Ansatz:

$$U = ax^2 + bx^3,$$

so gilt für die mittlere Verschiebung

$$\bar{x} = -\tfrac{3}{4}\frac{E \cdot b}{a^2},$$

wobei E die mittlere Wärmeenergie bedeutet. Daraus resultiert sofort das elektrische Moment der Volumeneinheit zu

$$\mathfrak{p} = -3\frac{beN}{4a^2}\frac{h\nu_0}{e^{\frac{h\nu_0}{kT}} - 1}. \tag{19}$$

Hierin ist für die mittlere Energie die des PLANCKschen Oszillators angenommen. Damit steht man auf dem Boden der Quantentheorie. N bedeutet die Anzahl der Ladungen in der Volumeneinheit. ν_0 ist eine charakteristische Eigenfrequenz, die den Wert hat:

$$\nu_0 = \frac{1}{2\pi}\sqrt{\frac{2a}{m}}.$$

Bei der wahren Pyroelektrizität wird es so sein, daß die mittleren Lagen der Ladungen infolge der Änderung der Wärmebewegung bei Temperaturerhöhung z. B. sich relativ zum Raumgitter verschieben, wenn die Größe eines Elementargebietes festgehalten wird.

Schließt man sich BOGUSLAWSKI an, so folgt aus (19) für γ der Wert

$$\gamma = \frac{\partial \mathfrak{p}}{\partial T} = \gamma_\infty \frac{\left(\frac{\Theta}{T}\right)^2 e^{\frac{\Theta}{T}}}{\left(e^{\frac{\Theta}{T}} - 1\right)^2}, \tag{19a}$$

wobei:

$$\Theta = \frac{h\nu_0}{K} \quad \text{und} \quad \gamma_\infty = 3e \cdot \frac{b \cdot N \cdot k}{4a^2} \quad \text{ist.} \tag{19b}$$

γ_∞ ist also der Grenzwert von γ mit steigender Temperatur. Diese Formel stellt nun die ACKERMANNschen Messungen mit Ausnahme von ganz tiefen und höheren Temperaturen gut dar (s. Tabelle 3, Ziff. 7). Man erreicht den Anschluß an die experimentellen Beobachtungen im Gebiet höherer Temperaturen durch Wahl

[1]) P. DEBYE, Vorträge über die kinetische Theorie der Materie und der Elektrizität. Wolfskehl-Kongreß Göttingen 1914.

zweier charakteristischer Frequenzen (vgl. Tabelle 6). Tabelle 6 gibt eine Zusammenstellung der charakteristischen Frequenzen und Temperaturen ν_0, Θ und γ_∞. Dabei ist:

Tabelle 6.

Substanz	$\nu_0/10^{12}$	λ	Θ	γ_∞	λ beobachtet
Strontiumditartrat	14,26	21 μ	692	1,138	
Lithiumnatriumsulfat	20,14	14 „	978	5,012	(etwa 9 und 16 μ)
Rechtsweinsaures Ammonium	19,59	15 „	913	5,754	
Kaliumlithiumsulfat	16,00	19 „	777	8,260	8,72; 15,78 27; 79 (*e*) 75 (*o*)
Lithiumnatriumselenat	16,00	19 „	777	9,528	11,4
Neutralweinsaures Kalium	15,28	20 „	742	9,840	
Lithiumselenat	15,28	20 „	742	28,25	11,4
Lithiumsulfat-Monohydrat	16,95	18 „	822	41,69	8,76; 15,32
Blaugrüner Turmalin	12,42	24 „	603	1,462	7,70 (*e*)
	121,3	2,5 „	5890	17,46	9,9 (*o*)
Gelbgrüner Turmalin	9,21	32,5 „	447	1,521	10,10 (*e*)
	87,5	3,4 „	4345	7,16	12,75 (*o*)
Rosaroter Turmalin	10,57	28,0 „	513	1,66	14,2 (*e*) 43 (*o*)
					43 (*e*) 82 (*o*)
	103,3	2,9 „	5020	13,20	97 (*e*)

o = ordentlich, *e* = außerordentlich.

Für Turmalin stimmen die Frequenzen ν_0 gut mit der LINDEMANschen Formel überein, während sie keineswegs mit den von RUBENS[1]) und SCHAEFER[2]) gemessenen Reststrahlfrequenzen übereinstimmen, wie die 6. Spalte der Tabelle zeigt. Um den Gültigkeitsbereich der BOGUSLAWSKIschen Formel besser übersehen zu können, kann man sich $\frac{\gamma}{\gamma_\infty}$ als Funktion von $\frac{T}{\Theta}$ auftragen. Man sieht deutlich, daß oberhalb $\frac{T}{\Theta} > 1{,}0$ sich Abweichungen bemerkbar machen, ebenso für $\frac{T}{\Theta} < 0{,}2$.

Man braucht für $\frac{T}{\Theta} > 1{,}0$ noch weitere Freiheitsgrade, die sich wirklich gut der Beobachtung anschließen, wie Tabelle 7 im Falle des gelbgrünen Turmalins zeigt.

Betreffs des Anschlusses an tiefe Temperaturen stimmt BOGUSLAWSKIS Theorie nicht. BORN und BRODY[3]) haben ein dem DEBYEschen und GRÜNEISENschen Gesetz analoges für γ abgeleitet, das proportional zu T^3 nach 0 abfallen soll. Dies steht ebenfalls nicht im Einklang mit den ACKERMANNschen Messungen, der einen flacheren Abfall des pyroelektrischen Momentes fand. Die Theorie von BOGUSLAWSKI kann volle Richtigkeit nicht für sich in Anspruch nehmen, ganz abgesehen von der Abweichung von den Reststrahlfrequenzen, wie sie RUBENS und SCHAEFER gemessen haben. Da es nach LINDMAN aller Wahrscheinlichkeit nach eine wahre Pyroelektrizität nicht gibt, rührt das pyroelektrische Moment in erster Linie von piezoelektrischen Wirkungen her. Damit

Tabelle 7. Gelbgrüner Turmalin.
$\nu_0 = 9{,}21 \cdot 10^{12}$; $\nu_0' = 87{,}5 \cdot 10^{12}$.

T	γ_{beob}	γ_{theor}
352	1,337	1,336
372	1,350	1,359
408	1,381	1,397
488	1,490	1,512
578	1,669	1,666
648	1,865	1,859

[1]) H. RUBENS u. TH. LIEBISCH, Berl. Ber. 1919, S. 876—900; 1919, S. 198—219.

[2]) CL. SCHAEFER u. M. SCHUBERT, Ann. d. Phys. Bd. 50, S. 283—338. 1916; ZS. f. Phys. Bd. 7, S. 297—308. 1921.

[3]) M. BORN u. E. BRODY, ZS. f. Phys. Bd. 11, S. 327. 1922.

kann man nach (15) leicht das pyroelektrische Moment in den thermischen Dilatationskoeffizienten ausdrücken; die Koeffizienten sind die piezoelektrischen Konstanten. Führt man nun ähnlich, wie das GRÜNEISEN und GOENS[1]) an Zinkeinkristall taten, die thermischen Drucke ein, so dürfte es möglich sein, Experiment und Theorie in Übereinstimmung zu bringen. Dazu hat man nur die den Reststrahlfrequenzen entsprechenden EINSTEINschen und die den Grenzfrequenzen entsprechenden DEBYEschen charakteristischen Temperaturen und die Änderungen dieser mit den Spannungskomponenten, die man aus den spezifischen Wärmen und den thermischen Dilatationskoeffizienten bei gewöhnlichen Temperaturen ziemlich richtig ermitteln kann, zu kennen. Dem Dichroismus kann man näherungsweise, ähnlich wie GRÜNEISEN und GOENS, Rechnung tragen. Leider fehlt es an Messungen, um diese Theorie einer Prüfung zugänglich machen zu können. So sind beispielsweise am Turmalin die spezifischen Wärmen als Funktion der Temperatur nicht gemessen. Da Turmalin eine sehr komplizierte Struktur besitzt und auch sein Molekulargewicht nur näherungsweise bekannt ist, genügt der eine Wert, der für die spezifische Wärme bei gewöhnlichen Temperaturen bekannt ist (etwa 0,22 pro Gramm), keineswegs. Zudem sind, wie RUBENS selbst angibt, nicht alle Reststrahlfrequenzen bekannt. Bei den anderen Kristallen, für welche diese Überlegungen geprüft werden könnten, z. B. Lithiumkaliumsulfat, Lithiumnatriumsulfat, Lithiumnatriumselenat sind die piezoelektrischen Moduln und elastischen Konstanten unbekannt.

e) Tensorielle Pyro- und Piezoelektrizität[2]).

14. Zur tensoriellen Pyro- und Piezoelektrizität. Außer der vektoriellen Pyro- und Piezoelektrizität existiert aller Wahrscheinlichkeit nach eine tensorielle oder zentrische, die in der Eigenart der Moleküle begründet liegt; diese tragen in diesem Falle Quadrupolmomente, d. h. die Schwerpunkte der positiven und negativen Ladungen fallen zusammen; trotzdem übt ein solches Molekül nach außen noch elektrische Wirkungen aus oder wird umgekehrt von einer äußeren elektrischen Feldstärke erregt. Diese Quadrupolmomente der Volumeneinheit können nun durch Temperaturveränderungen oder auch Deformationen geändert werden. Da die Quadrupolkomponenten ein Tensortripel, das die 3 elektrischen Hauptträgheitsmomente als Konstituenten enthält, bilden, so sind sie zentrisch symmetrisch und bleiben dies auch nach Änderung der Temperatur oder Deformationen, da letztere zentrisch symmetrische Vorgänge sind. Weil in diesen Fällen die Moleküle keine elektrischen Momente erster Ordnung tragen, die infolge ihrer stärkeren Wirkung die tensoriellen Effekte weit überragen würden — damit schließen wir die polar erregbaren Moleküle aus — wird ihre elektrische Wirkung im umgebenden Raum andere Gesetze befolgen, als die Kristalle, die vektorielle Momente zeigen. Wir gehen wieder aus von dem Ausdruck der freien Energie der Volumeneinheit, den wir durch Verallgemeinerung des früheren Ansatzes leicht finden. Dabei trennen wir hier gleich in piezo- und pyroelektrische Vorgänge. Im ersteren Falle ist:

$$-f = \sum_h \sum_i \alpha_{hi} x_h \cdot y_i , \tag{20}$$

wobei y_i die 6 Komponenten des Tensors des inhomogenen elektrischen Feldes bedeuten und α_{hi} die Konstanten der piezoelektrischen tensoriellen Erregung

[1]) E. GRÜNEISEN u. E. GOENS, ZS. f. Phys. Bd. 29, S. 141. 1924.

[2]) W. VOIGT, Göttinger Nachr. 1905, S. 394.

heißen. Für erstere schreiben wir:

$$\left.\begin{aligned} y_1 &= \frac{\partial \mathfrak{E}x}{\partial x}; \qquad y_2 = \frac{\partial \mathfrak{E}y}{\partial y}, \qquad y_3 = \frac{\partial \mathfrak{E}z}{\partial z}, \\ y_4 &= \frac{\partial \mathfrak{E}y}{\partial z} + \frac{\partial \mathfrak{E}z}{\partial y}, \\ y_5 &= \frac{\partial \mathfrak{E}z}{\partial x} + \frac{\partial \mathfrak{E}x}{\partial z}, \\ y_6 &= \frac{\partial \mathfrak{E}x}{\partial y} + \frac{\partial \mathfrak{E}y}{\partial x}. \end{aligned}\right\} \tag{21}$$

Auf den Ausdruck von $-f$ kommt man leicht, da die Influenzierungsarbeit der tensoriellen Erregung gegeben ist durch[1])

$$-\delta' a' = \sum_h M'_h \delta y_h .$$

Also gilt

$$\left.\begin{aligned} -\frac{\partial f}{\partial y_i} &= \sum_h \alpha_{hi} x_h = M'_i, \\ -\frac{\partial f}{\partial x_h} &= \sum_i \alpha_{hi} y_i = \Xi'_h. \end{aligned}\right\} \tag{22}$$

Hierin bedeuten M'_i die 6 Komponenten des Quadrupolmomentes pro Volumeneinheit, Ξ'_h die Druckkomponenten, die infolge einer tensoriellen Erregung auftreten (Elektrostriktion in inhomogenen elektrischen Feldern).

Haben wir den Fall der tensoriellen Pyroelektrizität, so lautet in diesem Falle die freie Energie der Volumeneinheit:

$$-f = a_3 + \sum M_h^0 y_h . \tag{23}$$

Daraus ergeben sich dann die Komponenten der tensoriellen pyroelektrischen Erregung zu

$$M_1^0,\ M_2^0 \cdots M_6^0 .$$

Direkt den Beobachtungen zugänglich sind die Tensorkomponenten der Pyroelektrizität bei konstantem äußeren Druck:

$$\tilde{M}_i^0 = M_i + \sum_{h=1}^{6} \alpha_{hi} x_h . \tag{24}$$

Man kann nun statt der 36 Konstanten α_{hi} auch vermöge des Drucktensors die 36 Moduln der tensoriellen Piezoelektrizität einführen. Die Spezialisierung auf die verschiedenen 32 Kristallsysteme geschieht wieder vermöge des NEUMANNschen Prinzips. (Ich verweise diesbezüglich auf W. VOIGT, Kompendium der theoretischen Physik I, S. 143—144.) Sie ist genau dieselbe wie die für die Konstanten der inneren Reibung oder der Parameter, die für die piezooptischen Vorgänge maßgeblich sind. Dabei zeigt sich, daß auch reguläre und isotrope Körper tensoriell piezoelektrisch erregbar sein können. Die zentrische piezoelektrische Erregung hat W. VOIGT durch Untersuchungen an Baryt, Cölestin, Kalkspat und Topas wahrscheinlich gemacht.

Um nun die Wirkung eines Kristallpolyeders, dessen Moleküle solche Polsysteme tragen, nach außen zu berechnen, hat man nach den Gesetzen der Elektrostatik das Potential eines solchen tensoriell erregten Kristalls aufzustellen. Hierfür findet sich:

$$\psi = \int \left(M_{11} \frac{\partial^2 \frac{1}{r}}{\partial x^2} + \cdot + \cdot + 2 M_{23} \frac{\partial^2 \frac{1}{r}}{\partial y\, \partial z} + \cdot + \cdot \right) dk . \tag{25}$$

[1]) Siehe W. VOIGT, Kristallphysik S. 225. 1912.

Wir haben unter dem Raumintegral für die Momentkomponenten zweiter Ordnung bezogen auf die Volumeneinheit M_{11}, M_{22}, M_{33}, M_{23}, M_{31}, M_{12} geschrieben. Dieses Integral läßt sich durch zweimalige partielle Integration in ein Oberflächenintegral, welches das NEWTONsche Potential einer Oberflächenladung signalisiert, in ein von räumlich verteilten Ladungen herrührendes Raumintegral und in ein Oberflächenintegral einer die Oberfläche des Kristalls erfüllenden elektrischen Doppelschicht überführen. In letzterem ist die Richtung des elektrischen Moments nicht senkrecht zur Oberfläche wie im Falle der gewöhnlichen Doppelflächen. Für homogene Erregung verschwinden die beiden ersten Integrale und es bleiben nur die Doppelschichten in ihren Wirkungen bestehen.

Wenn nun die $M_{11}\ldots$ Funktionen der Temperatur sind, werden diese der Beobachtung zugängliche elektrische Erregungen veranlassen. Wählt man die Hauptachsenrichtungen des Tensortripels des Quadrupolmoments als Koordinatenachsen, so wird

$$\psi = \int\left(M_I \frac{\partial^2 \frac{1}{r}}{\partial x^2} + M_{II} \frac{\partial^2 \frac{1}{r}}{\partial y^2} + M_{III} \frac{\partial^2 \frac{1}{r}}{\partial z^2}\right) dk. \tag{26}$$

Für reguläre Kristalle ist nun $M_I = M_{II} = M_{III}$. Folglich gibt es für diese und isotrope Körper keine tensorielle Pyroelektrizität, da $\Delta\, 1/r = 0$ ist.

Bei rhombischen, hexagonalen und tetragonalen Kristallen ist $M_I = M_{II}$; damit wird bei homogener Erregung, wenn man die Symmetrieachse in die z-Richtung legt:

$$\psi = (M_{III} - M_I)\int \frac{\partial \frac{1}{r}}{\partial z} \cos(nz)\, do.$$

Bei einem von gleichartigen Flächen begrenzten Kristallpolyeder tragen folglich alle Flächen dieselbe Doppelbelegung. Die Schnittgerade der Ebene, die die Normale y und die Symmetrieachse z miteinander bilden, mit der Fläche des Kristallpolyeders, wählen wir als ξ-Achse, senkrecht dazu wählen wir in derselben Fläche die η-Achse, dann geht ψ über in

$$\psi = (M_{III} - M_I)\sum\left\{\cos^2 nz \int \frac{\partial \frac{1}{r}}{\partial n}\, do + \cos(nz)\cos(\xi z)\iint \frac{\partial \frac{1}{r}}{\partial \xi}\, d\xi\, d\eta\right\}.$$

Hierin ist die Summe über alle Kristallflächen zu erstrecken. Der erste Ausdruck ist das Potential einer den Kristall umgebenden homogenen Doppelschicht; er verschwindet folglich im Außenraum; der zweite Teil kann leicht in ein Randintegral übergeführt werden und stellt damit das Potential linearer Ladungen der Kristallkanten dar. Ähnliche Überlegungen lassen sich auch bei Prismen rhombischer Symmetrie anstellen, deren Kanten einer Symmetrieachse parallel sind. Außer den Kantenladungen treten hier noch Doppelschichten der Endflächen in Erscheinung.

Beobachtungen von VOIGT an passend orientierten Präparaten von Kalkspat, Dolomit, Topas, Baryt und Cölestin haben die zentrische Pyroelektrizität wahrscheinlich gemacht. VOIGT[1]) hat in einigen Arbeiten gezeigt, daß es nach theoretischen Entwicklungen möglich ist, zufolge von Beobachtungen über die Erregung zentrisch symmetrischer Piezoelektrizität an gebogenen und gedrillten Kreiszylindern die 3 Konstituenten des permanenten räumlichen elektrischen Quadrupolmoments eines Kristalls bis auf eine ihnen gemeinsam additive Konstante zu bestimmen.

[1]) W. VOIGT, Phys. ZS. Bd. 17, S. 287—293, 307—313. 1916; Bd. 18, S. 59—67. 1917.

Die tensorielle Piezoelektrizität äußert sich in ähnlicher Weise. Man hat in diesem Falle für M_I, M_{II}, M_{III} die Ausdrücke nach (24) in (26) einzusetzen und sieht dann, daß die Kristallflächen ebenfalls mit elektrischen Doppelbelegungen behaftet sind. Die elektrischen Kräfte gehen auch hier von den Kanten des Kristallpolyeders aus. Man zeigt leicht, daß z. B. im Falle rhombischer Kristallprismen, deren Kanten, die einer Symmetrieachse parallel gelegen sind, durch longitudinalen Druck abwechselnd positive und negative Ladungen zeigen. — HECKMANN[1]) konnte vom Standpunkt der Gittertheorie aus zeigen, daß auch Kristalle, bei denen die CAUCHYschen Relationen der Elastizitätskonstanten erfüllt sind, die also keine inneren Verrückungen der einzelnen Ionengitter erfahren, bei einer elastischen Deformation Zusatzquadrupolmomente oder Dipolmomente erhalten. Denn es können ja auch die linearen Dimensionen das Moment verändern. So haben z. B. die regulären Kristalle als Tensorfläche des Quadrupolmoments eine Kugel. Dehnt man nun den Kristall z. B. in Richtung einer Würfelkante, ohne daß die beiden Ionengitter eine gegenseitige konstante Verrückung erfahren, so erhält der Kristall ein Quadrupolmoment, das nun keine Kugel, sondern ein Ellipsoid sein wird.

f) Anwendung auf die Technik[2]).

15. Vorbemerkung für die Anwendungen der Piezoelektrizität auf die Technik. In der Technik benutzt man meist Quarz, welcher in der trigonalen trapezoedrischen Klasse des trigonalen Systems [in IV (10)] kristallisiert[3]).

Die piezoelektrischen Konstanten von Quarz, bezogen auf das Hauptachsensystem, sind nach Schema (B) (Ziff. 9) bekannt. Die optische oder Hauptachse ist die 3zählige z-Achse; außerdem besitzt der Quarz drei 2zählige polare Nebenachsen, die in der Ebene senkrecht zur z-Achse gelegen sind und infolge der Dreizähligkeit der Hauptachse miteinander den Winkel von 120° einschließen. Diese drei Achsen sind die in Abb. 4 S. 324 gestrichelt gezeichneten piezoelektrischen Achsen des Quarzes. Eine Piezoachse fällt mit der positiven x-Richtung zusammen (vgl. Abb. 4). Man hat sich das Ende der Achse, welches zu größeren Werten von x gehört, positiv, das andere negativ zu denken. In derselben Orientierung liegen die Ladungen für die anderen piezoelektrischen Achsen, die den Winkel von 120 bzw. 240° mit der x-Achse bilden.

Für den direkten piezoelektrischen Effekt knüpfen wir an Schema (B) unter IV (10) an und erhalten für die drei Komponenten des elektrischen Momentes gemäß (11)

$$\left.\begin{aligned} \mathfrak{p}_x &= e_{11}\,x_x + e_{12}\,y_y + e_{14}\,y_z = -d_{11}\,X_x + d_{11}\,Y_y - d_{14}\,Y_z,\\ \mathfrak{p}_y &= -e_{14}\,z_x - e_{11}\,x_y = d_{14}\,Z_x + 2d_{11}\,X_y,\\ \mathfrak{p}_z &= 0. \end{aligned}\right\} \qquad (27)$$

Im Falle des reziproken, piezoelektrischen Effektes knüpfen wir an (15) an und finden für die sechs Komponenten des Dehnungstensors $\xi_1 \ldots \xi_6$ als Folge

[1]) G. HECKMANN, ZS. f. Phys. Bd. 33, S. 646—647. 1925.

[2]) Vgl. Bd. XVI, S. 570ff., Bd. XVI, S. 251, Bd. VIII, S. 332ff, wo einige hierhergehörige Fragen behandelt sind, sowie die zusammenfassende Darstellung von A. SCHEIBE, ZS. f. Hochfrequenztechnik Bd. 28, S. 15—26. 1926, und das demnächst daselbst erscheinende Referat von demselben Autor.

[3]) Seignettesalz zeigt, wie wir sahen, zwar starke piezoelektrische Wirkungen, hat aber den Nachteil, Hysteresis-, Leitungs- und Ermüdungserscheinungen aufzuweisen (vgl. Ziff. 10), während Quarz ausgezeichnete mechanische Eigenschaften gegenüber Seignettesalz besitzt, wenngleich seine piezoelektrischen Wirkungen wesentlich schwächer sind als die beim Rochellesalz. Nach neueren Untersuchungen von VALASEK dürfte allerdings Seignettesalz, geeignet geschnitten, Quarz überlegen sein (vgl. Ziff. 10).

der auf den Kristall wirksamen elektrischen Feldstärke $\mathfrak{E}$

$$\left.\begin{array}{lll} \xi_1 = -d_{11}\mathfrak{E}_x; & \xi_2 = d_{11}\mathfrak{E}_x; & \xi_3 = 0, \\ \xi_4 = -d_{14}\mathfrak{E}_x; & \xi_5 = d_{14}\mathfrak{E}_y; & \xi_6 = 2d_{11}\mathfrak{E}_y. \end{array}\right\} \quad (28)$$

Meist benutzt man experimentelle Anordnungen, bei denen die Scherungsgrößen Y_z, Z_x, X_y, y_z, ... zu vernachlässigen sind. Dann vereinfachen sich die Gleichungen (27) und (28) wesentlich. Man erhält z. B. statt Gleichung (27)

$$\left.\begin{array}{l} \mathfrak{p}_x = e_{11}\, x_x + e_{12}\, y_y = -d_{11}X_x + d_{11}Y_y, \\ \mathfrak{p}_y = \mathfrak{p}_z = 0. \end{array}\right\} \quad (29)$$

16. Phänomen der piezoelektrischen Resonanz. Aus dem Quarz wollen wir nun einen Stab von der Länge l, der Dicke d und der Höhe h herausschneiden. Die Höhe liege parallel z, die Länge parallel y, die Dicke parallel x (vgl. Abb. 4). Aus den Gleichungen (27) bzw. (29) liest man dann ab, daß eine Dilatation in der $\pm y$-Richtung die beiden senkrecht zur x-Richtung gelegenen Flächen positiv bzw. negativ auflädt, und zwar wird die Fläche, die einem größeren Wert von x entspricht, positiv, die andere negativ geladen (transversaler Effekt).

Ähnlich bewirkt eine Kompression in der $\pm x$-Richtung eine negative Aufladung derjenigen normal zur x-Richtung gelegenen Fläche, die einen größeren Wert von x besitzt, während die andere entsprechende Fläche positiv aufgeladen wird (longitudinaler Effekt).

Der Kompression parallel $\pm x$ möge eine Kraft P entsprechen; eine ebensolche Kompression möge parallel $\pm y$ wirksam sein. Auf der Fläche der Größe $l\,h$ wird dann eine Elektrizitätsmenge Q_x frei, wobei

$$Q_x = -d_{11}P + d_{11}P\frac{l \cdot h}{d\,h} \quad (30)$$

ist. Zufolge der Gleichung (28) bewirkt im Falle des reziproken piezoelektrischen Effektes eine elektrische Feldstärke parallel x eine Kompression parallel $\pm x$ (longitudinaler Effekt), und eine Dilatation parallel $\pm y$ (transversaler Effekt), wenn man wieder von den Scherungen absieht. Feldumkehr bewirkt eine Dilatation parallel $\pm x$ und eine Kompression parallel $\pm y$. Ein Wechselfeld würde also z. B. zunächst eine Kompression, nach Umkehr des Feldes eine Dilatation parallel $\pm x$ und eine ebensolche parallel $\pm y$ erzeugen; beim Wechselfeld wechseln Kompression und Dilatation im Rhythmus des Wechselfeldes. Wir verstehen damit, wie ein elektrisches Wechselfeld einen Quarzstab dann in Schwingungen versetzen kann, wenn die mechanische Schwingungsdauer des Stabes mit der des elektrischen Wechselfeldes übereinstimmt. Nach Gleichung (28) können daher zwei Fälle eintreten: 1. Es kann eine Resonanz mit der Schwingungsdauer des in Richtung der Längsachse (parallel y) schwingenden Stabes statthaben (transversaler Effekt). 2. Es besteht die Möglichkeit einer Resonanz mit der Schwingungsdauer des in Richtung der elektrischen Achse parallel x schwingenden Stabes (longitudinaler Effekt). Die elastische Schwingungszahl ν der Schwingungen parallel y ergibt sich für die Grundschwingung aus der genäherten Beziehung

$$\nu = \frac{1}{2l}\sqrt{\frac{E}{\varrho}}. \quad (31)$$

Hierin bedeuten E den Elastizitätsmodul, ϱ die Dichte und l die Länge des Quarzstabes. Für Quarz ist $E = 7{,}9 \cdot 10^{11}\,\mathrm{cm}^{-1}\,\mathrm{g\,sec}^{-2}$, $\varrho = 2{,}65\,\frac{\mathrm{g}}{\mathrm{cm}^3}$, folglich wird für Quarz

$$\nu = \frac{545\,000}{2l}\,\mathrm{sec}^{-1}. \quad (32)$$

Für die Wellenlänge, die dieser Frequenz entspricht, folgt angenähert

$$\left.\begin{aligned} \lambda &\sim 1{,}1 \cdot 10^5\, l \text{ cm} \\ \text{oder} \qquad \lambda_{\text{i.m}} &\approx 110\, l_{\text{i.mm}}\,. \end{aligned}\right\} \tag{33}$$

Im allgemeinen wählt man die Dimensionen des Stabes so, daß die Frequenz der Grundschwingung parallel x sehr groß gegenüber der parallel y ist ($d \ll l$).

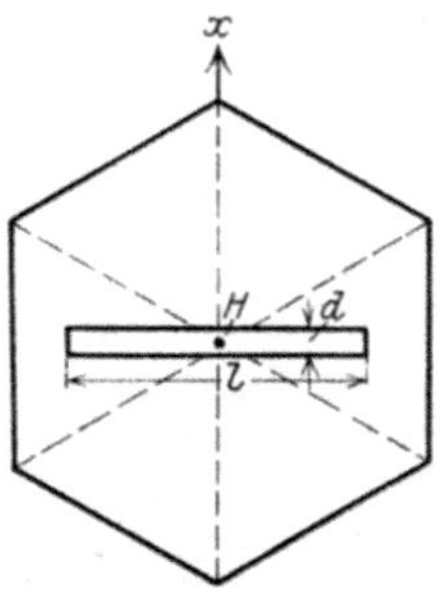

Abb. 4. Piezoquarz nach E. GIEBE und A SCHEIBE. – – – – 3 Nebenachsen des Quarzes, H Spur der Hauptachse. Belegungen ⊥ x.

Wir sind jetzt für das Verständnis des Folgenden vorbereitet. LANGEVIN[1]) hat wohl zuerst vermöge eines elektrischen Wechselfeldes den Quarz in Schwingungen versetzt und 1917 einen Unterwasserschallapparat zur Bestimmung der Tiefe von Gewässern konstruiert, der starke Druckwellen erzeugte.

CADY hat als erster die Bedeutung der Anwendung der Quarzstäbe als Oszillatoren und Resonatoren in der Hochfrequenztechnik erkannt.

CADY[2]) und PIERCE[3]) benutzten die inverse Piezoelektrizität dazu, um Kristallstäbe in nicht hörbare Längsschwingungen zu versetzen. Zu dem Zwecke legten sie an die mit metallischen Belegungen versehenen beiden Enden eines Quarzstäbchens eine hochfrequente Wechselspannung. Gemäß den Beziehungen (15) der inversen piezoelektrischen Effekte wird durch den mechanischen Druck das Kristallstäbchen in Längsschwingungen versetzt. Im Falle der Resonanz der Frequenz des anregenden Feldes mit irgendeiner Eigenschwingung des Stäbchens ist die Rückwirkung des piezoelektrischen Resonators auf den Stromkreis besonders stark, so daß sie mit Hilfe eines empfindlichen Strommeßinstrumentes oder auch eines Telephons festgestellt werden konnte (vgl. Ziff. 17). NICOLSON[4]) erzeugte mit Hilfe von Seignettesalz hörbare Schwingungen.

GIEBE und SCHEIBE[5]) ist es gelungen, diese Schwingungen optisch wahrzunehmen. Die Orientierung des Quarzstäbchens geht aus vorstehender Abb. 4 hervor. Die Stablänge steht senkrecht auf der Hauptachse H und einer Nebenachse. Die Höhe h des Stäbchens und seine Dicke d sind gegenüber der Länge l klein. Es war in den Versuchen das Quarzstäbchen zwischen den beiden Elektroden *1* und *2* angebracht (s. Abbildung 5) und konnte sich aber auf der Elektrode *2* frei bewegen. Kleine an den Elektrodenenden angebrachte Hartgummistücke verhinderten das Herunterfallen der Quarzstäbchen von *2*. Die Elektroden waren auf Hartgummi befestigt. Der Zwischenraum zwischen *1* und dem Stäbchen betrug etwa 0,5 mm. Der Apparat wird unter Vakuum (10 bis 15 mm Hg) gesetzt, für welches eine

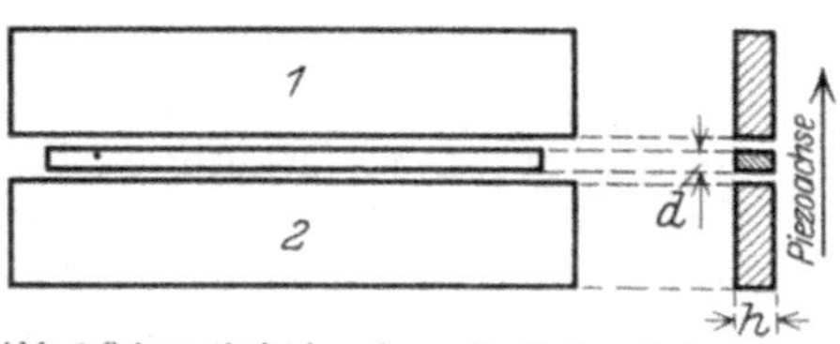

Abb. 5. Schematische Anordnung für die Grundschwingung.

---

[1]) P. LANGEVIN, Sondage par le son S. 29. Publ. spéc. Nr. 3, 1924, Secrétaire Général Bur. Hydr. Intern. Monaco.

[2]) W. G. CADY, Phys. Rev. Bd. 18, S. 142. 1921; Proc. Inst. Radio Eng. Bd. 10, S. 88. 1922; s. a. Bd. VIII, Kap. 6, Ziff. 29.

[3]) G. W. PIERCE, Proc. Amer. Acad. Bd. 59, S. 79. 1923.

[4]) A. M. NICOLSON, Proc. Amer. Inst. Electr. Eng. Bd. 38, S. 1315–1333. 1919; Electrical World 1920, S. 1358.

[5]) E. GIEBE u. A. SCHEIBE, ZS. f. Phys. Bd. 33, S. 335–344. 1925. In einer neueren Arbeit gelingt GIEBE und SCHEIBE durch eine andere Anordnung der Elektroden eine Verbesserung; s. E. GIEBE und A. SCHEIBE, Elektrot. ZS. Bd. 47, S. 380–385. 1926.

Wasserstrahlpumpe genügt. Ein 25 Watt-Röhrensender, der einen roh und einen fein verstellbaren Drehkondensator enthielt, wurde mit seinen Kondensatorplatten an *1* und *2* angeschlossen. Bei Resonanz zwischen der anregenden Frequenz und der Frequenz der elastischen Grundlängsschwingung des Quarzstäbchens [vgl. Gl. (31)] sieht man zwischen *1* und dem Stäbchen eine Leuchterscheinung, die in der Mitte des Stäbchens ein Maximum der Intensität besitzt und dann nach den beiden Enden des Stäbchens nach Null hin abnimmt. Die piezoelektrischen Deformationen variieren im Tempo der hochfrequenten Wechselspannung und regen z. B. die Grundfrequenz der elastischen longitudinalen Schwingungen an. Diese Deformationen bedingen sekundär den piezoelektrischen Effekt, der die Ursache für die Leuchterscheinung ist. An den Stellen des Druckmaximums befindet sich ein Maximum der Leuchterscheinung. Wegen der sehr geringen Dämpfung der Stabschwingungen ist die Resonanzwellenlänge auf $\frac{1}{10000}$ genau einzustellen. Das Leuchten bleibt innerhalb eines Frequenzbereiches von $\pm 0{,}05\,^0/_{00}$ von der maximalen Leuchtstärke aus gerechnet bei den kleinsten benutzten Spannungen bestehen. Weiter untersuchten GIEBE und SCHEIBE die günstigsten Anregungsbedingungen für grad- und ungradzahlige Oberschwingungen. Diese sind infolge der endlichen Dicke des Stabes nach CADY[1]) nicht exakt harmonisch. Gewöhnlich gilt, wenn mit $k = 1, 2, 3, 4$, usw. die Ordnungszahl der einzelnen Harmonischen bezeichnet wird, für die Wellenlänge der Grundschwingung ($k = 1$) und Oberschwingungen

$$(\lambda)_{\mathrm{m}} \approx 110\,\frac{l_{\mathrm{mm}}}{k}. \qquad (34)$$

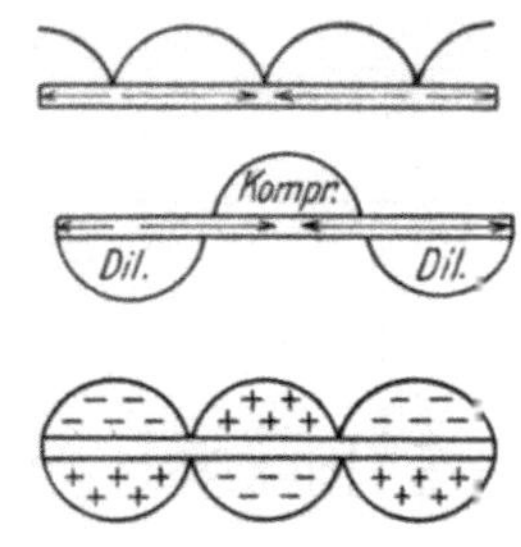

Abb. 6. Verteilung von Geschwindigkeit, Druck und Ladung längs des Stabes für die dritte Oberschwingung

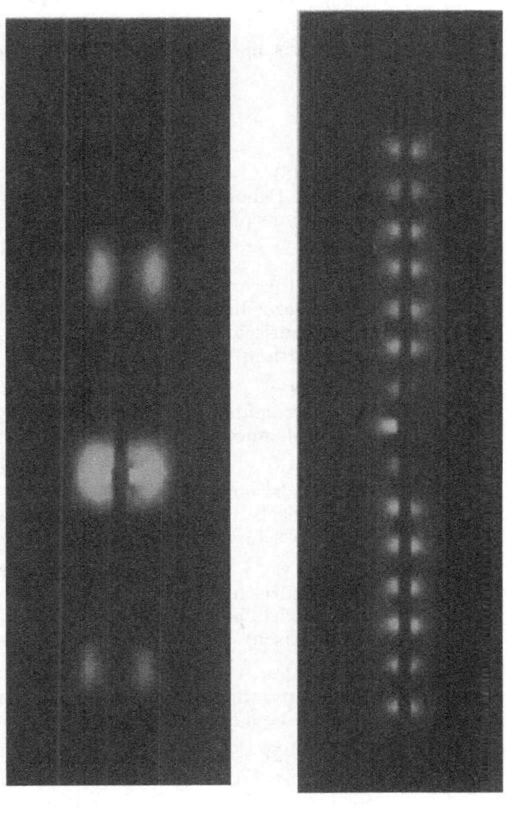

3. Oberschwingung. 15. Oberschwingung.

Abb. 7 und 8. Leuchtfiguren an Stäben nach E. GIEBE und A. SCHEIBE.

In Abb. 6 sind die Geschwindigkeit, der Druck und die Ladung in ihrer Verteilung längs des Stabes für die dritte Oberschwingung ($k = 3$) gezeichnet. Die Anordnung der Abb. 5 läßt nur ungradzahlige Harmonische zu. So sind z. B. in Abb. 7 und 8 die 3. und 15. Oberschwingung des Stabes wiedergegeben. Die Leuchterscheinung ist in der Mitte des Stabes, wo die Elektroden liegen, etwas gestört. Die gradzahligen Harmonischen erhält man durch Unterteilung

[1]) Vgl. W. G. CADY, Proc. Amer. Acad. Bd. 59, S. 104. 1923.

So sind z. B. für die 2. Harmonischen zwei Elektrodenpaare, für die 10. zehn Elektrodenpaare notwendig.

Tabelle 8.

Kristall-system	Klasse	Substanz	Formel	Bemerkung
Monoklin	II (5) Sphenoidisch (Monoklin-hemimorph)	Lithiumsulfat	$SO_4Li_2 + H_2O$	+
		Rechtsweinsäure	$C_4H_6O_6$	+*
		Rechtsweinsaures Kalium	$C_4H_4O_6K_2$	+
		,, Ammonium	$C_4H_4O_6(NH)_2$	+
		,, Natrium	$C_4H_4O_6Na_2$	+
		Rohrzucker	$C_{12}H_{12}O_{11}$	+*
	II (4) Domatisch (Monoklin-hemiedrisch)	Skolezit	$Si_3O_{10}Al_2Ca + 3\,H_2O$	—
Rhombisch	III (7) Bisphenoidisch (Rhombisch-hemiedrisch)	Bittersalz	$SO_4Mg + 7\,H_2O$	+
		Schwefelsaures Zink	$SO_4Zn + 7\,H_2O$	+
		Ameisensaures Strontium	$(CO_2H)_2Sr + 2\,H_2O$	+
		Saures rechtsweins. Kalium	$C_4H_4O_6HK$	+
		,, ,, Ammonium	$C_4H_4O_6K(NH_4)$	+
		Rechtsweins. Natrium—Kalium (Seignettesalz)	$C_4H_4O_6NaK + 4\,H_2O$	+*
		Asparagin	$C_4H_8N_2O_3 + H_2O$	
	III (8) Pyramidal (Rhombisch-hemimorph)	Resorzin	$C_6H_6O_2$	+*
		Triphenylmethan	$CH(C_6H_5)_3$	+
	—	Oxalsaures Ammonium	$C_2O_4(NH_4)_2$	+
Trigonal	IV (10) Trigonal-trapezoedrisch (Trapezoedrisch-tetartoedrisch)	Quarz	SiO_2	+*
		Benzil	$C_{14}H_{10}O_2$	+
	IV (11) Ditrigonal-pyramidal (Hemimorph-hemiedr.)	Arsensilberblende	AsS_3Ag_3	+
		Antimonsilberblende	SbS_3Ag_3	—
		Turmalin	Silikate	+*
Tetragonal	V (19) Skalenoedrisch (Sphenoidisch-hemiedrisch)	Saures Ammoniumphosphat	$PO_4(NH_4)H_2$	+
		Harnstoff	CH_4NO	+
		Tetraäthylammoniumjodid	$N(C_2H_5)_4J$	+
	V (15) Trapezoedrisch (Trapezoedrisch-hemiedrisch)	Schwefelsaures Nickel	$SO_4Ni + 6\,H_2O$	+
	V (16) Ditetragonal-pyramidal, Hemimorph-hemiedr.	Penta-Erythrit	$C_5H_{12}O_4$	+
Kubisch	VII (32) Tetraedrisch-pentagon-dodekaedrisch (Tetardoedrie des regulären Systems)	Natriumchlorat	ClO_3Na	+*
		Natriumsulfantimoniat	$SbS_4Na_3 + 9\,H_2O$	+
		Bariumnitrat	$(NO_3)_2Ba$	—
		Strontiumnitrat	$(NO_3)_2Sr$	—
		Bleinitrat	$(NO_3)_2Pb$	—

TAWIL[1]) bringt den Quarz zwischen gekreuzte Nikols. Bei Nichterregung des Quarzes ist das Gesichtsfeld dunkel, während es bei Annäherung der Senderfrequenz an die Quarzfrequenz aufhellt.

[1]) E. P. TAWIL, C. R. Bd. 183, S. 1099—1101. 1926.

In einer zweiten Arbeit[1]) gelingt es GIEBE und SCHEIBE, die Methode von CADY zum akustischen Nachweis der Resonanz zu einer qualitativen Aufschluß-methode piezoelektrischer Wirkung von Kristallen auszuarbeiten. Sie beruht auf der mittels eines Telephons festgestellten Rückwirkung der elastischen Eigenschwingungen einer großen Zahl regellos orientierter kleiner Kristall-splitter. Mit dem Schwingungskreis des Senders koppelt man einen Empfänger mit Telephon. Stimmt nun die Periode der anregenden Wechselspannung überein mit der Periode einer Eigenschwingung irgendeines Kristallteilchens, so hört man infolge der Rückwirkung im Telephon einen Schwebungston, den Interferenzton der erregenden Schwingung des Feldes und der angeregten elastischen Eigenfrequenz. Die Ergebnisse dieser Untersuchungen an Kristallen mit polaren Achsen sind in der Tabelle 8 zusammengestellt. Das Zeichen + bzw. — bedeutet, daß Piezoelektrizität beobachtet bzw. nicht beobachtet ist, das Zeichen +*, daß die Substanz schon als piezoelektrisch bekannt ist.

Inzwischen ist es GIEBE und SCHEIBE[2]) gelungen, das Problem der piezoelektrischen Resonanz von Quarzstäbchen zu erweitern. Es gelang ihnen, außer den Longitudinalschwingungen auch Biegungs- und Torsionsschwingungen von Quarzstäben und -ringen anzuregen und die Abhängigkeit von der Frequenz, den Längs- und Querdimensionen zu untersuchen. Der Vorteil der transversalen Schwingungen besteht darin, daß bei gleicher Länge des Stabes weit niedrigere Eigenfrequenzen verwandt werden können.

Mittels der Ringschwingungen, die übrigens eine geringere Dämpfung gegenüber den Stabschwingungen aufweisen — die Ringebene war senkrecht zur optischen Achse orientiert; infolgedessen zeigt die piezoelektrische Wirkung an sechs äquidistanten Punkten des Ringumfanges Maxima und sechs dazwischen orientierte Minima; das Leuchtbild eines solchen, im geeigneten Vakuum schwingenden Ringes ist daher wesentlich komplizierter als bei Stäben — konnte zur Bestimmung der piezoelektrischen Achsen eine genauere als die KUNDTsche Bestäubungsmethode ausgearbeitet werden.

17. Piezokristalle als Frequenznormalien und Frequenzstabilisatoren. Wir kommen nunmehr zur Verwendung von Quarzstäbchen als Frequenznormalien und Frequenzstabilisatoren.

Die Quarzresonatoren zeigen außerordentliche Schärfe der Resonanz. Diese kann man entweder nach der Absorptionsmethode von CADY[3]) oder nach der Leuchtmethode von GIEBE und SCHEIBE nachweisen. CADY verwendete einen Zwischenkreis, bei dem der Quarzkondensator parallel zum Abstimmkondensator (vgl. Abb. 9) liegt. Die Eigenfrequenz dieses Zwischenkreises liegt etwa innerhalb der Breite der Resonanzkurve, die durch die Dämpfung bestimmt ist. J sei die Stromstärke in dem einen, i in dem anderen Kreis. Ändert man jetzt die Senderfrequenz, so erhält man z. B. für den Strom J als Funktion der Frequenz im Zwischenkreis eine Resonanzkurve, die eine sehr ausgeprägte Einsenkung an der Resonanzstelle besitzt (vgl. Abb. 10)[4]). Der Quarz wirkt dann wie ein zum Ab-

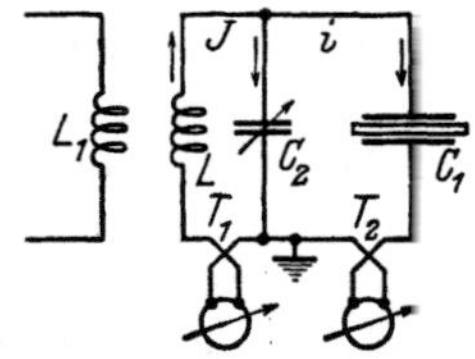

Abb. 9. Schaltungsschema für die Absorptionsmethode nach CADY.

[1]) E. GIEBE u. A. SCHEIBE, ZS. f. Phys. Bd. 33, S. 760—766. 1925.

[2]) E. GIEBE u. A. SCHEIBE, Tätigkeitsbericht der Phys.-Techn. Reichsanstalt 1926, S. 31—34.

[3]) W. G. CADY, Proc. Inst. Radio Eng. Bd. 10, S. 88. 1922. Die Dämpfung eines Quarzkristalls in Abhängigkeit von elektrischen und mechanischen Beeinflussungen hat kürzlich K. HEEGNER (s. ZS. f. Hochfrequenztechnik Bd. 29, S. 177—180. 1927) genauer experimentell untersucht.

[4]) Vgl. Bd. XVI, Kap. 22, Ziff. 6, wo hierauf noch ausführlicher eingegangen und auch die Abhängigkeit von i und C_2 von der Frequenz angegeben wird.

stimmkondensator parallel geschalteter OHMscher Widerstand und zeigt demzufolge Absorption[1]). Für längere Wellenlängen verwendet CADY Stahlresonatoren (vgl. die zuletzt genannte Arbeit von CADY, bei denen zwei Quarzblättchen mit Schellack an den Stab geklebt worden sind). CADY gibt eine Genauigkeit von 1 bis 2 Zehntausendstel an, während die Leuchtmethode genauer (etwa einige Hunderttausendstel) und auch vorteilhafter ist. Man verfährt so, daß man sich eine größere Zahl von Quarzstäbchen mittels eines Normalwellenmessers eicht und dann mit diesen Quarzstäbchen einen beliebigen Sender auf eine größere Anzahl von Normalwellen einstellt. Die Konstanz ist eine sehr gute, die Abweichungen liegen innerhalb der Genauigkeit des Normalwellenmessers. Nachdem die Stäbchen einmal geeicht sind, ergibt die Leuchtfigur sofort ohne Frequenzmesser die festgelegte Frequenz. Die Intensitätsschwankung der Leuchterscheinung gibt in einfacher Weise die Schwankungen des Senders an, während die genannte Absorptionskurve mehrdeutig ist. Die Konstanz des Quarzresonators ist durch den Temperaturkoeffizienten des Resonators und den Abstand zwischen den Elektroden und dem Quarz bedingt. POWERS[2]) fand für den longitudinalen Effekt eine Abnahme der Frequenz zu $20 \cdot 10^{-6}$ pro Grad Celsius Temperaturanstieg, für den transversalen Effekt einen solchen von nur $5 \cdot 10^{-6}$.

CADY[3]) mißt für den Temperaturkoeffizienten seiner Stahlresonatoren den fünffachen Betrag. DYE[4]) findet für den Temperaturkoeffizienten im Falle des longitudinalen Effektes -30 bis $-70 \cdot 10^{-6}$, im Falle des transversalen Effektes $-5 \cdot 10^{-6}$. Letztere Versuche beziehen sich auf das Temperaturintervall von 12 bis 40° C.

CADY fand, daß auch der Luftzwischenraum für die Frequenzkonstanz berücksichtigt werden muß. Von DYE ist der Einfluß der Frequenzabhängigkeit vom Luftzwischenraum weiter untersucht worden. Er findet bei einer Änderung des Luftzwischenraumes von 0,2 auf 2 mm im Falle des längs schwingenden Resonators eine Frequenzänderung von 2‰ bei einer tatsächlichen Frequenz von 44000 Hertz, im Falle des transversal schwingenden Stabes eine solche von 0,5‰. Bilden sich in dem Zwischenraum stehende Luftwellen aus, was bei geeigneter Welle und geeignetem Zwischenraum der Fall sein kann, so ist die Frequenzänderung in diesem Falle stärker. Eine von GIEBE und SCHEIBE[5]) gegebene Anordnung, die längs des größten Teiles des Stabes ohne Elektroden ist, läßt keine Entfernungsänderungen mehr zu und schaltet damit die Wirkung des Luftzwischenraumes aus.

Man kann, was nicht so genau ist, zur Ermittlung der Eigenfrequenzen den Quarz parallel zum Kondensator eines Röhrenschwingkreises legen, mit dem man dann ein Telephon koppelt. Im Falle der Resonanz hört man den akustischen Schwebungston. Die Resonanz kann man z. B. auch dem Verdunkeln einer kleinen Glühlampe erkennen. Diese Wellenkontrolle benutzt MEISSNER[6]).

---

[1]) In einer ausführlichen Arbeit hat D. W. DYE (vgl. D. W. DYE, Proc. Phys. Soc. London Bd. 38, S. 399—457. 1926) experimentell und theoretisch gezeigt, daß ein Quarzstab durch einen aus Selbstinduktion, Widerstand und Kapazität in bestimmter Weise zu bildenden elektrischen Schwingungskreis ersetzt werden kann. An Hand von Kurvenmaterial konnte er zeigen, daß Theorie und Experiment innerhalb 44000 bis 15000000 Hertz übereinstimmen.

[2]) W. F. POWERS, Phys. Rev. Bd. 23, S. 783. 1924.

[3]) W. G. CADY, Journ. Opt. Soc. Amer. a Rev. Sci. Instr. Bd. 7, S. 475. 1925.

[4]) D. W. DYE, Proc. Phys. Soc. London Bd. 38, S. 399—457. 1926.

[5]) E. GIEBE u. A. SCHEIBE, Elektrot. ZS. Bd. 47, S. 5. 1926.

[6]) A. MEISSNER, ZS. f. techn. Phys. Bd. 8, S. 74—77. 1927; oder ZS. f. Hochfrequenz-Technik Bd. 29, S. 20—24. 1927.

Man benutzt den Quarz auch zur Stabilisierung der Frequenz. Wir knüpfen noch einmal an die Abb. 10 an. Die Rückwirkungen, also die Änderungen von J, i und C des an den Zwischenkreis angeschlossenen schwingenden Quarzstabes auf die gesamte Kapazität des Zwischenkreises hat CADY[1]) theoretisch und experimentell untersucht. Abb. 10 stellt die Kapazität des Quarzes C_1 und den Strom J als Funktion der Frequenz dar. Während die statische Kapazität des Quarzkondensators 4,5 $\mu\mu$F betrug, lag seine dynamische zwischen 42,2 $\mu\mu$F und $-32{,}2$ $\mu\mu$F. Ebenso interessant ist die Bemerkung, daß die Elongation in der Längsrichtung im dynamischen Falle für einen Quarzresonator der Dimension 3,07 · 0,41 · 0,14 cm, bei einer Spannung von 300 Volt und einer Frequenz von 89870 Hertz etwa 4000mal größer als im statischen Falle ist.

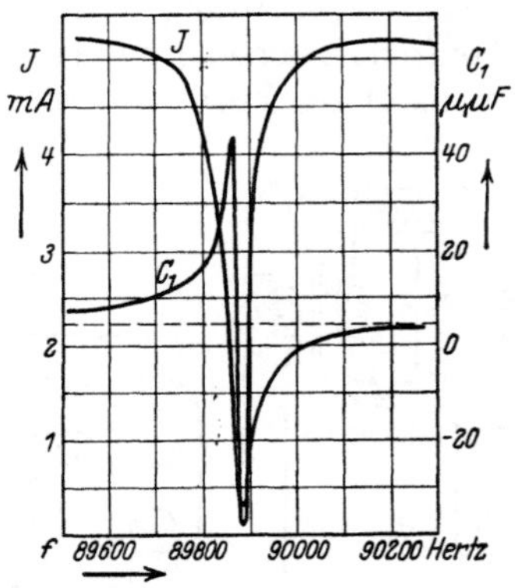

Abb. 10. Diagramm für J und C_1 als Funktion der Frequenz (vgl. Abb. 9).

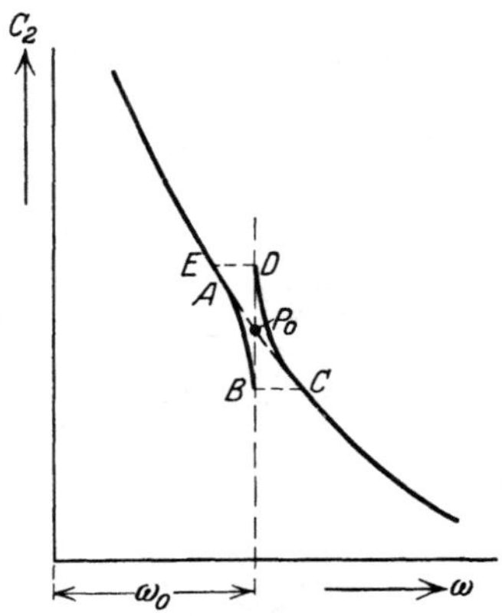

Abb. 11. Zur stabilisierenden Wirkung des Quarzresonators.

Die in Abb. 11 dargestellte Abhängigkeit der Quarzkapazität von der Frequenz (ausgezogene Kurve) dient zum Verständnis der stabilisierenden Wirkung des Quarzresonators. In dieser letzten Abbildung ist die Kapazität C_2 des Abstimmkondensators, dem die Quarzkapazität C_1 parallel geschaltet ist, als Funktion der Frequenz in der Nähe der Resonanzfrequenz ω_0 dargestellt. Wir nehmen an, daß der Schwingungskreis eine nur sehr wenig von der Quarzfrequenz verschiedene Frequenz besitzt. Eine Verringerung der Kondensatorkapazität würde eine Steigerung der Frequenz bedeuten. Ehe der zur Eigenschwingung gehörige Punkt P_0 erreicht wird, beginnt der Quarz zu schwingen. Nun ändert sich zufolge Abb. 10 die Kapazität des Quarzes zunächst entgegengesetzt der Kondensatorkapazität. Hierdurch wird der Einfluß der Verkleinerung von C_2 auf die Eigenschwingung des Schwingungskreises aufgehoben. Folglich verringert sich die Kondensatorkapazität bis zum Punkt B, ohne daß eine nennenswerte Änderung der Frequenz statthat, da AB nahe parallel der Ordinatenachse verläuft. Dasselbe Spiel wiederholt sich rückwärts von C über D nach E. B und D sind instabile Punkte. Wählt man die Kapazität über diese Punkte hinaus, so springt die Eigenfrequenz des Schwingungskreises auf die zu E und C gehörigen Werte. Die Stabilisierung hört auf. Ein interessantes Beispiel über den engen Bereich der Stabilisierung gibt CADY an. Bei einem Quarzstab der Länge 3,9 cm, welchem eine Eigenschwingung von 69700 Hertz entsprach, sank die Frequenz-

[1]) W. C. CADY, Proc. Inst. Radio Eng. Bd. 10, S. 88. 1922; Phys. Rev. Bd. 19, S. 38 bis 382. 1922. M. v. LAUE wendet in einer Arbeit die phänomenologische Theorie der Piezoelektrizität auf erzwungene Schwingungen von Quarzstäben an und kann deren Rückwirkung auf die Kapazität berechnen, s. ZS. f. Phys. Bd. 34, S. 347–361. 1925.

änderung, welche der Kondensator hervorrief, von 3% bei entferntem Quarz auf $\frac{1}{20}$‰, wenn der Quarz benutzt wurde. Die statische Kapazität dieses Quarzes betrug 0,67 $\mu\mu$F, seine dynamische lag zwischen -9 $\mu\mu$F und 10 $\mu\mu$F.

18. Piezokristalle als Oszillatoren. Noch sicherer benutzt man zur Stabilisierung Schaltungen, bei denen sich der Kristall mit Hilfe einer Elektronenröhre selbst erregt[1]. Das Prinzipschema ist in Abb. 12 dargestellt. Der Quarz wird mit zwei Paar Belegungen (*1, 2*), (*3, 4*) ausgestattet. Spannungsschwankungen an der Anode rufen im Quarz Piezospannungen hervor und wirken über (*3, 4*) auf das Gitter der Eingangsröhre. Damit kommt das System zur Selbsterregung mit einer der Quarzfrequenz entsprechenden Wellenlänge.

PIERCE[2] gibt sehr bequeme Schaltungen für Oszillatoren an, die starke Schwingungen bewirken. MALLET und TERY[3] kommen mit einer einzigen Röhre sehr geringer Kapazität aus. Eine weitere Oszillatorschaltung gibt HUND[4] an. Ihm gelingt auch die Konstruktion von Tonfrequenzerzeugern dadurch, daß er mittels einer Stufenquarzplatte einen Differenzton der hochfrequenten Schwin-

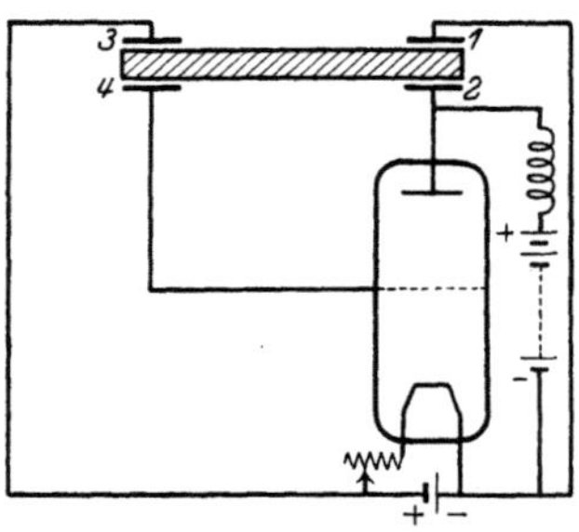

Abb. 12. Schema der Schaltung für Quarzoszillator.

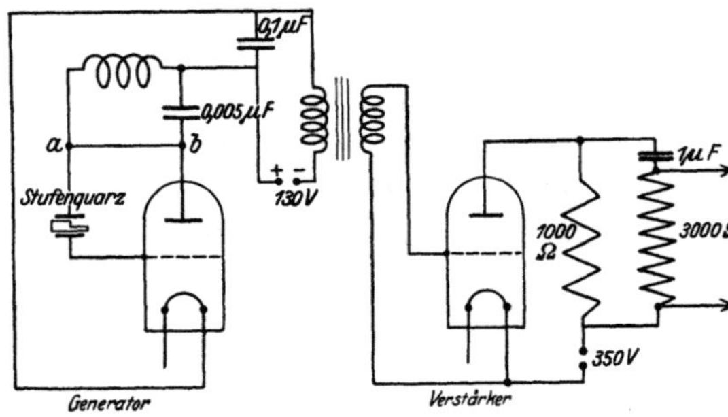

Fig. 13. Oszillatorschaltung nach HUND.

gungen erzeugt, der in den hörbaren Bereich fällt. Diesen Schwebungston kann man mittels einer Detektorschaltung evtl. noch unter Zwischenschaltung eines Niederfrequenzverstärkers hörbar machen (vgl. Abb. 13). Die erste Röhre ist die Schwingröhre, während die zweite zur Niederfrequenzverstärkung dient.

Betreffs der Steuerung von Rundfunksendern mittels der genannten Oszillatoren verweise ich auf die Literatur[5]. Neuerdings ist durch CROSSLEY durch geeignete Schaltungen die Sendeleistung des Quarzoszillators auf 100 Watt erhöht worden. Ferner erreicht er mittels mehrerer Verstärkerstufen sehr erhöhte Leistungen und kann einen Sender von 13 kW mit Hilfe von Quarz steuern.

19. Piezokristalle als Oszillographen. Einige Bemerkungen über Quarzoszillographen mögen diesen Artikel beschließen. WYNN-WILLIAMS[6] konstruierte einen, auf dem Prinzip der Eigenfrequenzen beruhenden, piezoelektrischen Oszillographen aus Seignette-Salz, der für Frequenzen von 0 bis 600 Hertz verwendbar ist.

---

[1] W. G. CADY, Proc. Inst. Radio Eng. Bd. 10, S. 88. 1922.

[2] G. W. PIERCE, Proc. Amer. Acad. of Arts and Sciences Bd. 60, S. 271—302. 1925.

[3] E. MALLET u. V. I. TERY, Wir. World Bd. 16, S. 630—636. 1925.

[4] A. HUND, Proc. Inst. Radio Eng. Bd. 14, S. 447—469. 1926.

[5] A. CROSSLEY, Proc. Inst. Radio Eng. Bd. 15, S. 9—36. 1927; s. a. A. MEISSNER, ZS. f. techn. Phys. Bd. 8, S. 74—77. 1927; M. GOWN, Radio (San Francisco), VII, Juli 1925, S. 29, Oktober 1925, S. 33.

[6] C. E. WYNN-WILLIAMS, Phil. Mag. Bd. 49, S. 288—313. 1924.

WOOD[1]) benutzt den schwächer piezoelektrisch wirksameren, aber mechanisch geeigneteren Quarz, um einen Einstab-Oszillographen zu konstruieren. Es wird die Dilatation des Quarzes, die nach (28) auftritt, mit Hilfe eines Spiegels, der eine optische Verstärkung von etwa 10000 bewirkte, gemessen. Dadurch, daß er die Dicke des Quarzstäbchens d sehr klein wählt (0,01 cm), erreicht er bei einer Skalenentfernung von 1 m einen Ausschlag von 1 cm bei 935 Volt angelegter Spannung. Bedeutet V die Potentialdifferenz der an die Platte angelegten Spannung, so gilt nach (28) für die Verlängerung $|\Delta l|$:

$$|\Delta l| = d_{11} |\mathfrak{E}_x| \cdot l = d_{11} \cdot \frac{|V| l}{d} . \qquad (35)$$

Die Konstruktion eines Zweistaboszillographen knüpft an Versuche der Gebrüder CURIE zum Nachweis des reziproken Piezoeffektes an. Ich verweise diesbezüglich auf die Literatur.

Ich möchte noch erwähnen, daß KARCHER[2]) zur Messung des momentanen Druckes in Gewehrläufen die piezoelektrischen Ladungen mit Hilfe eines ballistischen Galvanometers bestimmte.

---

1) A. B. WOOD, Phil. Mag. Bd. 50, S. 631–637. 1925.
2) J. C. KARCHER, Phys. Rev. Bd. 18, S. 107. 1921.

Kapitel 9.

Berührungs- und Reibungselektrizität.

Von

ALFRED COEHN, Göttingen.

Die Erscheinungen der Berührungs- und Reibungselektrizität sind die älteste Form, in welcher elektrische Phänomene als solche besonderer Art aufgefaßt worden sind. Für die Entwicklung unserer Kenntnis von Tatsachen auf diesem Gebiete und der Begriffe, die zur Gruppierung dieser Tatsachen und ihrer theoretischen Beherrschung ausgebildet worden sind, sei auf Bd. 1, Kap. 1 verwiesen.

An dieser Stelle soll das Problem, welches die Berührungs- und Reibungselektrizität bietet, gekennzeichnet und versucht werden, darzustellen, wie weit es bei den zahlreichen Erscheinungsformen, an denen es hervortreten kann, seiner Lösung entgegengeführt worden ist.

Das Problem der Berührungselektrizität hat zum Ziel, die bei der Berührung zweier Stoffe auftretende elektrische Aufladung mit irgendwelchen physikalischen oder chemischen Eigenschaften dieser Stoffe zu verknüpfen derart, daß aus der Kenntnis dieser Eigenschaften sich eine Vorhersage geben läßt:

1. über das Vorzeichen,
2. über die Größe der Aufladung.

a) Elektrolyte und Metalle.

1. Elektrolyt/Elektrolyt. a) Das Problem darf als gelöst gelten für den Fall der Berührung zweier verschieden verdünnter Lösungen desselben Elektrolyten und verdünnter Lösungen verschiedener Elektrolyte: Das entstehende Kontaktpotential ist der Messung zugänglich und die von NERNST[1]) aus der Anwendung der allgemeinen Gesetze der Diffusion auf die Diffusion von Elektrolyten gewonnene Vorstellung über sein Zustandekommen läßt Sinn und Größe der entstehenden Potentialdifferenz vorhersagen.

b) Darüber hinaus hat sich gezeigt, daß auch die elektromotorischen Kräfte an der Berührungsstelle verschieden temperierter Stellen von Elektrolyten, also elektrolytische Thermoketten, im Einklang mit den von NERNST gegebenen Formeln gemessen werden, „so daß hier von einer vollständigen Lösung des Problems der Thermokraft gesprochen werden darf, wovon wir bei den Metallen bekanntlich noch weit entfernt sind".

c) Auf der gleichen Grundlage ergibt sich die Potentialdifferenz an der Berührungsstelle zweier verdünnter Lösungen in zwei nicht mischbaren Lösungs-

---

[1]) Vgl. das Referat von W. NERNST, Über Berührungselektrizität. Beilage zu Ann. d. Phys. 1896, Heft 8.

mitteln bei Vorhandensein eines Unterschiedes der Verteilungskoeffizienten des positiven und negativen Ions. Der Fall — ausgedehnt auf größere Elektrolytkonzentrationen — hat eingehende experimentelle Behandlung erfahren im Hinblick auf seine physiologische Bedeutung[1]), indem die Potentialsprünge an pflanzlichen und tierischen Membranen hier ihre Deutung finden. Von besonderem Interesse haben sich dabei die Einflüsse erwiesen, welche bei Anwesenheit organischer „kapillaraktiver" Stoffe hervortreten.

Das hier erzielte Ergebnis legt es nahe, die Theorie auf den allgemeinen Fall der Elektrizitätserregung bei der Berührung zweier homogener fester Stoffe zu übertragen. Der Durchführung aber steht die Schwierigkeit entgegen, daß man über die Natur der in jedem Fall in Betracht zu ziehenden Ionen nichts aussagen kann.

2. Metall/Elektrolyt. Für das Zustandekommen der Potentialdifferenz Metall/Elektrolyt gewann NERNST eine anschauliche Vorstellung durch die Einführung des Begriffes der elektrolytischen Lösungstension. Allerdings kennt man die Natur der Kräfte, welche zum Teil mit so ungeheurer Intensität die Metallionen in die Lösung hineinziehen, auch heute noch nicht; über ihren inneren Zusammenhang mit anderen Eigenschaften der Metalle oder Lösungsmittel ist nichts bekannt. Hingewiesen sei aber auf den Versuch von F. KRUEGER[2]), die Kräfte, welche die elektrolytische Lösungstension der Metalle bedingen, ebenso wie die elektrolytische Dissoziation zurückzuführen auf die hohe Dichte der Wärmestrahlung in den Medien mit hoher Dielektrizitätskonstante.

Die Messung eines Einzelpotentials Metall/Elektrolyt schien ermöglicht in galvanischen Elementen, deren Gegenelektrode die Potentialdifferenz Null gegen die Lösung aufweist. Das sollte der Fall sein bei Quecksilber, das bis zum Maximum der Oberflächenspannung polarisiert ist. An diesem Punkte wäre nach der osmotischen Theorie die elektrolytische Lösungstension kompensiert durch den ihr infolge der Polarisation von der einen oder der anderen Richtung her gleich gewordenen osmotischen Druck der Quecksilberionen. Diesseits und jenseits vom Maximum sollte die Elektrokapillarkurve, die den Zusammenhang zwischen polarisierender Kraft und Oberflächenspannung wiedergibt, auf Grund der Theorie von LIPPMANN-HELMHOLTZ-NERNST sich als Parabel darstellen[3]). Die in den verschiedenen Elektrolyten gefundenen Elektrokapillarkurven hatten aber erhebliche Abweichungen von der Parabelgestalt gezeigt, nicht nur in steilerem Abfall des ansteigenden Astes, sondern — was für den hier zur Erörterung stehenden Zweck besonders bedenklich erschien — in einer Verschiebung des Maximums der Kurven. Die Abweichungen von der Parabelgestalt sind um so größer, je geringer die Löslichkeit bzw. je stärker die Komplexbildung der Quecksilbersalze ist. Das leicht lösliche, nicht zur Komplexbildung neigende Merkuronitrat ergab mit großer Genauigkeit die von der Theorie geforderte Parabelgestalt. Die Abweichungen fanden ihre Deutung in der Erkenntnis, daß die Änderung der Oberflächenspannung durch die Adsorption von in der Lösung vorhandenen „kapillaraktiven" Stoffen sich geltend macht, hier speziell durch die Adsorption von Quecksilbersalz auf der Quecksilberoberfläche.

Die bei der Elektrokapillarkurve gefundenen Abweichungen zeigten sich entsprechend bei der zweiten Methode, die zur Herstellung einer Elektrode vom Potential Null gegenüber einer Lösung zur Verfügung steht, der Tropfelektrode: das Tropfelektrodenpotential stimmt stets mit dem Potential überein, das beim

---

[1]) R. BEUTNER, Die Entstehung elektrischer Ströme in lebenden Geweben. Stuttgart 1920.

[2]) F. KRUEGER, ZS. f. Elektrochem. Bd. 17, S. 453. 1911.

[3]) F. KRUEGER, ZS. f. Elektrochem. Bd. 19, S. 617. 1913.

Maximum der — normal, d. h. als Parabel oder auch anomal gestalteten — Elektrokapillarkurve herrscht. Diese Übereinstimmung steht im Einklang mit der Theorie von LIPPMANN-HELMHOLTZ-NERNST, nach der das Tropfelektrodenpotential dadurch bedingt ist, daß sich an der tropfenden Elektrode dann keine Konzentrationsänderung mehr einstellt, wenn die Konzentrationsverminderung infolge der Kondensation des Salzes auf der Elektrode kompensiert wird durch die Konzentrationsvermehrung bei der Doppelschichtenbildung jenseits des absoluten Nullpunktes; dieselbe Bedingung liefert aber die Theorie für das Eintreten des Maximums der Oberflächenspannung, das nämlich dann vorhanden ist, wenn bei Änderung der Oberfläche keine Konzentrationsänderung an der Elektrode auftritt, wenn also bei der Dehnung die Konzentrationsverminderung infolge der Kondensation wiederum gerade kompensiert wird durch die Konzentrationsvermehrung infolge der Doppelschichtenausbildung.

Jedenfalls erscheinen die Bedenken gegen die Benutzung der beiden auf der Elektrokapillarität beruhenden Methoden zur Messung von Einzelpotentialen behoben: In kapillarinaktiven, sich normal verhaltenden Lösungen, d. h. in solchen, in welchen die Elektrokapillarkurve sich als Parabel darstellt, kann man sowohl mit Hilfe des Maximums der Oberflächenspannung wie auch mit Hilfe der Tropfelektrode Einzelpotentialsprünge bestimmen. Es ergibt sich dabei der absolute Nullpunkt des Potentials bei dem bereits früher festgelegten Werte von 0,56 Volt gegen die Normal-Kalomelelektrode bzw. von 0,611 Volt gegen die Zehntelnormal-Kalomelelektrode, wobei der Elektrode das positive Vorzeichen zukommt.

3. Metall/Metall. Auf die Versuche, die thermoelektrischen Erscheinungen bzw. den Peltiereffekt als Äußerungen eines Kontaktpotentials zwischen zwei Metallen aufzufassen, soll an dieser Stelle nicht eingegangen werden, da sie in Kap. 6 behandelt werden. Das Urteil von KRUEGER in seiner die „wärmeelektrischen Erscheinungen" zusammenfassenden Übersicht bleibt trotz der Förderung, die das Gebiet durch die Elektronentheorie erfahren hat, bestehen: „Es ist bisher nicht gelungen, die thermoelektrische Kraft mit anderen Eigenschaften der betreffenden Metalle in Beziehung zu setzen, bzw. sie daraus zu berechnen".

Die von VOLTA angenommene kontaktelektromotorische Kraft zwischen zwei Metallen hat sich mit fortschreitender Entfernung der den Oberflächen anhaftenden Wasserhaut bis nahe zum Verschwinden bringen lassen. Und zwar stimmten darin die VOLTAsche Kondensatormethode, wie sie z. B. DE BROGLIE[1]) anwandte, überein mit den Ionisationsmethoden, deren sich GREINACHER[2]), SHAW[3]) u. a. bedienten. Gegen diese Versuche ist einerseits zu bemerken, daß die Herabsetzung des Voltaeffektes zu anderer Größenordnung nicht notwendig auf der Fortschaffung der Wasserhaut beruhen muß. Denn die beiden Metallflächen können mit nahe gleichartigen Überzügen von dem zur Trocknung verwendeten Phosphorpentoxyd bedeckt und dadurch elektromotorisch nahezu gleich geworden sein; oder es kann dabei das unedlere der beiden Metalle oxydiert und dadurch sein Potential gegen die Umgebung dem des edleren genähert worden sein. Andererseits ist anzunehmen, daß beim völligen Verschwinden der Wasserhaut eine Potentialdifferenz der beiden Metalle bestehen bleibt, die dem Unterschied der Größen P der Gleichung für den photoelektrischen Effekt $mv^2/2 = h\nu - P$ entspricht, d. h. der Austrittsarbeit der Elektronen, sozusagen der Kontaktdifferenz der Metalle gegen das Vakuum.

[1]) M. DE BROGLIE, C. R. Bd. 152, S. 696. 1911.
[2]) H. GREINACHER, Ann. d. Phys. Bd. 16, S. 723. 1905.
[3]) A. N. SHAW, Phil. Mag. Bd. 25, S. 241. 1913.

Versuche unter weitgehendem Ausschluß der erwähnten Fehlerquellen, die im Hochvakuum noch hinterbleibende Potentialdifferenz zweier Metalle zu messen, hat PERUCCA[1]) mitgeteilt. Gemessen wurde nach der Kondensatormethode von Lord KELVIN-PELLAT zwischen einer immer frisch hergestellten Fläche reinen Quecksilbers und einem zweiten durch Sublimation in den Apparat gebrachten Metall. Als Potentialdifferenz Zink/Quecksilber wurde 0,17 Volt gefunden, wobei das Quecksilber sich negativ lud. Durch Spuren von Sauerstoff, auch wenn er stark getrocknet war, stieg die Potentialdifferenz auf den vierfachen Wert. Der Voltaeffekt existiert also auch im Vakuum bei weitgehender Abwesenheit von Gashäuten. Wasserdampf zeigt sich für das Ansteigen der Potentialdifferenz von viel geringerem Einfluß als Sauerstoff, auch wenn er getrocknet ist.

b) Feste und flüssige Dielektrika.

4. Festes Dielektrikum/festes Dielektrikum. Handelt es sich um die Aufladung bei der Berührung zweier Nichtleiter, so treffen die Versuche zur Gewinnung und Prüfung einer Vorstellung vom Zustandekommen dieser Aufladung auf die Schwierigkeit, reproduzierbare zahlenmäßige Ergebnisse zu erhalten. Sogar der Sinn der Aufladung erweist sich in einzelnen Fällen als schwankend und schwer kontrollierbaren Einflüssen unterworfen. In einigen neueren Arbeiten werden die Bemühungen fortgesetzt, den Zusammenhang zwischen aufgewendeter Reibungsarbeit und dabei erzeugter Aufladung zahlenmäßig festzulegen. Es ist nicht zu vermuten, daß auf diesem Wege die Erkenntnis des Mechanismus wesentlich gefördert wird, wenn entsprechend der Vorstellung von HELMHOLTZ[2]) der Zweck der Reibung lediglich die Vermehrung der Zahl der Berührungsstellen ist. Ein einfacher Versuch zum Beweise dieser Auffassung ergibt sich[3]), wenn man eine durch Einführen in geschmolzenes Paraffin damit überzogene Metallkugel, die mit einem Elektroskop verbunden wird, in destilliertes Wasser eben eintaucht und wieder herausführt; sie zeigt sich nach nur einmaligem Eintauchen stark aufgeladen. OWEN[4]) findet dagegen bei zwei festen Stoffen — wo die Zahl der Berührungsstellen mit fortgesetzter Reibung wächst — in einer Anordnung, die die aufgewendete Reibungsarbeit bequem zu messen erlaubt, daß bei derselben Reibungsarbeit, wenn sie einen bestimmten Grenzwert überschritten hat, die Aufladung recht genau proportional der geriebenen Oberfläche ist und daß sie bei Steigerung der Reibungsarbeit einen konstant bleibenden Maximalwert erreicht. Benutzt wurden dabei Ebonit, Schiefer und Glas gegeneinander, aber auch Kupfer gegen diese Nichtleiter. Die Arbeit wurde von JONES[5]) auf weitere Nichtmetalle und Metalle ausgedehnt mit dem gleichen Ergebnis. Aus der Tatsache aber, die auch von OWEN hervorgehoben wurde, daß bei den geprüften Substanzen bloße Berührung ohne Reibung keine merkliche Aufladung hervorbrachte, glaubt er schließen zu dürfen, daß das Zustandekommen von Reibungselektrizität und Berührungselektrizität nicht auf gleiche Weise zu deuten sei. Zu einer Annäherung an das oben gekennzeichnete Ziel des Problems der Berührungselektrizität haben diese und weitere in gleicher Richtung sich bewegende Versuche nicht beigetragen. Vor Inangriffnahme der quantitativen Seite des Problems, d. h. vor dem Versuch einer Vorhersage über die Größe der Aufladung bei Berührung zweier Stoffe, scheint es für die Gewinnung eines Ein-

---

1) E. PERUCCA, Cim. Bd. 23, S. 3. 1921.
2) H. v. HELMHOLTZ, Wiss. Abhandlgn. Bd. I, S. 860.
3) A. COEHN u. A. LOTZ, Phys. ZS. Bd. 21, S. 327. 1920.
4) M. OWEN, Phil. Mag. Bd. 17, S. 457. 1909.
5) W. M. JONES, Phil. Mag. Bd. 29, S. 261. 1915.

blicks in den Mechanismus der Aufladung geboten, die qualitative Seite in Angriff zu nehmen, d. h. den Sinn der entstehenden Aufladung mit anderen Eigenschaften eines Körperpaares zu verknüpfen. Das vorhandene und durch weitere Beobachtungen ergänzte Tatsachenmaterial läßt nach COEHN[1]) als „Ladungsgesetz der Dielektrika" die Gesetzmäßigkeit erkennen: Stoffe von höherer Dielektrizitätskonstante laden sich positiv bei der Berührung mit Stoffen von kleinerer Dielektrizitätskonstante. Der Satz hat, soweit es sich um Nichtleiter handelt, immer wieder Bestätigung gefunden. Unsicherheiten im Vorzeichen, wie sie bei Versuchen mit Nichtleitern beobachtet werden, müssen auf durch äußere Einflüsse hervorgebrachte Oberflächenveränderungen zurückgeführt werden und daher fortfallen, wenn die Stoffe unter Ausschluß von Gasen und Feuchtigkeit untersucht werden. Zugleich würde dabei die Frage entschieden werden, ob auch bei Nichtleitern ähnlich wie beim Voltaeffekt zwischen Metallen die entstehende Potentialdifferenz unter solchen Versuchsbedingungen zu anderer Größenordnung herabgesetzt würde. Die Versuche[2]) ergaben, daß hier eine merkliche Herabsetzung der Aufladung wie beim Voltaeffekt nicht eintritt, daß vielmehr die Elektrizitätserregung bei der Berührung zweier Dielektrika auch in dem mit den jetzigen Hilfsmitteln erreichbaren äußersten Vakuum — also bei weitgehendem Ausschluß von Gas und Feuchtigkeitsresten — in der sonst gemessenen Größenordnung auftritt, und zwar hier immer mit bestimmtem, dem Ladungsgesetz für Dielektrika entsprechenden Vorzeichen.

Für die Deutung des Zustandekommens der Aufladung zwischen festen Nichtleitern ist aus diesem Ergebnis zu entnehmen, daß Gas- und Flüssigkeitshäute an der Oberfläche hier im Gegensatze zum Voltaeffekt an dem Mechanismus der Aufladung keinen wesentlichen Anteil haben, weder als Lösungsmittel für Ionen aus den festen Stoffen, noch als Quelle von Ionen, die in den festen Stoffen mit verschiedenen Teilungskoeffizienten löslich wären. Auf eine dritte Möglichkeit weist NERNST[3]), bei der den sich berührenden Stoffen beide Rollen — als Ionenbildner und als Lösungsmittel — zugeschrieben werden, indem die Dielektrika selbst als gegenseitig ineinander lösliche Elektrolyte aufgefaßt werden, von denen jedes Ion einen spezifischen Teilungskoeffizienten in den beiden Stoffen hat, was zur Ausbildung einer Potentialdifferenz führen muß. NERNST betont aber zugleich die Schwierigkeit, daß wir hier über die Natur der Ionen noch gar nichts wissen. Wie sollte man sich auch wohl die Bildung von Ionen bei der Aufladung durch Berühren von Diamant mit Paraffin vorzustellen haben?

Von ganz anderer Grundlage aus — und zwar im Einklange mit der mehrfach ausgesprochenen Ansicht von der Verschiedenheit der hier in Betracht gezogenen und der galvanischen Erscheinungen — deutet LENARD[4]) das Ladungsgesetz für Dielektrika. Er nimmt an, daß infolge der — als elektrischer Natur anzusehenden — molekularen Kräfte in der Oberfläche der Flüssigkeiten und der bei ihrer Erstarrung entstehenden festen Körper sich eine solche Verteilung der Ladungen ausbildet, daß die negative Ladung nach außen gerichtet ist. Bei höherer Dielektrizitätskonstante des Stoffes wird diese negative Ladung von der darunter befindlichen positiven weniger (infolge kleinerer Feldstärke) festgehalten als bei kleinerer Dielektrizitätskonstante. LENARD führt aus, wie unter diesen Umständen durch Berührung und Trennung der beiden Stoffe die dem Ladungsgesetz entsprechende Verteilung der Elektrizitäten zustande kommt. Auf die Theorie von LENARD wird noch ausführlich in Kap. 10 eingegangen.

[1]) A. COEHN, Ann. d. Phys. Bd. 64, S. 217. 1898.
[2]) A. COEHN u. A. LOTZ, ZS. f. Phys. Bd. 5, S. 242. 1921.
[3]) W. NERNST, Theoretische Chemie, 11. Aufl., S. 878. 1926.
[4]) P. LENARD, Ann. d. Phys. Bd. 47, S. 463. 1915.

5. Flüssiges Dielektrikum/flüssiges Dielektrikum. An der Grenze zweier flüssiger Nichtleiter ist wohl in allen untersuchten Fällen die Mitwirkung von Feuchtigkeitsspuren und Ionen anzunehmen. Auf diese ist daher in erster Linie die Potentialdifferenz an der Grenze zweier flüssiger Nichtleiter zurückzuführen, sei es, indem man eine Verteilung der Ionen zwischen den beiden Phasen annimmt, sei es, daß es sich um einen „Adsorptionspotentialsprung" handelt, bei dem es nur auf die Verteilung der Ionen in der einen der beiden Phasen ankommt. Der Fall wird also der Behandlung zugänglich als Grenzfall des anderen, oben unter Ziff. 2c aufgeführten, bei dem in einer oder in beiden sich berührenden flüssigen Phasen definierte Ionenkonzentrationen herrschen.

6. Festes Dielektrikum/leitende oder nichtleitende Flüssigkeit. Für die Messung der Potentialdifferenz fester Nichtmetalle gegen leitende oder nichtleitende Flüssigkeiten hat man in erster Linie die Methoden herangezogen, welche eine Verschiebung der beiden Teile der an der Berührungsstelle vorhandenen Doppelschicht entweder durch eine äußere elektromotorische Kraft herbeiführen oder aber eine solche Bewegung mechanisch erzeugen und die dabei entstehende elektromotorische Kraft messen. Man spricht im ersten Falle von Elektrophorese oder elektrokinetischen Vorgängen, im zweiten Falle von Strömungsströmen (vgl. Kap. 11).

Nun kann man aber außerdem in einer Reihe von Fällen zeigen, daß feste Nichtleiter wie Glas eine ganz bestimmte Potentialdifferenz gegen eine Lösung besitzen, deren Höhe wie beim Metall von der Konzentration bestimmter Ionen in der Lösung abhängt. So hat HABER[1]) nachweisen können, daß eine Glasfläche, nachdem sie durch eine Art Quellungsvorgang Wasser in die Oberfläche aufgenommen hat, sich wie eine Elektrode von bestimmtem Wasserstoffdruck verhält, der konstant bleibt, auch wenn die weitere Umgebung eine Flüssigkeit mit anderer Wasserstoffionenkonzentration, also Säure oder Alkali enthält. Ist Π der konstant bleibende Druck des Wasserstoffs im Glase, so ist die Potentialdifferenz an einer solchen Grenzfläche.

$$\varepsilon = RT \ln \frac{\Pi}{p},$$

wo p den osmotischen Druck der Wasserstoffionen in der Lösung bedeutet. Wenn man also ein Kölbchen aus dünnem Glase, das eine beliebige Lösung mit eingesenkter, zum Elektrometer führender Ableitung enthält, in eine andere Lösung eintaucht, deren Wasserstoffionenkonzentration variiert wird, und die mit einer geerdeten Normalelektrode verbunden ist, so ändert sich mit der Wasserstoffionenkonzentration im äußeren Gefäß die gemessene Potentialdifferenz genau so, wie wenn das Glas eine mit Wasserstoff von konstantem Druck beladene Platinelektrode wäre. Von HOROVITZ[2]) ist übrigens festgestellt worden, daß außer Gläsern, welche praktisch nur für Wasserstoffionen reversibel erscheinen, auch solche vorkommen, die außerdem für Kalium-, Silber- und andere einwertige Ionen reversibel erscheinen.

Andererseits rührt bei den elektrokinetischen Vorgängen die Bewegung der Flüssigkeit gegen das Glas von der Potentialdifferenz des ruhenden gegen den bewegten Teil der Doppelschicht an der Grenzfläche her. Die durch die beiden Methoden zur Beobachtung gelangenden Potentialdifferenzen sind jedoch nicht als identisch anzusehen. Daß eine äußere elektromotorische Kraft hier bei den elektrokinetischen Vorgängen überhaupt wirksam angreifen und die Teile der Doppelschicht gegeneinander verschieben kann, läßt schon darauf schließen,

[1]) F. HABER u. Z. KLEMENSIEWICZ, ZS. f. phys. Chem. Bd. 67, S. 385. 1909.
[2]) K. HOROVITZ, ZS. f. Phys. Bd. 15, S. 369. 1923.

daß der in die Flüssigkeit entfallende Teil der Doppelschicht eine gewisse Ausdehnung hat, und daß infolge der Molekularbewegung geladene Teile vorübergehend der Anziehung der entgegengesetzt geladenen entzogen werden und daher der Kraft des äußeren Feldes folgen können. Die Flüssigkeit an der Wand der Kapillare wird danach an den über die mittlere Ausdehnung der Doppelschicht hinausragenden Ladungen in der einen Stromrichtung geführt; in der gleichen Flüssigkeit suspendierte Teilchen der Wandsubstanz in der anderen, und zwar an den bei der Molekularbewegung der Flüssigkeitsladungen vorübergehend freigelegten, der Oberfläche der Teilchen anhaftenden Ladungen.

Die bei den elektrokinetischen Vorgängen wirksame Potentialdifferenz, die wir mit FREUNDLICH im Unterschied zu ε, der bei den galvanischen Vorgängen wirksamen, mit ζ bezeichnen wollen, ist berechenbar aus der elektrokinetisch übergeführten Flüssigkeitsmenge v bei Kenntnis des Durchmessers r der Überführungskapillare, der von außen zwischen den um die Länge l entfernten Elektroden wirkenden Potentialdifferenz E, der inneren Reibung der Flüssigkeit η und ihrer Dielektrizitätskonstante D:

$$v = \frac{r \zeta E D}{4 \eta l} .$$

Oder wenn man die Flüssigkeit nicht ausfließen, sondern emporsteigen läßt bis zu der für eine bestimmte äußere elektromotorische Kraft maximalen Höhe, d. h. bis zu dem stationären Zustande, bei dem die in der Zeiteinheit an der Wandschicht elektrokinetisch emporgeführte Flüssigkeitsmenge gleich geworden ist der im inneren Teil vom hydrostatischen Druck herabgeführten Menge. Der hydrostatische Druck ist dann gegeben durch

$$P = \frac{2 \zeta E D}{\pi r^2} .$$

HELMHOLTZ hatte bereits diese Gleichungen abgeleitet, jedoch ohne Berücksichtigung der Dielektrizitätskonstante. Die Einsetzung dieser Größe für die Flüssigkeit wird aber notwendig, wenn man annimmt, daß es sich wie bei der hydrostatischen Bewegung einer Flüssigkeit längs einer Wand so auch bei der elektrokinetischen nicht um äußere, sondern um innere Reibung handelt; daß demgemäß der hier wirksame Potentialsprung nicht zwischen Wandsubstanz und Flüssigkeit liegt, sondern zwischen festhaftender und beweglicher Flüssigkeitsschicht — also völlig im Inneren der Flüssigkeit. Daß eine Theorie der elektrokinetischen Erscheinungen auch auf Grund der ersten Annahme — mit Einführung der äußeren Reibung, der Gleitung — möglich ist, hatte LAMB[1]) gezeigt, und v. SMOLUCHOWSKI[2]) hat darauf hingewiesen, daß eine Entscheidung aus dem ihm bekannten experimentellen Material nicht zu entnehmen sei.

Daß nicht der von HABER und KLEMENSIEWICZ gemessene Potentialsprung Wand/Flüssigkeit der für die elektrokinetischen Vorgänge maßgebende ist, darauf hat COEHN[3]) hingewiesen. Als Beweis für die Lage des hier wirksamen Potentialsprunges innerhalb der Flüssigkeit teilt er eine Versuchsreihe mit, die zeigt, daß bei verschiedenen Flüssigkeiten, wie Azeton, Wasser und Propylalkohol, die Zeit des elektrokinetischen Anstiegs bis zur Maximalhöhe direkt proportional ist der inneren Reibung der Flüssigkeiten. Wenn man nun nicht gerade die Annahme machen will, daß eine etwaige äußere Reibung so verschiedener Flüssigkeiten an Glas immer genau derselbe Bruchteil der inneren Reibung ist, so bleibt nur der Schluß, daß äußere Reibung bei der elektrokinetischen Über-

[1]) H. LAMB, Phil. Mag. Bd. 25, S. 52. 1888.
[2]) M. v. SMOLUCHOWSKI, in GRÄTZ, Handb. d. Elektrizität Bd. II, S. 387. 1914.
[3]) A. COEHN, ZS. f. Elektrochem. Bd. 16, S. 568. 1910.

führung nicht in Betracht kommt, und daß die Bewegung auch hier längs einer festhaftenden Flüssigkeitsschicht erfolgt.

Da die Versuche zumeist mit Wasser und verdünnten Elektrolytlösungen ausgeführt wurden, hier aber die Dielektrizitätskonstante praktisch dieselbe ist, so machte sich deren Einführung nur in der Berechnung des Wertes von ζ, des für die elektrokinetischen Vorgänge maßgebenden Potentialsprungs, geltend. Sie mußte aber auch in den Versuchen hervortreten, wenn Flüssigkeiten verschiedener Dielektrizitätskonstanten benutzt wurden. Das geschah in größerem Umfange bei den Versuchen von COEHN und RAYDT[1]). Die maximale Steighöhe, bis zu der Flüssigkeiten von der gleichen äußeren elektromotorischen Kraft in derselben Kapillare emporgeführt werden, zeigte sich dabei so genau durch die Dielektrizitätskonstanten bestimmt, daß die Methode zur Messung dieser Größe dienen kann. Bei dieser Auffassung der Versuche ergibt sich, worauf v. SMOLUCHOWSKI[2]) hinweist, der Potentialsprung für die verschiedenen Flüssigkeiten nahezu gleich. Es muß aber betont werden, daß hier eine der Erklärung bedürftige Lücke besteht. Denn die Natur der Wand ist durchaus nicht gleichgültig. Wie COEHN und RAYDT zeigen, ergibt erst die Differenz der Dielektrizitätskonstanten von Flüssigkeit und festem Stoff die vergleichbaren maximalen Steighöhen. Vor allem aber bleibt zu erklären, daß der Ladungssinn, mit dem die Flüssigkeit der äußeren elektromotorischen Kraft folgt, bei nichtleitenden Flüssigkeiten eindeutig bestimmt ist durch das Ladungsgesetz für Dielektrika: Die Flüssigkeit wandert als positiv geladen, wenn ihre Dielektrizitätskonstante größer, als negativ geladen, wenn sie kleiner ist als die der Kapillarensubstanz. Das Ladungsgesetz bezieht sich aber nicht eigentlich auf das hier doch allein wirksam sein sollende ζ, sondern auf die Potentialdifferenz ε zwischen fester und flüssiger Phase. FREUNDLICH[3]) sieht die Deutung für den experimentellen Befund, daß das Ladungsgesetz auch für ζ zutrifft, darin, daß, wenn der Potentialsprung innerhalb der Flüssigkeitsschicht an der Wand in einfacher Form verläuft, ζ und ε symbat sind. Und dies sei hier besonders wahrscheinlich, da es sich bei den verhältnismäßig großen Unterschieden in den Dielektrizitätskonstanten der verschiedenen Flüssigkeiten auch um verhältnismäßig große Unterschiede in den ε handele.

Den Versuch eines direkten Vergleichs des bei den elektrokinetischen Vorgängen wirksamen Potentialsprunges ζ und der Potentialdifferenz ε an der Grenze derselben festen und flüssigen Phase hat BORELIUS[4]) unternommen. Er erhielt für die Potentialdifferenz ε von Paraffin gegen Wasser, dem er Elektrolyte in steigender Konzentration zufügte, nach einer elektrostatischen Methode relative Werte, die er mit denen verglich, die POWIS[5]) aus der elektrokinetischen Bewegung von Öltröpfchen in Wasser und Elektrolytlösungen erhalten hatte. Das Ergebnis sprach im Einklang mit den vorstehenden Ausführungen gegen die Identität von ζ und ε. Bei verdünnten Lösungen war die Änderung beider Größen mit der Konzentration wieder symbat. Dies trat hervor, als zum Vergleich mit BORELIUS' eigenen Messungen der Grenzkraft ε die Werte herangezogen wurden, welche sich aus den Versuchen von COEHN und FRANKEN[6]) ergaben, die mit Paraffin überzogene Metallkugeln in Wasser und Elektrolytlösungen in regelmäßiger, häufiger Wiederholung eingetaucht und ihre Aufladung nach dem Heraus-

[1]) A. COEHN u. U. RAYDT, Ann. d. Phys. Bd. 30, S. 777. 1909.
[2]) M. v. SMOLUCHOWSKI, l. c. S. 403.
[3]) H. FREUNDLICH, Kapillarchemie, 2. Aufl., S. 348. 1922.
[4]) G. BORELIUS, Ann. d. Phys. Bd. 50, S. 447. 1916.
[5]) F. POWIS, ZS. f. phys. Chem. Bd. 89, S. 91. 1915.
[6]) A. COEHN u. J. FRANKEN, Ann. d. Phys. Bd. 48, S. 1005. 1915.

heben gemessen hatten, wobei sich für jede Konzentration ein gut reproduzierbarer, bei weiterem Eintauchen konstant bleibender Endwert der Aufladung einstellte.

Ebenso haben HABER und KLEMENSIEWICZ in den oben geschilderten Versuchen für den Potentialsprung Glas/Lösung gefunden, daß er beim Übergang von einer $^1/_{2000}$ normalen Alkalilösung zu einer gleich konzentrierten Säurelösung um 0,43 Volt abnahm; während CAMERON und OETTINGER[1]) bei elektrokinetischen Versuchen — es wurde in diesem Falle das inverse Phänomen, die elektromotorische Kraft von Strömungsströmen gemessen — nur eine Abnahme von 0,015 Volt fanden.

Besonders zwingend für die Nichtübereinstimmung von ε und ζ erscheint der Beweis, den FREUNDLICH und RONA[2]) erbracht haben. Sie maßen einerseits die elektromotorische Kraft von Strömungsströmen in Glaskapillaren, andererseits nach der Methode von HABER und KLEMENSIEWICZ die an der Grenzfläche von Glas und Flüssigkeit sich einstellende Potentialdifferenz und verglichen dann die Wirkung von Zusätzen zur Lösung in beiden Fällen. Es war bekannt und wurde wiedergefunden, daß das an reinem Wasser gemessene Strömungspotential und somit der für die elektrokinetischen Vorgänge maßgebende Potentialsprung ζ durch Kationen, insbesondere Wasserstoffionen, schon in geringer Konzentration stark erniedrigt wird, daß zweiwertige Kationen dabei von höherer Wirksamkeit sind und dreiwertige die Änderung leicht bis zur Umkehr des Vorzeichens führen. Von erheblichem Einfluß auf ζ erwiesen sich außerdem stark kapillaraktive Stoffe wie Kristallviolett. Bei den Versuchen nach HABER und KLEMENSIEWICZ war von solchem Einfluß nichts zu bemerken. Wie es der von HABER gegebenen oben dargelegten Vorstellung entspricht, nach der die Glaswand als Elektrode von konstantem Wasserstoffdruck wirkt, ist die hier zur Messung gelangende Grenzflächenspannung ε nur abhängig von der Wasserstoffionenkonzentration der Lösung. Wird diese konstant gehalten, so erweist sich weder der Zusatz anderer, selbst mehrwertiger Kationen noch auch der kapillaraktiver Stoffe wie Kristallviolett von Einfluß.

7. Metall/Dielektrikum. Von der Aufladung Metall/Nichtleiter ist für das Studium reibungselektrischer Erscheinungen besonders häufig der Fall Quecksilber/Glas untersucht worden ohne daß auch nur über das Vorzeichen Sicherheit erreicht worden wäre. Den Grund dieses Schwankens hat neuerdings PERUCCA[3]) zum Gegenstand eingehender Untersuchung gemacht mit dem Ergebnis, daß eine reine, frisch hergestellte Quecksilberfläche sich durch Berührung mit Glas stets positiv lädt, daß sie aber diese Fähigkeit in einer Zeit, die zwischen wenigen Minuten und mehreren Stunden schwankt, verliert, um dann bei Berührung mit Glas Erregbarkeit in entgegengesetztem Sinne anzunehmen. Die Versuche zeigen, daß mit dem Quecksilber gleichzeitig zwei verschiedene Änderungen vor sich gehen, deren jede einem einfachen Exponentialgesetz gehorcht. Die eine wird auf die Wirkung der in der Luft vorhandenen Spuren von Stickstoffoxyden zurückgeführt, als Ursache der anderen wird der Sauerstoff vermutet.

Die Aufladung anderer Metalle gegen feste Nichtleiter ist in neueren Arbeiten wieder aufgenommen worden unter dem Gesichtspunkte, ob Berührungselektrizität identisch ist mit Reibungselektrizität bzw. ob eine Beziehung besteht zwischen der bei dem Zusammenbringen aufgewendeten mechanischen Energie

---

[1]) A. T. CAMERON u. E. OETTINGER, Phil. Mag. Bd. 18, S. 586. 1909.

[2]) H. FREUNDLICH u. P. RONA, Berl. Ber. Bd. 20, S. 397. 1920.

[3]) E. PERUCCA, Atti di Torino Bd. 55, S. 339. 1920; Cim. Bd. 21, S. 275. 1921; Bd. 22, S. 55. 1921.

und der Aufladung. RICHARDS[1]) hat in verschiedenen Versuchsanordnungen Metall und Nichtleiter unter Vermeidung von Reibung in einem kurzen Stoß zusammengeführt, z. B. in der Form, daß eine Ebonitkugel mit bestimmter variierter Energie senkrecht emporgeschleudert wurde gegen eine Platte aus Messing oder Zink, die mit dem Elektrometer verbunden war. Die Aufladung erwies sich unabhängig von der Geschwindigkeit, mit der die Kugel auftraf; es besteht keine direkte Abhängigkeit von der beim Stoß aufgewendeten mechanischen Energie. Die ganze elektrische Energie wird offenbar erzeugt durch die mechanische Arbeit beim Trennen der Oberflächen. Der Ladungssinn bei diesem Stoßverfahren war in der überwiegenden Zahl für das Metall — Messing oder Zink — positiv, während beim Reiben derselben Stoffe das Metall etwa ebenso häufig negativ wurde. Es ist anzunehmen, daß hier bei der bloßen Berührung Spuren von Oxyd wirksam sind, die sich gegen den Nichtleiter negativ laden; bei der Reibung werden sie abgerieben, und die unedlen reinen Metalle laden sich gegen den Nichtleiter negativ.

Eindeutig bezüglich des Vorzeichens erwiesen sich im Gegensatz zum Verhalten des reinen Quecksilbers verschiedene Amalgame. Es ist ja bekannt, daß man, um bei reibungselektrischen Versuchen ganz sicher über das Vorzeichen zu sein, bestimmte Amalgame als „Reibzeug" verwendet. Eine sehr ausführliche Untersuchung der Aufladung von Quecksilber und Amalgamen, gegen Dielektrika führte aber doch CHRISTIANSEN[2]) zu dem Schluß, daß die Auffindung von Gesetzmäßigkeiten ziemlich hoffnungslos sei, die Elektrisierung hänge hier „von Umständen ab, die es fast unmöglich erscheinen lassen, das Resultat vorauszusehen."

Es liegt nahe, die Versuche dieser Gruppe dahin zu deuten, daß das für die Elektrizitätserregung Wirksame die Vorgänge innerhalb einer den Substanzen anhaftenden Feuchtigkeitsschicht sind. Dann sollten die Metalle sich auch hier nach der Spannungsreihe dem Vorzeichen nach diesseits und jenseits vom Wasserstoffpotential anordnen; die unedlen, d. h. die mit höherer Lösungstension als Wasserstoff sollten also negativ werden, die edlen, mit kleinerer Lösungstension als Wasserstoff, positiv.

Das Zustandekommen der positiven Aufladung dieser letzteren stellt man sich ja so vor, daß unter Mitwirkung des Sauerstoffs der Luft das Metall eine minimale Menge von Ionen in Lösung sendet, daß aber der osmotische Druck dieser geringen Menge die sehr kleine Lösungstension der edlen Metalle bereits überwiegt und daß daher Ionen am Metall sich abscheiden und es positiv aufladen.

Man gelangt somit zu der Frage, ob bei weitgehendem Ausschluß von Feuchtigkeit und Sauerstoff eine Aufladung zwischen Dielektrikum und Metall — insbesondere edlem Metall — überhaupt zustande kommt, ob gegebenenfalls ihr Sinn oder auch nur ihre Größenordnung dadurch geändert ist, und daran anschließend zu der Frage, wie das Zustandekommen einer solchen Aufladung zu deuten wäre. Es wurden also von COEHN und LOTZ[3]) im äußersten mit den jetzigen Hilfsmitteln erreichbaren Hochvakuum Metalle und Glas zur Berührung gebracht und die Aufladungen nach der Trennung gemessen. Es zeigte sich, daß in allen Fällen beträchtliche Aufladung eintrat und daß im Gegensatz zu den Versuchen an der Atmosphäre die Ergebnisse vollkommen reproduzierbar waren; für ein bestimmtes Metall ergab sich stets derselbe Ladungssinn. Aber auch hier erwies sich der elektrochemische Charakter des Metalls als das Ausschlag-

---

[1]) H. F. RICHARDS, Phys. Rev. Bd. 16, S. 290. 1920.

[2]) C. CHRISTIANSEN, Ann. d. Phys. Bd. 53, S. 401. 1894.

[3]) A. COEHN u. A. LOTZ, ZS. f. Phys. Bd. 5, S. 242. 1921.

gebende: unedle Metalle luden sich wie gegen verdünnte Lösungen negativ, edle positiv. Entsprechend verhielten sich die Amalgame. Reines Quecksilber lädt sich gegen Glas stets positiv, schon der Zusatz von 0,001% Natrium kehrt den Ladungssinn um. Die dazu erforderliche Menge steigt mit Abnahme der Lösungstension des zugesetzten unedlen Metalles; Zusatz edler Metalle läßt die positive Aufladung des Quecksilbers ungeändert.

Für die Deutung des Zustandekommens der gefundenen Aufladungen dürfte die Heranziehung von Feuchtigkeit und Sauerstoff durch die Versuchsbedingungen ausgeschlossen sein. Die Röhren, gegen deren innere Wand Metalle bewegt wurden, die bei Rotglut im Hochvakuum entgast bzw. eindestilliert waren, bestanden aus dem hochschmelzenden sog. Felsenglas, welches während des Evakuierens selbst auf Rotglut gehalten werden konnte. Die gefundene negative Aufladung der unedlen Metalle bzw. ihrer Amalgame gegen das Glas erfährt aber eine einfache Deutung durch die Annahme, daß das Dielektrikum selbst das Lösungsmittel für die Metallionen bildet. Dagegen dürfte es schwierig sein, die positive Aufladung edler Metalle bzw. ihrer Amalgame gegen Glas unter den gleichen Versuchsbedingungen einfach als Analogon zur Aufladung dieser Metalle gegen wässerige Lösungen aufzufassen. Denn wenn es schon schwer zu verstehen ist, wie bei Mitwirkung von Sauerstoff Ionen des edlen Metalls sich im festen Dielektrikum so weit lösen sollen, daß ihr osmotischer Druck zu ihrer Abscheidung und zur positiven Aufladung des Metalls führt — so ist das bei dem weitgehenden Ausschluß des Sauerstoffs unter den hier herrschenden Versuchsbedingungen gar nicht mehr zu verstehen. COEHN und LOTZ deuten ihre Ergebnisse durch die folgende Annahme. Alle Metalle geben infolge ihrer hohen Elektronenkonzentration Elektronen an das sie berührende Dielektrikum ab und laden sich deshalb selbst positiv. Dieser Wirkung überlagert sich eine zweite, welche darauf beruht, daß die Metalle eine Lösungstension besitzen, derzufolge sie positive Ionen in das Lösungsmittel entsenden, also selbst negativ geladen zurückbleiben. Die Aufladung, die wir beobachten, ist der aus diesen beiden gegeneinander gerichteten Wirkungen resultierende Effekt. Es laden sich also Metalle von hoher Lösungstension negativ gegen Glas, weil bei ihnen die Ionenabgabe die Elektronenabgabe überwiegt. Metalle, bei welchen Ionenabgabe und Elektronenabgabe beinahe gleich sind, zeigen nur geringe Aufladung. So erklärt es sich, daß Kupfer nur schwache positive Aufladung zeigt, Silber dagegen, bei dem die Wirkung der Lösungstension ganz zurücktritt, sehr starke. Wenn andrerseits die Aufnahmefähigkeit eines Dielektrikums für positive Ionen verschwindend klein ist, so muß ein solches Dielektrikum auch bei Berührung mit unedlen Metallen nicht positive Ionen sondern lediglich Elektronen aufnehmen: COEHN und CURS[1]) konnten zeigen, daß Diamant, in dessen Gitter Alkaliionen nicht eindringen können, sich immer, selbst bei Berührung mit Natriumamalgam negativ auflädt.

Als zweite Methode zur Messung der Aufladung Metall/Nichtleiter wäre bei flüssigen Nichtleitern die Heranziehung elektrokinetischer Vorgänge denkbar. In der Tat hat bereits QUINCKE beobachtet, daß Metallpulver und Metallflitter, die in Flüssigkeiten suspendiert waren, im Stromgefälle wanderten. Und zwar fand er, daß die untersuchten edlen oder unedlen Metalle im Wasser sämtlich mit negativer Ladung, also zur Anode wandern, in Terpentinöl in umgekehrter Richtung.

HEYDWEILLER[2]) nahm diese Untersuchung wieder auf, indem er versuchte, das Ladungsgesetz für Dielektrika auf diesen Fall anzuwenden. Er untersuchte

[1]) A. COEHN u. A. CURS, ZS. f. Phys. Bd. 29, S. 186. 1924.
[2]) A. HEYDWEILLER, Ann. d. Phys. Bd. 66, S. 535. 1898.

die Wanderungsrichtung von Metallteilchen in Flüssigkeiten von verschiedener Dielektrizitätskonstante. Er fand, daß z. B. Gold in Azeton (D. K. 21) zur Anode, in Chloroform (D. K. 5) zur Kathode wanderte und suchte nun das Gemisch beider auf, in dem Gold keine Aufladung zeigte. Er meinte, so eine Aussage über die Dielektrizitätskonstante von Metallen machen zu können. Gegen die Methode ist — abgesehen von dem prinzipiellen Einwande — zu sagen, daß die Metallteilchen in der Flüssigkeit Mittelleiter mit anodischem und kathodischem Ende bilden, daß dort jedenfalls Veränderungen, Oxydation, spurenweise Gasabscheidung usw. eintreten und man also nicht weiß, was eigentlich im Stromgefälle sich bewegt.

Jedenfalls aber würde man auch für die Metalle anzunehmen haben, daß bei den elektrokinetischen Bewegungen kein Gleiten der Flüssigkeit an der Metalloberfläche, sondern daß dabei innere Reibung der Flüssigkeit stattfindet. Man würde also aus der Geschwindigkeit der Bewegung nach der früher angegebenen Formel nicht das von der elektrolytischen Lösungstension abhängige Grenzpotential ε zwischen Metall und Flüssigkeit, sondern den Potentialsprung ζ zwischen haftender und bewegter Flüssigkeitsschicht finden. Verlaufen aber, wie in den früher besprochenen Fällen, ε und ζ symbat, so müßte man die unedlen Metalle in Wasser negativ, die edlen positiv geladen finden. Nun zeigen sich aber gerade die edlen Metalle ausgesprochen negativ.

Diese im Gegensatz zum elektrolytischen Verhalten negative Aufladung der Edelmetalle ist häufig konstatiert und von jeher als auffallend und der Erklärung bedürftig empfunden worden bei der elektrischen Wanderung der Metalle in kolloidaler Verteilung. Auch hier zeigen die edlen Metalle sich stets negativ geladen und sind nicht umzuladen, also unabhängig davon, ob die Lösung sauer, neutral oder alkalisch ist. Die zur Erklärung herangezogene Vermutung, daß die Oberfläche dieser Kolloidteilchen nicht eine rein metallische sei, konnte insbesondere für das Gold von THYSSEN[1]) widerlegt werden.

Es ist also anzunehmen, daß das allein durch die Lösungstension und Ionenkonzentration bestimmte thermodynamische Potential der Metalle keinen Schluß zuläßt auf das für die elektrokinetischen Erscheinungen bestimmende Potential, weder auf dessen Größe noch auch nur auf dessen Vorzeichen.

Daß es aber möglich ist, wie bei kolloidalen Metallen so auch bei kompakten Metallen das elektrokinetische Potential an der Oberfläche unabhängig vom thermodynamischen zu beobachten und zu messen, wurde von COEHN und SCHAFMEISTER[2]) gezeigt. Sie maßen die durch ein elektrisches Feld bewirkte Ablenkung isoliert aufgehängter, in sehr verdünnte Lösungen eintauchender Drähte. Der Ladungssinn der Edelmetalle zeigt sich dabei negativ, und die Ladungen werden beeinflußt bis zur Umkehr des Ladungssinnes durch fremde Ionen in der Lösung in Abhängigkeit von der Wertigkeit dieser Ionen, genau wie es bei elektrokinetischen Erscheinungen an der Grenzfläche von Nichtleitern wie Glas und bei der Wanderung der Kolloide gefunden wird.

Zu quantitativen Angaben über die Verteilung der Ladungen an der Grenze von festem Stoff und Flüssigkeit führt die Theorie von STERN[3]). Es wird angenommen, daß die Doppelschicht durch einen Kondensator ersetzt werden kann, dessen eine in der Oberfläche des festen Stoffes liegende Belegung aus einer flächenhaft und homogen verteilten Ladung besteht. Die andere in der Lösung liegende Belegung wird durch eine homogene flächenhafte Ladung und daran

[1]) P. A. THYSSEN, ZS. f. anorg. Chem., Bd. 134, S. 393. 1924.
[2]) A. COEHN u. O. SCHAFMEISTER, ZS. f. physikal. Chem., Bd. 125, S. 401. 1927.
[3]) O. STERN, ZS. f. Elektrochem. Bd. 30, S. 508. 1924.

anschließend eine räumliche Ladung mit nach dem Inneren der Lösung zu abnehmender Dichte gebildet. Auf Grund dieses Bildes wird eine Gleichung abgeleitet, welche die Theorien der Polarisationskapazität, der Elektrokapillarkurve und des elektrokinetischen Potentials einheitlich zusammenfaßt. Das experimentelle Ergebnis, daß das elektrokinetische Potential viel kleiner ist als das NERNSTsche thermodynamische Potential und daß es sogar entgegengesetztes Vorzeichen haben kann, findet hier seine Deutung. Die Theorie gibt außerdem die Möglichkeit, die Abhängigkeit des elektrokinetischen Potentials von der Konzentration des Elektrolyten und den Adsorptionspotentialen der beiden Ionen anzugeben.

c) Gase.

8. Gas/feste Stoffe. Versuche, Elektrizitätserregung bei der Reibung von Gasen an festen Körpern nachzuweisen — etwa in der Form, daß man komprimierte Gase gegen Metall ausströmen ließ —, haben zu keinem sicheren positiven Ergebnis geführt. Die von PERUCCA[1]) erhaltene Andeutung eines solchen bedarf näherer Untersuchung.

9. Gas/nichtmetallische Flüssigkeiten. Ebensowenig ließ sich eine Elektrizitätserregung feststellen bei der Reibung von Gasen an Flüssigkeiten etwa bei dem schnellen Durchfahren von Wasserstrahlen durch die Luft.

Nun ist aber seit sehr langer Zeit — bereits aus Versuchen von LAVOISIER und LAPLACE — bekannt, daß Gase, die bei chemischen Reaktionen sich entwickeln, z. B. Wasserstoff bei der Auflösung von Metallen, nach ihrem Austritt aus den Lösungen Ladungen aufweisen.

Die Frage, ob man es hier mit Elektrizitätserregung durch Berührung und Trennung der beiden Phasen, also mit einer Berührungselektrizität Gas/Flüssigkeit, zu tun habe, ist in eingehender Untersuchung von LENARD[2]) erörtert worden auf der Grundlage, die sich ihm bei seinen Untersuchungen über den Wasserfalleffekt ergeben hatte. Für die Deutung dieses Effektes, der am Wasser und der umgebenden Luft entgegengesetzten Ladungssinn erkennen läßt, hatte LENARD die Frage in bejahendem Sinne beantwortet, also die Existenz einer Doppelschicht zwischen Flüssigkeit und Gas angenommen. Er lehrt in der Folge die Elektrizitätserregung, die beim Durchperlen von Gasblasen durch Flüssigkeiten festgestellt wurde, als Analogon des Wasserfalleffektes verstehen. Dabei wurde für alle Gase gegenüber reinen elektrolytfreien Flüssigkeiten dasselbe Vorzeichen gefunden, und zwar dem Ladungsgesetz für Dielektrika entsprechend: die reine Flüssigkeit als der Stoff von höherer Dielektrizitätskonstante wird positiv, die „Gasladung" negativ. Elektrolytzusatz setzt die Aufladung herab und bewirkt von bestimmter Konzentration ab Umkehr des Ladungssinnes. Der Zusammenhang zwischen Aufladung und Konzentration, insbesondere die „Umkehrkonzentration", wurde für eine größere Anzahl von Lösungen von COEHN und MOZER[3]) bestimmt.

Für die Deutung des gesamten Tatsachenmaterials hat LENARD[4]) die ursprüngliche Annahme geändert. Die Doppelschicht sitzt nicht an der Grenze beider Phasen, so daß die eine Belegung an der Flüssigkeit, die andere am Gas haftet, sondern beide Teile der Doppelschicht liegen in der Flüssigkeit. Das wäre also übereinstimmend mit dem oben Dargelegten für feste Nichtmetalle und Flüssigkeiten. Auch hier wäre das Wirksame nicht der Potentialsprung ε zwischen

[1]) E. PERUCCA, ZS. f. Phys. Bd. 34, S. 120. 1925.
[2]) P. LENARD, Ann. d. Phys. Bd. 47, S. 463. 1915.
[3]) A. COEHN u. H. MOZER, Ann. d. Phys. Bd. 43, S. 1048. 1914.
[4]) P. LENARD, Sitzungber. Heidelb. Akad. 1914, Abhandlgn. Nr. 27, 28, 29; Ann. d. Phys. Bd. 47, S. 463. 1915.

den beiden Phasen, sondern es verläuft die wirksame Potentialdifferenz ζ zwischen der äußersten, an das Gas grenzenden Flüssigkeitsschicht und dem Inneren der Flüssigkeit. Man kann, worauf NERNST[1]) hinweist, die Entstehung dieser Potentialdifferenz wieder durch die Verteilungskoeffizienten in zwei verschiedenen Lösungsmitteln erklären, indem man die Oberflächenschicht der Flüssigkeit und das Innere als verschiedene Lösungsmittel auffaßt. Ohne speziellere Vorstellungen von der Oberflächenbeschaffenheit von Flüssigkeiten dürfte es aber nicht möglich sein, im Sinne der an den Eingang gestellten Forderung, eine Vorhersage auch nur über das Vorzeichen der Ladung zu machen; zu verstehen, warum in allen Fällen beim Sprudeln von Gasen durch reine elektrolytfreie Flüssigkeiten die „Gasladung" negativ ist und warum in allen Fällen bei Zufügung von Elektrolyten — von Wasserstoffionen ebenso wie von Hydroxylionen — der Ladungssinn sich umkehrt. Dazu geeignete spezielle Vorstellungen entwickelt LENARD in seinen Arbeiten über „Probleme komplexer Moleküle" bzw. „Über Wasserfallelektrizität und über die Oberflächenbeschaffenheit der Flüssigkeiten". Diese Vorstellungen sind in Kap. 10 dargestellt.

Ausschlaggebend für die hier besprochenen „berührungselektrischen" Erscheinungen ist also die Verteilung der Ladungen in der Oberflächenschicht der Flüssigkeiten. Bei der Abtrennung der einen Belegung nach den geschilderten Methoden wird nun aber in allen Fällen nicht nur die äußerste Schicht fortgenommen, sondern es werden je nach der Intensität des wirkenden Vorganges, z. B. bei dem Sprudeleffekt je nach dem Druck des durchperlenden Gases, Teile aus tieferen Schichten mit abgerissen. Die Umkehrungskonzentration, d. h. diejenige Elektrolytkonzentration, bei welcher gegenüber dem reinen Lösungsmittel Umkehr der Vorzeichen zwischen dem „Gas", d. h. den mit dem Gase fortgeführten feinsten Oberflächenteilchen und der zurückbleibenden Flüssigkeit eintritt, ist also abhängig von der mit dem Druck ansteigenden Heftigkeit des Abreißens.

In Ergänzung der LENARDschen Vorstellung könnte man als „wahre Umkehrkonzentration" diejenige bezeichnen, welche unter Vermeidung jeglichen Abreißeffektes, d. h. bei der Untersuchung des Ladungssinnes der Gasblasen innerhalb der Flüssigkeit, etwa mit Hilfe der elektrokinetischen Fortführung von Gasblasen, die Ladung Null ergibt. Als besonders geeignet zur Ermittlung dieser „wahren Umkehrkonzentration" erweist sich eine Anordnung von TAGGART[2]). In eine horizontal angeordnete, mit Leitfähigkeitswasser gefüllte Glasröhre wird eine kleine Gasblase gebracht und die Röhre dann in schnelle Rotation um ihre Längsachse versetzt, damit die Gasblase zentripetal in die Achse der Röhre geht. Dann wird die Wanderung der Gasblase in einem in der Flüssigkeit hergestellten elektrischen Felde nach Sinn und Größe bestimmt. Die Gasblasen erweisen sich wie beim Durchperlen negativ. Ihre Ladung nimmt bei Zusatz von Elektrolyt zum Wasser ab, wie aus der Abnahme ihrer Wanderungsgeschwindigkeit zu schließen ist, bis sie Null wird und bei noch höherer Konzentration in positive Ladung übergeht. Die aus den TAGGARTschen Messungen von NEUMANN[3]) berechnete Umkehrkonzentration liegt, wie zu erwarten, viel tiefer als die durch den Abreißprozeß beeinflußte Umkehrkonzentration nach MOZER; für $Al(NO_3)_3$ z. B. bei $1 \cdot 10^{-5}$ normal gegenüber $2 \cdot 10^{-2}$ normal nach MOZER.

Eine Berechnung des Eigenfeldes der Doppelschicht auf dem von LENARD eingeschlagenen Wege, aber unter Zugrundelegung der „wahren Umkehrkonzen-

[1]) W. NERNST, Theoretische Chemie, 11. Aufl., S. 878. 1926.
[2]) A. F. TAGGART, Phil. Mag. Bd. 27, S. 297. 1914.
[3]) H. NEUMANN, Elektrostatische Erscheinungen an elektrolytisch entwickelten Gasblasen. Dissert. Göttingen 1922.

tration" würde jedoch auch noch nicht zu eindeutigen Resultaten führen; denn die „wahre Umkehrkonzentration" muß ja von der Größe der vorhandenen Ionen abhängig sein, indem größere Kationen, die nach LENARD weniger weit in die Oberfläche gezogen werden, zum Teil schon in solcher Tiefe sich aufhalten, daß sie sich nicht mehr in den den Wanderungssinn von Stoffen bestimmenden Schichten der Doppelschicht befinden: Anwesenheit größerer Kationen (bei Alkalien und Salzen) ergibt höhere Umkehrkonzentration als die kleinerer (bei Säuren). Einen gleichen Einfluß wie die Größe der Ionen auf die Höhe der „wahren Umkehrkonzentration" muß auch ihre verschieden starke Adsorbierbarkeit von der äußersten Flüssigkeitsschicht ausüben — analog den bei der Ausflockung von Kolloiden beobachteten Abweichungen von der Wertigkeitsregel.

Es erscheint daher geboten, zunächst die Doppelschicht reiner Dielektrika zu untersuchen. Die Bestimmung der Ladungsdichte der wahren Ladungen in der Doppelschicht ist möglich durch Bestimmung der Wanderungsgeschwindigkeit von suspendierten Teilchen im elektrischen Felde. Das ist bei Kolloiden mehrfach[1]) ausgeführt worden. Die Größe der Potentialdifferenz in der Doppelschicht liegt danach zwischen 0,03 und 0,07 Volt.

Dieselbe Methode wurde auf Gasblasen von TAGGART mit Benutzung seiner oben beschriebenen Anordnung angewendet. Die Größe der Potentialdifferenz ergibt sich aus diesen Versuchen zu 0,055 Volt.

In anderer Weise verfuhr v. PUTNOKY[2]) zu gleichem Zweck, indem er kleine Luftblasen in Wasser aufperlen ließ und deren Geschwindigkeitszunahme bzw. -abnahme in einem gleich- oder entgegengesetzt gerichteten elektrischen Felde innerhalb der Flüssigkeit maß. Die aus diesen Messungen sich berechnende Potentialdifferenz beträgt $0{,}06 \pm 0{,}019$ Volt.

Die Übereinstimmung zwischen den nach drei verschiedenen Methoden bestimmten Potentialdifferenzen ist, wie man sieht recht gut.

Aus den Werten 0,055 bzw. 0,07 Volt berechnet H. NEUMANN unter Zugrundelegung der von LENARD zu $150{,}10^{-8}$ cm angegebenen Dicke der Doppelschicht (Radius der Wirkungssphäre) die Feldstärke in der Doppelschicht zu 36700 bzw. 46600 Volt/cm und die Ladungsdichte zu $2{,}77 \cdot 10^{-7}$ bzw. $3{,}44 \cdot 10^{-7}$ Coulomb/qcm d. h. zu $1{,}67 \cdot 10^{12}$ bzw. $2{,}13 \cdot 10^{12}$ Elektronen pro Quadratzentimeter.

Gasblasen in Flüssigkeiten scheinen eine elektrische Ladung zu tragen, weil der nach dem Flüssigkeitsinnern zu gelegene Teil der Doppelschicht in der begrenzenden Flüssigkeitsoberfläche durch die Wärmebewegung sich in die Flüssigkeit hinein erstreckt, so daß die äußere Belegung der Doppelschicht mit der Gasblase gegen die inneren im Stromgefälle beweglich erscheint. Diese „Ladung der Gasblasen" macht sich geltend bei der elektrolytischen Gasentwicklung[3]). Es zeigt sich hier, daß die Größe, bis zu welcher Gasblasen — Wasserstoff oder Sauerstoff — an der Elektrode wachsen, ehe sie durch den Auftrieb nach oben gerissen werden, zunimmt, wenn die Blasen durch ihre Ladung an der entgegengesetzt geladenen Elektrode festgehalten werden, und daß die Kurve, welche für den Sprudeleffekt die Abhängigkeit der Gasladung von der Konzentration z. B. für Schwefelsäure oder Kalilauge darstellt, auch die Abhängigkeit der maximalen Blasengröße angibt, welche in denselben Lösungen elektrolytisch entwickelte Gasblasen vor dem Aufsteigen an der Elektrode erreichen. Sind dagegen Elektrode und Gasblasen in gleichem Sinne geladen, so tritt bei ausreichendem Potentialgefälle starke elektrostatische Abstoßung ein, welche die Gasblasen in einem Strahle von der Elektrode fort weit in die Flüssigkeit treibt.

---

[1]) W. R. WHITNEY u. J. C. BLAKE, Journ. Amer. Chem. Soc. Bd. 26, S. 1399. 1904.

[2]) L. v. PUTNOKY, ZS. f. Elektrochem. Bd. 19, S. 920. 1913.

[3]) A. COEHN u. H. NEUMANN, ZS. f. Phys. Bd. 20, S. 54, 68. 1923.

In allen diesen Fällen, die auf die Wirkung des ζ-Potentials zurückzuführen sind, d. h. auf die Potentialdifferenz zwischen unbeweglicher und beweglicher Schicht an einer Grenzfläche, erstreckt sich je nach der Stärke der tangential angreifenden Kraft die Wirkung in verschiedene Tiefe. Es erscheint nun aber, insbesondere im Hinblick auf die Vorstellungen von der Struktur der Oberflächenschicht, wie sie LANGMUIR entwickelt hat, von Bedeutung, eine Methode zu haben, bei welcher nur die Ladungen der äußersten Oberflächenschicht selbst zur Wirkung gelangen. Eine solche ist von KENRICK[1]) angegeben und von FRUMKIN[2]) zu umfangreichen Messungen benutzt worden. FRUMKIN findet, daß für die Ladung der äußersten Oberflächenschicht bei Lösungen anorganischer Elektrolyte das Ausschlaggebende die Adsorbierbarkeit des Anions in der Oberfläche ist. Sie ist um so größer, je kleiner seine Verwandtschaft zum Wasser (seine Hydratationsenergie) ist. Ist diese stark wie bei F' und SO_4'', so wird das Salz überhaupt nicht adsorbiert; maximaler Erhöhung der Oberflächenspannung entspricht dann keine Aufladung der Oberfläche. Bei schwacher hydrophiler Wirkung des Anions wie bei J′ und CNS′ tritt merkliches Eindringen des Salzes in die Oberflächenschicht auf; die Oberflächenspannung wird viel weniger erhöht, und die Oberfläche wird negativ aufgeladen. Säuren laden durchweg stärker auf, als es die entsprechenden Salze tun. Als wesentlicher Unterschied gegenüber den vorher geschilderten Methoden ist hervorzuheben, daß bei jenen schon minimale Zusätze zum Wasser (für Schwefelsäure 10^{-4} normal) Änderungen der Aufladung bis zur Umkehr des Vorzeichens hervorrufen, während die Methode von KENRICK erst auf sehr viel höhere Elektrolytkonzentrationen überhaupt anspricht. Die Erforschung der Beziehungen zwischen den Ergebnissen der beiden prinzipiell verschiedenen Methoden dürfte zu einer wesentlichen Erweiterung unserer Kenntnisse von der Konstitution der Flüssigkeitsoberflächen führen. Die mit kapillaraktiven Substanzen, d. h. solchen, die sich in der Oberfläche anreichern, erhaltenen Resultate werden im Anschluß an LANGMUIR und HARKINS mit der Annahme gedeutet, daß die adsorbierten Moleküle selbst von den Oberflächenkräften orientiert werden, wobei den Bindungen des Kohlenstoffs mit Sauerstoff, Chlor und Stickstoff eine solche Polarität zugeschrieben wird, daß das Kohlenstoffatom Träger der positiven Ladung ist, daß aber die Bindung des Kohlenstoffs mit Kohlenstoff als apolar zu gelten hat.

10. Gas/Quecksilber und flüssige Amalgame. Ein der Wasserfallelektrizität analoger Effekt bei fallendem Quecksilber — entgegengesetzte Aufladung zwischen Quecksilber und der Umgebung — wurde bereits von LENARD in seiner ersten Arbeit über den Wasserfalleffekt nachgewiesen. Die Untersuchung der Aufladung von Quecksilber, das auf Hindernisse fiel und dabei zerstäubte, wurde insbesondere von BECKER[3]) weitergeführt. Als auffallendsten Unterschied gegenüber den analogen Versuchen mit nichtmetallischen Flüssigkeiten fand er, daß das Vorzeichen der Ladung von der Natur der Gase abhängig sei. Man würde daraus schließen müssen, entweder daß im Sinne des oben Ausgeführten nicht der Potentialabfall ζ in der Flüssigkeit, sondern die Grenzkraft ε den Effekt bedingt, d. h. daß die Doppelschicht nicht ganz in der Flüssigkeit liegt, sondern nur zur Hälfte, zur anderen Hälfte in der Gasphase. Oder aber — wenn man die bei nichtmetallischen Flüssigkeiten so gut gestützte Anschauung von der Lage der Doppelschicht in der Flüssigkeitsoberfläche beibehalten will — könnte man mit LENARD annehmen, daß „lose Bindungen von Atomen des Gases mit Atomen des Quecksilber stattfinden, und daß die so gebildeten komplexen Moleküle

[1]) F. B. KENRICK, ZS. f. phys. Chem. Bd. 19, S. 625. 1896.
[2]) A. FRUMKIN, ZS. f. phys. Chem. Bd. 109, S. 34. 1924.
[3]) A. BECKER, Jahrb. d. Radioakt. Bd. 9, S. 52. 1912.

Anteil haben an den elektrisch geladenen Schichten, welche hier innerhalb des Metalls sich herausbilden und um deren Zerreißung es sich beim Effekt handelt." Jedenfalls bedurfte es der Feststellung, ob das Ergebnis von A. BECKER über die von ihm gewählten Versuchsbedingungen hinaus allgemein für die Aufladung von Quecksilber gegenüber Gasen Gültigkeit beanspruchen darf.

Die Aufladung von Gasen gegen Quecksilber ist dann von verschiedenen Forschern auch in der Form des Sprudeleffekts untersucht worden. Die Ergebnisse zeigten keine Übereinstimmung; die Vorzeichen wurden von verschiedenen Autoren verschieden angegeben. Von ARONHEIM[1]) konnten die von COEHN[2]) beschriebenen elektrischen Erscheinungen beim Zerfall des Ammoniumamalgams auf den Sprudeleffekt zurückgeführt werden. Andererseits glaubt DE BROGLIE[3]) aus seinen Versuchen schließen zu dürfen, daß der ganze Sprudeleffekt beim Quecksilber nur von Spuren anwesender Feuchtigkeit herrühre: wenn Gase und Quecksilber ausreichend getrocknet seien, zeige sich überhaupt keine Aufladung beim Sprudeln.

Nun bietet aber gerade für diesen Fall die sichere Festlegung der Tatsachen ein besonderes Interesse. Denn sie würden zum Ausgang dienen können für die Gewinnung einer Vorstellung von der Oberflächenbeschaffenheit flüssiger Metalle.

Aus solcher Erwägung heraus hat sich DUHME[4]) der Aufgabe unterzogen, die den eigentlichen Sprudeleffekt störenden Begleiterscheinungen zu untersuchen. Nach ihrer dadurch ermöglichten Beseitigung ergab sich:

a) Alle Gase (Wasserstoff, Sauerstoff, Stickstoff, Kohlensäure) verhalten sich qualitativ und auch der Größenordnung nach gleich.

b) Reinstes Quecksilber lädt sich beim Durchsprudeln dieser Gase stark negativ; das „Gas" (d. h. die unsichtbar feinen, aus der äußersten Oberfläche abgerissenen Quecksilberteilchen) entsprechend positiv.

c) Der Effekt ist von höchster Empfindlichkeit gegen Verunreinigungen des Quecksilbers. Zusatz von $9 \cdot 10^{-8}\%$ eines unedlen Metalls setzt die Ladung nahe bis zu Null herab, 1 bis $2 \cdot 10^{-7}\%$ ergeben bereits Umkehrung des Ladungssinnes. Damit erklären sich die einander widersprechenden Resultate früherer Autoren, auch die von BECKER, der selbst angibt, daß sein Quecksilber Verunreinigungen in wechselnder Menge bis zu $2 \cdot 10^{-3}\%$ enthielt.

Das übereinstimmende Verhalten der verschiedenen Gase, das Fehlen einer spezifischen Wirkung, deutet also, wie bei den nichtmetallischen Flüssigkeiten, darauf, daß ein Kontaktpotential Gas/flüssiges Metall nicht vorhanden ist bzw. hier nicht zutage tritt. Die Funktion des durchperlenden Gases ist vielmehr auch hier nur das Mitreißen des einen Teils der durch die Wirkung der Molekularkräfte an der Oberfläche *jeder* Flüssigkeit bestehenden Doppelschicht, nämlich des zu äußerst liegenden, eben durch die Molekularkräfte weniger in das Innere gezogenen.

Die Ergebnisse von DUHME finden Bestätigung in einer Arbeit von BÜHL[5]) „Über die elektrische Doppelschicht an der Oberfläche von *Quecksilber*". Es zeigt sich, daß Quecksilber, das bei frischer Oberfläche nur *positive* Träger liefert, nach einer nur 10^{-2} sec währenden Berührungszeit mit Gas unabhängig von dessen Natur auch negative Träger gibt. Zur Erklärung der Tatsache, daß gasfreies Quecksilber nur positive Träger liefert, also nur *eine* positive

---

1) G. ARONHEIM, ZS. f. phys. Chem. Bd. 97, S. 96. 1920.

2) A. COEHN, Göttinger Nachr. 1906, S. 100 u. 106; ZS. f. Elektrochem. Bd. 12, S. 609. 1906.

3) M. DE BROGLIE, C. R. Bd. 145, S. 172. 1907.

4) A. COEHN u. E. DUHME, ZS. f. Phys. Bd. 27, S. 358. 1924.

5) A. BÜHL, Ann. d. Phys. Bd. 80, S. 137. 1926.

Oberschicht und keine Elektronenatmosphäre hat, wird angenommen, daß „in der äußersten Molekülschicht nur geringe Nähewirkung vorhanden ist, entsprechend dem dort geringen inneren Druck der Molekularkräfte. Außerdem ist anzunehmen, daß freie Elektronen durch die Molekularkräfte stets nach dem Innern gezogen werden."

Für die Deutung des Mechanismus des Sprudeleffektes bei Quecksilber und den Amalgamen ist weiter von Bedeutung die von DUHME gefundene, von BÜHL bestätigte Tatsache, daß der elektrochemische Charakter der Metalle sich auch hier geltend macht. Unedle Metalle wie Natrium, Kadmium, Zink kehren bei Zusatz zum reinen Quecksilber das Vorzeichen der Ladung um, edle Metalle wie Zinn, Kupfer, Silber, Gold tun es nicht.

Es liegt nahe, zur Erklärung an die Mitwirkung einer Feuchtigkeitshaut zu denken, der gegenüber die Lösungstension der Metalle in Wirksamkeit tritt. Dabei aber müßten die edlen Metalle positiv, die unedlen negativ geladen zurückbleiben. Der Versuch ergibt das Umgekehrte: Während beim reinen Quecksilber und den Amalgamen edler Metalle der nach außen gerichtete, mit dem durchperlenden Gase fortgeführte Teil der Doppelschicht die positive Ladung trägt, ist er bei den Amalgamen der unedlen Metalle Träger der negativen Ladung. Man darf annehmen, daß das weitere Studium des Sprudeleffekts bei Quecksilber und den Amalgamen zu einem genaueren Einblick in die Oberflächenbeschaffenheit metallischer Körper führen wird.

Kapitel 10.

Wasserfallelektrizität.

Von

ALFRED COEHN, Göttingen.

1. Experimentelle Tatsachen. Die erste systematische Untersuchung der Elektrizitätsentwicklung, welche man an Wasserfällen, plätschernden Bächen und herabfallendem Regen bemerkt hatte, rührt von LENARD[1]) her. LENARD fand, daß allgemein Strahlen reinen Wassers, die auf ein Hindernis auftreffen, negative Elektrizität in der Luft verbreiten, während die entsprechende Menge positiver Elektrizität im Wasser verbleibt. Die Trennung der Elektrizitäten erfolgt beim Auffallen des Wassers.

Als Ursache der Erscheinung wurde zunächst das Bestehen von Kontaktelektrizität zwischen Gasen und Flüssigkeiten angenommen. Bei der Trennung von Wasser und Luft behalte das Wasser die positive, die Luft die negative Ladung der Doppelschicht, vorausgesetzt, daß die Trennung in kürzerer Zeit erfolgt, als zur Neutralisation der beiden Elektrizitätsmengen nötig ist. Dieser Anschauung entsprechend war auch beim Sprudeln von Gasen durch Flüssigkeiten, und zwar im Augenblick des Durchbrechens von Gasblasen durch die Flüssigkeitsoberfläche eine Trennung der Doppelschicht und damit Elektrizitätsentwicklung zu erwarten. Der hiernach dem Wasserfalleffekt wesensgleiche, nur eine andere Erscheinungsform darstellende Sprudeleffekt wurde von HOLMGREN[2]) und dann von Lord KELVIN, MACLEAN und GALT[3]) als wirksam erwiesen. Damit fanden auch ältere Beobachtungen ihre Deutung, die bis auf LAVOISIER und LAPLACE[4]) zurückgehen und ergeben hatten, daß bei der chemischen Entwicklung von Gasen, z. B. des Wasserstoffs durch Einwirkung von Schwefelsäure auf Eisen, Ladungserscheinungen auftreten. Daß auch elektrolytisch entwickelte Gase häufig Träger elektrischer Ladungen sind, beobachtete TOWNSEND[5]). Seine Erklärung aber, daß diese Ladung davon herrühre, daß die Ionen nicht ihre ganze Ladung an die Elektroden abgeben, wurde von KOESTERS[6]) widerlegt, indem er die Erscheinung als Sprudeleffekt kennzeichnete.

---

[1]) P. LENARD, Über die Elektrizität der Wasserfälle. Ann. d. Phys. Bd. 46, S. 584. 1892. Über frühere Beobachtungen, wie die von TRALLES 1786 an Wasserfällen gemachten, vgl. W. BUDIG, Historisches zum Lenardeffekt. Meteorol. ZS. Bd. 39, S. 284. 1922 u. F. LOEWE, Nochmals: Historisches zum Lenardeffekt. Ebenda Bd. 40, S. 115. 1923.

[2]) K. A. HOLMGREN, Mem. Soc. physiogr. de Lund 1895.

[3]) Lord KELVIN, M. MACLEAN u. A. GALT, Proc. Roy. Soc. London Bd. 57, S. 335. 1895.

[4]) A. LAVOISIER u. P. LAPLACE, Mem. de l'Acad. des Sciences 1782.

[5]) J. S. TOWNSEND, Proc. Cambridge Phil. Soc. Bd. 9, S. 244 u. 345. 1898; Bd. 10, S. 52. 1899; Phil. Mag. (5) Bd. 45, S. 125. 1898.

[6]) W. KOESTERS, Wied. Ann. Bd. 69, S. 12. 1899.

An diese Arbeiten schloß sich eine Reihe weiterer an, die wie die Arbeit von KAEHLER[1]) „Über die durch Wasserfälle erregte Leitfähigkeit der Luft" die Größe der erzeugten Elektrizitätsträger zu messen unternahmen, indem sie die durch den Flüssigkeitsfall elektrisierte Luft durch ein elektrisches Feld hindurchführten. Die Arbeiten finden sich zusammengestellt bei BLOCH[2]) und besonders übersichtlich bei A. BECKER in einem Referat „Über die Elektrizitätsentwicklung durch Änderung flüssiger Oberflächen in Gasen"[3]).

LENARD hatte bereits bei seinen ersten Versuchen erkannt, daß für das Grundphänomen: Starke positive Aufladung des Wassers, entsprechend hohe negative der Luft — von ausschlaggebender Bedeutung die Reinheit des Wassers ist. Ein geringer Chlornatriumgehalt des Wassers führt zu erheblicher Herabsetzung der Wirkung und eine Steigerung der Konzentration zur Umkehr der Vorzeichen bei der Trennung von Wasser und Luft. Die Wirkung einer größeren Reihe von anorganischen und organischen Zusätzen auf die von ihm sogenannte „Balloelektrizität" hat CHRISTIANSEN[4]) studiert.

Eine Vorhersage über den eintretenden Ladungssinn bei der Trennung von Gas und Flüssigkeit entnehmen für den Fall einheitlicher elektrolytfreier Flüssigkeiten COEHN und MOZER[5]) dem Ladungsgesetz für Dielektrika[6]), nach welchem Dielektrika von höherer Dielektrizitätskonstante sich positiv laden gegen solche von kleinerer Dielektrizitätskonstante. Dem entspricht die positive Aufladung des Wassers gegen alle indifferenten Gase, unabhängig von deren chemischer Natur. Diese Gesetzmäßigkeit wird bei Anwesenheit von Elektrolyten durch die Wirkung der Ionen überdeckt. Der Einfluß des Elektrolytzusatzes für eine Reihe von Säuren, Basen und Salzen wurde in Abhängigkeit von der Konzentration untersucht und in allen Fällen die Umkehrkonzentration festgestellt, bei der die Aufladungen ihr Vorzeichen wechseln. Es zeigte sich, daß das Wasserstoffion die weitaus stärkste Wirkung hat, also schon bei geringster Konzentration — für Schwefelsäure in $8 \cdot 10^{-4}$ normaler Lösung — die Umkehr des Ladungssinnes veranlaßt.

2. Die Theorie von LENARD. Unterdessen hatte die theoretische Grundanschauung eine Wandlung erfahren. Die von LENARD ursprünglich gemachte Annahme war, daß die dem Wasserfalleffekt bzw. dem Sprudeleffekt zugrunde liegende Ursache das Vorhandensein einer Kontaktelektrizität zwischen Flüssigkeit und Gas sei, so daß die beiden Teile der an der Berührungsstelle vorhandenen Doppelschicht in den beiden verschiedenen Stoffen liegen und mit diesen Stoffen zur Trennung gelangen. Es hätte hiernach, wenn man eine Wasseroberfläche zunächst an das Vakuum bzw. den eigenen Dampf, dann aber an Luft angrenzen ließ, eine elektrische Doppelschicht sich ausbilden müssen, was sich durch Verringerung der Oberflächenspannung hätte kenntlich machen müssen. Der experimentelle Befund, daß das nicht eintritt, gab LENARD den ersten Anlaß[7]) zur Änderung der Grundvorstellung. Die elektrische Doppelschicht an der Grenze zwischen Flüssigkeit und Gas, deren Vorhandensein im Wasserfalleffekt bzw. Sprudeleffekt zum Ausdruck kommt, beruht darnach nicht auf Kontaktelektrizität zwischen den beiden Stoffen, sondern beide Teile der Doppelschicht liegen in der Flüssigkeit. Daß keine Kontaktelektrizität Gas-Flüssigkeit existiert,

---

[1]) K. KAEHLER, Ann. d. Phys. Bd. 12, S. 1119. 1903.
[2]) L. BLOCH, Ann. chim. phys. Bd. 22, S. 370 u. 441; Bd. 23, S. 28. 1911.
[3]) A. BECKER, Jahrb. d. Radioakt. Bd. 9, S. 52. 1912.
[4]) C. CHRISTIANSEN, Ann. d. Phys. Bd. 40, S. 107 u. 233. 1913.
[5]) A. COEHN u. H. MOZER, Ann. d. Phys. Bd. 43, S. 1048. 1914.
[6]) A. COEHN, Ann. d. Phys. Bd. 64, S. 217. 1898; A. COEHN u. U. RAYDT, ebenda Bd. 30, S. 777. 1909.
[7]) P. LENARD, Heidelb. Ber. Bd. 1, Nr. 18. 1910.

zeigt sich auch darin, daß eine „Reibungselektrizität" zwischen Wasser und Luft sich nicht auffinden läßt: Es tritt keine merkliche Elektrisierung der Luft ein, wenn Wasserstrahlen frei durch die Luft fahren. Zu demselben Schluß führt die Unwirksamkeit des bloßen Verschwindens von Flüssigkeitsoberfläche, wie es beim Abfallen einzelner Tropfen von einem Ausflußrohre nach der letzten Abschnürung unter Zusammenziehung der Ligamentreste stattfindet. Ebenso die Tatsache, daß bloßes Zerstieben des Wassers infolge seiner Trägheit bei schnellem Ausfließen keine Ladungserscheinungen ergibt. Wirksam sind nur solche Vorgänge, bei denen große tangentiale Kräfte an der Oberfläche vorkommen, durch welche Abtrennung kleinster Wasserpartikel aus der äußersten Oberflächenschicht erfolgt.

Die Bildung der Doppelschicht an der Oberfläche nicht assoziierter Flüssigkeiten kommt nach LENARD so zustande, daß die von der Oberfläche nach innen zu wirkenden Molekularkräfte das einzelne Molekül derart drehen und richten, daß seine positiven Teile (die ja vornehmlich mit Masse behaftet sind) dem Inneren der Flüssigkeit genähert werden, während seine negativen Teile mehr nach außen liegen. Eine derartige Verzerrung der Moleküle muß, bei der elektrischen Natur der Atomkräfte, ein elektrisches Feld — die Bildung einer elektrischen Doppelschicht — an der Oberfläche hervorrufen. Bei assoziierten Flüssigkeiten, z. B. Wasser, besteht außer dieser Verzerrung der Einzelmoleküle noch eine stärkere Anziehung der größeren, mehr komplexen Moleküle nach dem Inneren der Flüssigkeit hin, gegenüber den kleinen, weniger komplexen Molekülen, die sich daher mehr an der Oberfläche der Flüssigkeit befinden und von denen jedes Einzelmolekül jener ersten elektrischen Verschiebung in Richtung der Oberflächennormalen unterworfen ist. Daraus folgt, daß sich an freien Flüssigkeitsoberflächen stets negative Ladungen zeigen müssen, wie es die Versuche ergeben. Unterhalb der negativen Schicht befinden sich die positiven Ladungen, deren Abstand von der Oberfläche gleich dem Radius der Wirkungssphäre der Molekularkräfte ist. Da nun Flüssigkeiten mit starkem Assoziationsvermögen zugleich solche von hoher Dielektrizitätskonstante sind, und diese ein Maß für die dielektrische Verschiebung innerhalb eines Stoffes ist, so ist bei Stoffen höherer Dielektrizitätskonstante diese dielektrische Verschiebung größer und damit die Doppelschicht stärker ausgebildet als bei Stoffen mit niederer Dielektrizitätskonstante. Es findet also zwischen der äußeren negativen Ladung und der darunter liegenden positiven — wegen der verminderten elektrischen Feldstärke — keine so starke Anziehung statt, wie dies bei Flüssigkeiten niederer Dielektrizitätskonstante der Fall ist. Bei der Berührung und nachfolgenden Trennung zweier Dielektrika verschiedener Dielektrizitätskonstanten wird also das Dielektrikum mit der höheren Dielektrizitätskonstante negative Ladungen an das mit der niederen Dielektrizitätskonstante abgeben, wodurch sich das Ladungsgesetz für Dielektrika erklärt. Innerhalb der Doppelschicht muß ein Übergang von Elektronen zwischen benachbarten Molekülen angenommen werden, da sonst die Abtrennung ganzer Moleküle keine wahre Elektrizität erzeugen könnte. Das Wesentliche für das Zustandekommen einer wahren „Ladung von Gasen", wie es beim Wasserfalleffekt und beim Sprudeleffekt sich zeigt, ist nach LENARD das Abreißen kleinster negativer Flüssigkeitsteilchen aus der Oberfläche infolge tangentialer mechanischer Beschleunigungen beim Trennungsvorgang.

Sind nun in der Flüssigkeit elektrolytische Ionen vorhanden, so wird das elektrische Feld der Doppelschicht eine räumliche Trennung der Ionen bewirken, indem die positiven Ionen von dem äußeren, negativen Teil der Doppelschicht angezogen werden, während die negativen Ionen weiter im Innern der Flüssigkeit, unterhalb der Schicht der positiv geladenen Moleküle, sich aufhalten werden.

Bei Elektrolyten haben wir also vier räumlich getrennte Schichten elektrischer Ladungen. Zu oberst, dicht an der Oberfläche der Flüssigkeit befinden sich die kleinen, schwach komplexen, negativen, Lösungsmittelmoleküle, darunter die positiven Ionen des Elektrolyten, assoziiert mit Lösungsmittelmolekülen. Darunter folgt die Schicht der größeren, stark komplexen, positiven „Lösungsmoleküle" (undissoziierter Elektrolyt + Lösungsmittelmoleküle), und dann endlich die negativen Ionen des Elektrolyten, assoziiert mit Lösungsmittelmolekülen. Aus dem Umstand, daß die positiven Ionen durch das Feld der Doppelschicht stärker nach außen gezogen werden als die negativen Ionen, jedoch wegen ihrer größeren Komplexität — gegenüber den weniger komplexen negativen Flüssigkeitsträgern — nicht bis an die Oberfläche reichen, ergibt sich ohne weiteres die Tatsache, daß beim Durchperlen von Gasen durch Elektrolyte die negative Ladung des Gases, die ja nach LENARD aus kleinsten abgerissenen Flüssigkeitspartikeln besteht, schon bei geringen Elektrolytzusätzen stark abnehmen muß, weil die vorhandenen positiven Ionen die äußerste negative Flächenladung zum Teil kompensieren. Das Vorhandensein einer Umkehrkonzentration, bei der das Gas ungeladen ist, ergibt sich damit von selbst. Es sind bei dieser in der zweiten Schicht doppelt soviel positive einwertige Ionen vorhanden wie negative Moleküle in der ersten; denn dann kommt auf jeden abgerissenen Tropfen aus der ersten Schicht mit einer negativen Ladung ein größerer, der ein negatives Quant und zwei positive Ionen enthält.

Das durch die Molekularkräfte entstandene elektrische Feld der Doppelschicht wirkt also auf die Ionen und veranlaßt deren Trennung, und zwar nicht nur hinsichtlich ihrer Ladung sondern auch nach ihrer Größe. Es werden daher z. B. die positiven Wasserstoffionen wegen ihres geringen Durchmessers, der ja in der großen Wanderungsgeschwindigkeit zum Ausdruck kommt, näher an die Oberfläche gelangen können als die größeren Natriumionen. Bei derselben Äquivalentkonzentration werden also die Wasserstoffionen in den äußerst kleinen abgerissenen Tröpfchen, welche die Ladung des durchgeperlten Gases bedingen, sich in größerer Zahl vorfinden als die Natriumionen. Die negative Ladung des Gases wird also durch die Gegenwart von H-Ionen stärker herabgesetzt werden als durch Na-Ionen oder mit andern Worten: die Umkehrkonzentration muß bei Säuren bei geringeren Konzentrationen liegen als bei Alkalien und Salzen. Es entspricht das dem Befund von COEHN und MOZER.

Die Überschreitung des Umkehrpunktes, also das Auftreten positiver Gasladung, ergibt sich folgendermaßen: das elektrische Feld der Doppelschicht besteht nur zum Teil aus wahren elektrischen Ladungen (nämlich nur insofern als ein Übergang von Elektronen zwischen einzelnen Molekülen stattgefunden hat), der größte Teil des Feldes ist auf die dielektrischen Verschiebungen der Moleküle zurückzuführen. Daher ist es verständlich, daß mehr positive Ionen an der Oberfläche sich aufhalten können, als der Zahl der wahren negativen Ladungen an der Oberfläche entspricht. Auf die Größe der „Ladung des Gases" haben diese verzerrten, dielektrisch polarisierten Moleküle natürlich keinen Einfluß, da sie als Ganzes elektrisch neutral sind.

Auch über die Größe der abgerissenen Elektrizitätsträger lassen sich auf Grund dieser Betrachtungen Angaben machen. Bei assoziierten Flüssigkeiten (elektrolytarmen Dielektrika, z. B. Wasser) haben die negativen Elektrizitätsträger je nach der Zahl der angelagerten neutralen Moleküle sehr verschiedene Größe; eine obere Grenze dafür muß der Radius der Wirkungssphäre bilden, den LENARD zu $150 \cdot 10^{-8}$ cm annimmt. Sind die Träger an Größe gleich diesem, so sind sie elektrisch neutral, da sie dann beide Schichten der Doppelschicht umfassen. Da das Abreißen von Flüssigkeitsteilchen (beim Durchperlen von Gasen usw.)

hauptsächlich an der Oberfläche erfolgt, so wurde geschlossen, daß es ursprünglich *positive* Träger bei reinen dielektrischen Flüssigkeiten nicht geben könne.

Die spätere Untersuchung, insbesondere von BUSSE[1]) hat gezeigt, daß beim Zerstäuben auch reinsten Wassers neben den negativen positive Träger fortgeführt werden. Die Entstehung dieser positiven Träger läßt sich als eine Influenzwirkung primär gebildeter negativer Träger auf die zerstäubende Wasserfläche auffassen. Man kann aber auch noch eine *primäre* Bildung positiver Träger bei dem mechanischen Prozeß der Abtrennung feinster Tröpfchen aus der Flüssigkeitsoberfläche annehmen. Die elektrische Doppelschicht benötigt zu ihrer Ausbildung bei frisch gebildeter Oberfläche eine gewisse, wenn auch sehr kurze Zeit, schätzungsweise einige Tausendstel Sekunden. Bei fortwährender Neubildung der Oberfläche des Wassers im Falle wasserfallelektrischer Trägerbildung ist nach Abtrennung der negativen Belegung an beliebigen Stellen der in Zersetzung begriffenen Oberfläche im nächsten Zeitmoment die positive Belegung an der äußersten Oberfläche gelegen, bis die normale Schichtung der Doppelschicht wiederhergestellt ist. Erfolgt der Abreißprozeß intensiv genug, so können auch kleinste Tröpfchen mit positiver Ladung gebildet werden, deren Größe annähernd gleich derjenigen der negativen Träger sein wird. Diese Auffassung bietet die Möglichkeit, durch Untersuchung der in geringerer Menge auftretenden Trägermengen bei reinen dielektrischen Flüssigkeiten näheres zu erfahren über die Bildungsgeschwindigkeit der Doppelschichten.

Bei *Elektrolyten* besitzen die *negativen* Träger viel geringeren Durchmesser; die kleinsten haben dieselbe Größe wie beim reinen Dielektrikum; die obere Grenze besteht aber hier schon im Abstand der zweiten, der Kationenschicht von der Oberfläche (von LENARD aus Messungen von ASELMANN über die Trägergröße auf $80 \cdot 10^{-8}$ cm berechnet). Bei Elektrolyten ist also der Durchmesser der negativen Träger kleiner als deren durchschnittliche Größe beim reinen Dielektrikum.

Für die Größe der *positiven* Träger bei Elektrolyten wird die untere Grenze sein der Abstand der zweiten Schicht von der Oberfläche ($80 \cdot 10^{-8}$ cm); die obere der Abstand der vierten Schicht (der Anionen) von der Oberfläche (von LENARD auf $180 \cdot 10^{-8}$ cm berechnet). Für die Struktur der Schichten an Elektrolytoberflächen ergibt sich demnach folgendes Bild:

$180 \cdot 10^{-8}$ cm	$150 \cdot 10^{-8}$ cm	$80 \cdot 10^{-8}$ cm	1. Schicht	− − − − −
			2. Schicht	+ + + + +
			3. Schicht	+ + + + +
			4. Schicht	− − − − −

Die (vierte) Schicht der Anionen liegt schon außerhalb des Radius der Wirkungssphäre.

Da nun die Ladung des durchgeperlten Gases aus abgerissenen Flüssigkeitsteilchen besteht, wird sie durch die Heftigkeit des Abreißens beeinflußt werden. Durch höheren Druck beim Durchperlen werden die an der Oberfläche befindlichen negativen Teilchen beim Abreißen gegenüber den tiefer liegenden positiven mehr bevorzugt, daher muß die Ladung des Gases stärker negativ und die Umkehrkonzentration infolgedessen höher werden, was mit dem Experiment übereinstimmt. Deshalb aber kann auch der Versuch, den LENARD unternimmt, die Feldstärke des von den wahren Ladungen herrührenden Feldes aus der von MOZER gemessenen Umkehrkonzentration für Chlornatriumlösungen zu berechnen, nur zur ersten Orientierung dienen. Ergeben sich doch für die Ladungsdichte der negativen Ladungen aus Versuchen bei verschiedenen Gasdrucken Werte zwischen 10^{-11} und 10^{-14} Coulomb/qcm.

[1]) W. BUSSE, Ann. d. Phys. Bd. 76, S. 493. 1925.

Die Anschauungen von der Beschaffenheit von Flüssigkeitsoberflächen, welche LENARD zur Deutung des Wasserfalleffektes ausgebildet hatte, überträgt er auf feste Stoffe in der Annahme, daß die Oberflächenstruktur von Flüssigkeiten bei der Erstarrung erhalten bleibt. Also auch hier wäre die äußerste Schicht negativ geladen. So kann es kommen, daß auch von festen Körpern ähnlich wie von Wasserflächen kleinste negative Teile abgerissen werden, wobei der Rest positiv zurückbleibt. Schon VOLTA zeigte, daß sich ein Elektroskop auflud, auf dessen Platte er von Zucker abgeschabte kleine Teile fallen ließ[1]). KÄHLER und DORNO[2]) fanden an Maismehl, Zucker und einer Reihe anderer Substanzen um so eher negative Ladungen, je feiner sie verteilt waren, ganz entsprechend dem Verhalten zerstäubten Wassers.

Wie stark die Aufladung feinverteilter fester Materie werden kann, davon legen die Staubexplosionen Zeugnis ab, die in stauberzeugenden Industrien zu Katastrophen von großer Tragweite geführt haben[3]). Ihren Herd haben diese Explosionen entsprechend der „Wasserfalltheorie" des Effektes an der Trennungsstelle der Ladungen, in den Zerkleinerungsmaschinen. Für den Eintritt einer Explosionswelle kommt als Bedingung hinzu, daß der Staub aus brennbaren Stoffen wie Kohle, Mehl, Zucker besteht; die Verbrennung fördernd wirkt die an der feinverteilten Materie entsprechend seiner leichteren Komprimierbarkeit vorzugsweise erfolgende Adsorption des Sauerstoffs. Wie weitgehend diese ist, kann man dem bei der Zerkleinerung in fest verschlossenem Gefäß sich einstellenden Unterdruck entnehmen.

3. Übertragung der Theorie auf die elektrischen Erscheinungen in der Atmosphäre. Das Studium des Wasserfalleffektes, das von einer vereinzelten Naturerscheinung seinen Ausgang nahm, hat sich in der weiteren Entwicklung als bedeutungsvoll erwiesen für die Erforschung der elektrischen Erscheinungen in der Atmosphäre. Diese bieten im wesentlichen drei Probleme:

1. Die Entstehung der normalen negativen Oberflächenladung der Erde und ihr Bestehenbleiben trotz vorhandener Leitfähigkeit der Luft.

2. Die dem Vorzeichen nach wechselnde Ladung der atmosphärischen Niederschläge (Regen, Schnee, Hagel).

3. Die Entstehung der Gewitter.

Eine ausführliche Behandlung der elektrischen Erscheinungen in der Atmosphäre wird in Bd. XIV, Kap. 9, gegeben. Hier soll dargelegt werden, wie weit die Wasserfallelektrizität zu Lösungsversuchen der drei gekennzeichneten Probleme herangezogen werden konnte.

Für das an erster Stelle genannte Problem hat sich keine befriedigende Lösung ergeben. Die Hauptschwierigkeit der Lehre von der Luftelektrizität, das Zusammenbestehen des elektrischen Feldes in der Luft mit einer gewissen Leitfähigkeit der Luft bleibt unerledigt. Die WILSON-GERDIENsche Kondensationstheorie[4]), welche an die Versuche von C. T. R. WILSON über die an negativen Trägern schon bei geringerer Übersättigung eintretende Kondensation des Wasserdampfes anknüpft, hat sich als unzulänglich erwiesen. Denn für die hier geforderte räumliche Trennung der in verschiedenem Sinne geladenen Träger, wie sie bei WILSON in der ionisierten Luft durch das angelegte elektrische Feld herbeigeführt wird, ist in der freien Atmosphäre kein hinreichender Grund vorhanden. Zudem fand die Vermutung, daß die negative Erdladung durch überwiegend

---

[1]) A. VOLTA, Opere I, 2, S. 259.

[2]) K. KÄHLER u. C. DORNO, Ann. d. Phys. Bd. 77, S. 71. 1925.

[3]) P. BEYERSDORFER, Staubexplosionen. Dresden u. Leipzig: Th. Steinkopff 1925.

[4]) H. GERDIEN, Jahrb. d. Radioakt. Bd. 1, S. 24. 1904; Phys. ZS. Bd. 6, S. 647. 1905; C. T. R. WILSON. Proc. Roy. Soc. London, Bd. 65, S. 289. 1899.

negative Ladung der Niederschläge hervorgerufen werde, in langen Registrierversuchen mit positiven Niederschlägen ihre Widerlegung.

Weitgehende Förderung erfuhren dagegen die beiden anderen Probleme durch das Studium des Wasserfalleffektes und des Sprudeleffektes — wir umfassen beide mit der Bezeichnung „Lenardeffekt". LENARD konnte zeigen, daß es wie bei größeren Wasserflächen so auch bei einzelnen Flüssigkeitstropfen, wenn tangentiale Kräfte angreifen und dadurch feinste Flüssigkeitsteile aus der Tropfenoberfläche abgerissen werden, zu erheblicher Elektrizitätsentwicklung kommen kann. Elektrisch wirksam ist dementsprechend das Aufschlagen von Tropfen auf ein Hindernis und das Zerblasen der Tropfen durch einen Luftstrom. Der erste Vorgang kann beim Zusammenstoß fallender Tropfen mit den relativ ruhenden Wolkenelementen eintreten. Wichtiger ist die Elektrizitätsentwicklung beim Zerblasen von Tropfen, welche gegen einen aufsteigenden Luftstrom fallen. Dabei war nachzuweisen, daß die Luftbewegung auch in so kleinen Raumelementen genügend tumultuarisch abläuft, daß sie an verschiedenen Stellen desselben Tropfens in ungleichartiger Weise angreift, denn nur so könnte man sich — wie GEITEL[1]) bemerkt — das Abreißen kleinster Teile der molekularen Oberflächenschicht bewirkt denken. Im Anschluß an Versuche von LENARD untersuchte HOCHSCHWENDER[2]) die Vorgänge, welche bei Augenblicksbeleuchtung an Tropfen erkennbar werden, die gegen einen aufsteigenden Luftstrom von genügender Veränderlichkeit fallen. Die photographischen Momentaufnahmen lassen erkennen, daß der Tropfen von unten her hutartig ausgehöhlt und dann schnell von innen heraus zerblasen wird, wobei sein oberer Teil auf Augenblicke in eine dünne Haut sich verwandelt, die kurz danach vom Luftstrom durchlöchert wird, wobei der nun plötzlich frei durch den ringförmigen Wasserrest blasende Luftstrom eine große Zahl kleinster Tröpfchen von diesem Wasserrest nach oben abbläst, während die verbleibenden Teile mehr seitlich auseinandergetrieben werden. Die mit dem Luftstrom entweichenden kleinsten Tröpfchen zeigen sich negativ, die größeren Tropfen positiv geladen, wie das nach der Deutung des Wasserfalleffektes zu erwarten ist.

Mit wachsendem Tropfendurchmesser werden die zum Zerblasen erforderlichen Schwankungen der aufsteigenden Luftgeschwindigkeiten kleiner; zugleich wachsen die zum Schweben, also zur ausgiebigen Ausbildung der betreffenden Tropfengröße erforderlichen Luftgeschwindigkeiten selbst, so daß die Schwankungen relativ zur Mittelgeschwindigkeit um so mehr kleiner werden. Für die größten möglichen Regentropfen, 5,5 mm Durchmesser, ist nur die geringe Schwankung von rund 3 m/sek erforderlich, um die Tropfen während ihres Schwebens zu zerblasen. Der beim Zerblasen abgetrennte feinste Wasserstaub geht mit der negativen Elektrizität mit dem Luftstrom in große Höhen; die gröberen, positiv geladenen Tröpfchen vereinigen sich bald mit größeren, noch nicht zerblasenen Tropfen, welche zu Boden sinken bzw. beim nächsten Luftstoß zerblasen werden. Es steht mit der LENARDschen Theorie in gutem Einklang, daß Beobachtungen auf dem Potsdamer wie auch auf anderen Observatorien die elektrischen Ladungen der Regentropfen meistenteils positiv ergaben, während solche Beobachtungen[3]), bei welchen während des Regens die Luft in den Meßapparat unter der Vorsichtsmaßregel angesaugt wurde, daß keine erkennbaren Regentropfen, sondern nur die in der Luft suspendierten feinsten Wasser-

[1]) H. GEITEL, Zur Frage nach dem Ursprung der Niederschlagselektrizität. Phys. ZS. Bd. 17, S. 459. 1916.

[2]) E. HOCHSCHWENDER, Dissert. Heidelberg 1919; P. LENARD, Ann. d. Phys. Bd. 65, S. 629. 1921.

[3]) W. OBOLENSKY, Ann. d. Phys. Bd. 77, S. 644. 1925.

tröpfchen in den Apparat gelangten, vorzugsweise negative Ladungen feststellen.

Nun aber erweisen sich Regentropfen auch in solchen Fällen elektrisch geladen, in denen von einer Luftbewegung, die zum Zerblasen der Tropfen ausreichen würde, nicht die Rede sein kann; so beim ruhigen Landregen. Hier versagt die Wasserfalltheorie. Man findet die Deutung der Erscheinungen in der von ELSTER und GEITEL aufgestellten Influenztheorie. Diese nimmt in ihrer ursprünglichen Form das normale, luftelektrische Feld mit negativer Oberflächenladung der Erde als gegeben und sucht die Ladung der Regentropfen in der von diesem Felde auf ein System zweier zur Berührung gekommener Tropfen verschiedener Größe ausgeübten Influenz, derzufolge die Tropfen nach wieder erfolgter Trennung verschiedene Ladung besitzen. Die Theorie trifft auf Schwierigkeiten, welche das Vorzeichen der Ladungen betreffen und auf die weitere, daß entgegengesetzt geladene Tropfen bei der Berührung nicht zusammenfließen sollen. Es wird im späteren Ausbau der Influenztheorie angenommen, daß auch das bloße „Zerfahren“ der Tropfen, wenn es in einem elektrischen Kraftfeld geschieht, elektrisch wirksam sein kann, so daß es also in einem solchen Felde nicht wie bei den Wasserfallversuchen LENARDS der tangentialen Kraft des Zerblasens einer in der Tropfenoberfläche vorhandenen Doppelschicht bedarf.

Für das dritte Problem, die Entstehung der Gewitter, war von ausschlaggebender Bedeutung die Erkenntnis, daß die gewaltigen Elektrizitätsmengen, die sich in einem Blitz ausgleichen, nicht auf der weiteren räumlichen Trennung schon vorher getrennter Elektrizitäten also auf der Ausgleichung vorher bestehender Spannungsunterschiede beruhen, daß vielmehr die Elektrizitätsentwicklung in Verbindung mit der Bildung und Bewegung der Niederschlagsteilchen steht. SOHNCKE[1]) verlegt den eigentlichen Sitz der Gewitterelektrizität in jene Luftschichten, in der Niederschläge in fester, körniger Form vorhanden sind und knüpft an Laboratoriumsversuche an, welche zeigen, daß bei der Reibung von Wasser an Eis das Wasser negativ, das Eis positiv wird. Wenn dieser Aufladung vermutlich eine wesentliche Bedeutung für die Entstehung der Gewitterelektrizität zukommt, so ist sie doch aufzufassen als Sonderfall für die der LENARDschen Vorstellung entsprechende Aufladung, die von der elektrischen Doppelschicht in der Oberfläche flüssiger und fester Stoffe herrührt.

Die ursprünglichen Versuche LENARDS zur Wasserfallelektrizität hat SIMPSON[2]) zur Grundlage einer Gewittertheorie gemacht. Er mißt die Aufladung von 100 durch einen Luftstrom zersprengten Tropfen und berechnet die Anzahl der Tropfen pro Quadratzentimeter, welche zur Erzeugung der für einen Blitz notwendigen Feldstärke von 30000 Volt/cm ausreichen. LENARD weist nach, daß die Versuche von SIMPSON unvollkommen sind, und daß die Aufladung leicht einen 25mal höheren Wert ergibt. Er zeigt ferner, daß es für die Frage, ob die Wasserfalltheorie eine befriedigende Deutung der Gewitterelektrizität gibt, wesentlich auf die Erkenntnis des Mechanismus des elektrisch wirksamen Vorganges beim „Zerreißen“ der Tropfen bzw. der Tropfenoberfläche ankommt. Diese eingehende Kenntnis bringen die oben mitgeteilten Versuche von HOCHSCHWENDER. Aus ihnen und den vorhandenen Beobachtungen über die Luftbewegung und ihre Schwankungen bei Gewitterregen zieht LENARD die Folgerung, daß das elektrisch wirksame Zerblasen in großtropfigem Regen wirklich stattfindet. Die Regentropfenmessungen zeigen, daß in einer Gewitterwolke Tropfen von 4 mm Durchmesser und darüber reichlich vorhanden sind und die

[1]) L. SOHNCKE, Ann. d. Phys. Bd. 28, S. 550. 1886.

[2]) G. C. SIMPSON, Phil. Trans. (A) Bd. 209, S. 379. 1909 u. Indian Meteorol. Mem. Bd. 20, S. 141. 1910; Phil. Mag. Bd. 30, S. 1. 1915.

Schwankungen des aufsteigenden Luftstromes erscheinen zum Zerblasen solcher Tropfen ausreichend stark und genügend anhaltend, um dem Herabfallen des Wassers längere Zeit entgegen zu wirken. Die Berechtigung der Wasserfalltheorie bei großtropfigem Gewitterregen erscheint hiernach gesichert.

Wenn für die Elektrizitätsentwicklung bei kleintropfigem Landregen die Wasserfalltheorie abgelehnt werden mußte, weil hier die zum Zerblasen der kleinen Tropfen erforderlichen Luftschwankungen fehlen, so steht damit in gutem Einklange, daß diese — nach ELSTER und GEITEL auf Influenzwirkung zurückzuführende — Elektrizitätsentwicklung weit geringer ist und gewöhnlich nicht bis zur Blitzbildung sich steigert.

Widerspruch fanden längere Zeit die Versuche, auch die Schneegewitter auf den Lenardeffekt zurückzuführen, d. h. auf mechanische Trennung der elektrischen Doppelschicht, die in der Oberfläche auch des aus dem flüssigen Zustande erstarrten Körpers liegt mit der negativen Schicht nach außen. Die Beobachtungen, auch noch neuere von STAEGER[1]), hatten für zerstäubten Schnee positive, statt der zu erwartenden negativen Aufladung gefunden. Dem entgegen konnten KAEHLER und DORNO[2]), indem sie beim Zerstäuben von Schnee die Vorzeichen der gröberen wie der feineren Teilchen getrennt untersuchten, feststellen, daß die Elektrisierung des Schnees durch Aufwirbeln oder Zerstäuben genau die gleiche ist wie bei der Lenard(Wasserfall-)wirkung reinen Wassers: Die gröberen Teilchen nehmen positive, der ganz feine Schneestaub nimmt negative Ladung an. Natürlich sind aber auch für die Ladungen des Schnees neben der Wasserfallwirkung Influenzwirkungen anzunehmen und zwar werden, da der Schnee leichter als Regen herumgewirbelt wird, die Influenzwirkungen bei Schnee häufiger, aber zugleich auch wechselnder sein als bei ruhig fallendem Regen, was durch die Erfahrung bestätigt wird.

---

1) A. STAEGER, Ann. d. Phys. Bd. 76, S. 49. 1925.
2) K. KAEHLER u. C. DORNO, Ann. d. Phys. Bd. 77, S. 71. 1925.

Kapitel 11.

Elektrokinetik.

Von

Georg Ettisch, Berlin.

Mit 1 Abbildung.

a) Begriffsbestimmung, Erscheinungsformen und geschichtliche Bemerkungen über Experiment und Theorie des elektrokinetischen Potentialsprunges.

1. Begriffsbestimmung. Die Elektrokinetik umfaßt jene Klasse von Erscheinungen, die sich zurückführen läßt auf Vorgänge an einem bestimmten Teile der an der Grenze zweier Phasen sich ausbildenden Ionendoppelschicht. Zumeist handelt es sich um die Phasengrenze fest-flüssig, jedoch nicht ausschließlich um diese (s. weiter unten). Das Zustandekommen jener gesamten Doppelschicht wird von der Thermodynamik dargelegt und wird auch zum Anfang des Kap. 12 kurz gestreift werden. Es soll daher darüber hier nichts Näheres ausgeführt werden, als daß die eine Belegung dieser Doppelschicht in der Oberfläche der festen Phase, die andere in der Flüssigkeit gelegen ist. Damit wird also die Existenz eines Sprunges im Werte des elektrischen Potentials vorausgesetzt, sobald man die Phasengrenze in Richtung ihrer Normalen durchschreitet. Während nun die Veränderungen der gesamten Doppelschicht in dieser normalen (oder auch transversalen) Richtung von der Elektrochemie behandelt werden, treten die sog. elektrokinetischen Erscheinungen auf, sobald man an der Ionendoppelschicht eine Verschiebung in tangentialer Richtung, also parallel zur Phasengrenze vornimmt. Diese tangentiale Verschiebung findet aber, wie sich zeigen läßt, nur an einem Teile der gesamten Doppelschicht statt. Man ist daher zu einer Unterteilung jener Gesamtdoppelschicht gelangt. Demzufolge hat man dem erstgenannten Potentialsprung, der von dem Inneren der festen bis zum Inneren der flüssigen Phase gemessen wird, also die Gesamtdoppelschicht umfaßt, dem sog. thermodynamischen oder ε-Potentialsprung der elektrokinetischen gegenübergestellt, der — nur einen Teil der gesamten Doppelschicht umfassend — allein in der flüssigen Phase liegt. Dieser Potentialsprung wird nach Freundlich[1]) der ζ-Potentialsprung genannt (s. Abb. 1 zu Ziff. 6). Er wird weiter unten noch ausführlich zu charakterisieren sein.

Es sei zu dieser Begriffsbestimmung ergänzend nur noch bemerkt, daß der Potentialsprung an der Phasengrenze im allgemeinen Falle naturgemäß unter der Wirkung sämtlicher dort vorhandenen Kräfte entstanden zu denken

[1]) H. Freundlich, ZS. f. Elektrochem. Bd. 27, S. 510. 1921; Kolloid-ZS. Bd. 28, S. 240. 1921, sowie vor allem: Kapillarchemie, 3. Aufl. 1924; auch Fortschritte der Kolloidchemie. Dresden 1924.

ist. Daß in bestimmten Fällen die Wirkung bestimmter Kräfte von verschwindender Größe ist, ist zunächst irrelevant. Desgleichen bleibe dahingestellt, ob die gleichzeitige Wirksamkeit aller Kräftearten an dieser Stelle notwendig ist zur erklärenden Beschreibung aller auftretenden Erscheinungen.

2. Die Erscheinungsformen. Die tangentiale Verschiebung jenes Teiles der in der Flüssigkeit liegenden Belegung der Doppelschicht kann nun rein mechanisch erfolgen. Es findet alsdann ein Transport elektrischer Ladungen statt, man erhält die sog. Strömungsströme. Legt man dagegen ein elektrisches Feld an die Phasengrenze und zwar parallel zu ihr, so greift dieses an den Ionen der Doppelschicht an und führt, bei Fixierung der festen Phase, mit den in der flüssigen gelegenen Ionen das Lösungsmittel mit fort. Man erhält auf diese Weise bei wäßrigen Lösungen eine Wasserfortführung, die sog. Elektroendosmose. Liegt nun aber keine makroskopische Grenzfläche vor, sondern fein verteilte mikroskopische Grenzflächen, die aber zusammen ein Diaphragma mit kapillaren Kanälen bilden, so wird ein elektrisches Feld ebenfalls eine elektrische Wasserfortführung bewirken, falls das Diaphragma festgehalten bleibt. Sind dagegen die Teilchen suspendiert, wie z. B. bei einem kolloiden System, so bildet sich, falls sie kugelig sind, um sie herum ebenfalls eine kugelschalenförmige Doppelschicht aus. Das Feld wird dann einerseits die Ionenbelegung des Teilchens und mit ihr das Teilchen selber nach der einen Richtung bewegen, die andere Belegung und mit ihr das Wasser aber nach der anderen Richtung. Ist die Wasserbewegung verhindert, nicht aber die der Teilchen, so tritt die Kataphorese auf. Auch wenn Teilchen im Schwerefeld in einer Elektrolytlösung fallen, werden sie ihre freie Ladung mitführen, während die der äußeren Belegung fortwährend zerrissen wird. Es wird also auch auf diese Weise ein Stromtransport stattfinden. Man erhält den „Strom durch fallende Teilchen“.

3. Geschichtliche Bemerkungen über Experiment und Theorie. Die ersten Aufzeichnungen über diese Erscheinungen gehen bis auf Reuss zurück. In einem ausgezeichneten Kapitel über diesen Gegenstand gibt v. Smoluchowski[1]) eine kurze Geschichte von Experiment und Theorie der hierher gehörigen Erscheinungen[2]). Es sei daher hier nur kurz wiederholt, daß die grundlegenden Versuche über diese Erscheinungen von Wiedemann[3]) stammen, der auch die ersten quantitativen Angaben machte und auch schon empirisch die Gesetzmäßigkeiten darlegte. Seine Hauptuntersuchungen nahm er an porösen Tonplatten vor, und er findet dabei direkte Abhängigkeit der übergeführten Wassermenge von der Stromintensität, Unabhängigkeit von Oberfläche und Dicke der Schicht.

Quincke benutzte dann bei seinen Versuchen Glaskapillaren. Damit war ein weiterer Schritt zur Präzisierung der Bedingungen und Ergebnisse getan. Es war nämlich von vornherein nicht vorauszusagen, ob die Erscheinungen an geraden, definierten Kapillaren sich genau so einstellen würden wie bei einem beliebig geformten Kapillarensystem. Quincke war es auch, der als erster an einer großen Materialfülle genauere kataphoretische Versuche und Messungen unternahm. Dabei fand er, daß die Wanderungsgeschwindigkeit eines suspendierten Teilchens proportional der Stromintensität und von der Länge der Flüssigkeit unabhängig war. Von Quincke stammen ebenfalls die ersten Versuche über Strömungsströme.

---

1) L. Graetz, Handb. d. Elektrizität u. d. Magnetismus Bd. II. Leipzig 1918.

2) Dadurch erübrigt sich wohl, auf die Dinge, die dort erörtert sind, hier noch einmal in voller Breite einzugehen.

3) Die Literatur ist bei M. v. Smoluchowski in Graetz' Handb. (s. o.) angegeben.

Hierbei sind die Messungen von HAGAR besonders zu erwähnen, da sie der hydrodynamischen Seite der ganzen Versuchsanordnung zum ersten Male in präziser Weise Rechnung trugen (s. noch weiter unten). Vor allem war es aber auch QUINCKE, der als erster die Ausbildung einer Doppelschicht als Grundlage für das Auftreten aller dieser Erscheinungen angesehen hat. Auf ihn geht im wesentlichen die oben skizzierte Erklärung über das Zustandekommen der (späterhin mit elektrokinetisch bezeichneten) Erscheinungen zurück.

HELMHOLTZ gab als erster eine vollständige, theoretische Ableitung der hier als Elektroendosmose und Strömungsstrom bezeichneten Erscheinungen. Dabei nimmt er die Vorstellung der Ausbildung einer Doppelschicht, so wie sie im wesentlichen von QUINCKE gegeben war, auf. Von ihm werden die Bedingungen in weiterem Umfange präzisiert, und die Theorie wird mathematisch durchgeführt.

Die eine Belegung befindet sich auf der Wand der festen Phase, die andere in der Flüssigkeit. Die Doppelschicht ist von äußerst geringer, aber nicht von verschwindender Dicke, d. h. sie ist verschwindend klein gegenüber den linearen Dimensionen des Röhrenquerschnittes bzw. den Teilchendimensionen. Es seien hinreichend enge Röhren, d. h. also Kapillaren, und geringe Strömungsgeschwindigkeit vorhanden. Ferner handele es sich um den stationären Zustand. Es ist also eine rein laminare Strömung zugrunde gelegt. Eine von außen angelegte elektromotorische Kraft überlagere sich einfach über die der Doppelschicht. Auf Grund dieser Voraussetzungen findet HELMHOLTZ für die durch den elektrischen Strom fortgeführte Flüssigkeitsmenge V pro Zeiteinheit die Beziehung

$$V = \frac{E r^2 \zeta}{4\pi\eta l}, \tag{1}$$

wo E die angelegte elektromotorische Kraft bedeutet, r den Radius der Kapillare, ζ den (elektrokinetischen) Potentialsprung zwischen unverschieblichem Teil und verschieblichem der in der Flüssigkeit gelegenen Belegung[1]), η die innere Reibung der Flüssigkeit, l die Länge der Röhre.

Wie aus (1) hervorgeht, hat HELMHOLTZ die Dielektrizitätskonstante nicht berücksichtigt. Er nahm an, daß die Vorgänge sich an Schichten von so geringer Molekelzahl abspielten, daß die Dielektrizitätskonstante nicht eingeführt zu werden brauchte, obwohl er auf der anderen Seite für die innere Reibung an diesen Schichten den Wert der Reibung von Flüssigkeiten in Masse annahm. Es hat sich in der Folge gezeigt, daß sich erst durch Einführung dieser Größe D — PELLAT wies zuerst darauf hin — eine Übereinstimmung zwischen beobachteten und berechneten Größen ermöglichen ließ. Man erhält dementsprechend:

$$V = \frac{D E r^2 \zeta}{4\pi\eta l}. \tag{2}$$

Entsprechend dem inneren Zusammenhang der Erscheinungen fand HELMHOLTZ für das Strömungspotential E an den Enden einer Kapillare die Beziehung

$$E = \frac{P \cdot \zeta \cdot D}{4\pi\eta \cdot \varkappa}, \tag{3}$$

wo P den hydrostatischen Überdruck bedeutet, $\varkappa$ die spezifische Leitfähigkeit. Die elektromotorische Kraft des Strömungsstroms ist also proportional dem an den Enden der Kapillaren herrschenden Überdruck.

SMOLUCHOWSKI machte darauf aufmerksam, daß es nicht ohne weiteres anginge, diese HELMHOLTZsche Gleichung auf die WIEDEMANNschen und QUINCKEschen Versuche an Tondiaphragmen und Tonplatten anzuwenden, da von vornherein nicht feststand, daß jene Diaphragmen oder Platten als Systeme von geraden

[1]) Bei HELMHOLTZ $(\varphi_i - \varphi_a)$ genannt.

Kapillaren mit konstantem kreisförmigem Querschnitt aufgefaßt werden könnten. SMOLUCHOWSKI gab eine Verallgemeinerung der HELMHOLTZschen Theorie für isolierende Gefäße beliebiger Form. Diese durch SMOLUCHOWSKI verallgemeinerte HELMHOLTZsche Theorie setzt ebenfalls langsame Strömung einer zähen Flüssigkeit voraus. Die ursprünglichen HELMHOLTZschen Gleichungen behalten ihre Gültigkeit unter Berücksichtigung des hydrodynamischen Widerstandes der betreffenden Gefäße.

Im Anschluß an diese verallgemeinerte HELMHOLTZsche Theorie konnte SMOLUCHOWSKI einen quantitativen Ausdruck für die Wanderungsgeschwindigkeit suspendierter Teilchen geben. Dieser setzt zunächst kugelförmige Aggregate aus isolierendem Material voraus. Sie befinden sich in einer unendlich ausgedehnten Flüssigkeit, so daß Wandeinflüsse fortfallen. Es laufen alsdann die Stromlinien an der Oberfläche des Teilchens tangential. Ist die Flüssigkeit an der Fortbewegung behindert, so wird das Teilchen im elektrischen Felde in Bewegung gesetzt mit einer Geschwindigkeit, die genau der entspricht, die die Flüssigkeit annehmen würde, falls das Teilchen fixiert wäre. In großer Entfernung von dem Teilchen ist die Geschwindigkeit gleichförmig und nach der SMOLUCHOWSKIschen Ableitung von der Größe[1])

$$v = \frac{D \cdot E\zeta}{4\pi\eta \cdot l}. \tag{4}$$

Diese Ableitung ist unabhängig von der besonderen Form des Teilchens (s. jedoch Ziff. 8). Diese Beziehung konnte in ihren Abhängigkeiten von einer ganzen Reihe von Untersuchern experimentell bestätigt werden. Auch scheint bis zu einer gewissen Teilchengröße die Wanderungsgeschwindigkeit unabhängig zu sein vom Radius des Teilchens, wie es der SMOLUCHOWSKIsche Ausdruck fordert. Gewisse Beobachtungen jedoch lassen auf eine bestimmte Grenze hierbei schließen, doch liegen eingehende, zuverlässige Meßergebnisse darüber noch nicht vor. Auch sei an die vorgeschriebene Bedingung erinnert, daß sich das Teilchen in einer unendlich ausgedehnten Flüssigkeit befinden muß. Es hat den Anschein, als ob manche Ergebnisse, die eine Abhängigkeit von der Teilchengröße darzulegen scheinen, unter dem Einfluß der Wandnähe zustande gekommen sind. In diesem Falle sind naturgemäß besondere Bedingungen in die Gleichungen einzuführen.

Von SMOLUCHOWSKI stammt auch eine Ableitung für die elektromotorische Kraft, die durch fallende Teilchen hervorgerufen wird. Unter Voraussetzung laminarer Flüssigkeitsbewegung sowie unendlich ausgedehnter Flüssigkeit benutzt hierbei SMOLUCHOWSKI die Grundgleichung (3) für die Strömungspotentiale sowie das STOKESsche Fallgesetz. (Hierdurch sind naturgemäß ebenfalls ganz bestimmte Bedingungen für die Bewegungszustände vorgeschrieben.) In der Umgebung eines kugelförmigen Teilchens herrscht nach Einführung des STOKESschen Gesetzes eine Potentialdifferenz

$$E = \frac{D \cdot R^3 g (s - s_1) \cos\varphi}{12\pi\varkappa\eta r^2}, \tag{5}$$

wo R den Radius des Teilchens bedeutet, r die Entfernung des Aufpunktes, φ den Winkel zwischen Radiusvektor zum Aufpunkt und Bewegungsrichtung, s, s_1 das spezifische Gewicht des Teilchens und der Flüssigkeit, g die Schwerebeschleunigung, und die übrigen Bezeichnungen die gleiche Bedeutung haben wie oben. Mit wachsender Entfernung vom Teilchen nimmt also die EMK rasch ab. Fällt aber eine Suspension von kugeligen Teilchen im Schwerefeld innerhalb

[1]) Alle diese Größen, auch in den vorangegangenen Formeln, sind im CGS-Maßsystem ausgedrückt.

eines Rohres in einer Flüssigkeit, und sind n-Teilchen pro Volumeneinheit vorhanden, so ist der Potentialabfall innerhalb der Röhre

$$\mathfrak{E} = \frac{D\zeta R^3(s-s_1)\,n g}{3\eta\varkappa}. \tag{5}$$

Auch hier wieder ist streng darauf zu achten, daß man nicht in den Bereich der hydraulischen Strömung kommt. Diese SMOLUCHOWSKIsche Beziehung konnte STOCK durch Versuche bestätigen.

Bei allen diesen Versuchen ist aus naheliegenden Gründen die laminare Flüssigkeitsbewegung vorausgesetzt. Diese Bedingung verlangt entweder relativ langsame Strömungsgeschwindigkeit bzw. geringen Überdruck oder relativ enge Kapillaren. Bei einer Reihe von älteren Untersuchungen ließen sich die nach den HELMHOLTZschen Gleichungen zu erwartenden quantitativen Ergebnisse nicht feststellen. Eine Nachprüfung an Hand der Daten dieser Arbeiten ergab, daß tatsächlich bereits turbulente Strömungsform vorlag. Es sei daher darauf hingewiesen, daß man die von REYNOLDS stammenden Grenzfestsetzungen beachten muß, Grund deren man die Geschwindigkeit bzw. den Überdruck bei den Flüssigkeitsbewegungen experimentell festlegen kann[1]).

Nach diesen Untersuchungen ist maßgebend für den Bereich der laminaren Strömungsform die „kritische" Geschwindigkeit der Strömung $c_\varkappa$. Es ist nämlich

$$c_\varkappa = C\,\frac{\mu}{R}. \tag{A}$$

Hierin bedeutet μ den „kinematischen" Reibungskoeffizient

$$\mu = \frac{\varrho}{d}, \tag{B}$$

wo ϱ die innere Reibung darstellt, d die Dichte. R ist der Radius der Kapillaren, C eine Konstante, die sog. REYNOLDSsche Zahl. Sie wurde ursprünglich zu 1000 angenommen, doch ist gegenwärtig noch keine volle Einigung über ihre Größe erzielt. Auf jeden Fall kann man aber praktisch die Geschwindigkeit durch Druckvariation stets auf einer Größe halten, die auch die unterste Grenze des REYNOLDSschen Parameters nicht überschreitet. Damit hat man dann die Sicherheit, sich im zulässigen Strömungsbereich zu befinden.

Auch die Weite der Kapillare spielt, wie (A) zeigt, hierbei eine Rolle. HELMHOLTZ selbst hat über die Abweichung in weiteren Röhren für den stationären Zustand theoretische Betrachtungen angestellt. Er hat dabei in seinem „Prinzip der mechanischen Ähnlichkeit"[2]) die Mittel geliefert, die es gestatten, auf Grund der bekannten hydrodynamischen Gleichungen für reibende Flüssigkeiten die zulässigen Druckbereiche zu finden, sobald die Kapillarendimensionen variiert werden. Steigt der Radius der Kapillaren auf das m-fache, so muß die Strömungsgeschwindigkeit auf den $m$ten Teil herabgesetzt werden, der Druckunterschied auf den m^2ten Teil. Nur dann hat man eine Strömungsform, die der vorangegangenen entspricht.

Eine andere Theorie bzw. eine Modifikation der HELMHOLTZschen ist von LAMB[3]) gegeben worden. Er verwirft die HELMHOLTZsche Annahme von der Flüssigkeitsschicht, die an der Wand festhaftet, sowie auch die von der Gültigkeit der NAVIER-STOKESschen Gleichungen für das Flüssigkeitsgebiet, in dem

---

[1]) Siehe dazu auch H. FREUNDLICH u. G. ETTISCH, ZS. f. phys. Chem. Bd. 116, S. 401. 1925.

[2]) H. v. HELMHOLTZ, Ges. Abhandlgn. Bd. I, S. 158; s. ferner auch TH. v. KÀRMAN, Phys. ZS. Bd. 12, S. 258. 1911.

[3]) H. LAMB, Phil. Mag. Bd. 25, S. 52. 1888.

sich die Doppelschicht befindet. Er nimmt vielmehr an, daß hier, an der Grenze zweier Phasen diese sich direkt gegeneinander bewegen können, und mit ihnen die beiden flächenhaften Belegungen der Doppelschicht. In der obenerwähnten Abhandlung von SMOLUCHOWSKI findet sich eine ausführliche Darstellung, sowie auch eine Diskussion der LAMBschen Theorie, die im wahrsten Sinne des Wortes die Theorie des molekularen Kondensators ist. Alle bisherigen Untersuchungen — auch dort, wo zuerst Ausnahmen vorzuliegen schienen[1]), — an reibenden sowie auch reibungsfreien Flüssigkeiten, — haben einwandfrei ein Festhaften von Flüssigkeitshäuten an festen Wänden bei tangentialer Verschiebung ergeben, mit anderen Worten, es ist an der Phasengrenze der Reibungskoeffizient unendlich groß.

Es muß noch etwas bemerkt werden über zwei in (2), (3), (4), (5) und (6) auftretende Größen, über die Dielektrizitätskonstante sowie über die innere Reibung. Von der zuerstgenannten kann erst weiter unten eingehender die Rede sein, nachdem noch Näheres über die Doppelschicht erörtert worden ist. Bei der inneren Reibung dagegen ist auf den Umstand zu achten, der in letzter Zeit wieder besonders hervorgetreten ist. Gerade bei den Systemen, bei denen der elektrokinetische Potentialsprung sich von besonderer Bedeutung erweist, nämlich bei gewissen kolloiden Lösungen, und bei denen die elektrokinetischen Methoden es allein ermöglichen, die Größe jenes ζ-Potentialsprunges zu bestimmen, zeigt sich ein Verhalten, das als Fließelastizität bezeichnet wird. Man findet eine Abhängigkeit der Viskosität von der Geschwindigkeit, mit der sich die Flüssigkeitsschichten gegeneinander bewegen. Diese Abhängigkeit zeigt sich am ausgesprochensten bei kleinen Schergeschwindigkeiten, während sie bei größeren gegenüber der reinen Viskosität verschwindend ist. Da man es bei den elektrokinetischen Vorgängen — wie vielfach bemerkt — mit langsamen Strömungen zu tun hat, scheint für solche Systeme, die eine derartige Fließelastizität aufweisen, — es findet sich dieses keineswegs bei allen, — in den Gleichungen (1), (2), (3), (4), (5) und (6) der η-Wert nicht recht definiert. Es ist bislang auch nicht möglich, hier einen endgültigen experimentellen Entscheid zu treffen. Daher enthalten die Ergebnisse in dieser Beziehung eine gewisse Unsicherheit.

b) Weiterbildung der Theorie.

4. Einleitende Bemerkungen. Schon HELMHOLTZ gibt, wenn auch nur in geringem Maße, eine weiter ins Einzelne gehende Vorstellung von dem Zustand der Lösung an der Phasengrenze. Nach seinen Darlegungen wird die eine Ionenart in die Oberfläche der festen Phase hineingeholt, die andere dagegen ordnet sich in der Flüssigkeit so an, daß zwischen dem festhaftenden und dem diesem zunächst liegenden, also bereits verschieblichen Teil der Flüssigkeit eine Potentialdifferenz herrscht. Diese Ionendoppelschicht kann als ein Kondensator aufgefaßt werden, dem eine bestimmte Kapazität zukommt. Die Messungen von KRUMREICH und KRÜGER[2]) ergaben eine Doppelschichtkapazität für die Grenzfläche Hg|n-KNO_3-Lösung mittels der Elektrokapillarkurve, die mit dem auf Grund der HELMHOLTZschen Theorie errechneten annähernd übereinstimmt. (Näheres darüber s. in Kap. 12.)

Für das tiefere Verständnis der elektrokinetischen Vorgänge war es jedoch erforderlich, eine eingehendere Kenntnis der Ladungsverteilung innerhalb der Doppelschicht zu besitzen. Vor allem sind von Bedeutung die Fragen, wie weit die in der flüssigen Phase befindliche Belegung in die Flüssigkeit hineinreicht, und in welcher Weise sich die Tiefe dieser Schicht mit der Konzentration, Natur

---

[1]) R. LADENBURG, Ann. d. Phys. Bd. 27, S. 157. 1908.

[2]) F. KRUMREICH u. F. KRÜGER, ZS. f. Elektrochem. Bd. 19, S. 617. 1913.

der Ionen usw. in der Flüssigkeit ändert. Damit in innigstem Zusammenhang steht die Frage nach der Verteilung der Ladungen auf die einzelnen Teile der Belegungen. Es sei noch erwähnt, daß HELMHOLTZ allein die formalen Gesetze der Doppelschicht gegeben hat, die sie hervorrufenden Kräfte jedoch völlig außer Betrachtung ließ.

5. Theorie der diffusen Doppelschicht von Gouy und Chapman. Die ersten, die hier eingehende theoretische Betrachtung anstellten, waren GOUY[1]) sowie auch CHAPMAN[2]). Sie diskutierten die Ionenverteilung im Gleichgewichtszustand als zustandegekommen unter dem Gegeneinanderwirken zweier Kräfte. Auf der einen Seite wirken die elektrostatischen Anziehungs- bzw. Abstoßungskräfte der Wand, ihr entgegen aber die der kinetischen Wärmebewegung, die eine homogene Ionenverteilung in der ganzen Flüssigkeit anstrebt. Daraus resultiert eine besondere Art der Ionenverteilung in der Grenzschicht gegenüber der in der Masse der übrigen Flüssigkeit. Angenommen, die statischen Kräfte suchen die positiven Ionen an die Grenzfläche heranzuholen, so werden die negativen abgestoßen und finden sich in einer gewissen Entfernung von der Wand angeordnet. Durch die Wärmebewegung wird nun verhindert, daß diese negative Schicht sich als monomolekulare Belegung einstellt. Sie liegt vielmehr als kontinuierliche räumliche Verteilung — überschüssiger — negativer Ladung vor. Die in der Flüssigkeit gelegene negative Belegung der Doppelschicht ist demnach eine diffuse Schicht, deren überschüssige negative Ionenzahl von der Wand an von Flüssigkeitslage zu Flüssigkeitslage nach dem Innern der Lösung zu kontinuierlich bis Null abnimmt[3]). Bei der tangentialen Bewegung der Flüssigkeit gegen die Wand, — gleichgültig ob durch mechanische oder elektrische Energie hervorgerufen, — bewegt sich allein ein Teil dieser flüssigen Phase gegen den anderen, näher an der Grenzfläche gelegenen. Niemals aber bewegt sich die Flüssigkeit direkt gegen die feste Wand. Da nun aber nach dem Innern der Lösung zu die Flächendichte der negativen Ladung in aufeinander folgenden Schichten kontinuierlich abnimmt, muß zwischen dem unverschieblichen Teil der Flüssigkeit und der nächstfolgenden Schicht, die sich parallel zur Grenzfläche bewegt, ein Potentialsprung auftreten. Der Gang dieser kontinuierlichen Abnahme der Ladung wird erfaßt, indem man nach BOLTZMANN aus dem Potential E, das an einer bestimmten Stelle herrscht, die Konzentration c an Ionen an der betreffenden Stelle berechnet. Die Konzentration an Kationen c^+ ist an der Stelle, wo das Potential E herrscht,

$$c^+ = c^+_\infty \, e^{-\frac{F}{RT}E},$$

die an Anionen c^-

$$c^- = c^-_\infty \, e^{\frac{F}{RT}E}$$

für je ein einwertiges Ion. Hierbei sind c^+_∞ und c^-_∞ diejenigen Kationen- bzw. Anionenkonzentrationen, die an der Stelle E_∞ vorliegen, also etwa in unendlicher Entfernung von der festen Wand ($x = \infty$). Dort ist dann $c^+_\infty = c^-_\infty = c_\infty$. Neben den Grenzbedingungen

$$E = 0 = E_\infty \quad \text{für} \quad x = \infty,$$

sei noch festgesetzt

$$E = E_0 \quad \text{für} \quad x = 0,$$

[1]) A. GOUY, C. R. Bd. 149, S. 654. 1909; Journ. de phys. (4) Bd. 9, S. 457. 1910; Ann. de phys. (9) Bd. 7, S. 129. 1917. Hierbei ist die Adsorption noch unberücksichtigt geblieben, obwohl sie von GOUY vollkommen richtig diskutiert worden ist.

[2]) D. L. CHAPMAN, Phil. Mag. Bd. 25, S. 475. 1913.

[3]) Siehe auch K. F. HERZFELD, ZS. f. Phys. Bd. 20, S. 28. 1921.

d. h. an der Oberfläche herrsche infolge der Ladung σ_0 das Potential E_0. An der Stelle E ergibt sich somit für die Dichte der Ladung ϱ bei einwertigen Ionen

$$\varrho = F(c^+ - c^-) = c_\infty F\left(e^{-\frac{F}{RT}E} - e^{\frac{F}{RT}E}\right) = 2\,F c_\infty \mathfrak{Sin}\frac{F}{RT}E\,.$$

Hierbei ist F das elektrochemische Äquivalent. Eine weitere Beziehung zwischen E und c liefert die POISSONsche Gleichung:

$$E_{xx} + E_{yy} + E_{zz} = \varDelta E = -\frac{4\pi}{D}\varrho\,.$$

Die E_{xx} usw. sind die zweiten partiellen Ableitungen des Potentials nach den Raumrichtungen. Für den vorliegenden eindimensionalen Fall ergibt sich daher

$$\varDelta E = E_{xx} = \frac{d^2E}{d\,x^2} = -\frac{4\pi}{D}\varrho\,.$$

Unter Beachtung der für diesen Einzelfall an der Grenzfläche vorliegenden Zustände sowie auch der oben angegebenen Grenzbedingungen ergibt sich:

$$\varrho = \sqrt{\frac{D\,R\,T\,C}{2\pi}}\,\mathfrak{Sin}\frac{F\,E}{R\,T}\,, \tag{7}$$

wo R die Gaskonstante bedeutet, D die Dielektrizitätskonstante des Wassers, T die absol. Temperatur, C die Konzentration des Salzes in Mol pro cm^3, F die Ladung eines Grammäquivalents, E_0 die gesamte Potentialdifferenz zwischen Innerem des Metalls und Innerem der Lösung. Diese Ladung ϱ findet sich in demjenigen Volumen der diffusen Doppelschicht, dem 1 cm^2 an der Grenzfläche als Grundfläche dient. Diese Ableitung setzt Verhältnisse voraus, die von STERN[1]) eingehend erörtert worden sind. Es sei hier nur bemerkt, daß gewisse Folgerungen sich experimentell nicht haben bestätigen lassen. Aus dieser Theorie der Doppelschicht ergab sich eine Polarisationskapazität, die mit den gefundenen Werten nicht einmal in der Größenordnung übereinstimmte. Würde man die GOUYschen Zahlen — etwa 240 Mikrofarad — zugrunde legen, so würde der Abstand der ersten Schicht der negativen Belegung von der festen Phase sich kleiner ergeben als der Radius eines Ions ($<10^{-8}$ cm), was offenbar keinen rechten Sinn haben kann. Das hatte GOUY selbst wohl bemerkt. Er versuchte durch spezielle Hilfsvorstellungen diese Diskrepanz zu überbrücken, was aber nicht einmal ihn selbst zufriedenstellen konnte. Es dürfte auch z. B. kaum zulässig sein, für die hier vorliegenden Verhältnisse als Dielektrizitätskonstante, — so wie GOUY das tat, — einfach die des Wassers anzusetzen.

6. Theorie des elektrokinetischen Potentialsprunges von FREUNDLICH. Die Verteilung in der GOUYschen Form konnte daher keinen Anspruch auf volle Zustimmung erheben, obwohl die Vorstellung der diffusen inneren Belegung als ein entschiedener Fortschritt anerkannt werden muß. Vor allem aber ist es sein Verdienst um die Fortentwicklung der Vorstellungen auf diesem Erscheinungsgebiete, — zu gleicher Zeit mit FREUNDLICH[2]), — die besondere Rolle erkannt zu haben, die hier den Adsorptionsvorgängen zuzuschreiben ist. Bisher sind diese nicht besonders in Erscheinung getreten. Dieses geschieht in einer Weise, die als durchaus zutreffend bezeichnet werden muß; denn sowohl die Ausführungen von GOUY sowie auch die von CHAPMAN und HERZFELD gehen vom Problem der Elektrokapillarkurve aus.

Einen entscheidenden Anstoß zu einer wesentlichen Klärung des ganzen Erscheinungsgebietes gab FREUNDLICH[2]). Schon 1909 hat er bei den Erschei-

[1]) O. STERN, ZS. f. Elektrochem. Bd. 30, S. 508. 1924.
[2]) H. FREUNDLICH, Kapillarchemie, 1. Aufl. 1909.

nungen der Elektrokapillarität die Bedeutung fixiert, die der Adsorption bei der Deutung dieser Phänomene zugeschrieben werden muß. In Verfolg dieser Vorstellungen und im Anschluß an die Darlegungen von GOUY über die diffuse Doppelschicht haben seine Untersuchungen mit RONA[1]) das experimentelle Fundament für seine Theorie des elektrokinetischen Potentialsprungs gegeben. Von diesen Versuchen wird noch unten die Rede sein. Seine Entwicklungen, die bis auf den heutigen Tag für alle Ansätze zu einer mathematischen Begründung die Leitideen abgaben, mögen an Hand der beigegebenen Abbildung mitgeteilt werden.

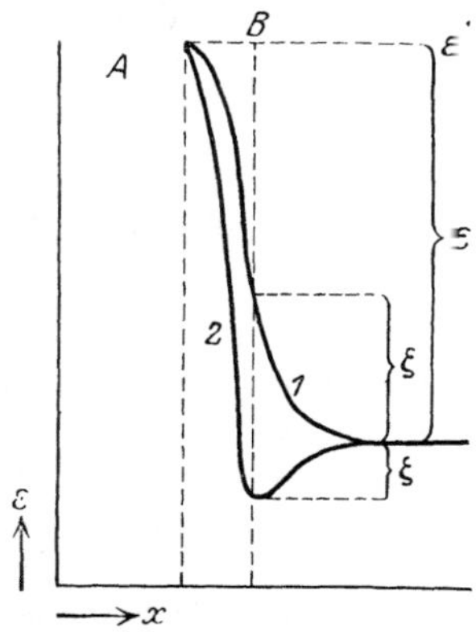

Abb. 1. Verlauf des thermodynamischen (ε-) sowie des elektrokinetischen (ζ-) Potentialabfalles an der Phasengrenze fest (A) : flüssig (B).

Links von A befindet sich die feste Phase, rechts die flüssige. Der der festen zunächstliegende Teil der flüssigen Phase haftet unverschieblich an jener fest. Es ist der Teil, der bis B reicht. Hier, am Beginn der diffusen Schicht, wird demnach bei tangentialer Bewegung die flüssige Phase zerrissen. Es gleitet dann Flüssigkeit an Flüssigkeit, wie es auch HELMHOLTZ annahm. Der Potentialsprung zwischen beiden ist der elektrokinetische oder ζ-Sprung. Vom Inneren der festen Phase bis zum Inneren der flüssigen dagegen wird der ε-Potentialsprung gemessen. Man erkennt auch aus der Abbildung sofort, daß der Verlauf von ζ unter Umständen in entgegengesetzter Richtung geht als der von ε. In der unverschieblichen Schicht der flüssigen Phase sind sodann auch alle durch Adsorption an die Oberfläche gelangten Moleküle gelegen, da ja für den allgemeinen Fall, wie Kap. 12, Ziff. 1 bemerkt, auch die an der Grenzfläche vorhandenen Adsorptionskräfte mit in Rechnung gestellt werden müssen. Diese Schicht stellt den Adsorptionsraum dar. Daraus erhellt sofort die Bedeutung, die die Adsorption für die Größe der Doppelschichtkapazität (Polarisationskapazität) besitzen muß, d. h. für die Deutung der Erscheinungen der Elektrokapillarität nicht weniger als für die der Elektrokinetik. Diese gesamte Vorstellungsweise hat sich in der Folge von außerordentlicher Tragweite erwiesen.

7. Theorie der Ionenverteilung von GYEMANT. Es hat sich sodann GYEMANT[2]) mit einer der Teilfragen aus diesem Problemenkomplex beschäftigt. Während nämlich die HELMHOLTZ-SMOLUCHOWSKIsche Theorie weder die Frage nach der jeweiligen Größe der Flächenladung in Abhängigkeit von der betreffenden festen Phase, noch von der der vorgelegten flüssigen — nach Art der gelösten Ionen, sowie nach ihrer Zahl — als auch im Grunde die eingehende Frage nach der genaueren Verteilung der Ionen in eine Erörterung zog, sucht nun GYEMANT eine Lösung dieser letztgenannten Frage zu finden. Er legt dabei seinen Erörterungen ein System dispergierter Teilchen zugrunde, ein Sol. An der Gesamtheit der dort vorhandenen Grenzflächen spielt sich dann — nach der üblichen Annahme — das gleiche ab, was sich an einer makroskopischen Grenzfläche ereignen würde.

Nach ihm wirken die die Doppelschicht hervorrufenden Kräfte, die Adsorptionskräfte, nur in sehr geringer Entfernung von der Teilchenoberfläche und erzeugen zuerst eine einschichtige Ionenbelegung von Kugelschalenform unmittelbar auf deren Teilchen selbst. Er läßt die Größe dieser Flächenladung gegeben sein, wodurch er sich eben auf das Problem: Ionenverteilung in dem diffusen Teil

[1]) H. FREUNDLICH u. P. RONA, Berl. Ber. Bd. 20, S. 397. 1920.

[2]) A. GYEMANT, ZS. f. Phys. Bd. 17, S. 190. 1923, sowie auch Grundriß der Kolloidphysik usw. Braunschweig 1925. (Samml. Vieweg.)

der Doppelschicht beschränkt. Aus BOLTZMANNscher Verteilung und POISSONschem Satz findet er für die kugelschalenförmige Doppelschicht die Differentialgleichung:

$$\frac{d^2 E}{d r^2} + \frac{2}{r}\frac{d E}{d r} = \frac{4\pi F c_0}{D}\left(e^{\frac{F}{RT}E} - e^{-\frac{F}{RT}E}\right). \tag{8a}$$

Hier bedeutet E das Potential, r den Radius, c_0 die Konzentration der Kationen in der ursprünglichen Lösung, F die Äquivalentladung, D die Dielektrizitätskonstante des Wassers, R die Gaskonstante und T die absolute Temperatur. Unter Benutzung üblicher Zeichen sowie unter Substitution von

$$\alpha = \frac{F}{RT}, \qquad a = \frac{8\pi F c_0}{D}, \qquad \beta = \sqrt{\alpha a},$$

und Einführung des Hyperbelsinus wird aus (8a)

$$\frac{d^2 E}{d r^2} + \frac{2}{r}\frac{d E}{d r} = a \,\mathfrak{Sin}\, \alpha E. \tag{8}$$

Da sich für die Gleichung (8) keine endliche Lösung ergibt, wird eine Annäherungslösung gesucht. Er ordnet zu diesem Zwecke jedem Abstand vom Mittelpunkt der Kugelfläche eine besondere Flächendichte der Ladung zu, und zwar so, daß beim Fortschreiten von der festen Wand nach dem Innern der Lösung die Flächendichte der Ladung sich asymptotisch der Null nähert. Damit nimmt er grundsätzlich die Vorstellungen von GOUY, CHAPMAN usw. auf, nur daß er an Stelle eines Ausdrucks für die räumliche Ladungsdichte in der diffusen Doppelschicht einen Ausdruck sucht für die zu jedem r gehörige „Flächendichte" der Ladung. Es handelt sich also hier, im Gegensatz zu GOUY und CHAPMAN, um das dreidimensionale Problem. Ein besonderer Fall ergibt sich dabei für $r = r_0$, dem Radius des Kolloidteilchens. Hier ist die Flächendichte $\sigma_r = \sigma_0$. Für diesen Fall müssen die Adsorptionskräfte eingeführt werden, doch wird bei GYEMANT nicht angegeben, wie dieses zu geschehen hat, so daß sie lediglich die Rolle einer Integrationskonstante spielen. Er findet für σ_r die Beziehung:

$$\sigma_r = \frac{D}{2\pi}\left(\sqrt{\frac{a}{\alpha}}\,\mathfrak{Sin}\,\frac{\alpha E}{2} + \frac{E}{2r}\right). \tag{9}$$

Sie kann naturgemäß nicht als streng angesehen werden, immerhin ist sie sehr wahrscheinlich, wie aus ihrer weiteren Erörterung sich ergibt. Diese Abhängigkeit der Flächenladung vom Abstand sowie Potential geht sowohl für kleine Potentialwerte wie auch für große Abstände über in Formen, die sich streng begründen lassen. Ist nämlich $\beta r \gg 1$, so ergibt sich für σ_r

$$\sigma' = \frac{D}{2\pi}\sqrt{\frac{a}{\alpha}}\,\mathfrak{Sin}\,\frac{\alpha E}{2}, \tag{9a}$$

was mit (7) identisch ist. D. h. also, bei großem Radius sowie auch bei großem β [1]) findet sich ein Wert, wie er aus dem von GOUY usw. exakt behandelten eindimensionalen Problem hervorgeht, was naturgemäß von der Art des Ansatzes bedingt ist. Wird ferner $\alpha\varphi \ll 1$ [2]), so ergibt sich für σ''

$$\sigma'' = \frac{D}{4\pi}\left(\beta + \frac{1}{r}\right)E. \tag{9b}$$

Dieser Ausdruck wird um so besser gültig, auf je kleinere E er Anwendung findet. Der oben gefundene Term für die Flächendichte der Ladung hält einer eingehenden Diskussion stand und stimmt auch numerisch annähernd mit der Erfahrung überein.

---

[1]) $\beta = \sqrt{\alpha \cdot a}$ ist also proportional der Wurzel aus der Ionenkonzentration.

[2]) Siehe auch P. DEBYE, Phys. ZS. Bd. 24, S. 185. 1923.

Eine Beziehung zwischen E und r allein ergibt sich auf analogem Wege. Sie muß erstens für extreme Radien (r) von der Form sein, wie sie die Lösung der Differentialgleichung für das ebene Problem zeigt, nämlich

$$\mathfrak{Tang}\,\frac{\alpha E}{4} = A\,e^{-\beta r},$$

wo A durch die Grenzbedingungen zu bestimmen ist. Zweitens muß sie für kleine E eine Lösung der Differentialgleichung sein, die sich aus der obigen (8a) bzw. (8) ergibt, nämlich von

$$\frac{d^2E}{dr^2} + \frac{2}{r}\,\frac{dE}{dr} = a\,\alpha E\,, \tag{10}$$

deren Lösung von der Art ist

$$E = \frac{A}{r}\,e^{-\beta r}. \tag{10'}$$

Drittens muß bei $c = 0$ gelten

$$E = \frac{A}{r}. \tag{10''}$$

(Das Potential einer geladenen Kugel.) Diesen drei Bedingungen genügt nun die Form

$$4r\sqrt{\frac{a}{\alpha}}\,\mathfrak{Tang}\,\frac{\alpha E}{4} + E = A\,\frac{1+\beta r}{r}\cdot e^{-\beta r}, \tag{11}$$

schließlich gibt GYEMANT auch einen Ausdruck für die Dicke der Doppelschicht. Er setzt dabei als Dicke der Doppelschicht den Abstand zweier Belegungen, bei dem dieselbe Ladung und dasselbe Potential vorliegen würden wie bei jener diffusen Schicht. Er findet für die Dicke d

$$d = \frac{1}{2}\sqrt{\frac{\alpha}{a}}\cdot\frac{E_0}{\mathfrak{Sin}\,\frac{\alpha E_0}{2}} \tag{12}$$

Man sieht daraus, daß in Übereinstimmung mit gebräuchlichen Vorstellungen die Dicke der Doppelschicht bei steigender Konzentration in ganz bestimmter Weise abnimmt, und daß sie unabhängig ist vom Radius des Teilchens. Die Art der Abhängigkeit vom Potential muß als eine eigenartige bezeichnet werden. Unter Zugrundelegung einleuchtender Annahmen im Anschluß an FREUNDLICHsche Gedankengänge kann GYEMANT zeigen, daß aus seinen Gleichungen für die Abhängigkeit des ζ-Potentials von der Konzentration sich Kurven ergeben, die mit denen gut übereinstimmen, die man bei der Untersuchung der kataphoretischen Wanderungsgeschwindigkeit gefunden hatte. Dabei wird auch das häufig sich ergebende Maximum der $\zeta - c$-Kurve einleuchtend erklärt. Die Berechnung des Potentialsprunges aus der beobachteten Wanderungsgeschwindigkeit geschah nach den HELMHOLTZ-SMOLUCHOWSKIschen Gleichungen. Bei GYEMANT wie auch bei HELMHOLTZ-SMOLUCHOWSKI liegt nun der ζ-Potentialsprung allein in der flüssigen Phase. Beide nehmen aber für die Dielektrizitätskonstante der in Frage stehenden Schichten ohne weiteres die des Wassers in Masse an, was im Hinblick auf die Dimensionen der Schichten sowie ihre Zusammensetzung kaum richtig sein dürfte. Auch müßte in jedem Einzelfalle erst entschieden werden, inwieweit der flüssigen Phase, wie schon oben bemerkt, eine konstante innere Reibung zukommt, bzw. ob nicht bei ihr eine Abhängigkeit der Zähigkeit von der Geschwindigkeit vorliegt, mit der sich die einzelnen Flüssigkeitslamellen bei Einwirkung einer Schubkraft gegeneinander verschieben.

8. Theoretische Bemerkung von DEBYE und HÜCKEL zur Bedeutung der Teilchenform für die kataphoretische Wanderungsgeschwindigkeit. Mit Auswirkung auf die Frage der Wanderungsgeschwindigkeit suspendierter Teilchen im elektrischen Felde haben dann DEBYE und HÜCKEL[1]) die Frage der Ionenverteilung um die Oberfläche dieser Teilchen einer Durcharbeit unterzogen. Die Untersuchung steht unter dem Zeichen der Theorie der sog. starken Elektrolyte, so wie sie von beiden Forschern gegeben worden ist. Die Grundvorstellungen haben sich ja hier in einer Weise entwickelt, die den schon lange bestehenden Vorstellungen vom Zustand um ein Solteilchen herum sehr ähnlich sind.

Die SMOLUCHOWSKIsche Formel gilt unabhängig von der besonderen Struktur der Ionenatmosphäre um das Teilchen. Unter Berücksichtigung des Vorliegens komplizierterer Verhältnisse von Ladung zu Potential bei der Existenz eines Ionenhofs, erschien es vor allem unwahrscheinlich, daß der Proportionalitätsfaktor in der Formel für die Wanderungsgeschwindigkeit nach der HELMHOLTZ-SMOLUCHOWSKIschen Theorie unabhängig sein sollte von der besonderen Teilchenform. Das Ergebnis der Untersuchung läßt sich dahin zusammenfassen, daß sich für die kataphoretische Wanderungsgeschwindigkeit ein Ausdruck ergibt, der ganz allgemein von der HELMHOLTZ-SMOLUCHOWSKIschen Form ist. Nämlich

$$v = C \frac{D \cdot \zeta \cdot E}{\eta}, \tag{13}$$

wo C den Proportionalitätsfaktor bezeichnet, und die übrigen Bezeichnungen bereits bekannte Größen darstellen. Er ist in der Tat unabhängig von der Verteilung der Ladungen in der Ionenatmosphäre des Teilchens unter der Voraussetzung, daß, so wie bei jenen Autoren, die Dicke der Atmosphäre klein ist gegen die Abmessung des Teilchens. Es läßt sich aber für C kein allgemeiner Zahlenfaktor angeben. Dieser hängt vielmehr ab von der Teilchenform und muß für jede besondere Form (etwa Stäbchen, Plättchen usw.) auf Grund hydrodynamischer Analyse bestimmt werden. Für zylindrische Teilchen beträgt er nach DEBYE und HÜCKEL $\frac{1}{4\pi}$. Bei kugeligen Teilchen findet sich Proportionalität zwischen Potential und Wanderungsgeschwindigkeit, unabhängig von der Allgemeinvoraussetzung geringer Doppelschichtdicke. Für diese Teilchenform ist $C = \frac{1}{6\pi}$ zu setzen.

9. Adsorptionstheorie der Doppelschicht von STERN. Auf allgemeiner Grundlage hat unter Berücksichtigung der spezifischen Adsorption schließlich STERN[2]) eine Theorie der elektrokinetischen Erscheinungen zugleich mit denen der Elektrokapillarität gegeben. Sie steht unter dem Einfluß der Elektrolyttheorie von DEBYE und HÜCKEL. STERN macht geltend, daß die HELMHOLTZsche Theorie für die Doppelschichtkapazität Werte ergibt, die mit denen annähernd übereinstimmen, die der Versuch geliefert hat, daß aber infolge der Nichtberücksichtigung des Einflusses der kinetischen Wärmebewegung die in der Flüssigkeit gelegene Belegung eine Verteilung aufweist, die nicht zutreffend sein kann. GOUY, CHAPMAN, deren Arbeiten auf die diffuse Doppelschicht führten, leiteten dagegen Kapazitätswerte ab, die bei weitem zu groß waren. STERN entwirft ein Bild der Doppelschicht[3]) von etwa der folgenden Art. Unter der Wirkung der elektrostatischen Kräfte der Wand (etwa eines Metallbleches), die von den Ladungen und Potentialdifferenzen der Ionen herrühren, wird die

---

[1]) P. DEBYE u. E. HÜCKEL, Phys. ZS. Bd. 25, S. 49. 1924.
[2]) O. STERN, ZS. f. Elektrochem. Bd. 30, S. 508. 1924.
[3]) Siehe dazu die Abb. 10 in Kap. 12.

eine Ionenart zu der einen Belegung mit konstanter Flächendichte $+\sigma_0$ direkt in die Oberfläche der festen Phase hineingeholt. Im Abstand δ von etwa der Größe eines mittleren Ionenradius befindet sich die negative Belegung. Wäre die kinetische Wärmebewegung nicht vorhanden, etwa beim absoluten Nullpunkt der Temperatur, so würde die Flächendichte dieser Schicht gleich der der anderen sein, nur mit entgegengesetztem Vorzeichen. Bei den üblichen Temperaturen jedoch kommt es zu einer räumlichen Ladungsanordnung. Die zweite Belegung erhält daher eine gewisse Tiefe. Es sitzt demnach der positiven Belegung $+\sigma_0$ je cm² gegenüber ein erheblicher Teil der negativen Ladung in flächenhafter Anordnung, $-\sigma_1$ je cm², der Rest davon, $-\varrho$ in einer Säule vom Querschnitt 1 cm², reicht kontinuierlich mit asymptotisch abnehmender Ladungsdichte in das Innere der Lösung. Der Ladung in der festen Phase entspricht das Potential E_0, dem der ersten flächenhaften Schicht in der Flüssigkeit E_1, im Inneren der Lösung ist das Potential Null (siehe auch die Grenzbedingungen unter Ziff. 5). Der elektrokinetische Potentialsprung ist nun, wie dies von FREUNDLICH gefordert worden ist, dadurch bestimmt, daß er zwischen dem an der Wand festhaftenden Teil der Flüssigkeit und der ersten beweglichen Schicht gelegen ist. Es ist also nach STERN höchstens $\zeta = E_1$. Demnach ist

$$\sigma_0 = \sigma_1 + \varrho\,. \tag{14}$$

Es handelt sich nun darum σ_0, σ_1 sowie E_1 zu finden. Auf elementare Weise ergibt sich

$$\sigma_0 = \frac{d}{4\pi\delta}(E_0 - \zeta)\,, \tag{15}$$

wo d die Dielektrizitätskonstante der Ionen ist. Im Anschluß an die Darlegung von GOUY, CHAPMAN und HERZFELD (7) findet man aus BOLTZMANNschem Prinzip sowie POISSONschem Satz unter der einschränkenden Bedingung, daß die räumliche Dichte allein Funktion des Potentials ist, nicht auch zugleich Funktion des Abstandes von der Wand, d. h. unter Außerachtlassung der spezifischen Adsorption die weitere Beziehung

$$\varrho = \sqrt{\frac{DRTc}{18\pi}} \cdot \mathfrak{Sin}\,\frac{F\zeta}{2RT}\,, \tag{16}$$

eine Beziehung, die übereinstimmt mit (9a) und auch mit (7). Hierbei bedeutet c die Konzentration in Molenbrüchen. $\left(C = \frac{c}{18}\right.$, Molekulargewicht des Wassers gleich $\left.18\right)$. Eine dritte Gleichung wird gewonnen durch Beachtung derjenigen Kräfte, die die Ionen an der festen Phase fixiert halten. Hierbei führt STERN die spezifische Adsorption mit ein durch die Adsorptionspotentiale. Ihre Reichweite erstrecke sich allein über eine Molekellage der Flüssigkeit von der festen Phase ab gerechnet. Er findet dann für die Flächendichte σ_1 der negativen Ladung der ersten Molekelschicht den Ausdruck

$$\sigma_1 = FZ\left(\frac{1}{2 + \frac{1}{c}\,e^{\frac{\Phi_- - F\zeta_1}{RT}}} - \frac{1}{2 + \frac{1}{c}\,e^{\frac{\Phi_+ + F\zeta_1}{RT}}}\right). \tag{17}$$

Hier bedeutet Z die Anzahl der Mole eines Ions, die maximal an 1 cm² der Wandfläche adsorbiert werden. Φ_+, Φ_- sind die Adsorptionspotentiale pro Mol. Gleichung (17) bringt die für die STERNsche Theorie charakteristische Beziehung zwischen Ladung und Größe der Adsorption. Er führt dabei das Adsorptionspotential als konstante Größe ein. Die Beziehung gilt ferner, auf Grund der Art der Ableitung, für ein homöopolares Adsorbens, für ein heteropolares muß im Nenner statt der 2 eine 1 stehen. STERNS Hauptgleichung, die Grundgleichung der Adsorptionstheorie der elektrolytischen Doppelschicht unter Berücksichtigung der spezifischen Adsorption lautet sonach im Hinblick auf Gleichung (14)

$$\left.\begin{aligned}\underbrace{\frac{d}{4\pi\delta}(E_0-\zeta)}_{\sigma_0} &= \underbrace{FZ\left(\frac{1}{2+\frac{1}{c}e^{\frac{\Phi_- - F\zeta}{RT}}}+\frac{1}{2+\frac{1}{c}e^{\frac{\Phi_+ + F\zeta}{RT}}}\right)}_{\sigma_1}\\ &+\underbrace{\sqrt{\frac{DRTc}{18\pi}}\cdot \operatorname{Sin}\frac{F\zeta}{2RT}}_{\varrho}.\end{aligned}\right\} \qquad (18)$$

Dieser dreigliedrige Ausdruck läßt nun gut die Ladungsverteilung in Abhängigkeit von der Konzentration erkennen. Geht man von kleinen Konzentrationen aus und läßt sie abnehmen, so wird, da sich ϱ proportional mit $\sqrt{c}$, σ_1 aber proportional c ändert, σ_1 gegen ϱ verschwinden, d. h. die Ladungen verteilen sich überwiegend in dem räumlichen Anteil der zweiten Belegung. Da nun außerdem noch ϱ absolut kleiner wird, wird auch $(E_0 - \zeta)$ kleiner, E_0 wird immer mehr dem ζ gleich. Bei äußerster Verdünnung liegen die Verhältnisse wie bei GOUY und CHAPMAN. Steigt dagegen die Konzentration, so erhebt sich σ_1 gegen ϱ. $(E_0 - \zeta)$ wird immer größer, ζ immer kleiner. Es liegt der Hauptanteil der Ladungen nunmehr im unverschieblichen Teil der zweiten Belegung, der diffuse Teil verläuft sehr flach. In der Tabelle 1 am Schluß des Kap. 12 findet sich in der letzten Spalte das Verhältnis $\frac{\sigma_1}{\varrho}$ bei Wechsel des Potentials und der Konzentration angegeben. Gleichung (18) gibt aber noch über eine Reihe anderer wichtiger Dinge eine Auskunft. Zunächst erkennt man, daß auch für den Fall, daß adsorbierbare Ionen in der flüssigen Phase fehlen, dennoch ein ζ-Potentialsprung existiert. Ist nämlich $\Phi_+ = \Phi_- = 0$, so wird keineswegs $\sigma_1 = 0$, vielmehr ergibt es sich zu

$$\sigma_1 = cFZ\left(\frac{1}{2c+e^{-\frac{F}{RT}\zeta}} - \frac{1}{2c+e^{\frac{F}{RT}\zeta}}\right). \qquad (18a)$$

Der elektrokinetische Potentialsprung ist also n i c h t n o t w e n d i g mit einer Adsorption verknüpft. Ist dagegen $|\Phi| \gtrless 0$, so wird eine Ionenart in die unverschiebliche Flüssigkeitsschicht hineingeholt, während die antagonistische in den darauffolgenden Schichten sich ebenfalls räumlich verteilt. So kommt es zu einer Doppelschicht in der Doppelschicht. Daher aber wiederum beeinflußt diese auch weder die Größe noch die Richtung des g e s a m t e n Potentialsprunges, sondern allein seinen V e r l a u f. Auf diese Weise müßten ε und ζ voneinander unabhängig sein können (darüber s. Näheres weiter unten). Daß zum Zustandekommen des elektrokinetischen Potentialsprunges die Adsorption nicht notwendig ist, ergibt sich allein auch schon als logische Folge aus der Vorstellung über die Herkunft der räumlichen Verteilung der Ladungen.

Weiterhin ist der Gleichung (18) zu entnehmen, daß zwei Dielektrizitätskonstanten darin eine Rolle spielen, nämlich diejenige der Ionen d in der ersten Molekellage der Flüssigkeit, sodann die der Lösung D. Über die erstgenannte sind wir vollkommen unorientiert. Die Dielektrizitätskonstante der Lösung ist aber ebenfalls nicht genügend sichergestellt. Neueste Untersuchungen[1]) scheinen darauf hinzudeuten, daß man bei gewissen Salzen, wie etwa NaCl in kleinen

[1]) A. DEUBNER, Ann. d. Phys. Bd. 84, S. 429. 1927.

Konzentrationen ($c < 0{,}01$ Mol) keine wesentliche Änderung beobachtet, während ein anderer Typus ($CuSO_4$) in jenen Bereichen eine Erniedrigung (von etwa 300 pro Äquivalent) zeigt. Es besteht also in dieser Beziehung immerhin auch noch eine reichliche Ungewißheit, wenn auch zugegeben werden muß, daß es den Anschein hat, als ob in den Konzentrationsbereichen, in denen die elektrokinetischen Erscheinungen sich am besten nachweisen lassen, für Elektrolytlösungen kein erheblicher Fehler begangen wird, wenn für die Dielektrizitätskonstante der betreffenden Lösung die des Wassers gesetzt wird. Aus der Diskussion der Konzentrationsabhängigkeit ging hervor, daß in gewissem Bereiche das Glied für ϱ praktisch verschwindet. Damit ist man dann freilich der Schwierigkeit hinsichtlich der Dielektrizitätskonstante D überhoben. Indessen bleibt immer noch die der Unkenntnis der Größe d. Daß weiterhin die Größe Z eine kaum bestimmbare darstellt, braucht wohl kaum näher ausgeführt zu werden.

Wird nun ϱ gegen σ_1 so klein, daß es verschwindet, so wird aus Gleichung (18)

$$\frac{d}{4\pi\delta}(E_0 - \zeta) = FZ\left(\frac{1}{1 + \frac{1}{c}e^{\frac{\Phi_- - F\zeta}{RT}}} - \frac{1}{1 + \frac{1}{c}e^{\frac{\Phi_+ + F\zeta}{RT}}}\right), \tag{19}$$

ein Ausdruck, der für c quadratisch ist. Die $\zeta - c$-Kurve muß also ein Maximum aufweisen, was sich sowohl bei kataphoretischen Untersuchungen wie auch bei solchen mittels der Methode der Strömungsströme ergeben hatte[1], und was auch die GYEMANTschen Darlegungen erkennen ließen (s. oben). Aus den höheren Ableitungen von ζ nach c ist nach bekannten Methoden zu ermitteln, ob es sich in dem besonderen Falle um ein Maximum oder Minimum handelt. Beim Extremwert von ζ ergibt sich für das Maximum von c

$$c_m = e^{\frac{\Phi_- + \Phi_+}{2RT}} = e^{-\frac{Q}{2RT}}, \tag{20}$$

wo Q die Adsorptionswärme von 1 Mol Salz ist. Die Messung der Adsorptionswärme wäre ein weiterer Prüfstein für die Theorie.

STERN diskutiert noch die Bedeutung des Extremwertes von ζ. Er kann den Wert $\frac{1}{2F}(\Phi_- - \Phi_+) = \bar{\zeta}$ nicht annehmen, da in diesem Falle sowohl σ_0 als auch σ_1 verschwinden würde.

Es ist also $\zeta \neq \bar{\zeta}$. Ist nun aber $|\Phi_- - \Phi_+|$ groß, so kann ζ nicht sehr verschieden sein von $\bar{\zeta}$. Er setzt nun $\zeta = \bar{\zeta} + \zeta'$, nimmt ferner $\frac{F\zeta'}{RT} \ll 1$ an und entwickelt nach Potenzen. Es wird dann nach Abbruch beim linearen Glied sowie nach einfacher Umformung

$$\zeta' = \left(2 + \frac{c}{c_m} + \frac{c_m}{c}\right)\frac{RTK_0}{2Z_0F^2}(E_0 - \zeta). \tag{21}$$

Hier steht K_0 für $\frac{\sigma_0}{E_0 - \zeta}$. Da beim Maximum $c = c_m$ ist, ergibt sich unter Benutzung festgestellter Zahlenwerte für

$$E_1' = 8{,}8 \cdot 10^{-3}(E_0 - \zeta). \tag{22}$$

Nun ist aber $(E_0 - \zeta)$ höchstens ein Volt, ζ' beim Maximum einige Millivolt, also

$$\zeta = \bar{\zeta} + \zeta' \approx \bar{\zeta}.$$

[1]) H. FREUNDLICH u. G. ETTISCH, ZS. f. phys. Chem. Bd. 116, S. 401. 1925.

Die Theorie gestatte es nun auch, aus Konzentration sowie Potential beim Maximum die Adsorptionspotentiale Φ_+ und Φ_- zu berechnen. Es ist nämlich nach (20)

$$\Phi_- + \Phi_+ = 2RT\ln c_m$$

und nach (22)

$$\Phi_- - \Phi_+ = 2F(\zeta)_m \cong 2F\bar{\zeta}.$$

Die Bedeutung der STERNschen Entwicklungen beruht in ihrem allgemeinen Umriß. Im einzelnen hat der Autor selbst auf gewisse Schwächen bereits hingewiesen. Einen wesentlichen Umstand hat FREUNDLICH[1]) jüngst dargelegt, indem er betonte, daß STERN in seiner Theorie das Adsorptionspotential konstant gesetzt hat, es also von der Konzentration unabhängig sein läßt, was kaum zutreffend sein dürfte. Immerhin entnehmen wir aus der Theorie einleuchtende Werte für die Kapazität der Doppelschicht, eine Erklärung für die elektrokinetischen Erscheinungen, sowie schließlich einen Aufschluß über die Verteilung der Ladungen im Gefüge der Doppelschicht bei bestimmtem Konzentrationsgange.

10. Experimentelle Begründung für die Notwendigkeit der Annahme eines besonderen Potentialsprunges. War durch FREUNDLICH die Vorstellung des elektrokinetischen Potentialsprungs als eines besonderen Teils des für gewöhnlich an Phasengrenzen bestehenden eingeführt worden, der sodann durch eine Reihe von theoretischen Darlegungen eine feste Fundierung erhielt, so erhebt sich die Frage nach den experimentellen Unterlagen, die seine Rechtfertigung bilden. Das Vorwalten von Potentialsprüngen an Phasengrenzen ist ja hinlänglich bekannt. Die auf die Wirksamkeit dieser Kräfte sich gründenden Erscheinungen gehören aber, wie am Eingang schon bemerkt, der Elektrochemie an. Es wird sich also darum handeln, darzulegen, daß man auch experimentell einen ζ-Sprung von einem ε-Sprung im Potentialwerte, — wovon der letztgenannte eben jener hinreichend bekannten „Phasengrenzkraft" entspricht, — zu unterscheiden gezwungen ist. Dieses ist, wie schon oben ausgeführt, zuerst von FREUNDLICH und RONA[2]) in einwandfreier Weise geschehen und sodann durch FREUNDLICH und ETTISCH[3]) auf breitester Grundlage weiter ausgeführt worden. Beide Male sind die beiden Potentialsprünge an einem und demselben System gemessen worden. Schon oben wurde angedeutet, daß man den ε-Potentialsprung transversal mißt. Beide ableitenden Elektroden liegen normal zur Wand. Die elektrokinetische Potentialdifferenz dagegen erhält man durch tangentiale Verschiebung der einen Phase gegen die andere. Beide ableitenden Elektroden liegen in der Verschiebungsrichtung. Ferner ist der ε-Potentialsprung, der etwa 1 Volt beträgt, von anderer Größenordnung als diejenigen Potentialsprünge, die sich bei den elektrokinetischen Untersuchungen einzustellen pflegen ($\zeta < 100$ Millivolt). Es zeigte sich dann weiterhin, daß jeder von beiden Potentialsprüngen in besonders charakteristischer Weise beeinflußbar ist. Der ε-Sprung spricht nicht an auf Ionen, nach Maßgabe ihrer Ladungszahl, — SCHULTZE-HARDYsche Regel, — sondern allein, — wie es auch nach der NERNSTschen Theorie der Fall sein muß, — auf Änderung in der Konzentration derjenigen Ionen, die dem betreffenden Elektrodenmaterial zugrunde liegen, so z. B. bei Glas — nach HABER und KLEMENSIEWICZ[4]) — auf Änderung der H-Ionenkonzentration. Der ζ-Sprung dagegen ließ in seinem Verhalten deutlich die starke Wirksamkeit aller hochwertigen Ionen erkennen bzw. die der bevorzugt adsorbierbaren. Die $\zeta - c$-Kurve

[1]) H. FREUNDLICH, Fortschritte der Kolloidchemie. Dresden: Steinkopf 1926.
[2]) Siehe Ziff. 7 Anm. 1.
[3]) Siehe Ziff. 3 Anm. 1.
[4]) F. HABER u. Z. KLEMENSIEWICZ, ZS. f. phys. Chem. Bd. 67, S. 385. 1909.

hat typischerweise zwei ausgezeichnete Punkte, ein Maximum sowie einen Umladungspunkt, die $\varepsilon - c$-Kurve läßt in geeigneten Systemen den bekannten exponentiellen Verlauf erkennen. Einen interessanten Versuch zur Demonstration der beiden Potentialsprünge stellten BENNEWITZ und SCHULTZ[1]) an. Wenn sie an einem Silberblech als Elektrode mit einem scharfen Gegenstand stark schabten, so konnte der Effekt am Galvanometer mühelos dahin gedeutet werden, — nach Größe und Richtung des Ausschlages —, daß die gesamte Doppelschicht entfernt worden war. Bei leichtem Schaben mit einem stumpfen Instrument dagegen schien es, als sei allein der in der Flüssigkeit bewegbare Doppelschichtanteil entfernt. Vor allem aber zeigten beide Ausschläge sowohl in Größe als auch Richtung wiederum jenes Verhalten, das man aus den bisherigen Untersuchungen über das gegenseitige Verhalten von thermodynamischem und elektrokinetischem Potentialsprung kennt, und von dem bereits die Rede war. Es deckt sich ebenfalls mit bekannten Tatsachen, daß die gute Nachweisbarkeit der Effekte gerade im Bereich kleiner Konzentrationen lag.

Auch an der Phasengrenze flüssig-flüssig konnten FREUNDLICH und GYEMANT[2]) die Verschiedenheit beider Potentialsprünge feststellen. An der Phasengrenze flüssig-gasförmig hat McTAGGART[3]) dieses gezeigt.

11. Über den Einfluß des Wandmaterials. Die älteren Theorien, also die von HELMHOLTZ und auch von SMOLUCHOWSKI, legten ein isolierendes Material der festen Phase ihren Darlegungen zugrunde (s. oben Ziff. 3). Es fragt sich, wie die Verhältnisse sich gestalten würden, falls jenes Material ein Leiter ist. STERN nahm für seine Ausführungen bereits ein Metall an, und für gewisse Erscheinungen läßt sich auch annehmen, daß die tangentiale Verschiebung prinzipiell auch hier einwandfrei verlaufen müßte, etwa bei einem rein mechanischen Zerreißen der Doppelschicht. Bei anderen Erscheinungsformen aber, wie etwa der Kataphorese, liegen die Verhältnisse nicht ganz so klar. Die Kraftlinien sollten eigentlich zur Wand parallel laufen, so daß eine einfache Superposition der Felder ermöglicht wäre. Bei der Kataphorese aber beginnen oder endigen die Kraftlinien auf dem Teilchen, falls es metallisch ist, sie stehen also senkrecht auf ihm. Dennoch kann hier zunächst theoretisch nichts ausgesagt werden, da man über den wahren Zustand der Grenzschicht des Metalles zu wenig unterrichtet ist. Dieser Umstand zeigt sich ja auch in der Unmöglichkeit zu erklären, warum die Edelmetalle Platin, Gold, Silber usw. eine negative Ladung in der ersten Molekellage der Flüssigkeit besitzen, während doch nach unserer Kenntnis eine positive vorhanden sein sollte. Auf die Hypothesen, die zur Erklärung dieses Tatbestandes gemacht sind, sei nicht weiter eingegangen, da sie keineswegs befriedigen. Immerhin könnte man aus der Möglichkeit, daß durch besondere Zustände (Polarisation) die Grenzschicht wie ein Isolator wirkt, die Berechtigung herleiten, die quantitativen Formeln auch für jene Körper zu benutzen, die in ihrer Masse Leiter darstellen. Eine Untersuchung von COEHN und SCHAFMEISTER[4]) scheint dieses auch qualitativ zu bestätigen. Auf Grund der obigen Angabe, daß die ζ-c-Kurve in ihrem Typ zwei ausgezeichnete Punkte besitzt, nämlich einen Extremwert und einen Umladungspunkt, untersuchten sie diese Verhältnisse mit einer Anordnung, bei der das Wandmaterial ein Metall war. Sie konnten für eine ganze Reihe von Substanzen tatsächlich jene beiden ausgezeichneten Punkte einer

---

1) K. BENNEWITZ u. F. SCHULTZ, ZS. f. phys. Chem. Bd. 124, S. 115. 1926.

2) H. FREUNDLICH u. A. GYEMANT, ZS. f. phys. Chem. Bd. 100, S. 182. 1922; sowie A. GYEMANT, ebenda Bd. 103, S. 1. 1922.

3) H. A. McTAGGART, Phil. Mag. (6) Bd. 27, S. 297. 1914; Bd. 28, S. 367. 1914.

4) A. COEHN u. O. SCHAFMEISTER, ZS. f. phys. Chem. Bd. 125, S. 401. 1927.

qualitativ aufgenommenen ζ-c-Kurve feststellen. Ein quantitativer Entscheid liegt aber noch nicht vor.

12. Das Vorkommen des elektrokinetischen Potentialsprunges. Der elektrokinetische Potentialsprung tritt bei einer ganzen Reihe von Erscheinungen hervor. Von überwiegender theoretischer Bedeutung ist er bei vielen Zuständen und Veränderungen, an den kolloiden Systemen. Die näheren Darlegungen hierüber gehören in die einschlägigen Werke. Es mag nur Erwähnung finden, daß er sich von Bedeutung erwiesen hat bei der Einstellung des Sedimentationsgleichgewichtes. Er unter bestimmten Umständen ist bestimmend für die Größe der Viskosität einer kolloiden Lösung. Von ihm ist der Koagulationsvorgang abhängig, d. h. die Ausfällung der im Lösungsmittel verteilten kolloiden Phase. Auch eine ganze Reihe von optischen Phänomenen wird durch diesen Potentialsprung bestimmt. Weiterhin zeigen sich die Vorgänge, die an Membranen beobachtet sind, einer Erklärung zugänglich unter Zugrundelegung der Wirksamkeit des ζ-Potentialsprunges. Hier sind vor allem die Arbeiten von BETHE und TOROPOFF[1]) bis auf den heutigen Tag von besonderer Bedeutung. Aus ihnen sowie auch aus den neuesten von MICHAELIS[2]) ergibt sich klar, welchen bedeutsamen Einfluß die betreffende Wandsubstanz besitzt. Das ist schließlich auch nach der Theorie zu erwarten. Gleichung (18) enthält ja das Adsorptionspotential, d. h. diejenige Arbeitsgröße, die notwendig ist, um ein Mol adsorbierbarer Substanz in die Adsorptionsschicht zu bringen. Es leuchtet ohne weiteres ein, daß dieses Adsorptionspotential von Wandsubstanz zu Wandsubstanz für denselben Körper (Ion oder Molekül) wechseln wird. Wenn wir auch quantitativ diese Dinge noch nicht exakt genug durchschauen, so hat doch eine genügende Zahl von Untersuchungen ihre Bedeutung dargelegt.

---

1) A. BETHE u. TH. TOROPOFF, ZS. f. phys. Chem. Bd. 88, S. 686. 1914; Bd. 89, S. 597. 1915.

2) L. MICHAELIS, In der Hauptsache: Biochem. ZS. u. Journ. Gen. Physiol.

Kapitel 12.

Elektrokapillarität.

Von

GEORG ETTISCH, Berlin.

Mit 11 Abbildungen.

1. Begriffsbestimmung. Bei den elektrokapillaren Erscheinungen handelt es sich um Änderung der Spannung und Größe der Grenzfläche einer Phase gegen eine andere unter dem Einfluß der Änderung des elektrischen Feldes an dieser Stelle. An der Grenze Metall (oder ähnlichem Material) -Flüssigkeit findet sich ein Sprung im Potentialwerte bei Durchschreiten der Phasengrenze in Richtung ihrer Normalen. Dieser Potentialsprung ist der Größe und Richtung nach allein bestimmt durch die Konzentration der in der Lösung vorhandenen Ionen des Elektrodenmaterials, wenn man die Metall- oder die ihr ähnliche Phase als Elektrode auffaßt. (Ob er auch in seinem Verlauf allein durch diese Größe festgelegt ist, sei zunächst offengelassen.) Die NERNSTschen Ausführungen zeigen, daß dieser Potentialsprung E abhängt von

$$E = \frac{RT}{nF} \ln \frac{\Pi}{c},$$

wo R die Gaskonstante ist, T die absolute Temperatur, n die Wertigkeit des betreffenden Ions, F das elektrochemische Äquivalent. Π ist der elektrolytische Lösungsdruck, c die Konzentration an Ionen des Elektrodenmaterials. Für den Fall des Gleichgewichtes muß eine Ionenkonzentration vorliegen, die jener Lösungstension entspricht. Es liegt aber keine wahre Elektrizität vor, vielmehr kommt es zur Bildung einer Ionendoppelschicht.

Außer den Kräften, die aus der elektrolytischen Lösungstension sich herleiten, sind an der Grenzfläche zweier Phasen auch noch die Adsorptionskräfte in Ansatz zu bringen, die höchstwahrscheinlich von Nebenvalenzen herrühren, die keine Absättigung erfahren haben, und die ebenfalls in Form von elektrischen Kräften auftreten. Diese adsorbierten Ladungen sind es, die vorzugsweise den Verlauf des Potentialsprunges bestimmen. Aus beiden Kräftearten wird sich demnach das Feld an der Phasengrenze zusammensetzen. Änderungen an dem so charakterisierten Zustand gehen notwendig einher mit Änderungen der Spannung der Grenzfläche sowie ihrer Größe.

Von allen möglichen Kombinationen von Grenzflächen zweier Phasen kommt aus naheliegenden Gründen praktisch nur die flüssig-flüssig in Betracht. Hier handelt es sich vorwiegend um die des Quecksilbers gegen wässerige Lösungen. An Schmelzen und Amalgamen sind wohl ebenfalls Untersuchungen vorgenommen, ebenso liegen auch Erfahrungen vor mit flüssigen Phasen bei nichtwässerigen Lösungsmitteln. Alle diese Systeme treten jedoch gegenüber dem zuerst genannten an Bedeutung zurück.

a) Das elektrokapillare Phänomen.

2. Die ersten Erscheinungsformen. Die Erscheinung der Änderung der Größe eines Quecksilbertropfens, der, in einer Lösung von $K_2Cr_2O_7$ in H_2SO_4 gelegen, mit einem Eisendraht berührt wird, ist lange bekannt. Auch die Anschauung, daß hier ein elektrisches Phänomen vorliege, nämlich eine stromliefernde Kette im Zusammenhang mit der Änderung der Kapillarkonstanten an der Grenzfläche Quecksilber-Lösung. Der erste Schritt jedoch, der zur prinzipiellen Klarlegung sowie auch zur quantitativen Erfassung der Beziehungen unter den bestimmenden Variablen führte, geschah durch LIPPMANN[1]). Seine Ermittlungen ermöglichten es schließlich, daß auf dem den Erscheinungen zugrunde liegenden Prinzipe zwei wesentlich neue elektrische Meßverfahren aufgebaut werden konnten, nämlich das Kapillarelektrometer, sowie die Tropfelektrode[2]).

LIPPMANN füllte ein Glasrohr, das in eine Kapillare auslief, mit Quecksilber. Dieses bildet nicht ganz am Ende der Kapillare einen Meniskus. Durch verdünnte Schwefelsäure (1:6) stand dieser Meniskus mit einer großen Hg-Oberfläche in Verbindung. Platinkontakte führten zur großen wie zur kleinen Hg-Fläche. Legt man nun wachsende Spannungen an beide Kontakte in der Weise, daß der Strom in die große Fläche eintritt, so sieht man, daß mit Zunahme der EMK der Meniskus in der Kapillare steigt, bis etwa 0,95 Volt Spannung angelegt sind. Bei weiter erhöhter Spannung sinkt der Meniskus wieder. Legt man weiterhin noch immer höhere Spannungen an, so kommt es zur H_2-Entwicklung. Wendet man den Strom, so kommt es infolge der nunmehrigen anodischen Polarisation zur Bildung von schmierigen Oxydmassen, die keine weitere Beobachtung des Meniskus zulassen. (Vgl. auch Bd. XVI, Kap. 12.)

3. Die ersten Deutungen (LIPPMANN). Die eintretende kathodische Polarisation der kleinen Hg-Fläche bewirkt eine Änderung der Oberflächenspannung. Wenn man durch Gegendruck den Hg-Miniskus immer wieder in seine ehemalige Lage zurückbringt, kann man eine graphische Beziehung erhalten zwischen angelegter Spannung und Druckhöhe, wenn man

$$\gamma = k \cdot h$$

setzt, wobei γ die Oberflächenspannung bedeutet, k einen Proportionalitätsfaktor, h die Druckhöhe. LIPPMANN fand so die in Abb. 1 dargestellte Kurve, die in der Umgebung des Maximums für die Oberflächenspannung die Gestalt einer gewöhnlichen Parabel hat, während die weiter entfernten Schenkelteile nicht mehr symmetrisch verlaufen. Der aufsteigende Ast der LIPPMANNschen Kurve, — der sog. „Elektrokapillarkurve", — verläuft steiler gegen die x-Achse (in der die angelegten Spannungen aufgetragen sind) als der absteigende Ast.

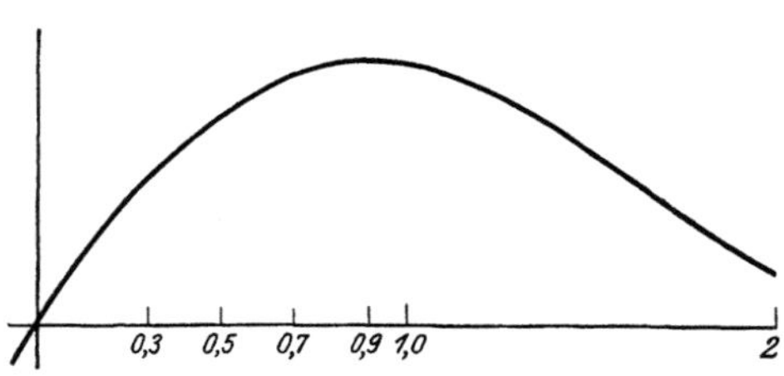

Abb. 1. Die LIPPMANNsche Elektrokapillarkurve. Die Ordinate trägt die h-Werte, die Abszisse die Spannungen in Volt.

Auch andere Methoden ergeben diese Kurve. Bestimmt man z. B. die Kapillarspannung des Quecksilbers durch Tropfenwägung[3]), oder nach G. MEYER

[1]) G. LIPPMANN, Pogg. Ann. Bd. 149, S. 547. 1873; Ann. chim. phys. (5) Bd. 5, S. 494 1875; Bd. 12, S. 265. 1877; Wied. Ann. Bd. 11, S. 316. 1880.

[2]) S. hierzu auch die Bemerkungen von A. COEHN in Kap. 10, sowie auch die von A. GYEMANT in Bd. VII, Kap. 6.

[3]) K. BENNEWITZ u. A. DELIJANNIS, ZS. f. phys. Chem. Bd. 125, S. 144. 1927.

mittels schwingender Strahlen, oder durch Messung der Krümmung von Tropfen, stets erhält man dasselbe Ergebnis.

LIPPMANN war der Meinung, daß durch Zuführung negativer Ladung die kleine Hg-Kuppe negativ polarisiert würde. Aus den Versuchen geht hervor, daß dort ursprünglich positive Ladungen vorhanden gewesen sein mußten. Dabei würden diese Ladungen, da sie sich gegenseitig abstoßen, der Oberflächenspannung entgegenwirken. Diese kommt ja dadurch zustande, daß die Hg-Moleküle aufeinander Anziehungskräfte ausüben[1]), denen zufolge anziehende bzw. Spannungskräfte tangential zur Oberfläche auftreten, die eben die Oberflächenspannung ausmachen[2]). Die zugefügten negativen Ladungen neutralisieren die vorhandenen positiven und lassen daher die tangentialen Anziehungskräfte wieder stärker hervortreten. Im Scheitelpunkt der Elektrokapillarkurve sind alle positiven Ladungen durch die gleiche Zahl der negativen aufgehoben. Die Flächenladung ist Null, die Potentialdifferenz des Hg gegen die Lösung daher ebenfalls Null. Die Oberflächenspannung ist aber hier ein Maximum. Bei fortschreitender negativer Polarisation nimmt die Oberflächenspannung ab, da sich nunmehr negative Ladungen in der Grenzfläche ansammeln, die wieder erniedrigend auf die Oberflächenspannung wirken. Der Spannungsbereich, in dem die LIPPMANNschen Untersuchungen stattfanden, kann an der Kurve der Abb. 1 abgelesen werden.

4. Die weiter führenden Untersuchungen von PASCHEN, GOUY, KRUMREICH und KRÜGER. Zeigten bereits die LIPPMANNschen Messungen keinen vollständigen, regelrechten Parabelverlauf, so ließ die Weiterverfolgung des elektrokapillaren Phänomens weitere Komplikationen an der Elektrokapillarkurve erkennen. Es sind vor allem die schönen Untersuchungen von PASCHEN[3]), die eine Fülle von aufschlußreichem Material beibringen und in denen dieser auch bereits Gedanken äußert, die sich in der Folge als durchaus zutreffend erwiesen haben. Durch vielfältige Variation der flüssigen Phase konnte er zeigen, daß das Maximum der Oberflächenspannung keineswegs unabhängig war von Natur und Konzentration der gelösten Stoffe. Dieses war für das Maximum weder der Größe noch der Lage nach zutreffend. Mit anderen Worten, es zeigte sich, daß erstens das Maximum eine Depression erfahren, sowie zweitens, daß es nach der einen oder anderen Richtung hin verschoben werden konnte gegenüber der ursprünglichen LIPPMANNschen Kurve. Die Abb. 2 und 3 sind der PASCHENschen Arbeit entnommen.

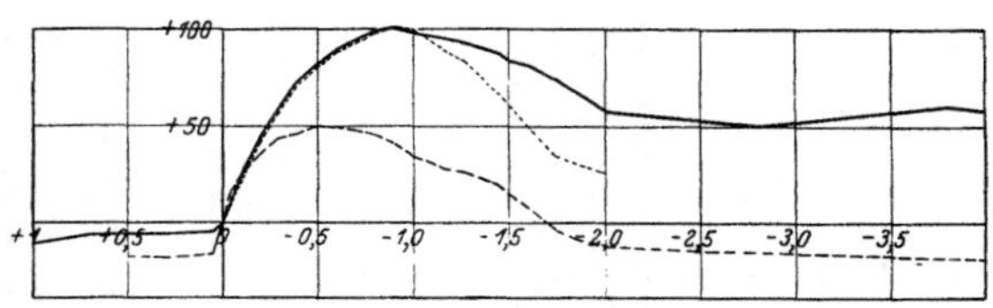

Abb. 2. ——— H_2SO_4 mit 3-mm-Kapillarrohr, ····· LIPPMANNsche Kurve, – – – – HCl mit 2,5-mm-Kapillarrohr.

In größtem Maßstab hat GOUY[4]) die experimentellen Untersuchungen zur Aufklärung dieser Fragen durchgeführt. Er benutzte anorganische, sowie organische Elektrolyte, sowie auch weitgehend Nichtelektrolyte. Mit seinem außer-

[1]) Wie sie für Gase usw. in der a-Konstanten der VAN DER WAALSschen Zustandsgleichung in Ansatz gebracht sind.

[2]) Und die auch noch bei ebener Oberfläche existieren.

[3]) F. PASCHEN, Wied. Ann. Bd. 39, S. 43. 1890; Bd. 40, S. 36. 1890; Bd. 41, S. 42. 1890. Bd. 41, S. 801. 1890. Es mag noch hinzugefügt werden, daß die PASCHENschen Arbeiten vorzügliche Angaben über die Behandlung des Kapillarelektrometers sowie über die Meßtechnik enthalten. In den gewöhnlichen Literaturangaben fehlt dieser wichtige Hinweis vollständig.

[4]) A. GOUY, Ann. chim. phys. (7) Bd. 29, S. 145. 1903; (8) Bd. 8, S. 291. 1906; Bd. 9, S. 75. 1906.

ordentlich weitschichtigen Tatsachenmaterial konnte er in bezug auf Elektrolyte im Prinzip das gleiche zeigen wie schon PASCHEN: Änderung der Höhe des Maximums, sowie auch dessen Lage. Was PASCHEN angedeutet hatte, daß

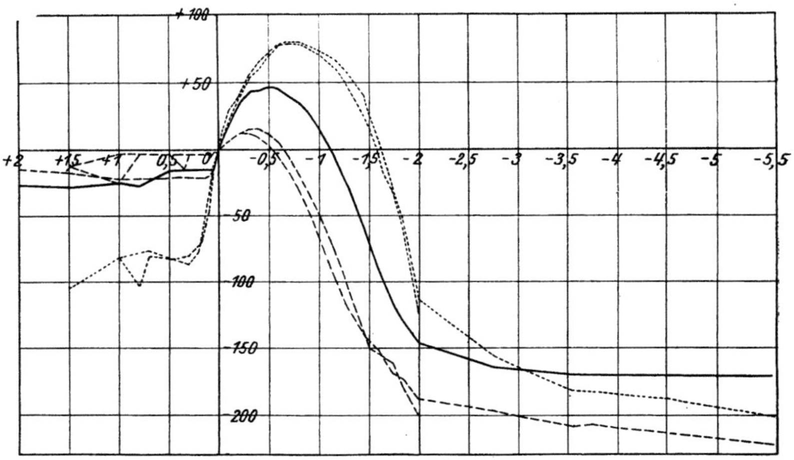

Abb. 3. ····· K_2SO_4 (2 Kurven), ——— KCl, – – – – NaOH (2 Kurven).

nämlich gewisse Anionen und Kationen in spezifischer Weise für die auftretenden Abweichungen verantwortlich zu machen sind, zeigte sich an diesem großen Material klar und einwandfrei.

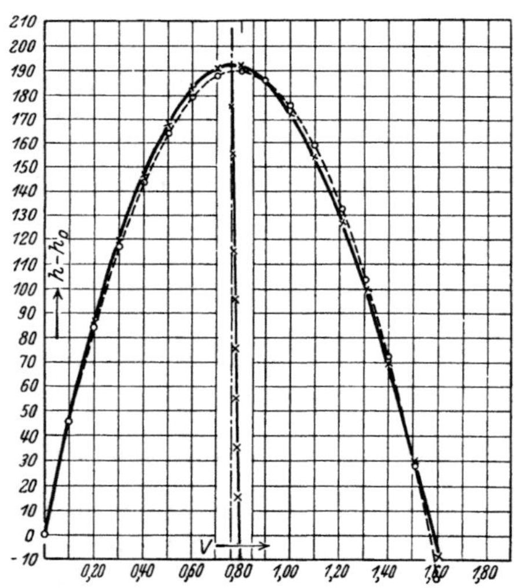

Abb. 4. Elektrokapillarkurve in n-KNO_3-Lösung.

Weiterhin trugen die Untersuchungen von KRÜGER und KRUMREICH[1]) wesentlich zur Klärung der Verhältnisse bei. Es gelang ihnen nämlich, ein System ausfindig zu machen, bei dem bis auf wenige Prozent Abweichung sich als Elektrokapillarkurve die ideale Parabel ergab. Sie benutzten als flüssige Phase n-KNO_3-Lösung zuerst mit 0,1 n-$HgNO_3$-Zusatz, dann ohne diesen, da sich in der KNO_3-Lösung stets auch etwas Hg löst. Abb. 4 gibt diese Kurve wieder. Mit Hilfe der zweiten, auf dem elektrokapillaren Prinzip sich gründenden Methode, nämlich der Tropfelektrode, nahmen BENNEWITZ und DELIJANNIS[2]) eine Elektrokapillarkurve auf in einer Kette von der Form:

$$\mathrm{Hg}\left|\begin{array}{l}\text{n-X}Hg_2(NO_3)_2\\ \text{n-X}KNO_3\\ \text{sehr verd. }HNO_3\end{array}\right|\ 0{,}1\ \text{n-}KNO_3\left|\begin{array}{l}1\text{n-}Hg_2Cl_2\\ 1\text{n-KCl}\end{array}\right|\mathrm{Hg}.$$

[1]) F. KRÜGER u. H. KRUMREICH, ZS. f. Elektrochem. Bd. 19, S. 617. 1913.
[2]) K. BENNEWITZ u. A. DELIJANNIS, ZS. f. phys. Chem. Bd. 125, S. 144. 1927.

Hier ist X die variierte Konzentration, deren Bereich von 10^{-1}n bis 10^{-13}n ging. Auch hier stellte sich mit fast verschwindender Abweichung jene ideale Parabel ein. Ihr Maximum lag bei 0,476 Volt (21,5 °C); die dazugehörige Konzentration betrug $0{,}6 \cdot 10^{-10}$n. Der zweite Ast fällt auch hier etwas weniger steil ab als der erste. Es wird aus den theoretischen Darlegungen hervorgehen, warum gerade dieses Ergebnis als eines von besonderer Wichtigkeit für die Deutung der kapillarelektrischen Erscheinungen sich ergeben mußte. Abb. 5 zeigt dagegen die Abweichungen von der LIPPMANNschen Kurve bei wechselnder zweiten Phase.

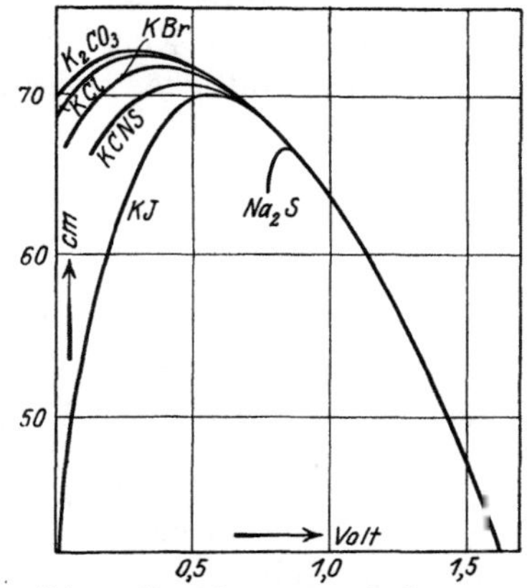

Abb. 5. Abweichungen von der LIPPMANNschen Kurve bei wechselnder zweiter Phase.

Eine Reihe wesentlicher, weiterer Arbeiten über den Einfluß gelöster Körper ist von FREUNDLICH sowie seinen Mitarbeitern ausgeführt worden. Auf sie wird weiter unten noch zurückzukommen sein.

b) Die älteren Theorien der Elektrokapillarität.

5. Die Theorie von LIPPMANN-HELMHOLTZ. Auf LIPPMANN gehen auch die ersten Bemühungen zurück, mathematische Beziehungen zwischen der Änderung der Oberflächenspannung und der Änderung einer äußeren elektromotorischen Kraft in ihrem Verhältnis zur Ladungsdichte des Hg zu finden. Seine Überlegungen dazu sind oben bereits kurz dargelegt worden. Seinen Ausführungen lag die Annahme vollständiger Polarisierbarkeit der Hg-Oberfläche zugrunde, d. h. es sollte der jeweilige Zustand an diesem Orte allein abhängig sein von der durch diese Fläche hindurchgeschickten Elektrizitätsmenge, d. h. alle Einflüsse chemischer und physikalischer Art, die Zustandsänderungen hervorrufen könnten, die aber nicht von der hindurchgeleiteten Elektrizitätsmenge abhängen, sollen verschwindend sein (z. B. auch die Diffusion). Damit war naturgemäß auch die Potentialdifferenz: Hg/Lösung durch dieselbe Variable bestimmt. Es mag hier Erwähnung finden, daß diese Annahme der vollständigen Polarisierbarkeit niemals vollkommen erfüllt sein, vielmehr nur annähernd zutreffen wird, da jede Elektrode, — isoliert gehalten, — mit der Zeit ihre ihr eigentümliche Potentialdifferenz annehmen wird, was man am Kapillarelektrometer nach geeigneter Vorbehandlung feststellen kann. LIPPMANN fand auf rein thermodynamischem Wege (mittels eines Kreisprozesses) für die oben mitgeteilten Verhältnisse die Beziehung:

$$\frac{\partial \gamma}{\partial E} + \sigma_0 = 0. \tag{1}$$

Hier bedeutet γ die Grenzflächenspannung, E die elektromotorische Kraft, σ_0 die Flächendichte der Ladung. Auf Grund dieser Ergebnisse gestattet es die Methodik der Elektrokapillarität den absoluten Wert von Potentialen zu bestimmen, denn es folgt aus den bisherigen Erörterungen, daß diejenige Potentialdifferenz, die notwendig ist, um zum Maximalwert der Oberflächenspannung zu gelangen, entgegengesetzt gleich ist der natürlicherweise herrschenden Potentialdifferenz an dieser Quecksilbergrenzfläche[1]). Weiter unten werden wir erfahren, inwiefern dieses Prinzip eine Einschränkung erfährt.

Die Integration von (1) gelang LIPPMANN unter der Annahme, daß an der Grenzfläche sich ein Kondensator konstanter Kapazität einstellt. Er nimmt demnach die Gültigkeit folgender Bedingung an:

$$\frac{\partial C}{\partial E} = 0. \quad C = \text{konst.} \tag{2a}$$

Danach ergibt sich, wenn man für $\sigma_0 = CE$ setzt und integriert,

$$\gamma - \gamma_m + \tfrac{1}{2} C E^2 = 0 \tag{2}$$

die Gleichung einer Parabel. Die Parabelachse ist eine Parallele zur γ-Achse in der Entfernung E_0 vom Nullpunkt des Koordinatensystems. E_0 hat außerdem die Bedeutung des „natürlichen" Potentials. Es ist dieses die Potentialdifferenz, die an die Grenzfläche gelegt werden muß, um zum Maximum der Oberflächenspannung zu gelangen. γ_m dagegen ist diejenige Oberflächenspannung, die bei $E_0 = 0$ herrscht.

HELMHOLTZ[2]) hat dann von demselben Standpunkt des „Ladungsstroms" aus die Theorie eingehend und etwas mehr molekularkinetisch begründet durch stärkere Betonung der Vorgänge in einer Doppelschicht längs der Phasengrenzfläche. Er kommt zu derselben Gleichung wie LIPPMANN (1).

Gegenüber dem Befund des weitgehend unsymmetrischen Verlaufes der Parabeläste blieb allein die Erklärungsmöglichkeit offen, daß die vorliegenden Verhältnisse jene einfachen Annahmen, vor allem die einer konstanten Kapazität des Doppelschichtkondensators an der Elektrode, nicht rechtfertigen. Diese müßten vielmehr als erheblich komplizierter angesehen werden, ohne daß von vornherein anzugeben war, in welcher Richtung die Korrektur angebracht werden mußte.

6. Die Theorie von WARBURG. Auf anderem Wege suchte WARBURG[3]) eine Theorie der Elektrokapillarkurve zu geben. Gegenüber der LIPPMANN-HELMHOLTZschen Auffassung der Polarisation als Ladungsvorgang eines Kondensators sucht er die Verhältnisse durch die Vorstellung eines „Leitungsstromes" klarzulegen. Dabei ist nun von wesentlicher Bedeutung der Zustand an der Grenzfläche Hg-Flüssigkeit vor jeglichem Stromdurchgange. Bei der Erörterung dieses Grenzflächenzustandes kommt er, — vollständig unabhängig von GIBBS[4]) und J. J. THOMSON[5]), — zu einem Ergebnis, das sich durchaus mit dem des sog. GIBBS-THOMSONschen Theorems deckt, wie denn auch der ganze Gedankengang der WARBURGschen Ableitung mit Gedankengängen übereinstimmt, mittels

[1]) Die beiden wichtigen Meßmethoden sind das Kapillarelektrometer sowie die Tropfelektrode. Nur über die letztgenannte ist es notwendig, hier noch folgendes zu bemerken: Man findet nämlich für die Arbeit, die zu leisten ist, wenn die Elektrizitätsmenge dQ nach der Hg-Oberfläche transportiert wird:

$$dQ = \sigma_0 dF + F \frac{\partial \sigma_0}{\partial E} dE .$$

Beim Maximum für γ ist $dQ = 0$, daher wird

$$F \cdot \sigma_0 = \text{konst.}$$

Es muß bei wachsender Oberfläche des Hg, — (z. B. ducrh Abtropfen), — die Flächendichte der Ladung abnehmen, im Grenzfalle, — im frischen Zustande, — gegen Null konvergieren. Damit muß auch ihr Potentialsprung gegen die Umgebung gegen Null gehen, während die Oberflächenspannung wächst.

[2]) H. v. HELMHOLTZ, Wiss. Abhandlgn. Bd. 1, S. 925.

[3]) E. WARBURG, Wied. Ann. Bd. 41, S. 1. 1890.

[4]) W. GIBBS, Thermodynam. Studien, S. 271, Gleichung (508).

[5]) J. J. THOMSON, Applicat. of dyn., S. 191.

deren auch GIBBS eine Theorie des Kapillarelektrometers gegeben hat[1]). Beide Theorien wurden jedoch, wie schon erwähnt, vollständig unabhängig voneinander gefunden. Das Ergebnis, daß einer Anreicherung von Molekülen an der Grenzfläche eine Herabsetzung der Oberflächenspannung entspricht und umgekehrt, — im Anschluß an GIBBS[2]) — ausgedrückt in der Formel:

$$u + \frac{\partial \gamma}{RT\,\partial \ln c} = 0$$

ist ein weiterer wesentlicher Bestandteil der WARBURGschen Theorie. Im vorliegenden Fall ergab sich, daß eine Anreicherung des Hg-Salzes stattfand unter Verminderung der freien Energie der Flächeneinheit. Dabei rührt das Hg-Salz her von geringen Mengen Hg, die unter Luftgegenwart in H_2SO_4 in Lösung gehen, wie WARBURG in früheren Arbeiten hatte zeigen können. Der angelegte Strom (Polarisationsstrom) wirkt nun auf den Elektrolyten, — bis auf einen verschwindenden Teilbetrag, — gemäß den FARADAYschen Gesetzen. Auf dem Wege über H_2-Abscheidung an der Kathode findet eine Reduktion des in der Grenzfläche angereicherten Hg-Salzes zu metallischem Hg statt. Dieses bedingt eine Änderung in der Flächendichte Γ des Hg-Salzes, wodurch wiederum die Oberflächenspannung an der Grenzfläche beeinflußt wird nach Maßgabe des oben dargelegten GIBBS-THOMSON-WARBURGschen Theorems.

Die infolge der Polarisation wechselnde Menge des in der Grenzschicht angereicherten Hg-Salzes ist also für WARBURG das bestimmende Moment. Er vermeidet dabei den weiteren Umgang mit dem Begriff der Doppelschicht. Er betrachtet auch nicht die Elekrodenvorgänge gesondert, vielmehr erstreckt sich seine Darstellung auf die Gesamtkette. Immerhin gibt er zu, daß neben den reinen FARADAY-Prozessen auch den Doppelschichtvorgängen unter Umständen gesonderte Bedeutung zukommen kann, so daß im Grunde beide Vorgänge zugleich vorkommen könnten. Interessant ist an seinen Darlegungen, daß bei ihnen die Grenzflächenverhältnisse durch das genannte Adsorptionsgesetz eingeführt werden. WARBURG rechnet, — wie bemerkt, — mit der Oberflächendichte Γ des Hg-Salzes etwa so wie LIPPMANN-HELMHOLTZ mit der Ladungsdichte σ_0. Zwischen beiden besteht die lineare Beziehung

$$\sigma_0 = \frac{\Gamma}{\alpha}, \tag{4}$$

wobei α das elektrochemische Äquivalent des Quecksilbersalzes darstellt. Für $\sigma_0 = 1$ ist $\Gamma = \alpha$. Die von WARBURG abgeleitete Gleichung, die der LIPPMANN-HELMHOLTZschen entspricht, lautet:

$$\frac{\partial \gamma}{\partial E} + \frac{\Gamma}{\alpha} = 0\,.^{3)} \tag{5}$$

Infolge der Besonderheit des WARBURGschen Ansatzes, der rein elektrolytische Verhältnisse ins Auge faßt, sagt diese Theorie nichts aus über die Beziehung zwischen Maximum der Oberflächenspannung und der dazugehörigen Potentialdifferenz, sowie auch nichts über die Potentialdifferenz, die eine rasch sich vergrößernde Hg-Oberfläche gegen eine Lösung besitzt. Hier ergibt sich nur, daß bei sehr verdünnten Hg-Salzlösungen, da $\sigma_0 F =$ konst. ist, bei Dehnung der Fläche, σ_0 kleiner und kleiner wird, γ dabei dem Maximum zustrebt. Die wichtigen Folgen, die sich aus den betreffenden LIPPMANN-HELMHOLTZschen

---

[1]) W. GIBBS, Thermodynam. Studien, S. 393ff.

[2]) Bei GIBBS lautet die entsprechende Gleichung (508): $d\sigma = \eta\, dt - \Gamma\, d\mu$.

[3]) Die entsprechende Gleichung bei W. GIBBS, Thermodynam. Studien, S. 394 ist die Gleichung (690), die lautet:

$$d\sigma = \frac{\Gamma}{\alpha}\, d(V - V^1)\,.$$

Sätzen ergeben —, (i. B. a. Tropfelektrode und absoluten Nullpunkt des Potentials), — fallen also fort. Eine Erklärung des abweichenden Verlaufes des absteigenden Schenkels der Lippmannkurve ergibt sich ebenfalls nicht.

Die WARBURGschen Gedankengänge wurden dann durch G. MEYER[1]) weiter verfolgt, der eine Erklärung für das eigentümliche Verhalten des absteigenden Astes der LIPPMANNschen Kurve gab. Es wurde zurückgeführt auf die Bildung eines Wasserstoffamalgams, mit anderen Worten: am absteigenden Schenkel manifestiert sich der Eintritt eines gänzlich neuen Prozesses.

7. Die Theorie von M. PLANCK. Im Anschluß an seine Ausführungen über die Entropievermehrung hat dann PLANCK[2]) bei den Bedingungen für das elektrochemische Gleichgewicht auch die Verhältnisse der Elektrokapillarität einer Betrachtung unterzogen. Er nimmt ebenfalls weitgehende Polarisierbarkeit der Elektrode an, d. h. Bestimmtheit ihres Zustandes allein durch die durchgegangene Elektrizitätsmenge. Er sieht von der Einführung der Doppelschichtvorstellung ab, sowie auch von der des Kondensators, d. h. er will nichts annehmen über die freie Elektrizität an der Grenzfläche Hg/Elektrolyt. Als zweite Variable neben der Ladung führt er die Größe der Elektrodenfläche ein, wodurch er in der Folge instand gesetzt wird, über jene eben erwähnten Verhältnisse beim Maximum der Oberflächenspannung und bei der Oberflächenvergrößerung des Hg etwas auszusagen. Aus den abgeleiteten Gleichgewichtsbedingungen ergeben sich die beiden Beziehungen

$$\frac{d^2 W}{d\sigma_0^2} = \frac{dE}{d\sigma_0} \quad \text{und} \quad -\sigma_0 \frac{d^2 W}{d\sigma_0^2} = \frac{d\gamma}{d\sigma_0}, \tag{6}$$

wo W die freie Energie der Oberflächeneinheit darstellt; daraus folgt dann

$$\frac{d\gamma}{dE} + \sigma_0 = 0, \tag{7}$$

die LIPPMANN-HELMHOLTZsche Gleichung. Auch hier verschwindet E zugleich mit σ_0, γ dagegen wird ein Maximum. Von diesen PLANCKschen Darlegungen kann man jedoch auch zu den WARBURGschen gelangen. PLANCK weist darauf hin und bemerkt, daß man von der WARBURGschen Theorie nicht unmittelbar zu der von LIPPMANN-HELMHOLTZ gelangen kann, da die freie Elektrizität längs der Grenzfläche bei HELMHOLTZ entsprechend seinem Ansatz von viel größerem Betrage sein muß als bei WARBURG. Dieser ist auf Grund seiner Voraussetzungen gezwungen, die Annahme eines kleinen Überschusses negativer Ionen in der Flüssigkeit zu machen. Ein näheres Eingehen auf diesen Umstand würde indes hier zu weit führen.

8. Die Theorie von W. NERNST. Eine besonders anschauliche Überbrückung der beiden Grundtheorien fand durch die NERNSTschen[3]) Darlegungen statt. Sie bauen sich auf den osmotischen Vorstellungen der elektrochemischen Vorgänge auf und verknüpfen die Potentialdifferenz direkt mit der Konzentration der flüssigen Phase an Hg-Ionen. Durch diese Ionenkonzentration ist jener Potentialsprung bestimmt. Die äußere polarisierende Kraft ändert die Konzentration der Hg-Ionen und mit dieser die „natürliche" Potentialdifferenz. Dadurch wiederum ist eine Änderung der Oberflächenspannung bedingt. Durch sinnreiche Versuche konnte NERNST seine Gedankengänge experimentell erhärten (Änderung der Hg-Ionenkonzentration durch Zufügung von Chlorionen sowie von KCN). Man kann somit die NERNSTsche Theorie als äußerste Vervollständigung der LIPPMANN-HELMHOLTZschen betrachten. Sie enthält sowohl den Doppelschichtgedanken wie

[1]) G. MEYER, Wied. Ann. Bd. 45, S. 508. 1892; Bd. 53, S. 845. 1894; Bd. 56, S. 680. 1895; Bd. 67, S. 433. 1899.

[2]) M. PLANCK, Ann. d. Phys. Bd. 44. S. 385. 1891.

[3]) W. NERNST, ZS. f. Elektrochem. Bd. 4, S. 29. 1897; Beiblätter zu Wied. Ann. Bd. 58. 1896.

auch die näheren Darlegungen über die Ladungsträger. Vom Standpunkt seiner Theorie, — wie übrigens auch nach den bisherigen Darlegungen, — ist die Verwendung von Tropfelektroden nicht ganz einwandfrei, da sie das Bestehen eines Grenzzustandes voraussetzt, von dem man aber nicht weiß, ob er tatsächlich vorhanden ist. NERNST gibt eine Methode zur Beseitigung dieser Schwierigkeiten an. Schließlich äußert er sich auch über gewisse, nicht auf Versuchsfehlern beruhende Unzulänglichkeiten aller bisherigen Theorien.

c) Neuere Ansätze.

9. Einleitende Bemerkungen. a) Über den Zustand an der Grenzfläche einer Lösung gemäß dem Theorem von GIBBS-THOMSON-WARBURG. Bereits die PASCHENschen Versuche haben gelehrt, daß gewissen, dem Elektrodenmetall fremden Ionen eine besondere Wirksamkeit zugeschrieben werden muß. Dieses zeigen seine Kurven klar (s. Abb. 2 u. 3), und darauf macht er selbst auch ausdrücklich aufmerksam. Durch die GOUYschen[1]) Versuche wurden diese Momente in zwingender Weise offenbar. Man mußte für den allgemeinen Fall der Elektrokapillarkurve unbedingt noch einen Faktor mit in Rechnung setzen, der bisher unberücksichtigt geblieben war, und der in Zusammenhang stand mit gewissen besonderen Eigenschaften der Ionen. Auf der anderen Seite wiederum mußte es seinen Grund haben, warum in bestimmten Fällen die theoretischen Darlegungen von LIPPMANN-HELMHOLTZ-NERNST, sowie von die WARBURG recht gut mit den experimentellen Erfahrungen übereinstimmten.

Bei WARBURG treffen wir das erste Mal den Hinweis auf die Adsorptionsverhältnisse. Ihnen wird im Ansatz dadurch Rechnung getragen, daß die Forderung des GIBBS-THOMSON-WARBURGschen Theorems berücksichtigt wird. Auch am Schlusse der PLANCKschen Darlegungen findet sich bereits die Bemerkung, daß seine Ausführungen unter der Voraussetzung gemacht sind, daß ein spezielles Eingehen auf die Vorgänge an der Grenzschicht zwischen Metall und Lösung unterblieb. Hierin aber liegt der Schlüssel zu einer allgemeinen Theorie. Nämlich in der Notwendigkeit der Berücksichtigung des Einflusses, den die Anwesenheit auch von dem Elektrodenmetall fremden, in der Lösung vorhandenen Ionen auf den Zustand der Grenze flüssig-flüssig ausübt. Dieses Moment der spezifischen Ionen- bzw. Molekülwirksamkeit war bisher unberücksichtigt geblieben.

Zunächst ist in Verfolgung des GIBBS-THOMSON-WARBURGschen Theorems vielfach gezeigt worden, wie sehr die Oberflächenspannung von der jeweiligen Größe der Adsorption und deren Vorzeichen abhängt. Je nachdem ob nun der betreffende Stoff in der Oberfläche angereichert wird und damit aus energetischen Gründen die Oberflächenspannung, — die freie Energie der Flächeneinheit, — herabsetzt, oder umgekehrt die Konzentration in der Oberfläche kleiner als in dem anderen Teil der Lösung ist, und damit die Spannung sich erhöht, spricht man von kapillaraktiven oder -inaktiven Substanzen, Ionen wie auch Molekülen. Jedem gelösten Körper kommt nun ein solcher Wert zu. Er kann sich naturgemäß von Körper zu Körper stark ändern[2]), er darf aber nur dort, — vor allem in Verbindung mit den Erscheinungen der Elektrokapillarität, — vernachlässigt werden, wo der Betrag verschwindet, mit dem er sich an den Erscheinungen beteiligt. Damit ist dann dieser Fall als ein Spezialfall gekennzeichnet. Es wird sich noch zeigen, daß die bisherigen Theorien tatsächlich als solche für jene speziellen Fälle anzusehen sind.

[1]) Siehe Anm. zu Ziff. 4.

[2]) Naturgemäß auch für einen bestimmten gelösten Stoff von Lösungsmittel zu Lösungsmittel.

Erscheint die Berücksichtigung des Einflusses kapillaraktiver oder -inaktiver Stoffe von vornherein einleuchtend, — der Beweis für ihre unbedingte Notwendigkeit wird noch aus den Erörterungen hervorgehen —, so ist doch eine restlose Klärung der dabei auftretenden Phänomene nur möglich, wenn man darüber orientiert ist, welche Zustände überhaupt an der Phasengrenze flüssig-flüssig angetroffen werden, und wie damit die kapillaraktiven bzw. -inaktiven Stoffe in Verbindung stehen. Danach erst wird man die Vorgänge in Betracht ziehen, die ein angelegter Strom an der Grenzfläche hervorruft.

b) Zusammenhang der elektrokapillaren Erscheinungen mit den elektrokinetischen. In dem vorangehenden Kapitel, das die elektrokinetischen Erscheinungen behandelt, war eingehend die Rede von den Verhältnissen an der Phasengrenze fest-flüssig. Die elektrokapillaren Erscheinungen sind nun auf der einen Seite solche eigener Art, da sie im Grunde mit dem sog. ε-Potentialsprung verhaftet sind. Auf der anderen Seite müssen doch wieder, — eben wegen der Notwendigkeit der Berücksichtigung der Adsorptionsverhältnisse, — Beziehungen zu der Elektrokinetik bestehen, d. h. zum ζ-Potentialsprung.

Grenzt ein Metall an eine Lösung, die die Ionen des betreffenden Metalles enthält, so stellen sich hier die bekannten NERNSTschen Verhältnisse her. Wir wissen, daß die Konzentration der Metallionen Größe und Richtung des (ε-)Potentialsprungs an der Elektrode bestimmt durch Ausbildung einer Doppelschicht, deren eine Belegung in der Oberfläche des Metalles liegt, während die andere, zu einem Teil im Abstand eines mittleren Ionenradius von der Metallwand entfernt, im unverschieblichen Teil der Flüssigkeit gelegen ist, und der Rest der Ladung sich räumlich verteilt [GOUY, CHAPMANN, STERN. Führt man nun die Adsorption ein, so werden sich ihre Kräfte bemerkbar machen, — wie ebenfalls oben dargelegt —, zum mindesten innerhalb der ersten Molekellage, also in der festhaftenden Flüssigkeitsschicht. Damit wird aber der sonst allein von der Hg-Ionenkonzentration an dieser Stelle bestimmte Spannungszustand der Grenzfläche verändert durch die Anwesenheit der von den Adsorptionskräften herangeholten Ionen bzw. Moleküle. Der Potentialabfall zwischen Metall und der ersten Molekelschicht wird demnach im allgemeinen Falle nicht allein bestimmt sein durch die Hg-Ionenkonzentration, sondern auch durch den Charakter und die Zahl aller in der Lösung vorhandenen Ionen bzw. Moleküle. Es wird sich noch zeigen, daß eben diese Ionenspezifität in ihrer Adsorbierbarkeit beruht, d. h. in ihrer Kapillaraktivität oder -inaktivität. Damit sind aber auch die Beziehungen zu den elektrokinetischen Erscheinungen definiert. Ist doch der ζ-Potentialsprung zwischen eben dieser Adsorptionsschicht und dem verschieblichen Teil, der diffusen Doppelschicht, gelegen. Die Adsorption hat also gewichtigen Einfluß auf ihn[1]). Auf der anderen Seite aber wird gerade der besondere Verlauf des thermodynamischen (ε-) Potentialsprunges eben durch die besonderen, durch die Größe des Adsorptionspotentials beeinflußten Verhältnisse in der festhaftenden Flüssigkeitsschicht weitgehend bestimmt.

Auf Grund dieser Vorstellungen läßt sich bereits jetzt aussagen, daß in solchen Systemen, wo die Adsorption keine Rolle spielt, also besonders bei kapillarinaktiven gelösten Substanzen oder bei nur sehr schwach kapillaraktiven sich die LIPPMANN-HELMHOLTZ-WARBURG-NERNSTschen Verhältnisse einstellen werden,

---

[1]) Demgegenüber muß aber betont werden, daß, — wie in Kap. 11 ausgeführt ist, — die Adsorption zum Zustandekommen eines ζ-Potentialsprunges nicht notwendig ist, sowenig wie die diffuse Doppelschicht allein durch adsorbierte Ionen hervorgerufen ist. Siehe dazu auch Gleichung (30).

die zur idealen Parabel hinführen und dieses in um so weiter angenäherter Weise, je weniger kapillaraktive Substanzen in der Lösung enthalten sind. Sobald aber kapillaraktive Substanzen sich in der flüssigen Phase befinden, muß eine Deformation an dieser Kurve auftreten.

10. Die Theorie von Freundlich, Gouy und A. Frumkin. Diese Betrachtungen sind, wie oben schon erwähnt (s. auch Kap. 11), gleichzeitig von Gouy sowie von Freundlich[1]) in das Gebiet der Elektrokapillarität eingeführt worden. Weitgehende Untersuchungen beider Autoren haben die Erscheinungen in einem Maße aufgeklärt, daß dieses ganze Gebiet zu einem gewissen Abschluß gekommen ist. Klar ergibt sich nunmehr der Einfluß der gelösten Substanzen auf den Verlauf der Elektrokapillarkurve. Man wird zunächst ganz grob unterscheiden zwischen dem Einfluß, der durch freie elektrische Ladungen ausgeübt wird, d. h. von den Körpern herrührt, die in Ionenform vorliegen, und solchen, deren Gesamtladung Null beträgt, die also neutrale Moleküle darstellen.

Die letztgenannten finden sich besonders in den Untersuchungen von Gouy, der unter geeigneter Anordnung hauptsächlich organische Nichtelektrolyte dazu verwandte. Aus diesen Untersuchungen ergibt sich die notwendige und hinreichende Rechtfertigung für die Einführung der Adsorptionskräfte in dieses Gebiet. So zeigt die Änderung des Maximums der Oberflächenspannung mit Änderung der Konzentration und Natur gelöster kapillaraktiver Stoffe alle Erscheinungen, die man aus der Adsorptionslehre kennt. Es erübrigt sich, hierauf im einzelnen an dieser Stelle einzugehen, da diese Momente in dem Freundlichschen Werke[1]) eine ausgezeichnete Darstellung gefunden haben. Als Beispiel sei hier an Hand der Elektrokapillarkurve einer Lösung des Amylalkohols das Wesentliche umrissen, was sich für die Wirksamkeit der Nichtelektrolyte ergibt.

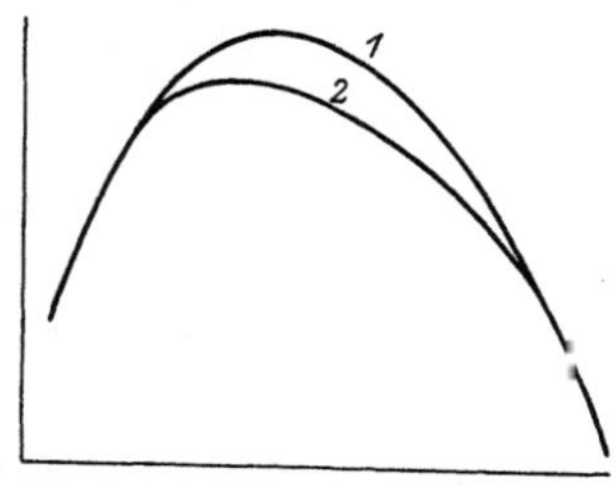

Abb. 6. *1* Elektrokapillarkurve der reinen Lösung. *2* Elektrokapillarkurve bei Gegenwart von Amylalkohol.

Zunächst findet eine Depression des Maximums durch den kapillaraktiven Stoff statt. Diese Erniedrigung des Spannungswertes ließe sich in Beziehung bringen mit der Änderung der Dielektrizitätskonstanten des Wassers, die ja fast durchweg auch eine Erniedrigung durch den gelösten organischen Stoff erfährt, der in der dem Hg unmittelbar anliegenden Flüssigkeitsschicht entsprechend der Gibbsschen Gleichung angereichert ist. Was aber nicht ohne weiteres bei Nichtelektrolyten einer Erklärung zugänglich ist, ist die Verschiebung des Maximums in Richtung des auf- oder absteigenden Schenkels neben der Depression. Hierfür kommt eine Änderung der Dielektrizitätskonstante der Flüssigkeit nicht in Frage, da sie in bezug auf Vorzeichen der Ladung unspezifisch ist. Es müssen die in der unverschieblichen Flüssigkeitsschicht angereicherten Moleküle des kapillaraktiven Stoffes ebenfalls den Verlauf des Potentialsprunges innerhalb dieser Schicht in der einen oder anderen Richtung beeinflussen. In der Gouyschen Darstellung findet sich bereits die Bemerkung, daß durch die an der Grenzfläche vorhandenen Kräfte eine Polarisation der adsorbierten Moleküle zustande käme. Es wäre demnach vorzustellen, daß aus dem Zusammenwirken des elektrischen Feldes E an der Grenzfläche und den Adsorptionskräften, durch die ja jene Moleküle in die Grenzfläche hineingeholt werden, die Erscheinung der Deformation der Elektrokapillarkurve durch Neutralmoleküle abzuleiten sei. Eine ins einzelne gehende Theorie

[1]) H. Freundlich, Kapillarchemie, 3. Aufl. 1923.

hat auf dieser gedanklichen Grundlage FRUMKIN[1]) gegeben. Er geht dabe aus von den experimentellen Ergebnissen der diesbezüglichen Untersuchunger an tertiärem Amylalkohol. Seine Ausführungen seien hier kurz angedeutet da sich aus ihnen noch gewisse andere Tatsachen ergeben, die für die Frage de Verhältnisse an Grenzflächen von allgemeiner Bedeutung sind. Zunächst berechnet er molekularkinetisch den Arbeitsbetrag W, der erforderlich ist, um die Zustände herzustellen, die an der Grenzfläche anzunehmen sind für den Fall, daß neben Quecksilberionen noch kapillaraktive Neutralmoleküle im Innern de Lösung vorhanden sind. Für diese Größe W findet er einen dreigliedrigen Term In diesem erscheint als ertes Glied die Arbeit W_0, die bei Abwesenheit eines elektrischen Feldes an der Grenzfläche vom Adsorptionspotential geleistet wird wenn ein Mol kapillaraktiver Substanz in die Oberfläche geholt wird. Die Gegenwart des Feldes E erfordert aber die Leistung einer Zusatzarbeit. Es müsser nämlich im vorliegenden Falle (tertiärer Amylalkohol) Moleküle von kleinerem elektrischen Moment als die des Wassers an den Ort höherer Feldstärke gebracht werden. Dieses kann nur dadurch geschehen, daß die Wassermoleküle verdrängt werden. Beträgt die Kapazität der Doppelschicht pro Flächeneinheit, falls keine Moleküle adsorbiert sind, C, C' dagegen bei mit Molekülen gesättigter Oberfläche, so ist die geleistete Zusatzarbeit A_0, — falls man die Kapazität der Doppelschicht als vom Potential E unabhängig annimmt, —

$$A_0 = -\tfrac{1}{2}(C - C')E^2. \tag{8}$$

Es ist aber nunmehr zu beachten, daß die Dipole in dem Felde E eine Orientierung erfahren werden. Für diese Arbeit ist ebenfalls ein Betrag A_0' in Rechnung zu stellen, für den man findet:

$$A_0' = -C'EE_N. \tag{9}$$

Hierbei ist E_N die Potentialdifferenz, die durch jene Orientierungspolarisation allein hervorgerufen würde, selbst wenn also kein anderes Feld an der Stelle vorhanden wäre. Der Gesamtausdruck für die Arbeit W ist demnach zunächst

$$\left.\begin{aligned} W &= W_0 - [\tfrac{1}{2}(C - C')E^2 - C'EE_N]S \\ &= W_0 - \varDelta S + \tfrac{1}{2}C'E(E - 2E_N)S = W_0 + \varPhi S. \end{aligned}\right\} \tag{10}$$

Hierbei ist $S = s \cdot N$, wo N die AVOGADROsche Zahl bedeutet und s die Flächenbeanspruchung eines Moleküls. Diese wird zunächst als unabhängig angenommen von der Zahl der adsorbierten Moleküle. (Es wird noch die Rede davon sein daß dieses keineswegs durchgehends der Fall ist.) Die Bedeutung von $\varDelta$ ergibt sich auf folgende Weise: Dem Betrage nach ist

$$\varDelta = \tfrac{1}{2}CE^2, \tag{11}$$

d.h. es ist der halben Energiedichte des elektrostatischen Feldes (Kondensator) gleich und identisch mit der in einem solchen Felde vorhandenen Querspannung. Diese wirkt aber der Oberflächenspannung entgegen. Gleichung (11) stellt demnach die Oberflächenspannungserniedrigung vor. Soweit der rohe Ansatz. Man erkennt sofort, daß sich die Adsorptionsarbeit unter der Einwirkung des Feldes E um $\varPhi \cdot S$ geändert hat. Dem entspricht eine Konzentrationsverminderung im Verhältnis $e^{\frac{\varPhi S}{TR}}$, sofern man annimmt, daß der innere Zustand der Adsorptionsschicht vom Felde nicht abhängt. Zu demselben Ergebnis kommt man auch auf thermodynamischem Wege im Anschluß an GIBBS. Auf diese Ausführungen

---

[1]) H. FRUMKIN, ZS. f. Phys. Bd. 35, S. 792. 1926. Dazu auch noch: ZS. f. phys Chem. Bd. 111, S. 203. 1924; Bd. 116, S. 493. 1925.

soll jedoch hier nicht eingegangen werden, da es sich ja nur um eine Wiederholung handelt. FRUMKIN findet im Anschluß an frühere Arbeiten, daß durch folgendes Gleichungssystem die Elektrokapillarkurve darstellbar ist:

$$\left.\begin{aligned} \frac{\Delta}{A} &= -\ln(1-x) - a x^2, \\ cB &= \frac{x}{1-x} e^{-2ax}. \end{aligned}\right\} \qquad (12)$$

Hier bedeutet Δ die Erniedrigung der Oberflächenspannung. Es ist

$$x = \frac{\Gamma}{\Gamma_\infty}, \qquad (13)$$

d. h. das Verhältnis von adsorbierter Menge zu adsorbierter Menge bei Oberflächensättigung, wobei naturgemäß

$$\Gamma_\infty = \frac{1}{S} \qquad (13a)$$

ist. A ist eine Konstante, nämlich

$$A = RT\Gamma_\infty = \frac{RT}{S}, \qquad (14)$$

wohingegen die Konstante B sich ergibt zu

$$B = \frac{\delta}{1000\,\Gamma_\infty} e^{\frac{W}{RT}}. \qquad (15)$$

Hierbei ist δ die Dicke der Oberflächenschicht. a ist eine Konstante, durch die die Einwirkung der Moleküle der Grenzschicht aufeinander festgelegt ist. Wird diese Konstante Null, so ergibt sich aus (12)

$$\Delta = A \ln(Bc + 1) \qquad (16)$$

eine Gleichung von der Form der SZYSZKOWSKIschen Adsorptionsisotherme.

Das elektrische Feld äußert seinen Einfluß weiterhin noch in einer Einwirkung auf diese a-Konstante in dem Sinne, daß die intermolekularen Kräfte der Adsorptionsschicht scheinbar erhöht sind. Weiterhin zeigt sich, daß die obenerwähnte Bedingung $S \neq f(\Gamma)$ nicht gilt, sondern daß von bestimmter Konzentration ab Moleküle, die flach auf der Oberfläche gelegen waren, sich nunmehr aufrichten und so ihre Platzbeanspruchung ändern können. Daraus ergibt sich eben eine Abhängigkeit der Platzbeanspruchung von der Konzentration an adsorbierten Molekülen. Diese Änderung wird erheblich sein bei langen, kettenförmigen Molekülen. Es genügt indessen eine lineare Abhängigkeit von Γ anzunehmen etwa von der Form

$$S = \alpha + \beta\Gamma. \qquad (17)$$

Es ist bemerkenswert, daß die Abhängigkeit des S von E unberücksichtigt bleibt.

Unter Beachtung der soeben dargelegten Verhältnisse ergibt sich nunmehr anstatt der Gleichung (12)

$$B_0 e^{\frac{\Phi}{A}k} c = \frac{x}{1-x} e^{-2\left[a-(k-1)\frac{\Phi}{A}\right]x}. \qquad (18a)$$

Zieht man die GIBBSsche Gleichung

$$\partial\Delta = RT\Gamma\,\partial\ln c \qquad (18b)$$

mit heran, so wird

$$\frac{\Delta}{A} = -\ln(1-x) - \left[a - (k-1)\frac{\Phi}{A}\right] x^2. \qquad (18c)$$

Hierbei ist

$$k = \frac{S_{\Gamma=0}}{S_{\Gamma=\infty}}. \tag{19}$$

Man erkennt durch Vergleich von (12) und (18a), daß an Stelle von B tritt $B_0 e^{\frac{\Phi}{A}k}$, was einer Verkleinerung von B gleichkommt. B_0 ist dabei derjenige Wert von B, der sich für $E = 0$ ergibt. Ferner erkennt man durch Vergleich von (12) und (18c), daß an Stelle von a tritt $\left[a - (k-1)\frac{\Phi}{A}\right]$, was einer Vergrößerung der intermolekularen Kräfte entspricht. Beides ist eine Wirkung des elektrischen Feldes, wie oben dargelegt.

Einen wichtigen Punkt bildet dann auch hier die Frage der Abhängigkeit der Kapazität der Doppelschicht von der adsorbierten Menge der kapillaraktiven Substanz. Es wird darauf jedoch nicht weiter eingegangen. Bemerkenswert ist ferner, daß durch Bestimmung von k für jeden Adsorptionszustand die Größe der Oberflächenbeanspruchung zu finden ist, wenngleich eine solche Bestimmung gegenwärtig noch nicht hinreichend genau realisierbar ist.

Ein Umstand sei noch erwähnt. Es wurde zunächst E_N als konstant betrachtet, d. h. das Verhältnis von Änderung der Potentialdifferenz infolge Adsorption zu der adsorbierten Menge. In Wirklichkeit ist aber

$$E_N = f(E, \Gamma), \tag{20}$$

d. h. die Potentialdifferenz, die allein durch die Orientierung der Moleküldipole in der Grenzfläche hervorgerufen wird, ist naturgemäß abhängig von der Feldstärke. Ferner ist sie aber auch abhängig von der adsorbierten Menge Γ. Wurde doch dargelegt, daß die Moleküle ganz verschiedene Lage haben können, je nach ihrer Konzentration in der Grenzfläche. Für diese Zustände haben sich auch bereits Beobachtungen ausfindig machen lassen. So konnte FRUMKIN zeigen, daß man beim Anilin zwei E_N-Werte unterscheiden kann. Die Theorie ermöglicht, auf Grund der Gleichungen (18a) und (18c) die Kurven für tertiären Amylalkohol recht gut darzustellen (s. Abb. 7). Es ergeben sich vor allem die auffallenden Knickpunkte in den Alkoholkurven. Zu je höherer Konzentration man gelangt und je höher hinauf in den homologen Reihen, desto ausgesprochener werden diese Knicke. Sie gehen zurück auf plötzliche Dichteänderung in der Adsorptionsschicht infolge der plötzlichen Änderung der oben ausführlich erörterten a-Konstante. Ähnliches Verhalten findet sich auch bei einer ganzen Reihe anderer kapillaraktiver Substanzen mit Neutralmolekülen. Bei ihnen kehrt der obige Kurventyp wieder. Die sich einstellenden Abweichungen sind meist quantitativer Natur.

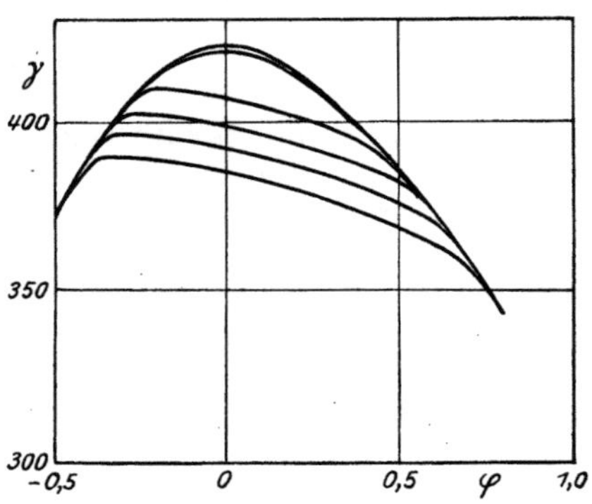

Abb. 7. Die höchste Kurve stellt die Elektrokapillarkurve mit n-NaCl-Lösung dar als Bezugslösung. Die anderen enthalten außer n-NaCl noch tertiären Amylalkohol in den Konzentrationen von $^1/_{100}$, $^1/_{20}$, $^1/_{10}$, $^2/_{10}$, $^4/_{10}$ Mol/Liter.

Auch die bemerkenswerte Eigenschaft der Nichtelektrolyte: hauptsächlich in der Umgebung des Oberflächenspannungsmaximums der reinen Lösung wirksam zu sein, läßt sich nunmehr erklären. Der Einfluß der Moleküle wird naturgemäß dort am stärksten sein, wo der Einfluß der Hg-Ionen verschwindet. Das ist aber, wie oben dargelegt, bei $\sigma = E = 0$ der Fall, d. h. beim Maximum der Oberflächenspannung. Je weiter man sich daher von diesem Maximum entfernt, desto größer wird der Einfluß des Feldes, bis bei genügend großen $|E|$-Werten die Kurven zusammenfallen.

Enthält nun die flüssige Phase freie Ladungen, d. h. sind Elektrolyte gelöst, so zeigen sie wieder in jeder Beziehung eine Beeinflussung der Elektrokapillarkurve nach Maßgabe der Kapillaraktivität ihrer Ionen. Bezüglich der Einzelheiten muß wiederum auf die umfangreichen Messungen GOUYS und die Darstellung FREUNDLICHS verwiesen werden. Nur die Ergebnisse seien hier mitgeteilt. Es stellt sich heraus, — was bereits an den PASCHENschen Untersuchungen offenbar wurde, — daß hier wieder eine Depression des Maximums gemeinsam mit seiner Verschiebung stattfinden kann. Ist das Kation kapillaraktiv, so beobachtet man außer der Depression des Maximums seine Verschiebung gegen den positiven[1]) Ast der Elektrokapillarkurve. Ist das Anion kapillaraktiv, so findet Depression und Verschiebung des Maximums in der Richtung gegen den absteigenden, negativen Ast statt. Auf Grund der oben entwickelten Vorstellungen ist diese Abweichung im Verlauf der Kurve sofort verständlich. Die jeweils in der unverschieblichen Flüssigkeitsschicht angereicherte kapillaraktive Ionenart muß außer einer Depression eine Retardation des Eintritts des Maximums bewirken, wenn sie entgegengesetzten Ladungssinn wie die feste Phase hat (hier also negativen). Dadurch wird das Maximum nach dem negativen Ast verschoben. Dagegen kommt es zu einer Vorverlegung des Maximums außer seiner Depression, sobald die adsorbierten Ladungen ein Vorzeichen haben, das dem der Wand gleich ist, d. h. das Maximum wird gegen den aufsteigenden Ast verschoben. Besonders klar zeigen diese Verhältnisse die Untersuchung von FREUNDLICH und WRESCHNER[2]). Die Abb. 8 und 9 sind ihrer Arbeit ent-

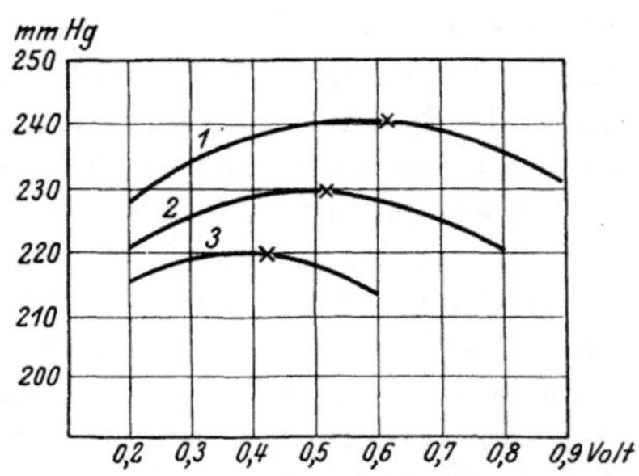

Abb. 8. 1. KCl-Lösung. 2. 0,01 Millimol pro Liter Methylgrün + KCl-Lösung. 3. 0,01 Millimol pro Liter Methylgrün + KCl-Lösung.

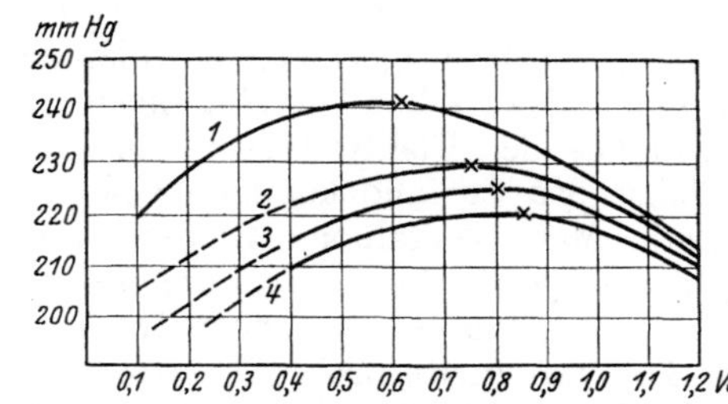

Abb. 9. 1. KCl-Lösung. 2. m/2 KCl-Lösung + 0,37 Millimol pro Liter Alizarinsulfosaures Natrium. 3. m/2 KCl-Lösung + 0,73 Millimol pro Liter Alizarinsulfosaures Natrium. 4. m/2 KCl-Lösung + 1,2 Millimol pro Liter Alizarin sulfosaures Natrium.

nommen. Ferner ist bemerkenswert, daß jeweils der eine Ast der Kurve mit kapillaraktivem Ion von der LIPPMANNschen oder sonstigen Bezugskurve stark abweicht (s. Abb. 2, 3, 5, 6, 7 und 8). Ist nämlich dasjenige Ion kapillaraktiv, das gleichen Ladungssinn zeigt wie normalerweise die Metallphase, so weicht der Schenkel ab, der entgegengesetztes Ladungsvorzeichen besitzt. Ist dagegen dasjenige bevorzugt adsorbierbar, das entgegengesetzten Ladungssinn trägt als normalerweise die Metallphase, so weicht der Schenkel ab, der gleiches Vorzeichen besitzt wie normalerweise die Metallphase. Es wird also die Grenzflächenspannung der Metallphase gegen die resp. Ionenlösung in dem Kurventeil stark herabgesetzt, bei dem die unverschiebliche Lösungsschicht (s. diese im Kap. 11) durch die adsorbierten Ionen eine Anreicherung an Ladungsträgern

[1]) Man spricht vom positiven, aufsteigenden Ast, weil hier die Hg-Oberfläche positive Ladungen trägt, vom negativen, absteigenden Ast, weil sie hier negative Ladung trägt.

[2]) H. FREUNDLICH u. M. WRESCHNER, Kolloid-ZS. Bd. 28, S. 250. 1921.

erfährt, die das gleiche Vorzeichen haben wie diese Schicht an sich. Für eine Änderung des Verlaufs des jeweils anderen Astes liegt kein Grund vor.

Beim Fehlen kapillaraktiver Ionen in der Lösung ist allein die Konzentration der Hg-Ionen bestimmend für den Verlauf der Elektrokapillarkurve. Dieses ist der Fall in dem von KRÜGER und KRUMREICH gefundenen System. Es ergibt in weitgehender Annäherung eine ideale, gewöhnliche Parabel. Hier kann dann auch die Kapazität der Doppelschicht als konstant angesehen werden, d. h. es gilt (2a). Inwieweit sonst noch damit gerechnet werden darf, soll noch erörtert werden. Somit ergibt sich klar, daß, wie oben behauptet, die LIPPMANN-HELMHOLTZ-WARBURG-NERNSTschen[1]) theoretischen Ausführungen einen speziellen Fall derjenigen allgemeinen Theorie darstellen werden, bei der die spezifischen Grenzflächenkräfte mit in Rechnung gestellt sind.

Hieraus ergibt sich nun für die Elektrometrie der wichtige Schluß, daß absolute Potentialdifferenzen mit dem Kapillarelektrometer bzw. durch die Elektrokapillarkurve nur bei Abwesenheit kapillaraktiver Substanzen gemessen werden können bzw. nur dort, wo sich eine gewöhnliche Parabel einstellt. Von hier auftretenden Abweichungen, selbst unter Fehlen von Adsorption, soll noch die Rede sein.

GOUY hat bereits im Anschluß an seine Messungen eine theoretische Ableitung gegeben, die den erweiterten Erfahrungen Rechnung tragen sollte. Im Zusammenhang der Besprechung der elektrokinetischen Erscheinungen war im Kapitel 11 von ihr die Rede. Es wurde dort bemerkt, daß aus ihr sich eine Polarisationskapazität für die Doppelschicht ergibt, die nicht einmal der Größenordnung nach mit der Erfahrung übereinstimmt.

11. Die Adsorptionstheorie der Elektrokapillarität von STERN. STERN[2]) hat im Anschluß an die GOUYschen und FREUNDLICHschen Messungen und Gedankengänge die Fragen der Elektrokapillarität theoretisch behandelt. Er geht aus von den NERNSTschen Vorstellungen und legt die aus der osmotischen Theorie sich ergebenden Elektrodenvorgänge zugrunde. So wie NERNST, denkt er sich zunächst das Zustandekommen einer Doppelschicht an der Grenzfläche eines Systems Metall-Metallion. Hierauf läßt er die Wirkung der Adsorptionskräfte (d. h. der spezifischen Adsorptionen) zu, die ihren Einfluß auch auf andere in der flüssigen Phase anwesenden Ionen geltend machen (nicht nur auf die Ionen des Elektrodenmaterials). Als erste Frage ist für ihn wesentlich diejenige nach der Flächendichte der Ladungen in der auf die genannte Weise ausgebildeten Doppelschicht. Von hier aus gelangt er zu der Kapazität der Doppelschicht. Diese Größe ist experimentell gut zu bestimmen und aus Messungen auch gut bekannt, so daß hier zunächst auch ein Prüfstein für die Theorie gelegen ist. Die zweite Frage, die er sich stellt, ist die nach dem näheren Aufbau der Doppelschicht. Dadurch ist in der durchaus notwendigen Weise der Zusammenhang hergestellt zwischen den elektrokinetischen Erscheinungen und denen der Elektrokapillarität, wie er auch oben schon gefordert worden ist.

Wie verhalten sich zunächst diesen Fragen gegenüber, vor allem gegenüber der nach der Flächendichte, die bisherigen Theorien?

Legt man die HELMHOLTZsche Vorstellung des Plattenkondensators zugrunde, so ergibt sich für die Kapazität C der Doppelschicht

$$C = \frac{d}{4\pi\delta}, \tag{21}$$

---

[1]) Siehe hierzu auch die Bemerkung von W. NERNST in 11.—15. Aufl. seiner „Theoretischen Chemie", S. 876.

[2]) O. STERN, ZS. f. Elektrochem. Bd. 30, S. 508. 1924.

d bedeutet hier die Dielektrizitätskonstante der Ionen. Für δ wird folgende Annahme gemacht: es seien die positiven Ionen innerhalb der Oberfläche des Metalles zu gleichmäßiger flächenhafter Ladung von der Dichte σ_0 angeordnet (s. Abb. 10). Die entsprechenden negativen Ionen sollen dann mit ihren Schwerpunkten im Abstand δ, der von der Größe eines mittleren Ionenradius ist, von der Hg-Oberfläche entfernt liegen. Er denkt sich aber statt ihrer in der Entfernung eines mittleren Ionenradius eine Ebene, die der Hg-Fläche parallel läuft, und auf der die negativen Ladungen homogen und flächenhaft verteilt die zweite Platte des „molekularen Kondensators" ausmachen. Setzt man für C den Wert von 24 Mikrofarad ein, so ergibt sich für $\delta/d \cong 0{,}33 \cdot 10^{-8}$ cm, ein Wert, der der HELMHOLTZschen Betrachtungsweise einen hohen Grad von Wahrscheinlichkeit verleiht. Indes ist hierbei, wie oben auseinandergesetzt ist, dem Einfluß der Wärmebewegung auf die Einstellung des Gleichgewichtes nicht Rechnung getragen.

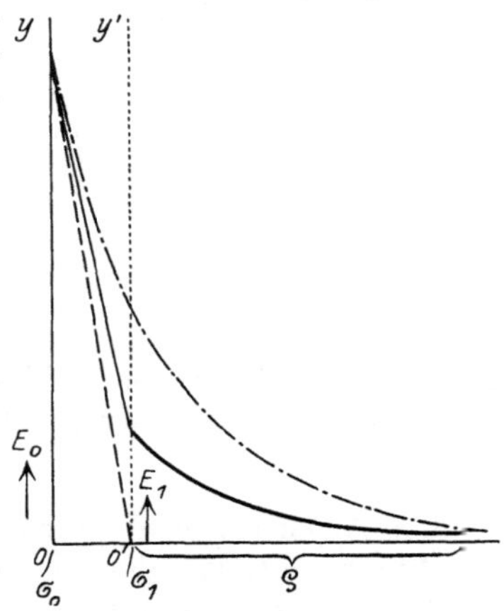

Abb. 10. Der Verlauf des Potentialsprunges an der Grenze fest : flüssig.
– – – – Verlauf nach HELMHOLTZ,
– · – · – Verlauf nach GOUY, CHAPMANN,
——— Verlauf nach STERN.

In den Entwicklungen von GOUY und CHAPMANN ist dieses wohl berücksichtigt. Das Gleichgewicht kommt zustande unter der Konkurrenz der osmotischen Kräfte, die eine homogene Verteilung der Ionen in der Flüssigkeit anstreben, und der elektrostatischen Kräfte der Wand. In der Nähe der Wand kommt es, da die positiven Ladungen innerhalb der Oberfläche des Hg liegen, zu einem Überschuß an negativen Ladungen. Die Größe dieses Überschusses nimmt aber in jeder Flüssigkeitslamelle von der festen Wand an asymptotisch nach dem Inneren der Lösung zu ab. Der flächenhaften Belegung des Kondensators in der Hg-Oberfläche steht eine räumliche Ladungsverteilung in der Flüssigkeit gegenüber. Aus BOLTZMANNscher Verteilung und POISSONscher Gleichung läßt sich die Konzentration aus dem Potential berechnen[1]). Man findet somit für die Ladungsdichte

$$\varrho = \sqrt{\frac{DRTC}{2\pi}} \,\mathfrak{Sin}\, \frac{FE}{RT}. \tag{22}$$

Diese Ableitung ergibt eine Doppelschichtkapazität von 240 Mikrofarad. Sie kann also nicht zutreffen (s. die Kritik STERNS).

STERN glaubt richtige Elemente in beiden Theorien zu finden. Er entwickelt folgende Vorstellungen. Da nach HELMHOLTZ' Theorie die Kapazitätsgröße sich annähernd richtig ergibt, wird der größte Teil der negativen Ladungen in einer flächenhaften Schicht angeordnet sein und zwar im Abstande δ von der Wand und mit der Dichte σ_1 (s. Abb. 10). Bei hinreichend tiefen Temperaturen werden alle Ladungen im HELMHOLTZschen Kondensator vereinigt sein. Für gewöhnlich jedoch wird die Wärmebewegung bewirken, daß ein Teil der negativen Ladungen sich von dieser Fläche aus diffus in das Innere der Flüssigkeit erstreckt, so wie es GOUY angegeben hat. Die räumliche Dichte dieser diffusen Schicht sei ϱ. Hier nun setzt die für die Theorie der Elektrokapillarität wichtigste Frage STERNS ein, die nach der Größe der Flächendichte der Belegungen. Auf eine Weise, die oben bei den elektrokinetischen Erscheinungen dargelegt wurde, gelangt er zu drei Gleichungen, von denen eine auch die Adsorptionsvor-

[1]) Vgl. hierzu das Kap. 11.

gänge enthält. Er führt dabei die spezifischen Adsorptionspotentiale als konstante Größen ein, die nur über die der Wand zunächst liegende Molekellage wirken. Die drei Gleichungen lauten:

$$\sigma_0 = \frac{d}{4\pi\delta}(E_0 - E_1)\,, \tag{23}$$

$$\sigma_1 = FZ\left(\frac{1}{2 + \frac{1}{c}\,e^{\frac{\Phi_- - FE_1}{RT}}} - \frac{1}{2 + \frac{1}{c}\,e^{\frac{\Phi_+ + FE_1}{RT}}}\right), \tag{24}$$

$$\varrho = \sqrt{\frac{DRTc}{36\pi}}\cdot \mathfrak{Sin}\,\frac{FE_1}{RT}\,, \tag{25}$$

wo c die Konzentration in Molenbrüchen angibt ($c = 18C$). Dazu kommt noch als vierte Beziehung der Ausdruck

$$\sigma_0 = \sigma_1 + \varrho\,. \tag{26}$$

In dem Ausdruck für σ_1, für die Größe der Ladungsdichte der ersten Molekellage der Flüssigkeit, ist also die Adsorption wesentlich mitbestimmend, er ist besonders bezeichnend für die STERNsche Theorie.

Es ergibt sich nunmehr folgende Grundgleichung für die Doppelschicht unter Berücksichtigung der spezifischen Adsorption.

$$\frac{d}{4\pi\delta}(E_0 - E_1) = FZ\left(\frac{1}{2 + \frac{1}{c}\,e^{\frac{\Phi_- - FE_1}{RT}}} - \frac{1}{2 + \frac{1}{c}\,e^{\frac{\Phi_+ + FE_1}{RT}}}\right) + \sqrt{\frac{DRTc}{36\pi}}\,\mathfrak{Sin}\,\frac{FE_1}{RT}\,. \tag{27}$$

Hier ist

$$E_1 = \zeta\,.$$

Hieraus kann ζ bestimmt werden. Setzt man seinen Wert in (10) ein, so erhält man σ_0 und für die Kapazität der Doppelschicht ergibt sich

$$C_0 = \frac{\sigma_0}{E_0 - \zeta}\,. \tag{28}$$

Man erhält also an Stelle der HELMHOLTZschen Gleichung (21), die nur für den Fall gilt, daß in der ersten Molekellage der Flüssigkeit dieselbe Anzahl von Ladungen vorhanden ist wie auf der Hg-Oberfläche, also $\sigma_0 = \sigma_1$ ist, die Gleichung (28). Aus (21) und (28) aber ergibt sich

$$C = C_0\left(1 - \frac{\zeta}{E_0}\right). \tag{28a}$$

C ist kleiner als C_0, da ζ von niederer Größenordnung zu sein pflegt gegenüber E_0. Der Ausdruck (27) muß nun für alle in Betracht kommenden Fälle diskutierbar sein.

Für $\Phi_+ = \Phi_-$ bleibt die Elektrokapillarkurve symmetrisch. Ihr Maximum liegt beim absoluten Nullpunkt des Potentials, d. h. bei $\sigma_0 = 0$ hat man auch $E_0 = 0$. Dieser Fall gestattet also noch trotz des Vorliegens von Adsorption theoretisch die Verwendung der Elektrokapillarkurve zur absoluten Potentialmessung. Unbeschadet des Erhaltenbleibens der Kurvensymmetrie findet sich natürlich eine Veränderung des Maximums, die durch die Größe von Φ_+ bzw. Φ_- bestimmt ist. Ist im besonderen $\Phi_+ = \Phi_- > 0$, sind also beide Ionen gleichmäßig kapillarinaktiv, d. h. verarmt die Grenzfläche an Ionen gegenüber der Lösung in Masse, so muß auch σ_1 kleiner werden und mit ihm die Kapazität der Doppelschicht gegenüber dem Werte für $\Phi_+ = \Phi_- = 0$ (s. dieses w. u.). Ist $\Phi_+ = \Phi_- < 0$, findet also positive Adsorption statt, so wird σ_1 vergrößert und damit auch die Kapazität gegenüber dem Falle $\Phi_+ = \Phi_- = 0$.

Ist nun aber $\Phi_+ \neq \Phi_-$, so werden die Ionen nicht gleich stark adsorbiert. Die Elektrokapillarkurve muß jetzt unsymmetrisch werden. Jetzt fällt das Maximum ($\sigma_0 = 0$) nicht mehr mit dem absoluten Nullpunkt des Potentials zusammen. Es wird nämlich für $\sigma_0 = 0$

$$C_0(E_0 - \zeta) = \sigma_0 = \sigma_1 + \varrho = 0, \tag{29}$$

d. h. es muß sein, da die Summe ($\sigma_1 + \varrho$) verschwindet,

$$E_0 = \zeta, \qquad \sigma_1 = -\varrho. \tag{29a}$$

Es scheidet also die oben angegebene Bedingung (2a) hier aus. Darauf hat schon GOUY aufmerksam gemacht und einen Zusammenhang gesucht mit der Verschiebbarkeit der Elektronenhülle der Ionen. Bei den Anionen wäre diese größer als bei den Kationen. Daher sei dort die Dielektrizitätskonstante, also d in (23), größer und damit auch die Kapazität. Für die Verhältnisse an dem System Hg-Lösung wird, wie aus (23) und (24) hervorgeht, bei kapillaraktivem Kation, also $\Phi_- = 0$, die Kapazität geringer, bei kapillaraktivem Anion, also bei $\Phi_+ = 0$, größer. Im Gebiete des „molekularen Kondensators" besteht jetzt kein Potentialabfall mehr (s. Abb. 11). Die Ladung der Hg-Oberfläche ist Null, ihr Potential dasselbe wie das der anderen in der Flüssigkeit gelegenen molekularen Kondensatorplatte. Dieses Potential der ersten Molekularschicht rührt von einer Ladung her, die gleich und entgegengesetzt ist der in der diffusen Schicht gelegenen. Hier also ist noch ein Potentialabfall gegen das Innere der Lösung vorhanden. In diesem Falle, wo $\Phi_+ \gtrless \Phi_-$ ist, darf also die Elektrokapillarkurve nicht mehr zur absoluten Potentialmessung Verwendung finden.

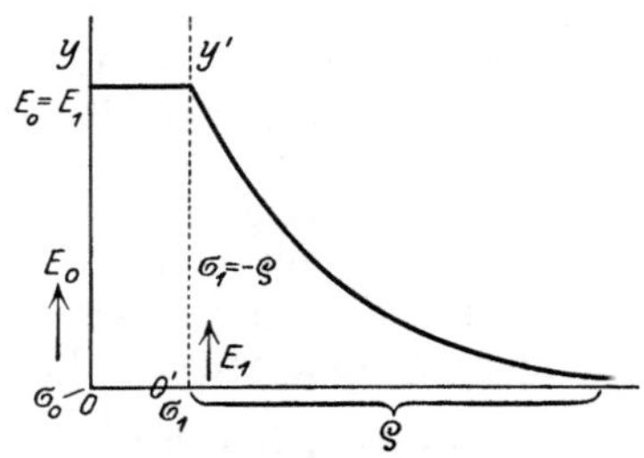

Abb. 11. Potentialverlauf bei Anwesenheit kapillaraktiver Ionen, wenn $\sigma_0 = 0$, $E_0 = E_1 = \zeta$ ist.

Sind nun aber überhaupt keine kapillaraktiven Ionen vorhanden[1]), so muß in Gleichung (14) $\Phi_+ = \Phi_- = 0$ gesetzt werden, woraus sich ergibt

$$\frac{d}{4\pi\delta}(E_0 - \zeta) = FZ\left(\frac{1}{2 + \frac{1}{c}e^{-\frac{F\zeta}{RT}}} - \frac{1}{2 + \frac{1}{c}e^{\frac{F\zeta}{RT}}}\right) + \sqrt{\frac{DRTc}{36\pi}}\,\mathfrak{Sin}\,\frac{F\zeta}{RT}. \tag{30}$$

Aus (30) geht ebenfalls (s. dazu auch Anm. 1 zu Ziff. 9) hervor, daß ζ einen Wert besitzt selbst bei $|\Phi| = 0$, d. h. daß jener elektrokinetische Potentialsprung nicht an das Vorhandensein von adsorbierbaren Ionen geknüpft ist. Es fragt sich nunmehr, welche Verhältnisse in diesem Falle — $|\Phi| = 0$ — für das Eintreten von $\sigma = 0$ sich einstellen. Zunächst gilt auch hier (29) nämlich

$$C_0(E_0 - \zeta) = \sigma_0 = \sigma_1 + \varrho = 0.$$

Im Gegensatz zu (29a) sind aber die Bedingungen für das Verschwinden von σ_0 die, daß die Glieder der Summe ($\sigma_1 + \varrho$) einzeln und gleichzeitig verschwinden, genau wie auch E_0 und ζ. Es gilt also hier für $\sigma = 0$.

$$\left.\begin{array}{ll} \sigma_1 = 0, & \varrho = 0; \\ E_0 = 0, & \zeta = 0. \end{array}\right\} \tag{30a}$$

[1]) Vgl. hierzu A. FRUMKIN, ZS. f. phys. Chem. Bd. 103, S. 55. 1922, der die Bedeutung des Lösungsmittels weitgehend erörtert und auch zahlenmäßig festlegt.

Für kleine Werte von c und ζ läßt sich schreiben

$$\sigma_1 = FZc\left(e^{\frac{F\zeta}{RT}} - e^{-\frac{F\zeta}{RT}}\right) = 2FZc\,\mathfrak{Sin}\,\frac{F\zeta}{RT}. \tag{31}$$

Ist ferner bei kleinem $\zeta\frac{F\zeta}{RT} \ll 1$, so kann man nach Potenzen entwickeln. Nach dem linearen Gliede abgebrochen und dann zusammengefaßt, wird aus der Grundgleichung (16):

$$\frac{d}{4\pi\delta}(E_0 - \zeta) = \left(2FZc + \sqrt{\frac{DRTc}{2\pi 18}}\right)\cdot\frac{F\zeta}{RT} \tag{32}$$

eine Gleichung vom ersten Grade in c.

Für diesen Fall aber, wo $\Phi_+ = \Phi_- = 0$ ist, ist auch nicht unterschiedslos mit Verhältnissen zu rechnen, wie sie sich bei Krueger und Krummreich fanden, und von denen oben die Rede war. Mit anderen Worten: auch der Fall der Abwesenheit adsorbierbarer Ionen ergibt keinesfalls notwendig das Vorliegen konstanter Kapazität, d. h. das Vorhandensein der Bedingung (2a). Es ist demnach auch selbst in einem solchen System keinesfalls zu rechnen mit $C \neq f(E)$, d. h. auf das Vorliegen einer idealen gewöhnlichen Parabel. Für den Krueger und Krummreichschen Fall der idealen Parabel ist (2a) erfüllt und daher $C \approx C_0$ [s. dazu (21), (28) und (28a)].

Unter Zugrundelegung der Zahlen von Krueger und Krummreich für Gleichung (32) zeigt sich nun folgendes. Liegen kleine E_0-Werte vor, etwa von 0 bis 1000 Millivolt, und Konzentrationen im Bereiche von 1 n, so ist die Kapazität konstant und zwar tatsächlich C nur wenig größer als C_0 [s. Gleichung (28a)]. Es handelt sich um 4,5 bis 6,4% (s. Tabelle 1 nach Stern). Aber bereits bei einer Konzentration von $n/100$ stellen sich andere Verhältnisse heraus. Hier wird die Abhängigkeit des C_0 von E_0 offenbar, und zwar am stärksten bei niederen Spannungswerten. Hier ist also Bedingung (2a) keineswegs mehr erfüllt. Hier muß bereits eine Deformation der Parabel einsetzen, ohne daß adsorbierbare Ionen dafür verantwortlich zu machen sind. Es gehört also Parabelgestalt der Elektrokapillarkurve und Freiheit von adsorbierbaren Ionen keineswegs notwendig zusammen. Die Deformation muß sich naturgemäß in einer Abflachung der γ-E_0-Kurve ausweisen. Außerdem ist zu beachten, unter welchen Umständen Gleichung (32) zustande kam. Ist nämlich ζ nicht sehr klein, so müssen aus der Entwicklung von γ in $\frac{F}{RT}\zeta$ mehr Glieder als nur das erste berücksichtigt werden, was ebenfalls eine Veränderung der Elektrokapillarkurve bedingt. Für den allgemeinen Fall besteht also die Abhängigkeit $C_0 = f(E_0, c)$.

Tabelle 1 (nach O. Stern).

ζ	E_0	$100\frac{\zeta}{E_0}$	$\frac{\sigma_1}{\varrho}$	Konzentration
sehr klein	sehr klein	6,4	1,07	1 n
0,05	1,06	4,5	1,22	
sehr klein	sehr klein	56,0	0,108	$\frac{n}{100}$
0,1	0,302	33	0,37	
0,15	0,914	16,4	0,87	

Frumkin[1]) nahm die Elektrokapillarkurve von Hg bei nichtwässerigen Lösungsmittel auf. Es stellte sich auch hier eine Kapillaraktivität der Anionen nach Maßgabe der lyotropen Reihe heraus. Neben einer Depression des Maximums war dieses in der entsprechenden Weise verschoben, so wie bei wässerigem Lösungsmittel. Aus den Untersuchungen von Sandera[2]) ergibt sich, daß auch Sole sich den bekannten Erscheinungen für echte Lösungen anschließen.

[1]) A. Frumkin, ZS. f. phys. Chem. Bd. 103, S. 43. 1922.
[2]) K. Sandera, Rec. trav. chim. Pays-Bas Bd. 44, S. 480.

Kapitel 13.

Elektrizitätsleitung in Flüssigkeiten und Theorie der elektrolytischen Dissoziation.

Von

ERNST BAARS, Marburg (Lahn).

Mit 22 Abbildungen.

I. Grundlagen.

1. Ionenleitung. Elektrolyte. Die Elektrizitätsleitung in Flüssigkeiten ist — wenn man von flüssigen Metallen (über diese s. Kap. 1) und einigen noch ungeklärten Fällen absieht — eine Ionenleitung. Deren Kennzeichen ist der zwangsläufig mit dem Elektrizitätstransport verbundene Transport von Materie. Seit FARADAY[1]) wissen wir, daß dabei mit je einem Grammäquivalent beliebiger Stoffe eine konstante Elektrizitätsmenge befördert wird, nach unserer heutigen Kenntnis 96494 Coulomb (s. Kap. 14). Die durch HELMHOLTZ[2]) gegebene Deutung dieser Gesetzmäßigkeit — Annahme von „Atomen der Elektrizität", die nach einfachen Zahlenverhältnissen mit materiellen Atomen oder Atomgruppen verknüpft sind — ist durch die Forschung der letzten Jahrzehnte glänzend bestätigt. Die konsequente Weiterentwicklung des Gedankens von der atomistischen Struktur der Elektrizität führte zu der RUTHERFORD-BOHRschen Vorstellung vom Bau der Atome, die wir uns heute als komplizierte Gebilde von positiven und negativen Elementarteilchen der Elektrizität denken. Die Ionen unterscheiden sich von den nach außen elektrisch neutralen Atomen (bzw. Atomkomplexen) durch das Vorhandensein von Überschußladungen, entstanden gedacht durch Abgabe bzw. Aufnahme negativer Elementarquanten, Elektronen. Die durch diesen Vorgang entstehenden positiven oder negativen Teilchen nennen wir Kationen und Anionen; ihre „Wertigkeit" ist durch Zahl und Vorzeichen der Überschußladungen definiert. Die durch den Einfluß eines elektrischen Feldes erzwungene Bewegung dieser Ionen ist die Ursache der Stromleitung. Flüssige (wie auch feste) Körper, welche in der beschriebenen Weise den Strom leiten, werden als Elektrolyte bezeichnet. ARRHENIUS[3]) sprach als erster deutlich aus, daß in Elektrolyten auch ohne die Einwirkung eines äußeren Feldes „freie" Ionen in zum Teil beträchtlichem Umfange anzunehmen sind[4]). Sie werden entstanden

---

[1]) M. FARADAY, Phil. Trans. Bd. 123, S. 379. 1833; Bd. 124, S. 481. 1834.

[2]) H. v. HELMHOLTZ, Vorträge und Reden, 5. Aufl., Bd. II, S. 272. Braunschweig 1903.

[3]) Sv. ARRHENIUS, ZS. f. phys. Chem. Bd. 1, S. 631. 1887; Bd. 2, S. 284. 1888; s. auch M. PLANCK, ebenda Bd. 1, S. 577. 1887.

[4]) Die Notwendigkeit, „freie" Ionen zu einem gewissen Betrage vorauszusetzen, findet sich bereits bei R. CLAUSIUS, Pogg. Ann. Bd. 101, S. 338. 1857; und bei H. v. HELMHOLTZ, Wied. Ann. Bd. 11, S. 737. 1880, betont.

gedacht durch Dissoziation der elektrisch neutralen Molekeln, der Ionogene, in entgegengesetzt geladene Bruchstücke. Als Maß der Aufspaltung, die außer von anderen Faktoren von der Natur der Molekeln, ihrem „ionogenen" Charakter, abhängt, wird der „Dissoziationsgrad" eingeführt, das Verhältnis der gespaltenen zur Gesamtzahl der vorhandenen Molekeln.

Von den Ionen in Gasen, die nur unter bestimmten äußeren Zwange entstehen, unterscheiden sich die Ionen in Elektrolyten durch ihre einen Gleichgewichtszustand verratende Stabilität.

Die Leitfähigkeit von Elektrolyten weist recht verschiedene Beträge auf. Bei gewöhnlicher Temperatur besitzen die bestleitenden etwa ein Milliontel des Leitvermögens der bestleitenden Metalle. Daneben finden sich alle Abstufungen bis hinab zur Größenordnung der Gasleitfähigkeiten. Die einigermaßen gut leitenden Elektrolyte gehören den Klassen der Salze, Säuren und Basen an; bei ihnen tritt erhebliche Leitfähigkeit vorwiegend in Lösung (in geeigneten Mitteln) oder im Schmelzfluß auf. Eine scharfe Trennung zwischen Elektrolyten und Nichtelektrolyten ist nicht durchführbar. Die obige Definition der Elektrolyte als Säuren, Basen und Salze hat auch nur bedingten Wert, da umgekehrt diese Stoffklassen gekennzeichnet werden durch ihr Vermögen, Ionen zu bilden. Dabei werden Säuren und Basen durch das Auftreten von Wasserstoff- bzw. Hydroxylionen von den Salzen unterschieden[1]). Für die typischen Vertreter der genannten Klassen, die auch an ihren sonstigen, z. B. chemischen Eigenschaften erkannt werden können, vermag die Regel immerhin eine gewisse Orientierung zu geben. Für diese Fälle zeigt sich ein deutlicher Unterschied zwischen Salzen einerseits, Säuren und Basen andererseits. Typische Salze sind in Lösung mit geringen Ausnahmen relativ gute Leiter, während sich bei Säuren und Basen alle Abstufungen von den besten überhaupt bekannten Elektrolyten bis zu äußerst schlechten finden.

2. Spezifische, Molar- und Äquivalent-Leitfähigkeit. Das Leitvermögen wird definiert als das Reziproke des Widerstandes. Das spezifische Leitvermögen (d. i. dasjenige eines Zentimeterwürfels) einer Flüssigkeit, die in einer Säule von l cm Länge bei konstantem Querschnitt von q cm² einen Widerstand von R Ohm besitzt, ist demnach

$$\varkappa = \frac{l}{q} \cdot \frac{1}{R} \, \mathrm{Ohm}^{-1} \cdot \mathrm{cm}^{-1}. \tag{1}$$

Da auch für Elektrolyte das OHMsche Gesetz gilt (Kap. 14), also $1/R = I/E$ ist (I = Stromstärke, E = Spannung an den Enden des Leiters), ergibt sich

$$\varkappa = \frac{I}{q \cdot \frac{E}{l}}, \tag{1a}$$

d. h. die spezifische Leitfähigkeit (in rezipr. Ohm/cm) ist gleich der Stromdichte (Stromstärke in Ampere pro cm² Querschnitt) für die Feldstärke Eins (in Volt/cm).

Wegen der Verknüpfung von Elektrizitäts- und Massentransport erscheint es in mancher Hinsicht zweckmäßig, eine auf die chemische Masseneinheit zurückgreifende Einheit des Leitvermögens einzuführen. Dementsprechend bezeichnet man als Molar- (μ) bzw. Äquivalentleitfähigkeit[2]) (Λ) den Quotienten

---

[1]) Neuerdings zeigt sich bei den Chemikern wieder das Bestreben, diese Definition der Säuren, Basen und Salze durch eine „rein chemische" Kennzeichnung zu ersetzen. Vgl. etwa A. HANTZSCH, Chem. Ber. Bd. 60, S. 1933. 1927, sowie frühere Arbeiten desselben Verfassers.

[2]) F. KOHLRAUSCH, Göttinger Nachr. 1876, S. 213.

aus spezifischer Leitfähigkeit und Molar- bzw. Äquivalentkonzentration [Mol/cm³ (c_M) bzw. Grammäquivalent/cm³ (c_A)]:

$$\mu = \frac{\varkappa}{c_M}; \qquad \Lambda = \frac{\varkappa}{c_A} = \frac{\varkappa}{n \cdot c_M}. \tag{2}$$

n ist die „elektrochemische Wertigkeit", d. h. die Summe der Wertigkeiten sämtlicher positiven oder negativen Ionen des Ionenbildners. Diese Summen sind infolge Herkunft der Ionen aus elektrisch neutralen Molekeln einander stets gleich (Bedingung der „Elektroneutralität"). Man sieht, daß die Ermittlung von n die Kenntnis des Zerfallschemas des Ionenbildners voraussetzt. Da hierüber in vielen Fällen Ungewißheit herrscht, pflegt man mit dem größtmöglichen Wert von n zu rechnen. Dadurch kommt in den Begriff der Äquivalentleitfähigkeit eine Willkür hinein, die R. LORENZ[1]) veranlaßte, seine Verwendung grundsätzlich abzulehnen. Dieser gewiß nicht unberechtigte Standpunkt scheint sich jedoch nicht durchzusetzen, vor allem wohl deshalb nicht, weil gerade der Begriff des Äquivalentleitvermögens die besonders einfache Darstellung mancher Gesetzmäßigkeiten erlaubt. Wenn dies auch, wie sich zeigen wird (Ziff. 11), nur für gewisse einfache Fälle zutrifft, so soll doch im folgenden mit der Äquivalent- neben der Molekularleitfähigkeit gerechnet werden. Dies erscheint um so berechtigter, als auch letztere ähnlicher Willkür unterliegen wird, da man die wahre Molargröße nicht immer kennt.

Die Ausdrücke μ und Λ pflegen im allgemeinen nur auf einheitliche Elektrolyte oder, richtiger gesagt, auf einen einzelnen Ionenbildner angewandt zu werden.

Eine anschauliche Vorstellung von beiden Größen gewinnt man, wenn man sich ein Mol bzw. ein Grammäquivalent Ionogen zwischen zwei parallele, in 1 cm Entfernung befindliche Elektrodenflächen beliebiger Ausdehnung gebracht denkt. Die Gesamtmasse des Elektrolyten läßt sich sodann bei jeder beliebigen Konzentration in $1/c_M$ bzw. $1/c_A$ Zentimeterwürfel zerlegen. Jedem einzelnen dieser Würfel kommt die Leitfähigkeit $\varkappa$ zu, das insgesamt zwischen den Elektroden zur Messung kommende Leitvermögen eines Mols bzw. eines Grammäquivalents stellt sich also als die Summe der Leitfähigkeiten von $1/c_M$ und $1/c_A$ Zentimeterwürfeln dar.

In der Chemie ist es gebräuchlich, Konzentrationen als Mole/Liter bzw. Grammäquivalente/Liter zu definieren. Unter Vernachlässigung der geringfügigen Differenz zwischen Kubikzentimeter und Milliliter wird bei Benutzung derartig festgesetzter Konzentrationen ($[c_M]$ bzw. $[c_A]$)

$$\mu = \frac{\varkappa \cdot 10^3}{[c_M]}; \qquad \Lambda = \frac{\varkappa \cdot 10^3}{[c_A]}. \tag{2a}$$

Wenn man schließlich, wie es häufig geschieht, die Konzentrationen durch ihre reziproken Werte, die Molar- und Äquivalentverdünnung (Anzahl cm³ bzw. Liter, die 1 Mol und 1 Grammäquivalent enthalten) ersetzt, bekommt man:

$$\left.\begin{aligned} \mu &= \varkappa \cdot v_M = \varkappa \cdot [v_M] \cdot 10^3 \\ \Lambda &= \varkappa \cdot v_A = \varkappa \cdot [v_A] \cdot 10^3. \end{aligned}\right\} \tag{2b}$$

3. Die Stromleitungsgleichung. Gliederung des Stoffes. Wird an einen Elektrolyten ein elektrisches Feld gelegt, so übt dieses auf die Ionen eine Kraft aus, die für Kationen und Anionen entgegengesetzte Richtung besitzt. Unter

[1]) R. LORENZ, ZS. f. anorg. Chem. Bd. 106, S. 50. 1919. Die an dieser Stelle zitierte Arbeit von R. WEGSCHEIDER enthält übrigens keineswegs die behauptete Ablehnung der „Äquivalentleitfähigkeit".

dem Einfluß dieser Kraft erhalten die Ionen eine Beschleunigung, die infolge der Reibung, welche die Ionen in der Flüssigkeit erfahren, nach kurzer Zeit zu einer für jede Ionenart konstanten Geschwindigkeit führen muß. Man kann den Reibungswiderstand als eine Kraft auffassen, die der ursprünglichen elektrischen stets entgegengesetzt gerichtet und proportional der Geschwindigkeit ist. Letztere wird konstant werden, sobald die Reibungskraft dem Produkt aus äußerer Feldstärke und Ladung des Ions gleich geworden ist[1]). Bezeichnet $\mathfrak{E}$ die äußere Feldstärke, n die Anzahl der Elementarladungen e, die ein Ion trägt, $\mathfrak{v}$ die konstante Geschwindigkeit, welche das Ion erlangt, so ist

$$n \cdot e \cdot \mathfrak{E} = r \cdot \mathfrak{v}, \tag{3}$$

worin r den Reibungskoeffizienten des betreffenden Ions in der Flüssigkeit bedeutet, der numerisch gleich der äußeren elektrischen Kraft ist, welche dem Ion die konstante Geschwindigkeit $1\ \mathrm{cm} \cdot \mathrm{sec}^{-1}$ erteilen würde.

Falls im cm^3 des Elektrolyten m Ionen der betrachteten Art vorhanden sind, so werden in der Sekunde durch einen cm^2 Querschnitt des Elektrolyten $m \cdot v$ Ionen, mithin $m \cdot v \cdot n$ Elektronen bewegt, was einer Stromdichte (Stromstärke pro cm^2)

$$\frac{I}{q} = \frac{m \cdot n^2 \cdot e^2 \cdot \mathfrak{E}}{r}$$

entsprechen würde.

Für alle anderen im Elektrolyten vorhandenen Ionensorten gilt einzeln die gleiche Überlegung. Die Anteile sämtlicher Ionensorten an der Stromleitung addieren sich, da entgegengesetzt geladene Ionen in entgegengesetzter Richtung bewegt werden.

Falls $m_{K_1} \ldots, m_{K_i} \ldots, m_{K_s}$ Kationen der Arten $K_1 \ldots K_i \ldots K_s$ mit den Wertigkeiten $n_{K_1} \ldots n_{K_i} \ldots n_{K_s}$ und ferner $m_{A_1} \ldots m_{A_i} \ldots m_{A_s}$ Anionen $A_1 \ldots A_i \ldots A_s$ der Wertigkeit $n_{A_1} \ldots n_{A_i} \ldots n_{A_s}$ im cm^3 vorhanden sind und diesen einzelnen Ionenarten die Reibungskoeffizienten $r_{K_1} \ldots r_{K_i} \ldots r_{K_s}$ bzw. $r_{A_1} \ldots r_{A_i} \ldots r_{A_s}$ zukommen, so ergibt sich die gesamte Stromdichte zu

$$\frac{I}{q} = \mathfrak{E} \cdot e^2 \left(\sum \frac{m_{K_i} \cdot n_{K_i}^2}{r_{K_i}} + \sum \frac{m_{A_i} \cdot n_{A_i}^2}{r_{A_i}} \right)$$

und die spezifische Leitfähigkeit (Stromdichte für die Feldstärke 1) zu

$$\varkappa = \frac{I}{q \cdot \mathfrak{E}} = e^2 \left(\sum \frac{m_{K_i} \cdot n_{K_i}^2}{r_{K_i}} + \sum \frac{m_{A_i} \cdot n_{A_i}^2}{r_{A_i}} \right). \tag{4}$$

Es ist üblich, die Geschwindigkeit — ohne Rücksicht auf das Vorzeichen —, die ein Ion unter dem Einfluß der äußeren Feldstärke 1 annehmen würde, als „Wanderungsgeschwindigkeit" oder „Beweglichkeit" (U bzw. V) des betreffenden Kations oder Anions zu bezeichnen. Nach Gleichung (3) wird dann

$$U\ (\text{bzw. } V) = \frac{|v|}{\mathfrak{E}} = \frac{|n| \cdot e}{r} \tag{5}$$

und, dies eingesetzt in (4)

$$\varkappa = e \left(\sum m_{K_i} \cdot |n_{K_i}| \cdot U_i + \sum m_{A_i} \cdot |n_{A_i}| \cdot V_i \right). \tag{6}$$

Diese Grundgleichung[2]) ist von allgemeiner Gültigkeit für homogene Elektrolyte, d. h. sie läßt sich auf beliebige Ionenbildner, einzeln oder in Mischung

---

[1]) Die dazu erforderliche sehr kurze Zeit entzieht sich der Beobachtung. Vgl. dazu E. COHN, Wied. Ann. Bd. 38, S. 217. 1889.

[2]) Von der Berücksichtigung sekundärer Einflüsse auf die Feldstärke und auf die Konzentrationsverteilung (Polarisation) ist bewußt abgesehen. Darüber vgl. Kap. 14.

(auch mit Nichtelektrolyten), bei beliebigen homogenen Zuständen von Konzentration, Druck und Temperatur anwenden. Die Leitfähigkeit jedes derartigen Elektrolyten ist bestimmt durch die Konzentrationen, Wertigkeiten und Beweglichkeiten der in ihm enthaltenen Ionenarten. Die Theorie der Leitfähigkeit solcher Elektrolyte wäre also vollständig, wenn diese Größen in ihrer Abhängigkeit von allen in Betracht kommenden Faktoren bekannt wären.

Nach diesem Gesichtspunkte soll im folgenden der Gegenstand behandelt werden. Die Ionenkonzentration einer Flüssigkeit hängt außer von der Gesamtkonzentration vom Dissoziationszustand der beteiligten Ionenbildner ab. Die Theorie der elektrolytischen Dissoziation, die sich mit dieser Eigenschaft als Funktion von Konzentration, Druck, Temperatur sowie von chemischer Natur des betrachteten Stoffes und etwaiger Lösungsteilnehmer beschäftigt, ist daher von einer Erörterung der elektrolytischen Stromleitung nicht zu trennen.

Die Behandlung dieser Fragen hat in den letzten Jahren durch neue, der sog. klassischen Theorie fremde Momente von offenbar erheblicher Bedeutung einen lebhaften Antrieb erfahren.

Diese neuere Entwicklung ist jedoch noch keineswegs genügend abgerundet. Daher erscheint es zweckmäßig, zunächst eine Darstellung auf Grund der klassischen Anschauungen zu geben und erst dann zu zeigen, wieweit noch verbleibende Mängel durch die neue Theorie beseitigt werden können. Die klassische Theorie der elektrolytischen Dissoziation hat sich in engem Anschluß an die Bedürfnisse des Chemikers entwickelt, die neuere Theorie hingegen, obwohl ihre Anfänge ebenfalls auf eigentlich chemische Motive zurückgehen, hat ihre Durchbildung vorwiegend in der Hand von Physikern erfahren. Es liegt mithin in der Natur der Sache, wenn der erste Teil der folgenden Darlegungen mehr vom Standpunkte des Chemikers, der zweite mehr von dem des Physikers diktiert erscheint.

Vorher werden die wichtigsten experimentellen Grundlagen, die Methoden und zahlenmäßigen Ergebnisse der Leitfähigkeitsmessungen, kurz besprochen.

II. Experimentelle Ergebnisse der Leitfähigkeitsmessungen.

4. Messung der Leitfähigkeit. (Siehe vor allem Bd. XVI, Kap. 24.) Die experimentelle Bestimmung der spezifischen Leitfähigkeit wird nach dem früher Erörterten (Ziff. 2) auf eine Messung des Widerstandes oder auf eine kombinierte Stromstärke-Spannungsmessung an Leitern bekannter Dimensionen zurückzuführen sein. Hierbei tritt eine Schwierigkeit auf, die in der besonderen Natur der elektrolytischen Leitung begründet ist. Das zwecks Messung erforderliche äußere Feld erzeugt man im allgemeinen dadurch, daß man an zwei in den Elektrolyten eintauchende Metallbleche, die „Elektroden“, eine Spannung anlegt. Die unter dem Einfluß des Feldes wandernden Ionen werden bei ihrem Auftreffen auf die Elektroden entladen. Dieser Vorgang führt im allgemeinen zu einer Änderung der Potentialdifferenz zwischen Elektroden und Flüssigkeit, und zwar an Kathode und Anode in verschiedenem Maße. Dadurch tritt eine elektromotorische Gegenkraft auf, welche die ursprüngliche Feldstärke schwächt und den ohne Berücksichtigung dieser Schwächung errechneten Widerstand fälscht.

Vermeidet man die Benutzung von Elektroden ganz, indem man etwa in geschlossenen Flüssigkeitsleitern Ströme induziert, so wird die genannte Fehlerquelle vermieden. Jedoch bietet dieses Verfahren mancherlei Schwierigkeiten, die seiner Anwendung hinderlich sind. Immerhin zeigt sich eine Übereinstimmung zwischen Resultaten nach dieser Methode und nach anderen, die unten besprochen werden[1]).

Die geschilderten Störungen faßt man unter dem Begriff „Elektrolytische Polarisation" (Kap. 14) zusammen. Die ältesten Messungen der Leitfähigkeit (etwa bis zur Mitte des 19. Jahrhunderts) sind durch sie mit wenigen Ausnahmen sehr entstellt. Von den zahlreichen Versuchen, dem Fehler mit einfachen Mitteln zu entgehen, hat sich das Verfahren von KOHLRAUSCH[2]) am meisten bewährt. Dieser benutzt an Stelle von Gleichstrom einen Wechselstrom ausreichender Frequenz, der durch seine in entgegengesetzter Richtung aufeinanderfolgenden Stromstöße bei nicht zu hoher Stromdichte eine Störung durch Polarisation nicht in Erscheinung treten läßt.

In Verbindung mit einer Nullmethode der Widerstandsmessung, meist unter Verwendung der WHEATSTONEschen Brücke und des Telephons als eines bequemen und dabei leistungsfähigen Indikators für Wechselströme der benutzten Frequenz, ist die KOHLRAUSCHsche Methode diejenige, nach welcher die weitaus größte Zahl aller zuverlässigen Leitfähigkeitsmessungen an Elektrolyten ausgeführt ist. Spätere Änderungen und Verbesserungen betreffen in der Hauptsache die technische Vervollkommnung und Anpassung, insbesondere der Wechselstromquelle und des Stromindikators, an den besonderen Zweck. Darüber wird Näheres in Bd. XVI ds. Handb. berichtet.

Einzig bei sehr kleinen und sehr großen Widerständen unterliegt die Wechselstrommethode nennenswerten Störungen[3]). Deshalb ist bei sehr großen Widerständen (zu kleine wird man durch geeignete Wahl der Leiterdimensionen vermeiden können) manchmal doch die Messung mit Gleichstrom vorzuziehen. Da man in diesen Fällen auch, ohne Komplikationen etwa durch die Stromwärme befürchten zu müssen, beträchtliche Feldstärken anlegen kann, deren relative Änderung durch die auftretende Polarisation klein bleibt, lassen sich trotz Polarisation genügend genaue Messungen ausführen. Stets brauchbar, wenn auch bisher wenig benutzt, wird die auf FUCHS[4]) zurückgehende Methode der Messung mit Gleichstrom sein. Sie vermeidet eine Störung infolge Elektrodenpolarisation durch elektrometrische Messung der Spannung unter Verwendung von Sondenelektroden.

Einige Worte noch über die Ermittlung der Dimensionen des untersuchten Leiters. In dem Ausdruck für die spezifische Leitfähigkeit

$$\varkappa = \frac{l}{q} \cdot \frac{1}{R} \tag{1}$$

pflegt man l/q als die Widerstandskapazität des benutzten „Leitfähigkeitsgefäßes" zu bezeichnen. Die unmittelbare Bestimmung durch Längen- oder Volumausmessung ist nur bei geeigneter Form von Gefäß und Elektroden angängig. Insbesondere ist erforderlich, daß die Elektroden den gesamten Querschnitt des Gefäßes ausfüllen.

Meist verzichtet man deshalb auf eine derartige direkte Ausmessung, ermittelt vielmehr auf Grund von Gleichung (1) l/q indirekt durch Widerstandsmessung von Flüssigkeiten bekannter spezifischer Leitfähigkeit in dem zu

[1]) F. GUTHRIE u. C. F. BOYS, Phil. Mag. (5) Bd. 10, S. 328. 1880; W. S. FRANKLIN u. L. A. FREUDENBERGER, Phys. Rev. Bd. 25, S. 294. 1907; R. HÖBER, ZS. f. Elektrochem. Bd. 17, S. 148. 1911; L. GRÄTZ, Ann. d. Phys. (4) Bd. 1, S. 530. 1900; J. A. ERSKINE, Wied. Ann. Bd. 62, S. 454. 1897.

[2]) F. KOHLRAUSCH u. W. A. NIPPOLDT, Pogg. Ann. Bd. 138, S. 280, 370. 1869.

[3]) Zur Theorie der Fehlerquellen s. z. B. KOHLRAUSCH-HOLBORN, Das Leitvermögen der Elektrolyte, 2. Aufl. S. 61. Leipzig 1916.

[4]) F. FUCHS, Pogg. Ann. Bd. 156, S. 162. 1875.

benutzenden Gefäß. Als solche Eichflüssigkeiten werden geeignete, leicht reproduzierbare Lösungen von Salzen und Säuren benutzt. Ihre $\varkappa$-Werte müssen natürlich erstmalig mit genügender Genauigkeit in zur direkten Ausmessung von l und q geeigneten Gefäßen bestimmt sein (s. Tabelle 1 u. 1a, Bd. XVI, Kap. 24, Ziff. 6).

5. Leitfähigkeit reiner Flüssigkeiten. Tabelle 1 gibt einen Überblick über die Größenordnung der spezifischen Leitfähigkeit einer Anzahl reiner Flüssigkeiten bei Zimmertemperatur[1]). Die mitgeteilten Zahlen sind Mittelwerte aus Beobachtungen an Stoffen von guter Reinheit, wie sie meist durch wiederholte und sorgfältige fraktionierte Destillation erzielt werden. Mit fortschreitender Vervollkommnung der zur Reinigung dienenden Methoden gelangte man fast

Tabelle 1. Größenordnung der spezifischen Leitfähigkeit „reiner" Flüssigkeiten (nach WALDEN) bei Zimmertemperatur.

Schwefelsäure . . .	H_2SO_4	$\geqq 1 \cdot 10^{-2}$
Salpetersäure . . .	HNO_3	$\geqq 1{,}5 \cdot 10^{-2}$
Ameisensäure . . .	HCOOH	$1{,}5 - 6 \cdot 10^{-5}$
Methylalkohol . . .	CH_3OH	$1 - 2 \cdot 10^{-6}$
Nitromethan . . .	CH_3NO_2	$1 - 5 \cdot 10^{-7}$
Äthylalkohol . . .	C_2H_5OH	$1 - 2 \cdot 10^{-7}$
Azetonitril	CH_3CN	$2 - 5 \cdot 10^{-7}$
Nitrobenzol	$C_6H_5NO_2$	$0{,}2 - 2 \cdot 10^{-7}$
Azeton	CH_3COCH_3	$0{,}3 - 1 \cdot 10^{-7}$
Ammoniak	NH_3	$\approx 1 \cdot 10^{-7}$
Schwefeldioxyd . .	SO_2	$< 0{,}5 - 1 \cdot 10^{-7}$
Pyridin	C_6H_5N	$< 0{,}5 \cdot 10^{-7}$
Chloroform	$CHCl_3$	$< 1 \cdot 10^{-8}$
Benzol	C_6H_6	$< 1 \cdot 10^{-8}$

immer zu verminderten Werten der Leitfähigkeit. Die älteren Leitfähigkeitsdaten für reine Flüssigkeiten besitzen nur geringe Zuverlässigkeit infolge Vernachlässigung oder Unkenntnis dieses Umstandes. Aber auch die neueren Ergebnisse sind in vielen Fällen wahrscheinlich durch geringe, mit chemischen Mitteln nicht nachweisbare Verunreinigungen entstellt. Darauf verweisen die starken Abweichungen zwischen den Messungen verschiedener Autoren an gleichen Stoffen.

Besonders eingehend untersucht ist das Wasser. Seine Reinigung erfolgt gewöhnlich durch Destillation. Unter Verwendung geeigneten Materials für Gefäße und besonders für den Kühler und unter Zusatz von Absorptionsmitteln für die häufigsten flüchtigen Verunreinigungen, Kohlensäure und Ammoniak, erhält man nach mehrmals wiederholter Destillation ein Produkt mit einer spezifischen Leitfähigkeit $\varkappa = 1$ bis $2 \cdot 10^{-6}$. In Berührung mit der atmosphärischen Luft sind wesentlich geringere Werte nicht zu erwarten. Der normale Gehalt der Atmosphäre an Kohlendioxyd, das relativ rasch vom Wasser aufgenommen wird, bedingt schon angenähert diesen Betrag. Wohl aber kann man bei Ausschluß der störenden Luftbestandteile die Leitfähigkeit wesentlich herabdrücken. Den bisher tiefsten Wert erreichten KOHLRAUSCH und HEYDWEILLER[2]) durch Destillation im Vakuum der Quecksilberluftpumpe unter Verwendung jahrelang ausgelaugter Glasgefäße, nämlich $\varkappa_{18°} = 4{,}4 \cdot 10^{-8}\,\Omega^{-1} \cdot \mathrm{cm}^{-1}$.

[1]) Nach P. WALDEN, Das Leitvermögen der Lösungen Bd. I, S 24. Leipzig 1924. (In der Folge abgekürzt zitiert: „Leitvermögen".) Hier auch eine Zusammenstellung weiteren Zahlenmaterials und vollständige Literaturangaben; s. ferner M. RABINOWITSCH, ZS. f. phys. Chem. Bd. 119, S. 59, 70 u. 79. 1926.

[2]) F. KOHLRAUSCH u. A. HEYDWEILLER, Wied. Ann. Bd. 53, S. 209. 1894; ZS. f. phys. Chem. Bd. 14, S. 317. 1894; s. auch A. HEYDWEILLER, Ann. d. Phys. (4) Bd. 28, S. 503. 1909.

Theoretische Gründe, wie wir später sehen werden (Ziff. 25), machen wahrscheinlich, daß dieser Wert von dem des absolut reinen Wassers nicht weit entfernt ist[1]).

Die Mehrzahl der übrigen untersuchten „reinen" Flüssigkeiten besitzt Leitfähigkeitswerte, die zwischen 10^{-6} und $10^{-8}\,\Omega^{-1}\cdot\mathrm{cm}^{-1}$ liegen. Doch findet man, zumal bei Kohlenwasserstoffen und diesen chemisch ähnlichen Substanzen, Werte bis hinunter zu 10^{-13} und 10^{-14}.

„Elektrische" Reinigung, d. h. langdauernde Gleichstromelektrolyse mit unangreifbaren Elektroden und hoher Spannung, ergab in manchen Fällen eine noch beträchtlichere Herabsetzung. JAFFÉ[2]) gelang es zuerst, die spezifische Leitfähigkeit von Kohlenwasserstoffen nach diesem Verfahren auf Werte von $\varkappa =$ etwa $10^{-18}\,\Omega^{-1}\cdot\mathrm{cm}^{-1}$ zu bringen. SCHRÖDER[3]), CARVALLO[4]), VAN DER BIJL[5]) und FASSBINDER[6]) erhielten ähnliche Resultate an den verschiedensten Stoffklassen. Das Verhalten solcher extrem reinen Flüssigkeiten war ein anderes, als es sonst an elektrolytisch leitenden beobachtet wird. Das OHMsche Gesetz erwies sich als nicht gültig, um so weniger, je weiter die Reinigung getrieben wurde, und zwar blieb bei steigender Spannung die Stromstärke hinter der vom OHMschen Gesetz geforderten zurück. In einigen Fällen konnte sogar ein ausgeprägter Sättigungsstrom (Unabhängigkeit der Stromstärke von der angelegten Spannung) beobachtet werden, womit das Verhalten dieser dielektrischen Flüssigkeiten dem ionisierter Gase völlig analog wird. Über die Natur und Herkunft der stromleitenden Ionen ist völlige Klarheit bisher nicht gewonnen. JAFFÉ konnte die minimale Leitfähigkeit der von ihm untersuchten reinen Stoffe zum größten Teile auf die ionisierende Wirkung einer unvermeidlichen radioaktiven Strahlung zurückführen. Aus den Versuchen SCHRÖDERS und FASSBINDERS ergibt sich ein starker Einfluß des Materials der Elektroden, so daß diese unter Umständen als Lieferanten für die Ionen in Frage kommen. CARVALLO neigt dazu, Spuren von verunreinigenden Fremdstoffen als ionenliefernd anzusehen. Nur bis zu einem gewissen Grade lassen sich diese durch elektrische Reinigung entfernen, eine bestimmte Menge wird stets durch Rückdiffusion von den Elektroden wieder in den Elektrolyten gelangen, was schließlich zu einem stationären Gleichgewicht führt. JAFFÉ beobachtete das Auftreten eines Sättigungsstromes auch an absichtlich durch Elektrolytspuren verunreinigten Kohlenwasserstoffen. Er erklärt ihn hier durch die Annahme, daß die Dissoziationsgeschwindigkeit des Ionenbildners klein sei gegen die Geschwindigkeit der durch den Strom bewirkten Ionenabscheidung an den Elektroden. Es ist aber nicht zu verkennen, daß es sich auch um Grenzstrom-, also Polarisationsphänomene (Kap. 14), handeln könnte. Wie dem auch sei, für uns steht als hier wesentlich interessierendes Ergebnis der Untersuchungen fest, daß eine Reihe von Flüssigkeiten durch elektrische Reinigung in ihrer Leitfähigkeit beträchtlich herabgesetzt werden kann, die ursprünglich bessere Stromleitung also offenbar auf Kosten von Verunreinigungen geschah. Andererseits zeigen besonders die Arbeiten CARVALLOS, daß der so zu erreichende Minimalwert von $\varkappa$ sich keineswegs in allen untersuchten Fällen weit von den nach üblicher „chemischer" Reinigung erhaltenen

---

[1]) Näheres über Herstellung und Verwendung von „Leitfähigkeitswasser" in Bd. XVI Kap. 24.

[2]) G. JAFFÉ, Ann. d. Phys. (4) Bd. 25, S. 257. 1908; Bd. 28, S. 326. 1909; Bd. 32, S. 14 1910; Bd. 36, S. 25. 1911.

[3]) J. SCHRÖDER, Ann. d. Phys. (4) Bd. 29, S. 125. 1909.

[4]) J. CARVALLO, C. R. Bd. 151, S. 717. 1910; Bd. 156, S. 1609, 1755. 1912; Journ. d phys. (5) Bd. 4, S. 387. 1914; Ann. d. Phys. Bd. 1, S. 171. 1914.

[5]) H. Z. VAN DER BIJL, Ann. d. Phys. (4) Bd. 39, S. 170. 1912.

[6]) J. FASSBINDER, Ann. d. Phys. (4) Bd. 48, S. 449. 1915.

entfernt. So war z. B. bei Äthyl- und besonders bei Methylalkohol kein nennenswerter Unterschied festzustellen.

Demnach steht fest: auch absolut reine Flüssigkeiten können definierte Eigenleitfähigkeiten aufweisen, und zwar in einem von Stoff zu Stoff veränderlichen Betrage. Sie bleiben zwar in der Mehrzahl aller untersuchten Fälle gering, doch sind auch Körper bekannt, bei denen Eigenleitfähigkeiten von der Größenordnung gut leitender Salzlösungen gefunden werden. Salpeter- und Schwefelsäure sind in Tabelle 1 Beispiele dafür. Der Ansicht von KOHLRAUSCH[1]), daß wir bei gewöhnlicher Temperatur gut elektrolytisch leitende, reine Flüssigkeiten nicht kennen, daß vielmehr „die Elektrolyte erst durch die Mischung gut leitend werden", kann also — worauf besonders WALDEN[2]) hinweist — uneingeschränkte Gültigkeit nicht zugemessen werden. Allerdings darf nicht verkannt werden, daß der Begriff der „absolut reinen Flüssigkeit" nicht völlig eindeutig ist. Oben ist er nicht etwa in der Bedeutung gebraucht, daß die betreffende Flüssigkeit nur ein bestimmtes chemisches Individuum enthält. Es ist vielmehr durchaus wahrscheinlich, daß reine Flüssigkeiten im obigen Sinne infolge teilweiser Selbstkomplexbildung doch letzten Endes ein Gemisch verschiedener Individuen darstellen. Von Bedeutung erscheint unter diesem Gesichtspunkt die Feststellung, daß die Eigenleitfähigkeit von Flüssigkeiten vielfach mit deren Neigung zur Assoziation konform geht [WALDEN[2])].

Wenig Sicheres an experimentellen Ergebnissen liegt über den Einfluß von Druck und Temperatur auf die Leitfähigkeit reiner Flüssigkeiten vor. Systematische Untersuchungen darüber sind nicht angestellt, und die von verschiedenen Beobachtern unter verschiedenen Bedingungen gewonnenen Zahlen an den gleichen Stoffen sind aus den oben erörterten Gründen zu unsicher, als daß sich daraus ein halbwegs zuverlässiger Einblick in die Druck- und Temperaturabhängigkeit gewinnen ließe. Nur das Wasser ist eingehender untersucht auf die Veränderlichkeit des Leitvermögens mit der Temperatur. Für das schon erwähnte reinste Wasser fanden KOHLRAUSCH und HEYDWEILLER[3]):

bei	$-2°$	$0°$	$+2°$	$4°$	$10°$	$18°$	$26°$	$34°$	$50°$
$10^8 \cdot \varkappa =$	1,47	1,58	1,80	2,02	2,85	4,41	6,70	9,62	18,9 $\mathrm{Ohm}^{-1} \cdot \mathrm{cm}^{-1}$

Die Veränderlichkeit des Leitvermögens mit der Temperatur ist hier eine viel größere als an Wasser von üblicher Reinheit ($\varkappa = 1$ bis $2 \cdot 10^{-6}$), wo sie in der Nähe der Zimmertemperatur pro Grad etwa 2 bis 2,5% (schwankend wegen wechselnder Menge und Natur der Verunreinigungen) beträgt.

Mehrfach festgestellt ist eine Erhöhung der Leitfähigkeit durch Ionisation mittels Korpuskular- oder elektromagnetischer Strahlung. Die ersten Beobachtungen rühren von THOMSON[4]) und CURIE[5]) her, solche von STARK[6]), SZIVESSY und SCHÄFER[7]) und VOLMER[8]) folgen. Endgültige, auch quantitative Klärung brachten dann die schon erwähnten Arbeiten von JAFFÉ und VAN DER BIJL, die wesentlich zu diesem Zwecke ausgeführt waren. Von nennenswertem Einfluß ist eine solche Fremdionisation nur bei äußerst geringer Eigenleitfähig-

[1]) F. KOHLRAUSCH, Pogg. Ann. Bd. 159, S. 271. 1876.

[2]) P. WALDEN, Leitvermögen Bd. I, S. 18ff. In diesem Zusammenhange sei auch auf die Ausführungen von A. HANTZSCH, Chem. Ber. Bd. 60, S. 1933. 1927, verwiesen.

[3]) F. KOHLRAUSCH u. A. HEYDWEILLER, Wied. Ann. Bd. 53, S. 209. 1894; ZS. f. phys. Chem. Bd. 14, S. 317. 1894.

[4]) J. J. THOMSON, Nature Bd. 55, S. 606. 1897.

[5]) P. CURIE, C. R. Bd. 134, S. 420. 1903.

[6]) J. STARK u. W. HENTRING, Phys. ZS. Bd. 9, S. 481. 1909; J. STARK, ebenda. Bd. 10, S. 617. 1909.

[7]) G. SZIVESSY u. K. SCHÄFER, Ann. d. Phys. (4) Bd. 35, S. 511. 1911.

[8]) M. VOLMER, Ann. d. Phys. (4) Bd. 40, S. 775. 1913.

keit der untersuchten Flüssigkeit. Werden, wie oben beschrieben, elektrisch gereinigte verwendet, so treten Verhältnisse ein, wie man sie analog bei der Ionisation von Gasen antrifft.

Daß schließlich das Licht infolge Photolyse (chemische Veränderung durch Lichtwirkung) die Leitfähigkeit mancher Stoffe zu beeinflussen imstande sein wird, ist nicht verwunderlich und braucht an dieser Stelle nicht weiter erörtert zu werden. Ein von TYNDALL entdecktes, u. a. von COEHN und BECKER[1]) näher untersuchtes Beispiel bietet der Zerfall von Schwefeldioxyd am Licht unter Bildung von Schwefel und Schwefeltrioxyd.

6. Leitfähigkeit wässeriger Lösungen. Die überwiegende Zahl aller Leitfähigkeitsmessungen ist an Lösungen angestellt. Besonders über wässerige Lösungen liegt ein außerordentlich reiches Versuchsmaterial vor. F. KOHLRAUSCH und seinen Mitarbeitern, ferner OSTWALD, WALDEN, BREDIG, HEYDWEILLER, JONES, NOYES, LORENZ und vielen anderen verdanken wir ausgedehnte Untersuchungen. Von einer auch nur annähernd vollständigen Angabe der Literatur muß hier abgesehen werden[2]).

Tabelle 2 gibt das spezifische und Äquivalentleitvermögen einer ausgewählten Zahl von Ionenbildnern in Abhängigkeit von der Konzentration [meist nach

Tabelle 2. Spezifisches und Äquivalentleitvermögen wässeriger Lösungen bei 18°.

$[c_A] = 10^3 \cdot c_A$	0,0001		0,001		0,01		0,1		1		10	
	$10^4 \cdot \varkappa$	Λ	$10^4 \cdot \varkappa$	Λ	$10^4 \cdot \varkappa$	Λ	$10^4 \cdot \varkappa$	Λ	$10^4 \cdot \varkappa$	Λ	$10^4 \cdot \varkappa$	Λ
LiCl . . .	0,0981	98,1	0,965	96,5	9,21	92,1	82,4	82,4	634	63,4	1130	11,
NaCl . . .	0,1081	108,1	1,065	106,5	10,20	102,0	92,0	92,0	743	74,3	—	–
KCl . . .	0,1291	129,1	1,273	127,3	12,24	122,4	112,0	112,0	983	98,3	—	–
NH_4Cl . .	0,129	129	1,27	127	12,2	122	111,5	111,5	970	97	—	–
$NaNO_3$ . .	0,1045	104,5	1,029	102,9	9,82	98,2	87,2	87,2	659	65,9	—	–
KNO_3 . .	0,1255	125,5	1,236	123,6	11,82	118,2	104,8	104,8	805	80,5	—	–
$AgNO_3$ . .	0,1150	115,0	1,132	113,2	10,78	107,8	94,3	94,3	678	67,8	—	–
CH_3COONa	0,077	77	0,75	75	7,0	70	61	61	410	41	—	–
CH_3COOK	0,100	100	0,98	98	9,4	94	84	84	630	63	—	–
$CaCl_2$ . .	0,1152	115,2	1,120	112,0	10,34	103,4	88,2	88,2	675	67,5	—	–
$MgCl_2$ . .	0,1094	109,4	1,064	106,4	9,81	98,1	83,4	83,4	615	61,5	—	–
$Ba(NO_3)_2$.	0,1153	115,3	1,117	111,7	10,10	101,0	78,9	78,9	—	—	—	–
$Pb(NO_3)_2$.	0,1207	120,7	1,161	116,1	10,35	103,5	77,3	77,3	420	42,0	—	–
Na_2SO_4 . .	0,111	111	1,07	107	9,7	97	78	78	510	51	—	–
K_2SO_4 . .	0,1307	130,7	1,269	126,9	11,58	115,8	94,9	94,9	716	71,6	—	–
Na_2CO_3 . .	—	—	1,12	112	9,6	96	73	73	455	45,5	—	–
K_2CO_3 . .	—	—	1,33	133	11,55	115,5	94	94	710	71	—	–
$MgSO_4$ . .	0,1099	109,9	0,998	99,8	7,62	76,2	49,7	49,7	289	28,9	—	–
$ZnSO_4$ . .	0,110	110	0,988	98,8	7,32	73,2	45,6	45,6	266	26,6	—	–
$CuSO_4$ . .	0,1100	110,0	0,985	98,5	7,17	71,7	43,9	43,9	258	25,8	—	–
HCl . . .	—	—	3,77	377	37,0	370	351	351	3010	301	6440	64,
HNO_3 . .	—	—	3,75	375	36,8	368	350	350	3100	310	6540	65,
CH_3COOH	0,107	107	0,41	41	1,43	14,3	4,60	4,60	13,2	1,32	4,9	0,
C_6H_5OH .	—	—	—	—	0,044	0,44	—	—	—	—	—	–
H_2SO_4 . .	—	—	3,61	361	30,8	308	225	225	1980	198	7000	70,
$(COOH)_2$.	0,235	235	1,81	181	15,8	158	117	117	590	59	—	–
H_3PO_4 . .	—	—	1,05	105	8,5	85,0	46,8	46,8	222	22,2	—	–
NaOH . .	—	—	2,08	208	20,0	200	183	183	1600	160	2020	20,
KOH . . .	—	—	2,34	234	22,8	228	213	213	1840	184	4480	44,
NH_3 . . .	0,066	66	0,28	28,0	0,96	9,6	3,3	3,3	8,9	0,89	5,4	0,
N_2H_4 . . .	—	—	—	—	0,33	3,3	1,5	1,5	—	—	—	–

[1]) A. COEHN u. H. BECKER, ZS. f. phys. Chem. Bd. 70, S. 88. 1910.

[2]) Eine vollständige Sammlung des Zahlenmaterials und der Literatur bei P. WALDEN, Das Leitvermögen der Lösungen. Leipzig 1924. Auswahl auch in LANDOLT-BÖRNSTEIN-ROTH-SCHEEL, Physikalisch-chemische Tabellen, 5. Aufl. Berlin 1923. Neuestes Material im 1. Erg.-Bd. dazu. Berlin 1927.

Daten von KOHLRAUSCH und Mitarbeitern[1])]. Das Eigenleitvermögen des Lösungswassers ist in den Zahlen bereits in Abzug gebracht. Bei Salzen ist diese Korrektur berechtigt, wie ARRHENIUS[2]) und KOHLRAUSCH[3]) gezeigt haben. Bei Säuren und Basen jedoch ist ein beträchtlicher Einfluß der gelösten Stoffe auf die Eigenleitfähigkeit des — meist durch CO_2 und NH_3 verunreinigten — Lösungswassers zu erwarten, und zwar ein um so größerer, je unreiner das verwendete Wasser ist (s. Ziff. 5). Demzufolge ist es nicht ganz einwandfrei, eine Korrektur an den gemessenen Werten derart vorzunehmen, daß das Leitver-

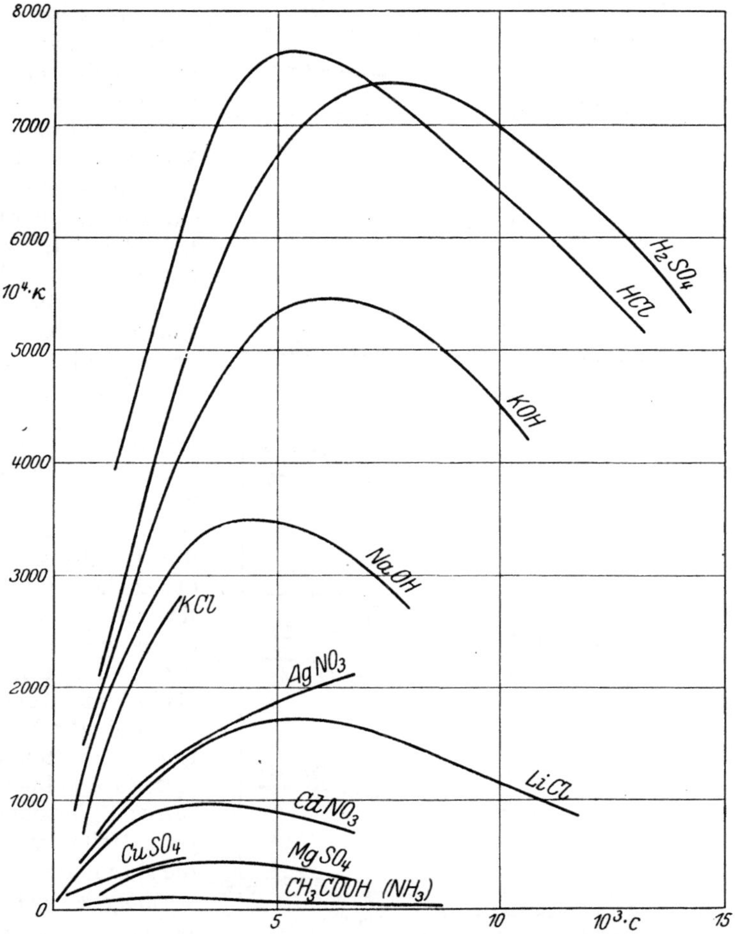

Abb. 1. Spezifische Leitfähigkeit wässeriger Lösungen in Abhängigkeit von der Konzentration. ($t = 18°$.)

mögen des isolierten Lösungsmittels in Abrechnung gebracht wird. In der Tat trägt dieser Fehler — übrigens tritt er erst bei hohen Verdünnungen deutlich in Erscheinung — in die Messung von Säuren und Basen eine Unsicherheit hinein, die eine genaue Ermittlung ihrer Leitfähigkeit für $c < 10^{-6}$ bei Ver-

[1]) Entnommen aus: F. KOHLRAUSCH-L. HOLBORN, Das Leitvermögen der Elektrolyte, 2. Aufl. Leipzig u. Berlin 1916.

[2]) Sv. ARRHENIUS, ZS. f. phys. Chem. Bd. 11, S. 401. 1893.

[3]) F. KOHLRAUSCH, Wied. Ann. Bd. 26, S. 191. 1885.

wendung des üblichen Leitfähigkeitswassers illusorisch macht. Nur Verwendung äußerst reinen Wassers kann hier zum Ziele führen. (Weiteres siehe Band XVI.)[1]

Die aus der Tabelle zu entnehmende Konzentrationsabhängigkeit des spezifischen und des Äquivalentleitvermögens geht anschaulich aus den Abb. 1 und 2 hervor. (Diesen liegen z. T. andere Elektrolyte zugrunde; die Auswahl mußte auf einigermaßen übersichtliche Darstellungsmöglichkeit Rücksicht nehmen.) Abb. 1 zeigt die spezifische Leitfähigkeit in Abhängigkeit von der Konzentration. Das Verhalten sämtlicher Stoffe ist qualitativ das gleiche. Mit von Null ansteigender Konzentration zunächst stets ein Anwachsen, ferner bei den Stoffen, die in genügender Konzentration in Lösung zu bringen sind, ein Maximum und bei weiterer Konzentrations-Steigerung ein stetiges Absinken der Leitfähigkeit, gegebenenfalls bis zu dem Werte der Eigenleitfähigkeit des „gelösten" Stoffes. Es kommt hierin deutlich der Einfluß der Mischung auf das Leitvermögen zum Ausdruck. Insoweit besteht also der früher erwähnte KOHLRAUSCHsche Satz (Ziff. 5) zu Recht, als in der Tat Stoffe, falls sie überhaupt merkliche Ionenbildner sind, in Mischung mit anderen geeigneten Stoffen bessere Leitfähigkeit zeigen als in reinem Zustande.

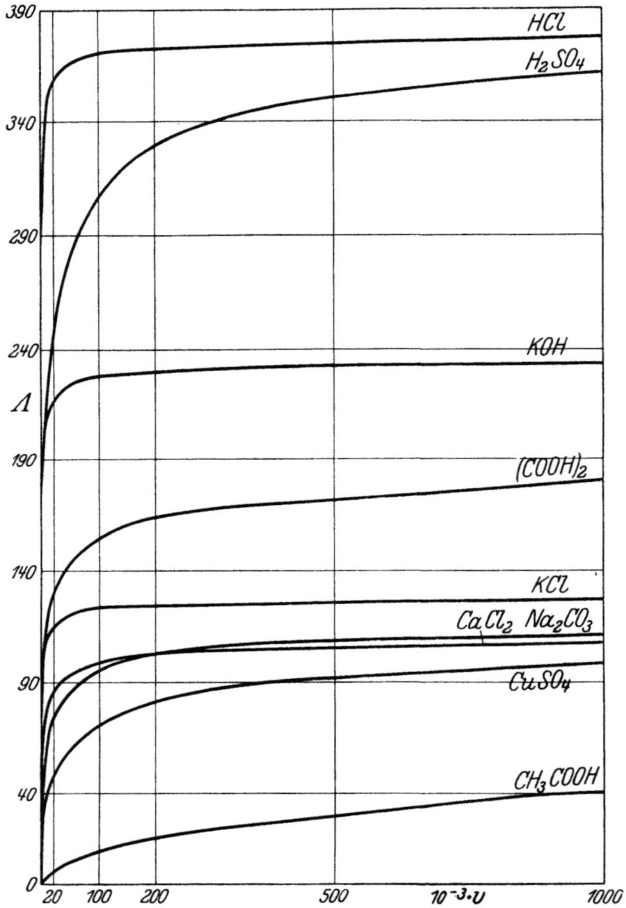

Abb. 2. Äquivalentleitvermögen und Verdünnung. (Wässerige Lösungen; $t = 18°$.)

Bei gleichem qualitativen Verhalten sind andererseits erhebliche quantitative Verschiedenheiten festzustellen, vor allem, was die Maximalwerte des Leitvermögens betrifft. Insbesondere interessiert hier ein grundlegender Unterschied im Verhalten der Salze gegenüber dem der Säuren und Basen. Während die Salze mit wenigen Ausnahmen, die übrigens in Tabelle und Abbildung nicht aufgenommen sind, stets zu verhältnismäßig gut leitenden Lösungen führen, deren maximales Leitvermögen etwa gleiche Größenordnung zeigt, finden sich unter den Säuren und Basen alle Übergänge von den höchsten an Lösungen bekannten (Beispiele: HCl, HNO_3, KOH) bis zu den geringsten kaum noch ein-

[1]) Vgl. auch J. KENDALL, Journ. Amer. Chem. Soc. Bd. 38, S. 1480, 2460. 1916; Bd. 39, S. 7. 1917; E. W. WASHBURN, ebenda Bd. 40, S. 106, 122, 150. 1918; H. REMY, ZS. f. Elektrochem. Bd. 31, S. 88. 1925.

wandfrei meßbaren Leitfähigkeitswerten (Beispiele: Phenol, Hydrazin, die in den Abbildungen nicht mehr dargestellt werden konnten). Wie weiterhin noch mehrfach zutage treten wird, läßt sich eine häufig recht ausgeprägte Grenze zwischen starken und schwachen Elektrolyten ziehen. Zu der ersten Gruppe gehören nach dem oben Gesagten praktisch sämtliche Salze sowie eine beschränkte Anzahl von Säuren und Basen, anorganischen und organischen, zu den schwachen Elektrolyten zählt vor allem die weitaus größte Zahl aller organischen Säuren und Basen (vgl. Ziff. 20).

Abb. 2 zeigt den Verlauf der Äquivalentfähigkeiten als Funktion, diesmal nicht der Konzentration, sondern des reziproken Wertes, der Verdünnung. Sämtliche Elektrolyte zeigen mit wachsender Verdünnung steigende Äquivalentleitfähigkeit — das gleiche gilt natürlich auch für die Molarleitfähigkeit —, bei allen wird auch das Ansteigen mit fortschreitender Verdünnung langsamer und führt bei hohen Verdünnungen zu annähernd konstanten Werten. Diese Grenzwerte haben offenbar für die einzelnen Elektrolyte typische Werte, auch ist aus der Abbildung, ebenso aus der Tabelle, zu entnehmen, daß die Grenzwerte im großen ganzen bei um so geringeren Verdünnungen (also höheren Konzentrationen) bereits erreicht werden, je besser leitende Lösungen (Abb. 1, Tabelle 2) der betreffende Elektrolyt bei höheren Konzentrationen gibt. Für die schwachen Elektrolyte im besonderen wird der Grenzwert auch nicht annähernd erreicht sein bei den Konzentrationen (höchstens $c = 10^{-7}$), die der Messung (und Auswertung!) noch zugänglich sind.

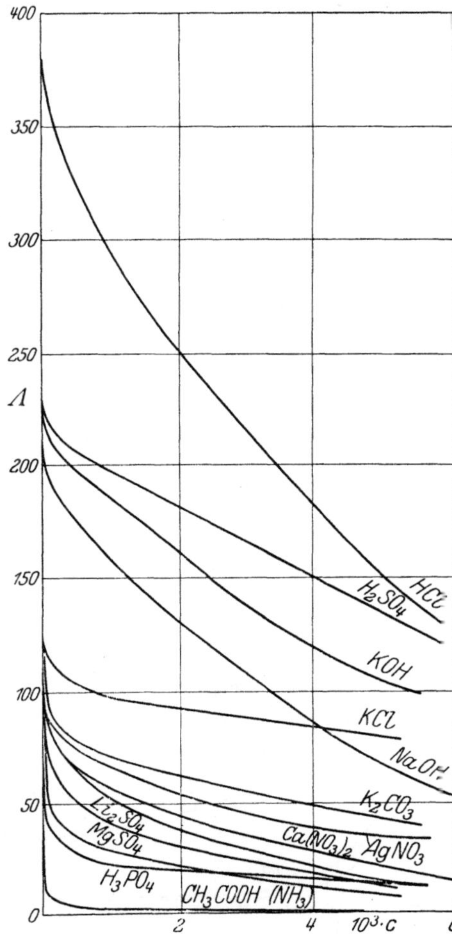

Abb. 3. Äquivalentleitvermögen und Konzentration.

Gerade für diese schwachen Elektrolyte hat man frühzeitig (OSTWALD 1888, s. Ziff. 18) den beobachteten Zusammenhang zwischen Äquivalentleitvermögen und Konzentration auch theoretisch begründen können; er läßt sich darstellen durch die Funktion:

$$\frac{a - \Lambda_c}{\Lambda_c^2} = b \cdot c \qquad (7)$$

(a und b sind für jeden Stoff individuelle Konstanten).

Für stärkere Elektrolyte gilt diese Beziehung nicht. Für sie hat sich erst in allerjüngster Zeit eine theoretisch ausreichend begründete Formel finden lassen, die dem Experiment (freilich vorläufig in sehr beschränktem Konzentrationsintervall) gerecht wird (Ziff. 36). Man hat infolgedessen vielfach versucht, wenigstens empirische Formeln zu finden, die zur einfachen Darstellung des Sachverhalts geeignet erscheinen. Von den zahlreich hierzu vorgeschlagenen, deren jede nur für ein begrenztes Konzentrationsgebiet Gültigkeit besitzt, sollen an dieser Stelle allein drei von F. KOHLRAUSCH in Vorschlag gebrachte besprochen werden (s. auch Ziff. 12).

Für höhere Konzentrationen beliebiger Elektrolyte, von etwa 0,5 bis $1n$ aufwärts, herrscht in einiger Annäherung Proportionalität zwischen Λ_c und c. Die Ergebnisse in diesem Gebiet lassen sich also genähert darstellen durch den Ausdruck:

$$\Lambda_c = a - b \cdot c \tag{8}$$

(a und b sind wieder für jeden Elektrolyten individuelle Konstanten).

Die graphische Darstellung sollte eine gerade Linie ergeben. Daß dies einigermaßen zutrifft, die genannte Beziehung also als rohe Interpolationsformel — höhere Ansprüche stellt sie nicht — bei mittleren Konzentrationen brauchbar ist, läßt Abb. 3 erkennen. Bei geringen Konzentrationen, für die aus mancherlei Gründen das theoretisch einfachere Verhalten zu erwarten ist, versagt sie allerdings völlig.

Für dieses Gebiet fand KOHLRAUSCH[1]) die Formel:

$$\Lambda_c = a - b \cdot c^{\frac{1}{3}} \tag{9}$$

geeigneter, er nahm also Proportionalität zwischen Äquivalent-Leitvermögen und Kubikwurzel der Konzentration an.

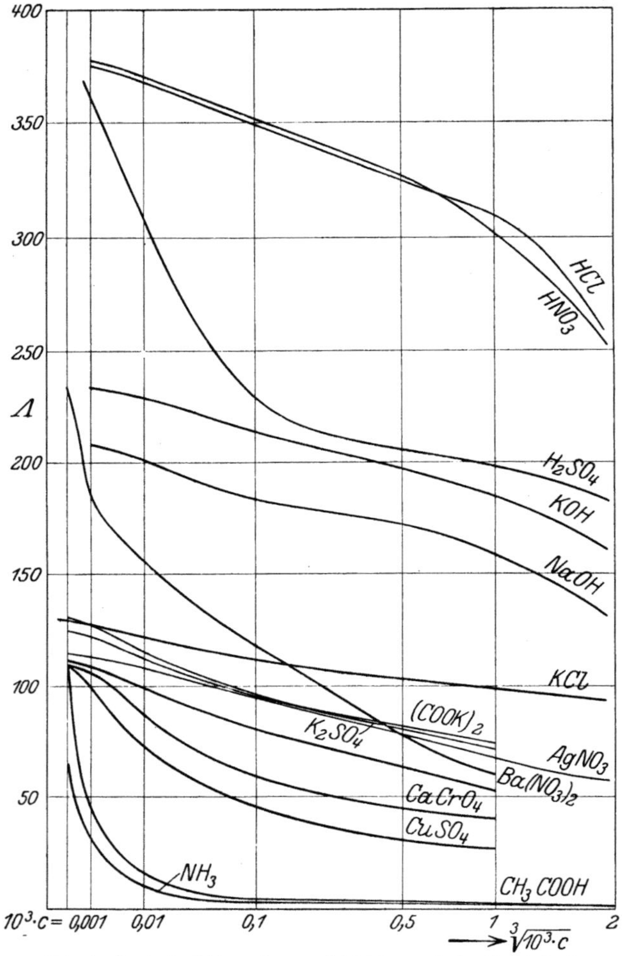

Abb. 4. Äquivalentleitvermögen und Kubikwurzel der Konzentration.

Aus Abb. 4 ist ersichtlich, daß dies mit ausreichender Annäherung nur für Salze aus zwei einwertigen Ionen zutrifft, auf die KOHLRAUSCH auch im wesentlichen die Anwendung beschränkt wissen wollte. Besonders deutlich zeigt die Abbildung das stark abweichende Verhalten schwacher Elektrolyte. (Beispiele: CH_3COOH, NH_3.) Aber selbst Salze aus zwei einwertigen, besonders jedoch solche mit mehrwertigen Ionen geben bei kleinsten Konzentrationen ($c < 10^{-6}$) deutliche Abweichungen. Für diese verdünntesten Lösungen erwies sich die Beziehung[2])

$$\Lambda_c = a - b \cdot c^{\frac{1}{2}} \tag{10}$$

[1]) F. KOHLRAUSCH, Wied. Ann. Bd. 26, S. 161. 1885.

[2]) F. KOHLRAUSCH u. M. E. MALTBY, Wiss. Abh. d. Phys.-Techn. Reichsanst. Bd. 3, S. 156. 1900.

überraschend gut geeignet zur Wiedergabe des experimentellen Materials bei allen starken Elektrolyten verschiedenster Typen, d. h. also bei Salzen, sowie starken Säuren und Basen. Die graphische Darstellung Abb. 5 und 6 möge eine Anschauung davon geben. Die deutliche Ausnahmestellung der schwachen Elektrolyte prägt sich auch hier wieder aus. Für starke Elektrolyte gilt die Beziehung erst von um so geringeren Konzentrationen abwärts, je größer das Produkt der Wertigkeiten der beteiligten Ionen ist. Offensichtlich bedingt in erster Linie dieses auch die Neigung der $\Lambda - c^{\frac{1}{2}}$-Kurven.

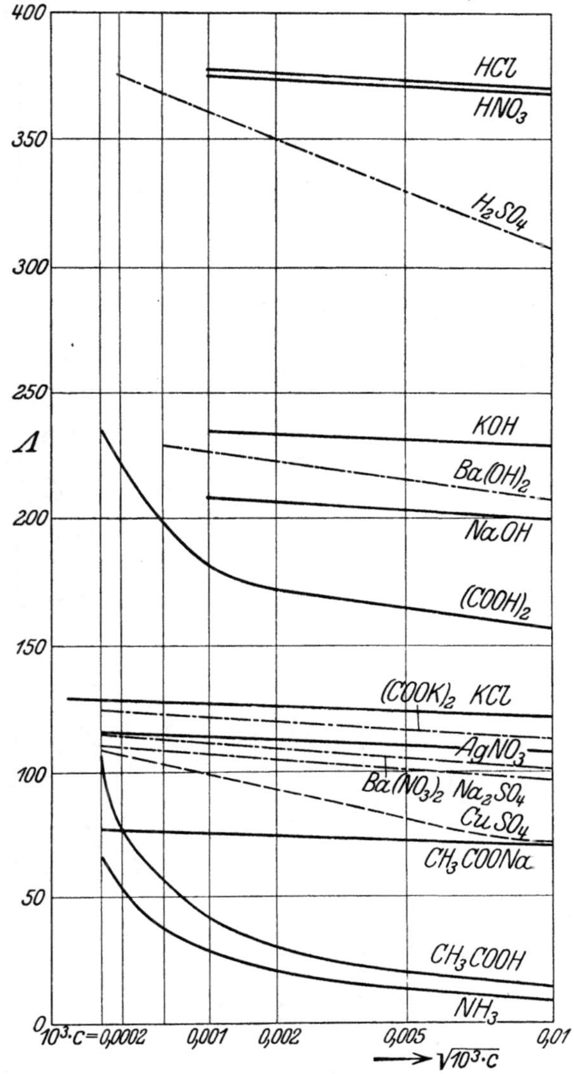

Abb. 5. Äquivalentleitvermögen und Quadratwurzel der Konzentration.

In den bisher besprochenen Konzentrationsgebieten ergab sich ausnahmslos ein Ansteigen des Äquivalentleitvermögens mit der Verdünnung. Abweichungen von diesem eindeutigen Verhalten finden sich in höchstkonzentrierten Salzlösungen. In solchen kann manchmal innerhalb eines gewissen Konzentrationsbereiches eine Umkehr der c-Funktion beobachtet werden[1]), meist allerdings nur nach Einführung gewisser, erst später (Ziff. 16) zu erörternder Korrektionen. Die Erscheinung häuft sich bei erhöhter Temperatur. Ein gleiches Verhalten wird uns als weitverbreitet bei anderen Lösungsmitteln als Wasser wieder begegnen. Auf das dort Gesagte (Ziff. 7) sei hier verwiesen.

Mit der **Temperatur** ist das Leitvermögen wässeriger Lösungen stark veränderlich. Die ersten ausführlichen Untersuchungen betreffen das Verhalten nahe Zimmertemperatur. Der Temperaturkoeffizient ist hier stets positiv, im übrigen veränderlich mit der Konzentration. Erst bei kleinen Konzentrationen ($c < 10^{-6}$) ergeben sich konstante Werte. Nach F. KOHLRAUSCH[2]) läßt sich die Temperaturabhängigkeit in derartig

[1]) A. SACHANOV, ZS. f. Elektrochem. Bd. 19, S. 588. 1913; A. J. RABINOWITSCH, ZS. f. phys. Chem. Bd. 99, S. 338, 417, 434. 1921.

[2]) F. KOHLRAUSCH, Berl. Ber. 1901, S. 1026; 1902, S. 968; Proc. Roy. Soc. London Bd. 71, S. 338. 1903; ZS. f. Elektrochem. Bd. 8, S. 288, 626. 1902; Bd. 14, S. 129. 1908; vgl. ferner H. CLAUSEN, Ann. d. Phys. (4) Bd. 37, S. 51. 1911; Bd. 44, S. 1067. 1914.

verdünnten Lösungen mit genügender Genauigkeit durch eine quadratische Formel darstellen:

$$\varkappa_t = \varkappa_{t_0}[1 + \alpha (t - t_0) + \beta (t - t_0)^2]\,. \tag{11}$$

Tabelle 3 gibt eine Auswahl der von KOHLRAUSCH bestimmten Konstanten α und β, gültig für das Temperaturintervall von 0° bis 30°. Als Bezugswert der Leitfähigkeit ($\varkappa_{t_0}$) ist der für 18° geltende eingesetzt. Man erkennt, daß α stets, β vorwiegend positive Werte aufweist, das Leitvermögen demnach mit steigender Temperatur meist beschleunigt ansteigt. Nur die Säuren zeigen sämtlich einen mit steigender Temperatur sich verringernden, in dem fraglichen Temperaturgebiet aber ebenfalls positiven Temperaturkoeffizienten. Innerhalb der Fehlergrenzen sind übrigens α und β durch die Beziehung:

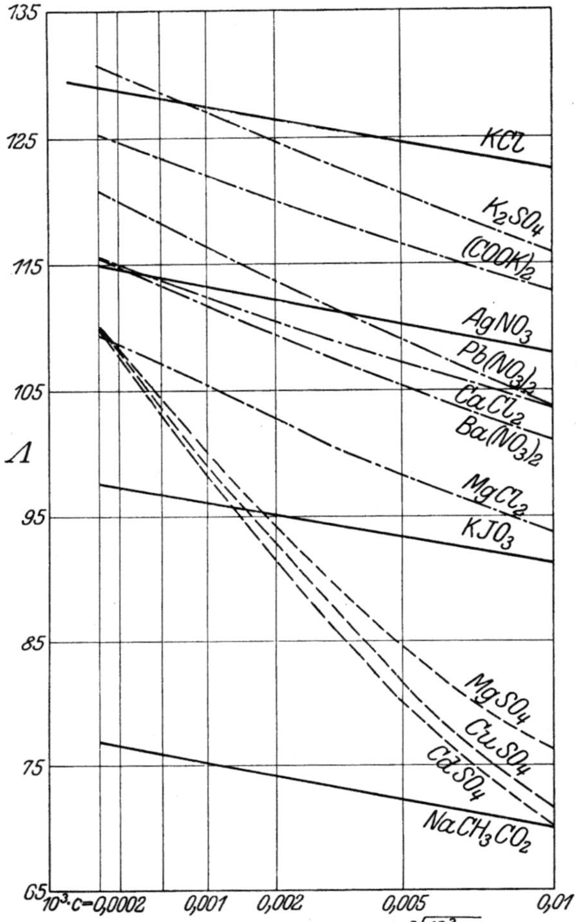

Abb. 6. Äquivalentleitvermögen und Quadratwurzel der Konzentration.

Tabelle 3. Temperaturkoeffizienten des Leitvermögens verdünnter wässeriger Lösungen zwischen 0° und 30°.

$\varkappa_t = \varkappa_{t_0}[1 + \alpha (t - t_0) + \beta (t - t_0)^2]$

	$10^4 \cdot \alpha$	$10^6 \cdot \beta$
LiCl . . .	232	+91
NaCl . .	226	84
KCl . . .	217	67
NHCl . .	219	68
NaNO . .	220	75
KNO . . .	210	62
AgNO . .	216	67
CHCOONa	242	110
CHCOOK .	224	—
CaCl . . .	229	—
MgCl . . .	232	—
Ba(NO) .	220	75
Pb(NO) . .	224	78
NaSO . .	233	97
KSO . . .	222	77
NaCO . .	261	151
MgSO . .	238	95
ZnSO . .	235	—
CuSO . .	232	—
HCl . . .	164	−15
HNO . .	163	−16
HSO . . .	165	−16
HPO . . .	169	−1
KOH . . .	190	+32

$$\beta = 0{,}0163\,(\alpha - 0{,}0174) \tag{11a}$$

miteinander verknüpft, so daß Kenntnis einer Konstanten zur Beschreibung der Temperaturabhängigkeit in der Nähe der Zimmertemperatur ausreicht. Die Größenordnung von α ist für alle Elektrolyte dieselbe, insbesondere für Salze liegt α meist zwischen 0,021 bis 0,024, während es für Säuren und Basen etwas geringere Werte aufweist. Die vorhandenen Schwankungen sind weiter derart mit den Werten von $\varkappa_{18^\circ}$ verbunden, daß — wenigstens qualitativ — größeren

Leitfähigkeitswerten kleinere Temperaturkoeffizienten entsprechen und umgekehrt.

Mit steigender Elektrolytkonzentration werden die Verhältnisse uneinheitlicher. In der überwiegenden Zahl aller untersuchten Fälle wird jedoch zunächst der Temperaturkoeffizient stets kleiner, und erst bei weiterer Konzentrationssteigerung treten Verschiedenheiten auf, entweder weiteres Fallen oder Wiederansteigen. Einige Zahlenbeispiele für das einheitliche Verhalten relativ verdünnter Lösungen gibt Tabelle 4, welche gleichzeitig bis zu den höchsten bisher herangezogenen Temperaturen reicht[1]). Wiedergegeben sind Äquivalentleitfähigkeiten in Abhängigkeit von Konzentration und Temperatur. Die Λ-Werte für $c = 0$ sind durch Extrapolation gewonnen (Ziff. 12). Während diese ausnahmslos mit der Temperatur rasch ansteigen, zeigt sich bei Steigerung der Konzentration in allen Fällen ein verlangsamtes Anwachsen der Leitfähigkeit mit der Temperatur, das unter Umständen sogar zur Umkehrung des Vorzeichens im Temperaturkoeffizienten, damit also zu einem Maximum der Äquivalentleitfähigkeit, führt. Dieses liegt in erster Annäherung bei um so höheren Temperaturen und Konzentrationen, je bessere Leitfähigkeit der betreffende Elektrolyt bei endlichen Konzentrationen und gewöhnlichen Temperaturen zeigt. In Übereinstimmung damit hat sich auch für solche Elektrolyte der Tabelle, die in dem angegebenen Konzentrationsbereich noch kein Maximum aufweisen, ein solches doch bei höheren Konzentrationen auffinden lassen (z. B. NaCl, KCl, NaOH).

Tabelle 4. Äquivalentleitvermögen wässeriger Lösungen bei höheren Temperaturen.

$10^3 \cdot c$	18°	50°	100°	156°	218°	306°
			NaCl			
0	109,0	—	362	555	760	1080
0,01	102,0	—	335	511	685	860
0,08	93,5	—	301	450	500	680
0,1	92,0	—	296	441	—	—
			K_2SO_4			
0	132,8	—	445	715	1065	1725
0,01	115,7	—	365	537	672	637
0,08	97,2	—	294	415	482	395
			$MgSO_4$			
0	114,1	—	426	690	1080	—
0,01	76,1	—	223	241	143	—
0,1	49,8	—	129	126	—	—
			HCl			
0	379	—	850	1085	1265	—
0,01	368,1	—	807	1016	1168	—
0,1	350,6	—	754	929	1006	—
			CH_3COOH			
0	347	—	773	980	1165	—
0,011	14,5	—	25	22	15	—
0,1	4,7	—	8	—	—	—
			H_2SO_4			
0	383	—	891	1176	1505	—
0,01	309	—	446	481	533	—
0,1	233	—	369	435	483	—
			H_3PO_4			
0	338	—	730	930	—	—
0,01	203	—	308	274	—	—
0,1	96	—	128	108	—	—
			NaOH			
0	216	—	594	835	1060	—
0,02	206	—	559	771	930	—
0,05	201	—	540	738	873	—
			$Ba(OH)_2$			
0	222	—	645	847	—	—
0,01	207	—	548	722	—	—
0,1	180	—	443	531	—	—

Bei tiefen Temperaturen konnten nur konzentrierte Lösungen untersucht werden, da verdünnte wässerige Lösungen solche nicht ohne zu gefrieren erreichen lassen. Die untersuchten

[1]) A. A. Noyes u. Mitarbeiter, ZS. f. phys. Chem. Bd. 46, S. 323. 1903; Bd. 70, S. 335. 1910; Bd. 73, S. 1. 1910. Von neueren Arbeiten bei erhöhter Temperatur (bis 100°) seien genannt: A. J. Rabinowitsch, ZS. f. phys. Chem. Bd. 99, S. 338, 417, 434. 1921 (höchst konzentrierte Salzlösungen); P. Walden u. W. Ulich, ebenda Bd. 106, S. 49. 1923 (äußerst verdünnte Lösungen).

Lösungen zeigten mit sinkender Temperatur eine sich allmählich verringernde, asymptotisch einem Nullwert zustrebende Leitfähigkeit[1]).

Der Einfluß des Druckes auf das Leitvermögen[2]) wird im allgemeinen erst bei höheren Werten deutlich. Er ist ebenso wie der Temperaturkoeffizient mit der Konzentration veränderlich, und erst für sehr geringe Konzentrationen wird ein konstanter, und zwar positiver Wert des Druckkoeffizienten erreicht. Mit steigender Konzentration ändert sich der Druckkoeffizient in verschiedener Weise für starke und schwache Elektrolyte. Bei starken bleibt er in einem gewissen Bereiche zunächst konstant, um dann stetig auf Null abzufallen und schließlich negative Werte anzunehmen. Schwache Elektrolyte zeigen bei von Null ansteigender Konzentration ein rapides Anwachsen des Druckeinflusses, der aber schon bei geringen Konzentrationen ein Maximum erreicht und weiterhin langsam abnimmt (Abb. 7). Erhebliche Unterschiede zeigen starke und schwache Elektrolyte endlicher Konzentration auch in der Abhängigkeit des Leitvermögens vom Drucke selbst. Abb. 8 erläutert dies für einige typische Fälle. Dargestellt ist der relative Widerstand von $^1/_{10}$ normalen Natriumchlorid- und Essigsäurelösungen bei verschiedenen Temperaturen als Funktion des Druckes. Der starke

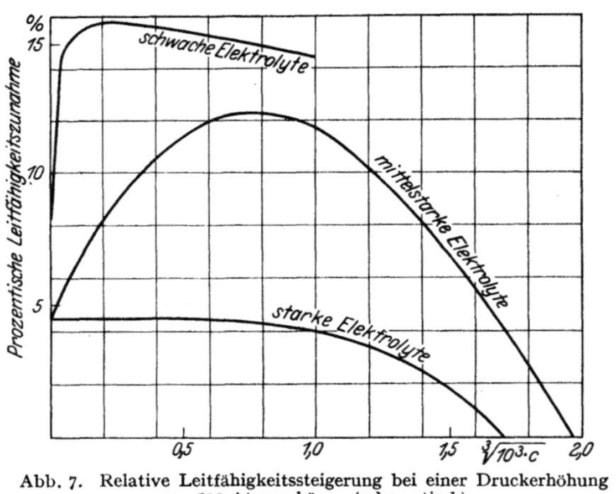

Abb. 7. Relative Leitfähigkeitssteigerung bei einer Druckerhöhung um 500 Atmosphären (schematisch).

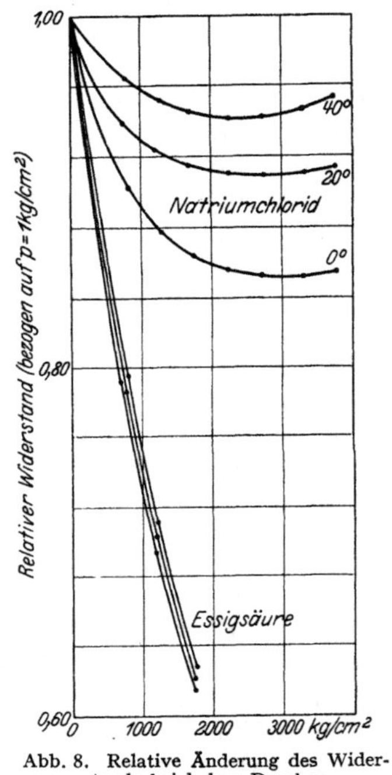

Abb. 8. Relative Änderung des Widerstands bei hohen Drucken.

Elektrolyt zeigt bei Drucken von einigen Tausend Atmosphären ein Minimum des Widerstandes, dessen Lage im übrigen noch von der Temperatur abhängig ist; der schwache dagegen bis zu den höchsten untersuchten Drucken abnehmenden — allerdings mit dem Druck verzögert abnehmenden — Widerstand. Der Einfluß der Temperatur ist in beiden Fällen qualitativ derselbe, bei starken Elektrolyten jedoch wesentlich ausgeprägter als bei schwachen.

[1]) J. KUNZ, ZS. f. phys. Chem. Bd. 42, S. 591. 1903; Bd. 70, S. 335. 1910; Bd. 73, S. 1. 1910; W. HECHLER, Ann. d. Phys. (4) Bd. 15, S. 157. 1904; R. HOSKING, Phil. Mag. (6) Bd. 7, S. 469. 1904.

[2]) J. FANJUNG, ZS. f. phys. Chem. Bd. 14, S. 673. 1894; W. C. RÖNTGEN, Göttinger Nachr. 1893, S. 505; G. TAMMANN, ZS. f. phys. Chem. Bd. 17, S. 725. 1895; Wied. Ann. Bd. 69, S. 767. 1899; S. LUSSANA, Cim. (4) Bd. 5, S. 357, 441. 1897; (5) Bd. 18, S. 170. 1909; ZS. f. phys. Chem. Bd. 76, S. 420. 1911; Bd. 79, S. 677. 1912; A. BOGOJAWLENSKI u. G. TAMMANN, ebenda Bd. 27, S. 457. 1898; F. KÖRBER, ebenda Bd. 67, S. 212. 1909; Bd. 77, S. 420. 1911.

Was den Einfluß sonstiger physikalischer Faktoren auf das Leitvermögen wässeriger Lösungen betrifft, so sei erwähnt, daß ein Einfluß magnetischer Felder auf die Leitfähigkeit bisher nicht nachgewiesen werden konnte[1]). Häufig jedoch erwies sie sich durch Licht verschiedenster Wellenlänge beeinflußbar. Diese Erscheinung, die wahrscheinlich stets auf eine Photolyse, also grundlegende chemische Änderung des stromleitenden Elektrolyten, zurückzuführen sein wird, soll hier nicht näher besprochen werden. Ein Hinweis auf die Literaturzusammenstellung möge genügen[2]).

Ebenso wird der mehrfach beobachtete Einfluß von radioaktiver und Röntgenstrahlung[2]) auf einer durchgreifenden chemischen Veränderung des Elektrolyten beruhen. Die infolge Ionisation zu erwartende Leitfähigkeitszunahme, wie sie an reinen dielektrischen Flüssigkeiten beobachtet wurde (Ziff. 5), bleibt jedenfalls zu klein, als daß sie zur Beobachtung gelangen könnte.

7. Leitfähigkeit nichtwässeriger Lösungen. Nichtwässerige Lösungen sind eingehender erst in den letzten Jahrzehnten zu Leitfähigkeitsmessungen herangezogen worden. Heute liegt auch auf diesem Gebiete ein sehr reiches Tatsachenmaterial vor, das sich auf einige hundert verschiedene Flüssigkeiten als Lösungsmittel verteilt. Besonders umfängliche Beiträge lieferten — um nur einige Namen zu nennen — CARRARA, DUTOIT, FRANKLIN, JONES, WALDEN, SACHANOW, KRAUS, GOLDSCHMIDT u. v. a.[3]).

Das Hauptziel aller dieser Untersuchungen war die Nachprüfung der an wässerigen Lösungen gefundenen Gesetzmäßigkeiten und darüber hinaus die Ermittlung derjenigen Faktoren, welche zu Abweichungen im Verhalten der wässerigen und nichtwässerigen Lösungen führen. Dieses Ziel darf heute — wenigstens in großen Zügen — für die Klasse der Salze als erreicht betrachtet werden. Es ist in der Hauptsache das Verdienst P. WALDENS, durch konsequente Arbeit in das unübersehbar erscheinende Material Ordnung und System gebracht zu haben. Er erreichte dies dadurch, daß er zunächst einige wenige geeignete Elektrolyte einer systematischen Untersuchung in den verschiedensten Solventien unterwarf, um an dem so gewonnenen Material festzustellen, daß es im wesentlichen zwei Eigenschaften der Lösungsmittel sind, die einen Einfluß auf die Leitfähigkeit gelöster Stoffe ausüben: die innere Reibung und die Dielektrizitätskonstante[4]). Das Leitvermögen wächst mit Verminderung der Viskosität und mit Erhöhung der D.K.

Die für die Leitfähigkeit günstigen Werte dieser beiden Eigenschaften beim Wasser, mehr aber noch rein praktische Gründe, weisen diesem seine Sonderstellung zu, welche demnach keine grundsätzliche, vielmehr eine nur qualitative ist. Die Leitfähigkeit von Salzen in nichtwässerigen Medien weist zwar gegenüber der Lösung in Wasser geänderte, meist verminderte Beträge auf (Tabelle 5a und 5b)[5]), der Betrag dieser Änderung kann aber — bei Kenntnis von Dielektrizitätskonstante und Viskosität des betreffenden Lösungsmittels — mit befriedigender Annäherung vorausberechnet werden. (Näheres s. Ziff. 14 und 22.)

---

[1]) G. BERNDT, Verh. d. D. Phys. Ges. 1907, S. 240.

[2]) P. WALDEN, Leitvermögen Bd. I, S. 43.

[3]) Literatur und Zahlenmaterial sehr vollständig bei P. WALDEN, Das Leitvermögen der Lösungen. Leipzig 1924, und Elektrochemie nichtwässeriger Lösungen. Leipzig 1924. Auswahl in LANDOLT-BÖRNSTEIN-ROTH-SCHEEL, Physikalisch-chemische Tabellen. 5. Aufl. Berlin 1923 und 1. Erg.-Bd. dazu. Berlin 1927.

[4]) Siehe z. B. P. WALDEN, ZS. f. phys. Chem. Bd. 73, S. 257. 1910. Hier auch die ältere Literatur; ebenda Bd. 78, S. 257. 1912; Bd. 94, S. 274. 1920; ZS. f. anorg. Chem. Bd. 113, S. 85. 1920; Bd. 115, S. 49. 1921.

[5]) Die Zahlen dieser und der folgenden Tabellen sind der Zusammenstellung in P. WALDEN, Leitvermögen, entnommen.

Tabelle 5a. Äquivalentleitfähigkeiten eines typischen Salzes ($N(C_2H_5)_4J$) in verschiedenen Lösungsmitteln. ($t = 25°$.)

Medium	Dielektr.-Konst.	Viskosität	$[v] = 200$	$[v] = 400$	$[v] = 800$	$[v] = 1600$	$[v] = 3200$
Furfurol	42,0	0,01494	41,5	43,4	45,42	46,0	46,7
Nitromethan	39,4	0,00622	100,5	105,9	109,5	111,7	112,8
Nitrobenzol	35,5	0,0183	31,4	33,5	35,0	35,9	36,3
Methylalkohol . . .	35,4	0,00580	98,1	103,2	107,5	110,4	123,0
Benzonitril	26,2	0,0124	37,7	41,9	45,0	47,6	49,2
Epichlorhydrin . . .	22,6	0,0103	45,0	49,6	53,7	56,8	58,8
Äthylenchlorid . . .	∾ 10	0,00752	14,69	18.15	22,47	27,60	34,4
			50	100	200	300	
Chloroform	4,95	0,00545	0,469	0,351	0,288	0,273	
			100	1000	2000		
Formamid	∾ 94	0,0322	23,3	24,4	24,4		
			6	128	256	512	
Wasser	80	0,00895	98,2	102,3	105,7	109,9	
Schwefeldioxyd . . . ($t = 0°$)	∾ 14	0,00394	105,8	116,5	127,9	141,5	

Tabelle 5b. Äquivalentleitvermögen einiger Salze und Säuren in Methylalkohol. ($\varepsilon = 35{,}4$; $\eta = 0{,}00580$). $t = 25°$.

$[v] =$	5	10	20	40	80	160	320	640	1280
LiCl	11,4	14,5	17,7	21,0	24,3	27,2	29,8	31,8	—
NH_4Cl	—	—	18,73	22,16	25,90	29,65	33,18	36,20	38,54
HCl	—	35,0	40,4	46,3	52,7	59,0	65,3	—	—
Pikrinsäure . . .	—	—	5,09	6,84	9,19	12,38	16,46	21,63	—
CCl_3COOH . . .	0,258	0,347	0,479	0,664	—	—	—	—	—
Salizylsäure . . .	0,00895	0,0126	0,0204	—	—	—	—	—	—

Allerdings gilt diese Aussage nur für verdünntere Lösungen, und zwar für um so verdünntere erst, je niedriger die Dielektrizitätskonstante des Lösungsmittels liegt. Bei diesen geringen Konzentrationen sind dann für die Abhängigkeit der Leitfähigkeit von Konzentration, Temperatur, Druck usw. dieselben Gesetzmäßigkeiten wie in Wasser maßgebend.

Die Veränderung des Äquivalentleitvermögens mit der Konzentration z. B. ist bei höheren Verdünnungen ebenso wie in Wasser durch die KOHLRAUSCHschen Funktionen der Form:

$$\Lambda = a - b \cdot c^{\frac{1}{3}} \qquad \text{bzw.} \qquad \Lambda = a - b \cdot c^{\frac{1}{2}}$$

darstellbar[1]). Nur ist das Konzentrationsintervall, für welches jede dieser Formeln Gültigkeit besitzt, von Lösungsmittel zu Lösungsmittel ein anderes, nämlich wieder bei um so geringeren Konzentrationen liegend, je niedriger die Dielektrizitätskonstante des betreffenden Mediums ist. Auch der Typus des Salzes dürfte zu berücksichtigen sein, doch liegen hierüber ausreichende Erfahrungen nicht vor. Dafür spricht, daß die verhältnismäßig geringfügigen Unterschiede in der Leitfähigkeit wässeriger Salzlösungen (unter vergleichbaren Verhältnissen) in den meisten anderen Medien wesentlich deutlicher in Erscheinung treten und erst bei den extremsten Verdünnungen sich verwischen.

Wesentlich komplizierter aber werden die Verhältnisse in konzentrierteren Lösungen. Nicht selten kehrt sich hier der Sinn der Konzentrationsabhängigkeit mehrfach um, was zu Minima und Maxima in der $\Lambda - c$-Kurve führt, eine

[1]) P. WALDEN u. H. ULICH, ZS. f. phys. Chem. Bd. 114, S. 297. 1924.

Erscheinung, die ebenfalls um so ausgeprägter auftritt, je tiefer die Dielektrizitätskonstante des Lösungsmittels liegt und je schwächer der untersuchte Elektrolyt ist. In manchen Fällen, wo genügend verdünnte Lösungen nicht gemessen sind, ergibt sich dann in dem ganzen untersuchten Bereich eine mit steigender Konzentration ansteigende Äquivalentleitfähigkeit, ein Verhalten, das dem wässeriger Lösungen gerade entgegengesetzt ist[1] (Tabelle 6).

Tabelle 6. Äquivalentleitvermögen einiger Salze in Chloroform. ($\varepsilon = 4{,}95$; $\eta = 0{,}00545$.) $t = 25°$.

$[v] =$	50	100	200	300	450	600
$N(C_2H_5)_4Br$	0,423	0,273	0,212	0,200	0,200	0,240
$N(C_2H_5)_4J$	0,469	0,351	0,288	0,273	—	—
$N(C_5H_{11})_4J$	0,725	0,454	0,352	0,339	0,340	0,38[illegible]

Ein erheblich abweichendes Verhalten zeigen ferner die meisten Säuren und Basen in nichtwässerigen Lösungsmitteln. Die in Wasser zu den besten Leitern zählenden Halogenwasserstoffsäuren[2] sind in anderen Medien — von den wasserähnlichen, wie z. B. Alkoholen, abgesehen — äußerst schlechte Elektrolyte, deren Leitfähigkeit weit hinter der typischer Salze zurückbleibt (Tabelle 7).

Tabelle 7. Äquivalentleitvermögen von HCl in verschiedenen Lösungsmitteln (bei Zimmertemperatur).

	ε	η	$[v]$	Λ
Methylalkohol	35,4	0,0058	6,56 —25,12— 97,16	95,30 —109,23 —111,06
Äthylalkohol	25,4	0,011	0,98 —21,37—100,0	9,40 — 22,61 — 27,17
i-Butylalkohol	∾19	0,029	0,49 —23,50—136,62	2,15 — 3,21 — 3,99
i-Amylalkohol	∾16	0,038	3,42 — 8,93— 25,42	1,79 — 1,47 — 1,25
Azeton	∾21	0,0032	3,26 —40,75—204,2	2,89 — 4,24 — 6,25
Nitrobenzol	35,5	0,018	26 —52 —104	0,27 — 0,30 — 0,37
Benzaldehyd	∾18	0,014	0,385— 1,15— 2,30	0,034— 0,0445— 0,0567
Äthyläther	4,27	0,0025	0,88 — 1,22— 3,52	0,0000607—0,0000419 —0,0000390

Auch zeigen sich bei ihnen die obengenannten Konzentrationsanomalien vielfach in besonders ausgeprägtem Maße. Ähnliches gilt für viele in Wasser recht gut leitende organische Säuren und Basen. Die Mehrzahl der in Wasser schwachen Elektrolyte ist in anderen Medien bisher wenig untersucht. Das geringe darüber vorliegende Material läßt nichts weiter erkennen, als daß hier verwickeltere, der Aufklärung noch harrende Verhältnisse vorliegen[3].

Zu den in nichtwässerigen Medien anzutreffenden Anomalien gehört es ferner, daß Stoffe, die ihrer Zusammensetzung nach nicht als Ionenbildner aufzufassen sind, in geeigneten Lösungsmitteln doch den Strom mehr oder minder gut leiten. Es sei etwa erinnert an die Lösung von Br_2 in flüssigem SO_2[4], ver-

[1] A. Sachanow, ZS. f. phys. Chem. Bd. 80, S. 13 u. 631. 1912; Bd. 83, S. 129. 1913; ZS. f. Elektrochem. Bd. 20, S. 39 u. 529. 1914; Journ. phys. chem. Bd. 21, S. 169. 1917; P. Walden, Bull. Pétersbourg 1913, S. 907, 987 u. 1075; ZS. f. phys. Chem. Bd. 100, S. 512. 1922.

[2] I. Kablukoff, ZS. f. phys. Chem. Bd. 4, S. 429. 1889; H. Zanninovich-Tessarin, ebenda Bd. 19, S. 251. 1896. Weitere Literatur bei P. Walden, Leitvermögen.

[3] Literatur bei P. Walden, Leitvermögen.

[4] P. Walden, ZS. f. phys. Chem. Bd. 43, S. 407. 1903; L. Bruner u. E. Bekier, ebenda Bd. 84, S. 572. 1913; Th. Henderson, E. L. Hirst u. A. K. Macbeth, Journ. chem. soc. Bd. 123, S. 1134. 1923.

schiedenen Äthern in demselben Medium und in anderen[1]), Amido- und Nitroverbindungen in flüssigem NH_3 [2]) und ähnliche mehr.

Die Erklärung für die zuletzt genannte Gruppe von Anomalien dürfte rein chemischer Natur sein und in der chemischen Einwirkung von Gelöstem und Lösungsmittel aufeinander unter Bildung von dissoziationsfähigen Stoffen gesucht werden müssen. Ähnliche Verhältnisse werden vermutlich bei solchen Elektrolyten vorliegen, die in Wasser, im Gegensatz zum Verhalten in anderen Medien, außergewöhnlich gute Leitfähigkeit zeigen, etwa den Halogenwasserstoffen. Hier verhielten sich also die wässerigen Lösungen[3]) anomal. Aber auch für die den Lösungsmitteln geringerer Dielektrizitätskonstante eigentümliche Konzentrationsabhängigkeit der Leitfähigkeit sind dem üblichen Sprachgebrauch nach chemisch zu nennende Ursachen wahrscheinlich, nämlich ebenfalls Verbindungsbildung zwischen Elektrolyt und Lösungsmittel (Solvatation), andererseits Zusammentreten von Elektrolytmolekeln zu größeren Komplexen (Polymerisation), beides Erscheinungen, die gleichfalls konzentrationsabhängig sind und schon deshalb einen Einfluß auf die Leitfähigkeit-Konzentrationsfunktion erwarten lassen. Daß sie zum Auftreten von Minima in den Λ-v-Kurven Veranlassung geben, dürfte dadurch erklärt werden müssen, daß entstehende Solvat- und besonders Autokomplexe bessere Ionenbildner sind als die Ausgangsstoffe. Mit fortschreitender Verdünnung zerfallen die polymeren Molekeln, die vor allem in konzentrierteren Lösungen anzunehmen sind, in einfachere, was demnach eine Verminderung des Leitvermögens im Gefolge haben muß, der sich aber bei weiterem Verdünnen der gewöhnliche Effekt einer Leitfähigkeitserhöhung überlagert[4]).

Von Bedeutung ist in diesem Zusammenhang erstens, daß das Minimum bei Verdünnungen gefunden wird, bei welchen das mittlere Molargewicht des gelösten Salzes gleich dem theoretischen einfachen ist[5]), und daß zweitens seine Lage gesetzmäßig mit der Dielektrizitätskonstante des Solvens verknüpft ist[5]), von welcher Eigenschaft ebenfalls WALDEN[6]) zeigen konnte, daß sie für den Assoziationsgrad von Salzen in verschiedensten Medien maßgebend ist.

Bei dem geschilderten komplizierten Verhalten nichtwässeriger Lösungen wird es nicht wundernehmen, daß auch Temperatur- und Druckeinfluß weniger einfachen Gesetzen als bei wässerigen Lösungen unterliegen. Namentlich gilt dieses wieder für höhere Konzentrationen. Bei mittleren und besonders kleinen Konzentrationen ist das Verhalten — soweit untersucht — in beiden Fällen im großen ganzen qualitativ dasselbe, quantitativ allerdings mit dem Medium veränderlich. Hervorzuheben ist, daß das Auftreten von Maxima in der (Leitfähigkeit-Temperatur-)Funktion, das in Wasser einen nur selten zu realisierenden Fall darstellt, bei anderen Lösungsmitteln fast allgemein anzutreffen ist. In Übereinstimmung mit dem in Ziff. 6 darüber Gesagten liegt auch hier das Maximum bei um so tieferen Temperaturen und Konzentrationen, je schwächer der betreffende Elektrolyt und — wie nun hinzugefügt werden muß — je geringer die Dielektrizitätskonstante des Mediums ist[7]).

[1]) Zum Beispiel P. WALDEN, Chem. Ber. Bd. 34, S. 4194. 1901; Bd. 35, S. 1771 u. 2022. 1902; ZS. f. phys. Chem. Bd. 43. S. 385. 1903.

[2]) E. C. FRANKLIN u. CH. A. KRAUS, Journ. Amer. Chem. Soc. Bd. 27, S. 191. 1905; E. C. FRANKLIN, ZS. f. phys. Chem. Bd. 69, S. 272. 1909.

[3]) A. HANTZSCH, Chem. Ber. Bd. 58, S. 612, 941. 1925; Bd. 60, S. 1933. 1927.

[4]) B. D. STEELE, D. MCINTOSH u. E. H. ARCHIBALD, ZS. f. phys. Chem. Bd. 55, S. 179. 1906; ferner die oben zitierten Arbeiten von SACHANOW.

[5]) P. WALDEN, Bull. Pétersbourg 1913, S. 907, 987 u. 1075.

[6]) P. WALDEN, ZS. f. phys. Chem. Bd. 94, S. 295. 1920; ZS. f. Elektrochem. Bd. 26, S. 61. 1920; Kolloid-ZS. Bd. 27, S. 97. 1920.

[7]) P. WALDEN, Leitvermögen Bd. I, S. 92. 1924.

Der Druckeinfluß bei verschiedenen Medien hat sich als abhängig von der Viskosität herausgestellt, und zwar ist er um so bedeutender, je größere Zähigkeit das Lösungsmittel besitzt. Starke und schwache Elektrolyte zeigen dabei wieder ein völlig entgegengesetztes Verhalten. Der Widerstand der ersteren nimmt mit wachsendem Drucke zu, der der letzteren dagegen ab[1].

Das in Ziff. 6 über die Lichtwirkung Gesagte gilt gleicherweise für nichtwässerige Lösungen.

Eine besondere Klasse von leitenden Flüssigkeiten scheint in den Lösungen der Alkalimetalle in flüssigem Ammoniak vorzuliegen, die in neuerer Zeit von KRAUS[2]) und seinen Mitarbeitern eingehend untersucht wurden. Gesättigte Lösungen von Kalium oder Natrium weisen spezifische Leitfähigkeiten von etwa $5 \cdot 10^4\, \mathrm{Ohm}^{-1} \cdot \mathrm{cm}^{-1}$ auf (bei $-33{,}5°$), also Werte, die rund 10^5mal größer sind als bei allen anderen bestleitenden Elektrolyten. Verdünnte Lösungen gleicher Art verhalten sich andererseits allem Anschein nach wie gewöhnliche Elektrolyte. KRAUS nimmt in diesen Fällen eine mit wachsender Konzentration der Alkalimetalle immer mehr in den Vordergrund tretende Elektronenleitung an.

Anschließend sei darauf hingewiesen, daß für flüssige Metallegierungen eine neben der „metallischen" vorhandene Ionenleitung sichergestellt ist[3]).

8. Leitfähigkeit kolloider Lösungen[4]). Nicht unerwähnt bleiben darf eine weitere Sonderklasse von leitenden Flüssigkeiten: die kolloiden Lösungen.

Man pflegt diese meist in zwei große Gruppen zu teilen, die lyophilen und die lyophoben Kolloide. (Andere ebenfalls gebräuchliche Einteilungen decken sich in den hier interessierenden Gesichtspunkten meist mit der genannten.)

Im großen ganzen zeigen diese beiden Gruppen auch in bezug auf die Leitfähigkeit charakteristische Unterschiede.

Am ehesten vergleichbar mit dem Verhalten der „echten" Lösungen ist das der lyophilen Kolloide. Stoffe wie Seifen (Alkalisalze höherer Fettsäuren), viele Farbstoffsalze, Eiweißstoffe u. ä. weisen in Lösung (untersucht sind fast ausschließlich wässerige Lösungen) häufig Leitfähigkeitswerte auf, die denen der echt gelösten, typischen Salze durchaus an die Seite zu stellen sind. Ein solches Verhalten ist nicht verwunderlich, da wir es in der Hauptsache mit wirklichen Salzen von hohem Formelgewicht und mäßigem Assoziationsgrad zu tun haben. Immerhin sind vielfach Unterschiede gegenüber normalen Elektrolyten festzustellen. So lassen Beispiele der Tabelle 8 erkennen, daß die Äquivalentleitfähigkeit nicht immer mit der Verdünnung ansteigt, sondern Maxima und Minima aufweist in ganz derselben Weise, wie es bei normalen Salzen in Lösungsmitteln geringer Dielektrizitätskonstante (Ziff. 7) der Fall ist. Andererseits erscheinen die Leitfähigkeiten besonders bei höheren Verdünnungen häufig beträchtlich höher, als es bei der Größe dieser abnormen Ionen zu erwarten

---

[1]) E. W. SCHMIDT, ZS. f. phys. Chem. Bd. 75, S. 305. 1910; s. auch G. TAMMANN, ZS. f. Elektrochem. Bd. 16, S. 592. 1910.

[2]) CH. A. KRAUS, Journ. Amer. Chem. Soc. Bd. 29, S. 1557. 1907; Bd. 30, S. 653, 1197 u. 1323. 1908; Bd. 42, S. 990. 1920; Bd. 43, S. 749. 1921; Bd. 44, S. 1216, 1941 u. 1949. 1922; Rec. Trav. Chim. Pays. Bas. Bd. 42, S. 588. 1923; CH. A. KRAUS u. W. W. LUCASSE, Journ. Amer. Chem. Soc. Bd. 43, S. 2529. 1921; Bd. 44, S. 1941. 1922; G. E. GIBSON u. T. E. PHIPPS, ebenda Bd. 48, S. 312. 1926.

[3]) R. KREMANN, Elektrolyse geschmolzener Legierungen. Sammlung chem. u. chem.-techn. Vorträge Bd. 28, H. 10/11. Stuttgart 1926 (zusammenfassender Bericht); s. auch: G. N. LEWIS, E. A. ADAMS u. E. H. LANMAN, Journ. Amer. Chem. Soc. Bd. 37, S. 2656. 1915; F. SKAUPY, ZS. f. Elektrochem. Bd. 28, S. 23. 1922.

[4]) Literatur und Zahlenmaterial gesammelt bei P. WALDEN, Das Leitvermögen der Lösungen. Leipzig 1924. Vgl. ferner besonders die Lehrbücher der Kolloidchemie: H. FREUNDLICH, Kapillarchemie, 2. Aufl. Leipzig 1922; R. ZSIGMONDY, Kolloidchemie, 5. Aufl., Bd I. Leipzig 1925.

wäre (vgl. dazu Ziff. 15). Durch die eintretende Hydrolyse (s. Ziff. 27) allein ist dieses Verhalten nicht immer zu erklären.

Tabelle 8. Äquivalentleitvermögen einiger hydrophiler Kolloide.

[v] =	1	2	5	10	20	50	100
Natriumpalmitat ($C_{15}H_{31}COONa$) (90°)[1]	84,66	89,48	82,38	82,51	88,61	—	137,7
Natriumbehenat ($C_{21}H_{43}COONa$) (90°)[2]	—	80,96	61,99	67,09	78,58	—	141,7
[v] =	4	8	16	32	64	256	1024
Natriumoleat ($C_{17}H_{33}COONa$) (25°)[3] . .	42,7	41,6	41,3	42,1	44,9	59,0	84,4
Kongorot ($C_{32}H_{22}N_6(SO_3Na)_2$) (25°)[4] . .	—	—	—	58,7	64,3	79,3	96,1

Größere Abweichungen gegenüber den echten Lösungen zeigt die zweite Klasse der lyophoben Kolloide. Daß diese auch, abgesehen von der Eigenleitfähigkeit der jeweiligen Lösungsmittel bzw. etwaiger Verunreinigungen, den elektrischen Strom zu leiten imstande sein müssen, geht aus dem ausnahmslos vorhandenen Wanderungsvermögen der Kolloidteilchen im elektrischen Felde eindeutig hervor. Die Leitfähigkeit solcher Lösungen ist durchweg gering. Tabelle 9 gibt einige der höchsten gemessenen spezifischen Leitvermögen (Äquivalent- oder Molarleitfähigkeit zu berechnen hat hier schon deshalb keinen Sinn, weil im allgemeinen ein und dieselbe Lösung Kolloidteilchen der verschiedensten Größe enthält). Diese geringen Leitfähigkeiten sind aber in Anbetracht der Teilchengröße doch unverhältnismäßig viel höher, als bei einer Analogie mit den echten Lösungen zu erwarten wäre[5]). Da andererseits die direkt gemessenen Wanderungsgeschwindigkeiten (s. Ziff. 13) der Kolloidteilchen die Größenordnung der Ionenbeweglichkeiten erreichen, muß man annehmen, daß die einzelnen Teilchen wesentlich größere Ladungen tragen als die normalen Ionen. Aber auch unter Berücksichtigung dieser Erkenntnis erscheinen die Leitfähigkeiten oft noch viel zu hoch, so daß man zu der Annahme gedrängt wird, daß deren Werte weniger durch die Kolloide, als vielmehr durch verunreinigende echt gelöste Elektrolyte bedingt sind[5]).

Tabelle 9. Spezifische Leitfähigkeit hydrophober Kolloide (bei Zimmertemperatur).

	Konzentration	$\varkappa \cdot 10^6$
Fe_2O_3-Sol	0,8 %	57,2
	1,84%	148,5
ThO_2-Sol	6,5 %	2418,0
Berlinerblau-Sol	10,3 %	406,0

9. Leitfähigkeit geschmolzener Salze. (Vgl. auch Kap. 7.) Die Erkenntnis, daß geschmolzene Salze (und Ätzalkalien) gute Leiter der Elektrizität sein können, fällt in die Zeit der ersten elektrochemischen Untersuchungen überhaupt (DAVY 1801). Die schwierige Handhabung der Schmelzen, die höhere Temperatur erfordern, wird die Ursache sein, daß trotzdem unsere Kenntnisse auf diesem Gebiete viel unvollkommener sind als die über Leitfähigkeit von Lösungen. Neuere zuverlässige Messungen an Schmelzen machten in größerem Umfange LORENZ[6])

[1]) J. W. MCBAIN u. M. TAYLOR, ZS. f. phys. Chem. Bd. 76, S. 179. 1911.

[2]) O. J. FLECKER u. M. TAYLOR, Journ. chem. soc. Bd. 121, S. 1101. 1922.

[3]) L. KAHLENBERG u. O. SCHREINER, ZS. f. phys. Chem. Bd. 27, S. 559. 1898.

[4]) W. BILTZ u. A. v. VEGESACK, ZS. f. phys. Chem. Bd. 73, S. 481. 1910.

[5]) H. NORDENSON, Kolloid-ZS. Bd. 16, S. 65. 1915; G. v. HEVESY, ebenda Bd. 21, S. 136. 1917.

[6]) R. LORENZ, Die Elektrolyse geschmolzener Salze. Halle a. S. 1905; R. LORENZ u. F. KAUFLER, Elektrochemie geschmolzener Salze. Leipzig 1909, in beiden Werken auch die ältere Literatur; R. LORENZ u. Mitarbeiter, ZS. f. phys. Chem. Bd. 59, S. 17 u. 244. 1907; Bd. 79, S. 63. 1912; ZS. f. anorg. Chem. Bd. 94, S. 288, 305. 1916.

und seine Schüler, ARNDT[1]), GOODWIN und MAILEY[2]), ATEN[3]), JAEGER und KAPMA[4]) und endlich BILTZ und Mitarbeiter[5]).

Die Größenordnung der Leitfähigkeiten einiger geschmolzener Salze zeigt Tabelle 10. Ihre $\varkappa$-Werte sind denen wässeriger Lösungen bester Leitfähigkeit (bei Zimmertemperatur) gegenübergestellt.

Tabelle 10. Spezifisches Leitvermögen geschmolzener Salze.

	Schm.-P. (°C)	Vers. Temp. (°C)	$\varkappa$	Beobachter:
$AgCl$	452	600	4,438	LORENZ u. HÖCHBERG
$NaCl$	800	850	3,50	ARNDT
KCl	774	850	2,28	,,
$CaCl_2$	775	800	1,90	,,
$LaCl_3$	900	950	1,30	BILTZ u. VOIGT
KNO_3	336	350	0,671	JAEGER u. KAPMA
$ThCl_4$	820	814	0,61	BILTZ u. VOIGT
$BeCl_2$	440	451	0,00319	,, ,, ,,
AlJ_3	191	209	$2{,}6 \cdot 10^{-6}$	,, ,, ,,
$AlBr_3$	93	195	$0{,}9 \cdot 10^{-7}$	,, ,, ,,
HNO_3 (wässer. Lösung, 30%)		15	0,78	KOHLRAUSCH
HCl (,, ,, 20%)		15	0,76	,,
H_2SO_4 (,, ,, 30%)		15	0,74	,,

Die Mehrzahl der bisher untersuchten Schmelzen besitzt hohe $\varkappa$-Werte, ja, übertrifft sogar die der angeführten Lösungen um das Mehrfache[6]). Doch finden sich auch solche Salze, die sich im Schmelzfluß bei einigen hundert Graden wie die meisten reinen Flüssigkeiten bei gewöhnlicher Temperatur verhalten. Schon daraus geht klar hervor, daß das Leitvermögen der besser leitenden Salze nicht allein infolge erhöhter Temperatur ein für reine Stoffe so überraschend gutes ist. Beziehung zum Schmelzpunkt besteht insofern, als alle Salze, die einigermaßen gut leiten, hoch schmelzen. Umgekehrt ähneln niedrig schmelzende Salze in ihrem Verhalten dem reiner, bei gewöhnlicher Temperatur flüssiger Stoffe. Diese Analogie hat neuerdings BILTZ[7]) für Halogenide an umfangreichem Material herausgearbeitet.

Der Einfluß der Temperatur auf das Leitvermögen geschmolzener Salze zeigt sich viel geringer als bei Lösungen. Jedoch gilt diese Aussage, worauf BILTZ[7]) hinweist, nur für gute Leiter. Bei schlechten nimmt der Temperatur-

[1]) K. ARNDT u. Mitarbeiter, ZS. f. Elektrochem. Bd. 12, S. 337. 1906; Bd. 13, S. 509. 1907; Bd. 14, S. 662. 1908; Bd. 15, S. 784. 1909; Bd. 18, S. 994. 1912; Bd. 29, S. 323. 1923; Bd. 30, S. 12. 1924; ZS. f. phys. Chem. Bd. 110, S. 237. 1924; Bd. 121, S. 439. 1926.

[2]) H. M. GOODWIN u. R. D. MAILEY, Phys. Rev. Bd. 23, S. 22. 1906; Bd. 25, S. 469. 1907; Bd. 26, S. 28. 1908; Bd. 27, S. 322. 1908.

[3]) A. W. ATEN, ZS. f. phys. Chem. Bd. 66, S. 641. 1909; Bd. 73, S. 578 u. 624. 1910; Bd. 78, S. 1. 1911.

[4]) F. M. JAEGER u. B. KAPMA, ZS. f. anorg. Chem. Bd. 113, S. 27. 1920.

[5]) W. BILTZ u. A. VOIGT, ZS. f. anorg. Chem. Bd. 120, S. 71. 1921; Bd. 126, S. 126. 1923; W. BILTZ u. W. KLEMM, ebenda Bd. 131, S. 22. 1923; ZS. f. phys. Chem. Bd. 110, S. 318. 1924; W. BILTZ, ZS. f. anorg. Chem. Bd. 133, S. 306 u. 312. 1924; A. VOIGT u. W. BILTZ, ebenda Bd. 133, S. 277. 1924. S. ferner: O. SACKUR, ZS. f. phys. Chem. Bd. 83, S. 297. 1913; L. WÖHLER, ZS. f. Elektrochem. Bd. 24, S. 261. 1918; M. RABINOWITSCH, ZS. f. anorg. Chem. Bd. 129, S. 60. 1923; S. JAKUBSOHN u. M. RABINOWITSCH, ZS. f. phys. Chem. Bd. 116, S. 359. 1925.

[6]) A. J. RABINOWITSCH, ZS. f. phys. Chem. Bd. 99, S. 417. 1921, konnte an einigen Beispielen Messungen an höchstkonzentrierten Lösungen bis zum stetigen Übergang in die Schmelzen durchführen.

[7]) W. BILTZ, ZS. f. anorg. Chem. Bd. 133, S. 306. 1924.

koeffizient größere Werte an als dort im allgemeinen. Nach BILTZ ist der Temperaturkoeffizient aller Leiter, die metallischen einbegriffen, bedingt durch den Absolutbetrag ihres Leitvermögens; es entspricht geringer Leitfähigkeit ein großer (positiver) Temperaturkoeffizient und umgekehrt. Daß dies für Elektrolyte so allgemein nicht zutrifft, zeigt der in Ziff. 6 und 7 erörterte Vorzeichenwechsel des Koeffizienten, für geschmolzene Salze scheint die Beziehung aber angenähert Gültigkeit zu besitzen. Tabelle 11 gibt hierfür einige Zahlenbeispiele in Anlehnung an eine Zusammenstellung von BILTZ.

Tabelle 11. Spez. Leitfähigkeit und deren Temperaturkoeffizient bei geschmolzenen Salzen.

	$\varkappa_1$	α
AgCl	3,76	0,0009
NaCl	3,50	0,0009
KCl	2,24	0,0018
$CaCl_2$	2,14	0,0017
KBr	1,58	0,0017
$LaCl_3$	1,30	0,0019
$AgNO_3$	0,74	0,0060
KNO_3	0,67	0,0045
$RbNO_3$	0,44	0,0050
$TeCl_2$	$0{,}42 \cdot 10^{-1}$	0,026
$BeCl_2$	$0{,}32 \cdot 10^{-2}$	0,09
AlJ_3	$0{,}26 \cdot 10^{-5}$	0,03
$AlBr_3$	$0{,}12 \cdot 10^{-6}$	0,02

Die neben den spezifischen Leitfähigkeiten $\varkappa_1$ eingetragenen Temperaturkoeffizienten sind definiert als

$$\alpha = \frac{1}{\varkappa_1} \cdot \frac{\varkappa_2 - \varkappa_1}{t_2 - t_1},$$

wobei $t_2 - t_1$ so klein gewählt wurde, wie es die Genauigkeit der benutzten Messungen irgend erlaubte.

Die Beziehung zwischen spezifischem Leitvermögen und Temperatur ist bei den gutleitenden Schmelzen eine annähernd lineare. Berücksichtigt man die Veränderlichkeit der Dichte mit der Temperatur, am zweckmäßigsten derart, daß man Molar- und Äquivalentleitfähigkeiten einführt, so ergibt sich eine noch bessere Gültigkeit dieser Regel. Definiert sind μ und Λ bei reinen Stoffen als Produkt aus spezifischer Leitfähigkeit und Molar- bzw. Äquivalentvolumen:

$$\mu = \varkappa \cdot v_M, \qquad \Lambda = \varkappa \cdot v_A$$

oder nach Einführung der Dichte d_t:

$$\mu = \frac{\varkappa \cdot M}{d_t}, \qquad \Lambda = \frac{\varkappa \cdot M}{n \cdot d_t}.$$

Tabelle 12 (nach JAEGER und KAPMA) enthält für Kaliumnitrat neben den spezifischen Leitfähigkeiten die so berechneten Λ-Werte in Abhängigkeit von der Temperatur. Die letzte Spalte zeigt die nach der Interpolationsformel:

$$\Lambda = 36{,}21 + 0{,}1875\,(t - 350)$$

errechneten Zahlen.

Tabelle 12. Spezifisches und Äquivalentleitvermögen von geschmolzenem KNO_3.

Temp. (°C)	$\varkappa$	Λ	Λ_{ber}
346,1	0,653	35,44	35,48
353,7	0,678	36,92	36,90
364,8	0,713	39,00	38,98
380,8	0,762	41,99	41,98
385,2	0,776	42,80	42,81
386,6	0,781	43,11	43,07
404,6	0,831	46,23	46,45
406,4	0,835	46,78	46,78
418,4	0,876	49,04	49,03
434,2	0,921	51,89	52,01
452,4	0,973	55,26	55,41
470,7	1,026	58,70	58,84
500,4	1,108	64,20	64,41

Tabelle 13 gibt einige weitere derartige Formeln, die von JAEGER und KAPMA aus eigenen Messungen und solchen von LORENZ und HÖCHBERG gewonnen sind.

Vereinzelt sind auch Gemische verschiedener Salze im Schmelzfluß untersucht. Der von POINCARÉ[1]) gezogene Schluß, daß die Leitfähigkeit von Gemischen sich aus den Einzelwerten nach der Mischungsregel berechnen lasse,

[1]) H. POINCARÉ, Ann. chim. phys. Bd. 17, S. 52. 1889; Bd. 21, S. 289. 1890.

konnte von GOODWIN und MAILEY[1]) nicht bestätigt werden. Vielmehr ergab sich der beobachtete Wert meist niedriger als der berechnete.

Bei Lösungen gut leitender Salze in schlechter leitenden Schmelzen (KCl, NaCl, NH_4Cl, CsCl, CuCl in $HgCl_2$) erhält man mit steigender Verdünnung abnehmende Äquivalentleitfähigkeiten, also das Verhalten, das vielfach in nichtwässerigen Lösungsmitteln auch bei gewöhnlicher Temperatur beobachtet wird[2]).

Tabelle 13.
Temperaturabhängigkeit des Äquivalentleitvermögens geschmolzener Salze.

Salz	Temp.-Bereich	Λ_t
KNO_3	346— 500	36,21 + 0,1875 (t — 350)
$NaNO_3$	321— 487	41,56 + 0,205 (t — 300)
$LiNO_3$	272— 441	41,14 + 0,238 (t — 300)
$RbNO_3$	339— 493	33,51 + 0,145 (t — 300)
$CsNO_3$	447— 556	42,13 + 0,120 (t — 450)
KF	863— 975	101,8 + 0,3163 (t — 900)
KCl	776— 944	115,4 + 0,2575 (t — 800)
KBr	745— 869	90,09 + 0,1906 (t — 750)
KJ	692— 814	85,41 + 0,1564 (t — 700)
Na_2MoO_4	843—1408	107,50 + 0,183 (t — 850)
Na_2WO_4	753—1501	83,50 + 0,185 (t — 750)
AgCl	600— 700 (800)	144,3 + 0,0855 (t — 700)
AgBr	600— 700 (800)	124,8 + 0,0679 (t — 700)
AgJ	600— 700 (800)	96,78 + 0,0433 (t — 700)

Am Schlusse dieses Abschnittes mag betont werden, daß die vorangehende Übersicht in keiner Weise auf Vollständigkeit Anspruch machen will. Das wäre bei der außerordentlichen Vielfältigkeit des Materials im Rahmen dieses Handbuchs auch unmöglich. Der wesentliche Zweck der Ausführungen ist vielmehr, eine gedrängte Vorstellung von dem Verhalten der verschiedenen Stoffklassen zu geben, um so eine Grundlage für die sich anschließenden theoretischen Erörterungen zu gewinnen.

III. Die klassische Theorie.

a) Ionenbeweglichkeit.

10. Überführungszahl. Bei Durchgang von Gleichstrom durch Lösungen tritt neben einer Veränderung der Elektrolytzusammensetzung infolge Abscheidung von Zersetzungsprodukten an den Elektroden meist auch eine Änderung der Konzentrationsverteilung im Elektrolyten ein. Aus dem Maß der Konzentrationsänderungen, welche die auf den Seiten der Kathode bzw. Anode befindlichen Flüssigkeitsanteile erfahren, läßt sich ein Einblick in die relative Beweglichkeit der Ionen gewinnen. Denkt man sich nämlich den Raum zwischen den Elektroden halbiert, so muß das Verhältnis der in einer bestimmten Zeit aus dem Anoden- zum Kathodenraum übergetretenen Kationen zu der Zahl der Anionen, die in der gleichen Zeit vom Kathoden- zum Anodenraum befördert wurden, das Verhältnis der Wanderungsgeschwindigkeiten von Kation und Anion darstellen. Die schematische Abb. 9 illustriert diese Vorstellung an zwei einwertigen Ionenarten. Jedes ⊕ und ⊖ stelle ein Grammäquivalent Kation bzw. Anion dar, durch AB sei die Halbierung des Elektrodenraumes

---

[1]) H. M. GOODWIN u. R. D. MAILEY, l. c.

[2]) Auf das Verhalten von Salzschmelzen kann bei den folgenden Darlegungen nicht besonders eingegangen werden. Vgl. dazu Kap. 7 und das Schlußkapitel in R. LORENZ, Raumerfüllung und Ionenbeweglichkeit. Leipzig 1922. Daselbst auch weitere Literatur.

angedeutet. Bild I zeigt den Zustand vor Stromdurchgang, Bild II und III die Konzentrationsverhältnisse nach Durchgang von 8 F = 8·96494 Coulomb. In II ist angenommen, daß die Ionen gleich schnell wandern, in III stehen die Beweglichkeiten von Kation und Anion im Verhältnis 3:1. Im Falle II ist — wenn man das Schicksal der an den Elektroden entladenen 8 Grammäquivalente zunächst außer acht läßt; in konkreten Fällen wird dies meist zu berücksichtigen sein und leicht berücksichtigt werden können — im Kathoden- und Anodenraum die gleiche Konzentrationsverminderung um je 4 Grammäquivalente des Ionogens eingetreten, entsprechend dem Verhältnis 1:1 der Ionengeschwindigkeiten. In III steht die Konzentrationsverminderung an Anode und Kathode (6:2) im Verhältnis 3:1 der Wanderungsgeschwindigkeiten von Kation und Anion.

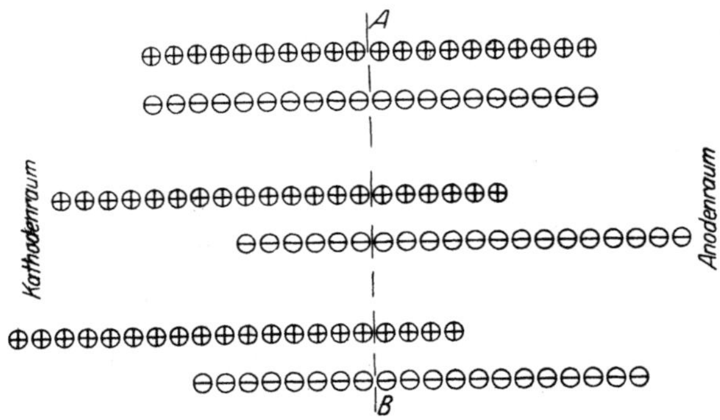

Abb. 9. Schematische Darstellung der Überführung.

Die der chemisch-analytischen Ermittlung leicht zugänglichen Konzentrationsänderungen in den beiden Elektrodenräumen gestatten demnach eine Bestimmung des Verhältnisses der Ionenbeweglichkeiten. Da im Falle zweier einwertiger Ionen jedes Ion die gleiche Elektrizitätsmenge transportiert und ferner die Zahl von positiven und negativen Ionen einander gleich sein muß, bedeutet dieses Verhältnis der Beweglichkeiten gleichzeitig dasjenige der Anteile der beiden Ionenarten an der Stromleitung.

HITTORF[1]), der zuerst solche Überlegungen und entsprechende Messungen anstellte, nannte diese relativen Anteile die Überführungszahlen von Kation ($\mathfrak{n}_K$) und Anion ($\mathfrak{n}_A$).

Auch wenn mehr als zwei und auch wenn mehrwertige Ionenarten in Frage kommen, lassen sich vielfach die Anteile der einzelnen Ionenarten am Stromtransport in der angegebenen Weise aus Konzentrationsänderungen ermitteln. Dies ist ohne weiteres einleuchtend, wenn man berücksichtigt, daß dem Transport einer bestimmten Anzahl Äquivalentladungen, deren Zahl als Bruchteil des Gesamttransports ein Maß für den Stromleitungsanteil darstellt, nach FARADAY stets die Überführung einer äquivalenten Stoffmenge entsprechen muß. Wie sich in allgemeineren Fällen die Beziehungen zwischen Überführungszahl und Wanderungsgeschwindigkeit ergeben, wird am besten an Hand der allgemeingültigen Stromleitungsgleichung [Gleichung (6) Ziff. 3] nachzuprüfen sein. Nach dieser war:

$$\varkappa = e\left(\sum m_{K_i}\cdot|n_{K_i}|\cdot U_i + \sum m_{A_i}\cdot|n_{A_i}|\cdot V_i\right),$$

woraus für die Überführungszahl eines beliebigen Ions $(K, A)_x$ folgt:

$$\mathfrak{n}_x = \frac{m_x\cdot|n_x|\cdot(U,V)_x}{\sum m_{Ki}\cdot|n_{Ki}|\cdot U_i + \sum m_{Ai}\cdot|n_{Ai}|\cdot V_i}. \tag{12}$$

Ganz allgemein ist also die Überführungszahl eines Ions außer durch die Beweglichkeiten durch Konzentrationen und Wertigkeiten sämtlicher im

[1]) W. HITTORF, Pogg. Ann. Bd. 89, S. 177. 1853; Bd. 98, S. 1. 1856; Bd. 103, S. 1. 1858; Bd. 106, S. 338, 513. 1859; ZS. f. phys. Chem. Bd. 39, S. 612. 1901; Bd. 43, S. 49. 1903.

Elektrolyten auftretenden Ionenarten bedingt. Für den Sonderfall, daß nur zwei Ionenarten, wenn auch beliebiger Wertigkeit, die Stromleitung besorgen, wird daraus:

$$\mathfrak{n}_K = \frac{m_K \cdot |n_K| \cdot U}{m_K \cdot |n_K| \cdot U + m_A \cdot |n_A| \cdot V},$$

mithin, da infolge der Forderung nach Elektroneutralität

$$m_K \cdot |n_K| = m_A \cdot |n_A|$$

sein muß:

$$\mathfrak{n}_K = \frac{U}{U+V} \quad \text{und entsprechend:} \quad \mathfrak{n}_A = \frac{V}{U+V}; \qquad (13)$$

sowie

$$\frac{\mathfrak{n}_K}{\mathfrak{n}_A} = \frac{U}{V}; \qquad \mathfrak{n}_K + \mathfrak{n}_A = 1\,.$$

Überführungszahlen nach dem Vorgang von HITTORF sind in der Folge vielfach, sowohl in wässerigen wie in nichtwässerigen Lösungen, gemessen worden[1]). Über die experimentelle Durchführung solcher Messungen s. Bd. XVI, Kap. 24.

Tabelle 14 gibt eine Auswahl neuerer Resultate an wässerigen Lösungen. Man erkennt eine deutliche Konzentrationsabhängigkeit der Überführungszahlen, die bei Elektrolyten mit mehrwertigen Ionen größer ist als bei solchen mit einwertigen, in allen Fällen aber mit wachsender Verdünnung zu einigermaßen konstanten Werten führt.

Tabelle 14. Überführungszahlen des Anions ($\mathfrak{n}_A$) in Abhängigkeit von der Konzentration. ($t = 18°$.)

$[c]=$	0,005	0,01	0,02	0,05	0,1	0,2	0,5	1
KCl	0,504	0,504	0,504	0,505	0,506	0,506	0,510	0,515
NH_4Cl	0,507	0,507	0,508	0,508	0,509	—	—	—
NaCl	0,603	0,604	0,604	0,605	0,607	0,610	0,623	0,637
NaBr	0,605	0,605	0,606	0,606	—	—	—	—
LiCl	0,670	0,670	0,672	0,680	0,687	0,696	0,73	0,74
$AgNO_3$	0,526	0,526	0,526	0,526	0,526	0,522	0,51	0,500
HCl	0,168	0,167	0,166	0,165	0,164	0,163	0,155	0,155
HNO_3	0,166	0,165	0,165	0,16	—	—	—	—
$BaCl_2$	0,554	0,554	0,554	0,560	0,580	0,592	0,611	0,64
$CaCl_2$	0,562	0,565	0,578	0,589	0,60	0,60	—	0,69
CdJ_2	0,555	0,556	0,557	0,604	0,704	0,873	1,003	1,12
$Ba(NO_3)_2$	—	—	—	0,544	—	0,545	—	—
K_2SO_4	0,505	0,506	0,508	0,510	—	0,515	—	—
Na_2SO_4	—	0,608	0,610	0,617	—	0,63	—	—
$MgSO_4$	0,612	0,615	0,619	0,627	0,64	—	—	—
$CuSO_4$	—	—	0,625	0,625	0,627	0,640	0,67	—

Auch mit der Temperatur erweisen sich die Überführungszahlen veränderlich, und zwar derart, daß sie sich mit steigender Temperatur dem Wert 0,5 nähern, die Ionenbeweglichkeiten sich demnach bei höherer Temperatur auszugleichen streben. Auf die theoretische Seite dieser Konzentrations- und Temperaturabhängigkeit soll erst später eingegangen werden (Ziff. 15).

---

[1]) Zahlenmaterial und vollständige Literaturübersicht bei P. WALDEN, Das Leitvermögen der Lösungen. Leipzig 1924. (Daraus auch Tab. 14.) Ferner LANDOLT-BÖRNSTEIN-ROTH-SCHEEL, Physikalisch-chemische Tabellen. 5. Aufl. 1923; 1. Erg.-Bd. Berlin 1927. Über die Bestimmung von Überführungszahlen aus Messungen elektromotorischer Kräfte an Flüssigkeitsketten vgl. Bd. XVI, Kap. 24.

Hier muß noch einer Fehlerquelle bei der experimentellen Bestimmung der Überführungszahlen gedacht werden. Manche Anzeichen liegen vor (Ziff. 15), daß die Ionen bei ihrer Wanderung Wassermolekeln, allgemein Molekeln der Lösungsmittel, mit sich führen. Wenn dabei durch den Querschnitt des Elektrolyten in der einen Richtung mehr Wasserteilchen wandern als in der gleichen Zeit in der entgegengesetzten Richtung, wenn also nicht zufällig die mit den Kationen und mit den Anionen überführten Wassermengen gleich sind, müssen die aus Konzentrationsänderungen ermittelten Überführungszahlen sich gefälscht ergeben; d. h. also: sie sind bei zwei Ionenarten nicht mehr gleich dem Verhältnis der Wanderungsgeschwindigkeiten je eines Ions zu der Summe der Beweglichkeiten beider. Die von diesem Fehler befreiten Zahlen werden zur Unterscheidung von den HITTORFschen ($\mathfrak{n}_H$) als „wahre" Überführungszahlen bezeichnet ($\mathfrak{n}_W$). Falls W die durch 1 F gleichsinnig mit dem betrachteten Ion überführte Anzahl Mole Wasser und x das Verhältnis der Anzahl Äquivalente Salz zur Anzahl Mole Wasser in der Lösung bedeuten, ergibt sich (bei zwei Ionenarten):

$$\mathfrak{n}_W = \left(\frac{(U,V)}{U+V}\right) = \mathfrak{n}_H + W \cdot x . \tag{14}$$

W kann unter Umständen bestimmt werden aus der Konzentrationsänderung, die ein dem Elektrolyten zugesetzter, indifferenter, an der Wanderung unbeteiligter Stoff bei gemessenem Stromdurchgang erfährt[1]). Bei genügend großen Verdünnungen, also kleinem x, fallen die wahren Zahlen praktisch mit den HITTORFschen zusammen.

Es ist leicht einzusehen, daß die Wasserüberführung in konzentrierten Lösungen ohne die erwähnte Korrektion sogar zu Zahlen führen könnte, die größer als 1 oder aber negativ sind. Noch eine andere Ursache kann zu solchen Resultaten Veranlassung geben, wie sie z. B. bei CdJ_2 (Tabelle 14) und in vielen anderen Fällen tatsächlich gefunden wurden. Kadmiumjodid bildet nämlich in konzentrierteren Lösungen, welchen Schluß erstmalig HITTORF eben aus seinen Überführungsmessungen zog, komplexe Anionen $[CdJ_3]^-$. Da mit diesem negativ geladenen Komplex einerseits eine gewisse Kadmiummenge, andererseits auch, auf die gleiche Elektrizitätsmenge bezogen, dreimal soviel Jod wie mit dem normalen J^--Ion zur Anode wandert, muß die chemische Analyse von den wahren abweichende Überführungszahlen für die der Rechnung zugrunde gelegten Ionen Cd^{++} und J^- ergeben, natürlich um so mehr abweichend, als die untersuchte Lösung von dem Komplex enthält. Beim Verdünnen der Lösung nehmen diese Störungen immer mehr ab. Auch in solchen Fällen darf man dann annehmen, daß die bei genügender Verdünnung konstant gewordenen Überführungszahlen ein richtiges Maß für die relative Ionenbeweglichkeit abgeben.

11. Unabhängige Wanderung der Ionen. Ionenleitfähigkeiten. F. KOHLRAUSCH[2]) wies 1876 darauf hin, daß sich die Äquivalentleitfähigkeit von Salzen in verdünnten wässerigen Lösungen additiv aus zwei Komponenten zusammensetzt, die den Wanderungsgeschwindigkeiten der Ionen proportional sind und

[1]) W. NERNST, Göttinger Nachr. 1900, S. 68; G. BUCHBÖCK, ZS. f. phys. Chem. Bd. 55, S. 563. 1906; E. W. WASHBURN, Journ. Amer. Chem. Soc. Bd. 31, S. 322. 1909; ZS. f. phys. Chem. Bd. 66, S. 513. 1909; E. W. WASHBURN u. E. B. MILLARD, Journ. Amer. Chem. Soc. Bd. 37, S. 694. 1915; G. N. LEWIS, ebenda Bd. 30, S. 1355. 1908; ZS. f. Elektrochem. Bd. 14, S. 509. 1908; Diskussion der Resultate bei H. REMY, Fortschr. d. Chem., Phys. u. phys. Chem. Bd. 19, H. 2. Berlin 1927.

[2]) F. KOHLRAUSCH, Göttinger Nachr. 1876, S. 213; Wied. Ann. Bd. 6, S. 167. 1879; Bd. 26, S. 213. 1885; vgl. auch W. PALMAER, ZS. f. Elektrochem. Bd. 12, S. 509. 1906.

geradezu als die Äquivalentleitfähigkeiten von Kation und Anion bezeichnet werden können:

$$\Lambda = \Lambda_K + \Lambda_A . \quad (15)$$

Jede Ionenart sollte bei gegebener (geringer) Konzentration einen ganz bestimmten, konstanten Beitrag zur Äquivalentleitfähigkeit eines Salzes liefern, unabhängig von der Natur des Ionogens, dem es entstammt und unabhängig von den Lösungsgenossen. Diese Erfahrung nannte KOHLRAUSCH das Gesetz der unabhängigen Wanderung der Ionen. Die Konzentrationsabhängigkeit des Leitvermögens wurde erklärt durch Annahme einer Veränderlichkeit — und zwar Verringerung — der Ionenbeweglichkeiten mit steigender Konzentration. Diese Annahme enthielt in sich natürlich die weitere Bedingung, daß auch diese Konzentrationsfunktion, wenigstens im Gebiete geringer Konzentrationen, unabhängig sei von der Natur der Lösungsgenossen.

Seit ARRHENIUS[1]) 1887 die Existenz von freien Ionen und die Veränderlichkeit des Dissoziationsgrades mit der Elektrolytkonzentration wahrscheinlich gemacht hatte, wandelte sich die Deutung der Leitfähigkeit-Konzentrationsfunktion dahin, daß bei Annahme einer unveränderlichen Ionenbeweglichkeit das Anwachsen des Äquivalentleitvermögens mit steigender Verdünnung der gleichsinnigen Änderung des Dissoziationsgrades zugeschrieben wurde. In der Tat zeigten genaue Messungen, daß eine ausnahmslose Gültigkeit des KOHLRAUSCHschen Gesetzes nur für die Grenzwerte des Leitvermögens bei äußerster Verdünnung besteht. Für diese verdünntesten Lösungen konnte nach ARRHENIUS die gleiche, nämlich völlige Spaltung eines jeden Ionenbildners angenommen werden.

Am klarsten lassen sich die hier bei einfachen und allgemeinen Fällen zu erwartenden Beziehungen wieder unter Benutzung der Stromleitungsgleichung [Gleichung (6), Ziff. 3] entwickeln:

$$\varkappa = e\left(\sum m_{K_i} \cdot |n_{K_i}| \cdot U_i + \sum m_{A_i} \cdot |n_{A_i}| \cdot V_i\right). \quad (6)$$

Denken wir uns einen einheitlichen Ionenbildner, von welchem m Molekeln im Kubikzentimeter der Lösung vorhanden sein mögen; der Bruchteil α dieser m Molekeln sei gleichartig in je $z_{K_1} \ldots z_{K_i} \ldots z_{K_s}$ Kationen und je $z_{A_1} \ldots z_{A_i} \ldots z_{A_s}$ Anionen der Arten $K_1 \ldots K_i \ldots K_s$, $A_1 \ldots A_i \ldots A_s$ mit den Wertigkeiten $n_{K_1} \ldots n_{K_i} \ldots n_{K_s}$, $n_{A_1} \ldots n_{A_i} \ldots n_{A_s}$ gespalten. Die Anzahl Ionen einer beliebig herausgegriffenen Art pro Kubikzentimeter ist dann durch α, z_i und m gegeben gemäß:

$$m_i = \alpha \cdot z_i \cdot m .$$

Dies eingeführt, geht (6) über in

$$\varkappa = \alpha \cdot m \cdot e\left(\sum z_{K_i} \cdot |n_{K_i}| \cdot U_i + \sum z_{A_i} \cdot |n_{A_i}| \cdot V_i\right),$$

ferner:

$$\mu = \frac{\varkappa}{C_M} = \frac{\varkappa \cdot L}{m} = \alpha \cdot L \cdot e\left(\sum z_{K_i} \cdot |n_{K_i}| \cdot U_i + \sum z_{A_i} \cdot |n_{A_i}| \cdot V_i\right), \quad (16)$$

(L = LOSCHMIDTsche Zahl für 1 Mol)

und schließlich, weil (Elektroneutralität!)

$$\sum z_{K_i} |n_{K_i}| = \sum z_{A_i} |n_{A_i}| = n$$

(n = elektrochemische Wertigkeit des Ionenbildners)

---

[1]) SV. ARRHENIUS, ZS. f. phys. Chem. Bd. 1, S. 631. 1887.

und
$$L \cdot e = F \quad (F = \text{Faradaykonstante}):$$

$$\mu = \alpha \cdot F\left(\sum z_{K_i} |n_{K_i}| U_i + \sum z_{A_i} |n_{A_i}| V_i\right), \tag{17}$$

$$\left.\begin{aligned} \Lambda = \frac{\mu}{n} &= \alpha \cdot F \frac{\sum z_{K_i} |n_{K_i}| U_i + \sum z_{A_i} |n_{A_i}| V_i}{\sum z_{K_i} |n_{K_i}|} \\ &= \alpha \cdot F \frac{\sum z_{K_i} |n_{K_i}| U_i + \sum z_{A_i} |n_{A_i}| V_i}{\sum z_{A_i} |n_{A_i}|} \end{aligned}\right\} \tag{18}$$

Für den Spezialfall wieder, daß nur zwei Ionenarten vorliegen, ist:

$$\mu = \alpha \cdot F \cdot z_K |n_K| (U + V) = \alpha \cdot F \cdot z_A |n_A| (U + V) \tag{17a}$$

und
$$\Lambda = \alpha \cdot F (U + V). \tag{18a}$$

Man erkennt, daß das Gesetz der unabhängigen Wanderung [Gleichung (15)] nur dann Gültigkeit beanspruchen kann, wenn gleichzeitig: erstens nicht mehr als zwei Ionenarten vorhanden sind, zweitens α bei gleichen Konzentrationen der herangezogenen Elektrolyte gleichen Wert besitzt, drittens U und V von der Art der Lösungsgenossen unabhängig angenommen werden dürfen.

Da erfahrungsgemäß bei höheren Verdünnungen für starke Elektrolyte das Gesetz vielfach zutrifft — falls nur der Bedingung 1 genügt ist —, besonders wenn man den Vergleich auf Ionenbildner vom gleichen Typus beschränkt, kann man umgekehrt schließen, daß unter diesen Verhältnissen auch die Bedingungen 2 und 3 wenigstens praktisch erfüllt sind. Uneingeschränkte Gültigkeit ist zu erwarten bei unendlicher Verdünnung, wo man sowohl für α einen unveränderlichen Grenzwert, nämlich 1, als auch für U und V völlige Unabhängigkeit von allen Lösungsteilnehmern annehmen darf, in bester Übereinstimmung mit der Erfahrung bei sehr hohen Verdünnungen. Das Fallenlassen der Bedingung 1 würde übrigens nur eine geringfügige Veränderung des KOHLRAUSCHschen Gesetzes bedingen. Statt aus zwei Gliedern würde sich das Äquivalentleitvermögen sodann aus so vielen Anteilen zusammensetzen, wie Ionenarten vorhanden sind, wobei allerdings weiter zu berücksichtigen ist, daß diese Anteile für dieselben Ionen in verschiedenartigen Elektrolyten im allgemeinen nicht denselben Wert behalten, sondern mit der Zusammensetzung des Ionenbildners, nämlich mit Zahl und Wertigkeit der daraus entstehenden Ionen, variieren werden. Da dieser Fall jedoch aus später (Ziff. 19) zu besprechenden Gründen keine praktische Bedeutung besitzt, sollen die weiteren Erörterungen sich zunächst auf nur zwei Ionenarten enthaltende Elektrolyte beziehen.

Unter dieser Einschränkung darf man setzen:

$$\Lambda_\infty = F (U_\infty + V_\infty), \tag{19}$$

woraus in Verbindung mit den Überführungszahlen

$$\mathfrak{n}_{K_\infty} = \frac{U_\infty}{U_\infty + V_\infty}; \qquad \mathfrak{n}_{A_\infty} = \frac{V_\infty}{U_\infty + V_\infty}$$

— auch diese müssen sich auf unendliche Verdünnung beziehen wegen möglicher Konzentrationsabhängigkeit; praktisch wird dieser Forderung genügt sein bei Verwendung der an verdünnten Lösungen gewonnenen, innerhalb der Versuchsfehler nicht mehr konzentrationsvariablen Werte — sich ergibt:

$$U_\infty = \frac{\mathfrak{n}_{K_\infty} \cdot \Lambda_\infty}{F}; \qquad V_\infty = \frac{\mathfrak{n}_{A_\infty} \cdot \Lambda_\infty}{F} \tag{20}$$

bzw.
$$\Lambda_{K_\infty} = \mathfrak{n}_{K_\infty} \cdot \Lambda_\infty; \qquad \Lambda_{A_\infty} = \mathfrak{n}_{A_\infty} \cdot \Lambda_\infty. \tag{21}$$

Die Ausdrücke $\Lambda_{K_\infty} = U_\infty \cdot F$ und $\Lambda_{A_\infty} = V_\infty \cdot F$, die ja offenbar den Anteil eines Äquivalents des betreffenden Ions an dem Leitvermögen eines völlig dissoziierten Ionenbildners darstellen, hat man wohl als die äquivalente Beweglichkeit der Ionen im Leitfähigkeitsmaß bezeichnet und diese Benennung auch auf die Werte Λ_K und Λ_A bei endlichen Konzentrationen übertragen. Diese durch die historische Entwicklung bedingten Namen scheinen jedoch geeignet, Verwirrung zu stiften; sie sind als die Urheber der in der Literatur vielfach anzutreffenden Unklarheiten auf diesem Gebiete anzusehen. Wir wollen dementsprechend die Verwendung der Begriffe Wanderungsgeschwindigkeit oder Beweglichkeit allein auf die absolute Ionengeschwindigkeit in cm/sek bei der Feldstärke 1 (Volt/cm) beschränken, die Werte Λ_{K_∞}, Λ_{A_∞}, Λ_K und Λ_A dagegen zweckmäßig ausschließlich als Äquivalentleitfähigkeit der Ionen bei unendlicher bzw. endlicher Verdünnung bezeichnen.

Die Bedeutung dieser Begriffe liegt auf der Hand. Bei Kenntnis von Λ_K und Λ_A der häufigsten Ionen in Konzentrationsgebieten, die praktisch der Anwendung des KOHLRAUSCHschen Gesetzes zugänglich sind, läßt sich die Leitfähigkeit sämtlicher Ionenbildner, die durch Kombination je einer Kationenmit einer Anionenart möglich sind, für die betreffenden Konzentrationsgebiete rechnerisch ermitteln.

Tabelle 15 gibt eine Auswahl von Ionenleitfähigkeiten in wässerigen Lösungen verschiedener Konzentration wieder[1]).

Tabelle 15. Äquivalentleitvermögen von Ionen (aus Elektrolyten mit zwei einwertigen bzw. ein- und zweiwertigen Ionen). $t = 18°$.

[c] =	0	0,0001	0,001	0,01	0,1	$10^4 \cdot \gamma$
Cs^+	68	67,4	66,6	63,7	58	212
K^+	64,6	64,1	63,3	60,7	55,1	217
Na^+	43,5	43,2	42,2	40,5	36,4	244
Li^+	33,4	33,2	32,5	30,8	27,5	265
Ag^+	54,3	53,7	52,8	50,2	44	229
Tl^+	66,0	65,3	64,2	60	50	215
Ba^{++}	55	54,0	51,4	44	—	239
Sr^{++}	51	50,4	47,9	41	—	247
Ca^{++}	51	50,4	48,0	41,9	32,0	247
Mg^{++}	45	44,5	42	37	28	256
H^+	315	315	311	307	294	154
J^-	66,5	65,6	64,9	62,7	58,8	213
Br^-	67,6	67,0	66,1	63,7	59,1	215
Cl^-	65,5	64,9	64,0	61,5	55,8	216
F^-	46,6	46,2	45,5	43,2	38	238
CNS^-	56,5	56,1	55,4	53,2	49,1	221
NO_3^-	61,7	61,3	60,4	57,6	55,8	205
JO_3^-	33,9	33,5	32,8	30,4	24,2	234
ClO_3^-	55,0	54,5	53,6	50,9	44,0	215
SO_4^{--}	68,3	66,6	63,8	55,5	40	227
CO_3^{--}	—	—	60	55	38	270
OH^-	174	172	171	167	157	180

Die Zahlen stellen Mittelwerte aus an umfänglichem Material gewonnenen Einzelergebnissen[2]) dar und können natürlich, soweit sie sich auf endliche

[1]) Nach KOHLRAUSCH-HOLBORN, Leitvermögen der Elektrolyte, 2. Aufl., Leipzig u. Berlin 1916.

[2]) F. KOHLRAUSCH, Wied. Ann. Bd. 50, S. 385. 1893; Bd. 66, S. 785. 1898; Berl. Ber. 1900, S. 1002; 1901, S. 1026; 1902, S. 572; ZS. f. Elektrochem. Bd. 13, S. 333. 1907; Bd. 14, S. 129. 1908; F. KOHLRAUSCH u. E. GRÜNEISEN, Berl. Ber. 1904, S. 1215; F. KOHLRAUSCH u. M. E. MALTBY, ebenda 1899, S. 655; F. KOHLRAUSCH u. H. v. STEINWEHR, ebenda 1902, S. 581.

Konzentrationen beziehen, nur zur angenäherten Berechnung der Äquivalentleitfähigkeit starker Elektrolyte Verwendung finden. Dazu kommt als weitere Beschränkung, daß sie nur für Elektrolyte aus einwertigen oder aus ein- und zweiwertigen Ionen (allerdings nicht für H_2SO_4) brauchbare Resultate liefern. Für Salze mit zwei mehrwertigen Ionen versagt diese Anwendung der KOHLRAUSCHschen Regel schon bei geringen Konzentrationen. Auf die oben angedeutete Begründung werden wir später näher eingehen. Alle diese Einschränkungen treffen selbstverständlich nicht die Grenzwerte für unendliche Verdünnung.

Die letzte Spalte der Tabelle 15 enthält die für unendliche Verdünnung geltenden Temperaturkoeffizienten γ, mit deren Hilfe gemäß (vgl. Ziff. 6)

$$\Lambda_1 = \Lambda_{18}[1 + \gamma(t - 18) + 0{,}0163(\gamma - 0{,}0174)(t - 18)^2] \tag{11b}$$

Ionengrenzleitfähigkeiten für andere Temperaturen berechnet werden können. Es fällt auf, daß die Konstanten γ um so größer sind, je kleiner die Leitfähigkeit des betreffenden Ions ist; auch sind die Unterschiede, abgesehen von H^+ und OH^-, überraschend gering.

Tabelle 16. Grenzleitvermögen einiger einwertigen Ionen bei verschiedenen Temperaturen.

$t =$	0°	18°	100°
Cs^+	44,4	69,0	203,3
K^+	40,6	64,4	198,0
Na^+	26,1	43,2	152,0
Li^+	19,3	32,9	121,5
$(C_2H_5)_4N^+$	16,3	28,0	103,0
Cl^-	41,2	65,4	208,0
NO_3^-	40,0	61,8	186,5
ClO_3^-	—	55,0	—
ClO_4^-	37,1	58,4	176,0
BrO_3^-	—	48,2	—
JO_3^-	—	33,8	—
$C_6H_2(NO_2)_3O^-$	14,9	25,2	93,0

Einige neuere Daten für das Leitvermögen einwertiger Ionen [nach P. WALDEN und H. ULICH[1]] sind in Tabelle 16 zusammengestellt.

Die Wiedergabe von Ionenleitfähigkeiten in nichtwässerigen Medien soll unterbleiben. Unsere Kenntnisse auf diesem Gebiet sind übrigens noch recht fragwürdiger Natur[2]). Die Auslassung kann um so eher geschehen, als sich weiterhin eine einfache Gesetzmäßigkeit über den Einfluß des Lösungsmittels auf die Ionenbeweglichkeit ergeben wird, die eine annähernde rechnerische Ermittlung wenigstens vorderhand der Grenzwerte des Leitvermögens nichtwässerisger Lösungen gestattet.

12. Ermittlung der Grenzwerte des Äquivalentvermögens. Nach dem in vorstehender Ziffer Gesagten lassen sich, solange über die Werte des Dissoziationsgrades bei endlicher Verdünnung keine Kenntnis herrscht, Ionenbeweglichkeiten nur für unendliche Verdünnung bestimmen. Nun ist es für die klassische Theorie bezeichnend, daß sie von der möglichen Veränderung der Grenzbeweglichkeiten mit der Konzentration zunächst absieht und gerade aus der Veränderung der Leitfähigkeiten die Dissoziationsgrade bestimmt (Ziff. 16). Die Ermittlung der Grenzleitfähigkeiten wird dadurch für diese Theorie von großer Bedeutung. Das vorliegende experimentelle Material zeigt, daß ihre direkte Bestimmung nicht möglich ist, weil bei den exakter Messung zugänglichen Konzentrationen die Grenzwerte sicher noch nicht erreicht sind (vgl. Ziff. 6). Man ist infolgedessen darauf angewiesen, sie durch Extrapolation zu bestimmen, wozu das Gesetz der Konzentrationsabhängigkeit der Leitfähigkeit

[1]) P. WALDEN u. H. ULICH, ZS. f. phys. Chem. Bd. 106, S. 49. 1923. Weitere Zahlen in der von WALDEN kritisch bearbeiteten Übersicht in LANDOLT-BÖRNSTEIN-ROTH-SCHEEL, Phys.-chem. Tabellen. 1. Erg.-Bd. Berlin 1927.

[2]) Die einigermaßen sicheren Zahlen hat ebenfalls WALDEN in LANDOLT-BÖRNSTEIN-ROTH-SCHEEL, Phys.-chem. Tabellen, 1. Erg.-Bd, Berlin 1927, zusammengestellt.

gerade bei hohen Verdünnungen bekannt sein muß. Wie in Ziff. 6 erörtert wurde, genügt für starke Elektrolyte die Beziehung:

$$\Lambda = a - b \cdot c^{\frac{1}{2}}$$

recht gut den Ergebnissen des Experiments bei den höchsten Verdünnungen, so daß man mit einiger Wahrscheinlichkeit ihre Gültigkeit auch bis $c = 0$ voraussetzen darf. Die neueren Daten von KOHLRAUSCH sind auf Grund dieser Beziehung

$$\Lambda_\infty = \Lambda_v + b \cdot c^{\frac{1}{2}}$$

gewonnen. Am einfachsten verfährt man so, daß man im rechtwinkligen Koordinatensystem die Werte von $c^{\frac{1}{2}}$ als Abszissen, die zugehörigen Λ_v-Werte als Ordinaten abträgt, durch die so erhaltenen Punkte eine gerade Linie legt und diese bis $c = 0$ verlängert. Man wird hierzu Messungen im Bereich von $c = 10^{-5}$ bis etwa $c = 10^{-7}$ verwenden. Heranziehung noch geringerer Konzentrationen kommt nur in Ausnahmefällen in Betracht, weil die Messung sehr hoher Widerstände Schwierigkeiten macht, andererseits durch Hydrolyse (Ziff. 27) der zu untersuchenden Salze Unsicherheiten entstehen können. Durch diesen letzten Umstand ist die Methode auch auf solche Salze beschränkt, die in dem Konzentrationsgebiet, für welches obige Formel gilt, keine merkliche Hydrolyse erleiden (vgl. jedoch Bd. XVI, Kap. 24).

Sehr häufig hat man aber auch die KOHLRAUSCHsche Kubikwurzelformel

$$\Lambda = a - b \cdot c^{\frac{1}{3}}$$

zur Extrapolation auf die Grenzwerte herangezogen, besonders auch in nichtwässerigen Lösungen, für welche die Quadratwurzelformel erst in Verdünnungen gültig ist, bei denen Messungen der Leitfähigkeit nur schwierig vorgenommen werden können. Das in Ziff. 6 über die Kubikwurzelformel Gesagte zeigt aber deutlich (besonders s. Abb. 4), daß ein derartiges Verfahren zu hohe Werte von Λ_∞ liefern muß. Ähnliches gilt für die große Zahl der sonst aufgestellten, ebenfalls rein empirischen Formeln[1]). Ihre Gültigkeit beschränkt sich meist auf mittlere Konzentrationen, womit die Anwendung auf den in Rede stehenden Zweck zum mindesten unsicher wird. Eine von LORENZ vorgeschlagene Methode zur Ermittlung des Grenzwertes soll, da sie auf der neueren Theorie fußt, erst später besprochen werden (Ziff. 32).

Zur angenäherten Bestimmung von Λ_∞ ist eine von BREDIG[2]) angegebene Regel sehr brauchbar, nach welcher der Abstand des Äquivalentleitvermögens Λ_v vom Grenzwert Λ_∞ für Salze von gleichem Typus angenähert den gleichen, von Konzentration und Temperatur natürlich noch abhängigen Wert hat:

$$\Lambda_\infty = \Lambda_v + \Delta_v. \quad (22)$$

Tabelle 17 gibt die Abstände Δ_v bei 25° für verschiedene Konzentrationen und in Abhängigkeit von den Ionenwertigkeiten n_K und n_A wieder.

Tabelle 17. Δ_v in Abhängigkeit von Verdünnung und Ionenwertigkeit. $t = 25°$.

$n_K \cdot n_A$	$[v] = 64$	128	256	512	1024
1	11,7	8,5	6,4	4,2	3,2
2	22,3	17	12,7	8,5	6,4
3	31,8	24,4	18	12,7	8,5
4	44,6	33	24,4	17	10,6
5	56,3	41,5	30,8	22,3	13,8
6	(63,8)	51	38,3	26,6	17

[1]) U. a. M. RUDOLPHI, ZS. f. phys. Chem. Bd. 17, S. 385. 1895; J. H. VAN 'T HOFF, ebenda Bd. 18, S. 300. 1895; L. STORCH, ebenda Bd. 19, S. 13. 1896; F. BARMWATER, ebenda Bd. 28, S. 134 u. 428. 1899; W. D. BANCROFT, ebenda Bd. 31, S. 188. 1899; F. KOHLRAUSCH, ebenda Bd. 13, S. 333. 1907; A. A. NOYES, ebenda Bd. 50, S. 334. 1907; CH. A. KRAUS u. W. C. BRAY, Journ. Amer. Chem. Soc. Bd. 35, S. 1315. 1913.

[2]) F. BREDIG, ZS. f. phys. Chem. Bd. 13, S. 191. 1894; vgl. auch R. LORENZ u. E. SCHMIDT, ZS. f. anorg. Chem. Bd. 112, S. 209. 1920.

Die Zahlen sind durch rechnerischen Ausgleich zahlreicher Einzelmessungen von BREDIG bestimmt. Dabei wurden freilich nach der Kubikwurzelformel extrapolierte Grenzwerte benutzt. Aus diesem Grunde sind die Abstände zweifellos etwas zu groß. Für $n_K = n_A = 1$ sind auf neueren Grenzwerten fußende Zahlen bei OSTWALD-LUTHER-DRUCKER[1]) angegeben:

$v =$	32	64	128	256	512	1024	
$\Delta_v =$	(13)	(10)	8	6	4	2,5	$t = 25°$.

Die BREDIGsche Regel folgt übrigens ohne weiteres aus der in Ziff. 6 [Abb. 5, Gleichung (10)] geschilderten Abhängigkeit des Äquivalentleitvermögens von $c^{\frac{1}{2}}$ und findet hier in dem annähernd parallelen Verlauf der Leitfähigkeitskurven für gleichgebaute Salze ihren Ausdruck. WALDEN[2]) hat gezeigt, daß die BREDIGsche Regel sich auch auf Salze (aus einwertigen Ionen) in nichtwässerigen Medien anwenden läßt. Ferner stellte er fest, daß die Δ_v-Werte für einige 1-1-wertige Salze in verschiedenen Mitteln derart mit deren innerer Reibung (η) und Dielektrizitätskonstante (ε) zusammenhängen, daß, unabhängig vom Lösungsmittel,

$$\Delta_v \cdot \eta \cdot \varepsilon = \text{konst.} \tag{23}$$

ist (s. auch Ziff. 14, 22).

Tabelle 18 zeigt, daß dies mit guter Annäherung an den mitgeteilten 16 Solventien zutrifft. Man kann demnach — bei Kenntnis von ε und η — Δ_v für jedes beliebige Lösungsmittel aus dem entsprechenden Wert in einem anderen berechnen. Allerdings bildet gerade Wasser für Salze aus einfachen Ionen häufige Ausnahmen.

Tabelle 18. $\Delta_v \cdot \varepsilon \cdot \eta$ in verschiedenen Lösungsmitteln ($t = 25°$).

Lösungsmittel	ε	$\eta_{25°}$	$[v] = 256$	512	1024	2048
Wasser	80	0,00891	4,35	3,07	2,28	1,64
Ameisensäure	60	0,0162	—	3,11	2,33	—
Formamid	94	0,0322	4,24	3,18	2,27	—
Nitromethan	39,8	0,00619	—	3,12	2,23	1,66
Acetonitril	36	0,00345	4,28	3,17	2,28	1,66
Methylalkohol	35,4	0,00588	4,16	3,12	2,25	1,67
Aceton	21,2	0,00346	—	3,08	2,27	1,65
Propionitril	27,5	0,00413	—	3,18	2,27	1,67
Benzonitril	26	0,01220	—	3,17	2,28	1,65
Cyanessigester	27	0,02500	—	3,07	2,29	1,65
Äthylalkohol	25,4	0,01145	—	3,05	2,24	1,66
Epichlorhydrin	22,6	0,01030	—	3,05	2,24	1,63
Pyridin	12,4	0,00890	—	3,04	2,26	1,69
Acetophenon	18	0,01800	—	—	2,33	1,68
Benzaldehyd	17	0,01395	—	3,03	2,26	1,67
Nitrobenzol	35,5	0,0183	4,29	3,18	2,27	1,68
		im Mittel:	4,26	3,11	2,28	1,67
$\Delta_v \cdot \varepsilon \cdot \eta \cdot [v]^{0,45}$		„ „	51,7	51,5	51,6	51,6

Wie die letzte Horizontalreihe der Tabelle erkennen läßt, sind die Mittelwerte des Produkts $\Delta_v \cdot \varepsilon \cdot \eta$ bei verschiedenen Verdünnungen der Größe $[v]^{0,45}$ umgekehrt proportional. Bei Mitberücksichtigung noch höherer Verdünnungen (bis $[v] = 50000$) findet WALDEN als mittleren Wert

$$\Delta_v \cdot \varepsilon \cdot \eta \cdot [v]^{0,45} = 51,4 \quad (\text{für } t = 25°). \tag{24a}$$

[1]) OSTWALD-LUTHER-DRUCKER, Physikochemische Messungen, 3. Aufl., S. 481. Leipzig 1910.

[2]) P. WALDEN, ZS. f. anorg. Chem. Bd. 115, S. 49. 1920.

Das Auftreten des Exponenten 0,45 rührt daher, daß bei der Berechnung der Λ_v-Werte für die einzelnen untersuchten Salze eine lineare Abhängigkeit des Äquivalentleitvermögens von $v^{0,45}$ angenommen wurde. WALDEN zeigte aber auch, daß bei Rechnung mit der besser begründeten $v^{\frac{1}{2}}$-Funktion die obige Beziehung, allerdings mit anderen Zahlenwerten, gültig bleibt. Es ergibt sich dann

$$\Lambda_v \cdot \eta \cdot \varepsilon \cdot [v]^{\frac{1}{2}} = 65,7 \quad (\text{für } t = 25\,^\circ). \tag{24b}$$

Übrigens unterscheiden sich die nach (24a) und (24b) berechneten Grenzwerte im Mittel um nur 0,8%.

Zweifellos liegt hier ein für praktische Zwecke durchaus brauchbares empirisches Verdünnungsgesetz vor. Ungenügend berücksichtigt bleibt einzig die besondere Natur bzw. der besondere Typus des Ionenbildners, was darin zum Ausdruck kommt, daß die angegebenen Zahlenkonstanten nur in Anwendung auf verhältnismäßig wenige „Normalelektrolyte" sich bewähren.

Einen Weg zur Beseitigung dieses Mangels ergab die Feststellung, daß für verschiedene Salze in demselben Medium (geprüft an Wasser)

$$\frac{\Delta_v \cdot v^{\frac{1}{2}}}{n_K \cdot n_A \cdot \Lambda_v} = \text{konst.} = A$$

gilt. Dementsprechend wird[1])

$$\Lambda_\infty = \Lambda_v (1 + n_K \cdot n_A \cdot A \cdot v^{\frac{1}{2}})\,. \tag{25}$$

A ist eine für jedes Lösungsmittel charakteristische Konstante („Leitfähigkeitsmodul").

Die Beziehung ist für eine größere Zahl 1-1- und 1-2-wertiger Salze in Wasser und für 1-1-wertige auch in 14 nichtwässerigen Medien geprüft und von ausgezeichneter Brauchbarkeit befunden worden. Das Konzentrationsgebiet, für welches die Formel anwendbar ist, wechselt von Medium zu Medium, und zwar liegt es zu um so höheren Verdünnungen verschoben, je kleiner die Dielektrizitätskonstante des Lösungsmittels und je größer die obengenannte Konstante A ist. Die letztere ist ferner bei 14 Medien, deren Dielektrizitätskonstanten zwischen 42 und 12,4 variieren, mit dieser Eigenschaft durch die Gleichung

$$A = 1/0{,}00872 \cdot \varepsilon$$

verknüpft. Tabelle 19 gibt eine zahlenmäßige Übersicht über das soeben Gesagte.

Tabelle 19. Leitfähigkeitsmoduln (A) nach WALDEN ($t = 0^\circ$ bis 25°).

Medium	ε	A_{gef}	$A_{\text{ber}} = 1/0{,}00872 \cdot \varepsilon$	Anwendungsgrenze $[v]_{\min.}$
Wasser	80	0,692	—	100
Furfurol	42,0	2,73	2,73	100—200
Nitromethan	38,8	2,96	2,96	100
Azetonitril	36	3,20	3,19	400
Methylalkohol	35,5	3,20	3,23	250—500
Nitrobenzol	35,5	3,20	3,23	250
Zyanessigester	27,5	4,13	4,17	500
Benzonitril	26,3	4,40	4,36	500
Äthylalkohol	25	4,60	4,59	500—1000
Epichlorhydrin	22,6	5,10	5,08	2000
Azeton	21,2	5,45	5,41	1000—2000
Methyläthylketon	18,4	6,23	6,23	5000
Azetophenon	18,2	6,20	6,30	5000
Benzaldehyd	17	6,75	6,75	2500
Pyridin	12,4	9,36	9,25	5000

[1]) P. WALDEN, ZS. f. phys. Chem. Bd. 108, S. 341. 1924.

Aus der Tabelle 17 ersieht man übrigens noch, daß Λ_v bei verschiedenen Salztypen etwa dem Produkt der Ionenwertigkeiten proportional ist: $\Lambda_v \approx$ konst. $\cdot\, n_K \cdot n_A$. Dies gilt auch für irgendwelche Differenzen $\Lambda_{v_1} - \Lambda_{v_2}$, wenn man sich nur auf genügend verdünnte Lösungen beschränkt. Hiervon hat man Gebrauch gemacht, um unbekannte Ionenwertigkeiten zu bestimmen[1]).

Bei schwachen Elektrolyten versagen die angegebenen Methoden, da deren Leitvermögen ja in anderer Weise von der Verdünnung abhängt. Man kann hier von der Formel (7) (Ziff. 6) Gebrauch machen, nachdem gegebenenfalls die Anwendbarkeit in einem größeren Konzentrationsintervall geprüft ist. Meist verfährt man anders. Sucht man etwa das Grenzleitvermögen einer schwachen Säure HA, so bestimmt man zunächst aus Leitfähigkeitsmessungen an einem Alkalisalz der Säure dessen Grenzwert, zieht davon die Grenzleitfähigkeit des Alkaliions ab und fügt die des Wasserstoffions hinzu. Auf Grund des KOHLRAUSCHschen Satzes von der unabhängigen Ionenwanderung ist:

$$\Lambda_{\mathrm{NaA}}^{\infty} - \Lambda_{\mathrm{Na}}^{\infty} + \Lambda_{\mathrm{H}}^{\infty} = \Lambda_{\mathrm{HA}}^{\infty}.$$

Auf schwache mehrbasische Säuren ist dieses Verfahren nicht anwendbar. Man kann dann, wenigstens bei organischen Säuren, den Grenzwert aus der Zahl der Atome im Säuremolekül schätzen. OSTWALD[2]) hat dafür folgende Zahlen (gültig für 25°) gegeben:

Zahl der Atome	12	15	18	22	25	30
$\Lambda_{\infty}^{25^\circ}$	376	373	371	369	368	367

13. Wanderung von Unstetigkeiten bei der Elektrolyse. (Vgl. Bd. XVI, Kap. 24.) Ist in einem Elektrolyten eine Unstetigkeit vorhanden, so bleibt diese bei geeigneten Bedingungen auch nach Anlegen eines Stromes erhalten. Überschichtet man etwa in einem Glasrohr eine Elektrolytlösung mit einer zweiten und legt an die Enden des Rohres eine Spannung an, so wandert die Trennungsfläche bei gewissen Vorsichtsmaßregeln in der ursprünglichen, scharfen Form durch das Rohr hindurch. Die bei verschieden gefärbten Elektrolyten leicht sichtbare Grenze kann auch bei farblosen wegen der meist vorhandenen Dichteunterschiede gut deutlich gemacht werden. Die Geschwindigkeit der Fortbewegung hängt zusammen mit der Ionenbeweglichkeit, zu deren Bestimmung man schon früh diese Erscheinung herangezogen hat. Der erste Gedanke dazu stammt von LODGE[3]); WHETHAM[4]), MASSON[5]), ABEGG[6]) mit STEELE und GAUS, DENISON und STEELE[7]), LORENZ und NEU[8]) sowie MCINNES, SMITH und BRIGHTON[9]) haben die Apparatur fortlaufend verbessert und zahlreiche Messungen ausgeführt. NERNST[10]) konstruierte einen Vorlesungsapparat zur Demonstration der Ionenwanderung, FRANKLIN und CADY[11]) wandten die Methode auf nichtwässerige Lösungen an.

[1]) W. OSTWALD, ZS. f. phys. Chem. Bd. 1, S. 74. 1887; Bd. 2, S. 840 u, 901. 1888; P. WALDEN, ebenda Bd. 1, S. 529. 1887; Bd. 2. S. 49. 1888.

[2]) OSTWALD-LUTHER-DRUCKER, Physikochemische Messungen, 3. Aufl., S. 482. Leipzig 1910.

[3]) O. LODGE, Brit. Assoc. Reports 1886, S. 389.

[4]) W. C. D. WHETHAM, ZS. f. phys. Chem. Bd. 11, S. 220. 1893.

[5]) O. MASSON, ZS. f. phys. Chem. Bd. 29, S. 501. 1899.

[6]) R. ABEGG u. B. D. STEELE, ZS. f. Elektrochem. Bd. 7, S. 618. 1901; B. D. STEELE, ZS. f. phys. Chem. Bd. 40, S. 689. 1902; R. ABEGG u. W. GAUS, ebenda Bd. 40, S. 737. 1902.

[7]) R. B. DENISON, ZS. f. phys. Chem. Bd. 44, S. 575. 1903; R. B. DENISON u. B. D. STEELE, ebenda Bd. 57, S. 110. 1907.

[8]) R. LORENZ u. W. NEU, ZS. f. anorg. Chem. Bd. 116, S. 45. 1921.

[9]) D. A. MCINNES u. E. R. SMITH, Journ. Amer. Chem. Soc. Bd. 45, S. 2246. 1923; Bd. 46, S. 1398. 1924; Bd. 47, S. 1009. 1925; D. A. Mc. INNES u. T. B. BRIGHTON, ebenda Bd. 47, S. 994. 1925; Bd. 48, S. 1909. 1926.

[10]) W. NERNST, ZS. f. Elektrochem. Bd. 3, S. 308. 1897.

[11]) E. C. FRANKLIN u. H. P. CADY, Journ. Amer. Chem. Soc. Bd. 26, S. 499. 1904.

Auch zur Bestimmung der Wanderungsgeschwindigkeit von Kolloidteilchen im elektrischen Felde ist das Verfahren häufig herangezogen worden[1]). F. Kohlrausch[2]), H. Weber[3]), Miller[4]) und v. Laue[5]) haben die mathematische Theorie entwickelt. Die ausführlichen Rechnungen seien hier nicht wiedergegeben. Ihr Resultat ist: Die Grenze zweier Elektrolyte mit einem gemeinsamen Ion, die in solcher Richtung vom Strom durchflossen wird, daß stets das schneller wandernde der nicht gemeinsamen Ionen dem langsameren voraneilt, bewegt sich mit einer Geschwindigkeit, die gegeben ist durch:

$$\frac{\Delta x}{\Delta t} = U \cdot \mathfrak{E} \cdot \alpha\,, \tag{26}$$

worin U (bzw. V, wenn es sich um ein Anion handelt) die Beweglichkeit des schneller wandernden Ions, α den Dissoziationsgrad des zugehörigen Elektrolyten, $\mathfrak{E}$ die elektrische Feldstärke und ΔX die in der Zeit Δt eintretende lineare Verschiebung bedeuten. Diese Aussage ist freilich unter der Voraussetzung abgeleitet, daß die Ionenbeweglichkeiten nicht von der Konzentration abhängig sind. Falls dies nicht zutrifft, vermag die Theorie eine bestimmte Aussage nicht zu machen. Wohl aber kann nachgewiesen werden, daß auch dann Gleichung (26) gilt, wenn bei der Elektrolyse eine wirklich scharfe Trennungsfläche erhalten bleibt. Die gemessene Geschwindigkeit der Grenze bei bekannter Feldstärke $\mathfrak{E}$ vermag damit $\alpha \cdot U$ bzw. $\alpha \cdot V$ zu liefern. Diese Größen sind offenbar proportional den Ionenleitfähigkeiten Λ_K und Λ_A, erst bei unendlicher Verdünnung (für $\alpha = 1$) würden sich absolute Ionengeschwindigkeiten ergeben. Hierauf muß unbedingt aufmerksam gemacht werden, weil man häufig den bei endlichen Konzentrationen bestimmten Werten diese Bedeutung beigelegt findet.

Um $\mathfrak{E}$ leicht ermitteln zu können, hat man vielfach die Konzentration der aufeinandergeschichteten Flüssigkeiten so gewählt, daß ihre spezifischen Leitfähigkeiten gleich sind. Bei gleichbleibendem Querschnitt des Leiters ist dann $\mathfrak{E} = E/l$, wenn E die an den Enden herrschende Spannung, l die Länge des Leiters ist. Falls andererseits der Querschnitt des Leiters, also die Größe der Grenzfläche, die spezifische Leitfähigkeit des zu untersuchenden Elektrolyten und die Stromstärke bekannt sind bzw. bestimmt werden können, so ist daraus die Feldstärke berechenbar nach

$$\mathfrak{E} = \frac{I}{q \cdot x}\,.$$

Zur direkten Bestimmung von $\alpha \cdot U$ (bzw. $\alpha \cdot V$) eignet sich besonders die von Lorenz und Neu[6]) angegebene Apparatur (Bd. XVI, Kap. 24).

Eine Auswahl der hiermit erzielten Resultate nach Umrechnung auf Ionenleitfähigkeiten bei etwas abweichenden Konzentrationen zum Vergleich mit den Kohlrauschschen Leitfähigkeiten gibt Tabelle 20. Die Übereinstimmung ist vorzüglich.

Tabelle 20. Ionenleitfähigkeiten nach Lorenz und Neu und Kohlrausch. $t = 18°$.

	[v] =	20	50	100	500	1000
ClO_3^-	Kohlrausch . . .	46,5	49,3	50,9	53,1	53,6
	Lorenz und Neu .	46,7	49,1	50,6	52,8	53,5
F^-	Kohlrausch . . .	40,0	42	43,2	45,0	45,5
	Lorenz und Neu .	40,1	41,9	43,1	44,9	45,4

[1]) L. Engel u. W. Pauli, ZS. f. phys. Chem. Bd. 126, S. 247. 1927. Hier auch vollständige Übersicht über frühere Arbeiten, sowie kritische Bemerkungen zur Methodik.
[2]) F. Kohlrausch, Wied. Ann. Bd. 62, S. 209. 1897.
[3]) H. Weber, Berl. Ber. 1897, S. 936.
[4]) W. L. Miller, ZS. f. phys. Chem. Bd. 69, S. 437. 1909.
[5]) M. v. Laue, ZS. f. anorg. Chem. Bd. 93, S. 329. 1915.
[6]) R. Lorenz u. W. Neu, ZS. f. anorg. Chem. Bd. 116, S. 45. 1921.

Meist hat man die kathodische und anodische Wanderung der Grenzflächen desselben Elektrolyten gleichzeitig gemessen und aus ihrem Verhältnis die Überführungszahlen bestimmt. Dies geschieht in Gefäßen von U-Form, in welchen die zu untersuchende Lösung in beiden Schenkeln mit geeigneten anderen über- oder unterschichtet wird, je nach den Dichten. Dabei hat man diese Flüssigkeiten stets so zu wählen, daß sie auf der Seite der Kathode das Anion, nach der Anode zu das Kation mit dem Untersuchungsobjekt gemeinsam haben. Natürlich muß auch auf beiden Seiten der Bedingung genügt sein, daß die zu untersuchenden Ionen die schneller wandernden gleichen Vorzeichens sind.

Bei dieser Anordnung ist man nicht mehr an die Kenntnis der elektrischen Feldstärke gebunden. Da es nur auf das Verhältnis der Geschwindigkeiten ankommt, genügt es, wenn das elektrische Feld an beiden wandernden Flächen das gleiche ist. Auch aus der Verschiebung nur einer Grenzfläche läßt sich die Überführungszahl ermitteln, wenn gleichzeitig die durchgegangene Elektrizitätsmenge bestimmt wird und das Lumen des Versuchsrohrs bekannt ist. Bedeutet nämlich v' das von der Grenzfläche bei Durchgang von $n \cdot F$ durchlaufene Flüssigkeitsvolumen und v das Äquivalentvolumen, so ist[1])

$$\mathfrak{n} = \frac{v'}{v \cdot n}.$$

Zur Erhaltung einer scharfen Trennungsfläche muß die Feldstärke innerhalb bestimmter Grenzen liegen, die von Fall zu Fall wechseln und am besten empirisch ermittelt werden. Unterschreitung führt zu Störungen durch Diffusion, Überschreitung zu solchen durch die entwickelte Stromwärme. Die überhaupt angebbaren Bedingungen für Erhaltung der Grenze finden sich bei v. LAUE (s. auch Bd. XVI ds. Handb.).

Vielfach hat man die technische Durchführung der Messung dadurch zu erleichtern versucht, daß man entweder alle Flüssigkeiten oder wenigstens die den Versuchselektrolyten einschließenden gelatinierte. Doch führt dies stets zu Störungen durch Elektroosmose; man kann sie allerdings praktisch zu einem gewissen Betrage messen und so eliminieren. Sicherer wird immer die Vermeidung derartiger „Diaphragmen“ sein. Zum Vergleich der nach dieser direkten Methode von DENISON und STEELE erhaltenen Überführungszahlen mit den nach der HITTORFschen analytischen Methode gefundenen dient Tabelle 21[2]).

Tabelle 21. Überführungszahlen nach DENISON und STEELE, verglichen mit HITTORFschen Zahlen.

Salz	Äquiv. Konzentr.	nach HITTORF	nach DENISON u. STEELE
KCl	1	0,514	0,513
	0,5	0,513	0,510
	0,1	0,516	0,508
	0,02	0,504	0,507
NaCl	1	0,637	0,620
	0,5	0,626	0,618
	0,1	0,607	0,618
	0,05	0,605	0,614
	0,04	0,605	0,612
$BaCl_2$	0,1	0,580	0,581
	0,02	0,554	0,565
$CaCl_2$	0,1	0,60	0,602
	0,02	0,578	0,588
$MgCl_2$ . . .	0,05	0,62	0,632
K_2SO_4 . . .	0,1	0,512	0,515
	0,02	0,508	0,512
HCl	0,1	0,165	0,165
	0,02	0,167	0,165
HNO_3 . . .	0,1	0,153	0,145
	0,02	0,159	0,154
H_2SO_4 . . .	0,1	0,176	0,172
	0,02	0,176	0,177

1) E. R. SMITH u. D. A. MCINNES, Journ. Amer. Chem. Soc. Bd. 46, S. 1398. 1924.
2) Nach P. WALDEN, Leitvermögen.

Die Übereinstimmung ist in Anbetracht der schwierigen Versuchstechnik ausreichend. Nach den neueren Messungen von McInnes und Mitarbeitern ist sie größtenteils noch besser.

14. Einfluß des Lösungsmittels auf die Ionenbeweglichkeit. Innere Reibung. Temperatur. An umfangreichem Material hat Walden[1]) festgestellt, daß die Grenzleitfähigkeiten typischer Salze in den verschiedensten Lösungsmitteln deren Viskositäten (η) umgekehrt proportional sind:

$$\Lambda_\infty \cdot \eta = \text{konst.} \tag{27}$$

Wie weit dies zutrifft, mögen einige Zahlen an Lösungsmitteln mit möglichst verschiedenen η-Werten zeigen (Tabelle 22).

Tabelle 22. Grenzleitfähigkeiten von $N(C_2H_5)_4J$ bei 25° in verschiedenen Medien.

Lösungsmittel	η	Λ_∞	$\Lambda_\infty \cdot \eta$
Aceton	0,00316	225	0,711
Propionitril	0,00413	165	0,682
Methylalkohol	0,00580	124	0,719
Essigsäureanhydrid . . .	0,00860	76	0,654
Äthylalkohol	0,0108	60	0,648
Nitrobenzol	0,0182	40	0,728
Salicylaldehyd	0,0281	25	0,703
Anisaldehyd	0,0422	16,5	0,696
Benzoylessigester	0,0805	ca. 8	ca. 0,644

Wenn auch von strenger Gültigkeit keine Rede sein kann, so ist nicht zu verkennen, daß die Produkte $\Lambda_\infty \cdot \eta$ sich — trotz Änderung von Λ_∞ im Bereich von 225 bis 8 — recht angenähert um einen Mittelwert gruppieren, der sich für das als Beispiel angeführte Salz in 29 Medien zu 0,70 ergibt. Größere Abweichungen (bis zu 100% vom Mittelwert) finden sich für andere Salze, besonders in Wasser und einigen anderen Medien, alles solchen, deren Molekeln in flüssigem Zustande stark assoziiert angenommen werden. Von der Temperatur sind übrigens, wie Walden[2]) weiterhin zeigen konnte, die Werte von $\Lambda_\infty \cdot \eta$ nicht wesentlich abhängig (zwischen 0° und 50°).

Das von Walden beigebrachte Material genügt auf jeden Fall für die Behauptung, daß der Einfluß des Lösungsmittels auf die Grenzleitfähigkeit in erster Linie auf Rechnung der inneren Reibung zu setzen ist.

Bei der unabhängigen Ionenwanderung in unendlich verdünnten Lösungen muß auch für die Einzelleitfähigkeiten und damit für die Ionenbeweglichkeiten die gleiche Beziehung zur Viskosität gefolgert werden[3]):

$$\Lambda_K^\infty \cdot \eta = \text{konst}\,; \qquad \Lambda_A^\infty \cdot \eta = \text{konst.} \tag{27a}$$

Die Gültigkeit dieser Beziehungen würde bedeuten, daß das Gesetz von Stokes über die Fortbewegung einer starren Kugel in einer ruhenden, einheitlichen Flüssigkeit unter dem Einfluß einer konstanten Kraft auf die Wanderung der Ionen anwendbar ist. Dieses Gesetz bezieht sich zunächst auf den Fall, daß die Größe der Flüssigkeitsmolekeln gegenüber den Dimensionen der bewegten Kugel zu vernachlässigen ist[4]). Es besitzt dann folgende Gestalt:

$$v = \frac{K}{6\pi \cdot \eta \cdot r}, \tag{28}$$

[1]) P. Walden, ZS. f. phys. Chem. Bd. 54, S. 129. 1905; Bd. 55, S. 207; 246. 1906; Bd. 78, S. 271. 1911; ZS. f. anorg. Chem. Bd. 113, S. 85. 1920.

[2]) P. Walden, ZS. f. phys. Chem. Bd. 78, S. 271. 1911.

[3]) P. Walden, ZS. f. anorg. Chem. Bd. 113, S. 113. 1920.

[4]) Diskussion der Gültigkeitsgrenzen bei J. Weyssenhoff, Ann. d. Phys. (4) Bd. 62, S. 1. 1920; s. auch R. Lorenz, Raumerfüllung und Ionenbeweglichkeit. Leipzig 1922.

worin η die Viskosität des Mediums, r der Radius der Kugel und v die Geschwindigkeit der Fortbewegung unter dem Einfluß der Kraft K ist. Die auf ein Ion wirkende Kraft ist gleich dem Produkt aus seiner Ladung und äußerer Feldstärke:

$$K = n \cdot e \cdot \mathfrak{E} \quad \text{(Ziff. 3)},$$

woraus für die Ionenbeweglichkeiten U und V, die sich ja auf die Einheit der Feldstärke beziehen,

$$U \text{ (bzw. } V) = \frac{n \cdot e}{6\pi \cdot \eta \cdot r} \tag{29}$$

sich ergibt.

Eine Prüfung dieses Gesetzes ist, außer durch Vergleichung von Grenzleitfähigkeiten in verschiedenen Medien, dadurch möglich, daß die Viskosität eines gegebenen Lösungsmittels durch Temperatur oder Druck verändert und der dadurch hervorgerufene Einfluß auf die Grenzleitfähigkeit bestimmt wird. Wie ULICH[1]) kürzlich in einer kritischen Zusammenstellung gezeigt hat, gehorchen in den meisten untersuchten Medien (außer in Wasser und Glyzerin) alle Elektrolyte, über die hinreichend genaue Leitfähigkeitsdaten vorliegen, dem STOKESschen Gesetz insofern, als die Temperaturkoeffizienten des Grenzleitvermögens und der Fluidität ($1/\eta$) innerhalb der Fehlergrenzen des Experiments übereinstimmen.

Daß ein Gleiches für Wasser als Lösungsmittel nicht streng gilt, geht aus den KOHLRAUSCHschen Temperaturkoeffizienten der Ionenleitfähigkeiten (Tab. 15 Ziff. 11), die keineswegs unter sich und mit dem Temperaturkoeffizienten der Fluidität völlig übereinstimmen, bereits hervor. Daß die Unterschiede, abgesehen von H^+ und OH^-, nicht groß sind, wurde allerdings schon betont. Die Zusammenstellung von ULICH zeigt, daß Li^+, $N(C_2H_5)_4^+$, $N(CH_3)_3(C_7H_7)^+$, CH_3COO^- und Pikrat$^-$ auch in Wasser sicher dem STOKESschem Gesetz gehorchen; als sehr wahrscheinlich hat es zu gelten für Mg^{++}, Ca^{++}, Sr^{++}, Zn^{++}, Cd^{++}, Pb^{++}, Cu^{++}, La^{+++}, JO_3^-, $C_4H_9COO^-$, SO_4^{--}, Citrat^{---}; während Na^+, Ba^{++}, Ra^{++}, F^-, $HCOO^-$ dem Gesetz wenigstens recht nahe kommen. Typische Abweichungen vom STOKESschen Gesetz zeigen dagegen in Wasser u. a. K^+, Rb^+, Cs^+, NH_4^+, Ag^+, Tl^+, Cl^-, Br^-, J^-, ClO_3^-, BrO_3^-, ClO_4^-, NO_3^-, also gerade eine große Zahl wichtiger anorganischer Ionen.

Von Bedeutung ist nun, daß ein Teil dieser Unstimmigkeiten zu verschwinden scheint, falls eine andere Versuchstechnik zur Bestimmung des Temperaturkoeffizienten der Ionenbeweglichkeit eingeschlagen wird. M. WIEN[2]) hat mit seinen Mitarbeitern die Stromstärken gemessen, die bei kurzdauernden Kondensatorentladungen durch verschiedene Elektrolyte hindurchgingen und daraus die Elektrolytwiderstände berechnet. Die dabei auftretende Erwärmung der Flüssigkeiten, die je nach der angelegten Spannung zwischen etwa 5 und 10° schwankte, gestattete Temperaturkoeffizienten des Leitvermögens zu bestimmen, die auffälligerweise in allen Fällen mit den Temperaturkoeffizienten der Fluidität übereinstimmten, auch bei solchen Ionen, die in der obigen Zusammenstellung als deutliche Ausnahmen vom STOKESschen Gesetz aufgeführt sind. Wir kommen auf dieses Ergebnis weiter unten noch zurück.

Über die Druckveränderlichkeit des Leitvermögens bei genügend hohen Verdünnungen liegen nur wenige Messungen vor. Für eine Prüfung des STOKESschen Gesetzes kommen nur die Ergebnisse von KÖRBER[3]) an wässerigen Lö-

---

[1]) H. ULICH, Fortschr. d. Chem., Phys. u. phys. Chem. Bd. 18, H. 10. 1926.

[2]) M. WIEN, Ann. d. Phys. (4) Bd. 73, S. 161. 1924; Bd. 77, S. 560. 1925; J. MALSCH u. M. WIEN, Phys. ZS. Bd. 25, S. 559. 1925.

[3]) F. KÖRBER, ZS. f. phys. Chem. Bd. 67, S. 212. 1909.

sungen starker Elektrolyte (KCl, NaCl, KBr, NaBr, KJ, NaJ, LiCl, HCl) in Frage. Mit ULICH läßt sich aus ihnen entnehmen, daß hier die Identität des Temperatureinflusses auf Leitfähigkeit (Ionenbeweglichkeit) und Fluidität nicht besteht, daß aber auch die hier auftretenden Abweichungen vom STOKESschen Gesetz keineswegs parallel gehen mit denen, die bei Prüfung der Temperaturfunktionen gefunden wurden. Es dürfte dies ein Hinweis sein, daß die beobachteten Unstimmigkeiten kaum durch Ersatz des STOKESschen durch ein anderes hydrodynamisches Reibungsgesetz zu beseitigen sein werden.

Einen solchen Versuch stellt die Anwendung der CUNNINGHAMschen[1]) Formel dar

$$v = \frac{K(1 + a \cdot l/r)}{6\pi \cdot \eta \cdot r}, \qquad (30)$$

(l ist die freie Weglänge der Molekeln des Mediums, a eine Zahlenkonstante), die ein Korrektionsglied für den Fall enthält, daß gegenüber der Größe des bewegten Teilchens das umgebende Medium nicht mehr als Kontinuum betrachtet werden darf. Die Beziehung ist in Anwendung auf verdünnte Gase abgeleitet worden und scheint sich bei diesen auch zu bewähren. Für unseren Fall dürfte sie schon deshalb keine praktische Bedeutung besitzen, weil mit dem Begriff der freien Weglänge von Flüssigkeitsmolekeln heute nur schwierig zu operieren ist.

LENARD[2]) lehnt die Anwendung sowohl der STOKESschen wie der CUNNINGHAMschen, wie überhaupt jeder hydrodynamischen Formel auf die Ionenreibung grundsätzlich ab und ersetzt sie durch rein gaskinetische Betrachtungen. Er hält „das ungefähre Zusammenfallen des Temperaturkoeffizienten der inneren Reibung des Wassers mit dem der Ionenbeweglichkeiten sozusagen für rein zufällig". Angesichts der noch wesentlich augenfälligeren Übereinstimmung bei anderen Medien wird man ULICH recht geben, wenn er glaubt, daß diese Aussage wohl kaum aufrechterhalten werden kann.

Nicht ganz so günstig wie hinsichtlich der Temperaturveränderlichkeit von Λ_∞ im gleichen Medium erweist sich bei genauerer Prüfung die Anwendbarkeit des STOKESschen Gesetzes beim Übergang von einem Lösungsmittel zu anderen. Es zeigt sich hier[3]), daß bei den großen organischen Ionen die Produkte $\Lambda_\infty \cdot \eta$ in verschiedenen Medien sich mit Abweichungen von nur wenigen Prozenten um die Mittelwerte gruppieren, daß aber bei kleinen anorganischen Ionen die Fehlergrenzen vielfach erheblich überschritten werden.

Die nicht allgemeine Gültigkeit des WALDENschen Befundes könnte dadurch bedingt sein, daß die Ionenradien in manchen Fällen gar zu klein sind gegen die Molekeln des Lösungsmittels. Daß die Abweichungen in stark assoziierten Medien besonders groß sind, stützt ebenfalls diese Annahme. Eine neuerdings von WALDEN[4]) durchgeführte sehr sorgfältige Prüfung, ebenso wie manches oben bereits erörte, scheint dem aber zu widersprechen. Aus den in Ziff. 11 mitgeteilten Ionenbeweglichkeiten in Wasser wurden die Verhältnisse $U_\infty^{100^\circ}/U_\infty^{18^\circ}$ und $U_\infty^{18^\circ}/U_\infty^{0^\circ}$ berechnet und mit den entsprechenden reziproken Quotienten der Viskositäten $\eta_{18^\circ}/\eta_{100^\circ}$ und $\eta_{0^\circ}/\eta_{18^\circ}$ verglichen (Tabelle 23).

Drei Ionen, Lithium-, Tetraäthylammonium- und Pikration, gehorchen danach so genau dem STOKESschen Gesetz, wie es nur irgend zu erwarten ist.

---

1) E. CUNNINGHAM, Proc. Roy. Soc. London (A) Bd. 83, S. 357. 1910; vgl. auch F. ZERNER, Phys. ZS. Bd. 20, S. 546. 1919.

2) P. LENARD, Ann. d. Phys. (4) Bd. 61, S. 718. 1920; vgl. auch F. A. LINDEMANN, ZS. f. phys. Chem. Bd. 110, S. 394. 1924.

3) Siehe die Zusammenstellung bei H. ULICH, Fortschr. d. Chem., Phys. u. phys. Chem. Bd. 18, H. 10. 1926.

4) P. WALDEN u. H. ULICH, ZS. f. phys. Chem. Bd. 107, S. 219. 1923.

Von diesen sind die beiden letzten, der hohen Atomzahl entsprechend, sicher große Ionen, gerade vom Lithiumion sollte man aber annehmen, daß es von den untersuchten das kleinste ist. Auch in der Reihe der Alkaliionen Li^+, Na^+, K^+, Cs^+ steigt die Annäherung nicht etwa mit wachsendem Atomgewicht, welcher Reihenfolge bei diesen gleichgebauten Ionen mit Sicherheit steigende Durchmesser entsprechen, sondern gerade umgekehrt. Diese Beispiele und manche andere Erscheinungen, von denen in der nächsten Ziffer noch die Rede sein wird, führen zu der Annahme, daß die Ionen in Lösung nicht als isolierte Gebilde, sondern mit einer Hülle des Solvens bekleidet vorhanden sind.

Tabelle 23. Temperaturabhängigkeit der Viskosität und der Ionenbeweglichkeit (in Wasser).

Ion	$\frac{U_{100^\circ}}{U_{18^\circ}}$	$\frac{U_{18^\circ}}{U_{0^\circ}}$
Li^+	3,70	1,70
Na^+	3,52	1,65
K^+	3,08	1,58
Cs^+	2,94	1,55
$(C_2H_5)_4N^+$	3,68	1,72
Cl^-	3,18	1,59
NO_3^-	3,02	1,54
ClO_4^-	3,02	1,57
$(C_6H_2)(NO_2)_3O^-$	3,69	1,69
ClO_3^-	3,09	1,55
BrO_3^-	3,16	1,55
JO_3^-	3,66	1,63
$\eta^{18^\circ}_{H_2O}/\eta^{100^\circ}_{H_2O}$	3,69	
$\eta^{0^\circ}_{H_2O}/\eta^{18^\circ}_{H_2O}$		1,695

Das voranstehend über die Abhängigkeit der Ionenbeweglichkeit von Temperatur und Medium Gesagte müßte auch in den Überführungszahlen als Funktionen derselben Größen zum Ausdruck kommen. Die Temperaturabhängigkeit der Überführungszahlen in Wasser ist deutlich derart, daß mit steigender Temperatur eine Annäherung an den Wert 0,5 erstrebt wird. Dies bedeutet einen Ausgleich der Unterschiede in den Ionenbeweglichkeiten mit steigender Temperatur, in Übereinstimmung mit dem Zusammenhang zwischen Temperaturkoeffizienten und Absolutwert der Leitfähigkeit in verdünnten Lösungen (Ziff. 6). Für nichtwässerige Medien, in denen das STOKESsche Gesetz gültig befunden wurde, sind von der Temperatur unabhängige Überführungszahlen zu erwarten. Diese Voraussage findet sich allerdings in den experimentellen Ergebnissen kaum erfüllt, doch ist bei der Schwierigkeit der Bestimmung einwandfreier Überführungszahlen daraus wohl kein stichhaltiger Einwand gegen die obigen Darlegungen zu gewinnen. Ähnliches gilt für die bei Gültigkeit der Waldenschen Regel $\Lambda_\infty \cdot \eta =$ konst. zu fordernde Unabhängigkeit der Überführungszahlen vom Lösungsmittel. Wegen Mangels an zuverlässigen experimentellen Daten ist eine Prüfung dieser Beziehung nicht sicher möglich. Immerhin scheint es, als ob Gültigkeit und Nichtgültigkeit an die gleichen Bedingungen geknüpft sind, wie die WALDENsche Regel selbst (s. oben; vgl. hierzu auch ULICH, l. c.).

15. Ionenradien. Solvatation. Da das STOKESsche Gesetz bei Anwendung auf Ionen, soweit die innere Reibung des Lösungsmittels in Frage kommt, vielfach gültig ist, liegt es nahe nachzuprüfen, wie weit es sich bei einer Variation der übrigen nichtkonstanten Faktoren, die darin vorkommen, bewährt. Gemäß

$$U = \frac{n \cdot e}{6\pi \cdot \eta \cdot r}$$

sind dies Wertigkeit n und Radius r der Ionen. Man sollte demnach erwarten, daß die Wanderungsgeschwindigkeiten verschiedener Ionen in demselben Medium bei gleichen oder doch fast gleichen Radien im Verhältnis der Wertigkeiten stehen. In einzelnen Fällen trifft dies auch zu. So geben ABBOT und BRAY[1]) für die Ionenleitfähigkeiten Λ_A^∞ einiger Anionen, die sich jeweils um nur 1 H-Atom unterscheiden, deren Größe mithin als vielleicht praktisch gleich angesehen werden kann, diese Zahlen (bei 18°):

$H_2PO_4^-$	26,4	$H_2P_2O_7^{--}$	41,6
HPO_4^{--}	53,4	$HP_2O_7^{---}$	59,7
PO_4^{---}	69,9	$P_2O_7^{----}$	81,4

Nur das PO_4^{---} fällt deutlich aus der Reihe heraus. Auffällige Abweichungen zeigen sich indessen beim Vergleich des zwei- und dreiwertigen Eisenions[2]):

$$\Lambda^\infty_{Fe^{++}} = 46\,, \qquad \Lambda^\infty_{Fe^{+++}} = 43\,.$$

Hier tritt bei Erhöhung der Wertigkeit sogar eine Verringerung der Beweglichkeit ein. Wenn auch über die Radien dieser Ionen nichts Sicheres ausgesagt werden kann, so ist es doch unwahrscheinlich, daß deren Unterschiede so groß sind, daß dadurch der Einfluß der Ladung kompensiert werden könnte.

Ähnliches zeigt sich beim Vergleich der Grenzleitfähigkeiten von Alkali- und Erdalkaliionen derselben Horizontalreihe des periodischen Systems, deren Radien, wenn zwar sicher nicht gleich, vielleicht als nicht allzu verschieden angesehen werden dürfen:

Li^+	33,4	Na^+	43,5	K^+	64,6	Rb^+	67,5	Cs^+	68
Be^{++}	28	Mg^{++}	45	Ca^{++}	51	Sr^{++}	51	Ba^{++}	55

WEGSCHEIDER[3]) zeigte, daß das Verhältnis der Beweglichkeiten zwei- und einwertiger organischer Ionen von gleicher Atomzahl im Mittel nicht 2, sondern etwa 1,8 ist.

Solange man an der Gültigkeit des STOKESschen Gesetzes festhält, führen alle diese Tatsachen übereinstimmend zu der Auffassung, daß einer erhöhten Ionenladung eine Vergrößerung des Radius entsprechen muß; diese wieder kann nur durch Anlagerung von Lösungsmittel an die Ionen erklärt werden.

Betrachtet man die Beziehungen zwischen Ionenbeweglichkeit und Atomgewicht, so kommt man zu demselben Schluß. In den Vertikalreihen des periodischen Systems darf man mit Sicherheit ein Parallelgehen von Atomgewicht und Ionendurchmesser voraussetzen. Dem sollte eine Verringerung der Ionenbeweglichkeit mit steigendem Atomgewicht entsprechen. Dies ist jedoch keineswegs der Fall:

Li^+	33,4	Be^{++}	28	F^-	46,6
Na^+	43,5	Mg^{++}	45	Cl^-	65,5
K^+	64,6	Ca^{++}	51	Br^-	67,6
Rb^+	67,5	Sr^{++}	51	J^-	66,5
Cs^+	68	Ba^{++}	55		

Bei größeren Ionen ist der Parallelismus, den man erwarten sollte, zwischen Ionengröße und Wanderungsgeschwindigkeit wieder anzutreffen. Das zeigt der in Ziff. 12 erwähnte Abfall der Grenzleitfähigkeit organischer Ionen (mit mehr als 12 C-Atomen) bei steigender Atomzahl. Daß auch hier individuelle Eigenschaften diesen einfachen Zusammenhang stören können, beweisen die einwandfrei vorhandenen Unterschiede in den Λ_∞-Werten isomerer Ionen[4]).

---

[1]) G. A. ABBOT u. W. C. BRAY, Journ. Amer. Chem. Soc. Bd. 31, S. 279. 1909.

[2]) Die Zahlen stammen von A. STEPNICZKA-MARINKOVIC, Monatsh. f. Chem. Bd. 36, S. 831. 1915 u. K. HOPFGARTNER, ebenda S. 751; A. HEYDWEILLER, ZS. f. phys. Chem. Bd. 89, S. 281. 1915 gibt für Fe^{+++} den wesentlich abweichenden Wert 61.

[3]) R. WEGSCHEIDER, Monatsh. f. Chem. Bd. 23, S. 608. 1902.

[4]) H. LEY, ZS. f. phys. Chem. Bd. 106, S. 161. 1923; P. WALDEN u. H. ULICH, ZS. f. phys. Chem. Bd. 114, S. 317. 1924.

R. LORENZ[1]) hat eine Prüfung des STOKESschen Gesetzes folgendermaßen vorgenommen. Er berechnete unter Zuhilfenahme des Gesetzes Ionenradien aus gemessenen Ionenbeweglichkeiten in Wasser und verglich sie mit den auf andere Weise durch Schätzung ermittelten Atom- und Molekelradien. Diese Schätzung von Radien führt jedoch auf verschiedenen Wegen zu recht auseinandergehenden Werten. LORENZ mußte sich damit begnügen zu prüfen, ob die nach STOKES berechneten Ionenradien in das Bereich der möglichen Atomgrößen fallen oder nicht. Für größere zusammengesetzte Ionen war dies der Fall. Bei elementaren zeigten sich Abweichungen. Ein Teil (z. B. Li^+, Mg^{++}, Ca^{++}, Ba^{++}, Sr^{++}) gab zu große, ein anderer (z. B. Cl^-, Br^-, J^-, K^+, Rb^+, Cs^+) zu kleine Radien. Das Ergebnis könnte so gedeutet werden, daß man für zu groß erscheinende Ionen wieder die Wasseranlagerung verantwortlich macht. Die zu kleinen Radien der Alkaliionen wären immerhin noch verständlich, da sie bei der Entstehung aus Atomen ja ein Valenzelektron abgegeben haben. Das Resultat an den Halogenionen widersteht freilich jedem Erklärungsversuch, wenn nicht die Gültigkeit des STOKESschen Gesetzes in Zweifel gezogen werden soll.

WALDEN[2]) hat in ganz ähnlicher Weise wie LORENZ Ionenradien in nichtwässerigen Lösungen berechnet und aus der Abweichung vom anderweitig ermittelten Molekelradius auf Solvatation geschlossen und Solvatationsgrade berechnet.

Die mitgeteilten Schlüsse auf eine Hydratation (Solvatation) der Ionen würden immerhin unsicher bleiben, wenn sie nicht durch zahllose Erfahrungen auf anderen Gebieten gestützt würden. Nähere Mitteilung über diesen Gegenstand muß hier unterbleiben[3]). Es soll nur betont werden, daß bei vorzüglicher qualitativer Übereinstimmung der verschiedenen Hinweise die quantitativen Ergebnisse weit auseinander gehen. Bei Besprechung der neueren Theorie der Elektrolyte werden wir darauf zurückkommen.

Hier soll noch kurz das Wesen der Hydratation (Solvation) erörtert werden. Als Nächstliegendes wurde eine chemische Bindung in stöchiometrischen Verhältnissen angenommen, wie sie etwa in den festen Salzhydraten vorhanden ist. Beide Arten von Hydraten stehen auch insofern in Einklang, als bei festen Hydraten die Zahl der aufgenommenen Wassermolekeln mit der Wertigkeit von Kation oder Anion ansteigt und bei gleicher Wertigkeit mit dem Atomgewicht der positiven oder negativen Salzbausteine abfällt[4]). Das ist ganz dasselbe Verhalten, wie es aus der oben erörterten Reihenfolge der Ionenbeweglichkeiten erschlossen werden muß.

Eine andere Auffassung über die Natur der Wasserhülle hat BORN[5]) entwickelt. Wenn er auch die Möglichkeit von Hydraten nach stöchiometrischen Verhältnissen nicht leugnet, besonders da nicht, wo feste Hydrate bekannt sind, glaubt er doch, daß es sich bei den Atomionen nicht um solche, vielmehr um eine Verdichtung der Wassermolekeln in der Umgebung des Ions handelt, die durch das elektrische Feld der Ionen erzeugt wird.

Es sei hier erinnert an die schon früher von DRUDE und NERNST[6]) ent-

---

[1]) R. LORENZ, Raumerfüllung und Ionenbeweglichkeit. Leipzig 1922. (Zusammenfassende Darstellung zahlreicher Einzelarbeiten.)

[2]) P. WALDEN, ZS. f. anorg. Chem. Bd. 113, S. 129. 1920; vgl. auch ZS. f. Elektrochem. Bd. 26, S. 69. 1920.

[3]) Vgl. den zusammenfassenden Bericht von R. FRICKE, ZS. f. Elektrochem. Bd. 28, S. 161. 1922.

[4]) Vgl. M. E. LEMBERT, ZS. f. phys. Chem. Bd. 104, S. 101. 1923.

[5]) M. BORN, ZS. f. Elektrochem. Bd. 26, S. 401. 1920; ZS. f. Phys. Bd. 1, S. 221. 1920; vgl. auch R. LORENZ, ZS. f. Elektrochem. Bd. 26, S. 424. 1920.

[6]) P. DRUDE u. W. NERNST, ZS. f. phys. Chem. Bd. 15, S. 79. 1894.

wickelte Auffassung der „Elektrostriktion", der Kontraktion, die Wasser infolge Gegenwart freier Ionen erfährt. Dieselbe Erscheinung hat WALDEN[1]) auch in nichtwässerigen Solventien wiedergefunden.

BORN geht von der DEBYEschen Auffassung der Wassermolekeln als Dipole aus. Einem ruhenden Ion werden sich diese Dipole mit der dessen Ladung entgegengesetzt polaren Seite zuwenden. Bei einer Bewegung folgen die Wassermolekeln dem Ion, ihre polare Achse muß aber infolge der inneren Reibung des Wassers gegen die jeweilige Richtung des elektrischen Feldes (die nach dem Ionenmittelpunkt hinweist) zurückbleiben. Dies ergibt erstens direkt eine bremsende Kraft auf das Ion (wegen der Inhomogenität des elektrischen Feldes) und zweitens ein Drehmoment auf die Wassermolekeln, wodurch ebenfalls die Beweglichkeit des Ions vermindert wird. Die Rechnung führt zu dem Ergebnis, daß die STOKESsche Formel dann gültig bleibt, wenn an Stelle des wahren Radius r des (nackten) Ions ein scheinbarer Radius:

$$r^* = r\left\{1 + \frac{1}{3}\left(\frac{r_0}{r}\right)^4\right\} \tag{31}$$

eingesetzt wird. r_0, der sog. „charakteristische Radius", hängt von der Wertigkeit n des Ions, der Temperatur T und dem Dipolmoment M der Wassermolekeln ab:

$$r_0 = \sqrt{a \frac{n \cdot F \cdot M}{R \cdot T}}. \tag{32}$$

F ist die Faradaykonstante, R die absolute Gaskonstante und a eine Zahl zwischen $1/\varepsilon$ und 1, die deshalb unsicher ist, weil die Beeinflussung des elektrischen Feldes in der Umgebung des Ions durch die dielektrischen Eigenschaften der Wassermolekeln unbekannt ist. Nach Gleichung (31) fällt für große r der scheinbare Radius r^* mit dem wahren zusammen, bei Verkleinerung des wahren nimmt r^* langsamer als dieser ab, erreicht für $r = r_0$ ein Minimum $r^* = \frac{4}{3} r_0$ und steigt weiterhin rasch an.

Wenn man annimmt, daß dem Cs-Ion etwa das Minimum von r^* entspricht, und man daraus r_0 entnimmt, so errechnen sich aus den scheinbaren Ionenradien r^*, die aus experimentell bestimmten Beweglichkeiten ermittelt sind, Werte von r, d. h. wahren Ionenradien, wie sie in Tabelle 24 zusammengestellt sind. Die Reihenfolge der Ionenradien kommt jetzt so heraus, wie sie den Atomvolumina entspricht. Auch die Größenordnung ist annähernd die zu erwartende, wenn auch im einzelnen erstaunlich klein, was für die Kationen — wie schon früher erwähnt — vielleicht verständlich, für die Anionen aber unerwartet ist. In Anbetracht des Näherungscharakters der Rechnung kann dies jedoch kein Grund sein, die Theorie abzulehnen, um so weniger, als durch P. LERTES[2]) der von BORN angegebene Rotationseffekt der Wassermolekeln experimentell nachgewiesen werden konnte.

Tabelle 24.

Ion	$r^* \cdot 10^8$	$r \cdot 10^8$
Cs	1,11	0,83
Rb	1,12	0,77
K	1,17	0,69
Na	1,74	0,51
Li	2,26	0,45
J	1,13	0,95
Br	1,12	0,77 (0,92)
Cl	1,15	0,73

[1]) P. WALDEN, ZS. f. phys. Chem. Bd. 60, S. 87. 1907.
[2]) P. LERTES, ZS. f. Phys. Bd. 4, S. 315. 1921; Bd. 6, S. 56. 1921.

Schwerwiegender sind Bedenken, die von WALDEN und ULICH[1]) in einer schon kurz besprochenen Arbeit geäußert werden. Der charakteristische Radius r_0 und damit auch der scheinbare r^* nach BORN sind nach Gleichung (32) temperaturveränderlich, und zwar einerseits infolge direkten Eingehens von T in (32), andererseits wegen der Temperaturempfindlichkeit von ε und damit von a. Eine Abschätzung macht es (für Wasser als Lösungsmittel) wahrscheinlich, daß mit steigender Temperatur r_0 größer wird. Dies würde zu der Folgerung zwingen, daß etwaige Abweichungen vom STOKESschen Gesetz (bei Viskositätsänderung durch Temperaturerhöhung) um so deutlicher in Erscheinung treten, je kleiner der wahre Ionenradius ist. Die Messungen WALDENS zeigen das Gegenteil (Tab. 23, Ziff. 14). Das kleine Lithiumion folgt dem Gesetz genau, die Abweichungen in der Reihe der Alkaliionen wachsen mit steigendem Atomgewicht. Das gleichartige Verhalten des kleinen Lithiumions und großer organischer Ionen (auch diese gehorchen ja der STOKESschen Formel) ist dann kaum anders zu deuten als durch eine tatsächliche Vergrößerung des Ionenradius beim Lithium durch Wasseranlagerung. Aus einer späteren Arbeit der BORNschen Schule[2]) geht denn auch hervor, daß die ursprünglichen Überlegungen und Rechnungen BORNS wesentlich modifiziert werden müssen. Vor allem hat es den Anschein, als ob den „Stokesschen Radien" doch nicht nur eine rein fiktive Bedeutung beizulegen ist, sondern daß mit einer tatsächlichen Vergrößerung des Ionenradius infolge fester Bindung von Lösungsmittelmolekeln gerechnet werden muß.

Auch v. HEVESY[3]) arbeitet mit einer reellen Vergrößerung der Ionen durch Wasserhüllen. Er geht bei seinen Überlegungen davon aus, daß die Unterschiede in der Wanderungsgeschwindigkeit sämtlicher Ionen, wenn man von den Extremen H^+ und OH^- sowie den sehr großen organischen Ionen absieht, erstaunlich gering sind. v. HEVESY nimmt an, daß alle Ionen das Bestreben haben, auf das gleiche Potential sich aufzuladen, das er aus einwertigen Ionen unter Einsetzung eines Radius von $2{,}8 \cdot 10^{-8}$ cm zu 0,07 Volt (in Wasser) berechnet. (Dabei wird als Dielektrizitätskonstante für das Innere des Ions die des Wassers eingesetzt.) Höherwertige Ionen müssen also einen größeren Gesamtradius haben. Ist derjenige des „nackten" Ions kleiner, als es der Regel entspricht, so erfolgt Vergrößerung durch Wasseranlagerung. Wenn ein Ion bereits einen sehr großen Eigenradius besitzt, große organische Ionen z. B., kann natürlich eine Anpassung an die Regel nicht erfolgen, da seine Ladung unveränderlich ist. Solche Ionen werden langsamer wandern, als es dem Durchschnitt der Atomionen entspricht. Bemerkenswert ist, daß diese Regel sich sogar auf die elektrophoretische Wanderungsgeschwindigkeit von Teilchen bis zu einem Radius von 10^{-3} cm hinauf erstreckt. Auch diese haben mittlere Beweglichkeiten von derselben Größe, wie sie im Mittel den echten Ionen zukommt. Da hier der Teilchenradius festgelegt und sehr groß ist, kann die Erreichung des mittleren Potentials nur durch vermehrte Ladungsaufnahme infolge auswählender Ionenadsorption erfolgen.

Schließlich sei darauf hingewiesen, daß die Übereinstimmung zwischen dem Temperaturkoeffizienten der Ionenbeweglichkeit und dem der Viskosität des Lösungsmittels sowie überhaupt die Gültigkeit des STOKESschen Gesetzes in bezug auf die innere Reibung schon an sich (abgesehen von den bisherigen

---

[1]) P. WALDEN u. H. ULICH, ZS. f. phys. Chem. Bd. 107, S. 219. 1923.

[2]) H. SCHMICK, ZS. f. Phys. Bd. 24, S. 56. 1924; vgl. auch A. GUYEMANT, ebenda Bd. 30, S. 240. 1924.

[3]) G. v. HEVESY, Kolloid-ZS. Bd. 21, S. 129, 136. 1917; Jahrb. d. Radioakt. Bd. 11, S. 419. 1914; Bd. 13, S. 271. 1916; ZS. f. Elektrochem. Bd. 27, S. 21 u. 77. 1921.

Gründen) zu der Annahme einer festhaftenden Wasserschicht führen muß. Wie das POISEUILLEsche Gesetz der Flüssigkeitsreibung in Kapillaren basiert auch das STOKESsche auf der Voraussetzung, daß die äußere Reibung, d. h. die zwischen Kapillarwand bzw. Kugeloberfläche und Flüssigkeitsteilchen, unendlich groß ist. Nur so kommt man zu dem Resultat, daß die Reibung von der Art des Fremdmaterials (Kapillare, Kugel) unabhängig, d. h. die innere Reibung des Mediums ist[1]).

Auch bei großen Ionen wird man also eine Wasserhülle annehmen müssen, nur fällt sie bei dem großen Eigenradius kaum ins Gewicht.

Wie nun auch im einzelnen die Solvathülle der Ionen konstituiert sein mag, man wird doch nicht zögern, die Ausbildung einer solchen Hülle als Ursache der vielfachen, wie jetzt gesagt werden kann, „scheinbaren" Abweichungen vom STOKESschen Gesetz anzusehen. Auf Grund dieser Auffassung wird verständlich:

1. Die Nichtproportionalität von Ionenbeweglichkeit und Wertigkeit; höherer Ionenladung entspricht nämlich eine stärkere Fesselung von Lösungsmittelmolekeln, also eine vergrößerte Solvathülle;

2. die vielfach anormale Beziehung zwischen Ionenbeweglichkeit und Radius des „nackten" Ions; durch die Solvatation wird zum mindesten der Unterschied der Ionenradien ausgeglichen; es lassen sich sogar detaillierte Vorstellungen entwickeln, die voraussehen lassen, daß unter sonst vergleichbaren Umständen die Reihenfolge der Ionenradien eine Umkehrung infolge der Solvatation erfährt;

3. die Abweichung zwischen den Temperaturkoeffizienten der Ionenbeweglichkeit und der Fluidität des Lösungsmittels bei einer Reihe von Ionen in einzelnen Medien; die Solvatation und damit der Ionenradius wird als temperaturabhängig anzunehmen sein; daß in vielen Fällen trotzdem das STOKESsche Gesetz gilt, braucht kein Argument gegen diesen Erklärungsversuch zu bedeuten, da der Effekt nicht immer so groß sein muß, daß er bei den herangezogenen Temperaturdifferenzen in Erscheinung tritt;

4. die Nichtgültigkeit der WALDENschen Regel vorzugsweise bei solchen Ionen, die infolge ihrer Kleinheit und Konstitution eine Solvatanlagerung als besonders wahrscheinlich voraussehen lassen; die Solvathülle darf gewiß als verschieden groß in verschiedenen Medien vorausgesetzt werden[2]).

Hinsichtlich des unter 3. Gesagten muß nochmals auf die Arbeiten von WIEN zurückgegriffen werden. Dieser hatte ja, wie in Ziff. 14 erwähnt, bei seiner besonderen Untersuchungstechnik in allen Fällen Übereinstimmung zwischen den Temperaturkoeffizienten der Ionenbeweglichkeit und der Fluidität erzielen können, auch bei Ionen, die nach den Ergebnissen sonstiger Methoden dem STOKESschen Gesetz nicht gehorchen. Es liegt nun nahe, anzunehmen, daß der zur Veränderung der Ionenradien führende Vorgang Zeit erfordert, und daß innerhalb der kurzen Versuchszeiten WIENS (bis zu etwa 10^{-7} sec hinunter) die Solvatationsänderung noch nicht hat eintreten können. In Übereinstimmung damit wurde die Erfüllung des STOKESschen Gesetzes auch um so besser, je kürzere Stromstöße zur Anwendung kamen.

Zweifellos wäre ein Zeitvorgang, wie er hier in Erscheinung tritt, am zwanglosesten als chemische Reaktion zu deuten. Auf diesem Wege begegnet man aber wieder einem ernstlichen Hindernisse. Bei Anerkennung chemischer Ionen-

---

[1]) Vgl. jedoch R. LORENZ, ZS. f. Elektrochem. Bd. 26, S. 424. 1920.

[2]) Die Solvatation in Abhängigkeit von der Konstitution, insbesondere der Dipoleigenschaften der Ionen und Lösungsmittelmolekeln wird eingehend erörtert bei H. ULICH, Fortschr. d. Chem., Phys. u. phys. Chem. Bd. 18, H. 10. 1926.

solvate müßte die Temperaturabhängigkeit der Solvatation durch die auf dem zweiten Hauptsatz der Thermodynamik basierende Reaktionsisochore beschrieben werden können. Bei der vermutlich stets positiven Wärmetönung der Solvatation sollte demzufolge bei Temperaturerhöhung eine Verkleinerung der Solvathülle eintreten. Wie aus der Annäherung der Ionenbeweglichkeiten aneinander bei steigender Temperatur (in Wasser) zu erschließen ist, sind die Tatsachen mit dieser Forderung der Theorie keineswegs immer in Übereinstimmung.

Man sieht jedenfalls, daß trotz unzweifelhafter Leistungen der Solvattheorie (in welcher speziellen Fassung, bleibe dahingestellt), doch noch erhebliche Lücken und Unsicherheiten verbleiben, deren Beseitigung von der Zukunft erhofft werden muß.

b) Dissoziation einheitlicher Elektrolyte.

16. Dissoziationsgrad und Äquivalentleitvermögen. Die Anwendung der Stromleitungsgleichung auf einen einzigen Ionenbildner, dessen Molekeln teilweise, aber einheitlich, in zwei Ionenarten gespalten sind, hatte ergeben, daß das Äquivalentleitvermögen sowohl mit der Ionenbeweglichkeit als auch mit dem Grade der Spaltung veränderlich sein muß [Gleichung (18a), Ziff. 11]:

$$\Lambda = \alpha \cdot F(U + V)\,.$$

Durch die extrapolatorische Bestimmung der Leitfähigkeit eines Grammäquivalents in unendlich verdünnter Lösung, für welche die Ionenspaltung als vollständig, also $\alpha = 1$, angenommen werden darf, war die Ermittlung von Ionenbeweglichkeiten für diesen Grenzzustand ermöglicht. Es war bereits darauf hingewiesen, daß die charakteristische Grundlage der älteren von ARRHENIUS[1]) begründeten Theorie die Annahme der Konstanz dieser Grenzbeweglichkeiten auch bei endlichen Konzentrationen ist. Die Veränderlichkeit des Äquivalentleitvermögens mit der Konzentration sollte im wesentlichen (Einschränkung siehe unten) bedingt sein durch die Veränderlichkeit von α. Wieweit diese Voraussetzung berechtigt ist, wird sich später zeigen. Nimmt man sie zunächst einmal hin, so ist damit ein bequemes Mittel zum Einblick in den Spaltungszustand von Elektrolyten gewonnen. Es ist einfach:

$$\alpha = \frac{\alpha \cdot F(U_\infty + V_\infty)}{1 \cdot F(U_\infty + V_\infty)} = \frac{\Lambda}{\Lambda_\infty}\,. \tag{33}$$

Eine Anzahl in dieser Weise berechneter Dissoziationsgrade sind hier für verschiedene Konzentrationen zusammengestellt (Tabelle 25).

Tabelle 25.

Ionenbildner $[c_A] =$	0,0001	0,001	0,01	0,1	1	10
KCl	0,992	0,979	0,941	0,861	0,756	—
$NaNO_3$	0,993	0,978	0,933	0,829	0,626	—
CH_3CO_2Na	0,981	0,955	0,892	0,777	0,522	—
$CaCl_2$	0,989	0,961	0,888	0,757	0,579	—
K_2SO_4	0,986	0,957	0,873	0,716	0,540	—
$MgSO_4$	0,973	0,883	0,674	0,440	0,256	—
HCl	—	0,991	0,972	0,922	0,791	0,169
HNO_3	—	0,996	0,977	0,929	0,823	0,174
CH_3CO_2H	0,305	0,117	0,051	0,013	0,004	0,0001
H_2SO_4	—	0,943	0,804	0,588	0,517	0,183
NaOH	—	0,956	0,920	0,861	0,736	0,093
KOH	—	0,981	0,956	0,893	0,771	0,188
NH_3	0,277	0,118	0,040	0,014	0,004	0,0002

[1]) SV. ARRHENIUS, ZS. f. phys. Chem. Bd. 1, S. 631. 1887; Bd. 2, S. 491. 1888.

Was sich schon aus dem Vergleich der Leitfähigkeiten für höhere Konzentrationen ergeben hatte, das spiegeln im wesentlichen auch diese Zahlen wieder: bei den Salzen stets relativ hohe, von Salz zu Salz wenig veränderliche Werte, bei den Säuren und Basen eine Stufenleiter von sehr hohen bis zu minimalen Werten. Mit zunehmender Verdünnung tritt ohne Ausnahme ein Anwachsen der Dissoziation hervor, doch so, daß die Unterschiede zwischen den verschiedenen Elektrolyten immer mehr verschwinden, bis sie, wie man wohl mit Recht schließen darf, bei unendlicher Verdünnung alle den Zustand vollständiger Dissoziation erreicht haben. Daß sich die Reihenfolge der Säuren und Basen nach dem Spaltungsgrad ebenso ergab, wie sie auch aus dem Grade ihrer chemischen Wirksamkeit gefolgert werden mußte, stützte die Brauchbarkeit der Anschauungen, die dieser Berechnung zugrunde liegen. Man stand also nicht an, die chemische Reaktionsfähigkeit einer Säure- oder Basenlösung ihrer Wasserstoff- bzw. Hydroxylionenkonzentration proportional zu setzen.

Damit erhielt die Dissoziationstheorie und die Bestimmung von Dissoziationsgraden eine außerordentliche Bedeutung für die Chemie. Sie gestattete in einfachster Weise die exakte, zahlenmäßige Erfassung von Begriffen, die bisher nur ungenau und schwierig der Messung zugänglich waren. Es ist hier nicht der Ort, näher auf die Bedeutung der Theorie gerade für die Chemie, deren gesamte Grundlage sie entscheidend beeinflußt hat, einzugehen[1]. Es sei nur darauf hingewiesen, welches Interesse auch die Chemie an ihrer exakten Begründung bzw. Abgrenzung haben muß.

Für das Problem der elektrolytischen Leitung steht vor allem die Abhängigkeit des Dissoziationsgrades von den in Betracht kommenden Faktoren im Vordergrund, ebenso die Möglichkeit seiner unabhängigen anderweitigen Bestimmung, um auf diese Weise vielleicht eine Prüfung der oben erörterten Voraussetzung über die konstante Wanderungsgeschwindigkeit der Ionen zu ermöglichen. Auf eine schon frühzeitig eingeführte Erweiterung der Gleichung (33) sei hier noch hingewiesen. Der in Ziff. 14 besprochene Zusammenhang zwischen Grenzleitfähigkeit und innerer Reibung des Mediums führt dazu, auch die veränderte Viskosität einer Lösung endlicher Verdünnung gegenüber der des reinen Lösungsmittels in Rechnung zu setzen[2]. Führt man die in Ziff. 14 gewonnene Beziehung

$$\Lambda_\infty \cdot \eta = \text{konst.}$$

ein, so geht (33) über in

$$\alpha = \frac{\Lambda_v}{\Lambda_\infty} \frac{\eta_v}{\eta_\infty}.$$

Diese Korrektion ist schon bei relativ geringen Konzentrationen von Einfluß, beispielsweise kann sie in $^1/_{10}$ molaren Lösungen bereits mehrere Prozent von α ausmachen. Mit hier nicht zu erörternden Begründungen sind für die Viskositätskorrektion mehrfach auch andere Formeln in Vorschlag gebracht, doch dürfte nach Ziff. 14 der obige Ansatz am ehesten Berechtigung besitzen.

17. Anderweitige Bestimmung von Dissoziationsgraden. VAN 'T HOFF[3] hatte im Jahre 1885 die Zulässigkeit der Übertragung der Gesetze idealer Gase auf verdünnte Lösungen dargelegt. Die allgemeine Gasgleichung:

$$p \cdot v = RT \tag{34}$$

[1] Vgl. etwa die klassische Monographie von W. OSTWALD, Die wissenschaftlichen Grundlagen der analytischen Chemie. 5. Aufl. Leipzig 1910.

[2] W. OSTWALD, ZS. f. phys. Chem. Bd. 2, S. 280. 1888; weitere Literatur bei P. WALDEN, Leitvermögen. Bd. III, S. 45.

[3] J. H. VAN 'T HOFF, Arch. Néerland. Bd. 20, S. 239. 1885; ZS. f. phys. Chem. Bd. 1, S. 481. 1887.

regelt die Beziehungen zwischen Temperatur, osmotischem Druck und dem Raum, den ein Mol eines gelösten Stoffes einnimmt, bei Gültigkeit derselben Zahlenkonstante R ebenso wie die Beziehungen zwischen Temperatur, Druck und Volumen eines Gases. Gleichzeitig wurden Dampfdruckverminderung, Gefrierpunktserniedrigung und Siedepunktserhöhung, die verdünnte Lösungen gegenüber dem reinen Lösungsmittel aufweisen, in thermodynamisch begründeten Zusammenhang mit dem osmotischen Druck gebracht, so daß die einheitliche rechnerische Behandlung aller dieser Erscheinungen auf Grund der Gasgleichung möglich wurde. Gerade die als typische Elektrolyte bekannten Lösungen von Salzen sowie starken Säuren und Basen fügten sich aber dem Gesetze nicht. Sie ergaben in wässeriger Lösung stets zu große Werte für p. VAN 'T HOFF berücksichtigte dieses Verhalten rechnerisch durch Einführung eines „Abnormitätsfaktors" i:

$$p \cdot v = i \cdot RT, \tag{35}$$

von dem aber zunächst nichts weiter bekannt war, als daß er mit steigender Verdünnung zunimmt, bei sehr hohen Verdünnungen annähernd konstant wird und außerdem von der Temperatur und vom Typus des Elektrolyten abhängt.

Die ARRHENIUSsche Theorie brachte eine verständliche Erklärung: der erhöhte Druck ist auf Rechnung der Teilchenvermehrung infolge Spaltung der Molekeln in Ionen zu setzen. Dissoziationsgrad und Abnormitätsfaktor müssen demnach in einfacher Beziehung zueinander stehen, die sich für einen in z Ionen zerfallenden Elektrolyten zu:

$$\alpha = \frac{i-1}{z-1} \tag{36}$$

ergibt. Die Prüfung fiel durchaus zugunsten dieses vermuteten Zusammenhanges aus. Eine Zusammenstellung von VAN 'T HOFF und REICHER[1]) möge dies zeigen.

Tabelle 26. Vergleich der osmotisch und elektrisch gemessenen Abnormitätsfaktoren. (VAN 'T HOFF und REICHER 1889.)

Salz	Konzentration	i (osmot.)	i (Gefrier.)	i (elektr.)
KCl	0,14	1,81	—	1,86
NH_4Cl	0,148	1,82	—	1,89
$Ca(NO_3)_2$	0,18	2,48	2,47	2,46
$K_4Fe(CN)_6$	0,356	3,09	—	3,07
$MgSO_4$	0,38	1,25	1,20	1,35
LiCl	0,13	1,92	1,94	1,84
$SrCl_2$	0,18	2,69	2,52	2,51
$MgCl_2$	0,19	2,79	2,68	2,48
$CaCl_2$	0,184	2,78	2,67	2,42
$CuCl_2$	0,188	—	2,56	2,41

Die Tabelle enthält nebeneinander die aus Messungen des osmotischen Druckes, der Gefrierpunktserniedrigung und der Leitfähigkeit errechneten Abnormitätsfaktoren. Eine Parallelität der drei Zahlenreihen ist unverkennbar. Die vorhandenen Abweichungen konnten zwanglos durch Fehler der keineswegs sehr weit entwickelten Untersuchungsmethoden gedeutet werden. Allerdings ist eine völlige Übereinstimmung — wie hier schon bemerkt sei — auch bei weitgehender Verfeinerung der experimentellen Mittel nicht erreicht worden.

Ähnlich steht es mit anderen Methoden, die man späterhin zur Bestimmung von Ionenkonzentrationen und damit von Dissoziationsgraden heranziehen

[1]) J. H. VAN 'T HOFF u. L. TH. REICHER, ZS. f. phys. Chem. Bd. 3, S. 198. 1889.

konnte. Von den zahlreichen dazu in Betracht kommenden Methoden sei nur noch die auf dem Zusammenhang zwischen Elektrodenpotential und Ionenkonzentration beruhende genannt. Nach NERNST[1]) ist die elektromotorische Kraft von Ionenkonzentrationsketten (vgl. Kap. 14, Ziff. 9):

$$E = \frac{R\,T}{n\,F} \cdot \ln \frac{c_1}{c_2}\,, \tag{37}$$

worin n die Zahl der Ladungen des wirksamen Ions, c_1 und c_2 seine Konzentration an den beiden Elektroden bedeutet. Die Messung von E gestattet demnach eine Bestimmung des Verhältnisses c_1/c_2, das bei Kenntnis der Gesamtkonzentrationen der ionenliefernden Stoffe auch zur Kenntnis von α_1/α_2 führt. Dessen Vergleich mit aus Leitfähigkeiten bestimmten Spaltungsgraden gibt ebenfalls annähernde, wenn auch selten vollständige Übereinstimmung.

Auf weitere Methoden kommen wir später gelegentlich zurück[2]).

18. Anwendung des Massenwirkungsgesetzes. Zu einer einfachen Deutung der Konzentrationsabhängigkeit der Ionenspaltung gelangt man, wenn man diese als einen chemischen Vorgang auffaßt, auf den das Massenwirkungsgesetz zur Anwendung kommen darf. Für den einfachsten Fall, die Spaltung eines gelösten Stoffes in nur zwei Ionen,

$$AB \rightleftarrows A^+ + B^-\,,$$

führt dies zu dem Ausdruck[3]):

$$\frac{c_{A^+} \cdot c_{B^-}}{c_{AB}} = K\,, \tag{38}$$

oder, wenn die Einzelkonzentrationen durch die Gesamtkonzentration c des gelösten Stoffes (ohne Rücksicht auf seine Spaltung) und den Spaltungsgrad α ersetzt werden, zu:

$$\frac{\alpha^2 \cdot c}{1 - \alpha} = \frac{\alpha^2}{(1 - \alpha) \cdot v} = K \tag{39}$$

und

$$\alpha = -\frac{Kv}{2} + \sqrt{\left(\frac{Kv}{2}\right)^2 + K \cdot v}\,. \tag{40}$$

Man erkennt leicht, daß α mit steigendem v wachsen muß in einer Weise, die gesetzmäßig mit dem Zahlenwert von K verknüpft ist. Je kleiner K, um so schneller wird α bei steigender Konzentration vom Grenzwert 1 für $v = \infty$ abfallen, um so kleiner also auch bei einer gegebenen endlichen Konzentration sein. Ist α klein gegen 1, was bei schwachen Elektrolyten in nicht zu hohen Verdünnungen zutrifft, so gehen (39) bzw. (40) über in

$$\alpha^2 \cdot c = \frac{\alpha^2}{v} = K \tag{39a}$$

und

$$\alpha = \sqrt{K \cdot v}\,. \tag{40a}$$

Ist dagegen α und auch noch α^2 nahezu 1, so ergeben sich die Grenzgleichungen:

$$\frac{c}{1 - \alpha} = \frac{1}{(1 - \alpha) \cdot v} = K \tag{39b}$$

$$\alpha = 1 - \frac{1}{K \cdot v}\,. \tag{40b}$$

---

[1]) W. NERNST, ZS. f. phys. Chem. Bd. 4, S. 129. 1889.

[2]) Vgl. auch die übersichtliche Zusammenstellung bei F. W. KÜSTER u. A. THIEL, Lehrbuch der allgem., phys. u. theor. Chem. Bd. II, S. 961. Heidelberg 1923.

[3]) W. OSTWALD, ZS. f. phys. Chem. Bd. 2, S. 36 u. 270. 1888; vgl. auch M. PLANCK, Wied. Ann. Bd. 34, S. 139. 1888.

Die Dissoziationskonstante K wird, wie die Gleichgewichtskonstanten chemischer Vorgänge stets, von der Natur der am Gleichgewicht beteiligten Stoffe abhängen. Man pflegt sie daher auch als Affinitätskonstante zu bezeichnen. Nach ihrer Größe (die gebräuchlichen numerischen Werte von K entsprechen der Rechnung mit Literkonzentrationen $[c]$ bzw. -verdünnungen $[v]$) teilt man die Elektrolyte für praktische Zwecke in drei Gruppen, denen in 1 normalen Lösungen etwa Spaltungsgrade entsprechen, wie sie folgende Zusammenstellung erkennen läßt:

starke Elektrolyte	$K > 0{,}01$	$\alpha_{[v]=1} > 0{,}1$
mittelstarke „	$0{,}01 > K > 0{,}0001$	$0{,}1 > \alpha_{[v]=1} > 0{,}01$
schwache „	$K < 0{,}0001$	$\alpha_{[v]=1} < 0{,}01$

Führt man in Gleichung (40) $\alpha = \Lambda_v/\Lambda_\infty$ ein, so erhält man:

$$\frac{\Lambda_v^2}{\Lambda_\infty^2\left(1-\frac{\Lambda_v}{\Lambda_\infty}\right)\cdot v} = \frac{\Lambda_v^2}{\Lambda_\infty(\Lambda_\infty-\Lambda_v)\cdot v} = K, \tag{41}$$

das sog. OSTWALDsche Verdünnungsgesetz, das mit der in Ziff. 6 mitgeteilten Formel [Gleichung (7)] identisch ist, die, wie dort erwähnt wurde, die Konzentrationsabhängigkeit von Λ bei schwachen Elektrolyten gut wiedergibt. Die Brauchbarkeit des Gesetzes ist in zahlreichen Fällen geprüft[1]) und an schwachen Säuren und Basen in dem Konzentrationsgebiet, wo auf Anwendbarkeit des Massenwirkungsgesetzes überhaupt zu rechnen ist, weitgehend bestätigt worden. Hier ein Beispiel[2]) (Tabelle 27).

Tabelle 27. Ionengleichgewicht der Essigsäure. $\Lambda_\infty = 364$.

$[v]$	Λ	$\alpha = \frac{\Lambda}{\Lambda_\infty}$	$K \cdot 10^5 = \frac{\alpha^2}{(1-\alpha)\cdot[v]} \cdot 10^5$
8	4,34	0,0119	1,80
16	6,10	0,0167	1,79
32	8,65	0,0238	1,82
64	12,09	0,0333	1,79
128	16,99	0,0468	1,79
256	23,82	0,0656	1,80
512	32,20	0,0914	1,80
1024	46,00	0,1266	1,77
		im Mittel:	1,80

Auch unter Einsetzung von Ionenkonzentrationen, die nach anderen Methoden ermittelt waren, hat sich bei schwachen Elektrolyten das Massenwirkungsgesetz weitgehend bewährt. Man darf also einesteils seine Anwendbarkeit auf das in Rede stehende Gebiet als gesichert annehmen, andererseits aber auch die der Berechnung von α zugrunde liegende Annahme — daß die Ionenbeweglichkeiten von der Konzentration unabhängig seien — für schwache Elektrolyte bei nicht zu hohen Konzentrationen als praktisch erfüllt betrachten.

Anders steht es mit den starken Elektrolyten. Sowohl die aus Leitfähigkeitsmessungen wie auch die auf Grund anderswie ermittelter Ionenkonzentrationen berechneten Dissoziationskonstanten zeigen hier einen ausgesprochenen Gang mit der Verdünnung. Einige Beispiele, die aus den in

[1]) Siehe besonders J. H. VAN 'T HOFF u. L. TH. REICHER, ZS. f. phys. Chem. Bd. 2, S. 777. 1888; W. OSTWALD, ebenda Bd. 3, S. 170 u. 418. 1889; H. G. BETHMANN, ebenda Bd. 5, S. 385. 1890; R. BADER, ebenda Bd. 6, S. 289. 1890; P. WALDEN, ebenda Bd. 8, S. 433. 1891; G. BREDIG, ebenda Bd. 13, S. 289. 1894; und zahlreiche neuere Arbeiten.

[2]) W. OSTWALD, ZS. f. phys. Chem. Bd. 3, S. 174. 1889 (in alten Einheiten wiedergegeben).

Tabelle 25 (Ziff. 16) mitgeteilten Dissoziationsgraden berechnet wurden, mögen dies verdeutlichen.

Tabelle 28. „Dissoziationskonstanten" starker Elektrolyte.

$[c] =$	0,0001	0,001	0,01	0,1	1
KCl	0,0128	0,0445	0,150	0,533	2,390
CH_3CO_2Na	0,00504	0,0205	0,0734	0,271	0,571
$MgSO_4$	0,00345	0,00668	0,0140	0,0345	0,0881
HCl	—	0,107	0,343	1,098	2,995
KOH	—	0,0499	0,208	0,743	2,599

Wohl gelang es, durch empirische Abänderung des OSTWALDschen Verdünnungsgesetzes auch für starke Elektrolyte zu leidlichen Konstanten zu kommen[1]. Diese hatten jedoch die einfache Bedeutung von Gleichgewichtskonstanten verloren und stellten eben nichts weiter als empirische Zahlen dar, mit deren Hilfe die Konzentrationsabhängigkeit von α beschrieben werden konnte. Eine befriedigende Begründung der „Anomalie starker Elektrolyte"[1] ist auf dem Boden der bisher entwickelten Anschauungen nicht zu erbringen gewesen. Hier setzt die „neue Theorie" ein, über die aber erst später im Zusammenhang berichtet werden soll.

19. Stufenweise Dissoziation. Die bisherige Anwendung des Massenwirkungsgesetzes bezog sich nur auf binäre, d. h. in zwei Ionen zerfallende Elektrolyte. Der Übertragung auf „mehrzählige", die ja formal äußerst einfach wäre, stehen in der Praxis beträchtliche Hindernisse entgegen.

Eine dreibasische Säure H_3A etwa zerfällt nämlich, wie OSTWALD[2]) gezeigt hat, nicht immer nach dem Schema:

$$H_3A \rightarrow 3\,H^+ + A^{---}.$$

Streng genommen ist dies vielmehr nur in der unendlich verdünnten Lösung anzunehmen. Bei höheren Konzentrationen sind die möglichen Zerfallsarten:

$$\begin{aligned} H_3A &\rightarrow H^+ + H_2A^- \\ H_3A &\rightarrow 2\,H^+ + HA^{--} \\ H_3A &\rightarrow 3\,H^+ + A^{---} \end{aligned}$$

sämtlich nebeneinander vorhanden. Jeder dieser Gleichungen kommt offenbar eine eigene Dissoziationskonstante zu. Das Verhältnis, in dem die einzelnen Ionen in der Lösung vorhanden sind, wird demnach mit der Verdünnung wechseln. So wird auch der Quotient Λ_v/Λ_∞ in einer solchen Lösung seine einfache Bedeutung eines Dissoziationsgrades verloren haben. Immerhin liegen in der Praxis die Verhältnisse nicht ganz so ungünstig wie es auf den ersten Blick scheint. In vielen Fällen ist nachzuweisen, daß die Dissoziation so vor sich geht, daß in relativ konzentrierten Lösungen vorwiegend das Gleichgewicht I in Betracht kommt, bei fortschreitender Verdünnung erst II und weiterhin III in Erscheinung tritt. Die Dissoziation eines drei- und mehrzähligen Elektrolyten ist also eine stufenweise. Dies bringt man zweckmäßig durch folgende Zerfallsschemata zum Ausdruck:

$$\begin{aligned} H_3A &\rightarrow H^+ + H_2A^- \\ H_2A^- &\rightarrow H^+ + HA^{--} \\ HA^{--} &\rightarrow H^+ + A^{---}. \end{aligned}$$

[1]) Vgl. hierzu K. DRUCKER, Die Anomalie der starken Elektrolyte. Sammlung chem. und chem.-techn. Vorträge Bd. 10, H. 1/2. Stuttgart 1905.

[2]) W. OSTWALD, ZS. f. phys. Chem. Bd. 3, S. 186, 280. 1889.

Ein solches Verhalten schloß man daraus, daß sich Werte von K, die unter Ver-wendung der für binäre Elektrolyte geltenden Verdünnungsformel berechnet waren innerhalb gewisser Konzentrationsgebiete tatsächlich fast konstant ergaben. Einig Unsicherheiten haften diesen Konstanten allerdings noch an. Es ist ohne weitere klar, daß die zur Berechnung des Dissoziationsgrades der ersten Stufen zu be-nutzenden Grenzleitfähigkeiten sich auf die eben hier vorhandenen Ionen beziehe müssen. Da eine sichere Extrapolation auf die Grenzwerte aber Leitfähigkeits-messungen bei höheren Verdünnungen erfordert, ist man für die Ionen de ersten Spaltungsstufen häufig auf angenäherte Bestimmung oder gar Schätzun angewiesen.

Eine andere Möglichkeit zur Ermittlung der Dissoziationsverhältniss mehrzähliger Elektrolyte beruht auf der potentiometrischen Bestimmung de Konzentration der einzelnen Ionen. Bei einer zweibasischen Säure H_2A etw kann die Konstante der zweiten Stufe dadurch gefunden werden, daß man i Lösungen des primären Salzes MeHA, das nach dem Schema:

$$\mathrm{MeHA} \rightarrow \mathrm{Me}^+ + \mathrm{HA}^-$$
$$\mathrm{HA}^- \rightarrow \mathrm{H}^+ + \mathrm{A}^{--}$$

dissoziieren wird, die Wasserstoff- und die Metallionenkonzentration durc Messung der elektromotorischen Kraft geeigneter Ketten zu gewinnen sucht[1]) Da erfahrungsgemäß die Spaltung der ersten Stufe solcher „sauren" Salze scho bei geringeren Verdünnungen annähernd vollständig ist, genügt meist auc Ermittlung der H^+-Konzentration allein.

Ganz dieselben Überlegungen, wie sie hier für mehrbasische Säuren an-gestellt wurden, gelten allgemein für mehrzählige Elektrolyte.

20. Affinitätskonstanten und chemische Konstitution. Es ist auffallend daß alle Salze, ohne Rücksicht auf ihre besondere Natur, schon in konzen-trierteren Lösungen in beträchtlichem Maße gespalten sind, also sämtlich zu de stärksten Elektrolyten gezählt werden müssen. Die wenigen Ausnahmen — vo allem die Haloidsalze des zweiwertigen Quecksilbers und einige Salze des drei-wertigen Eisens — können diese Merkwürdigkeiten nicht abschwächen. I diesem Verhalten — daß das Massenwirkungsgesetz hier ungültig ist, wurd schon gesagt — liegt ein weiterer Hinweis darauf, daß Gleichgewichte zwische Ionen und unelektrischen Molekeln, die den üblichen chemischen Gleichgewichte an die Seite zu stellen sind, bei den Salzen kaum eine wesentliche Rolle spiele dürften. Man sollte dann nämlich eine viel weitgehendere Abhängigkeit vo der besonderen Art der Salzbestandteile erwarten.

Im Gegensatz zu den Salzen zeigen sich bei Säuren und Basen die größt möglichen Verschiedenheiten. Auch ist eine Beziehung zur chemischen Kon-stitution unverkennbar.

Die „stärksten" anorganischen Basen sind die Hydroxyde der einwertige Alkalimetalle, es folgen die der Erdalkalien, die in sich eine deutliche Abstufun

[1]) Vgl. z. B. C. DRUCKER, ZS. f. phys. Chem. Bd. 96, S. 381. 1920; über mehrbasisch Säuren und ihre Dissoziationsverhältnisse s. ferner besonders: W. OSTWALD, ebenda Bd. 9 S. 553. 1892; J. E. TREVOR, ebenda Bd. 10, S. 321. 1892; A. A. NOYES, ebenda Bd. 11, S. 495 1893; R. WEGSCHEIDER, Monatsh. f. Chem. Bd. 16, S. 153. 1895; Bd. 23, S. 287 u. 599 1902; Bd. 26, S. 1235. 1905; Bd. 33, S. 899. 1912; Bd. 37, S. 251. 1916; ZS. f. Elektrochem Bd. 14, S. 740. 1908; Bd. 20, S. 18. 1914; W. A. SMITH, ZS. f. phys. Chem. Bd. 25, S. 14 u. 193. 1898; K. JELLINEK, ebenda Bd. 76, S. 257. 1911; K. DRUCKER, ZS. f. Elektrochem Bd. 17, S. 398. 1911; E. Q. ADAMS, Journ. Amer. Chem. Soc. Bd. 38, S. 1503. 1916; I. M. KOLT-HOFF, ZS. f. anorg. Chem. Bd. 109, S. 69. 1920; N. BJERRUM, ZS. f. phys. Chem. Bd. 106 S. 219. 1923; E. LARSSON, ZS. f. anorg. Chem. Bd. 125, S. 281. 1922; Bd. 140, S. 292. 1924 Bd. 155, S. 247. 1926; TH. PAUL, ZS f. phys. Chem. Bd. 110, S. 417. 1924 (hier weitere Litera-tur); L. EBERT, Chem. Ber. Bd. 58, S. 175. 1925.

nach dem Atomgewicht zeigen, während Hydroxylverbindungen der Schwermetalle endlich sehr schwache Basen sind, wenn auch sichere Zahlenwerte ihrer Affinitätskonstanten sich häufig unserer Kenntnis entziehen, in der Hauptsache wegen der Schwerlöslichkeit dieser Körper.

Ähnlich liegt es bei den anorganischen Säuren. Der Einfluß der Wertigkeit tritt hier besonders deutlich hervor bei den Sauerstoffsäuren verschiedener Oxydationsstufen desselben Elements. Die höheren Stufen sind stets die stärkeren Säuren.

Viel klarer noch kommt ein Zusammenhang mit den chemischen Eigenarten bei Kohlenstoffverbindungen saurer und basischer Natur zum Ausdruck. In der Reihe der Fettsäuren haben wir Vertreter von annähernd gleicher Stärke, nämlich: $K = 1$ bis $2 \cdot 10^{-5}$ (mit Ausnahme des Anfangsgliedes, der Ameisensäure, mit $K = 21{,}4 \cdot 10^{-5}$). Bei Substitution von Wasserstoffatomen durch OH, Cl (oder andere Halogene), NO_2, COOH u. dgl. erfolgt ein Anwachsen der Konstanten, das in gesetzmäßiger Weise von der Natur und Zahl der Substituenten wie auch vom Orte der Substitution und der Art der diesem benachbarten, bereits vorhandenen Atomgruppen abhängt[1]). Ähnliches gilt für andere Klassen organischer Säuren und auch für die organischen Basen, nur daß bei den letzteren der Einfluß der Substituenten ein entgegengesetzter ist, d. h. Substituenten, die die Stärke einer Säure in positivem Sinne beeinflussen, haben bei den Basen eine Schwächung zur Folge[2]).

Bei mehrbasischen Säuren zeigt sich, in Übereinstimmung mit dem in Ziff. 19 Erörterten, daß die Konstanten der aufeinander folgenden Stufen stets abnehmende Größe haben, daß ferner der Unterschied (bei zweibasischen Säuren) sich um so mehr ausprägt, je stärker die erste Stufe ist. Damit ist die Zahl der aufgefundenen Regelmäßigkeiten keineswegs erschöpft.

Ein näheres Eingehen auf diese Dinge ist nicht möglich. Es sollte nur deutlich gemacht werden, daß die Anwendung der ARRHENIUSschen Theorie und des Massenwirkungsgesetzes auf schwache Elektrolyte zu Ergebnissen führt, die mit dem Bau dieser Stoffe und ihrem chemischen Verhalten in bestem Einklang stehen[3]).

21. Pseudo-Elektrolyte. Amphotere Elektrolyte. Es gibt eine Anzahl Säuren und Basen, deren Affinitätskonstante nach den üblichen Methoden nicht ohne weiteres bestimmt werden kann. Es handelt sich hier um solche Stoffe, die in Lösung eine teilweise Umwandlung in andere isomere Formen oder auch eine teilweise Spaltung in Bruchstücke von völlig anderem Charakter erleiden können. Gewisse Ketonabkömmlinge z. B. zeigen schwach saure Eigenschaften, ein Verhalten, das bei ihnen ihrer Konstitution entsprechend nicht erwartet wird. Man nimmt daher an, daß ein solcher Körper zum Teil eine Umwandlung gemäß dem Schema:

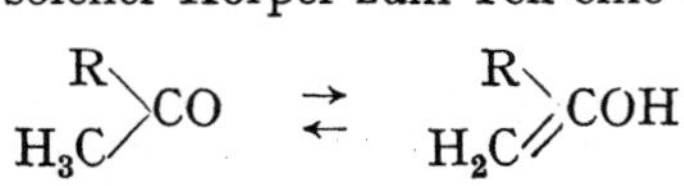

erfahren kann; das Ergebnis sind Körper, denen in Analogie zu anderen, in ihren Eigenschaften sicher bekannten, die Fähigkeit zum Abdissoziieren von Wasserstoffionen beigelegt werden darf. Nach A. HANTZSCH[4]) bezeichnet man

[1]) Siehe besonders W. OSTWALD, ZS. f. phys. Chem. Bd. 3, S. 170, 241 u. 369. 1889; G. BREDIG, ebenda Bd. 13, S. 289. 1894; R. WEGSCHEIDER, Monatsh. f. Chem. Bd. 23, S. 290. 1902.

[2]) G. BREDIG, ZS. f. phys. Chem. Bd. 13, S. 289. 1894.

[3]) Zahlenwerte von Dissoziationskonstanten und Literatur in LANDOLT-BÖRNSTEIN-ROTH-SCHEEL, Physikalisch-chemische Tabellen. 5. Aufl. Berlin 1923; 1. Erg.-Bd. Berlin 1927.

[4]) Literatur über die Frage der Pseudosäuren usw. bei A. THIEL, Sammlung chem. u. chem.-techn. Vorträge Bd. 16, S. 307. 1911; s. auch E. BAARS, ebenda Bd. 29, S. 265. 1927.

die ionisierbare Verbindung als aci- (bei basischem Charakter: baso-), den Nichtelektrolyten als pseudo-Form und dementsprechend allgemein Stoffe, die erst infolge einer Umwandlung zu Ionenbildnern werden, als Pseudoelektrolyte. Selbstverständlich kann die Dissoziationskonstante einer aci-Säure erst berechnet werden, wenn man das Verhältnis zwischen pseudo- und aci-Form kennt.

Ähnlich liegen die Verhältnisse bei Stoffen, die erst durch Reaktion mit dem Lösungsmittel zu Säuren oder Basen werden. Gut untersucht ist der Fall des Kohlendioxyds[1]). Die deutlich sauren Eigenschaften seiner wässerigen Lösung erzeugt das Hydrat H_2CO_3, die eigentliche Kohlensäure. Berechnet man in bekannter Weise ihre Stärke, indem man die Ionenkonzentration aus Leitfähigkeitsmessungen bestimmt, und als Gesamtkonzentration die des gelösten CO_2 ansetzt, so resultiert ein Wert, der zu den in Ziff. 20 entwickelten Regelmäßigkeiten in keiner Weise paßt. Erst die Annahme, daß nur wenig gelöstes CO_2 mit Wasser zu Kohlensäure zusammengetreten ist, führt zu stimmenden Zahlen. Gerade hier gelang dank besonderer Umstände die experimentelle Bestimmung des Hydratationsgrades und damit der „wahren Stärke", bei ähnlichen Fällen ermangeln die Resultate noch der Sicherheit. Wichtig für die rechnerische Behandlung solcher Pseudoelektrolyte ist, daß zwischen wahrer und scheinbarer Stärke ein konstantes Verhältnis besteht. Wenn A die Pseudo-, B die ionogene Form, C^+ und D^- die bei Dissoziation von B entstehenden Ionen sind, so bestehen die Gleichgewichte:

$$\mathrm{A} \rightleftarrows \mathrm{B}$$
$$\mathrm{B} \rightleftarrows \mathrm{C}^+ + \mathrm{D}^-$$

und es gilt nach dem Massenwirkungsgesetz:

$$\begin{aligned} c_{C^+} \cdot c_{D^-} &= K_w \cdot c_B \\ c_{C^+} \cdot c_{D^-} &= K_s (c_B + c_A) \\ c_B &= K_i \cdot c_A . \end{aligned}$$

Daraus ergibt sich leicht, daß:

$$K_s = K_w \frac{K_i}{1 + K_i} \tag{42}$$

ist, d. h. daß die scheinbare Dissoziationskonstante K_s der wahren (K_w) proportional ist, und um so mehr hinter dieser zurückbleibt, je kleiner K_i, d. h. das Verhältnis von aci- (baso-) zur pseudo-Form ist. Die Mitbeteiligung eines Lösungsmittels am Gleichgewicht $A \rightleftarrows B$ ändert in verdünnten Lösungen an der Beziehung nichts, da in solchen die Konzentration des neu hinzutretenden Reaktionsteilnehmers, des Lösungsmittels, praktisch unveränderlich ist. Diese Verhältnisse spielen in der neuen Theorie eine gewisse Rolle, auf die wir noch zurückkommen (Ziff. 44).

Hingewiesen sei hier auch auf eine andere eigenartige Klasse von Elektrolyten, die amphoteren Elektrolyte[2]). Man versteht unter ihnen erstens Stoffe vom Typus ROH, die bei Dissoziation entweder H^+ oder auch OH^- abspalten können, also Säuren- oder Basencharakter zeigen. Wahrscheinlich können dies alle Hydroxylverbindungen, besonders dann, wenn weder Säuren- noch Basennatur ausgeprägt ist. Die zweite Gruppe der Ampholyte, die vom Typus HROH, kann gleichzeitig von derselben Molekel H^+ und OH^- abspalten. Ver-

[1]) A. THIEL, Chem. Ber. Bd. 46, S. 172 u. 241. 1913; A. THIEL u. R. STROHECKER, ebenda Bd. 47, S. 945. 1914; L. PUSCH, ZS. f. Elektrochem. Bd. 22, S. 206 u. 293. 1916.

[2]) Vgl. G. BREDIG, ZS. f. Elektrochem. Bd. 6, S. 33. 1899; Bd. 10, S. 245. 1904; ZS. f. anorg. Chem. Bd. 34, S. 202. 1903; K. WINKELBLECH, ZS. f. phys. Chem. Bd. 36, S. 546. 1901; J. WALKER, ebenda Bd. 49, S. 82. 1904; Bd. 51, S. 406. 1905; Bd. 57, S. 600. 1907; B. HOLMBERG, ebenda Bd. 62, S. 726. 1908; N. BJERRUM, ebenda Bd. 104, S. 147. 1923; H. LUNDÉN, ebenda Bd. 54, S. 532. 1906; Sammlung chem. u. chem.-techn. Vorträge Bd. 14, S. 49. 1908.

treter sind vor allem die Aminosäuren. Diese eigenartige Dissoziation führt zur Bildung sog. Zwitterionen $^{-}R^{+}$. Weil nach außen neutral, tragen sie zur Leitfähigkeit nicht bei, werden aber infolge ihres Dipolcharakters die dielektrischen Eigenschaften des lösenden Mediums beeinflussen[1]).

22. Einfluß des Lösungsmittels auf die Dissoziation. Schon 1893 hatte NERNST[2]) darauf hingewiesen, daß ein Parallelismus zwischen elektrolytischer Dissoziation und Dielektrizitätskonstante des Mediums zu erwarten sei. Da die zwischen entgegengesetzt geladenen Ionen wirksamen elektrischen Kräfte eine Vereinigung zur neutralen Molekel anstreben und mit wachsender Dielektrizitätskonstante abnehmen, ist eine Änderung des Dissoziationsgrades eines bestimmten Elektrolyten in verschiedenen Lösungsmitteln gleichsinnig mit deren Dielektrizitätskonstante vorauszusehen. Für binäre Elektrolyte aus einwertigen Ionen (über andere fehlt genügend Material) ist dieser Zusammenhang durch umfassende Untersuchungen WALDENS[3]) auch experimentell gesichert. Es ergeben sich sogar einfachste Beziehungen.

Lösungen desselben Salzes in verschiedensten Medien sind dann gleich stark dissoziiert, wenn die Kubikwurzeln der Molarverdünnungen den Dielektrizitätskonstanten der Lösungsmittel umgekehrt proportional sind, also:

$$\varepsilon \cdot v^{\frac{1}{3}} = \text{konst.} \quad (\text{für } \alpha = \text{konst.}) \qquad (43)$$

Benutzt man die Erfahrung, daß Salze gleicher Typen in demselben Medium bei gleicher Verdünnung fast gleich weit gespalten sind, so darf man schließen, daß das Produkt für die verschiedensten Elektrolyte der gleichen Art denselben konstanten Wert hat. Wie erstaunlich gut dies zutrifft, entnehme man der Tabelle 29.

Tabelle 29. $\varepsilon \cdot v^{\frac{1}{3}}$ für 1-1-wertige Salze in wechselnden Medien bei gleichem Dissoziationsgrad (α).

Solventien	ε	Salz	$[v]$	α	$\varepsilon \cdot [v]^{\frac{1}{3}}$
Formamid	94	NaBr	2,8	0,67	132
Wasser	81,7	$N(CH_3)_4J$	3,82	0,67	127
Nitromethan	41,8	$N(C_2H_5)_4J$	30	0,67	130
Methylalkohol	35,4	KJ	50	0,68	130
,,	35,4	LiJ	48	0,66	129
Acetonitril	36,4	KJ	45	0,67	130
,,	36,4	$N(C_2H_5)_4Cl$	40	0,66	125
Propionitril	27,5	$N(C_2H_5)_4J$	110	0,67	132
Äthylalkohol	25,4	KJ	136,7	0,68	131
,,	25,4	$KAg(CN)_2$	128	0,66	128
Propylalkohol	22	NaJ	220	0,67	133
Flüss. Ammoniak	22	NaJ	215	0,67	132
Aceton	21,2	NaJ	240	0,68	132
Epichlorhydrin	22,6	$N(C_2H_5)_4Cl$	196	0,675	131
Benzylcyanid	16,7	$N(C_2H_5)_4J$	400	0,66	129
Methyläthylketon	17,8	NaJ	388	0,656	130
Acetylbromid	16,2	$N(C_2H_5)_4J$	550	0,67	133
Benzaldehyd	16,0	$N(C_2H_5)_4J$	550	0,66	131
			im Mittel:	0,67	130

[1]) F. W. KÜSTER, ZS. f. anorg. Chem. Bd. 13, S. 136. 1897; N. BJERRUM, ZS. f. phys. Chem. Bd. 104, S. 147. 1923; O. BLÜH, ebenda Bd. 106, S. 341. 1923; Bd. 111, S. 251. 1924; A. THIEL u. A. DASSLER, ebenda Bd. 108, S. 298. 1924; L. EBERT, ebenda Bd. 121, S. 385. 1926.

[2]) W. NERNST, Göttinger Nachr. 1893, Nr. 12; ZS. f. phys. Chem. Bd. 13, S. 531. 1894; vgl. auch J. J. THOMSON, Phil. Mag. (5) Bd. 36, S. 320. 1893.

[3]) P. WALDEN, ZS. f. phys. Chem. Bd. 54, S. 228. 1905; Bd. 55, S. 683. 1906; Bd. 94, S. 263 u. 374. 1920; vgl. auch R. MALMSTRÖM, ZS. f. Elektrochem. Bd. 11, S. 797. 1905; Ann. d. Phys. (4) Bd. 18, S. 413. 1905; E. BAUR, ebenda Bd. 11, S. 936. 1905; Bd. 12, S. 725. 1906; J. J. VAN LAAR, Lehrb. der theor. Elektrochem. Leipzig 1907; ZS. f. phys. Chem. Bd. 58, S. 567. 1907; Bd. 59, S. 212. 1907; H. N. MCCOY, Journ. Amer. Chem. Soc. Bd. 30, S. 1074. 1908; F. KRÜGER, ZS. f. Elektrochem. Bd. 17, S. 453. 1911.

Die so für verschiedene Dissoziationsgrade 1-1-wertiger Salze ermittelten Zahlen hängen mit dem ungespaltenen Bruchteil derart zusammen, daß:

$$(1 - \alpha) \cdot \varepsilon \cdot [v]^{\frac{1}{3}} = \text{konst.} = \text{etwa } 41{,}5 \tag{44}$$

ist. Dissoziationsgrad und Dielektrizitätskonstante sind mithin so miteinander verknüpft, daß der ungespalten bleibende Anteil eines binären Salzes der Dielektrizitätskonstante des Solvens umgekehrt proportional ist. Wegen Mangels experimenteller Grundlagen kann hier nicht beurteilt werden, ob eine so einfache Beziehung auch für andere Salztypen besteht, etwa für binäre aus zweiwertigen Ionen oder für ternäre. Sicher aber ist, daß bei Säuren und Basen, auch bei den in Wasser starken, die Verhältnisse anders liegen. Salzsäure z. B., in Wasser einer der stärksten Elektrolyte, leitet in Medien wie Ameisensäure ($\varepsilon = 58{,}5$), Acetonitril ($\varepsilon = 36$), Nitrobenzol ($\varepsilon = 36$) außergewöhnlich schlecht (vgl. Ziff. 7). Da man die Ionenbeweglichkeiten einigermaßen abzuschätzen vermag, kommt man zur Annahme sehr geringer Dissoziation, was zum Verhalten von Salzen in gleichen Mitteln in ausgesprochenem Gegensatz steht. In Solventien bestimmter chemischer Eigenschaften, z. B. Alkoholen, flüssigem Ammoniak u. ä., erscheinen wieder Spaltungsgrade gleicher Größenordnung wie den Salzen eigentümlich. Da die Dielektrizitätskonstante dieser Flüssigkeiten kleiner ist als die der oben genannten, wird ein unmittelbarer Zusammenhang mit dieser sehr unwahrscheinlich. Gleiches gilt für viele andere Säuren, Pikrinsäure, Trichloressigsäure u. dgl. Vermutlich handelt es sich hier um Pseudo-Elektrolyte (Ziff. 21), solche also, die erst nach Addition geeigneter Lösungsmittel echte Ionenerzeuger werden.

Ein gewisser Gegensatz zwischen Salzen in Wasser und nichtwässerigen Salzlösungen schien insofern vorhanden, als häufig für letztere die Anwendbarkeit des Massenwirkungsgesetzes vertreten wurde. WALDEN[1]) hat neuerdings gezeigt, daß dies hier ebensowenig der Fall ist wie in Wasser, daß eine scheinbare Gültigkeit nur dann vorgetäuscht wird, wenn die Prüfung auf ein zu enges Verdünnungsgebiet beschränkt ist.

23. Dissoziation des Wassers. Von besonderem Interesse ist der Dissoziationszustand des Wassers. Daß es zu einem bestimmten Teile in Ionen gespalten sein muß, folgt schon aus der auch bei reinstem Wasser vorhandenen Leitfähigkeit. KOHLRAUSCH und HEYDWEILLER[2]) haben diese an sorgfältigst gereinigtem Material zu:

$$\varkappa_{18^\circ} = 4{,}30 \cdot 10^{-8}\,\text{Ohm}^{-1} \cdot \text{cm}^{-1}$$

bestimmt. Auf den Anteil, den letzte Spuren von Verunreinigungen an diesem Wert noch haben, kann aus der Temperaturveränderlichkeit (vgl. Ziff. 25) geschlossen werden. Führt man dafür eine Korrektur ein, so bleibt für das spezifische Leitvermögen absolut reinen Wassers:

$$\varkappa_{18^\circ} = 3{,}84 \cdot 10^{-8}\,\text{Ohm}^{-1} \cdot \text{cm}^{-1}.$$

Die Dissoziation des Wassers als eines zweistufigen Ionenbildners wird vorwiegend nach dem Schema:

$$H_2O \rightarrow H^+ + OH^-$$

erfolgen. Ein direkter Nachweis der in weiterer Stufe zu erwartenden Sauerstoffionen

$$OH^- \rightarrow H^+ + O^{--}$$

---

[1]) P. WALDEN u. H. ULICH, ZS. f. phys. Chem. Bd. 114, S. 297. 1924.

[2]) F. KOHLRAUSCH u. A. HEYDWEILLER, Wied. Ann. Bd. 53, S. 209. 1894; ZS. f. phys. Chem. Bd. 14, S. 317. 1894; vgl. auch A. HEYDWEILLER, Ann. d. Phys. (4). Bd. 28, S. 503. 1909.

konnte jedenfalls noch nicht erbracht werden. Zweifellos sind diese in wässeriger Lösung stets vorhanden, doch ist es kaum fehlerhaft, praktisch die Eigenleitfähigkeit allein den Ionen des ersten Zerfallschemas zuzuschreiben. Da im cm^3 von 18° 0,9986 g = 0,05543 Mol Wasser enthalten sind, findet sich die Äquivalentleitfähigkeit zu:

$$\Lambda = \frac{\varkappa}{c} = \frac{3{,}84 \cdot 10^{-8}}{0{,}05543} = 0{,}6928 \cdot 10^{-6}$$

und daraus der Dissoziationsgrad:

$$\alpha = \frac{\Lambda}{\Lambda_\infty} = \frac{0{,}6928 \cdot 10^{-6}}{315 + 174} = 1{,}417 \cdot 10^{-9}.$$

In 1 Liter Wasser bei 18° sind also $55{,}43 \cdot 1{,}417 \cdot 10^{-9} = 0{,}785 \cdot 10^{-7}$ Mol H^+ und gleichviel OH^- enthalten. Die Dissoziationskonstante des Wassers ergibt sich mithin zu:

$$K'_W = \frac{[c]_{H^+} \cdot [c]_{OH^-}}{[c]_{H_2O}} = \frac{(0{,}785 \cdot 10^{-7})^2}{55{,}43} = 1{,}11 \cdot 10^{-16}.$$

In verdünnten wässerigen Lösungen ist die Konzentration des ungespaltenen Wasseranteils praktisch unveränderlich; deshalb pflegt man statt mit der Dissoziationskonstanten mit dem ebenfalls praktisch unveränderlichen Ionenprodukt zu rechnen:

$$K_W = K'_W \cdot [c]_{H_2O} = (0{,}785 \cdot 10^{-7})^2 = 0{,}62 \cdot 10^{-14} \text{ bei } 18°.$$

Analog ergibt sich für 25°:

$$K_W = 1{,}1 \cdot 10^{-14}.$$

Andere Methoden bestätigen diese Zahlen in befriedigender Übereinstimmung.

Durch Messung von Wasserstoffketten läßt sich die H^+-Konzentration in verdünnten Basenlösungen, deren OH^--Gehalt aus Leitfähigkeitsbestimmungen bekannt ist, ermitteln. Die älteren von Ostwald und Arrhenius so erhaltenen Werte des Ionenproduktes sind unsicher, weil die Diffusionspotentiale der gemessenen Ketten vernachlässigt wurden. Bei deren Berücksichtigung berechnete Nernst[1]) aus Messungen von Ostwald und le Blanc:

$$K_W = [c]_{H^+} \cdot [c]_{OH^-} = 0{,}64 \cdot 10^{-14} \quad (19°),$$

Löwenherz[2]) nach dem gleichen Verfahren:

$$K_W = 1{,}41 \cdot 10^{-14} \quad (25°).$$

Aus der Verseifungsgeschwindigkeit des Methylacetats durch reines Wasser bestimmte Wijs[3]) (auf Veranlassung von van 't Hoff):

$$K_W = 1{,}44 \cdot 10^{-14} \quad (25°).$$

K_W kann auch nach einer Methode, die noch besprochen werden soll, aus der Hydrolyse von Salzen schwacher Basen oder Säuren (Ziff. 27) gefolgert werden. Arrhenius[4]) fand so aus der Hydrolyse des Natriumacetats bei 25°:

$$K_W = 1{,}21 \cdot 10^{-14} \quad (25°).$$

---

1) W. Nernst, ZS. f. phys. Chem. Bd. 14, S. 155. 1894.
2) R. Löwenherz, ZS. f. phys. Chem. Bd. 20, S. 283. 1896.
3) J. J. A. Wijs, ZS. f. phys. Chem. Bd. 11, S. 492. 1893; Bd. 12, S. 514. 1893.
4) Sv. Arrhenius, ZS. f. phys. Chem. Bd. 11, S. 805. 1893.

Die Methode der Wasserstoffketten darf heute wohl als zuverlässigste gelten. Sehr sorgfältige Messungen von SÖRENSEN[1]) ergaben bei 18° im Mittel:

$$K_W = 0{,}73 \cdot 10^{-14}.$$

Neuere Werte von MICHAELIS[2]) für Temperaturen zwischen 16° und 40° bringt Tabelle 30.

Tabelle 30. Ionenprodukt des Wassers zwischen 16° und 40°. (Nach L. MICHAELIS.)

Temp.	$K_w \cdot 10^{14}$	Temp.	$K_w \cdot 10^{14}$	Temp.	$K_w \cdot 10^{14}$	Temp.	$K_w \cdot 10^{14}$	Temp.	$K_w \cdot 10^{14}$
16	0,63	21	0,93	26	1,38	31	2,04	36	2,92
17	0,68	22	1,01	27	1,50	32	2,19	37	3,13
18	0,74	23	1,10	28	1,62	33	2,35	38	3,35
19	0,79	24	1,19	29	1,76	34	2,51	39	3,59
20	0,86	25	1,27	30	1,89	35	2,71	40	3,80

Bei Zusatz größerer Mengen fremder Stoffe ist selbstverständlich eine Änderung von K_W zu erwarten. Denn damit ändert sich erstens die Konzentration des ungespaltenen Anteils, weiter wird nach Ziff. 22 das veränderte Medium den Spaltungszustand beeinflussen. Von LÖWENHERZ[3]) stammen Versuche, K_W in Wasser-Alkoholgemischen zu bestimmen.

Aus letzter Zeit liegen auch mancherlei Hinweise darauf vor, daß Zusatz von Neutralsalzen die Ionenkonzentration des Wassers verschiebt[4]).

Auch an Alkoholen sind Bestimmungen des Produktes ihrer Ionenkonzentrationen vorgenommen. HILDEBRAND und DANNER[5]) kamen auf Grund elektrometrischer Messungen zu folgenden Werten für Äthylalkohol:

$$[c]_{H^+} \cdot [c]_{C_2H_5O^-} = 0{,}72 \cdot 10^{-19} \quad (18°).$$

Leitfähigkeitsmessungen führten hier nicht zum Ziel. Denn eine ausreichend weitgetriebene Reinigung, wie sie zur Gewinnung einwandfreier Leitfähigkeiten erforderlich ist, konnte nicht durchgeführt werden.

BJERRUM, UNMACK und ZECHMEISTER[6]) bestimmten das Produkt

$$K_M = [c]_{H^+} \cdot [c]_{CH_3O^-}$$

in Methylalkohol aus Messungen geeigneter Ketten, wie auch aus der solvolytischen Spaltung von Ammoniumacetat in Ammoniak und Essigsäure. Sie fanden nach der ersten Methode:

$$K_M = 1{,}07 \cdot 10^{-17} \quad (18°),$$

nach der zweiten genügend übereinstimmend:

$$K_M = 0{,}89 \cdot 10^{-17} \quad (18°).$$

24. Neutralisations- und Dissoziationswärme. Bei der Neutralisation von Säuren und Basen treten erhebliche Wärmetönungen auf. Läßt man den Vorgang in Verdünnungen erfolgen, bei denen die beteiligten Elektrolyte (abgesehen

---

1) S. P. L. SÖRENSEN, Biochem. ZS. Bd. 21, S. 131. 1909.

2) L. MICHAELIS, Die Wasserstoffionenkonzentration, S. 8. Berlin 1914.

3) R. LÖWENHERZ, ZS. f. phys. Chem. Bd. 20, S. 283. 1894.

4) Siehe z. B. G. POMA, ZS. f. phys. Chem. Bd. 79, S. 55. 1912; Bd. 87, S. 196. 1914; Bd. 88, S. 671. 1914; W. PALMAER u. K. MELANDER, ZS. f. Elektrochem. Bd. 21, S. 418. 1915.

5) J. H. HILDEBRAND u. PH. S. DANNER, Journ. Amer. Chem. Soc. Bd. 44, S. 2824, 2832. 1922.

6) N. BJERRUM, A. UNMACK u. L. ZECHMEISTER, Medd. Kopenhagen Bd. 5, H. 11. 1924.

vom Wasser) als völlig gespalten anzusehen sind und Volumänderungen in nennenswertem Maße bei der Reaktion nicht auftreten, so ist die gesamte Wärmetönung, entsprechend

$$Me^+OH^- + H^+A^- = Me^+A^- + H_2O + x \text{ cal},$$

die molare Bildungswärme des Wassers aus seinen Ionen, bzw. die negative Dissoziationswärme des Wassers. Bei starken Säuren und Basen ist die Voraussetzung vollständiger Spaltung praktisch schon in Konzentrationen erfüllt, bei denen eine Messung der Wärmetönung noch bequem und genau möglich ist.

Tatsächlich zeigt das Experiment in solchen Fällen sich weitgehend unabhängig von der individuellen Natur der zusammengebrachten Komponenten. Hier einige Daten von THOMSEN[1]) (Tabelle 31):

Tabelle 31. Äquivalente Neutralisationswärmen starker Säuren und Basen in verdünnter Lösung (bei 18° bis 20°).

HCl	und	NaOH	13,78 kcal
HBr	„	„	13,75 „
HJ	„	„	13,68 „
$HClO_3$*)	„	„	13,76 „
HNO_3	„	„	13,68 „
LiOH	und	HCl	13,85 „
NaOH	„	„	13,74 „
KOH	„	„	13,75 „
$^1/_2$ $Ba(OH)_2$	„	„	13,89 „
$^1/_2$ $Sr(OH)_2$	„	„	13,82 „
$^1/_2$ $Ca(OH)_2$	„	„	13,95 „

*) Hier 1 g-Äquivalent auf 400 Mole Wasser; in allen anderen Beispielen 200 Mole Wasser.

Das Bild verändert sich wesentlich, wenn auch schwache Säuren und Basen herangezogen werden (Tabelle 32).

Sieht man von den Stickstoffbasen, von Kohlensäure und schwefliger Säure ab, bei welchen als Pseudo-Elektrolyten (Ziff. 21) kompliziertere Verhältnisse vorliegen, so ist eine naheliegende Erklärung des sehr verschiedenartigen Verhaltens der schwachen Elektrolyte allein in ihrem abweichenden Dissoziationszustand zu suchen.

Tabelle 32. Äquivalente Neutralisationswärmen schwacher Basen und schwacher Säuren in verdünnter Lösung.

NH_3	und	HCl	12,72 kcal
NH_2CH_3	„	„	13,12 „
$NH(CH_3)_2$	„	„	11,81 „
$N(CH_3)_3$	„	„	8,74 „
NH_2OH	„	„	9,25 „
HCN*)	und	NaOH	2,77 „
H_2CO_3 1. Stufe	„	„	11,11 „
H_2SO_3 1. „	„	„	15,87 „
H_3PO_3 1. „	„	„	14,83 „
H_3PO_4 1. „	„	„	14,83 „
CH_3CO_2H	und	NaOH	13,40 „
CH_2ClCO_2H	„	„	14,28 „
$CHCl_2CO_2H$	„	„	14,89 „
CCl_3CO_2H	„	„	13,92 „

*) 100 Mol Wasser auf 1 g-Äquivalent, sonst überall 200.

Unvollständige Spaltung der Ausgangsstoffe angenommen, kommt bei der Neutralisation zu der Bildungswärme des Wassers aus H^+ und OH^- von im Mittel 13,7 kcal pro Mol noch die Wärmetönung der elektrolytischen Dissoziation hinzu, in vollem Betrage dort, wo eine zu vernachlässigende Ionenspaltung vorliegt, andernfalls ein bestimmter Bruchteil, der aus dem Dissoziationsgrad bei der betreffenden Verdünnung berechnet werden kann. Es folgt daraus, daß aus der gemessenen äquivalenten Neutralisationswärme (Q_N) einer schwachen

[1]) J. THOMSEN, Systematische Durchführung thermochemischer Untersuchungen. Stuttgart 1906. Weiteres Zahlenmaterial und Literatur über Neutralisations- und Dissoziationswärmen in LANDOLT-BÖRNSTEIN-ROTH-SCHEEL, Physikalisch-chemische Tabellen. 5. Aufl. Berlin 1923; 1. Erg.-Bd. Berlin 1927.

Säure oder Base (gegen eine völlig dissoziierte Base bzw. Säure) die Dissoziationswärme pro Grammäquivalent (Q_D) bestimmt werden kann nach:

$$Q_D = \frac{Q_N - 13{,}7}{1 - \alpha}\,\text{kcal}. \tag{45}$$

(Q_D kann, dies lassen die mitgeteilten Beispiele erkennen, positive und negative Werte haben.)

Systematische Untersuchungen in dieser Hinsicht sind nicht angestellt. Doch konnte in einigen günstigen Fällen die annähernde Gleichheit der so und auf anderem Wege (Ziff. 25) berechneten Wärmetönung festgestellt werden.

Die Dissoziationswärme muß sich zweifellos auch beim Verdünnen eines unvollständig gespaltenen Elektrolyten bemerkbar machen. Aus der Bestimmung dieser Wärmetönung bei starken Elektrolyten sind neuerdings wichtige Schlüsse gezogen, die aber erst bei Erörterung der neueren Theorie zur Sprache kommen sollen (Ziff. 41).

Es sei noch darauf hingewiesen, daß erst die Dissoziationstheorie eine vernünftige Erklärung für die fehlende Wärmetönung beim Vermischen verdünnter Salzlösungen geben konnte. Falls nämlich keine festen Stoffe ausgefällt werden, sind vor wie nach dem Vorgang praktisch nur Ionen in der Lösung anwesend. Abweichungen finden sich nur bei wenigen Salzen; diese nehmen auch bezüglich des Dissoziationsgrades eine Sonderstellung ein.

25. Einfluß von Temperatur und Druck auf die Dissoziation. Für schwache Elektrolyte ergibt die Anwendung der Reaktionsisochore die Änderung ihrer Dissoziationskonstante mit der Temperatur:

$$\frac{d\ln K}{dT} = -\frac{Q_D}{R\,T^2}, \tag{46}$$

worin Q_D die Dissoziationswärme bedeutet. Qualitativ läßt sich zunächst eine Begünstigung der Ionenspaltung durch Temperaturerhöhung erwarten, wenn die Dissoziationswärme des Elektrolyten negativ ist. Dies ist der seltenere Fall. Er liegt z. B. vor beim Wasser, wie die in Ziff. 23 mitgeteilten Werte für das Produkt $c_{H^+} \cdot c_{OH^-}$ beweisen. Auf Grund der negativen Dissoziationswärme des Wassers (Ziff. 24) hatte schon ARRHENIUS[1]) einen ungewöhnlich großen Temperaturkoeffizienten für das Leitvermögen reinen Wassers vorausgesagt. Er wurde durch Untersuchungen von KOHLRAUSCH und HEYDWEILLER[2]) aufs beste bestätigt. Während Wasser der üblichen Reinheit ($\varkappa_{18} = 1 \cdot 10^{-6}$) eine Erhöhung des spezifischen Leitvermögens um etwa 2,5% pro Grad bei ansteigender Temperatur erfährt, wächst der relative Temperaturkoeffizient des bisher reinsten Wassers ($\varkappa = 4{,}30 \cdot 10^{-8}$) auf 5,32% (bei 18°). Aus der molaren Dissoziationswärme, gemessen durch Neutralisation starker Säuren und Basen, $Q_D = -13{,}7$ kcal errechnet sich, unter Berücksichtigung der Viscositätsänderung, die Leitfähigkeitserhöhung pro Grad zu 5,8%. Diese gute Übereinstimmung spricht am besten dafür, daß KOHLRAUSCH und HEYDWEILLER fast absolut reines Wasser erzielt hatten.

ARRHENIUS hat auch für eine Reihe schwächerer Säuren die Dissoziationswärme aus den Temperaturkoeffizienten des Leitvermögens (bzw. der Dissoziationskonstante) ermittelt und die daraus berechnete Neutralisationswärme mit der experimentell (von THOMSEN) gemessenen verglichen. Einige Zahlen bringt Tabelle 33.

---

[1]) SV. ARRHENIUS, ZS. f. phys. Chem. Bd. 3, S. 96. 1889; Bd. 4, S. 112. 1889; Bd. 9, S. 339. 1892.

[2]) F. KOHLRAUSCH u. A. HEYDWEILLER, ZS. f. phys. Chem. Bd. 14, S. 317. 1894.

Für die Mehrzahl der Säuren ist die Dissoziationswärme positiv. Dementsprechend verringert sich ihre Ionenspaltung mit ansteigender Temperatur. Da andererseits die Ionenbeweglichkeit ausnahmslos der Temperatur symbat sich ändert, kann man, falls nur die Dissoziationswärme genügend groß ist, ein Temperaturmaximum der Leitfähigkeit voraussehen. ARRHENIUS[2]) berechnete dessen Lage für unterphosphorige Säure (in 1,014n-Lösung) zu 57° und für Phosphorsäure (in 0,98mol. Lösung) zu 78°, während die experimentelle Prüfung 54° bzw. 75° ergab.

Tabelle 33. Berechnete und experimentell gewonnene Neutralisationswärmen von Säuren und starken Basen. Nach ARRHENIUS[1]). ($t = 21,5°$.)

	Beobachtet	Berechnet (cal)
Essigsäure	13267	13400
Propionsäure	13598	13480
Buttersäure	13597	13800
Bernsteinsäure	12430	12400
Dichloressigsäure	14930	14830
Phosphorsäure	14959	14830
Unterphosphorige Säure	15409	15160
Fluorwasserstoffsäure	16320	16270

Der Verlauf der Leitfähigkeit bei höheren Temperaturen — s. Ziff. 5 — läßt vermuten, daß solche ausgezeichneten Punkte bei allen Elektrolyten, wenn auch meist viel höher liegend, vorhanden sind. Demnach wären bei höherer Temperatur die Dissoziationswärmen allgemein positiv.

Der Druckeinfluß auf die Dissoziationskonstante ist, ebenfalls auf Grund des zweiten Hauptsatzes der Thermodynamik, aus der Volumenänderung Δv, die ein Mol eines Elektrolyten bei der Spaltung erfährt, zu bestimmen[3]):

$$\frac{d\ln K}{dp} = -\frac{\Delta v}{RT}. \qquad (47)$$

Bei der Neutralisation von Basen und Säuren tritt eine Volumvergrößerung auf, die, falls beide Komponenten starke Elektrolyte sind und in nicht zu geringen Verdünnungen vorliegen, pro Grammäquivalent den annähernd konstanten Wert von etwa 19,5 cm^3 (bei Zimmertemperatur) erreicht. Der Spaltung von einem Mol Wasser in H^+ und OH^- entspricht demnach ein $\Delta v = -19,5\ cm^3$, woraus gemäß (35) auf ein Anwachsen der Wasserdissoziation mit steigendem Druck geschlossen werden muß. Bei Neutralisation schwacher Säuren mit starken Basen ergab sich in allen bisher untersuchten Fällen geringere Volumzunahme, offenbar bedingt durch die mit der Dissoziation der schwachen Säure, die ja dem Neutralisationsvorgang vorangehen muß, verbundene Volumabnahme. Auf Veranlassung von ARRHENIUS hat FANJUNG[4]) die experimentell ermittelte Leitfähigkeitsänderung durch Druckerhöhung zur Berechnung von Δv für einige schwache Säuren benutzt. Aus dem in allen Fällen negativ gefundenen Δv konnte sodann

Tabelle 34. Volumvergrößerung bei der Neutralisation schwacher Säuren mit starken Basen (in cm^3 pro Mol)

	Ber. nach FANJUNG	Beob. nach OSTWALD
Ameisensäure	8,7	7,7
Essigsäure	10,6	10,5
Propionsäure	12,4	12,2
Buttersäure	13,4	13,9
Isobuttersäure	13,3	13,8
Milchsäure	12,1	11,8
Bernsteinsäure	11,2	11,8
Äpfelsäure	10,3	11,4

[1]) Sv. ARRHENIUS, Lehrbuch der Elektrochemie, 4. Abdr., S. 187. Leipzig 1920.
[2]) Sv. ARRHENIUS, ZS. f. phys. Chem. Bd. 4, S. 112. 1889.
[3]) M. PLANCK, Wied. Ann. Bd. 32, S. 494. 1887.
[4]) I. FANJUNG, ZS. f. phys. Chem. Bd. 14, S. 673. 1894.

der bei der Neutralisation dieser Säuren zu erwartende Volumeffekt vorausberechnet werden. Ein Vergleich mit dem von OSTWALD[1]) experimentell bestimmten Volumzuwachs, den wässerige Säurelösungen bei Neutralisation mit starken Basen erhalten, gab recht befriedigende Bestätigung der Theorie (Tabelle 34).

c) Gleichgewichte zwischen mehreren Elektrolyten.

26. Mehrere Elektrolyte mit gemeinsamem Ion. Isohydrie. Beliebige Elektrolyte in gemeinsamer Lösung werden sich im allgemeinen gegenseitig beeinflussen. Die generelle quantitative Behandlung dieses Problems ist recht schwierig und bisher auch nicht durchgeführt. Die Grundlage ist in allen Fällen durch die Forderung gegeben, daß die Ionenkonzentrationen in einem solchen System den Dissoziationsgleichgewichten aller möglichen Ionenkombinationen genügen müssen.

Theoretisch und praktisch durchgearbeitet ist der Fall gleichzeitiger Anwesenheit zweier Elektrolyte mit einem gemeinsamen Ion. Das Massenwirkungsgesetz (das auf schwache Elektrolyte beschränkt ist) läßt erwarten, daß sich etwa zwei Säuren HA und HB so beeinflussen, daß in der gemeinsamen Lösung die Dissoziationsgleichgewichte beider gegenüber ihrer Lage in gleich konzentrierten Einzellösungen zugunsten der ungespaltenen Säuren verschoben erscheinen. Einen Weg zur rechnerischen Ermittlung der Ionenkonzentrationen in solchen Lösungen hat ARRHENIUS[2]) gewiesen.

Man kann sich nämlich jede derartige Mischung in zwei Anteile zerlegt denken, deren jeder nur *eine* Komponente, und zwar in solcher Konzentration enthält, daß beim Vermischen keine Änderung des Spaltungszustandes der beiden Ionenbildner eintritt. Die Ionenkonzentrationen der Mischung lassen sich dann leicht aus dem Mischungsverhältnis der Einzellösungen und den in ihnen herrschenden Ionenkonzentrationen berechnen, welch letztere auf Grund der im vorangehenden Abschnitte besprochenen Gesetzmäßigkeiten bestimmt werden können.

Die Bedingung dafür, daß zwei Elektrolyte mit einem gemeinsamen Ion keine Dissoziationsänderung beim Vermischen erfahren, wird folgendermaßen gefunden. Betrachtet seien Lösungen der (binären, schwachen) Säuren HA und HB. Die Anwendung des Massenwirkungsgesetzes auf die beiden Lösungen ergibt:

$$(c_{\mathrm{H}^+})_a \cdot c_{\mathrm{A}^-} = K_a \cdot c_{\mathrm{HA}}\,, \tag{48a}$$

$$(c_{\mathrm{H}^+})_b \cdot c_{\mathrm{B}^-} = K_b \cdot c_{\mathrm{HB}}\,. \tag{48b}$$

Werden nunmehr die Volumina V_a und V_b der beiden Lösungen miteinander vermischt (Additivität der Teilvolumina wird dabei, und in verdünnten Lösungen mit genügender Berechtigung, vorausgesetzt), so errechnen sich — unter der Annahme, daß keine Dissoziationsänderung eintritt — die Konzentrationen der Ionen und der ungespaltenen Säuren im Gemisch zu

$$\frac{c_{\mathrm{A}^-} \cdot V_a}{V_a + V_b} \text{ für das Anion } \mathrm{A}^-,$$

$$\frac{c_{\mathrm{B}^-} \cdot V_b}{V_a + V_b} \text{ für das Anion } \mathrm{B}^-,$$

[1]) W. OSTWALD, Pogg. Ann. Erg.-Bd. 8, S. 154. 1876; Journ. f. prakt. Chem. (2) Bd. 16, S. 385. 1877.

[2]) SV. ARRHENIUS, ZS. f. phys. Chem. Bd. 2, S. 284. 1888; Bd. 5, S. 1. 1890; s. auch A. J. WAKEMANN, ebenda Bd. 15, S. 159. 1894; J. G. MACGREGOR, Phil. Mag. Bd. 41, S. 276. 1896; ZS. f. phys. Chem. Bd. 33, S. 529. 1900; F. BARMWATER, ebenda Bd. 28, S. 424. 1899; Bd. 45, S. 557. 1903; Bd. 56, S. 225. 1906.

$\frac{c_{HA} \cdot V_a}{V_a + V_b}$ für den ungespaltenen Anteil der Säure HA,

$\frac{c_{HB} \cdot V_b}{V_a + V_b}$ für den ungespaltenen Anteil der Säure HB und

$\frac{(c_{H^+})_a \cdot V_a + (c_{H^+})_b \cdot V_b}{V_a + V_b}$ für das gemeinsame Kation H^+.

Unter Einsetzung dieser Konzentrationen liefert das Massenwirkungsgesetz für die gemischte Lösung:

$$\frac{(c_{H^+})_a \cdot V_a + (c_{H^+})_b \cdot V_b}{V_a + V_b} \cdot c_{A^-} = K_a \cdot c_{HA}\,, \tag{49a}$$

$$\frac{(c_{H^+}) \cdot V_a + (c_{H^+})_b \cdot V_b}{V_a + V_b} \cdot c_{B^-} = K_b \cdot c_{HB}\,. \tag{49b}$$

Die Gleichungen (49a) und (48a) sowie (49b) und (48b) sind nur dann miteinander in Übereinstimmung, wenn

$$(c_{H^+})_a = (c_{H^+})_b$$

ist, mit anderen Worten: zwei (schwache) Elektrolyte mit einem gemeinsamen Ion ändern beim Vermischen ihren Spaltungszustand nur dann nicht, wenn das gemeinsame Ion in beiden in gleicher Konzentration vorhanden ist.

Bedeuten nun c_a und c_b die Brutto-Säurekonzentrationen in zwei dieser Voraussetzung genügenden Einzellösungen, α_a und α_b die Spaltungsgrade, so ist

$$(c_{H^+})_a = (c_{H^+})_b = c_a \cdot \alpha_a = c_b \cdot \alpha_b = \frac{\alpha_a}{V_a} = \frac{\alpha_b}{V_b}$$

und, bei Eliminierung von α_a und α_b nach Gleichung (40) (Ziff. 18):

$$\frac{-K_a \cdot v_a + \sqrt{(K_a \cdot v_a)^2 + 4 K_a \cdot v_a}}{2 v_a} = \frac{-K_b \cdot v_b + \sqrt{(K_b \cdot v_b)^2 + 4 K_b \cdot v_b}}{2 v_b}\,. \tag{50}$$

Sind α_a und α_b klein gegen 1, dann ergibt sich in analoger Weise unter Berücksichtigung von Gleichung (40a) (Ziff. 18) die sehr einfache Beziehung:

$$\frac{v_a}{v_b} = \frac{K_a}{K_b}\,. \tag{50a}$$

Aus (50) bzw. (50a) läßt sich bei Kenntnis von K_a und K_b bestimmen, in welcher Verdünnung die eine der Säuren mit der anderen von gegebener Konzentration vermischt werden muß, wenn eine Änderung des Dissoziationszustandes vermieden werden soll. ARRHENIUS[1]) nannte Lösungen, die dieser Bedingung genügen, *isohydrisch*. Die Bezeichnung ist beibehalten auch für Fälle, wo ein anderes als das H^+ das gemeinschaftliche ist. Isohydrische Lösungen werden also nach dem Vermischen eine Leitfähigkeit zeigen, die aus den Einzelwerten und dem Mischungsverhältnis berechnet werden kann. Die Berechnung der Ionenkonzentrationen einer gemischten Lösung kann auf der entwickelten Grundlage am einfachsten wie folgt geschehen:

Die beiden Säuren HA und HB mögen in gemeinsamer Lösung in den Verdünnungen v_A und v_B vorliegen. In den mit der Stammlösung isohydrischen Einzellösungen seien ihre Verdünnungen v_a und v_b. Die Spaltungsgrade α_a und α_b sind, ebenso wie die Konzentration des gemeinschaftlichen Ions H^+,

[1]) Siehe Anm. 2 S. 462.

in gemeinsamer und entsprechender Einzellösung die gleichen. Es gelten dann die Beziehungen

$$c_{H^+} = \frac{\alpha_a}{v_A} + \frac{\alpha_b}{v_B} \text{ (in der gemeinsamen Lösung)}, \tag{51}$$

und

$$\left.\begin{aligned} &\frac{\alpha_a^2}{(1-\alpha_a)\cdot v_a} = K_a; \qquad \frac{\alpha_b^2}{(1-\alpha_b)\cdot v_b} = K_b; \\ &c_{H^+} = \frac{\alpha_a}{v_a} = \frac{\alpha_b}{v_b} = \frac{K_a(1-\alpha_a)}{\alpha_a} = \frac{K_b(1-\alpha_b)}{\alpha_b} \text{ (für die Einzellösungen).} \end{aligned}\right\} \tag{52}$$

Die Kombination von (51) mit (52) führt auf Gleichungen 3. Grades für α_a bzw. α_b, mit deren Lösung auch die Aufgabe der Ionenkonzentrationsbestimmung der Mischung gelöst ist.

Die Rechnung wird wieder besonders einfach für den Fall, daß α gegen 1 vernachlässigt werden darf, d. h. also, wenn es sich um genügend schwache Elektrolyte in nicht zu hohen Verdünnungen handelt. Es wird dann:

$$\alpha_a = K_a \cdot \sqrt{\frac{v_A \cdot v_B}{v_A \cdot K_b + v_B \cdot K_a}}; \qquad \alpha_b = K_b \cdot \sqrt{\frac{v_A \cdot v_B}{v_A \cdot K_b + v_B \cdot K_a}}. \tag{53}$$

Werden nichtisohydrische Lösungen mit einem gemeinsamen Ion miteinander vermischt, so tritt stets eine Änderung im Spaltungszustand beider Ionenbildner ein. Die rechnerische Behandlung solcher Fälle dürfte nach den obigen Ausführungen keine Schwierigkeiten bereiten.

Weil praktisch von besonderer Wichtigkeit, sei die Einwirkung eines Neutralsalzes auf die Dissoziation einer gleichionigen schwachen Säure oder Base betrachtet. Nur sehr verdünnte Lösungen des Salzes (starker Elektrolyt) werden auf die Spaltung der Säure bzw. Base ohne Einfluß sein. Bei nur einigermaßen beträchtlicher Salzkonzentration wird die Dissoziation der schwachen Säure oder Base weitgehend zurückgedrängt werden.

Ein Zahlenbeispiel erklärt dies am einfachsten. Die Essigsäure hat eine Dissoziationskonstante $K = 1{,}8 \cdot 10^{-5}$. In 1 normaler Lösung ist sie bei 25° zu etwa 0,4% in Ionen gespalten. Die Wasserstoffionenkonzentration ist also:

$$[c]_{H^+} = 0{,}004 \text{ Mol/Liter.}$$

Das Dissoziationsgleichgewicht verlangt, daß

$$[c]_{H^+} = \frac{K \cdot [c]_{HAc}}{[c]_{Ac}} \tag{54}$$

ist. Wird so viel Natriumacetat hinzugefügt, daß auch hieran die Lösung 1 normal ist, so beträgt die Acetionenkonzentration, da Natriumacetat bei dieser Verdünnung zu rund 50% gespalten ist (s. Tab. 25, Ziff. 16), etwa:

$$[c]_{Ac^-} = 0{,}5 \text{ Mol/Liter.}$$

Die geringe Menge von der Essigsäure gelieferter Acetationen darf hierbei vernachlässigt werden. Andererseits kann für die Konzentration der ungespaltenen Essigsäure mit genügender Annäherung deren Gesamtkonzentration gesetzt werden, so daß aus (37) sich ergibt:

$$[c]_{H^+} = \frac{K \cdot 1}{0{,}5} = 3{,}6 \cdot 10^{-5} = \text{rund } 0{,}00004 \text{ Mol/Liter.}$$

Die an sich geringe Wasserstoffionenkonzentration der Essigsäurelösung ist durch den 1 normalen Neutralsalzzusatz auf den hundertsten Teil vermindert. Analoges gilt für schwache Basen. Von diesem Verhalten wird vielfach zu chemisch analytischen und manchen anderen Zwecken Gebrauch gemacht.

Gemische schwacher Säuren oder Basen mit ihren Neutralsalzen haben auch deshalb besondere Bedeutung, weil sie die Herstellung von Lösungen bestimmter Wasserstoffionenkonzentration gestatten, die gegen Verunreinigungen sauren oder basischen Charakters relativ unempfindlich sind (Pufferlösungen)[1]. In das obige Gemisch etwa hineingelangende H^+ werden durch die reichlich vorhandenen Acetationen unter Bildung undissoziierter Essigsäure weggefangen, so daß eine wesentliche Änderung der H^+-Konzentration nicht zu befürchten ist. OH^--Ionen (in kleineren Mengen) haben bei der verhältnismäßig hohen Säurekonzentration der Lösung ebenfalls nur geringen Einfluß. Die gleich geringe H^+-Konzentration einer reinen Säurelösung würde dagegen schon durch winzige Mengen von sauren oder basischen Verunreinigungen stark verändert werden.

Es sei noch bemerkt, daß zur Kennzeichnung der Acidität oder Alkalität verdünnter wässeriger Lösungen die Angabe entweder des H^+- oder des OH^--Gehaltes ausreicht, da ja (Ziff. 23)

$$c_{H^+} \cdot c_{OH^-} = \text{konst.}$$

ist. Man wählt im allgemeinen die Wasserstoffionenkonzentration und rechnet, um unbequeme Zahlen zu vermeiden, mit dem negativen Logarithmus statt mit $[c]_{H^+}$ selbst. Eine neutrale Lösung, in der $[c]_{H^+} = [c]_{OH^-}$ ist, hat bei Zimmertemperatur (genauer bei 21,9°, s. Tab. 30, Ziff. 23) $-\log [c]_{H^+} = p_H = 7$ [Säurestufe, Wasserstoffzahl, Wasserstoffexponent[1]]; saure Lösungen haben kleinere, alkalische größere p_H-Werte.

27. Beteiligung des Lösungsmittels. Hydrolyse. Streng genommen liegt in jeder wässerigen Lösung auch eines einheitlichen Elektrolyten bereits ein Gleichgewicht zwischen mehreren Ionenbildnern vor. Die Eigenionen des Wassers, H^+ und OH^-, sind in den bisherigen Betrachtungen stets vernachlässigt worden. In nicht gar zu verdünnten Lösungen kann dies unbedenklich geschehen, solange die „Stärke" aller in Lösung befindlichen Elektrolyte die des extrem „schwachen" Wassers erheblich übertrifft. Daher genügt es festzustellen, was sich aus der Beteiligung schwacher Säuren und Basen am Gleichgewichte folgern läßt. Dabei ist gleichgültig, ob diese Stoffe ursprünglich in die Lösung hineingebracht waren oder sich erst infolge Reaktion von Kationen oder Anionen eines Salzes mit den Ionen des Wassers gebildet haben.

Den Fall, daß reine Säuren- oder Basenlösungen vorliegen, kann man einfach übersehen Da Säuren wie Basen stets ein Ion mit dem Wasser gemeinsam haben, werden sie sich im allgemeinen gegenseitig in ihrem Dissoziationszustand beeinflussen (Ziff. 26). Von Bedeutung für Säure oder Base wird dies nur dann sein, wenn die Konzentration der von ihnen gelieferten H^+ oder OH^- in die Größenordnung der geringen Ionenkonzentration des Wassers kommt. Da ein verhältnismäßig schwacher Elektrolyt wie Essigsäure in 0,0001 mol. Lösung noch eine H^+-Konzentration von etwa $3 \cdot 10^{-5}$ Mol/Liter aufweist, gegen eine solche des Wassers von rund 10^{-7}, erkennt man, daß eine Berücksichtigung der Wasserdissoziation hier erst in extremen Verdünnungen notwendig wird. Andererseits wird aber selbst durch verdünnte schwache Säuren oder Basen die Dissoziation des Wassers weitgehend zurückgedrängt werden. Die etwaige rechnerische Behandlung ist auf Grund der in Ziff. 27 besprochenen Beispiele leicht durchführbar. Derartige Rechnungen können praktisches Interesse besitzen für die Auswertung von Leitfähigkeitsmessungen an verdünnten Lösungen schwacher

[1]) S. P. L. Sörensen, Biochem. ZS. Bd. 21, S. 149. 1909. Weiteres über Pufferlösungen und ihre Anwendung sowie Literatur bei: L. Michaelis, Die Wasserstoffionenkonzentration. Berlin 1914. 2. Aufl., Bd. I. Berlin 1922; I. M. Kolthoff, Der Gebrauch von Farbindikatoren. 3. Aufl. Berlin 1926.

Säuren und Basen. Daß man in solchen Fällen nicht die ganze Eigenleitfähigkeit des reinen Wassers in Abzug bringen darf, liegt auf der Hand. Die Anwendung der Überlegungen zur Ermittlung des Wasseranteils des Leitvermögens ist aber deshalb meist zwecklos, weil es weniger die Eigenionen des Wassers, als vielmehr Spuren von Verunreinigungen sind, die die „Eigenleitfähigkeit" bedingen.

Am deutlichsten kommt die Mitwirkung des Wassers im Verhalten von Salzen schwacher Säuren und Basen zur Geltung. Die Ionen eines Salzes (MA) werden sich stets auch mit den H^+ und OH^- des Lösungsmittels ins Gleichgewicht setzen müssen. Die Einzelionenkonzentrationen stellen sich so ein, daß den vier möglichen Gleichgewichten (von komplexen Vorgängen wird abgesehen) in der Lösung genügt wird:

$$\mathrm{MA} \rightleftarrows \mathrm{M}^+ + \mathrm{A}^-; \qquad (\mathrm{I})$$
$$\mathrm{HA} \rightleftarrows \mathrm{H}^+ + \mathrm{A}^-; \qquad (\mathrm{II})$$
$$\mathrm{MOH} \rightleftarrows \mathrm{M}^+ + \mathrm{OH}^-; \qquad (\mathrm{III})$$
$$\mathrm{H_2O} \rightleftarrows \mathrm{H}^+ + \mathrm{OH}^-. \qquad (\mathrm{IV})$$

Falls HA und MOH s t a r k e Elektrolyte sind, wird praktisch eine Bindung von M^+ und A^- durch OH^- bzw. H^+ nicht stattfinden. Wohl aber, wenn entweder Säure oder Base oder auch beide Komponenten des Salzes s c h w a c h sind. Es erfolgen dann zwischen M^+, A^-, H^+ und OH^- Reaktionen, die sich allgemein durch folgende Gleichung darstellen lassen:

$$\mathrm{M^+A^-} + \mathrm{H^+OH^-} \longrightarrow \mathrm{MOH} + \mathrm{HA}. \qquad (\mathrm{V})$$

Eine derartige Beteiligung des Wassers am Ionengleichgewicht bezeichnet man als „H y d r o l y s e"[1]).

Sind beide Salzkomponenten schwach, so ist die Folge eine starke Herabsetzung der Konzentrationen von M^+ und A^-. Überwiegt die Stärke entweder der Säure oder der Base, so muß die Lösung eines solchen „Neutralsalzes" saure oder alkalische Reaktion, d. h. ein Vorwiegen von H^+- oder OH^--Ionen zeigen, denn ist die Säure stark, wird eine Vereinigung von H^+ und A^- unterbleiben, bei starker Base eine etwaige Bildung von MOH. Die rechnerische Behandlung ist für die typischen Grenzfälle einfach. Zunächst läßt sich allgemein zeigen, daß das Maß der Hydrolyse, zahlenmäßig ausgedrückt in der Gleichgewichtskonstante von (V), der H y d r o l y s e n k o n s t a n t e (K_H), gegeben ist durch die Dissoziationskonstanten von Säure (K_S) und Base (K_B) sowie durch das Ionenprodukt des Wassers (K_W). Aus II, III und IV ergibt sich:

$$[c]_{\mathrm{H}^+} = \frac{K_S \cdot [c]_{\mathrm{HA}}}{[c]_{\mathrm{A}^-}}; \qquad (55)$$

$$[c]_{\mathrm{OH}^-} = \frac{K_B \cdot [c]_{\mathrm{MOH}}}{[c]_{\mathrm{M}^+}}; \qquad (56)$$

$$[c]_{\mathrm{H}^+} \cdot [c]_{\mathrm{OH}^-} = K'_W \cdot [c]_{\mathrm{H_2O}} = K_W; \qquad (57)$$

Daraus:
$$\frac{K_S \cdot [c]_{\mathrm{HA}}}{[c]_{\mathrm{A}^-}} \cdot \frac{K_B \cdot [c]_{\mathrm{MOH}}}{[c]_{\mathrm{M}^+}} = K_W.$$

---

1) Der Name stammt wahrscheinlich von H. E. ARMSTRONG, Journ. chem. soc. Bd. 45, S. 148. 1884; die Theorie entwickelte Sv. ARRHENIUS, ZS. f. phys. Chem. Bd. 5, S. 1. 1890; s. auch Bd. 13, S. 407. 1894; ferner H. LUNDÉN, Journ. chim. phys. Bd. 5, S. 574. 1907; wichtige experimentelle Beiträge lieferten zuerst J. WALKER, ebenda Bd. 4, S. 319 u. 333. 1889; J. SHIELDS, ebenda Bd. 12, S. 167. 1893; G. BREDIG, ebenda Bd. 13, S. 214. 1894; eine andersartige Auffassung der Hydrolyse bei P. PFEIFFER, Chem. Ber. Bd. 40, S. 4036. 1907; A. WERNER, Neuere Anschauungen auf dem Gebiete der anorganischen Chemie. 4. Aufl. Braunschweig 1920; weitere Literatur und Zahlenmaterial in LANDOLT-BÖRNSTEIN-ROTH-SCHEEL, Physikalisch-chemische Tabellen. 5. Aufl. Berlin 1923; 1. Erg.-Bd. Berlin 1927.

$\frac{[c]_{HA} \cdot [c]_{MOH}}{[c]_{M^+} \cdot c]_{A^-}}$ ist aber nichts anderes als die Hydrolysenkonstante K_H, also:

$$K_H = \frac{[c]_{HA} \cdot [c]_{MOH}}{[c]_{M^+} \cdot [c]_{A^-}} = \frac{K_W}{K_S \cdot K_B}. \tag{58}$$

Es sei der Grenzfall betrachtet, daß entweder Säure oder Base schwach, der jeweilige Partner aber ein starker Elektrolyt ist. Mit Hilfe von (55) und (56) soll dann entweder K_B oder K_S in (58) eliminiert werden. Es folgt:

$$\frac{[c]_{HA} \cdot [c]_{OH}}{[c]_{A^-}} = \frac{K_W}{K_S}; \tag{59a}$$

$$\frac{[c]_{MOH} \cdot [c]_{H^+}}{[c]_{M^+}} = \frac{K_W}{K_B}. \tag{59b}$$

Wird der jeweils starke Partner als völlig dissoziiert angenommen, so ist entweder

$$[c]_{HA} = [c]_{OH^-} \qquad \text{oder} \qquad [c]_{MOH} = [c]_{H^+}.$$

Werden ferner nur geringere Hydrolysengrade berücksichtigt, so daß der hydrolysierte Bruchteil des Salzes $(x \cdot [c])$ gegenüber dem unhydrolysierten $(1-x)[c]$ vernachlässigt werden darf, $1-x$ also von 1 nicht stark abweicht, so folgt leicht aus (59a) und (59b) für den Hydrolysengrad x:

$$\left.\begin{aligned} \frac{x^2 \cdot [c]^2}{[c]} &= \frac{K_W}{K_S} \quad \text{oder} \quad \frac{x^2 \cdot [c]^2}{[c]} = \frac{K_W}{K_B}; \\ x &= \sqrt{\frac{K_W}{K_S} \cdot \frac{1}{[c]}} \quad \text{oder} \quad x = \sqrt{\frac{K_W}{K_B} \cdot \frac{1}{[c]}}. \end{aligned}\right\} \tag{60}$$

Der Grad der hydrolytischen Spaltung eines Salzes mit schwach saurer oder schwach basischer Komponente ist also außer von K_W und K_S noch von der Konzentration abhängig, und zwar steigt er mit wachsender Verdünnung.

Für eine 1normale Natriumacetatlösung bei 25° berechnet sich z. B. $(K_W = 1{,}27 \cdot 10^{-14}$, $K_S = 1{,}8 \cdot 10^{-5})$

$$x = \sqrt{\frac{1{,}27 \cdot 10^{-14}}{1{,}8 \cdot 10^{-5}}} = 2{,}7 \cdot 10^{-5}.$$

Natriumacetat ist unter den gewählten Bedingungen also erst zu etwa 0,003% hydrolysiert. Für das Natriumsalz der schwächeren Kohlensäure erreicht dieser Betrag unter gleichen Verhältnissen bereits 0,64%. Bei noch höheren Hydrolysegraden würden die eingeführten Vernachlässigungen schon zu kleinen Fehlern in der Berechnung führen. Man darf dann x gegen 1 nicht mehr unterdrücken und erhält:

$$\frac{x^2 \cdot [c]}{1-x} = \frac{K_W}{K_S} \quad \text{bzw.} \quad \frac{x^2 \cdot [c]}{1-x} = \frac{K_W}{K_B}. \tag{61}$$

Hierbei ist angenommen, daß die starke Komponente praktisch denselben Spaltungsgrad wie das Salz besitzt und der gespaltene Anteil der schwachen, durch Hydrolyse entstandenen Säure bzw. Base gegen den ungespaltenen nicht in Betracht kommt. Da stets ein großer Überschuß gleichionigen Salzes vorliegt, ist diese Annahme berechtigt (s. Ziff. 26).

Aus Gleichung (59a) und (59b) erkennt man, daß ein Überschuß einer der Salzkomponenten (Säure oder Base) die Hydrolyse immer zurückdrängen muß.

Sind beide Bestandteile des Salzes, Säure wie Base, schwache Elektrolyte, so muß, wie aus (58) abzulesen ist, die Hydrolyse sowohl mit Sinken von K_S

wie von K_B anwachsen. Für den Hydrolysegrad ergibt sich in analoger Weise wie oben, falls man sich auf geringere Werte beschränkt:

$$x = \sqrt{\frac{K_W}{K_S \cdot K_B}}, \tag{62}$$

bzw. allgemeiner, wenn α_N der Dissoziationsgrad des Salzes bei der betreffenden Verdünnung ist,

$$\frac{x^2}{(1-x)^2 \cdot \alpha_N} = \frac{K_W}{K_S \cdot K_B}. \tag{63}$$

Da α_N nicht sehr mit der Konzentration variiert bzw. in verdünnteren Lösungen praktisch gleich 1 gesetzt werden darf, ist in diesem Falle die Konzentration von geringem Einfluß auf x.

Das Auftreten einer alkalischen oder sauren Reaktion der Salzlösung ist von dem Verhältnis von K_S und K_B abhängig; ein solcher Effekt wird also bei gleichzeitig schwacher Säure und Base weniger ausgeprägt sein als in den zuerst besprochenen Fällen. Ist $K_S = K_B$, so bleibt die Lösung auch eines erheblich hydrolysierten Salzes neutral.

Die starke Temperaturabhängigkeit von K_W verursacht eine bedeutende Steigerung der Hydrolyse bei erhöhter Temperatur. So erreicht der Hydrolysengrad 1 normaler Natriumacetatlösung, der bei 25° nur 0,003% betrug, bei 100° schon 5,34%. Bei 300° ist eine 0,01 normale Lösung zu über 90% gespalten.

In der Messung von Hydrolysegraden besitzt man ein schätzenswertes Hilfsmittel zur Bestimmung von Affinitätskonstanten schwacher Säuren und Basen. Die Methoden sind mannigfacher Art[1]). Umgekehrt, bei Kenntnis der Konstanten von Säure und Base, kann auf diesem Wege das Ionenprodukt des Wassers ermittelt werden. Die gute Übereinstimmung der Resultate mit denen anderer Methoden wurde bereits erwähnt (Ziff. 23).

Die Hydrolyse von Salzen mit einer schwachen Komponente muß zu einer Leitfähigkeitserhöhung der betreffenden Lösung führen, da ja immer die außergewöhnlich beweglichen H^+ oder OH^- an Stelle der ausscheidenden Ionen des Salzes treten.

Der Hydrolyse ähnliche Erscheinungen sind auch in nichtwässerigen Lösungsmitteln sehr verbreitet. Diese unter dem Namen „Solvolyse"[2]) zusammengefaßten Erscheinungen sind aber offenbar recht verschiedenartiger Natur. Die besonders von WALDEN[2]) studierte „Salzspaltung" in den verschiedensten nichtwässerigen Medien, wobei Spaltungsgrade bis 100% in Lösungsmitteln von sicher minimaler Ionenbildungstendenz beobachtet wurden, hat anscheinend mit den „Elektrolyteigenschaften" des Mediums, wenigstens unmittelbar, nichts zu tun. Andererseits sollten die Verhältnisse in Lösungsmitteln, die deutlich amphoteren Charakter (Ziff. 21) haben, also H^+- und OH^--Ionen zu bilden vermögen, ganz ähnlich wie in Wasser liegen. H. LEY[3]) hat dies in der Tat an einer Reihe von Beispielen nachzuweisen vermocht. In solchen Fällen schließlich, wo das Lösungsmittel ausgeprägt basische oder saure Eigenschaften hat, wäre es wohl richtiger, die Solvolyse nicht zur Hydrolyse, sondern zu einer umfassenderen Erscheinung in Parallele zu stellen.

Die Hydrolyse kann nämlich als Spezialfall der allgemeineren Frage aufgefaßt werden, was geschehen muß, wenn zu der Lösung eines Salzes eine fremde

---

[1]) Vgl. H. LUNDÉN, Sammlung chem. u. chem.-techn. Vorträge Bd. 16, S. 1. 1909.

[2]) P. WALDEN, ZS. f. phys. Chem. Bd. 94, S. 295. 1920. Hier weitere Literatur; vgl. auch R. BEUTNER, ZS. f. Elektrochem. Bd. 25, S. 97. 1919; A. THIEL, ebenda Bd. 25, S. 214. 1919.

[3]) H. LEY, ZS. f. phys. Chem. Bd. 30, S. 193. 1899.

Säure bzw. eine fremde Base hinzugefügt wird. Die Rechnung ergibt für den einfachsten Fall, wenn nämlich zu der Lösung eines Salzes MA eine äquivalente Menge der Säure HB hinzugetan wird und HA und HB schwache Säuren, MOH aber eine starke Base ist, daß die Base sich auf die beiden Säuren verteilt gemäß[1]):

$$\frac{x}{1-x} = \sqrt{\frac{K_B}{K_A}}, \tag{64}$$

wenn x der auf die Säure HB entfallende Bruchteil, K_A und K_B die Dissoziationskonstanten der beiden Säuren sind. Unbeansprucht bleiben infolgedessen der Bruchteil x der Säure HA und der Bruchteil $1 - x$ der Säure HB, beide naturgemäß teilweise dissoziiert, und zwar — unter Berücksichtigung der gegenseitigen Beeinflussung aller möglichen Ionengleichgewichte — nach Maßgabe ihrer Stärke. Der obige Grenzfall ist allerdings unter der Voraussetzung berechnet, daß praktisch die Dissoziation der unverbunden bleibenden Säureanteile gegenüber der der praktisch vollständig gespaltenen Salze vernachlässigt werden darf. Für verwickeltere Fälle muß auf die Literatur verwiesen werden[2]). Die experimentelle Ermittlung der Verteilung einer Base (Säure) auf zwei Säuren (Basen), die nach den verschiedensten Methoden, thermochemischen[3]), volumchemischen[4]) und optischen[5]), erfolgen kann, hat schon frühzeitig, teilweise lange vor Entwicklung der Ionentheorie durch ARRHENIUS, zur Bestimmung der relativen „Affinität“ zwischen Säuren und Basen gedient. Eine tiefere Einsicht in die Grundlagen des Verfahrens hat auch hier erst die Ionentheorie ermöglicht.

Eine gewisse Schwierigkeit und Unsicherheit bei Berechnung beliebiger Ionengleichgewichte tritt dadurch auf, daß die Dissoziation der starken Elektrolyte durch das Massenwirkungsgesetz nicht beschrieben werden kann. Allgemeine Lösungen der hier sich bietenden Probleme sind immer nur möglich unter vereinfachenden Annahmen bzw. durch Einführung experimentell bestimmter Spaltungsgrade der beteiligten starken Elektrolyte. Da auch diese — es sei nur an die abweichenden Resultate verschiedener Bestimmungsmethoden erinnert — auf nicht immer sicheren Grundlagen beruhen, können gelegentliche zahlenmäßige Differenzen nicht überraschen. Doch vermag zweifellos die ARRHENIUSsche Theorie mit ihren Folgerungen eine im wesentlichen zutreffende Beschreibung der unter Beteiligung von Ionen verlaufenden Vorgänge zu geben.

28. Heterogene Ionengleichgewichte. Auch bei der Behandlung heterogener Gleichgewichte, an denen Ionen beteiligt sind, hat sich die Dissoziationstheorie vielfach ausgezeichnet bewährt. Nur wenige der mit Erfolg bearbeiteten Fragen dieses Gebietes können hier angedeutet werden.

Für die Löslichkeit eines Gases in Wasser z. B. und vor allem für die Druckabhängigkeit der Löslichkeit muß es von entscheidendem Einfluß sein, ob und wie weit das gelöste Gas in Ionen zerfällt. Einigermaßen wesentliche Dissoziation wird zu Abweichungen vom HENRYschen Gesetz führen, sofern das geforderte konstante Teilungsverhältnis auf die im Gasraum allein vor-

[1]) SV. ARRHENIUS, ZS. f. phys. Chem. Bd. 5, S. 1. 1890.

[2]) A. THIEL u. H. ROEMER, ZS. f. phys. Chem. Bd. 61, S. 114. 1908; J. M. LOVÉN, Svensk kemisk tidskrift. Bd. 33, S. 92. 1918; A. THIEL, ZS. f. anorg. Chem. Bd. 135, S. 8. 1924; FR. AUERBACH u. E. SMOLCZYK, ZS. f. phys. Chem. Bd. 110, S. 65. 1924.

[3]) J. THOMSEN, Pogg. Ann. Bd. 91, S. 95. 1854; Bd. 138, S. 65. 1869; Systematische Durchführung thermochemischer Untersuchungen. Stuttgart 1906.

[4]) W. OSTWALD, Pogg. Ann. Erg.-Bd. 8, S. 154. 1876; Journ. f. prakt. Chem. (2) Bd. 16, S. 385. 1877.

[5]) W. OSTWALD, Journ. f. prakt. Chem. (2) Bd. 18, S. 342. 1878; E. RIMBACH u. H. VOLK, ZS. f. phys. Chem. Bd. 77, S. 385. 1911.

handenen undissoziierten Molekeln bezogen wird, in der Lösung daneben aber Ionen, und zwar, was das Wesentliche ist, in einem mit der Konzentration variablen Bruchteil der Gesamtmenge sich befinden. Die großen Abweichungen vom HENRYschen Gesetz, die z. B. bei der Auflösung von Chlorwasserstoffgas in Wasser auftreten, sind wohl zum Teil hierdurch bedingt. Ähnliches gilt für die Verteilung eines Elektrolyten zwischen flüssigen Phasen[1]). Man hat mehrfach versucht, die hier zu erwartenden Verhältnisse zur Aufklärung der Natur von Pseudo-Elektrolyten heranzuziehen; allerdings war ein völlig befriedigender Erfolg nicht zu verzeichnen[2]).

Vor allem spielt die Dissoziationstheorie eine Hauptrolle bei der Deutung der Löslichkeitsbeeinflussung schwer löslicher Salze. In einer gesättigten Lösung von AgCl in Wasser, in Berührung mit dem Bodenkörper, wird sich bei gegebener Temperatur ein Gleichgewicht einstellen zwischen dem festen Salz und den in Lösung befindlichen AgCl-Molekeln einerseits, den letzteren sowie Ag^+ und Cl^- andererseits:

$$AgCl_{\text{fest}} \rightleftarrows AgCl_{\text{gelöst}} \rightleftarrows Ag^+ + Cl^- .$$

Die Anwendung des Massenwirkungsgesetzes auf das Gleichgewicht in der flüssigen Phase ergibt:

$$[c]_{Ag^+} \cdot [c]_{Cl^-} = K \cdot [c]_{AgCl\ \text{gelöst}} \tag{65}$$

und, da die Konzentration der undissoziierten Molekeln in Berührung mit dem Bodenkörper als konstant angesehen werden muß:

$$[c]_{Ag^+} \cdot [c]_{Cl^-} = \text{konst.} = L_{AgCl} . \tag{66}$$

Man nennt das Ionenprodukt der gesättigten Lösung eines Elektrolyten sein Löslichkeitsprodukt (L). Es soll, falls die Voraussetzungen richtig sind, unabhängig von der Anwesenheit etwaiger weiterer Molekeln oder Ionen einen unveränderlichen Wert besitzen (bei konstanter Temperatur und konstantem Druck).

Da bei Fehlen anderer Lösungsteilnehmer $[c]_{Ag^+} = [c]_{Cl^-} = \sqrt{L_{AgCl}}$ ist, und praktisch wegen der geringen Konzentration der Lösung die ungespaltene Menge gegenüber den Ionen völlig zurücktritt, stehen Löslichkeitsprodukt und Löslichkeit in reinem Wasser (s in Mol/Liter) in der einfachen Beziehung:

$$s = \sqrt{L} . \tag{67}$$

Werden auch leichter lösliche Stoffe bzw. schwache Elektrolyte der Betrachtung unterworfen, deren Spaltung bei den in Frage kommenden Konzentrationen noch nicht praktisch vollständig ist, so muß gelten:

$$L = \alpha^2 \cdot s^2 . \tag{68}$$

Aus (66) läßt sich ersehen, daß das Hinzufügen eines Überschusses von Ag^+ oder Cl^- die Löslichkeit herabsetzen wird. Auch quantitativ kann man die Beeinflussung leicht überblicken. NERNST[3]) hat zuerst derartige Konsequenzen gezogen und geprüft. Er fand, daß die Löslichkeit von Silberacetat in Wasser durch Zusatz sowohl von Silbernitrat wie von Natriumacetat vermindert wird,

---

[1]) Vgl. etwa W. HERZ, Sammlung chem. u. chem.-techn. Vorträge Bd. 15, S. 1. 1909.

[2]) Literatur bei H. LUNDÉN, Sammlung chem. u. chem.-techn. Vorträge Bd. 14, S. 1. 1908, sowie in den Ziff. 21 zitierten Arbeiten.

[3]) W. NERNST, ZS. f. phys. Chem. Bd. 4, S. 372. 1889.

und zwar durchaus in dem Maße, wie die entwickelte Theorie erfordert. Sehr eingehend sind von NOYES[1]) ähnliche Fragen untersucht worden.

Auf Grund derselben Voraussetzung, der Konstanz des Löslichkeitsproduktes[2]), kann auch die meist zu beobachtende geringe Löslichkeitserhöhung bei Zusatz von Fremdelektrolyten, die kein Ion mit dem Bodenkörper gemeinsam haben, verständlich werden[3]). Ein fremdes Ion wird im allgemeinen das polar entgegengesetzte des ursprünglich in Lösung befindlichen Stoffes zu einem gewissen Betrage wegfangen, um so weitgehender, je mehr von dem entstehenden undissoziierten Körper neben seinen Ionen existenzfähig ist. Auffällig sind solche Löslichkeitserhöhungen, wenn zu dem Salz einer schwachen Säure eine starke hinzugefügt wird, entsprechend bei Zusatz starker Basen zu Salzen mit schwach basischer Komponente[4]). So erklärt sich die beträchtliche Löslichkeit vieler in reinem Wasser wenig löslicher Salze in Säuren und Basen. Ganz analoges Verhalten kann bei der Einwirkung von geeigneten Salzen auf schwerlösliche Säuren oder Basen beobachtet werden[5]).

Von der obengenannten Regel, daß gleichionige Zusätze die Löslichkeit eines Elektrolyten herabsetzen müssen, gibt es jedoch mancherlei Ausnahmen. So löst sich z. B. das in Wasser äußerst schwer lösliche Silbercyanid spielend in Cyankaliumlösung, so wird auch die Ausfällung von $BaSO_4$ durch einen größeren Überschuß von H_2SO_4 nicht vollständiger, es geht im Gegenteil eine beträchtliche Menge wieder in Lösung. In solchen Fällen hat man die Ursache für das anomale Verhalten in der Bildung komplexer Ionen zu suchen[6]). Die Entstehung eines komplexen Silbercyanions

$$AgCN + CN^- \rightarrow [Ag(CN)_2]^-$$

kann wirklich die beobachteten Erscheinungen erklären. Selbst in Fällen, wo eine Komplexbildung nach der Natur der beteiligten Stoffe weniger wahrscheinlich war, ließ sie sich experimentell doch nachweisen[7]). Immerhin stößt eine derartige Deutung anomaler Löslichkeitsbeeinflussung manchmal auf Schwierigkeiten[8]). Auf eine andere Erklärungsmöglichkeit, die freilich den Boden der klassischen Theorie verläßt, kommen wir noch zurück.

29. Komplexe Ionen. Das Auftreten von Komplexionen wird, wie in die soeben besprochenen heterogenen, so auch in h o m o g e n e Ionengleichgewichte unerwünschte Komplikationen hineintragen können. Bei Besprechung der Überführungserscheinungen war erwähnt, zu welchen Besonderheiten die Bildung sog. „Selbstkomplexe" wie CdJ_3^- in Lösungen von Kadmiumjodid führt. Auch der einfache Zusammenhang von Äquivalentleitvermögen und Spaltungsgrad ($\alpha = \Lambda_v/\Lambda_\infty$) geht verloren, sowie die Zahl der Ionenarten durch solche Komplexbildung auf mehr als zwei, deren Konzentrationsverhältnisse sodann mit

---

[1]) A. A. NOYES, ZS. f. phys. Chem. Bd. 6, S. 241. 1890; Bd. 9, S. 603. 1892; Bd. 16, S. 125. 1895; Bd. 26, S. 152. 1898; vgl. ferner R. GRIESSBACH, ebenda Bd. 97, S. 28. 1921.

[2]) Zahlenwerte von Löslichkeitsprodukten in LANDOLT-BÖRNSTEIN-ROTH-SCHEEL, Physikalisch-chemische Tabellen. 5. Aufl. Berlin 1923; 1. Erg.-Bd. Berlin 1927.

[3]) A. A. NOYES u. Mitarbeiter, Journ. Amer. Chem. Soc. Bd. 33, S. 1643. 1911 und später.

[4]) Siehe z. B. A. A. NOYES u. D. SCHWARTZ, Journ. Amer. Chem. Soc. Bd. 20, S. 742, 1898; ZS. f. phys. Chem. Bd. 27, S. 297. 1898.

[5]) J. M. LOVÉN, ZS. f. anorg. Chem. Bd. 11, S. 404. 1896; A. A. NOYES u. E. CHAPIN, Journ. Amer. Chem. Soc. Bd. 20, S. 751. 1898; ZS. f. phys. Chem. Bd. 27, S. 442. 1898; Bd. 28, S. 518. 1899; E. LARSSON, ebenda Bd. 127, S. 233. 1927.

[6]) M. LE BLANC u. A. A. NOYES, ZS. f. phys. Chem. Bd. 6, S. 385. 1890; vgl. auch W. OSTWALD, ebenda Bd. 3, S. 596. 1889.

[7]) Siehe z. B. E. H. RIESENFELD u. H. FELD, ZS. f. Elektrochem. Bd. 26, S. 286. 1920.

[8]) Vgl. H. KARPLUS, Dissert. Berlin 1907; J. STIEGLITZ, Journ. Amer. Chem. Soc. Bd. 30, S. 946. 1908; ferner vor allem Ziff. 35.

der Verdünnung veränderlich sind, gesteigert wird, ebenso wie sich dies für stufenweise Dissoziation eines Elektrolyten ergab.

Zwischen beiden Erscheinungen, der Stufendissoziation und Komplexbildung, besteht ja auch ein enger Zusammenhang. Das genannte Jodkadmiumion erscheint als Spaltungsprodukt des polymeren $(CdJ_2)_2$

$$(CdJ_2)_2 \longrightarrow [Cd^{++} + J^- + [CdJ_3]^- .$$

Man kann — wie hier — das Auftreten von Komplexionen stets auf Bildung und Dissoziation von Verbindungen „höherer Ordnung" zurückführen. Die Chemie unterscheidet bei Salzen, die *verschiedene* Kationen oder Anionen gleichzeitig enthalten, Doppel- und Komplexsalze, je nachdem Spaltung vorwiegend in Einzelionen oder Komplexionen erfolgt. Zu der ersten Gruppe z. B. zählt der Alaun, $KAl(SO_4)_2 + 12\,H_2O$, der K^+ und Al^{---} annähernd gleichmäßig abdissoziiert; ein typisches Komplexsalz ist das Kaliumsilbercyanid, $KAg(CN)_2$, dessen Spaltung vorwiegend auf erster Stufe stehen bleibt:

$$KAg(CN)_2 \longrightarrow K^+ + [Ag(CN)_2]^- .$$

Wie gering der weitere Zerfall:

$$[Ag(CN)_2]^- \longrightarrow Ag^+ + 2\,CN^-$$

ist, zeigt die Angabe, daß in einer 1 normalen Lösung von $KAg(CN)_2$ Silberionen nur in einer Konzentration $< 10^{-7}$ Mol/Liter vorhanden sind.

Zur zahlenmäßigen Festlegung der Neigung zweier Stoffe (von denen wenigstens einer ein Ion sein muß), zu komplexen Ionen zusammenzutreten, dient die Gleichgewichtskonstante dieses Vorganges, die *Komplexkonstante*[1]). Also etwa für die Reaktion

$$R + A^- \longrightarrow [RA]^-$$

der Ausdruck:

$$K_{\text{Kompl}} = \frac{[c]_{[RA]^-}}{[c]_R \cdot [c]_{A^-}} . \tag{69}$$

Die Bestimmung dieser Größen ist häufig durch Potentialmessungen, die ja zu Einzelionenkonzentrationen führen, möglich[2]). Komplexe Ionen spielen eine wichtige Rolle in der anorganischen Chemie. Speziell die Mannigfaltigkeit der analytisch-chemischen Reaktionen beruht auf ihrer Beteiligung. Auch hier hat erst die Theorie der elektrolytischen Dissoziation zu quantitativer Beherrschung von Erscheinungen geführt, von denen rein empirisch seit langem Gebrauch gemacht wurde[3]).

IV. Die neuere Theorie.

30. Geschichtliche Entwicklung der neueren Anschauungen über starke Elektrolyte. Die Leistungen der ARRHENIUSschen Theorie auf mannigfachen Gebieten der Physik und Chemie sind so bedeutend, daß man demgegenüber Unstimmigkeiten, z. T. schon früh erkannt, als Schönheitsfehler betrachten und ihre Beseitigung von einer ruhigen Weiterentwicklung der Theorie erhoffen durfte. Diese Hoffnung scheint sich nunmehr in zahlreichen Arbeiten des letzten Jahrzehnts, besonders der allerletzten Jahre, zu erfüllen. Allerdings geht es dabei ohne Einführung neuartiger, der klassischen Theorie fremder Gesichtspunkte nicht ab, weshalb es gerechtfertigt erscheint, diese neuere Entwicklung gesondert zu behandeln, um so mehr, als eine Durcharbeitung der vorangehend erörterten Fragen vom Standpunkte der neuen Theorie erst in bescheidenem

[1]) Vgl. R. ABEGG u. G. BODLÄNDER, ZS. f. anorg. Chem. Bd. 20, S. 471. 1899; G. BODLÄNDER u. O. STORBECK, ebenda Bd. 31, S. 475. 1902.

[2]) Vgl. etwa G. BODLÄNDER u. W. EBERLEIN, ZS. f. anorg. Chem. Bd. 39, S. 197. 1904.

[3]) Vgl. W. OSTWALD, ZS. f. phys. Chem. Bd. 3, S. 596. 1889; Die wissenschaftlichen Grundlagen der analytischen Chemie. 5. Aufl. Leipzig 1910.

Umfange erfolgt ist und bei dem heutigen Stande des Problems auch kaum wesentlich weitgehender erfolgen kann.

Daß auf fast allen Gebieten Gegensätzlichkeiten im Verhalten starker und schwacher Elektrolyte zutage treten, darauf ist in den voraufgehenden Ziffern immer erneut aufmerksam gemacht worden. Alle wesentlichen Abweichungen von der Theorie konzentrieren sich auf die erstgenannte Klasse. Erwähnt wurde bereits (Ziff. 17), daß die Übereinstimmung der nach verschiedenen Methoden berechneten Dissoziationsgrade, die einen Grundpfeiler der ARRHENIUSschen Theorie darstellte, sich bei näherer Betrachtung keineswegs immer bestätigen ließ. Dies gilt sowohl für einen Vergleich zwischen osmotischen und Leitfähigkeitsmethoden[1]) als auch bei Heranziehung reaktionskinetischer[2]) und potentiometrischer[3]) Verfahren. Auch die Benutzung von Überführungsmessungen zur Berechnung des Verhältnisses von Spaltungsgraden gleichioniger starker Elektrolyte ergab Abweichungen von den direkt aus Leitfähigkeiten ermittelten Werten[4]). Betont wurde auch schon die Nichtgültigkeit des Massenwirkungsgesetzes für starke Elektrolyte bei Einsetzung der nach den gebräuchlichen Methoden bestimmten Ionenkonzentrationen (Ziff. 18)[5]). Ferner wurde erwähnt, daß die NERNSTsche Theorie der Löslichkeitsbeeinflussung in manchen Fällen auf Schwierigkeiten stößt (Ziff. 28)[6]). Auch auf schwache Elektrolyte erstrecken sich teilweise die Anomalien, immer aber nur dann, wenn sie sich in gemeinsamer Lösung mit starken befinden. Die Gegenwart von Salzen bewirkt in vielen Fällen derartig beträchtliche Verschiebung des Ionengleichgewichtes schwacher Elektrolyte (Neutralsalzeffekt), daß die nach der klassischen Theorie an sich mögliche Erklärung eines solchen Effektes durch Bildung neuer Verbindungen oder auch Entstehung von Komplexionen zum mindesten unwahrscheinlich wird[7]).

Auf die Aufzählung aller beobachteten Abweichungen von der ARRHENIUSschen Theorie soll verzichtet werden[8]). Wichtig ist, daß sich die Anomalien ausnahmslos verschärfen bei wachsender Elektrolytkonzentration, gleichgültig, ob die Konzentrationssteigerung allein durch den betrachteten Ionenbildner erzeugt oder ob sie durch Fremdzusätze hervorgerufen wird.

Bei dieser Sachlage ist es nicht verwunderlich, daß man eine Erklärung zunächst auf Grund der in konzentrierteren Lösungen zu erwartenden besonderen Verhältnisse zu gewinnen suchte.

Deutungsversuche liegen vor in zwei verschiedenen Richtungen, die durch bevorzugte Heranziehung chemischer bzw. physikalischer Methoden charakterisiert werden können.

---

[1]) Vgl. etwa die Statistik von A. A. NOYES u. G. FALK, Journ. Amer. Chem. Soc. Bd. 34, S. 454 u. 485. 1912; ferner F. FLÜGEL, ZS. f. phys. Chem. Bd. 79, S. 577. 1912.

[2]) Siehe z. B. Sv. ARRHENIUS, ZS. f. phys. Chem. Bd. 4, S. 236. 1888. Auf das Problem der Reaktionsgeschwindigkeit in Ionenlösungen und die Ionenkatalyse soll im folgenden nicht näher eingegangen werden. Das Gebiet wird zwar auch von der neuen Theorie der Elektrolyte stark tangiert, doch sind gerade hier Schwierigkeiten vorhanden, deren Erörterung den Rahmen dieses Handbuchs erheblich überschreiten würde.

[3]) N. BJERRUM, ZS. f. Elektrochem. Bd. 17, S. 389. 1911.

[4]) R. B. DENISON u. B. D. STEELE, ZS. f. phys. Chem. Bd. 57, S. 124. 1906; G. N. LEWIS, Journ. Amer. Chem. Soc. Bd. 34, S. 1631. 1912.

[5]) Siehe auch R. WEGSCHEIDER, ZS. f. phys. Chem. Bd. 69, S. 603. 1909; F. FLÜGEL, ebenda Bd. 79, S. 577. 1912.

[6]) H. KARPLUS, Dissert. Berlin 1907; J. STIEGLITZ, Journ. Amer. Chem. Soc. Bd. 30, S. 946. 1908.

[7]) U. a. Sv. ARRHENIUS, ZS. f. phys. Chem. Bd. 31, S. 197. 1899; B. v. SZYSZKOWSKI, ebenda Bd. 58, S. 420. 1907; Bd. 63, S. 421. 1908; Bd. 73, S. 269. 1910; L. MICHAELIS u. A. GYEMANT, Biochem. ZS. Bd. 109, S. 187. 1920.

[8]) Es sei auf die Zusammenstellung von L. EBERT, Jahrb. d. Radioakt. Bd. 18, S. 134. 1921, verwiesen.

Von chemischer Seite ist immer wieder versucht worden, durch Berücksichtigung von Komplexbildung und Solvatation der Ionen eine Aufdeckung der Anomalien zu erreichen. Zweifellos müssen solche Erscheinungen, wo sie vorhanden sind, von Einfluß sein. Durch das Auftreten komplexer Ionen wird die Berechnung von Ionenkonzentrationen aus Leitfähigkeits- und auch aus osmotischen Messungen illusorisch, denn die früher besprochenen einfachen Zusammenhänge gelten nur für den Grenzfall, daß zwei Ionenarten beteiligt sind, bzw. bei größerer Zahl ein stets eindeutiger, nicht stufenweiser Zerfall vorliegt (Ziff. 19). Es ist auch keineswegs von der Hand zu weisen, daß Komplexbildung in manchen Fällen, wo sie bisher vernachlässigt wurde, vorliegen könnte. Tatsächlich ist denn auch durch Kombination verschiedener Methoden, meist Leitfähigkeits-, Überführungs- und Potentialmessungen, die Konzentration von Komplexionen in solchen Beispielen zu bestimmen versucht worden, und vielfach ergab deren Berücksichtigung dann ein Verschwinden oder doch wenigstens eine Verringerung der Abweichungen von der Theorie[1]). Ebenso konnte gezeigt werden, daß Abweichungen vom Massenwirkungsgesetz in verdünnten Salzlösungen verschwinden, falls die Ionenhydratation, wie sich aus Überführungs- und Leitfähigkeitsmessungen ergibt, bei der Konzentrationsberechnung berücksichtigt wird[2]). Nun ist aber die Bestimmung von Komplexbildung und Solvatation an die Gültigkeit der Grundlagen der Theorie gebunden. So gewonnenen Zahlen braucht also eine reale Bedeutung nicht zuzukommen, vielmehr ist sicher, daß sich auch in ihnen etwaige Abweichungen von den Grundgesetzen auswirken werden. Mithin nimmt es nicht wunder, wenn in manchen Fällen die Verwendung solcher Ergebnisse zur Erklärung der Abweichungen von der Theorie von Erfolg begleitet zu sein scheint. Für die Theorie ist damit nicht allzuviel gewonnen. Will man diese prüfen, gegebenenfalls erweitern, dürfen nur auch unabhängig von der Theorie gültige Momente herangezogen werden.

Während bei den soeben geschilderten chemischen Deutungsversuchen an der Gültigkeit des Massenwirkungsgesetzes auch für Ionenlösungen grundsätzlich festgehalten wird, suchen die mehr physikalischen Erklärungen gerade hier anzupacken. Es wird die Anwendbarkeit der Gesetze idealer Gase (und damit des Massenwirkungsgesetzes), die ja für verdünnte Lösungen im allgemeinen durch die Arbeiten VAN'T HOFFS gesichert erschien, für Ionenlösungen in Zweifel gezogen. Man suchte die Abweichungen auf eine gegenseitige Beeinflussung der in Lösung befindlichen Molekeln, undissoziierter und elektrisch geladener, zurückzuführen, in Analogie etwa zu der von VAN DER WAALS erfolgreich durchgeführten Erweiterung der Gasgesetze auf Flüssigkeiten. Da es an der nötigen Sicherheit zur Abschätzung der verschiedenartigen Beeinflussungen fehlte, kam man auch hier über eine gewisse formale Klärung kaum hinaus[3]).

Ein ganz anderes Gesicht erhielt die Frage, seit man vermutete, es könne bei starken Elektrolyten ein etwaiges Gleichgewicht zwischen Ionen und undissoziierten Molekülen eine nur untergeordnete Rolle spielen, vielmehr auch in höheren Konzentrationen mit einer praktisch vollständigen Dissoziation zu rechnen sein.

BJERRUM[4]) folgerte dies aus dem optischen Verhalten der Lösungen farbiger Elektrolyte. Die Lichtabsorption solcher Lösungen, bezogen auf gleiche

---

[1]) Vgl. besonders C. DRUCKER, ZS. f. Elektrochem. Bd. 18, S. 562. 1912; Bd. 19, S. 8 u. 797. 1913; ZS. f. phys. Chem. Bd. 96, S. 381. 1920; C. DRUCKER u. G. RIETHOF, ebenda Bd. 111, S. 1. 1924; C. DRUCKER u. R. SCHINGNITZ, ebenda Bd. 122, S. 149. 1926.

[2]) W. A. ROTH, ZS. f. phys. Chem. Bd. 79, S. 599. 1912.

[3]) Über diese älteren Versuche vgl. K. DRUCKER, Sammlung chem. u. chem.-techn. Vorträge Bd. 10, S. 1. 1905.

[4]) N. BJERRUM, Proc. 7th Intern. Congress of Appl. Chem., London 1909, Section X; ZS. f. Elektrochem. Bd. 24, S. 321. 1918.

durchstrahlte Stoffmengen, erwies sich nämlich als unabhängig von der Konzentration; für sie galt das BEERsche Gesetz. Wollte man nun nicht dem farbigen Ion dieselbe Absorption zuschreiben wie der ungespaltenen Molekel, so lag es nahe, einen bei allen Konzentrationen unveränderten Spaltungszustand anzunehmen. Die einfachste Annahme war dann weiter die, daß die Spaltung stets praktisch vollständig ist; denn der andere Grenzfall ($\alpha = 0$) vertrug sich nicht mit der im ganzen wohlbewährten Vorstellung von freien Ionen. Für die scheinbare Veränderlichkeit der Ionenkonzentration, wie sie in der bisherigen Theorie sich aus der Konzentrationsabhängigkeit des Leitvermögens und des VAN'T HOFFschen Abnormitätsfaktors ergibt, wurde nunmehr mit der BJERRUMschen Hypothese eine andere Deutung notwendig. BJERRUM sucht sie in der gegenseitigen Beeinflussung der elektrisch geladenen Ionen, die zu einer Behinderung ihrer freien Beweglichkeit führen müsse. Diese interionischen Kräfte treten um so stärker in Erscheinung, je geringer die Abstände der Ionen voneinander werden, je höher also die Ionenkonzentration ist.

Der Name BJERRUM ist hier vorangestellt, weil ihm der wesentliche Anteil an der Verbreiterung der so gewonnenen Grundlagen und ihrer konsequenten Anwendung auf praktische Fragen gebührt.

Vor ihm hat schon SUTHERLAND[1]) (1907) die Konzentrationsabhängigkeit des Leitvermögens von ähnlichen Gesichtspunkten aus verfolgt. Er geht gleichfalls von der Annahme vollständiger Dissoziation aus und teilt den Abfall von Λ mit steigender Konzentration einer Vergrößerung der Ionenreibung infolge elektrischer Kräfte zu. Eine überschlagsmäßige Berechnung dieses Einflusses führt zu annähernder Übereinstimmung mit dem Experiment. Frühere Ansätze zu einer elektrischen Deutung[2]) des Problems, auch solche zu der Hypothese der praktisch vollständigen Dissoziation starker Elektrolyte[3]), liegen übrigens noch mehrere vor. Da sie aber zu konkreten Erfolgen nicht geführt haben, dürfen sie hier übergangen werden.

1912 hat P. HERTZ[4]) den Versuch unternommen, die Beeinflussung der Ionenbahnen durch Molekülzusammenstöße unter Berücksichtigung der zwischen geladenen Teilchen wirksamen COULOMBschen Kräfte und auf dieser Grundlage Ionenleitfähigkeiten zu berechnen. Er geht nicht grundsätzlich von der Hypothese der völligen Dissoziation aus, führt eine entsprechende Annahme jedoch zwecks Vereinfachung der Rechnung ein. Eine einwandfreie Prüfung seiner Ergebnisse ist nicht möglich, dazu fehlt u. a. die sichere Kenntnis der Ionenmasse in Lösungen. Rechnet man mit der, die sich aus dem Atomgewicht ergibt, so findet keine Übereinstimmung zwischen Theorie und Erfahrung statt. (Dies könnte durch Ionensolvatation gedeutet werden.) Werden die durch die Ionenmasse (und andere, nicht ohne weiteres zugängliche Größen) mitbestimmten Konstanten seiner Formel auf empirischem Wege (aus Leitfähigkeitsmessungen) ermittelt, so lassen sich die von KOHLRAUSCH gegebenen Daten über ein größeres Konzentrationsintervall gut darstellen. Als Interpolationsformel bewährt sich die HERTZsche Funktion also ohne Zweifel. Ob darin eine Bestätigung der Theorie erblickt werden darf, ist allerdings fraglich.

Zu gefestigteren Resultaten gelangte im gleichen Jahre MILNER[5]); er unterwarf den Einfluß der anziehenden und abstoßenden Kräfte zwischen den Ionen

---

[1]) W. SUTHERLAND, Phil. Mag. (6) Bd. 14, S. 1. 1907.

[2]) C. LIEBENOW, ZS. f. Elektrochem. Bd. 8, S. 931. 1902; Bd. 11, S. 301. 1905; R. MALMSTRÖM, Dissert. Berlin 1905; F. A. KJELLIN, ZS. f. phys. Chem. Bd. 77, S. 192. 1911.

[3]) Vgl. J. J. VAN LAAR, ZS. f. anorg. Chem. Bd. 139, S. 108. 1924.

[4]) P. HERTZ, Ann. d. Phys. (4) Bd. 37, S. 1. 1912.

[5]) S. R. MILNER, Phil. Mag. (6) Bd. 23, S. 551. 1912; Bd. 25, S. 742. 1913; Bd. 35, S. 214, 352. 1918; Trans Faraday Soc. Bd. 15, S. 148. 1919.

auf den osmotischen Druck einer theoretischen Berechnung. Es gelang, lediglich unter Benutzung bekannter oder doch sicher abschätzbarer Größen, die Abhängigkeit des scheinbaren Dissoziationsgrades von der Konzentration auf graphischem Wege festzulegen. Thermodynamische und kinetische Überlegungen führten dabei zum gleichen Resultat. Der tatsächliche Verlauf von Gefrierpunkten mit der Konzentration paßt so gut in die errechnete Kurve, daß für die Annahme eines von 1 verschiedenen realen Dissoziationsgrades kein Raum bleibt.

Die bisher erwähnten Arbeiten fanden zuerst keine größere Beachtung in den interessierten Kreisen. Erst als sich durch die Tätigkeit BJERRUMS der ganze Fragenkomplex auch nach der praktischen Seite hin ausgewachsen hatte, wurde die Aufmerksamkeit allgemeiner. So vorbereitet erregten die in den Jahren 1918 bis 1921 erscheinenden Arbeiten von GHOSH[1]) erhebliches Aufsehen. Die zwar wenig gesicherte Voraussetzung seiner Rechnungen ist die: Bei Annahme einer bestimmten Ionenanordnung in der Lösung besteht die Arbeitsleistung bei der Verdünnung starker Elektrolyte in der Summe der Trennungsarbeiten je zweier entgegengesetzt geladener Ionen. Auf Grund dieser Hypothese läßt sich dann überraschend einfach die Abhängigkeit der Leitfähigkeit wie der osmotischen Eigenschaften vorhersagen.

Die neueste Entwicklung basiert auf den Beiträgen, die DEBYE[2]) (1923), zum Teil gemeinschaftlich mit HÜCKEL, lieferte. Auch hier wird, aber auf eine Weise, die, jedenfalls für sehr verdünnte Lösungen, von fraglichen Voraussetzungen frei ist, die elektrische Arbeit berechnet, die zur Trennung sämtlicher Ionen einer Lösung bis auf unendliche Entfernung nötig ist. Damit ist das (konzentrationsabhängige) Zusatzglied zur Gasgleichung gewonnen, durch das die Verminderung des osmotischen Druckes infolge interionischer Kräfte beschrieben werden kann. Auch für den irreversiblen Vorgang der Stromleitung gelingt eine Auswertung der interionischen Kräfte, was für verdünnte Lösungen zu derselben Konzentrationsabhängigkeit des Äquivalentleitvermögens führt, wie sie aus den zuverlässigsten Messungen erschlossen werden muß, nämlich zum Quadratwurzelgesetz von KOHLRAUSCH. Auch bei diesen Rechnungen wird vollständige Dissoziation der starken Elektrolyte vorausgesetzt.

Eine gewisse Einschränkung erfahren die Überlegungen von DEBYE und HÜCKEL durch die Ergebnisse kürzlicher Arbeiten, insbesondere von NERNST[3]) und seinen Schülern. Danach scheint es, daß die Annahme praktisch vollständiger Dissoziation selbst in verdünnten Lösungen nicht berechtigt ist. Der Hauptinhalt der neuen Theorie, die Notwendigkeit der Berücksichtigung interionischer, elektrischer Kräfte, wird dadurch allerdings nicht berührt.

31. Abweichungskoeffizienten (BJERRUM). Einen Überblick über Bedeutung und Anwendung der eben skizzierten neuen Auffassung gewinnt man am ehesten, wenn man der BJERRUMschen Behandlungsweise folgt. Es wird dabei von der zahlenmäßigen physikalischen Begründung der Wirkung interionischer Kraftfelder auf die behandelten Erscheinungen abgesehen und nur diskutiert, wie sich formal die Anwendung der neuen Anschauungen gestaltet.

---

1) I. CH. GHOSH, Journ. Chem. Soc. London Bd. 113, S. 449, 627, 707, 790. 1918; Bd. 117, S. 828, 1390. 1920; Trans. Faraday Soc. Bd. 15, S. 154. 1919; ZS. f. phys. Chem. Bd. 98, S. 211. 1921.

2) P. DEBYE u. E. HÜCKEL, Phys. ZS. Bd. 24, S. 185, 305. 1923; P. DEBYE, ebenda Bd. 24, S. 334. 1923; Bd. 25, S. 97. 1924. Über spätere Arbeiten siehe weiter unten.

3) W. NERNST u. W. ORTHMANN, Berl. Ber. 1926, S. 51; 1927, S. 136; W. NERNST, ZS. f. Elektrochem. Bd. 33, S. 428. 1927.

BJERRUM[1]) führt drei „Abweichungskoeffizienten" ein, die den Einfluß der gegenseitigen Ionenbehinderung in völlig gespaltenen Elektrolyten ausdrücken sollen:

$$f_\Lambda = \frac{\Lambda}{\Lambda_\infty} \quad \text{(Leitfähigkeitskoeffizient);} \tag{70}$$

$$f_0 = \frac{p}{p_0} \quad \text{(Osmotischer Koeffizient);} \tag{71}$$

$$f_a = \frac{a}{c} \quad \text{(Aktivitätskoeffizient).} \tag{72}$$

f_Λ ist die früher als Dissoziationsgrad α bezeichnete Größe. f_0 bedeutet das Verhältnis des gemessenen osmotischen Druckes (p) zu dem, der sich für völlig freie, sich unbeeinflussende Ionen ergeben würde (p_0), ist also mit dem VAN 'T HOFFschen Abnormitätsfaktor i eines in z Ionen zerfallenden Elektrolyten durch die Beziehung $f_0 = i/z$ verknüpft. f_a endlich gibt das Verhältnis der aktiven Masse oder Aktivität eines Ions zu seiner Konzentration an. Es wird vorausgesetzt, daß die chemische Wirksamkeit eines Ions nicht seiner Konzentration, sondern einer Funktion davon proportional ist; diese unterliegt ebenfalls dem Einfluß interionischer Kräfte. Der Begriff Aktivität ist unabhängig von den besonderen Verhältnissen bei Elektrolyten schon 1908 von LEWIS[2]) eingeführt, um für beliebige Stoffsysteme die unveränderte Benutzung der Gasgesetze bzw. des Massenwirkungsgesetzes zu ermöglichen, die in ihrer ursprünglichen Form — bei Rechnung mit Drucken bzw. Konzentrationen — ja nur für „verdünnte" Systeme Gültigkeit besitzen.

Mit f_Λ und f_0 als nur empirisch — eben aus Leitfähigkeits- und osmotischen Messungen — bestimmbaren Größen ist direkt natürlich nicht viel anzufangen. Ihre unmittelbare Bedeutung zeigt sich vor allem bei Behandlung schwächerer Elektrolyte (Ziff. 43). Das Hauptinteresse steht zunächst dem Aktivitätskoeffizienten zu. Er kann unter Umständen ebenfalls empirisch aus Gleichgewichten, an denen Ionen beteiligt sind, berechnet werden. Die Ionenkonzentration, die dazu bekannt sein muß, ist bei starken Elektrolyten ohne weiteres aus der Gesamtkonzentration des Ionenbildners bestimmbar, da vollständige Spaltung angenommen wird. Ein Beispiel einer solchen Berechnung wird weiter unten gegeben werden. Wichtiger ist die Möglichkeit der Berechnung von f_a aus osmotischen Messungen. BJERRUM[3]) leitet nämlich eine thermodynamische Beziehung zwischen f_a und f_0 ab, so daß f_a (als Mittelwert aus den Koeffizienten der beteiligten Ionen) aus dem leicht zugänglichen f_0 berechnet werden kann. Auf Grund der bekannten Differentialgleichung von DUHEM-MARGULES, die die Partialdampfdrucke eines Gemisches mit den Molenbrüchen seiner Bestandteile verknüpft, ergibt sich unter Berücksichtigung der Proportionalität von Dampfdruck und Aktivität sowie — in verdünnten Lösungen — von Molenbruch und molarer Konzentration des Gelösten:

$$f_0 + c\frac{d f_0}{d c} = 1 + c\frac{d \ln f a}{d c}. \tag{73}$$

---

[1]) N. BJERRUM, ZS. f. Elektrochem. Bd. 24, S. 321. 1918.

[2]) G. N. LEWIS, ZS. f. phys. Chem. Bd. 61, S. 129. 1908; Bd. 70, S. 212. 1909; vgl. auch G. N. LEWIS u. M. RANDALL, Thermodynamics and the free energy of chemical substances. Neuyork u. London 1923; deutsch von O. REDLICH. Wien 1927.

[3]) N. BJERRUM, ZS. f. Elektrochem. Bd. 24, S. 321. 1918; ZS. f. phys. Chem. Bd. 104, S. 406. 1923; vgl. auch J. N. BRÖNSTEDT, Journ. Amer. Chem. Soc. Bd. 42, S. 761. 1920; P. DEBYE, Phys. ZS. Bd. 25, S. 97. 1924; E. SCHREINER, ZS. f. phys. Chem. Bd. 111, S. 415. 1924.

Die vorliegenden Messungen der Gefrierpunktserniedrigung des Wassers durch Salze lassen sich mit Hilfe empirischer Formeln der Art:

$$f_0 = 1 - k\sqrt[3]{[c]} \tag{74}$$

annähernd wiedergeben. Für KCl z. B. berechnet BJERRUM aus Daten von NOYES und FALK[1]) k zu 0,145, woraus sich unter Einsetzung in obige Beziehung ergibt:

$$\log f_a = -0{,}253\sqrt[3]{[c]}\,. \tag{75}$$

Die danach ermittelten Zahlen für verschiedene Konzentrationen sind in Tabelle 35 mit den entsprechenden Werten für f_0 und f_Λ zusammengestellt,

Tabelle 35.

$[c]$	f_0	$i-1$	f_Λ	f_a
0,001	0,985	0,970	0,979	0,943
0,01	0,969	0,938	0,941	0,882
0,1	0,932	0,864	0,861	0,762
1,0	0,854	0,708	0,755	0,558

denen noch $i - 1 = 2f_0 - 1$ hinzugefügt ist. f_a fällt mit steigender Konzentration viel rascher ab als f_Λ und $i-1$. Seine Gleichsetzung mit aus Leitfähigkeits- und osmotischem Verhalten berechneten „Dissoziationsgraden", wie die klassische Theorie es tut, mußte notwendig zu Diskrepanzen führen.

Für ein-einwertige Salze weichen die verschiedenen Koeffizienten nicht sehr von den hier mitgeteilten Zahlen für KCl ab. Als Mittelwert für $\log f_a$ gibt BJERRUM $-0{,}3\cdot\sqrt[3]{[c]}$ an. Für in zwei Ionen der Wertigkeit n zerfallende Salze gilt ferner nach BJERRUM, in Lösungsmitteln der Dielektrizitätskonstante ε, angenähert:

$$\log f_a = -26\cdot\frac{n^2}{\varepsilon}\cdot\sqrt[3]{[c]}\,. \tag{76}$$

Es sei besonders betont, daß die so zu erhaltenden Aktivitätskoeffizienten sich zunächst nicht auf einzelne Ionen beziehen, sondern Mittelwerte aus den Einzelkoeffizienten der von dem Salz gelieferten Ionen sind. In erster Näherung wird man aber annehmen dürfen, daß für Ionen gleicher Wertigkeit die Einzelkoeffizienten nicht sehr voneinander abweichen, also auch dem Mittelwerte nahekommen.

Sind außer den Ionen eines gegebenen Salzes noch andere in der Lösung anwesend, so werden auch diese die Aktivität des betrachteten Ionenbildners beeinflussen, da ja nach der BJERRUMschen Grundauffassung die gesamte Ionenkonzentration für die interionische Beeinflussung maßgebend ist. In der Tat hat sich erwiesen, daß der Aktivitätskoeffizient eines gegebenen Ionenbildners in allen Lösungen gleicher „Ionenstärke" annähernd der gleiche ist[2]). Bestimmend für die „Ionenstärke" (S) sind Konzentrationen und Wertigkeiten aller vorhandenen Ionen gemäß

$$S = \tfrac{1}{2}\sum_i n_i^2 c_i\,. \tag{77}$$

Diese summarische Behandlung führt bereits zu beachtenswerten Erfolgen. Ihre Anwendung auf spezielle Fälle vermag jedenfalls zu zeigen, daß die meisten Abweichungen starker Elektrolyte in der neuen Auffassung ihre Erklärung finden können, ohne daß die Einführung spezieller Hilfsannahmen über Komplexbildung und Hydratation notwendig wäre.

Da die von der alten Theorie geforderte einfache Beziehung zwischen f_Λ, f_0 und f_a nicht besteht, ist die Nichtübereinstimmung der aus Leitfähigkeit, osmotischen Messungen und aus Ionengleichgewichten erhaltenen „Dissoziationsgrade" nicht mehr verwunderlich. Ebenso die Nichtanwendbarkeit des Massenwirkungs-

[1]) A. A. NOYES u. K. G. FALK, Journ. Amer. Chem. Soc. Bd. 32, S. 1011. 1910.
[2]) G. N. LEWIS u. M. RANDALL, Journ. Amer. Chem. Soc. Bd. 43, S. 1112. 1921.

gesetzes, da ja das Gleichgewicht zwischen Ionen und Undissoziiertem bei starken Elektrolyten als bedeutungslos vorausgesetzt wird. Für meßbare Gleichgewichte, an denen Ionen beteiligt sind, ist seine Erfüllung nur dann zu erwarten, wenn statt mit Konzentrationen mit Aktivitäten gerechnet wird. Dies gilt für homogene und heterogene Gleichgewichte, so daß die Anomalien bei der Berechnung von Potentialdifferenzen und die, die bei Löslichkeitsbeeinflussung schwerlöslicher Stoffe durch gleichzeitig gelöste Salze auftreten, ebenfalls gedeutet werden können.

Für das Lösungsgleichgewicht eines schwerlöslichen Salzes AB z. B. fordert die neue Theorie Konstanz des Produktes nicht der Konzentrationen $c_A \cdot c_B$, sondern der Aktivitäten $a_A \cdot a_B$.

In der neuen Auffassung ist zu schreiben[1]):

$$\frac{a_A \cdot a_B}{a_{AB}} = K, \tag{78}$$

und, da die Aktivität des Bodenkörpers als unveränderlich anzunehmen ist:

$$a_A \cdot a_B = \text{konst.} = L_a.$$

Die Gegenwart eines g l e i c h i o n i g e n Salzes muß auf die Löslichkeit des Bodenkörpers einen doppelten Einfluß haben. Es erfolgt die auch von der klassischen Theorie geforderte Löslichkeitsverminderung, die aber infolge der höheren Gesamtkonzentration abgeschwächt wird durch stärkere elektrische Beeinflussung der Ionen. Dieser zweite Effekt tritt allein in Erscheinung, wenn das zugefügte Salz kein Ion mit dem Bodenkörper gemeinsam hat. Man übersieht dies am besten, wenn man ansetzt:

$$a_A \cdot a_B = L_a = c_A \cdot f_{a_A} \cdot c_B \cdot f_{a_B}. \tag{79}$$

Das Produkt der Ionenkonzentrationen wird dann:

$$c_A \cdot c_B = \frac{L_a}{f_{a_A} \cdot f_{a_B}}, \tag{80}$$

also, da f_a stets kleiner als 1 ist und mit ansteigender Ionenkonzentration abfällt, um so größer, je mehr Fremdsalz zugegen ist. Umgekehrt kann dieses Resultat benutzt werden, um aus der gemessenen Veränderung des Konzentrationenproduktes $c_A \cdot c_B$ infolge Salzzusatzes gegenüber dem der reinen Lösung von AB $(c_{A0} \cdot c_{B0})$, in welcher bei genügender Schwerlöslichkeit f_{a_A} und f_{a_B} gleich 1 gesetzt werden dürfen, den mittleren Aktivitätskoeffizienten $f_a = \sqrt{f_{a_A} \cdot f_{a_B}}$ in Abhängigkeit von der Ionenkonzentration zu bestimmen:

$$f_{a_A} \cdot f_{a_B} = \frac{c_{A0} \cdot c_{B0}}{c_A \cdot c_B}; \qquad f_a = \frac{\sqrt{c_{A0} \cdot c_{B0}}}{c_A \cdot c_B}. \tag{81}$$

Der früher auf Ionensolvatation oder Komplexbildung geschobene Neutralsalzeffekt würde somit eine ganz allgemeine Erklärung finden.

Analoges gilt für alle sonstigen Gleichgewichte. So ist z. B. für das Potential einer Elektrode gegen die Lösung eines mit ihr in Wechselwirkung tretenden Ions die bekannte logarithmische Abhängigkeit nicht von der I o n e n k o n z e n t r a t i o n, sondern von der A k t i v i t ä t des Ions vorauszusehen. Nähere

[1]) Siehe z. B. J. N. BRÖNSTEDT, Medd. Kopenhagen Bd. 2, Nr. 10. 1919; Journ. Amer. Chem. Soc. Bd. 42, S. 761. 1920; Bd. 44, S. 877. 1922; ZS. f. phys. Chem. Bd. 100, S. 139. 1922; J. N. BRÖNSTEDT u. A. PETERSEN, ebenda Bd. 43, S. 2267. 1921.

Prüfung zeigt aber, daß hier die Verhältnisse doch komplizierter liegen. Abb. 10 gibt schematisch den Potentialverlauf etwa einer Normalwasserstoffelektrode in Abhängigkeit von der Konzentration eines zugesetzten Neutralsalzes wieder[1]). Als Nullwert ist das Potential der Elektrode ohne Fremdzusatz gewählt. Bei geringen Salzzusätzen zeigt die Elektrode ein Unedlerwerden des Potentials, entsprechend der zu vermutenden Aktivitätsverminderung der Wasserstoffionen. Nachdem ein Minimum erreicht ist, kehrt sich der Salzeinfluß jedoch um und bewirkt bei höheren Salzkonzentrationen einen sehr viel edleren Potentialwert, als ihn die „reine" Elektrode besitzt. Eine Deutung ist möglich, wenn man die Hydratation des H^+-Ions in Erwägung zieht[2]). Zwischen hydratisiertem und freiem Ion wird dann unter Beteiligung des Wassers ein Gleichgewicht bestehen, das als sehr zugunsten des wasserhaltigen Ions liegend angenommen wird,

$$(H, m\,H_2O)^+ \rightleftarrows H^+ + m\,H_2O\,.$$

Das Massenwirkungsgesetz unter Verwendung von Aktivitäten ergibt:

$$\frac{a_{H^+} \cdot a_{H_2O}^m}{a_{(H, m\,H_2O)^+}} = K_H\,. \tag{82}$$

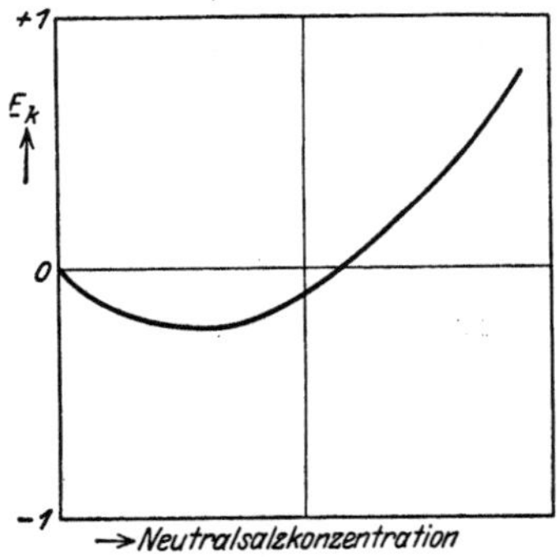

Abb. 10. Abhängigkeit des Potentials einer H_2-Elektrode vom Neutralsalzzusatz (schematisch).

Bei der elektromotorischen Betätigung des Wasserstoffs entsteht das unhydratisierte H^+. Nur dessen Aktivität ist infolgedessen für das Potential maßgebend. Andererseits ist aus osmotischen Messungen nur $a_{(H,\,m\,H_2O)^+}$ zu gewinnen, da ja bei der angenommenen extremen Lage des Hydratationsgleichgewichtes praktisch alle Ionen hydratisiert sind. Da nun

$$a_{H^+} = \frac{K_H \cdot a_{(H, m\,H_2O)^+}}{a_{H_2O}^m}\,, \tag{83}$$

ist, ferner die aktive Masse des Wassers bei konstanter Temperatur nach NERNST[3]) dem Dampfdruck proportional gesetzt werden darf, wird schließlich:

$$a_{H^+} = K'_H \cdot a_{(H, m\,H_2O)^+} \cdot \left(\frac{p_0}{p}\right)^m . \tag{84}$$

Weil p_0, der Dampfdruck des reinen Lösungsmittels, stets größer als der der Lösung (p) ist und dieses Verhältnis mit wachsender Konzentration ansteigt, ist zu erwarten, daß bei höheren Konzentrationen des Neutralsalzes, besonders bei großem m, die Verringerung von $a_{(H,\,m\,H_2O)^+}$ infolge der elektrischen Kräfte überkompensiert werden kann durch die in $(p_0/p)^m$ zum Ausdruck kommende Hydratationsänderung. Der Gang des Elektrodenpotentials, wie er in Abb. 10 zum Ausdruck kommt, kann auf diesem Wege tatsächlich verständlich gemacht werden. Solange einwandfreie Methoden zur Bestimmung der Ionenhydratation fehlen, schwebt eine solche Deutung natürlich in der Luft. Auch stimmen die aus dieser Neutralsalzwirkung umgekehrt berechenbaren m-Werte nicht immer

---

[1]) H. S. HARNED, Journ. Amer. Chem. Soc. Bd. 37, S. 2460. 1915; Bd. 38, S. 1986. 1916; Bd. 42, S. 1808. 1920; ZS. f. phys. Chem. Bd. 117, S. 1. 1925; L. MICHAELIS u. M. MIZUTANI, ebenda Bd. 112, S. 68. 1924. (Hier weitere Literatur.)

[2]) N. BJERRUM, ZS. f. anorg. Chem. Bd. 109, S. 275. 1920; E. SCHREINER, ebenda Bd. 131, S. 321. 1922.

[3]) W. NERNST, ZS. f. phys. Chem. Bd. 11, S. 345. 1893.

überein mit den auf anderen Wegen erhaltenen. Endlich braucht wohl kaum besonders betont zu werden, daß diese Verwendung der Hydratationsvorstellung unabhängig von der neuen Theorie an sich ist.

Auf die zahlreichen Arbeiten, die in einer der hier dargelegten ähnlichen Weise die BJERRUMsche Auffassung zu verwerten suchen, kann nicht des näheren eingegangen werden. Außer BJERRUM und seinen Schülern haben sich vor allem BRÖNSTEDT und Mitarbeiter, sowie viele amerikanische Forscher in diesem Sinne betätigt[1]). Im ganzen hat sich dabei die neue Auffassung als äußerst fruchtbringend erwiesen und als geeignet, in vielen Fällen die Lücken der klassischen Theorie zu schließen.

Weil wegen ihres bestechend einfachen Ergebnisses bemerkenswert, sind vielleicht einige Arbeiten BRÖNSTEDTS[2]) hervorzuheben. Dieser konnte an manchen Beispielen feststellen, daß die einfachen Gesetze idealer Gase auch bei starken Elektrolyten dann gelten, wenn als Lösungsmittel nicht reines Wasser, sondern einigermaßen konzentrierte Salzlösungen benutzt wurden und an Stelle der Ionenkonzentrationen der klassischen Theorie die Bruttokonzentrationen der betreffenden Ionenbildner Verwendung fanden. Nach der BJERRUMschen Auffassung wird dieses Resultat sofort verständlich, da nunmehr sämtliche in Reaktion tretenden Ionen auch bei wechselnder Konzentration dem Einfluß der praktisch gleichen, durch die stark überwiegende Fremdsalzkonzentration bedingten, „Ionenstärke" unterliegen.

Trotz der Leistungen der BJERRUMschen Theorie ist sicherer Boden aber nur durch theoretische Begründung und gegebenenfalls unabhängige Berechnung der hier formal eingeführten Abweichungskoeffizienten zu gewinnen.

32. Theorie von P. Hertz. Es erübrigt sich, auf die Arbeiten von SUTHERLAND und MILNER näher einzugehen; ihre Ergebnisse sind durch die neueren Ansätze, besonders von DEBYE, überholt. Die Theorie von P. HERTZ[3]) indessen, die in der Hand von R. LORENZ[4]) mehrere Anwendungen erfahren hat, deren wichtigste eine Methode zur Ermittlung der Grenzleitfähigkeiten ist, bedarf schon aus diesem Grunde einer kurzen Erörterung. Auf Wiedergabe der sehr ausführlichen HERTZschen Überlegungen im einzelnen muß allerdings wegen Raummangels verzichtet werden. Sie basieren im wesentlichen auf den Methoden der kinetischen Gastheorie und zwar speziell in einer Form, die der von H. A. LORENTZ zur elektronentheoretischen Deutung der metallischen Leitfähigkeit benutzten ähnlich ist. Die Wechselwirkung zwischen den Ionen kommt in Form einer COULOMBschen Anziehung zum Ausdruck, wobei weiter die Einschränkung gemacht wird, daß die Wirkungssphäre der Ionen nicht größer als deren mittlere Entfernung ist. Das Ergebnis der HERTZschen Rechnungen ist eine Aussage über die Ionenbeweglichkeit U (bzw. V) als Funktion der Konzentration c des als vollständig gespalten vorausgesetzten Ionenbildners

$$U_\infty - U = \frac{\psi(\omega)}{B}, \tag{85}$$

[1]) Zahlreiche Literatur bei L. EBERT, Jahrb. d. Radioakt. Bd. 18, S. 134. 1921; G. N. LEWIS u. M. RANDALL, Thermodynamis and the free energy of chemical substances. Neuyork u. London 1923; deutsch von O. REDLICH. Wien 1927; in diesem letzteren Werk auch reiches Zahlenmaterial über Aktivitätskoeffizienten, ebenfalls Journ. Amer. Chem. Soc. Bd. 43, S. 1112. 1921; vgl. ferner H. S. HARNED, ZS. f. phys. Chem. Bd. 117, S. 1. 1925.

[2]) J. N. BRÖNSTEDT, Medd. Nobelinstitut Bd. 5, Nr. 25. 1919; Medd. Kopenhagen Bd. 3, Nr. 9. 1920; ZS. f. phys. Chem. Bd. 98, S. 239. 1921; J. N. BRÖNSTEDT u. K. PEDERSEN, ebenda Bd. 103, S. 307. 1923.

[3]) P. HERTZ, Ann. d. Phys. (4) Bd. 37, S. 1. 1912; s. auch die Darstellung bei R. LORENZ, Raumerfüllung und Ionenbeweglichkeit. Leipzig 1922.

[4]) R. LORENZ, ZS. f. anorg. Chem. Bd. 118, S. 209. 1921.

worin

$$\psi(\omega) = \omega^3 \left\{ \left[\frac{\pi}{2} - \int_0^\infty \frac{\sin\omega}{\omega} \cdot d\,\omega \right]^2 + \left[\int_0^\infty \frac{\cos\omega}{\omega} \cdot d\,\omega \right]^2 \right\};$$

$$\omega = \sqrt[3]{A \cdot c}\,; \qquad A = \frac{27\,m^3 \cdot G^3}{32\,a^3 \cdot m_H \cdot k^3 \cdot T^3}\,;$$

$$B = \frac{1}{U_\infty \cdot g}\,;$$

$$g = \frac{8\pi \cdot l \cdot a^3 \cdot k \cdot T}{3\,G \cdot m}\,;$$

m = Masse des Ions; m_H = Masse des Wasserstoffatoms; G = Konstante des Anziehungsgesetzes (die von den unbekannten dielektrischen Verhältnissen in der Umgebung des Ions abhängig ist); a eine Zahlenkonstante ($= \frac{5}{9}$); k = BOLTZMANN-DRUDEsche Konstante; l = mittlere freie Weglänge des Ions. (Die übrigen Zeichen haben die übliche Bedeutung.)

Es wurde schon betont, daß eine Prüfung der Formel unter Einsetzen der Werte für m, die sich aus dem Atomgewicht ergeben, zu keiner Übereinstimmung mit der Erfahrung führt. HERTZ und vor allem R. LORENZ[1]) prüften das rechnerische Ergebnis deshalb so, daß sie A, B und U_∞ entweder auf graphischem Wege oder nach der Methode der kleinsten Quadrate aus Leitfähigkeitsmessungen bestimmten. Daß die mit diesen empirischen Konstanten nach der HERTZ-Funktion berechneten Leitfähigkeits-Konzentrationskurven die Messungen gut wiedergeben, dürfte angesichts der drei Konstanten nicht erstaunen, zumal die Konzentrationsgebiete, in denen Konstantenbestimmung und Prüfung durchgeführt werden, annähernd dieselben sind. Wertvoller ist deshalb die Feststellung P. WALDENS[2]), daß sowohl für wässerige wie nichtwässerige Lösungen die in dieser Weise berechneten Grenzleitfähigkeiten mit den nach KOHLRAUSCH aus dem Quadratwurzelgesetz bestimmten sehr nahe zusammenfallen. Das bedeutet, daß die HERTZsche Funktion die Veränderung der Leitfähigkeit mit der Konzentration gleichzeitig bei sehr hohen, dem $c^{\frac{1}{2}}$-Gesetz entsprechenden, und bei mittleren Verdünnungen, für die praktisch ein $c^{\frac{1}{3}}$-Gesetz gilt, zu beschreiben vermag. Die Gleichung (85) dürfte also, nachdem LORENZ[3]) wahrscheinlich machen konnte, daß die Gesamtleitfähigkeit eines starken Elektrolyten innerhalb der Fehlergrenze derselben Funktion gehorcht wie die Ionenleitfähigkeit, zum mindesten eine sehr brauchbare Formel zur Extrapolation des Leitvermögens auf unendliche Verdünnung darstellen. LORENZ[4]) hat zu diesem Zwecke ein graphisches Verfahren ausgearbeitet, mit dessen Hilfe die Leitfähigkeitsbeobachtungen auf die universelle HERTZ-Kurve transformiert werden können, aus deren Verlauf der Grenzwert sodann einfach bestimmbar ist.

Theorie und Prüfung, einschließlich der Anwendung zur Grenzwertbestimmung, beschränken sich auf ein-einwertige Elektrolyte.

---

[1]) R. LORENZ, ZS. f. anorg. Chem. Bd. 113, S. 135. 1920; R. LORENZ u. PH. OSTWALD, ebenda Bd. 114, S. 209. 1920; R. LORENZ u. W. NEU, ebenda Bd. 116, S. 45. 1921; R. LORENZ u. W. MICHAEL, ebenda Bd. 116, S. 161. 1921; R. LORENZ u. A. VOIGT, ebenda Bd. 145, S. 277. 1925; R. LORENZ, Raumerfüllung und Ionenbeweglichkeit. Leipzig 1922. (Zusammenfassung zahlreicher Einzelarbeiten.)

[2]) P. WALDEN u. H. ULICH, ZS. f. phys. Chem. Bd. 114, S. 297. 1924.

[3]) R. LORENZ, ZS. f. anorg. Chem. Bd. 113, S. 135. 1920; R. LORENZ u. W. MICHAEL, ebenda Bd. 116, S. 161. 1921.

[4]) R. LORENZ, ZS. f. anorg. Chem. Bd. 118, S. 209. 1921.

33. Die Arbeiten von GHOSH[1]). Die Überlegungen von GHOSH sind, wenn auch nicht frei von Willkür, doch recht interessant und rechtfertigen schon deshalb eine Wiedergabe, weil es mit ihrer Hilfe verblüffend einfach gelingt, einen guten Teil des vorliegenden experimentellen Materials in befriedigender Annäherung vom Standpunkte der stets vollständigen Spaltung starker Elektrolyte wiederzugeben.

GHOSH erinnert daran, daß nach den Ergebnissen der Röntgenanalyse typischen Salzen in festem Zustande ein Ionengitter zukommt, und glaubt, daß schon aus diesem Grunde auch in Salzlösungen ausschließlich Ionen anzunehmen seien. Nur vermögen infolge interionischer elektrischer Kräfte nicht alle Ionen sich frei zu bewegen, vielmehr nur solche, die dank ihrer ausreichenden kinetischen Energie das elektrische Kraftfeld der Ionen zu überwinden imstande sind.

Beim Verdünnen einer Elektrolytlösung auf unendliches Volum ist infolge der interionischen Kräfte eine Arbeit (A pro Mol) zur Trennung der Ionen zu leisten. GHOSH nimmt an, daß nur der Bruchteil $e^{-\frac{A}{zRT}}$ der Ionen eines z-zähligen Elektrolyten genügende Bewegungsfreiheit besitzt, um an der Stromleitung teilzunehmen. Damit ist also:

$$\frac{\Lambda}{\Lambda_\infty} = f_A = e^{\frac{-A}{zRT}} \qquad \text{und} \qquad A = -zRT \cdot \ln f_A\,. \tag{86}$$

Diese Trennungsarbeit wird als die Summe der Einzelarbeiten berechnet, die zur Entfernung der Ionen je einer Molekel aufzuwenden sind. Es wird also eine elektrische Wirkung nur der Ionen jeder einzelnen Molekel aufeinander angenommen, dem Molekelverband, den GHOSH als „gesättigtes elektrisches Dublett" bezeichnet, mithin doch eine gewisse selbständige Bedeutung zuerkannt. Die die Ionen des „Dubletts" zusammenhaltenden Kräfte werden als rein elektrostatisch, dem COULOMBschen Gesetze gehorchend, aufgefaßt. Bei L Molekeln aus zwei einwertigen Ionen ergibt dies:

$$A = \frac{L \cdot e^2}{\varepsilon \cdot r}\,,$$

(e = Elementarquantum; L = LOSCHMIDTsche Zahl; ε = Dielektrizitätskonstante; r = Ionenabstand.)

Der mittlere Abstand r der zwei Ionen errechnet sich, wenn eine (statistisch aufzufassende) Ionenverteilung nach Art des NaCl-Raumgitters angenommen wird, zu:

$$r = \sqrt[3]{\frac{v}{2L}}\,, \quad (v = \text{Molare Verdünnung})$$

und damit also:

$$A_{1,1} = \frac{L \cdot e^2 \cdot \sqrt[3]{2L}}{\varepsilon \cdot \sqrt[3]{v}}\,. \tag{87}$$

Für zwei-einwertige Elektrolyte (vom Typus $BaCl_2$, Na_2SO_4) wird angenommen, daß die einwertigen Ionen einzeln abgetrennt werden. Für das erste ist dann die Abtrennungsarbeit $e^2/\varepsilon r$, für das zweite $2e^2/\varepsilon r$, insgesamt also für das einzelne Molekül $3e^2/\varepsilon r$. Nimmt man an, daß die Ionen im zeitlichen Mittel nach Art des CaF_2-Raumgitters verteilt sind, so folgt für r:

$$r = \frac{\sqrt{3}}{2} \cdot \sqrt[3]{\frac{v}{2L}}\,,$$

[1]) I. CH. GHOSH, Journ. chem. soc. Bd. 113, S. 449, 627, 707 u. 790. 1918; Bd. 117, S. 828 u. 1390. 1920; Trans. Faraday Soc. Bd. 15, S. 154. 1919; ZS. f. phys. Chem. Bd. 98, S. 211. 1921.

und damit:
$$\Lambda_{1,2} = \frac{3L \cdot e^2 \cdot 2\sqrt[3]{2L}}{\sqrt{3} \cdot \varepsilon \cdot \sqrt[3]{v}}. \tag{88}$$

Für Elektrolyte anderer Typen wäre entsprechend zu verfahren. Gemäß
$$\ln f_\Lambda = \ln \frac{\Lambda_v}{\Lambda_\infty} = \frac{-A}{zRT}$$
wird für ein-einwertige Salze:
$$\ln f_{\Lambda 1,1} = -\frac{L \cdot e^2 \cdot \sqrt[3]{2L}}{2RT \cdot \varepsilon \cdot \sqrt[3]{v}} = -\frac{B_{1,1}}{\sqrt[3]{v}} \tag{89}$$
für zwei-einwertige Salze:
$$\ln f_{\Lambda 1,2} = -\frac{2L \cdot e^2 \cdot \sqrt[3]{2L}}{\sqrt{3} \cdot RT \cdot \varepsilon \cdot \sqrt[3]{v}} = -\frac{B_{1,2}}{\sqrt[3]{v}} \tag{90}$$

Geprüft wurden diese Ergebnisse, um die Unsicherheit zu vermeiden, die die Wahl von Λ_∞ mit sich bringt, in der Weise, daß gemäß
$$\ln \frac{\Lambda_{v_1}}{\Lambda_{v_2}} = -B\left(\frac{1}{\sqrt[3]{v_1}} - \frac{1}{\sqrt[3]{v_2}}\right) \tag{91}$$
der Verlauf von Λ mit der Konzentration unter Benutzung eines einzigen experimentellen Wertes für Λ_v berechnet und mit der Erfahrung verglichen wurde. Die Übereinstimmung an wässerigen und nichtwässerigen Salzlösungen ist befriedigend. Die zahlreichen Messungen, die WALDEN an Tetraäthylammoniumjodid in verschiedensten Medien ausführte, lassen sich freilich nur durch bisher nicht nachgeprüfte Hilfsannahmen einordnen. Vor allem paßt jedoch das Verhalten starker Säuren und Basen in Wasser nicht in die Theorie. GHOSH muß hier auf eine Hypothese von DANNEEL[1]) zurückgreifen. Dieser wollte, in Anlehnung an die alte GROTTHUSsche Auffassung des Wasserleitvermögens, die auffallend große Beweglichkeit der H^+- und OH^--Ionen dadurch erklären, daß ihnen infolge ständiger Wechselwirkung mit dem Lösungswasser ein Teil des zurückzulegenden Weges erspart bleibe. Daraus folgt, daß bei Säuren und Basen in Wasser sich die Äquivalentleitfähigkeit aus einem konstanten und einem konzentrationsvariablen Gliede zusammensetzt. Unter dieser Annahme gelingt denn auch GHOSH die Anpassung von Theorie und Experiment.

Doch stimmt dazu wenig, daß in anderen Fällen, in denen Elektrolyt und Lösungsmittel ein gemeinsames Ion haben, eine ungewöhnlich große Ionenbeweglichkeit durchaus nicht behauptet werden kann[2]).

GHOSH legt Wert auf die Feststellung, daß für hohe Verdünnungen seine Gleichung in die Kubikwurzelformel von KOHLRAUSCH übergeht. Diese Tatsache spricht jedoch eher gegen die Theorie; denn das empirisch zu erschließende Grenzgesetz ist nicht die Kubikwurzel-, sondern die Quadratwurzelbeziehung (Ziff. 6). Für die Gebiete größter Verdünnungen muß die GHOSHsche Theorie folglich ebenso wie die KOHLRAUSCHsche Kubikwurzelfunktion versagen.

Die Konstanten B der Gleichungen (89) und (90) sind nur vom Typus des betrachteten Elektrolyten abhängig. Für gleichgebaute Salze sollte man demnach bei jeder gegebenen Verdünnung gleiche „Dissoziationsgrade" oder richtiger Leitvermögenskoeffizienten erwarten. Daß dies annähernd, aber keineswegs

---

[1]) H. DANNEEL, ZS. f. Elektrochem. Bd. 11, S. 125 u. 249. 1905; zu dieser mehrfach auch anderweit benutzten Hypothese vgl. auch R. LORENZ, ZS. f. phys. Chem. Bd. 73, S. 255. 1910; Bd. 82, S. 615. 1913; G. v. HEVESY, ZS. f. Elektrochem. Bd. 27, S. 21. 1921; O. BLÜH, ZS. f. phys. Chem. Bd. 106, S. 341. 1923.

[2]) P. WALDEN, ZS. f. Elektrochem. Bd. 26, S. 72. 1920.

streng zutrifft, zeigt ein Blick auf Tabelle 25 (Ziff. 16). Falls man die der Tabelle zugrunde liegende Verwendung der empirischen KOHLRAUSCHschen $c^{\frac{1}{2}}$-Funktion zur Berechnung von Grenzleitfähigkeiten und damit von Leitfähigkeitskoeffizienten für berechtigt hält — und dazu dürfte guter Grund vorhanden sein —, so ist daraus ein Einwand gegen die GHOSHsche Theorie abzuleiten. Die besonderen Eigentümlichkeiten der einzelnen Elektrolyte werden von ihr nicht berücksichtigt. Andererseits ist nicht zu verkennen, daß man nach GHOSH die in erster Näherung doch tatsächlich vorhandene Gleichartigkeit im Verhalten der Salze des gleichen Typus verstehen kann, während die klassische Theorie dies in keiner Weise voraussehen läßt.

Der Einfluß der Dielektrizitätskonstante ist für weitgehende Verdünnungen derselbe, wie er von WALDEN empirisch wahrscheinlich gemacht wurde; der WALDENsche Befund, daß für „gleichdissoziierte" Lösungen $\varepsilon \cdot \sqrt[3]{v}$ konstant ist (Ziff. 22), läßt sich ebenfalls aus den GHOSHschen Resultaten ablesen.

Auch die Beeinflussung, die der osmotische Druck durch interionische Kräfte erleidet, berechnet GHOSH in einfachster Weise. Nach dem CLAUSIUSschen Virialtheorem muß, statt wie für ideale Lösungen:

$$p \cdot v = zRT\,, \tag{92}$$

gelten:

$$p \cdot v = zRT - \frac{A}{3}\,. \tag{93}$$

Mit Gleichung (35) und (86) zusammen führt dies zu:

$$\left.\begin{aligned} p \cdot v &= z\,RT + \tfrac{1}{3} z\,RT \cdot \ln f_A \\ &= (1 + \tfrac{1}{3}\ln f_A) \cdot z\,RT \\ &= i \cdot z\,RT\,. \end{aligned}\right\} \tag{94}$$

Der VAN 'T HOFFsche Abnormitätsfaktor wäre also:

$$i = z \cdot f_0 = z(1 + \tfrac{1}{3}\ln f_A) \tag{95}$$

während nach der klassischen Theorie gelten sollte:

$$i = \alpha(z - 1) + 1 = f_A(z - 1) + 1\,.$$

Die experimentellen Ergebnisse bestätigen die GHOSHsche Forderung einigermaßen, allerdings, wenn ein bei der Berechnung durch GHOSH offenbar begangener Irrtum beseitigt wird, kaum besser als die der klassischen Theorie[1]). Vor allem ergibt sich, daß für verdünnte Lösungen die Konzentrationsabhängigkeit von i durch die Formel:

$$i = 1 - k \cdot \sqrt[3]{c}$$

dargestellt werden kann, eine Beziehung, die zu den empirischen Befunden von NOYES und FALK[2]) paßt. Die Veröffentlichung der vorstehend geschilderten Überlegungen rief eine ganze Anzahl, teils zustimmender, teils ablehnender Äußerungen hervor[3]). Wenn es auch kaum zweifelhaft sein dürfte, daß die GHOSHsche Behandlung des Problems ernsten Bedenken unterliegt, so bleiben

[1]) Siehe Sv. ARRHENIUS, ZS. f. phys. Chem. Bd. 100, S. 9. 1922.

[2]) A. A. NOYES u. K. G. FALK, Journ. Amer. Chem. Soc. Bd. 34, S. 454. 1912.

[3]) J. R. PARTINGTON, Trans. Faraday Soc. Bd. 15, S. 98. 1919; D. L. CHAPMAN u. H. J. GEORGE, Phil. Mag. (6) Bd. 41, S. 799. 1921; H. KALLMANN, ZS. f. phys. Chem. Bd. 98, S. 433. 1921; CH. A. KRAUS, Journ. Amer. Chem. Soc. Bd. 43, S. 2514. 1921; Sv. ARRHENIUS, ZS. f. phys. Chem. Bd. 100, S. 9. 1922; J. KENDALL, Journ. Amer. Chem. Soc. Bd. 44, S. 717. 1922; H. J. S. SAND, Phil. Mag. (6) Bd. 43, S. 281. 1923; A. BRODSKY, ZS. f. phys. Chem. Bd. 108, S. 293. 1924; L. KLEMENSIEWICS, ebenda Bd. 113, S. 28. 1924.

doch ihre tatsächlichen Erfolge, was die teilweise recht weitgehende Übereinstimmung der theoretischen Folgerungen mit dem Experiment betrifft, bestehen. Ob hier ausschließlich ein Zufall waltet, oder ob doch ein richtiger Kern in der Theorie steckt, das muß, wie NERNST[1]) bemerkt, der in ihr anfangs geradezu die prinzipielle Lösung des Problems der starken Elektrolyte sah, vorläufig unentschieden bleiben.

34. Das Grenzgesetz von DEBYE und HÜCKEL für den osmotischen Koeffizienten. Bei früheren Versuchen, die Nichtgültigkeit des OSTWALDschen Verdünnungsgesetzes zu erklären, war sehr häufig angenommen, die Anomalien würden bei genügender Verdünnung verschwinden. Entsprechendes schloß man auch mehrfach aus dem Experiment. DEBYE und HÜCKEL[2]) zeigten an einer sehr einfachen Überlegung, daß dies nicht zutreffen kann. Das Verdünnungsgesetz binärer Elektrolyte nimmt für ausreichend kleine Konzentrationen die Form an:

$$1 - \alpha = 2(1 - f_0) = 1 - f_A = \frac{c}{K}.$$

Für einen in z Ionen zerfallenden Elektrolyten entsprechend:

$$1 - \alpha = \frac{z}{z-1}(1 - f_0) = 1 - f_A = \frac{c^{z-1}}{K}.$$

Man erkennt leicht, daß, wenn man $1 - f_0$ bzw. $1 - f_A$ als Funktion der Konzentration darstellen würde, die Kurven mit endlicher (für $z = 2$) bzw. verschwindender (für $z > 2$) Tangente in den Nullpunkt einmünden müßten. Abb. 11, in der für je einen Vertreter verschiedener Salztypen die aus zuverlässigen Gefrierpunktsmessungen bestimmten $1 - f_0$ gegen $z \cdot c \cdot 10^3$ aufgetragen sind, zeigt, daß dieser Forderung keineswegs genügt wird. Sämtliche Kurven streben vielmehr einer unendlichen Tangente für $c = 0$ zu. Ganz dasselbe ist nach Abb. 12 für die Abhängigkeit von $1 - f_A$ der Fall.

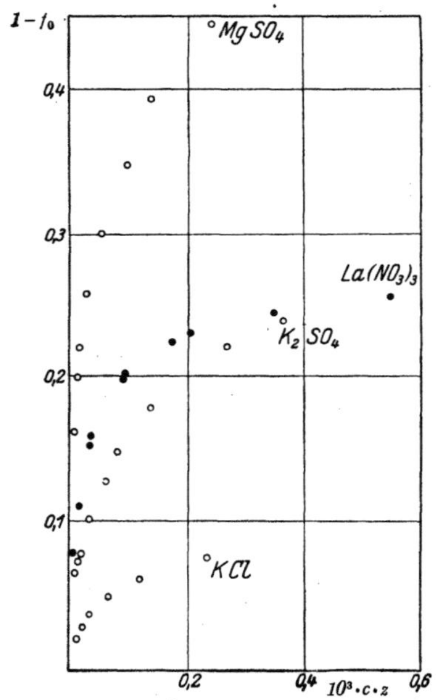

Abb. 11. Osmotischer Koeffizient und Konzentration.

Es dürfte damit offensichtlich sein, daß die Konzentrationsabhängigkeit der Eigenschaften auch einer sehr verdünnten Lösung starker Elektrolyte, in der etwaige Störungen infolge Komplexbildung oder Hydratation sicher fehlen, nicht durch das Massenwirkungsgesetz unter Zugrundelegung eines Dissoziationsvorgangs beschrieben werden kann.

Dementsprechend nehmen denn auch DEBYE und HÜCKEL, ebenso wie ihre Vorgänger, eine praktisch vollständige Spaltung starker Elektrolyte an und versuchen, ihre besonderen Eigenschaften allein aus den elektrischen Verhältnissen zu verstehen.

Man denke sich die Kompression einer praktisch unendlich verdünnten Ionenlösung (Volumen V_∞) auf eine endliche Verdünnung v einmal direkt und ein zweites Mal in der Weise vorgenommen, daß zunächst den Ionen die

[1]) W. NERNST, Theoretische Chemie. 11.—15. Aufl., S. 623. Stuttgart 1926.

[2]) P. DEBYE u. E. HÜCKEL, Phys. ZS. Bd. 24, S. 185. 1923; P. DEBYE, ebenda Bd. 25, S. 97. 1924; vgl. auch E. HÜCKEL, Ergebn. d. exakt. Naturwissensch. Bd. 3, S. 199. Berlin 1924.

Ladung entzogen, sodann komprimiert und darauf erst den Ionen die Ladung wieder zugeführt wird, alle Vorgänge natürlich reversibel und isotherm ausgeführt gedacht. Die dabei geleistete Arbeit muß auf beiden Wegen die gleiche sein. Wird die Summe der bei der Ent- und Wiederaufladung der Ionen geleisteten elektrischen Arbeiten mit A, der osmotische Druck der Ionenlösung mit p und der der ladungsfreien Lösung mit p_0 bezeichnet, so ist also

$$-\int_{V_\infty}^{V} p \cdot dV = -\int_{V_\infty}^{V} p_0 \cdot dV + A. \tag{96}$$

Die Entladung eines Ions in der unendlich verdünnten Lösung erfordert offenbar nur Arbeit gegen das von seiner eigenen Ladung herrührende Potential, da ja hier die Ionen eine gegenseitige Wirkung aufeinander nicht ausüben. Betrachtet man die Ionen als Kugeln mit den Radien a_i und den Ladungen $n_i e$, mögen ferner M_i Ionen der i-ten Sorte anwesend sein, so beträgt die zu leistende Arbeit

$$A_E = -\sum_i \frac{M_i n_i^2 e^2}{2\varepsilon_0 a_i}, \tag{97}$$

wobei ε_0 die Dielektrizitätskonstante der unendlich verdünnten Lösung bedeutet.

Entsprechend ist die bei der Wiederaufladung gegen das „Eigenpotential" der Ionen zu leistende Arbeit, wenn ε die Dielektrizitätskonstante der Lösung endlicher Verdünnung darstellt:

$$A_A'' = \sum_i \frac{M_i n_i^2 e^2}{2\varepsilon a_i}. \tag{98}$$

Wie man sieht, hebt sich in genügend verdünnten Lösungen, für die $\varepsilon = \varepsilon_0$ gesetzt werden darf, der Anteil A_A'' der Aufladearbeit gegen die Entladearbeit A_E gerade auf.

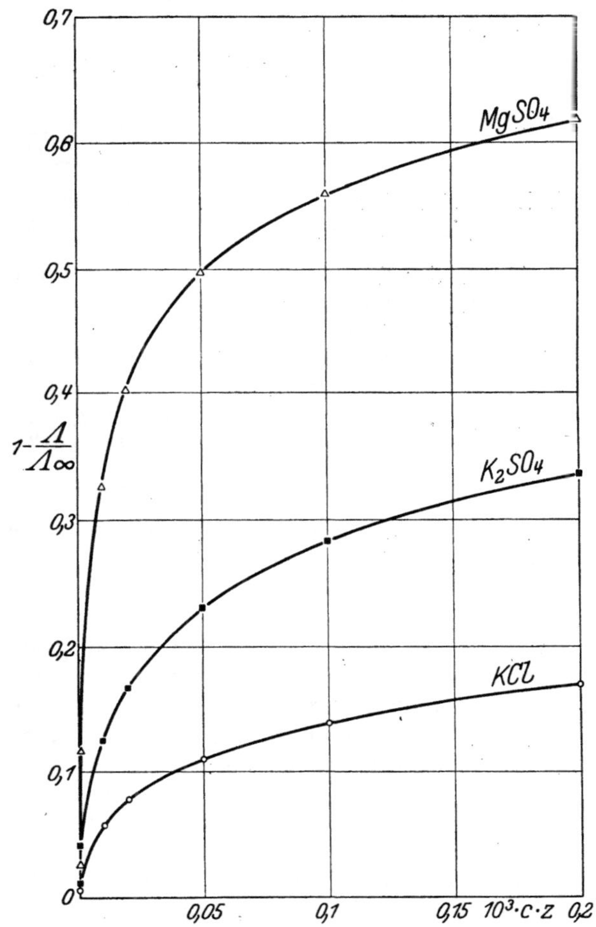

Abb. 12. Leitfähigkeitskoeffizient und Konzentration.

Weiter ist aber die bei endlicher Verdünnung keinesfalls zu vernachlässigende interionische Wirkung noch zu berücksichtigen. Die Gesamtheit der Ionen erzeugt an der Stelle eines aufzuladenden Ions ein Potential ψ_i', das von der Konzentration, der Ladung und der Verteilung sämtlicher Ionen abhängt.

Die Arbeitsleistung $A_{A'}$ gegen dieses „Fremdpotential" wird in folgender Weise erhalten:

Nach dem MAXWELL-BOLTZMANNschen Prinzip ergibt sich die Ladungsdichte in einem Volumenelement der Umgebung eines herausgegriffenen Ions als Funktion des an dieser Stelle herrschenden mittleren Potentials ψ. Dieses letztere ist zunächst unbekannt, wird aber durch Heranziehung der POISSONschen Differentialgleichung, die ebenfalls Ladungsdichte und Potential verknüpft, zugänglich. Die Verbindung beider Funktionen liefert die Beziehung

$$\Delta\psi = -\sum_i \frac{4\pi m_i n_i e}{\varepsilon} \cdot e^{-\frac{n_i e \psi}{kT}} \tag{99}$$

(k ist die BOLTZMANNsche Konstante, m_i die Anzahl der Ionen i-ter Sorte im cm^3).

Falls $e^{-\frac{n_i e \psi}{kT}} \ll 1$ gesetzt wird, was berechtigt erscheint bei Ionen, deren elektrische Energie $n_i e \psi$ klein ist gegen die mittlere Energie kT der Temperaturbewegung, so geht (99) über in

$$\Delta\psi = \frac{4\pi e^2}{\varepsilon k T} \cdot \sum_i m_i n_i^2 \cdot \psi = \omega^2 \cdot \psi, \tag{100}$$

worin

$$\omega = \sqrt{\frac{4\pi e^2}{\varepsilon k T}} \cdot \sqrt{\sum_i m_i n_i^2} \tag{101}$$

die Dimension einer reziproken Länge hat und proportional der Quadratwurzel aus der „ionalen Gesamtkonzentration" $\sum_i m_i n_i^2$ veränderlich ist.

Unter der Voraussetzung, daß ein herausgegriffenes Ion als Kugel betrachtet werden darf, der sich die übrigen Ionen nur bis auf bestimmte, durch die Ionendimensionen bedingte Abstände zu nähern vermögen, und unter der weiteren Annahme, daß der mittlere Minimalabstand aller vorhandenen Ionenarten gleich dem Radius a_i des herausgegriffenen Ions ist, liefert Integration von (100) ψ, das mittlere Potential eines gegebenen Volumenelements, woraus sich weiter, nach Abzug des „Eigenpotentials"

$$\varphi_i'' = \frac{n_i e}{\varepsilon a_i} \tag{102}$$

das Potential ψ_i', das durch die Wirkung aller vorhandenen Ionen an der Stelle des herausgegriffenen erzeugt wird, zu

$$\varphi_i' = -\frac{n_i e \omega}{\varepsilon} \cdot \frac{1}{1 + \omega a_i} \tag{103}$$

ergibt. (Das hierbei, wie auch oben schon, geübte Verfahren, die dielektrische Eigenschaften des Ioneninnern gleich denen der Lösung zu setzen, scheint nach anderweit damit erzielten Ergebnissen gerechtfertigt zu sein.)

Für sehr verdünnte Lösungen kann ωa_i neben 1 vernachlässigt werden, womit für diesen Grenzfall gilt:

$$\psi_i' = -\frac{n_i e \omega}{\varepsilon}. \tag{103a}$$

Bei Kenntnis der ψ_i' kann nunmehr die obenerwähnte Arbeit A_A', die bei der Wiederaufladung der Ionen neben $A_{A''}$ zu leisten ist, berechnet werden, wobei zu berücksichtigen ist, daß der Verteilungszustand der Ionen während der Aufladung sich ändert. Auch wird wieder $\varepsilon = \varepsilon_0$ gesetzt und damit die Abhängigkeit des ε vom Aufladungszustand der Ionen vernachlässigt[1]). Es folgt

$$A_{A'} = \sum_i \frac{1}{3} M_i n_i e \cdot \psi_i' = -\sum_i \frac{1}{3} \frac{M_i n_i^2 e^2 \omega}{\varepsilon_0} \tag{104}$$

[1]) Über den Einfluß etwaiger Änderung der Dielektrizitätskonstante in der Umgebung der Ionen vgl. P. DEBYE u. L. PAULING, Journ. Amer. Chem. Soc. Bd. 47, S. 2129. 1925.

oder, da $M_i/m_i = V$ ist,

$$A_{A'} = -V\frac{kT\omega^3}{12\pi}. \tag{104a}$$

Die Summe der bei der Ent- und Wiederaufladung der Ionen zu leistenden Arbeit

$$A = A_E + A_{A''} + A_{A'}, \tag{105}$$

ist folglich unter der eingeführten Voraussetzung genügend verdünnter Lösung durch

$$A = A_{A'} = -V\frac{kT\omega^3}{12\pi} \tag{105a}$$

gegeben.

Durch Differentation geht Gleichung (96) über in

$$-p = -p_0 + \frac{\partial A}{\partial V},$$

und, da

$$\frac{\partial\omega}{\partial V} = -\frac{\omega}{2V}$$

ist, in

$$-p = -p_0 + \frac{kT\omega^3}{24\pi}. \tag{106}$$

Für den osmotischen Koeffizienten f_0 folgt daraus

$$f_0 = \frac{p}{p_0} = 1 - \frac{1}{p_0}\frac{kT\omega^3}{24\pi} \tag{107}$$

und, weil

$$p_0 = \sum_i m_i k T$$

ist,

$$f_0 = 1 - \frac{\omega^3}{24\pi\cdot\sum\limits_i m_i}. \tag{108}$$

Damit wäre für die vorausgesetzten sehr verdünnten Lösungen ein Grenzgesetz der osmotischen Erscheinungen gewonnen, das dem besonderen Verhalten stark dissoziierter Elektrolyte gerecht werden soll. Zwecks Diskussion und Prüfung sei noch eine Umformung vorgenommen. Dabei beschränken wir uns auf einen einheitlichen Ionenbildner, dessen Molekel in $z_1 \ldots z_i \ldots z_s$ Ionen der Sorten $1 \ldots i \ldots s$ zerfallen möge. Ferner soll die Konzentration statt in Molekeln/cm³ in Mol/cm³ gezählt werden, indem gesetzt wird:

$$m_i = z_i \cdot L \cdot c \quad (L = \text{LOSCHMIDT-AVOGADROsche Zahl}).$$

Man erhält dann

$$1 - f_0 = \frac{e^3}{3}\sqrt{\frac{\pi L}{k^3}}\cdot(\varepsilon_0 T)^{\frac{3}{2}}\cdot\left(\frac{\sum\limits_i z_i n_i^2}{\sum\limits_i z_i}\right)^{\frac{3}{2}}\cdot\sqrt{c\sum_i z_i}. \tag{109}$$

Außer universellen Konstanten enthält die Formel Dielektrizitätskonstante ε_0 des Lösungsmittels, Temperatur T, Konzentration c (Mol/cm³), sowie die Wertigkeiten n und Anzahlen z pro Molekel aller auftretenden Ionenarten. Die relativen Abweichungen, die ein völlig dissoziierter Elektrolyt bei sehr hohen Verdünnungen von der klassischen Theorie zeigt, sollen proportional der Quadratwurzel aus der Konzentration und proportional der $^2/_3$ten Potenz der Dielektrizitätskonstante des Mediums sein. Die Temperatur geht einmal direkt mit der Potenz $^2/_3$ ein, außerdem indirekt infolge Temperaturabhängigkeit der Dielektrizitätskonstante. Ferner ist die in dem Faktor

$$\left(\frac{\sum z_i n_i^2}{\sum z_i}\right)^{\frac{3}{2}} = w$$

zum Ausdruck kommende Wertigkeit n der Ionen von besonderem Interesse. Für verschiedene Ionenbildnertypen nimmt w folgende Zahlenwerte an:

$$\begin{array}{cccc} \text{KCl} & \text{K}_2\text{SO}_4 & \text{La(NO}_3) & \text{MgSO}_4 \\ w = 1 & 2\sqrt{2} = 2{,}83 & 3\sqrt{3} = 5{,}20 & 4\sqrt{4} = 8\,. \end{array}$$

In der Grenze hoher Verdünnung sollen alle Elektrolyte von gleichem Typus sich gleich verhalten.

Abb. 13 veranschaulicht die aus (109) berechneten Geraden für $1 - f_0$ in Abhängigkeit von $\sqrt{z \cdot c \cdot 10^3}$ (c = Mol/cm³; $z = \sum z_i$). Man erkennt, daß die ebenfalls eingetragenen experimentell ermittelten[1]) Werte $1 - f_0$ wirklich für kleine Konzentrationen sich dem von der Theorie geforderten Verhalten nähern. Die mit steigender Konzentration wachsenden Abweichungen verweisen darauf, daß die eingeführten Vernachlässigungen hier nicht mehr statthaft sind. Wir kommen darauf noch zurück. Da osmotische Messungen (Gefrierpunktserniedrigung, Siedepunktserhöhung, Dampfdruckverminderung) bei noch geringeren Konzentrationen wenig Aussicht auf hinreichende Genauigkeit haben, ist eine exakte direkte Prüfung des osmotischen Grenzgesetzes vorderhand kaum möglich. Dis bisher zwecks Prüfung durchgeführten Untersuchungen[2]) können nur zeigen, daß Gleichung (109) in jeder Beziehung desto besser den experimentellen Ergebnissen sich anpaßt, je geringer die Konzentration gewählt wird. Die Gültigkeitsgrenze dürfte aber sicher noch unterhalb $[c] = 0{,}01$ Mol/Lit. liegen.

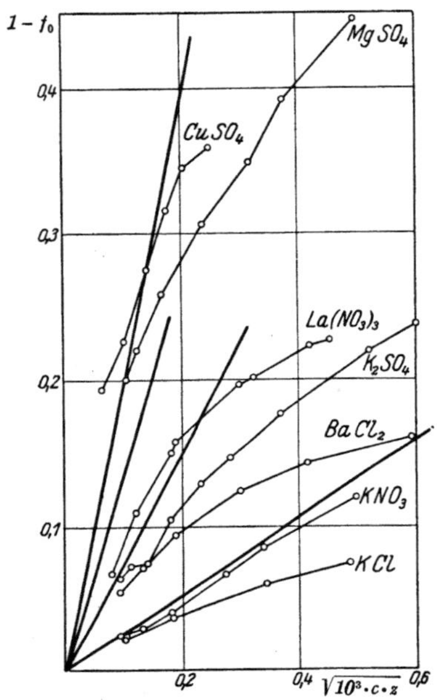

Abb. 13. $1 - f_0$ nach Theorie und Experiment.

Theoretische Einwände gegen die Ableitung des Grenzgesetzes sind von GROSS und HALPERN[3]), sowie von ZWICKY[4]) geäußert worden. Die ersteren halten die oben nur angedeutete Art der Berechnung von $A_{A'}$ [Gleichung (104)] wegen der durch die Wärmebewegung verursachten Schwankungen von ψ_i' für unzulässig. Die Berechnung von $A_{A'}$ ist aber mit gleichem Ergebnis auch auf einem anderen Wege möglich[5]), der diesen Bedenken nicht unterliegt. ZWICKY[4]) hat anläßlich eines Versuchs, die spezifische Wärme von Elektrolytlösungen elektrostatisch zu deuten, darauf hingewiesen, daß die Berücksichtigung der Elektrostriktion zu einer Verteilung der Ionen führen müsse, die von der nach DEBYE errechneten abweicht. Eine Entscheidung über die Berechtigung dieses Einwandes scheint vorderhand schwierig zu sein.

[1]) Nach Gefrierpunktsmessungen von T. G. BEDFORD, Proc. Roy. Soc. London Bd. 83, S. 454. 1909; L. H. ADAMS, Journ. Amer. Chem. Soc. Bd. 37, S. 481. 1915; L. F. HALL u. H. D. HARKINS, ebenda Bd. 38, S. 2658. 1916.

[2]) O. E. FRIVOLD, Phys. ZS. Bd. 25, S. 465. 1924; Journ. phys. chem. Bd. 30, S. 1153. 1926; E. SCHREINER u. O. E. FRIVOLD, ZS. f. phys. Chem. Bd. 124, S. 1. 1926; W. H. RODEBUSH u. F. HOVORKA, Journ. Amer. Chem. Soc. Bd. 47, S. 1614. 1925; M. RANDALL, Journ. Amer. Chem. Soc. Bd. 48, S. 2512. 1926; M. RANDALL u. A. M. L. WHITE, ebenda Bd. 48, S. 2514. 1926.

[3]) P. GROSS u. O. HALPERN, Phys. ZS. Bd. 26, S. 403. 1925.

[4]) F. ZWICKY, Phys. ZS. Bd. 27, S. 271. 1926.

[5]) N. BJERRUM, ZS. f. phys. Chem. Bd. 119, S. 145. 1926.

Allgemein ist zu dem DEBYE-HÜCKELschen Ansatz zu bemerken, daß sein Näherungscharakter schon durch Verwendung der POISSONschen Differentialgleichung zur Ermittlung der Ionenverteilung bedingt sein dürfte. Andererseits liegt aber gerade hierin der Kernpunkt des Verfahrens, da nur dadurch die mathematischen Schwierigkeiten, die sich der streng statistischen Behandlung entgegenstellen, umgangen werden.

Den wesentlichen Unterschied gegen die Theorie von GHOSH sehen DEBYE und HÜCKEL in der Einführung des MAXWELL-BOLTZMANNschen Prinzips, womit sich ein völlig anderer Einfluß der Temperatur ergibt. Dies kommt darin zum Ausdruck, daß die charakteristische Länge $\frac{1}{\omega}$, die an Stelle des GHOSHschen mittleren Ionenabstandes tritt, als wesentlichen Parameter die Temperatur enthält. Für die gewöhnlichen Temperatur- und mittlere Konzentrationsgebiete scheint dieser unterschiedliche Ansatz allerdings praktisch keine Bedeutung zu haben, jedoch liegt gerade in ihm das Auftreten verschiedener Potenzen von c in der Grenze hoher Verdünnung begründet.

35. Das Grenzgesetz für den Aktivitätsfaktor. (DEBYE und HÜCKEL)[1]. Aus den in Ziff. 34 gewonnenen Beziehungen ergibt sich auch leicht der Ausdruck für den Aktivitätskoeffizienten eines vollständig dissoziierten Elektrolyten.

Die freie Energie einer Elektrolytlösung unterscheidet sich von der einer idealen Lösung um den Arbeitsbetrag A_A, der zur unendlich langsam erfolgenden Ionenaufladung aufzuwenden wäre. Dieser ist aus den Ansätzen für den osmotischen Koeffizienten bekannt. Er setzt sich aus den beiden Gliedern $A_{A'}$ [Gleichung (104)] und $A_{A''}$ [Gleichung (98)] zusammen, den Arbeitsanteilen, die gegen das „Fremdpotential" und gegen das „Eigenpotential" der Ionen zu leisten sind. Wegen der geringen Kompressibilität von Flüssigkeiten kann, falls nicht gerade die Druckabhängigkeit des Systems interessiert, A_A auch für die Differenz der GIBBSschen thermodynamischen Potentiale Z und Z_0 einer Ionenlösung und einer gleichkonzentrierten idealen Lösung gesetzt werden, also

$$Z = Z_0 + A_A \tag{110}$$

und bei Variation der Molekelzahlen M_i (p, T = konst.):

$$\delta Z = \delta Z_0 + \frac{\partial A_{A'}}{\partial M_i} \cdot \delta M_i + \frac{\partial A_{A''}}{\partial M_i} \cdot \delta M_i . \tag{111}$$

Es ist ferner

$$\delta Z_0 = \sum_i (\xi_i + kT \ln x_i)\, \delta M_i , \tag{112}$$

worin die x_i Molenbrüche bedeuten und die ξ_i, die nicht von der Konzentration abhängen, unter anderem durch die chemischen Gleichgewichtskonstanten bedingt sind.

Bringt man nunmehr $\frac{\partial A_{A'}}{\partial M_i}$ auf die Form

$$\frac{\partial A_{A'}}{\partial M_i} = kT \ln f_{ai} \tag{113}$$

(f_{ai} = Aktivitätskoeffizient des Ions i-ter Sorte), so kann man schreiben

$$\delta Z = \sum_i (\xi_i' + kT \ln f_{ai} x_i)\, \delta M_i , \tag{114}$$

wobei das Glied

$$\frac{\partial A_{A''}}{\partial M_i} \cdot \delta M_i$$

[1]) P. DEBYE u. E. HÜCKEL, Phys. ZS. Bd. 24, S. 185. 1923; P. DEBYE, Phys. ZS. Bd. 25, S. 97. 1924; vgl. auch E. HÜCKEL, Ergebn. d. exakt. Naturwissensch. Bd. 3, S. 199. Berlin 1924.

der Gleichung (111), das konzentrationsunabhängig ist, solange die in $A_{A''}$ auftretende Dielektrizitätskonstante als konzentrationsunabhängig betrachtet, also $\varepsilon = \varepsilon_0$ gesetzt werden darf, in ξ_i' enthalten ist.

Der Vergleich von (112) und (114) läßt erkennen, daß man die Änderung des thermodynamischen Potentials bei Variation der Molekelzahlen in einer Elektrolytlösung ebenso beschreiben kann, wie in einer idealen Lösung, daß also mit anderen Worten auch für Elektrolyte das Massenwirkungsgesetz gelten muß, falls nur statt der Konzentrationen die Produkte $f_{a_i} x_i$ gesetzt werden. In verdünnten Lösungen darf natürlich statt mit Molenbrüchen x auch mit Konzentrationen c gerechnet werden. Damit ist der Nachweis erbracht, daß die Verwendung der in Ziff. 31 bei Definition des Aktivitätskoeffizienten zunächst formal eingeführten „Aktivität“ $a = f_a \cdot c$ thermodynamisch berechtigt ist.

Aus Gleichung (113) ergibt sich nunmehr, unter Heranziehung des in Ziff. 34 abgeleiteten Ausdrucks für $A_{A'}$ [Gleichung (104)]

$$\ln f_{a_i} = \frac{1}{kT} \cdot \frac{\partial A_{A'}}{\partial M_i} = -\frac{n_i^2 e^2 \omega}{2\varepsilon_0 k T}, \tag{115}$$

oder, nach Einsetzen des Ausdrucks für ω, Ersatz der m_i durch c_i (Mol/cm³) gemäß $m_i = L \cdot c_i$ und Umordnung:

$$\ln f_{a_i} = -\frac{e^3}{k} \sqrt{\frac{\pi L}{k}} \cdot (\varepsilon_0 T)^{\frac{2}{3}} \cdot n_i^2 \sqrt{\sum_i c_i n_i^2}. \tag{116}$$

In der Grenze hoher Verdünnung ist der Aktivitätskoeffizient eines herausgegriffenen Ions mithin bedingt sowohl durch dessen eigene Wertigkeit, als auch durch Konzentrationen und Wertigkeiten aller vorhandenen Ionen, aber unbeeinflußt von deren speziellen Eigenschaften. Im einzelnen fordert das Grenzgesetz, daß $\ln f_{a_i}$ der Quadratwurzel aus der „ionalen Gesamtkonzentration“ $\sum c_i n_i^2$ und, sofern diese konstant gehalten wird, dem Quadrate der Wertigkeit des betrachteten Ions proportional sei. Die Dielektrizitätskonstante des Lösungsmittels und Temperatur gehen in $\ln f_{a_i}$ mit der Potenz $^2/_3$ ein, wobei wieder zu beachten ist, daß die erstgenannte Eigenschaft im allgemeinen selbst eine Temperaturfunktion ist.

Definiert man den Aktivitätskoeffizienten f_a eines in $z_1 \ldots z_i \ldots z_s$ Ionen der Sorten $1 \ldots i \ldots s$ zerfallenden **Ionenbildners** als das geometrische Mittel aus den Aktivitätskoeffizienten aller von ihm gelieferten Ionen gemäß

$$\ln f_a = \frac{\sum_i' z_i \ln f_{a_i}}{\sum_i' z_i}, \tag{117}$$

wobei die $\sum'$ andeuten sollen, daß die Summierung sich nur über die vom betrachteten Ionenbildner gelieferten Ionen zu erstrecken hat, so gelten die obigen Resultate auch ohne weiteres für $\ln f_a$.

Dieses Ergebnis steht mit Untersuchungen von BRÖNSTEDT[1]) in bestem Einklang. Bevor die erwähnten Ergebnisse der Theorie vorlagen, hat er aus der Löslichkeitsbeeinflussung schwerlöslicher binärer Salze von verschiedenem Valenztypus durch Neutralsalze (s. Ziff. 28) festgestellt, daß bei gleichbleibender „ionaler Gesamtkonzentration“ die Werte für $\log f_a$ ($f_a = \sqrt{f_{a_1} \cdot f_{a_2}}$, wenn f_{a_1} und f_{a_2} die Koeffizienten der vom schwerlöslichen Salz gelieferten Ionen sind) annähernd im Verhältnis der Quadrate der Ionenwertigkeiten stehen, wie die Theorie es verlangt. Auch hatte BRÖNSTEDT empirisch bereits gefunden, daß der $\log f_a$ ein-einwertiger Ionenbildner bei genügend hohen Verdünnungen der

[1]) J. N. BRÖNSTEDT, Journ. Amer. Chem. Soc. Bd. 42, S. 761. 1920; Bd. 44, S. 938. 1922.

Quadratwurzel aus der Konzentration proportional wird. Daß ferner die zahlreichen Erfahrungen amerikanischer Forscher von LEWIS und RANDALL[1]) dahin zusammengefaßt werden konnten, daß der Aktivitätskoeffizient eines Ions nur von der „Ionenstärke" abhängig sei, die gemäß ihrer Definition den halben Wert der oben eingeführten „ionalen Gesamtkonzentration" hat, wurde in Ziff. 31 bereits besprochen.

Eine noch schönere Bestätigung geben spätere Messungen von BRÖNSTEDT und LA MER[2]). Es handelt sich um Löslichkeitsbeeinflussung 1-1-, 1-2- und 1-3 wertiger Kobaltkomplexsalze durch Neutralsalze verschiedenartigster Typen. Abb. 14 veranschaulicht die experimentell ermittelten $-\log f_a$ in Abhängigkeit von der „ionalen Gesamtkonzentration". Nebenstehend erläuterte Zeichen geben die Einzelwerte für die verschiedenen Neutralsalze wieder. Die Geraden entsprechen der von der Theorie geforderten Abhängigkeit für je einen Valenztypus der Komplexsalze [Gleichung (116)]. Die Übereinstimmung ist um so besser, je geringer die Gesamtkonzentration, dem Charakter von (116) als Grenzgesetz entsprechend.

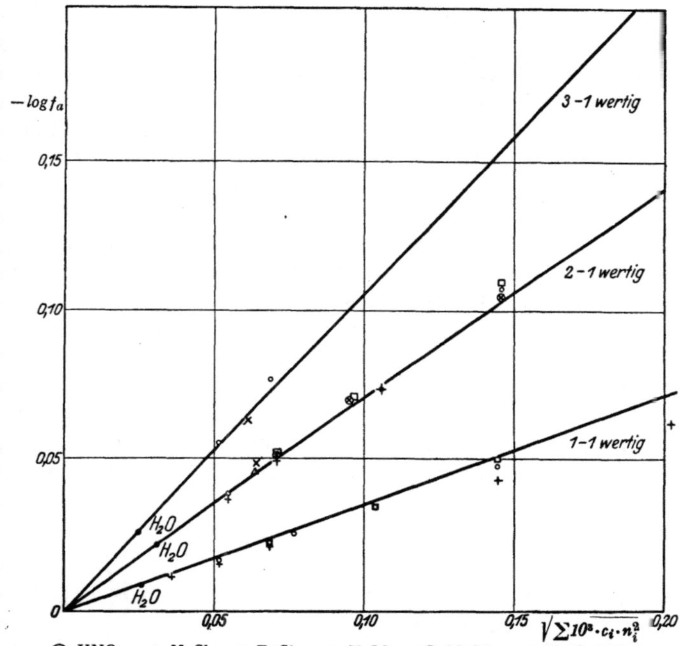

○ KNO_3, + NaCl, × $BaCl_2$, △ K_2SO_4, ⊕ $MgSO_4$, □ $K_3[Co(CN)_6]$.

Abb. 14. Abhängigkeit des Aktivitätsfaktors von der ionalen Gesamtkonzentration.

Dieses Verhalten scheint tatsächlich überzeugend die frühere Deutung der Fremdsalzwirkung (Ziff. 28) für den vorliegenden Fall zu widerlegen. Wäre Komplexionenbildung die Ursache der erhöhten Löslichkeit, müßte man eine Wirkung erwarten, die wesentlich von der besonderen Natur der Fremdsalze mitbedingt wäre, entsprechend den mehr oder minder veränderlichen Komplexkonstanten der neu entstehenden Ionen. Entsprechendes würde gelten, falls durch Zusammentreten von Fremdsalzionen und solchen des Bodenkörpersalzes zu undissoziierten Molekeln die Verschiebung des Lösungsgleichgewichtes verursacht sein sollte.

Da andererseits in zahlreichen Fällen der „anomalen" Löslichkeitserhöhung Komplexbildung sicher nachgewiesen werden konnte (vgl. Ziff. 28), wäre es natürlich verfehlt, letztere Deutung allgemein aufzugeben. Sicher aber dürfte sein, daß der genannte Effekt auch ohne Mitwirkung von Komplexionen und ohne

---

[1]) G. N. LEWIS u. M. RANDALL, Journ. Amer. Chem. Soc. Bd. 43, S. 1112. 1921.

[2]) J. N. BRÖNSTEDT u. V. K. LA MER, Journ. Amer. Chem. Soc. Bd. 46, S. 555. 1924. vgl. ferner V. K. LA MER, C. V. KING u. CH. F. MASON, ebenda Bd. 49, S. 363. 1927; V. K. LA MER u. CH. F. MASON, ebenda Bd. 49, S. 410. 1927. (Nach der letzten Arbeit erhebliche Abweichungen von der Theorie.)

Vorhandensein von undissoziierten Molekeln (in irgend nennenswertem Maße) zustande kommen kann.

Bei weiterer Prüfung[1]) des Grenzgesetzes, die sowohl mit Hilfe von Löslichkeitsbestimmungen als auch auf potentiometrischem Wege erfolgte, zeigten sich zwar die oben diskutierten Forderungen der Theorie durchweg erfüllt, doch erwiesen sich die Absolutwerte von $\log f_a$ experimentell vielfach niedriger, bis zu 20 und 30%, als die Theorie es verlangt.

36. Das Grenzgesetz für den Leitfähigkeitskoeffizienten (DEBYE und HÜCKEL)[2]). Auch für den irreversiblen Vorgang der elektrolytischen Leitung in Flüssigkeiten gelingt es DEBYE und HÜCKEL, den Einfluß der innerionischen Kräfte in einer Näherungsrechnung für hohe Verdünnungen zu erfassen. Es muß an dieser Stelle bei einer Andeutung des eingeschlagenen Weges sein Bewenden haben. Wir denken uns an die Lösung eines völlig dissoziierten Elektrolyten ein äußeres elektrisches Feld gelegt, unter dessen Einfluß (Ziff. 3) die Ionen mit einer bestimmten konstanten Geschwindigkeit sich durch die Flüssigkeit bewegen. Betrachtet man zunächst eine unendlich verdünnte Lösung, so muß, wegen Gültigkeit des OHMschen Gesetzes,

$$e n_i \mathfrak{E} = r_i \mathfrak{v}_{i\infty} \tag{118}$$

sein, wenn $\mathfrak{v}_{i\infty}$ die unter dem Einfluß der Feldstärke $\mathfrak{E}$ erreichte konstante Geschwindigkeit bedeutet. Wie wir in Ziff. 15 sahen, kann r_i unter Umständen nach dem STOKESschen Gesetz zu

$$r_i = 6\pi\eta b_i$$

berechnet werden, worin η die innere Reibung des Lösungsmittels und b_i den Radius des wandernden (evtl. solvatisierten) Ions bedeutet. Davon soll jedoch mit DEBYE und HÜCKEL zunächst abgesehen und r_i allein als spezifische Reibungskonstante des Ions der Sorte i betrachtet werden, die aus der Ionenbeweglichkeit $U_{i\infty}$ gemäß

$$r_i = \frac{|n_i| e}{U_{i\infty}}$$

bestimmt, aber auch für Lösungen endlicher hoher Verdünnung als gültig angesehen werden kann.

Beim Übergang zu endlichen Verdünnungen ist jetzt zu beachten, daß sich nach dem MAXWELL-BOLTZMANNschen Prinzip in der Nähe eines herausgegriffenen Ions im Mittel mehr Ionen entgegengesetzter als gleicher Ladung befinden. Während nun die Ionenatmosphäre um ein ruhendes Ion symmetrisch verteilt zu denken ist, wird sie bei einem durch die Flüssigkeit bewegten Teilchen wegen der „endlichen Relaxationszeit" unsymmetrisch in bezug auf das bewegte Ion werden, und zwar derart, daß vor dem Ion die Zahl der gleichsinnig, hinter ihm die der entgegengesetzt geladenen überwiegt, dies ferner um so ausgesprochener, je größer die Geschwindigkeit des sich bewegenden Ions ist. Zu der Kraft gewöhnlicher

[1]) U. a. O. SCHÄRER, Phys. ZS. Bd. 25, S. 145. 1924; A. A. NOYES u. W. P. BAXTER, Journ. Amer. Chem. Soc. Bd. 47, S. 2122. 1925; S. R. PIKE u. G. NONHEBEL, Phil. Mag. (6) Bd. 50, S. 723. 1925; G. NONHEBEL u. H. HARTLEY, ebenda (6) Bd. 50, S. 729. 1925; (7) Bd. 2, S. 586. 1926; G. NONHEBEL, ebenda (7) Bd. 2, S. 1085. 1926; G. SCATCHARD, Journ. Amer. Chem. Soc. Bd. 47, S. 641, 648 u. 696. 2098. 1925; Phil. Mag. (7) Bd. 2, S. 577. 1926; W. P. BAXTER, Journ. Amer. Chem. Soc. Bd. 48, S. 615. 1926; J. N. BRÖNSTEDT u. N. J. BRUMBAUGH, ebenda Bd. 48, S. 2015. 1926; T. J. WEBB, ebenda Bd. 48, S. 2263. 1926; M. RANDALL u. G. F. BRECKENRIDGE, ebenda Bd. 49, S. 1435. 1927; M. RANDALL u. C. T. LANGFORD, ebenda Bd. 49, S. 1445. 1927.

[2]) P. DEBYE u. E. HÜCKEL, Phys. ZS. Bd. 24, S. 305. 1923; vgl. auch E. HÜCKEL, Ergebn. d. exakt. Naturwissensch. Bd. 3, S. 199. Berlin 1924.

Reibung, die das Ion in der Flüssigkeit erfährt, tritt eine zweite hemmende Kraft, bedingt durch die infolge der geschilderten unsymmetrischen Ionenverteilung wirksam werdenden COULOMBschen Kräfte. Doch ist noch ein dritter hindernder Faktor denkbar. Die in der Umgebung des herausgegriffenen Ions befindlichen Ionen werden ebenfalls unter dem Einfluß des äußeren Feldes bewegt und nehmen dabei das Lösungsmittel in einem gewissen Betrage mit. Wegen der unsymmetrischen Verteilung wandern mehr der umgebenden Ionen gegen die Richtung des herausgegriffenen als umgekehrt. Die Ionenbewegung erfolgt also gewissermaßen nicht in einem ruhenden, vielmehr gegen ein strömendes Medium. Dieser „elektrophoretische" Effekt liefert die dritte bewegungshemmende Kraft. Die Berechnung der zweiten Kraft gelingt unter Ansatz der Differentialgleichung der BROWNschen Bewegung und der POISSONschen Gleichung; die dritte kann ebenso angefaßt werden, wie schon HELMHOLTZ die Elektrophorese behandelt hat. Wie in Ziff. 34 werden Näherungen für genügend verdünnte Lösungen eingeführt.

Die Geschwindigkeit $\mathfrak{v}_i$ des betrachteten Ions unter dem Einfluß des Feldes $\mathfrak{E}$ ergibt sich dann, da die Summe aller auf das Ion wirkenden Kräfte gleich Null sein muß, aus:

$$e \cdot n_i \cdot \mathfrak{E} - \frac{1}{6} \frac{r \cdot \mathfrak{v}_i}{\varepsilon k T} \cdot \omega \cdot e^2 \cdot n_i^2 - r_i \cdot \mathfrak{v}_i - e \cdot n_i \cdot \omega \cdot b_i \cdot \mathfrak{E} = 0 . \tag{119}$$

Das erste Glied drückt die vom äußeren Felde herrührende, das zweite die bremsende COULOMBsche, das dritte die gewöhnliche Reibungs- und das letzte endlich die elektrophoretische Kraft aus.

r ist ein Mittelwert der Reibungskonstanten $r_1 \ldots r_i \ldots r_s$ aller vorhandenen Ionen, nämlich:

$$r = \frac{\sum z_i \cdot n_i^2 \cdot r_i}{\sum z_i \cdot n_i^2} .$$

(Die anderen Bezeichnungen wie in Ziff. 34.) Aus (72) wird:

$$\mathfrak{v}_i = e \cdot n_i \cdot \mathfrak{E} \cdot \frac{1 - \omega \cdot b_i}{r_i + \frac{1}{6} \cdot \frac{r}{\varepsilon k T} e^2 \cdot n_i \cdot \omega} , \tag{120}$$

woraus weiter, wenn man bei der Entwicklung berücksichtigt, daß das zweite Glied im Nenner klein gegen r_i ist und die in ω von höherer als erster Ordnung auftretenden Glieder streicht,

$$\frac{\mathfrak{v}_i}{\mathfrak{E}} = U_i = \frac{e \cdot n_i}{r_i} \left[1 - \left(\frac{1}{6} \cdot \frac{r}{r_i} \frac{e^2 \cdot n_i^2}{\varepsilon k T} + b_i \right) \cdot \omega \right] \tag{121}$$

[U_i = Ionenbeweglichkeit für $\mathfrak{E} = 1$]

sich berechnet.

Nach Gleichung (16) (Ziff. 11) ist die Molarleitfähigkeit eines einheitlichen Elektrolyten (für $\alpha = 1$)

$$\mu = L \cdot e \sum z_i \, |n_i| \, U_i , \tag{122}$$

(wenn von der in (16) durchgeführten Unterscheidung zwischen Kationen und Anionen abgesehen wird, U_i also hier für ein beliebiges Ion steht), und entsprechend für unendliche Verdünnung:

$$\mu_\infty = L \cdot e \sum z_i \, |n_i| \cdot U_i^\infty . \tag{123}$$

Setzt man aus (121) U_i in (123) ein und berücksichtigt, daß nach Gleichung (5) (Ziff. 3)

$$\frac{e\,|n_i|}{r_i} = U_i^{\infty}$$

ist, so wird:

$$\mu = \mu_\infty - \mu_\infty \sqrt{\frac{4\pi \cdot e^2}{\varepsilon k T} \cdot z \cdot c} \cdot \left[\frac{e^2}{6\varepsilon k T} \cdot w_1 + b \cdot w_2\right], \tag{124}$$

worin w_1, w_2 und b definiert sind durch:

$$w_1 = \frac{\sum z_i \cdot n_i^2 \cdot r_i}{\sqrt{z \sum z_i \cdot n_i^2}} \cdot \frac{\sum \frac{z_i n_i^4}{r_i^2}}{\sum \frac{z_i \cdot n_i^2}{r_i}},$$

$$w_2 = \sqrt{\frac{\sum z_i \cdot n_i^2}{z}},$$

$$b = \frac{\sum \frac{z_i n_i^2}{r_i} \cdot b_i}{\sum \frac{z_i \cdot n_i^2}{r_i}},$$

und $z = \sum z_i$ ist.

Endlich folgt für den Leitfähigkeitskoeffizienten

$$f_\Lambda = \frac{\Lambda}{\Lambda_\infty} = \frac{\mu}{\mu_\infty}:$$

$$1 - f_\Lambda = \sqrt{\frac{4\pi \cdot e^2}{\varepsilon k T} \cdot z \cdot c} \cdot \left[\frac{e^2}{6\varepsilon k T} w_1 + b \cdot w_2\right]. \tag{125}$$

Man erkennt in diesem Grenzgesetz der Leitfähigkeit sofort einen wesentlichen Unterschied gegen das osmotische. Während $1 - f_0$ für alle gleichgebauten Elektrolyte denselben Zahlenwert ergibt, ist für $1 - f_\Lambda$ auch im Grenzfalle — wegen Auftretens von b und r (bzw. U_∞) in der Formel — ein individuelles Verhalten gefordert. Mangels sicherer Kenntnis von b ist eine direkte Prüfung von (125) nicht möglich. Sie erfolgt darum zunächst so, daß aus experimentellen Daten nach der Methode der kleinsten Quadrate die relative Verminderung von μ gegen μ_∞ bei verschiedenen Elektrolyttypen für die gleiche hohe Verdünnung berechnet wird. Es zeigt sich, daß hierfür in erster Linie der Valenztypus, in zweiter aber auch — in Übereinstimmung mit der Theorie — die besondere Natur der Elektrolyte maßgebend ist. Werden nunmehr rückwärts die mittleren Ionenradien b berechnet, die man in (125) einzusetzen hat, um den experimentellen Ergebnissen gerecht zu werden, so zeigen sie sich im großen ganzen zwar von der zu erwartenden Größenordnung, weisen im einzelnen aber doch mancherlei Unstimmigkeiten auf. Wichtig ist vor allem, daß das Gesetz in der Konzentrationsabhängigkeit von Λ mit dem empirischen Grenzgesetz $\Lambda = \Lambda_\infty - B \cdot c^{\frac{1}{2}}$ übereinstimmt. Hinsichtlich des Einflusses der Dielektrizitätskonstante hat die Erfahrung eine einfachere Beziehung ergeben (WALDEN, Ziff. 22), als sie sich hier herausstellt. Die vorliegenden Daten scheinen aber nicht genau genug zu sein, um eine Entscheidung zu gestatten.

37. Das Grenzgesetz der Leitfähigkeit nach ONSAGER[1]). Eine wesentliche Verbesserung dieses ersten Ansatzes von DEBYE und HÜCKEL konnte ONSAGER[1]) bei eingehender Überprüfung erzielen. Zunächst konnte er wahrscheinlich machen, daß die gewöhnlichen hydrodynamischen Gesetze, wie sie in der STOKES-

[1]) L. ONSAGER, Phys. ZS. Bd. 27, S. 388. 1926; Bd. 28, S. 277. 1927.

schen Regel ihren Ausdruck finden, auf jeden Fall außerhalb einer gewissen Entfernung vom Ion gültig sind. Unter dieser Voraussetzung darf man für den Ionenradius b_i den aus der Grenzbeweglichkeit $U_{i\infty}$ des Ions nach STOKES sich ergebenden Wert einsetzen. Das für die elektrophoretischen Kräfte in (119) enthaltene Glied geht somit über in

$$\mathfrak{K}_4 = \frac{e\,n_i\,r_i\,\mathfrak{E}}{6\pi\eta}\cdot\omega\,, \tag{126}$$

womit die Unsicherheit bezüglich des Wertes von b_i in (125) beseitigt ist.

Eine strengere Rechnung führt andererseits für die COULOMBschen bremsenden Kräfte zu einem von DEBYE-HÜCKEL abweichenden Ausdruck. Für die Wanderungsgeschwindigkeit U_i eines Ions in Lösungen endlicher Konzentration erhält ONSAGER schließlich, bei Beschränkung auf einen nur zwei Ionenarten enthaltenden, vollständig gespaltenen Elektrolyten

$$U_i = U_{i\infty} - \left(\frac{e^2}{6\,\varepsilon_0 k T}\cdot \dot{w}\cdot U_{i\infty} + \frac{e}{6\pi\eta}\cdot |n_i|\right)\cdot\sqrt{\frac{4\pi L e^2}{\varepsilon_0 k T}}\cdot\sqrt{(|n_1|+|n_2|)\cdot c}\,, \tag{127}$$

worin

$$w = \frac{2q}{1+\sqrt{q}}$$

ist, wenn

$$q = \frac{|n_1|\cdot|n_2|\,(U_{1\infty}+U_{2\infty})}{(|n_1|+|n_2|)\,(|n_2|\,U_{1\infty}+|n_1|\,U_{2\infty})}$$

gesetzt wird (c ist hier die Äquivalentkonzentration). Aus den Werten von U_i ist die äquivalente bzw. molare Leitfähigkeit in der bekannten Weise zu erhalten (vgl. Ziff. 11).

Die Gleichung (127) enthält außer universellen Konstanten nur noch die Wertigkeiten n_1 und n_2 der Ionen, sowie ihre Wanderungsgeschwindigkeiten bei unendlicher Verdünnung, $U_{1\infty}$ und $U_{2\infty}$. Stellt man die Abhängigkeit des Äquivalentleitvermögens von c durch den Ansatz

$$\Lambda_v = \Lambda_\infty - B\cdot\sqrt{c}$$

dar, so läßt sich nunmehr an Hand der ONSAGERschen Ergebnisse die Konstante B, und damit der Verlauf der Leitfähigkeitskurve in genügend hohen Verdünnungen, bei Kenntnis der einzigen individuellen Stoffkonstante Λ_∞ theoretisch vorausberechnen.

Die besten der experimentell bestimmten Leitfähigkeitsdaten 1-1- und 1-2-wertiger Salze, sowie 1-1-wertiger Säuren liegen bei genügend hohen Konzentrationen (durchschnittlich $[c] < 0{,}005$) fast vollständig auf der nach ONSAGER berechneten theoretischen Grenzgeraden. Bei 2-2-wertigen Salzen sind die den höchsten gemessenen Verdünnungen entsprechenden Werte zwar auch linear von $\sqrt{c}$ abhängig, doch zeigen sich die experimentellen Grenzgeraden wesentlich steiler als die aus der Theorie berechneten. Es scheint jedoch, daß die vorliegenden Verdünnungen für diesen Elektrolyttypus noch nicht hoch genug sind, um das Grenzgesetz anwenden zu können. Dies wird dadurch wahrscheinlich gemacht, daß die geradlinige Extrapolation bis $c = 0$ auf Grenzwerte Λ_∞ führt, die gegenüber den aus Leitfähigkeitsmessungen 1-2-wertiger Elektrolyte erschlossenen deutlich zu groß sind. Sollte sich dieses Resultat bestätigen, so dürften mithin die bislang der Messung zugänglichen Leitfähigkeitswerte 2-2-wertiger Salze nicht zur, sonst durch die neue Theorie gerade geforderten, Extrapolation auf Λ_∞ nach dem KOHLRAUSCHschen Quadratwurzelgesetz (vgl. Ziff. 12) benutzt werden.

Wie Gleichung (127) erkennen läßt, erfolgt der Abfall der Ionenbeweglichkeit, und damit auch derjenige des Äquivalent- bzw. Molarleitvermögens, mit von Null ansteigender Konzentration um so rascher, je größer erstens die Wertigkeiten n_1 und n_2 und je größer ferner die Ionenbeweglichkeiten bei unendlicher Verdünnung sind. Doch ist dieser zweite Einfluß kleiner als der Grenzbeweglichkeit proportional, da $U_{i\infty}$ nur im ersten, von den COULOMBschen Kräften herrührenden Klammergliede vorkommt, im zweiten für den elektrophoretischen Effekt stehenden Gliede jedoch fehlt. Ein Blick auf Abb. 5 und 6 läßt erkennen, daß dieses von der Theorie geforderte Verhalten den Erfahrungen im allgemeinen wohl entspricht.

Für binäre Elektrolyte, für die $n_1 = n_2$, und auch für andere Typen, falls $U_{1\infty}/U_{2\infty} = n_1/n_2$ ist, wird $q = \frac{1}{2}$ und $w = 2 - \sqrt{2}$.

Die Beweglichkeit eines gegebenen Ions in solchen Elektrolyten sollte demnach bei gleicher Konzentration innerhalb des Anwendbarkeitsgebietes von (127) stets die gleiche sein, unabhängig von dem jeweiligen zweiten Partner. Das ist nichts anderes als das KOHLRAUSCHsche Gesetz der unabhängigen Wanderung der Ionen (Ziff. 11), das sich ja in vielen Fällen — entgegen dem nach der klassischen Theorie zu Erwartenden — auch bei endlichen Konzentrationen als gültig herausgestellt hat. Daraus folgt aber weiter, daß die Überführungszahlen solcher Ionenbildner bei genügend hohen Verdünnungen unabhängig von der Konzentration werden müssen. Dasselbe fordert die klassische Theorie, aber aus anderen Gründen. Für die Überführungszahlen von Elektrolyten, die den obigen Bedingungen nicht entsprechen, läßt die neue Theorie dagegen — anders als die klassische — Veränderlichkeit mit der Konzentration selbst bei hohen Verdünnungen auch für den Fall voraussehen, daß andere Störungen (wie sie in Ziff. 10 erwähnt wurden) fehlen. Die Prüfung dieser Forderungen am Experiment ist wegen der Schwierigkeit der Bestimmung von Überführungszahlen in höchst verdünnten Lösungen vorderhand nicht sicher möglich.

38. Berücksichtigung der Ionengröße. Daß die in voranstehend entwickelten Grenzgesetzen benutzten Näherungen bei nur wenig höheren Konzentrationen nicht mehr zulässig sind, darauf verweisen die mitgeteilten Vergleiche mit dem Experiment bereits deutlich. Es geht auch daraus hervor, daß bei mittleren Konzentrationen in allen empirischen Interpolationsformeln für die drei Abweichungskoeffizienten die Kubikwurzel und nicht — wie in den Grenzgesetzen — die Quadratwurzel der Konzentration auftritt.

Eine wesentliche Vernachlässigung bedeutete es, daß in (103) (Ziff. 34) und an anderen analogen Stellen $\omega \cdot a$ gegen 1 unterdrückt wurde. Für die wässerige Lösung eines 1-1-wertigen Ionenbildners von Zimmertemperatur errechnet man ω zu beispielsweise

etwa	$0{,}01 \cdot 10^8\,\text{cm}^{-1}$	für	$[c] = 0{,}001$ Mol/Liter
„	$0{,}03 \cdot 10^8\,\text{cm}^{-1}$	„	$[c] = 0{,}01$ „
„	$0{,}1 \cdot 10^8\,\text{cm}^{-1}$	„	$[c] = 0{,}1$ „

Für Elektrolyte mit höherwertigen Ionen wird der Wert entsprechend größer. Da a (im einfachsten Falle ein Ionendurchmesser) von der Größenordnung 10^{-8} cm ist, erkennt man, daß selbst bei geringen Konzentrationen diese Vernachlässigung zu merklichen Fehlern führen muß. Für die nächste Näherung wird man also die individuellen Ionengrößen berücksichtigen müssen. Führt man die Rechnung[1]) mit dem ungekürzten Ausdruck (103) durch, unter Ersatz

[1]) P. DEBYE u. E. HÜCKEL, Phys. ZS. Bd. 24, S. 185. 1923.

der einzelnen Werte von a_i durch einen Mittelwert a, so erhält man für den osmotischen Koeffizienten (bei kleinen Werten von $\omega \cdot a$) an Stelle von (108)

$$f_0 = 1 - \frac{\omega^3}{24\pi \sum m_i}\left[1 - \frac{3}{2}\omega a + \frac{9}{5}(\omega a)^2 - 2(\omega a)^3 + \cdots\right], \tag{128}$$

und für den Aktivitätskoeffizienten an Stelle von (115):

$$\ln f_{a_i} = -\frac{n_i^2 e^2 \omega}{2\varepsilon_0 k T} \cdot \frac{1}{1 + \omega a}. \tag{129}$$

In manchen Anwendungen, wo nur die Differenzen in den Durchmessern der beteiligten Ionen in Frage kommen, wie es z. B. bei der in Ziff. 35 besprochenen Löslichkeitsbeeinflussung durch verschiedene Salztypen in gleicher ionaler Gesamtkonzentration der Fall ist, sofern man nur die eine Forderung der Theorie ins Auge faßt, daß die Beeinflussung gleichgebauter Salze durch gleiche ionale Gesamtkonzentrationen dieselbe sein soll, bleibt auch in mittleren Konzentrationen die Übereinstimmung des Grenzgesetzes mit der Erfahrung befriedigend. Wie beträchtlich sich andererseits die individuellen Ioneneigenschaften ausprägen können, ersieht man aus Abb. 15[1]), welche für einige Chloride und Nitrate der Alkalimetalle die experimentell bestimmten $1 - f_0$ als Funktion von $\sqrt{10^3 cz}$ zeigt. Die theoretische Grenzgerade ist ebenfalls eingetragen. (Die gestrichelte Kurve stellt ferner die nach GHOSH zu fordernde Abhängigkeit dar.) Nachdem schon DEBYE und HÜCKEL[1]) darauf aufmerksam machten, daß derartige individuelle Kurven sich recht gut durch Gleichung (128) darstellen lassen, indem der Wert für a aus jeweils einer einzigen Messung bei höherer Konzentration bestimmt wird, hat besonders SCHÄRER[2]) an reichlichem Material über Löslichkeitsbeeinflussung nachgewiesen, daß bis zu Konzentrationen von einigen Zehntel Mol im Liter die Übereinstimmung mit der Theorie dadurch herzustellen ist, daß man der Berechnung angepaßte Ionendurchmesser einführt. Die in Abb. 16[1]) dargestellten Kurven sind nach (128) berechnet, indem für a folgende Werte benutzt wurden, die jeweils aus dem bei der höchsten Konzentration gemessenen Punkte bestimmt sind:

für KCl:	$a = 3{,}76 \cdot 10^{-8}$ cm,
K_2SO_4:	$a = 2{,}69 \cdot 10^{-8}$ cm,
$La(NO_3)_3$:	$a = 4{,}97 \cdot 10^{-8}$ cm,
$MgSO_4$:	$a = 3{,}55 \cdot 10^{-8}$ cm.

In anderen Fällen haben die benutzten Werte für a allerdings keineswegs immer die zu erwartende Größe; vielfach ergeben sie sich wesentlich zu klein, z. T. sogar negativ. Es muß auch auffallen, daß in Abb. 15 zwar eine Abstufung der Alkaliionen nach der aus dem Atomgewicht zu erwartenden Reihenfolge zu erkennen ist, daß aber Li mit dem kleinsten Atomgewicht die größten Abweichungen gegenüber dem Grenzgesetz zeigt, Cs die geringsten. Wenn die Abweichungen vom Grenzgesetz allein durch die verschiedene Ionengröße hervorgerufen sind, müßte man demnach dem Li-Ion den größten, dem Cs-Ion den kleinsten Durchmesser unter den Alkaliionen zuerteilen. Es ist dies ganz dieselbe Forderung, die sich für die Deutung der Reihenfolge der Ionenbeweglichkeiten ergeben hatte, und der man durch Annahme einer Ionensolvatation gerecht zu werden suchte (Ziff. 15). Daß BORN (Ziff. 15) dies nicht als eine chemische Bindung von Lösungsmittel aufgefaßt wissen will, daß ihm vielmehr (speziell für wässerige Lösungen) die Dipoleigenschaften der Wasser-

---

1) P. DEBYE u. E. HÜCKEL, Phys. ZS. Bd. 24, S. 185. 1923.
2) O. SCHÄRER, Phys. ZS. Bd. 25, S. 145. 1924.

molekeln zur Erklärung des Effektes dienten, ist bereits besprochen. Ähnlich hat HÜCKEL[1]) — auf von DEBYE herrührenden Überlegungen und Rechnungen aufbauend — die „Hydratation", wie sie sich u. a. in den oben geschilderten Verhältnissen ausdrückt, auf die Veränderung der dielektrischen Eigenschaften der Lösung durch die elektrischen Ionenkräfte zurückzuführen versucht. Davon wird in der nächsten Ziffer noch die Rede sein.

Abgesehen von den Unstimmigkeiten bezüglich der sich ergebenden Ionengrößen konnten die Gleichungen (128) und (129) auch bei späteren Prüfungen mit gutem Erfolge zur Darstellung der Messungsergebnisse sowohl an wässerigen

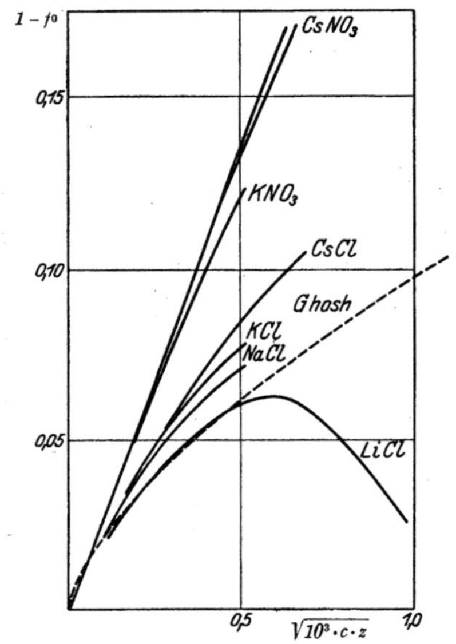

Abb. 15.

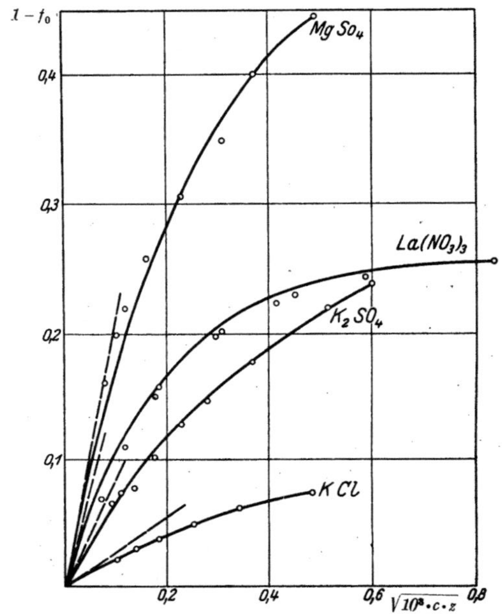

Abb. 16.

Abb. 15 u. 16. Einfluß der Ionendurchmesser.

wie nichtwässerigen Lösungen, bis zu Konzentrationen von einigen Zehntel Mol pro Liter, benutzt werden.

Die in Ziff. 34 und 35 genannten Arbeiten haben von dieser Möglichkeit teilweise Gebrauch gemacht.

REDLICH[2]) hat eine zweite Näherung unter Berücksichtigung der mittleren Ionengröße auch für den Leitfähigkeitskoeffizienten durchgeführt. Er erhält als Resultat:

$$\left.\begin{aligned} f_A = 1 - \omega \left[\frac{e^2}{6\,\varepsilon_0\,k\,T}\,w_1 + b\,w_2\right] + \\ + \omega^2 \left[\left(\frac{e^2}{6\,\varepsilon_0\,k\,T}\right)^2 \cdot \frac{\sum z_i\,n_i^6}{\sum z_i\,n_i^2} + \frac{e^2}{6\,\varepsilon_0\,k\,T} \cdot \frac{\sum z_i\,n_i^4}{\sum z_i\,n_i^2} \cdot b\right] \\ + b^2 + \frac{e^2}{6\,\varepsilon_0\,k\,T} \cdot a \cdot \frac{\sum z_i\,n_i^4}{\sum z_i\,n_i^2} . \end{aligned}\right\} \qquad (130)$$

b, w_1 und w_2 haben darin dieselbe Bedeutung wie bei DEBYE und HÜCKEL (Ziff. 36) a ist der aus osmotischen Messungen, wie oben geschildert, erhaltene mittlere

[1]) E. HÜCKEL, Phys. ZS. Bd. 26, S. 93. 1925.
[2]) O. REDLICH, Phys. ZS. Bd. 26, S. 199. 1925; Bd. 27, S. 528. 1926.

Ionendurchmesser, b_i wird aus der Ionenbeweglichkeit bei unendlicher Verdünnung vermittels des modifizierten STOKESschen Gesetzes

$$\mathfrak{K}\,\varphi = 6\,\pi\,\eta\,b_i\,\mathfrak{v}_i \tag{131}$$

gewonnen, worin φ eine aus einer einzigen Messung für jeden Elektrolyttypus zu erschließende Zahlenkonstante darstellen soll.

REDLICH findet Leitfähigkeitsmessungen bis zu Konzentrationen von 0,1 Mol/Liter in Übereinstimmung mit (130).

39. Konzentriertere Lösungen. Bei Besprechung der Neutralsalzwirkung auf das Potential einer Wasserstoffelektrode (Ziff. 31) war erwähnt, daß in konzentrierteren Ionenlösungen der Aktivitätskoeffizient einer Ionenart nach Erreichen eines Minimums wieder anzusteigen vermag, und zwar weit über den Wert 1 hinaus, den er bei verschwindender Ionenkonzentration besitzt. Es war auch bereits die von BJERRUM angegebene Erklärung dieser Erscheinung, die auf Annahme einer Solvatation der Ionen fußt, besprochen.

Ähnlichen Verhältnissen begegnet man bezüglich des osmotischen Druckes in hochkonzentrierten Lösungen. Auch hier hat man meist in einer Ionensolvatation die Erklärung gesucht.

HÜCKEL[1]) hat es nun unternommen, auch diese Effekte rein elektrisch zu deuten und damit die DEBYE-HÜCKELsche Theorie auf höher konzentrierte Lösungen auszudehnen, für welche die in vorangehender Ziffer erörterte zweite Näherung bereits versagt. Daß diese, und natürlich auch das Grenzgesetz, das beschriebene Verhalten nicht zu umfassen vermag, ergibt sich ja sofort daraus, daß danach weder $\ln f_a$ jemals positive noch $1 - f_0$ jemals negative Werte anzunehmen vermag.

Bei Ableitung der 1. und 2. Näherung ist nun die Änderung der Dielektrizitätskonstante der Lösung durch die anwesenden Ionen völlig unberücksichtigt geblieben. Daß diese Vernachlässigung in der Grenze hoher Verdünnungen berechtigt ist, haben DEBYE und PAULING[2]) besonders nachgewiesen. Schon bei mittleren Konzentrationen dürfte dies jedoch kaum noch zutreffen. Wenn solche Konzentrationsgebiete dennoch allein durch Berücksichtigung von individuellen Ionengrößen in die Theorie einbezogen werden konnten, so ist zu vermuten, daß in den gewählten, der Berechnung angepaßten mittleren Ionendurchmessern der infolge Veränderung der Dielektrizitätskonstante zu erwartende Effekt bereits mit enthalten ist. Somit können auch gelegentliche Abweichungen der Werte dieser Ionendurchmesser (Ziff. 38) von den nach anderen Erfahrungen zu erwartenden nicht überraschen.

Wie nun bei konzentrierteren Lösungen die Wirkung dielektrischer Veränderungen zu denken ist, erkennt man am besten, wenn man einmal mit HÜCKEL die hier herrschenden Verhältnisse in etwas anderer Beleuchtung betrachtet.

Die Ionen sind ja sicher nicht, wie es in den Ableitungen der Grenzgesetze zunächst angenommen wurde, starre Gebilde. Zweifellos werden die Bahnen ihrer Elektronen durch äußere elektrische Kräfte eine Verzerrung erfahren, eine Anschauung, die auf anderen Gebieten mit Erfolg mehrfach benutzt wurde. Solche Deformationen bedingen bei der Annäherung zweier Ionen das Auftreten von Kräften, die sich zu den rein COULOMBschen addieren. Diese Zusatzkräfte werden in Medien hoher Dielektrizitätskonstante zu einer Abstoßung, in Lösungsmitteln, deren Moleküle weniger polarisierbar sind als die darin befindlichen Ionen, einer Anziehung zwischen diesen letzteren entsprechen.

---

[1]) E. HÜCKEL, Phys. ZS. Bd. 26, S. 93. 1925.

[2]) P. DEBYE u. L. PAULING, Journ. Amer. Chem. Soc. Bd. 47, S. 2129. 1925.

Anders ausgedrückt: je stärker polarisierbar die Molekeln des Lösungsmittels sind, um so mehr werden auch diese einer Anziehung durch die Ionen unterliegen. Wird dieser Effekt größer als die anziehende Wirkung der Zusatzkräfte auf die Ionen, so kommt das im Ergebnis einer abstoßenden Zusatzkraft zwischen diesen letzteren gleich.

Es ist durchaus denkbar, daß in Medien hoher Dielektrizitätskonstante und bei wenig deformierbaren Ionen die abstoßenden Zusatzkräfte bei fortschreitender Annäherung der Ionen, d. h. bei hohen Konzentrationen, die Größe der anziehenden COULOMBschen Kräfte erreichen oder sogar übertreffen. Das bedeutet aber nichts anderes, als daß der osmotische bzw. der Aktivitätskoeffizient eines gelösten Ionenbildners bei wachsender Konzentration, nach anfänglicher Verminderung gegenüber dem Grenzwert 1 für unendliche Verdünnung, wieder ansteigen und schließlich sogar größere Werte als 1 annehmen kann, also gerade das, was in den eingangs erörterten Erscheinungen sich ausprägt.

Es ist einleuchtend, daß der beschriebene Effekt irgendwie in der Abhängigkeit der Dielektrizitätskonstante einer Lösung von der Ionenkonzentration zum Ausdruck kommen muß. Es ist aber weiter zu bedenken, daß hierbei auch eine Reihe anderer Wirkungen der Ionen mitspielen müssen, so die infolge der beträchtlichen Felder in der Umgebung der Ionen zu erwartende Richtung und Anziehung der Lösungsdipole, ferner auch eine etwaige Änderung des Assoziationszustandes des Lösungsmittels.

Eine Berechnung dieser Effekte im einzelnen erscheint vorderhand aussichtslos. HÜCKEL geht deshalb so vor, daß er die Summe dieser Wirkungen rein formal in einer Erniedrigung der Dielektrizitätskonstante proportional der Ionenkonzentration ansetzt:

$$\varepsilon = \varepsilon_0 - \sum_i \delta_i c_i , \tag{132}$$

und diese Veränderlichkeit bei Ableitung von f_a nach Ziff. 35 und 38 berücksichtigt. Obwohl dabei zwecks Vereinfachung der Rechnung statt mit individuellen Ionengrößen mit einem einzigen mittleren Wert des Ionendurchmessers gerechnet wird, der gleichzeitig den mittleren Minimalabstand darstellt, bis auf den die Mittelpunkte der Ionen sich jedem anderen Ion zu nähern vermögen, wird das Resultat recht kompliziert. Überdies sind die bisher vorliegenden Messungen der DK von Elektrolytlösungen zu unsicher, um aus ihnen δ ermitteln zu können. Es bleibt deshalb nichts anderes übrig, als jeweils δ und auch a aus einigen Einzelwerten von Aktivitätsmessungen zu erschließen und zuzusehen, ob mit ihrer Hilfe f_a auch in anderen Konzentrationsgebieten berechnet werden kann. Dies wird durch offenbar zufällige Eigenschaften der f_a-c-Funktion sehr erleichtert.

Es zeigt sich, daß $\log f_{ai}$ in zwei Glieder zerlegt werden kann, von denen das erste unabhängig von der Änderung der DK ist. Das zweite Glied, das gerade den Einfluß der DK-Änderung mißt, erweist sich, obwohl sehr kompliziert von δ und a abhängig, im ganzen gut darstellbar als proportional der Konzentration. Bei Einsetzen von Zahlenwerten kann man infolgedessen für 1-1-wertige Ionenbildner (nur für solche wird Berechnung und Prüfung durchgeführt) in wässeriger Lösung bei 25° schreiben:

$$\log f_a = -\frac{0{,}354 \cdot \sqrt{2[c]}}{1 + 0{,}232 \cdot 10^8 \cdot a \cdot \sqrt{[2c]}} + C \cdot 2[c] , \tag{133}$$

worin C mithin eine u. a. von δ abhängige Konstante und a den mittleren Ionenradius bedeutet.

Zur Prüfung wurden von HÜCKEL Messungen der EMK geeigneter galvanischer Ketten ohne Diffusionspotential benutzt. Abb. 17 zeigt die Ergebnisse für die von ALLMAND und POLACK[1]) gemessene Kette

$$HgNa_x/NaCl/Hg_2Cl_2, Hg.$$

Aus den durch Pfeile gekennzeichneten Meßpunkten wurde berechnet:

$$a = 2{,}35 \cdot 10^{-8}\,\text{cm}$$

$$C = 0{,}0445$$

und daraus weiter $\delta =$ etwa 4,5.

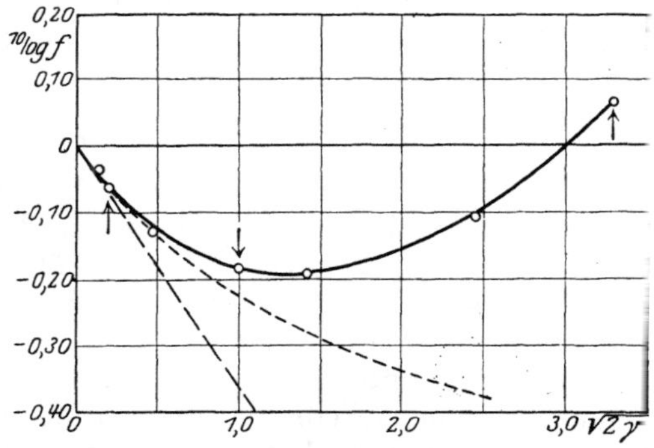

Abb. 17. Der Aktivitätskoeffizient von NaCl in konzentrierteren Lösungen. (Nach HÜCKEL.)

Die ausgezogene Kurve stellt die mit Hilfe dieser Konstanten berechnete Funktion (133) dar, die gestrichelte Gerade veranschaulicht das Grenzgesetz, die gestrichelte Kurve die 2. Näherung mit $a = 2{,}35 \cdot 10^{-8}$ cm.

Es ist angesichts der Abb. 17 nicht zu leugnen, daß auf dem erörterten Wege mit Hilfe von zwei willkürlichen Konstanten die Messungen beschrieben werden können. Das hat sich selbst bei hohen Konzentrationen auch bei weiteren Anwendungen durchaus bestätigt[2]). Der Nachweis der Richtigkeit der Theorie wäre aber nur zu führen durch die Feststellung, daß diese Konstanten die durch ihre Definition geforderten Größen haben. Dieser Nachweis kann bisher nicht als erbracht gelten. Die Werte für a ergeben sich zwar durchweg in der Größenordnung von Ionendurchmessern, doch treten bezüglich ihrer Reihenfolge schon Unstimmigkeiten auf. Schwerwiegender ist es, daß für C Werte gewählt werden müssen, aus denen δ sich so groß ergibt, daß daraus für höhere Konzentrationen unwahrscheinlich kleine, z. T. sogar negative Dielektrizitätskonstanten errechnet werden. Die exakte Prüfung der δ an Messungen der DK von Elektrolytlösungen scheitert vorläufig an der Unsicherheit solcher Bestimmungen, besonders bei einigermaßen nennenswerten Konzentrationen, für die ja die HÜCKELsche Theorie erst ihre Besonderheiten zeigt.

Andererseits scheinen auch die neueren Untersuchungen über die DK von Elektrolytlösungen bei geringen Konzentrationen zu mancherlei Widersprüchen mit den HÜCKELschen Resultaten zu führen[3]).

In etwas abweichender Weise haben übrigens auch GRONWALL und LA MER[4]) den Einfluß der DK-Änderung zu berücksichtigen versucht. Ähnliche Gesichtspunkte finden ferner in einer Arbeit von DEBYE und MCAULAY[5]) über den Aussalzungseffekt bei Nichtelektrolyten Verwendung.

Auf einen eigenartigen Versuch von WILKE[6]), den Gang von Elektrodenpotentialen bei höheren Elektrolytkonzentrationen durch Annahme quantenhafter Sprünge im Energieinhalt der Ionen zu deuten, sei hier nur hingewiesen.

---

[1]) A. J. ALLMAND u. W. C. POLACK, Journ. chem. soc. Bd. 115, S. 1020. 1919.

[2]) G. SCATCHARD, Journ. Amer. Chem. Soc. Bd. 47, S. 2098. 1925; E. GUNTELBERG, ZS. f. phys. Chem. Bd. 123, S. 199. 1926; W. W. LUCASSE, Journ. Amer. Chem. Soc. Bd. 48, S. 626. 1926; ZS. f. phys. Chem. Bd. 121, S. 254. 1926; H. S. HARNED, Journ. Amer. Chem. Soc. Bd. 48, S. 326. 1926; H. S. HARNED u. G. ÅKERLÖF, Phys. ZS. Bd. 27, S. 411. 1926; H. S. HARNED u. S. M. DOUGLAS, Journ. Amer. Chem. Soc. Bd. 48, S. 3095. 1926.

[3]) H. SACK, Phys. ZS. Bd. 28, S. 199. 1927; vgl. auch W. ORTHMANN, Ergebn. d. exakt. Naturwissensch. Bd. 6, S. 155. Berlin 1927.

[4]) T. H. GRONWALL u. V. K. LA MER, Science Bd. 64, S. 122. 1926.

[5]) P. DEBYE u. J. MCAULAY, Phys. ZS. Bd. 26, S. 22. 1925.

[6]) E. WILKE, ZS. f. phys. Chem. Bd. 121, S. 401. 1926; E. WILKE u. W. MARTIN, ebenda Bd. 125, S. 420. 1927.

40. Berücksichtigung der Ionenassoziation. Auf einen weiteren Punkt, der bei der Übertragung der DEBYE-HÜCKELschen Grenzgesetze auf höhere Konzentrationen der Beachtung bedarf, hat BJERRUM[1]) hingewiesen. Es handelt sich um die bei Übergang von Gleichung (99) zu Gleichung (100) (Ziff. 34) eingeführte Voraussetzung, daß

$$\frac{n_i e \psi}{kT} \ll 1$$

ist. Diese Voraussetzung wird offenbar um so weniger erfüllt sein, je höher die Wertigkeit der Ionen, je niedriger die DK des Mediums und je geringer der mittlere Ionenabstand, d. h. je höher die Konzentration der Lösung ist. Außerdem wird sie vor allem bei kleinen Ionen, die sich besonders nahezukommen vermögen, am ehesten versagen.

Statt nun unter Berücksichtigung auch der höheren, bei Entwicklung von (99) auftretenden Glieder die strengere Rechnung durchzuführen, sucht BJERRUM auf Grund folgender Betrachtung zum Ziele zu kommen.

Kommen zwei entgegengesetzt geladene Ionen einander genügend nahe, so kann man in 1. Näherung annehmen, daß ihre elektrischen Ladungen sich gegenseitig absättigen und so für die Wirkung auf die übrigen Ionen der Lösung ausfallen. Es fragt sich nun, wo diese kritische Entfernung anzunehmen ist. Unter einigen vereinfachenden Voraussetzungen (die Ionen werden als Kugeln mit der Ladung im Mittelpunkt betrachtet, und dem zwischen ihnen befindlichen Medium die DK ε_0 des Lösungsmittels zugeschrieben) berechnet sich die Häufigkeit von Ionenpaaren mit einem Ionenabstand von r bis $r + dr$, solange man nur Werte von r betrachtet, die klein sind im Verhältnis zum mittleren Abstand der Ionen, zu

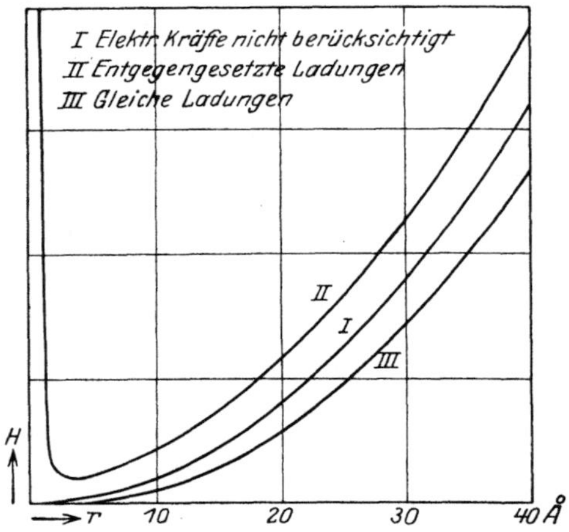

Abb. 18. Relative Häufigkeit von Ionenpaaren nach BJERRUM.

$$H = m \cdot 4\pi \cdot r^2 \cdot dr \cdot e^{-\frac{n_1 n_2 e^2}{\varepsilon_0 r k T}} \qquad (134)$$

für Ionen mit den Wertigkeiten n_1 und n_2, wobei zu beachten ist, daß der Exponent von e positiv ist bei gleichartig, negativ bei entgegengesetzt geladenen Ionen.

In Abb. 18 ist die relative Häufigkeit der Ionenpaare als Funktion von r für 1-wertige Ionen in wässeriger Lösung bei 18° dargestellt. Man erkennt, daß für entgegengesetzt geladene Ionen H ein ausgeprägtes Minimum besitzt; es liegt in dem dargestellten Beispiel bei $r_m = 3{,}52 \cdot 10^{-8}$ cm; allgemein ergibt sich seine Lage zu

$$r_m = -\frac{n_1 n_2 e^2}{2\varepsilon_0 kT}. \qquad (135)$$

BJERRUM nimmt weiter an, daß alle Ionenpaare mit $r < r_m$ in dem oben erörterten Sinne als „assoziiert" zu gelten haben, daß also ihre elektrische Wirkung zu vernachlässigen ist.

Der assoziierte Bruchteil β der Ionen kann, solange er klein bleibt, durch Integration von (134) erhalten werden. Zur Bestimmung größerer Assoziationsgrade bei höheren Konzentrationen wird das Massenwirkungsgesetz unter Ein-

[1]) N. BJERRUM, Medd. Kopenhagen Bd. 7, H. 9. 1926.

setzen von Aktivitäten auf das vorausgesetzte Gleichgewicht zwischen freien Ionen und assoziierten Ionenpaaren angewandt. Die Gleichgewichtskonstante wird dabei aus den in verdünnteren Lösungen herrschenden, der unmittelbaren Berechnung aus (134) zugänglichen β-Werten erschlossen.

Für einen 1-1-wertigen Ionenbildner ergibt sich

$$\frac{\beta}{(1-\beta)^2} = f_a'^2 \cdot c \cdot 4\pi L \left(\frac{e^2}{\varepsilon_0 k T}\right)^3 \cdot \int\limits_2^{\frac{e^2}{a \cdot \varepsilon_0 k T}} e^{\frac{e^2}{r \varepsilon_0 k T}} \cdot \left(\frac{e^2}{r \varepsilon_0 k T}\right)^{-4} \cdot d\left(\frac{e^2}{r \varepsilon_0 k T}\right). \qquad (136)$$

Hierin bedeutet a die Summe der Ionenradien und f_a' den nach DEBYE und HÜCKEL für eine Lösung der Konzentration $c(1-\beta)$ errechneten Aktivitätskoeffizienten. Es wird dabei die zweite Näherung benutzt und für den mittleren Ionendurchmesser r_m gesetzt. β muß durch Probieren ermittelt werden. Schließlich ergibt sich der Aktivitätskoeffizient des betrachteten Ionenbildners zu:

$$f_a = f_a'(1-\beta). \qquad (137)$$

Zu seiner Berechnung ist als einzige willkürliche Konstante a, die Summe der Ionenradien, erforderlich.

Die Prüfung an der Erfahrung gibt bis zu einigen Zehntel Mol/Liter ausgezeichnete Übereinstimmung, wobei als besonderer Vorteil gegenüber der das gleiche Konzentrationsgebiet umfassenden zweiten Näherung von DEBYE und HÜCKEL zu gelten hat, daß die der Rechnung angepaßten Ionenradien hier stets positiv bleiben und überhaupt sehr viel wahrscheinlichere Werte erhalten als dort.

Bei weiter gesteigerter Konzentration, und besonders in Medien von niedriger DK, vermutet BJERRUM, daß statt der paarweisen Assoziation der Ionen eine solche zu höheren, mehrionigen Komplexen erfolgt. Unter solchen Bedingungen wird natürlich die obige Berechnungsmöglichkeit hinfällig. Qualitativ steht diese Vorstellung jedoch in bester Übereinstimmung einerseits mit dem WALDENschen[1]) Befund hoher Salzassoziationsgrade in Medien kleiner DK, andererseits mit den besonderen Eigentümlichkeiten, die bezüglich der Konzentrationsabhängigkeit des Leitvermögens in solchen Lösungsmitteln, und für hohe Konzentrationen auch in Wasser, beobachtet wurden (Ziff. 6 und 7). Während nämlich die assoziierten Ionenpaare (bei gleichwertigen Ionen) für die Leitfähigkeit ausfallen, nehmen höhere Assoziationsprodukte, soweit sie unsymmetrisch sind und demgemäß Überschußladungen besitzen, an der Stromleitung wieder teil. Falls der Übergang von paarweiser zu höherer Assoziation als mit einer Aufspaltung nichtleitender Ionenpaare verbunden gedacht werden darf, kann auf diese Weise ein Ansteigen des Äquivalent- (Molar-) Leitvermögens mit wachsender Konzentration der Lösung verständlich werden.

[Daß die DEBYEsche Theorie das Verhalten der Salze in Medien kleiner DK wenigstens qualitativ im allgemeinen richtig voraussehen läßt, hatten übrigens GROSS und HALPERN[2]) bereits gezeigt.]

Die Berechtigung des BJERRUMschen Näherungsverfahrens wird durch das Ergebnis kürzlicher Arbeiten von KRAMERS[3]) und von MÜLLER[4]) gestützt. KRAMERS kommt bei einem Versuche, auf rein statistischem Wege die Brauchbarkeit des DEBYE-HÜCKELschen Ansatzes nachzuprüfen, zu dem Resultat, daß schon in relativ geringen Konzentrationen die Neigung entgegengesetzt geladener

[1]) P. WALDEN, ZS. f. phys. Chem. Bd. 94, S. 295. 1920; ZS. f. Elektrochem. Bd. 26, S. 61. 1920; Kolloid-ZS. Bd. 27, S. 97. 1920.

[2]) P. GROSS u. O. HALPERN, Phys. ZS. Bd. 26, S. 636. 1925.

[3]) H. A. KRAMERS, Proc. Amsterdam Bd. 30, S. 145. 1927.

[4]) H. MÜLLER, Phys. ZS. Bd. 28, S. 324. 1927.

Ionen zur Assoziation so groß wird, daß deren Vernachlässigung, wie bei DEBYE und HÜCKEL geschehen, nicht mehr erlaubt ist. H. MÜLLER hat die von BJERRUM umgangene Integration der ungekürzten Gleichung (99) auf graphischem Wege durchgeführt, und weiter auch f_a auf dieser Grundlage bestimmt. Es ergibt sich, daß die DEBYE-HÜCKELsche zweite Näherung bei einwertigen Ionen in Wasser von 18° bis zu einem mittleren Ionendurchmesser von $1,76 \cdot 10^{-8}$ cm hinunter anwendbar ist.

Abb. 19[1]) bringt einen Vergleich der nach DEBYE-HÜCKEL (zweite Näherung), BJERRUM und MÜLLER für 1-wertige Ionen verschiedener Größe in Wasser bei 18° berechneten Werte von $\log f_a$ in Abhängigkeit von $\sqrt{10^3 \cdot c}$. Man erkennt, daß für Werte von $a > 1,76$ Å die Übereinstimmung aller drei Rechnungen bei kleinen und mittleren Konzentrationen befriedigend ist. Für kleinere a jedoch ergeben sich bedeutende Abweichungen, vor allem der nach DEBYE-HÜCKEL bestimmten Zahlen von den anderen. Die Unterschied zwischen den Bjerrum- und den Müllerkurven dürften zum großen Teil verschwinden, wenn in der BJERRUMschen Rechnung ein kleinerer Wert für den kritischen Ionenabstand, unterhalb dessen vollständige Assoziation angenommen wird, Verwendung fänden. BJERRUM hat selbst schon darauf hingewiesen, daß dann der Aktivitätskoeffizient größer werden muß.

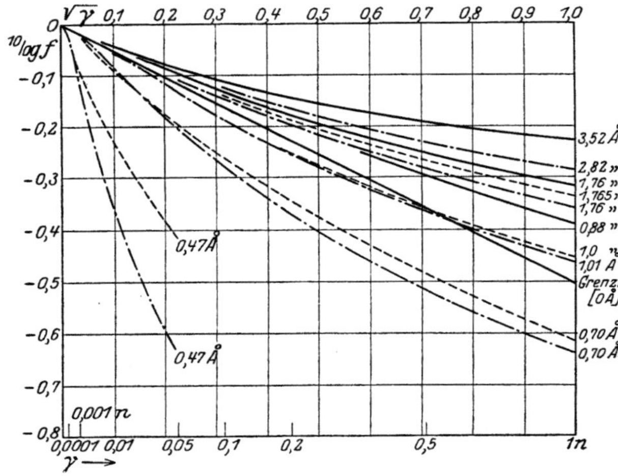

Abb. 19. Aktivitätskoeffizient und Ionengröße.
——— DEBYE, —·—·— BJERRUM, – – – MÜLLER.

Ganz unverkennbar liegt in der Einführung des Begriffes der Ionenassoziation eine Wiederannäherung an die Vorstellungen der klassischen Theorie, deren undissoziierter Bruchteil des Ionenbildners sich hier in dem Assoziationsgrade der Ionen wiederfindet.

Wir kommen auf die Äußerungen BJERRUMS zu diesem Punkte in Ziff. 44 noch zurück.

41. Die Verdünnungswärmen starker Elektrolyte. Falls A die Änderung der freien Energie beim Verdünnen von 1 Mol einer Ionenlösung bis auf unendlich großes Volumen bedeutet, so ist die mit diesem Vorgang verbundene Wärmetönung, die molare Verdünnungswärme, nach dem zweiten Hauptsatze

$$U = A - T\frac{dA}{dT}. \tag{138}$$

Da die Verdünnung einer idealen Lösung mit keiner Änderung der Gesamtenergie verbunden ist, so muß auch gelten

$$U = A_{el} - T\frac{dA_{el}}{dT}, \tag{139}$$

wenn A_{el} das elektrische Zusatzglied zur freien Energie einer idealen Lösung bedeutet. Wird in diesem der von dem Eigenpotential der Ionen herrührende Anteil $A_{A''}$ (vgl. Ziff. 34) vernachlässigt, so kann endlich

$$A_{A'} = -V\frac{kT\omega^3}{12\pi} \tag{140}$$

[1]) Nach W. ORTHMANN, Ergebn. d. exakt. Naturwissensch. Bd. 6, S. 155. Berlin 1927.

für A_{el} gesetzt werden. Da $\frac{d\omega}{dT} = -\frac{\omega}{2T}\left(1 + \frac{T}{\varepsilon_0}\frac{d\varepsilon_0}{dT}\right)$ ist, wird mithin

$$U = -V\frac{kT\omega^3}{8\pi}\left(1 + \frac{T}{\varepsilon_0}\frac{d\varepsilon_0}{dT}\right), \qquad (141)$$

oder bei Berücksichtigung der Ionengröße im Sinne der zweiten Näherung von DEBYE und HÜCKEL

$$U = -V\frac{kT\omega^3}{8\pi}\cdot\frac{1}{1+a\omega}\left(1 + \frac{T}{\varepsilon_0}\frac{d\varepsilon_0}{dT}\right). \qquad (142)$$

Setzt man Zahlenwerte ein, so folgt für wässerige Lösungen 1-1-wertiger Elektrolyte bei 18° $\left(\frac{d\varepsilon_0}{dT}\right.$ nach DRUDE; vgl. LANDOLT-BÖRNSTEIN$\left.\right)$

$$U = +418\sqrt{10^3\cdot c} \quad \text{bzw.} \quad U = +418\frac{\sqrt{10^3\cdot c}}{1+0{,}327\,a\sqrt{10^3\cdot c}}. \qquad (143)$$

Die Abhängigkeit der Konzentration von der Temperatur ist dabei vernachlässigt.

Die Verdünnungswärmen starker Elektrolyte sollten demnach in Konzentrationsgebieten, die Anwendung der DEBYE-HÜCKELschen Gesetze in der ersten bzw. zweiten Näherung erlauben, stets positiv erwartet werden. Bei höheren Verdünnungen sollten sie nur von dem Typus des Elektrolyten, nicht aber außerdem von der individuellen Natur der Ionen abhängig sein.

BJERRUM[1]), der sich zuerst ausführlicher mit dem Gegenstand beschäftigte, zeigte, daß diese Forderung durch die zur Verfügung stehenden Messungen keineswegs erfüllt wird. Wenn man auch die den mitgeteilten Zahlen zugrunde liegenden Konzentrationen als zu hoch zur exakten Prüfung, vor allen Dingen des Grenzgesetzes, ansehen muß, so zeigt sich doch bereits das auffallende Resultat, daß die Theorie in diesem Falle in Gebieten versagt, die bezüglich des osmotischen und Aktivitätskoeffizienten von der zweiten Näherung gut beschrieben werden können.

NERNST und ORTHMANN[2]) sowie LANGE und MESSNER[3]) haben zwecks weiterer Prüfung des Grenzgesetzes Verdünnungswärmen von Salzlösungen bei erheblich geringeren Konzentrationen gemessen.

Es ist nicht zu verkennen, daß die Übereinstimmung mit der Theorie bei höheren Verdünnungen besser wird. So werden bei genügend großen Verdünnungen alle gemessenen Werte positiv, wie das Grenzgesetz es fordert. Doch bleiben die gemessenen fast durchweg noch beträchtlich hinter den theoretischen Zahlen zurück, bis auf einige Ergebnisse von LANGE und MESSNER an 2-2-wertigen Salzen, bei denen ein Unterschied in entgegengesetzter Richtung zutage tritt. Vor allem zeigen sich auch noch erhebliche individuelle Verschiedenheiten bei Salzen des gleichen Typus, die nach der Theorie in der Grenze hoher Verdünnungen verschwinden sollten. Und diese Abweichungen, das ist wieder das Bemerkenswerteste, sind noch in Konzentrationsgebieten anzutreffen, innerhalb welcher die sonst untersuchten Eigenschaften von Salzlösungen noch recht gut durch das Grenzgesetz wiedergegeben werden.

Wieweit Berücksichtigung der durch Anwesenheit der Ionen bedingten Veränderung der DK und ihres Temperaturkoeffizienten im Sinne der HÜCKELschen Überlegungen (Ziff. 39) die Diskrepanzen zu beseitigen vermag, läßt sich nicht mit Sicherheit übersehen[4]), solange zuverlässige Temperaturkoeffizienten der DK von Salzlösungen fehlen, wie es heute noch der Fall ist.

[1]) N. BJERRUM, ZS. f. phys. Chem. Bd. 119, S. 145. 1926.

[2]) W. NERNST u. W. ORTHMANN, Berl. Ber. 1926, S. 51; 1927, S. 136.

[3]) E. W. LANGE u. G. MESSNER, Naturwissensch. Bd. 15, S. 521. 1927; ZS. f. Elektrochem. Bd. 33, S. 431. 1927.

[4]) Vgl. die Erörterung bei W. ORTHMANN, Ergebn. d. exakt. Naturwissensch. Bd. 6, S. 155. Berlin 1927.

Die geschilderten Unstimmigkeiten glaubt NERNST[1]) unter diesen Umständen am ehesten erklären zu können durch Annahme einer auch praktisch nicht vollständigen Dissoziation der starken Elektrolyte selbst bei beträchtlichen Verdünnungen. Bezeichnet man mit Q_D die molare Dissoziationswärme, mit $1-\alpha$ den undissoziierten Bruchteil des Elektrolyten, so gilt bei geringen Werten von $1-\alpha$, unter welcher Bedingung der Debyeeffekt berechnet werden kann als ob völlige Spaltung vorhanden wäre, für die molare Verdünnungswärme

$$U = Q_D(1-\alpha) + B\sqrt{c}\,. \tag{144}$$

Durch Verminderung des gemessenen Wertes von U um das nach DEBYE [Gleichung (143)] berechnete Glied $B\sqrt{c}$ kann $Q_D(1-\alpha)$ gewonnen werden. Für verschiedene Temperaturen T_1 und T_2 erhält man so die Werte $Q_D(1-\alpha_1)$ und $Q_D(1-\alpha_2)$. Die Anwendung des Massenwirkungsgesetzes auf den Dissoziationsvorgang liefert, wenn die Aktivitätskoeffizienten der Ionen zunächst gleich 1 gesetzt werden (für einen binären Elektrolyten)

$$\frac{\alpha_1^2\cdot c}{1-\alpha_1} = K_1\,; \qquad \frac{\alpha_2^2\cdot c}{1-\alpha_2} = K_2\,, \tag{145}$$

worin K_1 und K_2, die Dissoziationskonstanten, mit der Dissoziationswärme durch die VAN 'T HOFFsche Gleichung der Reaktionsisochore verbunden sind:

$$\frac{d\ln K}{dT} = -\frac{Q_D}{RT^2}\,. \tag{146}$$

Durch Integration von (146) über T_1 bis T_2 folgt unter Berücksichtigung von (145):

$$\ln\frac{K_1}{K_2} = \ln\left(\frac{\alpha_1^2}{\alpha_2^2}\,\frac{1-\alpha_2}{1-\alpha_1}\right) = +\frac{Q_D}{R}\left(\frac{1}{T_1}-\frac{1}{T_2}\right). \tag{146a}$$

Daraus lassen sich, zusammen mit den bekannten $Q_D(1-\alpha_1)$ und $Q_D(1-\alpha_2)$, die Werte von Q_D, α_1 und α_2 durch sukzessive Näherung bestimmen.

NERNST benutzt nun zur Berechnung des Debyeeffekts nicht den theoretischen Faktor B, sondern einen empirisch aus dem Verhalten von LiCl erschlossenen Wert. Es zeigt sich nämlich, daß die Verdünnungswärme dieses Salzes bis zu Konzentrationen von $[c] = 0{,}1$ Mol/Liter hinauf einigermaßen durch

$$U_t = [320 + 8(t-18)]\sqrt{[c]} \tag{147}$$

dargestellt werden kann. LiCl wird aus diesem Grunde innerhalb des angegebenen Konzentrationsgebietes als praktisch vollständig dissoziiert angenommen, womit also die bei ihm beobachteten Verdünnungswärmen ganz auf Konto des Debyeeffekts gesetzt werden. Nach Gleichung (147) werden ferner auch die an anderen Salzen experimentell bestimmten Wärmetönungen $U_{c1} - U_{c2}$ auf U-Werte extrapoliert, die für Verdünnung auf unendliches Volumen gelten. Tabelle 36 bringt die für KNO_3 erhaltenen Ergebnisse. Als Mittelwert für die Dissoziationswärme des Kaliumnitrats folgt $Q_D = -4000$ cal. In Tabelle 37 sind die nach

Tabelle 36. Dissoziationswärme (Q_D) und Spaltungsgrad (α) von KNO_3 (nach NERNST).

[c] (Mol/Liter)	t (C°)	U_c	$Q_D(1-\alpha)$	Q_D	$1-\alpha$
0,333	11,42	−427	−585	−4300	0,136
0,333	18,06	−353	−511		0,119
0,1	12,32	−116	−203	−3700	0,055
0,1	18,0	− 94	−181		0,049

$$U = 320\cdot\sqrt{[c]} - 4000\,(1-\alpha) \tag{148}$$

berechneten Verdünnungswärmen für verschiedene Konzentrationen den beobachteten (auf unendliche Verdünnung extrapolierten) gegenübergestellt. [Die

[1]) W. NERNST, ZS. f. Elektrochem. Bd. 33, S. 428. 1927.

Werte von $(1-\alpha)$ für die geringeren Konzentrationen sind vermutlich — ausdrücklich angegeben ist es nicht — auf Grund des Massenwirkungsgesetzes aus den bei höheren Konzentrationen gefundenen berechnet worden.]

Die Übereinstimmung ist recht befriedigend. Bei diesen Beispielen war die geringe Temperaturabhängigkeit von B noch vernachlässigt und der Debyeeffekt wie oben angegeben berechnet, als ob $\alpha = 1$ wäre. In einer noch unveröffentlichten Arbeit von NAUDÉ[1]) sind diese Vernachlässigungen beseitigt und außerdem die Beispiele weiter vermehrt. Aus Messungen des Temperaturkoeffizienten von U bei der höchsten Konzentration jedes der vier Salze ist jeweils Q_D und (vermutlich) K berechnet, mit deren Hilfe dann die Werte $Q_D(1-\alpha)$ ermittelt wurden. Die Übereinstimmung zwischen den beobachteten (auf unendliche Verdünnung extrapolierten) Wärmetönungen und den nach

Tabelle 37. Beobachtete und berechnete Verdünnungswärmen M_c (nach NERNST).

$[c]$ (Mol/Liter)	U_c (beob.)	$320\sqrt{[c]}$	$-4000 \cdot (1-\alpha)$	U_c (ber.)
0,333	−327	+185	−476	−291
0,1	−76,5	+101	−196	−95
0,033	− 14	+ 58	− 68	−10
0,004	+18	+ 20	−8	+12

$$U = 320\,\alpha\sqrt{\alpha\,[c]} + Q_D(1-\alpha) \tag{149}$$

berechneten ist in Anbetracht des eingeschlagenen Weges als recht gut zu bezeichnen.

Bemerkenswerterweise bewährt sich die NERNSTsche Deutung auch bei der Erklärung des individuellen osmotischen Verhaltens gleichgebauter Salze in mittleren Konzentrationen. Die DEBYE-HÜCKELsche Theorie (zweite Näherung) hatte hierfür den Einfluß der individuellen Ionengrößen verantwortlich gemacht. NERNST weist demgegenüber darauf hin, daß diese wegen der zweifellos anzunehmenden Wasserhüllen (vgl. Ziff. 15) nicht allzu verschieden sein dürften.

Tabelle 38 gibt für einige 1-1-wertige Salze in 0,1 molarer wässeriger Lösung von 0° zunächst die wie oben geschildert berechneten Dissoziationswärmen Q_D und undissoziierten Bruchteile $(1-\alpha)$, ferner die aus Gefrierpunktsmessungen gewonnenen Werte $1-\gamma = 2(1-f_0)$. Das für LiCl notierte $1-\gamma = 0{,}13$ ist, wegen der bekannten Anomalien dieses Salzes bei höheren Konzentrationen, aus Messungen bei größeren Verdünnungen nach der Quadratwurzelformel extrapoliert. Dieser Wert wird, indem wieder LiCl als praktisch vollständig dissoziiert vorausgesetzt wird, als Maß für den Debyeeffekt auch bei den anderen Salzen betrachtet. Die beobachteten $1-\gamma$ müßten somit durch Addition von 0,13 zu den einzelnen Werten von $1-\alpha$ zu erhalten sein. Ein Vergleich der 4. und 5. Spalte läßt erkennen, daß dies mit zufriedenstellender Annäherung wirklich zutrifft.

Tabelle 38. Dissoziationswärme und osmotisches Verhalten 1-1-wertiger Salze (nach NANDÉ); $t = 0°$, $[c] = 0{,}1$ Mol/Liter.

Salz	Q_D	$1-\alpha$	$(1-\gamma)$ ber.	$(1-\gamma)$ beob.
KNO_3 . .	−3140	0,07	0,20	0,217
$NaNO_3$.	−2750	0,04	0,17	0,154
KCl . . .	−1680	0,03	0,16	0,161
NaCl . .	−3040	0,02	0,15	0,161
LiCl . .	—	[0]	[0,13]	[0,13]

Es ist wohl kaum zu leugnen, daß die NERNSTsche Auffassung gegenüber den sonstigen Versuchen, die Abweichungen vom DEBYE-HÜCKELschen Grenzgesetz zu erklären, den Vorzug bestechender Einfachheit besitzt.

[1]) Im Auszug bei W. NERNST und bei W. ORTHMANN, vgl. die vorstehenden Fußnoten.

Es sei erwähnt, daß auch von anderer Seite gleichartige Schlüsse sowohl aus Messungen der thermodynamischen Eigenschaften von Elektrolyten[1]) als auch aus Leitfähigkeitsmessungen gezogen sind. So schätzt, um nur ein Beispiel zu nennen, ONSAGER[2]) den undissoziierten Bruchteil des Kaliumnitrats in 0,01 molarer Lösung aus dem Verlauf der Leitfähigkeitskurve zu 0,7%, ein Ergebnis, das zu dem aus Tabelle 38 zu erschließenden einigermaßen paßt. Ein endgültiges Urteil kann dennoch heute kaum abgegeben werden. Sollte sich die auch praktisch unvollständige Dissoziation der starken Elektrolyte[3]) bestätigen, so bleibt davon die Grundlage der neuen Theorie, die eine Berücksichtigung der interionischen Kräfte fordert, natürlich unberührt. Wie man aus Tabelle 38 entnimmt, entfällt auf den Debyeeffekt in 0,1 molarer Lösung immer noch der weitaus größte Anteil der Abweichungen im osmotischen Verhalten der Elektrolytlösungen gegenüber dem einer idealen Lösung.

Da $1 - \alpha$ (bei kleinen Werten) etwa der Konzentration proportional, der Debyeeffekt aber höchstens mit der Quadratwurzel aus der Konzentration sich ändert, wird der letztere bei größeren, der Einfluß der unvollständigen Spaltung bei geringeren Verdünnungen immer mehr Gewicht erhalten.

42. Theoretische und empirische Abweichungskoeffizienten. Die von allen diskutierten Theorien theoretisch am besten begründete von DEBYE führt für verdünnteste Lösungen zu einer linearen Beziehung zwischen f_0, f_Λ bzw. $\log f_a$ und der Quadratwurzel aus der Konzentration. Da auf allen Gebieten, wo Messungen bei sehr hohen Verdünnungen ausgeführt werden konnten, dieselbe Abhängigkeit auch empirisch sichergestellt ist, dürfte in diesem Ergebnis eine besondere Stütze der theoretischen Grenzgesetze zu erblicken sein. Um so auffälliger ist es, daß das Experiment bei mittleren Konzentrationen übereinstimmend für alle drei Größen eine ebenfalls lineare Beziehung zur Kubikwurzel erschlossen hat. Das KOHLRAUSCHsche $c^{\frac{1}{3}}$-Gesetz für die Leitfähigkeit bringt dies genau so zum Ausdruck wie die von NOYES und FALK[4]) zusammengefaßten Resultate der Gefrierpunktsmessungen. In diesem Zusammenhang muß auch die GHOSHsche Theorie, die bekanntlich ebenfalls zur Kubikwurzelbeziehung führt, noch einmal genannt werden. Wenn sich die DEBYEschen Ergebnisse auch teilweise durch Einführung mehr oder minder begründeter Erweiterungen für mittlere und selbst hohe Konzentrationen bewähren, so wird ihre Verwendung doch auf den praktisch in Frage kommenden Gebieten häufig, besonders dem Chemiker, zu unbequem sein. Dasselbe gilt von der NERNSTschen Erweiterung durch Wiedereinführung wahrer Dissoziationsgrade.

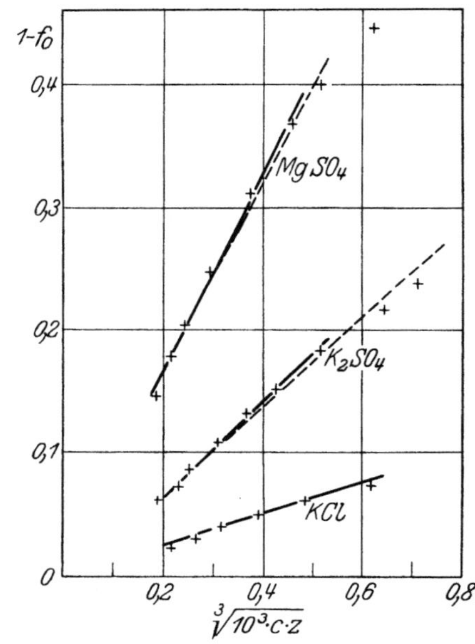

Abb. 20. Kubikwurzelgesetz und zweite Näherung der Theorie von DEBYE und HÜCKEL.

[1]) M. RANDALL u. G. N. SCOTT, Journ. Amer. Chem. Soc. Bd. 49, S. 647. 1927.

[2]) L. ONSAGER, Phys. ZS. Bd. 28, S. 277. 1927.

[3]) Über Schätzungen des undissoziierten Anteils bei Halogenwasserstoffsäuren vgl. E. SCHREINER, ZS. f. phys. Chem. Bd. 111, S. 419. 1924; Naturwissensch. Bd. 13, S. 245. 1925; L. EBERT, ebenda Bd. 13, S. 393. 1925.

[4]) A. A. NOYES u. K. G. FALK, Journ. Amer. Chem. Soc. Bd. 34, S. 454. 1912.

Gerade für die Berechnung chemischer Gleichgewichte unter Beteiligung von Ionen ist aber eine bequem zu handhabende Formel für den Aktivitätskoeffizienten dringend wünschenswert. In Anbetracht des oben über die Kubikwurzelbeziehung Gesagten wird man deshalb bis auf weiteres meist bei der Benutzung der empirischen BJERRUMschen Formeln verbleiben. Dies kann um so unbedenklicher geschehen, als EBERT[1]) gezeigt hat, daß die von DEBYE und HÜCKEL — unter Einführung angepaßter Ionendurchmesser — berechneten Werte von $1 - f_0$ im Bereich von $[c] =$ etwa 0,005 bis 0,1 sich recht gut auch in linearer Abhängigkeit von $\sqrt[3]{c}$ wiedergeben lassen. In Abb. 20 sind die von DEBYE und HÜCKEL berechneten $1 - f_0$ für einige Salze (vgl. Abb. 16) als Funktion von $\sqrt[3]{10^3 \cdot c \cdot z}$ aufgetragen. Wie man erkennt, lassen sich durch diese Punkte in dem genannten Bereich mit guter Annäherung gerade Linien legen. EBERT zeigt, daß die aus den geringen Abweichungen zu erschließenden Fehler so klein bleiben, daß sie gegenüber der durchschnittlichen Genauigkeit potentiometrischer Messungen nicht ins Gewicht fallen.

43. Schwache Elektrolyte im Lichte der neuen Theorie. In den Erörterungen über die neuen Anschauungen ist von der Gruppe von Elektrolyten, die sich auch der klassischen Behandlung befriedigend anpaßten, den schwachen Säuren und Basen, noch gar nicht die Rede gewesen. Da diese dem Massenwirkungsgesetz folgen, ist es mindestens wahrscheinlich, daß für ihr Verhalten das Gleichgewicht zwischen Ionen und undissoziierten Molekeln die wesentlichste Rolle spielt. Gewiß ist daneben eine gegenseitige Beeinflussung der Ionen stets vorauszusetzen, in Lösungen genügend schwacher Elektrolyte wird aber selbst bei höherer Gesamtkonzentration die räumliche Entfernung der Ionen so groß sein, daß elektrische Kräfte zwischen diesen vielfach praktisch bedeutungslos werden. Damit ist die durch ihre Ergebnisse bereits gerechtfertigte ältere Behandlungsweise dieses Gebietes auch im Rahmen der neuen Theorie verständlich. Doch ist leicht einzusehen, daß beim eingehenderen Studium des Verhaltens schwacher Elektrolyte die interionischen Wirkungen dennoch in recht häufigen Fällen zu berücksichtigen sind. Dies gilt erstens selbstverständlich für solche Stoffe, die nicht zu den ausgesprochen starken, doch auch nicht zu typisch schwachen Elektrolyten gehören. Zweitens immer dann, wenn sich schwache Elektrolyte in gemeinsamer Lösung mit starken befinden, da ja für die elektrische Behinderung der Ionen die Gesamtionenkonzentration maßgebend ist (Neutralsalzwirkung). Drittens wird auch für schwache Elektrolyte ein Abweichen vom „normalen" Verhalten in Medien niederer Dielektrizitätskonstante zu erwarten sein. Alle Theorien über den interionischen Effekt sagen ja übereinstimmend seine Vergrößerung mit abnehmender Dielektrizitätskonstante voraus.

BJERRUM[2]) hat schon 1916 gezeigt, wie sich unter solchen Verhältnissen die Anwendung seiner Anschauungen auf schwache Elektrolyte gestaltet. Als Beispiel diene das Verhalten von Pikrinsäure in Methylalkohol. Das Verhältnis der Leitfähigkeit bei endlicher Verdünnung zur Grenzleitfähigkeit wird bedingt sein sowohl durch den wahren Spaltungsgrad wie auch durch die infolge elektrischer Kräfte verminderte Ionenbeweglichkeit. Drückt man diesen letzteren Effekt — wie bei starken, praktisch vollständig gespaltenen Elektrolyten — durch f_Λ aus, so wird:

$$\frac{\Lambda}{\Lambda_\infty} = \alpha \cdot f_\Lambda .$$

Setzt man für f_Λ den Wert ein, der bei gleicher ionaler Konzentration an

---

1) L. EBERT, ZS. f. Elektrochem. Bd. 30, S. 65. 1924.

2) N. BJERRUM, Verhandl. bei der 16. skandin. Naturforscherzusammenkunft 1916; ZS. f. Elektrochem. Bd. 24, S. 321. 1918.

einem starken Elektrolyten (also für $\alpha = 1$) unter sonst gleichen Bedingungen gemessen werden kann, so läßt sich der wahre Dissoziationsgrad berechnen. Die dazu erforderliche Kenntnis der Ionenkonzentration setzt zwar Kenntnis von α voraus, doch wird man in erster Näherung dafür Λ/Λ_∞ nehmen dürfen, um durch gegebenenfalls mehrfache Wiederholung des Verfahrens zu fortschreitend verbesserten α-Werten zu gelangen. Freilich ist die Gleichsetzung von f_Λ für verschiedene Elektrolyte bei gleicher Ionenkonzentration nach den DEBYEschen Ergebnissen auch in der Grenze für hohe Verdünnung nicht zulässig; doch wird ein dadurch veranlaßter Fehler um so geringer sein, je ähnlicher in ihrem Bau die miteinander verglichenen Stoffe sind. Im obigen Beispiel wurde Salzsäure zum Vergleich herangezogen. Aus Leitfähigkeitsmessungen von GOLDSCHMIDT und THUESEN[1]) so berechnete Werte von α sind in Tabelle 39 in Abhängigkeit von der Konzentration zusammengestellt.

Tabelle 39. Dissoziationsgleichgewicht der Pikrinsäure in Methylalkohol (nach BJERRUM)

Mol. Konz.	Λ/Λ_∞	f_Λ	α	Kc	f_a	f_a (ber.)
0,2	0,0372	0,81	0,046	$4{,}44 \cdot 10^{-4}$	0,673	0,679
0,1	0,0512	0,84	0,061	3,96	0,712	0,714
0,05	0,0700	0,86	0,0815	3,615	0,746	0,745
0,025	0,0960	0,875	0,1095	3,4	0,769	0,703
0,0125	0,1309	0,89	0,147	3,17	0,797	0,802
0,006125	0,1760	0,90	0,195	2,95	0,825	0,822
0,003125	0,2358	0,91	0,259	2,83	0,843	0,843
0,001562	0,3117	0,92	0,339	2,72	0,860	0,861
0	—	—	—	2,01	—	—

In der 5. Spalte ist die mit ihrer Hilfe berechnete „Konstante" des Massenwirkungsgesetzes $K_c = \frac{\alpha^2 \cdot c \cdot 10^3}{1-\alpha}$ verzeichnet. Da hierbei Konzentrationen statt Aktivitäten verwendet wurden, zeigt K_c, das man nach einem Vorschlage von v. HALBAN und EBERT[2]) deshalb zweckmäßig „Dissoziationsfunktion" nennt, einen ausgesprochenen Gang mit der Verdünnung. Richtig geschrieben lautete das Massenwirkungsgesetz:

$$K_a = \frac{\alpha^2 \cdot f_a^2 \cdot c}{(1-\alpha)} = K_c \cdot f_a^2, \tag{150}$$

worin f_a das geometrische Mittel aus den Aktivitätskoeffizienten der beiden beteiligten Ionen bedeutet. In unendlich verdünnter Lösung wird $f_a = 1$ und $K_a = K_c$. BJERRUM extrapolierte aus den angegebenen Werten von K_c

$$K_{c=0} = K_a = 2{,}01$$

und berechnete mit diesem Werte nach (150) die Aktivitätskoeffizienten f_a für die verschiedenen Konzentrationen (Spalte 6). Diese lassen sich mit guter Annäherung durch die Formel

$$\log f_a = -0{,}8 \cdot \sqrt[3]{\alpha \cdot c}$$

wiedergeben (Spalte 7), was in Übereinstimmung ist sowohl mit der allgemein gefundenen Konzentrationsabhängigkeit von $\log f_a$ (bei mittleren Konzentrationen), als auch mit dem zu erwartenden Einfluß der DK des Methylalkohols.

Am bequemsten und sichersten wird man übrigens in ähnlichen Fällen zur Extrapolation auf K_a ein graphisches Verfahren benutzen. Durch Logarithmieren geht Gleichung (150) über in

$$\log K_a = \log K_c + 2 \log f_a. \tag{150a}$$

[1]) H. GOLDSCHMIDT u. A. THUESEN, ZS. f. phys. Chem. Bd. 81, S. 30. 1913.

[2]) H. v. HALBAN u. L. EBERT, ZS. f. phys. Chem. Bd. 112, S. 359. 1924.

Da f_a sich erfahrungsgemäß durch eine Funktion

$$\log f_a = -k\sqrt[3]{\alpha \cdot c}$$

darstellen läßt, kann man schließlich gemäß

$$\log K_c = \log K_a + 2k\sqrt[3]{\alpha \cdot c} \qquad (151)$$

$\log K_a$ und gleichzeitig k, die sog. „Aktivitätskonstante“, gewinnen, indem man $\log K_c$ als Funktion von $\sqrt[3]{\alpha \cdot c}$ aufträgt und die erhaltene Gerade bis $c = 0$ verlängert. Auch in diesem letzteren Verfahren steckt insofern eine Willkür, als für die Grenze hoher Verdünnung (nach DEBYE) die $c^{\frac{1}{3}}$-Funktion durch eine $c^{\frac{1}{2}}$-Funktion zu ersetzen wäre. Doch rechtfertigen die Erfolge so durchgeführter Berechnungen die Anwendung dieser einfachen Methode so lange, bis eine einigermaßen bequeme Form der strengeren DEBYEschen Funktion auch für mittlere Konzentrationen zur Verfügung steht.

Die Aktivität von Ionen auch schwacher Elektrolyte läßt sich ferner direkt aus Potentialmessungen bestimmen. Für die EMK einer Ionenkonzentrationskette gilt nach den neueren Anschauungen

$$E = \frac{RT}{nF} \cdot ln\frac{a_1}{a_2}, \qquad (152)$$

worin a_1 und a_2 die Ionenaktivitäten an den beiden gleichartigen Elektroden, n die Wertigkeit des potentialbedingenden Ions und F die Äquivalentladung bedeuten. Wählt man als eine der Elektrodenflüssigkeiten eine von bekannter Ionenaktivität, etwa die Lösung eines starken Elektrolyten in so hoher Verdünnung, daß praktisch Aktivität und Konzentration gleichgesetzt werden dürfen, so ist nach Bestimmung von E auch die Ionenaktivität der zweiten Elektrodenflüssigkeit bekannt. Diffusionspotentiale sind selbstverständlich zu eliminieren (vgl. Band XVI, Kap. 24). Freilich spielt bei höheren Konzentrationen die früher (Ziff. 31) besprochene Frage der „Ionenhydratation“ eine Rolle. Benutzt man Hydratationsgrade, die aus Potentialmessungen an Lösungen völlig gespaltener Elektrolyte bestimmt sind, so wird man mit diesen, mögen sie reelle Bedeutung besitzen oder nicht, auch bei Anwendung auf schwache Elektrolyte mit Erfolg arbeiten können. Handelt es sich um Untersuchung der Neutralsalzwirkung auf Gleichgewichte, an denen schwache Elektrolyte beteiligt sind, oder ganz allgemein um Systeme nicht einheitlicher Elektrolyte, kann man sowieso Leitfähigkeits- und auch osmotische Messungen, die ja stets nur den Bruttoeffekt sämtlicher gelösten Stoffe anzeigen, im allgemeinen nicht auswerten und ist auf die potentiometrische Methode angewiesen, die als einzige Einzelaktivitäten zu ermitteln gestattet.

Unter Verwendung der geschilderten Gesichtspunkte ist eine ganze Reihe von Arbeiten ausgeführt, die zur Aufklärung mancher Anomalien im Sinne der älteren Theorie beitragen konnten[1]).

GROSS und HALPERN[2]) haben übrigens auch die DEBYEschen Formeln auf nicht völlig dissoziierte Elektrolyte anzuwenden gesucht und gezeigt, wie — wenigstens in manchen Grenzfällen — der Einfluß der unvollständigen Dissoziation in Rechnung gesetzt werden kann.

[1]) Siehe z. B., außer der vorstehend zitierten Arbeit von v. HALBAN u. EBERT, E. SCHREINER, ZS. f. anorg. Chem. Bd. 115, S. 191. 1921; Bd. 116, S. 102. 1921; Bd. 121, S. 321. 1922; Bd. 122, S. 201. 1922; Bd. 135, S. 333. 1924; ZS. f. phys. Chem. Bd. 117, S. 57. 1925; C. FAURHOLT, Medd. Kopenhagen Bd. 3, Nr. 20. 1921; E. LARSSON, ZS. f. anorg. Chem. Bd. 125, S. 281. 1922; D. A. MCINNES, Journ. Amer. Chem. Soc. Bd. 48, S. 2068. 1926.

[2]) P. GROSS u. O. HALPERN, Phys. ZS. Bd. 25, S. 393. 1924.

44. Übergänge zwischen starken und schwachen Elektrolyten. Eine gewisse Schwierigkeit verursacht die neue Theorie, wenn man die Frage nach der Grenze zwischen starken und schwachen Elektrolyten aufwirft. Darüber kann die Theorie selbst, da sie die Ursache der Dissoziation offen läßt, nichts aussagen.

Ein Versuch, die Eigenschaften heteropolarer Stoffe, u. a. auch die Abstufung ihres Elektrolytcharakters, auf rein Coulombsche Kräfte zwischen den Bausteinen des Moleküls zurückzuführen, stammt bekanntlich von KOSSEL[1]). Es ist erstaunlich, was die KOSSELsche Vorstellung trotz offensichtlicher Mängel zu leisten vermag. Es sei nur erinnert an die hübsche qualitative Deutung des Säuren- und Basencharakters von Hydroxylverbindungen. In einer Horizontalreihe des periodischen Systems wächst mit steigender Valenz des Zentralatoms die Abspaltungsarbeit für das OH-Ion, während die des H^+ gleichzeitig geringer wird (Abb. 21 und 22). Damit wird die Abschwächung des basischen Charakters in der Richtung von NaOH zum $Al(OH)_3$ ebenso wie die Steigerung der Säurenatur beim Übergang von $Si(OH)_4$ zur Überchlorsäure $HClO_4$ verständlich. Vor allem ist dadurch zum erstenmal die Frage, weshalb gewisse Hydroxyde Basen, andere Säuren sind, auf ein physikalischen Überlegungen zugängliches Niveau gebracht. Und doch ist damit für das oben angeschnittene Problem der

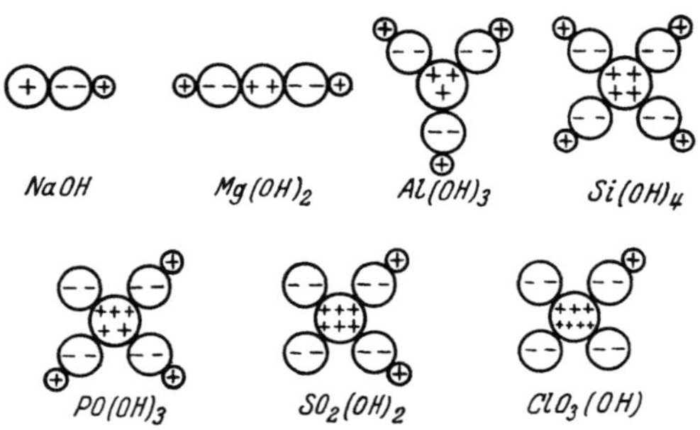

Abb. 21. Schematische Darstellung der Atomanordnung in Hydroxylverbindungen (nach KOSSEL).

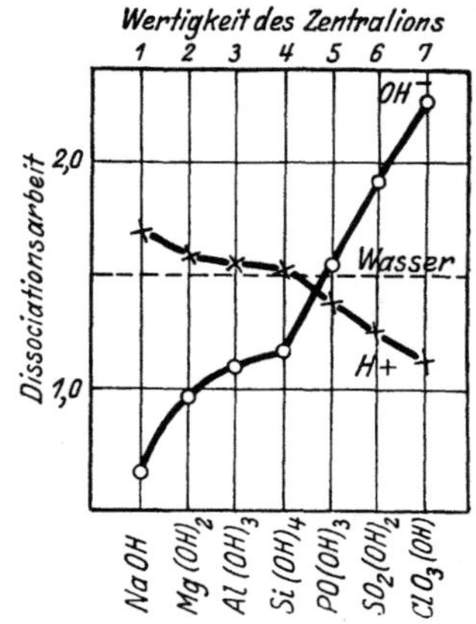

Abb. 22. Dissoziationsarbeit für H+ und OH− (nach KOSSEL).

Abgrenzung nichts gewonnen. Coulombsche Kräfte sind es ja auch, die eine unvollständige Spaltung der typisch starken Elektrolyte vortäuschen, und zwar, wie zu erwarten, in deutlicher Abhängigkeit von der Valenz der Ionen. Doch kann durch diesen Effekt allein die enorme Abstufung in den Eigenschaften der Ionenbilder, von den typischen Salzen bis zu praktischen Nichtleitern, keineswegs erklärt werden. Wenn also in der neuen Theorie noch Raum bleibt für einen „wahren“ Dissoziationsgrad, so muß dieser notwendig auf andere Ursachen zurückgeführt werden. Hierzu stehen im wesentlichen zwei Wege offen. Der erste wurde schon von SUTHERLAND[2]) und später von GHOSH[3]) beschritten. Unterscheidet man (was aus thermodynamischen Gründen natürlich nur eine praktische, nicht aber absolute Unterscheidung sein kann) zwischen polaren und nichtpolaren, ionisationsfähigen und nicht elektrisch dissoziierbaren Molekeln, so kann die unvollständige Spaltung eines schwachen Elektrolyten darauf zurückgeführt werden, daß in der Lösung ein Gleichgewicht besteht zwischen polaren und nichtpolaren Anteilen. Man hätte es also bei schwachen

---

[1]) W. KOSSEL, Ann. d. Phys. (4) Bd. 49, S. 229. 1916.
[2]) W. SUTHERLAND, Phil. Mag. (6) Bd. 14, S. 1. 1907.
[3]) I. CH. GHOSH, ZS. f. phys. Chem. Bd. 98, S. 211. 1921.

Elektrolyten stets mit Pseudoelektrolyten zu tun, die auch in der klassischen Theorie bekannt waren (Ziff. 21), nur mit dem Unterschiede, daß dort auch der „echten" Form ein u. U. erheblich von 1 verschiedener Spaltungsgrad zugeschrieben wurde. Nennt man γ den in der Lösung vorhandenen Bruchteil an polarer Form, so ist bei binären Elektrolyten $\gamma \cdot c$ die Konzentration des positiven wie negativen Ions und $(1 - \gamma) \cdot c$ die des Pseudoelektrolyten. Die Anwendung des Massenwirkungsgesetzes auf das durch zu vernachlässigende Konzentrationen der undissoziierten polaren Form vermittelte Gleichgewicht zwischen Ionen und Pseudoform ergibt:

$$\frac{\gamma^2 \cdot f_a^2 \cdot c}{1 - \gamma} = K, \tag{153}$$

wobei f_a den mittleren Aktivitätsfaktor der Ionen bedeutet. Bei genügend schwachen Elektrolyten, d. h. im Sinne dieser Auffassung bei erheblichem Überwiegen der nichtpolaren Komponente, jedenfalls bei höheren und mittleren Konzentrationen, ist f_a von 1 nicht merklich verschieden, so daß (153) die bekannte Form des OSTWALDschen Verdünnungsgesetzes

$$\frac{\gamma^2 \cdot c}{1 - \gamma} = K$$

annimmt, wie die Erfahrung es für diese Fälle bestens bestätigt hat.

Ähnliche Anschauungen, aber auf anderer Grundlage, hat seit geraumer Zeit HANTZSCH[1]) entwickelt. Sein Ausgangspunkt ist wie bei BJERRUM (Ziff. 30) die Beobachtung, daß die Lichtabsorption in Lösungen starker Elektrolyte dem BEERschen Gesetz gehorcht, nicht aber bei schwachen. Während BJERRUM daraus die vollständige Dissoziation starker Elektrolyte folgerte, zieht HANTZSCH den Schluß, daß die elektrolytische Dissoziation ohne Einfluß auf die optischen Eigenschaften bleibe, daß deren Änderung vielmehr stets mit Konstitutionsänderungen im Sinne des Chemikers verknüpft seien. Dies führt zur Annahme von Isomeriegleichgewichten bei schwachen Elektrolyten. HANTZSCH nimmt demnach in schwachen Säuren, z. B. Essigsäure, zwei verschiedene Formen an:

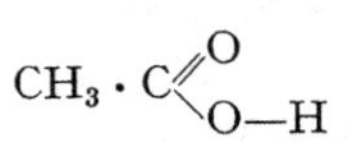 und 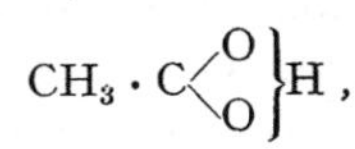,

von denen nur die zweite ionogenen Charakter haben soll. Wenn auch die optischen Grundlagen der HANTZSCHschen Theorie nicht sicher scheinen und andere Stützungsversuche unbefriedigt lassen, so würde eine solche Auffassung doch manche Erscheinung, z. B. das abweichende Verhalten der schwachen Elektrolyte in nichtwässerigen Lösungsmitteln (Ziff. 7) erklären können.

Eine einheitlichere Auffassung dürfte aber auf einem zweiten rein physikalischen Wege zu gewinnen sein. Statt scharf zu trennen zwischen polaren und nichtpolaren Molekeln, geht die neuere Entwicklung über Molekelbau dahin, stetige Übergänge zwischen heteropolaren und homöopolaren Bindungen anzunehmen. Der Grenzfall einfachen Elektronenübertritts aus einem Metallatom in die Elektronenwolke eines Anionenbildners liegt selten rein vor. Stets gesellt sich eine mehr oder minder große Verzerrung der gegenseitigen Elektronenbahnen[2]) hinzu, die, wenn besonders ausgeprägt, zu dem zweiten Grenzfall, der gemeinsamen Elektronenbahn im homöopolaren Molekül, hinüber führt. Dieser Abstufung wird eine solche in der „Bindungsfestigkeit" der Ionen parallel gehen und ihr entspricht auch eine Eingliederung sämtlicher Stoffe zwischen dem

[1]) Siehe z. B. A. HANTZSCH, ZS. f. Elektrochem. Bd. 24, S. 201. 1918; Bd. 29, S. 221. 1923; siehe auch die Polemik mit H. v. HALBAN, ZS. f. Elektrochem. Bd. 29, S. 421. 1923; Bd. 30, S. 194, 397, 601. 1924; Bd. 31, S. 167. 1925.

[2]) K. FAJANS, Naturwissensch. Bd. 11, S. 65. 1923.

Grenzfall des starken, praktisch absolut gespaltenen Elektrolyten und dem des praktischen Nichtelektrolyten.

BJERRUM[1]) betont, daß von diesem Standpunkt aus die bisher entwickelte neuere Theorie die eines typisch heteropolaren Elektrolyten mit völlig unpolarisierbaren Ionen ist. Auch eine Assoziation von Ionenpaaren, wie sie BJERRUM zwecks Erweiterung der DEBYEschen Grundgesetze annimmt (Ziff. 40), müßte mithin begrifflich von einer unvollständigen Ionenspaltung im Sinne der älteren Anschauungen unterschieden werden. Der typisch starke Elektrolyt könne zwar teilweise undissoziiert (d. h. zu Ionenpaaren assoziiert) erscheinen, wäre aber stets als vollständig ionisiert anzunehmen. Das Charakteristicum des schwächeren Elektrolyten hätte man demgegenüber in einer unvollständigen Ionisation zu erblicken.

Es ist aber durchaus denkbar, daß auch dieser Gegensatz verschwinden wird, wenn es gelingt, den Einfluß der Ionenpolarisation quantitativ zu erfassen. Die HÜCKELsche Erweiterung der DEBYEschen Theorie (Ziff. 39) stellt ja bereits einen, wenn auch notwendig unvollkommenen Versuch in dieser Richtung vor. Von HÜCKEL wird der Fall betrachtet, daß die Polarisierbarkeit der Ionen gegenüber der des Lösungsmittels klein ist, unter welcher Voraussetzung das Auftreten von abstoßenden Zusatzkräften neben den rein COULOMBschen wahrscheinlich wird. Bei stark deformierbaren Ionen würden konsequenterweise erhebliche anziehende Zusatzkräfte anzunehmen sein, als deren Folge notwendig eine verstärkte Behinderung der freien Ionen bzw. eine verstärkte Ionenassoziation zu erwarten ist.

Doch sind das Zukunftsprobleme, die aufs engste mit der allgemeineren Frage nach der Natur der den Atomzusammenhalt in der Molekel bewirkenden Kräfte zusammenhängen. Was bisher über die Deformation von Elektronenhüllen und überhaupt über die hier in Betracht kommenden Probleme des Atom- und Molekelbaues bekannt ist, findet man an anderen Stellen dieses Handbuchs (Bd. XXII und XXIV).

Es mag noch auf einige Arbeiten[2]), in denen von Gesichtspunkten aus, die außerhalb des Rahmens dieses Berichts liegen, die Frage der elektrolytischen Dissoziation behandelt wird, wenigstens hingewiesen werden, besonders auch auf die Wichtigkeit des von FAJANS[3]) erfolgreich benutzten Begriffes der Ionenhydratationswärme für die Energetik der Dissoziation. Abschließend darf wohl festgestellt werden, daß die seit etwa einem Jahrzehnt besonders lebhaft betriebenen verschiedenartigen Bemühungen, die Lücken der ARRHENIUSschen Theorie zu schließen, bereits beachtenswerte Erfolge zeitigten. Von einer befriedigenden einheitlichen Lösung des Problems ist man nichtsdestoweniger noch ziemlich weit entfernt.

Interessant ist, daß man noch bis in die jüngste Zeit hinein mehr oder weniger deutlich unterscheiden kann zwischen chemischen und physikalischen Wegen. Auf beiden könnte, wie es scheint, bei konsequenter Durchführung das Ziel erreicht werden. Das ist nicht verwunderlich, denn schließlich müssen ja auch alle chemischen Eigenschaften auf physikalische Prinzipien zurückgeführt werden. Aber gerade im Sinne des Fortschritts auf diesem Wege wird man geneigt sein, den physikalischen Erklärungsversuchen höheren Wert als den rein chemischen beizumessen.

---

[1]) N. BJERRUM, Ergebn. d. exakt. Naturwissensch. Bd. 5, S. 125. Berlin 1926.

[2]) K. FREDENHAGEN, Ann. d. Phys. (4) Bd. 17, S. 285 u. 332. 1905; ZS. f. phys. Chem Bd. 98, S. 38. 1921; F. KRÜGER, ZS. f. Elektrochem. Bd. 17, S. 453. 1911.

[3]) K. FAJANS, Verh. d. D. Phys. Ges. Bd. 21, S. 549 u. 709. 1919; vgl. auch Naturwissensch. Bd. 9, S. 732. 1921.

Kapitel 14.

Elektrolyse.

Von

ERNST BAARS, Marburg (Lahn).

Mit 24 Abbildungen.

a) Die Gesetze von FARADAY.

1. Einleitung. Die Vorgänge bei der Einwirkung elektrischer Felder auf Elektrolyte sind mit Angabe von Art, Zahl und Geschwindigkeit der wandernden Ionen (vgl. Kap. 13) noch keineswegs erschöpfend behandelt.

Gerade die bei Besprechung des Leitvermögens vernachlässigten Erscheinungen beim Übergang des Stromes aus den „Elektroden" in die Flüssigkeit und umgekehrt geben der elektrolytischen Leitung ein weiteres besonderes Gepräge.

In der Grenzfläche von Elektrode und Flüssigkeit erfolgt ein Austausch elektrischer Ladungen, der in der einen Richtung zur Entladung, in der anderen zur Bildung von Ionen führt. Die entladenen Ionen können ein mannigfaches Schicksal erleiden. Sie können sich an der Elektrode in zusammenhängender Schicht niederschlagen, in gasförmiger Gestalt entweichen, sich in der Elektrode oder in der Flüssigkeit lösen, dabei chemische Reaktionen mit Elektrode, Lösungsteilnehmern oder Lösungsmittel eingehen usw. Entsprechend können auch die an der Elektrode durch Ladungsaufnahme gebildeten Ionen in der Flüssigkeit mit anderen Ionen oder Molekeln in Wechselwirkung treten, komplexe Ionen oder schwerlösliche Verbindungen bilden u. dgl. mehr.

Die Gesamtheit dieser Vorgänge, ihre Abhängigkeit von Stromstärke und Konzentration, von dem elektrischen Zustand der Elektrode, von deren Natur und der der Ionen, von Temperatur, Druck und nicht zuletzt von der Zeit, das ist das Gebiet der Elektrolyse. Es ist viel mannigfaltiger und verwickelter als das der Stromleitung im Elektrolyten selbst. Insbesondere machen sich hier individuelle chemische Eigenschaften der beteiligten Stoffe viel stärker geltend als dort. Eine mathematisch-theoretische Behandlung des ganzen Gebietes ist zur Zeit kaum möglich. Eine solche beschränkt sich auf wenige Grenzfälle. Im übrigen muß versucht werden, außer der Beschreibung der Erscheinungen, auf anschaulichem Wege ihre Deutung und vor allem ihre Einordnung unter zusammenfassenden Gesichtspunkten zu ermöglichen.

Die Lehre von den elektrolytischen Erscheinungen hat sich, bedingt durch ihre außerordentliche technische Bedeutung, zu einem Spezialgebiet von gewisser Selbständigkeit entwickelt. Im Rahmen eines physikalischen Handbuchs dieses Sondergebiet auch nur einigermaßen erschöpfend zu behandeln, ist nicht angängig, zumal der technischen Durchdringung die eigentlich wissenschaftliche Bearbeitung auf physikalischer und chemischer Grundlage noch nicht immer gefolgt ist. Der Referent hat deshalb seine Aufgabe von vornherein dahin eingeengt, ausführlicher allein die wichtigsten theoretischen Grundlagen der Elektrolyse zu besprechen (wobei auch schon auf mancherlei interessante Seitenblicke verzichtet werden mußte), die Anwendungen dieser Grundlagen hingegen nur in einigen knappen Ausblicken zu streifen. Demgemäß behandelt der Hauptteil der folgenden Ausführungen, nach einer kurzen Besprechung der Faradayschen Gesetze, die Lehre von der elektrolytischen Polarisation. Innerhalb dieses Gebiets wieder ist besonderer Wert gelegt auf Erörterung der sog. chemischen Polarisation, also der elektrolytischen Überspannung und Passivität, Erscheinungen, die vielfach in der physikalischen Literatur etwas stiefmütterlich behandelt zu sein pflegen, deren Bedeutung für die verschiedenartigsten elektrochemischen Probleme jedoch in rasch zunehmendem Maße anerkannt wird.

Von einer Berücksichtigung der am Schluß des vorangehenden Kapitels entwickelten neuen Theorie der Elektrolyte ist im allgemeinen abgesehen worden. Dazu erscheint diese Theorie noch nicht genügend ausgereift. Auch ist anzunehmen, daß ihre Anwendung auf das Gebiet der Elektrolyse zwar mancherlei quantitative Verschiebungen bringen, an der Deutung der Erscheinungen aber kaum Wesentliches ändern wird. Wo abweichende Aussagen der neuen Theorie ohne weiteres vorauszusehen sind, wird darauf hingewiesen werden.

2. Die Gesetze von FARADAY. Die erste wichtige Grundlage aller elektrolytischen Vorgänge sind die Gesetze von FARADAY[1]). Ihre gebräuchliche Fassung ist etwa folgende:

1. Die bei der Elektrolyse erzielte Abscheidung, Zersetzung oder Umwandlung eines Stoffes ist der Stärke und Dauer des Stromes, also der durch den Leiter gegangenen Elektrizitätsmenge, proportional.

2. Durch gleiche Elektrizitätsmengen werden chemisch äquivalente Mengen verschiedener Stoffe abgeschieden, zersetzt oder umgewandelt.

Beide Erfahrungssätze sind zurückzuführen auf die gleiche Ursache: Ein Grammäquivalent der verschiedenen Ionen ist stets mit der gleichen Elektrizitätsmenge behaftet, oder, unserer atomistischen Auffassung von Materie und Elektrizität angepaßt: Die Ionen tragen positive oder negative Überschußladungen, die für verschiedene Ionen im Verhältnis einfacher, ganzer Zahlen, entsprechend der chemischen Wertigkeit, stehen und durch ein Zuviel oder Zuwenig von Elektronen gegenüber dem neutralen Zustand der Atome oder Atomgruppen zu deuten sind. Auf den Zusammenhang mit der heutigen Vorstellung vom Bau der Atome braucht an dieser Stelle nur hingewiesen zu werden.

Die gesetzliche Einheit der Stromstärke, das Ampere, ist bekanntlich dadurch festgelegt, daß durch 1 Amp. in der Sekunde 0,001118 g Silber aus einer Silbernitratlösung abgeschieden werden. Bei einem Atomgewicht des einwertigen Silbers von 107,88 errechnet sich daraus die mit einem Grammäquivalent beliebiger Ionen verbundene Elektrizitätsmenge zu $F = \frac{107{,}88}{0{,}001118} = 96494$ coul/g-Äquivalent. Diese Größe, das elektrochemische Äquivalent oder die Faradaykonstante (F) führt in Verbindung mit der heute genauesten Bestimmung des elektrischen Elementarquantums, $e = 4{,}774 \cdot 10^{-10}$ dyn$^{\frac{1}{2}}$ · cm $= 1{,}592 \cdot 10^{-19}$ coul (Millikan) zu der Zahl von

$$L = \frac{9{,}6494 \cdot 10^4}{1{,}592 \cdot 10^{-19}} = 6{,}061 \cdot 10^{23} \text{ Molekeln pro Mol}$$

beliebiger Stoffe, bekanntlich in guter Übereinstimmung mit anderen Methoden. Der 1908 auf dem Londoner Kongreß der Festsetzung der internationalen Stromstärkeeinheit zugrunde gelegte Wert von 0,00111800 g Silber/coul konnte durch

---

[1]) M. FARADAY, Exper. Research. Ser. 3, § 377, 1833; Ser. 7, § 783ff. 1834.

spätere Messungen ausgezeichnet bestätigt werden. Einen Überblick über die Änderung der experimentellen Ergebnisse im Zeitraum einiger Jahrzehnte gibt Tabelle 1.

Tabelle 1. Durch 1 Coulomb abgeschiedene Silbermenge in mg nach verschiedenen Beobachtern.

F. und W. KOHLRAUSCH[1]) (1881—1886)	1,1183
RAYLEIGH und SIDGEWICK (1884)[2])	1,1179
KAHLE[3]) (1898)	1,1183
GUTHE[4]) (1904)	1,11773
VAN DYK[5]) (1906)	1,1180
JÄGER und STEINWEHR[6]) (1908)	1,11827
F. KOHLRAUSCH[7]) (1908)	1,1183
SMITH, MATHER und LOWRY[8]) (1908)	1,11827
LAPORTE[9]) (1910)	1,11829
HAGA und BOEREMA (1910)[10])	1,11807
RICHARDS und ANDEREGG[11]) (1916)	1,1179
ROSA und VINAL[12]) (1916)	1,11800
BOVARD und HULETT[13]) (1917)	1,11798

Von Temperatur und Druck ist das elektrochemische Äquivalent weitgehend unabhängig.

RICHARDS und STULL[14]) stellten zwischen den bei etwa 280° aus einer Nitratschmelze und den bei Zimmertemperatur aus wässeriger Silbernitratlösung durch den gleichen Strom abgeschiedenen Silbermengen eine Differenz von im Mittel 0,005% fest. F. KOHLRAUSCH und R. H. WEBER[15]) vermochten auf indirektem Wege nachzuweisen, daß bis zu 80° Temperaturdifferenz die Abweichungen kleiner als 0,00001% waren. In einem Druckbereich von 1 bis 1500 Atmosphären weichen — wie E. COHEN[16]) zeigte — die gewonnenen Werte um nicht mehr als 0,008% voneinander ab.

Das erste FARADAYsche Gesetz dürfte somit innerhalb der Fehlergrenze heutiger Messungen uneingeschränkte Gültigkeit besitzen.

3. Stromausbeute. Nicht so gut stützt das Experiment das zweite FARADAYsche Gesetz. Die Abscheidung von Jod aus angesäuerter Jodkaliumlösung, die — bei Bestimmung des Jods mittels titrimetrischer Analyse — ebenfalls recht genau gemessen werden kann, erfordert für 1 Grammäquivalent = 126,92 g J als zuverlässigsten Wert 96512 Coulomb[12]). Bei Abscheidung anderer Stoffe ergeben sich durchweg größere Abweichungen, die wohl stets in unvermeidlichen Fehlern der Methode begründet liegen. In anderen Lösungsmitteln als Wasser sind einigermaßen genau bisher nur Silbernitrat in Azeton, Benzonitril, Anilin, Pyridin und Chinolin, sowie Lithiumchlorid und Bleinitrat in Pyridin untersucht worden[17]). Die Differenzen in der Menge der ausgeschiedenen Metalle vom Sollwert bleiben immer unter 1%.

---

[1]) F. u. W. KOHLRAUSCH, Wied. Ann. Bd. 27, S. 1. 1886.

[2]) Lord RAYLEIGH u. H. SIDGEWICK, Phil. Trans. Bd. 175, S. 411. 1884.

[3]) K. KAHLE, ZS. f. Instrkde. Bd. 18, S. 229 u. 267. 1898; Wied. Ann. Bd. 67, S. 1. 1899.

[4]) K. E. GUTHE, Phys. Rev. Bd. 19, S. 138. 1904.

[5]) G. VAN DYK, Ann. d. Phys. (4) Bd. 19, S. 249. 1906.

[6]) W. JÄGER u. H. v. STEINWEHR, ZS. f. Instrkde. Bd. 28, S. 327 u. 353. 1908.

[7]) F. KOHLRAUSCH, Ann. d. Phys. (4) Bd. 26, S. 580. 1908.

[8]) F. E. SMITH, F. MATHER u. T. M. LOWRY, Phil. Trans. Bd. 207, S. 545. 1908.

[9]) F. LAPORTE u. P. DE LA GORCE, C. R. Bd. 150, S. 278. 1910.

[10]) H. HAGA u. J. BOEREMA, Proc. Amsterdam Bd. 13, S. 587. 1910.

[11]) TH. W. RICHARDS u. F. O. ANDEREGG, Journ. Amer. Chem. Soc. Bd. 37, S. 7 u. 675. 1915; Bd. 38, S. 2044. 1916.

[12]) E. B. ROSA u. G. W. VINAL, Journ. Washington Acad. Bd. 6, S. 478. 1916; Journ Amer. Chem. Soc. Bd. 38, S. 496. 1916 (zusammenfassender Bericht).

[13]) W. M. BOVARD u. G. A. HULETT, Journ. Amer. Chem. Soc. Bd. 39, S. 1077. 1917.

[14]) TH. W. RICHARDS u. W. N. STULL, ZS. f. phys. Chem. Bd. 42, S. 621. 1902.

[15]) F. KOHLRAUSCH u. R. H. WEBER, Ber. d. D. Phys. Ges. Bd. 5, S. 681. 1907.

[16]) E. COHEN, ZS. f. phys. Chem. Bd. 84, S. 83. 1913.

[17]) L. KAHLENBERG, Journ. phys. chem. Bd. 4, S. 349. 1900.

Scheinbare Ungültigkeit des FARADAYschen Gesetzes kann durch die mannigfachsten Umstände zustande kommen. Bei einer Prüfung ist es natürlich nötig, die Wertigkeit der zu entladenden Ionen zu kennen, eine Forderung, die selten oder nie absolut erfüllt ist. In zahlreichen Fällen vermag z. B. derselbe Stoff Ionen verschiedener Wertigkeit nebeneinander zu bilden. So enthalten Lösungen von Salzen des zweiwertigen Kupfers stets auch Cu^+-Ionen; in einer 1 mol. $CuSO_4$-Lösung bei 18° ist im Gleichgewicht etwa 0,035% des Kupfers einwertig vorhanden[1]). Die Kenntnis solcher Gleichgewichtswerte nützt der Prüfung des Gesetzes im allgemeinen wenig, da infolge der Elektrolyse sich die Mengenverhältnisse verschieben können. Sekundäre chemische Reaktionen andererseits werden häufig die ausgeschiedenen Stoffmengen zum Teil wieder in Lösung bringen, auch kann bei Nichtmetallen ein Zurückdiffundieren in die Flüssigkeit — gegebenenfalls mit nachfolgender chemischer Reaktion — stattfinden, dessen Betrag in erster Linie durch die Löslichkeit des Elektrolysenprodukts, ferner aber auch durch Apparatdimensionen und Konvektionserscheinungen geregelt sein wird. Die Aufzählung möglicher und auch tatsächlich beobachteter Störungen könnte noch beträchtlich erweitert werden. Immer aber dürfte es in solchen Fällen so sein, daß zwar primär das Gesetz gilt, daß nur die gesamte Menge der abgeschiedenen oder durch den Strom zersetzten Stoffe nicht gefaßt werden oder daß die elektrochemische Wertigkeit der beteiligten Ionen nicht einwandfrei festgestellt werden kann. Es liegt jedenfalls keine Veranlassung vor, von dieser Auffassung abzugehen. Das auf eine bestimmte Ionenart bezogene Verhältnis von tatsächlich ausgeschiedener oder zersetzter Menge zu der, die bei alleiniger und ungestörter Entladung dieses Ions theoretisch zu erwarten wäre, pflegt man als Stromausbeute zu bezeichnen.

So wird z. B. Zink bei 20° und einer Stromdichte von 0,01 Amp./cm² aus wässerigen Zinksulfatlösungen verschiedener Konzentration (bei Gegenwart von 1 mol. H_2SO_4) mit folgenden Ausbeuten gewonnen[2]):

2n	0,25n	0,06n
90%	67%	16%

In diesem Beispiel kommt der geringe Nutzeffekt dadurch zustande, daß neben Zn^{++} auch H^+ entladen wird, und zwar bei sinkender Zn^{++}-Konzentration in steigendem Maße. Ähnlich treten bei der anodischen Abscheidung von Chlor aus Chloriden fast stets mehr oder minder große Mengen von Sauerstoff auf. Die Summe der abgeschiedenen Zn- und Wasserstoffmengen einerseits, der Chlor- und Sauerstoffmengen andererseits entsprechen aber, wenn sonstige Störungen fehlen, der für die Elektrolyse aufgewandten Elektrizitätsmenge.

Besonders groß können die Störungen auch bei der Elektrolyse geschmolzener Salze werden. Eine eigenartige Zerstäubung kathodisch abgeschiedener Metalle unter Bildung von Nebeln[3]) in der Schmelze, chemische Veränderung dieser fein verteilten Metalle durch den Luftsauerstoff und besonders durch die an der Anode gebildeten Elektrolysenprodukte, beides durch die hohe Temperatur direkt und indirekt — infolge erhöhter Diffusion und Konvektion — begünstigt, kann die Stromausbeute bis auf Null herabsetzen[4]). Gerade diese Fälle bieten aber auch gute Beispiele dafür, wie durch konsequente Vermeidung und Beseitigung obiger

---

[1]) R. LUTHER, ZS. f. phys. Chem. Bd. 38, S. 395. 1901.

[2]) A. BEYER, Dissert. Dresden 1906. (Zitiert nach E. FOERSTER, Elektrochem. wäßr. Lösungen, 3. Aufl. Leipzig 1922.)

[3]) Vgl. die zusammenfassende Darstellung bei R. LORENZ u. W. EITEL, Pyrosole (Kolloidforschung in Einzeldarstellungen, Bd. 4). Leipzig 1925.

[4]) Vgl. z. B. R. LORENZ u. F. KAUFLER, Die Elektrolyse geschmolzener Salze. Leipzig 1909; R. LORENZ, Elektrolyse geschmolzener Salze, Bd. II. Halle 1905.

Störungsursachen in günstigen Fällen die Ausbeute von Null auf nahezu 100% gesteigert werden kann[1]), wonach an einer allgemeinen Gültigkeit der FARADAYschen Gesetze auch bei schwierigen Verhältnissen nicht gezweifelt zu werden braucht.

4. Coulometer. Die Beziehung zwischen Elektrizitätsmenge und elektrochemischer Wirkung findet in den Voltametern oder Coulometern praktische Verwendung zur Strommessung (vgl. a. Bd. XVI, Kap. 1). Aus den in Ziff. 3 dargelegten Gründen kommt nur eine verhältnismäßig kleine Zahl von elektrochemischen Reaktionen für einen solchen Zweck in Betracht. In erster Linie ist die kathodische Abscheidung von Silber zu nennen, weiter die von Kupfer und einigen anderen Metallen, ferner besonders die anodische Entladung von Jodionen, anodische Silberauflösung, kathodische Reduktion von Ferrisalzen und schließlich die Wasserzersetzung durch den Strom.

Wegen der Beziehung zu den gesetzlichen und internationalen Einheiten erfordert vor allem das Silbercoulometer eine etwas eingehendere Behandlung. Die grundlegenden Untersuchungen daran stammen von F. und W. KOHLRAUSCH[2]) sowie von Lord RAYLEIGH und SIDGEWICK[3]). Trotz der besonderen Eignung des Silbers für die Zwecke der Coulometrie (hohes Äquivalentgewicht, geringe chemische Angreifbarkeit) waren beträchtliche Schwierigkeiten zu überwinden, bis Messungen der heute erreichten Exaktheit möglich wurden[4]). Grundsätzlich besteht das Silbercoulometer aus zwei Elektroden, Silber oder besser Platin als Kathode, Silber als Anode, die in die Lösung eines geeigneten Silbersalzes, meist $AgNO_3$, eintauchen. Besondere Rücksicht ist zu nehmen auf die bequeme Wägbarkeit der Kathode, auf richtiges Größenverhältnis beider Elektroden zur Stromstärke, und auf eine Trennung von Kathoden- und Anodenflüssigkeit. Dies wird heute meist so erreicht[5]), daß in ein Hohlgefäß (Schale, Tiegel) aus Platin oder Silber ein Hohlzylinder aus porösem Porzellan und in diesen ein Stab aus reinstem Silber eingetaucht wird. Als Füllung dient eine 20 bis 40proz. $AgNO_3$-Lösung. Die Trennung von Anoden- und Kathodenraum hat mehrere Gründe. Vor allem wird dadurch vermieden, daß an der Anode sich bildender Silberschlamm an die Kathode und dort mit zur Wägung gelangt. Die anodische Silberschlammbildung beruht im wesentlichen darauf, daß an der Anode neben den einwertigen (Ag^+) „halbwertige" Silberionen $(Ag_2)^+$ entstehen, die in einiger Entfernung von der Anode in Ag^+-Ionen und metallisches Ag zerfallen[6]). Ist die Menge der entstehenden $(Ag_2)^+$-Ionen groß, so können solche

[1]) Siehe u. a. A. HELFENSTEIN, ZS. f. anorg. Chem. Bd. 23, S. 255. 1900; weiteres Material in den vorstehend zitierten Werken.

[2]) F. u. W. KOHLRAUSCH, Pogg. Ann. Bd. 149, S. 170. 1873; Wied. Ann. Bd. 27, S. 1. 1886.

[3]) Lord RAYLEIGH u. H. SIDGWICK, Phil. Trans. Bd. 175, S. 411. 1884.

[4]) Vgl. die einleitenden Ausführungen von F. FOERSTER zu der Arbeit von K. EISENREICH, ZS. f. phys. Chem. Bd. 76, S. 643. 1911 (hier auch die ältere Literatur). Von späteren Arbeiten seien erwähnt: F. LAPORTE u. P. DE LA GORCE, C. R. Bd. 150, S. 278. 1910; H. HAGA u. J. BOEREMA, Proc. Amsterdam Bd. 13, S. 587. 1910; J. S. LAIRD u. G. A. HULETT, Trans. Amer. Electrochem. Soc. Bd. 22, S. 345. 1912; G. D. BRUCKNER u. G. A. HULETT, ebenda Bd. 22, S. 367. 1912; E. B. ROSA, N. E. DORSEY u. J. M. MILLER, Bull. Bureau of Stand. Bd. 8, S. 269. 1912; E. B. ROSA, G. W. VINAL u. A. S. MAC DANIEL, ebenda Bd. 9, S. 151, 209, 493. 1912; ST. J. BATES u. G. W. VINAL, Journ. Amer. Chem. Soc. Bd. 36, S. 916. 1914; G. A. HULETT u. G. W. VINAL, Journ. phys. chem. Bd. 19, S. 173. 1915; G. W. VINAL u. W. M. BOVARD, Journ. Amer. Chem. Soc. Bd. 38, S. 496. 1916; TH. W. RICHARDS u. F. O. ANDEREGG, ebenda Bd. 37, S. 7 u. 675. 1915; Bd. 38, S. 2044. 1916; W. JAEGER u. H. v. STEINWEHR, ZS. f. Instrkde. Bd. 35, S. 225. 1915; W. M. BOVARD u. G. A. HULETT, Journ. Amer. Chem. Soc. Bd. 39, S. 1077. 1917.

[5]) Vgl. die Vorschriften der Phys.-Techn. Reichsanstalt. Elektrot. ZS. Bd. 22, S. 435 u. 531. 1901.

[6]) Vgl. auch K. JELLINEK, ZS. f. phys. Chem. Bd. 71, S. 513. 1908; L. WÖHLER u. G. RODEWALD, ZS. f. anorg. Chem. Bd. 61, S. 54. 1909.

jedoch auch in den Kathodenraum gelangen und bei kathodischer Abscheidung ebenfalls ein Zuviel an Silber verursachen. Die Bildung von $(Ag_2)^+$ wächst mit zunehmender Stromdichte an der Anode. Diese soll deshalb 0,2 Amp./cm² nicht überschreiten. Da gleiche Dichte an der Kathode aber einen schwammigen, nicht haftenden Silberniederschlag bedingt, und erst 0,02 Amp./cm² dessen einwandfreie Beschaffenheit verbürgen, muß die Kathode sehr viel größere Oberfläche als die Lösungselektrode besitzen. Bei Verwendung der beschriebenen Coulometerform wird man andererseits, um die durch Größe der verwendeten Hohlkathode bedingte Stromstärke voll ausnutzen zu können, mit der Anode nicht unter eine Minimalgröße hinabgehen dürfen. Außerdem wird man ihr eine Form geben, die eine einigermaßen gleichmäßige Stromverteilung entlang der ganzen Oberfläche verbürgt, wobei zu beachten ist, daß etwaige Formänderungen im Laufe der Elektrolyse zu ungleichmäßiger Verteilung der Stromdichte führen können. Ein Ersatz des Porzellandiaphragmas etwa durch Fließpapier, das früher häufig Verwendung gefunden hat, führt stets zu ein wenig zu hohen Gewichtsänderungen der Kathode[1]). Die Ursache dürfte in einer Reduktion des Silberions durch die Zellulose zu metallischem Silber zu suchen sein. Das in kolloidaler Form sich ausscheidende Silber gelangt durch Elektrophorese zur Kathode. Wird die Anode genügend groß und in einer Form gewählt, daß an keiner Stelle übermäßige Stromdichten auftreten können, so darf man auf jedes Diaphragma verzichten, muß aber den etwa abfallenden Anodenschlamm in einem unter die Anode gehängten Glasbecher auffangen. In einer Mikroform[2]) ist das Silbercoulometer auch zur Messung sehr kleiner Elektrizitätsmengen brauchbar.

Bequemer in der Anwendung, aber stets weniger genau sind die übrigen obengenannten Coulometerarten.

Im Kupfercoulometer[3]) wird anodisch Kupfer gelöst und an einer Platin- oder Kupferkathode geeigneter Form niedergeschlagen. Auch hier treten ähnlich wie beim Silber Störungen durch Verschiedenwertigkeit der Kupferionen[4]) auf. Man sucht sie einzuschränken mittels passender Zusätze zum Elektrolyten und Trennung von Anoden- und Kathodenraum durch Diaphragmen. Hinzu kommen Fehler, die durch die größere Reaktionsfähigkeit des Kupfers, in erster Linie gegenüber dem Luftsauerstoff, bedingt sind und besonders groß werden, wenn die Stromdichte und damit die Abscheidungsgeschwindigkeit gering ist[5]). Über eine Genauigkeit von 0,1% kommt man deshalb beim Kupfercoulometer nie hinaus.

Die Abscheidung von Blei[6]), Quecksilber[7]) und Kadmium[8]) kann analog der des Silbers und Kupfers zur Konstruktion von Coulometern benutzt

---

[1]) E. B. ROSA, G. W. VINAL u. A. S. MACDANIEL, Bull. Bureau of Stand. Bd. 9, S. 151 u. 209. 1912.

[2]) E. BOSE u. F. CONRAT, ZS. f. Elektrochem. Bd. 14, S. 86. 1908.

[3]) F. OETTEL, Chem.-Ztg. Bd. 17, S. 173, 543, 577. 1893; F. FOERSTER u. O. SEIDEL, ZS. f. anorg. Chem. Bd. 14, S. 106. 1897; F. FOERSTER, ZS. f. Elektrochem. Bd. 3, S. 479 u. 493. 1897; TH. W. RICHARDS, E. COLLINS u. G. W. HEIMROD, ZS. f. phys. Chem. Bd. 32, S. 321. 1900; L. DEDE, ZS. f. Elektrochem. Bd. 17, S. 238. 1911.

[4]) Vgl. R. LUTHER, ZS. f. phys. Chem. Bd. 38, S. 395. 1901.

[5]) A. K. DATTA u. N. DHAR, Journ. Amer. Chem. Soc. Bd. 38, S. 1156. 1916.

[6]) F. FISCHER, K. THIELE u. E. B. MAXTED, ZS. f. anorg. Chem. Bd. 67, S. 339. 1910.

[7]) W. v. BOLTON, ZS. f. Elektrochem. Bd. 2, S. 71. 1895; H. DANNEEL, ebenda Bd. 4, S. 155. 1897; Bd. 11, S. 139. 1905; H. S. HATFIELD, ebenda Bd. 15, S. 728. 1909; F. C. MATHERS u. A. F. O. GERMANN, Indiana Univ. Bull. Bd. 8, S. 41. 1911.

[8]) J. S. LAIRD u. G. A. HULETT, Trans. Amer. Electrochem. Soc. Bd. 22, S. 385. 1912; E. W. WASHBURN u. S. J. BATES, ebenda Bd. 22, S. 397. 1912.

werden. Abgeschiedenes Quecksilber kann man auch, anstatt durch Wägung, durch Volumbestimmung ermitteln [Stia-Zähler[1]), Bd. XVI].

Die Zersetzung des Wassers kann im Wassercoulometer[2]) durch Feststellung der Gewichtsverminderung einer Elektrolysierzelle (Platinelektroden in 10 bis 20proz. Natronlauge) vor allem zur Messung großer Elektrizitätsmengen nutzbar gemacht werden. Oder aber man bestimmt das Volum der abgeschiedenen Gase, entweder gemeinsam [Knallgascoulometer[3])] oder Wasserstoff bzw. Sauerstoff allein. Größere Genauigkeit ist nur zu erzielen, wenn man für Trennung der Elektrodenräume und Herabsetzung der Diffusionsmöglichkeit der Elektrolysenprodukte in der Flüssigkeit sorgt, da deren Zusammentreffen an den Platinelektroden zu einer katalytischen Wiedervereinigung beider zu Wasser führen kann.

Die Titrationscoulometer, unter denen das Jodcoulometer[4]) an erster Stelle steht, sind besonders bei kleinen Elektrizitätsmengen empfehlenswert. Wie der Name sagt, erfolgt in diesen die Ermittlung der umgesetzten Stoffmenge nicht durch Wägung, vielmehr durch titrimetrische Analyse. Außer der Abscheidung von Jod hat ebenfalls die anodische Auflösung von Silber[5]) und die kathodische Reduktion von Ferrisalzen[6]) Verwendung gefunden. (Nähere Einzelheiten über Coulometer und ihre Anwendung in Bd. XVI.)

b) Abscheidungspolarisation und Zersetzungsspannung.

5. Zersetzungsspannung. Sättigungspolarisation. Wir denken uns an zwei in wäßrige Salzsäure tauchende Elektroden aus Platin eine gewisse Spannung, etwa einige Zehntel Volt, gelegt (Badspannung, Zellenspannung). Die Beobachtung eines in den Stromkreis geschalteten genügend empfindlichen Galvanometers zeigt im Augenblick des Stromschlusses einen deutlichen Strom an, der jedoch sehr bald auf annähernd Null zurückgeht. Wird die Spannung sprungweise erhöht, so zeigt sich immer wieder im Augenblicke der Veränderung ein kurzer Stromstoß, während der dauernd verbleibende Ausschlag des Meßinstruments zunächst klein bleibt. Erst von einer bestimmten Spannung an tritt ein bei weiterer Spannungssteigerung wachsender, stärkerer und dauernder Strom auf. Etwa gleichzeitig beobachtet man an der Kathode das Entweichen von Wasserstoffbläschen, während sich an der Anode die Entwicklung von Chlor noch nicht in Form von Gasblasen, wohl aber durch Schlierenbildung in der Flüssigkeit bemerkbar macht. Dieser Unterschied im Verhalten der Kathode und Anode

---

[1]) H. Danneel, ZS. f. Elektrochem. Bd. 11, S. 139. 1905; H. S. Hatfield, ebenda Bd. 15, S. 728. 1909; vgl. auch D. R. P. 186878. 1905; 213689. 1906; 245911. 1910; 268061. 1912; 279253. 1913; ferner Elektrot. ZS. Bd. 30, S. 976. 1909; Bd. 45, S. 1385. 1924; Bd. 48, S. 174. 1927. Eine völlig andere Form eines Quecksilbervolumcoulometers ist von R. A. Lehfeldt, Phil. Mag. (6) Bd. 3, S. 158. 1902 angegeben.

[2]) R. Bunsen, Pogg. Ann. Bd. 91, S. 620. 1854; W. Ledingham, Elektrot. ZS. Bd. 6, S. 275. 1884. Über Verwendung von Nickelelektroden vgl. H. E. Riesenfeld, ZS. f. Elektrochem. Bd. 12, S. 621. 1906.

[3]) M. Faraday, Pogg. Ann. Bd. 33, S. 316. 1834; ferner u. a. F. Kohlrausch, Elektrot. ZS. Bd. 7, S. 190. 1885; R. A. Lehfeldt, Phil. Mag. (6) Bd. 15, S. 614. 1908. Über ein Knallgas-Amperemeter vgl. G. Bredig u. O. Hahn, ZS. f. Elektrochem. Bd. 7, S. 259. 1900.

[4]) E. F. Herroun, Phil. Mag. (5) Bd. 40, S. 91. 1895; D. A. Kreider, Sill. Journ. (4) Bd. 20, S. 1. 1905; Phys. ZS. Bd. 6, S. 582. 1905; G. Gallo, Gaz. chim. ital. Bd. 36 II, S. 116. 1906; E. W. Washburn u. St. J. Bates, Journ. Amer. Chem. Soc. Bd. 34, S. 1341. 1912; St. J. Bates u. G. W. Vinal, ebenda Bd. 36, S. 916. 1914; E. B. Rosa u. G. W. Vinal, Journ. Washington Acad. Bd. 6, S. 478. 1916.

[5]) W. Kistiakowsky, ZS. f. phys. Chem. Bd. 6, S. 105. 1890; ZS. f. Elektrochem. Bd. 12, S. 713. 1906.

[6]) Z. Karaoglanoff, ZS. f. Elektrochem. Bd. 11, S. 489. 1905.

ist eine durch verschiedene Löslichkeit der gebildeten Produkte bedingte sekundäre Erscheinung, die vorläufig außer Betracht bleiben kann. Ähnliche Verhältnisse finden sich bei der Elektrolyse der meisten Stoffe zwischen „unangreifbaren" Elektroden wieder. Man nennt die Spannung, die gerade eben ausreicht, eine dauernde Ausscheidung der Elektrolysenprodukte an den Elektroden und fortwährenden Stromdurchgang durch die Flüssigkeit zu erzwingen, die Zersetzungsspannung.

Es muß zunächst scheinen, als ob das OHMsche Gesetz auf diesen Fall der Elektrizitätsleitung keine Anwendung finden könne. Die Stromstärke steigt ja keineswegs der angelegten Spannung proportional an. Wie schon die bei der elektrolytischen Leitfähigkeit besprochenen Verhältnisse deutlich erkennen lassen, gilt das Gesetz sicher innerhalb des Elektrolyten (vgl. Ziff. 7). Die Ursache der Abweichung wird mithin bei den Elektroden zu suchen sein. Es ist nämlich zu berücksichtigen, daß an der Grenze Elektrode-Flüssigkeit ein Potentialsprung vorhanden ist, bei Beginn der Elektrolyse an beiden gleichartigen, in dieselbe Flüssigkeit tauchenden Platinblechen gleich groß, so daß die Summe der „Elektrodenpotentiale" im geschlossenen Stromkreise gleich Null ist, an beiden Elektroden aber in verschiedenem Maße sich ändernd, sowie durch die geringste Abscheidung von Wasserstoff und Chlor die Natur der Elektroden verändert wird. Der Entladung kleiner Mengen von H^+ und Cl^- entspricht der zur Beobachtung kommende Stromstoß bei plötzlichem Schluß der Zelle. Die Produkte der Entladung bleiben in der Elektrode oder auch in der sie umgebenden Flüssigkeit gelöst und rufen infolge ihrer Wechselwirkung mit den entsprechenden Ionen eine elektromotorische Kraft hervor, die der angelegten Zellenspannung entgegengerichtet und von gleichem absoluten Betrage wie diese ist. Die auf die Ionen im Elektrolyten wirkende Feldstärke ist Null: eine Stromleitung unterbleibt. Dies gilt für jede Spannung unterhalb des Zersetzungspunktes (siehe aber Ziff. 6). Das System aus mit Wasserstoff und Chlor beladenen Platinelektroden zusammen mit dem Elektrolyten bildet ein galvanisches Element, dessen EK (bei gegebenem Elektrolyten unveränderlicher Konzentration) von der Konzentration des Wasserstoffs und des Chlors abhängt und mit dieser ansteigt. Erst wenn der Druck der gasförmigen Produkte so groß geworden ist, daß er den äußeren Druck zu überwinden vermag, entweichen sie in Form von Bläschen: die sichtbare Zersetzung beginnt. Eine weitere Spannungssteigerung vermag dann, wenn man vom Strömungsdruck und anderen möglichen Komplikationen zunächst absieht, die Konzentration der Gase und damit die Gegenkraft nicht mehr zu vergrößern. Die Stromstärke steigt jetzt proportional der vom Zersetzungspunkt an gezählten Spannung. Man bezeichnet die beschriebene Erscheinung als „elektrolytische Polarisation". Die Zurückführung der „elektromotorischen Kraft der Polarisation" oder „Polarisation" schlechthin, wie die Gegenkraft genannt wird, auf die Theorie der galvanischen Ketten ist zuerst durch LE BLANC[1]) auf experimentellem Wege als berechtigt erwiesen (vgl. Ziff. 11).

Ganz analog, wie hier für gasförmige Produkte geschildert, liegen die Verhältnisse bei der Abscheidung von festen oder flüssigen Stoffen an den Elektroden. Wenn etwa Bromionen an der Anode zur Entladung kommen, wird die Konzentration des im Elektrolyten sich lösenden Broms in unmittelbarer Nähe der Elektrode zusammen mit der Konzentration der Bromionen maßgebend sein für das Polarisationspotential. Mit steigender Spannung wächst dieses bis zu einem Grenzwert, der dann erreicht ist, wenn die Elektrode mit Brom gesättigt,

---

[1]) M. LE BLANC, ZS. f. phys. Chem. Bd. 8, S. 299. 1891; Bd. 12, S. 332. 1893.

d. h. im Gleichgewicht mit reinem Brom ist: Abscheidungspotential. Wenn feste Stoffe, etwa Metalle ins Spiel kommen, ist die gleiche Überlegung anzuwenden. Die Konzentration eines niederzuschlagenden festen Stoffes wird erst dann einen konstanten Wert haben, wenn sich eine zusammenhängende Schicht, die in allem die Eigenschaften des kompakten Materials zeigt, auf der Elektrode ausgebildet hat. Dazu wird mindestens eine Schicht molekularer Dimension erforderlich sein. In Wahrheit dürften die erforderlichen Schichtdicken wesentlich größer sein. KÖNIGSBERGER und MÜLLER[1]) konnten feststellen, daß auf Platin niedergeschlagenes Bleisuperoxyd in einer Dicke von $0{,}84 \cdot 10^{-7}$ cm (errechnet aus der zur elektrolytischen Erzeugung aufgewandten Elektrizitätsmenge) bereits optisch nachzuweisen war, aber erst in etwa $4 \cdot 10^{-7}$ cm dicker Schicht die elektromotorischen Eigenschaften des kompakten Materials zeigte.

Wie die EK einer galvanischen Kette aus der Summe der Elektrodenpotentiale sich ergibt, so kann auch die Gesamtpolarisation einer Elektrolysierzelle in die beiden Einzelwerte der „Elektrodenpolarisationen" zerlegt werden. Die Summe der Abscheidungspotentiale der an beiden Elektroden einer Zelle zur Entladung kommenden Ionen ist die Zersetzungsspannung. Bei geringeren Badspannungen ist auch die Gesamtpolarisation geringer, doch ist durchaus vorauszusehen, daß bei steigender Badspannung unterhalb des Zersetzungspunktes die Änderung der Polarisation in verschiedener Weise auf die Elektroden sich verteilen kann. Dies wird ganz davon abhängen, welche Menge von Ionen entladen werden muß, um die Sättigung der Elektrodenoberfläche mit dem abgeschiedenen Stoffe zu erzielen. Aber erst wenn an Kathode und Anode dieser Zustand eingetreten ist, kann ein dauernder Strom durch die Flüssigkeit gehen. Von LE BLANC[2]) ist z. B. bei der Elektrolyse von Silbernitrat zwischen Platinelektroden beobachtet worden, daß das Potential der Kathode bereits weit unterhalb der Zersetzungsspannung einen praktisch konstanten Wert annimmt.

Da zur dauernden Zersetzung eines Elektrolyten mindestens eine Spannung aufzuwenden ist, die der EK der Polarisationskette bei gesättigten Elektroden gleichkommt, pflegt man den auf Grund dieser Forderung zu erwartenden Wert der Zersetzungsspannung durch den Begriff „Sättigungspolarisation" zu kennzeichnen.

6. Reststrom. In Wirklichkeit sind die Verhältnisse bei der Elektrolyse komplizierter, als es zunächst angenommen wurde. Darüber wird später ausführlich gesprochen werden. Nur ein Punkt soll schon hier Berücksichtigung finden.

Die Behauptung, daß eine an die Zelle gelegte Spannung unterhalb des Zersetzungspunktes gerade kompensiert wird durch die auftretende Gegenkraft, womit also das auf die Ionen wirkende Feld gleich Null wäre und eine Stromleitung unterbleiben müßte, gilt nur dann streng, wenn die durch einen primären Stromstoß abgeschiedenen Produkte an der Grenzfläche Elektrode-Flüssigkeit aufgespeichert bleiben. Diese Bedingung ist jedoch häufig nicht erfüllt. Die ausgeschiedenen Stoffe werden mehr oder weniger, entweder im Elektrodenmaterial oder häufiger in der Elektrolytflüssigkeit, sich auflösen, mithin sogleich nach ihrer Entstehung von der Grenzfläche hinwegdiffundieren können. Mit der Konzentrationsverringerung an den Stellen ihrer elektromotorischen Wirksamkeit sinkt aber die EK der entstandenen Kette, die Polarisation geht um einen gewissen Betrag zurück. Bei der jetzt überwiegenden Badspannung wird zwar sofort eine weitere Ionenentladung stattfinden, niemals aber werden sich, solange ein Abdiffundieren andauert, die Produkte der Elektrolyse so weit anhäufen können, daß die Polari-

[1]) J. KOENIGSBERGER u. W. J. MÜLLER, Phys. ZS. Bd. 6, S. 847. 1905. Vgl. auch A. OVERBECK, Wied. Ann. Bd. 31, S. 337. 1887; ST. PROCOPIU, C. R. Bd. 169, S. 1030. 1919.

[2]) M. LE BLANC, ZS. f. phys. Chem. Bd. 12, S. 337. 1893.

sationsspannung die Badspannung erreicht. Die Diffusion kommt erst dann zum Stillstand, wenn die gesamte Badflüssigkeit mit den in Frage kommenden Stoffen gesättigt, das Diffusionsgefälle mithin Null geworden ist, was aber in den meisten Fällen deshalb nicht eintreten wird, weil mancherlei Ursachen, z. B. chemische Einwirkung der Elektrolysenprodukte aufeinander, bei flüchtigen Stoffen auch ihr Übertritt in den Gasraum, dem entgegenwirken. Die Folge aller dieser Vorgänge ist ein dauernder, wenn auch meist schwacher Strom bereits unterhalb des Zersetzungspunktes, der sog. Reststrom. HELMHOLTZ[1]) hat ihn zuerst eingehender untersucht und auf Diffusionsvorgänge zurückgeführt. Mit der Konzentrationserhöhung der abgeschiedenen Stoffe an den Elektroden, wie sie bei Steigerung der Badspannung eintritt, wird der Reststrom — wegen Vergrößerung des Diffusionsgefälles — anwachsen. Der Zersetzungspunkt wird deshalb selten als scharfer Knick in der Stromspannungskurve erscheinen, vielmehr wird der Übergang vom Reststrom- zum Zersetzungsgebiet durch eine stetige Änderung der Stromstärke gekennzeichnet sein (vgl. Abb. 1).

Die Reststromerscheinungen werden um so ausgeprägter auftreten, je größer die Löslichkeit der Elektrolysenprodukte ist, je rascher sie durch sekundäre Vorgänge aufgezehrt werden und je günstiger die äußeren Versuchsbedingungen für ihre Fortführung durch Diffusion oder auch durch Konvektion sind. So sind sie bei der Elektrolyse von Halogenverbindungen in wässeriger Lösung in der Reihenfolge Jodid, Chlorid, Bromid — entsprechend der wachsenden Löslichkeit der freien Halogene — deutlicher zu beobachten. Bei der elektrolytischen Wasserzersetzung zwischen Platinelektroden konnte nachgewiesen werden, daß der Reststrom zum größten Teile auf der Reduktion des an die Kathode diffundierenden Sauerstoffs zu Wasserstoffperoxyd beruht[2]).

Besonders stark aber treten Reststromphänomene bei der Elektrolyse von Salzschmelzen auf. Die durch erhöhte Temperatur verringerte Reibung in der Flüssigkeit, die vergrößerte Reaktionsfähigkeit der abgeschiedenen Produkte und das Überhandnehmen von Konvektionserscheinungen sind die Ursachen, ganz die gleichen, die zu einer scheinbaren Abweichung vom FARADAYschen Gesetz in solchen Fällen führten (vgl. Ziff. 3).

Der Reststrom kann dementsprechend vermindert werden durch möglichste Einschränkung aller ihn begünstigenden Faktoren, soweit man sie bei einem gegebenen Elektrolyten in der Hand hat. Vermeidung ungleichmäßiger Erwärmung des Elektrolyten, Ausschluß mechanischer Erschütterung und Trennung der Elektrodenräume durch poröse Scheidewände tragen gleichmäßig dazu bei. Die den Reststrom bedingenden Ursachen pflegt man auch, da sie zu einer Verminderung der Polarisation führen, als Depolarisationserscheinungen zu bezeichnen. Entsprechend dem oben Gesagten kann man unterscheiden zwischen mechanischer Depolarisation, hervorgerufen durch Diffusions- und Konvektionsvorgänge, und chemischer Depolarisation, verursacht durch chemische Reaktion der primär ausgeschiedenen Elektrolysenprodukte. Beide Arten gehen allerdings häufig Hand in Hand. Je stärker Depolarisationsphänomene in Erscheinung treten, um so größer wird der Reststrom und um so weniger läßt sich eine definierte Spannung zur Kennzeichnung der beginnenden Zersetzung angeben, bis schließlich der Begriff Zersetzungsspannung überhaupt seine Bedeutung verliert.

---

[1]) H. v. HELMHOLTZ, Pogg. Ann. Bd. 150, S. 483. 1873; Wied. Ann. Bd. 11, S. 737. 1880; Berl. Ber. 1883, S. 652.

[2]) F. RICHARZ, Verh. d. Phys. Ges. Berlin Bd. 6, S. 83. 1887; ZS. f. anorg. Chem. Bd. 37, S. 75. 1903. F. RICHARZ u. C. LONNES, ZS. f. phys. Chem. Bd. 20, S. 145. 1896.

Die rechnerische Behandlung dieser Erscheinungen soll vorerst verschoben werden. Es wird sich nämlich herausstellen, daß ganz ähnliche Verhältnisse wie unterhalb der Zersetzungsspannung auch wieder bei der Elektrolyse mit stärkeren Strömen, die zu einer dauernden, sichtbaren Abscheidung an den Elektroden führt, anzutreffen sind. Das dort Auszuführende läßt sich ohne weiteres auch auf die soeben besprochenen Phänomene übertragen (s. Abschn. c).

7. OHMsches Gesetz und Polarisation. Mit einigen Worten ist nochmals auf das OHMsche Gesetz in Anwendung auf Elektrolyte zurückzukommen. Im vorangehenden Kapitel wurde dessen Gültigkeit für die Elektrizitätsbewegung in elektrolytisch leitenden Flüssigkeiten stillschweigend vorausgesetzt. Da die Ergebnisse zahlreicher Leitfähigkeitsmessungen unter den üblichen Bedingungen niemals zu einem Widerspruch mit dieser Voraussetzung führten, darf sie zweifellos nachträglich als berechtigt bezeichnet werden.

Immerhin fehlt es auch nicht an speziellen Untersuchungen zur Prüfung des Gesetzes. Besonders genannt sei in erster Linie die Arbeit von KOHLRAUSCH und NIPPOLDT[1]), die an zahlreichen gutleitenden wässerigen Lösungen unter Verwendung einer Wechselstromsirene feststellten, daß die Stromstärke in einem Leiter gegebener Dimensionen im Bereiche von einigen hundert bis zu etwa 1/50 Volt proportional der Spannung ist. Mittels thermoelektrischer Messungen konnte von ihnen das OHMsche Gesetz sodann an Zinksulfatlösung zwischen amalgamierten Zinkelektroden bis zu einer Feldstärke von etwa 10^{-6} Volt/cm hinunter bestätigt werden.

KOHLRAUSCH und HEYDWEILLER[2]) konstatierten Konstanz des Widerstandes in einem Spannungsbereich von 4 bis 120 Volt für das mit Gleichstrom untersuchte außerordentlich schlecht leitende reine Wasser. Um Polarisation der Elektroden zu vermeiden, kamen nur sehr kurze Stromstöße zur Anwendung.

Bei sehr großen Feldstärken (bis zu 10^6 Volt/cm), unter deren Einfluß die Ionen bereits enorme Geschwindigkeiten erlangen, hat neuerdings M. WIEN[3]) das OHMsche Gesetz geprüft. Sichere Abweichungen haben sich auch unter diesen Umständen nicht ergeben.

Ebenfalls waren bei hohen Wechselstromfrequenzen[4]) (bis zu 25000 Wechseln/sec) und selbst bei Verwendung hochfrequenter HERTZscher Schwingungen[5]) (bis zu 10^6 Wechseln/sec) die Fehlergrenze überschreitende Differenzen nicht festzustellen, obwohl die Theorie für höchstfrequente Schwingungen Abweichungen vom OHMschen Gesetz voraussehen läßt[6]).

Alle diese Resultate gelten aber nur dann, wenn Polarisation der Elektroden sorgfältig vermieden oder wenigstens aufs äußerste eingeschränkt wird (vgl. dazu Bd. XVI dies. Handb.). Tritt Polarisation auf, so wird die Beziehung zwischen Stromstärke I, Klemmenspannung (Badspannung) E und Widerstand R einer elektrolytischen Zelle geregelt durch die Gleichung

$$I = \frac{E - E_P}{R}, \tag{1}$$

---

[1]) F. KOHLRAUSCH u. W. A. NIPPOLDT, Pogg. Ann. Bd. 138, S. 280 u. 370. 1869.

[2]) F. KOHLRAUSCH u. A. HEYDWEILLER, Wied. Ann. Bd. 53, S. 209. 1894; ZS. f. phys. Chem. Bd. 14, S. 317. 1894.

[3]) M. WIEN, Phys. ZS. Bd. 23, S. 399. 1922; Ann. d. Phys. (4) Bd. 41, S. 53. 1924.

[4]) E. COHN, Wied. Ann. Bd. 21, S. 646. 1884; Bd. 38, S. 217. 1889; E. D. EASTMAN, Journ. Amer. Chem. Soc. Bd. 42, S. 1648. 1920.

[5]) W. NERNST, Wied. Ann. Bd. 60, S. 600. 1895; J. A. ERSKINE, ebenda Bd. 62, S. 454. 1897.

[6]) Vgl. J. STARK, Ann. d. Phys. (4) Bd. 5, S. 793. 1901; Bd. 7, S. 932. 1902; E. MARX, Samml. elektr. Vorträge Bd. IV. Stuttgart 1903.

worin E_p die EK der Polarisation bedeutet, die im allgemeinen für jedes spezielle Stoffsystem einen individuellen Wert besitzt, der aber ferner, wie sich in den vorangehenden Erörterungen schon herausstellte, unterhalb der Zersetzungsspannung und, wie sich später ergeben wird, auch oberhalb dieser noch variabel sein kann.

8. Methoden zur Bestimmung der Zersetzungsspannung und der Polarisation[1]). LE BLANC[2]) verfuhr bei seinen grundlegenden Arbeiten über Zersetzungsspannung so, wie es in Ziff. 6 geschildert war. An die zu untersuchende Zelle mit unangreifbaren Elektroden wurde eine in kleinen Intervallen sprunghaft geänderte Spannung gelegt und gleichzeitig im Galvanometer die Stromstärke beobachtet. Die nach dem ersten Stromstoß verbleibenden dauernden Ausschläge sind zunächst fast Null, steigen mit wachsender Spannung erst langsam und nach Überschreiten eines gewissen Spannungswertes schnell an, so daß aus dem „Knickpunkt" der Stromspannungskurve auf die Lage des Zersetzungspunktes geschlossen werden kann. Nach den Erörterungen der Ziff. 7 ist es klar, daß dieses Verfahren vielfach nur angenäherte Werte geben kann, weil Restströme den Knickpunkt stets mehr oder weniger undeutlich machen. Einigermaßen definierte Zahlen sind zu erreichen, wenn die Zersetzungsspannung aus der Stromspannungskurve graphisch extrapoliert wird, wie Abb. 1 es andeutet[3]). Da aber, wie sich später ergeben wird, weder der Verlauf des Reststromes noch des Stromes oberhalb der Zersetzungsspannung so einfach ist, wie eine solche Extrapolation sie voraussetzt, führt auch diese Methode zu Unsicherheiten von meistens einigen Zentivolt, bei stärkeren Restströmen aber zu noch wesentlich größeren Fehlern.

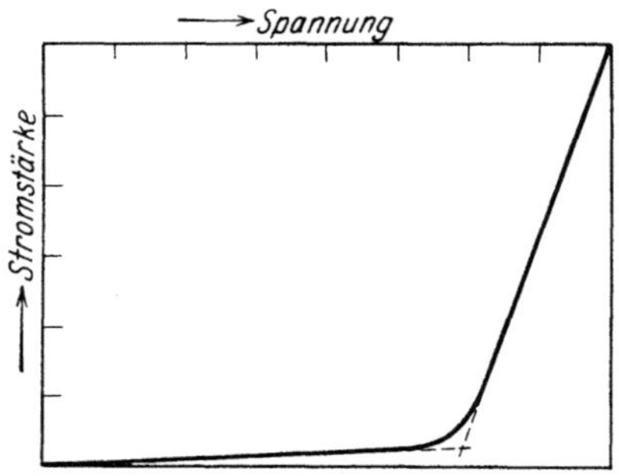

Abb. 1. Idealisierte Strom-Spannungs-Kurve.

Besser ist es deshalb in vielen Fällen, die Spannung festzustellen, bei der gerade eben eine Ausscheidung der Zersetzungsprodukte sichtbar wird. Vor allem, wenn es Gase sind, die an den Elektroden entstehen, kann die Ermittlung der Spannung, bei der die ersten Bläschen auftreten, recht brauchbare Ergebnisse zeitigen. Allerdings ist hier zu berücksichtigen, daß Übersättigungserscheinungen zu Fehlern führen müssen, die aber vermieden werden, wenn man, statt bei steigender Spannung das Auftreten der ersten Bläschen zu beobachten, von der bereits gasenden Zelle ausgehend die Spannung soweit verringert, daß die Gasentwicklung gerade zum Stillstand kommt[4]). Besonders genaue Werte sind zu erhalten, wenn man bei in kleinen Intervallen verringerter Badspannung die jeweils in einer bestimmten Zeit entwickelten Bläschen zählt und die zugehörigen Spannungen bis zur Bläschenzahl Null extrapoliert. Um von zufälligen Oberflächeneinflüssen unabhängig zu sein, verwendet man mechanisch oder elektrolytisch weitgehend aufgerauhte Elektroden. Die ersten Spuren flüssiger Elektrolysenprodukte verraten sich häufig durch ihre, gegebenenfalls mit geeigneten optischen Hilfsmitteln zu beobachtende Schlierenbildung. Die beginnende Abscheidung von festen Stoffen könnte an sich sehr genau durch optische Methoden ver-

---

[1]) Vgl. auch Ziff. 25 und besonders Bd. XVI ds. Handb.

[2]) M. LE BLANC, ZS. f. phys. Chem. Bd. 8, S. 299. 1891; Bd. 12, S. 382. 1893.

[3]) Vgl. J. B. WESTHAVER, ZS. f. phys. Chem. Bd. 51, S. 65. 1905; H. G. MÖLLER, ebenda Bd. 65, S. 232. 1909.

[4]) A. THIEL u. E. BREUNING, ZS. f. anorg. Chem. Bd. 83, S. 329. 1913.

schiedenster Art erkannt werden. Doch ist zu bedenken, daß eine sichtbare Schicht sich bereits gebildet haben kann, bevor eine merkliche dauernde Zersetzung des Elektrolyten eintritt (s. Ziff. 5), bevor also Sättigungspolarisation erreicht ist.

Im übrigen muß betont werden, daß alle angeführten Methoden strenggenommen nur die Badspannung (E) ergeben, in der außer der EK der Polarisation, in diesem Falle der Zersetzungsspannung E_z, der Spannungsabfall $I \cdot R$ innerhalb des Elektrolyten steckt:

$$E_z = E - I \cdot R. \tag{1a}$$

I ist nur dann Null, wenn Restströme fehlen. Wird I und R (Stromstärke und Badwiderstand) besonders bestimmt, so ist damit auch E_z selbst bekannt. Die geradlinige Verlängerung der Stromspannungskurve nicht, wie in Abb. 1 geschehen, bis zum Schnitt mit der verlängerten Reststromkurve, sondern bis $I = 0$, würde unmittelbar E_z liefern, wenn der Kurvenverlauf oberhalb des Zersetzungspunktes allein durch den Spannungsabfall im Bade bedingt wäre. Dies ist aber, wie schon angedeutet, nicht der Fall. Auch sei nochmals betont, daß so bestimmte Werte bei einigermaßen beträchtlichen Restströmen keinen rechten Sinn mehr haben.

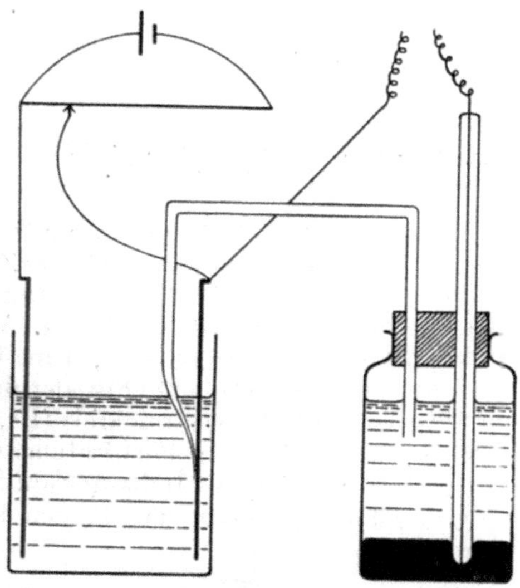

Abb. 2. Messung von Elektrodenpotentialen bei geschlossenem Hauptstrom.

Bequemer kommt man deshalb zur Kenntnis der wahren Zersetzungsspannung, wenn man, bei gerade beginnender oder gerade aufhörender sichtbarer Zersetzung, die Potentialdifferenz der Einzelelektroden gegen eine Hilfselektrode bestimmt. Auch hierbei muß man den Einfluß von Stromlinien des elektrolysierenden Stromes vermeiden. Man erreicht dies, wenn die Flüssigkeitsverbindung zur Hilfselektrode geeignet geführt, etwa an die Fläche der zu messenden dicht angelegt wird (Abb. 2). Wenn allerdings an der Elektrodenoberfläche selbst größere Widerstände, wie es manchmal gerade als Folge der Elektrolyse der Fall ist, auftreten, kann auch dieses Verfahren zu Irrtümern führen. Die Messung muß natürlich ohne Stromfluß im Hilfskreis, also statisch mit dem Elektrometer oder nach einer Kompensationsmethode erfolgen.

Auf solche Weise gewinnt man gleichzeitig Einblick in den Anteil, den die Einzelelektroden an dem Polarisationsphänomen haben. Die Anwendung des Verfahrens ist selbstverständlich nicht beschränkt auf die beginnende Zersetzung, sondern kann zur Untersuchung der Polarisationspotentiale sowohl unterhalb wie oberhalb dieses Punktes dienen.

Um das Verhalten nur einer Elektrode zu studieren, ist auch häufig der Kunstgriff benutzt, die zu untersuchende sehr klein, die Gegenelektrode aber sehr groß zu wählen und letztere ferner mit dem daran zur Abscheidung kommenden Stoffe von vornherein gesättigt zu erhalten. Änderungen der angelegten Spannung beeinflussen dann praktisch nur die Polarisation der kleinen Elektrode[1]).

[1]) L. GLASER, ZS. f. Elektrochem. Bd. 4, S. 355, 373, 397, 424. 1898.

Bei einer letzten Gruppe von Methoden wird die Messung der Polarisation nicht an der unter Strom liegenden Zelle, sondern unmittelbar nach Ausschalten der elektrolysierenden Spannung vorgenommen. Im einfachsten Falle wird an die Pole der Zersetzungszelle ein sehr empfindliches, gut gedämpftes Voltmeter gelegt und die Ablesung möglichst sofort nach Unterbrechung des Hauptstromkreises vorgenommen. Nur bei verhältnismäßig großen Elektroden mit entsprechend großem Vorrat an angehäuften Elektrolyseprodukten wird dieses Verfahren angenähert richtige Werte geben, da ja der zur Speisung des Meßinstruments erforderliche Strom auf Kosten der polarisierenden Stoffe geliefert wird. Aber auch bei statischer Messung ergibt die Methode meist zu geringe Werte, da die Polarisation zeitlich außerordentlich rasch abfallen kann. Die Anwendung ist deshalb auf qualitative Orientierungsversuche beschränkt.

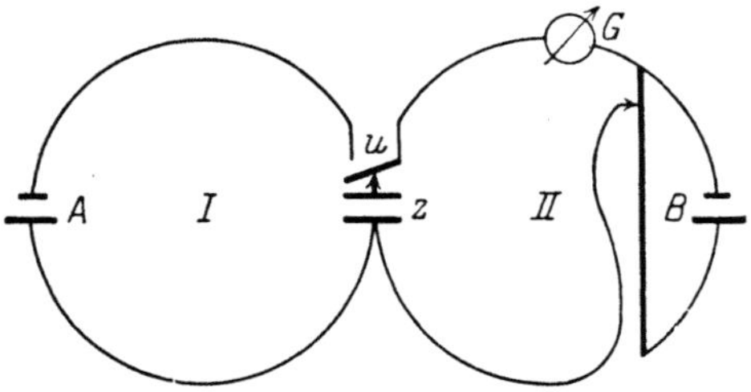

Abb. 3. Messung von Elektrodenpotentialen bei geöffnetem Hauptstrom (Kommutator-Methode).

Wenn man jedoch durch einen schnell arbeitenden Unterbrecher den Elektrolysierstrom auf jeweils nur sehr kurze Zeit unterbricht und in den kurzen Pausen die Polarisation nach einer keinen Strom verbrauchenden Methode mißt, kann man zuverlässige Resultate erhalten[1]). Abb. 3 gibt eine schematische Schaltungsskizze. Z ist die Zersetzungszelle, A die Quelle für den elektrolysierenden Strom. Der Unterbrecher U schließt entweder den Hauptstrom (I) oder, nachdem dieser unterbrochen, den Nebenstromkreis (II), in welchem ein von der Batterie B gespeister Gefälldraht den Polarisationsstrom zu kompensieren gestattet. Das Galvanometer G dient als Indikator auf Stromlosigkeit in II. Der Unterbrecher muß so schnell arbeiten, daß in den kurzen Strompausen ein nennenswerter Rückgang der Polarisation durch Abdiffundieren der Elektrolysenprodukte oder infolge sonstiger Ursachen nicht eintreten kann. Durch Steigerung der Unterbrechungsgeschwindigkeit kann man sich leicht überzeugen, daß ein zunächst vorhandener Einfluß der Frequenz auf den Wert der gemessenen EK schließlich verschwindet, so daß man annehmen darf, den zeitlichen Veränderungen der Polarisation zuvorgekommen zu sein. Ganz entsprechend lassen sich natürlich auch Einzelpotentiale unter Benutzung von Hilfselektroden messen.

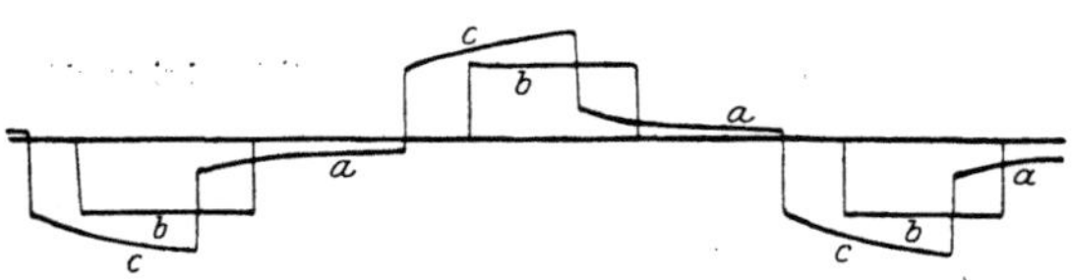

Abb. 4. Oszillographische Spannungskurven.

Wo es darauf ankommt, gerade die zeitlichen Änderungen der Polarisation zu verfolgen, bedient man sich mit Vorteil des Oszillographen[2]). Er stellt ein mäßig empfindliches Galvanometer dar, dessen bewegliches System eine zwischen den Polschuhen eines Elektromagneten eingebaute Drahtschleife von außerordentlich geringer Trägheit ist (vgl. Bd. XVI). Diese Drahtschleife wird, evtl. unter Zwischenschalten von induktionsfreien Widerständen, in Nebenschluß zur Zersetzungszelle gelegt. Ihre Ablenkung aus der Ruhelage als Folge eines durchfließenden Stromes wird durch einen aufgelegten, intensiv beleuchteten Spiegel auf ein mit konstanter Geschwindigkeit bewegtes photographisches Papier übertragen. Man erhält auf dem Papier Kurven, wie Abb. 4 sie zeigt. In dem gewählten

[1]) M. LE BLANC, ZS. f. phys. Chem. Bd. 5, S. 470. 1890.
[2]) M. LE BLANC, Abhandlgn. d. D. Bunsen-Ges. Nr. 3. Halle 1910.

Beispiel kam kommutierter Gleichstrom mit Zwischenpausen zur Anwendung. Die Kurvenstücke *c* entsprechen den durch den primären Strom hervorgerufenen Galvanometerausschlägen, die Stücke *a* dem Polarisationsstrom, die durchgehende Mittellinie der Ruhelage des Galvanometers. Die Abstände zwischen *a* bzw. *c* und der Mittellinie sind die Stromstärken im Galvanometerkreis, aus denen bei Kenntnis des Badwiderstandes und der übrigen Widerstände der Meßanordnung die elektrolysierende und die Polarisations-EK erschlossen werden kann. Der Badwiderstand wird nach der KOHLRAUSCHschen Wechselstrommethode (Bd. XVI) gemessen, ein gleich großer, induktionsfreier Drahtwiderstand an die Stelle der Zelle gebracht und die oszillographische Aufnahme mit derselben Stromstärke auf demselben Papier wiederholt. So aufgezeichnete Bilder sind die Kurvenstücke *b*. Die Abweichungen in *c* von *b* und in *a* von der Mittellinie sind ein Maß für die Polarisationskräfte, deren Änderungen in Zeiträumen bis zu $^1/_{12000}$ Sekunde hinunter (bei genügender Geschwindigkeit des rotierenden photographischen Papiers) noch gemessen werden können.

9. Theorie der galvanischen Ketten. Das wichtigste Ergebnis der Untersuchungen LE BLANCS über die Polarisation war die Erkenntnis, daß deren Erscheinungen in einen einfachen Zusammenhang mit der Theorie der galvanischen Stromerzeugung gebracht werden können. In günstigen, von sekundären Störungen freien Fällen ist die Zersetzungsspannung eines Elektrolyten gleich der EK, die eine galvanische Kette mit den Zersetzungsprodukten als Elektroden im gleichen Elektrolyten zeigt.

Die thermodynamische Notwendigkeit dieser Beziehung war bereits von H. V. HELMHOLTZ klar erkannt. Die bei der Zerlegung eines Elektrolyten mindestens aufzuwendende Arbeit muß notwendig dieselbe sein, die bei der rückläufigen Reaktion maximal gewonnen werden kann. Dabei fragt es sich allerdings noch, ob die dieser Aussage zugrunde liegende Voraussetzung eines reversiblen Ablaufs der Elektrodenreaktionen in der Praxis in ausreichendem Maße verwirklicht werden kann.

Bevor in eine Prüfung dieses Zusammenhangs auf Grund der experimentellen Daten eingetreten wird, sollen die Grundzüge der Theorie galvanischer Ketten besprochen werden. Die galvanischen Ketten finden zwar im nachfolgenden Kapitel ihre gesonderte Behandlung, vom thermodynamischen Standpunkt sind sie auch bereits in Bd. XI erörtert worden, doch benutzen wir für unsere Zwecke vorteilhaft eine etwas abweichende, spezielle Form der Theorie.

Die bei reversiblem und isothermem Ablauf einer Reaktion

$$\alpha A + \beta B + \cdots \longrightarrow \mu M + \nu N + \cdots \tag{2}$$

(A, B, M, N sind die chemischen Symbole, α, β, μ, ν die Molzahlen der beteiligten Stoffe) zu gewinnende Arbeit ist mit den Konzentrationen c_A, c_B, c_M, c_N und der Gleichgewichtskonstante K des Vorgangs in folgender Weise verknüpft (Reaktionsisotherme):

$$A = R \cdot T \cdot \ln \left[\frac{c_A^\alpha \cdot c_B^\beta}{c_M^\mu \cdot c_N^\nu} \cdot K \right]. \tag{3}$$

Verläuft der Vorgang elektrochemisch, tritt also die gesamte Arbeit in Form elektrischer Energie auf, so ist, falls $n \cdot F$ Coulomb dabei umgesetzt werden,

$$E = \frac{A}{n \cdot F} = \frac{RT}{n \cdot F} \cdot \ln \left[\frac{c_A^\alpha \cdot c_B^\beta}{c_M^\mu \cdot c_N^\nu} \cdot K \right] \tag{4}$$

(E = elektromotorische Kraft, F = Faradaykonstante = 96494 Coulomb, R = Gaskonstante für ein Mol).

Der gesamte stromliefernde Vorgang läßt sich in die an Kathode und Anode erfolgenden Einzelreaktionen zerlegen. Nehmen wir an, an der Kathode verlaufe der Vorgang

$$\alpha A + \cdots \longrightarrow \mu M + \cdots \tag{5}$$

an der Anode

$$\beta B + \cdots \longrightarrow \nu N + \cdots \tag{6}$$

und mögen an jeder Elektrode wieder n Grammäquivalente Ionen umgesetzt werden, so sind die Potentiale von Kathode und Anode gegen die Flüssigkeit (zunächst ohne Rücksicht auf das Vorzeichen)

$$\Pi_K = \frac{RT}{nF} \cdot \ln \left[\frac{c_A^\alpha \cdots}{c_M^\mu \cdots} \cdot K_K \right]; \qquad \Pi_A = \frac{RT}{nF} \cdot \ln \left[\frac{c_B^\beta \cdots}{c_N^\nu \cdots} \cdot K_A \right], \tag{7}$$

worin K_K und K_A die Gleichgewichtskonstanten der Einzelvorgänge bedeuten. Die Summe dieser Einzelpotentialsprünge (falls beide in der gleichen Richtung gezählt werden) ergibt die EK der betrachteten Kette:

$$E = \Pi_K + \Pi_A. \tag{8}$$

Bei Einsetzen von Einheitskonzentrationen, worunter nach Übereinkunft bei gelösten Stoffen die Konzentration von 1 Mol/Liter, bei Gasen die Konzentration unter Atmosphärendruck (760 mm Quecksilber bei 0°) und bei reinen festen oder flüssigen Stoffen ihre natürliche Konzentration verstanden wird, erhält man sog. Normalpotentiale. Tabelle 2 enthält deren Werte für die wichtigsten genügend sicher erforschten Elektrodenvorgänge. Die

Tabelle 2. Übersicht der wichtigsten Normalpotentiale.

Ionenbildner	Ion	${}_0E_h$ (Volt)	${}_0E_a$ (Volt)
Li	Li^+	−3,02	−2,74
K	K^+	−2,92	−2,64
Na	Na^+	−2,71	−2,43
Mg	Mg^{++}	−1,55	−1,27
Zn	Zn^{++}	−0,76	−0,48
Fe	Fe^{++}	−0,43	−0,15
Cd	Cd^{++}	−0,40	−0,12
Tl	Tl^+	−0,33	−0,05
Co	Co^{++}	−0,29	−0,01
Ni	Ni^{++}	−0,22	+0,06
Pb	Pb^{++}	−0,12	+0,16
Sn	Sn^{++}	−0,10	+0,18
H_2	H^+	±0,00	+0,28
Cu	Cu^{++}	+0,34	+0,62
Ag	Ag^+	+0,80	+1,08
Hg	Hg^{++}	+0,86	+1,14
Au	Au^+	+1,5	+1,8
S (fest)	S^{--}	−0,55	−0,27
O_2 (+ H_2O)	OH^-	+0,41	+0,69
J_2	J^-	+0,54	+0,82
H_2O_2	OH^-	+1,0	+1,3
Br_2	Br^-	+1,08	+1,36
Cl_2	Cl^-	+1,36	+1,64
F_2	F^-	+1,9	+2,2

Elektrodenreaktion	${}_0E_h$ (Volt)	${}_0E_a$ (Volt)
$Cu^+ \rightarrow Cu^{++}$	+0,18	+0,46
$Sn^{++} \rightarrow Sn^{++++}$	+0,2	+0,5
$Fe(CN)_6^{----} \rightarrow Fe(CN)_6^{---}$	+0,40	+0,68
$Fe^{++} \rightarrow Fe^{+++}$	+0,75	+1,03
$Hg_2^{++} \rightarrow 2\,Hg^{++}$	+0,92	+1,20
$Tl^+ \rightarrow Tl^{+++}$	+1,24	+1,52
$Co^{++} \rightarrow Co^{+++}$	+1,8	+2,1
$Pb^{++} \rightarrow Pb^{++++}$	+1,8	+2,1
$H_2 + 2\,OH^- \rightarrow H_2O$	−0,82	−0,54
$NO + 2\,H_2O \rightarrow NO_3^- + 4\,H^+$	+0,95	+1,23
$2\,H_2O \rightarrow O_2 + 4\,H^+$	+1,23	+1,51
$Cr^{+++} + 4\,H_2O \rightarrow HCrO_4^- + 7\,H^+$	+1,3	+1,6
$Mn^{++} + 2\,H_2O \rightarrow MnO_2 + 4\,H^+$	+1,35	+1,63
$Pb^{++} + 2\,H_2O \rightarrow PbO_2 + 4\,H^+$	+1,44	+1,72
$Cl^- + 3\,H_2O \rightarrow ClO_3^- + 6\,H^+$	+1,44	+1,72
$MnO_2 + 2\,H_2O \rightarrow MnO_4^- + 4\,H^+$	+1,63	+1,91
$O_2 + H_2O \rightarrow O_3 + 2\,H^+$	+1,9	+2,2

Zahlen sind größtenteils direkt aus Messungen galvanischer Ketten gewonnen[1]). Da nur Differenzen von Elektrodenpotentialen der experimentellen Bestimmung zugänglich sind und ein durchaus sicherer Nullpunkt des Potentials fehlt, gibt man gewöhnlich die Potentialdifferenz gegen eine willkürlich festzusetzende Hilfselektrode an. Als solche ist die Normal-Wasserstoff-Elektrode gewählt, das Potential gasförmigen Wasserstoffs von Atmosphärendruck gegen eine Lösung mit 1 Mol H-Ion im Liter also willkürlich gleich Null gesetzt worden. Diese relativen Potentiale sind in Spalte 3 der Tabelle enthalten. Daneben (Spalte 4) finden sich die absoluten Normalpotentiale, denen der heute noch meist benutzte absolute Wert des Wasserstoff-Normalpotentials, nämlich ${}_0E_a = +0{,}277$ Volt, zugrunde gelegt ist. Die Vorzeichen sind, einer Übereinkunft entsprechend, in beiden Zählungen so gewählt, daß sie das Potential der Elektrode gegen die Lösung bzw. gegen die Bezugselektrode angeben. Mit diesem Vorzeichen bleibt man bei Herleitung des Potentials aus der Reaktionsisotherme in Übereinstimmung, wenn man n dort positiv wählt, falls der Elektrodenvorgang unter Elektronenaufnahme, negativ, wenn er unter Elektronenabgabe erfolgt.

Positivem E_a eines Anionenbildners und negativem eines Kationenbildners entspricht ein Arbeitsgewinn bei der Aufladung, und umgekehrt. Während also an Zink in 1-mol. Zinkionenlösung freiwillig nur die Bildung von Zn^{++} vor sich gehen wird, erfolgt an Quecksilber in 1-mol. Lösung von Hg^{++} freiwillig allein die Entladung der Ionen. Unter denselben Konzentrationsbedingungen haben Schwefelionen in Berührung mit elementarem Schwefel die Tendenz, in den unelektrischen Zustand überzugehen, umgekehrt neigen die Halogene in 1 mol. Lösungen ihrer Ionen zur Aufnahme von Elektronen, zur Ionenbildung. Wie wohl nicht besonders betont zu werden brauchte, sind diese Aussagen an die Richtigkeit des gewählten absoluten Nullpunkts geknüpft und müssen mit dessen etwaiger Verschiebung ebenfalls sich ändern.

Metalle mit stark ausgeprägter Neigung zum Übergang in den Ionenzustand pflegt man unedel zu nennen. Dementsprechend spricht man von edlen und unedlen Potentialen. Gewöhnlich weist man dem Wasserstoff eine Mittelstellung zu, so daß also in der „Wasserstoffzählung" (E_h-Potentiale) negative Potentiale als unedel, positive als edel bezeichnet werden. Dieser Gebrauch erstreckt sich auch auf Anionenbildner, obwohl ja der chemische „Edelgrad" hier eigentlich im entgegengesetzten Sinne sich ändert.

Aus den Normalpotentialen lassen sich Elektropotentiale bei beliebigen anderen Konzentrationen von Ion und Ionenbildner berechnen. Handelt es sich um Vorgänge zwischen neutralen Stoffen und positiven Ionen, so führt Vergrößerung der Ionenkonzentration stets zu edleren, Verminderung zu unedleren Werten. Die Veränderung der Ionenbildnerkonzentration hat den gegenteiligen Einfluß: Erhöhung bedingt unedlere, Verminderung edlere Potentiale. Das entgegengesetzte Verhalten gilt für negative Ionen und Sinngemäßes auch für Vorgänge zwischen verschiedenwertigen Ionen beliebigen Vorzeichens. Bringt man den Elektrodenvorgang auf die allgemeine Formel

$$\alpha A + \cdots + n\ominus \longrightarrow \mu M + \cdots \tag{9}$$

($\ominus$ = negative Äquivalenzladung), so wird

$$\left.\begin{aligned} E_a &= {}_0E_a + \frac{RT}{nF}\cdot\ln\frac{c_A^\alpha \cdots}{c_M^\mu \cdots}\,; \\ E_h &= {}_0E_h + \frac{RT}{nF}\cdot\ln\frac{c_A^\alpha \cdots}{c_M^\mu \cdots}\,. \end{aligned}\right\} \tag{10}$$

[1]) R. Abegg, Fr. Auerbach u. R. Luther, Abhandlgn. d. D. Bunsen-Ges. Nr. 5. Halle 1911; Fr. Auerbach, ebenda Nr. 8. Halle 1915.

Nach Einsetzen von Zahlenwerten für R und F und Verwendung BRIGGscher an Stelle natürlicher Logarithmen:

$$\left.\begin{aligned} E_a &= {}_0E_a + \frac{0{,}0001983 \cdot T}{n} \cdot \log \frac{c_A^\alpha \cdots}{c_M^\mu \cdots} \text{ Volt}; \\ E_h &= {}_0E_h + \frac{0{,}0001983 \cdot T}{n} \cdot \log \frac{c_A^\alpha \cdots}{c_M^\mu \cdots} \text{ Volt}. \end{aligned}\right\} \qquad (10\,\text{a})$$

Bei 18° und $n = 1$ hat der Faktor $0{,}0001983 \cdot T/n$ den Wert 0,058 (bei 25°: 0,059). Bedeutet z. B. in Gleichung (9) M ein positives Ion, das aus A durch Elektronenabgabe entsteht, so bedingt eine Erhöhung der Ionenkonzentration um je eine Zehnerpotenz demnach bei 18° ein Edlerwerden des Potentials um $\mu \cdot 0{,}058/|n|$ Volt, eine gleiche Vergrößerung der Ionenbildnerkonzentration einen um $\alpha \cdot 0{,}058/|n|$ unedleren Wert.

Bei der oben eingeführten Zählungsart der Elektrodenpotentiale (stets Potentialdifferenz Elektrode → Flüssigkeit) bedeutet die Differenz zweier Einzelpotentiale ${}_1E_a$ und ${}_2E_a$ bzw. ${}_1E_h$ und ${}_2E_h$ die EK der aus den Einzelelektroden aufzubauenden Kette

$$E = {}_1E_a - {}_2E_a = {}_1E_h - {}_2E_h. \qquad (11)$$

Positives Vorzeichen von E bedeutet, daß die mit 1 bezeichnete Elektrode das positivere Potential besitzt. Grenzen innerhalb der Kette verschiedene Flüssigkeiten aneinander, so tritt auch an diesen Grenzen im allgemeinen ein Potentialsprung auf, der aber meist klein ist und dann bei Erörterung der Polarisationserscheinungen unberücksichtigt bleiben darf. Schließlich muß darauf hingewiesen werden, daß die Normalpotentiale der Tabelle 2 nur Näherungswerte darstellen. Dies rührt, ganz abgesehen von technischen Schwierigkeiten und Fehlern in den zugrunde liegenden Messungen, von Unsicherheiten in der Bestimmung der Ionenkonzentrationen und von dem Mangel einer genauen Kenntnis des Temperatureinflusses her. Die der Berechnung zugrunde gelegten Ionenkonzentrationen sind meist aus den Bruttokonzentrationen der in Betracht kommenden Elektrolytlösungen mit Hilfe der auf Leitfähigkeitsmessungen fußenden Dissoziationsgrade erschlossen worden. Über die hierin liegende Willkür vgl. das voranstehende Kapitel (Abschn. IV). Weil die Fehler bei Messungen der Polarisation aber vielfach größer sind als die durch Unsicherheiten in den Konzentrationsangaben bedingten, genügen die angegebenen Zahlen durchaus den hier in Frage kommenden Zwecken. Daß sie sich nicht auf genau definierte Temperatur, sondern auf ein Gebiet zwischen etwa 18° und 25° beziehen, ist aus dem gleichen Grunde nicht sehr von Belang.

Die neuen Anschauungen über den Dissoziationszustand starker Elektrolyte legen es nahe, Normalpotentiale statt auf Konzentrationseinheiten auf Aktivitäten zu beziehen. Da ausreichendes Material für eine vollständige Umrechnung aller Zahlen nicht vorliegt, wäre ein solcher Schritt heute noch verfrüht. Endlich sei betont, daß die hier gegebene Theorie der galvanischen Ketten, da sie auf die Gesetze idealer Gase sich stützt, nur für mäßig konzentrierte Lösungen und, da es sich um Ionenlösungen handelt, auch für diese nicht streng gilt (Kap. 13, Abschn. IV). Richtig wäre es also, stets mit Aktivitäten statt mit Konzentrationen zu rechnen. Für den logischen Zusammenhang der hier behandelten Erscheinungen ist der Unterschied jedoch bedeutungslos.

10. Produkte der Elektrolyse. Auf die Frage, welche der in einem Elektrolyten beliebiger Zusammensetzung enthaltenen Ionen bei der Elektrolyse zur Entladung kommen, soll nunmehr etwas näher eingegangen werden. Die FARA-

DAYschen Gesetze sagen nur aus, daß die an beiden Elektroden einer Zersetzungszelle umgesetzten Stoffmengen einander äquivalent und der Elektrizitätsmenge proportional sein müssen. Über die Art der abzuscheidenden Ionen — etwa aus einer Lösung, die mehrere Kationen wie Anionen nebeneinander enthält — ist damit noch nichts bekannt. Keineswegs brauchen dies immer die zu sein, die innerhalb des Elektrolyten die Stromleitung besorgen. So bildet sich bei der Elektrolyse zahlreicher Säuren, Basen und Salze in wässeriger Lösung (zwischen unangreifbaren Elektroden) an der Kathode stets Wasserstoff, an der Anode Sauerstoff, unabhängig von der besonderen Natur der stromleitenden positiven und negativen Ionen. Es sind in diesen Fällen die Ionen des Wassers, die entladen werden. Man könnte zwar — etwa bei der Zersetzung einer Natriumsulfatlösung, die neben den Ionen des Wassers hauptsächlich Na^+- und SO_4-Ionen enthält — annehmen, daß primär metallisches Natrium an der Kathode und der „Säurerest" SO_4 an der Anode entsteht. Die bekannte Reaktion des Na mit dem Wasser:

$$2\,Na + H_2O \longrightarrow 2\,Na^+ + 2\,OH^- + H_2$$

und eine entsprechende des frei niemals nachgewiesenen SO_4:

$$SO_4 + H_2O \longrightarrow 2\,H^+ + SO_4^{--} + \tfrac{1}{2}\,O_2$$

würden ebenfalls zu Wasserstoff und Sauerstoff in demselben Verhältnis, wie sie in Wasser aneinander gebunden sind, führen. Wirklich liegen auch Hinweise darauf vor, daß unter gewissen Bedingungen der Vorgang so verlaufen kann; ebenso ist es aber sicher, daß häufiger noch die Entladung von H^+ und O^{--} (bzw. OH^-) das Primäre ist. Die Entscheidung der Frage, welche von verschiedenen Ionen unter gegebenen Bedingungen zur Entladung gelangen, bringen die Erörterungen der Ziff. 9. Die Überführung einer jeden Ionenart in den unelektrischen Zustand, in Ionen anderer Wertigkeit oder auch in sonstige Produkte ist mit einem ganz bestimmten, positiven oder negativen Arbeitsbetrag verknüpft, der außer von individuellen Stoffeigenschaften von der Konzentration der betrachteten Ionenart sowohl als auch von der der entstehenden Produkte abhängt. Eine dauernde Umsetzung kann nun, wie wir früher sahen (Ziff. 5), immer erst dann eintreten, wenn die Konzentration der an der Elektrode abgeschiedenen Stoffe ihren natürlichen Grenzwert erreicht hat. Das Maß für die dabei zu leistenden Arbeit liefert das Abscheidungspotential des betreffenden Ions unter den nunmehr herrschenden Bedingungen. Bei reversiblem Verlauf des Vorganges ist dieses gleichbedeutend mit der Sättigungspolarisation, wie sie aus den Normalpotentialen unter Berücksichtigung der aktuellen Konzentrationen von Ionen und daraus entstehenden Produkten berechnet werden kann.

Bei einer Reaktionsrichtung, die mit Aufnahme von Elektronen verknüpft ist, also von elektropositiveren zu elektronegativeren Stoffen führt, beläuft sich die mit Umsatz von 1 Grammäquivalent verbundene Arbeit auf

$$A = F \cdot E + C \qquad (12)$$

(E in der in Ziff. 9 erörterten Zählung; positives Vorzeichen erhält dann wie üblich die zu gewinnende, negatives die zu leistende Arbeit; C ist eine Konstante, die dem willkürlich gewählten Nullpunkt der Potentialzählung Rechnung trägt, bei wahren absoluten Potentialen also Null wird).

Von mehreren möglichen Vorgängen wird nun nach bekannten thermodynamischen Grundsätzen immer der erfolgen, der den geringsten Arbeitsaufwand beansprucht, d. h. der, für den A den größten Wert erreicht.

Da an beiden Elektroden einer elektrolytischen Zelle nach dem FARADAYschen Gesetz äquivalente Stoffmengen umgesetzt werden, und da an der Kathode stets eine Reaktionsrichtung herrscht, wie sie bei Aufstellung der Gleichung (12) vorausgesetzt wurde, an der Anode aber die entgegengesetzte Richtung, ist die Auswahl des Gesamtvorganges in der Zelle durch die Bedingung gegeben, daß

$$A_{\text{gesamt}} = A_K - A_A$$

und damit auch

$$E_Z = E_K - E_A$$

den größtmöglichen Wert erreicht.

Wenn man unter diesem Gesichtspunkt das oben angeführte Beispiel betrachtet, erkennt man sofort, daß bei den in wässerigen Lösungen von Natriumsulfat herrschenden Ionenkonzentrationen bei reversiblem Vorgang tatsächlich nur das Wasser zersetzt werden kann. Die Konzentration der H^+- und OH^--Ionen beträgt hier je etwa $c = 10^{-7}$ Mol/Liter (vgl. Kap. 1, Ziff. 23), die reversible Bildung von Wasserstoff und Sauerstoff unter Atmosphärendruck erfolgt demnach bei einer Zersetzungsspannung $E_Z = -1{,}23$ Volt. Sind Na^+-Ionen in einer Konzentration von 1 Mol/Liter anwesend, so erforderte ihre kathodische Abscheidung neben der anodischen von Sauerstoff eine Zersetzungsspannung $E_Z = -3{,}53$ Volt, also einen beträchtlich negativeren Wert, dem ein sehr viel größerer Arbeitsaufwand entspricht. Über das Abscheidungspotential der SO_4^{--}-Ionen ist nichts Sicheres bekannt; aus der Feststellung, daß bei der Elektrolyse der genannten Lösungen unter gewöhnlichen Bedingungen immer Sauerstoff als Anodenprodukt auftritt, wird man schließen dürfen, daß es sehr viel positiver ist als das Abscheidungspotential der Hydroxylionen.

Obwohl, wie als Ergebnis dieser Betrachtung festgestellt werden kann, gewöhnlich ein bestimmter Elektrodenvorgang vor anderen bevorzugt sein wird, erfolgen doch im allgemeinen alle anderen möglichen Vorgänge gleichzeitig. Ein Beispiel wird diese Notwendigkeit am ehesten erkennen lassen. In wässerigen Lösungen von Salzsäure kommen als mögliche primäre Elektrodenvorgänge (bei unangreifbarer Elektrode) die Entladung von Cl^-- und OH^--Ionen in Betracht. Jedem der Anode von außen aufgezwungenen Potential entspricht bei gegebenen Ionenkonzentrationen der Lösung eine ganz bestimmte Konzentration von Chlor wie von Sauerstoff in der Elektrodenoberfläche. Die Möglichkeit einer dauernden Zersetzung ist gegeben, wenn das Elektrodenpotential einen Wert erhält, bei dem die Summe des Chlor- und Sauerstoffdruckes in der Elektrodenoberfläche den äußeren Druck zu überwinden vermag. In dem Verhältnis, in dem dabei die Drucke stehen, entweichen die beiden Gase und im gleichen Verhältnis wird nunmehr die Entladung der beiden Ionenarten ihren Fortgang nehmen. Ganz entsprechendes gilt auch bei festen und flüssigen Produkten, wobei naturgemäß die Frage der gegenseitigen Löslichkeit eine Rolle spielen wird.

Für den einfachsten Fall, daß auf das Gemisch der entstehenden Produkte die Gesetze idealer Gase angewandt werden können, läßt sich die Sachlage auch leicht quantitativ übersehen. Es mögen die beiden Vorgänge (deren Zahl beliebig vermehrt werden könnte)

$$\alpha A + n\ominus \rightarrow \mu M \; (I)$$

$$\beta B + n\ominus \rightarrow \nu N \; (II)$$

nebeneinander verlaufen. Für das Elektrodenpotential muß dann gelten:

$$E = {}_0E_I + \frac{RT}{nF} \cdot \ln \frac{c_A^\alpha}{c_M^\mu} = {}_0E_{II} + \frac{RT}{nF} \cdot \ln \frac{c_B^\beta}{c_N^\nu}. \tag{13}$$

Daraus folgt:

$$\ln\frac{c_N^{\nu}}{c_M^{\mu}} = \frac{nF}{RT}\left({}_0E_{II} - {}_0E_I\right) - \ln\frac{c_A^{\alpha}}{c_B^{\beta}}. \tag{14}$$

Da sich auch über die Summe der Konzentrationen beider Produkte eine Aussage machen läßt, bei Gasen z. B. muß sie, um dauernde Zersetzung erzielen zu können, derartig sein, daß der Gesamtdruck dem äußeren Druck gleichkommt, so sind mithin die Einzelanteile der beiden Produkte am Gesamtergebnis der Elektrolyse bestimmbar.

Bei der Elektrolyse eines Systems endlicher Ausdehnung ist natürlich auch die Verschiebung der Ausgangskonzentrationen infolge Verbrauchs der einzelnen Stoffe nach Maßgabe ihrer Beteiligung am Gesamtprozeß in Rechnung zu setzen.

Eine Erörterung weiterer Sonderfälle muß unterbleiben. Allen mitgeteilten Überlegungen liegt, wie nochmals ausdrücklich betont sei, die Annahme reversiblen Reaktionsablaufs zugrunde. Wie weit diese Voraussetzung verwirklicht werden kann, vermag nur das Experiment zu entscheiden. In Ziff. 11 wird die experimentelle Prüfung dieser Grundlage besprochen werden.

11. Zahlenwerte der Zersetzungsspannungen wässeriger Lösungen. Die von LE BLANC[1]) ermittelten Zersetzungsspannungen sollen jetzt den aus Normalpotentialen zu berechnenden EK der Polarisationsketten (den Sättigungspolarisationen) gegenübergestellt werden. Tabelle 3 enthält zunächst die Halogenwasserstoffsäuren, deren Zersetzungspunkte in 1 mol. Lösung bestimmt sind. Da es sich um starke, weitgehend dissoziierte Säuren handelt, kann als Sättigungspolarisation (E_S) ohne wesentlichen Fehler die Differenz der Normalpotentiale von Halogen und Wasserstoff eingesetzt werden[2]).

Tabelle 3. Zersetzungsspannung von Halogenwasserstoffsäuren (an Platinelektroden).

Elektrolyt	Konzentration (mol./Liter)	$-E_z$ Volt	$-E_s$ Volt
HCl	1	1,31	1,36
HBr	1	0,94	1,08
HJ	1	0,52	0,54

LE BLANC gibt die Fehlergrenze seiner Messungen zu etwa 0,05 Volt an. Die Übereinstimmung ist leidlich gut. Daß sie nicht noch besser ist, rührt zweifellos von der durch Restströme bedingten Unsicherheit in der genauen Festlegung der Zersetzungsspannung her. Dazu paßt es gut, daß die Abweichungen mit zunehmender Löslichkeit der Halogene (Br > Cl > J) größer werden.

Tabelle 4. Zersetzungsspannung von Alkali- und Erdalkalihalogeniden (an Platinelektroden).

Elektrolyt	Konzentration (mol./Liter)	$-E_z$ (Volt)	$-E_s$ (Volt)
KCl	1	1,96	1,77
NaCl	1	1,98	
LiCl	1	1,86	
NH_4Cl	1	1,70	
$CaCl_2$	0,5	1,89	1,79
$SrCl_2$	0,5	2,01	
$BaCl_2$	0,5	1,99	
KBr	1	1,61	1,49
NaBr	1	1,58	
NH_4Br	1	1,40	
KJ	1	1,14	0,95
NaJ	1	1,12	
NH_4J	1	0,88	

Die gleichen Produkte, Wasserstoff und

[1]) M. LE BLANC, ZS. f. phys. Chem. Bd. 8, S. 299. 1891; Bd. 12, S. 332. 1893.

[2]) Es werden in den folgenden Tabellen stets, um das Mitschleppen der negativen Vorzeichen zu vermeiden, die Werte $-E_z$ und $-E_s$ angegeben werden.

Halogen, treten auch bei der Elektrolyse der Alkali- und Erdalkalihalogenide auf. Da aber hier die Lösung an Wasserstoffion nicht 1 mol., sondern etwa 10^{-7} mol. (vgl. Kap. 13, Ziff. 23) ist, kann ein um $0{,}058 \cdot 7 = 0{,}41$ Volt unedleres Kathodenpotential, also eine um denselben Betrag negativere Zersetzungsspannung erwartet werden. In Tabelle 4 sind die unter Berücksichtigung der Ionenkonzentrationen errechneten Werte von E_s den le Blancschen E_z-Werten gegenübergestellt.

Tabelle 5. Zersetzungsspannung von Sauerstoffsäuren, deren Alkali- und Erdalkalisalzen und einigen Basen.

Elektrolyt	Konzentration (mol./Liter)	$-E_z$ (Volt)	$-E_s$ (Volt)
H_2SO_4	0,5	1,67	
HNO_3	1	1,69	
$HClO_4$	1	1,65	
H_3PO_4	0,33	1,70	1,23
$CH_2ClCOOH$	1	1,72	
CCl_3COOH	1	1,51	
$(COOH)_2$	0,5	0,95	
$CH_2(COOH)_2$	0,5	1,69	
KOH	1	1,67	
NaOH	1	1,69	
$NH_3 \cdot$ aqua	1	1,74	
$CH_3NH_2 \cdot$ aqua	0,25	1,75	1,23
$(C_2H_5)_2NH \cdot$ aqua	0,5	1,68	
$(CH_3)_4NOH$	0,125	1,74	
K_2SO_4	0,5	2,20	
Na_2SO_4	0,5	2,21	
$(NH_4)_2SO_1$	0,5	2,11	
KNO_3	1	2,17	
$NaNO_3$	1	2,15	1,23
$LiNO_3$	1	2,11	
NH_4NO_3	1	2,08	
$Ca(NO_3)_2$	0,5	2,11	
$Sr(NO_3)_2$	0,5	2,28	
$Ba(NO_3)_2$	0,5	2,25	
Essigsaures Natrium		2,10	
Buttersaures Natrium		2,05	
Malonsaures Natrium		2,05	
Azetylendikarbonsaures Natrium		2,04	
Rechtsweinsaures Natrium		1,98	1,23
Bernsteinsaures Natrium		2,06	
Benzoesaures Natrium		2,00	
Monochloressigsaures Natrium		2,17	
Dichloressigsaures Natrium		2,23	
Oxalsaures Kalium		1,13	

Von den Ammoniumsalzen abgesehen, ist E_z stets größer als E_s. Dies findet eine einfache Erklärung in der an der Kathode auftretenden alkalischen Reaktion der Lösung. Bei Abscheidung von H^+ bleibt ein Überschuß an OH^- in der Nähe der Elektrode zurück, der, wenn nicht für seine Entfernung gesorgt wird, das Wasserstoffpotential noch unedler machen muß, als es der Berechnung von E_s zugrunde gelegt wurde. Je nach der Dauer der Elektrolyse und abhängig von manchen Zufälligkeiten wird der Effekt mehr oder weniger deutlich sein, worauf die Schwankungen innerhalb der Gruppen der Chloride, Bromide und Jodide beruhen dürften. Eine andere, aber auch vorauszusehende Ursache hat das Herausfallen der E_z-Werte der Ammoniumsalze aus der Reihe der übrigen. Da der basische Bestandteil dieser Salze schwach ist, können so beträchtliche

Hydroxylionenkonzentrationen wie bei den Alkali- und Erdalkalisalzen sich an der Kathode überhaupt nicht ausbilden. Infolge Überschuß an gleichionigem Neutralsalz wird die OH^--Konzentration sogar annähernd auf den normalen Wert neutraler Lösungen zurückgedrängt werden, so daß die unter der Sättigungspolarisation bleibenden Werte der Zersetzungsspannung wie bei den Säuren in erster Linie auf den Einfluß der Abdiffusion der anodischen Produkte (Restströme) zurückgeführt werden können.

Andere Verhältnisse ergeben sich bei Betrachtung von Stoffen, deren Elektrolyse in wässeriger Lösung zu Wasserstoff und Sauerstoff führt (Tabelle 5).

Die Sättigungspolarisation, also die EK der Knallgaskette, sollte, wenn etwaige ungleichmäßige Änderungen der Ionenkonzentration an beiden Elektroden zunächst außer Betracht bleiben, unabhängig von der Natur des Elektrolyten sein. Da nämlich in verdünnten wässerigen Lösungen das Ionenprodukt des Wassers $(c_{H^+} \cdot c_{OH^-})$ konstant ist, hat eine an beiden Elektroden gleichartige Änderung der Elektrolytzusammensetzung eine Wirkung auf die Einzelpotentiale, die sich bei der Differenzbildung heraushebt. Der maximale Wert von $-1{,}23$ Volt wird übrigens aus später zu besprechenden Gründen praktisch niemals erreicht. Die besonders starke Abweichung zwischen E_s und E_z bei den Neutralsalzen ist — ebenso wie bei den Halogeniden (Tabelle 4) — infolge einer Anhäufung von OH^- an der Kathode und H^+ an der Anode verständlich. Daß aber auch bei starken Säuren und Basen, wo derartige Effekte sicher klein bleiben, die zur Zersetzung aufzuwendende Spannung wesentlich negativer ist als die (maximale) EK der Knallgaskette, weist auf ein besonderes Verhalten bei der Entladung der OH^- bzw. O^{--} hin. Denn daß die Abweichungen an der Anode und nicht an der Kathode zu suchen sind, zeigt das normale Verhalten des Wasserstoffs in den früher besprochenen Fällen. Eine solche Irreversibilität eines Elektrodenvorganges, die zunächst der LE BLANCschen Theorie der Polarisation zu widersprechen scheint, hat sich bei späteren Untersuchungen als eine verbreitete Erscheinung herausgestellt. Es wird darauf noch ausführlich zurückzukommen sein. Von dieser Anomalie abgesehen, sind die Werte für E_Z einigermaßen die vorauszusehenden. Die Mehrzahl der Säuren und Basen zeigt Schwankungen um einen mittleren Wert, ebenso die Mehrzahl aller Salze. Die zu bemerkenden Verschiedenheiten innerhalb dieser Gruppen könnten zum Teil durch Berücksichtigung der verschiedenen Stärke der sauren und basischen Bestandteile — ähnlich wie oben bei den Ammoniumsalzen besprochen — zum Verschwinden gebracht werden. Von einem näheren Eingehen darauf wird hier abgesehen. Die annähernd gleichen Zahlen innerhalb der genannten Gruppen zeigen deutlich genug, daß es sich in allen Fällen um den gleichen elektrochemischen Vorgang, die Wasserzersetzung, handelt. Man vergleiche damit nur die wechselnden Ergebnisse bei den Halogenwasserstoffsäuren. Einzig Oxalsäure und ihr Alkalisalz, sowie Trichloressigsäure fallen deutlich aus der Reihe heraus, ohne daß hierfür die obige Deutung herangezogen werden könnte. In bestem Einklang damit steht die Beobachtung, daß bei der Elektrolyse von Oxalsäure niemals reiner Sauerstoff, sondern stets daneben Kohlendioxyd als

Tabelle 6. Zersetzungsspannung knallgasliefernder Elektrolyte unter verschiedenen Konzentrationen.

Elektrolyt	Konzentration (mol./Liter)	$-E_z$ (Volt)	$-E_s$ (Volt)
H_2SO_4	0,5	1,67	
	0,01	1,67	
$HClO_4$	1	1,63	
	0,17	1,70	1,23
	0,017	1,67	
KOH	1	1,67	
	0,017	1,71	
NaOH	1	1,69	
	0,1	1,73	

anodisches Produkt auftritt. So wird man auch für Trichloressigsäure an einer der Elektroden einen abweichenden Entladungsvorgang annehmen müssen.

In Einklang mit der von der Konzentration gelöster Stoffe unabhängigen EK der Knallgaskette zeigen sich die Zersetzungspunkte von Sauerstoffsäuren und Alkalihydroxyden praktisch unveränderlich mit der Konzentration (Tabelle 6). Anders bei allen Elektrolyten, die nicht unter gleichzeitiger Bildung von Wasserstoff und Sauerstoff zersetzt werden. Genauer untersucht sind die Halogenwasserstoffsäuren (Tabelle 7).

Tabelle 7. Zersetzungsspannung und Verdünnung bei Halogenwasserstoffen.

Elektrolyt	Konzentration (mol./Liter)	$-E_z$ (Volt)	$-E_s$ (Volt)
HBr	1	0,94	1,08
	0,1	1,07	1,14
	0,05	1,12	1,16
	0,025	1,15	1,18
	0,0125	1,20	1,19
HCl	1	1,31	1,36
	0,5	1,34	1,38
	0,25	1,36	1,40
	0,17	1,41	1,41
	0,08	1,56	1,42
	0,06	1,62	1,43
	0,03	1,69	1,45

Verminderung der Ionenkonzentration verursacht hier an beiden Elektroden ein Unedlerwerden des Potentials in gleichem Maße. Die Summe dieser Wirkungen kommt in der Sättigungspolarisation wie in der Zersetzungsspannung zum Ausdruck. Der beträchtlich stärkere Anstieg von E_Z bei der Salzsäure beruht auf der mit steigender Verdünnung immer mehr in den Vordergrund tretenden Abscheidung von Sauerstoff an der Anode. Bei der niedrigsten angegebenen Konzentration ist der Zersetzungswert der knallgasliefernden Säuren erreicht. Wirklich tritt bei diesen Verdünnungen überwiegend Sauerstoff als anodisches Zersetzungsprodukt auf.

Tabelle 8. Zersetzungsspannung von Schwermetallsalzen.

Elektrolyt	Konzentration (mol./Liter)	$-E_z$ (LE BLANC)	$-E_z$ (JAHN)	$-E_s$
$ZnBr_2$	0,5	1,80	—	1,88
$CdCl_2$	0,5	1,88	—	1,80
$CoCl_2$	0,5	1,78	—	1,69
$NiCl_2$	0,5	1,85	—	1,62
$Cd(NO_3)_2$	0,5	1,98	—	—
$Pb(NO_3)_2$	0,5	1,52	1,96	—
$Cu(NO_3)_2$	0,5	—	1,53	—
$AgNO_3$	1,0	0,70	1,04	—
$ZnSO_4$	0,5	2,35	2,55	—
$CdSO_4$	0,5	2,03	2,25	—
$CuSO_4$	0,5	—	1,49	—
$CoSO_4$	0,5	1,92	—	—
$NiSO_4$	0,5	2,09	—	—

In der Daten von Schwermetallsalzen enthaltenden Tabelle 8 treten einige Unstimmigkeiten zutage. Sättigungspolarisationen lassen sich nur für die Halogenide annähernd vorausberechnen. (Bei den Sulfaten und Nitraten kommt der Einfluß der H^+-Anhäufung an der Anode hinzu, deren Betrag unter den vorliegenden Versuchsbedingungen sich genauer Kenntnis entzieht.) Sie passen nicht zum besten zu den von LE BLANC bestimmten Zersetzungspunkten. Vor allem aber zeigen Differenzen zwischen den von LE BLANC und den von JAHN[1]) gelieferten Werten an Sulfaten und Nitraten, daß hier experimentelle Unsicherheiten bestehen.

[1]) H. JAHN, ZS. f. phys. Chem. Bd. 26, S. 385. 1898.

Wahrscheinlich liegen die Abweichungen wesentlich im Anodenvorgang. Die Differenz der Zersetzungsspannungen zweier Salze mit verschiedenem Kation gibt den Potentialunterschied der beiden Metalle gegen die entsprechenden Ionenlösungen, der mit der EK der betreffenden „Daniellketten" übereinstimmen sollte. Dies ist innerhalb der Fehlergrenzen auch der Fall, wie die folgenden von H. JAHN[1]) mitgeteilten Werte zeigen (Tabelle 9).

Tabelle 9. EK von Daniellketten ($t = 0°$).

Kette	E gefunden	E berechnet (aus der Differenz d. E_z-Werte)
Cu / $CuSO_4$ / $ZnSO_4$ / Zn	1,10 Volt	1,06 Volt
Cu / $CuSO_4$ / $CdSO_4$ / Cd	0,68 „	0,71 „
Ag / $AgNO_3$ / $Cu(NO_3)_2$ / Cu	0,44 „	0,42 „
Ag / $AgNO_3$ / $Pb(NO_3)_2$ / Pb	0,91 „	0,92 „
Cu / $Cu(NO_3)_2$ / $Pb(NO_3)_2$ / Pb	0,49 „	0,51 „
Cu / $Cu(C_2H_3O_2)_2$ / $Zn(C_2H_3O_2)_2$ / Zn . .	1,10 „	1,11 „
Cu / $Cu(C_2H_3O_2)_2$ / $Pb(C_2H_3O_2)_2$ / Pb . .	0,50 „	0,53 „
Pb / $Pb(C_2H_3O_2)_2$ / $Zn(C_2H_3O_2)_2$ / Zn . .	0,60 „	0,58 „

Eine ganz vorzügliche Übereinstimmung mit den Forderungen der Theorie findet sich in der Konzentrationsabhängigkeit der Zersetzungsspannung sehr verdünnter Silbernitratlösungen, die E. BOSE[2]) gemessen hat. Es fand hier der schon erwähnte Kunstgriff Anwendung, die Polarisation der Gegenelektrode dadurch konstant zu halten, daß sie sehr groß gewählt und mit den Elektrolyseprodukten dauernd gesättigt erhalten wurde. Die mit der Konzentration geänderte Polarisation ist dann mit Sicherheit allein der kleinen Versuchselektrode zur Last zu legen. Die Unterschiede für 0,0001- und 0,01-molare Lösungen betrugen bei 0°: 0,1076 Volt und bei 20°: 0,1164 Volt, während die Theorie $0{,}054 \cdot 2 = 0{,}108$ Volt und $0{,}058 \cdot 2 = 0{,}116$ Volt verlangt.

Schließlich seien noch von LE BLANC unter Verwendung einer Hilfselektrode bestimmte Einzelwerte von Abscheidungspotentialen angeführt (Tabelle 10).

Tabelle 10. Abscheidungspotentiale nach LE BLANC.

Ion	Elektrolyt	Konzentration	E_z (Volt)	E_s (Volt)
Zn^{++}	$ZnSO_4$	0,5 mol.	−0,52	−0,50
Cd^{++}	$CdSO_4$	0,5 „	−0,16	−0,14
Cd^{++}	$CdCl_2$	0,5 „	−0,18	−0,14
Co^{++}	$CoSO_4$	0,5 „	−0,17	−0,03
Cu^{++}	$CuSO_4$	0,5 „	+0,56	+0,60
Ag^{+}	$AgNO_3$	1,0 „	+1,06	+1,07
H^{+}	H_2SO_4	0,5 „	+0,22	+0,27
OH^{-} (O^{--})	H_2SO_4	0,5 „	+1,90	+1,50

Die Fehlergrenze der Messung überschreitende Abweichungen finden sich nur bei Kobalt- und Hydroxylion.

Im ganzen dürften die mitgeteilten Beispiele zur Genüge dartun, daß die LE BLANCsche Theorie der Polarisation — Verknüpfung mit der Theorie galvanischen Ketten — sich bewährt. Doch ist andererseits nicht zu verkennen, daß in keineswegs seltenen Fällen die Reversibilität des Elektrodenvorgangs selbst bei gerade beginnender sichtbarer Zersetzung nicht vorhanden ist. Als eine der hierfür verantwortlichen Ursachen erscheint eine Veränderung der

[1]) H. JAHN, Grundriß der Elektrochemie, 2. Aufl. Wien 1905.

[2]) E. BOSE, ZS. f. Elektrochem. Bd. 5, S. 153. 1898.

Ionenkonzentration in der Nähe der Elektrodenoberfläche (Alkali- und Säurepolarisation) durchaus plausibel. Doch können offenbar auch andere Momente mitspielen, wie das abweichende Verhalten des Sauerstoffs zeigt, zu dem sich späterhin vielfache Analoga haben auffinden lassen. Zunehmend größer werden die Abweichungen vom reversiblen Verhalten, was ja nicht verwunderlich ist, bei Übergang zu höheren Stromdichten. Zweifellos ist es von außerordentlicher Wichtigkeit, die Größe der „irreversiblen Polarisation" und ihre gesetzmäßige Abhängigkeit von allen in Betracht kommenden Faktoren zu kennen, da nur bei dieser Kenntnis die in Ziff. 10 besprochenen Zusammenhänge zwischen Elektrodenpotential und Elektrolyseprodukten auf die praktisch wichtigen Fälle endlicher Elektrolysiergeschwindigkeit ausgedehnt werden können. Der Behandlung der irreversiblen Polarisation sind die Abschnitte c) und d) gewidmet.

12. Kalorimetrische Bestimmung der Zersetzungsspannung. Wird an eine Zersetzungszelle die Spannung E Volt gelegt und hat der resultierende Strom die Intensität I Ampere, so würde die in t Sekunden umgesetzte elektrische Energie vollständig in Form von Wärme

$$Q = E \cdot I \cdot t \text{ Joule} \tag{15}$$

auftreten, falls nicht außerdem Arbeit zur Zersetzung des Elektrolyten aufzuwenden wäre. Diese Arbeit ist durch das Produkt von Zersetzungsspannung und Elektrizitätsmenge gegeben:

$$A = E_z \cdot I \cdot t \text{ Joule}. \tag{16}$$

Allein die der Differenz von Bad- und Zersetzungsspannung proportionale elektrische Energie wird in thermische verwandelt:

$$Q' = (E - E_z) \cdot I \cdot t \text{ Joule}. \tag{17}$$

Der Unterschied der dem Durchgang von je 1 Coulomb entsprechenden Wärmebeträge Q_1 (bei fehlender Polarisation) und Q_1' (falls Polarisation auftritt) ist numerisch gleich der Zersetzungsspannung

$$E_z = Q_1 - Q_1' \text{ Volt}. \tag{18}$$

Auf Grund dieser Beziehung hat JAHN[1]) die Zersetzungspunkte zahlreicher Elektrolyte auf kalorimetrischem Wege ermittelt.

Die energieliefernde Stromquelle war in ein BUNSENsches Eiskalorimeter eingebaut. Im äußeren Stromkreis befand sich — im Thermostaten — eine Zersetzungszelle, die zunächst mit Elektroden aus dem gleichen Metall, wie es der zu untersuchende Elektrolyt als kationischen Bestandteil enthielt, ausgestattet war. Bei Stromdurchgang geht anodisch dieselbe Metallmenge in Lösung, wie sie an der Kathode abgeschieden wird, so daß die Zusammensetzung des Elektrolyten unverändert bleibt, eine Zersetzungsarbeit infolgedessen nicht aufgewendet zu werden braucht. Die insgesamt umgesetzte elektrische Energie findet sich als Summe der innerhalb der Stromquelle und im äußeren Stromkreis auftretenden Wärmemengen wieder. Die erstere (q) wird im Kalorimeter gemessen, die zweite aus der Stromstärke (I), der Spannung an den Enden des äußeren Leiters (E) und der Zeitdauer der Elektrolyse (t Sekunden) berechnet. Es ist dann:

$$Q = q + E \cdot I \cdot t \text{ Joule} \tag{19}$$

---

[1]) H. JAHN, ZS. f. phys. Chem. Bd. 26, S. 385. 1898; vgl. ferner Wied. Ann. Bd. 25, S. 538. 1885; Bd. 28, S. 24. 1886; ZS. f. phys. Chem. Bd. 16, S. 45. 1895; Bd. 18, S. 399, 421. 1895; Grundriß der Elektrochemie, 2. Aufl. Wien 1905.

und, umgerechnet auf die der Einheit der Elektrizitätsmenge entsprechende Wärmetönung

$$Q_1 = \frac{q + E \cdot I \cdot t}{I \cdot t} \text{ Joule}. \tag{20}$$

Wird jetzt die Anode der Zersetzungszelle gegen eine unangreifbare (Platin-) Elektrode ausgetauscht, so wird die Stromintensität infolge der auftretenden Polarisation vermindert sein (I'). Die im ganzen Stromkreis entwickelte Wärme berechnet sich, wenn q' die von der Stromquelle an das Kalorimeter abgegebene Energie ist, zu

$$Q' = q' + \frac{E \cdot I \cdot t \cdot I'^2}{I^2} \text{ Joule}, \tag{21}$$

auf den Stromdurchgang von 1 Coulomb bezogen:

$$Q_1' = \frac{q' + \frac{E \cdot I \cdot t \cdot I'^2}{I^2}}{I' \cdot t} \text{ Joule}. \tag{22}$$

Die gesuchte Zersetzungsspannung ist dann

$$E_Z = Q_1 - Q_1' \text{ Volt}. \tag{18}$$

Eine solche Rechnung setzt Gleichheit des äußeren Widerstandes in beiden Versuchen voraus. JAHN schaltete deshalb hinter die Zersetzungszelle einen relativ hohen Ballastwiderstand, neben dem der Widerstand der Zelle und erst recht seine etwaigen Änderungen praktisch vernachlässigt werden durften. Durch Beschränkung auf geringe Stromintensitäten wurden solche überdies nach Möglichkeit vermieden. Die Resultate von bei 0° und 40° ausgeführten Versuchen (für einige Schwermetallsalze) zeigt Tabelle 11.

Tabelle 11. Kalorimetrisch bestimmte Zersetzungsspannungen (nach H. JAHN).

Elektrolyt	Konzentration (mol./Liter)	$-E_z(0°)$	$-E_z(40°)$	$\frac{dE_z}{dt}$
$ZnSO_4$	0,5	2,62 Volt	2,48 Volt	0,0035 Volt/C°
$CdSO_4$	0,5	2,33 ,,	2,18 ,,	0,0038 ,,
$CuSO_4$	0,5	1,57 ,,	1,42 ,,	0,0038 ,,
$PbSO_4$	0,5	2,03 ,,	1,89 ,,	0,0035 ,,
$Cu(NO_3)_2$	0,5	1,56 ,,	1,42 ,,	0,0035 ,,
$AgNO_3$	1,0	1,10 ,,	0,99 ,,	0,0028 ,,

Die Werte für Blei- und Silbernitrat sind nicht direkt ermittelt, sondern durch Bestimmung der elektromotorischen Kraft der Daniellketten $Cu/Cu(NO_3)_2/AgNO_3/Ag$ und $Pb/Pb(NO_3)_2/AgNO_3/Ag$ an die kalorimetrische Messung an $Cu(NO_3)_2$ angeschlossen worden.

Die für 20° interpolierten Zahlen dieser Tabelle waren bereits in Ziff. 11 (Tabelle 8) den LE BLANCschen Zersetzungsspannungen gegenübergestellt. Daß sie durchweg etwas größer sind als diese ist auf die höhere Stromdichte zurückzuführen. Wie sich später noch zeigen wird, steigt die Polarisation mit wachsender Stromdichte ausnahmslos über den für gerade beginnende Zersetzung geltenden Wert. Zu einem kleinen Teile beruhen die höheren Werte auch auf dem von JAHN benutzten etwas zu großen elektrischen Energieäquivalent der Wärmeeinheit.

Im wesentlichen werden jedenfalls die von LE BLANC direkt gemessenen Polarisationen durch die kalorimetrischen Bestimmungen bestätigt. Das gilt auch für Sauerstoffsäuren und ihre Alkalisalze, deren indirekte Bestimmung

JAHN ebenfalls durchführte. Die Berechnung mußte hier gegenüber dem geschilderten Verfahren an Schwermetallsalzen — mangels geeigneter reversibler Anoden — etwas modifiziert werden, indem an Stelle der Bestimmung der Badspannung bei fehlender Polarisation eine solche des äußeren Widerstandes trat. Ein näheres Eingehen darauf erübrigt sich.

13. Thermochemie von Elektrodenvorgängen. Einige interessante Folgerungen JAHNS[1]) bezüglich der Thermochemie von Elektrodenvorgängen sollen aber noch kurz erörtert werden.

Die mit der Zersetzung von 1 Mol eines Elektrolyten verbundene Änderung der freien Energie

$$A_Z = E_Z \cdot n \cdot F \tag{23}$$

unterscheidet sich von der damit verbundenen Änderung der Gesamtenergie um die latente Wärme, die nach dem zweiten Hauptsatz mit dem Temperaturkoeffizienten $\frac{dA_Z}{dT}$ und der absoluten Temperatur T verknüpft ist:

$$U_z = A_z - T\frac{dA_z}{dT} = E_z \cdot n \cdot F - T \cdot n \cdot F \cdot \frac{dE_z}{dT}. \tag{24}$$

Dasselbe gilt für die Einzelvorgänge an den Elektroden:

$$\left.\begin{aligned} U_K &= E_K \cdot n \cdot F - T \cdot n \cdot F \cdot \frac{dE_K}{dT}, \\ U_A &= E_A \cdot n \cdot F - T \cdot n \cdot F \cdot \frac{dE_A}{dT}. \end{aligned}\right\} \tag{25}$$

Die Werte für U_K sind für eine Reihe von Metallen der Berechnung aus gemessenen Kathodenpotentialen und ihren Temperaturkoeffizienten zugänglich. Es seien die von JAHN benutzten Originalzahlen hierher gesetzt (Tabelle 12).

Tabelle 12. Abscheidungswärmen einiger Metalle in wässeriger Lösung (1 Grammäquivalent im Liter).

Metall	E_K (Volt)	dE_K/dT	U_K(k cal)
Zink	−0,524	+0,000763	−33,95
Kadmium . . .	−0,162	+0,000658	−16,12
Blei	+0,079	+0,000182	+ 1,16
Kupfer	+0,585	+0,000756	+16,47
Silber	+1,055	−0,000176	+25,17

Benutzung neuerer Daten gibt im wesentlichen das gleiche Bild, dessen absolute Richtigkeit natürlich von der (zu bezweifelnden) Richtigkeit des „absoluten" Nullpunktes der Potentialzählung abhängt. Werden die Werte für U_K von den Gesamtwärmetönungen U_Z in Abzug gebracht, so verbleibt der auf die Anode entfallende Anteil der Zersetzungswärme (U_A). Für die von JAHN untersuchten Salze folgt

Salz	U_A(k cal)	Salz	U_A (k cal)
$Pb(NO_3)_2$	−69,23	$ZnSO_4$	−72,14
$Cu(NO_3)_2$	−68,88	$CdSO_4$	−73,76
$AgNO_3$	−67,12	$CuSO_4$	−72,43
im Mittel	68,4	im Mittel	72,8

[1]) H. JAHN, ZS. f. phys. Chem. Bd. 18, S. 422. 1895.

Bei den Nitraten entspricht die Wärmetönung des Anodenvorgangs fast genau der zur Zerlegung eines Mols Wasser in gasförmigen Wasserstoff und Sauerstoff

$$H_2O \rightarrow \tfrac{1}{2}O_2 + H_2$$

aufzuwendenden Wärmemenge. Da in Wahrheit nur Sauerstoff als anodisches Produkt der Elektrolyse auftritt, die äquivalente Menge Wasserstoff dafür in den Ionenzustand übergeht

$$H_2O \longrightarrow \tfrac{1}{2}O_2 + 2\,H^+ + 2\ominus,$$

hat JAHN daraus geschlossen, daß die Wärmetönung beim Übergang von gasförmigem Wasserstoff in Ionen in wässeriger Lösung praktisch Null ist. OSTWALD[1]), der auf anderem Wege zum gleichen Schluß kam, hat auf diese Tatsache die Berechnung der Bildungswärmen von Ionen (aus den Elementen) aus der direkten Bestimmung zugänglichen thermischen Daten gegründet. Tabelle 13 bringt die von OSTWALD[2]) mitgeteilten Zahlen, deren absolute Beträge, auch wegen der ohne Zweifel irreversiblen Sauerstoffabscheidung, kaum einwandfrei sein dürften, die aber als relatives Maß der Ionenbildungswärmen doch von Interesse sind. Der etwas höhere Wert von U_A bei den Sulfaten (verglichen mit den Nitraten; s. Tab. S. 544) kann durch den Wärmeverbrauch bei Zusammentreten von H^+ und SO_4^{--} zu dem primären Ion HSO_4^- der Schwefelsäure erklärt werden. Die gleiche Differenz tritt übrigens in den Neutralisationswärmen der Salpeter- und Schwefelsäure auf.

Tabelle 13. Bildungswärme von Ionen in wässeriger Lösung.

Ion	Bildungswärme (k Joule)	Ion	Bildungswärme (k Joule)
H^+	0	Cl^-	+ 164
Li^+	+263	ClO^-	+ 109
Na^+	+240	ClO_3^-	+ 98
K^+	+259	ClO_4^-	− 162
Rb^+	+262	Br^-	+ 118
NH_4^+	+137	BrO_3^-	+ 47
NH_4O^+	+157	J^-	+ 55
Mg^{++}	+456	JO_3^-	+ 234
Ca^{++}	+458	JO_4^-	+ 195
Sr^{++}	+501	S^{--}	− 53
Al^{+++}	+506	HS^-	+ 5
Mn^{++}	+210	$S_2O_3^{--}$	+ 581
Fe^{++}	+ 93	$S_2O_6^{--}$	+1166
Fe^{+++}	− 39	$S_4O_6^{--}$	+1093
Co^{++}	+ 71	SO_3^{--}	+ 633
Ni^{++}	+ 67	SO_4^{--}	+ 897
Zn^{++}	+147	Se^{--}	− 149
Cd^{++}	+ 77	SeO_3^{--}	+ 501
Cu^+	− 66 (?)	SeO_4^{--}	+ 607
Cu^{++}	− 67	Te^{--}	− 146
Hg^+	− 83	TeO_3^{--}	+ 323
Ag^+	− 106	TeO_4^{--}	+ 412
Tl^+	+ 7	NO_2^-	+ 113
Pb^{++}	+ 2	NO_3^-	+ 205
Sn^{++}	+ 14	N_3^-	− 277
		HPO_2^-	+ 603
		HPO_3^{--}	+ 962
		PO_4^{---}	+1246
		HPO_4^{--}	+1277
		AsO_4^{---}	+ 900
		CO_3^{--}	+ 674
		HCO_3^-	+ 683
		OH^-	+ 228

14. Zersetzungsspannung und Löslichkeit. Die Zersetzungsspannung eines Elektrolyten steht in einer interessanten Beziehung zur Löslichkeit. Ein Blick auf die Tabelle der Normalpotentiale (Ziff. 9, Tabelle 2) zeigt, daß es eine ganze Reihe von Salzen gibt, zu deren Zersetzung aus 1-molarer Lösung keine Arbeit aufgewendet zu werden brauchte, bei denen vielmehr ein solcher Vorgang mit einem Gewinn an Energie verknüpft sein müßte. Dies gilt z. B. für die Sulfide der meisten Schwermetalle (bis etwa zum Eisen), deren theoretische Zersetzungsspannung in 1-molarer Lösung

$$E_Z = {}_0E_K - {}_0E_A \tag{26}$$

[1]) W. OSTWALD, ZS. f. phys. Chem. Bd. 11, S. 501. 1893.

[2]) W. OSTWALD, Grundriß der allgemeinen Chemie, 4. Aufl., S. 309. Leipzig 1909.

durchweg positive Werte aufweist. Das bedeutet aber nichts anderes, als daß derartig konzentrierte Lösungen dieser Salze überhaupt nicht existenzfähig sind. Diese müßten darin spontan in ihre Bestandteile, Metall und Schwefel, zerfallen, so weit, bis die Differenz von E_K und E_A negativ geworden ist. Beide Potentiale nähern sich ja bei abnehmender Ionenkonzentration, E_A strebt dabei positiveren, E_K negativeren Werten zu. Alle Stoffe, für die ähnliche Verhältnisse gelten, sind erfahrungsgemäß sehr schwer löslich. Es besteht also zweifellos ein Zusammenhang zwischen Löslichkeit eines Elektrolyten und Abscheidungspotentialen seiner Komponenten[1]). Am deutlichsten tritt dies darin in Erscheinung, daß bei Salzen mit einem gleichen Ion die Löslichkeit mit steigendem Ionenbildungsbestreben des anderen Bestandteils zunimmt. Gute Beispiele dafür sind wieder die Sulfide der Schwermetalle oder auch die Halogenide von Blei, Silber, Quecksilber und viele andere Fälle.

Mancherlei Ausnahmen von dieser letzten Regel, die sich z. B. bei Erdalkalisalzen häufen, zeigen allerdings, daß neben dem elektrochemischen Charakter der Ionen noch andere Momente für die Löslichkeit maßgebend sind. Die Lösungstensionen der Salzbestandteile allein genügen demnach nicht, um auch zahlenmäßigen Aufschluß über den Absolutwert der Löslichkeit zu geben. Wo aber gröbere Störungen, etwa durch Komplexbildung, fehlen, läßt sich stets eine quantitative Beziehung zwischen Löslichkeit, Normalpotential und der Zersetzungsspannung der gesättigten Lösung aufstellen[2]). Nach Ziff. 9 berechnet sich die zur Zersetzung eines Salzes MK, das in zwei n-wertige Ionen M und K zerfallen möge, in einer Lösung mit den Ionenkonzentrationen c_M und c_A aufzuwendende Spannung zu

$$E_Z = {}_0E_K - {}_0E_A + \frac{RT}{|n| \cdot F \cdot \log e} \cdot \log(c_M \cdot c_A). \tag{27}$$

Bei genügend schwer löslichen Stoffen ist, wegen praktisch vollständiger Dissoziation der gesättigten Lösung, $c_M = c_A = c$, der Gesamtkonzentration des gelösten Salzes, also $\log(c_M \cdot c_A) = 2\log c$, woraus für die Konzentration c der gesättigten Lösung, d. h. für die Löslichkeit in Mol/Liter, folgt

$$\log c = ({}_0E_A - {}_0E_K + E_Z)\,\frac{|n| \cdot F \cdot \log e}{2RT}. \tag{28}$$

Zersetzungsspannungen geeigneter Lösungen sind allerdings bisher nicht gemessen worden; an deren Stelle können aber die EK entsprechender galvanischer Ketten Verwendung finden oder auch die theoretisch aus den freien Bildungsenergien der betreffenden Salze berechneten E_Z-Werte. Die bei elektrolytischer Zersetzung einer gesättigten Lösung bei Anwesenheit des Bodenkörpers pro Mol aufzuwendende Arbeit ist, da die Zusammensetzung der Lösung ja unverändert bleibt, dieselbe, die bei der Bildung des festen Salzes aus den Elektrolysenprodukten, in dem Zustande, wie sie zur Abscheidung gelangen, gewonnen werden kann. Diese Arbeit ist mit der Wertigkeit der Ionen und der Zersetzungsspannung verknüpft durch die Beziehung

$$A = E_Z \cdot n \cdot F. \tag{23}$$

In vielen Fällen kann für die freie Energie auch direkt die Gesamtenergie, also die Bildungswärme der Verbindung aus den Komponenten, eingesetzt werden. BODLÄNDER[2]) hat an umfangreichem Material gezeigt, daß sich so wenigstens die Größenordnung der Löslichkeit selbst leichter löslicher Stoffe

---

[1]) W. NERNST, Chem. Ber. Bd. 30, S. 1547. 1897.

[2]) G. BODLÄNDER, ZS. f. phys. Chem. Bd. 27, S. 55. 1898.

berechnen läßt. Gegebenenfalls wird es keine Schwierigkeiten machen, aus der Bildungswärme die freie Energie mit Hilfe des NERNSTschen Wärmesatzes zu ermitteln. Eine Anwendung der Näherungsformel dürfte zur ersten Orientierung genügen.

Für Salze mit zwei beliebigwertigen Ionen gilt die Beziehung

$$E_Z = {}_0E_K - {}_0E_A + \frac{RT}{n_K \cdot F} \cdot \ln\left(\frac{n}{n_K} \cdot c\right) + \frac{RT}{n_A \cdot F} \cdot \ln\left(\frac{n}{n_A} \cdot c\right), \qquad (27a)$$

worin n_K und n_A die Ionenwertigkeiten (ohne Berücksichtigung des Vorzeichens) bedeuten und n eine als Wertigkeit des Ionenbildners bezeichnete Zahl, nämlich die Summe der Wertigkeiten aller pro Molekel gebildeten positiven oder negativen Ionen ist. Bei leichter löslichen Salzen — die in gesättigter Lösung nicht als praktisch vollständig dissoziiert angesehen werden können — führen die angegebenen Formeln zur Konzentration des gespaltenen Anteils in der gesättigten Lösung. Bei Kenntnis des Dissoziationsgrades — evtl. zu schätzen aus den Werten analoger Verbindungen —, kann daraus leicht auf die Gesamtkonzentration geschlossen werden. Entsprechendes gilt bei Anwesenheit komplexer Ionen.

Alle angegebenen Beziehungen zur Zersetzungsspannung gelten natürlich nur dann, wenn die Abscheidung reversibel erfolgt und wenn als Produkte der Zersetzung wirklich die Elektrolytbestandteile auftreten, und nicht etwa anodisch oder kathodisch andere Ionen, z. B. die des Wassers entladen werden (vgl. Ziff. 10).

c) Konzentrationspolarisation.

15. Der Reststrom bei Konzentrationspolarisation. Wird die Lösung eines Schwermetallsalzes zwischen Elektroden aus dem gleichen Metall, wie das Salz es enthält, elektrolysiert, so gehen anodisch ebensoviel Metallatome in den Ionenzustand über, wie an der Kathode in derselben Zeit durch Ionenentladung frei werden, vorausgesetzt, daß die Badspannung so niedrig gehalten ist, daß andere Vorgänge, etwa Entladung der Ionen des Wassers, nicht erfolgen können. Nach den früheren Erörterungen wird dabei an der einen Elektrode dieselbe Arbeit gewonnen, die an der anderen aufgewendet werden muß. Eine Polarisations-EK sollte demnach nicht auftreten. Diese Aussage gilt aber, wie leicht einzusehen, nur solange, wie nicht durch die Elektrolyse selbst Änderungen der Ionenkonzentrationen an den Elektroden hervorgerufen werden. In Wahrheit ist dies bei endlicher Elektrolysendauer nie zu vermeiden.

An der Kathode muß eine Verarmung, an der Anode eine Anreicherung der Metallionen eintreten. Das Anodenpotential wird infolgedessen edler (positiver), das Kathodenpotential unedler (negativer), ihre Differenz $(E_K - E_A)$ ist nicht mehr Null, sondern erreicht einen endlichen negativen Wert: es tritt auch hier eine elektromotorische Gegenkraft, eine Polarisation auf. Man nennt sie „Konzentrationspolarisation". Nach Ziff. 9 ist der Betrag der Elektrodenpolarisation (an Anode oder Kathode; für ein n-wertiges Ion) gegeben durch

$$E_P = \frac{RT}{n \cdot F} \cdot \ln \frac{c_e}{c_a}, \qquad (29)$$

wenn c_a und c_e die Konzentrationen des Metallions an Anode oder Kathode vor Beginn der Elektrolyse und nach einem Stromdurchgang von bestimmter Dauer bezeichnen.

Zwecks Berechnung der Gesamtpolarisation ist zu berücksichtigen, daß infolge der Konzentrationsverschiebungen innerhalb des Elektrolyten auch

„Flüssigkeitspotentiale" auftreten. Zwischen der Lösung der Konzentration c_e in unmittelbarer Elektrodennähe und der von ursprünglicher Zusammensetzung (Konzentration c_a), wie sie sich in dem gedachten Falle, da der Elektrolyt ja insgesamt keine Änderung erfahren kann, stets an irgendeinem Querschnitt zwischen beiden Elektroden finden muß, besteht die Potentialdifferenz[1]) (vgl. Kap. 15, ferner Bd. XVI)

$$E_{Fl} = \frac{U/n_K + V/n_A}{U + V} \cdot \frac{RT}{F} \cdot \ln \frac{c_a}{c_e}, \tag{30}$$

wenn U und V die Ionenbeweglichkeiten von Kation und Anion, n_K und n_A deren Wertigkeiten sind.

Aus der Summe von Elektroden- und Flüssigkeitspolarisation setzt sich die in jedem Elektrodenraum auftretende Polarisation E'_P zusammen:

$$E'_P = E_P + E_{Fl}, \tag{31}$$

und die Differenz der in Kathoden- und Anodenraum wirksamen Polarisationen ergibt schließlich die Gesamtpolarisation

$$E'_{P\,\mathrm{ges}} = E'_{PK} - E'_{PA}. \tag{32}$$

Nach Einsetzen der Ausdrücke für E'_P und E_{Fl} aus (29) und (30) in (31) folgt:

$$E'_P = \mathfrak{n}_A \left(\frac{1}{n_K} - \frac{1}{n_A}\right) \cdot \frac{RT}{F} \cdot \ln \frac{c_e}{c_a} \tag{31a}$$

(bei Umsatz von Kationen) und

$$E'_P = \mathfrak{n}_K \left(\frac{1}{n_A} - \frac{1}{n_K}\right) \cdot \frac{RT}{F} \cdot \ln \frac{c_e}{c_a} \tag{31b}$$

(bei Umsatz von Anionen), worin $\mathfrak{n}_A$ und $\mathfrak{n}_K = 1 - \mathfrak{n}_A$ die Überführungszahlen des Anions bzw. des Kations bedeuten. Falls, wie in dem betrachteten Beispiele, an beiden Elektroden nur Kationen sich umsetzen, wird

$$E'_{P\,\mathrm{ges}} = \mathfrak{n}_A \left(\frac{1}{n_K} - \frac{1}{n_A}\right) \cdot \frac{RT}{F} \cdot \ln \frac{c_K}{c_A}. \tag{32a}$$

Für andere Fälle ist die Gesamtpolarisation als Funktion der Elektrolytkonzentration an den Elektroden (c_K bzw. c_A) in entsprechender Weise leicht abzuleiten.

Natürlich ist die Konzentrationspolarisation nicht an das hier gewählte Beispiel geknüpft. Sie tritt notwendig bei jeder Elektrolyse auf, muß also auch neben einer Abscheidungspolarisation etwa einhergehen. Einen typischen derartigen Fall haben wir bereits bei Besprechung der Zersetzungsspannung gewisser Salze (Ziff. 11) kennengelernt. Die Verarmung an H^+ an der Kathode bzw. OH^- an der Anode führt hier zu größeren E_Z-Werten, als sie allein aus der Abscheidungspolarisation sich berechnen. Bei einigermaßen konzentrierten Lösungen starker Säuren oder Basen fehlt dieser Effekt. Deren relativ große Ionenkonzentration kann durch die schwachen Ströme, die bei gerade beginnender Zersetzung durch die Zelle fließen, nicht nennenswert verändert werden.

Da die in der Zeiteinheit abgeschiedene oder aufgelöste Metallmenge dem FARADAYschen Gesetz zufolge der Stromstärke proportional ist, muß die Polarisation mit wachsender Stromstärke zunehmen. Da andererseits bei gleicher Stromstärke die relativen Konzentrationsänderungen an den Elektroden deren Oberfläche und der absoluten Ionenkonzentration umgekehrt proportional sind, wird die Polarisation um so deutlicher in Erscheinung treten, je geringer die

---

[1]) W. NERNST, ZS. f. phys. Chem. Bd. 2, S. 613. 1888; Bd. 4, S. 129. 1889; W. NERNST u. E. H. RIESENFELD, Ann. d. Phys. (4) Bd. 8, S. 610. 1902.

Ionenkonzentration und je höher die Stromdichte ist. Man hat es also bis zu einem gewissen Grade in der Hand, durch geeignete Wahl der Konzentration die Polarisation für eine gegebene Stromdichte verschwindend klein zu machen. Man spricht deshalb in solchen Fällen wohl von unpolarisierbaren Elektroden. Gemeint sind damit stets solche, an denen weder Abscheidungs- noch die später zu besprechende „chemische", sondern allein Konzentrationspolarisation auftritt, die bei mäßigen Stromdichten immer durch Wahl genügend hoher Elektrolytkonzentration hintangehalten werden kann.

Wäre das Auftreten einer Polarisations-EK die einzige Folge der Konzentrationsänderungen im Elektrolyten, so müßte die Elektrolyse sehr bald zum Stillstand kommen, sowie nämlich die Gesamtpolarisation der angelegten Badspannung gleich geworden ist. Dieser Zustand müßte außerdem recht schnell erreicht werden, da die für das Elektrodenpotential maßgebenden dünnen Flüssigkeitsschichten an den Elektroden schon bei Verschiebung kleiner Elektrizitätsmengen erhebliche Konzentrationsänderungen erfahren sollten. Zwar wird die Überführung der betrachteten Ionenart, die andauert, solange die Badspannung die Polarisation — wenn auch noch so wenig — übertrifft, fortwährend einen gewissen Ausgleich der Konzentrationsänderungen herbeizuführen bestrebt sein. Da aber die Feldstärke und damit die unter ihrem Einfluß erfolgende Ionenbewegung mit wachsender Polarisation abnimmt, wird dadurch der Stillstand der Elektrolyse zwar hinausgezögert, aber nicht verhindert werden. Dies bewirkt aber die Diffusion, die als zwangläufige Folge des in der Lösung sich ausbildenden Konzentrationsgefälles auftreten muß. Sie ist die Ursache, daß auch bei verschwindender Feldstärke immer neue Ionenmengen an die Elektrode heran oder von ihr fortgeführt werden, daß demnach auch dann, wenn die Polarisation der Badspannung gleich geworden ist, die Stromintensität niemals Null werden kann.

Die vereinte Wirkung aller drei Faktoren, Ionenbildung bzw. Ionenentladung Überführung und Diffusion bestimmen die jeweilige Konzentration an den Elektroden, also die Polarisation.

Die Überführung des maßgebenden Ions kann praktisch ausgeschaltet und damit ein besonders übersichtlicher Zustand geschaffen werden, wenn man der betrachteten Metallsalzlösung einen anderen Elektrolyten mit gleichem Anion und unedlerem Kation, also etwa die Säure oder deren Alkalisalz, in großem Überschuß zusetzt[1]). In anderen Fällen wäre sinngemäß zu verfahren. Die Stromleitung im Inneren des Elektrolyten erfolgt dann fast ausschließlich durch die Ionen dieses an den Elektrodenvorgängen unbeteiligten Stoffes, die Intensität des Stromes aber wird allein durch die Diffusionsvorgänge an den Elektroden geregelt. Wir haben es hier also mit einer Erscheinung zu tun, die mit der in Ziff. 6 geschilderten große Ähnlichkeit besitzt und deshalb ebenso wie diese mit dem Namen Reststrom belegt wird.

Die soeben gegebene Erklärung für die Ausschaltung der Überführung durch Elektrolytzusatz gilt streng nur für den Beginn der Elektrolyse. Sobald nämlich nach einiger Zeit stationäre Verhältnisse im Elektrolyten sich herausgebildet haben (vgl. Ziff. 17), kann irgendeine Bewegung der an den Elektrodenvorgängen unbeteiligten Ionenarten überhaupt nicht in Frage kommen. Trotzdem bleibt auch unter diesen Bedingungen der Erfolg des Zusatzes der gleiche, nämlich praktische Ausschaltung der elektrischen Überführung des betrachteten Ions, jetzt allerdings deshalb, weil das Potentialgefälle innerhalb des Elektrolyten notwendig klein wird, um so kleiner, je mehr die mittlere Kon-

[1]) Vgl. auch R. Abegg u. E. Bose, ZS. f. phys. Chem. Bd. 30 S. 545. 1899.

zentration des betrachteten Ions gegenüber der Gesamtkonzentration zu vernachlässigen ist[1]).

Eine zweite, die Behandlung vereinfachende Folge des beschriebenen Elektrolytzusatzes ist ein Verschwinden der Flüssigkeitspotentiale (vgl. Bd. XVI). Die gesamte Polarisation besteht in diesem Falle, auf den sich die folgenden Erörterungen zunächst ausschließlich beziehen, aus der Differenz der Elektrodenpolarisationen ($E_{PK} - E_{PA}$).

Von einer Gültigkeit des Ohmschen Gesetzes kann bei den Reststromphänomenen im allgemeinen keine Rede mehr sein, da ja neben elektrischen Kräften, oder sogar ausschließlich, die rein mechanischen Kräfte der Diffusion für den Elektrizitätstransport durch den Elektrolyten maßgebend sind[1]).

16. Zeitlicher Verlauf des Reststroms. Zu einer Beziehung zwischen Polarisation, Stromstärke und Zeit gelangt man auf folgendem Wege[2]). Wir wollen die Betrachtung dadurch vereinfachen, daß wir eine Elektrode als unpolarisierbar annehmen. An ihr bleibt also die Ionenkonzentration stets gleich der ursprünglich in der ganzen Lösung herrschenden (c_a). Die Entfernung der beiden Elektroden soll als unendlich groß betrachtet werden dürfen. Für die Diffusion gilt der allgemeine Ansatz (2. FICKsches Gesetz):

$$\frac{\partial c}{\partial t} = \Delta \cdot \frac{\partial^2 c}{\partial x^2}, \tag{33}$$

worin Δ den Diffusionskoeffizienten, t die Zeit seit Beginn der Elektrolyse, x die senkrechte Entfernung von der Oberfläche der polarisierbaren Elektrode (als positiv soll die Richtung im Sinne des Konzentrationsgefälles festgesetzt werden) und c die Konzentration der betrachteten Ionenart im Punkte x zur Zeit t bedeuten. Die Bedingungen zur Integration von (33) sind, außer den in den Voraussetzungen schon festgelegten, nämlich

$$c_{(x=\infty)} = c_a \qquad \text{(für alle } t\text{)}$$

$$c_{(t=0)} = c_a \qquad \text{(für alle } x\text{)}$$

offenbar gegeben durch die an der Grenzfläche der polarisierbaren Elektrode ($x = 0$) erfolgenden Vorgänge. Diese sind dadurch bestimmt, daß die in jedem Moment — falls es sich um die Kathode handelt — durch Diffusion zugeführten Ionenmengen zur Entladung gelangen, oder — falls die betrachtete Elektrode Anode ist — die durch Diffusion fortgeführten Ionenmengen durch Inlösunggehen des Elektrodenmaterials ersetzt werden. Die Zahl und die Wertigkeit der in jedem Zeitmoment zum Austausch mit der Elektrode kommenden Ionen bedingt aber die Stromstärke. Ist q die wirksame Elektrodenfläche in cm^2, wird die Konzentration in Mol/cm^3 gerechnet und der Diffusionskoeffizient auf die Sekunde als Zeiteinheit bezogen, so ist also

$$-\Delta \frac{dc}{dx} = \frac{I}{|n| \cdot F \cdot q} \qquad \text{(für } x = 0\text{)} \tag{34}$$

die letzte zur Integration von (33) notwendige Beziehung.

Die Durchführung der Rechnung ergibt schließlich für die kathodische Polarisation:

$$I = |n| \cdot F \cdot q(c_a - c_e) \sqrt{\frac{\Delta}{\pi \cdot t}}, \tag{35a}$$

[1]) Vgl. die Ausführungen von J. E. VERSCHAFFELT, Rec. trav. chim. Pays-Bas Bd. 41, S. 764. 1922; Bd. 42, S. 332. 1923; Bd. 43, S. 125. 1924.

[2]) F. G. COTTRELL, ZS. f. phys. Chem. Bd. 42, S. 385. 1903; H. J. S. SAND, ebenda Bd. 35, S. 641. 1901; Phil. Mag. (6) Bd. 1, S. 45. 1901; vgl. ferner die oben genannten Arbeiten von VERSCHAFFELT.

für die anodische Polarisation:

$$I = |n| \cdot F \cdot q(c_e - c_a)\sqrt{\frac{\Delta}{\pi \cdot t}}, \tag{35b}$$

(c_e Ionenkonzentration an der Stelle $x = 0$ zur Zeit t). Nach Ziff. 9 besteht zwischen den Ionenkonzentrationen c_e und c_a sowie der Polarisation E_P die Beziehung

$$E_P = \frac{RT}{n \cdot F} \cdot \ln \frac{c_e}{c_a}. \tag{29}$$

Mit den konventionellen Vorzeichen der Elektrodenpotentiale bleibt man in Übereinstimmung, wenn, wie üblich, n für Kationen positiv, für Anionen negativ gerechnet wird. E_P ergibt sich dann aus obiger Formel für kathodische Polarisation stets negativ, für anodische stets positiv, wie es der tatsächlichen Änderung des Potentials der Elektrode gegen die Flüssigkeit entspricht, gleichgültig, ob es sich um die Betätigung von Kationen oder Anionen handelt. Setzt man aus (29):

$$c_e = c_a \cdot e^{\frac{E_P \cdot n \cdot F}{RT}}$$

in die obigen Ausdrücke für die Stromstärke ein, so erhält man Beziehungen, die die Abhängigkeit der Polarisation von allen in Frage kommenden Faktoren erkennen lassen.

Ist die Polarisation durch Ionenhäufung an der Elektrode bedingt (anodisch bei Kationen, kathodisch bei Anionen), so gilt

$$I = |n| \cdot F \cdot q \cdot c_a\left(e^{\frac{E_P \cdot n \cdot F}{RT}} - 1\right) \cdot \sqrt{\frac{\Delta}{\pi t}}; \tag{36a}$$

handelt es sich um Ionenverarmung an der betrachteten Elektrode (kathodisch bei Kationen, anodisch bei Anionen)

$$I = |n| \cdot F \cdot q \cdot c_a\left(1 - e^{\frac{E_P \cdot n \cdot F}{RT}}\right) \cdot \sqrt{\frac{\Delta}{\pi t}}. \tag{36b}$$

Man erkennt, daß der zweite Fall insofern einfacher ist, als der Klammerausdruck (der Exponent ist stets negativ) mit wachsendem Absolutwert von E_P sehr rasch dem Grenzwert 1 zustrebt. In Tabelle 14 und Abb. 5 (Kurve I) ist diese Abhängigkeit von E_P für $n = 1$ und Zimmertemperatur (18°) dargestellt. Schon bei Werten $|E_P| > \frac{0{,}15}{|n|}$ Volt wird also I in Gleichung (36b) von E_P praktisch

Tabelle 14. Stromstärke und Konzentrationspolarisation.

$\lvert E_P\rvert$	$1-10^{\frac{-\lvert E_P\rvert}{0{,}058}}$	$10^{\frac{\lvert E_P\rvert}{0{,}058}}-1$	$\dfrac{1-10^{\frac{-\lvert E_P\rvert}{0{,}058}}}{1+10^{\frac{-\lvert E_P\rvert}{0{,}058}}}$
0,002	0,0763	0,0826	0,0397
0,005	0,1801	0,2196	0,0989
0,01	0,3276	0,4873	0,1958
0,02	0,5479	1,2122	0,3773
0,03	0,6960	2,2903	0,5337
0,04	0,7956	3,8583	0,6606
0,05	0,8626	6,2792	0,7584
0,06	0,9076	9,826	0,8308
0,07	0,9379	15,103	0,8829
0,08	0,9582	22,95	0,9198
0,09	0,9719	34,62	0,9452
0,10	0,9811	51,98	0,9630
0,11	0,9873	77,80	0,9748
0,12	0,9915	116,20	0,9831
0,13	0,9943	173,34	0,9883
0,14	0,9961	258,3	0,9924
0,15	0,9974	384,7	0,9945

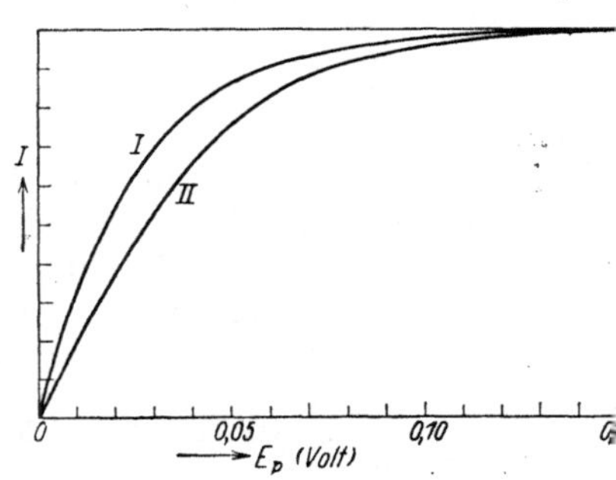

Abb. 5. Polarisation und Reststrom.

unabhängig. Physikalisch ist dies offenbar dadurch bedingt, daß nach Erreichen einer gewissen Polarisation die Ionenkonzentration an der Elektrode praktisch Null geworden ist, das Konzentrationsgefälle sich demnach durch Steigerung der Polarisation nicht weiter ändern läßt. Bei der durch Ionenhäufung verursachten Polarisation ist ein Grenzwert des Konzentrationsgefälles zwar ebenfalls zu erwarten, nämlich bei Erreichung der Löslichkeitsgrenze des betreffenden Elektrolyten. Abgesehen davon, daß diese von Fall zu Fall eine andere ist, werden die Verhältnisse hier schon dadurch komplizierter, daß die Änderung der Dissoziationsverhältnisse des Elektrolyten bei höheren Konzentrationen eine Rolle spielt und überdies Störungen infolge Abscheidung fester Stoffe an der Elektrode auftreten können.

Sind beide Elektroden polarisierbar, so werden doch im wesentlichen die Vorgänge an der von Ionenverarmung betroffenen Elektrode die Stromstärke bedingen. Beschränkt man sich auf den Fall gleichartiger symmetrischer Elektroden und auf elektrolytische Vorgänge derart, daß insgesamt keine Änderung des Elektrolyten eintritt, mithin auch die Konzentrationsänderungen an Kathode und Anode von gleichem absolutem Betrage, nur entgegengesetzten Vorzeichens sind, so lassen sich die zu erwartenden Verhältnisse auch rechnerisch leicht erfassen[1]). Es ist dann

$$c_A + c_K = 2c_a,$$

wenn c_A und c_K die jeweilige Ionenkonzentration, an Anode und Kathode, c_a die Anfangskonzentration, die in der Mitte der symmetrischen Zelle stets erhalten bleibt, bedeuten. In analoger Weise wie oben ergibt sich (für Kationen oder Anionen)

$$I = |n| F \cdot q \cdot c_a \frac{1 - e^{\frac{-E_P \cdot |n| \cdot F}{RT}}}{1 + e^{\frac{-E_P \cdot |n| \cdot F}{RT}}} \sqrt{\frac{\Delta}{\pi t}}, \tag{36c}$$

worin E_P als Differenz von Kathoden- und Anodenpolarisation

$$E_P = E_K - E_A$$

stets negative Werte annimmt. Die Werte von

$$\frac{1 - e^{-\frac{E_P \cdot |n| \cdot F}{RT}}}{1 + e^{-\frac{E_P \cdot |n| \cdot F}{RT}}}$$

in Abhängigkeit von E_P, wieder für $n = 1$ und die Temperatur von 18°, sind in Tabelle 14 und Abb. 5 ebenfalls eingetragen. Auch hier wird also für Werte $|E_P| > \frac{0,15}{|n|}$ Volt (Kurve II) die Stromstärke praktisch unabhängig von der Polarisation.

Die vorstehend entwickelte Theorie ist mehrfach durch Versuche erhärtet worden.

Die zeitliche Veränderung von E_P bei konstanter Stromstärke und gegebener Ionenkonzentration c_a hat schon H. F. WEBER[2]) (1879) experimentell bestimmt. Er schickte durch eine Zelle mit Zinkelektroden in relativ konzentrierter Zinksulfatlösung einen konstanten Strom und verfolgte das Anwachsen der Polarisation mit der Zeit. Oder er polarisierte die Zelle durch einen kräftigen Strom

[1]) Durchführung weiterer Beispiele bei A. H. W. ATEN, Rec. trav. chim. Pays-Bas Bd. 42, S. 337. 1923.

[2]) H. F. WEBER, Wied. Ann. Bd. 7, S. 469, 536. 1879.

rasch bis zu einem bestimmten Betrage und maß die allmähliche Abnahme von E_P im geöffneten Stromkreise. Zur Darstellung des Zusammenhangs zwischen c_e und E_P war er auf eine empirische Formel angewiesen, da die in Ziff. 9 erörterten Beziehungen noch unbekannt waren. Die Überführung war bei diesen Versuchen zwar nicht, wie oben stets vorausgesetzt, durch Zusatz gleichionigen Salzes ausgeschaltet. Wesentliche Änderungen sind dadurch im zeitlichen Verlauf der Polarisation nicht zu erwarten, nur tritt vor allem an Stelle des Diffusionskoeffizienten des Zinkions derjenige des Zinksulfats auf, der auf diese Weise recht genau bestimmt werden konnte.

Später sind Versuche über die Abhängigkeit der Polarisation von der Zeit mehrfach wieder aufgenommen worden. SAND[1]) bestimmte die Zeit, die notwendig ist, die kathodische Verarmung an Metallionen so weit zu treiben, daß Wasserstoffionen einer im Überschuß vorhandenen Säure zur Entladung gelangen. Auch auf diesem Wege ließen sich Diffusionskonstanten exakt ermitteln. Ähnlich wie WEBER arbeitete MILNER[2]). Am anschaulichsten zeigen die Untersuchungen COTTRELLS[3]) die Richtigkeit der abgeleiteten Beziehungen. Da bei nicht zu geringer Badspannung und nicht zu hohen Anfangskonzentrationen ein Wert $|E_P| \gtrless \frac{0{,}15}{|n|}$ Volt schon nach kurzer Elektrolysendauer erreicht ist (vgl. auch Ziff. 20), muß nach (36b) oder (36c) für den weiteren Verlauf Konstanz von $I\sqrt{t}$ erwartet werden. Die von COTTRELL zwischen Zinkelektroden an Zinksulfat ($c = 0{,}01$ g-Äquivalent/Liter) in gesättigter Kaliumsulfatlösung erhaltenen Resultate bestätigen diese Erwartung bestens (Tabelle 15). Die Zeit ist in Minuten, die Stromstärke in willkürlichen Einheiten angegeben. Die geringen Schwankungen sind zweifellos auf Störungen durch Konvektion (als Folge ungleichmäßiger Temperatur oder mechanischer Erschütterungen) zurückzuführen, deren möglichster Ausschluß natürlich Bedingung für alle derartigen Messungen ist. Zweckmäßige Anordnung der Elektroden — horizontale Lage, unten die Elektrode, an der Zunahme der Flüssigkeitsdichte, oben die, an der Abnahme erfolgt — ist dazu vor allen Dingen erforderlich.

In ganz analoger Weise, wie hier geschildert, kann natürlich auch der zeitliche Verlauf einer Abscheidungspolarisation behandelt werden, bei der Diffusion der Elektrolysenprodukte entweder in die Lösung oder in das Elektrodenmaterial hinein in Frage kommt. Besonders an Quecksilber als Elektroden sind solche Erscheinungen mehrfach Gegenstand der Prüfung gewesen[4]).

Für die Konzentrationspolarisation in gesättigten Lösungen bei Gegenwart des festen Salzes als Bodenkörper ist neben der Diffusion auch die Auflösungs- bzw. Kristallisationsgeschwindigkeit maßgebend, ein Fall, der bei Normalelementen von praktischer Bedeutung ist[5]). Daß prinzipiell die gleichen Ursachen, die für die elektrolytische Polarisation in Frage kommen, auch die galvanische Polarisation, den Abfall der EK arbeitender galvanischer Ketten, bedingen, braucht, nachdem von den Beziehungen zwischen den Gebieten der Stromerzeugung und der Elektrolyse immer wieder Gebrauch gemacht ist, kaum besonders betont zu werden.

17. Stationärer Zustand des Reststroms. Die in den Zahlen der Tabelle 15 (Ziff. 16) zum Ausdruck kommende Abnahme der Stromstärke mit fortschreitender Elektrolyse kann, da Überführung praktisch ausgeschlossen und, wie

[1]) H. J. S. SAND, ZS. f. phys. Chem. Bd. 35, S. 641. 1901.
[2]) S. R. MILNER, Phil. Mag. (6) Bd. 9, S. 645. 1905.
[3]) F. G. COTTRELL, ZS. f. phys. Chem. Bd. 42, S. 385. 1903.
[4]) Th. DES COUDRES, Wied. Ann. Bd. 52, S. 192. 1894.
[5]) W. JÄGER, Ann. d. Phys. (4) Bd. 17, S. 726. 1904.

gezeigt wurde, schon nach den ersten Minuten die weitere Konzentrationsänderung unmittelbar an den Elektroden ohne Einfluß auf die Stromstärke ist, nur durch eine allmähliche Änderung des Konzentrationsgefälles im Elektrolyten bedingt sein. Abb. 6 gibt schematisch die zu erwartenden Verhältnisse wieder, und zwar für den Fall symmetrischer Elektroden. Die Kurven I bis IV stellen die Konzentrationsverteilung bei wachsender Dauer der Elektrolyse dar. Während in den Anfangsstadien Konzentrationsänderungen sich vorwiegend auf die Nähe der Elektroden beschränken und hier ein starkes Gefälle hervorrufen (Kurve I), werden weiterhin auch die mittleren Teile des Elektrolyten davon betroffen, was zu einer stetigen Verflachung des Gefälles und damit zu einem Rückgang des Diffusionsstromes führt. Es ist vorauszusehen, daß bei genügend langer Dauer des Stromdurchgangs stationäre Verhältnisse eintreten, sobald nämlich der Konzentrationsabfall zwischen den Elektroden linear geworden ist (Kurve IV).

Tabelle 15. Zeitliche Änderung der Stromstärke bei Konzentrationspolarisation.

t	I	$I\sqrt{t}$	t	I	$I\sqrt{t}$
1	33,4	33,4	121	2,62	28,8
4	14,75	29,5	144	2,38	28,6
9	8,93	26,8	1225	0,811	28,4
16	6,60	26,4	1296	0,786	28,3
25	5,54	27,7	1444	0,763	29,0
36	4,40	26,6	1722	0,706	29,3
49	3,66	25,6	2500	0,572	28,6
64	3,57	28,6	2810	0,557	29,6
81	3,20	28,8	2852	0,498	26,6
100	2,88	28,8	3844	0,431	26,7

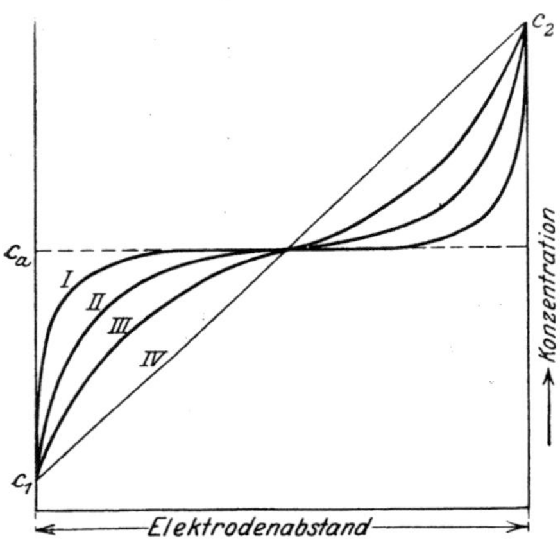

Abb. 6. Reststrom-Konzentrationsgefälle in Abhängigkeit von der Zeit.

Die zur Erreichung des stationären Reststromes erforderliche Zeit ist in erster Linie, außer durch die Größe der Diffusionskonstanten, durch die Entfernung der Elektroden gegeben. Nach den in voranstehender Ziffer entwickelten Ausdrücken für die Stärke des Diffusionsstroms in Abhängigkeit von der Zeit, die sich auf unendliche Entfernung der Elektroden beziehen, ist natürlich dieser Zustand auch erst für $t = \infty$ zu erwarten. Für endliche Entfernung (l) der Elektroden gelangt Cottrell[1]) auf Grund der Stefanschen Arbeiten über Diffusion zu der Beziehung

$$I = \frac{|n|\cdot F\cdot q\cdot \Delta\cdot c_a}{l}\left(1 - e^{\frac{E_P\cdot n\cdot F}{RT}}\right)(1 + 2e^{-z} + 2e^{-4z} + 2e^{-9z} + \cdots), \qquad (37)$$

worin $z = \frac{\pi^2\cdot\Delta\cdot t}{l^2}$, und die gültig ist bei Polarisation infolge Ionenverarmung an einer Elektrode, während die zweite unpolarisierbar bleibt. Für $z > 7$ kann im letzten Faktor die Summe der Glieder in e praktisch neben 1 vernachlässigt werden. Daraus berechnet sich die Zeit bis zum Eintreten des stationären Zustandes bei einem mittleren Diffusionskoeffizienten von 1 Tag/cm² für $l = 1$ cm

[1]) F. G. Cottrell, ZS. f. phys. Chem. Bd. 42, S. 385. 1903.

zu etwa $^2/_3$ Tag, für $l = 0{,}5$ cm zu 4 Stunden und für $l = 0{,}1$ cm zu weniger als 10 Minuten. Gleichung (37) geht nach diesen Zeiten über in

$$I = \frac{|n| \cdot F \cdot q \cdot \Delta \cdot c_a}{l}\left(1 - e^{\frac{E_P \cdot n \cdot F}{RT}}\right), \tag{38}$$

eine Beziehung, die bei Voraussetzung eines linearen Konzentrationsgefälles direkt aus dem 1. FICKschen Gesetz

$$\frac{dN}{dt} = -\Delta \cdot \frac{dc}{dx} \tag{39}$$

(N = Mole des diffundierenden Stoffes) folgt. $\frac{dc}{dx}$ ist dann für alle x unabhängig von der Zeit gleich $\frac{c_e - c_a}{l}$ und da [s. Gleichung (34), Ziff. 16]

$$\frac{dN}{dt} = \frac{I}{|n| \cdot F \cdot q}$$

ist, ergibt sich

$$I = \frac{|n| \cdot F \cdot q \cdot \Delta}{l}(c_a - c_e), \tag{38a}$$

woraus nach Eliminierung von c_e mittels Gleichung (29) (Ziff. 15) sofort (38) resultiert.

Ganz analog erhält man für den zeitlich konstant gewordenen Reststrom bei zwei polarisierbaren symmetrischen Elektroden im Abstande l:

$$I = \frac{2|n| \cdot F \cdot q \cdot \Delta \cdot c_a}{l} \cdot \frac{1 - e^{\frac{-E_P |n| \cdot F}{RT}}}{1 + e^{\frac{-E_P \cdot |n| \cdot F}{RT}}}. \tag{40}$$

Tabelle 16. Diffusions- und Reststrom an $AgNO_3$ ($c_a = 6{,}6 \cdot 10^{-6}$ Mol/cm³) in gesättigter KNO_3-Lösung (mit Agar-Agar verfestigt) zwischen Ag-Elektroden ($q = 5{,}71$ cm², $l = 0{,}73$ cm.)
$E = 0{,}184$ Volt; I_{ber} (für $t = \infty$) $= 142{,}5 \cdot 10^{-6}$ Amp.

t (in Minuten)	I (in Ampere)	t (in Minuten)	I (in Ampere)
0,5	$591 \cdot 10^{-6}$	240	$141{,}0 \cdot 10^{-6}$
10	$339 \cdot 10^{-6}$	265	$140{,}2 \cdot 10^{-6}$
65	$170 \cdot 10^{-6}$	290	$139{,}4 \cdot 10^{-6}$
125	$147 \cdot 10^{-6}$	324	$140{,}5 \cdot 10^{-6}$
175	$145 \cdot 10^{-6}$	347	$140{,}0 \cdot 10^{-6}$
210	$143 \cdot 10^{-6}$	450	$140{,}1 \cdot 10^{-6}$
		1260	$140{,}0 \cdot 10^{-6}$

Diese zuletzt angedeutete quantitative Behandlung des Reststromphänomens im stationären Zustande ist auf Anregung von NERNST und SALOMON[1]) erfolgt und auch experimentell geprüft. Als Ursache anfänglicher Nichtübereinstimmung von Theorie und Versuch wurden von GRASSI[2]) Störungen durch Konvektion erkannt. Es gelang, sie durch Gelatinieren des Elektrolyten zu vermeiden und unter diesen Vorsichtsmaßregeln vollständige Bestätigung der Theorie zu erhalten. Tabelle 16 bringt als Beispiel einige von GRASSI bestimmte Zahlen.

18. Reststrom in stark gerührten Elektrolyten. Einen sehr eleganten Weg zur Vermeidung undefinierter Flüssigkeitsströmungen hat — auf Anregung von NERNST — zuerst BRUNNER[3]) eingeschlagen. MERRIAM[4]) hat das Verfahren dann zuerst auf das hier vorliegende spezielle Problem angewandt. Durch ab-

[1]) E. SALOMON, ZS. f. phys. Chem. Bd. 24, S. 55. 1897; Bd. 25, S. 365. 1898.
[2]) U. GRASSI, ZS. f. phys. Chem. Bd. 44, S. 460. 1903.
[3]) E. BRUNNER, ZS. f. phys. Chem. Bd. 47, S. 56. 1904.
[4]) W. NERNST u. E. S. MERRIAM, ZS. f. phys. Chem. Bd. 53, S. 235. 1905.

sichtlich lebhafte Rührung des Elektrolyten, am einfachsten durch Rotation der zu untersuchenden, geeignet geformten Elektrode selbst, wird die Konzentration im Innern der Lösung dauernd konstant gehalten und das Konzentrationsgefälle auf eine dünne Flüssigkeitsschicht in unmittelbarer Nähe der Elektrodenoberfläche beschränkt. Man darf dabei in erster Näherung die vereinfachende Annahme machen, daß auch bei kräftigster Durchmischung die nächste Umgebung der Elektroden völlig in Ruhe bleibt. Hier kann der Konzentrationsausgleich allein durch Diffusion erfolgen[1]). In Gleichung (37) und (38) ist dann an Stelle der Elektrodenentfernung die Dicke dieser Diffusionsschicht, in Gleichung (40) sinngemäß das Doppelte dieses Werts einzusetzen. Die Kleinheit dieser Größen bedingt eine außerordentlich rasche, praktisch momentane Erreichung des stationären Zustandes.

Die Intensität des Reststroms nimmt mit wachsender Rührgeschwindigkeit zu, was in einer entsprechenden Verringerung der Diffusionsschichtdicke begründet ist. Diese Abhängigkeit läßt sich durch die empirische Formel

$$I = a \cdot R^b \tag{41}$$

wiedergeben. a und b sind Konstanten, die von Fall zu Fall ermittelt werden müssen und im wesentlichen bestimmt sind durch Form der Elektroden, Anordnung des Rührers, Größe des Flüssigkeitsvolumens usw. Zwei verschiedene Anordnungen sind also im allgemeinen nicht vergleichbar. Auch gilt die Formel nicht für geringe Rührgeschwindigkeiten, was ja schon daraus hervorgeht, daß sie für $R = 0$ auch $I = 0$ verlangen würde, was, wie wir oben sahen, keineswegs zutrifft. Die Konstante b der Formel scheint übrigens weitgehend unabhängig von den besonderen Bedingungen der Versuchsanordnung zu sein, sie ist stets zu etwa 0,5 bis 0,6 ermittelt worden. Tabelle 17 nach NERNST und MERRIAM[2]) gibt ein Beispiel dafür, wie weit beobachtete und berechnete Werte übereinstimmen. Die Zahlen sind gewonnen an einer verdünnten Lösung von Jod in mit Salzsäure angesäuerter Kaliumjodidlösung unter Verwendung von Platinelektroden. Der Reststrom ist im wesentlichen bedingt durch das Herandiffundieren von Jodmolekeln an die Kathode, wo sie unter Aufnahme von Elektronen in Jodionen übergehen.

Tabelle 17. Abhängigkeit des Reststromes von der Rührgeschwindigkeit (R Umdr./Min.).

R	$I \cdot 10^6_{\text{beob}}$	$I \cdot 10^6_{\text{ber}} = 3{,}44 \cdot 10^{-5} \cdot R^{0{,}6}$
195	8,0	8,1
220	8,7	8,7
257	9,6	9,6
293	10,5	10,4
344	11,5	11,4
413	12,7	12,8
453	13,2	13,5
563	15,3	15,4
578	15,6	15,6

Die erstmalige Ermittlung von l hat durch Eichung mit Stoffen von bekannten Diffusionskoeffizienten zu geschehen. NERNST und MERRIAM fanden so für den von ihnen benutzten Apparat $l = 7{,}6 \cdot 10^{-4}$ cm bei 400 Umdr. der Elektrode pro Minute, während z. B. BRUNNER[2]) bei 280 Umdr. des Rührers in der Minute $l = 28 \cdot 10^{-4}$ cm feststellte. Die Differenz ist in der Hauptsache durch die verschiedene Anordnung zu erklären. Während BRUNNER feststehende Elektroden und einen besonderen Rührer benutzte, haben NERNST und MERRIAM die Elektrode selbst rotieren lassen. Aber auch Versuche mit rotierenden Elektroden sind im allgemeinen nicht vergleichbar, da die absolute Geschwindigkeit, mit der die Elektrode die Flüssigkeit durchschneidet, außer durch die Umdrehungs-

[1]) Siehe auch die Erörterungen bei J. E. VERSCHAFFELT, Rec. trav. chim. Pays-Bas, Bd. 41, S. 764. 1922; Bd. 42, S. 332. 1923; Bd. 43, S. 125. 1924.

[2]) W. NERNST u. E. S. MERRIAM, ZS. f. phys. Chem. Bd. 53, S. 235. 1905.

geschwindigkeit noch durch die Entfernung der Elektrode von der Drehachse bedingt ist. Übrigens dürfte die Dicke der adhärierenden Schicht, worauf schon BRUNNER[1]) hingewiesen hat, auch mit der Diffusionskonstante der in Frage kommenden Stoffe veränderlich sein. Dieser Umstand ist jedoch bei allen vorliegenden Messungen außer Ansatz geblieben. Solange die in Frage kommenden Diffusionskoeffizienten von dem der Eichsubstanz nicht wesentlich sich entfernen, dürfte diese Vernachlässigung keine bedeutenderen Abweichungen in den Resultaten zur Folge haben. Wirklich wurde auch nach dieser Methode die Übereinstimmung zwischen Experiment und Theorie mit befriedigender Genauigkeit vielfach erhärtet. Für Abweichungen zwischen berechneten und beobachteten Restströmen, die in gewissen Systemen regelmäßig auftraten — und zwar handelte es sich stets um ein Zurückbleiben des beobachteten Wertes[2]) —, konnten Ursachen wahrscheinlich gemacht werden, die mit der reinen Konzentrationspolarisation nichts mehr zu tun haben und auf die später im Zusammenhang zurückgekommen werden soll (Ziff. 22; ferner Abschn. d).

19. Berücksichtigung der Ionenüberführung. Die bisherigen Betrachtungen sind stets unter der vereinfachenden Voraussetzung erfolgt, daß von einer Überführung des maßgebenden Ions abgesehen werden kann. Bei genügendem Überschuß an fremdem Elektrolyt darf diese Bedingung als in ausreichendem Maße erfüllt angesehen werden. Um auch für den allgemeineren Fall der Mitberücksichtigung von Überführung zu einer Lösung zu gelangen, empfiehlt es sich, von den zuerst durch NERNST aufgestellten Ionenbewegungsgleichungen auszugehen[3]). Die Überlegungen sollen auf den Fall beschränkt bleiben, daß allein die Kathode von Konzentrationsänderungen betroffen wird, die Anode also unpolarisierbar ist. Es sei zunächst ein einziger Ionenbildner in vollständig dissoziiertem Zustand vorhanden. Im stationären Zustand, der ausschließlich betrachtet werden soll, müssen dann offenbar die Anionen ruhend gedacht werden. Die auf sie wirkende elektrische Kraft wird gerade kompensiert durch eine gleich große osmotische von entgegengesetzter Richtung, die in dem durch die Elektrolyse geschaffenen Konzentrationsgefälle ihren Grund hat. Auf die Kationen hingegen wirkt außer der elektrischen Kraft die osmotische in gleichem Sinne ein. Diese Verhältnisse finden ihren Ausdruck in folgenden Differentialgleichungen:

$$\frac{VRT}{|n_A|}\frac{dc}{dx} - VcF\frac{d\varphi}{dx} = 0\,, \tag{42}$$

$$\frac{URT}{|n_K|}\frac{dc}{dx} + UcF\frac{d\varphi}{dx} = \frac{I}{|n_K|F\cdot q}\,. \tag{43}$$

(U und V sind die absoluten Ionenbeweglichkeiten, φ ist das elektrische Potential, die übrigen Bezeichnungen wie in den voranstehenden Ziffern; alle Größen natürlich im gleichen Maßsystem.)

Durch Addition von (42) und (43) folgt

$$\left(\frac{1}{|n_K|} + \frac{1}{|n_A|}\right)\frac{dc}{dx} = \frac{I}{|n_K|F\cdot q\cdot U\cdot R\cdot T} \tag{44}$$

und integriert über den Bereich $x = 0$ $(c = c_e)$ bis $x = l$ $(c = c_a)$

$$I = \left(1 + \left|\frac{n_K}{n_A}\right|\right)\cdot\frac{U\cdot R\cdot T\cdot q\cdot F(c_a - c_e)}{l}\,. \tag{45}$$

[1]) E. BRUNNER, ZS. f. phys. Chem. Bd. 58, S. 1. 1907.
[2]) W. NERNST u. E. S. MERRIAM, ZS. f. phys. Chem. Bd. 53, S. 253. 1905.
[3]) W. NERNST, ZS. f. phys. Chem. Bd. 2, S. 613. 1888; vgl. auch M. PLANCK, Wied. Ann. Bd. 39, S. 161. 1890; E. BRUNNER, ZS. f. phys. Chem. Bd. 58, S. 1. 1907; A. EUCKEN, ebenda Bd. 59, S. 72. 1907.

Wird c_e wieder mittels Gleichung (29) (Ziff. 15) eliminiert, so ist

$$I = \left(1 + \left|\frac{n_K}{n_A}\right|\right) \cdot \frac{U \cdot R \cdot T \cdot q \cdot F \cdot c_a}{l} \left(1 - e^{\frac{E_P n_K F}{RT}}\right). \tag{46}$$

$U \cdot R \cdot T / n_K$ ist aber nichts anderes als der Diffusionskoeffizient Δ des Kations bei Überschuß von Elektrolyt mit gleichem Anion. Der reine Elektrolyt verhält sich also derart, als ob keine Überführung vorhanden und nur ein vergrößerter Wert des Diffusionskoeffizienten, nämlich

$$n_K \left(1 + \left|\frac{n_K}{n_A}\right|\right) \cdot \Delta$$

in die Reststromgleichung einzusetzen wäre:

$$I = n_K \left(1 + \left|\frac{n_K}{n_A}\right|\right) \cdot \frac{\Delta \cdot q \cdot F \cdot c_a}{l} \left(1 - e^{\frac{E_P n_K F}{RT}}\right). \tag{47}$$

Den Übergang von Gleichung (46) bzw. (47) zu Gleichung (38) (Ziff. 17) kann man leicht in der Weise gewinnen, daß man die Bewegungsgleichung für die zugesetzten Fremdionen ebenfalls in Ansatz bringt. Man sieht dann, daß bei unendlich großem Überschuß des Anions (47) ohne weiteres in (38) übergeht. Praktisch genügt bereits ein Verhältnis von etwa 10:1. Auf die Wiedergabe der Rechnung soll hier verzichtet werden.

20. Grenzstrom. Für die Abhängigkeit der Intensität des stationären Reststroms von der Polarisations-EK gilt das gleiche, wie in Ziff. 16 für den nicht stationären Zustand abgeleitet wurde. Der Faktor $\left(1 - e^{\frac{E_P \cdot n \cdot F}{RT}}\right)$ in Gleichung (38) (Ziff. 17) bzw.

$$\frac{1 - e^{\frac{-E_P \cdot |n| \cdot F}{RT}}}{1 + e^{\frac{-E_P |n| \cdot F}{RT}}}$$

in Gleichung (40) strebt mit wachsendem Wert von $|E_P|$ der 1 zu und erreicht diese Grenze praktisch bereits bei Werten $\left|\frac{E_P}{n}\right| \gtreqless 0{,}15$: der Reststrom wird unabhängig von der Polarisation. Diesen zeitlich konstanten wie auch von E_P unabhängigen Reststrom nennt man nach dem Vorgange BRUNNERS[1]) Grenzstrom. Die Untersuchung aller Reststromphänomene wird im Grenzstromgebiet besonders einfach, da hier die häufig mit Schwierigkeiten verbundene Messung der Polarisation überflüssig wird.

Bei den meisten Untersuchungen hat man sich deshalb auch auf diesen Fall beschränkt.

Einer besonderen Überlegung bedarf es noch, um den Zusammenhang zwischen Polarisation und Badspannung wenigstens im stationären Gebiet kennenzulernen. Damit erhält man zugleich Antwort auf die Frage, bei welchen Badspannungen unter den verschiedenen möglichen Bedingungen das Gebiet des Grenzstroms erreicht wird.

Integriert man Gleichung (42) (Ziff. 19) in den Grenzen von $x = 0$ ($\varphi = \varphi_e$; $c = c_e$) bis $x = l$ ($\varphi = \varphi_l$; $c = c_a$), so erhält man:

$$\varphi_e - \varphi_l = \frac{RT}{|n_A| F} \cdot \ln \frac{c_a}{c_e}. \tag{48}$$

$\varphi_e - \varphi_l$ ist der Potentialabfall in der Diffusionsschicht von der Dicke l. Der gesamte Potentialabfall zwischen den Elektroden ist gleich der Differenz von

[1]) E. BRUNNER, ZS. f. phys. Chem. Bd. 51, S. 95. 1905.

Badspannung und Polarisation. Davon ist der auf die Diffusionsschicht entfallende Bruchteil gegeben durch das Verhältnis des Widerstandes dieser Schicht (W_l) zum Gesamtwiderstand (W_{ges}), also

$$\varphi_e - \varphi_l = (E - E'_P)\frac{W_l}{W_{\text{ges}}}. \tag{49}$$

Andererseits ist nach Gleichung (31a) (Ziff. 15) die gesamte Polarisation gegeben durch

$$E'_P = \mathfrak{n}_A\left(1 + \left|\frac{n_A}{n_K}\right|\right) \cdot \frac{RT}{|n_A|F} \cdot \ln\frac{c_a}{c_e}\,^{1)},$$

mithin aus (48) und (49)

$$E'_P = \frac{E}{1 + \dfrac{W_{\text{ges}}}{W_l \cdot \mathfrak{n}_A\left(1 + \left|\dfrac{n_A}{n_K}\right|\right)}} \tag{50a}$$

und

$$E = E'_P\left(1 + \frac{W_{\text{ges}}}{W_l \cdot \mathfrak{n}_A\left(1 + \left|\dfrac{n_A}{n_K}\right|\right)}\right) \tag{50b}$$

und endlich, da $E'_P = \mathfrak{n}_A\left(1 + \left|\frac{n_K}{n_A}\right|\right) \cdot E_P$,

$$E = E_P \cdot \left|\frac{n_K}{n_A}\right| \cdot \frac{W_{\text{ges}}}{W_l}. \tag{51}$$

Solange eine Durchmischung des Elektrolyten unterbleibt, ist $W_l = W_{\text{ges}}$, in diesem Grenzfall erreicht also die Gesamtpolarisation, falls $|n_K| = |n_A|$, gerade den halben, die Elektrodenpolarisation gerade den vollen Wert der Badspannung.

Der Einfluß von Überführungszahl und Elektrolyttypus ist aus (50) und (51) deutlich zu ersehen und soll nicht weiter diskutiert werden.

Je mehr aber infolge der Rührung der Anteil von W_l am Gesamtwiderstand sich verringert, um so höhere Badspannungen müssen angelegt werden, um eine bestimmte Polarisation zu erzielen. In diesem Falle des reinen Elektrolyten wird demnach mit steigender Rührgeschwindigkeit der Eintritt des Grenzstroms, der ja, wie wir sahen, praktisch bei einer Elektrodenpolarisation $E_P = \frac{0{,}15}{|n|}$ Volt erreicht zu werden pflegt, zu immer höheren Zellenspannungen verschoben sein, und bei starker Rührung überhaupt der Beobachtung sich entziehen.

Anders bei überschüssigem Zusatz eines Elektrolyten, der, falls die Kathode wieder wie bisher als allein polarisierbare Elektrode vorausgesetzt wird, das Anion mit dem ursprünglichen Ionenbildner gemeinsam hat.

Aus der Bewegungsgleichung für das gemeinsame Anion (Konzentration c') erhält man durch Integration:

$$\varphi_e - \varphi_l = \frac{RT}{|n_A|F} \cdot \ln\frac{c'_a}{c'_e}. \tag{52}$$

Setzt man weiter

$$c'_a = M \cdot c_a; \qquad c'_e = N \cdot c_e, \tag{53}$$

d. h. das Verhältnis von Anion und abzuscheidendem Kation in der unveränderten Lösung gleich M bzw. an der Kathode gleich N, so wird

$$\varphi_e - \varphi_l = \frac{RT}{|n_A|F} \cdot \ln\frac{M c_a}{N c_e} = \frac{RT}{|n_A|F}\ln\frac{c_a}{c_e} - \frac{RT}{|n_A|F} \cdot \ln\frac{N}{M} = \beta. \tag{54}$$

[1] A. Eucken, ZS. f. phys. Chem. Bd. 59, S. 72. 1907, dessen Darstellung sonst im allgemeinen gefolgt wurde, verwechselt hier E_P und E'_P.

Unter Hinzuziehung von Gleichung (49) und bedenkend, daß jetzt, da Flüssigkeitspotentiale fehlen, $E_P' = E_P$ ist, gilt mithin:

$$(E - E_P)\frac{W_l}{W_{\text{ges}}} = \beta\,; \qquad E_P = \beta\frac{W_{\text{ges}}}{W_l} + E\,. \tag{55}$$

Von β läßt sich zeigen, daß es stets sehr klein bleibt. Das bisher noch nicht betrachtete, aus dem zugesetzten Elektrolyten stammende zweite Kation (Konzentration c'') muß im stationären Zustand ebenso wie das Anion, da es ja nicht entladen werden soll, als ruhend betrachtet werden. Es muß infolgedessen in der Diffusionsschicht einem Konzentrationsgefälle von absolut gleichem Betrage aber entgegengesetzter Richtung unterliegen wie dieses, also

$$\frac{c_a'}{c_e'} = \frac{c_e''}{c_a''}\,. \tag{56}$$

Die Bedingung der Elektroneutralität fordert für jeden Querschnitt der Zelle

$$c + c'' = c' \tag{57}$$

folglich, unter Berücksichtigung von (53),

$$c_a'' = c_a' - c_a = (M - 1)\,c_a\,, \tag{58}$$

$$c_e'' = c_e' - c_e = (N - 1)\,c_e \tag{59}$$

und, die Werte für c_a', c_e', c_a'', c_e'' aus (58) und (59) in Gleichung (56) eingesetzt:

$$\frac{M \cdot c_a}{N \cdot c_e} = \frac{(N-1)\,c_e}{(M-1)\,c_a}, \quad \text{woraus sich schließlich ergibt:} \quad \left(\frac{c_a}{c_e}\right)^2 = \frac{N(N-1)}{M(M-1)}\,. \tag{60}$$

Für einigermaßen große Werte von M (N ist stets größer als M, da $c_a > c_e$) kann man setzen

$$\left(\frac{c_a}{c_e}\right)^2 \approx \frac{N^2}{M^2}\,; \qquad \frac{c_a}{c_e} \approx \frac{N}{M}\,. \tag{61}$$

Erst recht darf dann $\ln\frac{N}{M} \approx \ln\frac{c_a}{c_e}$ gesetzt werden, und damit wird β und folglich auch $\frac{W_{\text{ges}}}{W_l}\cdot\beta$ in der Tat sehr klein. Bei genügendem Überschuß eines gleichionigen Elektrolyten ist also die Polarisation praktisch gleich der Badspannung. Auch hat die Rührung auf das Verhältnis E_P/E in diesem Falle keinen nennenswerten Einfluß, so daß also mit wachsender Rührgeschwindigkeit zwar die Intensität des Reststroms ansteigt, das Gebiet des Grenzstroms aber stets bei der nämlichen Badspannung, $\frac{0{,}15}{|n|}$ Volt, erreicht wird.

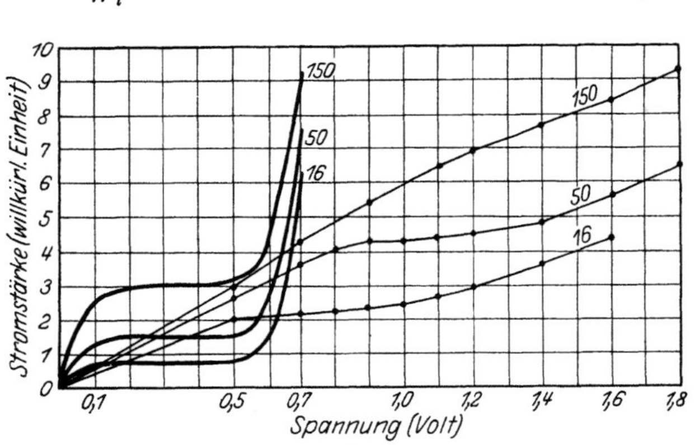

Abb. 7. Kathodischer Grenzstrom in reinen Elektrolyten und bei Überschuß gleichionigen Zusatzes.

Die experimentelle Prüfung dieser erstmalig von EUCKEN[1]) angestellten Überlegungen ergab durchaus die erwartete Bestätigung. Abb. 7 zeigt einige

[1]) A. EUCKEN, ZS. f. phys. Chem. Bd. 59, S. 72. 1907.

Stromspannungskurven (nach EUCKEN) für reine Salzsäure und für Salzsäure mit Zusatz von Kaliumchlorid. Als unpolarisierbare Anode wurde ein mit Wasserstoff bespültes platiniertes Platinblech von 20 cm² benutzt, als Kathode ein Platinkontakt von etwa 400mal kleinerer Oberfläche. Die Rührung wurde durch die rotierende, entsprechend geformte Kathode besorgt. Da auch die Kathode dauernd von mit Wasserstoff gesättigter Lösung umgeben war, kam eine Abscheidungspolarisation nicht in Frage. Während bei reiner Salzsäure (schwach ausgezogene Kurven) auch unter Anwendung geringer Rührgeschwindigkeiten (die in Umdrehungen pro Minute in den angeschriebenen Zahlen dargestellt sind) nur die Andeutung eines Grenzstroms beobachtet wurde, die mit zunehmender Tourenzahl des Rührers nicht nur undeutlicher, sondern einwandfrei auch erst bei immer wachsenden Badspannungen erreicht wurde, zeigen die Systeme mit gleichzeitig anwesendem Kaliumchlorid (stark ausgezogene Kurven) einen ausgeprägten Grenzstrom, dessen Bereich mit zunehmender Rührgeschwindigkeit bei gesteigerter Intensität angenähert sich gleichbleibt.

21. Unvollständige Dissoziation. Bisher war stets angenommen, daß bei den in Frage kommenden Konzentrationen mit vollständiger Dissoziation der beteiligten Elektrolyte gerechnet werden dürfe. Im Lichte der neueren Theorie der Elektrolyte würde diese Forderung bedeuten, daß die in Rechnung gesetzten Wanderungsgeschwindigkeiten bzw. Diffusionskoeffizienten konstante, von der Verdünnung sowohl wie von der Gegenwart fremder Elektrolyte unabhängige Größen darstellen. Bei Salzen bzw. starken Säuren und Basen, wie sie den mitgeteilten Zahlenbeispielen zugrunde liegen, dürfte diese Voraussetzung in geringen Konzentrationen wenigstens soweit berechtigt sein, daß größere Abweichungen von der Theorie nicht auftreten. Immerhin dürfte in der Vernachlässigung der unvollständigen Dissoziation bzw. der von 1 abweichenden Leitfähigkeitskoeffizienten der Grund dafür zu finden sein, daß die in Ziff. 19 abgeleitete Forderung einer Herabsetzung des Reststroms auf genau den halben Betrag beim Übergang vom reinen Elektrolyten zu dem System mit großem Überschuß eines gleichionigen bei sonst gleichen Bedingungen selten ganz zutrifft.

Zu völlig mit dem Experiment unvereinbaren Zahlenwerten kommt man aber bei schwachen Elektrolyten, zumal bei Überschuß eines gleichionigen Salzes, da in diesem Falle die an sich schon geringfügige Dissoziation schwacher Säuren und Basen praktisch vollständig zurückgedrängt wird.

In solchen Fällen wird (falls wieder ausschließlich kathodische Polarisation auftreten kann) der Stromtransport im stationären Zustande nicht allein durch die Kationen bewirkt, vielmehr diffundieren außerdem ungespaltene Molekeln an die Kathode heran und geben hier ihr zur Entladung gelangendes Kation ab, während die Anionen zurückwandern werden.

Bezeichnet N_K, N_A bzw. N_U die pro Zeiteinheit und Querschnitt 1 in Richtung der Kathode bewegten Anzahl Mole einwertiger Kationen, Anionen bzw. undissoziierter Molekeln, so gilt:

$$N_K = U \cdot R \cdot T \frac{dc}{dx} + UcF\frac{d\varphi}{dx}, \tag{52}$$

$$N_A = VRT\frac{dc'}{dx} - Vc'F\frac{d\varphi}{dx}, \tag{53}$$

$$N_U = \Delta_U \cdot \frac{dC}{dx}, \tag{54}$$

ferner:

$$N_K - N_A = \frac{I}{F \cdot q}, \tag{55}$$

$$N_A + N_U = 0. \tag{56}$$

c = Konzentration des abzuscheidenden Kations, c' = Konzentration des Anions, C = Konzentration der undissoziierten Molekeln, Δ_U = Diffusionskoeffizient der undissoziierten Molekeln (bei cm² und sek als Einheiten).

Es sei zunächst der Fall des reinen Elektrolyten behandelt. Hier gilt:

$$c = c', \tag{67}$$

also

$$(U - V)\,RT\frac{dc}{dx} + (U + V)\,c F\frac{d\varphi}{dx} = \frac{I}{F\cdot q}, \tag{68}$$

$$VRT\frac{dc}{dx} - VcF\frac{d\varphi}{dx} + \Delta_U\frac{dC}{dx} = 0. \tag{69}$$

Wird $\frac{d\varphi}{dx}$ eliminiert:

$$(U - V)RT\frac{dc}{dx} + (U + V)\cdot\left(RT\frac{dc}{dx} + \frac{\Delta_U}{V}\frac{dC}{dx}\right) = \frac{I}{F\cdot q} \tag{70}$$

oder:

$$2URT\frac{dc}{dx} + \frac{U+V}{V}\cdot\Delta_U\frac{dC}{dx} = \frac{I}{F\cdot q}. \tag{71}$$

Nach NERNST[1]) ist der Diffusionskoeffizient eines völlig gespaltenen 1-1-wertigen Ionenbildners

$$\Delta_d = \frac{2UV}{U+V}\cdot RT. \tag{72}$$

Wird dies eingeführt in Gleichung (71), so folgt:

$$2URT\left(\frac{dc}{dx} + \frac{\Delta_U}{\Delta d}\frac{dC}{dx}\right) = \frac{I}{F\cdot q} \tag{73}$$

und integriert von $x = 0$ bis $x = l$:

$$I = \frac{2URT\cdot F\cdot q}{l}\left((c_a - c_e) + \frac{\Delta_U}{\Delta d}(C_a - C_e)\right) \tag{74}$$

und für den Grenzstrom:

$$I = \frac{2U\cdot R\cdot T\cdot F\cdot q}{l}\left(c_a + \frac{\Delta_U}{\Delta d}\cdot C_a\right), \tag{75}$$

woraus unter Vernachlässigung von $\frac{\Delta_u}{\Delta_d}\cdot C_a$ gegen c_a der bereits bekannte Spezialfall des vollständig dissoziierten Elektrolyten und entsprechend bei Vernachlässigung von c_a gegen $\frac{\Delta_u}{\Delta_d}\cdot C_a$ der andere, praktisch völlig außer Betracht bleibender Dissoziation entsprechende Grenzfall

$$I = \frac{\Delta_U\cdot F\cdot q\cdot C_a}{l}\cdot\frac{U+V}{V} \tag{76}$$

sich ergibt. Ist ein zweiter Elektrolyt mit gleichem Anion anwesend, so ist c von c' verschieden. Wir erhalten dann

$$N_K - N_A = U\cdot R\cdot T\frac{dc}{dx} - V\cdot R\cdot T\frac{dc'}{dx} + (U\cdot c + V\cdot c')F\frac{d\varphi}{dx} = \frac{I}{F\cdot q}. \tag{77}$$

Bei genügendem Überschuß des Anions darf $U\cdot c$ neben $V\cdot c'$ vernachlässigt werden:

$$U\cdot R\cdot T\frac{dc}{dx} - VRT\frac{dc'}{dx} + V\cdot c' F\frac{d\varphi}{dx} = \frac{I}{F\cdot q}. \tag{78}$$

[1]) W. NERNST, ZS. f. phys. Chem. Bd. 2, S. 613. 1888.

Durch Addition von

$$N_U + N_A \frac{\Delta_U dC}{dx} + VRT\frac{dc'}{dx} - Vc'F\frac{d\varphi}{dx} = 0 \tag{79}$$

folgt:

$$\frac{I}{F \cdot q} = URT\frac{dc}{dx} + \Delta_U \frac{dC}{dx}. \tag{80}$$

Integriert von $x = 0$ bis $x = l$:

$$I = \frac{F \cdot q}{l}\left(URT(c_a - c_e) + \Delta_U(C_a - C_e)\right) \tag{81}$$

bzw. für den Grenzstrom

$$I = \frac{F \cdot q}{l}(URT \cdot c_a + \Delta_U \cdot C_a). \tag{82}$$

Daraus gehen ohne weiteres wieder die beiden Grenzfälle hervor für vollständige Dissoziation: $(C_a = 0)$:

$$I = \frac{URT \cdot F \cdot q \cdot c_a}{l} \tag{83}$$

[vgl. Gleichung (38) (Ziff. 17)] und für verschwindende Dissoziation ($URT \cdot c_a$ sehr klein gegen $\Delta_u \cdot C_a$)

$$I = \frac{\Delta_U \cdot F \cdot q \cdot C_a}{l}. \tag{84}$$

Für eine Säure von der Stärke der Essigsäure ist die Annahme praktisch zu vernachlässigender Ionenspaltung bereits bei in gleicher Konzentration zugesetztem Natriumsalz angängig, was, wie EUCKEN[1]) gezeigt hat, aus der Konstanz von I/C_a bei Änderung von C_a hervorgeht.

22. Einfluß der chemischen Reaktionsgeschwindigkeit. Zu den bisher berücksichtigten Faktoren kann unter Umständen noch ein außerordentlich wichtiger hinzukommen: die chemische Reaktionsgeschwindigkeit.

Bislang wurde stets vorausgesetzt, daß die eigentlichen Elektrodenreaktionen so schnell verlaufen, daß sie niemals den Ablauf der Diffusions- und Überführungsvorgänge zu stören vermögen. Für die primären Elektrodenvorgänge, die allem Anschein nach stets in praktisch momentan erfolgenden Elektronenübertragungen vom Ion zur Elektrode oder umgekehrt (auch wohl von Ion zu Ion) bestehen dürften, wird man dies mit Recht annehmen. Anders, wenn sekundäre, typisch chemische Vorgänge im Gefolge der Primärreaktionen auftreten oder auch ihnen vorangehen müssen. Solche können unter Umständen durchaus so langsam ablaufen, daß dadurch eine Änderung der gesamten Diffusionsverhältnisse herbeigeführt wird. Die Theorie solcher Fälle hat wiederum EUCKEN[2]) entwickelt.

Der allgemeine Ansatz [Gleichung (33), Ziff. 16] für die Diffusion ist durch Einführung des kinetischen Massenwirkungsgesetzes

$$\frac{dc}{dt} = \sum kc$$

zu erweitern. (Die k sind die sog. Geschwindigkeitskonstanten, die c Konzentrationen; Summierung hat über alle an der Reaktion beteiligten Molekeln zu erfolgen, wobei die Glieder für entstehende Stoffe positiv, für verschwindende negativ zu rechnen sind). Es ist also anzusetzen

$$\frac{\partial c}{\partial t} = \Delta \cdot \frac{\partial^2 c}{\partial x^2} + \sum kc. \tag{86}$$

Auf eine eingehendere Behandlung dieses Gegenstandes muß verzichtet werden.

---

[1]) A. EUCKEN, ZS. f. phys. Chem. Bd. 59, S. 72. 1907.
[2]) A. EUCKEN, ZS. f. phys. Chem. Bd. 64, S. 562. 1908.

Eucken konnte bei einer versuchten Prüfung der abgeleiteten Beziehungen feststellen, daß die besonders interessierende Geschwindigkeit des Zerfalls von Komplexionen noch zu groß ist, um neben der Diffusion von Einfluß sein zu können. Immerhin konnte in einem andern Fall die Theorie im wesentlichen bestätigt werden[1]. Es handelte sich dabei um die Herabsetzung der Alkalipolarisation (Ziff. 11) durch einen dem Elektrolyten zugefügten Säureester, der mit den an der Kathode angehäuften OH-Ionen unter Bildung von Säure und Alkohol reagiert (Verseifung). Die Geschwindigkeit dieses Umsatzes ist mitbestimmend für den Grad der kathodischen Polarisation und somit für die Größe des Reststromes. Durch Messung des letzteren gelang es, die Geschwindigkeitskonstante der Esterverseifung in guter Übereinstimmung mit anderweit ermittelten Zahlen zu berechnen.

Bei weiterer Verringerung der chemischen Reaktionsgeschwindigkeit kann schließlich das die Diffusion betreffende erste Glied der Gleichung (86) vernachlässigt werden. Dieser Fall liegt vielfach bei elektrolytischen Reduktionen und Oxydationen, besonders von Nichtelektrolyten, vor. Diese Vorgänge können, wenn sie auch nicht notwendig so verlaufen müssen, als veranlaßt durch primär an den Elektroden gebildeten Wasserstoff oder Sauerstoff aufgefaßt werden. Ein zu reduzierender oder zu oxydierender Stoff ist dann gewissermaßen als Depolarisator aufzufassen, indem die Konzentrationen des H_2 und des O_2 in der Kathodenoberfläche und damit die Polarisationen (außer durch die Stromdichte) durch die Geschwindigkeit ihres Umsatzes mit dem Depolarisator bestimmt werden.

Bei der Prüfung dieser Verhältnisse traten jedoch eigenartige Abweichungen von der Theorie auf, die bisher nicht sicher geklärt sind[2]..

Diese Erscheinungen hängen aufs engste zusammen mit dem Gebiete der „chemischen Polarisation", das im nächsten Abschnitt zur Behandlung gelangt.

Es ist nicht unwahrscheinlich, daß diese „chemische Polarisation" überhaupt in Reaktionsgeschwindigkeitsphänomenen ihre Erklärung finden wird. Dabei kann unter Umständen die hier nur andeutungsweise mitgeteilte Theorie von erheblicher Bedeutung werden.

d) Chemische Polarisation bei Ionenentladung. (Elektrolytische Überspannung.)

23. Begriff der Überspannung. Bei Besprechung der le Blancschen Arbeiten über Zersetzungsspannung (Ziff. 11) war auf das abweichende Verhalten des an Platinelektroden entladenen Sauerstoffs hingewiesen. Stets — auch da, wo Konzentrationspolarisation in irgend nennenwertem Maße sicher nicht anzunehmen war — mußten erheblich größere Energiebeträge zur Abscheidung des Sauerstoffs aufgewandt werden, als umgekehrt bei seiner elektromotorischen Wirksamkeit im galvanischen Element (bei gleichem Elektrolyten) zu gewinnen waren. Das Abscheidungspotential des Sauerstoffs aus an OH-Ionen 1 molarer Lösung liegt etwa 0,5 Volt höher als sein „Normalpotential".

Während also in fast allen sonst untersuchten Fällen die Vorgänge der Ionenbildung und -entladung (soweit von Ionenkonzentrationspolarisation abgesehen wird) augenscheinlich reversibel waren, trat hier ausgesprochene Irreversibilität eines Elektrodenvorgangs zutage. Nun sind die Verhältnisse beim Sauerstoff insofern kompliziert, als dieser auch bei seiner elektromotorischen Betätigung

[1] A. Eucken, ZS. f. phys. Chem. Bd. 71, S. 550. 1910.

[2] F. Haber u. R. Russ, ZS. f. phys. Chem. Bd. 47, S. 257. 1904.

nur unter außergewöhnlichen Bedingungen das thermodynamisch zu erwartende Normalpotential ($_0E_h = +1{,}23$ Volt bei Zimmertemperatur) zeigt. Gewöhnlich bleibt das Sauerstoffpotential erheblich unter diesem Wert.

Bei weiterem Eindringen in das Gebiet der Potentialmessung an „arbeitenden" Elektroden zeigte sich jedoch, daß ein ähnliches Verhalten weitverbreitet ist, ja, daß mit wenigen Ausnahmen alle Ionenbildner zu ihrer Abscheidung mit endlicher Geschwindigkeit — von Ionenkonzentrationspolarisation wiederum abgesehen — ein höheres als das thermodynamische Gleichgewichtspotential erfordern.

Die ersten eingehenden Untersuchungen wurden auf Veranlassung NERNSTs von CASPARI[1]) an Wasserstoff unternommen. Während die Wasserstoffabscheidung am rauhen, platinierten Platin praktisch reversibel erfolgt, ist zur Entwicklung gasförmigen Wasserstoffs an den meisten anderen Metallen ein Mehr an Energie aufzuwenden, sie erfolgt erst bei negativeren, unedleren Potentialen. Bald darauf konnte E. MUELLER[2]) zeigen, daß auch die Chlorentwicklung aus Alkalichloriden irreversibel verläuft. Ähnliche Einzelfeststellungen wurden noch mehrere gemacht, bis schließlich LE BLANC[3]) auf Grund ausgedehnter Polarisationsmessungen unter Zuhilfenahme des Oszillographen zu dem Resultat kam, daß derartige „chemische" Polarisation, wie sie im Gegensatz zur Konzentrationspolarisation genannt wurde, kaum jemals fehlt, daß sie insbesondere auch bei der Abscheidung und Auflösung von Metallen nicht unbeträchtliche Ausmaße anzunehmen vermag.

Allerdings treten diese Effekte häufig erst bei höheren Stromdichten deutlich in Erscheinung und klingen bei Unterbrechung des polarisierenden Stromes meist rasch wieder ab, woraus es verständlich wird, daß sie zunächst übersehen werden mußten, solange man sich um Ermittlung der zur sichtbaren Abscheidung eines Stoffes erforderlichen Mindestpotentiale bemühte. Diese Einschränkung gilt allerdings gerade für die kathodische Wasserstoffentwicklung keineswegs. Hier sind schon bei den minimalen (Rest-)Stromdichten im Augenblick der beginnenden Bläschenbildung Potentiale zu beobachten, die bis 0,5 Volt und mehr unedler sind als die zugehörigen Gleichgewichtspotentiale. Für diese Differenz ist von NERNST der Name „Überspannung" geprägt worden, ein Name, der sinngemäß auf alle Fälle ähnlichen Verhaltens arbeitender Elektroden, unabhängig sowohl von der Formart und besonderen Natur der Elektrolysenprodukte als auch von der gewählten Stromdichte, übertragen werden darf, um so eher, als einige Wahrscheinlichkeit dafür besteht, daß es sich in allen diesen Fällen um Auswirkung der gleichen Erscheinung, nämlich beschränkter Reaktionsgeschwindigkeit, handelt.

Die Kenntnis der Überspannung und ihrer Abhängigkeit von allen in Betracht kommenden Faktoren ist deshalb außerordentlich wichtig, weil in erster Linie das Potential einer Elektrode maßgebend ist dafür, welche Vorgänge an ihr sich vollziehen können.

Die in Ziff. 10 kurz erörterten Gesetzmäßigkeiten über die aus gemischten Elektrolyten sich abscheidenden Produkte, über die Reihenfolge ihrer Bildung oder richtiger über das Mengenverhältnis, in dem sie sich abscheiden, erfahren durch das Auftreten von individuellen Überspannungen unter Umständen erhebliche Verschiebungen. Zahlreiche elektrochemische und chemische Prozesse,

---

[1]) W. A. CASPARI, ZS. f. phys. Chem. Bd. 30, S. 89. 1899.

[2]) E. MUELLER, ZS. f. Elektrochem. Bd. 6, S. 573. 1900; Bd. 7, S. 750. 1901; Bd. 8, S. 426. 1902.

[3]) M. LE BLANC, Abhandlgn. d. D. Bunsen-Ges. Nr. 3. Halle 1910.

darunter solche von größter technischer Bedeutung, werden erst verständlich durch Berücksichtigung der Phänomene der „Überspannung".

Von einer zuverlässigen Erkenntnis des Wesens und der Gesetze der Überspannung sind wir vor der Hand noch weit entfernt. Am tiefsten eingedrungen ist man in das kathodische Verhalten des Wasserstoffs, das deshalb als Schulbeispiel zum Gegenstand ausführlicher Besprechung gemacht werden soll.

24. Definition. Die NERNSTsche Definition der Überspannung, die sich zunächst nur auf den Beginn sichtbarer H_2-Entwicklung bezieht, kann, um allen wechselnden Bedingungen der Elektrolyse gerecht zu bleiben, zweckmäßig sinnentsprechend modifiziert werden. Wir wollen unter Überspannung des Wasserstoffs die Differenz zwischen dem Potential der arbeitenden, wasserstoffentwickelnden Elektrode und der einer reversiblen (ruhenden) Wasserstoffelektrode in demselben Elektrolyten und unter denselben Bedingungen von Druck und Temperatur verstehen. Im Interesse der Einheitlichkeit der Bezeichnung soll das Vorzeichen der Überspannung stets angegeben werden, so daß das tatsächliche Elektrodenpotential (sei es absolut genommen oder auf die Normalwasserstoffelektrode bezogen [s. Ziff. 9]) immer aus der Summe von reversiblen Potential und Überspannung (ε) erschlossen werden kann. Entsprechend dem Vorgang

$$2\,H^+ + n\ominus \rightleftarrows H_2$$

läßt sich also das Potential einer arbeitenden Wasserstoffelektrode darstellen durch

$$E_a = {}_0E_a + \frac{RT}{2F}\cdot\ln\frac{c_{H^+}^2}{c_{H_2}} + \varepsilon$$

bzw.

$$E_h = {}_0E_h + \frac{RT}{2F}\cdot\ln\frac{c_{H^+}^2}{c_{H_2}} + \varepsilon. \qquad (87)$$

Nach der obigen Definition ist in der „Überspannung" stets eine etwaige Ionenkonzentrationspolarisation mit enthalten. Obwohl auf den ersten Blick unzweckmäßig erscheinend, ist dieses Verfahren bei dem heutigen Stande unserer Kenntnis schließlich doch das Gegebene. Nicht nur, daß es experimentell schwierig, vielleicht vorderhand unmöglich ist, eine scharfe Trennung zwischen beiden Effekten durchzuführen, teilweise herrscht sogar die Auffassung, daß beide Erscheinungen unmittelbar ineinander übergehen, daß nämlich die Überspannung in einer durch besondere Umstände vergrößerten Ionenkonzentrationspolarisation besteht.

Auf jeden Fall wird es zweckmäßig sein, sich gegebenenfalls zu erinnern, daß die wie oben definierte „Überspannung" die normale Konzentrationspolarisation mit enthält.

25. Die Methoden zur Messung der Überspannung schließen sich eng an die schon früher (Ziff. 8) besprochenen, zur Messung der Polarisation schlechthin dienenden an. Es ist zweckmäßig, von vornherein zu unterscheiden zwischen den Verfahren, die zur Ermittlung der „Minimalüberspannung" bei gerade beginnender sichtbarer Wasserstoffentwicklung Verwendung gefunden haben, und denjenigen, die Messungen auch bei höheren Stromdichten zum Ziele hatten. Die erstmalig von CASPARI[1]) gemessenen Überspannungen (minimal) sind so

[1]) W. A. CASPARI, ZS. f. phys. Chem. Bd. 30, S. 89. 1899.

gewonnen, daß an eine Elektrolysierzelle mit dem zu untersuchenden Metall als Kathode und einer Platinanode steigende Spannung gelegt und im Augenblicke der beginnenden Bläschenbildung an der Kathode deren Potential bestimmt wurde. Die Methode wurde später von THIEL und BREUNING[1]) u. a. dadurch verbessert, daß an Stelle einer sauerstoffentwickelnden Anode eine Zinkelektrode benutzt wurde, wodurch alle Störungen infolge Diffusion von Sauerstoff zur Kathode und besonders auch von Wasserstoff zur sehr empfindlichen Sauerstoffanode vermieden werden konnten. Dank des stark negativen Zinkpotentials war eine besondere polarisierende Stromquelle in den meisten Fällen entbehrlich. Störungen durch elektrolytisch entwickelten Sauerstoff können bei geeigneter Anordnung auch durch Verwendung einer teilweise entladenen positiven Akkumulatorenplatte (Bleisuperoxyd) als Anode verhindert werden. Eine zweite wesentliche, von THIEL und seinen Mitarbeitern eingeführte Verbesserung bestand darin, statt mit steigenden mit fallenden Badspannungen zu arbeiten, also statt des Kathodenpotentials zu Beginn der Blasenbildung das Potential einer wasserstoffgesättigten Elektrode, deren Blasenentwicklung gerade eben aufhört, zu bestimmen. Übersättigung des Elektrolyten oder der Elektrode mit Wasserstoff, deren beträchtlicher Einfluß mehrfach festzustellen war, konnte so mit Sicherheit vermieden werden.

Gegenüber diesem Verfahren, das sehr weitgehende, allerdings mit dem Elektrodenmaterial und der Elektrodenbeschaffenheit wechselnde Genauigkeit gestattete, kommt das zuerst von COEHN und DANNENBERG[2]) auf vorliegendes Problem angewandte der Auswertung von Stromspannungskurven aus den schon früher (Ziff. 8) angeführten Gründen kaum in Betracht. Gleichwohl ist es neuerdings vereinzelt wieder in Vorschlag gebracht.

Von THIEL und HAMMERSCHMIDT[3]) wurde ausdrücklich festgestellt, daß es für das Resultat gleichgültig war, ob die Potentialmessung — die nach der Kompensationsmethode direkt gegen eine ruhende Wasserstoffelektrode (platiniertes Platin in einem langsamen Strome von Wasserstoff unter Atmosphärendruck) ausgeführt wurde — während der Fortdauer des polarisierenden Stromes oder unmittelbar nach Unterbrechung (Umlegen einer Wippe) vorgenommen wurde.

Dies ist bei höheren Stromdichten keineswegs der Fall, und darin ist es begründet, daß über die unter diesen Bedingungen einzuschlagende Meßmethode vielfach Meinungsverschiedenheiten bestanden und zum Teil noch zu bestehen scheinen.

NEWBERY[4]) wies darauf hin, daß die direkt, d. h. „unter Strom“ gemessenen Potentiale stets wesentlich über den Werten liegen, die sich bei Messung im stromlosen Zustand ergeben. NEWBERY schiebt diese Differenz auf den OHMschen Spannungsabfall zwischen dem Inneren der Elektrode und dem Orte innerhalb des Elektrolyten, an welchem die Flüssigkeitsableitung zur Hilfselektrode mündet. Da die genannten Differenzen auch dann nicht verschwinden, wenn die Flüssigkeitsableitung nach dem Vorgang von LUGGIN-HABER[5]) in Form einer engen Glaskapillare eng an die Elektrodenoberfläche angelegt wird und, falls die Deutung als Spannungsabfall aufrechterhalten werden soll, Widerstände bis zu mehreren 100 Ohm pro cm^2 Elektrodenoberfläche in der dünnen Schicht zwischen Elektrode

[1]) A. THIEL u. E. BREUNING, ZS. f. anorg. Chem. Bd. 83, S. 329. 1913.
[2]) A. COEHN u. K. DANNENBERG, ZS. f. phys. Chem. Bd. 38, S. 609. 1901.
[3]) A. THIEL u. W. HAMMERSCHMIDT, ZS. f. anorg. Chem. Bd. 132, S. 15. 1923.
[4]) E. NEWBERY, Journ. chem. soc. Bd. 105, S. 2419. 1914.
[5]) F. HABER, ZS. f. phys. Chem. Bd. 32, S. 207. 1900.

und Kapillare angenommen werden müssen, glaubt NEWBERY, daß während des Stromflusses eine sehr schlecht leitende dünne Gashaut die Elektrode bekleidet. Er hat infolgedessen seine zahlreichen Überspannungsmessungen nach einer Methode ausgeführt, bei der durch einen rotierenden Kommutator der polarisierende Strom stets nur während der Zeitdauer einer halben Umdrehung eingeschaltet war, während in den Strompausen automatisch die Kathode an den Nebenstromkreis gelegt wurde, in dem nach einer der üblichen Potentiometeranordnungen (Näheres über solche findet man in Bd. XVI) die Potentialdifferenz gegen eine Hilfselektrode durch Kompensation gemessen wurde. Unter den mancherlei Einwendungen, die auch gegen dieses Verfahren erhoben sind, hat sich vor allem eine mit Sicherheit bestätigen lassen. Wenn nämlich das Elektrodenpotential, wie es aus manchen Gründen erwartet werden konnte, bereits unmittelbar nach dem Öffnen des polarisierenden Stromes einen zeitlichen Abfall zeigt, mußten auf die geschilderte Art notwendig zu niedrige Überspannungen, nämlich Mittelwerte des Kathodenpotentials über die Messungsperiode, erhalten werden. Eine zweckmäßige Abänderung der Kommutatormethode durch KNOBEL[1]), die darin bestand, daß die Einschaltung des Potentiometerkreises auf nur jeweils sehr kurze Zeit ($<{}^1/_{5000}$ Sek.) geschah, erlaubte Momentanwerte des Potentials, und zwar an jedem beliebigen Punkte der Schließungs- oder Öffnungsperiode zu messen (vgl. Ziff. 30). Es ergab sich so in der Tat ein starker zeitlicher Potentialabfall der unbelasteten Elektrode, der im Augenblick der Stromöffnung am größten war und ohne weiteres als Hauptursache der Unterschiede in den Resultaten der direkten und der gewöhnlichen Kommutatormethode angesprochen werden darf. Beachtung verdient auch die Beobachtung, daß vom Augenblick der Stromschließung an eine mit dem Elektrodenmaterial wechselnde Zeit bis zur Erreichung der maximalen Polarisation verstreicht, worauf bei der Einrichtung der Kommutatoranordnung Rücksicht zu nehmen ist.

Da der beobachtete Potentialabfall einen stetigen Verlauf bis unmittelbar zum Zeitpunkt der Stromöffnung zurück vermuten läßt, kann die Existenz eines „Übergangswiderstandes", wie NEWBERY ihn annahm, bei den von KNOBEL angewandten Stromdichten bis zu 0,1 Amp/cm², wahrscheinlich vernachlässigt werden, so daß unter diesen Bedingungen der direkten Potentialmessung der belasteten Elektrode keine Bedenken mehr entgegenstehen dürften. GLASSTONE[2]) hat in ähnlicher Kommutatoranordnung wie KNOBEL momentane Elektrodenpotentiale gemessen, und zwar jeweils 0,002, 0,004, 0,008 und 0,012 Sekunden nach Öffnung des Hauptstromes. Die durch graphische Extrapolation dieser Werte auf die Zeit 0 erhaltenen Zahlen sind bei geringen Stromdichten von den „direkt" ermittelten nicht wesentlich verschieden, erst bei höheren Stromdichten (GLASSTONE gibt 0,012 Amp/cm² als etwaige Grenze) bleiben sie beträchtlich hinter den letzteren zurück. Ob es sich hier doch um die Ausbildung von Übergangswiderständen handelt oder ob unter diesen Umständen der Potentialabfall bei Stromöffnung so schnell erfolgt, daß sichere Extrapolation in der angedeuteten Weise nicht mehr möglich ist, bedarf, sofern man nicht schon in den Resultaten KNOBELS eine ausreichende Entscheidung erblickt, besonderer Untersuchung. NEWBERY[3]) glaubt durch oszillographische Untersuchungen die Frage zugunsten der Annahme von Übergangswiderständen entschieden zu haben, in einer noch unveröffentlichten Untersuchung konnte

[1]) M. KNOBEL, Journ. Amer. Chem. Soc. Bd. 46, S. 2613. 1924.
[2]) S. GLASSTONE, Journ. chem. soc. Bd. 123, S. 2926. 1923; Bd. 125, S. 250. 1924.
[3]) E. NEUBERG, Proc. Roy. Soc. London (A) Bd. 107, S. 486. 1925; Bd. 111, S. 182. 1926; Bd. 114, S. 103. 1927.

BAARS jedoch zeigen, daß dieser Schluß unzutreffend ist, daß vielmehr bei mäßigen Stromdichten Übergangswiderstände keine nennenswerte Rolle spielen[1]).

26. Mindestüberspannung. Man sollte vermuten, daß die Mindestüberspannungen, die zur gerade beginnenden Wasserstoffabscheidung aufzuwenden sind, wegen Fehlens mancher bei höheren Stromdichten hinzukommenden Störungsmöglichkeiten besonders gut reproduzierbar seien. Ein Blick auf die Tabelle 18 zeigt jedoch, wie sehr die Resultate verschiedener Methoden einerseits, verschiedener Beobachter andererseits noch variieren. Es sind absichtlich nur solche Werte ausgewählt, die unter Benutzung des gleichen Elektrolyten, nämlich 1 molarer Schwefelsäure, gewonnen werden konnten. Auffällig groß sind zunächst die Schwankungen beim Palladium. Die Erklärung hierfür liegt auf der Hand. Palladium löst bekanntlich sehr große Mengen Wasserstoff, was eine Verzögerung der sichtbaren Wasserstoffentwicklung bei ansteigender Badspannung zur Folge hat. Wird nach jeder Erhöhung der Badspannung nicht genügend lange gewartet, so erscheinen die ersten Gasbläschen bei wesentlich höheren Stromdichten, als sie unter Berücksichtigung der besonderen Eigenschaften des Kathodenmaterials erforderlich wären. Die auffallend großen Überspannungen, die CASPARI und auch MÜLLER nach der Bläschenmethode bei ansteigender Spannung erhielten, dürften so zwanglos erklärlich sein. Die gleiche Ursache führt aber zweifellos zu dem hohen positiven Wert, den COEHN und DANNENBERG nach der Knickpunktmethode bestimmten. Hier wird die sichtbare Gasentwicklung ja gar nicht abgewartet, vielmehr das Potential an dem Punkte gemessen, wo die Stromstärke merklich ansteigt. Dieser Punkt muß aber notwendig zu positiven Potentialen verschoben werden, wenn das Elektrodenmaterial die jeweils entladenen Wasserstoffionen aufzunehmen vermag, weil dadurch die Wasserstoffkonzentration an der Oberfläche und die damit zusammenhängende elektromotorische Gegenkraft vermindert wird. Es liegt, mit anderen Worten, ein ausgesprochener Reststrom vor, bedingt durch Diffusion des Elektrolysenproduktes in das Elektrodenmaterial hinein (Depolarisation).

Die Befürchtung, daß ähnliche Erscheinungen, wenn auch in vermindertem Maße, ebenfalls die an anderem Kathodenmaterial gewonnenen Zahlen entstellen, ist nicht von der Hand zu weisen. Vermieden wird diese Fehlerquelle mit Sicherheit durch die von THIEL und Mitarbeitern eingeführte Modifikation der Blasenmethode: Erzwingung der Blasenbildung durch ausreichende Stromdichte und allmähliche Verminderung der Spannung bis zum Aufhören der Gasentwicklung. Die Gefahr einer Täuschung infolge Nachentwicklung von Wasserstoff ist durch genügend langes Warten vor jeder Beobachtung der Bläschenzahl leicht auszuschalten. Selbst beim Palladium hat sich eine Wartezeit von 10 Minuten als ausreichend erwiesen. Andererseits wird auch die ursprüngliche Ausführungsform der Blasenmethode diesen Fehler durch genügend langsame Spannungssteigerung weitgehend auszuschalten gestatten, wie der von HARKINS erhaltene Wert für Palladium zeigt, immer aber bleibt dabei die Gefahr einer Übersättigung mit Wasserstoffgas, die zu erhöhten Zahlen führen muß, bestehen.

Von entscheidender Bedeutung für die Höhe der Überspannung ist ferner die Beschaffenheit der Elektrodenoberfläche. Das unterschiedliche Ver-

[1]) Zu dieser vielerörterten Frage vgl. außer den oben schon zitierten Arbeiten ferner: E. NEWBERY, Trans. Faraday Soc. Bd. 15, S. 126. 1919; H. F. HAWORTH, ebenda Bd. 16, S. 265. 1920; E. NEWBERY, Journ. Amer. Chem. Soc. Bd. 42, S. 2007. 1920; D. A. MAC INNES, ebenda Bd. 42, S. 2233. 1920; S. DUNMILL, Journ. chem. soc. Bd. 119, S. 1081. 1921; E. NEWBERY, ebenda Bd. 121, S. 7. 1922; H. V. TARTAR u. E. KEYES, Journ. Amer. Chem. Soc. Bd. 44, S. 557. 1922; H. J. S. SAND u. S. J. WEEKS, Journ. chem. soc. Bd. 123, S. 2896. 1923; E. NEWBERY, ebenda Bd. 125, S. 511. 1924; A. L. FERGUSON u. G. VAN ZYL, Trans. Amer. Elektrochem. Soc. Bd. 47, 1925.

halten von platiniertem und blankem Platin ist dafür ein genügender Hinweis. THIEL und Mitarbeiter haben sich bemüht, diesen Einfluß dadurch auszuschalten, daß sie stets extrem rauhe Oberflächen benutzten, die durch elektrolytische oder chemische Anätzung oder auch durch einen elektrolytisch erzeugten schwammigen Niederschlag erzielt wurden. Es ist möglich, daß die Differenz der für Blei von THIEL einerseits, von GLASSTONE andererseits nach derselben Methode erhaltenen Zahlen auf einer Verschiedenheit der Oberflächenbeschaffenheit beruht. Bei THIEL und HAMMERSCHMIDT bestand die Vorbehandlung der Elektrode in einer abwechselnd positiven und negativen Beladung in Akkumulatorensäure, während GLASSTONE die Bleielektrode nur durch zeitweise kathodische Beladung mit stärkeren Strömen aufrauhte. Es ist bekannt, daß das erste Verfahren die stärkere Wirkung hat, weshalb es auch in der Akkumulatorentechnik zwecks rascher Erzielung der maximalen „Kapazität" der Sammlerplatten Verwendung findet. Wie allerdings die ebenfalls beim Quecksilber auftretende Differenz in den von beiden Autoren erhaltenen Zahlen zu deuten ist, da kaum an eine Verschiedenheit der Oberflächenbeschaffenheit gedacht werden kann, muß vorläufig unentschieden bleiben.

Wesentlich niedrigere Werte noch als THIEL und Mitarbeiter erhielt neuerdings ONODA[1]) nach derselben Methode bei vorangehender anodischer Behandlung der benutzten Metalle. Unterbleibt diese Vorbehandlung, so ergeben sich schwankende, von der Vorgeschichte der Elektrode stark beeinflußte Zahlen.

MEUNIER[2]) glaubt nach der Knickpunktmethode eine Abhängigkeit der Mindestüberspannung vom Krümmungsradius der Elektrode festgestellt zu haben. Mit abnehmendem Durchmesser der als Elektrode verwandten Drähte verschiebt sich der Knickpunkt deutlich zu unedleren Werten. Da ein derartiger Effekt jedoch nach anderen Methoden bisher nicht beobachtet wurde, drängt sich der Verdacht auf, daß MEUNIER hier demselben Fehler verfallen ist, wie er in dem stark herausfallenden positiven Potential der Palladiumelektrode nach COEHN und DANNENBERG zum Ausdruck kommt. Mit einer Zunahme des Durchmessers geht eine solche der Oberfläche und ein noch beschleunigteres Anwachsen des

Tabelle 18. Mindestüberspannungen des Wasserstoffs in 1 mol. H_2SO_4 (in Volt).

	Blasenmethode					Knickpunktmethode
	beginnende Blasenbildung			aufhörende Blasenbildung		
	CASPARI[3])	MÜLLER[4])	HARKINS[5])	THIEL u. Mitarb.[6])	GLASSTONE[7])	COEHN u. DANNENBERG[8])
Palladium	−0,46	−0,24	−0,02	−0,00000	—	+0,26
Platin, platiniert	−0,005	−0,01	−0,002	−0,00002	—	±0
„ blank . .	−0,09	−0,07	−0,07	−0,080	—	ohne Angabe der Beschaffenheit
Gold	−0,02	−0,06	—	−0,0165	—	−0,05
Silber	−0,15	−0,05	−0,13	−0,097	—	−0,07
Nickel	−0,21	−0,03	−0,15	−0,1375	—	−0,14
Kupfer	−0,23	−0,03	−0,25	−0,19	—	−0,19
Blei	−0,64	−0,35	−0,62	−0,402	−0,62	−0,36
Quecksilber . . .	−0,78	−0,42	−0,74	−0,570	−0,74	−0,44

[1]) T. ONODA, ZS. f. anorg. Chem. Bd. 162, S. 57. 1927.
[2]) F. MEUNIER, Bull de Belg. Bd. 9, S. 300. 1923; Journ. chim. phys. Bd. 22, S. 595. 1925.
[3]) W. A. CASPARI, ZS. f. phys. Chem. Bd. 30, S. 89. 1899.
[4]) E. MÜLLER, ZS. f. anorg. Chem. Bd. 26, S. 11. 1900.
[5]) W. D. HARKINS, Journ. Amer. Chem. Soc. Bd. 32, S. 518. 1910.
[6]) A. THIEL u. E. BREUNING, ZS. f. anorg. Chem. Bd. 83, S. 329. 1913; A. THIEL u. W. HAMMERSCHMIDT, ebenda Bd. 132, S. 15. 1923.
[7]) S. GLASSTONE, Journ. chem. soc. Bd. 125, S. 2414, 2646. 1924.
[8]) A. COEHN u. K. DANNENBERG, ZS. f. phys. Chem. Bd. 38, S. 609. 1901.

Elektrodenvolumens Hand in Hand. Das auf gleiche Oberfläche bezogene erhöhte Aufnahmevermögen der Elektrode für Wasserstoff bei dickeren Drähten könnte eine geringere H_2-Konzentration in der Oberflächenschicht und damit positiveres Potential im Knickpunkt zur Folge haben. Jedenfalls wird man vorläufig den Effekt besonderen Eigentümlichkeiten der Methode zuschreiben müssen.

Nach allem scheint es außer Zweifel zu sein, daß die bisher zuverlässigsten Daten der Mindestüberspannung, zugleich für möglichst gut definierte, nämlich maximal rauhe Oberflächen, die von THIEL und Mitarbeitern gewonnenen sind. Ihre gesamten Werte sind mit Angabe der benutzten Elektrolyte (s. auch Ziff. 31) und der Fehlergrenze in Tabelle 19 zusammengestellt.

Auf Grund noch nicht abgeschlossener Untersuchungen glaubt BAARS zu der Aussage kommen zu müssen, daß die Mindestüberspannung *nicht* den bisher stets angenommenen Charakter eines *Zersetzungspotentials* hat. Die Begründung für diese Behauptung kann hier nicht gegeben werden; es wird auf die demnächst erscheinende Veröffentlichung verwiesen.

Tabelle 19. Mindestüberspannungen des Sauerstoffs nach THIEL und BREUNING (eingeklammerte Werte) und THIEL und HAMMERSCHMIDT ($t = 25°$).

Element	Elektrolyt	Besondere Angaben	Überspannung (Volt)
Palladium	2n-H_2SO_4	—	(−0,00000 ± <0,00001
Platin	,,	—	(−0,00000 ± <0,00001
			−0,000002 ± 0,000001
Ruthenium	,,	—	−0,00043 ± 0,00003
Osmium	,,	—	−0,00148 ± 0,00006
Iridium	,,	—	−0,00255 ± 0,00007
Rhodium	,,	—	−0,004 ± 0,002
Gold	,,	—	(−0,0165 ± 0,0005)
Kobalt	0,01 n-H_2SO_4	—	−0,067 ± 0,007
Silber	2n-H_2SO_4	—	(−0,097 ± 0,002)
Vanadium	,,	—	−0,1352 ± 0,0006
Nickel	,,	—	−0,1375 ± 0,00002
	,,	—	(−0,1376 ± 0,0002)
Wolfram	,,	—	−0,157 ± 0,015
Molybdän	,,	—	−0,168 ± 0,003
Eisen	0,1 n-H_2SO_4	mit $FeSO_4$ gesättigt	(−0,175 ± 0,005)
Chrom	0,1 m-Chromazetat	—	−0,182 ± 0,004
Kupfer	2n-H_2SO_4	—	(−0,135 ± 0,002)
	,,	—	−0,19 ± 0,03
Silizium	,,	—	−0,192 ± 0,002
Antimon	,,	—	−0,233 ± 0,008
Titan	0,01 n-H_2SO_4	—	−0,236 ± 0,009
Aluminium	,,	—	−0,296 ± 0,006
Graphit	2n-H_2SO_4	—	(−0,335 ± 0,001)
Arsen	,,	—	−0,369 ± 0,014
Mangan	0,1 m-Manganazetat	—	−0,37 ± 0,03
Thorium	0,05 m-Thoriumazetat	—	−0,38 ± 0,01
Wismut	2n-H_2SO_4	—	−0,388 ± 0,004
Tantal	,,	—	−0,39 ± 0,02
Kadmium	0,01 n-H_2SO_4	—	−0,392 ± 0,002
Zinn	,,	—	−0,401 ± 0,001
Blei	2n-H_2SO_4	—	−0,402 ± 0,004
Zink	0,01 m-Zinkazetat	—	−0,482 ± 0,002
Indium	2n-H_2SO_4	—	(−0,533 ± 0,007)
Thallium	0,01 n-H_2SO_4	—	−0,538 ± 0,006
Quecksilber	2n-H_2SO_4	—	−0,570 ± 0,003

27. Einfluß der Stromdichte. Der für die soeben besprochenen Erscheinungen gewählte Name „Mindestüberspannung" birgt bereits die Erfahrung in sich, daß mit steigender Stromdichte das Potential einer demzufolge lebhafter Wasserstoff entwickelnden Elektrode negativere Werte annimmt. Diese schon frühzeitig gemachte Feststellung war mit Einführung der Kommutatormethode durch NEWBERY[1]) unsicher geworden. Dieser glaubte vielmehr bei niederen Stromdichten praktische Konstanz, bei höheren eine oft beträchtliche Abnahme der Überspannung sichergestellt zu haben. Einige typische Zahlenreihen seien hier wiedergegeben (Tabelle 20).

Tabelle 20. Abhängigkeit der Überspannung von der Stromdichte nach NEWBERY (Kommutatormethode).

Stromdichte (mA/cm²)	„Überspannung" (Volt)					
	Platin	Silber	Gold	Kupfer	Blei	Quecksilber
2	−0,20	−0,33	−0,38	−0,34	−0,45	−0,61
4	−0,19	−0,33	−0,39	−0,35	−0,46	−0,63
6	−0,18	−0,33	−0,38	−0,35	−0,46	−0,65
10	−0,16	−0,32	−0,38	−0,36	−0,47	−0,66
20	−0,15	−0,31	−0,36	−0,35	−0,46	−0,66
50	−0,13	−0,30	−0,36	−0,34	−0,44	−0,66
100	−0,12	−0,29	−0,36	−0,33	−0,42	−0,53
200	−0,11	−0,28	−0,36	−0,33	−0,39	−0,46
400	−0,07	−0,25	−0,34	−0,32	−0,35	−0,37
1000	+0,01	−0,16	−0,30	−0,30	−0,30	−0,29
2000	+0,02	−0,10	−0,24	−0,28	−0,28	−0,26

Es muß bemerkt werden, daß die wiedergegebenen Zahlen Mittel aus mindestens vier bei steigender und bei fallender Stromdichte gewonnenen Einzelwerten sind, die gemessen waren nach einer 2 Minuten währenden Elektrolyse mit der größten Stromintensität (2 Amp./cm²). Die Überspannung ist nämlich von der Vorbehandlung der Elektrode abhängig und auch bei gleicher Vorbehandlung noch zeitlich veränderlich (Ziff. 30). Dementsprechend ist in Reihen, die ohne Vorelektrolyse von geringen zu höheren Stromdichten ansteigend gemessen waren, der „Rückgang der Überspannung" häufig nicht zu erkennen.

Im Gegensatz zur Kommutatormethode liefert die direkte Methode stets mit der Stromdichte unedler werdende Kathodenpotentiale. Da — wie in Ziff. 22 erörtert — die NEWBERYschen Einwände gegen die Messung unter Strom wenigstens bei nicht sehr hohen Stromdichten gegenstandslos sind, liegt keine Veranlassung vor, für die Stromabhängigkeit die NEWBERYschen Resultate heranzuziehen. Wenn auch für das eigenartige Ergebnis NEWBERYS eine sichere Erklärung vor der Hand nicht gegeben werden kann, ist doch anzunehmen, daß seine abweichende Versuchsanordnung dafür verantwortlich zu machen ist. Man könnte z. B. daran denken, daß bei höheren Stromdichten lokale Erwärmung an den Elektroden auftritt, die den Abfall des Potentials in der Öffnungsperiode des Kommutators stark beschleunigt. Da die NEWBERYschen Zahlen Mittelwerte des Potentials über die ganze Öffnungsperiode darstellen, könnte ein Abfall mit steigender Stromdichte daraus schon verständlich sein. Immerhin fügen sich manche Einzelheiten der Ergebnisse dieser Vermutung nicht ohne weiteres, wie sie überhaupt hypothetisch bleibt, solange nicht spezielle Untersuchungen über den Temperaturkoeffizienten des Potentialabfalls nach Stromunterbrechung vorliegen. Bei Anwendung der von GLASSTONE[2]) verbesserten Kommutator-

[1]) E. NEWBERY, Journ. chem soc. Bd. 105, S. 2419. 1914; Bd. 109, S. 1051. 1916.
[2]) S. GLASSTONE, Journ. chem. soc. Bd. 123, S. 2926. 1923; Bd. 125, S. 250, 2414, 2646. 1924.

methode ist die Stromdichteabhängigkeit qualitativ die gleiche wie nach dem direkten Verfahren, allerdings ist der Anstieg weniger steil.

Abb. 8 zeigt den Verlauf der nach direkter Methode gewonnenen Kathodenpotentiale mit der Stromdichte an verschiedenen Metallen, und zwar auf Grund der Arbeiten von Tafel[1]). Man erkennt, daß die Überspannung für ein gegebenes Material um so rascher mit der Stromdichte ansteigt, je höhere Werte bereits bei geringen Intensitäten vorliegen. Die gegebenen Kurven lassen sich, wie schon Tafel feststellte, durch logarithmische Funktionen der Form

$$\varepsilon = a + b \cdot \log D_K \tag{88}$$

(ε = Überspannung, D_K = kathodische Stromdichte), annähernd wiedergeben, worin a und b für ein gegebenes Kathodenmaterial und gegebene Werte von Temperatur, Druck und Elektrolytzusammensetzung Konstanten sind. Die Formel ist für Quecksilber, Blei, Kadmium, Thallium und Zink einigermaßen bestätigt worden. Glasstone[2]) gibt z. B. an, daß für Blei in n-H_2SO_4 mit den Werten $a = -0{,}76$ und $b = -0{,}050$ (in n-NaOH sind die entsprechenden Werte $-0{,}73$ bzw. $-0{,}18$) die Abweichungen 0,05 Volt niemals überschreiten. Von dieser Größenordnung sind die Abweichungen von der Formel bei andern Beobachtern und anderem Kathodenmaterial im allgemeinen auch.

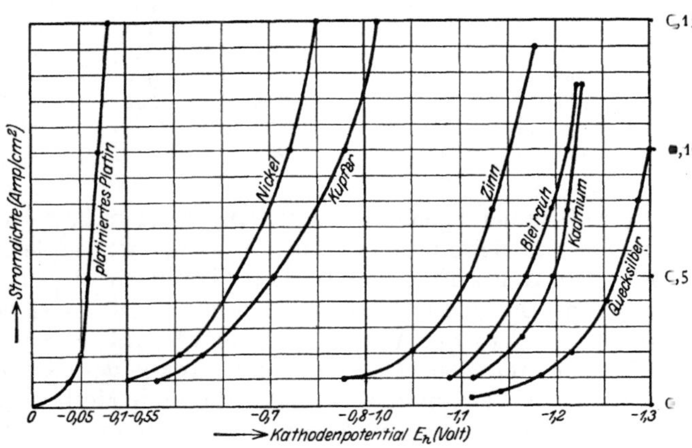

Abb. 8. Stromdichte-Potentialkurven bei kathodischer Wasserstoffentwicklung.

Die Prüfung der Beziehung erstreckt sich über Stromdichten von 4 mA/cm² bis zu 400 mA/cm² und höher. Ob sie auch bei geringeren Stromdichten, etwa bis zu denen, die der Mindestüberspannung bei beginnender H_2-Entwicklung entsprechen, in Gültigkeit bleibt, ist bisher nicht untersucht und läßt sich an den vorliegenden Daten wegen der Ungleichmäßigkeit des benutzten Kathodenmaterials kaum prüfen. Bei kleinen und mittleren Stromdichten scheint übrigens eine Modifikation durch Glasstone[3]) noch besseren Anschluß an das Experiment zu gewährleisten: $\varepsilon = a + b \cdot \log (D_K - c)$. Wie weit dies zutrifft, zeigt Tabelle 21 für Blei, dem Material, auf das diese Beziehung zuerst angewandt wurde. Leider gibt Glasstone in diesem Beispiel nur Stromstärken statt Stromdichten, ohne über die Größe der Elektrodenoberfläche sich auszulassen. Derselbe Autor[4]) nimmt an, daß der Wert der Konstanten c ebenfalls mit dem Kathodenmaterial veränderlich und z. B. bei Quecksilber klein genug ist, um vernachlässigt zu werden, so daß die Überspannung an Quecksilber mit großer Genauigkeit durch $\varepsilon = -0{,}955 - 0{,}028 \cdot \log D_K$ (bei 10°) dargestellt werden kann (D_K in mA/cm²). Bis zur Mindestüberspannung hinunter gilt dieser letzte Ausdruck allerdings sicher

1) J. Tafel, ZS. f. phys. Chem. Bd. 50, S. 641. 1905.
2) S. Glasstone, Journ. chem. soc. Bd. 125, S. 250. 1924.
3) S. Glasstone, Journ. chem. soc. Bd. 125, S. 2414. 1924.
4) S. Glasstone, Journ. chem. soc. Bd. 125, S. 2646. 1924.

nicht. GLASSTONE selbst hat diese zu —0,74 Volt (bei 15°) ermittelt, woraus sich eine zugehörige Stromdichte von höchstens 10^{-7} mA/cm² nach obiger Formel errechnet, während GLASSTONE angibt, daß die Blasenbildung bei Quecksilber bei etwa 10^{-2} mA/cm² beginnt. Schließlich sei nochmals darauf hingewiesen, daß die

Tabelle 21. H_2-Überspannung und Stromstärke (nach GLASSTONE).

I. Bleikathode in n-H_2SO_4 $\varepsilon = -0,59 - 0,1151 \log(I - 16,5)$ — II. Bleikathode in n-NaOH $\varepsilon = -0,44 - 0,2 \log(I - 12,0)$.

I (mA)	ε_{beob} (Volt)	ε_{ber} (Volt)	I (mA)	ε_{beob} (Volt)	ε_{ber} (Volt)
18	−0,60	−0,61			
20	−0,645	−0,65	14	−0,52	−0,50
30	−0,725	−0,72	16	−0,56	−0,56
40	−0,76	−0,75	20	−0,61	−0,62
50	−0,78	−0,765	36	−0,70	−0,715
90	−0,82	−0,805	60	−0,78	−0,775
150	−0,84	−0,835	120	−0,85	−0,85
300	−0,86	−0,87	240	−0,90	−0,91
600	−0,88	−0,905			

Resultate des zuletzt genannten Autors nach der verbesserten Kommutatormethode gewonnen und deshalb nicht ohne weiteres mit anderen zu vergleichen sind. Gerade beim Quecksilber kommt dieser Unterschied sehr deutlich zum Ausdruck. Die genannte Formel entspricht einem sehr viel langsameren Anstieg der Überspannung als etwa der Verlauf der Kurve (Abb. 8) nach TAFEL ihn zeigt.

Eine umfangreiche Untersuchung stammt von KNOBEL, CAPLAN und EISEMANN[1]). Diese bestimmten nach der direkten Methode an einer größeren Zahl von Metallen die Überspannung bei Stromdichten von 10^{-4} bis meist 1,5 Amp/cm². Sie bestätigten den im allgemeinen logarithmischen Charakter der Funktion, betonen aber, daß die TAFELsche Gleichung mit konstanten Werten von a und b die Darstellung der Messungsergebnisse über den ganzen Bereich nicht erlaubt. Im Gegensatz zu den in Abb. 8 dargestellten Ergebnissen zeigt sich ferner bei Metallen mit geringer Anfangsüberspannung ein stärkerer Einfluß der Stromdichte als bei solchen mit hohen Anfangswerten, so daß bei hohen Stromdichten ein Konvergieren gegen einen gemeinsamen konstanten Grenzwert, der zu etwa — 1,3 Volt geschätzt wird, eintritt. Von allen untersuchten Metallen zeigt nur platiniertes Platin wesentliche Abweichungen vom geschilderten Verhalten. Einige Beispiele bringt Tabelle 22. Zu bemerken ist, daß die Zahlen nicht unbedingt reproduzierbar sind, infolge zeitlicher Veränderung der Überspannung unter sonst konstanten Bedingungen. Durch Einhaltung eines ganz bestimmten Arbeitsganges wurde dieser Einfluß nach Möglichkeit ausgeschaltet.

Auch CENTNERSZWER und STRAUMANIS[2]) glauben aus ihren Messungen einen praktisch konstanten Endwert der Überspannung extrapolieren zu können, der meist schon bei der höchsten von ihnen angewandten Stromdichte von 0,075 A/cm² erreicht sein soll. Tabelle 23 bringt die Resultate für $n/2$-H_2SO_4 als Elektrolyt. Diese Endwerte weisen im Gegensatz zu dem Ergebnis von KNOBEL und Mitarbeitern für verschiedene Metalle durchaus individuelle Werte auf und halten sich überdies weit unterhalb des von den amerikanischen Forschern angegebenen Grenzwertes.

[1]) M. KNOBEL, P. CAPLAN u. M. EISEMANN, Trans. Amer. Elektrochem. Soc. Bd. 4, S. 55. 1923. (Hier ältere Literatur.)

[2]) M. CENTNERSZWER u. M. STRAUMANIS, ZS. f. phys. Chem. Bd. 118, S. 438. 1925; Acta Univ. Latviensis Bd. 15, S. 361. 1926.

Man sieht wieder, daß die experimentellen Ergebnisse verschiedener Beobachter zum Teil noch erheblich divergieren.

Tabelle 22. Überspannung (in Volt) und Stromdichte nach KNOBEL, CAPLAN und EISEMANN ($t = 25°$, Elektrolyt: $2\,n$-H_2SO_4).

mA/cm²	Pt, plat.	Pt, glatt	Au	Fe	Cu	Pb	Zn
0,1	— 0,0034	—	— 0,122	— 0,2183	— 0,351	—	—
1	— 0,0154	— 0,024	— 0,241	— 0,4036	— 0,479	— 0,520	— 0,716
10	— 0,0300	— 0,068	— 0,390	— 0,5571	— 0,584	— 1,090	— 0,746
100	— 0,0405	— 0,288	— 0,588	— 0,8184	— 0,801	— 1,179	— 1,064
1000	— 0,0483	— 0,676	— 0,798	— 1,2915	— 1,254	— 1,262	— 1,229
1500	— 0,0495	— 0,768	— 0,807	— 1,2908	— 1,269	— 1,290	— 1,243

Tabelle 23. Grenzwerte der Überspannung (in m Volt) nach CENTNERSZWER u. STRAUMANIS ($t = 20°$; Elektrolyt: $n/2$-H_2SO_4).

Fe	— 280	± 7	Cd	— 665	± 40
Co	— 295	± 7	Bi.	— 669	± 9
Ag	— 298	± 13	Pb	— 701	± 40
Ni	— 325	± 27	Sn	— 729	± 12
Sb	— 353	± 7	Tl	— 780	± 23
Cu	— 404	± 38	Zn	— 785	± 4
As	— 542	± 50			

Ebenso wie die Mindestüberspannung ist auch die Potential-Stromdichtefunktion von der Oberflächenbeschaffenheit abhängig. Mit zunehmender Rauheit der Oberfläche nimmt die Überspannung ab, und zwar relativ mehr bei höherer Stromdichte als bei niederer, so daß die Potentialstromkurven der Abb. 8 sich aufrichten. Ein gutes Beispiel findet sich im Kadmium[1] (Tabelle 24).

Tabelle 24. H_2-Überspannung an Kadmium in Abhängigkeit von Stromdichte und Oberflächenbeschaffenheit. (Elektrolyt: $1\,m$-H_2SO_4.)

Kathodenmaterial	Stromdichte 0,01 A/cm²	Stromdichte 0,0024 A/cm²
Kadmium, silberglänzend . .	1,05 Volt	0,74 Volt
„ glatt, mattweiß .	0,96 „	0,68 „
„ rauh, grau . . .	0,67 „	0,59 „

Schließlich ist noch des außergewöhnlichen Verhaltens von Antimon, das von SAND, WEEKS und WORRELL[2]) eingehend untersucht wurde, zu gedenken. Bis zu einer gewissen kritischen Stromdichte (etwa 7 mA/cm² in schwefelsaurer, etwa 11 mA/cm² in natronalkalischer Lösung, unabhängig von der Konzentration) steigt die Überspannung stetig und beträchtlich an, um weiterhin praktisch konstant zu bleiben. Von der kritischen Stromdichte ab entsteht an der Kathode mit wachsender Ausbeute Antimonwasserstoff, während unterhalb dieses Wertes keine Spur davon gebildet wird. Es ist demnach wohl nicht zu bezweifeln, daß Überspannung und Hydridbildung in ursächlichem Zusammenhang stehen. Ob aber aus den konstanten Werten der Überspannung oberhalb des kritischen Punktes weitergehende Schlüsse gezogen werden können, muß vorläufig zweifelhaft bleiben aus denselben Gründen, die oben bei Besprechung der NEWBERYschen Resultate erörtert sind, dessen Methode auch hier zur Anwendung kam.

Infolge der gerade bei höheren Stromdichten noch vorhandenen Unsicherheiten über die gegenseitigen Beziehungen verschiedener Meßmethoden und wegen

[1]) A. BEYER, Dissert. Dresden 1906; s. ferner M. KNOBEL, Trans. Amer. Elektrochem. Soc. Bd. 47. 1925.

[2]) H. J. S. SAND, E. J. WEEKS u. ST. W. WORRELL, Journ. chem. soc. Bd. 123, S. 456. 1923; Bd. 125, S. 160. 1924.

Fehlens eingehender Resultate bei minimalen Stromstärken müssen unsere Kenntnisse der Überspannungsveränderlichkeit mit der Stromdichte als recht zweifelhaft bezeichnet werden.

28. Druckabhängigkeit. Über diesen Gegenstand liegen höchst widersprechende Resultate vor. Während HARKINS und ADAMS[1]) praktische Unabhängigkeit vom Druck feststellen, ergab eine Untersuchung von GOODWIN und WILSON[2]) eine rapide Erhöhung der Überspannung insbesondere bei geringen H_2-Drucken (Tabelle 25).

Tabelle 25. H_2-Überspannung an Nickel und H_2-Druck (GOODWIN u. WILSON).

H_2-Druck (cm Hg) . .	87,26	76,44	65,03	52,82	42,31	3,45
Überspannung (Volt) .	−0,1248	−0,1264	−0,1290	−0,1344	−0,1582	−1,0099

Gewonnen wurden diese Resultate durch direkte Messung des Potentials der gerade eben wasserstoffentwickelnden Kathode gegen eine ruhende H_2-Elektrode im gleichen Elektrolyten und unter gleichem Wasserstoffdruck. Die Stromstärke betrug bei einer Elektrodenoberfläche von 0,049 cm² im Mittel $0,35 \cdot 10^{-6}$ Amp. An Quecksilber und Blei als Kathoden wurde ähnliches Verhalten gefunden.

BIRCHER und HARKINS[3]) haben Messungen an denselben Elektroden, aber bei höherer Stromdichte nach der direkten Methode ausgeführt. Sie bestimmten jedoch den Potentialunterschied der Versuchselektrode nicht gegen die reversible Wasserstoffelektrode unter gleichem Druck, sondern gegen eine praktisch druckunabhängige Hilfselektrode ($Hg/Hg_2SO_4/0,1$ n-H_2SO_4). Das Potential dieser Hilfselektrode gegen die Platin-Wasserstoffelektrode wurde besonders bestimmt und bis zu etwa 100 mm Hg hinunter in ausreichender Übereinstimmung mit der Theorie, die

$$E = E_0 + \frac{RT}{2F} \cdot \ln \frac{c_{H^+}^2}{c_{H_2}}$$

verlangt, gefunden. Bei noch tieferen Drucken ist das gemessene Potential etwas positiver als theoretisch vorauszusehen. Die Differenzen beider Potentiale bei gleichen Drucken liefern die Überspannungen. Für Quecksilber sind die Ergebnisse in Tab. 26 niedergelegt. Nickel und Blei geben analoge Resultate. Die Wirkung des Drucks ist zwar qualitativ die gleiche, wie von GOODWIN und WILSON festgestellt — Erhöhung der Überspannung mit abnehmendem Druck — zahlenmäßig jedoch weit hinter dem von diesen Autoren gefundenen zurückbleibend. Zudem entfällt die Änderung der Spannungsdifferenz zwischen arbeitender und ruhender H_2-Elektrode mit dem Druck vorwiegend auf das Potential der reversiblen Elektrode. Gestützt werden diese Beobachtungen durch analoge von KNOBEL[4]) an Platin, Blei, Kupfer und Nickel. Auch dieser konnte beobachten, daß die Potentiale wasserstoffentwickelnder

Tabelle 26. H_2-Überspannung an Quecksilber in Abhängigkeit vom H_2-Druck. ($t = 0°$; Elektrodenoberfläche: 0,1452 cm².)

I. $I = 16,89 \cdot 10^{-6}$ Amp.		II. $I = 1,775 \cdot 10^{-6}$ Amp.	
H_2-Druck (mm Hg)	Überspannung (Volt)	H_2-Druck (mm Hg)	Überspannung (Volt)
750,5	−0,9263	750,3	−0,811
599,5	−0,9263	581,3	−0,812
473,0	−0,9295	459,0	−0,815
366	−0,9338	348	−0,819
245	−0,939	183,5	−0,830
109	−0,947	103	−0,834
20	−0,954	19	−0,843

[1]) W. D. HARKINS u. H. S. ADAMS, Thesis, Chicago 1914; Journ. phys. chem. Bd. 29, S. 205. 1925.
[2]) H. M. GOODWIN u. L. A. WILSON, Trans. Amer. Electrochem. Soc. Bd. 40, S. 173. 1921.
[3]) L. J. BIRCHER u. W. D. HARKINS, Journ. Amer. Chem. Soc. Bd. 45, S. 2890. 1923.
[4]) M. KNOBEL, Journ. Amer. Chem. Soc. Bd. 46, S. 2751. 1924.

Kathoden, gemessen gegen die Quecksilber-Mercurosulfatelektrode, praktisch unabhängig von dem über der Zelle herrschenden H_2-Druck waren. Da hier auch die Stromdichten weitgehend variiert wurden, sollen die Daten vollständig wiedergegeben werden (Tabelle 27).

Tabelle 27. Potential wasserstoffentwickelnder Elektroden gegen die Hg/Hg_2SO_4-Elektrode. ($t = 25°$.) Elektrolyt: 1 m-H_2SO_4.

Elektrodenmaterial	H_2-Druck (cm Hg)	Potential bei Stromdichten von: 10 mA/cm²	50	100	200	1000
Platin, platiniert	76,5	−0,7042	−0,7197	—	−0,7357	−0,78
	36,1	−0,7051	−0,7194	—	—	—
	15,2	−0,7040	—	—	−0,7357	—
	6,3	−0,7036	−0,7192	—	—	−0,81
	2,4	−0,7029	−0,7183	—	−0,7360	—
	2,2	−0,7033	−0,7186	—	−0,7360	−0,83
Blei, blank . .	75,5	−1,451	—	−1,753	—	−1,875
	48,3	−1,451	—	−1,752	—	−1,868
	27,2	−1,451	—	−1,752	—	−1,869
	12,6	−1,450	—	—	—	−1,875
	6,6	−1,450	—	—	—	—
	2,2	−1,451	—	−1,751	—	−1,92
Kupfer, blank .	75,5	−1,304	—	−1,322	—	−1,800
	48,1	−1,302	—	−1,320	—	−1,800
	27,4	−1,301	—	−1,318	—	−1,798
	12,6	−1,299	—	−1,316	—	−1,802
	6,6	—	—	−1,317	—	−1,809
	2,2	−1,299	—	−1,314	—	−1,82
Nickel, blank .	75,5	−1,163	—	−1,392	—	−1,605
	48,1	−1,164	—	−1,392	—	−1,589
	27,4	—	—	—	—	—
	12,6	−1,160	—	−1,386	—	−1,605
	6,6	—	—	−1,390	—	−1,63
	2,2	−1,155	—	−1,392	—	−1,77

Abgesehen von den Ergebnissen bei der höchsten angewandten Stromdichte bleiben in der Tat die meist unregelmäßigen Änderungen innerhalb weniger Millivolt und dürften zwanglos als Versuchsfehler gedeutet werden, um so mehr, als bei geringeren Drucken die intensive Rührung durch aufsteigende Gasblasen (die bei gegebener Stromdichte natürlich hier besonders stark in Erscheinung tritt) die Potentialmessung unsicherer macht. Vielleicht sind auch die stärkeren Potentialänderungen bei der höchsten Stromdichte so zu erklären. Es dürfte danach wohl feststehen, daß die Potentiale wasserstoffentwickelnder Elektroden weitgehend unabhängig sind vom Druck des Wasserstoffs über dem Elektrolyten, und daß dementsprechend in der Druckabhängigkeit der Überspannung, so wie sie eingangs definiert wurde, nur die der reversiblen Wasserstoffelektrode zum Ausdruck kommt. Die Aufklärung der abweichenden Resultate von Goodwin und Wilson muß der Zukunft überlassen bleiben.

Bei höheren Drucken glaubt allerdings, wie ergänzend bemerkt sei, auch Coehn[1]) kürzlich eine erhebliche Abnahme der Überspannung festgestellt zu haben. Die darüber vorliegende Notiz ist nicht ausführlich genug, um als Grundlage einer Diskussion der Ergebnisse zu dienen.

29. Überspannung und Temperatur. Die älteren Beobachtungen beschränken sich im wesentlichen auf die Feststellung, daß mit steigender Temperatur die Überspannung abnimmt. Gelegentlich ist auch behauptet worden, daß der

[1]) A. Coehn, Chem. Ber. Bd. 60, S. 1078. 1927.

Effekt zu klein sei, um mit Sicherheit erkannt zu werden, jedenfalls bei Temperaturänderungen um einige 10 Grade. Sorgfältig untersucht worden ist die Temperaturabhängigkeit der H_2-Überspannung an Quecksilber durch Harkins und Adams[1]). Sie fanden den Temperaturkoeffizient zu rund $+2$ mVolt/Grad. Knobel und Joy[2]) untersuchten Ag, Cu, Ni, Pb sowie glattes und platiniertes Platin bei verschiedenen Stromdichten zwischen 0 und 75° und fanden im ganzen ähnliche Werte, die übrigens die Neigung zu zeigen scheinen, bei niedrigen Stromdichten ein wenig größer zu werden. Nur platiniertes Platin verhält sich abweichend. An ihm ist die Überspannung des Wasserstoffs in dem angegebenen Temperaturintervall praktisch konstant.

Eine ausführliche Studie über diesen Gegenstand stammt von Bircher, Harkins und Dietrichson[3]). Diese arbeiteten bei geringen Stromdichten und fanden zunächst die Größenordnung des Temperaturkoeffizienten von etwa $+2$ mVolt/Grad an Kupfer, Gold und Zinn bei Stromdichten von 1 bis $2 \cdot 10^{-4}$ Amp./cm² und Temperaturen von 0 bis 30° bestätigt. Es scheint demnach, daß in einem weiten Temperaturgebiet bei den verschiedensten Stromdichten der Temperaturkoeffizient der H_2-Überspannung praktisch derselbe bleibt, unabhängig auch von der besonderen Natur des Kathodenmaterials.

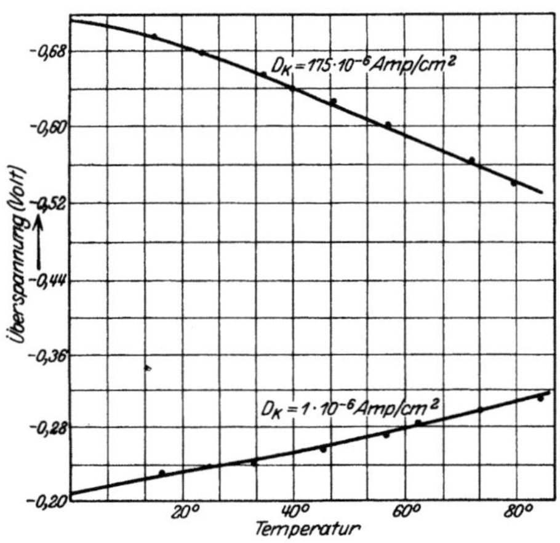

Abb. 9. Überspannung und Temperatur in Abhängigkeit von der Stromdichte.

Wesentlich andere Verhältnisse wurden aber an gewissen Metallen bei noch geringeren Stromdichten gefunden. Abb. 9 zeigt Überspannungs-Temperaturkurven an Zinn bei Stromdichten von $175 \cdot 10^{-6}$ und $1 \cdot 10^{-6}$ Amp./cm². Im letzteren Beispiel hat sich das Vorzeichen des Temperaturkoeffizienten umgekehrt, höheren Temperaturen entsprechen unedlere Potentiale. Gleiches Verhalten sollen alle Metalle zeigen, die unedler sind als Wasserstoff. Die genannten Autoren vermuten, daß in den gewöhnlich gemessenen Überspannungswerten unedler Metalle zwei ganz verschiedene Anteile enthalten sind, nämlich erstens die „wahre" Überspannung des Wasserstoffs (diese wird Überspannung Type A genannt) und zweitens Potentiale, die der Lösungstension der Metalle selbst ihren Ursprung verdanken (Type B). Während der erste Anteil mit wachsender Temperatur zu positiveren Werten sich ändert, nimmt das Metallpotential mit steigender Temperatur negativere Werte an. Mit wachsender Stromdichte soll die wahre Überspannung immer mehr das Übergewicht erhalten, während Erhöhung der Temperatur den gegenteiligen Effekt hat. Diese Eigentümlichkeiten drücken sich demnach im Verlauf der Stromspannungskurven und ihrer Temperaturabhängigkeit aus. In den Abb. 10 bis 12 sind solche für die drei Metalle Wismut, Blei und Zink, deren Normalpotentiale (bezogen auf die Normalwasserstoff-

---

[1]) W. D. Harkins u. H. S. Adams, Thesis, Chicago 1914; Journ. phys. chem. Bd. 29, S. 205. 1925.

[2]) M. Knobel u. D. B. Joy, Trans. Amer. Electrochem. Soc. Bd. 44, S. 443. 1923. (Hier ältere Literatur.)

[3]) L. J. Bircher, W. D. Harkins u. G. Dietrichson, Journ. Amer. Chem. Soc. Bd. 46, S. 2622. 1924.

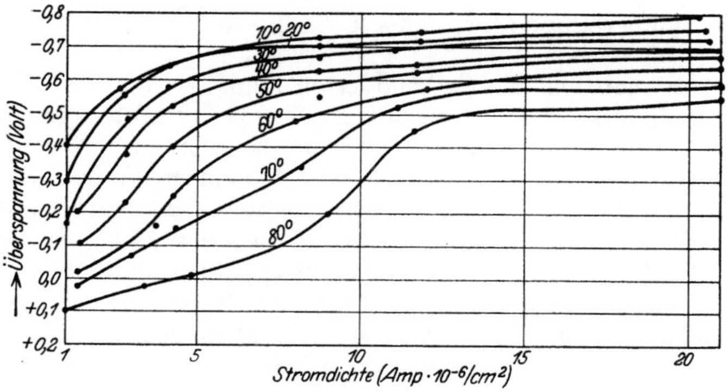

Abb. 10. (Wismut.)

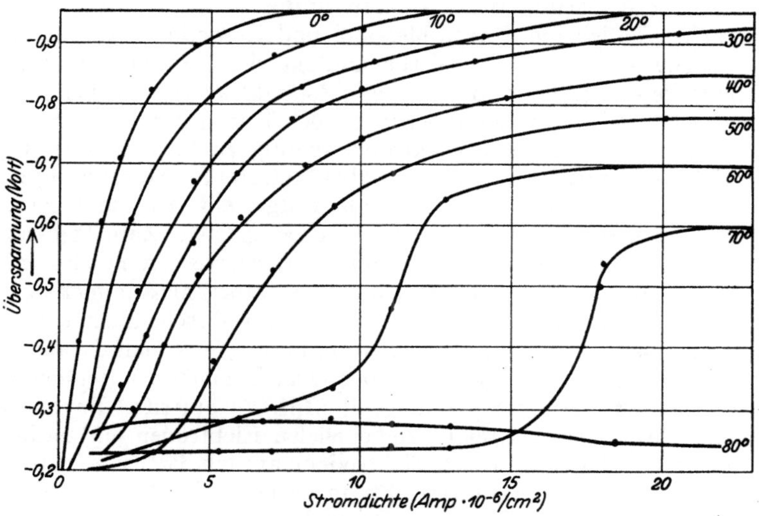

Abb. 11. (Blei.)

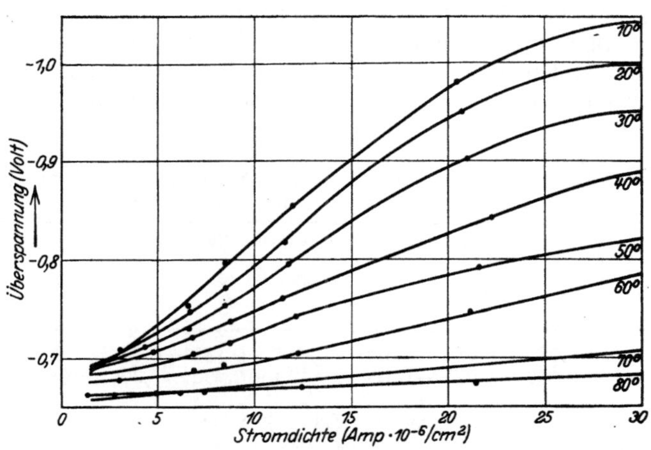

Abb. 12. (Zink.)

Abb. 10—12. Stromdichte-Potentialverlauf bei verschiedenen Temperaturen.

elektrode bei Zimmertemperatur) sich auf +0,2, −0,12 und −0,76 Volt belaufen, wiedergegeben.

Auch wenn man von dem geschilderten komplizierten Verhalten bei sehr geringen Stromdichten absieht, scheint die Temperaturabhängigkeit der Überspannung noch keineswegs genügend geklärt zu sein. Im Gegensatz zu dem obenerwähnten Resultat kann man z. B. aus Messungen WESTRIPS[1]) an Zink ablesen, daß der Temperaturkoeffizient bei steigender Temperatur immer kleinere Werte annimmt (rund 3, 2 bzw. 1 mVolt/Grad zwischen 20 bis 40, 40 bis 60 bzw. 60 bis 80°). Aus Arbeiten GLASSTONES[2]) an Blei geht hervor, daß der Temperaturkoeffizient bei Verwendung von Natronlauge als Elektrolyt sehr viel größer ist als in Schwefelsäure (vgl. hierzu auch Ziff. 28). Derartige Beobachtungen zeigen jedenfalls, daß auch bei mittleren Stromdichten der Temperatureinfluß vorläufig kein so einheitliches Bild bietet, wie man nach den oben angeführten Zahlen vermuten kann[3]).

30. Zeitliche Änderungen der Überspannung. Es wurde bereits erwähnt, daß in manchen Fällen die exakte Messung und Reproduzierbarkeit der Überspannung erschwert ist, weil die Vorbehandlung der benutzten Elektrode eine wesentliche Rolle spielt. Unter diesem Gesichtspunkt kann man auch einen Teil der beobachteten zeitlichen Veränderungen der Überspannung betrachten. So kann man einen nach längerer Elektrolyse häufig zu bemerkenden Rückgang des Potentials wohl mit Recht auf die dabei eintretende Aufrauhung der Elektrodenoberfläche zurückführen. Wie schon festgestellt, ist die Überspannung an rauhen Oberflächen ausnahmslos geringer als an glatten. Zum Teil kann dieser Unterschied wohl auf die durch Aufrauhung verringerte Stromdichte geschoben werden (die Angabe der Stromdichte kann sich naturgemäß immer nur auf die makroskopische Größe der Oberfläche beziehen), wahrscheinlich spielen dabei die Hauptrolle aber andere, noch unsichere Faktoren, was man daraus schließen darf, daß die gleiche Abhängigkeit von der Oberflächenbeschaffenheit auch bei den Werten der „Mindestüberspannungen“ (Ziff. 26) auftritt. Bevor sich aber ein Rückgang des Potentials zeigt, ist bei vielen Elektroden ein zeitlicher Anstieg zu bemerken. Die Natur des Elektrodenmaterials ist dafür von entscheidendem Einfluß. Während platiniertes Platin zeitlich völlig konstante Potentiale gibt, ist blankes Platin das krasseste Beispiel für außerordentlich große, über lange Zeiten sich erstreckende Änderungen. Tabelle 28 zeigt einige Zahlen NEWBERYS[4]), um einen Begriff von der Größe des Effekts zu geben. Ein Höchstwert des Potentials ist an blankem Platin bei einer Stromdichte von 300 mA/cm² auch nach 24 Stunden noch nicht erreicht. Bei höheren Stromdichten tritt ein solcher bereits nach einigen Stunden auf, um weiterhin niedrigeren Werten Platz zu machen.

Tabelle 28. Änderung der H_2-Überspannung an (blankem) Platin mit der Elektrolysendauer (Kommutatormethode).

Stromdichte mA/cm²	Überspannung (Volt) nach einer Elektrolysendauer von									
	1′	5′	15′	30′	1^h	6^h	12^h	24^h	nach 5′ Ruhe	nach weiteren 10′ Elektr.
300	−0,076	−0,080	−0,088	−0,100	−0,112	−0,173	−0,401	−0,511	−0,080	−0,122
400	−0,060	−0,060	−0,092	−0,104	−0,120	−0,236	−0,200	−0,120	—	—

[1]) G. M. WESTRIP, Journ. chem. soc. Bd. 125, S. 1112. 1924.
[2]) S. GLASSTONE, Journ. chem. soc. Bd. 125, S. 250. 1924.
[3]) Vgl. ferner E. K. RIDEAL, Journ. Amer. Chem. Soc. Bd. 42, S. 94. 1920; T. ONODA, ZS. f. anorg. Chem. Bd. 162, S. 57. 1927.
[4]) E. NEWBERY, Journ. chem. soc. Bd. 105, S. 2419. 1914.

Nach FOERSTER[1]) sollen außer an platiniertem Platin auch an Quecksilber und aufgerauhtem Blei sich schnell konstante Potentialwerte einstellen, während z. B. Kadmium, Kupfer, Nickel und Zinn bei gleichbleibender Stromstärke zunächst einen langsamen Anstieg und anschließend einen Potentialabfall erkennen lassen. Bei NEWBERY[2]) finden sich für die gleichen Metalle zum Teil andere Angaben, vor allem auch starke Abhängigkeit von der Stromdichte. Man sieht, daß man auch hier von eindeutigen Ergebnissen noch weit entfernt ist.

Wahrscheinlich ist es, daß auch der zeitliche Potentialanstieg in Veränderungen der Elektrodenoberfläche seinen Grund hat. Diese Veränderungen bleiben bei Stromunterbrechung oder auch -verminderung noch bestehen und verursachen so Hysteresiserscheinungen, wenn man einmal bei steigender, dann bei fallender Stromdichte Überspannungen ermittelt[3]). Bei plötzlich verringerter Stromdichte werden häufig zu hohe Werte erhalten, die nur langsam auf normale zurückgehen; umgekehrt bei plötzlicher Erhöhung der Stromdichte.

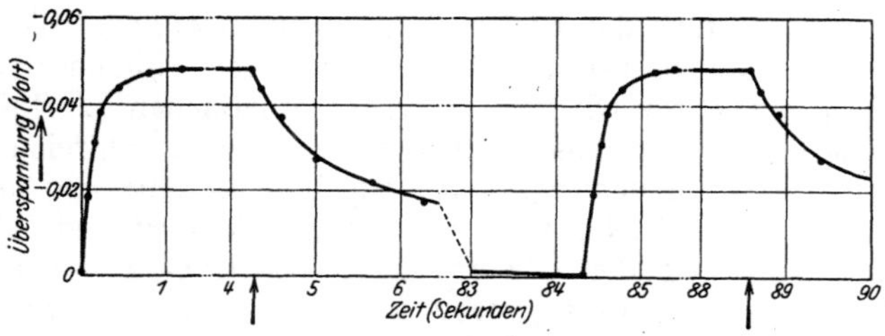

Abb. 13. Ausbildung und Abfall der H_2-Überspannung an Platin (platiniert).

Neben den bisher erörterten langsamen zeitlichen Änderungen während der Elektrolyse unter Aufrechterhaltung bestimmter äußerer Bedingungen sind die in sehr kurzen Zeiträumen erfolgenden Potentialänderungen beim Schließen

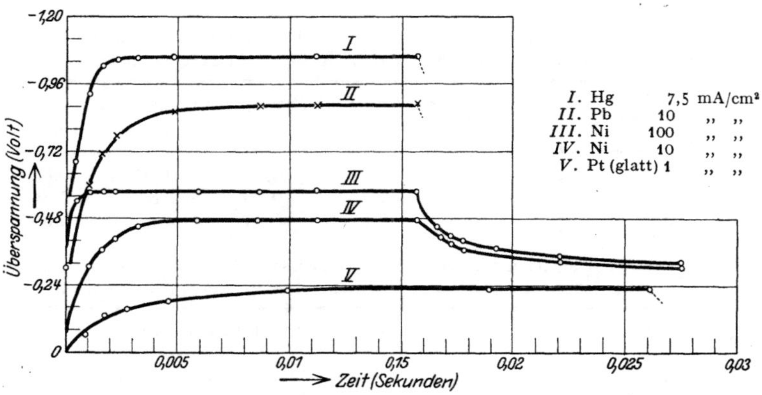

Abb. 14. Ausbildung und Abfall der H_2-Überspannung an verschiedenen Kathoden.

und Öffnen des polarisierenden Stromes von Interesse, die eingehend von KNOBEL[4]) untersucht wurden (vgl. Ziff. 22). Die Abb. 13 und 14 zeigen einige seiner Resultate. Man erkennt, daß die Zeiten, gerechnet von Beginn des Stromschlusses, die zum Erreichen einer konstanten Überspannung erforderlich sind, mit dem Elektrodenmaterial und dessen Oberflächenbeschaffenheit wie mit der Stromdichte sich ändern. Während an platiniertem Platin bei 0,1 Amp./cm² etwa 3 sec, an blankem Platin bei 0,01 und 0,001 Amp./cm² etwa 0,01 sec erforderlich

[1]) F. FOERSTER, Elektrochemie wässeriger Lösungen, 3. Aufl., S. 312. Leipzig 1922

[2]) E. NEWBERY, Journ. chem. soc. Bd. 109, S. 1051. 1916.

[3]) Vgl. z. B. J. I. CRABTREE, Journ. chim. phys. Bd. 12, S. 493. 1914.

[4]) M. KNOBEL, Journ. Amer. Chem. Soc. Bd. 46, S. 2613. 1924.

sind, benötigt Kupfer bei einer Stromdichte von 0,1 Amp./cm² nur etwa 0,002 sec, bei 0,01 Amp./cm² etwa 0,008 sec.

Auch der Abfall des Elektrodenpotentials bei Stromöffnung (in der Abbildung durch einen Pfeil auf der Zeitachse gekennzeichnet) scheint von den gleichen Faktoren — und zwar in gleichem Sinne — abhängig zu sein wie der Anstieg. Diesen letzteren Effekt hat auch NEWBERY[1]) zu messen versucht, indem er seine früher geschilderte Methode (Ziff. 22) bei wechselnder Kommutatorgeschwindigkeit benutzte. Seine Anordnung macht die quantitative Ermittlung der Abfallsgeschwindigkeit zweifellos unsicher, qualitativ erhält er Resultate, die mit den aus Abb. 14 abzulesenden in Übereinstimmung sind.

31. Einfluß der Elektrolytzusammensetzung. Die Änderung der Wasserstoffionenkonzentration, solange sie durch einfaches Verdünnen einer Säurelösung erreicht wird, scheint keinen erheblichen Einfluß auf die Überspannung zu haben[2]). Allerdings liegen kaum genügend zahlreiche, vor allem nicht systematische Untersuchungen vor, um diese Behauptung mit völliger Sicherheit zu beweisen. An Blei sowohl wie an Quecksilber findet GLASSTONE[3]) praktische Unabhängigkeit der Überspannung bei Übergang von konzentrierter zu verdünnter Schwefelsäure. Jedoch gilt dies nur für Resultate, die nach der verbesserten Kommutatormethode gewonnen wurden. In Tabelle 29 finden sich diese Werte für Blei bei verschiedenen Stromdichten, in Tabelle 30, die für Quecksilber gilt, sind daneben auch die nach der direkten Methode (Messung unter Strom) erhaltenen Zahlen angeführt.

Mit steigender Stromdichte werden übrigens auch die Unstimmigkeiten bei den Resultaten der Kommutatormethode größer. Da die Abweichungen bei Blei bzw. Quecksilber im entgegengesetzten Sinne liegen, ist kaum irgendein Schluß daraus zu ziehen.

Tabelle 29. H_2-Überspannung (Volt) an Blei bei verschiedenen Stromdichten in Schwefelsäure wechselnder Konzentration. ($t = 15°$.)

Elektrolyt	Überspannung bei Stromdichten (mA/cm²) von				
	0,7	2	4	8	16
8n-H_2SO_4 . .	−0,64	−0,74	−0,77	−0,80	−0,82
n/1-H_2SO_4 . .	−0,64	−0,76	−0,79	−0,81	−0,84
n/16-H_2SO_4 . .	−0,64	−0,77	−0,81	−0,83	−0,86

Tabelle 30. H_2-Überspannung (Volt) an Quecksilber bei verschiedenen Stromdichten in Schwefelsäure wechselnder Konzentration.

Elektrolyt	Überspannung bei Stromdichten (mA/cm²) von						
	0,6	1,2	1,8	3	6	12	24
	I. Verbesserte Kommutatormethode.						
6n-H_2SO_4 . . .	−0,95	−0,96	−0,97	−0,98	−0,99	−1,00	−1,01
1n-H_2SO_4 . . .	−0,95	−0,96	−0,97	−0,98	−0,98	−0,99	−1,00
n/16-H_2SO_4 . . .	—	—	−0,95	−0,96	−0,97	−0,98	−0,99
n/50-H_2SO_4 . . .	−0,93	−0,94	−0,94	−0,95	−0,96	—	—
	II. Direkte Methode.						
6n-H_2SO_4 . . .	−0,95	−0,98	−1,00	−1,03	−1,05	−1,07	−1,10
1n-H_2SO_4 . . .	−0,96	−1,01	−1,04	−1,08	−1,10	−1,14	−1,17
n/16-H_2SO_4 . . .	—	—	−1,07	−1,11	−1,15	−1,20	−1,25
n/50-H_2SO_4 . . .	−1,00	−1,08	−1,12	−1,17	−1,24	—	—

[1]) E. NEWBERY, Journ. chem. soc. Bd. 125, S. 511. 1924.

[2]) Siehe jedoch J. HEYROVSKY, Rec. trav. chim. Pays. Bas. Bd. 44, S. 499. 1925; P. HERASYMENKO, ebenda Bd. 44, S. 503. 1925.

[3]) S. GLASSTONE, Journ. chem. soc. Bd. 125, S. 2414, 2646. 1924.

Größere Änderungen sind dagegen meist zu verzeichnen beim Übergang von sauren zu alkalischen Lösungen. Die bisher vorliegenden Ergebnisse sind jedoch zu unübersichtlich, als daß sich eine Wiedergabe lohnt. Der Sinn der Änderungen wechselt ohne erkennbare Gesetzmäßigkeit ebenso mit dem Kathodenmaterial wie mit der Stromdichte. Gleiche, wenn auch geringere Effekte sind zu beobachten bei Zusatz von neutralen Alkalisalzen etwa zu Schwefelsäure, auch dann, wenn dadurch die H^+-Konzentration nicht in nennenswertem Maße geändert wird. Dies legt die Vermutung nahe, daß die Ursache dieser Erscheinungen in der Mitabscheidung von Alkalimetall an der Kathode zu suchen ist, eine Störung, die um so stärker auftreten muß, je höher die Stromdichte und je günstiger das Verhältnis von Alkaliion zu Wasserstoffion ist. Auch die Tatsache, daß der Einfluß solcher Zusätze größer ist bei Quecksilber, z. B. im Vergleich zum Blei, kann unter diesem Gesichtspunkt seine Deutung finden. Quecksilber hat die höhere Überspannung, wodurch die Entladung von Alkaliionen begünstigt ist.

Von besonderem Interesse ist in diesem Zusammenhange die ebenfalls von GLASSTONE[1]) stammende Feststellung, daß die „Mindestüberspannungen" sowohl an Blei wie an Quecksilber weitgehend unabhängig sind sowohl von der „Säurestufe" ($p_H = -\log c_{H^+}$) als auch von der Gegenwart von Alkaliionen und den verschiedensten Anionen.

Daß dieses einfache Verhalten auch für Mindestüberspannungen nicht allgemein gilt, muß man aus den Ergebnissen von THIEL und BREUNING[2]) an Eisen schließen. Es seien die Zahlen dieser Autoren, ebenso die von GLASSTONE hierher gesetzt.

Tabelle 31. Mindestüberspannung an Eisen in verschiedenen Elektrolyten. (Nach THIEL und BREUNING.)

Elektrolyt	n-KOH	n-NaOH	1,3 n-LiOH	2 n-Essigsäure + 5n-Na-Azetat	2 n-Essigsäure + 5n-K-Azetat	m-n-KH_2PO_4
Überspannung (Volt)	−0,075 ±0,001	−0,087 ±0,002	−0,056 ±0,004	−0,127 ±0,003	−0,176 ±0,006	−0,121 ±0,001

Tabelle 32. Mindestüberspannungen an Blei und Quecksilber in verschiedenen Elektrolyten. (Nach GLASSTONE.)

Elektrolyt	p_H	Mindestüberspannung (Volt) an Blei	Quecksilber
n-H_2SO_4	0	−0,62	−0,74
$^n/_{16}$-H_2SO_4	1,0	−0,62	−0,74
Na-Zitrat + H_2SO_4	1,9	−0,62	—
„ + „	3,0	−0,63	—
„ + „	4,0	−0,64	−0,75
„ + NaOH	5,0	−0,63	—
„ + „	6,0	−0,66	—
n-Na_2SO_4	7,0	−0,63	−0,76
n-K_2SO_4	7,0	−0,64	—
Na-Borat + H_2SO_4	8,0	−0,65	—
„ + „	9,0	−0,63	−0,76
n-Na_2HPO_4	9,0	−0,62	—
Na-Borat + NaOH	10,1	−0,65	—
„ + „	11,2	−0,60	—
„ + „	12,6	−0,52	—
$^n/_{16}$-NaOH	13	−0,52	—
n-NaOH	14	−0,48	−0,76
n-KOH	14	−0,48	−0,76

[1]) S. GLASSTONE, Journ. chem. soc. Bd. 125, S. 2414, 2646. 1924.
[2]) A. THIEL u. E. BREUNING, ZS. f. anorg. Chem. Bd. 83, S. 329. 1913.

Keiner näheren Erörterung bedarf die Beobachtung, daß Zusatz von Salzen edlerer Fremdmetalle zum Elektrolyten fast stets eine bedeutende Verschiebung des Kathodenpotentials zur Folge hat. Die Mitabscheidung der Fremdionen bewirkt naturgemäß eine gänzliche Veränderung der Elektrodenoberfläche, sei es, daß sich ein zusammenhängender Überzug des fremden Metalls auf der ursprünglichen Unterlage ausbildet, sei es, daß Legierungen entstehen (vgl. Ziff. 29).

Von Interesse ist aber noch die Wirkung, die Zusätze von Kolloiden und solche von Alkaloiden und oberflächenaktiven Stoffen auf die Überspannung ausüben. MARIE[1]) hat schon 1908 gefunden, daß Gegenwart selbst geringer Mengen von Gelatine oder Gummi die Entladung des H^+ beträchtlich zu erschweren vermag. Neuere Arbeiten haben dies bestätigt. Nur an platiniertem Platin fehlt die Erscheinung. MARIE[1]) vermutet, daß die Wirkung an den Übergang der Kolloidstoffe in die Elektrodenoberfläche geknüpft ist. Auch NEWBERY[2]) hat dies wahrscheinlich gemacht durch die Feststellung, daß eine in kolloidhaltiger Lösung benutzte Kathode nach dem Abspülen auch in kolloidfreien Elektrolyten zunächst erhöhte Überspannungen zeigt. Erst nach scharfem Abkratzen der Elektrodenoberfläche tritt wieder normales Verhalten ein. Eingehende, spezielle Untersuchungen liegen von ISGARISCHEW und BERKMANN[3]) vor. Die Überspannung wächst nach ihnen zunächst mit steigender Konzentration der Kolloide, um nach Erreichung eines Maximums abzusinken, häufig bis deutlich unter den Wert im reinen Elektrolyten. Die Lage des Maximums der Wirkung ist dabei an verschiedenen Metallen die gleiche.

Zusatz von Alkaloiden hat meist Erhöhung der Überspannung zur Folge (praktisch wieder fehlend beim platinierten Platin), bei geringeren Konzentrationen ist aber auch Depression beobachtet worden[4]).

THIEL und BREUNING[5]) konnten feststellen, daß oberflächenaktive Zusätze wie Äther, Amylalkohol, Buttersäure, Heptylalkohol zu erhöhten Werten der Mindestüberspannung an platiniertem und glattem Platin sowie Gold führen.

32. Überspannung an Legierungen. FISCHER[6]) hat die Zersetzungsspannungen von $^n/_{10}$-NaOH mit einer ganzen Zahl von Metallegierungen als Kathoden (großes platiniertes Platinblech als Anode) bestimmt. Seine Resultate sind in gedrängter Form in Tabelle 33 zusammengestellt.

Tabelle 33. Zersetzungsspannung von $^n/_{10}$-NaOH mit Metallegierungen als Kathoden (poliert). Platin (platiniert) als Anode.

Kathodenmaterial	Mischungsverhältnis	Zersetzungsspannung (Volt)
Cd—Pb	10—70% Cd	1,55—1,60
Cd—Sn	10—70% Cd	1,53—1,55
Sb—Sn	10—55% Sb	1,45—1,50
Sn—Pb	10—70% Sn	1,55
Sn—Zn	10—50% Sn	1,50
Ag—Cd	18,7% Ag	1,55
Cu—Sn	10% Cu	1,48
Al—Zn	10 u. 20% Al	1,48
Ni—Zn	5% Ni	1,40
Pt—Pb	1,6 u. 5% Pt	1,10

Da man annehmen darf, daß das in den Zahlen enthaltene Anodenpotential praktisch das gleiche ist in allen Fällen, kann man sie als relatives Maß der Überspannungen betrachten.

[1]) CH. MARIE, C. R. Bd. 147, S. 1400. 1908; Rev. del Muses de la Plata Bd. 17, S. 131. 1910/11; CH. MARIE u. G. LEJEUNE, C. R. Bd. 179, S. 179. 1925.

[2]) E. NEWBERY, Journ. chem. soc. Bd. 105, S. 2419. 1914.

[3]) N. ISGARISCHEW u. S. BERKMANN, ZS. f. Elektrochem. Bd. 28, S. 47. 1922.

[4]) J. I. CRABTREE, Journ. chim. phys. Bd. 12, S. 493. 1914; A. SIEVERS u. P. LUEG, ZS. f. anorg. Chem. Bd. 126, S. 193. 1923.

[5]) A. THIEL u. E. BREUNING, ZS. f. anorg. Chem. Bd. 83, S. 329. 1913; siehe auch S. GLASSTONE, Trans. Faraday Soc. Bd. 21, S. 36. 1925.

[6]) P. FISCHER, ZS. f. phys. Chem. Bd. 113, S. 326. 1924.

Die Schwankungen bei den ersten drei Legierungen lassen übrigens keinerlei Gang erkennen. Offensichtlich ist das Mischungsverhältnis der Legierungen danach für das Kathodenpotential ohne Bedeutung. Die weitere Folgerung FISCHERS, daß die Überspannung an Legierungen durch die der Komponente kleinerer Überspannung bestimmt sei, kann man freilich wohl nicht mit Sicherheit ziehen, wenn auch Andeutungen in dieser Richtung zu erkennen sind. Die angewandte Methode ist für einen solchen Schluß auch kaum geeignet. Wertvoll ist es deshalb, daß von anderer Seite diese Ansicht FISCHERS wenigstens in einem Falle gestützt wird. WESTRIP[1]) hat die Überspannung von Kupfer und Bronze (46,23% Kupfer und 53,42% Zink) in n-H_2SO_4 gemessen und für beide praktisch die gleichen Werte gefunden (Tabelle 34).

Tabelle 34. H_2-Überspannung an Kupfer und Bronze (46,23% Cu, 53,42% Zn) bei 20°.

Stromdichte mA/cm² . .	400	300	200	100	75	40	30	20	10	5
Kupfer } Überspannung	0,96	0,94	0,90	0,83	0,80	0,77	0,76	0,74	0,71	0,67
Bronze } in Volt	0,95	0,93	0,89	0,83	0,80	0,765	0,745	0,71	0,66	0,615

Gegen die Verallgemeinerung dieser Erfahrung sprechen allerdings gelegentliche Beobachtungen an Amalgamen. Nach CASPARI[2]) wie nach TAFEL[3]) hat das amalgamierte Blei eine Überspannung, die von der beider Komponenten abweicht. Auch die Erfahrung, daß Amalgamieren des Zinks dieses vor Angriff durch Säuren schützt, spricht dagegen. Man muß daraus schließen, daß das die Oberfläche bedeckende Amalgam eine höhere Überspannung hat als das Zink.

In diesem Zusammenhange mögen auch die interessanten Versuche PRINGS[4]) über den Einfluß der Schichtdicke elektrolytischer Metallniederschläge auf die Überspannung erwähnt werden. Diese Versuche zeigen nämlich, daß bei von Null anwachsender Schichtdicke (berechnet aus der bei der Herstellung aufgewandten Elektrizitätsmenge) das Potential der wasserstoffentwickelnden Elektrode zunächst stetig zunimmt, um erst nach Erreichen einer bestimmten Niederschlagsdicke konstant zu werden, und zwar bei einem Potential, das der Überspannung des Überzugmetalls entspricht. Dabei ist es gleichgültig, ob die Überspannung am Grundmetall einen höheren oder geringeren Wert als am reinen niedergeschlagenen Metall hat. Wohl aber wechselt die Schichtdicke, bei der die Eigenschaften des reinen Niederschlagmetalls erreicht sind, mit dessen Natur. Für dichte, zusammenhängende Überzüge konnten etwa folgende Grenzdicken angegeben werden (Tabelle 35).

Tabelle 35. Minimalschichtdicken glatter elektrolytischer Metallüberzüge, bei denen gerade die Eigenschaften des Überzugmetalls erreicht sind.

Metall	Niederschlagsmenge in mg/cm²	Niederschlagsdicke in cm
Platin	0,01	$4{,}0 \cdot 10^{-7}$
Gold	0,3	$1{,}6 \cdot 10^{-5}$
Zink	0,3	$4{,}2 \cdot 10^{-5}$
Kupfer	3,0	$3{,}4 \cdot 10^{-4}$
Zinn	4,0	$5{,}5 \cdot 10^{-4}$
Nickel	15	$1{,}6 \cdot 10^{-3}$
Blei	75	$6{,}6 \cdot 10^{-3}$

[1]) G. M. WESTRIP, Journ. chem. soc. Bd. 125, S. 1112. 1924.
[2]) W. A. CASPARI, ZS. f. phys. Chem. Bd. 30, S. 89. 1899.
[3]) J. TAFEL, ZS. f. phys. Chem. Bd. 50, S. 641. 1905.
[4]) J. N. PRING, ZS. f. Elektrochem. Bd. 19, S. 255. 1913.

33. Theorien der H_2-Überspannung. Übersicht. Die vielfach auseinanderstrebenden zahlreichen Erklärungsversuche für das Phänomen der Überspannung lassen sich sehr wohl unter einem einheitlichen Gesichtspunkte betrachten. Solange nicht einwandfreie Gründe zu gegenteiliger Ansicht führen, wird man dabei zweckmäßig voraussetzen, daß der eigentlich potentialbedingende Elektronenaustausch zwischen Elektrode und Ion stets hinreichend reversibel verläuft. Das Potential auch einer arbeitenden Elektrode muß dann auf Grund der Reaktionsisotherme aus dem Verhältnis der Konzentrationen von Ion und Ionenbildner zusammen mit der Gleichgewichtskonstante und der elektrochemischen „Wertigkeit" des Elektrodenvorgangs sich herleiten lassen (vgl. Ziff. 9):

$$E = \frac{RT}{n \cdot F} \cdot \ln \left[\frac{c_A^\alpha}{c_M^\mu} \cdot K \right]. \tag{88}$$

Es ist klar, daß von diesem Standpunkt aus jede Polarisation nur eine Konzentrationspolarisation, bedingt entweder durch Ionenbildner oder Ionen, sein kann. In der Tat ordnen sich die bisher besprochenen Polarisationserscheinungen durchaus dieser Forderung ein. Die Abscheidungspolarisation, wie wir sie umgrenzt haben, beruht auf einer Konzentrationsänderung des Ionenbildners, die Konzentrationspolarisation im engeren Sinne auf einer solchen der Ionen in unmittelbarer Nähe der Elektrode. (Der Begriff Konzentrationspolarisation ist hier im Sinne der Ionenkonzentrationspolarisation gefaßt. Die in Abschn. c entwickelten Gesetze lassen sich natürlich, wie dort schon betont, auch auf entsprechende Fälle der Abscheidungspolarisation übertragen.) Man könnte nun zunächst glauben, daß für den bei der elektrolytischen Wasserstoffentwicklung vorliegenden Vorgang

$$2\,H^+ + 2\ominus \rightarrow H_2 \tag{89}$$

die Polarisationsmöglichkeiten mit den soeben angedeuteten Fällen, Konzentrationsänderungen des Ausgangs- und Endprodukts, also Ionenkonzentrations- und Abscheidungspolarisation, erschöpft seien. Das wäre richtig, wenn der Vorgang tatsächlich so einfach verliefe, wie bisher angenommen. In Wahrheit besteht kein Zweifel darüber, daß vielmehr eine Reihe von Zwischenstufen durchlaufen werden müssen. Als eigentlichen primären Elektrodenvorgang muß man die Entladung des Wasserstoffions zum Wasserstoffatom betrachten. Dem erst schließt sich der Zusammentritt von H-Atomen zu H_2-Molekeln an. Überdies besteht die Möglichkeit, daß die im Elektrolyten anwesenden Ionen vorwiegend solvatisiert und normalerweise im Gleichgewicht mit einer nur geringfügigen Menge von H^+ sind, so daß der Entladung eine Desolvatation voranzugehen hätte.

Theoretisch ist ferner anzunehmen, daß diese vier Stoffe (hydratisiertes Ion, freies Ion, Atom, Molekel) im Gleichgewicht in jeder der drei Phasen (Elektrode, Elektrolyt, Gasblase) nach Maßgabe des NERNSTschen Verteilungssatzes vertreten sind.

Es soll zur Vereinfachung der Betrachtung von der vollständigen Berücksichtigung der Verteilungsgleichgewichte Abstand genommen werden, nur der molekulare Wasserstoff soll sowohl in Lösung (in der Elektrode oder im Elektrolyten) wie auch im Gasraum in Rechnung gesetzt werden. Den Gesamtvorgang des Übergangs von Wasserstoffionen in gasförmigen, molekularen Wasserstoff kann man sodann durch folgendes Schema ausdrücken:

$$H(H_2O)_m^+ \rightarrow H^+ \rightarrow H \rightarrow H_2 \text{ gelöst} \rightarrow H_2 \text{ gasförmig}. \tag{90}$$

Maßgebend für das Potential der Wasserstoffelektrode ist der Vorgang

$$H^+ \rightarrow H, \tag{91}$$

mithin liefert die Gleichung der Reaktionsisotherme

$$E = \frac{RT}{F} \cdot \ln K_H + \frac{RT}{F} \cdot \ln \frac{c_{H^+}}{c_H}. \tag{92}$$

Solange zwischen hydratisierten und freien Ionen einerseits, Wasserstoffatomen und gelösten Molekeln sowie diesen und gasförmigen andrerseits Gleichgewicht besteht, führt dieser Ausdruck zu gleichen Ergebnissen wie der unter Berücksichtigung nur der Ausgangs- und Endprodukte:

$$2\,H(H_2O)_m^+ \rightarrow H_2 \tag{93}$$

sich ergebende:

$$E = \frac{RT}{2F} \cdot \ln K_{H_2} + \frac{RT}{2F} \cdot \ln \frac{c^2_{H(H_2O)_m^+}}{c_{H_2}}. \tag{94}$$

Da nämlich auf Grund des Massenwirkungsgesetzes $c_{H(\overset{+}{H}_2O)_m} = K_1 \cdot c_{H^+}$ (in verdünnten Lösungen) und $c_{H^2} = K_2 \cdot c_H^2$ ist, erhält man aus (94) nach Eliminieren von $c_{H(\overset{+}{H}^2O)_m}$ und c_{H_2}:

$$E = \frac{RT}{2F} \cdot \ln \frac{K_{H_2} \cdot K_1^2}{K_2} + \frac{RT}{F} \cdot \ln \frac{c_{H^+}}{c_H} = \frac{RT}{F} \cdot \ln K_H + \frac{RT}{F} \cdot \ln \frac{c_{H^+}}{c_H} \tag{95}$$

in Übereinstimmung mit (92). Durch Verzögerung auch nur eines der Einzelvorgänge in (90) bei arbeitender Elektrode muß jedoch die Allseitigkeit des Gleichgewichts gestört werden, so daß (94) nicht mehr zur Darstellung des Elektrodenpotentials herangezogen werden kann. Durch eine solche Verzögerung muß mit anderen Worten entweder Verminderung von H^+ oder Anhäufung von H über den Wert hinaus eintreten, der im Gleichgewicht mit den anwesenden und allein der direkten Messung zugänglichen Konzentrationen von hydratisiertem bzw. gasförmigem Wasserstoff steht. Eine Konzentrationspolarisation, zwar nicht durch die Ausgangs- oder Endprodukte, vielmehr durch Zwischenprodukte hervorgerufen, ist die Folge. Dies ist in der Tat die — wenn auch keineswegs stets klar herausgearbeitete — Grundlage aller Theorien der H_2-Überspannung. Sie unterscheiden sich nur durch die Wahl des einen oder anderen Einzelvorgangs, dessen Verzögerung für den Effekt verantwortlich gemacht wird. An und für sich ist natürlich deren keiner als bevorzugt anzusehen, mithin muß auch durchaus die Möglichkeit in den Kreis der Betrachtungen gezogen werden, daß eine gleichzeitige Verzögerung mehrerer vorliegt.

Da keinerlei Hinweise für die verzögerte Entladung eines Ions bisher aufgefunden wurden, darf man diesen Fall vorläufig ausschließen, wie es der oben eingeführten Annahme der Gültigkeit der Reaktionsisotherme für diesen Vorgang entspricht. Es verbleiben somit folgende Möglichkeiten:

1. Verzögerte Dehydratation des hydratisierten H-Ions.
2. Verzögerung der Bildung von H_2-Molekeln aus Atomen.
3. Verzögerter Eintritt der Bildung von gasförmigem Wasserstoff.

In diese drei Gruppen lassen sich zwanglos alle Erklärungsversuche einordnen. Die unter Fall 3 fallenden können dabei, dem vielfach geübten Brauche folgend, als physikalische, die zu Fall 1 und 2 gemeinsam als chemische Theorien der Überspannung bezeichnet werden.

34. Physikalische Deutung der Überspannung. Der erste Deutungsversuch ist von NERNST[1]) unternommen, der einen Zusammenhang zwischen Überspannung und Löslichkeit des Wasserstoffs im Elektrodenmaterial vermutete. Er nahm an, daß für das Eintreten der sichtbaren Gasentwicklung eine bestimmte H_2-Konzentration in der Elektrode vorhanden sein müsse. Löst das Elektrodenmaterial genügend Wasserstoff, so ist zum Verdichten der nötigen Menge keine oder nur geringe Arbeit erforderlich. In Metalle, die nur geringes Lösungsvermögen für Wasserstoff haben, muß dagegen eine hinreichende Menge gewissermaßen erst hineingepreßt werden. Dieser Arbeitsaufwand ist ein Maß für die Überspannung. In der Tat weisen Palladium, das bekanntlich sehr große Wasserstoffmengen aufzunehmen vermag, und auch Platin, das ein immerhin deutliches Lösungsvermögen dafür besitzt, die kleinsten bekannten Überspannungen auf, während Quecksilber mit seiner sicher maximal kleinen Aufnahmefähigkeit für Gase das andere Extrem auch in bezug auf die Überspannung bildet. Es könnte auffällig erscheinen, daß trotz der verschiedenen H_2-Löslichkeit von Palladium und Platin die Überspannung an beiden Metallen praktisch gleich ist, nämlich Null bei gerade beginnender Bläschenbildung. Diesem Einwand gegen die Theorie läßt sich jedoch durch den Hinweis begegnen, daß die Hauptmenge des von Palladium okkludierten Wasserstoffs wahrscheinlich als Hydrid vorliegt (Pd_2H). Über die Löslichkeit von Wasserstoff in anderen Metallen — wenigstens unter den Bedingungen, wie sie hier in Frage kommen — ist verhältnismäßig wenig Sicheres bekannt. Neuere, allerdings vorläufige Versuche von THIEL und RITTER[2]) machen es jedoch sehr wahrscheinlich, daß die Reihenfolge der Metalle nach dem H_2-Lösungsvermögen völlig von der der Überspannungen an ihnen abweicht. Mit Sicherheit ist bekannt, daß Tantal nächst dem Palladium am meisten Wasserstoff aufnimmt und doch nach den Versuchen von THIEL und HAMMERSCHMIDT[2]) die hohe „Mindestüberspannung" von 0,39 Volt zeigt. Danach dürfte die NERNSTsche Theorie kaum noch aufrechterhalten werden können.

HABER und RUSS[3]) nahmen an, daß der entladene Wasserstoff in Form einer Gashaut die Elektrode umgibt und hier beträchtliche Drucke annehmen kann, bevor er durch Zerreißen der Haut in Freiheit gesetzt wird. Ebenso wie bei der NERNSTschen Theorie wäre auch hier die unmittelbare Ursache der Wasserstoffpolarisation der hohe mechanische Druck des „gelösten" Wasserstoffs.

Eine ganz ähnliche Vorstellung dient MÖLLER[4]) als Grundlage seiner Theorie der Überspannung. Er rechnet mit einer Kapillarschicht entladenen Wasserstoffs auf der Oberfläche der Elektrode in einer Dicke von etwa 10^{-7} cm. An Hand der Kapillaritätstheorie von VAN DER WAALS-BAKKER findet er weiter einen Zusammenhang zwischen dem Druck des Wasserstoffs in dieser Schicht und den Kapillarkonstanten Elektrode—Flüssigkeit bzw. Flüssigkeit—Gas. Der H_2-Druck in dieser Schicht und damit die Überspannung muß mit wachsender Oberflächenspannung Flüssigkeit—Gas (als Maß der Molekularkräfte der Flüssigkeit) und mit sinkender Grenzflächenspannung Elektrode--Flüssigkeit (als Maß der Molekularkräfte der Elektrode) zunehmen. Diese Forderungen finden wirklich ihre Bestätigung durch das Experiment.

Das Parallelgehen von Überspannung und Oberflächenspannung findet seinen Ausdruck in der Temperaturabhängigkeit der H_2-Überspannung an Hg,

[1]) Siehe W. NERNST, Theoretische Chemie, 8.—10. Aufl., S. 852. Stuttgart 1921.
[2]) A. THIEL u. W. HAMMERSCHMIDT, ZS. f. anorg. Chem. Bd. 132, S. 15. 1923.
[3]) F. HABER u. R. RUSS, ZS. f. phys. Chem. Bd. 47, S. 257. 1904.
[4]) H. G. MÖLLER, ZS. f. phys. Chem. Bd. 65, S. 226. 1909; Ann. d. Phys. (4) Bd. 25, S. 725. 1909; Bd. 27, S. 665. 1908.

Cu und Ag in $^n/_{10}$-H_2SO_4 zwischen 0 und 10°. In allen drei Fällen hat die Überspannung ein Maximum bei 5,3°. Die Oberflächenspannungstemperaturkurve zeigt an dieser Stelle eine deutliche Änderung ihrer Neigung und kann überdies auf Grund der Kapillaritätstheorie aus den gemessenen Überspannungen konstruiert werden. Eingehender noch sind die Zusammenhänge zwischen Überspannung und Grenzflächenspannung Elektrode—Elektrolyt untersucht worden. Es wurde zu diesem Zweck der Randwinkel, unter dem Wasserstoffbläschen beim Zersetzungspunkt (Stromspannungskurve) auf Kathoden verschiedenen Materials aufsitzen, gemessen. Zwischen Randwinkel (α) und allen drei in Frage kommenden Grenzflächenspannungen (σfg = fest-gasförmig, σffl = fest-flüssig, σflg = flüssig-gasförmig) besteht bekanntlich die Beziehung[1])

$$\cos\alpha = \frac{\sigma fg - \sigma ffl}{\sigma flg}. \tag{96}$$

Unter Vernachlässigung von σfg (die Berechtigung dazu ist von MÖLLER diskutiert) kann im gleichen Elektrolyten, also bei gleichbleibendem σflg der Randwinkel direkt als ein Maß für σffl angesehen werden. Das überraschende Resultat der gleichzeitigen Messungen von Randwinkel und Überspannung war ein vollständiges Parallelgehen beider Werte. Diese Aussage gilt nicht nur für den Übergang von einem Kathodenmaterial zum anderen, sondern ebenfalls für alle etwaigen Änderungen der Oberflächenbeschaffenheit, ob rauh oder poliert, ob Verunreinigungen anwesend sind, die die Überspannung beeinflussen oder nicht, kurz, es erwies sich in jedem Falle die Überspannung (ε) als eine Funktion des Randwinkels (α). Diese Funktion ließ sich mit großer Zuverlässigkeit durch die empirische Formel

$$\varepsilon = \frac{e^{a\cdot\alpha} - 1}{b} \tag{97}$$

wiedergeben, in der a und b Konstanten bedeuten, die für Wasserstoff und $^n/_{10}$-H_2SO_4 die Werte $a = 0{,}0264$ und $b = 9$ annehmen, falls α in Graden und ε in Volt gemessen werden. Abb. 15 zeigt die nach dieser Formel berechnete Kurve unter gleichzeitiger Eintragung der experimentellen Resultate.

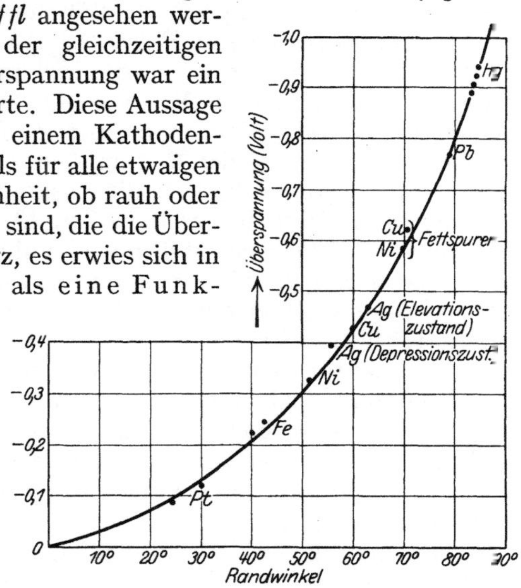

Abb. 15. Überspannung und Randwinkel.

Das Problem der Beziehung zwischen Kapillaritätskonstante und Überspannung kann auch von einem anderen Standpunkt aus betrachtet werden[2]). Es ist einleuchtend, daß die zur Bildung von Gasblasen erforderliche Arbeit ihr Äquivalent in der aufzuwendenden elektrischen Energie, also in einer Erhöhung des Elektrodenpotentials, finden muß.

[1]) Vgl. z. B. H. FREUNDLICH, Lehrb. d. Kapillarchemie, 2. Aufl., S. 211. Leipzig 1922.

[2]) A. THIEL u. E. BREUNING, ZS. f. anorg. Chem. Bd. 83, S. 329. 1913; D. A. MAC INNES u. L. ADLER, Journ. Amer. Chem. Soc. Bd. 41. S. 194. 1919; D. A. MACINNES u. A. W. CONTIERI, ebenda Bd. 41, S. 2013. 1919.

Bei bestimmten Annahmen über die Blasengröße kann man den Anteil des Potentials, der auf diese Blasenbildungsarbeit entfällt, leicht berechnen. Die Oberfläche von 1 Mol H_2 in Form von Gasblasen von r cm Radius berechnet sich, bei einem Drucke p und der Temperatur T, zu

$$O = \frac{3RT}{p \cdot r} \tag{98}$$

(R = Gaskonstante für 1 Mol), die Arbeit zur Bildung dieser Oberfläche, wenn die Oberflächenspannung in dyn/cm ausgedrückt ist, demnach zu

$$A = \frac{3RT}{p \cdot r} \cdot \sigma_{flg}\,\mathrm{erg}\,, \tag{99}$$

und daraus schließlich die Potentialdifferenz zu

$$\Delta E = -\frac{3RT \cdot \sigma_{flg}}{10^7 \cdot 2 \cdot 96494 \cdot p \cdot r}\ \mathrm{Volt}. \tag{100}$$

Bei zahlenmäßiger Durchführung dieser Berechnung und Vergleich des Resultats mit dem Experiment stößt man auf eine unerwartete Schwierigkeit.

Bei einem geschätzten Blasenradius $r = 0{,}01$ cm (beobachtet an platiniertem Platin) findet man, für $\sigma = 75$ dyn/cm und $T = 298°$, ΔE zu $-0{,}0028$ Volt. Gemessen wurde dagegen ein Wert $\varepsilon = -0{,}000002 \pm 0{,}000001$ Volt für die Überspannung des Wasserstoffs an platiniertem Platin. Die Differenz ist keineswegs durch Überschätzung der Blasengröße zu erklären, ist diese aber geringer als angenommen, so erhöht sich die Diskrepanz weiter. Einen Hinweis zur Aufklärung dieser Verhältnisse sieht THIEL[1]) in dem ebenfalls im Widerspruch zu den obigen Erörterungen stehenden Einfluß von stark bathotonen Zusätzen zum Elektrolyten auf die Überspannung. THIEL nimmt nun — unter Vorbehalt — an, daß durch die erwähnten Zusätze die Grenzflächenspannung Elektrode—Elektrolyt noch stärker erniedrigt wird als die Oberflächenspannung der Flüssigkeit, und weiter, daß die Blasenbildungsarbeit durch Verminderung von σ_{ffl} eine Erhöhung erfährt. Es kann dadurch sowohl die Erhöhung von ε bei bathotonen Zusätzen wie auch der überraschend kleine Wert am Platin unter normalen Bedingungen gedeutet werden, indem man im letzteren Falle annimmt, daß die Blasenbildungsarbeit infolge großen σ_{ffl} weit unter den oben errechneten Wert hinuntergedrückt ist.

Läßt man diese Erklärung gelten, so erhellt daraus, daß die Berechnung der Überspannung aus der Blasenbildungsarbeit so lange illusorisch bleibt, wie man nicht einwandfreie Kenntnis der Größe σ_{ffl} besitzt, was bekanntlich bisher nicht der Fall ist. So muß man vorläufig auch wohl annehmen, daß die von MACINNES und ADLER[2]) festgestellte Übereinstimmung des wie oben (aus σ_{flg}) berechneten und des von ihnen experimentell gefundenen ε-Wertes an platiniertem Platin eine zufällige ist. Wohl aber lassen sich periodische Schwankungen der Überspannung, wie sie die letztgenannten Autoren im Rhythmus der sich ablösenden Gasbläschen feststellten, durch den wechselnden Druck deuten, wie er im Innern eines solchen Bläschens in Abhängigkeit von der Bläschengröße herrschen muß. Erwähnt sei schließlich noch, daß MACINNES und ADLER aus Gleichung (100) eine starke Druckabhängigkeit der Überspannung voraussagen auf Grund der Beobachtung, daß die Blasen-

[1]) A. THIEL u. E. BREUNING, ZS. f. anorg. Chem. Bd. 83, S. 329. 1913.

[2]) D. A. MACINNES u. L. ADLER, Journ. Amer. Chem. Soc. Bd. 41, S. 194. 1919; vgl. auch D. A. MACINNES u. A. W. CONTIERI, ebenda Bd. 41, S. 2013. 1919.

größe bei Änderung des Druckes praktisch konstant bleibt. Der lineare Verlauf dieser Abhängigkeit, wie (100) ihn fordern würde, ist jedoch sicher nicht vorhanden. Hingewiesen sei aber auf die Übereinstimmung mit den Messungen von GOODWIN und WILSON, die wenigstens insofern besteht, als diese letzteren eine überraschend große Druckabhängigkeit der Überspannung — obwohl anderen Verlaufs — festgestellt haben (vgl. dazu Ziff. 28).

Die Anwendung von Gleichung (100) auf anderes Kathodenmaterial als platiniertes Platin führt in keinem Falle zu auch nur halbwegs diskutablen Werten von ΔE. Bei Einsatz derjenigen Größenordnung von r, wie sie an den entweichenden Blasen beobachtet wird, überschreitet ΔE niemals den Betrag von wenigen Millivolt, während $\varepsilon_{\min}$ bis zu 500 mVolt und höher ansteigt. Man ist geneigt, daraus den Schluß zu ziehen, daß die Blasenbildungsarbeit zwar einen gewissen Teil der Überspannung zu erklären imstande ist, daß dieser aber in den meisten Fällen gegenüber dem Gesamtwert von ε kaum in Betracht kommt.

Diese Einwände treffen die MÖLLERsche Theorie — die ja von der Blasenbildungsarbeit keinerlei Gebrauch macht — nicht ohne weiteres. Jedoch ist es bei dieser Theorie ebenso wie bei der von HABER und RUSS nicht möglich, ohne nicht gerade wahrscheinliche Zusatzannahmen die Veränderlichkeit der Überspannung vor allem mit der Stromdichte zu deuten. Aber auch, wenn man die spezielle Vorstellung MÖLLERS über das Zustandekommen der Überspannung — Annahme einer unter erhöhtem, zum Teil unter außerordentlich hohem, mechanischen Druck stehenden Gashaut auf der Elektrodenoberfläche — ablehnt, wird man an dem einwandfrei vorhandenen, lückenlosen Parallelgehen von Überspannung und Randwinkel (also Kapillarkräften) nicht vorübergehen dürfen, um so weniger, als die experimentellen Ergebnisse MÖLLERS durch neuere Arbeiten[1]) durchaus bestätigt werden.

Auf eine Theorie von RIDEAL[2]), die in mancher Hinsicht unter die physikalischen Erklärungsversuche dieser Ziffer einzuordnen ist, jedoch auch Anklänge an die im folgenden zu schildernden chemischen Deutungsmöglichkeiten aufweist, sei nur hingewiesen.

35. Chemische Theorien der Überspannung. TAFEL[3]) hat als erster die Möglichkeit ins Auge gefaßt, durch Annahme einer Verzögerung der H_2-Bildung aus H-Atomen eine Deutung der Polarisation arbeitender Wasserstoffelektroden zu geben. Im Sinne der Erörterungen der Ziff. 33 besteht der Unterschied gegenüber den soeben besprochenen Theorien in der Hauptsache darin, daß nicht die Anhäufung molekularen Wasserstoffs an der Elektrode, vielmehr eine Verschiebung des Mengenverhältnisses zwischen Molekeln und Atomen bei gleichbleibender Gesamtkonzentration die Potentialdifferenz zwischen ruhender und arbeitender Elektrode bedingt. TAFEL nimmt an, daß die Reaktion

$$2\,H \rightarrow H_2$$

in der Gasphase nur unter großen Hemmungen ablaufen kann, und teilt dem Kathodenmaterial die Fähigkeit einer mehr oder weniger beträchtlichen Beschleunigung dieses Vorganges zu. LEWIS und JACKSON[4]) traten bald darauf ebenfalls für diese Auffassung ein. Sie bekräftigen sie vor allem durch den Hinweis, daß diejenigen Metalle, in erster Linie Palladium und Platin, an denen nur geringe

[1]) A. L. MACAULAY u. F. P. BOWDEN, Proc. Roy. Soc. London [A] Bd. 111, S. 190. 1926; T. ONODA, ZS. f. anorg. Chem. Bd. 165, S. 93. 1927.

[2]) E. K. RIDEAL, Journ. Amer. Chem. Soc. Bd. 42, S. 94. 1920.

[3]) J. TAFEL, ZS. f. phys. Chem. Bd. 50, S. 641. 1905.

[4]) G. N. LEWIS u. R. F. JACKSON, ZS. f. phys. Chem. Bd. 56, S. 207. 1906.

Überspannungen auftreten, die also die „Molisierung" der Wasserstoffatome so weit beschleunigen, daß keine nennenswerte Stauung dieser an der Elektrode sich ausbilden kann, dieselben sind, die bei Reaktionen des gasförmigen Wasserstoffs am stärksten katalytisch zu wirken, d. h. das Tempo des inversen Vorgangs

$$H_2 \rightarrow 2\,H$$

günstig zu beeinflussen vermögen. Auch darin zeigt sich dies, daß wieder dieselben Metalle am geeignetsten befunden wurden, um als Vermittler bei der elektromotorischen Betätigung des an sich recht reaktionsträgen gasförmigen Wasserstoffs zu dienen. Metalle mit hoher Überspannung, wie Quecksilber oder Blei, sind dagegen gar nicht oder kaum als Kontaktsubstanzen bei katalytischen Hydrierungen zu gebrauchen, auch ist Wasserstoff elektromotorisch an ihnen unwirksam. Da an eine Veränderung des freien Energieinhalts eines Gases bei bloßer Berührung mit Metallen nicht wohl gedacht werden kann, bleibt in der Tat für die geschilderten Erfahrungen, deren Zahl noch stark vermehrt werden könnte, nur eine kinetische Deutung übrig. Man wird mithin als elektromotorisch wie chemisch wirksamen Bestandteil des gasförmigen Wasserstoffs seinen Gehalt an Wasserstoffatomen anzusehen haben. Bei gewöhnlichen Temperaturen ist dieser nach einer wenigstens größenordnungsmäßigen Schätzung der Gleichgewichtskonstante

$$K = \frac{c_H^2}{c_{H_2}}$$

so gering, daß irgendwie merklicher chemischer oder elektrochemischer Umsatz des Wasserstoffs in praktisch in Frage kommenden Zeiten nur möglich erscheint, wenn die Nachlieferung von Atomen aus Molekeln mit ausreichender Geschwindigkeit vor sich geht.

Die Überspannung wäre damit eine direkte Folge der ungenügenden Vereinigungsgeschwindigkeit von $2\,H$ zu H_2, ihre Abstufung bei wechselndem Kathodenmaterial ein Ausdruck der Reihenfolge der Metalle in bezug auf ihre katalytischen Eigenschaften.

Diese TAFELsche Theorie ist neuerdings, nachdem sie 1916 von BENNETT und THOMPSON[1]) in wenig veränderter Gestalt stark propagiert wurde, wohl als die vorherrschende anzusehen. Besonders haben auch die Überspannungsmessungen an selteneren Elementen von THIEL und HAMMERSCHMIDT[2]), die eine ausgedehntere Prüfung der Parallelität zwischen Überspannung und H_2-Katalyse ermöglichten, die Theorie zu stützen vermocht. Ordnet man die bereits in Ziff. 26, Tabelle 19, mitgeteilten Werte in das periodische System ein, so ist deutlich eine Gesetzmäßigkeit zu erkennen derart, daß Elemente mit geringer Überspannung fast ausnahmslos der VIII., I. und VI. Gruppe angehören, solche mit hoher Überspannung aber in den Gruppen IV, III und II sich häufen. Die Gipfelwerte liegen bei den höchsten Gliedern der III. und II. Gruppe. Ganz entsprechend sind fast alle Elemente der I. und VIII. Gruppe brauchbare Katalysatoren bei Reaktionen mit gasförmigem Wasserstoff, während den Elementen der Gruppen II und III, vor allem den höheren Gliedern, diese Fähigkeit fast völlig abgeht.

Einen besonders anschaulichen direkten Beweis für die Richtigkeit der entwickelten Auffassungen liefern schließlich die Versuche BONHOEFFERS[3]) mit akti-

[1]) C. W. BENNETT u. J. G. THOMPSON, Journ. phys. chem. Bd. 20, S. 296. 1916; ZS. f. Elektrochem. Bd. 22, S. 233. 1916.

[2]) A. THIEL u. W. HAMMERSCHMIDT, ZS. f. anorg. Chem. Bd. 132, S. 15. 1923.

[3]) K. F. BONHOEFFER, ZS. f. phys. Chem. Bd. 113, S. 199. 1924; s. a. Ergebn. d. exakten Naturwissensch. Bd. 6, S. 201. 1927.

vem Wasserstoff, gewonnen nach der Methode von WOOD durch elektrische Entladungen im gasverdünnten Raume. Dieser aktive Wasserstoff, der nach dem spektroskopischen Befund als einatomig anzusprechen ist, hat eine nicht unbeträchtliche Lebensdauer, so daß mit ihm mancherlei chemische Reaktionen, zu denen der normale gasförmige Wasserstoff nicht befähigt ist, noch in ansehnlicher Entfernung vom Orte seiner Entstehung ausgeführt werden konnten. Durch Katalyse an festen Wänden wird das aktive Produkt unter kräftiger Wärmeabgabe wieder zu H_2. Bei Prüfung von Metallen auf ihre katalytischen Eigenschaften bei diesem Vorgang wurde genau die gleiche Reihenfolge gefunden, wie sie aus den Überspannungsmessungen sich ergibt. Metalle mit hoher Überspannung katalysieren deutlich schlechter als solche mit niedriger.

Nach diesem Befund erübrigt sich nur noch zu prüfen, wie weit die in Ziff. 27 bis 31 besprochene Abhängigkeit der Überspannung von verschiedenen Faktoren sich der Theorie unterordnen läßt.

Für den Einfluß der Oberflächenbeschaffenheit des Elektrodenmaterials gibt schon BONHOEFFER eine Erklärung. Er fand nämlich, daß auch die katalytische H_2-Bildung aus aktivem Wasserstoff von der Vorbehandlung der Katalysatormetalle abhängig ist, und daß die Reaktionsgeschwindigkeit durch solche Behandlungen erhöht wird, die als Maßnahmen zur Erzeugung einer wohlausgebildeten Adsorptionsschicht atomaren Wasserstoffs aufgefaßt werden können. Da eine rauhe Oberfläche offenbar zur Adsorption befähigter ist als eine glatte, kann man hierin mit gutem Recht eine Deutung des entsprechenden Einflusses der Oberflächenbeschaffenheit auf die Überspannung erblicken.

Zu den Maßnahmen, die die Katalysatoroberfläche günstig beeinflussen, gehört nach den Erfahrungen BONHOEFFERS die Vorbehandlung der Metalle mit aktivem Wasserstoff, so daß man annehmen darf, daß die elektrolytische Wasserstoffentwicklung den gleichen Effekt hat, und dies um so mehr, je größer die Überspannung des betreffenden Metalls, je höher nämlich die Konzentration atomaren Wasserstoffs an der Elektrode ist. Daraus läßt sich wenigstens ein Teil der beobachteten Zeitphänomene deuten, unter anderen vielleicht, daß z. B. am Platin (geringe Überspannung!) die zeitlichen Änderungen über sehr lange Dauer sich erstrecken, während etwa bei Blei und Quecksilber (hohe Überspannung!) der größtmöglichste Effekt so schnell eintritt, daß er im allgemeinen gar nicht zur Beobachtung gelangt. Beim platinierten Platin mit seiner extrem rauhen, adsorptionskräftigen Oberfläche tritt im Gegenteil deshalb kein Zeitphänomen auf, weil die günstigsten Bedingungen bereits vorhanden sind. Die mehrfach festgestellte anfängliche Steigerung der Überspannung wird durch diese Deutung allerdings nicht erfaßt.

Um auf Grund der geschilderten Theorie zu einer Darstellung der Stromdichteabhängigkeit der Überspannung zu gelangen, ist es nur notwendig, den Zusammenhang zwischen Stromdichte und Konzentration der H-Atome in der Elektrodenoberfläche ausfindig zu machen. Offenbar ist die Zahl der in der Zeiteinheit auf einer Oberfläche von 1 cm^2 entstehenden H-Atome proportional der Stromdichte (D). Der Proportionalitätsfaktor ist $1/F$. Es gilt also

$$\frac{d c_{\mathrm{H}}}{d t} = \frac{D}{F}. \tag{101}$$

Die Zahl der in der Zeiteinheit aus der Oberfläche verschwindenden Atome ist in erster Linie durch die Molisierungsgeschwindigkeit gegeben:

$$-\frac{d c_{\mathrm{H}}}{d t} = k \cdot c_{\mathrm{H}}^2. \tag{102}$$

Daneben wird natürlich auch eine Fortführung durch Diffusion möglich sein, die aber zunächst vernachlässigt werden möge, was berechtigt erscheint, wenn man bedenkt, daß die in Frage kommenden Reaktionsgeschwindigkeiten selbst im ungünstigsten Falle recht erhebliche sein werden. Sobald nun an der Elektrodenoberfläche stationäre Verhältnisse eingetreten sind, muß gelten:

$$k \cdot c_{\mathrm{H}}^2 = \frac{D}{F},$$

also

$$c_{\mathrm{H}} = \sqrt{\frac{D}{F \cdot k}}. \tag{103}$$

Wird dieser Wert von c_{H} in Gleichung (92) eingesetzt, so erhält man (für konstantes c_{H^+})

$$\left.\begin{aligned} \varepsilon &= \text{konst.} - \frac{RT}{F} \cdot \ln c_{\mathrm{H}} \\ &= \text{konst.} + \frac{RT}{2F} \cdot \ln (F \cdot k) - \frac{RT}{2F} \cdot \ln D \end{aligned}\right\} \tag{104}$$

oder nach Zusammenfassung der Konstanten und Einführung BRIGGscher Logarithmen:

$$\varepsilon = a + b \cdot \log D. \tag{105}$$

Dies ist wirklich die Funktion, die schon TAFEL[1]) als zur Darstellung der experimentellen Ergebnisse geeignet befunden hat. Vergleicht man allerdings die gefundenen b-Werte mit den theoretisch zu erwartenden, so zeigen sich erhebliche Abweichungen. Nach (104) und (105) sollte

$$b = -\frac{RT}{2F} \cdot \log e = -0{,}029 \qquad (\text{für } 18^\circ) \tag{106}$$

sein. Experimentell findet man dagegen stets größere Zahlenwerte für b, die überdies mit dem Elektrodenmaterial deutlich schwanken. (Es sei auf den einzelnen mit der Theorie in Einklang befindlichen Wert hingewiesen, den GLASSTONE[2]) nach seiner abweichenden Methode für Quecksilber fand.)

Es ist versucht worden, diesem Verhalten durch verschiedene Annahmen Rechnung zu tragen. TAFEL vermutete, daß k eine Funktion der Stromdichte sei, und setzte

$$k = \frac{k'}{D^x} \qquad (x \text{ positiv!}). \tag{107}$$

Die Ursache eines variablen Geschwindigkeitskoeffizienten k soll die Veränderung der Elektrodenoberfläche sein, wie sie z. B. auch in dem zeitlichen Anstieg der Überspannung sich bekundet. Man erhält dann statt Gleichung (104):

$$\varepsilon = \text{konst.} + \frac{RT}{2F} \cdot \ln (F \cdot k') - \frac{RT(1+x)}{2F} \ln D. \tag{108}$$

Zu ganz demselben Ausdruck führt es, wenn man mit WESTRIP[3]) annimmt, daß $d c_{\mathrm{H}}/dt$ einer Potenz der Stromdichte > 1 proportional, also

$$\frac{d c_{\mathrm{H}}}{d t} = \frac{D^{1+x}}{F} \tag{109}$$

sei, was WESTRIP damit begründet, daß bei zunehmender H_2-Entwicklung ein immer größerer Teil der Elektrodenoberfläche von Gasblasen bedeckt wird, die

[1]) J. TAFEL, ZS. f. phys. Chem. Bd. 50, S. 641. 1905.
[2]) S. GLASSTONE, Journ. chem. soc. Bd. 125, S. 2646. 1924 (s. auch Ziff. 27).
[3]) G. M. WESTRIP, Journ. chem. soc. Bd. 125, S. 1112. 1924.

tatsächliche Stromdichte an den von Gasblasen freien Oberflächenteilen also schneller wächst als die auf die Gesamtoberfläche bezogene. Beide Hilfsannahmen sind zweifellos unbefriedigend, die letztere schon deshalb, weil sie dem Einfluß des Kathodenmaterials auf den Wert von b nicht gerecht werden kann.

Ähnlich steht es mit den Leistungen der Theorie zur Erklärung der Temperaturabhängigkeit der Überspannung. Diese sollte im wesentlichen von der Veränderlichkeit von k (bzw. k') mit T bedingt sein. Bringt man dafür die vielfach bewährte Funktion

$$\ln k = -\frac{A}{T} + C \tag{110}$$

in Ansatz und eliminiert mit deren Hilfe k' in (108) ,so resultiert für die Überspannung:

$$\varepsilon = \text{konst.} - \frac{RT}{2F}(\ln F + (1 + x)\ln D + C)\,. \tag{111}$$

Der Temperaturkoeffizient der Überspannung erscheint danach zwar linear, wie die Messungen es zu bestätigen scheinen, andererseits aber fordert die Formel einen Einfluß der Stromdichte auf den Wert von $d\varepsilon/dT$, der bisher, wenigstens in dem verlangten Sinne, nicht beobachtet wurde. Nimmt man x temperaturabhängig an, wie es tatsächlich aus dem Verlauf der ε-D-Kurven bei verschiedenen Temperaturen geschlossen werden müßte, so besteht zwar die Möglichkeit, diesem Dilemma zu entgehen, es bleiben aber natürlich die Bedenken, die an die Einführung von x überhaupt geknüpft sind.

Die praktische Unabhängigkeit des Potentials wasserstoffentwickelnder Elektroden vom äußeren H_2-Druck ist nicht verwunderlich bei höheren Überspannungen, weil hier die H-Konzentration in der Gasphase stets vernachlässigt werden kann gegenüber der in der Elektrodenoberfläche. Einer Überspannung von εVolt entspricht ja nach (92) ein Konzentrationsverhältnis von $1:10^{\frac{\varepsilon}{0.058}}$ (bei 18°). Bei geringen Überspannungen und hohen Drucken sollte man allerdings einen Einfluß erwarten. Das Gebiet ist nicht genügend experimentell durchforscht, um dies mit Erfolg zu prüfen.

Über eine etwaige Abhängigkeit der Überspannung von Elektrolytkonzentration und -zusammensetzung vermag die von TAFEL begründete Theorie vorläufig keine speziellen Aussagen zu machen. Ganz summarisch könnte sie derartige Einflüsse nur auf die Veränderlichkeit der Katalysatoreigenschaften der Elektrode durch an ihr mitabgeschiedene oder adsorbierte Stoffe zurückführen.

Die mancherlei Unstimmigkeiten zwischen dem Experiment und der chemischen Theorie in der besprochenen Form werden nicht wesentlich vermindert durch mehrfach vorgeschlagene Modifikationen. Deren verbreitetste ist die Annahme von instabilen Hydriden als Zwischenprodukten des Übergangs von Atomen zu Molekeln. Diese Auffassung wird vor allem von FOERSTER[1]) vertreten. Maßgebend für die Überspannung ist auch nach ihr der Überschuß von mit den angenommenen Hydriden im Gleichgewicht stehenden H-Atomen in der Elektrodenoberfläche gegenüber deren Gleichgewichtskonzentration im gasförmigen Wasserstoff. Vorläufig scheint kein zwingender Grund vorzuliegen, diese Form der chemischen Theorie gegenüber der einfacheren, oben dargelegten, zu bevorzugen. Einzig für die Deutung der zeitlichen Veränderungen könnte sie gewisse Vorzüge haben.

---

1) F. FOERSTER, Elektrochemie wässeriger Lösungen, 3. Aufl. Leipzig 1922.

Der Hydridtheorie hat auch NEWBERY[1]) sich angeschlossen, sie allerdings in einer Weise entwickelt, die vielfache Bedenken erweckt.

Auf einige besondere Vorstellungen REICHINSTEINS[2]), die vielleicht einer Erweiterung der TAFELschen Theorie dienen könnten, sei hier nur verwiesen (vgl. Ziff. 43).

Die zweite in unserer voranstehenden Übersicht (Ziff. 33) angedeutete Möglichkeit einer chemischen Deutung der Überspannung, nämlich Annahme verzögerter Nachlieferung von freien H-Ionen in der Grenzfläche aus dem Vorrat der hydratisierten, wird von LE BLANC[3]) bevorzugt. Allerdings hat dieser selbst die Vorstellung kaum auf den speziellen Fall der Wasserstoffpolarisation bezogen, sie vielmehr entwickelt an Erscheinungen, die bei der elektrolytischen Abscheidung und Auflösung von Metallen beobachtet wurden. Neuerdings haben sich aber ISGARISCHEW und BERKMANN[4]) dieser Deutung auch in bezug auf die H_2-Überspannung bedient. Es erscheint zweifelhaft, ob damit bei der Unsicherheit, die über die Frage der Ionenhydratation an sich noch besteht, ein Gewinn verbunden ist.

Den Nachteil, vorläufig kaum einer Prüfung zugänglich zu sein, teilt damit auch eine Theorie von SMITS[5]), die, bei Annahme einer Verteilung sämtlicher Molekel-, Atom- und Ionenarten, wie auch der Elektronen, zwischen den vorhandenen Phasen, die Verzögerung wesentlich in der festen Phase sucht, wo sie entweder den Vorgang

$$H^+ + \ominus = H$$

oder auch etwaige Umwandlungen zwischen vermuteten allotropen Formen des Wasserstoffs betreffen kann. Mit der von uns bevorzugt dargestellten chemischen Theorie hat die SMITSsche die Voraussetzung katalytischer Wirkung des Elektrodenmaterials gemeinsam, sie unterscheidet sich von ihr, indem sie einmal diese Wirkung in die feste Phase verlegt, während wir in erster Linie an Oberflächenreaktionen gedacht haben, und weiter, indem sie außer der zweifelsfrei bestehenden Verzögerung der Reaktion

$$2\,H \rightarrow H_2$$

noch die der Ionenentladung und weiter die hypothetischer Zwischenreaktionen ins Auge faßt.

Zurückkommend auf das am Ende der vorangehenden Ziffer Gesagte sei schließlich noch bemerkt, daß die MÖLLERsche Feststellung einer Parallelität zwischen Kapillarkräften in der Grenzfläche fest-flüssig und der Überspannung auch für eine chemische Theorie kein unübersteigbares Hindernis zu sein braucht. Es ist vielmehr kaum anders denkbar, als daß eine stoffliche Veränderung der Grenzschicht von einer solchen der Grenzflächenspannung begleitet sein muß. Eine nähere Verfolgung dieser Beziehung dürfte mancherlei Aufklärung bringen können.

36. Das Gleichgewichts-Sauerstoffpotential. Nach der ausführlichen Behandlung der Wasserstoff-Überspannung sollen nunmehr die analogen Erscheinungen bei der Abscheidung anderer Stoffe besprochen werden. Die elektrolytische Sauerstoffentwicklung tritt erst bei Anodenpotentialen ein, die zum Teil beträchtlich positiver sind als die, welche Sauerstoff von gleichem Druck im gleichen Elektrolyten metallischen Elektroden zu erteilen vermag. Wie

---

[1]) E. NEWBERY, Journ. chem. soc. Bd. 109, S. 1359. 1916.

[2]) D. REICHINSTEIN, ZS. f. Elektrochem. Bd. 16, S. 916. 1910; Bd. 17, S. 699. 1911.

[3]) M. LE BLANC, Abhandlgn. d. D. Bunsen-Ges. Nr. 3. Halle 1910.

[4]) N. ISGARISHEW u. S. BERKMANN, ZS. f. Elektrochem. Bd. 28, S. 40, 47. 1922.

[5]) A. SMITS, ZS. f. Elektrochem. Bd. 30, S. 214. 1924.

im Falle des Wasserstoffs ist das Abscheidungspotential stark mit der Natur des Elektrodenmaterials veränderlich. Die zahlenmäßige Angabe der „Überspannung" begegnet aber hier gewissen Schwierigkeiten, deshalb nämlich, weil auch das „Ruhepotential" des Sauerstoffs sowohl mit dem Elektrodenmaterial sich ändert, wie auch derartig großen zeitlichen Schwankungen unterliegt, daß kaum ein gesichert erscheinender Normalwert aus den Messungen abgeleitet werden kann. Es ist daher von Wert, das theoretische Sauerstoffpotential auf Grund der in Ziff. 9 erörterten Beziehung zwischen der EK galvanischer Ketten, den Konzentrationen der an dem stromliefernden Vorgang teilnehmenden Stoffe und der Gleichgewichtskonstante dieses Vorgangs berechnen zu können.

Das Gleichgewicht der Wasserbildung aus gasförmigem Wasserstoff und Sauerstoff

$$2\,H_2 + O_2 \rightleftarrows 2\,H_2O \tag{112}$$

konnte bei höheren Temperaturen experimentell ermittelt und auch auf Grund des NERNSTschen Wärmesatzes aus den in Frage kommenden thermischen Daten berechnet und auf Zimmertemperatur extrapoliert werden[1]). Auf der so gewonnenen Grundlage läßt sich weiterhin durch Anwendung obenerwähnter Beziehung folgern, daß bei elektrochemischer Leitung der Wasserbildung in einer galvanischen Kette, in der Wasserstoff und Sauerstoff von Atmosphärendruck sich reversibel betätigen, eine EK von

$$E = 1{,}237 \text{ Volt (bei } t = 17^\circ)$$

zur Beobachtung kommen müßte. Die Zusammensetzung des Elektrolyten spielt dabei, solange man sich nur auf verdünnte wässerige Lösungen beschränkt, keine Rolle, da die Wasserkonzentration praktisch dieselbe bleibt wie in reinem Wasser.

Gegenüber einer Lösung, die an H-Ionen 1 n ist, beträgt somit das thermodynamisch geforderte Potential des Sauerstoffs von Atmosphärendruck bei Zimmertemperatur:

$$E_h = +1{,}24 \text{ Volt} \quad \text{bzw.} \quad E_a = +1{,}52 \text{ Volt},$$

gegenüber einer an OH-Ion 1 n-Lösung, ($p_H = 14$, vgl. Kap. 13 Ziff. 26) wie sich unter Zuhilfenahme von Gleichung (10) (Ziff. 9) ohne weiteres ergibt:

$$E_h = +0{,}41 \text{ Volt} \quad \text{bzw.} \quad E_a = +0{,}69 \text{ Volt}.$$

Diese letzten Werte pflegt man gewöhnlich als die Normalpotentiale des Sauerstoffs zu bezeichnen, obwohl sie auf die Einheitskonzentration des komplexen Hydroxylions und nicht auf die des elementaren Sauerstoffions sich beziehen. Beide Ionenarten sind — bei gegebener Temperatur — in verdünnten wässerigen Lösungen in einem konstanten Verhältnis anzunehmen ($O^{--} + H_2O \rightleftarrows 2\,OH^-$), nur entzieht sich dessen Zahlenwert, der aber sicher sehr zugunsten des OH^- liegt, unserer Kenntnis, woraus sich die Notwendigkeit obiger Wahl erklärt.

Zu praktisch denselben Werten für das Sauerstoff-Normalpotential, nämlich ${}_0E_h = +0{,}40$ bis $+0{,}41$ Volt bei 17° bis 18°, kommt man auch auf einem anderen Wege. Eine galvanische Kette mit der gesättigten Lösung eines geeigneten, wenig löslichen Metalloxyds als Elektrolyt und dem entsprechenden Metall sowie gasförmigem Sauerstoff als „Elektroden" wird arbeitsunfähig sein, also die EK Null zeigen, wenn der Sauerstoffdruck über der Kette gleich dem Dissoziationsdruck des Oxyds ist. In diesem Zustand wären die Einzelpotentiale

[1]) W. NERNST u. H. v. WARTENBERG, ZS. f. phys. Chem. Bd. 56, S. 534. 1906.

beider Elektroden gleich, mithin läßt sich das diesem Druck entsprechende Sauerstoffpotential aus einer Messung des Metallpotentials gegen die gesättigte Oxydlösung erschließen. Kennt man endlich den Gleichgewichtsdruck des Sauerstoffs über dem in Rede stehenden Oxyd, oder kann ihn aus Messungen bei anderen Temperaturen oder auch aus thermischen Daten mit hinreichender Sicherheit errechnen, so erlaubt Anwendung von Gleichung (10) (Ziff. 9) auch die Bestimmung des Normalpotentials. Derartige Messungen an Silberoxyd[1]) bzw. Quecksilberoxyd[2]) lieferten die obengenannten Zahlen.

Nachdem man auf diese Weise zur Kenntnis des thermodynamischen Sauerstoffpotentials gelangt ist, wird man — entsprechend unserer früheren Definition (Ziff. 24) — die Differenz zwischen dem zur anodischen Sauerstoffentwicklung unter beliebigen Bedingungen tatsächlich notwendigen und dem für gleiche Verhältnisse zu fordernden reversiblen Potential als die jeweilige „Überspannung" des Sauerstoffs bezeichnen.

37. Zahlenwerte der Sauerstoffüberspannung. Die O_2-Überspannung ist bisher nicht so systematisch untersucht wie die des Wasserstoffs, vor allem ist die Zahl der Elektrodenmetalle, an denen genauere Untersuchungen vorliegen, nur gering. Im wesentlichen hat man sich aus leicht einzusehenden Gründen auch auf solche Elektroden beschränkt, die unter den Bedingungen der Messung kein nennenswertes Inlösunggehen zeigen.

Tabelle 36. Mindestüberspannungen des Sauerstoffs an verschiedenen Metallen. Elektrolyt: 1 n-KOH. Zimmertemperatur.

Elektrodenmaterial	Überspannung (Volt)
Nickel, schwammig	+0,05
„ blank	+0,12
Kobalt	+0,13
Platin, platiniert	+0,24
Eisen	+0,24
Kupfer	+0,25
Blei	+0,30
Silber	+0,40
Kadmium	+0,42
Palladium	+0,42
Platin, blank	+0,44
Gold	+0,52

Nach der Knickpunktmethode (vgl. Ziff. 25) haben COEHN und OSAKA[3]) anodische Abscheidungspotentiale in 1 n-KOH gegen die Wasserstoffelektrode im gleichen Elektrolyten gemessen. Ihre Ergebnisse sind in Tabelle 36 wiedergegeben, nur ist von allen Zahlen bereits +1,23 Volt, die Differenz von reversiblem Sauerstoff- und Wasserstoffpotential, in Abzug gebracht, so daß sie nunmehr Überspannungen gemäß voranstehender Definition darstellen.

Die Reihenfolge der Metalle ist eine durchaus andere, als sie für die H_2-Überspannung sich ergeben hatte. Es muß allerdings bemerkt werden, daß angesichts der noch zu besprechenden zeitlichen Veränderlichkeit des Anodenpotentials bei Sauerstoffentwicklung den Daten der Tabelle 36 kein entscheidender Wert beigelegt werden kann. Zuverlässige Mindestüberspannungen des Sauerstoffs in dem Sinne, wie in Ziff. 23 für Wasserstoff beschrieben, liegen bisher überhaupt nicht vor[4]).

Umfangreiches Material bei verschiedensten Stromdichten hat wieder NEWBERY[5]) geliefert. Da aber, wie u. a. aus der schon erwähnten Arbeit KNOBELS[6]) geschlossen werden darf, auch die O_2-Überspannung nach Unterbrechung des polarisierenden Stromes schon in sehr kleinen Zeiträumen beträchtlich abfällt, bestehen auch hier gegen die NEWBERYschen Ergebnisse dieselben Bedenken wie

1) G. N. LEWIS, ZS. f. phys. Chem. Bd. 55, S. 449, 465. 1906.
2) J. N. BRÖNSTEDT, ZS. f. phys. Chem. Bd. 65, S. 84, 744. 1909.
3) A. COEHN u. Y. OSAKA, ZS. f. anorg. Chem. Bd. 34, S. 86. 1903.
4) Inzwischen erschienen: T. ONODA, ZS. f. anorg. Chem. Bd. 165, S. 79. 1927.
5) E. NEWBERY, Journ. chem. soc. Bd. 109, S. 1066. 1916.
6) M. KNOBEL, Journ. Amer. Chem. Soc. Bd. 46, S. 2613. 1924.

früher erörtert (Ziff. 25). Es ist demnach nicht verwunderlich, daß die Stromdichte, mit deren Wachsen ein starkes Ansteigen der „direkt" gemessenen Anodenpotentiale Hand in Hand geht, nach NEWBERY im allgemeinen einen nur geringen Einfluß hat. Es ist dies eine Wiederholung der bereits bei der H_2-Überspannung gefundenen Diskrepanzen zwischen direkter und Kommutatormethode.

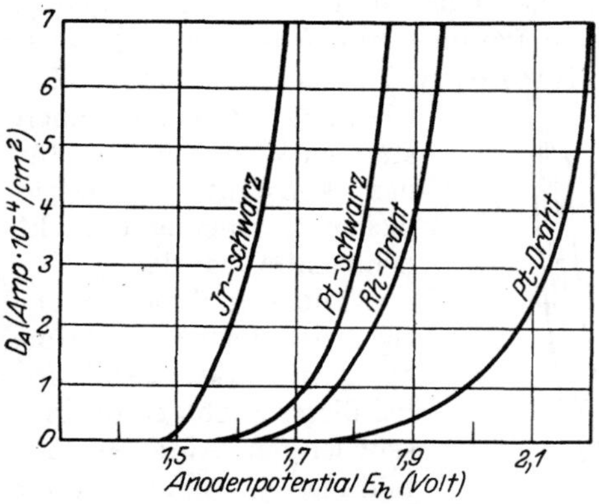

Abb. 16. Potentiale sauerstoffentwickelnder Elektroden in Abhängigkeit von der Stromdichte. Platin-Metalle. Elektrolyt: 0,1 n-H_2SO_4.

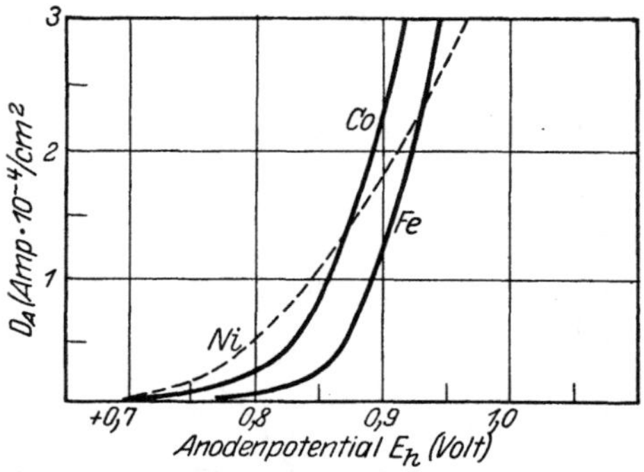

Abb. 17. Potentiale sauerstoffentwickelnder Elektroden in Abhängigkeit von der Stromdichte. Eisen-Metalle. Elektrolyt: 1,0 n-KOH.

Eine Auswahl von Stromdichte-Potentialkurven (bei Messung unter Strom) zeigt Abb. 16 für einige Platinmetalle[1]) in n/10-H_2SO_4, Abb. 17 für die Metalle der Eisengruppe in 1,0 n-KOH[2]). Bei reversibler Sauerstoffentwicklung wäre im ersten Falle ein Anodenpotential von etwa $E_h = +1{,}18$ Volt, im zweiten ein solches von etwa $E_h = +0{,}41$ Volt zu erwarten. Wie ersichtlich, werden diese Werte schon bei geringen Stromdichten erheblich überschritten und wachsen weiterhin, besonders bei den Platinmetallen, sehr viel rascher, als es bei der H_2-Überspannung der Fall war.

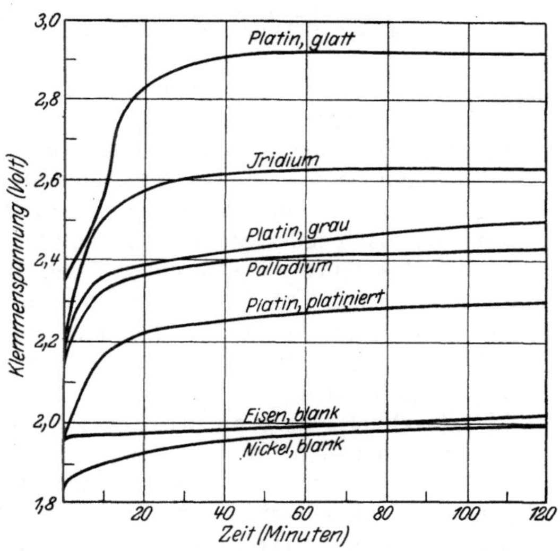

Abb. 18. Zeitliche Änderung der zur Sauerstoffentwicklung aufzuwendenden Spannung bei konstanter Stromdichte. (D_A = 0,033 Amp/cm²). Elektrolyt: 2 n-KOH.

Auch die zeitlichen Änderungen des Elektrodenpotentials bei konstanter Stromdichte sind bei Sauerstoffentwicklung durchweg stärker ausgeprägt als bei Wasserstoffabscheidung. Abb. 18 gibt einige Beispiele[3]). An Stelle der Anodenpotentiale sind hier allerdings die Klemmenspannungen aufgetragen. Da die Kathode aus platiniertem Platin bestand, ist die kathodische Überspannung praktisch zu vernachlässigen. Der dem Elektrolytwiderstand

[1]) J. B. WESTHAVER, ZS. f. phys. Chem. Bd. 51, S. 65. 1905. Abb. 16 u. 17 nach F. FOERSTER, Elektrochemie wässeriger Lösungen, 3. Aufl. Leipzig 1922.

[2]) F. FOERSTER, Elektrochemie wässeriger Lösungen. Leipzig 1922.

[3]) F. FOERSTER u. A. PIGUET, ZS. f. Elektrochem. Bd. 10, S. 74. 1904.

entsprechende Spannungsabfall, der in den Zahlen enthalten ist, soll nach Angaben der Verfasser 0,17 Volt nicht überschreiten und ist, worauf es vor allem ankommt, wohl als zeitlich konstant zu betrachten. Die Überspannung an blankem Platin erreicht demnach bei einer Stromdichte von 0,033 Amp/cm² schon etwa +1,5 Volt.

In bezug auf den zeitlichen Verlauf verhalten sich die einzelnen Elektroden verschieden. Während nämlich die Kurven für Platin (glatt), Iridium und Palladium schließlich in Parallele zur Abszissenachse auslaufen, zeigen diejenigen für Eisen, Nickel und namentlich für platiniertes Platin einen stetigen Weiteranstieg, für den konstante Endwerte bisher anscheinend nicht beobachtet wurden.

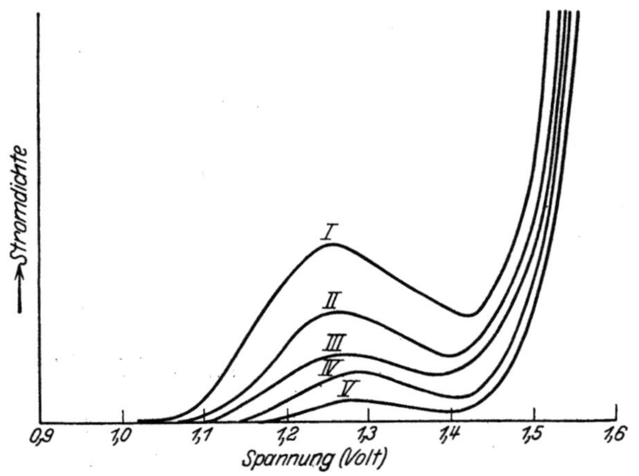

Abb. 19. Stromspannungs-Kurve bei anodischer Sauerstoffentwicklung an platiniertem Platin. Elektrolyt: 2n-H_2SO_4.

Die Aufnahme eindeutig definierter Stromspannungskurven wird bei dieser Sachlage zu einer schwierigen Aufgabe. Abbildung 19, einer Arbeit von BENNEWITZ[1]) entnommen, illustriert dies. Die Messungen sind an einer kleinen, rotierenden, platinierten Platinanode, der als Kathode ein großes platiniertes Platinblech gegenüberstand, ausgeführt. Kathoden- und Anodenraum waren durch ein Diaphragma getrennt, um Diffusion von Wasserstoff zur Anode möglichst auszuschließen, eine Maßnahme, die bei ähnlichen Versuchen als selbstverständliche Regel befolgt werden muß, falls man reproduzierbare Werte erhalten will. Von 5 zu 5 Minuten wurde die angelegte Spannung um etwa gleichviel erhöht, während Messungen 1, 2, 3, 4 und 5 Minuten nach jeder Spannungserhöhung vorgenommen wurden. Die gleichen Zeiten entsprechenden Ablesungen sind in der Abbildung zu kontinuierlichen Kurven ergänzt. Der gewohnten Form der Stromspannungskurve mit einem, allerdings abgerundeten, Knickpunkt, der die beginnende Gasentwicklung anzeigt, nähern sich die Kurven um so mehr, je länger die Elektrolyse nach jeder Spannungssteigerung währte. Dieser Knickpunkt liegt zwischen 1,4 und 1,5 Volt, und tatsächlich wurde auch erst bei 1,5 Volt das Aufsteigen der ersten Sauerstoffbläschen beobachtet. Der bei etwa 1,1 bis 1,2 Volt zu bemerkende Stromanstieg, um so früher und deutlicher, je kürzere Zeit dem Strom zu wirken Gelegenheit gegeben wurde, ist mit keiner Entwicklung gasförmigen Sauerstoffs verknüpft, was wertvolle Hinweise für die Theorie abgibt.

Von besonderer Wichtigkeit für die Deutung der Erscheinungen ist es auch, daß das Potential einer anodisch polarisierten Elektrode nach Stromunterbrechung zwar zunächst schnell, aber bald schon langsamer werdend und vor allem stetig abfällt, an platiniertem Platin erst nach Wochen, schneller an Iridium und glattem Platin die Größenordnung erreichend, die von Sauerstoff umspülte Elektroden freiwillig anzunehmen pflegen[2]).

---

[1]) K. BENNEWITZ, ZS. f. phys. Chem. Bd. 72, S. 216. 1910.

[2]) F. FOERSTER, ZS. f. phys. Chem. Bd. 69, S. 336. 1910. Hier auch ältere Literatur.

Temperaturerhöhung drückt ausnahmslos auch die Sauerstoffüberspannung stark herab. Über den Einfluß des Druckes liegen sichere Angaben nicht vor.

Bemerkenswert ist schließlich die Bedeutung der Elektrolytnatur. Während es bei geringen Stromdichten keinen großen Unterschied auszumachen scheint, ob etwa alkalische oder schwefelsaure Lösungen Verwendung finden, ist in manchen Fällen der weitere Verlauf der Stromdichte-Potentialkurven dadurch doch beeinflußt. Zusätze, namentlich von Fluor-, aber auch anderer Halogenionen, ergeben vielfach eine deutliche Steigerung des Anodenpotentials[1]).

38. Theorie der O_2-Überspannung. Die vielfachen Parallelen in der Gestaltung der Elektrodenpotentiale bei Wasserstoff- und Sauerstoffentwicklung legen von vornherein die Vermutung nahe, daß die Ursachen der Polarisation in beiden Fällen gleicher Art sind. So wird es für die Sauerstoffpolarisation als wahrscheinlich gelten können, daß die Vereinigung der primär nach

$$O^{--} - 2\ominus \rightarrow O \tag{113}$$

bzw.

$$2\,OH^- - 2\ominus \rightarrow O + H_2O \tag{114}$$

gebildeten Sauerstoffatome zu Molekeln

$$2\,O \rightarrow O_2 \tag{115}$$

derartige Verzögerung erleiden kann, daß eine Stauung von Sauerstoffatomen bis weit über deren Gleichgewichtskonzentration im gasförmigen Sauerstoff hinaus die Folge ist. Jedoch liegen zahlreiche Hinweise darauf vor, daß diese Annahme an sich zur Erklärung aller beobachteten Phänomene nicht ausreicht. Zu diesen Hinweisen sind vor allem zu zählen:

1. die Erfahrung, daß das experimentell bestimmte Ruhepotential des Sauerstoffs unter gewöhnlichen Bedingungen stets unter dem theoretisch zu erwartenden, thermodynamisch begründeten Werte bleibt, überdies sowohl zeitlichen Schwankungen ausgesetzt ist als auch mit dem Material der Ableitungselektrode veränderlich erscheint,

2. der über mehr oder minder lange Zeiträume, je nach dem Elektrodenmaterial, sich erstreckende Potentialabfall anodisch polarisierter Elektroden,

3. die ausgeprägten zeitlichen Änderungen der Überspannung bei gegebener Stromdichte.

Für alle diese Erscheinungen findet sich eine verhältnismäßig einfache Deutungsmöglichkeit[2]), wenn man annimmt, daß die primär entstehenden Sauerstoffatome zur Bildung höherer Metalloxyde Veranlassung geben:

$$M + x\,O \rightarrow MO_x, \tag{116}$$

die jedoch unter Lieferung von molekularem Sauerstoff mit von Metall zu Metall wechselnder Geschwindigkeit freiwillig in niedere Oxyde überzugehen bestrebt sind:

$$MO_x \rightarrow MO_{(x-2y)} + y\,O_2\,. \tag{117}$$

Diese Annahme würde nichts anderes bedeuten, als daß man den Mechanismus der katalytischen Wirkung von Metallen bei der Molisierung von O-Atomen in einer intermediären Bildung instabiler Oxyde erblickt. Der Reaktionsverlauf über derartige Zwischenprodukte müßte also größere Geschwindigkeit erreichen, als die mit außerordentlicher Trägheit behaftete direkte Vereinigung der Atome

---

[1]) E. Müller, ZS. f. Elektrochem. Bd. 10, S. 780. 1904; E. Müller u. A. Scheeler, ZS. f. anorg. Chem. Bd. 48, S. 112. 1905.

[2]) F. Foerster, ZS. f. phys. Chem. Bd. 69, S. 336. 1910.

zu Molekeln. Eine solche Vorstellung bietet nichts Überraschendes, da in der Tat ähnliche Zwischenreaktions-Katalysen mit Sicherheit bekannt sind. Nur bei genügender, theoretisch unendlich großer Geschwindigkeit aller in Betracht kommenden Vorgänge (auch der rückläufigen):

$$M + x\,O \rightarrow MO_x \rightarrow MO_{(x-2y)} + y\,O_2 \tag{118}$$

würde die jeweilige O-Konzentration an der Elektrodenoberfläche der Gleichgewichtskonzentration im gasförmigen Sauerstoff entsprechen, die Überspannung also Null sein. Eine Verzögerung im Ablauf auch nur eines der Teilvorgänge müßte zu einem Überschreiten des reversiblen Sauerstoffpotentials Veranlassung geben, solange man Grund hat zu der Annahme, daß der freie Energieinhalt des höheren Oxyds über dem des gasförmigen Sauerstoffs liegt. Ist dies letztere nicht der Fall, so würde immer noch eine Verzögerung des ersten Teilvorgangs den gleichen Erfolg zeitigen. Im allgemeinen neigt man zu der Auffassung, daß die Einstellung des Gleichgewichts zwischen Elektrodenmetall, Sauerstoffatomen und Primäroxyd relativ rasch verläuft und die wesentlichen Hemmungen in dem anschließenden Vorgang der Bildung von molekularem Sauerstoff und niederem Oxyd zu suchen sind. Die zur Beobachtung gelangenden Potentiale können demnach mit Recht als Oxydpotentiale bezeichnet werden, nur ist weiterhin zu berücksichtigen, daß sie keineswegs den reinen Oxyden zuzukommen brauchen, vielmehr bei einer Löslichkeit der Oxyde im Elektrodenmaterial auch durch deren aktuelle Konzentration mitbedingt sein müssen.

So wäre insbesondere der stetige Abfall des Potentials sich selbst überlassener, vorher anodisch polarisierter Elektroden auf die langsame, stetige Verminderung der Oxydkonzentration in der Oberfläche des Elektrodenmaterials — bedingt durch den langsamen Zerfall dieses Oxyds in molekularen Sauerstoff und energieärmere Oxyde — zurückzuführen. Ob bei Erhöhung der Stromdichte und damit der Geschwindigkeit der O-Bildung nur die Konzentration des Primäroxyds eine Steigerung erfährt oder ob unter Umständen auch fortschreitend höhere, energiereichere Oxyde sich bilden, könnte nur von Fall zu Fall aus den Eigenschaften der etwa in Frage kommenden Oxyde entschieden werden. Auch ist dies relativ belanglos, da beide Möglichkeiten der beobachteten Erhöhung der Überspannung mit steigender Stromdichte würden gerecht werden können.

Das zeitliche Anwachsen der Überspannung findet auf dem Boden der „Oxydtheorie" eine einleuchtende Erklärung in der Annahme, daß die allmähliche Anreicherung niederer, ebenfalls vom Elektrodenmaterial aufgenommener Oxyde, die Löslichkeit des Primäroxyds herabsetzt, wodurch die einer bestimmten Primäroxydkonzentration entsprechende freie Energie der Lösung naturgemäß erhöht wird und damit auch die mit ihr im Gleichgewicht stehende O-Konzentration.

Dieser Sachverhalt könnte auch für das bei Wasserstoffentwicklung mehrfach beobachtete gleichartige Phänomen eine analoge Erklärung und die Annahme von Hydriden als instabilen Zwischenprodukten nahelegen (vgl. Ziff. 35).

Daß das „Ruhepotential" des Sauerstoffs unter dem Gleichgewichtswert bleibt, liegt bei Zutreffen der Oxydtheorie auf der Hand. Der atomare Anteil gasförmigen Sauerstoffs wird zur Bildung energiearmer Oxyde bzw. fester Oxydlösungen verbraucht. Wenn auch die Primäroxyde unter Lieferung molekularen Sauerstoffs weiter zerfallen sollten, würde dieser doch nur mit unzureichender Geschwindigkeit dissoziieren können, so daß in der Elektrodenoberfläche ein gegenüber der Gleichgewichtskonzentration stets verminderter Anteil atomaren Sauerstoffs anzunehmen ist. Da je nach dem Elektrodenmaterial die Eigenschaften der in Rede stehenden Oxyde andere sein werden, ist die Verschiedenheit der unter sonst gleichen Bedingungen an verschiedenen Metallen beobachteten „Sauerstoff“-Potentiale nicht erstaunlich.

Zu zeitlich konstanten Potentialwerten würde man immer dann kommen, sowohl an arbeitenden wie an „ruhenden“ Elektroden, wenn die in der Zeiteinheit gebildeten und zerfallenden Mengen des potentialbedingenden Oxyds gleich geworden sind, und außerdem die Konzentration eines etwaigen niederen Oxyds zu einem Grenzwert gelangt ist, was entweder durch Erreichen einer Sättigungsgrenze oder auch dadurch ermöglicht ist, daß praktisch schließlich allein dieses niedere Oxyd der Akzeptor für die immer neu gebildeten O-Atome ist. Solche zeitlichen Grenzwerte des Anodenpotentials sind in einzelnen Fällen tatsächlich erreicht, in anderen hat man den Vorgang nicht bis zu ihrem Eintreten verfolgt. Niemals aber handelt es sich dabei um Gleichgewichtspotentiale des gasförmigen Sauerstoffs, vielmehr sind diese konstanten Werte nichts als Anzeichen dafür, daß stationäre Zustände an der Elektrodenoberfläche eingetreten sind.

Daß schließlich auch die Diffusionsgeschwindigkeiten des Sauerstoffs bzw. etwaiger Oxyde in dem Elektrodenmaterial eine Rolle bei der zeitlichen Potentialeinstellung spielen müssen, braucht kaum betont zu werden. Eingehender ist diese Seite der Angelegenheit aber bisher nicht behandelt.

Notwendig für die sichere Begründung der entwickelten Oxydtheorie ist der Nachweis, daß wirklich Oxyde der geforderten Eigenschaften existieren. Darin ist man in einigen näher untersuchten Fällen durchaus erfolgreich gewesen. So sind, um nur Beispiele zu nennen, von Cu[1]), Ni[2]), Co[3]), Fe[4]) und Pt[5]) höhere Oxyde bekannt, die freiwillig Sauerstoff abgeben und dementsprechend, soweit gemessen, Potentiale zeigen, die hoch genug liegen, um auf sie die hohen anodischen Polarisationen zurückzuführen, die bei der Sauerstoffentwicklung beobachtet werden. Besonders eingehend ist das Platin untersucht. Wöhler[5]) hat auf elektrolytischem Wege Alkalisalze einer höheren Platinsauerstoffsäure hergestellt, die beim Behandeln mit Säure das Anhydrid PtO_3 liefern, welches in Berührung mit Wasser in Sauerstoff und das Hydrat des PtO_2 zerfällt. Die Sauerstoffentwicklung läßt dabei allmählich nach, was am plausibelsten der Bildung fester Lösungen von PtO_3 und PtO_2 zugeschrieben wird, womit die gleichzeitige stetige Abnahme des Anfangspotentials $E_h = +1{,}5$ Volt (gegen 2 n-H_2SO_4), in bestem Einklang steht. Den gleichen Anfangswert und gleichen Verlauf des Potentials zeigen anodisch vorpolarisierte Elektroden aus platiniertem Platin, PtO und PtO_2 in demselben Elektrolyten[6]). Die Gleichgewichtspotentiale von PtO_2 und PtO in 2 n-H_2SO_4 liegen wahrscheinlich bei etwa $E_h = +1{,}05$ Volt bzw. in der Nähe von $E_h = +1{,}09$ Volt. Alle an Sauerstoffelektroden beobachteten Potentiale bis hinauf zu $E_h = +1{,}5$ Volt (in 2 n-H_2SO_4) ließen sich also durch Gegenwart einzelner bzw. mehrerer dieser Oxyde deuten. Für die höheren Überspannungen könnte die Wirksamkeit eines noch energiereicheren, bisher nicht isolietern Oxyds, etwa PtO_4, zu Hilfe genommen werden, sofern man nicht annehmen will, daß das Gleichgewichtspotential des PtO_3 höher als $E_h = +1{,}5$ Volt liegt, und daß dieser immer wieder gemessene Wert einem teilweisen Zerfall des reinen Oxyds entspricht.

---

[1]) E. Müller, ZS. f. Elektrochem. Bd. 13, S. 133. 1907; ZS. f. anorg. Chem. Bd. 54, S. 417. 1907; E. Müller u. F. Spitzer, ZS. f. Elektrochem. Bd. 13, S. 25. 1907.

[2]) F. Foerster, ZS. f. Elektrochem. Bd. 13, S. 414. 1907.

[3]) W. Manchot, ZS. f. anorg. Chem. Bd. 27, S. 420. 1901.

[4]) L. Wöhler, ZS. f. Elektrochem. Bd. 15, S. 773. 1909; ZS. f. phys. Chem. Bd. 62, S. 670. 1908.

[5]) G. Grube, ZS. f. Elektrochem. Bd. 16, S. 621. 1910.

[6]) E. Müller, ZS. f. Elektrochem. Bd. 6, S. 573. 1900; Bd. 7, S. 750. 1901; Bd. 8, S. 426. 1902.

Wenn somit auch noch nicht alle Einzelheiten, die bei der elektrolytischen Sauerstoffentwicklung ins Auge fallen, geklärt sind, ist die dargelegte Theorie, obwohl sie vorwiegend qualitativen Charakter trägt, doch bereits so fruchtbringend gewesen, daß an ihrer Berechtigung kaum noch zu zweifeln ist.

Daneben haben auch so ziemlich alle anderen, beim Wasserstoff besprochenen Theorien gelegentlich Anwendung auf die O_2-Überspannung gefunden, aber weder kommen ihre Leistungen an die der Oxydtheorie heran, noch sind ihre Grundlagen so relativ sichere wie bei dieser.

39. Die Potentiale bei anodischer Halogenentwicklung. Die Zersetzungsspannungen der Halogenwasserstoffsäuren an Platinelektroden ergeben sich, wie in Ziff. 11 ausgeführt wurde, durchweg ein wenig niedriger, als die aus Normalpotentialen berechneten Sättigungspolarisationen. Die weitere Verfolgung der Stromspannungskurven zeigte jedoch, daß auch die anodische Abscheidung der Halogene unter Umständen erhebliche Überspannungen erfordert[1]). An platiniertem Platin lassen sich zwar Jod-, Brom- und Chlorionen (über Fluor liegen eingehendere Untersuchungen nicht vor) in sauren Lösungen reversibel entladen, jedoch findet sich beim Chlor bei etwas höheren Stromdichten schon ein langsames Anwachsen des Anodenpotentials bei länger dauernder Elektrolyse. Sehr viel deutlicher treten Verzögerungen der Chlorentwicklung an glatten Platinanoden in Erscheinung. Abb. 20 zeigt in Kurve I den typischen Zusammenhang von Stromdichte und Anodenpotential an solchen Elektroden. Bereits unterhalb des reversiblen Chlorpotentials, $E_h = +1{,}36$ Volt, steigt die Stromdichte merklich an, wächst weiterhin stetig (auch beim Durchschreiten des Wertes $E_h = +1{,}36$ Volt), um dann eine Zeitlang fast konstant zu bleiben und erst bei Potentialen über $+1{,}9$ Volt eine abermalige starke Steigerung zu erfahren. Je weniger H-Ionen der Elektrolyt enthält, um so eher erfolgt das Umbiegen der Kurve zum annähernd horizontalen Teil, wie das Beispiel für 1 n-NaCl-Lösung (Kurve II, Abb. 20) zeigt. Denselben Erfolg zeitigt langsamere Steigerung der Badspannung. Vermindert man nach Erreichen des letzten steilen Anstiegs die Stromdichte wieder, so finden sich für gegebene Werte dieser deutlich höhere Anodenpotentiale als vorher. Man erhält so die Kurve III, der sich die aufsteigenden Kurven bei genügend langem Warten und dann offenbar um so schneller annähern, je geringer die H^+-Konzentration der Lösung ist. Eine dauernde stärkere Chlorentwicklung erfordert demnach Überspannungen von mindestens etwa $+0{,}6$ Volt an glattem Platin. Einen Hinweis zur Deutung dieser Erscheinungen liefert die Beobachtung, daß an platinierten Platinelektroden, die in chlorfreien Elektrolyten (H_2SO_4) anodisch vorpolarisiert wurden, die bei anschließender Chlorentwicklung sich einstellenden Potentiale in gleichen Zeiten höhere Werte erreichen als ohne solche Vorbehandlung. Es liegt nahe, diesen Effekt auf die Bildung von Platinoxyden zu schieben und dann auch die beträchtlichere Polarisation an glattem Platin auf diese Ursache zurück-

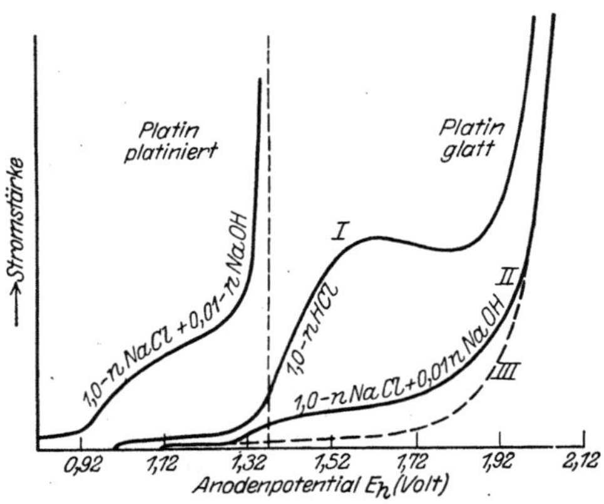

Abb. 20. Potentiale der Chlorentwicklung an Platinelektroden.

[1]) Siehe Fußnote 6 S. 603.

zuführen[1]). Gerade der beobachtete Einfluß der H^+-Konzentration stützt diese Auffassung sehr, da ja bei deren Verringerung, die gleichbedeutend ist mit einer Erhöhung der OH^--Konzentration, die Mitentladung dieser letzteren immer mehr erleichtert wird.

Man hätte sich also vorzustellen, daß analog den Verhältnissen bei Wasserstoff und Sauerstoff die Vereinigungsgeschwindigkeit der primär entstehenden Chloratome zu Molekeln eine beschränkte ist, daß sie durch Platin als Katalysator zwar genügend beschleunigt werden kann, um bei nicht zu hohen Stromdichten eine annähernd reversible Entladung zu gestatten, daß aber die Anreicherung von Oxyden in der Elektrodensubstanz deren katalytische Wirkungstark beeinträchtigt. In gutem Einvernehmen mit dieser Hypothese werden die anodischen Polarisationen in der Reihenfolge Chlor, Brom, Jod fortschreitend schwächer. Die Normalpotentiale werden in gleicher Reihenfolge

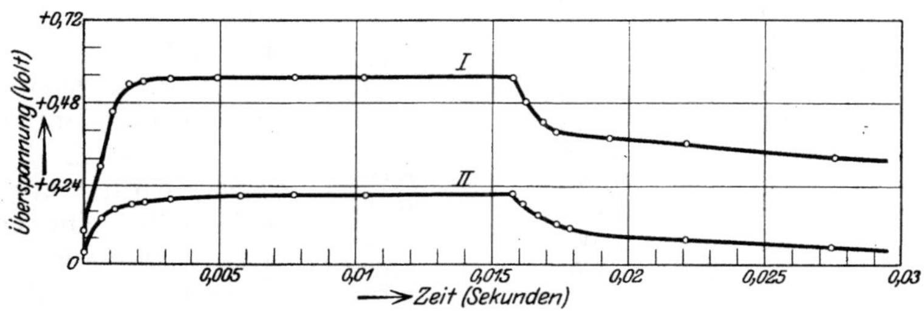

I C 10 mA/cm². *II Pt* (glatt) 10 mA/cm².

Abb. 21. Zeitliche Ausbildung und Abfall der Cl_2-Überspannung.

edler, so daß die möglichen Sauerstoff- bzw. Oxydkonzentrationen in der Elektrodenoberfläche, die diesen Werten entsprechen, ebenso abnehmen. Die Entladung des Bromions in neutraler Bromidlösung erfordert Überspannungen von nur etwa +0,3 Volt[2]) (gegen etwa +0,6 Volt bei Chlor), deren voller Wert aber erst nach längerer Elektrolysendauer erreicht wird, während Jod unter gleichen Bedingungen praktisch reversibel sich bildet. In alkalischen Lösungen ist allerdings auch beim Jod ein zeitliches Anwachsen des Anodenpotentials über den reversiblen Wert hinaus festzustellen[3]).

Über die an anderem Elektrodenmaterial auftretenden Überspannungen ist nur wenig Sicheres bekannt. Nach einer Beobachtung von LUTHER und BRISLEE[4]) scheint die Chlorentwicklung aus saurer Lösung an Iridium annähernd reversibel zu erfolgen, was mit der geringeren O_2-Überspannung an diesem Material in Übereinstimmung ist.

Außer den beschriebenen langsamen zeitlichen Änderungen tritt auch bei den Halogenen der sehr rasche Potentialabfall nach Unterbrechung des polarisierenden Stromes auf, wie er bei H_2 und O_2 zur Beobachtung kam (Abb. 21[5]) (vgl. dazu Ziff. 27). Die von NEWBERY[6]) nach der Kommutatormethode gemessenen Chlorüberspannungen dürften demnach ebensowenig Zuverlässigkeit beanspruchen, wie in den früher besprochenen Fällen.

---

[1]) R. LUTHER u. F. J. BRISLEE, ZS. f. phys. Chem. Bd. 45, S. 216. 1903; G. PFLEIDERER, ebenda Bd. 68, S. 49. 1909; F. FOERSTER, ZS. f. Elektrochem. Bd. 22, S. 86. 1916.

[2]) F. BOERICKE, ZS. f. Elektrochem. Bd. 11, S. 71. 1905.

[3]) F. FOERSTER, ZS. f. Elektrochem. Bd. 22, S. 86. 1916.

[4]) R. LUTHER u. F. J. BRISLEE, ZS. f. phys. Chem. Bd. 45, S. 216. 1903.

[5]) M. KNOBEL, Journ. Amer. Chem. Soc. Bd. 46, S. 2613. 1924.

[6]) E. NEWBERY, Journ. chem. soc. Bd. 119, S. 477. 1921.

40. Experimentelle Beobachtungen bei der kathodischen Metallabscheidung. Äußerst verbreitet und zum Teil recht komplizierter Natur sind Hemmungen auch bei der kathodischen Abscheidung der Metalle. Allerdings erreichen die hier beobachteten Überspannungen vielfach erst bei nennenswerten Stromdichten merkliche Beträge. Da andererseits — geeignete Wahl der Anode vorausgesetzt — die bei Metallionenentladung auftretenden Restströme, also auch die Stromdichten bei Beginn dauernder Abscheidung, gering bleiben, ist es nicht verwunderlich, daß die an diesem Punkte bestimmten Potentiale sich fast durchweg in guter Übereinstimmung mit der „Sättigungspolarisation" befinden, daß mit anderen Worten die kathodische Metallabscheidung unter geeigneten Bedingungen reversibel möglich ist.

Tabelle 37. Überspannung bei der Abscheidung von Kupfer aus zyankalischen Lösungen.

Molare Konzentration von CuCN	KCN	Stromdichte (Amp/cm²)	ε (Volt)
0,1	0,1	0,001	−0,06
—	—	0,003	−0,07
—	—	0,005	−0,11
—	—	0,010	−0,29
0,1	0,15	0,001	−0,11
—	—	0,003	−0,44
—	—	0,005	−0,59
—	—	0,010	−0,74
0,1	0,2	0,001	−0,18
—	—	0,003	−0,51
—	—	0,005	−0,56
—	—	0,010	−0,60
0,1	0,4	0,001	−0,27
—	—	0,003	−0,31
—	—	0,005	−0,32
0,1	0,6	0,001	−0,23
—	—	0,003	−0,26
—	—	0,005	−0,28

Tabelle 38. Überspannung bei der Abscheidung von Zink aus zyankalischen Lösungen.

Molare Konzentration von $Zn(CN)_2$	KCN	Stromdichte (Amp/cm²)	ε (Volt)
0,1	0,2	0,001	−0,09
—	—	0,003	−0,22
—	—	0,005	−0,37
—	—	0,010	−0,49
0,1	0,3	0,001	−0,37
—	—	0,003	−0,51
—	—	0,005	−0,52
—	—	0,010	−0,56

Doch zeigen die bisher vorliegenden Untersuchungen, daß bei höherer Stromdichte nur in Ausnahmefällen eine chemische Polarisation ausbleibt. Mit Sicherheit scheint dies nur bei der Abscheidung von Blei und Quecksilber aus ihren einfachen Salzen, vorzugsweise ihren Nitraten, der Fall zu sein[1]). Schon beim Ersatz des Bleinitrats durch Bleiazetat steigt das Kathodenpotential mit wachsender Stromdichte deutlich an[2]).

Überhaupt hat die Zusammensetzung des Elektrolyten auf die Überspannung der Metalle fast stets einen bedeutenden Einfluß. So sind besonders hohe Überspannungen zu beobachten bei der Abscheidung von Metallen aus den Lösungen ihrer Komplexsalze. Tabelle 37 und 38 zeigen eingehend untersuchte Beispiele für zyankalische Lösungen von Kupfer- und Zinkzyanid[3]).

Man erkennt deutlich den Einfluß der Elektrolytzusammensetzung. Bei Kupfer steigen mit zunehmendem Gehalt an KCN die Überspannungen zunächst stark an, um nach Erreichung eines Maximums, das je nach der Stromdichte bei 2,0 oder 1,5 Molen KCN auf 1 Mol CuCN liegt, wieder abzufallen. Beim Zink dagegen

[1]) M. LE BLANC, Abhandlgn. d. D. Bunsen-Ges. Nr. 3. Halle 1910.
[2]) D. REICHINSTEIN, ZS. f. Elektrochem. Bd. 16, S. 928. 1910.
[3]) F. SPITZER, ZS. f. Elektrochem. Bd. 11, S. 345. 1905.

scheint die Steigerung der KCN-Konzentration eine eindeutige Erhöhung der Überspannung zu verursachen.

Bei der Abscheidung anderer Metalle aus Zyanid- und auch sonstigen Komplexsalzen — untersucht sind vor allem komplexe Oxalate und sulfosaure Salze — treten zwar im allgemeinen kleinere, aber ebenfalls deutliche Überspannungen auf.

Abgesehen von den Eisenmetallen, die unten näher besprochen werden, liegen die Potentiale bei Abscheidung aus einfachen Salzen stets den reversiblen Werten näher als die bei Verwendung von Komplexsalzen. Daß immerhin auch in nichtkomplexen Elektrolyten erhebliche Hemmungen sich bemerkbar machen können, dafür ist wieder Kupfer, etwa in Kupfersulfat, ein gutes Beispiel[1]). Die Abb. 22 und 23 lassen erkennen, daß mit fallender Kupfer- und steigender Säurekonzentration des Elektrolyten die Überspannungen anwachsen, bei der höchsten in Tabelle 37 verzeichneten Stromdichte von 0,01 Amp/cm² aber meist unter 0,1 Volt sich bewegen. Es erwies sich bei den Versuchen mit Kupfersulfat, um gut reproduzierbare Werte zu erhalten, als notwendig, sehr sorgfältig gereinigtes Salz zu verwenden. Bei Benutzung von käuflichem Kupfersulfat traten nicht nur Hysteresiserscheinungen auf derart, daß die bei steigenden, bzw. fallenden Stromdichten gemessenen Potentialkurven starke Unterschiede zeigten, auch der Einfluß der Salzkonzentration war völlig entgegengesetzt dem oben beschriebenen. Tabelle 39

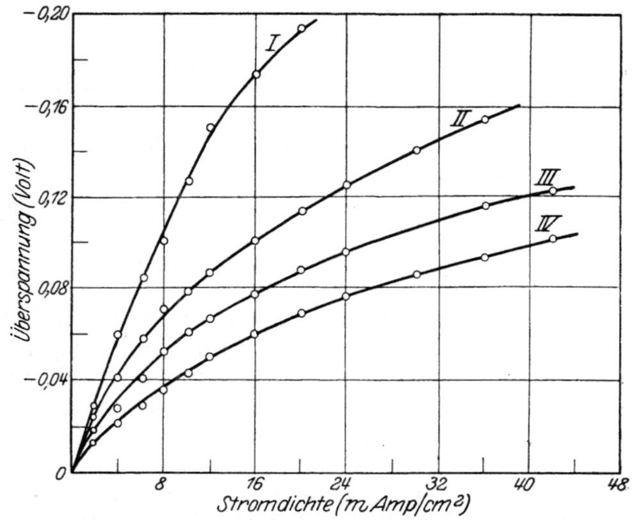

I 0,090 n-$CuSO_4$, 0,6 n-HSO_4. *III* 0,525 n-$CuSO_4$, 0,6 n-H_2SO_4.
II 0,275 n-$CuSO_4$, 0,6 n-H_2SO_4. *IV* 1,000 n-$CuSO_4$, 0,6 n-H_2SO_4.

Abb. 22.

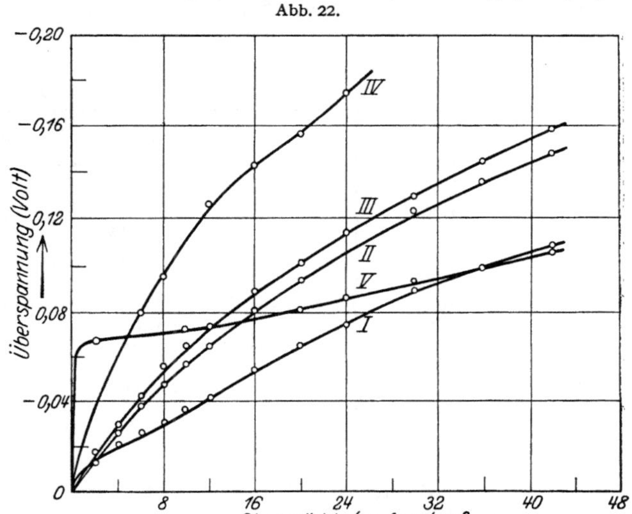

I 0,198 n-$CuSO_4$, 0,085 n-H_2SO_4. *III* 0,208 n-$CuSO_4$, 0,971 n-H_2SO_4.
II 0,222 n-$CuSO_4$, 0,520 n-H_2SO_4, *IV* 0,206 n-$CuSO_4$, 2,026 n-H_2SO_4.
V 0,200 n-$CuSO_4$ neutral.

Abb. 23.

Abb. 22 und 23. Überspannung des Kupfers in Abhängigkeit von Stromdichte und Elektrolytzusammensetzung.

[1]) D. Reichinstein u. A. Zieren, ZS. f. Elektrochem. Bd. 19, S. 530. 1913.

zeigt weiter die Änderung der Überspannung durch Zusätze von Sulfaten unedler Metalle zu Lösungen, deren Gehalt an Kupfersulfat und Schwefelsäure annähernd konstant war.

Tabelle 39. Überspannung (in Volt) von Kupfer in 0,1 n-H_2SO_4 + 0,2 n-$CuSO_4$ bei verschiedenen Zusätzen. Stromdichte: 0,02 Amp/cm².

Zusatz	Konzentration des Zusatzes			
	0	0,2 n	0,5 n	1,0 n
K_2SO_4 . . .	−0,093	—	−0,197	−0,213
Na_2SO_4 . . .	−0,122	−0,133	−0,172	−0,204
$(NH_4)_2SO_4$.	−0,104	−0,134	−0,166	−0,193
$MgSO_4$ . . .	−0,103	−0,114	−0,126	−0,154
$ZnSO_4$ . . .	−0,124	−0,152	−0,172	−0,192

Die in der ersten Zahlenspalte zu bemerkenden Unterschiede (bei der Zusatzkonzentration 0) sind wahrscheinlich Abweichungen in der experimentellen Anordnung zuzuschreiben. Maßgebend sind demnach nur die Differenzen zwischen diesen und den folgenden Zahlen einer jeden Reihe. Erhöhte Temperatur vermindert, wie ausnahmslos bei jeder chemischen Polarisation beobachtet, auch die Metallüberspannungen beträchtlich.

Einer besonderen Besprechung sind die bei den Metallen der Eisengruppe auftretenden Erscheinungen wert. Tabelle 40 gibt Abscheidungspotentiale des Eisens aus 1 n-Lösung von $FeSO_4$, die, um gut zusammenhängende Niederschläge zu geben, mit 0,5% Borsäure versetzt war[1]).

Tabelle 40. Abscheidungspotentiale des Eisens aus 1 n-$FeSO_4$-(0,5% H_3BO_3)-Lösung.

Stromdichte (mAmp/cm²)	0°	20°	50°	75°
9,1	—	—	−0,62	−0,561
4,55	—	—	−0,607	−0,549
2,27	—	−0,644	−0,589	−0,541
1,13	−0,701	−0,630	−0,576	−0,536
0,56	—	−0,618	—	—
0,45	−0,683	−0,616	−0,566	−0,529
0,28	—	−0,610	—	—
0,227	−0,668	−0,606	−0,556	−0,519
0,135	—	−0,600	—	—
0,113	−0,653	−0,594	−0,542	−0,486
0,076	—	—	−0,514	−0,466
0,057	−0,635	−0,573	−0,490	−0,436

Das Normalpotential des Eisens (gegen Fe^{++}) beläuft sich auf ${}_0E_h =$ −0,46 Volt bei Zimmertemperatur. Es fällt auf, daß die Abscheidungspotentiale sich schon bei geringen Stromdichten weit von diesem Wert entfernen. Unter den gleichen Bedingungen erreicht die Überspannung bei anderen als den Eisenmetallen gegen Lösungen nichtkomplexer Salze kaum einige Millivolt. Für Nickel[2]) und Kobalt[3]) liegen die Verhältnisse ebenso wie bei Eisen, nur sind die Zahlenwerte der Polarisation andere, bei Nickel größer, bei Kobalt kleiner. Bei allen drei Metallen ist auch der Einfluß der H^+-Konzentration der gleiche: Erhöhung bedingt Wachsen der Überspannung, im allgemeinen um so deutlicher,

[1]) F. FOERSTER, Abhandlgn. d. D. Bunsen-Ges. Nr. 2. Halle 1909.
[2]) A. SCHWEITZER, ZS. f. Elektrochem. Bd. 15, S. 602. 1909.
[3]) R. SCHILDBACH, ZS. f. Elektrochem. Bd. 16, S. 967. 1910.

je höher die in neutraler Lösung an sich erreichte Polarisation schon ist. Ähnliches gilt für andere Elektrolytzusätze. Näher untersucht ist z. B. die Wirkung von Zinkzusätzen[1]). Auch zeitliche Veränderungen übereinstimmender Natur werden beobachtet. Die für eine bestimmte Stromdichte anfangs sich einstellenden Potentiale gehen im Verlauf von 15 bis 20 Minuten um kleine Beträge, höchstens einige Zentivolt, zurück, um erst dann konstant zu bleiben.

Auffallend unterscheiden sich die Eisenmetalle in ihrem Verhalten von anderen durch die bemerkenswerte Tatsache, daß sie die bei ihrer Abscheidung auftretenden Potentiale auch nach Unterbrechung des Stroms, selbst nach ihrer Übertragung in frische Lösungen, nur allmählich verlassen und erst nach längerer Zeit, Stunden oder gar Tagen, das Gleichgewichtspotential erreichen[2]). Elektrolytisch dargestelltes Eisen zeigt in Übereinstimmung damit stets relativ unedle Potentiale, die nur langsam in Berührung mit dem Elektrolyten auf den reversiblen Wert sich einstellen. Andererseits wird dieser von anderen Eisensorten von der Seite zu edler Potentiale her, und zwar ebenso langsam, erreicht. Diese Eigentümlichkeit erinnert an die bei der Sauerstoffüberspannung beschriebenen Erscheinungen.

41. Verzögerte Ionennachlieferung in Komplexsalzlösungen. Der bei der Metallüberspannung besonders große Einfluß der Elektrolytnatur legt die Vermutung nahe, daß hier die Ursache für die beobachteten Erscheinungen wenigstens zum Teil in der flüssigen Phase zu suchen ist. Diesen Weg der Deutung hat man in der Tat nicht ohne Erfolg beschritten. Im Sinne der Ausführungen in Ziff. 33 läuft diese Annahme auf eine Ionenkonzentrationspolarisation hinaus. Da es sich jedoch um Diffusionsvorgänge nicht handeln kann — dazu sind die Effekte zu groß, auch sei an die praktische Unabhängigkeit der Stromspannungskurven von der Rührgeschwindigkeit und die hohen Temperaturkoeffizienten in diesen Fällen erinnert — bleibt nur die Möglichkeit, daß die Nachlieferung der Ionen infolge chemischer Vorgänge verzögert erfolgt.

Speziell für Komplexsalzlösungen bietet diese Auffassung keine Schwierigkeiten. In zyankalischen Lösungen von CuCN z. B. hat man vorwiegend Ionen $[Cu(CN)_3]^{--}$ und $[Cu(CN)_4]^{---}$ anzunehmen, die letzteren um so reichlicher, je größer der relative Gehalt der Lösungen an KCN ist. Neben diesen komplexen Ionen sind nur winzige Konzentrationen des elementaren Cu^+ im Gleichgewicht möglich. Die Komplexkonstante des Ions $[Cu(CN)_4]^{---}$ (vgl. Kap. 13 Ziff. 29) ist bestimmt worden zu

$$K_{\text{Kompl}} = \frac{c_{[Cu(CN)_4]^{---}}}{c_{Cu^+} \cdot c^4_{CN^-}} = 2 \cdot 10^{27}. \qquad \text{(bei Zimmertemperatur)}^{3)}$$

In einer Lösung, die an komplexem Zyanid 0,1-molar, an KCN 1-molar ist, entspricht das einer Konzentration von freiem Cu^+:

$$c_{Cu^+} = 5 \cdot 10^{-29} \text{ Mol/Liter.}$$

Diese ungeheuer kleinen Ionenmengen werden auch schon bei geringen Stromdichten rasch entladen werden. Falls die Aufspaltung der komplexen Ionen nicht mit außerordentlicher Geschwindigkeit erfolgt, muß an der „arbeitenden" Elektrode die Cu^+-Konzentration dauernd hinter dem Gleichgewichtswert zurückbleiben, um so mehr natürlich, mit je höherer Stromdichte gearbeitet wird: die Ionenkonzentrationspolarisation ist gegeben. Ergebnisse einer Untersuchung von

[1]) F. Foerster, ZS. f. Elektrochem. Bd. 22, S. 93. 1916.
[2]) Th. Richards u. G. E. Behr, ZS. f. phys. Chem. Bd. 58, S. 301. 1907.
[3]) G. Kunschert, ZS. f. anorg. Chem. Bd. 41, S. 359. 1904.

LE BLANC und SCHICK[1]) liefern eine ausgezeichnete Stütze dieser Ansicht. Legt man an zwei Kupferelektroden in konzentrierter KCN-Lösung einen Gleichstrom an, so geht Kupfer anodisch dem FARADAYschen Gesetz entsprechend in Lösung, kathodisch aber wird, solange die Lösung noch nicht allzuviel Kupfer aufgenommen hat, Wasserstoff abgeschieden. Bei der minimalen Cu^+-Konzentration tritt dieser letztere Vorgang leichter als Cu-Bildung ein. An diesem Ergebnis ändert sich nichts, wenn der Gleichstrom durch Wechselstrom mit Frequenzen bis zu etwa 1000 in der Minute ersetzt wird. Jeder anodische Stromstoß bringt quantitativ an beiden Elektroden Kupfer in Lösung, durch jeden kathodischen Stromstoß werden nur Wasserstoffionen entladen. Steigert man aber die Frequenz des Wechselstroms weiter, so bleibt die sich auflösende Kupfermenge hinter der vom FARADAYschen Gesetz geforderten zurück, erreicht z. B. (bei einer Stromdichte von 0,0069 Amp/cm[2]) nur noch etwa 40% bei 8000 Wechseln und rund 7% bei 36800 Wechseln in der Minute. Von allen Deutungsversuchen hat sich am wahrscheinlichsten der erwiesen, der eine Verzögerung der Reaktion primär gebildeter Cu^+ mit den Zyanionen, also eine endliche Geschwindigkeit der Komplexbildung

$$Cu^+ + 4\,CN^- \rightarrow [Cu(CN)_4]^{---} \qquad (119)$$

annimmt. Dann wird aber auch der umgekehrte Vorgang mit beschränkter Geschwindigkeit verlaufen müssen, mithin unter Bedingungen, bei denen kathodische Abscheidung von Cu^+ überhaupt erfolgt (in kupferreicheren Zyanidlösungen), ein Zurückbleiben der Cu^+-Konzentration hinter ihrem Gleichgewichtswert die Folge sein. Ähnliche Erfahrungen wie mit Kupfer wurden auch an Zinkelektroden gemacht, während z. B. an Silber und Cadmium keinerlei Verzögerung der Komplexbildung beobachtet werden konnte. In Parallele damit treten auch bei der Abscheidung von Zink aus zyankalischer Lösung beträchtliche, bei Silber und Kadmium dagegen nur geringfügige Überspannungen auf.

Auch der in Tabelle 37 und 38 (Ziff. 40) zum Ausdruck kommende Einfluß der KCN-Konzentration auf die Überspannung läßt sich so teilweise deuten. Der Gleichung (119) entsprechend nimmt die Konzentration des elementaren Metallions mit steigendem Gehalt an KCN ab, wodurch die Wirkung der beschränkten Nachlieferungsgeschwindigkeit bei gleicher Stromdichte natürlich deutlicher zutage treten, die Überspannung also wachsen muß. Beim Zink ist dieser Einfluß rein zu erkennen, das für Kupfer auftretende Maximum des Einflusses scheint darauf hinzudeuten, daß hier ein anderer, die Überspannung erniedrigender Effekt gleichzeitig wirksam ist.

Man könnte versucht sein, eine verzögerte Ionennachlieferung auch zur Erklärung der chemischen Polarisation in nichtkomplexen Ionenlösungen anzunehmen. Eine endliche Geschwindigkeit der Dissoziation des Ionenbildners kommt dabei allerdings kaum in Betracht. Bei der weitgehenden Spaltung etwa des Kupfersulfats in Lösungen der untersuchten Konzentrationen (vgl. Kap. 13) müßte eine dadurch hervorgerufene Ionenverarmung in ihrer Wirkung hinter der durch Diffusionserscheinungen geregelten weit zurückbleiben, während ja gerade daraus auf chemische Polarisation geschlossen wird, daß die in den fraglichen Fällen beobachteten Effekte wesentlich größer sind als sie auf Grund der gesicherten Theorie der Diffusionspolarisation (Abschn. c) erwartet werden können. Voraussetzung dafür, daß geringe Ionenbildungsgeschwindigkeit (in der flüssigen Phase) als Ursache der chemischen Polarisation angesehen werden kann, ist

[1]) M. LE BLANC u. K. SCHICK, ZS. f. phys. Chem. Bd. 46, S. 213. 1903. ZS. f. Elektrochem. Bd. 9, S. 636. 1903.

also stets eine im Vergleich zur Konzentration des Ionenbildners (der auch Komplexion sein kann) geringe Ionenkonzentration.

Man hat deshalb — besonders LE BLANC[1]) hat diese Deutung vertreten — auf die Hypothese der Ionenhydrate zurückgegriffen. Stellt man sich mit dieser auf den Standpunkt, daß in wässeriger Elektrolyten vorzugsweise hydratisierte Ionen im Gleichgewicht mit nur geringen Mengen freier Ionen vorhanden sind, dann ist allerdings die Sachlage genau die gleiche wie etwa in den zyankalischen Lösungen. Ein hydratisiertes Ion ist ja nichts anderes als ein Komplexion, das bei nicht genügend großer Aufspaltungsgeschwindigkeit dasselbe Verhalten wie die Metallzyanidkomplexe zeigen wird. Bei dem gegenwärtigen Stande der Ionenhydratfrage entbehrt eine solche Auffassung allerdings der gesicherten Grundlage.

Daß nicht alle Fälle von Metallüberspannung in dieser Weise erschöpfend gedeutet werden können, dafür ist vor allem das Verhalten des Eisens und der ihm verwandten Elemente ein Beweis. Die Tatsache, daß in Ferrosulfat kathodisch polarisiertes Eisen sein unedles Potential auch nach Übertragung in frischen Elektrolyten längere Zeit beibehält, macht es notwendig, hier die unmittelbare Ursache der Polarisation nicht in der flüssigen, sondern in der festen Phase anzunehmen.

42. Einfluß von Wasserstoffbeladungen auf das Potential der Eisenmetalle. Eine auf das besondere Verhalten der Eisenmetalle zugeschnittene Theorie hat FOERSTER[2]) entwickelt. Ausgehend von der Beobachtung, daß elektrolytisch dargestelltes Eisen stets wasserstoffhaltig ist und berücksichtigend, daß die bei elektromotorischer Betätigung des Eisens sich einstellenden Potentiale einen unverkennbaren Zusammenhang mit der Stärke der Wasserstoffbeladung zeigen, glaubt er in dieser Wasserstoffbeladung die Ursache des anormalen Verhaltens sehen zu dürfen.

Die unedlen Potentiale des Elektrolyteisens sind nach FOERSTER Wasserstoffpotentiale. Dank der Überspannung des Wasserstoffs ist bei dessen kathodischer Abscheidung die Möglichkeit der Entstehung energiereicher Hydride gegeben, die vermutlich mit dem Elektrodenmaterial eine homogene Phase bilden werden. In Berührung mit dem Elektrolyten erleiden diese Hydride einen langsamen Zerfall, dementsprechend wird das Elektrodenpotential langsam edler, ein Vorgang, der erst haltmachen wird, wenn das Wasserstoffpotential einen Wert erreicht hat, der dem Potential des Eisens gegen die Lösung seiner Ionen gleich ist. Diesem Zustande muß ein Hydrid von ganz bestimmtem Energieinhalt entsprechen. Bringt man Eisen, das durch Liegen an der Luft oder andere geeignete Vorbehandlung seine Wasserstoffbeladung verloren oder wenigstens verringert hat, in eine Ferroionen enthaltende Lösung, so wird das deren Konzentration entsprechende „Eisenpotential" Veranlassung zur Entladung von Wasserstoffionen geben, womit natürlich ein Übergang von metallischem Eisen in Fe^{++} verknüpft sein muß. Erfolgt dieser letztere Vorgang aus irgendeinem Grunde verzögert, so muß ein spontaner Potentialrückgang dieser arbeitenden Elektrode die Folge sein. Die an geeignet vorbehandelten Eisensorten beobachteten, relativ edlen Potentiale finden so ihre Erklärung. Da nun aber die zunehmende Beladung mit Wasserstoff die weitere Entladung von H^+ erschwert, geht auch die Zahl der in der Zeiteinheit in den Ionenzustand übergehenden Fe-Atome und damit die Polarisation zurück. Fortschreitende Wasserstoffpolarisation, denn eine solche bedeutet ja die Entstehung energie-

[1]) M. LE BLANC, Abhandlgn. d. D. Bunsen-Ges. Nr. 3. Halle 1910.

[2]) F. FOERSTER, ZS. f. Eletrochem. Bd. 22, S. 93. 1916; Abhandlgn. d. D. Bunsen-Ges. Nr. 2. Halle 1909.

reicher Hydride, hat die Verminderung der Eisenpolarisation im Gefolge. Ein konstantes Elektrodenpotential kann unter diesen Umständen erst erwartet werden, wenn die Hydridkonzentration einen solchen Wert erreicht hat, daß das durch ihn (zusammen mit der H^+-Konzentration des Elektrolyten) bestimmte Wasserstoffpotential dem Eisenpotential gleich geworden ist. Recht bemerkenswert ist, daß eine Elektrode in diesem Zustande, ihrem doppelten Charakter als Eisen- und Wasserstoffelektrode gemäß, sowohl auf Veränderung der Fe^{++}- wie der H^+-Konzentration des Elektrolyten anspricht. Die dennoch vorhandene Verschiedenartigkeit ihres Verhaltens in beiden Fällen gibt eine weitere Stütze für die Richtigkeit der zugrundeliegenden Voraussetzung einer Verzögerung der Fe^{++}-Bildung. Eine Veränderung der Fe^{++}-Konzentration führt zu einer nur langsamen Neueinstellung des Potentials, das in seinem nach mehreren Stunden erreichten Endwerte jedoch durchaus dem theoretisch geforderten entspricht. Eine Erhöhung der H^+-Konzentration hat dagegen eine rasche Potentialänderung nach edleren Werten zur Folge, die in ihrem Ausmaße etwa der an reversiblen Wasserstoffelektroden bekannten entspricht. Allmählich geht aber der zunächst erreichte Potentialwert in unedlere Gebiete zurück, bis die bei der ursprünglichen H^+-Konzentration vorhanden gewesenen Eigenschaften der Elektrode annähernd wieder erreicht sind. Offenbar stellt sich das der neuen H^+-Konzentration entsprechende Wasserstoffpotential bei unveränderter Hydridkonzentration schnell ein, wie es ja auch nach allem, was über das elektromotorische Verhalten des Wasserstoffs bekannt ist, erwartet werden muß. Nur langsam kann sich dagegen die Hydridkonzentration so vergrößern, daß das Wasserstoffpotential den alten, durch die Eigenschaften der Eisenelektrode geforderten Wert wieder erreicht. Hierzu ist eine verstärkte Wasserstoffentwicklung erforderlich, die in der oben dargelegten Weise durch die Eisenpolarisation gehemmt wird.

Sieht man die Summe dieser Beobachtungen als genügenden Beweis für eine verzögerte Ionenbildung des Eisens an, so ist damit eine Deutung der Überspannung bei kathodischer Eisenabscheidung gegeben, weil dann angenommen werden darf, daß auch der inverse Vorgang der Fe^{++}-Entladung mit endlicher Geschwindigkeit verläuft. FOERSTER vermutet nun weiter, daß die geringe Ionenbildungsgeschwindigkeit des Eisens diesem nicht als solchem eigentümlich, sondern erst eine Folge der Wasserstoffbeladung ist. Er schließt dies vor allem aus dem Ansteigen der Überspannung mit wachsender H^+-Konzentration des Elektrolyten. Zwingend erscheint dieser Schluß kaum, denn ein solcher Einfluß müßte nach den obigen Erörterungen, wegen Erhöhung der Hydridkonzentration bei gesteigertem H^+-Gehalt des Elektrolyten unter sonst gleichen Bedingungen an sich schon vorhanden sein. Daß der Effekt bei dem ersten geringen Säurezusatz zu neutralen Fe^{++}-Lösungen relativ größer ist als bei weiterer Steigerung des Zusatzes, was FOERSTER einer bald eintretenden Sättigung der Elektrode mit Wasserstoff zuschreibt, könnte auch ohne Schwierigkeiten daraus verständlich werden, daß ja tatsächlich der erste Zusatz von Säure eine relativ sehr viel größere Änderung der H^+-Konzentration bedeutet als die darauf folgenden.

Auf weitere Einzelheiten für und wider diese FOERSTERsche Theorie kann an dieser Stelle nicht eingegangen werden. Im großen ganzen scheint sie die dem Verhalten der Eisenmetalle — an Nickel und Kobalt sind qualitativ die gleichen Beobachtungen wie an Eisen gemacht — am besten sich anpassende zu sein. Es soll aber nicht verkannt werden, daß die Theorie über die eigentlich verzögerte Reaktion keinerlei Aussagen macht. Den Ausführungen der Ziff. 33 entsprechend wird man geneigt sein, den Vorgang der Ionenentladung (bzw. -bildung) selbst als momentan verlaufend anzusehen und an ungenügende Geschwindigkeit irgendeiner Zwischenreaktion auf dem Wege vom (evtl. hydratisierten) Ion zum kompakten Metall zu denken. Der ganze Verlauf der beschriebenen Erscheinungen macht es jedoch nicht sehr wahrscheinlich, daß die Verzögerung in dem Vorgang

$$\text{freies Ion} + \text{Wasser} \rightarrow \text{Ionenhydrat}$$

ihren Sitz hat. Daß gerade bei den Eisenmetallen hohe Polarisationen in allen untersuchten Salzlösungen, ob komplex oder nicht, auftreten, dürfte ebenfalls zu diesem Schluß führen. Welcher anderen Zwischenreaktion allerdings das erforderliche Verhalten zugeschrieben werden könnte, liegt noch im ungewissen. Am ehesten wäre wohl an eine Stauung der primär entstehenden Metallatome (denen ein relativ hoher Energieinhalt zuerteilt werden dürfte) infolge unzureichender Kristallisationsgeschwindigkeit zu denken (vgl. Ziff. 43).

Es muß aber noch erwähnt werden, daß die hier entwickelte Anschauung, worauf allem Anschein nach bisher niemals hingewiesen wurde, zu der Konsequenz führt, daß das Potential des Eisens in 1n-$FeSO_4$-Lösung, $E_h = -0{,}46$ Volt, d. h. der zeitlich konstante Endwert, von dem oben die Rede war, nicht notwendig ein Gleichgewichtspotential zu sein braucht. Eine Eisenelektrode entwickelt in diesem Zustande deutlich, wenn auch schwach, gasförmigen Wasserstoff, was natürlich nur auf Kosten einer entsprechenden Auflösung des Metalls im Elektrolyten möglich ist. Die Elektrode ist im Augenblick der Potentialmessung also keineswegs in Ruhe, vielmehr leistet sie, genau wie in einem geschlossenen galvanischen Element, eine gewisse Arbeit, eben die, welche zur Entladung der Wasserstoffionen erforderlich ist. Es wäre durchaus denkbar, daß, wenn die Möglichkeit der verzögerten Ionenbildung überhaupt zugegeben wird, eine der Elektrodenbeanspruchung entsprechende chemische Polarisation auch unter diesen Bedingungen schon vorliegt. Man dürfte also damit rechnen, daß das wahre Gleichgewichtspotential des Eisens bei negativeren Werten liegt als bisher angenommen.

Folgt man dieser Auffassung, dann müßte eine Abhängigkeit des als stationär zu bezeichnenden Eisenpotentials von der Azidität des Elektrolyten vorhanden sein. Es scheinen bisher keine Messungen vorzuliegen, die diesbezügliche sichere Schlüsse gestatten. Eine Verfolgung der Angelegenheit könnte vermutlich nicht nur zu einer Entscheidung über die Zulässigkeit der FOERSTERschen Überlegungen, sondern auch zu einer Festlegung des thermodynamischen Eisen-Normalpotentials die Möglichkeit bieten.

43. Weitere Theorien. FOERSTER[1]) konnte feststellen, daß Mitabscheidung kleiner Mengen Zink bei der Elektrolyse von Eisen- und Nickellösungen ähnlich, aber noch stärker als Wasserstoffbeladungen eine Erhöhung des Kathodenpotentials hervorrufen. FOERSTER glaubt, daß ein Gehalt des Elektrodenmaterials an Zink ebenso wie an Wasserstoff die Geschwindigkeit der Gleichgewichtsstellung

$$Fe_{(\text{kompakt})} - 2\ominus \rightarrow Fe^{++} \tag{120}$$

beeinflußt.

An dieser Stelle sei nochmals auf die „Verdrängungstheorie" REICHINSTEINS[2]) hingewiesen, der solche und ähnliche Fälle in etwas abweichender Weise zu erklären versucht. REICHINSTEIN denkt sich alle Vorgänge zwischen Elektroden und Lösung (wie allgemein bei Reaktionen zwischen zwei Phasen) in einer Adsorptionsschicht, dem „Adsorptionsvolumen" oder „Reaktionsraum", ablaufend. Es werden zwei Fälle des verzögerten Reaktionsablaufs unterschieden, die als

[1]) F. FOERSTER, ZS. f. Elektrochem. Bd. 22, S. 93. 1916.

[2]) D. REICHINSTEIN, Die Eigenschaften des Adsorptionsvolumens. Zürich u. Leipzig 1916; ZS. f. Elektrochem. Bd. 30, S. 238. 1924.

„Theorien der bevorzugten bzw. der nichtbevorzugten Systeme" bezeichnet sind. Im ersten Falle wird den Metallmolekeln im „Adsorptionsvolumen" überhaupt jede Fähigkeit zur unmittelbaren Ionenbildung abgesprochen und eine „elektronische Dissoziation" allein den Bestandteilen des Lösungsmittels, in wässerigen Lösungen also den Ionen H^+ und OH^- (bzw. O^{--}) zuerteilt:

$$O^{--} \rightleftarrows O + 2\ominus; \qquad H^+ \ominus + \rightleftarrows H. \tag{121}$$

Diese Vorgänge werden trägheitslos gedacht. Verzögerungen sind dagegen möglich bei der Wechselwirkung der elektronischen Produkte mit den Metallmolekeln, etwa bei:

$$2M + O \rightleftarrows 2M^+ + O^{--}. \tag{122}$$

Die zweite Möglichkeit besteht in der Annahme, daß die einatomigen Molekeln aller Stoffe elektronisch trägheitslos reagieren, also etwa:

$$M \rightleftarrows M^+ + \ominus, \tag{123}$$

daß dagegen ihre Gleichgewichtseinstellung mit Atomkomplexen, z. B.

$$2M \rightleftarrows M_2, \tag{124}$$

Verzögerungen unterliegen kann.

Jedes Auftreten einer neuen Molekelart im Reaktionsraum, in dem die „aktive Gesamtmasse" (d. h. die Summe der räumlichen Konzentrationen aller anwesenden Stoffe) konstant gesetzt wird, ist mit einer Konzentrationsverminderung der bereits vorhandenen Molekeln verknüpft, und dies wieder führt letzten Endes zur Herabsetzung der Geschwindigkeit einer der obengenannten mit Trägheit behafteten Reaktionen und damit zu Polarisationserscheinungen. REICHINSTEIN baut auf Grund dieses Verdrängungsprinzips, zusammen mit anderen Hypothesen, eine allgemeine Theorie der Potentialdifferenz an Phasengrenzen auf. Bei der mangelnden Begründung der Voraussetzungen mag auf eine nähere Wiedergabe verzichtet werden.

Bezüglich der Theorie von SMITS[1]) gilt für die Metallüberspannung das gleiche, was beim Wasserstoff darüber gesagt wurde (Ziff. 35). Mit der prinzipiellen Möglichkeit von Gleichgewichtsstörungen muß bei allen Einzelphasen des vermutlich auch hier komplexen Vorgangs der Ionenentladung gerechnet werden. Nur handelt es sich weiter darum, den Sitz dieser Störung in besonderen Fällen aufzufinden. In dieser Richtung liegen nun tatsächlich Andeutungen vor.

KOHLSCHÜTTER und VUILLEUMIER[2]) suchen einen Zusammenhang zwischen Polarisation und Form der elektrolytisch abgeschiedenen Metalle herzustellen. Auf einer Platinlamelle niedergeschlagenes Nickel bewirkt vom Augenblick seiner Entstehung an eine Durchbiegung dieser Lamelle. Offenbar treten also innere Spannungen in der Nickelschicht auf, deren Ursache darin erblickt wird, daß zunächst eine zusammenhängende Haut hochdispersen Nickels sich bildet, die dann spontan eine Sinterung unter Entstehung dichteren Metalls erfährt. Als Dispersionsmittel, dessen Anwesenheit wenigstens vorübergehend die Existenz des dispersen Metalls ermöglicht, wird der mitabgeschiedene Wasserstoff angesehen. Da ein Metall in hochdisperser Form notwendig einen höheren Energieinhalt besitzen muß als in kompaktem Zustande, erklärt dies die Erhöhung des Abscheidungspotentials über den Gleichgewichtswert des gewöhnlichen Metalls hinaus. Da der Verlauf der Durchbiegung der Lamelle in derselben Weise von verschiedenen Faktoren abhängt wie die Überspannung auch, lassen

---

[1]) A. SMITS, Die Theorie der Allotropie. Leipzig 1921; ZS. f. Elektrochem. Bd. 30, S. 214. 1924.

[2]) V. KOHLSCHÜTTER u. E. VUILLEUMIER, ZS. f. Elektrochem. Bd. 24, S. 300. 1918.

sich in der Tat auf Grund dieser Vorstellung selbst Einzelheiten in den Beobachtungen über Polarisation der Nickelabscheidung erklären. Diese Beobachtungen verdienen ein besonderes Interesse auch deshalb, weil mit ihnen eine Parallele zum wahrscheinlichen Mechanismus der H_2-Überspannung geschaffen erscheint. Wie dort die chemische Polarisation auf die Stauung der intermediär auftretenden H-Atome zurückgeführt wird, könnte die Metallüberspannung ebenfalls auf einer mit beschränkter Geschwindigkeit sich umwandelnden energiereichen Übergangsform zwischen Ion und kompakten Metall beruhen.

e) Chemische Polarisation bei Ionenbildung. Passivitätserscheinungen.

44. Beziehungen zwischen Ionenbildungspolarisation und Überspannung. Es ist eine notwendige Konsequenz der im vorangehenden Abschnitt in den Vordergrund gestellten reaktionskinetischen Theorien der chemischen Polarisation, daß ebenso wie bei kathodischer oder anodischer Ionenentladung auch bei Ionenbildung Polarisationserscheinungen sich bemerkbar machen müssen, deren Umfang über die durch Diffusionsvorgänge geregelte Ionenkonzentrationspolarisation hinausgeht. Wenn eine Einzelstufe irgendeines komplexen Elektrodenvorgangs in der einen Richtung mit beschränkter Geschwindigkeit verläuft, so muß die Erreichung des Gleichgewichts von der anderen Seite her ebenfalls Verzögerungen unterliegen. Man darf demgemäß erwarten, daß die anodische Auflösung von Metallen, die bei ihrer Abscheidung kathodische Polarisation erleiden, unter endlichen Stromdichten nicht bei den reversiblen, sondern bei edleren Potentialen erfolgt, und zwar bei um so positiveren, je größer die in der Zeiteinheit in den Ionenzustand übergehende Menge des Metalls ist.

Soweit bis jetzt Untersuchungen in dieser Richtung vorliegen, haben sie diese Forderung ausnahmslos bestätigt. Es dürfte darin eine weitere Stütze für die Auffassung jeder chemischen Polarisation als Reaktionsgeschwindigkeitsphänomen zu erblicken sein.

Le Blanc[1]) konnte als Ergebnis seiner mehrfach erwähnten oszillographischen Untersuchungen feststellen, daß anodische und kathodische Metallpolarisation einander stets parallel gehen. Wurde an irgendeinem Material die eine angetroffen, so blieb auch die andere nicht aus, fehlte irgendwo die eine, so auch die andere. Auch der Umfang dieser Polarisation entspricht im allgemeinen der Überspannung an demselben Material. So bleibt sie klein bei Silber, Zink und Kadmium in ihren einfachen Salzlösungen, erreicht deutliche Werte etwa bei Kupfer und besonders große bei den Eisenmetallen.

Diese Verhältnisse sind von besonderer Wichtigkeit für die Beurteilung des EK-Abfalls arbeitender galvanischer Ketten. Die „galvanische" Polarisation, wie es bisher meist geschehen ist, allein auf Diffusionsvorgänge, von der Erschöpfung des Elektrolyten abgesehen, zurückzuführen, ist sicher nicht angängig. Von diesem Gesichtspunkt aus erscheint die allerdings meist aus anderen Gründen erfolgte Bevorzugung von Quecksilber, Silber und auch Kadmium bei der Konstruktion von Normalelektroden und Normalelementen als eine durchaus glückliche Wahl. Es sind dies alles Metalle, die — in geeigneten Elektrolyten — verschwindende oder doch geringfügige chemische Polarisation zeigen, was bei etwaiger Benutzung dieser Normalen unter Stromentnahme durchaus von Bedeutung sein kann.

Über die Ionenbildungspolarisation bei Nichtmetallen liegen systematische Untersuchungen nicht vor, abgesehen von den besonderen Erfahrungen

[1]) M. le Blanc, Abhandlgn. d. D. Bunsen-Ges. Nr. 3. Halle 1910.

über das elektromotorische Verhalten des Sauerstoffs (Ziff. 38). Sicher wären diesbezügliche eingehendere Versuche von großem Interesse. Auch ohne solche dürfte es außer Zweifel sein, daß die elektrochemische Indifferenz von Wasserstoff an vielen Metallen mit der geringen Bildungsgeschwindigkeit der H-Atome ursächlich verknüpft ist. Ein Blick auf die Liste der H_2-Überspannungen (Ziff. 23) läßt diese Parallelität genügend deutlich erscheinen. Es sind gerade die Metalle mit verschwindender oder doch geringer Überspannung, die allein als „Potentialvermittler" des Wasserstoffes in Gasketten in Frage kommen.

45. Begriff der Passivität. Bei tieferem Eindringen in die Erscheinungen der anodischen Metallpolarisation kommen Phänomene zutage, die in mancher Hinsicht Neuartiges bieten. Versucht man z. B. eine Nickelelektrode durch anodische Behandlung etwa in verdünnter Schwefelsäure in Lösung zu bringen, so gelingt dies nur bei geringen Stromdichten, wenn auch, wie zu erwarten, erst bei positiveren Elektrodenpotentialen, als sie dem reversiblen Potential des Nickels entsprechen. Bei Steigerung der Badspannung geht nach Überschreiten eines gewissen Wertes die Stromstärke einigermaßen plötzlich auf minimale Beträge zurück, Hand in Hand damit erfolgt ein sprungweises Hinaufschnellen des Anodenpotentials auf stark positive Werte. Bei abermals weiterer Erhöhung der Badspannung wächst auch das Anodenpotential weiter an, die Stromstärke folgt dementsprechend zunächst nur langsam und erreicht höhere Beträge erst dann wieder, wenn an der Elektrode Sauerstoff in Blasen zu entweichen beginnt. Die Elektrode ist praktisch unlöslich geworden, das an sich unedle Nickel verhält sich wie ein edles Metall, etwa wie Platin. Wird jetzt die elektrolysierende Spannung wieder erniedrigt, so erhält man eine rückläufige Stromspannungskurve, die in ihren ersten Teilen mit der aufsteigenden annähernd übereinstimmt, dann aber stetig in der einmal eingeschlagenen Richtung weiter verläuft und erst bei relativ unedlen Potentialen mehr oder weniger plötzlich wieder auf die der Nickelauflösung zugehörende übergeht. Schematisch ist der geschilderte Vorgang in Abb. 24 dargestellt. Man bezeichnet dieses eigenartige Verhalten als Passivierung, den erreichten edlen Zustand als Passivität. Er tritt an einer ganzen Reihe von Metallen in Erscheinung, besonders deutlich, außer an Nickel, an Eisen und in etwas abweichender Form an Chrom und ist demgemäß an diesen drei Metallen auch besonders eingehend studiert worden. In denselben passiven Zustand vermag man die genannten Metalle auch durch rein chemische Behandlung zu bringen. Auf diesem Wege ist man auch erstmalig zur Bekanntschaft mit passiven Metallen gelangt[1]). Taucht man z. B. Eisen in konzentrierte Salpetersäure, so nimmt es nach anfänglicher, kurzer Wasserstoffentwicklung ein auffallend glänzendes Aussehen an und widersteht weiterhin dem Angriff der Säure sowie anderer, normalerweise auf Eisen einwirkender Reagenzien. Auch vermag Eisen in diesem Zustand edlere Metalle nicht mehr aus ihren Lösungen in Freiheit zu setzen, mit einem

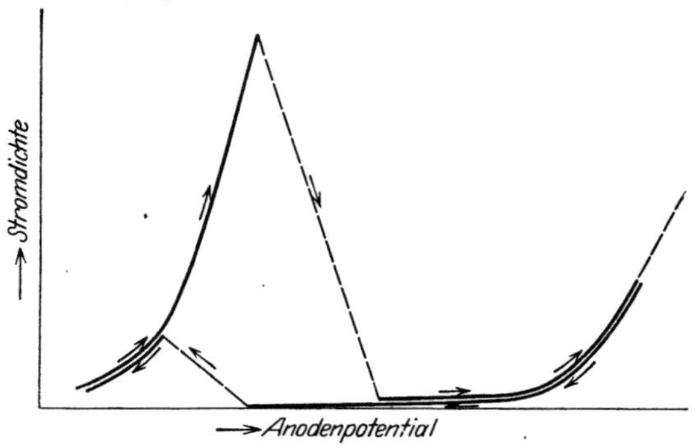

Abb. 24. Schematische Darstellung der Passivierung und Aktivierung.

[1]) J. KEIR, Phil. Trans. Bd. 80, S. 359. 1790; C. F. SCHÖNBEIN, Pogg. Ann. Bd. 37, S. 392. 1836.

Worte: es ist edelmetallähnlich, passiv, geworden. Sich selbst überlassen, kehren passive Metalle (außer Chrom) allmählich in ihren normalen, „aktiven" Zustand zurück, ein Vorgang, der durch geeignete Reagenzien, vorwiegend ausgesprochene Reduktionsmittel, oder besonders energisch durch kathodische Polarisation beschleunigt werden kann.

Es kann nicht verkannt werden, daß das geschilderte Verhalten von den bisher erörterten Polarisationserscheinungen in manchem Belange abweicht. Das Ansteigen des Elektrodenpotentials mit wachsender Badspannung liegt allerdings durchaus im Rahmen des zu Erwartenden, auch das Einsetzen eines neuen Elektrodenvorgangs bietet, wie später noch des näheren besprochen wird, nichts Überraschendes, ja, selbst das Auftreten von Hysteresiserscheinungen in der Stromspannungskurve ist uns bereits mehrfach entgegengetreten. Daß aber das Inlösunggehen des Metalls sprunghaft aufhört, daß die Eigenschaften des aktiven Metalls, die ja in seinem Potential sich ausprägen, nicht allmählich, sondern ausgesprochen unstetig in die des passiven übergehen (und vielfach auch umgekehrt), das sind offenbar Momente, die in Besonderheiten gegenüber der normalen chemischen Polarisation begründet sein müssen.

Trotzdem scheint es nicht zweckmäßig zu sein, gerade diese Merkmale einer Definition der Passivität zugrunde zu legen. Es sind so vielfache Übergänge von den Fällen typischer Passivität bei Eisen, Nickel und Chrom zu anderen bekannt, welche diese besonderen Kennzeichen nicht, wohl aber das geschilderte allgemeine Verhalten aufweisen, daß es üblich geworden ist, als passiv allgemein eine solche Elektrode zu bezeichnen, an der bei Stromdurchgang statt der theoretisch (d. h. reversibel) am leichtesten eintretenden Ionenbildung andere, höhere Potentiale verlangende Vorgänge sich, ganz oder teilweise, geltend machen. Allerdings darf nicht verkannt werden, daß eine solche Definition, wie spätere Erörterungen deutlicher machen werden, eine recht weite ist und demgemäß kaum ein Elektrodenmaterial gefunden werden könnte, das nicht unter geeigneten Bedingungen passivierbar wäre. Keinesfalls sollte man aber, solange eine völlige Aufklärung der Erscheinungen nicht gewonnen ist — und das ist heute, trotz außerordentlich zahlreicher Arbeiten auf diesem Gebiete, durchaus noch nicht der Fall —, die obengenannten Besonderheiten gerade in den typischen Beispielen in der etwas weiten Begriffsbildung untergehen lassen.

Charakteristisch für jedwede Passivität ist aber zweifellos das Auftreten relativ starker chemischer Polarisation, die in bedeutenden Abweichungen des Elektrodenpotentials vom reversiblen Wert ihren Ausdruck findet. Zu bestreiten, daß Elektrodenpotential und Passivität in einem ursächlichen Zusammenhang stehen, wie es neuerdings G. C. SCHMIDT[1]) getan hat, der annimmt, daß die Potentiale passiver bzw. aktiver Elektroden durch Gasbeladungen mehr oder wenig zufällig bedingt sein könnten und keinen Rückschluß auf den Passivitätszustand der Elektrode gestatteten, dürfte mithin kaum angängig sein. Wohl aber braucht ein hohes Elektrodenpotential nicht unbedingt Passivität anzuzeigen, immer müßte, genau genommen, deren Vorhandensein durch Ermittlung der an der Elektrode erfolgenden Vorgänge bestätigt werden.

46. Passivität an Eisen, Nickel und Chrom. Vorweg sei bemerkt, daß auf vorliegendem Gebiete nicht nur die theoretischen Anschauungen, sondern auch die experimentellen Beobachtungen verschiedener Autoren sich vielfach widersprechen. Da an dieser Stelle unmöglich das ganze Material wiedergegeben oder auch nur angedeutet werden kann, ist die Auswahl notwendig mit einer gewissen Willkür behaftet.

[1]) G. C. SCHMIDT, ZS. f. phys. Chem. Bd. 106, S. 105. 1923.

In den Tabellen 41 bis 43 sind zunächst einige typische **Stromstärke-Potentialkurven** für die passivierbaren Metalle Eisen, Nickel und Chrom als

Tabelle 41. Passivierungs- und Aktivierungsverlauf für Stahldraht in 0,1n-H_2SO_4 bei 18°. Elektrodenoberfläche: 0,137 cm².

Badspannung (Volt)	Zeit (in Minuten)	Stromstärke · 10^5 (in Amp.)	Elektrodenpotential E_h (Volt)
0,2	2	250	+0,066
0,3	4	310	+0,149
0,4	6	380	+0,241
0,5	8	450	+0,331
0,6	10	500	+0,425
0,7	12	540	+0,524
0,8	14	580 bis 560	+0,623
0,9	16	590 ,, 560	+0,732
0,95	18	600 ,, 450	+0,791
0,97	20	400 ,, 0,15	+0,943
—	21	0,15	+1,18
—	22	—	+1,40
—	23	—	+1,488
—	24	—	+1,50
1,0	26	0,6	+1,548
1,1	28	1,6	+1,627
1,2	30	2,7 bis 2	+1,724
1,3	32	3,5 ,, 2,5	+1,819
1,4	34	4,5 ,, 4,2	+1,890
1,45	36	6,0 ,, 5,9	+1,915
1,5	38	8	+1,918
1,55	40	20	+1,923
1,6	42	28	+1,927
1,65	44	30	+1,930
1,7	46	32	+1,932
1,8	48	39	+1,933
1,4	50	4	+1,890
1,0	54	0,4	+1,650
0,8	58	0,3	+1,403
0,6	60	0,2	+1,200
0,4	74	0,2	+0,981
0,34	78	0,2	+0,932
0,28	82	0,2	+0,864
—	83	0,5	+0,822
—	84	0,6	+0,806
—	85	0,3	+0,850
0,26	86	0,3	+0,850
0,24	87	0,25	+0,829
0,22	88	0,25	+0,802
0,20	89	0,25	+0,778
0,18	90	0,25	+0,758
0,16	91	0,25	+0,736
—	92	0,5	+0,722
—	93	200	+0,048
offen	—	—	−0,206

Anoden in verdünnter Schwefelsäure wiedergegeben[1]). Als Kathode fand eine Platinelektrode von 7,5 cm² Oberfläche Verwendung.

Man erkennt besonders beim Eisen deutlich den **plötzlichen** Eintritt sowohl der Passivierung wie auch des Wiederaktivwerdens. Der letztere Punkt ist beim Nickel, was das Elektrodenpotential anbetrifft, verwaschener, gibt sich aber in der

[1]) C. Fredenhagen, ZS. f. phys. Chem. Bd. 63, S. 1. 1908.

unstetigen Stromstärkeänderung noch deutlich zu erkennen. Beim Chrom bleibt der Wiedereintritt der Aktivität auch bei geöffnetem Stromkreis ganz aus. Der

Tabelle 42. Passivierungs- und Aktivierungsverlauf für Nickel in 1n-H_2SO_4 bei 18°. Elektrodenoberfläche: 0,137 cm².

Badspannung (Volt)	Zeit (in Minuten)	Stromstärke · 10^5 (Amp.)	Elektrodenpotential E_h (Volt)
0,1	2	270	+0,216
0,2	4	350	+0,224
0,3	6	430	+0,230
0,4	8	1000	+0,270
0,45	10	1650	+0,300
0,5	12	2500	+0,316
0,55	14	3500	+0,336
—	15	4	+0,940
—	16	3	+1,008
0,5	18	1,5	+0,922
0,4	20	1,4	+0,837
0,3	22	1,1	+0,739
0,2	24	0,9	+0,653
0,15	26	0,8	+0,588
0,1	28	0,8	+0,548
0,05	30	1,0	+0,480
—	32	1,4	+0,465
—	34	5,0	+0,410
—	36	150	+0,340
—	38	180	+0,230
offen	40	—	−0,116

Tabelle 43. Passivierungsverlauf für Chrom in 1n-H_2SO_4 bei 18°. (Elektrodenoberfläche nicht angegeben.)

Badspannung (Volt)	Zeit (in Minuten)	Stromstärke · 10^6 (Amp.)	Elektrodenpotential E_h (Volt)
offen	—	—	+0,160
0,1	1	200 bis 600	+0,519
—	2	25	+0,615
—	3	14	+0,660
—	4	8	+0,700
—	5	4	+0,723
—	6	1,4	+0,728
0,2	7	1,4	+0,826
0,4	9	2,0	+1,021
0,6	16	6,0	+1,200
0,8	20	19	+1,233
0,85	22	34	+1,247
0,9	25	110	+1,263
1,0	27	280	+1,280
0,9	28	100	+1,258
0,8	30	26	+1,236
0,6	34	5	+1,188
0,4	37	0,6	+1,027
0,3	38	0,4	+0,936
0,2	39	0,2	+0,837
0,1	40	0,1	+0,738
offen	41	—	+0,680
—	50	—	+0,670
—	100	—	+0,670

Verlauf des Vorgangs beim Chrom unterscheidet sich noch in anderer Hinsicht von den vorangehenden Beispielen. In diesen ist der Wiederanstieg der Stromstärke nach eingetretener Passivierung mit der Entwicklung von Sauerstoff verknüpft, die Chromelektrode geht auch nach der Passivierung weiter in Lösung, nur werden statt der anfänglichen Bildung von Cr^{++} sechswertige Cr^{++++++} in den Elektrolyten entsandt, die größtenteils mit den Hydroxylionen des Wassers Chromationen bilden:

$$Cr^{++++++} + 8\,OH^- \rightarrow CrO_4^{--} + 4\,H_2O\,. \tag{125}$$

Die Passivierungs- und Aktivierungspotentiale, die übrigens bei dieser Versuchsanordnung von manchen unkontrollierbaren Einflüssen abhängig zu sein scheinen und deshalb nicht zum Besten reproduzierbar sind, liegen manchmal nahe beieinander, sind aber in anderen Fällen stark voneinander abweichend und können durch Veränderung der Elektrolytkonzentration und -natur sowie der Temperatur in unregelmäßiger Weise verschoben erscheinen.

Tabelle 44. Aktivierungspotentiale des passiven Eisens in verschiedenen Elektrolyten bei 15°.

Elektrolyt	Umschlagspotential E_h (Volt)
0,1 n-K_2SO_4 . .	+0,37
0,01 n-H_2SO_4 . .	+0,44
0,05 n- ,, . .	+0,47
0,1 n- ,, . .	+0,50
0,5 n- ,, . .	+0,55
1,0 n- ,, . .	+0,55
2,0 n- ,, . .	+0,57
10,0 n- ,, . .	+0,61

FLADE[1]) ist es gelungen, durch Beobachtung des zeitlichen Potentialverlaufs passivierter und dann sich selbst überlassener Elektroden den „Umschlagspunkt“ passiv → aktiv beim Eisen einigermaßen genau und reproduzierbar festzulegen. Seine Abhängigkeit von der H^+-Konzentration des Elektrolyten läßt Tabelle 44 erkennen.

Bemerkenswerterweise wird durch Ferro- oder Ferri-Ionen im Elektrolyten die Lage des Umschlagspunktes nicht geändert.

Temperaturerniedrigung von 15° auf etwa 0° läßt die Aktivierung statt bei $E_h = +0,50$ Volt erst bei $E_h = +0,45$ Volt eintreten (in 0,1n-Schwefelsäure). Bei 25° erfolgt die Aktivierung so rasch, daß der Umschlagspunkt nicht bestimmt werden konnte.

Zusatz von Oxydationsmitteln verschiebt das Aktivierungspotential nach der unedlen, Zusatz von Reduktionsmitteln nach der edlen Seite, allerdings sind im letzten Falle die Ergebnisse nicht immer eindeutig.

Von der Art, wie die Passivierung erfolgte, sind die Befunde unabhängig. Man scheint demnach in der Lage des Umschlagspunktes ein Kriterium dafür zu haben, wie stark die Tendenz zur Passivität bei gegebener Elektrode und gegebenem Elektrolyten unter bestimmten äußeren Bedingungen ist, denn offenbar ist sie um so größer, bei je unedleren Potentialen Aktivierung eintritt. Dies wird durch alle Erfahrungen auch in den Fällen, wo ein scharfer Umschlagspunkt nicht beobachtet werden konnte, bestätigt. Die oben angeführten, den Umschlagspunkt des Eisens beeinflussenden Faktoren[2]) wirken auch bei Nickel[3]) und Chrom[4]) in gleichem Sinne. Bei gesteigerter Temperatur z. B. sind zunehmend höhere Stromdichten notwendig, um den Eintritt des passiven Zustands zu erzwingen und ebenso, um ihn aufrecht zu erhalten. Nach Überschreitung gewisser Tempe-

[1]) F. FLADE, ZS. f. phys. Chem. Bd. 76, S. 513. 1911.

[2]) Vgl. W. HITTORF, ZS. f. phys. Chem. Bd. 34, S. 385. 1900; H. L. HEATHCOTE, ebenda Bd. 37, S. 368. 1901; M. MUGDAN, ZS. f. Elektrochem. Bd. 9, S. 442. 1903; A. FINKELSTEIN, ZS. f. phys. Chem. Bd. 39, S. 91. 1902; C. FREDENHAGEN, ebenda Bd. 43, S. 1. 1903.

[3]) M. LE BLANC u. M. G. LEVI, Ann. d. Phys. (4) Boltzmann-Festschr. S. 183. 1904; E. P. SCHOCH u. C. P. RANDOLPH, Journ. phys. chem. Bd. 14, S. 719. 1910; J. ALVARES, ZS. f. Elektrochem. Bd. 14, S. 607. 1908.

[4]) W. HITTORF, ZS. f. Elektrochem. Bd. 4, S. 482. 1898; Bd. 6, S. 6. 1899; Bd. 7, S. 168. 1900; ZS. f. phys. Chem. Bd. 25, S. 729. 1898; Bd. 30, S. 481. 1899; H. KUESSNER, ZS. f. Elektrochem. Bd. 16, S. 767. 1910.

raturen gelingt dies unter Umständen überhaupt nicht mehr. Ebenso wirken manche Reduktionsmittel im Elektrolyten. Besonders groß ist der Einfluß von Halogenionen bei Eisen und Nickel. Es ist zu vermuten, daß hier wenigstens zum Teil spezifische Wirkungen vorliegen, was auch daraus hervorgeht, daß der Effekt beim Chrom nicht eintritt. Dieses wird durch Halogenionen in seiner Passivität nicht beeinflußt. Bei Gegenwart von Jodionen z. B. werden am passiven Chrom diese entladen, anstatt daß, wie sonst, CrO_4^{--} gebildet werden. Daraus erkennt man andererseits, daß zwischen Chrom und Eisen bzw. Nickel ein prinzipieller Unterschied, wie er zunächst vermutet werden könnte, nicht besteht. Daß Chrom im passiven Zustand normalerweise in Lösung geht, nämlich sechswertig, liegt nur daran, daß dieser Vorgang eben der nach Ausschaltung der Cr^{++}-Bildung am leichtesten — leichter als O_2-Entwicklung — eintretende ist. Sobald Anionen zugegen sind, die weniger edle Potentiale zu ihrer Entladung beanspruchen, übernehmen diese die Rolle, welche Entladung von OH^- an passivem Eisen und Nickel spielt. Auch beim Eisen ist unter geeigneten Bedingungen neben der O_2-Entwicklung eine Auflösung in sechswertiger Form unter Bildung von Ferraten beobachtet worden[1]).

Der Einfluß der H^+-Konzentration ist auch bei Nickel und Chrom der gleiche wie bei Eisen, je geringer sie ist, um so mehr ist Eintreten und Erhaltung der Passivität erleichtert. Mit derselben Berechtigung kann man natürlich sagen, daß Hydroxylionen die Passivität begünstigen. In (halogenfreien!) Alkalilaugen kann Nickel aus diesem Grunde auch als Anode von Knallgascoulometern benutzt werden.

Obwohl man in dem Umschlagspunkt beim Eisen eine natürliche Grenze zwischen aktivem und passivem Zustande vermuten möchte, und obwohl das Potential, bei dem in anderen Fällen sprunghafte Stromstärkeänderung eintritt, ähnliche Bedeutung haben könnte, kann es doch nicht zweifelhaft sein, daß weder dem einen noch dem anderen Zustande eindeutig definierte Eigenschaften zukommen. Spezieller ausgedrückt sind keineswegs nur die beiden Möglichkeiten gegeben, daß eine Anode entweder dem FARADAYschen Gesetz entsprechend oder gar nicht in Lösung geht. Zwischen beiden sind vielmehr Übergänge vorhanden. Unter speziellen Verhältnissen (Zusatz von passivitätshemmenden Stoffen zum Elektrolyten, erhöhte Temperatur) gehen Sauerstoffentwicklung (oder auch andere Vorgänge) und normale Ionenbildung des Metalls in durchaus vergleichbarem Maße nebeneinander her. Aber auch bei dem minimalen Stromdurchgang, wie er bei Anodenpotentialen sich einstellt, die typischer Passivität entsprechen, Entladung gasförmigen Sauerstoffs hingegen noch nicht gestatten, sind die passiven Metalle keineswegs absolut unangreifbar. Ein Vergleich dieses Minimalstroms mit dem unter denselben Verhältnissen an Platinelektroden sich einstellenden „Reststrom" macht dies deutlich. FLADE[2]) fand z. B. für den Reststrom an einer rotierenden Platinelektrode von 8,8 mm² Oberfläche bei Zimmertemperatur einen Wert von $1{,}6 \cdot 10^{-8}$ Amp., während der kleinste Minimalstrom, den er in sonst derselben Versuchsanordnung an einer Eisenelektrode von etwas kleinerer Oberfläche unter besonders günstigen Verhältnissen beobachtete, sich auf $87 \cdot 10^{-8}$ Amp. belief. Es muß daraus geschlossen werden, daß sich unter diesen Umständen an einer Eisenelektrode dauernd irgendwelche mit Stromdurchgang verbundene Vorgänge vollziehen, die über die am Platin stattfindenden hinausgehen. Ob diese auf einer im Vergleich mit Platin größeren Angreifbarkeit des passiven Eisens durch Sauerstoff beruhen, oder ob sie in der primären Auflösung des Eisens unter Ionenbildung bestehen, ist nicht mit Sicherheit ent-

[1]) G. GRUBE u. H. GMELIN, ZS. f. Elektrochem. Bd. 26, S. 459. 1920.
[2]) F. FLADE, ZS. f. phys. Chem. Bd. 76, S. 513. 1911.

schieden. Die gelegentlich beobachteten Gewichtsverluste an so behandelten Eisen- und Nickelelektroden könnten auf jede dieser Ursachen zurückgeführt werden, da etwa gebildete Oxyde in den meist sauren Elektrolyten sich auflösen dürften. In alkalischen Lösungen ist die Bildung von sichtbaren Oxydschichten mehrfach nachgewiesen worden.

Einwandfrei festgestellt ist, daß die Passivität eine an die Oberfläche der Objekte gebundene Erscheinung darstellt. Im passiven Zustand befindliche Metalle werden bei Erneuerung der Oberfläche, etwa durch Schmirgeln, momentan aktiv[1]). Von Interesse sind in diesem Zusammenhang einige Beobachtungen, die allem Anschein nach zeigen, daß ein und dieselbe Elektrode eine zum Teil passive zum Teil aktive Oberfläche besitzen kann[2]). Eine blank geschmirgelte Eisenelektrode bedeckt sich bei anodischer Polarisation mit einer dunklen Haut, die mit dem Eintritt der Passivität verschwindet. Unter Anwendung eines schwach vergrößernden Mikroskops sieht man deutlich, daß das Verschwinden der genannten Schicht an einer Stelle oder aber einigen wenigen Stellen beginnt, an denen gleichzeitig die vorher zu erkennende Schlierenbildung aufhört, und zuerst langsam, dann schnell über die ganze Elektrode sich ausbreitet. Geht man, bevor der Vorgang zu Ende verlaufen ist, mit der elektrolysierenden Spannung herunter, so kann eine Verschiebung der Grenze nach rückwärts erzwungen und schließlich erreicht werden, daß aktiver und passiver Zustand eine ganze Zeitlang nebeneinander fortbestehen. Daß die Verschiedenheit der Oberflächenbeschaffenheit wirklich diesen Zuständen entspricht, wird dadurch zur Gewißheit, daß bei schnellem Arbeiten mit genügend hohen Stromdichten sogar lebhafte Sauerstoffentwicklung an einem Teil der Elektrode möglich ist, während an anderen Teilen deutlich Eisen in Lösung geht, an der Schlierenbildung erkennbar.

Endlich läßt auch die verhältnismäßig kurze Zeit, innerhalb welcher eine aktivierte Eisen-, Nickel- oder Chromelektrode durch Liegenlassen an der Luft wieder mehr oder weniger passiv wird, darauf schließen, daß eine Veränderung der Oberflächenschicht zur Erreichung dieses Effekts genügt. Da dieser in Stickstoff ausbleibt oder, bei nicht völliger Freiheit des Gases von Sauerstoff, doch stark verzögert wird, darf man annehmen, daß Sauerstoff das Eintreten der Passivität bewirkt[2]).

Im ganzen sind die Erscheinungen der Passivität an Eisen, Nickel und Chrom, wie man sieht, sich durchaus ähnlich. In quantitativer Hinsicht scheint die Tendenz zu diesem Zustande in der angegebenen Reihenfolge zu wachsen. Es dürfte sicher sein, daß manche der wertvollen Eigenschaften, die gerade diese Metalle bzw. ihre Legierungen (nichtrostender [Chrom-]Stahl) als Werkstoffe auszeichnen, auf ihrer Neigung zur Passivität beruhen.

47. Andere Metalle. Wie schon betont, zeigen viele andere Metalle bei anodischer Polarisation mehr oder minder ähnliche Erscheinungen, wie sie an Eisen, Nickel und Chrom ausführlich studiert wurden.

Besonderes Interesse verdienen zunächst Platin und die ihm nahestehenden Elemente, die als sog. unangreifbare Elektroden seit langem auf allen Gebieten der wissenschaftlichen und technischen Elektrolyse Verwendung finden. Trotz ihrer höchstwahrscheinlich edlen Normalpotentiale (genaue Werte sind nicht bekannt), die eine geringe Angreifbarkeit von vornherein sicher erscheinen lassen, sollte man erwarten, daß sie bei höheren Stromdichten zur Entsendung von Ionen in viel stärkerem Maße befähigt wären, als es tatsächlich der Fall ist. So ist es zweifellos auffallend, daß bei den hohen Anodenpotentialen, die Sauerstoff ent-

[1]) G. C. SCHMIDT, ZS. f. phys. Chem. Bd. 106, S. 105. 1923.
[2]) F. FLADE, ZS. f. phys. Chem. Bd. 76, S. 513. 1911.

wickelnde Platinelektroden annehmen und die über dem vermutlichen Normalpotential des Platins liegen, kaum merklicher Angriff der Elektrode erfolgt. Dasselbe gilt für die Entwicklung von Chlor an glattem Platin aus nicht zu konzentrierten Salzsäurelösungen. Daneben sind allerdings Fälle bekannt, in denen auch Platin deutlich bei anodischer Behandlung gelöst wird. Von besonderer Wichtigkeit erscheint es, daß die Stromausbeute durch geringe Stromdichten und erhöhte Temperatur begünstigt wird[1]). Man geht danach wohl nicht fehl in der Annahme, daß bei den Platinmetallen (an anderen Gliedern der Gruppe wurden ganz ähnliche Erfahrungen gemacht) eine ausgesprochene Neigung zur Passivität vorliegt.

Ausgesprochene Neigung zur Passivität zeigt noch Kobalt[2]). Auch bei Vanadin und Niob, Molybdän und Wolfram kann man aktive und passive Zustände unterscheiden[3]). Die Liste könnte noch erheblich erweitert werden. Ein näheres Eingehen darauf muß hier unterbleiben. Es sei nur nochmals bemerkt, daß angesichts der Erfahrungen, die man bezüglich der allgemein verbreiteten sowohl kathodischen wie anodischen Polarisationserscheinungen gemacht hat, eine Passivität im Sinne der üblichen Definition ebenfalls sehr verbreitet sein dürfte. Eines besonderen Hinweises ist es wohl wert, daß neuerdings Stromstärke-Potentialkurven mit Unstetigkeiten, wie sie für Eisen, Nickel und Chrom als typisch geschildert wurden, an Anoden aus Zinn zur Beobachtung gelangten, ohne daß gleichzeitig eine Änderung des Elektrodenvorgangs eintrat[4]). Dieser bestand vor und nach der „Passivierung", welche Bezeichnung auch für diese Erscheinung gewählt wurde, in der Bildung zweiwertiger Stannoionen. (Gleichartig verhält sich übrigens auch Nickel in konzentrierten Halogenwasserstoffsäuren.)

48. Theoretische Erörterung der Passivitätserscheinungen. An Hand des vorstehenden Materials und unter Berücksichtigung der Ergebnisse früherer Erörterungen ist es wohl ohne weiteres einleuchtend, daß zwischen Polarisations- und Passivitätserscheinungen ein enger Zusammenhang besteht. So ist denn auch die Mehrzahl der Deutungsversuche auf der Voraussetzung einer irgendwie gearteten Verzögerung der Ionenbildung aufgebaut. Die dabei in Frage kommenden Möglichkeiten sind bereits so eingehend diskutiert, daß ein Hinweis auf die betreffenden Stellen (Ziff. 33, 35) hier genügen mag.

Darüber, in welchem speziellen Vorgang die anzunehmenden Verzögerungen lokalisiert zu denken sind, herrscht auch auf diesem Sondergebiet keineswegs Klarheit, geschweige denn Übereinstimmung. Aber ganz abgesehen davon wird man den mannigfaltigen Gestaltungen der Passivitätsphänomene sicher nicht gerecht, ohne Veränderungen der Oberflächenschicht anzunehmen, die über den Vorgang hinaus, der sie erzeugte, andauern. Die langsamen zeitlichen Änderungen des Potentials passivierter stromloser Elektroden zwingen diese Vorstellung geradezu auf. Bei reiner „Verzögerungspolarisation", wie sie z. B. bei der Überspannung des Wasserstoffs (mindestens in einer Anzahl von Fällen) angenommen werden darf, fällt das Elektrodenpotential nach Unterbrechung des polarisierenden Stromes äußerst rasch auf den konstanten Ruhewert. Die Verhältnisse an typisch passiven Metallen erinnern dagegen lebhaft an die bei Abhandlung der O_2-Überspannung zur Diskussion gelangten. Es ist deshalb sehr naheliegend hier wie dort die zur Beobachtung kommenden Potentiale als Oxydpotentiale aufzufassen und in der Entstehung irgendwelcher Oxyde die eigentliche

[1]) F. HABER u. S. GRÜNBERG, ZS. f. anorg. Chem. Bd. 16, S. 446. 1898.
[2]) H. G. BYERS, Journ. Amer. Chem. Soc. Bd. 30, S. 1718. 1908.
[3]) W. MUTHMANN u. F. FRAUNBERGER, Münchener Ber. Bd. 34, S. 201. 1904.
[4]) V. ROTHMUND, ZS. f. phys. Chem. Bd. 110, S. 384. 1924.

direkte Ursache der Passivität zu vermuten. Oxyd- oder allgemeiner Sauerstofftheorien sind denn auch in den verschiedensten Formen aufgestellt worden, auch die heute wohl vorherrschende Deutung gehört dieser Gruppe an.

Die älteste Vorstellung, zurückgehend auf eine zum Teil mißverstandene Äußerung FARADAYS[1]), denkt an einen in erster Linie mechanischen Schutz der Oberfläche durch Oxydschichten. Mit dieser Annahme hat man sich begnügt, bis HITTORF[2]) zeigte, daß einerseits sichtbare Oxydschichten durchaus nicht immer Passivität verursachen, daß andererseits gerade passive Metalle oft ein überraschend metallglänzendes Aussehen besitzen. Auch später hat man sich vergebens bemüht, Oxydschichten auf passiven Metallen nachzuweisen. MÜLLER und KOENIGSBERGER[3]) ist dies mit empfindlichen optischen Methoden nicht gelungen, allerdings sind ihre Resultate nicht unwidersprochen geblieben[4]).

Die vielfach anzutreffende Bemerkung hingegen, daß Oxydbildung häufig deshalb ausgeschlossen sei, weil die Passivierung schon weit unterhalb des zur Entwicklung von O_2 erforderlichen Potentials erfolge, ist nicht beweiskräftig. Es ist ja keineswegs erforderlich, daß ein zunächst sich bildendes Oxyd mit gasförmigem Sauerstoff im Gleichgewicht sei, ein solches von geringem Dissoziationsdruck kann aber auch bei relativ unedlen Potentialen schon zur Entstehung gelangen.

Um der Annahme einer sichtbaren Schicht aus dem Wege zu gehen, glaubt FREDENHAGEN[5]) in einer die Elektrode umkleidenden Sauerstoffhaut die Ursache der Passivität erblicken zu dürfen. Auch die Bildung von Metallsauerstofflegierungen, die eine erkennbare optische Veränderung der Oberfläche nicht zu bedingen brauchten, zieht er in Erwägung. Daneben werden aber bereits Reaktionsgeschwindigkeitsphänomene zur Deutung herangezogen. FREDENHAGEN setzt voraus, daß an dem Vorgang der anodischen Metallauflösung der Umweg über ein unmittelbar nach seiner Bildung vom Elektrolyten gelöstes Oxyd zum mindesten teilweise in Frage komme, und glaubt weiter, daß bei wachsendem Sauerstoffdruck in der Gashaut die Oxydationsgeschwindigkeit abnehmen könne, wie es ähnlich z. B. bei der Oxydation von Phosphor wirklich beobachtet wird.

FOERSTER[6]) hat sodann die Kombination der Sauerstoff- mit der Reaktionsgeschwindigkeitstheorie weiter ausgebaut. Er nimmt feste Lösungen von allerdings vielfach hypothetischen Oxyden (Primäroxyden, vgl. Ziff. 38) in der Oberflächenschicht an und schreibt diesen einen negativ katalytischen Einfluß auf den Vorgang der Ionenbildung zu, wobei es wieder offen bleibt, welche Phase dieses Vorgangs davon betroffen wird.

In scharfem Gegensatze zu allen eben genannten wurde eine Zeitlang die sog. „Wasserstofftheorie" verfochten[7]). Nach dieser sollte der passive Zustand der Metalle der normale sein, und die beobachteten unedleren Potentiale sowie die leichtere Angreifbarkeit der Metalle im „aktiven" Zustande stets in Wasserstoffbeladungen ihren Grund haben. Sehr sorgfältige Untersuchungen von FLADE

---

[1]) M. FARADAY, Phil. Mag. (3) Bd. 9, S. 61. 1836.

[2]) W. HITTORF, ZS. f. phys. Chem. Bd. 30, S. 481. 1899.

[3]) W. J. MÜLLER u. J. KOENIGSBERGER, ZS. f. Elektrochem. Bd. 13, S. 659. 1909; Bd. 15, S. 742. 1909.

[4]) P. KRASSA, ZS. f. Elektrochem. Bd. 15, S. 490, 981. 1909.

[5]) C. FREDENHAGEN, ZS. f. phys. Chem. Bd. 63, S. 1. 1908.

[6]) F. FOERSTER, ZS. f. Elektrochem. Bd. 17, S. 888. 1911; Bd. 22, S. 93. 1916.

[7]) E. GRAVE, ZS. f. phys. Chem. Bd. 77, S. 513. 1911; A. ADLER, ebenda Bd. 80, S. 385. 1912; W. RATHERT, ebenda Bd. 86, S. 567. 1914; G. C. SCHMIDT, Chem. News Bd. 109, S. 51. 1914.

und Koch[1]), die zeigen konnten, daß aktives Eisen auch nach Entfernung der letzten Wasserstoffspuren aktiv blieb, haben die Theorie völlig erschüttert.

Eine Anzahl weiterer Erklärungsversuche hat gemeinsam, daß von der Annahme eigentlich *chemisch* veränderter Oberflächen ganz abgesehen wird.

Finkelstein[2]) hat auf Anregung Krügers die Auffassung entwickelt, daß das wechselnde Verhalten der passivierbaren Metalle auf dem wechselnden Konzentrationsverhältnis *verschiedenwertiger, allotroper Modifikationen* in ihnen beruhe. Im Eisen etwa wird eine zwei- und dreiwertige Form (dem zwei- und dreiwertigen Ion entsprechend) in einem von Temperatur und anderen Umständen bestimmten Gleichgewichtsverhältnis angenommen. Durch anfängliche Bildung von Ferroionen wird der Gehalt zweiwertigen Eisens in der Oberfläche, geringe Nachlieferungsgeschwindigkeit vorausgesetzt, verringert, so daß im Extremfalle eine Schicht reinen „Ferrieisens", dem ein elektrochemisch edler Charakter zugeschrieben wird, zurückbleibt.

Die Müllersche[3]) „Elektronentheorie der Passivität" gründet sich auf die Vorstellung, daß bei Überschreitung einer „kritischen" anodischen Stromdichte ein Gleichgewicht Metallion-Metall-Elektron in der Grenzfläche des Metalls in Richtung höherwertiger Ionen verschoben wird. Das so veränderte Metall soll jetzt die Fähigkeit, Ionen in Lösung zu senden, entweder überhaupt verloren haben (Eisen) oder aber nur zur Lieferung höherwertiger Ionen fähig sein (Chrom). Die Gleichgewichtsverschiebung wird übrigens, um den unstetigen Eintritt der Passivität zu deuten, *sprunghaft* vorgestellt (daher auch die kritische Stromdichte). Die Erreichung der kritischen Stromdichte soll durch ein Vorstadium, das in der Bildung einer porösen Deckschicht festen Salzes (als Folge der Konzentrationspolarisation) besteht, erleichtert werden. Die *effektive Stromdichte* an den vom Elektrolyt noch berührten Oberflächenteilen wächst, an ihnen wird der kritische Wert zuerst erreicht und breitet sich dann weiter über die gesamte Oberfläche aus. Bei Erreichung dieses Zustandes ist die Deckschicht völlig wieder verschwunden. Die Existenz der erwähnten Deckschichten wird außer durch direkte Beobachtung durch Widerstandsmessungen bewiesen. Müller will auf sie auch alle die Erscheinungen zurückführen, die sonst als chemische Polarisation bezeichnet werden. Darin wird man ihm schwerlich zustimmen. Es sei auch daran erinnert, daß ganz ähnliche Behauptungen für die Deutung der H_2-Überspannung geäußert, aber als sicher unbegründet zurückgewiesen wurden (vgl. Ziff. 25). Man muß demnach wohl eine eingehende Prüfung und Bestätigung dieser Beobachtungen abwarten, bevor sie zur Grundlage einer so weitgehenden Umwälzung gemacht werden.

Russell[4]) glaubt den Unterschied zwischen aktivem und passivem Zustand in einer *verschiedenartigen Elektronenverteilung* im Atom erblicken zu dürfen. Er stützt sich darauf, daß die bevorzugt zur Passivität neigenden Elemente unvollständige Elektronenzwischenschalen besitzen und teilt z. B. dem aktiven, normalen Eisen die Elektronenverteilung 2, 8, 14, 2, dem passiven dagegen entweder die Anordnung 2, 8, 13, 3 oder 2, 8, 15, 1 zu. Die Ursache der von Passivierung begleiteten Elektronenverschiebung bleibt dabei aber im Dunkeln.

G. C. Schmidt[5]) hält neuerdings die Passivität für eine Funktion der *Oberflächenspannung* des Metalls. Alle passivierbaren Metalle besitzen nach

[1]) F. Flade u. H. Koch, ZS. f. phys. Chem. Bd. 18, S. 335. 1912.

[2]) A. Finkelstein, ZS. f. phys. Chem. Bd. 39, S. 107. 1902.

[3]) W. J. Müller, ZS. f. phys. Chem. Bd. 48, S. 577. 1904; ZS. f. Elektrochem. Bd. 10, S. 518. 1904; Bd. 11, S. 755, 823. 1905; Bd. 30, S. 401. 1924.

[4]) A. S. Russell, Nature Bd. 115, S. 455. 1925.

[5]) G. C. Schmidt, ZS. f. phys. Chem. Bd. 106, S. 105. 1923.

Schmidt eine bedeutende Härte, die als Ausdruck der Oberflächenspannung aufgefaßt wird. Zerstörung der Oberfläche verringert den Zwangszustand der Molekeln in ihr, das Metall wird aktiv. Diese Wirkung kann auf mechanischem Wege (Schmirgeln), durch chemischen Angriff oder auch mittels Hindurchdiffundierenlassen von Gasen erreicht werden. Wenn die Beobachtung sich bestätigen sollte, daß sogar diffundierender Sauerstoff auf der Seite seines Austritts ein Eisenblech zu aktivieren vermag, wäre damit ein allerdings schlagender Beweis gegen jede Sauerstofftheorie gewonnen. Bei der großen Zahl entgegenstehender Erfahrungen kann auf diesen vereinzelten Fall vorläufig kein allzu großes Gewicht gelegt werden.

Es kann an diesem Orte keine eingehende Diskussion der einzelnen Theorien gegeben werden. Die Hervorhebung einiger Hauptgesichtspunkte muß genügen. Jede der genannten Theorien (einschließlich der schon früher besprochenen allgemeinen Theorien der chemischen Polarisation) vermag gewisse Teile der experimentellen Beobachtungen zu erklären, keine einzige aber gestattet deren lückenlose Wiedergabe.

Es will uns scheinen, als ob die Sauerstofftheorie in irgendeiner Form immer noch die nächstliegende wäre. Der unzweifelhafte Einfluß von Oxydations- und Reduktionsmitteln auf den Eintritt der Passivität ist zu auffallend, um übersehen zu werden. Am ehesten wird man zunächst an die Foerstersche[1]) Theorie denken, zumal sie durch Beobachtungen über das kathodische Verhalten von Platinmetallen gestützt wird. Im Sinne des in Ziff. 47 Gesagten könnte man das Wesen beider Erscheinungsgebiete sogar identifizieren. Unerklärt bleibt von dieser Theorie der mehrfach beobachtete unstetige Charakter der Passivierungskurven. Gerade dieses Verhalten fordert eigentlich die Annahme eines definierten Oxyds, dessen Wirkung dann wohl weniger in einer katalytischen Beeinflussung der Ionenbildungsgeschwindigkeit, als in einem tatsächlichen Schutz der Oberflächen zu suchen wäre. Die nach erfolgter Passivierung eintretenden, stetigen Potentialänderungen könnte man dann auf die Existenz vollständiger Mischungsreihen höherer Oxyde mit dem zuerst entstandenen zurückführen. Dieser einfachen Deutung steht aber die fast allgemein für sicher gehaltene Feststellung des Fehlens einer Oxydhaut im passivem Zustande gegenüber. Vielleicht lohnt es sich aber doch, diese Frage nochmals wieder aufzunehmen.

Gewisse Schwierigkeiten wird den Sauerstofftheorien die Deutung des spezifischen Einflusses mancher Elektrolytzusätze machen. (Nicht natürlich des Einflusses von oxydierenden oder reduzierenden Substanzen sowie der H^+-Konzentration, der im Gegenteil nur zugunsten dieser Theorien spricht.) Dies scheint aber auch für so ziemlich alle anderen Ansätze zuzutreffen. Nur die Smitssche[2]) Theorie macht infolge ihrer weiten Fassung vielleicht eine Ausnahme. Abgesehen von den früher in bezug auf sie gemachten Bemerkungen ist sie allein aber wieder nicht imstande, sowohl die relative Potentialbeständigkeit bei geöffnetem Stromkreis als auch die plötzliche Passivierung zu erklären.

Mancherlei Einwände sind auch gegen die Krüger-Finkelsteinsche[3]) Wertigkeitstheorie zu erheben und zum Teil übrigens von Finkelstein selbst schon betont.

[1]) F. Foerster, ZS. f. Elektrochem. Bd. 17, S. 888. 1911; Bd. 22, S. 93. 1916.

[2]) U. a. A. Smits, Die Theorie der Allotropie. Leipzig 1921; ZS. f. phys. Chem. Bd. 88, S. 743. 1914; Bd. 90, S. 723. 1915; Bd. 92, S. 1. 1916; Trans. Faraday Soc. Bd. 19, S. 772. 1923; ZS. f. Elektrochem. Bd. 30, S. 214. 1924.

[3]) A. Finkelstein, ZS. f. phys. Chem. Bd. 39, S. 107. 1902.

Einige Unstimmigkeiten in den MÜLLERschen[1]) Anschauungen wurden oben schon genannt. Weitere liegen auf der Hand. So sollte ein passives Metall durch bloße negative Beladung (außerhalb des Elektrolyten) aktiviert, ein aktives Metall durch positive Beladung passiviert werden können, da ja mit Veränderung der „Elektronendichte" eine Änderung der Wertigkeit verbunden sein soll. Ein solches Verhalten wurde bisher auch nicht andeutungsweise festgestellt.

G. C. SCHMIDT[2]) sucht mögliche Einwände gegen seine Theorie von vornherein dadurch zu entkräften, daß er die Notwendigkeit des Zusammenhangs von Passivität und Elektrodenpotential bezweifelt. Diesem Standpunkt vermögen wir uns nicht anzuschließen. Aber auch darüber hinaus bleiben bei der SCHMIDTschen Deutung gerade grundlegende Fragen offen. Weshalb löst sich Nickel z. B. in stärkerer Schwefelsäure und nicht in Salpetersäure? Nach SCHMIDT greift Schwefelsäure das Metall an (doch wohl unter Wasserstoffentwicklung und gleichzeitiger Ni^{++}-Bildung?), dessen Oberfläche dadurch in einen Zustand geringerer Spannung gelangt. Weshalb wirkt nicht auch HNO_3 so, obwohl sie die stärkere Säure ist?

Zur einheitlichen Erklärung der Passivitätserscheinungen mit Hilfe einer bestimmten, experimentell genügend gestützten Theorie ist, wie man sieht, der Weg noch weit[3]).

---

[1]) W. J. MÜLLER, ZS. f. phys. Chem. Bd. 48, S. 577. 1904; ZS. f. Elektrochem. Bd. 10, S. 518. 1904; Bd. 11, S. 755, 823. 1905; Bd. 30, S. 401. 1924.

[2]) G. C. SCHMIDT, ZS. f. phys. Chem. Bd. 106, S. 105. 1923.

[3]) Mancherlei Klärung brachten die das Gebiet der Passivität behandelnden Vorträge auf der diesjährigen Tagung der Deutschen Bunsengesellschaft: B. STRAUSS, ZS. f. Elektrochem. Bd. 33, S. 317. 1927; G. GRUBE, ebenda S. 389; W. J. MÜLLER, ebenda S. 401; F. FOERSTER u. F. KRÜGER, ebenda S. 406; besonders ferner die Arbeit von H. FREUNDLICH, G. PATSCHEKE u. H. ZOCHER, ZS. f. phys. Chem. Bd. 128, S. 321; Bd. 130, S. 289. 1927. Die Ergebnisse dieser Arbeiten konnten im einzelnen nicht mehr in die vorstehenden Darlegungen hineingearbeitet werden, doch sei besonders erwähnt, daß die zuletzt genannte Untersuchung den einwandfreien optischen Nachweis erbracht zu haben scheint, daß die Passivität von Eisenspiegeln (durch thermische Zersetzung von Eisenkarbonyl erzeugt) an das Vorhandensein einer dünnen Oxydschicht geknüpft ist. Damit ist der einzig stichhaltige Einwand gegen eine Oxydtheorie gefallen. In den genannten Arbeiten findet sich auch reichhaltige weitere Literatur zitiert, auf deren Wiedergabe hier verzichtet werden mußte.

Kapitel 15.

Elemente[1]).

Von

H. v. Steinwehr, Berlin.

Mit 12 Abbildungen.

1. Valenzladung F. Diejenige Elektrizitätsmenge, welche an ein Grammäquivalent gebunden ist, bezeichnet man mit $1\,F$. Da man sich im allgemeinen der internationalen elektrischen Einheiten bedient, wird F in Amperesekunden/g-Äquivalent ausgedrückt. Der Zahlenwert dieser Konstanten, über dessen Berechnung das Nähere in Kap. 2, 2 zu finden ist, beträgt

$$F = 96494 \text{ oder abgerundet } 96500 \text{ Coulomb pro Äquivalent.}$$

2. Wärmeäquivalent der elektrischen Energie A. Es kommt bei thermodynamischen Rechnungen sehr häufig vor, daß kalorimetrisch und elektrisch gemessene Größen zueinander in Beziehung gesetzt werden müssen. Hierfür muß der Umrechnungsfaktor A zwischen der 15° g-Kalorie und dem internationalen Joule bekannt sein. In der Reichsanstalt[2]) wurde gefunden:

$$1\,\text{cal}_{15^\circ} = 4{,}184_2 \text{ int. Joule oder } 1 \text{ int. Joule} = 0{,}2390\,\text{cal}_{15^\circ}, \quad \text{also } A = 0{,}2390\,. \tag{1}$$

Um die Beziehung zwischen der EMK ausgedrückt in Volt und der entsprechenden Wärmetönung in 15°-Kalorien zu erhalten, muß die Wäımetönung Q durch das Produkt aus der Wertigkeit n des an dem elektrischen Umsatz beteiligten höchstwertigen Elements, der Größe F sowie dem Umrechnungsfaktor von Joule auf Kalorien 0,2390 dividiert werden, d. h.

$$E = \frac{Q}{n \cdot F \cdot A} = \frac{Q}{n \cdot 23062}\,. \tag{2}$$

3. Beziehung zwischen chemischer und elektrischer Energie. Zu den Zeiten der Aufstellung des Gesetzes von der Erhaltung der Energie lag es nahe, anzunehmen, daß die bei einer chemischen Reaktion entwickelte Wärmetönung der elektrischen Energie entsprechen müsse, die aus dem gleichen Prozesse zu gewinnen ist. Eine Gesetzmäßigkeit, welche diese Beziehung zum Ausdruck brachte und die man später als „Thomsonsche Regel" bezeichnete, wurde im Jahre 1847 von Helmholtz und etwas später von W. Thomson aufgestellt. Nach ihr müßte sein

$$n \cdot E \cdot F = \frac{Q}{A} \quad \text{oder} \quad E = \frac{Q}{nFA} = \frac{Q}{n \cdot 23062}\,. \tag{3}$$

---

[1]) Vgl. auch Bd. XI.

[2]) W. Jaeger u. H. v. Steinwehr, Ann. d. Phys. Bd. 64, S. 305. 1921.

Dieser Regel fügten sich jedoch nicht alle, ja nicht einmal alle reversiblen galvanischen Kombinationen. HELMHOLTZ[1]), der dies zuerst erkannte, leitete deshalb unter Annahme, daß die entwickelte elektrische Energie der frei verwandelbaren Arbeit entspreche, aus der von ihm aufgestellten Formulierung des zweiten Hauptsatzes die folgende Beziehung ab:

$$E - T\frac{\partial E}{\partial T} = \frac{U}{n \cdot 23062} = -T^2 \frac{\partial\left(\frac{E}{T}\right)}{\partial T}, \qquad (4)$$

worin U die Änderung der Gesamtenergie bedeutet, die in der Regel der Wärmetönung gleichzusetzen ist. In der Gleichung stellt E die frei verwandelbare, das Glied $T\,dE/dt$ die gebundene Energie oder sog. latente Wärme dar. Als latente Wärme wird die bei Stromdurchgang vom Elemente aufgenommene oder abgegebene Wärmemenge bezeichnet. Nur bei verschwindend kleinem Temperaturkoeffizienten der EMK (oder beim absoluten Nullpunkt) wird die latente Wärme gleich 0 und damit der Fall verwirklicht, daß die elektrische Energie gleich der bei der Reaktion entwickelten Wärmetönung ist.

Differenziert man Gleichung (4) nach der Temperatur, so erhält man:

$$\frac{1}{n\,23062}\,\frac{\partial U}{\partial T} = -T\frac{\partial^2 E}{\partial T^2}. \qquad (5)$$

Nun ist aber andererseits nach KIRCHHOFF:

$$\frac{\partial U}{\partial T} = \Sigma C_e - \Sigma C_a, \qquad (6)$$

d. h. der Temperaturkoeffizient der Wärmetönung ist gleich der Differenz gebildet aus der Summe der Molekularwärmen der Reaktionsprodukte und der Summe der Molekularwärmen der reagierenden Substanzen. HELMHOLTZ nahm an, daß die Wärmetönungen von der Temperatur unabhängig seien, eine Annahme, die längst als irrig erkannt ist, und setzte deshalb $T\,\partial^2 E/\partial T^2 = 0$. Im Gegensatz dazu hat er an anderer Stelle[2]) dem Einfluß der spezifischen Wärmen bei Reaktionen in gasförmigem Zustande selbst Rechnung getragen, und es ist nicht schwer, auf seiner Formel fußend, eine Gleichung abzuleiten, in der die Änderung der Wärmetönung mit der Temperatur Berücksichtigung findet. Unter der Voraussetzung, daß U linear von der Temperatur abhängt, erhält man hieraus[3])

$$E = E_0 - \frac{\Sigma C_e - \Sigma C_a}{n \cdot A}\left[T(\ln T - 1) - T_0(\ln T_0 - 1)\right] + k(T - T_0). \qquad (7)$$

4. Sekundäre Wärme in galvanischen Kombinationen. Das in der HELMHOLTZschen Formel auftretende Glied $nFA \cdot T \cdot dE/dT$, um das sich die freie Energie von der Änderung der Gesamtenergie unterscheidet, wird als sekundäre oder latente Wärme bezeichnet. Je nach dem Vorzeichen von F und dE/dT hat diese Wärmetönung das positive oder negative Vorzeichen. Nimmt die EMK mit wachsender Temperatur zu und liefert die Kombination Strom, so hat die sekundäre Wärme das positive Vorzeichen, die anderen Fälle ergeben sich daraus ohne weiteres. Bei positivem dE/dT muß also, wenn das Element Strom liefert und gegen Wärmeaustausch mit der Umgebung geschützt ist, Abkühlung eintreten, da die Abnahme der freien Energie größer ist als die Wärmetönung, bei negativem dE/dT tritt unter den gleichen Umständen Erwärmung ein. Die

---

[1]) H. v. HELMHOLTZ, Sitzungsber. Berl. Akad. 2. 2. u. 7. 7. 1882; Ges. Abh. Bd. II, S. 971 u. 986.

[2]) H. v. HELMHOLTZ, l. c., S. 22.

[3]) H. v. STEINWEHR, ZS. f. Phys. B. 1, S. 263. 1920.

Messung der sekundären Wärme kann außer durch Bestimmung des Temperaturkoeffizienten der EMK auch auf kalorimetrischem Wege in einem Differentialkalorimeter erfolgen, das aus zwei gegeneinandergeschalteten Elementen besteht, die vom gleichen Strome durchflossen werden. Die in den beiden Elementen entwickelten Wärmemengen, ausgedrückt in Joule, sind 1. für das stromliefernde Element: $(J^2 r - J T dE/dT) t$, 2. für das Element beim Laden: $(J^2 r + J T dE/dT) t$, wo t die Zeitdauer bedeutet, während welcher der Strom geschlossen ist. Die JOULEsche Wärme $J^2 r t$ fällt, da sie in beiden Elementen gleiche Größe und gleiches Vorzeichen besitzt, heraus, die sekundäre Wärme dagegen erscheint in der Differenz in doppeltem Betrage und wird also doppelt gemessen.

5. Anwendung des NERNSTschen Wärmetheorems. Der zweite Hauptsatz der Thermodynamik erlaubt die Berechnung der EMK eines Elements aus thermischen Größen nur nach Integration, wobei sich der Wert derselben bis auf eine unbestimmte Integrationskonstante ergibt, wie aus der HELMHOLTZschen Fassung

$$\left(E - T\frac{dE}{dT}\right) = \frac{U}{n \cdot 23062}$$

ohne weiteres hervorgeht. Mit Hilfe des NERNSTschen Wärmetheorems ist es möglich, die Beziehung zwischen EMK und Änderung der Gesamtenergie für Elemente mit lauter kondensierten Systemen zu geben. Der NERNSTsche Wärmesatz liefert bekanntlich die beiden Beziehungen:

$$\left.\begin{aligned} U &= U_0 + \beta T^2 + \gamma T^3, \\ A &= U_0 - \beta T^2 - \gamma T^3, \end{aligned}\right\} \tag{8}$$

wo A die der EMK entsprechende Änderung der freien Energie bedeutet. Durch Differentiation von U nach T ergibt sich die Bedeutung der beiden Koeffizienten β und γ:

$$\frac{dU}{dT} = 2\beta T + 3\gamma T^2 = \Sigma C_1 - \Sigma C_2, \tag{9}$$

da der Temperaturkoeffizient der Änderung der Gesamtenergie auch gleich der Differenz der Wärmekapazitäten vor $(\sum C_1)$ und nach $(\sum C_2)$ dem Prozeß ist. β und γ geben hiernach die Abhängigkeit der Differenz der Wärmekapazitäten von der Temperatur, die sich fast immer durch eine quadratische Interpolationsformel, als welche diese Gleichung auch aufgefaßt werden kann, darstellen läßt.

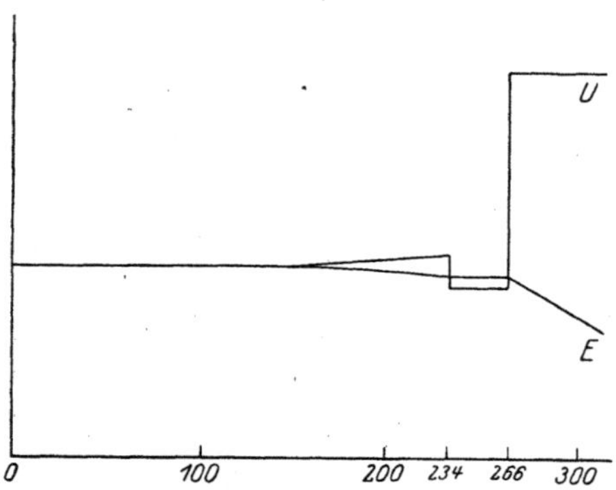

Abb. 1. Verlauf der U- und der E-Kurve für das Clarkelement.

POLLITZER[1]) hat auf diesem Wege aus der Wärmetönung der elektromotorisch wirksamen Reaktionen die EMK des Clarkelements für $-7°$ C berechnet. Die Temperatur von $-7°\,\mathrm{C} = 266°$ abs. wurde gewählt, weil hier der kryohydratische Punkt der Zinksulfatlösung liegt, und daher alle an der stromliefernden Reaktion $Zn + Hg_2SO_4 + 7\,H_2O = ZnSO_4 \cdot 7\,H_2O + 2\,Hg$ beteiligten Substanzen sich, wie die Theorie es verlangt, im kondensierten Zustande befinden. Um nun A bzw. E, was auf dasselbe hinauskommt, aus U berechnen zu können, müssen zunächst an U einige Reduktionen vorgenommen werden. In der nebenstehenden Abb. 1 ist der Verlauf von U und E

[1]) F. POLLITZER, ZS. f. Elektrochem. Bd. 17, S. 5. 1911; Bd. 19, S. 515. 1913.

dargestellt. Von rechts beginnend, ist U zwischen 266 und 300° abs. die Wärmetönung des Elements bei gewöhnlicher Temperatur. Bei 266° fällt sie plötzlich um die negativ zu nehmende Erstarrungswärme des Wassers, um bis 234° nahe konstant zu bleiben. An diesem Punkte wird das Quecksilber fest, und die Wärmetönung ändert sich um die positiv zu nehmende Erstarrungswärme dieses Metalls. Hier hört der sprunghafte Verlauf der Kurve auf, und sie läßt sich nunmehr auf Grund der Messungen der spezifischen Wärmen der Reaktionskomponenten bis zum absoluten Nullpunkt verfolgen. Damit ist zugleich der Anfangspunkt von E und der weitere Verlauf der E-Kurve bis zum Schmelzpunkte des Quecksilbers gegeben. Bei 234° biegt die E-Kurve infolge des Abfalls der U-Kurve ein wenig nach oben, um dann von 266° ab scharf nach unten abzufallen. Für 266° hat POLLITZER aus dem Verlaufe der beiden Kurven die EMK des Clarkelements zu 1,456 Volt berechnet, was mit dem beobachteten Werte gut übereinstimmt.

6. Änderung der Gesamtenergie in galvanischen Elementen. Die Änderung der Gesamtenergie U der Summe aller Vorgänge in einem galvanischen Element setzt sich zusammen aus der Differenz der Wärmetönungen an den beiden Elektroden und den diese Prozesse begleitenden Lösungs-, Fällungs- und Verdünnungswärmen. Nehmen wir z. B. das DANIELLsche Element:

$$\mathrm{Zn} \mid \mathrm{ZnSO_4}\, m\, \mathrm{H_2O} \mid \mathrm{CuSO_4}\, n\, \mathrm{H_2O} \mid \mathrm{Cu}\,, \tag{10}$$

so sind die Vorgänge an den Elektroden zum Zwecke der thermochemischen Berechnung folgendermaßen in einer Gleichung zu formulieren:

$$\mathrm{Zn} + \mathrm{CuSO_4} = \mathrm{Cu} + \mathrm{ZnSO_4}\,, \tag{11}$$

d. h. die resultierende Wärmetönung ist gleich der Differenz der Bildungswärmen von Zinksulfat und Kupfersulfat aus Zink und Kupfer: $Q_{\mathrm{ZnSO_4}} - Q_{\mathrm{CuSO_4}}$. Hierzu kommen noch die Wärmetönung, welche mit der Auflösung des Zinksulfats ($L_{\mathrm{ZnSO_4}}$), sowie die, welche mit der Abscheidung des Kupfersulfats aus der Lösung $- L_{\mathrm{CuSO_4}}$ verbunden sind, um den Prozeß vollständig zu machen. Die Summe aller dieser Wärmetönungen, d. h. die Änderung der Gesamtenergie des Elements ist also:

$$U = Q_{\mathrm{ZnSO_4}} - Q_{\mathrm{CuSO_4}} + L_{\mathrm{ZnSO_4}} - L_{\mathrm{CuSO_4}}\,. \tag{12}$$

7. Lösungswärmen. Da die Substanzen, die während der Vorgänge im Element entstehen oder verschwinden, in die Lösung eintreten oder aus ihr verschwinden, so ist die Kenntnis der hiermit verbundenen Wärmetönung für die Berechnung der Gesamtenergie des stromliefernden Prozesses von großer Bedeutung. Während man es aber sonst bei der Messung von Lösungswärmen im allgemeinen mit der Wärmetönung zu tun hat, die bei der Auflösung in reinem Wasser entsteht, nämlich der sog. integralen Lösungswärme, handelt es sich bei den Lösungsvorgängen im Elemente stets um die Wärmemenge, welche bei der Auflösung oder Ausfällung in einer bereits vorhandenen Lösung oder bei der Aufnahme bzw. Entziehung von Wasser, ohne daß dabei eine Konzentrationsänderung eintritt, entwickelt wird. Man nennt diese Wärmetönung die differentielle oder theoretische Lösungs- oder Verdünnungswärme. Diese Größe ist häufig nicht bestimmt, da die Notwendigkeit ihrer Kenntnis nicht genügend bekannt ist, und sie außerdem schwerer zu ermitteln ist als die gewöhnlich gemessene integrale Lösungswärme. Da die Kenntnis der integralen Lösungswärmen benutzt werden kann, um die differentiellen Lösungswärmen zu ermitteln, ist es erwünscht, den Zusammenhang zwischen den verschiedenen Arten von Lösungswärmen zu kennen.

8. Beziehung zwischen Integrallösungswärme, Differentiallösungswärme und Differentialverdünnungswärme. Für die folgenden Betrachtungen sollen die nachstehend angeführten Beziehungen gelten:

Q_A ist die Integrallösungswärme von 1 Mol Anhydrid in m Molen Wasser,

Q_H die entsprechende Wärmetönung von 1 Mol Hydrat in $m - c$ Molen Wasser, wenn c die Anzahl Mole H_2O auf 1 Mol Anhydrid im Hydrat bedeutet,

W_A ist die Integrallösungswärme von a Molen Anhydrid in b Molen Wasser,

W_H die entsprechende Größe für a Mole Hydrat in $b - ac$ Molen Wasser,

$\partial Q_A/\partial m$ bzw. $\partial W_A/\partial b$ und $\partial W_H/\partial b$ ist die differentielle Verdünnungswärme von 1 Mol Wasser in einer Lösung, die 1 Mol Salz auf m Mole Wasser enthält,

$\partial W_A/\partial a$ die differentielle Lösungswärme bei Auflösung von 1 Mol Anhydrid in einer Lösung, die a Mole Salz auf b Mole Wasser enthält,

$\partial W_H/\partial a$ die entsprechende Größe für 1 Mol Hydrat,

H ist die Hydratationswärme von 1 Mol Hydrat aus 1 Mol Anhydrid und c Molen Wasser.

Zwischen diesen Größen bestehen, wenn man berücksichtigt, daß

$$W_A = a \cdot Q_A, \quad Q_A = Q_H + H, \quad \frac{b}{a} = m, \quad \frac{dm}{da} = -\frac{m}{a} \quad \text{und} \quad \frac{dm}{db} = \frac{1}{a} \tag{13}$$

ist, folgende Beziehungen:

$$\frac{\partial W_A}{\partial a} = \frac{\partial (a \cdot Q_A)}{\partial a} = Q_A + a\frac{\partial Q_A}{\partial a} = Q_A - m\frac{\partial Q_A}{\partial m}. \tag{14}$$

Unter Fortlassung der Zwischenglieder der Umformung kann man auch schreiben:

$$Q_A = \frac{\partial W_A}{\partial a} + m \cdot \frac{\partial Q_A}{\partial m}, \tag{15}$$

d. h. die integrale Lösungswärme ist gleich der Summe, die gebildet ist aus der differentiellen Lösungswärme des Anhydrids und der Verdünnungswärme bei Zusatz von m Molen Wasser zu der ursprünglichen Lösung. Nach W. JAEGER kann man sich das so vorstellen, daß zuerst 1 Mol Anhydrid und dann m Mole Wasser in einer unbegrenzten Menge Lösung von der Verdünnung m aufgelöst werden. Dies kommt auf dasselbe hinaus, wie wenn 1 Mol Anhydrid in m Molen Wasser gelöst werden und diese Lösung zu der übrigen Lösung gleicher Konzentration hinzugefügt wird, welch letzterer Vorgang natürlich ohne Wärmeentwicklung vor sich geht. Nimmt man an Stelle des Anhydrids das Hydrat, so ergibt sich sinngemäß:

$$Q_H = \frac{\partial W_H}{\partial a} + (m - c)\frac{\partial Q_A}{\partial m}, \tag{16}$$

eine Beziehung, die bereits ROOZEBOOM[1]) mit Hilfe eines Kreisprozesses abgeleitet hat. Weder $\partial W_A/\partial a$ noch $\partial W_H/\partial a$ (die differentiellen Lösungswärmen) lassen sich direkt experimentell bestimmen, wohl aber die integralen Lösungswärmen Q_A und Q_H sowie die differentielle Verdünnungswärme $\partial Q_A/\partial m$ und damit auch die beiden differentiellen Lösungswärmen, wie aus den beiden Gleichungen (15 und 16) zu ersehen ist.

9. Auftreten von Lösungs- und Verdünnungswärmen in Elementen. Zunächst bildet sich stets das Anhydrid des Salzes, das sich in Lösung befindet. Ist kein Bodenkörper vorhanden, so löst sich das entstandene Anhydrid stets auf, gleichgültig, ob es sich um eine gesättigte oder ungesättigte Lösung handelt. Die Wärmetönung ist dann gleich der differentiellen Lösungswärme des Anhydrids.

[1]) B. ROOZEBOOM, Rec. des Trav. Chim. Pays-Bas Bd. 8, S. 122. 1889.

Ist jedoch das Salz als Bodenkörper vorhanden, so hat man zwei Fälle zu unterscheiden:

1. Der Bodenkörper ist das Anhydrid. In diesem Falle ist die Lösung gesättigt und ändert wegen Anwesenheit des Bodenkörpers ihren Sättigungszustand nicht. Es tritt also überhaupt keine weitere Wärmetönung auf.

2. Der Bodenkörper ist ein Hydrat. Die in diesem Falle sich abspielenden Vorgänge sind zuerst von COHEN[1]) gelegentlich seiner Untersuchungen über das Clarkelement aufgeklärt worden. Er zeigte, daß das bei der Stromlieferung im Element gebildete Anhydrid mit der gesättigten Lösung des Hydrats nach der Gleichung reagiert:

$$1\,[\text{Anh.}] + \frac{c}{m-c}\,(\text{Anh.}, m\,H_2O) = \frac{m}{m-c}\,[\text{Hydrat}]\,, \tag{17}$$

wobei [Anh.] das feste Anhydrid, m die Anzahl Mole H_2O auf 1 Mol Salz in Lösung und c die Anzahl Mole Wasser in 1 Mol Hydrat bedeuten.

COHEN ermittelte die dieser Reaktion entsprechende Wärmetönung in der Weise, daß er sich jeden der in der obigen Gleichung auftretenden Körper in einer gleich großen Menge Wasser aufgelöst dachte und die gefundenen Wärmemengen addierte. Um jedoch die Beziehungen dieses Vorganges zur differentiellen Lösungswärme zu erhalten, verfährt man besser auf einem der beiden folgenden Wege[2]).

Einmal kann man sich die Menge $c/(m-c)$ Mole Lösung (Anh. $m\,H_2O$) von der Gesamtlösung abgesondert denken, und in dieser Menge die Vorgänge sich vollziehen lassen. Zweitens aber kann man sie sich in einer unbegrenzten Menge der gleichen Lösung abspielen lassen. Beide Wege führen zum gleichen Ziele.

Der erste Weg ergibt für die Wärmetönung des Prozesses:

$$H - \frac{c}{m-c}\,Q_H \qquad \text{oder} \qquad \frac{m}{m-c}\,H - \frac{c}{m-c}\,Q_A\,. \tag{18}$$

Der zweite Weg ergibt:

$$\frac{m}{m-c}\,H - \frac{c}{m-c}\,\frac{\partial W_A}{\partial a} - \frac{m c}{m-c}\,\frac{\partial W_A}{\partial b} \quad \text{oder} \quad H - \frac{c}{m-c}\,\frac{\partial W_H}{\partial a} - c\,\frac{\partial W_A}{\partial b}\,. \tag{19}$$

Unter Berücksichtigung der vorher gegebenen Beziehungen läßt sich leicht die Identität dieser vier Ausdrücke zeigen. Welche von ihnen man benutzen will, wird von dem zur Verfügung stehenden Beobachtungsmaterial abhängen.

10. Direkte Bestimmung der differentiellen Lösungswärme. Außer auf dem indirekten Wege über andere Wärmetönungen läßt sich die differentielle Lösungswärme direkt thermochemisch nur bei schwerlöslichen Substanzen bestimmen. Sie ist dann um so genauer gleich der negativ genommenen Fällungswärme, je schwerer löslich die Substanz ist.

Auf elektrischem Wege läßt sich die differentielle Lösungswärme ebenfalls für Anhydrid und Hydrate bestimmen, und zwar auf folgende Weise. Nehmen wir zwei Elemente mit Lösungen von gleicher Konzentration, das eine ohne, das andere mit Bodenkörper, so unterscheiden sich die Änderungen der Gesamtenergie beider um den Betrag der differentiellen Lösungswärme des Anhydrids, wenn der Bodenkörper ein Anhydrid ist, da das durch den Strom gebildete Anhydrid bei dem Element ohne festes Anhydrid gelöst wird, während es bei dem Elemente mit festem Anhydrid ungelöst bleibt.

Bei Elementen mit Hydraten liegen die Verhältnisse nicht so einfach. Hier ist der Anteil an der Änderung der Gesamtenergie des Elementes ohne Hydrat,

[1]) E. COHEN, ZS. f. phys. Chem. Bd. 34, S. 62 u. 612. 1900.
[2]) H. v. STEINWEHR, ZS. f. phys. Chem. Bd. 94, S. 9. 1920.

der von der Auflösung des Salzes herrührt, zwar ebenfalls gleich der differentiellen Lösungswärme des Anhydrids, bei dem Elemente mit Hydrat ist er jedoch nicht wie im vorigen Falle gleich Null, sondern, wie bereits erwähnt (Gl. 19), gleich

$$\frac{m}{m-c} H - \frac{c}{m-c} \frac{\partial W_A}{\partial a} - \frac{mc}{m-c} \frac{\partial W_A}{\partial b}.$$

Die Differenz beider Ausdrücke

$$\left.\begin{aligned} &\frac{\partial W_A}{\partial a} - \frac{c}{m-c} \frac{\partial W_A}{\partial a} - \frac{mc}{m-c} \frac{\partial W_A}{\partial b} + \frac{m}{m-c} H \\ &= \frac{m}{m-c}\left(H - \frac{\partial W_A}{\partial a} - c\frac{\partial W_A}{\partial b}\right) = \frac{mc}{m-c} q' \end{aligned}\right\} \tag{20}$$

ist gleich der mit $m/(m-c)$ multiplizierten differentiellen Lösungswärme q'. Bezogen auf die elektrische Energie ergibt sich unter Benutzung der HELMHOLTZschen Formel:

$$q' = \frac{m-c}{m} T \left[\frac{dE'}{dT} - \frac{dE''}{dT}\right] 46124 \,\mathrm{cal}^{1}), \tag{21}$$

wenn dE'/dT und dE''/dT die Temperaturkoeffizienten des Elements mit und ohne Hydrat bezeichnen. Beachtet man, daß

$$\frac{dE'}{dT} = \frac{dE''}{dT} + \frac{\partial E}{\partial m} \frac{dm}{dT}, \tag{22}$$

ist, so findet man schließlich:

$$q' = \frac{m-c}{m} T \frac{\partial E}{\partial m} \frac{dm}{dT} 46124 \,\mathrm{cal} \tag{23}$$

11. Amalgamierungswärme. Ähnliche Verhältnisse wie bei der Hydratbildung im Element liegen bei der Aufnahme oder Ausscheidung des elektromotorisch wirksamen Metalls im Amalgam vor. Während es sich aber bei den Hydraten um Verbindungen von Wasser und Salz von bestimmter Zusammensetzung in einfachen Zahlenverhältnissen handelt, sind die festen Amalgame feste Lösungen mit von der Temperatur abhängigem Metallgehalt. Damit nun 1 Mol Metall aus dem festen Amalgam in Lösung gehen kann, muß, da die Gleichgewichtskonzentrationen von festem und flüssigem Amalgam nicht verändert werden dürfen, eine entsprechende Menge flüssiges Amalgam neu gebildet werden, während eine größere Menge festes Amalgam verschwindet, als 1 Mol Metall entspricht. In Formeln lassen sich diese Vorgänge, wie folgt, beschreiben, wenn d die Anzahl Mole Hg auf 1 Mol Metall im festen und n die Anzahl Mole Hg auf 1 Mol Metall im flüssigen Amalgam bezeichnen:

$$\frac{n}{n-d} [\mathrm{Me}, d\,\mathrm{Hg}] = \frac{n}{n-d} [\mathrm{Me}] + \frac{nd}{n-d} (\mathrm{Hg}) \tag{24}$$

$$\frac{d}{n-d} [\mathrm{Me}] + \frac{nd}{n-d} (\mathrm{Hg}) = \frac{d}{n-d} (\mathrm{Me}, n\,\mathrm{Hg}) \tag{25}$$

oder addiert

$$\frac{n}{n-d} [\mathrm{Me}, d\,\mathrm{Hg}] = 1\,[\mathrm{Me}] + \frac{d}{n-d} (\mathrm{Me}, n\,\mathrm{Hg}), \tag{26}$$

d. h. $n/(n-d)$ Mole Me mit d Molen Hg festes Amalgam zerfallen in 1 Mol Me und $d/(n-d)$ Mole Me mit n Molen Hg flüssiges Amalgam. Die dritte Gleichung, welche dem resultierenden Vorgang entspricht, bedeutet die Bildung von festem Amalgam aus Metall und flüssigem Amalgam. Sie läßt sich thermochemisch nicht fassen und ist deshalb in die beiden Gleichungen (24) und (25) zerlegt worden, von denen (24) eine der Hydratation vergleichbare Reaktion ist, die von rechts

[1]) Wegen des Zahlenfaktors siehe Ziff. 29.

nach links gelesen die Vereinigung von Metall mit flüssigem Quecksilber zu festem Amalgam bedeutet, während (25) von links nach rechts gelesen die Auflösung von Metall in Quecksilber bis zur Gleichgewichtslösung, d. h. zum gesättigten flüssigen Amalgam darstellt. Sie entspricht also der Integrallösungswärme. In den Bezeichnungen, die für die wässerigen Lösungen gebraucht wurden, läßt sich die Wärmetönung für die Gleichung (26) folgendermaßen schreiben:

$$Q = -\frac{n}{n-d}\,\mathrm{H} + \frac{d}{n-d}\,Q_A .$$

Kennt man diese Wärmetönung, die sich außer kalorimetrisch auch indirekt auf elektrischem Wege unter Benutzung der Beziehung $E - TdE/dT = U/AnF$ ermitteln läßt, wie z. B. von COHEN für das Kadmiumamalgam geschehen ist, so kann man sie bei der Berechnung der Gesamtenergie eines Elements mit zweiphasiger Amalgamelektrode berücksichtigen.

12. Beziehung zwischen differentieller Lösungswärme und EMK. In einem Konzentrationselement mit Überführung wird an der einen Elektrode ebensoviel Salz, das dort entstanden ist, in der verdünnten Lösung gelöst, wie an der anderen Elektrode aus der konzentrierteren ausgeschieden wird. Die gesamte Wärmetönung besteht also aus der Differenz der differentiellen Lösungswärmen in der verdünnteren und konzentrierteren Lösung. Nach der HELMHOLTZschen Fassung des zweiten Hauptsatzes erhalten wir also

$$\frac{U}{A \cdot n \cdot F} = \frac{1}{A \cdot n \cdot F}\left(\frac{\partial W_A}{\partial a_{\text{verd.}}} - \frac{\partial W_A}{\partial a_{\text{konz.}}}\right) = E - T\,\frac{dE}{dT} . \tag{27}$$

Bei einem Konzentrationselement ohne Überführung, dessen eine Elektrode einen Depolarisator hat, und das aus zwei gegeneinandergeschalteten Elementen mit verschieden konzentriertem Elektrolyten besteht, erhält man die Differenz der theoretischen Lösungswärmen gleich der Differenz der elektromotorischen Kräfte vermindert um die Differenz der mit der absoluten Temperatur multiplizierten Temperaturkoeffizienten:

$$\frac{U}{A \cdot n \cdot F} = \frac{1}{A \cdot n \cdot F}\left(\frac{\partial W_A}{\partial a_{\text{verd.}}} - \frac{\partial W_A}{\partial a_{\text{konz.}}}\right) = \left[E_v - E_k - T\left(\frac{\partial E_v}{\partial T} - \frac{\partial E_k}{\partial T}\right)\right] . \tag{28}$$

13. Umkehrbare Elemente. Bedingung für die Umkehrbarkeit von Elementen ist, daß alle mit dem Strom verknüpften Vorgänge, welche an den Elektroden und in den Lösungen während des Stromdurchganges verlaufen, reversibel sind, und daß außerdem keinerlei von der stromliefernden Reaktion unabhängige Vorgänge nebenher laufen.

Als reversibel ist ein Element anzusehen, wenn eine in der einen Richtung hindurchgeschickte Elektrizitätsmenge die Veränderungen, die die gleiche in der umgekehrten Richtung hindurchgesandte Elektrizitätsmenge hervorgerufen hat, vollkommen wieder rückgängig macht.

14. Umkehrbare Elektroden. Was für das Element im allgemeinen gesagt ist, gilt natürlich für jede Elektrode im speziellen. Um die gestellte Bedingung erfüllen zu können, muß jede Elektrode in die Lösung eines Salzes des Metalls, aus dem die Elektrode besteht, eintauchen. In diesem Falle wird ein Strom, wenn keine anderen Metallionen, die leichter zu entladen sind, vorhanden sind, in der einen Richtung nur Ionen des gleichen Metalls in Lösung bringen, in der anderen Richtung die gleichen Ionen abscheiden. Solche Elektroden, die in bezug auf positiv geladene Ionen (Kationen) umkehrbar sind, nennt man Elektroden erster Art. Sie haben zugleich die Eigenschaft, für unendlich schwache Ströme unpolarisierbar zu sein.

Elektroden zweiter Art sind solche Elektroden, welche die eben erwähnten Eigenschaften hinsichtlich der negativ geladenen Ionen (Anionen) besitzen. Da die Anionen bildenden Elemente bzw. Verbindungen fast durchweg Nichtleiter sind, so muß hier ebenfalls ein Metall die stromführende Elektrode bilden, das seinerseits mit dem schwerlöslichen Salze des Elektrodenmetalls und des betreffenden Anions überzogen ist. Der Strom kann dann nur in der Weise aus der Lösung in die Elektrode übertreten, daß das schwerlösliche Salz zu Metall und Anion reduziert wird, welches negativ geladen in Lösung geht, oder umgekehrt aus der Elektrode in die Lösung, indem das an dem Metall entladene Anion sich dort mit demselben zu schwerlöslichem Salz verbindet. Finden nur diese Vorgänge statt, so ist die Elektrode als reversibel anzusehen. Solche den Elektrizitätsübergang zwischen Elektrode und Elektrolyt reversibel vermittelnde Salze nennt man Depolarisatoren.

15. Depolarisatoren. Theoretisch ist jedes schwerlösliche Salz an seinem Platze als reversibler Depolarisator anzusehen. In praxi sind aber hier gewisse Grenzen gezogen, welche die Brauchbarkeit der schwerlöslichen Salze für diesen Zweck einschränken. Allzu schwerlösliche Salze haben den Nachteil, daß die davon umgebenen Elektroden nur mit ganz außerordentlich geringen Strömen belastet werden dürfen, wenn nicht die Konzentration der Anionen in der Umgebung der Elektrode, die durch die Löslichkeit des Depolarisators bestimmt wird, größeren Schwankungen ausgesetzt sein soll, was im Interesse der Konstanz der EMK vermieden werden muß. Andererseits sind manche Salze nicht genügend schwer löslich, um brauchbare Depolarisatoren abzugeben. Solche Salze geben zwar genügende Anionenkonzentration in der Nähe der Elektrode, sie können aber auch infolge ihrer in Lösung befindlichen größeren Menge leichter in nicht zu vernachlässigenden Beträgen zur anderen Elektrode hinüberdifferendieren und dort irreversible Umsetzungen hervorrufen. Eine für diesen Zweck sehr geeignete Löslichkeit besitzt z. B. das Merkurosulfat, von dem sich nach DRUCKER[1]) 1,2 Millimole bei 25° in Wasser lösen. Es hat deshalb auch Verwendung in den beiden einzigen wirklich brauchbaren Normalelementen, dem Clark- und dem Westonelement, gefunden. Andere viel verwendete Depolarisatoren sind z. B. Merkurochlorid (Kalomel), Silberchlorid, -bromid und -jodid, Merkurioxyd, Silberoxyd, Kupfersulfür und -sulfid und andere, die aber zum Teil eine zu geringe Löslichkeit besitzen.

Dieser Mangel läßt sich, wie noch besonders bemerkt sei, dadurch unwirksam machen, daß die Anionenkonzentration nicht allein durch das schwerlösliche Anodensalz bestimmt wird, sondern daß noch ein zweites indifferentes Salz der gleichen Säure sich in Lösung befindet, dessen Konzentration dann maßgebend ist.

Ähnliche Verhältnisse wie bei den Elektroden erster Art liegen bei solchen Elektroden zweiter Art vor, bei denen der Depolarisator elektrisch leitet, wie z. B. beim Bleisuperoxyd. Hier kommt es natürlich ebensowenig wie bei den Metallen auf die Löslichkeit des Depolarisators an.

Für Elemente, die auf große Stromdichte beansprucht werden sollen, können nur Depolarisatoren Verwendung finden, die metallische Leitfähigkeit besitzen, da hierdurch die Ausbreitung der Stromlinien auf eine sehr große Oberfläche ermöglicht wird. Der Einfluß der metallischen Leitfähigkeit ist ein so überwiegender, daß metallisch leitende Depolarisatoren mit verschwindend kleiner Löslichkeit wie CuO und MnO_2 an Wirksamkeit sehr viel stärker lösliche, wie z. B. Merkurosalze, die aber nicht leiten, an Wirksamkeit weit übertreffen.

---

[1]) K. DRUCKER, ZS. f. anorg. Chem. Bd. 28, S. 294. 1907.

Elektrochemische Potentialdifferenzen treten an allen den Stellen auf, wo Arbeit unter Bewegung elektrolytischer Ionen geleistet wird, und zwar 1. an der Grenzfläche zwischen einem metallischen Leiter und einem Elektrolyten, sei es im gelösten oder im geschmolzenen Zustand, die als Elektrodenpotentiale bezeichnet werden und 2. an der Grenze zweier verschieden konzentrierter Lösungen, welche Konzentrationspotentiale genannt werden.

16. Elektrodenpotentiale. Wie bereits HELMHOLTZ[1]) zeigte, entsteht beim Eintauchen eines Metalls in Wasser oder eine wässerige Lösung an der Berührungsstelle der beiden eine elektrische Doppelschicht, d. h. es bildet die Metalloberfläche die eine, die damit in Berührung stehende Flüssigkeitsoberfläche die andere Belegung eines kondensatorähnlichen Gebildes mit einem Zwischenraum von verschwindender Dicke. Mit atomistischen Begriffen hat man sich das nach NERNST[2]) so vorzustellen, daß je nach der Konzentration der Lösung an Ionen des Metalls, das darin eingetaucht ist, entweder positiv geladene Metallionen in Lösungen gehen, wobei das Metall negativ geladen zurückbleibt, oder positiv geladene Metallionen sich auf der Elektrode abscheiden, wobei die Lösung infolge des Überschusses an Anionen eine negative Ladung annimmt.

Das Bestreben der Metalle, in Lösung zu gehen, das nach NERNST passend als Lösungstension bezeichnet wird, hat sein Analogon in der Dampftension fester Substanzen. Nun ist die maximale Arbeit, welche mit einer Konzentrationsänderung verbunden ist, gleichzusetzen der EMK mal der Elektrizitätsmenge für ein Mol und bei Gültigkeit der Gasgesetze gleich $RT \ln p_2/p_1$, wo p_2 und p_1 die osmotischen Drucke der betreffenden Ionen in den beiden Lösungen bedeuten, zwischen denen der Konzentrationsausgleich stattfindet. Um nun die Arbeit zu erhalten, die beim Übergang der Metallionen aus dem Metall in die Lösung zu gewinnen ist, muß in den obigen Ausdruck die Lösungstension P, welche die Dimension eines Druckes hat, eingeführt werden. Man erhält hiernach für die Arbeit, die bei der Überführung eines g-Atoms eines einwertigen Metall aus dem metallischen Zustand in den der Lösung gewonnen oder aufgewendet wird, den Ausdruck $RT \ln P/p$. Das Vorzeichen dieser Arbeit, d. h. ob Arbeit gewonnen oder aufgewendet wird, richtet sich danach, ob P größer oder kleiner als p ist. Ist $P = p$, so ist Gleichgewicht und die Arbeit gleich 0, d. h. es wird weder Metall niedergeschlagen noch aufgelöst und die Elektrode hat das Potential 0. Rechnet man lieber mit Ionenkonzentrationen als mit osmotischen Drucken, so hat man auch an Stelle der Lösungstension P die ihr proportionale Größe C einzuführen und erhält dann

$$E = RT \ln \frac{C}{c}. \tag{29}$$

Diese Betrachtungen gelten für einwertige Ionen. Sie erfahren eine Ergänzung, wenn mehrwertige Ionen in den Kreis der Betrachtung gezogen werden. Wir erhalten dann sinngemäß:

$$E = \frac{RT}{n} \ln \frac{P}{p} \quad \text{bzw.} \quad \frac{RT}{n} \ln \frac{C}{c}, \tag{30}$$

wenn n die Wertigkeit des in Betracht kommenden Ions ist.

17. Konzentrationsketten. Bei Konzentrationsketten hat man zu unterscheiden zwischen solchen ohne und mit Überführung.

1. Konzentrationsketten ohne Überführung. Den einfacheren Fall, nämlich die Kette ohne Überführung, kann man sich am einfachsten so realisiert denken, daß man zwei verschieden konzentrierte Lösungen eines Salzes hat, die nicht in Berührung miteinander stehen, und deren jede ein Paar in bezug

[1]) H. v. HELMHOLTZ, Wied. Ann. Bd. 7, S. 337. 1879.
[2]) W. NERNST, ZS. f. phys. Ch., Bd. 4, S. 151. 1889.

auf das Kation und das Anion umkehrbare Elektroden enthält. Beide Ketten sind gegeneinander geschaltet zu denken, so daß beim Hindurchfließen des Stromes die Vorgänge in beiden Zellen einander aufheben. Dann bleibt als einziges Resultat der Transport des Salzes aus einer Lösung von einer bestimmten Konzentration in eine Lösung einer anderen Konzentration. Das Vorzeichen der Arbeit ist natürlich das, daß Arbeit gewonnen wird, wenn ein Konzentrationsausgleich stattfindet, d. h. wenn der Strom in der Zelle mit der konzentrierteren Lösung Metall niederschlägt, in der anderen dagegen zur Auflösung bringt. Wir erhalten somit für die EMK einer solchen Konzentrationskette bei einwertigen Salzen, je nachdem wir mit osmotischen Drucken oder Ionenkonzentrationen rechnen, den Ausdruck:

$$E = RT \ln \frac{p_2}{p_1} = RT \ln \frac{c_1}{c_2}, \tag{31}$$

da $p = RT/c$ ist.

2. Konzentrationsketten mit Überführung. Diese Ketten können nur dann auftreten, wenn zwei verschieden konzentrierte Lösungen miteinander in Berührung stehen. Der einfachste Fall wird am besten durch das Schema definiert:

$$\mathrm{Me} \mid \underset{c_1}{\mathrm{MeAc}} \mid \underset{c_2}{\mathrm{MeAc}} \mid \mathrm{Me}.$$

Die drei Potentialsprünge, welche bei dieser Kette auftreten, und die durch die senkrechten Striche angedeutet sind, liegen außer an der Berührungsfläche des Metalls mit den beiden Lösungen an der Berührungsstelle der beiden verschieden konzentrierten Lösungen. Die EMK der beiden Elektroden ergibt sich zu

$$E = \frac{RT}{n \cdot F} \ln \frac{P}{p_1} - \frac{RT}{n \cdot F} \ln \frac{P}{p_2} \quad \text{bzw.} \quad = \frac{RT}{n \cdot F} \ln \frac{C}{c_1} - \frac{RT}{n \cdot F} \ln \frac{C}{c_2}. \tag{32}$$

Beim Zusammenfassen der beiden Terme fällt die Lösungstension heraus, und wir erhalten

$$E = \frac{RT}{n \cdot F} \ln \frac{p_2}{p_1} \quad \text{bzw.} \quad \frac{RT}{n \cdot F} \ln \frac{c_2}{c_1}. \tag{33}$$

Der Potentialsprung an der Berührungsstelle der beiden verschieden konzentrierten Lösungen läßt sich nach NERNST[1]) auf folgende einfache Weise berechnen. Fließt die einem Äquivalent entsprechende Elektrizitätsmenge F von der konzentrierteren zur verdünnteren Lösung, so wandern $u/(u + v)$ äquivalente Kationen mit dem Strome, während $v/(u + v)$ äquivalente Anionen sich in der entgegengesetzten Richtung bewegen. Diese Kationenmenge kommt dabei von dem Drucke p_2 bzw. der Konzentration c_2 auf den kleineren Druck p_1 bzw. die kleinere Konzentration c_1. Die Summe der dabei auftretenden Arbeitsleistungen beträgt als Potentialsprung ausgedrückt:

$$E' = \frac{u}{u+v} \frac{RT}{n \cdot F} \ln \frac{p_2}{p_1} - \frac{v}{u+v} \frac{RT}{n \cdot F} \ln \frac{p_2}{p_1} = \frac{u-v}{u+v} \frac{RT}{n \cdot F} \ln \frac{p_2}{p_1}, \tag{34}$$

oder mit Konzentrationen:

$$E' = \frac{u}{u+v} \frac{RT}{n \cdot F} \ln \frac{c_2}{c_1} - \frac{v}{u+v} \frac{RT}{n \cdot F} \ln \frac{c_2}{c_1} = \frac{u-v}{u+v} \frac{RT}{n \cdot F} \ln \frac{c_2}{c_1}, \tag{35}$$

wo u und v die Beweglichkeiten des Kations und Anions bezeichnen.

Faßt man die Ausdrücke (33) und (35), welche die Summe der Potentialsprünge einer Konzentrationskette mit Überführung darstellen, zusammen, so erhält man

$$E' - E = -\frac{2v}{u+v} \frac{RT}{n \cdot F} \ln \frac{c_2}{c_1}. \tag{36}$$

[1]) W. NERNST, ZS. f. phys. Chem. Bd. 4, S. 129. 1889.

18. Polarisation von Elementen. Die EMK eines Elements, auch eines reversiblen, behält ihren theoretischen Wert nur im offenen Zustande. Sobald ihm Strom entnommen wird, tritt eine Verringerung derselben ein, die mit wachsendem Strome zunimmt und nicht mit dem Spannungsabfall zu verwechseln ist, der von dem Produkte $i \cdot r$, d. h. dem Produkte aus Strom und innerem Widerstand, herrührt. Die Abnahme der EMK hat vielmehr ihre Ursache in einer im Elemente auftretenden Gegenkraft, die man als Polarisation bezeichnet. Diese Polarisation entsteht aus einer doppelten Veranlassung, aus Vorgängen 1. im Elektrolyten und 2. an den Elektroden.

1. Konzentrationspolarisation. Diese Art der Polarisation tritt bei allen solchen Elementen auf, bei denen die Stromlieferung mit einer Konzentrationsänderung, d. h. mit einer Verminderung oder Vermehrung des Gehalts der den Elektrolyten bildenden Lösung, verbunden ist. Dieser Verarmung oder Anreicherung der Lösung in der Umgebung der Elektroden wirkt ein Diffusionsvorgang entgegen, der sich zwischen den Teilen des Elektrolyten, welche sich in unmittelbarer Nähe der Elektroden befinden, und der übrigen Lösung entwickelt. Wird der das Element durchfließende Strom längere Zeit konstant gehalten, so stellt sich ein dynamisches Gleichgewicht zwischen dem Verbrauch an der Elektrode und der Zufuhr aus der Lösung bzw. der Zufuhr aus der Elektrode und der Fortführung durch Diffusion ein, und die Polarisation nimmt einen konstanten Wert an, der solange bestehen bleibt, wie die maßgebenden Faktoren ungeändert bleiben, bei Änderung einer von diesen aber einem neuen Gleichgewichtszustand zustrebt.

2. Polarisation der Elektroden. Diese Art der Polarisation, welche man auch als chemische Polarisation bezeichnet, ist ebenfalls eine Folge des Stromes und kommt dadurch zustande, daß die Geschwindigkeit der chemischen Reaktion an den Elektroden nicht groß genug ist, um den Verbrauch infolge des Stromes zu decken. Auch in diesem Falle entsteht eine Gegenkraft, welche die ursprüngliche EMK herabsetzt, und es stellt sich in analoger Weise wie bei der Konzentrationspolarisation ein dynamischer Gleichgewichtszustand ein. Für diese Art der Polarisation bietet sich häufig eine Abhilfe in der Anwendung von Katalysatoren, welche die Geschwindigkeit der chemischen Reaktion heraufsetzen, wie das z. B. im Falle des Wasserstoffs durch platiniertes Platin geschieht.

19. Normalelektroden. Da jede galvanische Kombination und also auch jedes Element zwei Elektroden enthält, lassen sich die Einzelpotentiale, deren Untersuchung besonderes Interesse bietet, wenn die Änderungen studiert werden sollen, die sie beim Stromdurchgang erleiden, nur messen, wenn eine dritte Elektrode zu Hilfe genommen wird, die stromlos ist und deren Potential bekannt und als ausreichend konstant anzusehen ist.

Solche Elektroden, die diesem Zwecke dienen, nennt man Normalelektroden.

Die Anregung zur Konstruktion der ersten derartigen Elektrode, deren absolutes Potential zuerst von Paschen[1]) genau gemessen wurde, verdankt man Ostwald. Es ist die Normalkalomelelektrode, die nach dem Schema

$$\mathrm{Hg} \,|\, \mathrm{HgCl} \,|\, 1{,}0\, n\, \mathrm{KCl}$$

aufgebaut ist, und deren EMK von Paschen gleich $+ 0{,}56$ Volt gefunden wurde. Da Quecksilber infolge seiner stets gleichartigen Oberfläche das einwandfreieste Metall für Elektroden ist, und da auch das Kalomel ein sehr brauchbarer Depolarisator ist, so wäre diese Elektrode als ideal anzusehen, wenn sie nicht gelegentlich bei mechanischen Erschütterungen geringen Schwankungen infolge unzureichender Sättigung der Chlorkaliumlösung mit Kalomel ausgesetzt wäre.

---

[1]) F. Paschen, Ann. d. Phys. (3) Bd. 41, S. 22. 1891.

Dieser Übelstand wird vermieden[1]), wenn man statt der Normalchlorkaliumlösung eine Zehntelnormallösung verwendet, in der die Löslichkeit des Kalomels größer ist als in der Normallösung und die ein um 0,0514 Volt höheres Potential besitzt als diese.

Auch andere schwerlösliche Quecksilbersalze in Verbindung mit diesem Metall als Elektrode können vorteilhaft als Normalelektroden benutzt werden, so besonders die Kombination Hg | Hg_2SO_4, Lösung eines Sulfats, die wegen der etwas größeren Löslichkeit noch geeigneter ist.

Silber-Halogensilberelektroden. Von verschiedenen Forschern sind Elektroden aus Silber mit einem Halogensilber, das stets schwer löslich ist, als Depolarisator und einer Salzlösung desselben Halogens als Elektrolyt untersucht worden. Diese gut definierten Elektroden werden durch Formierung der galvanisch aus Silberzyankaliumlösung versilberten Elektroden in einer Halogenwasserstofflösung, wobei zuletzt anodisch polarisiert wird, mit einem Überzug von Halogensilber versehen.

Für technische Messungen brauchbar ist eine Zinkelektrode (amalgamiert) in Zinksulfatlösung.

Schließlich ist noch die Normalwasserstoffelektrode zu erwähnen, die besonders deswegen von Wichtigkeit ist, weil ihr Potential nach dem Vorschlage von NERNST als willkürlicher Nullpunkt gewählt worden ist, und somit eine direkte Vergleichung des zu messenden Potentials mit dem dieser Elektrode den gesuchten Wert in Beziehung zu dem festgesetzten Nullwert ergibt.

20. Ausführungsformen von Normalelektroden. 1. Die Normalkalomelelektrode. Die für diese Elektrode geeignetste Form ist wohl die hier abgebildete (Abb. 2), die der von W. OSTWALD angegebenen Form nachgebildet ist. In den Boden eines zylindrischen Glasgefäßes ist ein Platindraht eingeschmolzen und von dem eingefüllten Quecksilber so bedeckt, daß er von allen Seiten gegen den Elektrolyten geschützt ist. Der übrige Raum des Gefäßes ist nach Überschichtung des Quecksilbers mit dem festen Depolarisator fast ganz mit der wässerigen Lösung des Elektrolyts angefüllt. Das Gefäß besitzt außer der durch einen Glasstopfen verschlossenen Öffnung noch eine angeschmolzene Glasröhre, die unterhalb der Flüssigkeitsoberfläche seitlich angesetzt und je einmal herauf- und heruntergebogen in eine Spitze endigt. In diese Röhre ist ein Dreiweghahn eingeschaltet, der erlaubt, durch eine dritte nach oben gebogene Röhre den Elektrolyten in das Elektrodengefäß und in den Heber einzufüllen und so die Verbindung mit dem zu messenden Element, in das die Spitze eintaucht, herzustellen. Diese Form ist nicht nur für die Kalomelelektrode, sondern auch für jede andere Normalelektrode, z. B. die Merkurosulfatelektrode, brauchbar, bei der als Metall Quecksilber Verwendung findet.

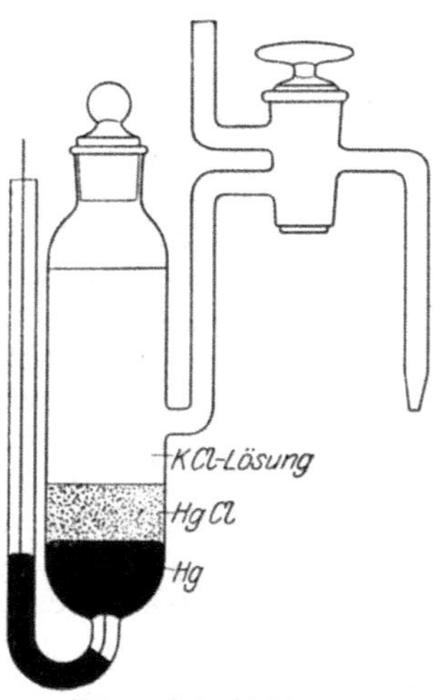

Abb. 2. Kalomelelektrode.

Als Elektrolyt wird in der Regel 1 *n* oder 0,1 *n* Chlorkalium oder Chlornatrium genommen. Nach der Untersuchung von FOLES und MUDGE[2]) soll jedoch eine gesättigte Chlorkalium- oder Chlornatriumlösung konstantere und besser reduzierbare Werte geben.

[1]) TH. W. RICHARDS, ZS. f. phys. Chem. Bd. 24, S. 39. 1897.
[2]) H. A. FOLES u. W. A. MUDGE, Journ. Amer. Chem. Soc. Bd. 42, S. 2434. 1920.

2. Die Wasserstoffelektrode. Für genaue Messungen ist es notwendig, der Wasserstoffelektrode eine Form zu geben, die Gewähr dafür gibt, daß 1. die Elektrode mit Wasserstoff gesättigt ist und 2. der sie umgebende Elektrolyt (2 n H_2SO_4) in seiner Konzentration infolge des Hindurchperlens des Wasserstoffs keine Veränderungen erleidet. Zu diesem Zwecke läßt man den in einem KIPPschen Apparate entwickelten und mittels Wasser und Kaliumpermanganat gereinigten Wasserstoff, bevor er in den möglichst klein gehaltenen[1]) Elektrodenraum eintritt, durch eine Waschflasche mit 2 n H_2SO_4 hindurchperlen, damit er dort die Wasserdampfspannung dieser Säure annimmt, und dann durch *H* (s. Abb. 3) in den Elektrodenraum eintreten und an der platinierten Elektrode entlang streichen. Der Elektrodenraum besitzt außer dem Zuleitungsrohr für den Wasserstoff (*H*) am oberen Ende noch ein Ableitungsrohr (*J*) und seitlich ein doppelt gebogenes, mit einer Spitze versehenes Rohr (*U*,) das, mit Schwefelsäure gefüllt, die Verbindung mit den zu messenden Elektroden herstellt. In einem Thermostaten, auf konstanter Temperatur gehalten, besitzt diese Elektrode eine Reproduzierbarkeit von $\pm 1 \cdot 10^{-4}$ Volt. [Über die Abhängigkeit des Potentials der Wasserstoffelektrode von dem Drucke des Wasserstoffs s. LOOMIS und seine Mitarbeiter[2]).] Den Einfluß der Neutralsalze auf das Potential der Wasserstoffelektrode hat PRZEBOROWSKI[3]) untersucht.

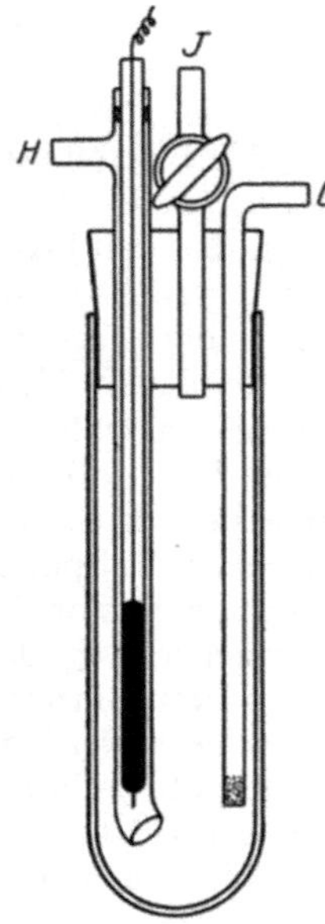

Abb. 3. Wasserstoffelektrode.

21. Beziehungen der Elektromotorischen Kräfte verschiedener Normalelektroden zueinander. Die Festsetzung des Wertes der Wasserstoffelektrode als Nullpunkt der Skala der Einzelpotentiale in der folgenden Tabelle hat nicht die Bedeutung, daß dieser Elektrode eine bevorzugte Stellung gegenüber anderen

Zusammensetzung der Elektrode	Volt	Temp.	Autor
Pt-H_2|2 nH_2SO_4	0		WILSMORE[4])
Hg|HgCl 1 nKCl	+ 0,285	18°	SAUER[5])
Hg|HgCl 0,1 n KCl	+ 0,337	0—30°	DONNAN u. ALLMAND[6]) u. LOOMIS[7])
Hg|Hg_2SO_4 2n H_2SO_4	+ 0,676	18°	WILSMORE
Hg|Hg_2SO_4 1n H_2SO_4	+ 0,685	18°	SAUER
Hg|Hg_2SO_4 0,1n H_2SO_4	+ 0,687	18°	SAUER
Hg|HgO 1n KOH	+ 0,018	18°	DONNAN u. ALLMAND
Ag|AgCl	+ 0,292	18°	BRÖNSTED[8])
Ag|AgBr, 0,1 KBr	+ 0,151	25°	ABEGG u. COX[9])
Ag|AgJ, 1,0n KJ	— $0{,}156_5$	Z.-T.	BODLÄNDER u. EBERLEIN[10])
ZnAm, 0,5 $ZnSO_4$	— 0,797	Z.-T.	LABENDZINSKI[11])

[1]) J. R. HAAG, Sc. Bd. 55, S. 460. 1922.
[2]) N. E. LOOMIS, C. N. MYERS u. S. F. ACREE, J. phys. Chem. Bd. 21, S. 334. 1917.
[3]) J. PRZEBOROWSKI, ZS. f. phys. Chem. Bd. 107, S. 270. 1923.
[4]) N. F. M. WILSMORE, ZS. f. phys. Chem. Bd. 35, S. 290. 1900.
[5]) L. SAUER, ZS. f. phys. Chem. Bd. 47, S. 146. 1904.
[6]) F. G. DONNAN u. A. J. ALLMAND, Journ. Amer. Chem. Soc. Bd. 99, S. 845. 1911.
[7]) N. E. LOOMIS, J. phys. Chem. Bd. 19, S. 660. 1915.
[8]) J. N. BRÖNSTED, ZS. f. phys. Chem. Bd. 50, S. 481. 1904.
[9]) R. ABEGG u. A. J. COX, ZS. f. phys. Chem. Bd. 46, S. 1. 1903.
[10]) G. BODLÄNDER u. W. EBERLEIN, ZS. f. anorg. Chem. Bd. 39, S. 197. 1904.
[11]) St. LABENDZINSKI, Dissert. Breslau 1904; s. auch R. ABEGG u. ST. LABENDZINSKI, ZS. f. Elektrochem. Bd. 10, S. 77. 1904.

Elektroden eingeräumt werden soll, sie hat vielmehr nur den Zweck, einen genau bekannten und gut realisierbaren Bezugspunkt zu schaffen. Was die Bequemlichkeit der Handhabung, die Genauigkeit und Zuverlässigkeit betrifft, so wird sie von anderen Elektroden, soweit sie Quecksilber als Elektrodenmetall benutzen, übertroffen. In der vorhergehenden Tabelle sind die Potentiale einiger Normalelektroden, auch solcher, die nicht besonders besprochen sind, zusammengestellt.

22. Einzelpotentiale von Elektroden gegen Lösungen ihrer Salze. Lange Zeit hat man viel Arbeit darauf verwendet, das absolute Potential von Elektroden gegenüber den Lösungen, in die sie eintauchen, zu ermitteln. Die einzige Möglichkeit hierzu bot eine Idee von HELMHOLTZ, nach der die Potentialdifferenz von Quecksilber gegenüber einer Lösung verschwindet, wenn die Oberflächenspannung des Metalls ein Maximum hat. Diese Bestimmung läßt sich ausführen, gibt aber keinen sehr hohen Grad von Genauigkeit. Aus diesem Grunde, und da man erkannt hat, daß den Absolutwerten keine praktische Bedeutung zukommt, hat man die Beziehung auf absolute Potentiale fallengelassen und dafür einen willkürlichen Nullpunkt eingeführt, wofür NERNST[1]) das Potential der Wasserstoffelektrode in normaler H-Ionenkonzentration vorgeschlagen hat. Nach der Zusammenstellung der Bunsengesellschaft[2]) ergeben sich hiernach die folgenden wichtigsten Einzelpotentiale, aus denen die EMK beliebiger galvanischer Elemente kombiniert werden können. Eine Änderung der Ionenkonzentration um eine Zehnerpotenz hat im Bereiche der Gültigkeit der Gasgesetze eine Erhöhung bzw. Erniedrigung des Elektrodenpotentials um $0{,}058\,n$ Volt zur Folge, wo n die Zahl der Ladungen des Ions bedeutet.

1. Kationenbildung.

Metall →	Ion	Potential (Volt)	Metall →	Ion	Potential (Volt)
Li	$Li^{\cdot}$	− 3,02	Ni	$Ni^{\cdot\cdot}$	− 0,22
K	$K^{\cdot}$	− 2,92	Pb	$Pb^{\cdot\cdot}$	− 0,12
Na	$Na^{\cdot}$	− 2,71	Sn	$Sn^{\cdot\cdot}$	− 0,10
Mg	$Mg^{\cdot\cdot}$	− 1,55	H_2	$2\,H^{\cdot}$	± 0,00
Zn	$Zn^{\cdot\cdot}$	− 0,76	Cu	$Cu^{\cdot\cdot}$	+ 0,34
Fe	$Fe^{\cdot\cdot}$	− 0,43	Ag	$Ag^{\cdot}$	+ 0,80
Cd	$Cd^{\cdot\cdot}$	− 0,40	Hg	$Hg^{\cdot\cdot}$	+ 0,86
Tl	$Tl^{\cdot}$	− 0,33	Au	$Au^{\cdot}$	+ 1,5
Co	$Co^{\cdot\cdot}$	− 0,29			

2. Anionenentladung.

Ion →	Entladenes Molekül	Potential (Volt)	Ion →	Entladenes Molekül	Potential (Volt)
S''	S fest	− 0,55	$2\,Br'$	Br_2 flüss.	+ 1,08
$4\,OH'$	$O_2 + 2\,H_2O$	+ 0,41	$2\,Cl'$	Cl_2 gasf.	+ 1,36
$2\,J'$	J_2 fest	+ 0,54	$2\,F'$	F_2 gasf.	+ 1,9
$2\,OH'$	H_2O_2	+ 1,0			

Nicht immer ist der Vorgang an der Elektrode mit einem Übergang von Materie aus der Elektrode in die Lösung oder umgekehrt verbunden. Bei Ionen, die eine wechselnde Anzahl von Ladungen haben können, kann der Prozeß in einer Veränderung dieser Zahl und damit einer Erhöhung oder Erniedrigung der Oxydationsstufe bestehen. Eine solche Änderung der Valenz ist ebenso wie

[1]) W. NERNST, ZS. f. Elektrochem. Bd. 7, S. 253. 1900; Bd. 8, S. 642. 1902.

[2]) R. ABEGG, F. AUERBACH u. R. LUTHER, Abhandlgn. d. Bunsenges. 1911, Nr. 5 u. 1915, Nr. 8.

der Übergang aus dem elementaren in den Ionenzustand mit einem Potentialsprung verbunden. Die folgende kleine Tabelle, welche eine Anzahl der wichtigsten Ionenumladungen enthält, ist ebenfalls den erwähnten Abhandlungen der Bunsengesellschaft entnommen.

Stufe niedere		Stufe höhere	Potential Volt
$Cu^{\cdot}$	→	$Cu^{\cdot\cdot}$	+ 0,18
$Sn^{\cdot\cdot}$	→	$Sn^{\cdot\cdot\cdot\cdot}$	+ 0,2
$Fe(CN)_6''''$	→	$Fe(CN)_6'''$	+ 0,40
$Fe^{\cdot\cdot}$	→	$Fe^{\cdot\cdot\cdot}$	+ 0,75
$Hg_2^{\cdot\cdot}$	→	$2\,Hg^{\cdot}$	+ 0,92
$Tl^{\cdot}$	→	$Tl^{\cdot\cdot\cdot}$	+ 1,24
$Co^{\cdot\cdot}$	→	$Co^{\cdot\cdot\cdot}$	+ 1,8
$Pb^{\cdot\cdot}$	→	$Pb^{\cdot\cdot\cdot\cdot}$	+ 1,8

23. Andere elektromotorisch wirksame Reaktionen. Außer den erwähnten Vorgängen können auch noch andere chemische Reaktionen zwischen Elektroden und Elektrolyt elektromotorisch wirksam sein, wie z. B. aus der Betrachtung der Wirkungsweise des Bleiakkumulators hervorgeht, wo die Oxydation des Bleies zu Bleisuperoxyd einerseits und die Reduktion des Bleisulfats zu Blei andererseits zu erwähnen sind. Die folgende Tabelle enthält einige Beispiele solcher Reaktionen, die der gleichen Zusammenstellung der Bunsengesellschaft entnommen sind.

Reagierende Stoffe →	Reaktionsprodukte	Potential Volt
$H_2 + 2\,OH' + 2\oplus$	$2\,H_2O$	− 0,82
$NO + 2\,H_2O + 3\oplus$	$NO_3' + 4\,H^{\cdot}$	+ 0,95
$2\,H_2O + 4\oplus$	$O_2 + 4\,H^{\cdot}$	+ 1,23
$Cr^{\cdot\cdot\cdot} + 4\,H_2O + 3\oplus$	$HCrO_4' + 7\,H^{\cdot}$	+ 1,3
$Mn^{\cdot\cdot} + 2\,H_2O + 2\oplus$	$MaO_2 + 4\,H^{\cdot}$	+ 1,35
$Pb^{\cdot\cdot} + 2\,H_2O + 2\oplus$	$PbO_2 + 4\,H^{\cdot}$	+ 1,44
$Cl' + 3\,H_2O + 6\oplus$	$ClO_3' + 6\,H^{\cdot}$	+ 1,44
$MnO_2 + 2\,H_2O + 3\oplus$	$MnO_4' + 4\,H^{\cdot}$	+ 1,63
$O_2 + H_2O + 2\oplus$	$O_3 + 2\,H^{\cdot}$	+ 1,9

24. Normalelemente. Als Normalelemente sind nur solche Elemente zu verwenden, die praktisch als vollkommen reversibel anzusehen sind, da nur bei umkehrbaren Elementen absolute zeitliche Konstanz und Unabhängigkeit der EMK von der Stromrichtung zu erwarten ist. Natürlich dürfen sie, um Polarisationserscheinungen zu vermeiden, nur mit verschwindend kleinen Strömen belastet werden. Bei genauen Messungen wird dies am einfachsten dadurch erreicht, daß man das Element mit einer genau gleich großen Arbeitsspannung kompensiert, so daß es vollkommen stromlos ist

Von allen bisher angegebenen Normalelementen haben sich nur zwei bewährt und praktische Bedeutung erlangt, das Clarkelement und das Westonelement. Das erstere wurde von L. CLARK[1]) konstruiert und hat längere Zeit das Feld behauptet, bis es schließlich, man kann wohl sagen, fast vollständig, durch das ihm analog gebaute Westonelement[2]), das einige Mängel des Clarkelements nicht besitzt, verdrängt wurde.

25. Das Clarkelement. Dies Element hat die schematische Zusammensetzung

$$Hg{-}Zn\,|\,ZnSO_4,\ 7\,H_2O_{\text{fest}}\ ZnSO_4\ \text{ges. Lös.}\ Hg_2SO_{4\,\text{fest}}\,|\,Hg\,.$$

Das Zinkamalgam, bei dem es nicht genau auf die Zusammensetzung ankommt, wird etwa 10prozentig genommen. Der Elektrolyt ist eine bei jeder Temperatur gesättigte Lösung von Zinksulfat. Damit diese Bedingung erfüllt wird, ist es erforderlich, daß das Salz, das mit der gesättigten Lösung in Gleichgewicht ist, in diesem Falle das Hydrat mit 7 Wassern, zugegen ist. Als Depolarisator für die Quecksilberelektrode, den positiven Pol des Elements, dient Merkurosulfat, dessen kleine Löslichkeit den an einen guten nichtleitenden Depolarisator zu stellenden Ansprüchen genügt.

---

1) L. CLARK, Proc. Roy. Soc. London Bd. 20, S. 144. 1872; Phil. Trans. Bd. 164, S. 1. 1874.

2) E. WESTON, Electrician Bd. 30, S. 741. 1892; Elektrot. ZS. Bd. 13, S. 235. 1892.

Die Ausführungsformen dieses Elements sind die gleichen wie bei dem Westonelement, auf das dieserhalb verwiesen wird. Das erste transportsichere Normalelement war das Clarkelement in der von FEUSSNER[1]) angegebenen Form (Abb. 4). Am Boden eines zylindrischen Glasgefäßes befindet sich eine mehrere Zentimeter hohe Schicht von Zinksulfatkristallen des Hydrats mit 7 H_2O, die mit gesättigter Zinksulfatlösung durchtränkt und von der gleichen Lösung überschichtet sind. In diese Kristalle taucht ein knieförmig gebogener Zinkstab, dessen horizontaler amalgamierter Teil von den Kristallen umgeben ist, während der vertikale durch ein Glasrohr gegen die Berührung der Lösung geschützt ist. In die Kristalle tauchen ferner ein Tonzylinder und ein Thermometer, das sich in der Nähe der Zinkelektrode befindet, ein. Der Tonzylinder ist zum Teil mit der sog. Paste, einer Mischung von Zinksulfatlösung, Hydrat und Merkurosulfat, angefüllt, die ein amalgamiertes Platinblech umgibt, das als positiver Pol dient. Das Blech ist an einen Platindraht angeschweißt, der in eine Glasröhre eingeschmolzen ist und die Verbindung zu der einen äußeren Klemme vermittelt, während die andere mit dem Zinkstab verbunden ist. Auf die Zinksulfatlösung wird eine Schicht Paraffin in geschmolzenem Zustande aufgebracht, an die sich eine Korkplatte und darüber eine Schicht Harzkitt schließt. Diese Schichten dienen außer als hermetischer Abschluß noch zum Festhalten der Zinkelektrode, des Thermometers und des Tonzylinders.

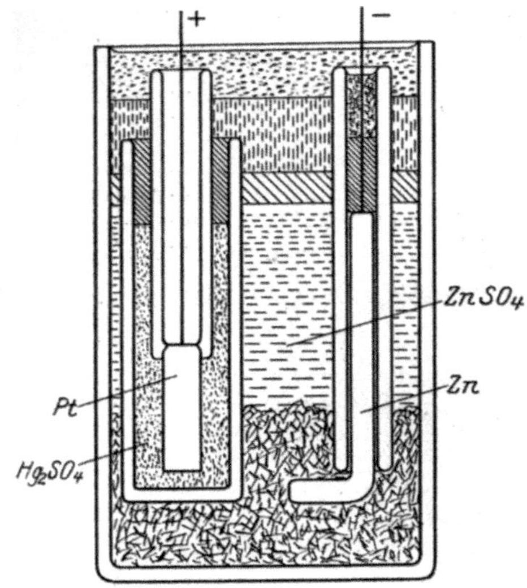

Abb. 4. Clarkelement nach FEUSSNER.

Von den verschiedenen konstruktiven Übelständen, die das Clarkelement besitzt, lassen sich zwei nach MC KELVY und SHOEMAKER[2]) beseitigen, nämlich das Sprengen der Einschmelzstelle des Platindrahts an der Amalgamseite und das Heben der Zinksulfatkristallschicht durch Gasentwicklung. Der erste Punkt kann dadurch wirksam bekämpft werden, daß der Platindraht vor dem Einschmelzen der Einwirkung von heißem 10proz Zinkamalgam unterworfen oder Jenaer Glas 397^{III} zum Einschmelzen verwendet wird. Der zweite Fehler wird dadurch vermieden, daß möglichst wenig feste Kristalle ($ZnSO_4$) hinzugefügt werden.

26. Die chemischen Vorgänge im Clarkelement. Die elektrochemische Reaktion, welche den stromliefernden Vorgang darstellt, besteht in der Hauptsache darin, daß Zink an der negativen Elektrode in Lösung geht, während eine äquivalente Menge Quecksilber an der positiven Elektrode abgeschieden wird:

$$Zn + Hg_2SO_4 \rightleftarrows ZnSO_4 + 2\,Hg\,. \qquad (I)$$

Das gebildete Zinksulfatanhydrid kann nicht in Lösung gehen, da die Lösung gesättigt ist. Es muß vielmehr in der für die betreffende Temperatur stabilen Form, also bis 39°, als Hydrat mit 7 Wassern ausfallen. Das zur Hydratisierung erforderliche Wasser entzieht es der Lösung, wodurch diese übersättigt wird

[1]) K. FEUSSNER, Die Ziele der neueren elektrotechnischen Arbeiten der Phys.-Techn. Reichsanstalt. Samml. elektrotechn. Vorträge (Voit) Bd. 1, H. 3, S. 135. 1897.

[2]) E. C. MC. KELVY u. M. P. SHOEMAKER, Scient. Pap. Bureau of Stand. Bd. 16, 409 (Nr. 390.) 1920.

und eine weitere Menge Hydrat ausfallen muß[1]). Bedeutet m die Anzahl Mole H_2O, die auf 1 Mol Anhydrid in Lösung kommen, so läßt sich der Vorgang durch folgende Gleichung darstellen:

$$ZnSO_4 + \frac{7}{m-7}(ZnSO_4, m\,H_2O) = \frac{m}{m-7}[ZnSO_4, 7\,H_2O], \qquad (II)$$

d. h. für jedes durch Auflösung von Zn gebildete Mol Anhydrid fallen im ganzen $m/(m-7)$ Mole Hydrat aus. Das für die Reaktion I benötigte Merkurosulfat wird durch Auflösen des schwerlöslichen Depolarisators der Lösung zugeführt.

27. Das Zinkamalgam. Da das Zinkamalgam im Sinne der Phasenregel aus zwei unabhängigen Bestandteilen besteht, so müssen außer der Gasphase zwei Phasen, in der Regel eine feste und eine flüssige, anwesend sein, wenn vollständiges Gleichgewicht bestehen soll. Diese Verhältnisse sind beim Zinkamalgam noch nicht näher untersucht, da es sich gezeigt hat [LINDECK[2])], daß schon bei einem sehr geringen Zinkgehalt das Potential des reinen Zinks erreicht wird. Doch deuten Unregelmäßigkeiten, die das Element bei 0° zeigt, darauf hin, daß das Amalgam bei dieser Temperatur eine Zustandsänderung erleidet.

28. Der Elektrolyt. Das Zinksulfat, dessen jeweils gesättigte Lösung den Elektrolyt bildet, existiert bei den in Betracht kommenden Temperaturen in zwei Modifikationen, von denen das Hydrat mit 7 Wasser unterhalb 39°, das Hydrat mit 6 Wasser oberhalb 39° stabil ist. Es ist jedoch nicht ohne weiteres selbstverständlich, daß ein Präparat, das längere Zeit auf Temperaturen oberhalb 39° erwärmt und infolgedessen vollständig in das Hexahydrat umgewandelt ist, bei der Abkühlung unter 39° sich wieder in das Heptahydrat zurückverwandelt, da hartnäckige Verzögerungserscheinungen auftreten, welche den instabilen Zustand vollkommen wie einen stabilen erscheinen lassen. Infolge der größeren Löslichkeit des instabilen Hydrats besitzt das Element dann eine kleinere EMK als in stabilem Zustande. Der Umstand, daß die Löslichkeit[3]) des Heptahydrats von 0 bis 39° fast um die Hälfte zunimmt, ist die Hauptursache für den verhältnismäßig großen Temperaturkoeffizienten der EMK des Clarkelements.

Was über das Merkurosulfat und das Quecksilber zu sagen ist, wird bei der Besprechung des Westonelements mitgeteilt, bei dem diese beiden Substanzen die gleichen Funktionen haben wie bei dem Clarkelement.

29. Berechnung der chemischen Gesamtenergie des Elements. Wenn das Clarkelement reversibel arbeitet, so muß sich darauf die HELMHOLTZsche Fassung (Gl. 4) des zweiten Hauptsatzes der Thermodynamik anwenden lassen:

$$U = \eta\left(E - T\frac{dE}{dT}\right),$$

in der U die Änderung der Gesamtenergie, E und dE/dT die EMK und ihr Temperaturkoeffizient und η ein Faktor bedeuten, der durch die Beziehung definiert ist:

$$\eta = n \cdot F \cdot A$$

($n = 2$(Wertigkeit), $F = 96494$ Coulomb und $A = 0{,}2390$ der Umrechungsfaktor von Wattsekunden auf die 15°-Kalorie). Hieraus ergibt sich $\eta = 46124$.

Da keine äußere Arbeit geleistet wird, ist U gleich der Summe der Wärmetönungen der Reaktionen I und II (s. Ziff. 26) zu setzen. Die Wärmetönung von

---

[1]) E. COHEN, ZS. f. phys. Chem. Bd. 34, S. 62 u. 612. 1900.

[2]) ST. LINDECK, Wied. Ann. Bd. 35, S. 311. 1888.

[3]) H. L. CALLENDAR u. H. T. BARNES, Proc. Roy. Soc. London Bd. 62, S. 149. 1897; E. COHEN, ZS. f. phys. Chem. Bd. 34, S. 182. 1900.

I ist gleich der Differenz der Bildungswärmen von Zinksulfat aus Zink und Schwefelsäure (230090 cal) und von Merkurosulfat aus Quecksilber und Schwefelsäure (175000 cal), also

$$Q_I = 230090 - 175000 = 55090 \text{ cal}.$$

zu setzen, wobei angenommen ist, daß beide Stoffe sich als feste Anhydride bilden. Die Wärmetönung von II ist (Gl. 18)

$$Q_{II} = \frac{m}{m-c} H - \frac{c}{m-c} Q_A .$$

H, die Hydrationswärme von 1 Mol $ZnSO_4$ ist nach THOMSEN = 22690 cal, Q_A, die integrale Lösungswärme nach dem gleichen Autor gleich 18000 cal, m bei 18° gleich 16,81 Mole H_2O auf 1 Mol $ZnSO_4$. Hieraus berechnet sich Q_{II} zu 26040 cal. Die Gesamtwärmetönung für den stromliefernden Prozeß wird hiernach $U = Q_I + Q_{II} = 81130$ cal. Aus den im folgenden gegebenen elektrischen Daten ergibt sich $\eta\,[E - TdE/dT]_{18} = 82410$ cal, also eine, wenn man die kleinere Genauigkeit der kalorimetrischen Messungen in Betracht zieht, verhältnismäßig gute Übereinstimmung. Jedenfalls kann man hiermit als erwiesen ansehen, daß das Clarkelement ein umkehrbares Element ist.

30. Die EMK des Clarkelements. Vor der letzten Festsetzung des Wertes der EMK des internationalen Westonelements im Jahre 1910 wurde die EMK des Clarkelements bei 15° zu 1,4328 Volt angenommen. Inzwischen ist für das Westonelement ein um $3 \cdot 10^{-4}$ kleinerer Wert als früher international festgesetzt worden. Da nun keine neueren Bestimmungen der EMK des Clarkelements vorliegen, so kann man nur unter Benutzung des von JAEGER und LINDECK[1]) bestimmten Verhältnisses: Clark 15°: Kadmium 20° = 1,40669 und des für das Kadmiumnormalelement international festgesetzten Wertes von 1,01830 Volt die EMK des Clarkelements ermitteln, und findet sie so gleich 1,4324 Volt bei 15°.

31. Die Temperaturabhängigkeit der EMK haben JAEGER und KAHLE[2]) gemessen und dafür unter Berücksichtigung von Ziff. 30 die Formel aufgestellt:

$$E_t = 1{,}4324 - 1{,}19 \cdot 10^{-3}(t - 15°) - 7 \cdot 10^{-6}(t - 15°)^2 .$$

Der große Temperaturkoeffizient von über einem Tausendstel ist als ein erheblicher Nachteil anzusehen, da einmal die Temperatur sehr viel genauer gemessen werden muß als z. B. bei dem Westonelement, und da ferner alle Verzögerungserscheinungen, die von einem Wechsel der Temperatur herrühren, sich viel stärker bemerklich machen als bei einem Element mit kleinem Temperaturkoeffizienten.

32. Das Westonelement. Dies Element unterscheidet sich von dem Clarkelement dadurch, daß Zink und Zinksulfat durch Kadmium und Kadmiumsulfat ersetzt werden. Es wird in zwei Ausführungsformen hergestellt, 1. als sog. Internationales Westonelement mit festem Kadmiumsulfathydrat, also bei jeder Temperatur gesättigter Lösung, und 2. als Weston-Standardelement ohne festes Salz mit einer bei 4° gesättigten Lösung. Das Schema für das Westonelement ist also:

1. $Hg—Cd \mid CdSO_4\,\tfrac{8}{3}\,H_2O_{fest}\; CdSO_4$ ges. Lös. $Hg_2SO_{4\,fest} \mid Hg$.
2. $Hg—Cd \mid CdSO_4$ bei 4° ges. $Hg_2SO_{4\,fest} \mid Hg$.

Vom phasentheoretischen Standpunkt ist das internationale Westonelement vorzuziehen, da der Elektrolyt durch die Anwesenheit des festen Salzes eine bei

[1]) W. JAEGER u. ST. LINDECK, ZS. f. Instrkde. Bd. 21, S. 33. 1901.

[2]) W. JAEGER u. K. KAHLE, ZS. f. Instrkde. Bd. 18, S. 161. 1898; Wied. Ann. Bd. 65, S. 926. 1898.

jeder Temperatur definierte Konzentration besitzt. Auch ein das Element durchfließender Strom vermag hieran nichts zu ändern, da das feste Salz durch Auflösung oder Auskristallisation die ursprüngliche Konzentration wieder herstellt. Anders verhält es sich bei dem Standardelement, bei dem auch der geringfügigste Strom eine Änderung des Gehalts der Lösung hervorruft. Stärkere Änderungen können durch Lokalaktion an der Kadmiumelektrode oder bei nicht gut verschlossenen Elementen durch Verdunsten von Wasser bewirkt werden. Der Grund, weshalb von mancher Seite trotzdem noch vielfach dem Standardelement vor dem internationalen Element der Vorzug gegeben wird, ist, daß es einen praktisch verschwindend kleinen Temperaturkoeffizienten besitzt, was für die Messung außerordentlich bequem ist.

Von den vielen Formen, die für das Westonelement angegeben worden sind, sollen hier nur zwei Berücksichtigung finden, eine nichttransportable und eine transportable.

1. Als nichttransportable Form beschreiben wir die Form der Reichsanstalt, welche für alle Laboratoriumszwecke, bei denen keine Versendung in

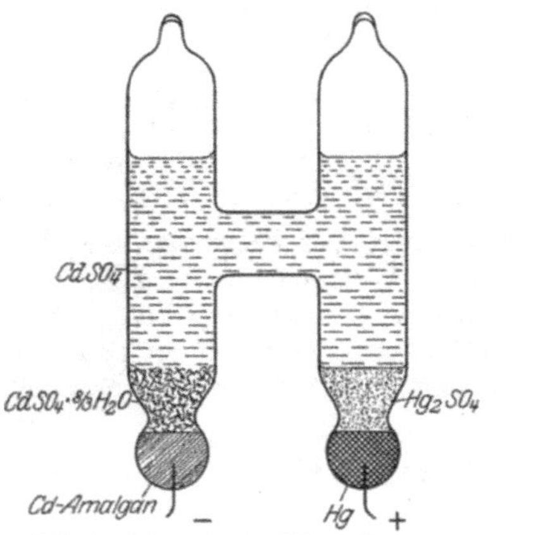

Abb. 5. Internationales Westonelement.

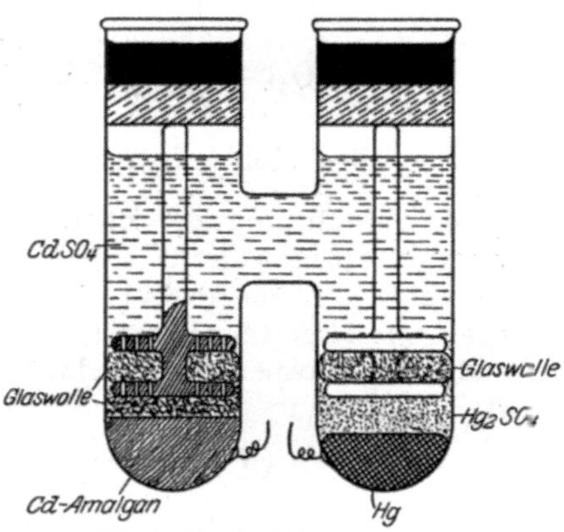

Abb. 6. Standard-Westonelement.

Frage kommt, sehr geeignet ist. Gewählt wurde hier die von Lord Rayleigh angegebene *H*-Form (s. Abb. 5) mit eingeschmolzenen Platinzuführungen, die von Quecksilber bzw. von Amalgam bedeckt werden. Über dem Quecksilber befindet sich die Paste, über dem Amalgam das feingepulverte Kadmiumsulfathydrat. Um den Elektroden einen gewissen Halt zu geben, ist die Gefäßwandung über beiden etwas eingezogen. Die zusammenbackenden Kristalle geben dann einen deckelartigen festhaftenden Abschluß gegen das übrige Gefäß, so daß das Elektrodenmetall an seinem Platze festgehalten wird. Bei vorsichtiger Behandlung sind infolgedessen auch diese Elemente transportabel. Beide Schenkel sind am oberen Ende zugeschmolzen, wodurch das Ausblühen von Kristallen zwischen Pfropfen und Glaswand und das Eindringen von Badflüssigkeit (Petroleum) verhindert wird. Diese Form hat sich im Gebrauch in der Reichsanstalt besonders gut bewährt.

2. Die transportable Form des Westonelements. Die beste transportable Form ist die von der Westonkompagnie in den Handel gebrachte (siehe Abb. 6). Sie unterscheidet sich von der anderen im wesentlichen durch die Anbringung zweier Porzellanstempel über den Elektroden, die zur Festhaltung der Elektroden dienen. Diese Stempel werden durch paraffinierte Korken,

die zugleich als Verschluß dienen, an ihrem Platze festgehalten. Die Korken wiederum sind mit einer Lackschicht (Picein) bedeckt, die zugleich einen gut dichtenden Verschluß bewirkt. Solche Elemente können nicht zugeschmolzen werden, da sonst das Einbringen von Stempeln mit Schwierigkeiten verknüpft wäre.

33. Die chemischen Vorgänge im Westonelement. Die Reaktion, welche mit dem das Element durchfließenden Strom verknüpft ist, läßt sich auch hier aus praktischen thermochemischen Gründen in zwei Teilreaktionen zerlegen, von denen die erste beiden Formen des Elements gemeinsam ist:

$$Cd + Hg_2SO_4 \rightleftarrows CdSO_4 + 2Hg. \tag{37}$$

Die zweite Teilreaktion ist bei beiden verschieden. Bei dem Element ohne festen Bodenkörper besteht sie einfach darin, daß das gebildete $CdSO_4$ sich in dem Elektrolyten auflöst:

$$[CdSO_4] + \infty (CdSO_4\, m\, H_2O) = \infty (CdSO_4,\ m\, H_2O)^{1)}. \tag{38}$$

Bei dem Element mit Bodenkörper hingegen findet ein dem beim Clarkelement analoger Vorgang statt. Das entstandene feste Kadmiumsulfat bildet mit der erforderlichen Menge Lösung festes Hydrat nach

$$[CdSO_4] + \frac{\frac{8}{3}}{m - \frac{8}{3}} (CdSO_4,\ m H_2O) = \frac{m}{m - \frac{8}{3}} [CdSO_4\, \tfrac{8}{3} H_2O], \tag{39}$$

d. h. für jedes Mol Anhydrid scheiden sich $\frac{m}{m - \frac{8}{3}}$ Mole Hydrat aus.

34. Berechnung der chemischen Gesamtenergie des Elements. 1. Aus thermochemischen Daten. Auch auf das Westonelement läßt sich die HELMHOLTZsche Formel anwenden. Wie oben wollen wir die beiden Vorgänge I und II getrennt betrachten. Die Wärmetönung Q_I ist gleich der Differenz der Bildungswärmen von Kadmiumsulfat und Merkurosulfat aus den Metallen und Schwefelsäure, also:

$$Q_I = 219900 - 175000 = 44900 \text{ cal bei } 18^\circ.$$

Die Wärmetönung von II ist wieder (Gl. 18):

$$Q_{II} = \frac{m}{m - c} H - \frac{c}{m - c} Q_A.$$

Da die integrale Lösungswärme des Anhydrids nicht bekannt, die des Hydrats Q_H aber von THOMSON gemessen worden ist, so können wir die letztere Gleichung vermittels der Beziehung (Gl. 18) $H + Q_H = Q_A$ umformen und erhalten:

$$Q_{II} = H - \frac{c}{m - c} Q_H.$$

Nach THOMSEN[2]) ist die Hydratationswärme H des Kadmiumsulfats, die von ihm aus der Differenz der integralen Lösungswärmen von $CdSO_4$-Anhydrid und -Hydrat in 400 Molen H_2O bestimmt worden ist, gleich 8080 cal.

Die von ihm bestimmte integrale Lösungswärme Q_H kann nicht ohne weiteres benutzt werden, da für die Lösung im Normalelement die integrale Lösungswärme in $15{,}17 - 2{,}67 = 12{,}50$ Molen H_2O gebraucht wird. Es ist also noch notwendig, die Verdünnungswärme der Kadmiumsulfatlösung zwischen $m = 15{,}17$ und

---

[1]) Das Zeichen ∞ bedeutet, daß die Auflösung in einer unbegrenzten Menge Lösung stattfindet.

[2]) J. THOMSEN, Thermochemische Untersuchungen Bd. III, S. 284.

$m = 400$ Molen H_2O zu kennen. Die drei folgenden thermochemischen Gleichungen ergeben den gesuchten Wert:

$$[CdSO_4\,\tfrac{8}{3}\,H_2O] + (397{,}33\,H_2O) = (CdSO_4,\ 400\,H_2O) + 2660\,\text{cal (Thomsen)}$$
$$(CdSO_4,\ 20{,}6\,H_2O) + 397{,}4\,(H_2O) = (CdSO_4,\ 400\,H_2O) + 1041\,\text{cal [Holsboer}^{1)}]$$
$$(CdSO_4,\ 15{,}17\,H_2O) + 5{,}43\,(H_2O) = (CdSO_4,\ 20{,}6\,H_2O) + 552\,\text{cal [v. Steinwehr}^{2)}]$$
$$\overline{[CdSO_4\,\tfrac{8}{3}\,H_2O] + 12{,}50\,(H_2O) = (CdSO_4,\ 15{,}17\,H_2O) + 1067\,\text{cal}.}$$

Hieraus folgt
$$\frac{c}{m-c}\,Q_H = 228\,\text{cal}.$$
Es wird also
$$Q_{II} = 8080 - 228 = 7852\,\text{cal}^{3)}.$$

Schließlich haben wir noch die Wärmetönung (Q_A) der Amalgambildung aus Kadmium und Quecksilber, die von COHEN[4]) auf elektrischem Wege bestimmt worden ist, von der Summe der bisher bestimmten Wärmetönungen in Abzug zu bringen. Der Ausdruck dafür $E - T\,dE/dT$ ist nach COHEN bei 18°
$$0{,}0515 + 291 \cdot 0{,}000233$$
zu setzen und ist, um ihn in Kalorien zu erhalten, noch mit 46124 zu multiplizieren. Daraus ergibt sich:
$$Q_A = +5553\,\text{cal}.$$

Die Summe aller dieser Wärmetönungen ist gleich U, der Gesamtwärmetönung des Elements:
$$U = 44900 + 7852 - 5553\,\text{cal} = 47203\,\text{cal}.$$

2. Aus elektrischen Messungen. Die Änderung der Gesamtenergie ist auch $= A\,(E - T\,dE/dT)$ zu setzen, d. h. aus der EMK und ihrem Temperaturkoeffizienten zu berechnen.

Unter Zugrundelegung der Formel von JAEGER und WACHSMUTH für die Abhängigkeit der EMK des Westonelements von der Temperatur und des Absolutwerts von 1,01830 Volt bei 20° finden wir $U_{18} = (1{,}018374 + 0{,}010301) \cdot 46124 = 47447$ cal. Die Formel von WOLFF ergibt den gleichen Wert $U = 47447$.

35. Das Kadmiumamalgam. Während es beim Zinkamalgam nicht auf eine strenge Innehaltung der durch die Phasenregel vorgeschriebenen Bedingungen ankommt, liegen die Verhältnisse beim Westonelement wesentlich anders, da hier eine viel stärkere Abhängigkeit der EMK von der Zusammensetzung vorliegt. Verfolgt man die Kurve, welche die Abhängigkeit der EMK der Kadmiumamalgamelektrode von dem Gehalt an Kadmium bei 15° darstellt [Abb. 7][5]), so findet man, daß zunächst ein steiler Anstieg von 0% bis etwa 5% Kadmium stattfindet. Hierauf folgt ein horizontales Kurvenstück, das sich etwa von 5% bis 14% Kadmium im Amalgam erstreckt. Der weitere Verlauf der Kurve strebt steil ansteigend dem Werte des reinen Kadmiums zu. Dies eigentümliche

[1]) H. B. HOLSBOER, ZS. f. phys. Chem. Bd. 39, S. 691. 1902.

[2]) H. v. STEINWEHR, ZS. f. phys. Chem. Bd. 88, S. 229. 1914.

[3]) Q_{II} ist nach H. v. STEINWEHR (l. c. S. 250ff.) auch noch nach der vierten der in Ziff. 9 gegebenen Formeln zu berechnen, wobei sich der gleiche Wert ergibt.

[4]) E. COHEN, ZS. f. phys. Chem. Bd. 34, S. 62 u. 612. 1900.

[5]) Die Abhängigkeit der EMK von der Zusammensetzung des Amalgams wurde zuerst von H. C. BIJL (ZS. f. phys. Chem. Bd. 41, S. 641. 1902) durch Messungen ermittelt. Die hier reproduzierten Kurven sind der Arbeit von F. E. SMITH (National Phys. Lab. Collected Res. Bd. 6, S. 137. 1910) entnommen.

Verhalten ist phasentheoretisch folgendermaßen zu deuten. Dem ersten Anstieg von 0 bis 5% Kadmium entsprechen flüssige Amalgame, dem horizontalen Stück ein mechanisches Gemenge von flüssigem und festem Amalgam und dem weiteren Anstieg eine kontinuierliche Reihe fester Amalgame. Für das Normalelement kommt nur das Intervall in Betracht, in dem zwei Phasen koexistieren, d. h. das horizontale Stück der Kurve. Der Prozentgehalt, der diesem Teil der Kurve entspricht, verschiebt sich nun noch, wie aus der Abbildung zu ersehen, mit der Temperatur, so daß nicht der ganze Bereich von 5 bis 14% für die Amalgamelektrode verwendbar ist. Um nicht bei wechselnder Temperatur das Zweiphasengebiet zu verlassen, ist man auf das Intervall von 8 bis 13% beschränkt. Die Verhältnisse, welche bei dem System Kadmium—Quecksilber vorliegen, sind hauptsächlich durch die Untersuchungen von JAEGER[1]), KERP und BÖTTGER[2]) und E. COHEN[3]) geklärt worden.

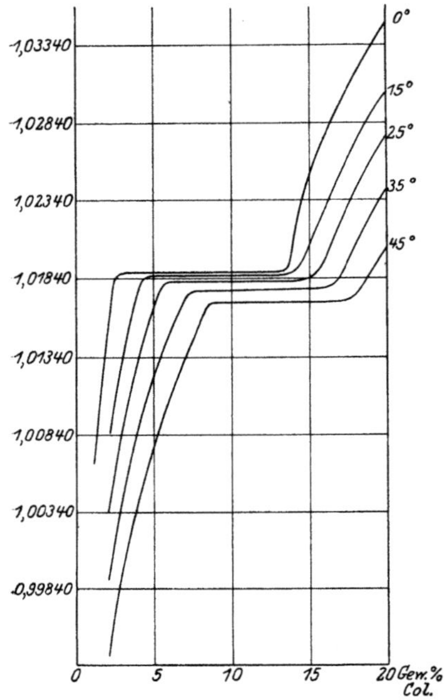

Abb. 7. Das elektromotorische Verhalten der Cd-Amalgame nach SMITH.

36. Der Elektrolyt. Bei den Angaben über den Elektrolyten ist zu unterscheiden zwischen dem Elemente mit Hydrat als Bodenkörper und dem mit der bei 4° gesättigten Lösung. Die Konzentration des ersteren ist von der Temperatur abhängig, da sie durch die Löslichkeit des Hydrats bestimmt wird, die des letzteren ist von der Temperatur unabhängig und wird in der Regel auf den Sättigungszustand bei 4° C eingestellt. Während aber die Konzentration bei dem internationalen Elemente unabhängig von irgendwelchen anderen Vorgängen stets der bei der betreffenden Temperatur gesättigten Lösung entspricht, besitzt die Lösung ohne Bodenkörper keine solche automatische Regulierung der Konzentration und kann ihren Gehalt infolge von Strom oder von irgendwelchen Störungen, wie Lokalaktion an der Amalgamelektrode oder Verdunsten von Wasser ändern. Elemente ohne Hydrat lassen infolgedessen im Laufe der Jahre rascher oder langsamer in der EMK nach und es kann vorkommen, daß die Konzentration über die bei Zimmertemperatur der Sättigung entsprechenden Wert zunimmt, ohne daß infolge der Übersättigungserscheinung Auskristallisation von Hydrat erfolgt.

37. Das Merkurosulfat. Die für die Erreichung und Beibehaltung eines bestimmten und konstanten Wertes der EMK wichtigste Substanz ist das Merkurosulfat. Infolge der Eigenschaft des Quecksilbers, zwei Reihen von Salzen mit verschiedener Wertigkeit zu bilden, ist es nicht ohne weiteres sicher, daß jedes Präparat oxydfrei ist. Da außerdem Quecksilber in den Merkurosalzen eine schwache Base ist, so neigen dieselben zur Hydrolyse, was zu Störungen Veranlassung geben kann. Aus diesen Gründen ist es nicht möglich, mit beliebigen Präparaten des Handels Normalelemente zu bauen, die auf Genauigkeit Anspruch machen können. Ein für Normalelemente brauchbares Merkurosulfat muß daher unter Innehaltung bestimmter Vorschriften hergestellt werden, die von den

[1]) W. JAEGER, Wied. Ann. Bd. 65, S. 106. 1898.
[2]) K. KERP u. W. BÖTTGER, ZS. f. anorg. Chem. Bd. 25, S. 1. 1900.
[3]) E. COHEN, ZS. f. phys. Chem. Bd. 34, S. 621. 1900.

Staatsinstituten in Deutschland, England und Amerika ausgearbeitet sind. Während in den beiden anderen Ländern dem Verfahren der Elektrolyse von Schwefelsäure an einer Quecksilberanode der Vorzug gegeben wird, ist in der Reichsanstalt eine weniger zeitraubende chemische Fällungsmethode ausgearbeitet worden. Beide Wege führen zu dem gleichen Ziel, so daß es möglich war, eine Übereinstimmung zwischen den Standards der drei Institute auf 1 bis 2 Hunderttausendstel zu erzielen und bereits über 15 Jahren zu halten.

Die Darstellungsmethode des B. o. S. beruht auf einem von CARHART und HULETT[1]) beschriebenen Verfahren zwischen zwei Quecksilberelektroden mit Schwefelsäure als Elektrolyt, der gerührt wird, einen Strom übergehen zu lassen, wobei sich an der Anode Merkurosulfat bildet. WOLFF und WATERS[2]) haben dies Verfahren (s. Abb. 8) durch Einführung einer Platinfolie als Kathode abgeändert und durch Vergrößerung der Kathodenfläche zum Zwecke der Erzielung einer größeren Stromstärke sowie durch Vergrößerung des Rührers, der außer dem Elektrolyten auch das Quecksilber rührt, verbessert. Das entstandene Merkurosulfat ist infolge einer Beimengung von feinverteiltem Quecksilber hell- bis dunkelgrau.

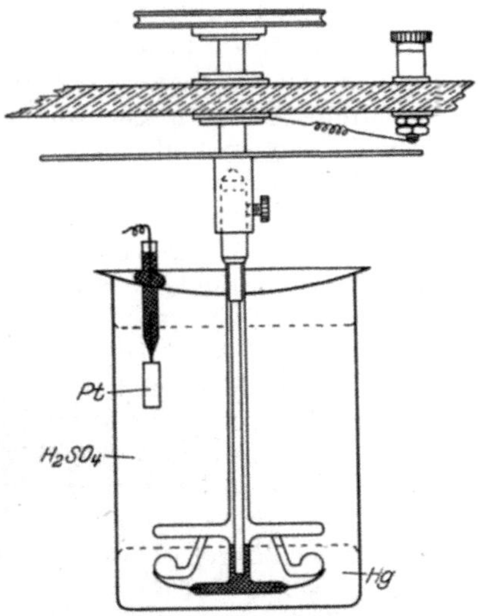

Abb. 8. Apparat zur elektrolytischen Herstellung von Merkurosulfat.

Das fertige Präparat wird ausgewaschen und unter einer Schwefelsäure von der Zusammensetzung des Elektrolyten im Dunklen aufbewahrt.

Nach der Vorschrift der Reichsanstalt wird von der chemischen Fabrik „List" in Seelze bei Hannover ein von der Reichsanstalt geprüftes Präparat in plombierten Flaschen zur Herstellung von Normalelementen in den Handel gebracht. Der wesentliche Inhalt der Vorschrift ist: In eine erwärmte etwa 10 proz. wässerige Lösung von Schwefelsäure läßt man in langsamem Strahle (aber nicht umgekehrt!) eine etwa ebenso starke mit Salpetersäure angesäuerte Lösung von Merkuronitrat einlaufen, wobei die Schwefelsäure im Überschuß sein muß, wäscht den Niederschlag auf dem Saugfilter mit Wasser aus, bis die Oberfläche eben anfängt schwach gelb zu werden, was das Anzeichen dafür ist, daß alle überschüssige Säure entfernt ist, und wäscht mehrmals mit kleinen Mengen gesättigter Kadmiumsulfatlösung nach. Alsdann wird das Präparat, ohne daß es vorher getrocknet wird, unter eine gesättigte Lösung von Kadmiumsulfat gebracht, unter der es bis zum Gebrauch aufbewahrt bleibt. Zahlreiche Elemente, die mit verschiedenen auf diese Weise hergestellten Präparaten hergestellt waren, zeigen eine vorzügliche Übereinstimmung und haben seit fast 17 Jahren ihre EMK nicht in merkbarem Betrage geändert.

38. Quecksilber. Das für den positiven Pol verwendete Quecksilber muß naturgemäß von der größten Reinheit und ganz besonders frei von unedlen Metallen sein. Die Reinigung wird am besten zunächst durch Ausschütteln mit Salpetersäure, dann durch zweimalige Destillation im HULETTschen Apparate, an dem in Reichsanstalt einige Abänderungen angebracht sind, und schließlich

[1]) H. S. CARHART u. G. A. HULETT, Trans. Amer. Elektrochem. Soc. Bd. 5, S. 49. 1904.

[2]) F. A. WOLFF u. C. E. WATERS, Bull. of the B. o. S. Bd. 3, S. 623. 1907.

durch Abwachsen mit Benzin ausgeführt, um etwa anhaftende Spuren von Fett zu beseitigen.

39. Die EMK des Westonelements. Von den Bestimmungen der EMK des Westonelements sind hier nur die von Interesse, welche in internationalen Einheiten ausgeführt sind, da sie allein vorläufig für die Praxis Bedeutung haben.

Unter Zugrundelegung der in der Reichsanstalt geschaffenen Quecksilbereinheit des elektrischen Widerstandes, welche genau dem internationalen Ohm entspricht, und des Silberäquivalents = 1,11800 mg Silber für 1 Coulomb wurde im Jahre 1898 für das Element mit festem Hydrat als Bodenkörper der Wert 1,0184 Volt bei 20° gefunden. Die EMK des Elements mit bei 4° gesättigter Lösung (ohne Hydrat als Bodenkörper) ist um $3 \cdot 10^{-4}$ Volt höher, also 1,0187 Volt.

Wird das Element nicht mit dem käuflichen Merkurosulfat, bei dessen Verwendung eine Unsicherheit von einigen Zehntausendsteln auftreten kann, aufgebaut, sondern mit einem Präparat, das nach einer der neueren Vorschriften (s. d.) hergestellt und aufbewahrt wird, so ist die EMK um etwa $1 \cdot 10^{-4}$ Volt niedriger, also gleich 1,01830 Volt bei 20°. Diese Zahl wurde im Jahre 1910 teils in der Reichsanstalt, teils durch gemeinsame internationale Messungen im Bureau of Standards ermittelt und international allgemein angenommen. Der zur Zeit erreichbare Grad der Genauigkeit in der Reproduzierbarkeit dieses Elements geht aus der Übereinstimmung hervor, welche die in den drei Staatsinstituten in Deutschland, England und den Vereinigten Staaten unabhängig voneinander hergestellten Elemente zeigten. Die Abweichungen der Elemente der drei Institute betrugen nur wenige Hunderttausendstel.

Im Gegensatz zu den früher hergestellten Elementen zeigen die nach der neuen Vorschrift zusammengesetzten Elemente bis jetzt eine absolute zeitliche Konstanz, wie durch die im Jahre 1922 in der Reichsanstalt angestellten silbervoltametrischen Messungen bewiesen wurde, die einen unveränderten Wert der EMK ergaben.

40. Formeln für die Abhängigkeit der EMK des Internationalen Westonelements von der Temperatur. Für die Abhängigkeit der EMK von der Temperatur sind verschiedene Formeln, meistens Interpolationsformeln, aufgestellt worden, von denen die älteste die von JAEGER und WACHSMUTH[1]) ist, welche die Beobachtungen bereits mindestens ebensogut darzustellen erlaubt, wie eine der neueren Formeln. Sie lautet:

$$E_t = E_{20} - 3{,}8 \cdot 10^{-5}(t - 20) - 6{,}5 \cdot 10^{-7}(t - 20)^2 \qquad (40)$$

Ihr sehr ähnlich ist die Formel von SMITH[2]):

$$E_t = E_{17} - 3{,}45 \cdot 10^{-5}(t - 17) - 6{,}6 \cdot 10^{-7}(t - 17)^2 \qquad (41)$$

Die Formel von WOLFF[3]) besitzt noch ein drittes Glied, das mit der dritten Potenz von t verbunden ist und lautet:

$$E_t = E_{20} - 4{,}075 \cdot 10^{-5}(t - 20) - 9{,}444 \cdot 10^{-7}(t - 20)^2 + 9{,}8 \cdot 10^{-9}(t - 20)^3 \quad (42)$$

Letztere Formel ist auf der Internationalen Konferenz über elektrische Einheiten in London im Jahre 1908 allgemein angenommen worden und wird seit dem 1. Januar 1911 allen amtlichen Prüfungen zugrundegelegt. Die Erweiterung der Formel um das kubische Glied bringt keinerlei Vorteile, liefert hingegen bei der Differentiation ein Ergebnis, das mit der Theorie in Widerspruch steht.

---

[1]) W. JAEGER u. R. WACHSMUTH, Elektrot. ZS. Bd. 15, S. 507. 1894; Wied. Ann. Bd. 59, S. 575. 1896.

[2]) F. E. SMITH, Coll. Res. Bd. 4, S. 119 1908.

[3]) F. A. WOLFF, Bull. of the B. o. S. Bd. 5, S. 309. 1908.

41. Andere Normalelemente. Außer dem Clark- und Westonelement gibt es noch eine Reihe anderer Elemente, die in der Erwartung konstruiert worden sind, daß sie sich als Normalelemente brauchbar erweisen würden. Aus verschiedenen Gründen, die zum Teil erkannt sind, haben diese Elemente jedoch den auf sie gesetzten Hoffnungen nicht entsprochen. Trotzdem sollen einige derselben hier kurz besprochen werden.

Das Helmholtzsche Kalomelelement.

Dieses Element wurde von Helmholtz[1]) angegeben, der auch die ersten Messungen damit anstellte und bereits eine Empfindlichkeit ihrer EMK gegen Erschütterungen feststellte. Die Zusammensetzung des Elements ist:

$$\mathrm{Zn(Amalgam)} \,|\, \mathrm{ZnCl_2\text{-}Lösung,\ Hg_2Cl_2} \,|\, \mathrm{Hg}.$$

Die EMK, welche stark von der Konzentration des Zinkchlorids abhängt, ist nahe gleich ein Volt, ein Umstand, der Ostwald[2]) veranlaßte, ein Element zu konstruieren, das bei 15° genau 1 Volt hatte, was er durch passende Wahl der Konzentration der Lösung, deren spezifisches Gewicht er zu 1,409 bis 15° bestimmte, zu erreichen suchte. Schoop[3]), der diesen Versuch wiederholte, ermittelte die Dichte der Lösung, bei der das Element gerade 1 Volt hat zu 1,391 bei 15°, und schob den Unterschied gegenüber der Zahl von Ostwald auf die Differenz zwischen legalen und internationalen Einheiten. Schoop bestimmte auch den Temperaturkoeffizienten seines Elements zwischen 10 und 49° C und gab dafür eine dreigliedrige Formel, deren Ableitung sich aber nicht aus der Genauigkeit der Versuche rechtfertigen läßt. Carhart[4]) wiederholte diese Versuche für eine Zinkchloridlösung vom spezifischem Gewicht 1,395 bei 15° zwischen 10 und 36,4° und erhielt eine etwas bessere innere Übereinstimmung. Aus seinen Messungen ergibt sich die Temperatur, bei der das Element genau 1 Volt hat zu 8,8° und ein linearer Temperaturkoeffizient von $+9{,}1 \cdot 10^{-5}$ Volt/Grad. Für Elemente mit anderen Konzentrationen von $ZnCl_2$ sind Untersuchungen von McIntosh[5]) und von Lehfeldt[6]) ausgeführt worden. Messungen, die sich über ein größeres Zeitintervall erstrecken, sind nicht bekannt geworden, so daß es auch nach den neueren Untersuchungen nicht möglich ist, zu beurteilen, ob sich das Kalomelelement für den Gebrauch als Normalelement eignet. Ersetzt man in diesem Element Zink und Zinkchlorid durch Kadmium und Kadmiumchlorid, so erhält man das von Lipscomb[7]) als Normalelement konstruierte und untersuchte Element:

$$\mathrm{Hg - Cd(10\%)} \,|\, \mathrm{CdCl_2,\ 2^1/_2H_2O,\ CdCl_2\ ges.\ Hg_2Cl_2} \,|\, \mathrm{Hg}\,,$$

das bei 15°, 25° und 30° gemessen wurde. Die Verfasser leiten dafür folgende Interpolationsformel ab:

$$E_t = 0{,}67080 - 1{,}02 \cdot 10^{-4}\,(t - 25\,°) - 5{,}25 \cdot 10^{-2}\,(t - 25\,°)^2.$$

In seinem Aufbau erfüllt dieses Element die an ein Normalelement zu stellenden Forderungen, inwieweit es sich als solches bewährt, ist nicht bekannt, da auch hier keine ausgedehnten Untersuchungen vorliegen.

---

[1]) H. v. Helmholtz, Berl. Ber., S. 825. 1882; Ges. Abhandlgn. Bd. 2, S. 978.
[2]) W. Ostwald, ZS. f. phys. Chem. Bd. 1, S. 403. 1887.
[3]) P. Schoop, Die Primärelemente. Halle a. S. 1895.
[4]) H. S. Carhart, Bull. B. o. S. Bd. 7, S. 475. 1911.
[5]) D. Mc Intosh, Journ. phys. chem. Bd. 2, S. 185. 1898.
[6]) R. A. Lehfeldt, ZS. f. phys. Chem. Bd. 35, S. 257. 1900.
[7]) G. F. Lipscomb, J. Am. Chem. Soc. Bd. 38, S. 20. 1916.

Das Quecksilberoxydelement von GOUY.

GOUY ersetzte im Clarkelement das Merkurosulfat durch Quecksilberoxyd als Depolarisator. Das in dieser Weise abgeänderte Element hat die Zusammensetzung

$$Zn\,|\,ZnSO_4\,10\%\ HgO\,|\,Hg\,.$$

Dies Element, über das nur wenig bekannt geworden ist, hat den prinzipiellen Nachteil, daß es nicht umkehrbar ist, da sich bei Stromlieferung bzw. entgegengesetzter Stromrichtung andere Verbindungen bilden müssen, als in dem Elemente enthalten sind (Hg_2SO_4 evtl. ZnO). Die EMK beträgt nach Messungen von LIMB[1] $1{,}39_3$ Volt bei 0°, der Temperaturkoeffizient $2 \cdot 10^{-4}$.

42. Selbstentladung eines Normalelements. Die Selbstentladung eines Normalelements, die als typisch auch für die anderer Elemente gelten kann, findet stets am negativen Pol statt. Sie kann verschiedene Ursachen haben. Einmal kann die Veranlassung in der Elektrode selbst liegen. Ist das Metall der Elektrode wasserzersetzend, d. h. ist in der Ausdrucksweise der osmotischen Theorie $\sqrt[n]{C_{Me}/c_{Me^{\cdot}}}$ größer als $C_{H_2}/c_{H^{\cdot}}$, wenn n die Wertigkeit des Metalls bedeutet, so findet die Umsetzung unter allen Umständen statt. Sie kann beschleunigt werden, wenn in dem Elektrodenmetall andere Metalle eingelagert sind, an denen die Wasserstoffentwicklung besonders leicht vonstatten geht. Ein klassisches Beispiel für diesen Fall bietet das Verhalten der Bleiplatte im Akkumulator, bei der unter normalen Verhältnissen die Selbstentladung sehr langsam vor sich geht, obwohl die Bedingungen dafür gegeben sind, die aber sofort stürmisch wird, wenn man die Platte unterhalb des Flüssigkeitsspiegels mit einem Platindraht berührt. Aber auch wenn $\sqrt[n]{C_M/c_M}$ nicht größer als C_{H_2}/c_{H_2}, kann langsame Entladung eintreten, die dann allerdings ohne Entwicklung von Wasserstoffblasen verläuft. Der Wasserstoff wird dann bis zu dem Drucke, der unter diesen Umständen möglich ist, in die Elektrode hineingepreßt, aus der er dann langsam in die Lösung und von da in den Gasraum hineindiffundiert, so daß die Umsetzung Metall-Wasserstoff langsam, aber stetig fortschreitet.

Die Selbstentladung kann aber noch auf eine andere Weise zustandekommen, und zwar mit Hilfe des Depolarisators. An dem konkreten Beispiel eines Normalelements mit Merkurosulfat als Depolarisator kann dieser Fall am einfachsten erläutert werden. Das Merkurosulfat, das die Quecksilberelektrode bedeckt, besitzt eine bestimmte Löslichkeit, und es herrscht daher in der Umgebung dieser Elektrode eine ihr entsprechende Konzentration dieses Salzes. An der negativen Elektrode ist diese Konzentration zunächst gleich Null. Infolgedessen ist ein Konzentrationsgefälle vorhanden und das Merkurosulfat diffundiert zur anderen Elektrode hinüber. Ist das Verhältnis $\sqrt[n]{C_{Me}/c_{Me^{\cdot}}} > C_{Hg}/c_{Hg^{\cdot}}$, so findet zwischen den beiden Metallen solange eine Umsetzung in dem Sinne statt, daß sich das Metall der negativen Elektrode auflöst, während Quecksilber sich niederschlägt, bis beide Ausdrücke einander gleich geworden sind. Dieser Zustand tritt aber niemals ein, solange Merkurosulfat nachdiffundiert, und kann erst dann ein Ende finden, wenn entweder alles Metall oder alles Merkurosulfat verbraucht ist. Dies ist ein weiterer Grund dafür, weshalb es vorteilhaft ist, wenn der Depolarisator eine kleine Löslichkeit besitzt.

43. Gesichtspunkte für die Wahl eines Normalelements. Von allen existierenden Elementen kommen, wie gesagt, nur zwei für den Gebrauch als Normalelement in Frage, das Westonelement und das Clarkelement. Das Clarkelement

[1] C. LIMB, C. R. Bd. 121, S. 199. 1895.

hat den Nachteil eines sehr großen Temperaturkoeffizienten der EMK, der hauptsächlich von der starken Abhängigkeit der Löslichkeit von der Temperatur herrührt. Diese Eigenschaft hat aber eine noch weit größere Unannehmlichkeit zur Folge, die in der langsamen Einstellung der EMK liegt. Die richtige Konzentration, und da die EMK davon abhängt, auch diese, stellt sich nämlich bei Temperaturschwankungen erst nach sehr langer Zeit ein. Ein weiterer Nachteil des Clarkelements, der allerdings nur selten in die Erscheinung tritt, ist der Umwandlungspunkt des Zinksulfathydrats mit 7 H_2O bei etwa 39° in das Hydrat mit 6 H_2O, was natürlich auch mit einer Änderung des Temperaturkoeffizienten der EMK verbunden ist.

Von allen diesen Fehlern ist das Westonelement frei. Bei diesem Element haben wir zwischen den beiden Formen mit und ohne Hydrat zu wählen. Das Element ohne Hydrat hat den Vorteil, daß der Temperaturkoeffizient der EMK so klein ist, daß er bisher noch nicht mit Sicherheit gemessen worden ist und daher nicht berücksichtigt zu werden braucht. Andererseits ist das Element nicht vollständig definiert, da seine Konzentration nicht automatisch festgehalten wird, vielmehr Einflüssen unterworfen ist, die, wie bereits auseinandergesetzt wurde, bestrebt sind, dieselbe zu erhöhen. Die Folge davon ist, daß man mit einer kontinuierlichen Abnahme der EMK, die bald schneller, bald langsamer erfolgt, rechnen muß. Demgegenüber besitzt das Element mit Hydrat zwar einen nicht zu vernachlässigenden Temperaturkoeffizienten, der aber nur den 30. Teil von dem des Clarkelements beträgt, eine rasche Einstellungsfähigkeit bei Temperaturwechseln infolge einer geringen Abhängigkeit der Löslichkeit von der Temperatur und keinerlei Umwandlungspunkte in dem in Betracht kommenden Temperaturgebiet.

Für genaue Messungen ist daher dem Internationalen Westonelement unter allen Umständen der Vorzug zu geben.

44. Andere Elemente — Typus Daniellelement. Bei den Elementen vom DANIELLschen Typus bestehen die Elektroden aus verschiedenen Metallen (im speziellen Falle Kupfer und Zink), die in Lösungen ihrer Salze (z. B. Sulfate) eintauchen. Ein ungefähres Maß für die EMK solcher Elemente kann die NERNSTsche Formel geben, nach der

$$E = \frac{RT}{n_1 F} \ln \frac{C_1}{c_1} - \frac{RT}{n_2 F} \ln \frac{C_2}{c_2}, \qquad (43)$$

ist. Aus dieser Formel geht hervor, daß die EMK um so größer ist, je verschiedener C_1 und C_2 bzw. c_1 und c_2 sind. Die Wahl von Zink und Kupfer genügt der ersten Bedingung. Die zweite wird erfüllt, wenn man c_1 möglichst klein, c_2 aber möglichst groß macht. Dies kann jedoch nicht in unbegrenztem Maße geschehen, da bei zu starker Verkleinerung von c_1 der innere Widerstand des Elements zu große Beträge annehmen würde, während eine Vergrößerung von c_2 ihre Grenze in dem Gehalte der gesättigten Lösung findet.

Der Vorgang in einem solchen Elemente spielt sich in der Weise ab, daß z. B. Zink in Lösung geht, während sich Kupfer abscheidet. Hierdurch wird die Konzentration des Kupfersulfats zwar nicht beeinflußt, da der Elektrolyt an diesem Salze gesättigt ist, die des Zinksulfats dagegen erfährt eine dauernde Zunahme, so daß die EMK fortwährend abnehmen muß, was noch durch den Prozeß der Selbstentladung befördert wird. Der letztere Vorgang besteht darin, daß auch ohne Stromentnehme sich Zink fortwährend auflöst, was besonders bei diesem Metall auch in anderen Elemententypen beobachtet wird. Von einer konstanten und definierten EMK kann unter diesen Umständen nicht die Rede sein, obwohl die an der Berührungsstelle der beiden Elektrolyte, die in der Regel durch eine Tonzelle getrennt wird, auftretenden ohnehin geringfügigen Konzentrationskräfte zu vernachlässigen sind. Eine spezielle Konstruktion dieser Art ist das sog. MEIDINGERsche Element, das lange Zeit besonders in der Telegraphie Verwendung fand, da es zur Entnahme eines Dauerstroms geeignet ist.

45. Elemente mit einer negativen Metall- und einer positiven Oxyd- bzw. Superoxydelektrode. 1. Das Kupronelement oder Lalandelement, das von der Firma Umbreit & Matthes in Leipzig in den Handel gebracht wird, ist folgendermaßen zusammengesetzt:

$$Zn \mid NaOHaq \mid CuO, Cu_2O \mid Fe \text{ oder } Cu\,.$$

Zwischen je zwei amalgamierten Zinkplatten hängt eine Elektrode, die aus Kupferoxyd bzw. -oxydul besteht. Der Elektrolyt besteht aus 15- bis 18proz. Kalilauge. Die positive Elektrode wird durch Einpressen von Kupferpulver in ein Drahtgewebe und nachherige Oxydation an der Luft bei 120 bis 150° hergestellt, wobei das metallische Kupfer in ein Gemisch von Kupferoxyd und -oxydul übergeht. Der stromliefernde Vorgang besteht darin, daß Zink unter Bildung von Natriumzinkat $NaZnO_2H$ in Lösung geht, während der an Stelle des Zinks an der positiven Elektrode entladene Wasserstoff nicht zur Abscheidung gelangt, sondern CuO bzw. Cu_2O unter Wasserbildung zu metallischem Kupfer reduziert. In der Wirkungsweise ist das Element dem Daniellelement ähnlich, hat aber vor diesem den Vorzug, daß infolge der geringeren Löslichkeit der Kupferoxyde die Diffusion des Kupfers zur Zinkelektrode sehr verringert wird. Nach der Entladung müssen Zink und Natronlauge erneuert werden, während die Kupferelektrode durch Erhitzen wieder in ein Gemisch von CuO und Cu_2O verwandelt wird.

Die EMK, welche im Anfang rund 1 Volt beträgt, geht bei Stromlieferung bald auf 0,85 Volt herunter. Der Spannungsverlust im Element ist jedoch infolge seines kleinen inneren Widerstandes gering und es kann dauernd mit Strömen bis zu 1 Amp/dm^2 belastet werden, so daß es als Stromquelle für stärkeren Verbrauch — natürlich nur an solchen Orten, an denen andere Elektrizitätsquellen fehlen — mit Vorteil benutzt werden kann.

2. Das Leclanchéelement. In diesem Element, das als negativen Pol ebenfalls amalgamiertes Zink enthält, das in eine 10- bis 20proz. Salmiaklösung eintaucht, wird der in die gleiche Lösung eintauchende positive Pol durch einen Kohlestab, der von Mangansuperoxyd umgeben ist, gebildet. Es ergibt sich somit das Schema:

$$Zn \mid NH_4Claq\ (10-20\% \mid MnO_2 \mid C\,.$$

Am negativen Pol geht das Zink in Lösung und bildet, sobald Sättigung an $ZnCl_2$ erreicht ist, die auskristallisierende Verbindung $Zn(NH_3)_2Cl_2$. Der an Stelle des gelösten Zinks ausgeschiedene Wasserstoff tritt nicht als Gas in die Erscheinung, sondern bildet unter Reduktion von MnO_2 mit dem überschüssigen Sauerstoff dieser Verbindung Wasser.

Kurz nach dem Ansetzen hat das Element eine EMK von 1,5 Volt, die aber sehr bald nach geringer Stromentnahme abnimmt. Dieser Abfall ist jedoch kein dauernder, sondern im Ruhezustand erholt sich das Element wieder, da es sich wahrscheinlich um eine Konzentrationspolarisation durch die an der Anode entstandenen OH'-Ionen handelt. Infolgedessen eignet sich das Element nicht zur dauernden Entnahme stärkerer Ströme, sondern wird vielmehr zu Zwecken verwendet, bei denen es schwach oder kurz belastet wird.

Vom Typus des Leclanchéelements sind wohl alle in den Handel gebrachten Trockenelemente, bei denen das Eintrocknen durch Zusatz hygroskopischer Substanzen verhindert, die Beweglichkeit der Flüssigkeit durch Vermischen des Elektrolyten mit indifferenten festen Stoffen (Sägemehl, Infusorienerde) oder durch Gelatinieren (mit Dextrin) aufgehoben ist. In dieser Form finden die Elemente vielfach Verwendung für Klingeln, Taschenlampen und besonders als Anodenbatterien für Ventilröhren.

Nach einer Untersuchung von DRUCKER und RABALD[1]) ist der Reinheitsgrad des Zinks und die Art der Vorbehandlung von großem Einfluß auf die Angreifbarkeit dieses Metalls durch Chlorammoniumlösung, die bei einer 20proz. Lösung ihr Minimum besitzt. Bei technischem (eisenchloridhaltigem) Salz nimmt sie mit steigender Konzentration zu. Abschrecken des Zinks bewirkt Passivierung und gleichmäßigeren Angriff.

Die depolarisierende Wirkung des Braunsteins beschreibt ALLMAND[2]) durch die Gleichung:

$$MnO_2 + \tfrac{1}{2} H_2O \rightarrow \tfrac{1}{2} Mn_2O_3 + OH' + \oplus . \qquad (44)$$

Unter Zugrundelegung dieser Reaktion ergibt die NERNSTsche Gleichung nach HOLLER und RITCHIE[3]):

$$E = K - 0{,}059 \ln \frac{[MnO_2]}{[Mn_2O_3]^{\frac{1}{2}} [OH']} = K - 0{,}059 \ln (OH') = K + 0{,}059 \ln [H^{\cdot}] . \qquad (45)$$

Es ist also das Potential eine logarithmische Funktion der $H^{\cdot}$-Ionenkonzentration, was durch Messungen an verschiedenen natürlich vorkommenden Braunsteinsorten bestätigt wurde. Bei künstlichem Braunstein ergab sich dagegen das Potential als unabhängig von der $H^{\cdot}$-Ionenkonzentration.

46. Elemente mit einer negativen Metallelektrode und einer positiven Elektrode, die von einem gelösten Depolarisator umgeben ist. Die Elemente dieser Art erfordern eine Trennung des Anoden- und Kathodenraums, da der flüssige Depolarisator nicht zur anderen Elektrode gelangen darf.

1. Das GROVEsche Element (Bunsenelement). Das Schema des Elements ist:

$$Zn \mid H_2SO_4 \text{ ca } 10\% \mid HNO_3 \text{ conc.} \mid Pt .$$

Das Platin wurde bald nach der Erfindung des Elements von BUNSEN durch Kohle ersetzt. Ein Zinkzylinder taucht in wässerige Schwefelsäure, in der sich ein Tonzylinder befindet, der konzentrierte Salpetersäure und eine Platin- bzw. Kohleelektrode enthält. Eine Beimischung von salpetriger Säure zur Salpetersäure ist von Vorteil, da dann die Depolarisation rascher verläuft. Bei starkem Verbrauch von HNO_3 findet infolge der Verdünnung außer Wasserbildung Reduktion zu NH_4NO_3 statt.

Die EMK dieses Elements beträgt je nach den Konzentrationen der Elektrolyte 1,8 bis 1,9 Volt bei einem verhältnismäßig kleinen inneren Widerstand. Da es sehr rasch depolarisiert wird, verträgt es starke Ströme und hat deswegen vor der Erfindung der Dynamomaschine viel Verwendung zur Erzeugung starker Ströme gefunden.

An Stelle der Salpetersäure ist als Depolarisator eine gesättigte Lösung von Eisenchlorid, die mit Salpetersäure angesäuert worden ist, vorgeschlagen worden. Die EMK wird hierdurch nur einige Zehntel Volt herabgesetzt.

2. Das Chromsäureelement. In diesem von POGGENDORF vorgeschlagenen Element sind ursprünglich Anoden- und Kathodenlösung ebenfalls getrennt durch einen Tonzylinder, der eine durch Schwefelsäure angesäuerte Kalium- oder Natriumbichromatlösung und eine Kohleelektrode enthält, während eine Zinkelektrode in verdünnte Schwefelsäure eintaucht. BUNSEN hat jedoch den

[1]) C. DRUCKER u. E. RABALD, Helios Bd. 29, S. 217. 1923.
[2]) A. J. ALLMAND, Applied Electrochemistry S. 206. 1912.
[3]) H. D. HOLLER u. L. M. RITCHIE, Trans. Amer. Electr. Soc. Bd. 37, S. 607. 1920.

Umstand, daß Chromsäure nur eine geringe Einwirkung auf Zink besitzt, benutzt und den Tonzylinder fortgelassen, so daß der Elektrolyt für das ganze Element aus einer Mischung von $K_2Cr_2O_2$ und H_2SO_4 besteht. Um einen Verbrauch des Zinks in der Zeit, während welcher kein Strom entnommen wird, zu verhüten, hat er die sog. Tauchbatterie konstruiert, eine Vorrichtung, die ermöglicht, die Elektroden aus den Elementen herauszuheben. BUNSEN empfiehlt als Elektrolyt eine wässerige Lösung, die 10% Bichromat und 10% H_2SO_4 enthält. An Stelle dieser Mischung kann auch mit Vorteil reine Chromsäure verwendet werden, die als etwa 15proz. Lösung angesetzt wird.

Das frisch zusammengesetzte Element hat eine EMK von etwa 2 Volt und vermag ebenfalls wenigstens während kurzer Zeit starke Ströme abzugeben.

47. Der Bleiakkumulator. Das wichtigste Sekundärelement ist auch heute noch der Bleiakkumulator. Er wurde von PLANTÉ im Jahre 1859 erfunden, nachdem bereits im Jahre 1854 SINSTEDEN Beobachtungen gemacht hatte, welche die zugrunde liegenden Tatsachen umfaßten. PLANTÉ[1]) selbst war der erste, der eine Theorie der Vorgänge im Akkumulator beim Laden und Entladen gab, die sich aber bei näherer Untersuchung als unzutreffend erwies. Die Unhaltbarkeit seiner Theorie wurde durch die chemischen Analysen der wirksamen Substanzen des Akkumulators, die von GLADSTONE und TRIBE[2]) ausgeführt wurden, erwiesen. Sie stellten zunächst die Dichteänderungen, welche die Akkumulatorensäure während der Ladung und Entladung erfährt, fest und schlossen daraus, daß die Säure mit dem Plattenmaterial in Reaktion treten müsse, was durch den Analysenbefund der Platten nach Ladung bzw. Entladung bestätigt wurde. Hierdurch wurde bewiesen, daß die während der Ladung gebildete bzw. während der Entladung verschwundene Säuremenge und die während der letzteren entstandene Menge Bleisulfat der durch den Akkumulator hindurchgegangenen Elektrizitätsmenge proportional sind. Die Theorie, welche die beiden genannten Forscher aufstellten, läßt sich in die folgenden Gleichungen zusammenfassen:

$$\left.\begin{array}{ll} \text{Ladung:} & \left\{\begin{array}{l} PbSO_4 + H_2 = Pb + H_2SO_4 \text{ (neg. Pol)} \\ PbSO_4 + SO_4 + 2\,H_2O = PbO_2 + 2\,H_2SO_4 \text{ (pos. Pol).} \end{array}\right. \\ \text{Entladung:} & \left\{\begin{array}{l} Pb + SO_4 = PbSO_4 \text{ (neg. Elektrode)} \\ PbO_2 + H_2 + H_2SO_4 = PbSO_4 + 2\,H_2O \text{ (pos. Eletrode).} \end{array}\right. \end{array}\right\} \quad (46)$$

In Worten ausgedrückt bedeutet dies: Bei der Ladung wird das Bleisulfat der Elektroden durch die elektrolytisch abgeschiedenen Spaltungsprodukte der Schwefelsäure am negativen Pol zu Blei, am positiven Pol zu Bleisuperoxyd unter Bildung einer äquivalenten Menge Schwefelsäure umgesetzt. Bei der Entladung verläuft der Vorgang im entgegengesetzten Sinne. In einer Gleichung lassen sich die elektrolytischen Reaktionen im Bleiakkumulator wie folgt zusammenfassen:

$$PbO_2 + Pb + 2\,H_2SO_4 \rightleftarrows 2\,PbSO_4 + 2\,H_2O\,.$$

Diese Grundgleichung der Wirkungsweise des Akkumulators ist durch alle späteren Untersuchungen[3]) bestätigt worden, während die nicht damit übereinstimmenden

[1]) G. PLANTÉ, Recherches sur l'Électricité. Deutsch von WALLENTIN. Wien: A. Hölder 1886.

[2]) J. H. GLADSTONE u. A. TRIBE, Die chemische Theorie der sekundären Batterien nach PLANTÉ und FAURE. Deutsch von R. v. REICHENBACH. Wien: Hartleben 1884.

[3]) F. STREINTZ, Wied. Ann. Bd. 38, S. 344. 1889; H. STRECKER, Elektrot. ZS. Bd. 12, S. 435, 513 u. 524. 1891.

Ergebnisse[1]) rasch widerlegt werden konnten. Die auf Grund dieser letzteren Arbeiten aufgestellten Theorien konnten schon deshalb keine Anerkennung finden, weil sie irreversible Prozesse als stromliefernd annahmen. Es ist aber besonders durch die Untersuchungen von DOLEZALEK[2]), STREINTZ[3]) und TSCHELTZOW[4]) erwiesen, daß der Bleiakkumulator ein reversibel arbeitendes Element ist.

Daß die soeben gegebenen Gleichungen für den Reaktionsverlauf im Akkumulator den tatsächlichen Verhältnissen entsprechen, geht nicht nur aus dem Analysenbefund hervor, sondern wird außerdem durch die Anwendbarkeit des 2. Hauptsatzes der Thermodynamik bewiesen, wodurch zugleich der Nachweis der Reversibilität des Akkumulators geliefert wird. Setzt man in der bekannten HELMHOLTZschen Gleichung

$$A - U = T\frac{dA}{dT},$$

in der A die maximale Arbeit und T die absolute Temperatur bedeuten, für U, die Änderung der Gesamtenergie, die Wärmetönung der chemischen Reaktionen ein, was unbedenklich geschehen kann, da äußere Arbeit nicht geleistet wird, so finden wir bei Berücksichtigung des Temperaturkoeffizienten von $+0{,}4 \cdot 10^{-3}$ nach DOLEZALEK einen Wärmewert der EMK des Akkumulators der üblichen Säurekonzentration von 1,96 bzw. von 2,01 Volt, je nachdem man die thermochemischen Daten von STREINTZ oder von TSCHELTZOW benutzt, während der Wert von 1,99 bis 2,01 Volt direkt gefunden wurde. Für Zellen, die Schwefelsäure anderer Konzentration enthalten und infolgedessen auch andere EMK besitzen, ergeben sich entsprechende Wärmewerte, was davon herrührt, daß einerseits die Wärmetönung, welche die Verdünnungswärme der Schwefelsäure enthält, von der Konzentration abhängig ist, andererseits daher, daß auch der Temperaturkoeffizient der EMK von der Konzentration beeinflußt wird.

48. Abhängigkeit der EMK von der Säurekonzentration. Da der Akkumulator ein reversibles Element ist, muß auf ihn die HELMHOLTZsche Theorie der Konzentrationsketten anwendbar sein. Wir betrachten zwei gegeneinandergeschaltete Akkumulatoren mit verschieden konzentrierter Schwefelsäure und wenden sie auf die bekannte HELMHOLTZsche Fassung des 2. Hauptsatzes der Thermodynamik an, indem wir die Gleichung für jede einzelne Zelle aufstellen und beide voneinander subtrahieren. Wir erhalten dann:

$$E_2 - E_1 = \frac{U_2 - U_1}{\eta} + T\left(\frac{dE_2}{dT} - \frac{dE_1}{dT}\right).$$

Die Differenz $U_2 - U_1$, die wir wieder gleich dem Unterschiede der Wärmetönungen der in beiden Akkumulatoren verlaufenden chemischen Prozesse setzen können, ergibt sich auf folgende Weise. Nach Gleichung (46) besteht der Teil der chemischen Umsetzung im Akkumulator, welcher bei zwei Elementen mit verschieden konzentrierter Schwefelsäure nicht mit gleicher Energieänderung verbunden ist, bei der Ladung darin, daß Schwefelsäure entsteht und Wasser verschwindet, während bei der Entladung der umgekehrte Vorgang sich abspielt. Die neugebildeten Substanzen werden der vorhandenen Lösung beigemischt, die verschwindenden ihr entzogen, so daß als Wärmetönungen für die Ladung die theoretische Lösungswärme von 2 Mol H_2SO_4 in der vorhandenen Schwefelsäure und die negative Verdünnungswärme von 2 Mol H_2O in der gleichen Lösung

[1]) G. DARRIENS, Lum. électr. Bd. 44, S. 513. 1892; K. ELBS, ZS. f. Elektrochem. Bd. 3, S. 70. 1896.

[2]) F. DOLEZALEK, Die Theorie des Bleiakkumulators. Halle a. S.: Knapp 1901.

[3]) F. STREINTZ, Wied. Ann. Bd. 53, S. 698. 1898.

[4]) J. TSCHELTZOW, C. R. Bd. 100, S. 1458. 1885.

zu nehmen sind. Bei der Entladung finden die gleichen Vorgänge mit umgekehrtem Vorzeichen, aber in einer Lösung von anderer Konzentration statt. Die fraglichen Wärmetönungen lassen sich in einfacher Weise mit Hilfe der von THOMSEN[1]) aus seinen Versuchen über die Verdünnungswärme der Schwefelsäure abgeleiteten Formel

$$Q = \frac{a \cdot b}{b + 1{,}798\,a}\,17860\,\mathrm{cal} \tag{48}$$

in der a und b die Anzahl Mole H_2SO_4 und H_2O in der resultierenden Lösung bedeuten, durch Differentiation nach a bzw. b berechnen. Nehmen wir an, der Akkumulator II enthalte die konzentrierte Säure und werde entladen, während Akkumulator I geladen wird, so erhalten wir für $U_2 - U_1$, da die Wärmetönungen aller übrigen chemischen Vorgänge einander aufheben:

$$U_2 - U_1 = -\left(\frac{\partial Q}{\partial a}\right)_{II} + \left(\frac{\partial Q}{\partial a}\right)_I + \left(\frac{\partial Q}{\partial b}\right)_{II} - \left(\frac{\partial Q}{\partial b}\right)_I. \tag{49}$$

Da ferner der Temperaturkoeffizient der EMK in Abhängigkeit von der Säurekonzentration bekannt ist, so sind alle Daten zur Berechnung von $E_2 - E_1$ gegeben. Letztere Differenz läßt sich aber nach HELMHOLTZ auch mit Hilfe der Dampfspannungen verschieden konzentrierter Schwefelsäuren ermitteln. Will man die maximale Arbeit berechnen, welche bei der Gegeneinanderschaltung der beiden Akkumulatoren zu gewinnen ist, so bleiben, da alle übrigen Prozesse einander aufheben, nur noch die Destillationsarbeiten von 2 Molen H_2SO_4 von II nach I, sowie die gleiche Arbeit für 2 Mole H_2O von I nach II übrig. Diese Arbeit ist, wenn für die Dämpfe der Säure und des Wassers die Gasgesetze anwendbar sind:

$$2RT\left(\ln\left(\frac{p_2}{p_1}\right)_S + \ln\left(\frac{p_1}{p_2}\right)_W\right).$$

Da die Partialspannungen von H_2SO_4 unbekannt sind, so müssen an ihre Stelle die Partialspannungen des Wassers in dem Gemisch, die genau bekannt sind, gesetzt werden. Diese Substitution ergibt, wenn mit n_1 bzw. n_2 die Anzahl Mole Wasser auf 1 Mol H_2SO_4 in den beiden Akkumulatoren bezeichnet werden an Stelle von $RT\ln(p_2/p_1)_S$:

$$RT\left(n_1 \ln p_1 - n_2 \ln p_2 - \int_{n_2}^{n_1} \ln p\, dn\right)_W.$$

Insgesamt erhalten wir also für die maximale Arbeit A, die der Differenz der EMK der beiden verschieden konzentrierten Akkumulatoren entspricht:

$$2RT\left(n_1 \ln p_1 - n_2 \ln p_2 - \int_{n_2}^{n_1} \ln p\, dn + \ln\frac{p_1}{p_2}\right) = \varDelta E \cdot 2F. \tag{50}$$

Mit Hilfe der von DIETERICI[2]) gemessenen Dampfspannungen verschieden konzentrierter Schwefelsäuren konnte DOLEZALEK[3]) den Klammerinhalt dieses Ausdruckes auswerten und auch auf diesem Wege die Differenz $\varDelta E$ zweier verschieden konzentrierter Akkumulatoren theoretisch berechnen. Es zeigte sich, daß die so gefundenen Werte von $\varDelta E_1$ mit den aus den Wärmetönungen und dem Temperaturkoeffizient der EMK gewonnenen, sowie den direkt gemessenen sehr gut übereinstimmten. Somit war die Umkehrbarkeit (s. d.) der Vorgänge im Bleiakkumulator auch auf diese Weise bewiesen.

---

[1]) J. THOMSEN, Thermochem. Unters. Bd. 3, S. 54.

[2]) C. DIETERICI, Wied. Ann. Bd. 50, S. 61. 1893.

[3]) F. DOLEZALEK, ZS. f. Elektrochem. Bd. 4, S. 349. 1898; Wied. Ann. Bd. 65, S. 894. 1898.

Die Abhängigkeit der EMK von der Säurekonzentration ist schon früher untersucht worden, als die Vorgänge im Akkumulator erkannt und aufgeklärt waren. Neben den Messungen von HEIM[1]) sind hier zunächst die von STREINTZ[2]) und von GLADSTONE und HIBBERT[3]) zu erwähnen, die über ein größeres Intervall gehende Bestimmungen ausführten. Den größten Bereich umfassen die bei 25° ausgeführten Beobachtungen von KENDRICK[4]), die in der folgenden Tabelle wiedergegeben sind:

H_2SO_4 mol/lit	0,077	0,200	0,658	0,891	1,16	1,66	2,60	2,99	3,89	4,67	6,97
EMK Volt	1,744	1,815	1,892	1,911	1,929	1,958	2,004	2,029	2,067	2,094	2,198

Alle diese Betrachtungen und Messungen zeigen, daß die EMK des Bleisammlers durch die Säurekonzentration bestimmt wird, solange noch aktive Masse (Pb und PbO_2) in den Elektroden vorhanden ist. Erst beim Verschwinden einer oder beider Substanzen kann ein Abfallen der EMK unter den durch die Konzentration der Säure bedingten Wert stattfinden. Nicht zu verwechseln mit dieser Abnahme der EMK ist das Sinken derselben, das infolge der Stromentnahme beobachtet wird. Die hierbei auftretenden niedrigen Werte, die nach einiger Zeit wieder normal werden, sind allein durch die Gegenkraft der Diffusionskonzentrationsketten (s. d.) zu erklären.

49. Umkehrbarkeit bei Stromentnahme. Exakte Umkehrbarkeit findet natürlich auch beim Akkumulator nur bei unendlich kleinem Strome statt. Je stärker die Ströme sind, welche ihn durchfließen, um so mehr greifen irreversible Vorgänge Platz. Infolgedessen ist es nicht möglich, in praxi die gleichen Energiemengen bei der Entladung wiederzugewinnen, welche bei der Ladung aufgewendet worden sind. Diese irreversiblen Vorgänge sind die beiden folgenden:

1. Da der Akkumulator keinen verschwindend kleinen Widerstand besitzt, so unterscheiden sich die aufgewendete und wiedergewonnene Energie um das additive Glied $i^2 r$, wobei r den inneren Widerstand des vom Strome i durchflossenen Elements bedeutet.

2. Wie aus den chemischen Gleichungen (46) für Ladung und Entladung hervorgeht, findet an den Elektroden eine Konzentrationsänderung statt, die beim Laden in einer Erhöhung der Konzentration an der Bleiplatte durch Bildung von Schwefelsäure, an der Superoxydplatte durch den gleichen Vorgang und Verbrauch von Wasser besteht, und zwar ist die Konzentrationsvermehrung an der Superoxydplatte mehr als doppelt so groß als an der Bleiplatte, da einmal die doppelte Menge H_2SO_4 gebildet, dazu aber noch Wasser verbraucht wird. Bei unendlich schwachen Strömen kann nun angenommen werden, daß diese Konzentrationsänderung durch den ganzen Elektrolyten gleichmäßig erfolgt, so daß keine Verluste durch irreversible Prozesse eintreten. Bei endlichen Stromstärken ist diese Annahme nicht mehr zulässig. Es entstehen vielmehr Säurekonzentrationsketten, welche eine elektromotorische Gegenkraft darstellen, und die Konzentrationsunterschiede gleichen sich, da die Schwefelsäure im Innern der Platten entsteht bzw. verschwindet, nur allmählich durch Diffusion — einen ebenfalls irreversiblen Vorgang — aus. Die quantitative Untersuchung der hier vorliegenden Verhältnisse, bei denen auch noch die elektrische Überführung zu berücksichtigen ist, rührt von MUGDAN[5]) her. In welcher Weise die Reversibilität des Akkumulators von der Stromstärke ab-

[1]) C. HEIM, Elektrot. ZS. Bd. 10, S. 88. 1889.
[2]) F. STREINTZ, Wied. Ann. Bd. 46, S. 449. 1892.
[3]) J. H. GLADSTONE u. W. HIBBERT, Elektrot. ZS. Bd. 13, S. 436. 1892.
[4]) A. KENDRICK, ZS. f. Elektrochem. Bd. 7, S. 52 (1900).
[5]) M. MUGDAN, ZS. f. Elektrochem. Bd. 6, S. 313. 1899.

hängt, geht aus Abb. 9 hervor, in der die Ergebnisse von Messungen wiedergegeben sind, die von DOLEZALEK[1]) an einem Akkumulator von 200 Amp.-St. Kapazität und $2{,}5 \cdot 10^{-4}$ Ohm Widerstand ausgeführt wurden. Es muß ausdrücklich hervorgehoben werden, daß die in der Abbildung zutage tretenden Unterschiede in der EMK ihre volle Erklärung in obengeschilderten Vorgängen finden und nicht etwa durch andere irreversible elektrochemische Prozesse verursacht werden.

Da die EMK im offenen Zustande infolge vorhergegangener Ladungen oder Entladungen nicht immer den dem Ladungszustande entsprechenden Wert hat, kann die Messung der Spannung eines Akkumulators nicht als sicherer Maßstab für den Grad der Ladung oder Entladung dienen, man benutzt deshalb dafür allgemein eine andere Größe, die wie aus der Tabelle von KENDRICK zu ersehen ist, ebenfalls in einem einfachen Zusammenhange mit der EMK steht, nämlich die Konzentration der Säure.

50. Der Temperaturkoeffizient der EMK des Akkumulators ist von verschiedenen Forschern, zuerst wohl von G. MEYER[2]) und STREINTZ[3]) gemessen

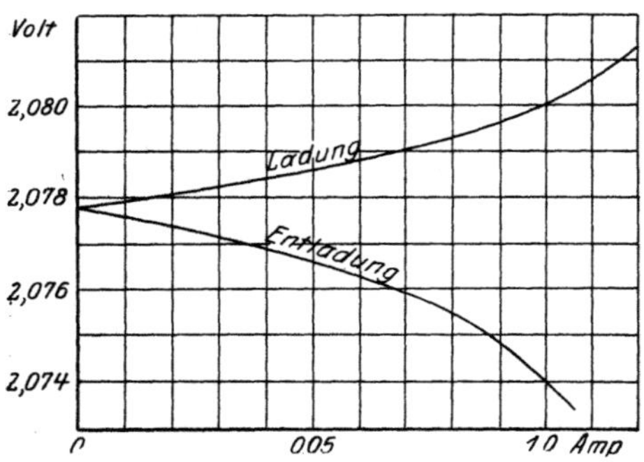

Abb. 9. Beziehung zwischen Reversibilität und Stromstärke beim Bleiakkumulator.

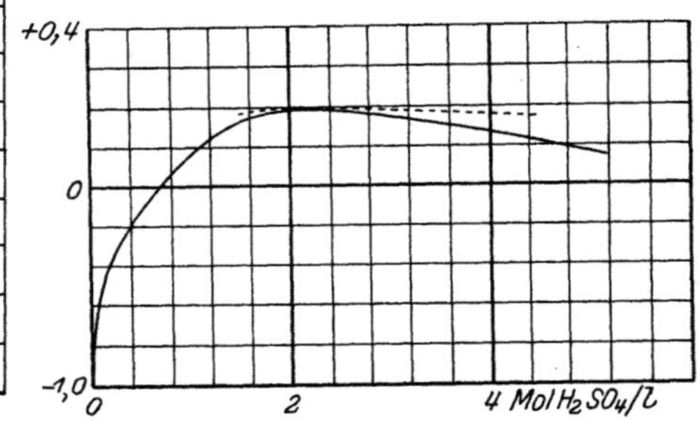

Abb. 10. Abhängigkeit des Temperaturkoeffizienten des Bleiakkumulators von der Konzentration der Lösung.

worden. Die genauesten Werte sind wohl die von DOLEZALEK[4]), dessen über ein großes Konzentrationsintervall sich erstreckende Messungen in Abb. 10 wiedergegeben sind. Aus dieser Abbildung ist ersichtlich, daß die Konzentration der Säure von großem Einfluß auf den Wert des Temperaturkoeffizienten ist. Die Kurve besitzt ein Maximum bei einer Konzentration, die etwas stärker als zweifach molekular normal ist, senkt sich langsam nach höheren Konzentrationen und fällt bei den stärkeren Verdünnungen rasch auf 0 und wird sogar negativ. Die Möglichkeit, den Temperatureinfluß zum Verschwinden zu bringen, könnte von Bedeutung sein für Präzisionsmessungen, bei denen es auf große Konstanz der EMK bei geringer Stromentnahme ankommt.

51. Die Kapazität eines Akkumulators wird in erster Linie durch die Menge an aktiver Masse bestimmt, welche die Platten enthalten. Trotzdem ist es nicht möglich, aus dem Gewicht der Platten, auch wenn nur der Gehalt an aktiver Masse berücksichtigt wird, die Kapazität zu berechnen, da tatsächlich nur ein geringer Bruchteil derselben zur Stromlieferung ausgenützt wird. Die Ursache hiervon ist die, daß sowohl das Entstehen der Säure wie das Verschwinden derselben rascher vor sich geht, als ein Ausgleich durch Diffusion zu erfolgen

[1]) F. DOLEZALEK, Theorie des Bleiakkumulators, S. 66.
[2]) G. MEYER, Wied. Ann. Bd. 33, S. 278. 1888.
[3]) F. STREINTZ, Wied. Ann. Bd. 46, S. 449. 1892.
[4]) F. DOLEZALEK, ZS. f. Elektrochem. Bd. 6, S. 517. 1900; l. c. S. 53.

vermag. In je größerem Umfange die hierdurch hervorgerufene Anreicherung bzw. Verarmung an Säure in den Platten stattfindet, um so mehr nimmt die damit verbundene Polarisation der Elektroden zu, wodurch die Kapazität herabgedrückt wird. In roher Annäherung kann man annehmen, daß durch eine Verzehnfachung der Stromstärke die Kapazität etwa auf die Hälfte herabgesetzt wird. Zur Darstellung des Einflusses der Stromstärke auf die Kapazität sind verschiedene Formeln aufgestellt worden, die man in dem bereits zitierten Buch von DOLEZALEK (S. 87ff.) verzeichnet findet. In gleichem Sinne wie eine Erhöhung der Stromstärke wirkt, wie ohne weiteres einzusehen, da die gleichen Gründe maßgebend sind, eine Vergrößerung der Plattendicke.

Der Einfluß der Konzentration auf die Kapazität ist mehrfach, so von HEIM[1]) und EARLE[2]), untersucht worden. Es ergab sich übereinstimmend ein Maximum bei einer Dichte von 1,22 bis 1,27 entsprechend einem Gehalt von 29,8 bis 35,7% H_2SO_4. Daß dieses Maximum mit dem Höchstwert der Leitfähigkeit der Schwefelsäure zusammenfällt, ist, wie DOLEZALEK[3]) nachgewiesen hat, kein Zufall, sondern hängt mit dem Umstande zusammen, daß das Eindringen der Stromlinien in die Poren der Platten durch Erhöhung der Leitfähigkeit erleichtert wird. Der maßgebende Einfluß, den die Leitfähigkeit der Säure auf die Kapazität hat, kommt auch in der Temperaturabhängigkeit der Kapazität, und zwar in einem durch die Vergrößerung der Diffusion verstärktem Grade zum Ausdruck. Einer Temperaturerhöhung von ca. 20° entspricht nach Messungen von GLADSTONE und HIBBERT[4]) eine Kapazitätsvermehrung von 50%.

52. Nutzeffekt und Stromwirkungsgrad. Um den Wirkungsgrad eines Akkumulators hinsichtlich der Arbeit bzw. des Stromes angeben zu können müssen die Grenzen der EMK festgelegt sein, zwischen denen die Messung ausgeführt werden soll. Die Ladung (s. Abb. 11) wird im allgemeinen an dem Punkte beginnender Gasentwicklung, an dem auch die EMK eine starke Tendenz zum Steigen zeigt, unterbrochen; die Entladung dagegen, sobald der Wert der EMK um etwa 10% gefallen ist.

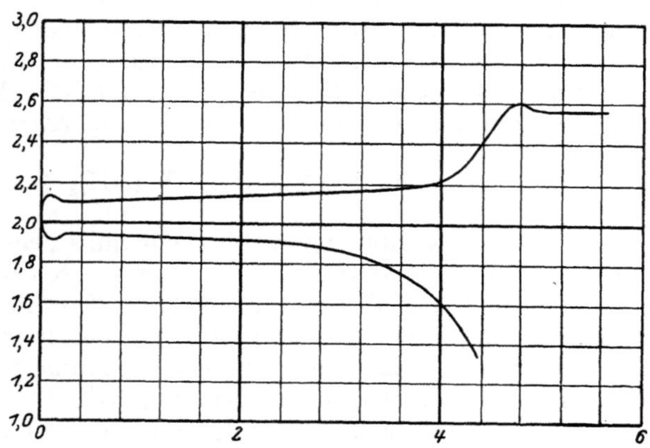

Abb. 11. Lade- und Entladekurve des Bleiakkumulators.

Der Stromwirkungsgrad ist das Verhältnis der bei der Ladung und Entladung durch den Sammler hindurchgegangenen Elektrizitätsmessungen, d. h.

$$\gamma_e = \frac{\int_0^t J_E\,dt}{\int_0^t J_L\,dt}. \tag{51}$$

1) C. HEIM, Elektrot. ZS. Bd. 10, S. 88. 1889.
2) H. A. EARLE, ZS. f. Elektrochem. Bd. 2, S. 519. 1895/96.
3) F. DOLEZALEK, l. c. S. 95.
4) J. H. GLADSTONE u. W. HIBBERT, Elektrot. ZS. Bd. 13, S. 436. 1892.

Er liegt bei etwa 95%. Die Reversibilität in bezug auf die Elektrizitätsmenge ist also selbst bei starker Strombelastung eine sehr gute. Anders verhält es sich mit dem Arbeitswirkungsgrad

$$\gamma_A = \frac{\int_0^t V_E J_E \, dt}{\int_0^t V_L J_L \, dt}, \tag{52}$$

der in der Regel 85% nicht übersteigt. Der Unterschied zwischen beiden Wirkungsgraden rührt daher, daß die Verluste, welche von Gasentwicklung bei der Ladung und von Selbstentladung herrühren, bei beiden Wirkungsgraden auftreten, da sie die Elektrizitätsmenge beeinflussen, während der Verlust an Spannung, der von der Konzentrationspolarisation herrührt, nur bei dem Arbeitswirkungsgrad in die Erscheinung tritt. Diesem Verlust gegenüber spielt der durch den inneren Widerstand verursachte nur eine untergeordnete Rolle. Infolgedessen rührt die Erwärmung des Akkumulators nur zum geringen Teil von Stromwärme her, den überwiegenden Anteil liefert die Verdünnungswärme der Schwefelsäure, welche bei dem Konzentrationsausgleich entwickelt wird.

53. Nickelsuperoxyd-Eisen-Akkumulator[1]. Neben dem Bleiakkumulator, der Säure als Elektrolyt enthält, hat sich noch der Edisonakkumulator, dessen Elektrolyt aus Kalilauge besteht, einen gewissen Platz erobert. Die beiden Elektroden bestehen im geladenen Zustande aus Nickelsuperoxyd und Eisen, im entladenen Zustande aus $Fe(OH)_2$ und $Ni(OH)_2$. Da es sich hier um lauter äußerst schwer lösliche Substanzen handelt, ist der Elektrolyt als eine so gut wie nickel- und eisenfreie Kalilauge anzusehen. Während des Stromdurchganges ändert sich der Gehalt der Lösung an diesen beiden Metallen nicht, da das Superoxyd und beide Hydroxyde stets vorhanden sind und daher der Elektrolyt an ihnen gesättigt ist. Die Vorgänge im Edisonakkumulator lassen sich nach einer verbreiteten Ansicht in die Gleichung zusammenfassen:

$$Fe + 2\,Ni(OH)_3 \rightleftarrows Fe(OH)_2 + 2\,Ni(OH)_2 .$$

Diese Gleichung ergibt von rechts nach links gelesen zugleich das Schema der Ladung. Wie man daraus ohne weiteres ersehen kann, findet die Reaktion ohne Änderung der Gesamtkonzentration des Elektrolyten statt. Tatsächlich wird aber eine, wenn auch geringfügige Änderung, und zwar bei der Ladung eine Abnahme, bei der Entladung eine Zunahme beobachtet. Man muß hieraus den Schluß ziehen, daß die Verbindung $Ni(OH)_3$ nicht so viel Wasser enthält, als ihr der Formel nach zukommt, so daß das fehlende Wasser der Lösung entnommen werden muß, woraus bei der Entladung eine Zunahme, bei der Ladung eine Abnahme der Konzentration folgt.

Nun haben Versuche ergeben, daß dem Nickelsuperoxyd im lufttrockenen Zustande nicht die Formel $Ni(OH)_3$[2], sondern die Formel Ni_2O_3, 1,2 H_2O zuzuschreiben ist. Die fehlenden 1,8 Mole H_2O müssen also der Kalilauge entnommen werden. Hiernach lautet die Gleichung für den Vorgang im Edisonakkumulator:

$$Fe + Ni_2O_3,\ 1{,}2\,H_2O + 1{,}8\,H_2O \rightleftarrows Fe(OH)_2 + 2\,Ni(OH)_2 . \tag{53}$$

---

[1] Siehe auch M. KAMMERHOFF, Der Edisonakkumulator, Berlin 1910 bei J. Springer.

[2] Vgl. auch J. M. VAN BEMMELEN, ZS. f. anorg. Chemie, Bd. 13, S. 283. 1896; Bd. 18, S. 14. 1898; Bd. 20, S. 185. 1899.

Da die stromliefernde Reaktion mit einer Änderung der Konzentration der Kalilauge verbunden ist, so muß, ähnlich wie beim Bleiakkumulator, die EMK des Sammlers von der Konzentration abhängig sein. Entsprechend der bei diesem Elemente sehr viel geringeren Konzentrationsänderung als beim Bleiakkumulator ist jedoch die Änderung der EMK infolge dieses Vorgangs eine sehr viel kleinere. Ein wesentlicher Unterschied gegenüber dem Bleisammler besteht aber darin, daß, während bei diesem die Entladung mit einer Verdünnung verbunden ist, bei der Edisonzelle eine Konzentrierung stattfindet. Hieraus folgt auf Grund einer ähnlichen Berechnung, wie der beim Bleiakkumulator angestellten, daß beim Eisensammler mit einer Zunahme der Konzentration eine Abnahme der EMK verbunden ist.

54. Konstruktion des Edisonakkumulators. Die Träger der aktiven Masse beider Elektroden sind rechteckige Tafeln aus stark vernickeltem Stahlblech, die in kleinen aus dem gleichen Material hergestellten Taschen mit perforierter und gewellter Oberfläche die aktive Masse enthalten. Durch diese Konstruktion wird es ermöglicht, daß die Platten mit einem Abstand von nur einigen Millimetern, ohne eine Gefahr der Berührung, einander gegenüberstehen können, wodurch der innere Widerstand sehr klein gemacht wird. Da die aktive Masse der positiven Platte sehr viel voluminöser ist, als die der negativen, ist ihre Kapazität bedeutend kleiner, und man stellt daher immer je eine negative Platte zwischen zwei positive.

In die Taschen der positiven Elektrode wird eine Mischung aus 60 Teilen gefällten grünen Nickelhydroxyds, 20 Teilen Metallschüppchen und 20 Teilen Melasse eingefüllt. Der Metallzusatz ist erforderlich, da $Ni(OH)_2$ bzw. $Ni(OH)_3$ und Ni_2O_3 keine elektrische Leitfähigkeit besitzen und infolgedessen ohne diese Beimengung nur in geringem Umfange an der Umsetzung teilnehmen würden. Das $Ni(OH)_2$ wird durch elektrolytische Oxydation zu Ni_2O_3 formiert.

Die aktive Masse der negativen Elektroden setzt sich aus feinverteiltem Eisen und etwas Quecksilberoxyd zusammen, das dazu dient, bei der Entladung die Aktivität des Eisens hoch zu erhalten.

55. Ladung und Entladung. Die EMK der ungeladenen Zelle liegt etwa bei 1,36 bis 1,40 Volt. Bei der Ladung (Abb. 12) steigt die Klemmenspannung beim Einschalten unter normaler Belastung auf 1,6 Volt, nach etwa 10 Minuten weiter auf 1,75 Volt, um von da ab während der ersten Hälfte der Ladezeit auf ca. 1,67 Volt zu sinken. Hierauf beginnt die Ladespannung bis zum Ende der Ladezeit wieder zu steigen, wobei sie den Wert von 1,8 Volt erreicht. Die Ladung wird nun noch $1/2$ bis $3/4$ Stunden fortgesetzt. Beim Beginn der Ladung wird zunächst das neben Ferrohydroxyd entstandene Ferrihydroxyd zu Eisen, und nach Beendigung dieser Reaktion die Hauptmenge der Eisenverbindung, das Ferrohydroxyd, zu Eisen reduziert. Bereits ehe alles Eisen reduziert ist, steigt die Spannung so weit, daß Wasserstoffentwicklung beginnt, die bei Beendigung der Ladung die allein noch verlaufende Reaktion ist.

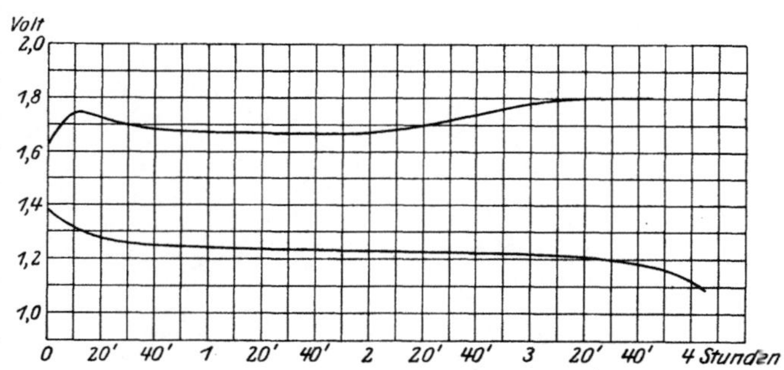

Abb. 12. Lade- und Entladekurve des Edisonakkumulators.

Der Reduktion an der Eisenelektrode entspricht ein Oxydationsvorgang an der Nickelelektrode, der aber nicht vollkommen reversibel ist, da das $Ni(OH)_2$ nicht zu $Ni(OH)_3$, sondern zu NiO_2, das nach

$$4\,NiO_2 = 2\,Ni_2O_3 + O_2$$

zerfällt, oxydiert wird. Diese Umsetzung geht aber nicht vollständig vor sich, sondern es bleibt ein nicht unerheblicher Rest von NiO_2 in der Elektrode, der bis zu seinem Verbrauch das Potential der Elektrode bestimmt. Infolgedessen ist die EMK des frisch geladenen Akkumulators um mehr als 0,1 Volt höher, als der Oxydationsstufe N_2O_3 entspricht.

Bei der Entladung fällt die Klemmenspannung, deren Verlauf bei normaler Belastung in Abb. 12 dargestellt ist, vom Wert der EMK im offenen Zustande zunächst rasch auf 1,25 Volt, weiterhin aber bis fast zum Ende der Entladung noch um 0,05 Volt. Diese geringe Abnahme rührt zum Teil von der erwähnten Änderung der EMK infolge Wasserverbrauch, zum Teil von Polarisation infolge Verminderung der aktiven Massen, insbesondere des $Ni(OH)_3$, da dieses Oxyd den Strom nicht leitet. Erst ganz zum Schluß der Entladung fällt die Klemmenspannung wieder stärker, so daß das Ende deutlich ausgeprägt ist.

Die Strom- und Energieausbeute ist je nach Stromstärke und Entladungsdauer verschieden, liegt aber unter normalen Bedingungen für die Elektrizitätsmenge zwischen 70 und 90%, für die Energie zwischen 50 und 70%. Dieser verhältnismäßig geringe Nutzeffekt kann jedoch nicht wie beim Bleiakkumulator durch Verringerung der Stromdichte verbessert werden, was damit zusammenhängt, daß für die Eisenelektrode eine bestimmte Stromdichte nicht ohne Nachteil unterschritten werden darf. Nach JUNGNER kann die Stromausbeute durch einen Zusatz von Kadmium zum Eisen verbessert werden. Da es sich jedoch hierbei nicht um kleine Mengen Kadmium handelt, stößt die Verwertung dieser Verbesserung bei der Seltenheit und Kostspieligkeit dieses Metall auf Schwierigkeiten.

Sachverzeichnis.

GPSR Compliance

The European Union's (EU) General Product Safety Regulation (GPSR) is a set of rules that requires consumer products to be safe and our obligations to ensure this.

If you have any concerns about our products, you can contact us on ProductSafety@springernature.com

In case Publisher is established outside the EU, the EU authorized representative is:

Springer Nature Customer Service Center GmbH
Europaplatz 3
69115 Heidelberg, Germany

Batch number: 10683525

Printed by Printforce, the Netherlands